2021 年度全国钻井液完井液技术交流研讨会论文集

孙金声　罗平亚　主编

石油工业出版社

内 容 提 要

本书收集2021年度全国钻井液完井液技术交流研讨会论文127篇。主要内容包括钻井液新技术、新材料、新方法研究与应用，深井及海洋钻井钻井液技术、环保钻井液及废弃物处理技术、钻井液防漏堵漏及承压堵漏技术、油气层保护技术、非常规油气站井液技术研究与应用，钻井液现场复杂事故处理等。这些论文全面反映了我国近几年在钻井液完井液方面所取得的科研成果及技术进展。

本书可供从事钻井液完井液技术领域的科研人员、工程技术人员及石油院校师生参考。

图书在版编目（CIP）数据

2021年度全国钻井液完井液技术交流研讨会论文集／孙金声，罗平亚主编. —北京：石油工业出版社，2021. 10

ISBN 978-7-5183-4924-1

Ⅰ.①2… Ⅱ.①孙…②罗… Ⅲ.①钻井液-学术会议-文集②完井液-学术会议-文集 Ⅳ.①TE254-53 ②TE257-53

中国版本图书馆CIP数据核字（2021）第206067号

出版发行：石油工业出版社
（北京安定门外安华里2区1号　100011）
网址：www. petropub. com
编辑部：(010) 64523583　　图书营销中心：(010) 64523633
经　　销：全国新华书店
印　　刷：北京晨旭印刷厂

2021年10月第1版　2021年10月第1次印刷
787×1092毫米　开本：1/16　印张：58. 25
字数：1490千字

定价：320. 00元

《2021 年度全国钻井液完井液技术交流研讨会论文集》编委会

前　言

为促进我国钻井液完井液技术发展，总结和交流钻井液完井液领域的科研成果和现场施工经验，加强钻井液完井液新技术、新产品的推广应用，梳理钻井液完井液技术面临的新挑战，以及进一步研讨钻井液完井液发展方向，中国石油学会石油工程专业委员会钻井工作部钻井液完井液学组于2021年11月在海南海口召开2021年度全国钻井液完井液技术交流研讨会。

本次会议得到了钻井液完井液行业广大科研人员、工程技术人员、院校师生的积极响应和热情参与，得到各级主管部门的大力支持。自钻井液完井液学组发出征文通知以来，各单位踊跃投稿，共收到155篇论文，经专家审定，筛选出与本次会议讨论主题相关的127篇论文收录文集，并由石油工业出版社正式出版发行。

本论文集包括钻井液新技术、新材料、新方法，深井及海洋钻井钻井液技术，环保钻井液及废弃物处理技术，钻井液防漏堵漏及承压堵漏技术，油气层保护技术，非常规油气钻井液技术，钻井液现场复杂事故处理七部分，比较全面地反映了近年来钻井液完井液技术的进展。本论文集收集的论文力图站在国内钻井液完井液发展前沿的高度来进行阐述和问题分析，重点总结了国内各油田在钻井液完井液领域攻关的重点成果和现场应用中的典型案例，对从事钻井液完井液技术领域的科研人员、工程技术人员及院校师生有参考借鉴作用。

本次会议由中海油田服务股份有限公司承办，同时得到中国石油、中国石化、中国海油、延长石油及各研究院校等单位相关领导和专家的大力支持，在此致以衷心的感谢！

中国石油学会石油工程专业委员会

钻井工作部钻井液完井液学组

2021年10月

目　录

钻井液新技术、新材料、新方法研究与应用

深井及海洋钻井钻井液技术研究与应用

环保钻井液及废弃物处理技术研究与应用

钻井液防漏堵漏及承压堵漏技术研究与应用

油气层保护技术研究与应用

非常规油气钻井液技术研究与应用

钻井液现场复杂事故处理

钻井液新技术、新材料、新方法研究与应用

北部湾盆地硅酸盐钻井液体系多功能润滑剂研究

管 申 刘贤玉 曹 峰 黄 静 韩 成

(中海石油(中国)有限公司湛江分公司)

【摘 要】 北部湾盆地特殊地层特性导致钻井作业时井壁失稳情况频发，故引入具有"封固"优势的硅酸盐钻井液体系，但硅酸盐钻井液本身自带严重缺陷，即润滑与失水问题。为了解决这些问题，研制出了一种 ALM 多功能润滑剂。室内研究结果表明：ALM 多功能润滑剂具有优秀的润滑性能、抗磨性能，能有效抑制北部湾盆地 W 区块涠二段掉块岩样水化分散；与硅酸盐体系配伍性良好，同时能够发挥其膜效应，有效降低钻井液的滤失量，硅酸盐体系中加入 5% ALM 多功能润滑剂可使体系 API 滤失量从 4.0mL 降到 2.1mL，HTHP 滤失量从 16.3mL 降至 6.8mL，且对体系的流变性能无影响，润滑系数降低率 85.21%，有效改善了该体系的润滑性能和抑制性能。

【关键词】 硅酸盐钻井液；多功能润滑剂；抗磨；抑制；井壁失稳

北部湾盆地未开发的边际油田群地质储量高，整个边际油田呈"整体分散、局部富集"的特点，具有客观的开采价值。北部湾盆地存在上部易垮塌地层与下部储层同井段、泥页岩断层发育、地层强度高可钻性差等地层特性，储层段涠三段黏土矿物含量为 36%~49.7%，流一段黏土矿物含量为 46.3%~62.7%，主要以伊蒙间层与伊利石为主，具有一定的水化膨胀性，分散性强，剥落掉块为主要井壁失稳方式。目前该区块已作业 40 多井中，60%的井采用水基钻井液，40%采用油基或合成基钻井液，水基钻井液在钻进储层段时，由于泥岩含量高，摩阻大，井下事故频发，经常出现井壁不稳定问题，起下钻遇到阻卡、缩径等复杂情况，严重影响了该区域的勘探开发速度；而采用油基或合成基钻井液作业时，虽然上述难题明显得到缓解，但是不能满足当前环境保护的需求，因此，需要开发高性能的水基钻井液和水基外加剂来稳定井壁、降低摩阻，保障该区块油气井稳定高效地开发。

分析国内外井壁失稳机理，约 90%的井壁失稳问题与页岩有关[1-3]，北部湾盆地 W 区块储层段涠三段黏土矿物含量高，井壁失稳风险大，常规的水基钻井液不能其开发的需求。考虑到硅酸盐钻井液具有优秀的"封固"特性，能够通过堵塞页岩孔隙和微裂缝，体现出很好抑制页岩中黏土矿物水化膨胀和分散，具有类似油基钻井液的强防塌性能和强抑制性能[4-8]，后期开发中希望引入硅酸盐钻井液进行钻进。该体系目前在塔里木油田、大庆油田、大港油田和海上油井等广泛应用，防塌效果明显。但硅酸盐钻井液的强碱性使得钻井液添加剂配伍性差，如常规润滑剂极易失效，同时常规润滑剂主要功能体现在降低摩阻方面，抑制能力较弱，不能有效抑制黏土水化膨胀。尽管国内外学者在优化硅酸盐钻井液润滑性能方面做了大量研究和测试[9-12]，但其在润滑性方面仍存在较多难题[13,14]。为了解决北部湾

作者简介：管申(1984—)，高级工程师，2006 年毕业于中国石油大学(华东)石油工程专业，主要从事海上钻完井技术研究与管理工作。地址：广东省湛江市坡头区南油一区油公司大楼；电话：0759-3912876；手机：15767583128；邮箱：guanshen@cnooc.com.cn。

盆地井壁不稳定性和使用硅酸盐钻井液与润滑剂不配伍的难题，室内研发了一种具有润滑性能好、抑制性强的 ALM 多功能润滑剂。与常规润滑剂主要依靠乳化剂吸附（即在钻具与井壁之间形成油膜降低钻具与井壁之间的摩擦）不同，ALM 多功能润滑剂主要是依靠大量分子化学吸附，使得钻具与井壁呈现出一种完全隔离的状态从而降低摩阻。ALM 多功能润滑剂与硅酸盐钻井液配伍性良好，高碱性环境下不会水解失效，不易起泡。同时，该润滑剂抑制性强，能有效抑制北部湾盆地 W 区块涸二段岩石的水化膨胀，降低了钻井过程中出现井壁稳定性的风险。

1 ALM 多功能润滑剂合成及机理分析

1.1 ALM 多功能润滑剂的制备

室温条件下将环状酸酐化合物、三乙醇胺和催化剂按 40∶20∶5 的质量比依次加入反应釜中，搅拌升温至 80~90℃反应 3h，此过程中环状酸酐化合物水解反应的产物与三乙醇胺发生酯化反应，生成含双酯键的有机物。在氮气保护下升温至 160℃，加入一定量的太古油和乙二醇，继续升温至 170~180℃反应 2h，降温至 90℃后转入调和釜，加入纳米聚四氟乙烯微粉，继续反应 2h，循环过滤冷却至室温[15]，得到的棕黄色液体即为 ALM 多功能润滑剂。

1.2 ALM 多功能润滑剂润滑机理和抑制机理分析

（1）ALM 多功能润滑剂润滑机理：①ALM 多功能润滑剂具有层状结构的双酯键、醚键，其分子之间可相对滑动，能在黏土微粒表面产生吸附作用，进而降低黏土微粒在流动过程中产生的滑动摩擦阻力；②羟基、醇羟基等极性基团，能提高润滑剂和纳米聚四氟乙烯粉的亲水性和吸附性，使润滑剂在岩石和钻具表面上形成定向的分子层，从而形成了高韧性的润滑吸附膜，吸附膜具有一定的承压能力，可有效地阻止井壁和钻具表面的直接接触，减少摩擦阻力从而起到润滑作用；且吸附基团位于分子链同端，吸附层致密不易脱附；③同时引入纳米聚四氟乙烯微粉，可以填充钻具摩擦表面的微划痕处以及由摩擦引起的凹槽，降低摩擦表面的磨损，能有效降低压差卡钻的风险。

（2）ALM 多功能润滑剂抑制机理：ALM 多功能润滑剂中的少量纳米聚四氟乙烯微粉填充微裂隙及微孔隙，醇羟基、醚基等多种基团使润滑剂在掉块岩石表面形成了高韧性的润滑吸附膜，与微裂隙及微孔隙岩石的表面键合，起到对岩石弱面的胶结作用，宏观增强岩石整体强度；同时形成的润滑吸附膜隔绝了盐水对岩样的侵蚀，减缓了岩样的水化膨胀。层状结构的双酯键形成类似锚链属性的多点锚链，其能够快速控制最活跃水化点并牢牢地固定在岩石表面及层间（图 1），防止黏土颗粒发生表面水化和渗透水化，双重作用防止泥岩造浆，并提高井壁稳定性。

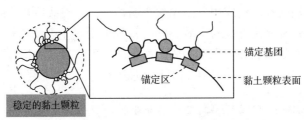

图 1 ALM 多功能润滑剂抑制机理

2 ALM 多功能润滑剂性能评价

2.1 理化性能

润滑剂 ALM 外观为棕黄色均匀液体,密度为 0.90g/cm³,荧光级别较低为 3 级,参考 Q/SY 1088—2012《钻井液用液体润滑剂技术规范》,对润滑剂 ALM 的主要理化性能进行了评价,结果见表 1。结果表明,ALM 的理化性能均满足现场润滑剂使用基本要求。

表 1 润滑剂 ALM 主要理化性能

ρ (g/cm³)	$\Delta\rho$ (g/cm³)	凝点 (℃)	AV (mPa·s)	FL (mL)	挥发组分 (%)	润滑系数 降低率(%)	黏附系数 降低率(%)
0.9±0.1	0.05	−9~−10	18	13	5.2	87.65	68.52

2.2 环保性能

ALM 的主要原材料为环保、可降解材料,可有效减轻或避免对环境的污染。室内对多功能润滑剂的生物降解性和生物毒性进行了测试。(1)生物降解—BOD_5/COD_{Cr} 法:一般行业要求不低于 10%;以重铬酸钾法测定润滑剂的 COD_{Cr},稀释与接种法测定润滑剂的 BOD_5,以 BOD_5/COD_{Cr} 值表示生物降解性(表 2),BM-1 生物降解性>25%,属于易降解物质。(2)生物毒性—卤虫法:海洋一级海域要求>30000mg/L。依据 Q/SY111—2007《油田化学剂、钻井液生物毒性分级及检测方法发光细菌法》,测定 ALM 的生物毒性 EC50 值为 61500mg/L,远大于排放标准 30000mg/L。

表 2 生物降解能力评价

样品	COD_{Cr}(mg/L)	BOD_5(mg/L)	BOD_5/COD_{Cr}(%)
5%多功能润滑剂	76400	22300	29.2
15%多功能润滑剂	42600	12100	28.4

环保性能测试实验结果表明,合成的 ALM 多功能润滑剂生物毒性显示,其对环境友好,且具有良好的生物降解性无生物毒性,属于环境友好型润滑剂。

2.3 润滑性能

室内采用抗磨试验机 KMY201-1A 和 E-P 极压润滑仪,分别评价了白油、钻井液中常用的植物油类润滑剂 LUBE-H、聚合醇类润滑剂 PF-LUBE 以及 ALM 多功能润滑剂在清水中不同加量时的抗磨性能和极压润滑性能,试验结果见表 3,抗磨钢块上的磨损情况如图 2 所示。由实验结果可知,白油润滑性能较好,润滑系数为 0.036,但抗磨性能较差,可以承载 6.5kg 的重量且钢块磨痕很大;多功能润滑剂 ALM 的抗磨和润滑性能均好,加量 15%多功能润滑剂 ALM 的润滑系数为 0.032,可承载 12kg 的重量,且钢块磨痕非常小,润滑性能及抗磨性能均优于白油和其他类型的润滑剂。

表 3 极压润滑及抗磨性能评价

润滑剂类型	5% ALM	10% ALM	15% ALM	100% ALM	100% LUBE-H	100% PF-LUBE	100% 白油	海水
抗磨(kg)	9.0	12.0	12.0	12.0	7.5	8.0	6.5	2.5
EP 润滑系数	0.142	0.049	0.032	0.031	0.046	0.052	0.036	0.380

图2 抗磨钢块的磨损情况（从左至右依次为15%ALM多功能润滑剂、
PF-LUBE、LUBE-H和白油）

按照Q/SY 17088—2016《钻井液用液体润滑剂技术规范》标准中规定的方法，在基浆中加入0.5%润滑剂试样，对比评价LUBE-H、PF-LUBE、ALM多功能润滑剂的润滑性能，润滑性能用润滑系数降低率来表征；采用抗磨试验机KMY201-1A和E-P极压润滑仪评价试样的润滑系数降低率和抗磨性能。部分常规润滑剂由于不抗钙镁，在海水搬土浆中易起泡，甚至润滑剂失效，而W-1井采用海水钻进，故本实验增加了润滑剂在模拟海水搬土浆中的性能评价，实验结果见表4。从表4可以看出，在淡水和海水搬土浆中，ALM多功能润滑剂的抗磨性能和润滑性能均优于LUBE-H和PF-LUBE两种润滑剂。

$$\eta = \frac{\omega_0 - \omega_1}{\omega_0} \times 100\% \qquad (1)$$

式中：η为润滑系数降低率；ω_0为基浆润滑系数，无量纲；ω_1为加样后的润滑系数，无量纲。

表4 润滑剂在搬土浆中的极压润滑及抗磨性能评价

基液	润滑剂	抗磨（kg）	润滑系数	润滑系数降低率（%）
淡水	空白	2	0.320	—
	0.5%LUBE-H	5	0.046	85.6
	0.5%PF-LUBE	7	0.062	80.6
	0.5%ALM	9	0.022	93.1
模拟海水	空白	2	0.430	—
	0.5%LUBE-H	4	0.147	65.8
	0.5%PF-LUBE	7	0.156	63.6
	0.5%ALM	9	0.106	75.3

2.4 抗温性能

润滑剂的抗温性能是其在钻井液中持续发挥功效关键，室内采用5%的膨润土浆中加入0.5%ALM，测试不同温度下（100~180℃）润滑剂老化16h后摩阻系数变化规律，考察ALM的抗温性能，实验结果见表5。

表5 ALM多功能润滑剂在基浆中的抗温性能

ALM加量 （％）	老化 条件	AV （mPa·s）	PV （mPa·s）	YP （Pa）	Φ_6/Φ_3	FL_{API} （mL）	润滑系数 降低率（％）
0	老化前	12	8	4	3/2	21.6	—
0.5	老化前	13	8.5	4.5	3/2	15.8	
	100℃	13.5	9	4.5	4/3	14.6	88.31
	120℃	14.5	9	5.5	4/3	15.2	86.16
	140℃	15	9.5	5.5	5/4	15.4	84.28
	160℃	15.5	9.5	6	6/4	15.8	81.65
	180℃	16	10	6	6/4	20.5	75.31

实验结果表明，随着老化温度从100℃升高至160℃，膨润土浆润滑系数降低率变化幅度不大，始终保持在80％以上，温度升高到180℃时，出现了明显的下降，说明ALM润滑剂耐温可达160℃，在高温下具有较好的润滑性能。

2.5 抑制性能

ALM多功能润滑剂的抑制性评价，室内通过浸泡实验，模拟钻井过程中钻井液对地层岩石的影响。取W-1井涠二段掉块岩样放入溶液中，观察岩样在恒温箱中90℃恒温浸泡1h、2h、24h、48h的变化，实验结果见表6，48h岩样状态见图3。从表6可以看出，W-1井涠二段掉块岩样极易水化膨胀，在淡水中仅浸泡1h即破碎；配方3中加入了ALM多功能润滑剂抑制效果较好，可媲美白油，能有效增强现场掉块的强度，抑制掉块水化分散，起到较好的预防井壁垮塌效果。采用5％ALM多功能润滑剂对涠二段现场掉块岩样浸泡1周后的电镜扫描结果如图4所示。从图4可以看出，浸泡1周后，掉块本身存在的裂缝未出现发展延伸、未出现新裂缝，说明ALM多功能润滑剂具有良好的抑制泥岩水化膨胀的能力。

表6 不同溶液对岩样的水化抑制能力评价

序号	配方	浸泡1h	浸泡2h	浸泡24h	浸泡48h
1	淡水	破碎	破碎	破碎	破碎
2	淡水+5％KCl+1％NaOH	破碎	破碎	破碎	破碎
3	淡水+5％ALM+5％KCl+1％NaOH	无变化	无变化	无变化	无变化
4	湛江3#白油	无变化	无变化	无变化	无变化

（a）淡水　　（b）淡水+5％KCl+1％NaOH　　（c）淡水+10％ALM+5％KCl+1％NaOH　　（d）湛江3#白油

图3 浸泡48h时，不同溶液中岩样状态对比

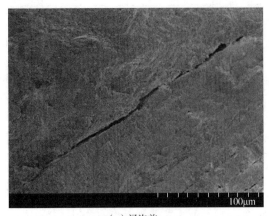 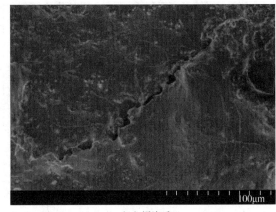

（a）浸泡前　　　　　　　　　　　　　　　（b）浸泡后

图4　ALM多功能润滑剂浸泡岩样1周后电镜扫描结果

3　不同钻井液体系中的综合性能评价

对比评价了北部湾地区钻井现场所用的海水聚合物钻井液（PDF-PLUS/KCl）、PDF-MOM两种钻井液和室内研究的硅酸盐钻井液的配伍性能、极压润滑性能、抗磨性能、四球抗磨性能和抑制性能。钻井液基本配方如下：

（1）PDF-PLUS/KCl体系配方：海水+0.25%NaOH+0.2%Na_2CO_3+2%膨润土（9%预水化膨润土浆）+0.7%PF-PAC-LV+3%PF-LSF+3%PF-NRL+5%KCl+0.5%PF-PLUS+0.2%PF-XC+重晶石加重至1.4g/cm^3。

（2）硅酸盐钻井液基本配方为：65%淡水+1.0%NaOH+0.3%PAV-HV+0.3%XC+3%pH稳定剂+10%液体流型调节剂+3%PF-LUBE润滑剂+1.5%降滤失剂+2%FT-2+5%硅酸钠+1%KCl+重晶石加重至1.4g/cm^3。

（3）现场PDF-MOM体系配方：3#湛江白油+2%1699+1%1767+3%PF-MOALK+2%有机土+30%$CaCl_2$盐水+2%PF-MORLF+5%PF-MOLSF+深圳重晶石加重至1.4g/cm^3，油水比85：15。

3.1　与钻井液的配伍性能

室内分别选取北部湾地区钻井现场所用的海水聚合物钻井液（PDF-PLUS/KCL）和硅酸盐钻井液进行测试，试验结果见表7。实验条件：120℃老化16h，50℃测试流变性能。

表7　ALM多功能润滑剂与钻井液配伍性能评价

体系	ALM加量（%）	ρ（g/cm^3）	AV（mPa·s）	PV（mPa·s）	YP（Pa）	FL_{API}（mL）	FL_{HTHP}（mL）	pH值	润滑系数降低率（%）
海水聚合物钻井液	0	1.400	45	37	8	4.2	14.6	9.0	—
	1	1.395	47	38	9	4.0	10.2	9.0	67.35
	3	1.392	48	39	9	3.6	9.5	8.0	72.86
	5	1.388	50	40	10	3.2	7.8	8.0	78.58

体系	ALM 加量 （%）	ρ （g/cm³）	AV （mPa·s）	PV （mPa·s）	YP （Pa）	FL_{API} （mL）	FL_{HTHP} （mL）	pH 值	润滑系数 降低率（%）
硅酸盐 钻井液	0	1.400	51	42	9	4.0	16.3	11.65	—
	1	1.393	52.5	43	9.5	3.2	11.5	11.68	75.54
	3	1.390	54	44	10	2.4	8.4	11.62	81.36
	5	1.386	56	45	11	2.1	6.8	11.70	85.21

实验结果表明，加入润滑剂后，两种体系的密度变化值均小于 0.02g/cm³，随着润滑剂加量的增大，两种体系的流变性基本保持稳定，API 失水和高温高压失水均出现下降趋势，pH 值基本无变化，尤其是对要求较为严格的硅酸盐钻井液体系基本无影响。润滑剂加量增加，体系的润滑系数降低明显，体现了良好的润滑性能，说明 ALM 润滑剂与聚合物钻井液和硅酸盐钻井液配伍性良好。

3.2 四球抗磨性能评价

采用微控全自动四球摩擦试验机对比评价了硅酸盐、PDF-PLUS/KCl、PDF-MOM 三种钻井液体系的抗磨性能，实验结果见图 5。实验结果表明，硅酸盐体系四球抗磨磨斑最小，为 0.662mm，硅酸盐体系抗磨效果比 PDF-MOM 和 PDF-PLUS/KCl 体系强，ALM 多功能润滑剂中加入的纳米聚四氟乙烯微粉，可以填充钻具摩擦表面的微划痕处以及由摩擦引起的凹槽，有效降低摩擦表面的磨损。

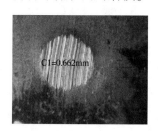

图 5　三种钻井液的四球抗磨性能（从左至右依次为硅酸盐、PLUS/KCL、MOM 钻井液）

3.3 抑制性能评价

分别取已钻井 W-1 井涧二段 1630~1645m 和流二段 2982~2992m 钻屑，三种钻井液体系的抑制性能评价。根据图 6 结果显示，PV 表征钻井液内摩擦力，三种钻井液在涧二段 1630~1645m 和流二段 2982~2992m 钻屑的抑制实验中，从 PV 增长率看，老化后 PLUS/KCl 钻井液较 MOM 油基钻井液 PV 值增加小，硅酸盐钻井液和 PLUS/KCl 钻井液 PV 值增长率相当，硅酸盐具有较好的抗钻屑污染能力。

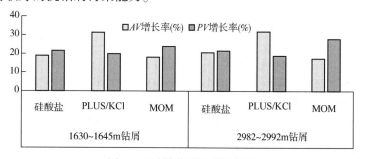

图 6　三种钻井液的抑制性能

4 现场应用

目标井 W-2 井油组孔隙度 14%~17.8%，平均 16.2%，渗透率 16~84mD，为中孔中低渗储层，目的层湄三段以泥岩为主，流一段以灰色泥岩与浅灰色粉砂岩呈不等厚互层；其间夹一层浅灰色泥质粉砂岩。一开采用海水聚合物钻井液钻井，二开（1520~3782m）采用硅酸盐钻井液体系，其中 ALM 多功能润滑剂加量为 3%。

于室内实验的基础上，在 W-2 井进行现场试验，现场硅酸盐钻井液性能见表 8。整个钻井过程中该硅酸盐钻井液性能稳定，起下钻顺利无挂阻，返出钻屑干爽且棱角分明，工程施工顺利，且整个钻井期间钻井液维护简单，及时检测体系硅酸盐含量及 pH 值及时补充即可。

表 8 W-2 井现场钻井液性能

井深 （m）	密度 （g/cm³）	AV （mPa·s）	PV （mPa·s）	YP （Pa）	Φ_6/Φ_3	FL_{API} （mL）	摩阻
2016	1.33	44.0	30	14	4/3	2.8	0.109
2533	1.33	41.5	29	12.5	4/3	2.8	0.105
3080	1.34	41.5	30	11.5	4/3	2.8	0.104
3539	1.34	41.0	29	12	4/3	2.6	0.105

5 结论

（1）含有双酯键、醚键和醇羟基等多种基团与纳米聚四氟乙烯微粉的 ALM 多功能润滑剂，无论是 ALM 多功能润滑剂单剂，还是在淡水或海水搬土浆中均具有优秀的抗磨性能和极压润滑性能。

（2）研究合成的 ALM 多功能润滑剂具有较强的抑制能力，能有效抑制 W-1 井湄二段掉块岩样水化分散。

（3）ALM 多功能润滑剂与硅酸盐润滑剂配伍性良好，对体系流变性能无影响，能有效降低硅酸盐钻井液的摩阻、提高封堵性能和四球抗磨性能。

（4）ALM 多功能润滑剂能有效提高现场 PDF-PLUS/KCl 钻井液的润滑性能和抗磨性能。

（5）ALM 多功能润滑剂加量为 3% 的硅酸盐钻井液体系在 W-2 井中成功应用，结果表明该体系具有良好的稳定井壁能力和润滑性能。

参 考 文 献

[1] P. T. Chee, G. R. Brian Effects of swelling and hydration stress in shale on wellbore stability [C]. SPE38057 Google Scholar, 1997.

[2] Aftab, A., Ismail, A. R., Ibuputo, Z. H. Enhancing the rheological properties and shale inhibition behavior of water-based mud using nanosilica, multiwalled carbon nanotube, and graphene nanoplatelet [J]. Egypt. J. Pet. 2017, 26 (2): 291-299.

[3] Rana, A., Arfaj, M. K., Saleh, T. A. Advanced developments in shale inhibitors for oil production with low environmental footprints a review [J]. Fuel, 2019: 247, 237, 249.

[4] 蓝强，邱正松，王毅. 硅酸盐钻井液防塌机理研究 [J]. 石油学报，2007(5): 133-138.

［5］王森，陈乔，刘洪，等．页岩地层水基钻井液研究进展［J］．科学技术与工程，2013，13（16）：4597-4601.

［6］刘选朋，郑秀华，王志民，等．硅酸盐防塌泥浆研究及其在碳质泥岩钻探中的应用［J］．地质与勘探，2010（5）：967-971.

［7］张金波，范维旺，宁军明，等．KCl/硅酸盐钻井液体系在苏丹6区的成功应用［J］．钻井液与完井液，2007，24（6）：81-83.

［8］郑义，李果，刘丹婷，等．适用于川西地区的硅酸盐钻井液研究［J］．天然气技术与经济，2012（2），45-48+79.

［9］Chang Z, Breeden D L, McDonald M J. The use of Zinc Dialkyl Dithiophosphate as a Lubricant Enhancer for Drilling Fluids Particularly Silicate-based Drilling Fluids［C］. SPE 141327 - MS, 2011.

［10］张海青．硅酸盐钻井液防塌性能试验研究［D］．长春：吉林大学，2004.

［11］丁彤伟，鄢捷年．硅酸盐钻井液的抑制性及其影响因素的研究［J］．石油钻探技术，2005，33（6）：32-35.

［12］刘绪全，陈博，陈勉．苏丹地区硅酸盐钻井液发泡原因及消泡对策分析［J］．钻井液与完井液，2012，29（3）：48-50.

［13］南小宁，郑力会，童庆恒．硅酸盐钻井液技术发展机遇与挑战［J］．钻采工艺，2015，38（6）：75-78.

［14］许明标，吴娇，侯珊珊，等．一种无硫磷极压润滑剂及其制备方法和应用：201811359549.4［P］.2019-03-22.

［15］戴向东，易绍金，向兴金，等．钻井液化学剂可生物降解性评定方法［J］．油气田环境保护，1996（3）：50-53.

不同聚合物协同作用对钻井液流变性能影响研究

孔庆胜[1] 吕 鹏[2] 陈 强[1]

(1. 中海油田服务股份有限公司；2. 中海石油(中国)有限公司天津分公司)

【摘 要】 流型调节剂是影响钻井液悬浮、携带及稳定井壁能力的重要因素。本文对比了不同类型聚合物对典型水基钻井液流变性能的影响。结果表明：聚合物 A 单独使用且加量为 0.3%时，钻井液表观黏度、动切力性能良好，但初、终切力分别为 2Pa、5Pa，难以满足现场使用要求。聚合物 B 和聚合物 A 协同使用时，初、终切力分别为 4Pa、6.5Pa，一定程度缓解聚合物 A 单独使用时初、终切力不足的问题，但终切力和动切力仍未达到作业需求。聚合物 C 和聚合物 A、B 协同使用，聚合物 C 加量为 0.2%时，初切力终切力达到 6.5Pa 和 12Pa，远大于只加聚合物 A 和 B 的切力，符合现场作业要求。优化后各聚合物使用浓度为：聚合物 A：0.3%；聚合物 B：0.5%；聚合物 C：0.2%。本文对 HEM 钻井液的现场使用及推广具有重要指导意义。

【关键词】 流型调节剂；聚合物；钻井液；浓度；流变性

流型调节剂通过增黏提切作用改善钻井液的流变性能，使钻井液保持较好的悬浮 、携带、稳定井壁的能力[1]。近年来，国内油田勘探开发力度不断加大，适用于大位移、大斜度定向及深水、超深水等高难度井的钻井液需求越来越大，对钻井液流变性提出更高的要求[2]。典型钻井液用流型调节剂主要包括有机土和聚合物两大类。有机土高温下容易稠化、易污染储层的缺点制约了它在现场的推广应用[3]。聚合物类流型调节剂主要包括天然聚合物和人工合成聚合物[4,5]，这两类流型调节剂混合使用可以满足技术上和成本上的双重考量。淀粉、黄原胶是典型的天然聚合物[6]，而丙烯酰胺及其衍生物是典型的人工合成流型调节剂[5]。

本文以典型水基钻井液配方为基础，通过不同类型流型调节剂的优化及组合使用，研究了不同流型调节剂对钻井液流变性能的影响。从胶体与界面化学角度分析了不同流型调节剂的作用机理及其协同作用，为水基钻井液的现场使用提供理论支持与指导。

1 实验材料与仪器

实验材料：NaOH(≥99.5%)，Na_2CO_3(≥99.5%)，NaCl(>99.5%)，KCl(>99.5%)，$MgSO_4$(≥99%)，$MgCl_2$(>99.5%)，$CaCl_2$(>99.5%)，$NaHCO_3$(>99.5%)，NaBr(>99.5%)国药集团化学试剂有限公司；柠檬酸(工业级)、聚胺(UHIB)、防泥包剂(HLUB)、小分子包被剂(UCAP)、改性淀粉(FLOTROL)均由天津中海油服化学公司提供。

聚合物 A：天然生物类聚合物，由黄原菌类作用于碳水化合物而生成的高分子链状多糖聚合物，属于聚阴离子型线型高聚物；聚合物 B：人工合成的聚丙烯酰胺类化合物，分子量

作者简介：孔庆胜(1981—)，男，工程师，2007 年毕业于中国石油大学(华东)应用化学专业，大学本科，现在从事钻井液开发及现场应用推广工作。地址：天津市滨海高新区塘沽海洋科技园海川路 1581 号；Tel：13388071495；E-mail：kongqingsheng21@ 163. com。

为 300 万~400 万，具有线性结构；聚合物 C：天然聚合物 A 经过化学结构改性而得到的聚合物复合产品，均由天津中海油服化学公司提供。

人工海水：26.518g/L NaCl，3.305g/L MgSO₄，22.227g/L MgCl₂，10.725g/L CaCl₂，0.202g/L NaHCO₃，0.725g/L KCl，0.083g/L NaBr。

实验仪器：汉密尔顿三轴搅拌器（美国 OFITE 公司）；八速旋转黏度计（美国 OFITE 公司）；五轴滚子炉（美国 OFITE 公司）；OFITE 老化罐（美国 OFITE 公司），分析天平（精度0.001g），药匙，配浆杯，量筒，量杯（1000mL）。

2 结果与讨论

2.1 聚合物 A 对 HEM 钻井液流变影响研究

按照基础浆配方：海水+0.1% NaOH+ 0.2%Na₂CO₃+2%FLOTROL+ 0.5%UCAP+0.17%柠檬酸+3% UHIB+ 2%HLUB+ 9%NaCl+ 5%KCl，用量筒量取人工海水 350mL 倒入配浆杯中，用药匙取各组分在天平上精确称量，聚合物 A 的加量分别为：0.1%、0.2%、0.3%、4%，在低速搅拌状态下加入配浆杯中，得到 4 种水基钻井液配方，分别记为配方 1、2、3、4。

将配浆杯置于高速搅拌器上，在 10000r/min 状态下高速搅拌 5min，停转后取下配浆杯，用刮刀刮下黏在杯壁上的药品并加入钻井液中；继续搅拌 15min，其中每隔 5min 取下配浆杯用刮刀刮下药品加入钻井液中。

分别取配制好的各钻井液 350mL，倒入老化罐中，拧紧固定螺栓，置于滚子炉中，100℃热滚老化 16h，取出并冷却至室温，倒入配浆杯中，在 10000r/min 转速高速搅拌10min 后，取下配浆杯后将钻井液倒入测量杯中，在黏度计上读取 Φ_{600}、Φ_{300}、Φ_{200}、Φ_{100}、Φ_6、Φ_3 的稳定读数，将钻井液样品在 600r/min 搅拌 10s，静止 10s 后开动仪器使转筒以3r/min 的转速转动，记录此时的最大读值，记为初切力 Gel 10″（单位为 Pa）；再将钻井液样品在 600r/min 重新搅拌 10s，静止 10min 后开动仪器使转筒以 3r/min 的转速转动，记录此时的最大读值，记为终切力 Gel 10′（单位为 Pa）。通过流变公式[7]计算样品的表观黏度、塑性黏度、动切力。

$$AV = \Phi_{600}/2 \qquad (1)$$
$$PV = (\Phi_{600} - \Phi_{300})/2 \qquad (2)$$
$$YP = 0.48 \times (\Phi_{300} - PV) \approx (\Phi_{300} - PV)/2 \qquad (3)$$

式中：AV 为表观黏度，mPa·s；PV 为塑性黏度，mPa·s；YP 为动切力，Pa。

聚合物 A 不同加量下的钻井液的表观黏度、塑性黏度、动切力计算结果见表1。

表 1　聚合物 A 加量对体系流变性的影响

配方	Φ_{600}/Φ_{300}	Φ_{200}/Φ_{100}	Φ_6/Φ_3	Gel（Pa/Pa）	AV（mPa·s）	PV（mPa·s）	YP（Pa）
1	31/20	17/9	1/1	1/1	15.5	11	4.5
2	43/28	23/15	2/1	1/2.5	21.5	15	6.5
3	52/37	28/19	3/2	2/5	26	15	11
4	61/45	33/24	5/3	4/6.5	30.5	16	14.5

从表1实验结果可以看出，随着聚合物A加量的不断增加，体系表观黏度从15.5mPa·s增至30.5mPa·s，增幅近1倍，而动切力YP从4.5Pa增至14.Pa，增长3倍。同时，体系的初、终切随着聚合物A加量的增加而显著增大，加量为0.3%的体系的初、终切比加量为0.2%的有了较大增长。聚合物A为聚阴离子线型高聚物，一方面聚合物A在水中溶胀、溶解过程中自身黏度不断增大，导致体系表观黏度增加；另一方面其双螺旋环结构、阴离子基团等结构特性，使其分子间容易发生相互作用，形成网络结构。这样导致了少量的加入即可导致动切力和初、终切明显的变化。聚合物A有利于提高体系的切力，增强体系的悬浮能力。但值得注意的是，实际使用过程中初、终切过高，在重新建立钻井液循环时泵压会过高。聚合物A在加量0.4%时，动切力已经是一个较高的值，而初、终切之间的差值进一步缩小，这就需要通过其他聚合物的协同使用，以保证增加表观黏度及动切力的同时保证初、终切符合使用要求。从体系性能及经济角度考虑，选取聚合物A为0.3%的加量。

2.2 确定聚合物A用量，协同聚合物B对HEM钻井液流变影响研究

在加入0.3%聚合物A基础配方的基础上改变聚合物B的加量，将聚合物B加量为0.3%、0.5%得到2种钻井液分别记为配方5、配方6。参考2.1节钻井液的配制、老化及参数测定、计算方法，考察聚合物B与聚合物A协同作用下对钻井液体系流变性的影响。

表2 聚合物B加量对体系流变性的影响

配方	Φ_{600}/Φ_{300}	Φ_{200}/Φ_{100}	Φ_6/Φ_3	Gel（Pa/Pa）	AV（mPa·s）	PV（mPa·s）	YP（Pa）
5	60/42	34/24	8/6	4.5/6	30	18	12
6	73/52	42/30	10/8	5/6.5	36.5	21	15.5

从表2可以看出，聚合物A加量为0.3%时，高浓度聚合物B下的钻井液体系的表观黏度、塑性黏度和动切力均较高。增加聚合物B的加量可以提高该体系的流变性和动切力。

聚合物B在金属离子作用下可发生一定程度的交联反应，部分结构可由线型转变为体型结构，一定程度增加了钻井液内的摩擦，使钻井液表观黏度、塑性黏度增大，体型结构的形成也增加了体系的动切力。同时应该注意聚合物B的加量对体系的初、终切并无显著影响。这两种聚合物的协同使用，有效地解决了聚合物A单独使用时初、终切力不足的问题。但终切力和动切力还没有达到预期要求，动切力相对较高，而初、终切的数值不够理想。

2.3 确定聚合物A、B用量，协同聚合物C对HEM钻井液流变影响研究

在2.2节配方6的基础上改变聚合C加量，将聚合物C加量为0.1%、0.2%、0.3%得到的钻井液记为配方7、配方8、配方9。参考2.1节钻井液的配制、老化及参数测定与计算方法，考察聚合物A、聚合物B和聚合物C对体系流变性的协同影响。

表3 聚合物C加量对体系流变性的影响

配方	Φ_{600}/Φ_{300}	Φ_{200}/Φ_{100}	Φ_6/Φ_3	Gel（Pa/Pa）	AV（mPa·s）	PV（mPa·s）	YP（Pa）
7	61/45	35/25	10/7	4.5/8	30.5	16	14.5
8	75/56	46/33	10/7	6.5/12	37.5	19	18.5
9	83/66	52/41	10/7	7.5/16	41.5	17	24.5

从表 3 可以看出，随着聚合物 C 加量的增加，体系表观黏度和动切力不断增加。当聚合物 C 加量为 0.2%时，初切力、终切力就达到 6.5Pa 和 12Pa，远大于只加聚合物 A 和 B 的切力，符合现场作业要求。当加量为 0.3%时，终切力就会达到 16Pa，这对于现场应用切力结构过强，易导致开泵压力激动大，造成复杂情况。

聚合物 C 在温度和剪切作用下，分子链逐渐伸展，所形成的游离态聚合物分子与聚合物 A、B 分子相互作用，相互缠绕。这种协同作用提高了聚合物 A 分子的稳定性，使分子与分子之间的链接交联强度增大，密切程度增加，进一步强化聚合物 A 的增黏性构象和侧链绕主链骨架反向缠绕的结构，建立更好的氢键维系的棒状双螺旋结构复合体。在聚合物 A、B、C 的协同作用下达到了理想的效果；聚合物 C 加量 0.2%时即可达到理想的要求，实际使用时经济性也较高。

3 结论

（1）聚合物 A 有利于提高钻井液体系的切力，增强体系的悬浮能力。但单独使用时难以同时满足现场作业对钻井液表观黏度、动切力及初、终切等各项要求。综合考虑技术及成本，聚合物 A 的最佳加量为 0.3%。

（2）聚合物 B 和聚合物 A 协同使用时，可以缓解聚合物 A 单独使用时初、终切力不足的问题。但终切力和动切力仍未达到作业需求。

（3）聚合物 C 和聚合物 A、B 协同使用，聚合物 C 加量为 0.2%时初、终切力达到 6.5Pa 和 12Pa，远大于只加聚合物 A 和 B 的切力，符合现场作业要求。

（4）优化后的各聚合物使用浓度为：聚合物 A：0.3%；聚合物 B：0.5%；聚合物 C：0.2%。

参 考 文 献

[1] 鄢捷年. 钻井液工艺学[M]. 东营：石油大学出版社，2001：78-83.

[2] 杨双春，宋洪瑞，郭奇，等. 钻井液用流型调节剂的研究进展[J]. 精细化工，2020（9）：1745-1754.

[3] JAIN R, MAHTO V. Evaluation of polyacrylamide/clay composite as a potential drilling fluid additive in inhibitive water based drilling fluid system [J]. Journal of Petroleum Science and Engineering, 2015, 133: 612-621.

[4] RAMASAMY J, AMANULLAH M. Nanocellulose for oil and gas field drilling and cementing applications[J]. Journal of Petroleum Science and Engineering, 2020, 184: 106292.

[5] 刘音，常青，于富美，等. 聚丙烯酰胺在油田生产中的应用[J]. 石油化工应用，2014，33（4）：9-11.

[6] 杨小华，王中华. 2015～2016 年国内钻井液处理剂研究进展[J]. 中外能源，2017，22（6）：32-40.

[7] 李自立. 海洋钻井液技术手册[M]. 北京：石油工业出版社，2019：33-34.

高密度无机盐完井液对 P110 钢的高温腐蚀行为

邹　鹏　张世林　黄　其　杨　洁

(中国石油集团渤海钻探工程有限公司井下技术服务分公司)

【摘　要】　针对高温深井的油气勘探开发工程减轻储层伤害及防腐的需要，开发了一种低腐蚀性高密度无机盐完井液体系。采用高温高压腐蚀仪及失重法评价了在不同温度(160~180℃)、密度(1.80~2.30g/cm³)及缓蚀剂加量(1%~5%)下该完井液对 P110 钢片的腐蚀规律。研究结果表明，随着温度的增加，平均腐蚀速率及点腐蚀速率增加，随着缓蚀剂的增加，腐蚀速率随之降低，完井液中的缓蚀剂具有较好的缓蚀效果。采用场发射扫描电镜(SEM)观察了 P110 钢片表面形成了致密的缓蚀产物膜。采用 X-射线能谱仪(EDS)、X-射线光电子能谱仪(XPS)观察了研究揭示了完井液中缓蚀剂与 P110 钢片的缓蚀作用机理，在 P110 钢片表面主要形成了 Fe_3O_4，Fe_2O_3，以及三价铁与完井液缓蚀剂中有机成分形成的有机铁络合物。缓蚀剂不仅参与了产物膜的生成，而且促进了铁的氧化钝化，协同实现了高密度无机盐完井液在高温下对 P110 钢的缓蚀效果。

【关键词】　无机盐；缓蚀剂；高密度无机盐完井液；腐蚀性能；缓蚀机理

传统完井液一般都含有固相和黏土颗粒，而固体颗粒和黏土对于储层的伤害很大[1-3]，另外高温深井井下作业时间较长，完井液中固相颗粒易沉积易发生卡管柱工程质量事故，后期处理成本高。为了减轻储层伤害及避免砂卡技术风险，适用于高温深井的无固相完井液的开发受到了普遍关注。无固相完井液主要以可溶性盐为加重剂，密度可调范围宽，具有抗温、抗盐等优点。目前，对于密度 1.80~2.30g/cm³ 的无固相高密度完井液，主要有两类：一类是甲酸铯及复合盐水溶液，因其呈碱性而对金属管柱腐蚀性小，在国外油气田获得较好工业化应用，但成本极其昂贵[4,5]。另一类是卤化盐及复合盐水溶液，其对常规油套管腐蚀严重，特别是高温环境下腐蚀尤其严重，需要和特殊抗腐蚀性材质的油套管配合使用(如13Cr、15Cr 材质表面带有钝化膜具有防腐功能)[6-11]，造成配套的特种油套管成本极高，单井建井成本高。基于此，笔者基于无机盐逐级加重方法开发了一种高密度无机盐完井液，其密度在 1.80~2.30g/cm³ 范围可调节，抗温达 180℃、成本较同类完井液显著降低，同时研究了其对 P110 钢的高温缓蚀行为。

1　实验方法

高密度无机盐完井液由基础加重液和 BH-HSJ 特种缓蚀剂配制而成，其中基础加重液采用三种或四种无机盐以较高比例制备成高密度无机盐水溶液，BH-HSJ 特种缓蚀剂采用氮氧杂环烷烃、吡啶类衍生物、醇胺类衍生物等五种成分按一定比例复配而成。

作者简介：邹鹏，高级工程师，博士，1982 年生，毕业于华中科技大学材料学专业，现在从事油田化学剂及井下作业工作液的开发工作。地址：天津市滨海新区大港油田港西街 640 号；电话：022-25935632；E-mail：zoupeng02@ cnpc. com. cn。

实验所用试样取自 P110 套管，试样加工为：50mm×9.7mm×3mm 及 50mm×30mm×6mm 两种尺寸。实验前将试样表面分别用 200#、400#、600#、800# 砂纸逐级打磨，用无水乙醇清洗除油，清水冲洗后用丙酮擦洗干净，干燥后用万分之一电子天平称重。采用美国 Cortest 公司生产的高温高压腐蚀仪进行静态腐蚀实验，实验介质为上述高密度无机盐完井液，实验时间为 3~7d，具体实验方法按照美国腐蚀学会 NACE RP-0775-91 标准进行，实验结束后取出试样，用清水冲洗，无水乙醇脱水干燥备用。每组实验做三个平行试样，用失重法计算平均腐蚀速率，采用激光形貌仪对失重试验后钢片表面的腐蚀形貌进行测量，并计算最大点腐蚀速率。采用美国 FEI 公司的 Nova Nano SEM 450 型场发射扫描电镜进行试样面扫测试，并观察表面微观形貌。采用美国 AMETEKG 公司的 CTANE PLUS 型 EDAX 能谱仪进行试样表面元素组成分析。采用美国 Thermofisher Scientific 公司的 ESCALAB 250Xi 型 X 射线光电子能谱仪(XPS)进行试样表面元素组成和价态分析。

2 结果与讨论

2.1 腐蚀速率

表 1 分别给出了密度范围 1.80~2.00g/cm³、BH-HSJ 缓蚀剂加量 5% 的无机盐高密度完井液对 P110 钢片在测试温度 160~180℃、测试压力 25MPa、测试时间 3d 条件下的平均腐蚀速率和最大点腐蚀速率规律。表 1 表明，对于同一无机盐高密度完井液，随着测试温度的增加，平均腐蚀速率和最大点腐蚀速率随之增加。而在相同的测试温度、压力及时间下，相同缓蚀剂加量的无机盐完井液随着密度的增加，平均腐蚀速率和最大点腐蚀速率并未表现出递增或递减的相关性，密度 1.90g/cm³、缓蚀剂加量 5% 的无机盐完井液反而表现出最低的平均腐蚀速率，且未见点蚀现象发生。这是因为制备的无机盐完井液中钙、锌、氯、溴等离子含量并非全部与密度呈正相关的关系且上述各无机盐离子对形成缓蚀膜碳钢表面的腐蚀速率存在显著差异。表 1 也展示了密度 2.30g/cm³、BH-HSJ 缓蚀剂加量范围 1%~5% 的高密度无机盐完井液及清水对 P110 钢片在测试温度 180℃、测试压力 25MPa、测试时间 7d 条件下的平均腐蚀速率和最大点腐蚀速率规律。随着缓蚀剂加量的增加，平均腐蚀速率和最大点腐蚀速率随之降低。与清水作为浸泡介质比较，在相同实验条件下，无机盐完井液的平均腐蚀速率从 22 倍缩小至 5.2 倍，明显改善了缓蚀性能。图 1 为 P110 钢片在密度 2.0g/cm³、缓蚀剂加量 5% 的无机盐完井液及 180℃、25MPa 高温高压腐蚀实验后的试样状态[图 1(a)]及表面腐蚀形貌[图 1(b)和(c)]。浸泡后的 P110 钢片表面均存在黑褐色腐蚀产物，但试样表面未观察到明显的局部腐蚀。实验介质为密度 2.0g/cm³、缓蚀剂加量 5% 的无机盐完井液，实验温度 180℃。

表 1 P110 钢片在无机盐高密度完井液及清水中的静态腐蚀规律

BH-HSJ 缓蚀剂加量(%)	密度(g/cm³)	实验温度(℃)	实验时间(d)	平均腐蚀速率(mm/a)	最大点腐蚀速率(mm/a)
5	1.80	160	3	0.2120	7.97
	1.90	160	3	0.0638	未见点蚀
	2.00	160	3	0.4790	2.12
	1.80	180	3	0.8289	3.95
	1.90	180	3	0.2130	1.38
	2.00	180	3	0.6496	3.98

BH-HSJ 缓蚀剂加量(%)	密度(g/cm³)	实验温度(℃)	实验时间(d)	平均腐蚀速率(mm/a)	最大点腐蚀速率(mm/a)
1	2.30	180	7	7.1542	15.93
3.6	2.30	180	7	3.4299	7.29
5	2.30	180	7	1.6925	5.62
清水		180	7	0.3251	1.732

注：(1)表1中同一密度的无机盐高密度完井液由同一无机盐配方的基础加重液制备而成；(2)高温高压腐蚀实验测试温度为160~180℃，压力为25MPa，测试时间为3~7d。

 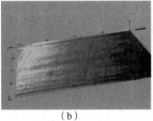 

（a）　　　　　　　　　　（b）　　　　　　　　　　（c）

图1　高温高压腐蚀实验后试样状态(a)及表面腐蚀形貌(b、c)

2.2　P110钢片表面微观形貌和腐蚀产物膜成分分析

采用密度2.0g/cm³、缓蚀剂加量5%的无机盐完井液作为P110钢片的浸泡介质，静态腐蚀条件为：温度180℃、压力25MPa、时间3d。图2为P110钢片浸泡前后的表面SEM图。与钢片浸泡前[图2(a)和图2(b)]比较，高温高压条件下浸泡后的P110钢片表面形成了较致密的产物膜。同时对浸泡前后的P110钢片表面进行能谱面扫及元素组成分析，见图3~图5及表2。图3及图5(a)表明，P110钢片表面主要含有Fe、C、N、O、Si等元素。图4及图5(b)表明，钢片表面主要含有Fe、C、N、O、Si、Ca、Zn、Cl、Br等元素。表2表明，与未经浸泡的钢片表面元素组成比较，浸泡后的钢片表面除了Fe质量分数从95.80%显著减少至53.12%外，C的质量分数从1.65%增加至3.97%，O的质量分数从1.86%显著增加至38.02%，N的质量分数从0.38%显著增加至3.16%，说明在钢片表面生成了缓蚀剂产物膜(使用的缓蚀剂由C、O、N、H四种元素组成)，同时钢片表面还存在较少量的Ca、Zn、Cl、Br，应该为产物膜中掺杂有少量完井液无机盐的沉积物。

（a）P110钢片腐蚀前的照片（3000倍）　　　　　　　（b）P110钢片腐蚀前的照片（10000倍）

图2　P110钢片表面在腐蚀前后的SEM图

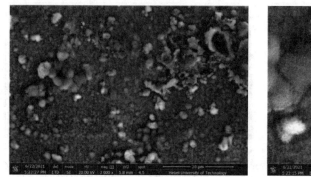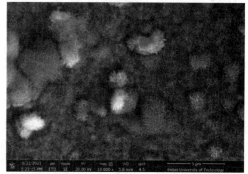

（c）P110钢片在完井液中腐蚀后的照片（3000倍）　　　（d）P110钢片在完井液中腐蚀后的照片（10000倍）

图2　P110钢片表面在腐蚀前后的SEM图(续图)

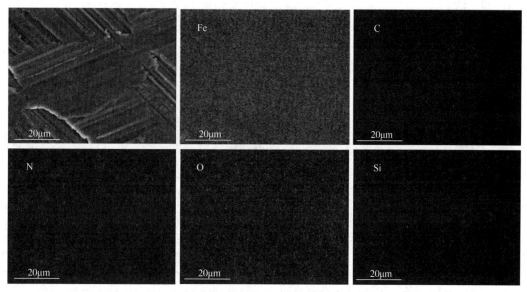

图3　P110钢片腐蚀前的微观形貌及能谱面扫分析

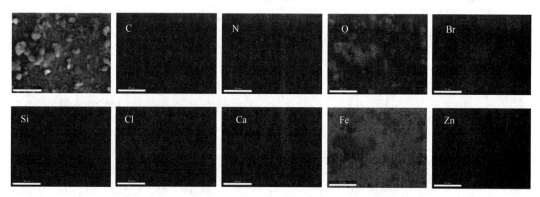

图4　P110钢片在完井液中腐蚀后的微观形貌及能谱面扫分析

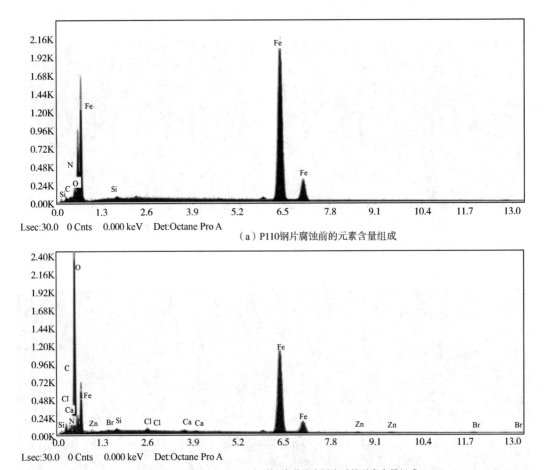

（a）P110钢片腐蚀前的元素含量组成

（b）P110钢片在完井液中浸泡后的元素含量组成

图5　P110 钢片腐蚀前后的 X 射线能谱分析

表2　P110 钢表面各元素含量分析

样品号	Fe	C	O	N	Zn	Ca	Cl	Br	Si
1#	95.80	1.65	1.86	0.38	—	—	—	—	0.32
2#	53.12	3.97	38.02	3.16	0.63	0.35	0.34	0.20	0.20

注：（1）1#为未经浸泡的 P110 空白样；（2）2#为在高密度无机盐完井液中及在180℃及25MPa 下浸泡 3d 后的 P110 试样。

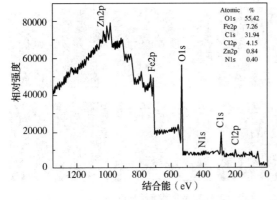

图6　完井液浸泡实验后 P110 钢片表面的 XPS 全谱图

2.3　P110 钢片表面 XPS 原子价态分析

　　X-射线能谱数据已经表明缓蚀剂能够在钢片表面生成了缓蚀膜，抑制了钢片腐蚀，但是该缓蚀膜与钢片表面附着能力如何，是否易脱落，是以物理吸附的方式还是化学吸附的方式结合，需要进一步深入研究。图6为浸泡实验后 P110 钢片表面的 XPS 全谱图，图6表明，浸泡后金属表面主要含有 Fe、O、C、N、Cl、Zn 等元素，这与表面 EDS 元素成分分析结果相对应。为了探索钢片表面 Fe、O、C、N 四种原子以什么价态或化学键合方式，利用 Shirlely 基线和 Gaussian-Lorentzian 相结合，采用非线性最小面积法对 Fe2p、O1s、C1s、N1s 进行分峰拟合，如图 7 所示。图 7(a) 表明，Fe2p 谱图解析成 3 部分，这些峰值分别为 711.8eV、714.9eV 和 716.7eV。经查阅元素标样的 XPS 结合能数据，单质铁的峰值为 706.03eV，表明含缓蚀剂的完井液使钢片表面的单质铁大部分已转化为高价铁的钝化态形式。铁的价态越高，峰值越应在强场出现，因此，711.8eV 应为三氧化四铁的峰；714.9 eV 应为三氧化二铁和三价铁或二价铁与缓蚀剂中的有机物形成的络合物的峰；716.7eV 应为 FeO(OH) 形成的峰。表明表面出现了一定程度的氧化和形成缓蚀剂络合物。图 7(b) 表明，O1s 谱图解析有 3 个峰值，分别为 531.9、534.5 和 535.7eV。531.9eV 应为三氧化二铁的峰值，534.5eV 为 FeO(OH) 出现形成的峰值，535.7eV 表明钢片表面有羟基的存在，可能为缓蚀剂的羟基氧形成的。图 7(c) 表明，C1s 谱图解析峰值分别为 284.6、286.9 和 289.2eV。284.6eV 为吸附碳的峰值，286.9 和 289.2eV 可能为缓蚀剂中的 C-O 及 C-N 提供。图 7(d) 表明，N1s 谱图解析峰值分别为 395.3、399.6 和 404.4eV。396.2eV 为缓蚀剂中 C-N 的峰值，399.6 为缓蚀剂中 N-Fe 相互作用的结果，404.4eV 可能为 N^+ 与 Fe 形成化学配位的结合能峰值。这表明缓蚀剂中有机成分参与了缓蚀膜的生成。

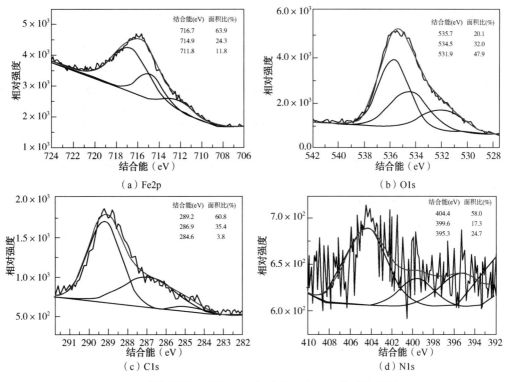

图 7　完井液浸泡后的 P110 钢片表面的 XPS 能谱解析图

3　结论

（1）开发了一种低腐蚀性高密度无机盐完井液体系，并在不同温度（160~180℃）、密度（1.80~2.30g/cm³）及缓蚀剂加量（1%~5%）下考察了该完井液对 P110 钢片的腐蚀性能。结果表明，在密度范围 1.8~2.0g/cm³，测试温度 160℃下，P110 钢片的平均腐蚀速率在 0.063~0.48mm/a 之间；在密度范围 1.8~2.0g/cm³，测试温度 180℃下，钢片的平均腐蚀速率在 0.21~0.83mm/a 之间；在密度 2.3g/cm³，测试温度 180℃下，钢片的平均腐蚀速率显著降低至 1.6925mm/a。上述数据表明，该高密度无机盐完井液体系对 P110 钢具有较好的缓蚀效果。

（2）SEM 微观形貌和 EDS 元素组成分析表明，在高温高压条件下该完井液浸泡后的 P110 钢片表面形成了较致密的缓蚀剂产物膜。

（3）XPS 测试对该缓蚀剂产物膜成分及原子价态分析结果表明，在 P110 钢片表面主要形成了 Fe_3O_4，Fe_2O_3，以及三价铁与完井液缓蚀剂中有机成分形成的有机铁络合物。缓蚀剂不仅参与了产物膜的生成，而且促进了铁的氧化钝化，协同实现了高密度无机盐完井液在高温下对 P110 钢的缓蚀效果。

参 考 文 献

[1] 唐胜蓝，王茜，张宏强，等.无固相完井液研究进展[J].广州化工，2020，48(6)：43-46.

[2] 罗宇峰.抗高温高密度饱和盐水钻井液在川西地区的应用[J].钻采工艺，2017，40(5)：98-101.

[3] 王京光，张小平，杨斌，等.一种抗高温高密度饱和盐水钻井液的研制[J].天然气工业，2012，32(8)：79-81.

[4] 史凯娇，徐同台，彭芳芳，等.国外抗高温高密度甲酸铯/钾钻完井液处理剂与配方[J].油田化学，2010，27(2)：227-232.

[5] 臧伟伟，徐同台，赵忠举，等.甲酸铯及其他甲酸盐水溶液的物理化学特性[J].油田化学，2010，27(1)：100-105.

[6] 吴若宁，熊汉桥，岳超先，等.新型高密度清洁复合盐水完井液[J].钻井液与完井液，2018，35(2)：138-142.

[7] 万里平，孟英峰，卢清兰，等.塔里木油田有机盐完井液腐蚀研究[J].西南石油大学学报，2009，31(1)：133-136.

[8] 王立翀，吕祥鸿，赵荣怀，等.超级 13Cr 与高强 15Cr 马氏体不锈钢在酸化液中的耐蚀性能对比[J].机械工程材料，2014，38(5)：57-58.

[9] 吕祥鸿，赵国仙，张建兵，等.超级 13Cr 马氏体不锈钢在 CO_2 及 H_2S/CO_2 环境中的腐蚀行为[J].北京科技大学学报，2010，32(2)：207-212.

[10] 杨向同，吕祥鸿，谢俊峰，等.高强 15Cr 马氏体不锈钢在有机盐完井液中的腐蚀行为[J].腐蚀与防护，2018，39(12)：901-911.

[11] 朱金阳，张玉楠，郑子易，等.高温高压含 O_2 溴盐完井液中 13Cr 不锈钢的腐蚀行为研究[J].工程科学与技术，2020，52(5)：257-262.

基于环氧树脂制备高温高压热固性堵漏材料的研究及其应用

程　凯[1]　张竣岚[1]　许桂莉[2]　杨兰平[1]

(1. 中国石油集团川庆钻探工程有限公司钻井液技术服务公司；

2. 中国石油集团川庆钻探工程有限公司井下作业公司)

【摘　要】　以环氧树脂为主要材料，研制了一种新型热固性高分子环氧树脂堵漏剂，探讨了固化剂和固化促进剂添加量、固化温度对环氧树脂堵漏材料固化时间、固化强度的影响，并考察了环氧树脂堵漏材料的抗污染能力、抗压性能和抗高温性能。研究结果表明，可以通过调整环氧树脂固化体系配方和固化温度来控制固化时间，固化配方为环氧树脂+20%固化剂J+2%固化促进剂F的固化体系抗压强度大于30MPa，具有优良的抗污染性能和优异的抗高温老化性能，150℃老化72h后其抗压强度几乎不衰减。现场应用表明，新型热固性高分子环氧树脂堵漏材料在固化前具有良好的流动性且固化时间符合安全生产的需要，堵漏施工效果较好，对漏层的自适应能力强，具有很好的推广应用前景。

【关键词】　环氧树脂；固化性能；堵漏；纵向裂缝

　　川渝地区地层结构复杂，存在地层破碎、断层多、裂缝和孔洞发育、同一裸眼压力系数相差悬殊等难题。尤其是在页岩气、双鱼石、高石梯—磨溪等区域，井漏频繁、堵漏难度大、堵漏成功率低，不仅耗费钻井时间、损失钻井液和堵漏材料，还会引起卡钻、井喷、井塌等一系列复杂情况。常规堵漏材料还具有以下问题：堵漏材料在堵漏过程中的自身变形能力较差或基本不具备变形能力，其尺寸和形状与漏层孔隙裂缝不匹配，导致堵漏材料很难进入到漏层中去，只能在漏层表面形成堆积，形成"封门"现象；常规堵漏材料承压能力不足，未能起到有效封堵地层裂缝孔隙的作用；具备一定的变形能力的堵漏材料，如水泥浆或凝胶类堵漏剂，其胶结凝固时间不易控制，或在井下迅速被稀释，在高温高压作用下，还未达到理想固化强度已经漏失，无法形成完整固化体；高滤失、水泥浆堵漏在施工安全性、抗污染能力等方面仍有不足。

　　针对目前堵漏材料存在的不足，亟需研制一种堵漏速度快，封堵范围广，抗压能力强，对漏层孔隙或裂缝尺寸依赖性小的堵漏剂。环氧树脂的分子具有多个环氧基和活泼氢的结构，固化后具有较优的性能。因此，环氧树脂在航天、机械、汽车制造、军工及电子等领域发展较快，应用较广。环氧树脂固化前分子结构为线型或带支链结构，具有一定的流动性，配制好后可以使用钻井泵或其他专用设备通过钻具泵入井内；固化后分子链之间形成三维的网状结构，不融不溶，且具有很强的抗压强度，具备一定的承压能力。本文针对以上问题，

　　基金项目：中国石油集团川庆钻探工程有限公司攻关项目"弹性体堵漏剂及160℃固化堵漏剂研究与现场试验"（项目编号：CQ2021B-33-Z3-3）。

　　作者简介：程凯，川庆钻探工程有限公司钻井液技术服务公司、工程师。地址：四川省成都市成华区猛追湾街26号；电话：028-86017152(18280098039)；邮箱：284420860@qq.com。

研制了环氧树脂新型堵漏剂,通过调整热固性环氧树脂固化工艺,满足现场堵漏浆配制、施工工艺及井下定时固化的要求,对解决川渝地区恶性井漏具有积极的作用。

1 实验部分

1.1 材料与仪器

环氧树脂 WSR-6152,环氧值 $0.51 \sim 0.54$ mol/100 g,无锡钱广化工原料有限公司;胺类固化剂 J,广东舜天新材料有限公司;咪唑类固化促进剂 F,济南子安化工有限公司。水基钻井液和油基钻井液配制药品均为试剂级,成都科隆化学品有限公司。

JA5003 型电子天平,冠森生物科技(上海)有限公司;DHG01 型电热恒温烘箱,上海精科仪器有限公司;HH-6 型恒温水浴锅,苏州威尔实验用品有限公司;KC-BX3 型滚子加热炉,肯测仪器(上海)有限公司;硅胶固化容器,自制;CL-03 型压力测试机,无锡市欧凯电子有限公司。

1.2 实验方法

1.2.1 固化时间测定

向一定量的环氧树脂中加入一定量的固化剂和固化促进剂,用玻璃棒缓慢搅拌 30min,直至环氧树脂与固化剂以及固化促进剂混合均匀,得到无气泡的环氧树脂浆液。将环氧树脂浆液装入自制硅胶模具中,放入烘箱,在一定温度下进行固化反应。每 5min 进行观测,以玻璃棒不能插入模具中环氧树脂浆液的时间记为环氧树脂固化时间。

1.2.2 固化抗压强度测试

参照国家标准 GB/T 2567—2008《树脂浇铸体性能试验方法》,将环氧树脂胶塞浆液在高温下固化成长 50mm 的立方体模块,利用抗压强度实验仪测试固化后环氧树脂的抗压强度。抗压强度按照公式(1)计算:

$$P = F/(0.05 \times 0.05 \times 1000)(\text{MPa}) \tag{1}$$

式中:F 为作用在立方体模块上的压力,为压力试验机上直读数值,kN。

1.2.3 环氧树脂抗污染能力评价

在 100mL 洁净烧杯中配制环氧树脂固化体系(环氧树脂+20%固化剂 J+2%固化促进剂 F)共 40mL,分别缓慢加入 20%体积分数(8mL)的污染流体(清水、10%盐水、密度为 1.6g/cm^3 和 2.0g/cm^3 的水基钻井液以及密度为 2.0g/cm^3 的油基钻井液)。分别进行搅动和不搅动,然后在 80℃下进行固化反应,按 1.2.1 节的方法测定其固化时间,6h 内未完全固化则被认为环氧树脂固化体系被污染后不能固化。

1.2.4 环氧树脂固化抗温能力评价

将同一配方(环氧树脂+20%固化剂 J+2%固化促进剂 F)的环氧树脂堵漏剂配制好后,缓慢倒入 50mm×50mm×50mm 自制硅胶模具中,在 80℃下固化完全,取出冷却脱模。将样品分为 5 组,第一组样品放置于室温下老化,其余四组样品均在高温老化罐中于 150℃条件下进行老化实验,老化介质分别为空气、清水、聚磺钻井液(密度为 2.0g/cm^3)和油基钻井液(密度为 2.0g/cm^3)。老化 72h 后取出样品清洗干净,并进行抗压强度测试。此处进行非极限抗压测试,若所计算抗压强度大于 30MPa,即停止测试。

2 结果与讨论

2.1 固化剂用量对环氧树脂固化时间的影响

在堵漏作业现场使用新型环氧树脂堵漏剂时要求固化时间可控，否则会造成井下复杂或事故。首先考察了80℃和120℃条件下，固化剂J的添加量对固化时间的影响，实验设置固化剂添加量分别为5%、10%、15%、20%和25%，不同温度下固化时间随固化剂用量增加而变化的结果如图1和图2所示。随固化剂用量的增加，体系固化时间降低，80℃条件下体系的固化时间由360min（固化剂J用量为环氧树脂质量的5%）降低至165min（固化剂J用量为环氧树脂质量的25%）。温度对固化时间也有相似的影响，随着固化温度的升高，相同固化剂用量的环氧树脂体系固化时间有所降低。例如当固化剂用量为20%时，80℃条件下体系的固化时间为200min，当体系固化温度升高至120℃时，其固化时间缩短为140min。以上现象说明固化剂用量的增加和温度的升高加快了环氧树脂固化，从而减少了环氧树脂的固化时间。综上所述，在不同固化温度下提高固化剂添加量均会缩短固化时间。

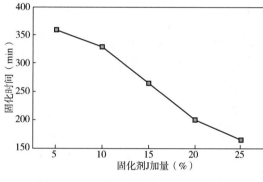

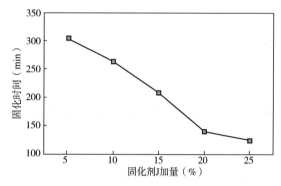

图1　80℃固化剂J添加量对环氧树脂
固化时间的影响

图2　120℃固化剂J添加量对环氧树脂
固化时间的影响

2.2 固化温度对环氧树脂固化时间的影响

固化剂分子中的羟基、氨基等功能基团与环氧树脂中的环氧基团进行亲电加成反应，反应需要在高温下进行，符合油藏地层使用条件。接下来继续考察固化温度对环氧树脂体系固化时间的影响，固化温度分别设置为80℃、100℃、120℃、140℃和160℃。图3为固化剂含量为20%，不同温度条件下环氧树脂体系固化时间的变化。由图3可知，随固化温度的升高，体系固化时间降低，80℃条件下体系的固化时间为190min，随着固化温度的升高至160℃，固化时间降低至105min。这是由于温度升高加速了固化体系内分子的运动，加快了反应速率，从而缩短了固化时间。由上述结果可知，升高固化温度可缩短环氧树脂堵漏剂的固化时间。

2.3 固化促进剂用量对环氧树脂固化时间的影响

在环氧树脂固化过程中可以通过不同固化剂复配或加入少量固化促进剂，从而调控环氧树脂体系固化时间，进而满足生产和使用需求。本实验使用咪唑类固化促进剂F，考察在固化剂J添加量为20%、固化温度为80℃条件下固化促进剂F加入量（1%、2%、3%和4%）对环氧树脂固化时间的影响，结果如图4所示。由图4可知，少量加入固化促进剂即可明显降低环氧树脂固化时间；并且随着固化促进剂用量的增加，环氧树脂固化时间显著降低。未添加固化促进剂，只由固化剂 J 与环氧树脂发生固化反应，80℃固化条件下固化时间为 200min；当 2%固化促进剂 F 与 20%化剂 J 复配使用时，固化时间明显降低至 160min。当固化促进剂用量继续增加至 3%升至 4%时，环氧树脂固化时间虽有降低，但降低幅度明显减小。考虑到固化时间和使用成本，下述实验采用环氧树脂+20%固化剂 J+2%固化促进剂 F 的配方。

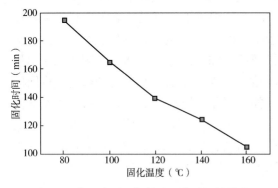

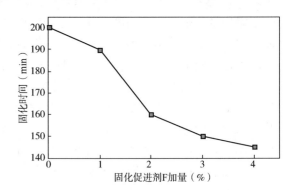

图 3　固化温度对环氧树脂固化时间的影响　　图 4　固化促进剂添加量对环氧树脂固化时间的影响

综上所述，环氧树脂固化剂用量、固化促进剂用量和固化温度均对体系固化时间有显著影响，并且可以通过固化剂用量、固化促进剂用量和固化温度可实现固化时间可控可调，对现场堵漏作业具有重要意义。

2.4　固化促进剂用量对环氧树脂抗压强度的影响

在实际现场堵漏作业过程中，环氧树脂堵漏剂固化后需要具有一定的抗压强度，以达到堵漏的目的。因此，将环氧树脂堵漏剂配制好后，倒入自制硅胶模具中，在 80℃下充分固化，取出冷却脱模，使用数显式压力试验机对所得的树脂块进行抗压强度测试。图 5 为固化后环氧树脂抗压强度随固化促进剂添加量增加的变化情况。由图 5 可知，环氧树脂抗压强度随固化促进剂添加量的增加而有所提高。尤其是当环氧树脂固化体系中加入 2%固化促进剂，抗压强度由 $16\pm1MPa$（无固化促进剂体系）增加至 $32\pm2MPa$，说明加入固化促进剂可以有效提高环氧树脂体系的抗压能力。这可能是因为固化促进剂催化或参与环氧树脂固化反应，增加体系交联网络的密度，从而提高固化后环氧树脂抵抗外力破坏的能力，表现出抗压强度的增加。当环氧树脂固化体系中固化促进剂添加量继续增加至 3%和 4%时，固化后其抗压强度虽有继续增加的趋势，但增加幅度明显减小。综上所述，通过环氧树脂固化配方调整，环氧树脂堵漏剂抗压强度可以达到 30MPa 以上，具备较高的抗压强度。新型环氧树脂堵漏剂可解决常规堵漏材料堵漏强度低的问题，实现对井壁裂缝的有效封堵。

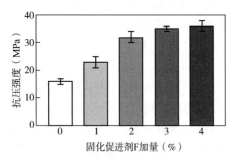

图 5　固化促进剂用量对环氧树脂
抗压强度的影响

2.5　环氧树脂抗污染能力评价

环氧树脂堵漏剂用于现场堵漏作业，将不可避免地接触各类钻井流体（如水和钻井液等），接下来继续探讨并评价环氧树脂的抗污染能力，进行环氧树脂的抗污染测试实验，结果见表1。由实验结果可知，当环氧树脂固化体系中加入清水、10%盐水、水基钻井液（密度分别为1.6g/cm³和2.0g/cm³）和油基钻井液（密度为2.0g/cm³），如果不搅动，污染条件对环氧树脂体系的固化时间影响不大（无污染条件下固化时间为160min）。若对环氧树脂体系污染后再进行搅动，则环氧树脂体系不能固化。上述实验表明，环氧树脂在多种钻井流体的污染下，只要不搅动，固化时间几乎没有影响，表现出优良的抗污染性能。

表1 环氧树脂堵漏剂抗污染实验结果

实验编号	污染条件	固化时间(min)	备注
1	20%清水不搅动	170	—
2	20%清水搅动	—	—
3	20%盐水不搅动	185	盐水浓度10%
4	20%盐水搅动	—	盐水浓度10%
5	20%水基钻井液不搅动	200	钻井液密度1.6g/cm³
6	20%水基钻井液搅动	—	钻井液密度1.6g/cm³
7	20%水基钻井液不搅动	190	钻井液密度2.0g/cm³
8	20%水基钻井液搅动	—	钻井液密度2.0g/cm³
9	20%油基钻井液不搅动	185	钻井液密度2.0g/cm³
10	20%油基钻井液搅动	—	钻井液密度2.0g/cm³

2.6 环氧树脂固化抗高温能力评价

同时，还进行了环氧树脂堵漏剂抗高温老化能力评价，测试其在不同条件下老化72h后的抗压强度，实验结果见表2。环氧树脂堵漏剂于室温和150℃在不同老化介质中老化72h，测抗其压强度均大于30MPa，可见环氧树脂堵漏剂抗压强度几乎不衰减，表现出优异的抗温能力，展现出很好的应用前景。

表2 环氧树脂固化抗高温能力实验结果

实验编号	老化温度(℃)	老化介质	老化时间(h)	抗压强度(MPa)
1	室温	空气	72	>30
2	150	空气	72	>30
3	150	清水	72	>30
4	150	聚磺钻井液	72	>30
5	150	油基钻井液	72	>30

3 现场应用

四川长宁昭通区块页岩气井在茅口组至栖霞组地层处存在区域漏失层，并伴随有纵向裂缝，经常出现堵漏成功后钻开复漏的情况，堵漏难度大。根据新研制的热固性高分子环氧树脂堵漏材料的特性，针对YS118H4-4井和CNH15-3井漏失井段进行现场堵漏试验。

YS118H4-4井采用密度1.25g/cm³的氯化钾有机盐钻井液钻进至井深961m时发生井漏复杂，最小漏速为3.0m³/h，最大漏速为13.0m³/h，平均漏速为11.5m³/h，钻进至井深972m时，漏速增大，出口失返。发生漏失时钻井液性能如下：马氏漏斗黏度46s，API滤失量4.2mL，pH值为8，初切0.5Pa，终切1Pa，摩阻系数为0.1051。现场依次采用9%、13%和15%常规堵漏浆进行堵漏作业，效果不佳。钻进至井深1025m，依然出口失返，欲采用新型热固性高分子环氧树脂堵漏材料进行堵漏作业。下光钻杆至 900m 处，检查批混橇、压裂车、钻井泵、钻机提升刹车系统，确保设备正常运转，在批混橇中配制热固性高分子环氧树脂堵漏剂(高分子树脂+20%固化剂 J+2%固化促进剂 F)。用水泥车泵注高分子环氧树脂堵漏材料，用钻井泵顶替钻井液至内外压力平衡。起钻 400m，测量环空静液面高度，并吊灌钻井液，控制塞面高度 50m 左右，随后候堵 24h。钻塞时循环正常，恢复钻进，堵漏成功。

CNH15-3 井用密度 1.37g/cm³ 的氯化钾聚合物钻井液钻进至井深 1106m(位于茅口组地层)处发生井漏，多次采用桥浆堵漏、水泥堵漏等方式，效果不佳。发生漏失时钻井液性能如下：马氏漏斗黏度 48s，API 滤失量 4.2mL，pH 值为 10，初切 1.5Pa，终切 4.5Pa。从前期堵漏作业情况看，茅口组地层存在天然裂缝，漏层多且连通性好，堵漏剂吃入能力差，易出现封门现象。强钻至井深 1145m 处采用桥浆加适应能力强的新型热固性高分子环氧树脂堵漏材料进行堵漏。下光钻杆至 980m 处，同时配制桥浆(高分子树脂+20%固化剂 J+2%固化促进剂 F)。检查好批混橇、压裂车、钻井泵、钻机提升刹车系统，确保设备正常运转，在批混橇中配制热固性高分子环氧树脂堵漏剂约 12m³。环空吊灌胶液 15m³，用钻井泵泵注桥浆 12m³，用压裂车泵注高分子环氧树脂堵漏材料 10m³。随后用压裂车顶替清水 0.5m³ 冲洗管线，用钻井泵顶替钻井液 9.5m³，候堵 24h。探塞时有 5m 左右塞子，加钻压破碎，钻塞时循环正常，恢复钻进，堵漏成功。

4 结论

(1) 本文所研制的热固性环氧树脂堵漏材料可以通过调整环氧树脂固化体系配方和固化温度来调控其固化时间，并且具有优异的抗压强度、抗污染性能和抗高温老化性能。

(2) 固化配方为环氧树脂+20%固化剂 J+2%固化促进剂 F 的热固性高分子环氧树脂堵漏材料复配桥堵材料使用可以提高堵漏成功率。

(3) 环氧树脂在固化前具有优良的流动性能，对漏层的自适应能力强，固化后具有很强的抗压强度，具备一定的承压能力，适用于纵向裂缝堵漏，地层交界面、断层以及需提高承压能力的地层堵漏。

(4) 现场试验表明，所研制的热固性高分子环氧树脂堵漏材料对裂隙、孔洞地层漏失等情况具有较好的堵漏效果。

参 考 文 献

[1] 黄齐茂，杨毅，潘志权，等. 低温环氧树脂防砂剂的研究[J]. 油田化学，2011，28(1)：1-3+8.

[2] 吴轩宇，任晓娟，李盼，等. 用于裂缝性地层的体膨颗粒钻井液堵漏剂 TP-2 的制备与性能研究[J]. 油田化学，2016，33(2)：191-194.

[3] 张浩，佘继平，杨洋，等. 可酸溶固化堵漏材料的封堵及储层保护性能[J]. 油田化学，2020，37(4)：581-586+592.

[4] 赵福豪，黄维安. 钻井液防漏堵漏材料研究进展[J]. 复杂油气藏，2020，13(4)：96-100.

[5] 臧晓宇，邱正松，暴丹，等. 新型延迟膨胀堵漏剂特性实验研究[J]. 钻井液与完井液，2020，37(5)：602-607.

[6] 孙金声，白英睿，程荣超，等. 裂缝性恶性井漏地层堵漏技术研究进展与展望[J]. 石油勘探与开发，2021，48(3)：1-9.

[7] Khraponichev K, Incerti D, Carolan D, et al. Effect of rapid manufacturing on the performance of carbon fibre epoxy polymers[J]. Journal of Materials Science, 2021, 56(10)：6188-6203.

基于离子液体的页岩抑制剂研究及钻井液体系构建

焦小光　李树皎　左京杰　张　鑫　姚如钢　冯彦林　周怡婷

(中国石油集团长城钻探工程有限公司钻井液公司)

【摘　要】 对近年新兴的离子液体页岩抑制剂进行了抑制性全面评价并基于离子液体构建了一套水基钻井液体系。采用浸泡实验、页岩滚动回收实验、线性膨胀实验对两种咪唑类离子液体进行了抑制性评价，并与KCl和三种商品化胺基抑制剂进行对比。数据显示，1.5%加量的离子液体抑制性能优于相同加量的胺基抑制剂和7%加量的KCl。开展了离子液体对水基钻井液流变性能和滤失量影响的研究，发现了不同加量离子液体与膨润土和聚合物处理剂之间的作用规律及造成的性能差异。构建了一套基于离子液体页岩抑制剂的水基钻井液体系并开展了性能评价，体系综合性能优异。本文研究对拓宽页岩抑制剂材料选型，研发新型页岩用水基钻井液具有积极意义。

【关键词】 页岩抑制剂；离子液体；水基钻井液；抑制性

据统计，在钻井作业中，页岩地层占所钻地层的75%，导致了近90%的井壁失稳[1]。油基钻井液因其非水相和强抑制性，常常被视为钻水敏性页岩地层的首要钻井液体系。但其高污染性和后续油基钻屑处理的复杂性限制了它的应用[2]。因此，开发能够有效解决页岩井壁失稳问题的水基钻井液一直是业内努力的方向。其中，页岩抑制剂作为抑制页岩水化膨胀和分散的主要处理剂，在页岩用水基钻井液体系的研究和开发中具有举足轻重的作用[3]。

最早得到应用的页岩抑制剂是高浓度钾盐，即便是现在，氯化钾、氯化钠等无机盐页岩抑制剂仍在世界范围内广泛使用。但含氯的盐类的使用会对环境产生不利影响[4]。近十年来，国内外开展了大量胺类页岩抑制剂的研发工作，如聚醚胺、聚乙烯亚胺等，胺类抑制剂的抑制性能和环境接受程度不断提高[5]。与此同时，随着新型材料的应用及工艺水平的提高，一些纳米材料以及铝酸盐等也被用于页岩抑制剂的研究，为页岩抑制剂的发展提供了新思路[6]。

离子液体(Ionic Liquids，ILs)是最近涌现出的一种新型钻井液用页岩抑制剂。离子液体是在室温下完全由离子组成的有机液态物质，也被称为低温下(熔点一般不超过100℃)的熔融盐。其一般由有机阳离子和有机或无机阴离子组成，具有熔点低、不易挥发、溶解能力强、可设计性强等独特性质，是一种全新的绿色溶剂(介质)和软功能材料[7-8]。研究发现，离子液体的阳离子结构可通过阳离子交换作用插层进入黏土矿物的晶体中，降低黏土的ζ电位，压缩晶层间距，阻止水分子进入晶层中，防止黏土水化膨胀。同时，离子液体可通过静电吸附作用中和黏土颗粒表面所带负电荷，降低黏土颗粒之间的静电斥力，使其更易聚集，即表现出类似于常规水基钻井液的"絮凝"现象。另外，离子液体热稳定性好(抗温性达300℃)，可用于高温环境。由此可见，离子液体是一种性能优异的页岩抑制剂。

作者简介：焦小光，1982年生，男，高级工程师。现在从事钻井液技术研究工作。E-mail：jiaoxg.gwdc@cnpc.com.cn。

2018 年以来，针对离子液体页岩抑制剂的研究方兴未艾。Ahmed 等在 2019 年发表了一篇综述性文章，分析了当前各类型页岩抑制剂的研究进展，其中专门拿出一章介绍离子液体用作页岩抑制剂[9]。杨丽丽[10]等研究了离子液体 1-乙烯基-3-乙基咪唑溴化物（VeiBr）及其均聚物作为水基钻井液页岩抑制剂的作用效果。研究发现，含有离子液体的水基钻井液蒙脱土膨胀率为 68.6%，低于含有 EPTAC 和 KCl 的水基钻井液蒙脱土膨胀率（77%）。罗志华、于培志[11,12]等研究了咪唑类离子液体对水基钻井液抑制性和流变、滤失性的影响，并分析了离子液体同黏土的作用机理。研究发现，离子液体在浓度较低时（质量分数 0.05%）就有着很好的抑制黏土分散和膨胀能力，其抑制效果优于 5%KCl，与 2%聚胺相当。离子液体不仅高温下有着很好的抑制性，同时还可以改善水基钻井液的高温流变性而不影响钻井液的滤失性。

本文选择两种咪唑类离子液体，通过定性和定量两种手段开展研究，并与多种胺类抑制剂进行对比评价，确认了咪唑类离子液体作为钻井液用页岩抑制剂的抑制性功能。同时与常规钻井液处理剂开展配伍性研究，构建了一套基于离子液体页岩抑制剂的水基钻井液体系，为页岩用水基钻井液的研发打开了一条新思路。

1　实验部分

1.1　主要试剂与仪器

主要试剂为：离子液体，代号分别为 GWIL-2 和 GWIL-8，阳离子均为含不同烷基链的咪唑结构；钻井级膨润土，河北怀安腾飞膨润土有限公司；聚丙烯酰胺钾盐 KPAM，中国石油大港油田化学公司；聚阴离子纤维素 PAC-LV，山东一腾新材料有限公司；胺基抑制剂 HPAG，湖北汉科新材料股份有限公司；胺基抑制剂 ZKSA，北京中科日升公司；胺基抑制剂 SIAT-M，中国石油工程院产品；胺基抑制剂 HLY-3，河北华莱公司；氯化钾 KCl 和其他试剂，国药集团化学试剂有限公司。

主要仪器：Fann 705ES 型高温滚子加热炉，美国 Fann 仪器公司；SD4 四联中压滤失仪，青岛海通达专用仪器厂；ZNN-D6 六速旋转黏度计，青岛海通达专用仪器厂；XTG-7000 恒温加热搅拌器，青岛同春石油仪器厂；GGS-71A 高温高压滤失仪，青岛海通达专用仪器厂；NP-01B 双通道智能页岩膨胀仪，北京慧天丰石油机械有限公司；五轴高速搅拌器，美国 OFITE 仪器公司。

1.2　实验方法

1.2.1　钻井液配制和性能测试

将蒸馏水、钻井膨润土粉按照一定比例混合，使用搅拌器充分搅拌后，静置养护 24h，得到预水化膨润土浆。取预水化膨润土浆，按照配方，以质量体积比加入聚合物处理剂、离子液体、胺类抑制剂等，充分搅拌后转入老化罐中，120℃下老化 16h。之后冷却至室温，测试流变性能和滤失量。测试程序均遵从美国石油协会推荐方法。

1.2.2　土粉柱浸泡实验

取 20g 钻井膨润土粉，在 105℃下烘干 2h，随后使用压力模具在 15MPa 压力下压制 10min，制成土粉柱。配制 2%浓度的离子液体、胺类抑制剂及 7%浓度 KCl 水溶液，置于透明烧杯内。将土粉柱分别置于含抑制剂的水溶液中，保证溶液没过土粉柱，观察 30min、1h、4h 下土粉柱状态。土粉柱的完整性将是抑制剂抑制性能的直接反应。

1.2.3 页岩滚动回收实验

采用干燥的页岩样品，页岩样品取自辽河油田双229区块泥页岩地层。将其磨碎，使样品过(6～10目)筛，往老化罐中加入350mL试验液体和30g(6～10目)岩样，滚子加热炉升温至120℃，然后把老化罐放入其中滚动16h。冷却后，倒出试验液体与岩样，过30目筛，干燥并称量筛上岩样，计算质量回收率，每个样品测3次，取平均值。滚动回收率计算公式为

$$R = m/30 \times 100\% \tag{1}$$

式中：R 为滚动回收率；m 为页岩回收质量，g。

1.2.4 线性膨胀实验

使用NP-01B型双通道页岩膨胀仪进行该实验。首先按照仪器操作流程，使用自带模具制作页岩柱，然后将含有抑制剂的试验液体浸泡页岩柱，启动膨胀仪。与仪器相连的计算机软件将自动记录页岩柱的实时膨胀量，并绘制膨胀曲线。膨胀量越小，代表试验液体的抑制性越强。

2 结果与讨论

2.1 离子液体抑制性评价

评价处理剂或钻井液抑制性的主要方法有：页岩滚动回收率法、阳离子交换容量法(CEC)、CST法、膨润土抑制实验、粒度分析法、Zeta电位法、压力传递法等，近年来，又出现了一些新的方法，如屈曲硬度实验、黏附聚结实验、钻屑耐崩散实验、激光后向散射技术等，每种方法都有其特点也有局限性。本研究结合实际，采用浸泡实验、页岩滚动回收实验、线性膨胀实验3种方法，并以传统抑制剂KCl和商业化胺类抑制剂作对比，评价离子液体抑制性。

2.1.1 浸泡实验

图1~图3是土粉柱在不同抑制剂试验液体中浸泡不同时间的实验结果。其中，KCl浓度为7%，其余抑制剂浓度为2%。

图1　土粉柱在不同抑制剂试验液体中浸泡30min实验结果

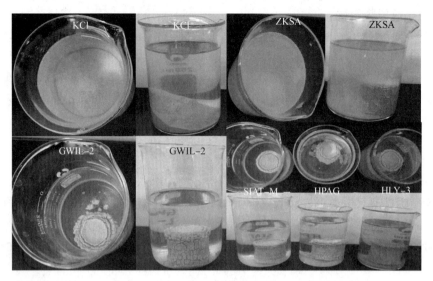

图 2　土粉柱在不同抑制剂试验液体中浸泡 1h 实验结果

图 3　土粉柱在不同抑制剂试验液体中浸泡 4h 实验结果

　　土粉柱在试验液体中的完整性以及溶液的浊度可以作为评判抑制剂强弱的依据。相同浸泡时间下,土粉柱完整度越好,溶液浊度越低,说明该抑制剂抑制性越强,反之则越小。实验结果可以发现,土粉柱在 KCl 水溶液中很快崩散,不能维持原有形状,这种现象可能与 KCl 抑制黏土分散的机理有关,属于另外的研究范畴,这里不作详述。浸泡 30min 后,离子液体和其他胺类抑制剂溶液中的土粉柱均从外围出现裂纹,说明自由水侵入,造成土粉柱外壁失稳,土粉颗粒开始分散。其中,胺基抑制剂 HPAG 溶液中土粉柱失稳最为严重,而胺基抑制剂 ZKSA 的溶液浑浊度较高。胺基抑制剂 SIAT-M 和 HLY-3 溶液中的土粉柱完整度相对较好。浸泡 1h 后,失稳现象进一步加剧,特别是 HPAG 溶液中的土粉柱,已有多处剥落至烧杯底部。但大部分土粉柱中心处仍保持完整。浸泡 4h 后,大部分土粉柱外壁已出现严重开裂,中心处也已出现裂纹。综合评判来看,除 KCl 外,在相同浸泡时间下,胺基抑制剂 SIAT-M 的抑制性最强,离子液体 GWIL-2 和胺基抑制剂 HLY-3 和 ZKSA 抑制性能相当,胺基抑制剂HPAG抑制性相对最弱。当然，这种实验方法带有一定主观性，只可作为定性判断的参考，最终的抑制性仍然需要其他实验手段来验证。

2.1.2 页岩滚动回收实验

取辽河油田双229区块某口井2500m井深的页岩地层岩屑，经测试，100℃清水滚动回收率为12.94%。按照配方2.5%膨润土浆+0.2%KPAM+0.8%PaC-LV配制基浆，分别加入1.5%离子液体、1.5%不同胺基抑制剂以及7%KCl，进行页岩滚动回收实验对比。数据如图4所示。

从结果可以发现，两种离子液体均表现出较好的抑制性，其中GWIL-2的页岩回收率达到93.44%，将基浆的回收率提升了34%。相比三种胺基抑制剂，GWIL-2的页岩回收率为最高，说明对于易水化分散的页岩，离子液体可以通过其特殊结构和机理，抑制泥页岩水化，是一种抑制性较强的页岩抑制剂。此外，GWIL-2的页岩回收率与KCl回收率相差不大，氯化钾是目前公认的抑制性较强的无机盐页岩抑制剂，这说明离子液体的抑制性与KCl相当，但离子液体的加量仅是KCl的四分之一。

2.1.3 线性膨胀实验

线性膨胀实验可以较为直观地反映试验液体抑制易分散泥页岩水化膨胀的能力。分别配制含有1.5%离子液体和1.5%不同胺基抑制剂的水溶液，同时配制7%KCl水溶液，使用页岩膨胀仪考察页岩柱在不同试验液体中的膨胀量。结果如图5所示。

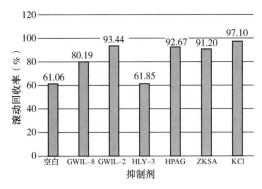

图4　不同抑制剂页岩滚动回收率

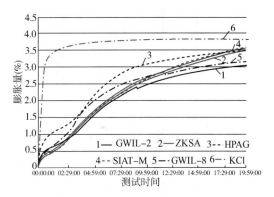

图5　不同试验液体的膨胀曲线

结果可以发现，页岩柱在与KCl试验液体接触后即呈现出快速膨胀趋势，2h左右达到稳定膨胀量，之后保持平稳。离子液体和胺基抑制剂试验液体中的页岩柱则是缓慢膨胀，测试时间结束后达到最大膨胀量。最终膨胀量相比，GWIL-2最小，KCl最大，三种胺基抑制剂则是最终膨胀量相当，但都大于两种离子液体的最终膨胀量。该实验表明，离子液体抑制页岩水化膨胀，效果显著，优于商业化胺基抑制剂。

2.2　离子液体对水基钻井液流变性和滤失量的影响

离子液体作为一种新型绿色化学材料，其与钻井液行业中配浆黏土的作用特性以及与常规钻井液处理剂的配伍性尚无过多报道。本研究以常见水基钻井液基浆作为空白样，考察了加入不同浓度离子液体后基浆流变性、滤失量的变化，并对加入离子液体后的基浆进行了抗土污染实验，从中发现了离子液体对水基钻井液的影响及作用规律。

试验浆液的测试性能见表1，对动切力、静切力及API滤失量进行分析，结果如图6、图7所示。

表 1　不同试验浆液的测试性能

体系	条件	Φ_{600}/Φ_{300}	Φ_{200}/Φ_{100}	$G_{10''}/G_{10'}$ (lbf/100ft^2)	PV (cP)	YP (lbf/100ft^2)	FL_{API} (mL)	pH 值
0#基浆①	滚前	66/41	31/20	4/8	25	8		
	滚后	46/28	21/13	3/4	18	5	8.8	8
基浆+0.5%GWIL	滚前	128/98	85/66	22/30	30	34		
	滚后	80/59	50/39	14/17	21	19	12	8
基浆+1%GWIL	滚前	125/103	93/81	30/33	22	41		
	滚后	85/60	50/40	14/16	25	18	18	7.5
基浆+1.5%GWIL	滚前	110/93	87/76	29/31	17	38		
	滚后	66/45	38/30	10/12	21	12	32	7.5
基浆+2%GWIL	滚前	94/75	68/60	23/25	19	28		
	滚后	56/36	29/22	7/9	20	8	41	7
基浆+2.5%GWIL	滚前	99/79	71/61	24/25	20	30		
	滚后	57/37	29/22	7/9	20	9	52	7

① 0#基浆配方：2.5%膨润土浆+0.2%KPAM+0.8%PaC-LV。

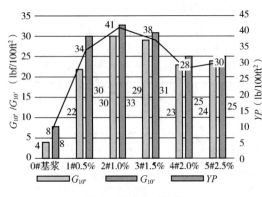

图 6　滚前测试性能

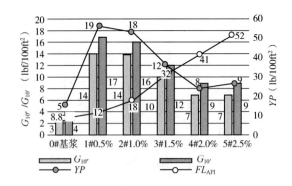

图 7　滚后测试性能

　　分析结果可以发现，离子液体在聚合物膨润土基浆中充分表现出了其高离子环境特性，与膨润土的作用呈现出一定规律性。加量较小的情况下，离子液体适度絮凝抑制已经分散水化的膨润土，置换出黏土晶层内的水，钻井液表现出黏度、切力增加，同时滤失量逐步增大。随着离子液体加量进一步增加，离子液体过量抑制分散水化的膨润土，浆液整体结构被破坏，切力下降明显，滤失量剧增。因此，使用离子液体构建体系时，其加量不宜过大，既要充分利用其抑制性，又要保证不会对稳定胶体体系产生破坏，保证必要的切力和滤失量。根据本研究的大量实验，离子液体的加量宜在1.5%以下。

　　以上述 3# 配方为基准配方，进行了含离子液体水基钻井液的抗土污染实验，数据见表2。

表 2　抗土污染实验数据

体系	条件	Φ_{600}	Φ_{300}	Φ_{200}	Φ_{100}	Φ_6	Φ_3	$G_{10''}$ (Pa)	$G_{10'}$ (Pa)	FL_{API} (mL)	AV (mPa·s)	PV (mPa·s)	YP (Pa)
空白	滚前	59	36	29	21	9	8	5	9		29.5	23	6.5
	滚后	49	29	23	16	5	4	3	5	20	24.5	20	4.5

体系	条件	Φ_{600}	Φ_{300}	Φ_{200}	Φ_{100}	Φ_6	Φ_3	$G_{10''}$ (Pa)	$G_{10'}$ (Pa)	FL_{API} (mL)	AV (mPa·s)	PV (mPa·s)	YP (Pa)
空白+	滚前	59	30	20	11	2	1	1	2		29.5	29	1
6%土	滚后	42	21	15	8	1	0.5	0.5	1	18	21	21	0
空白+	滚前	61	32	18	9	1	1	1	1		30.5	29	1.5
12%土	滚后	44	23	14	7	1	0.5	0.5	0.5	13	22	21	1
空白+	滚前	50	25	17	9	0.5	0.5	0.5	0.5		25	25	0
18%土	滚后	50	25	17	9	0.5	0.5	0.5	0.5	9	25	25	0
空白+	滚前	67	34	22	12	1	0.5	0.5	0.5		33.5	33	0.5
21%土	滚后	79	40	28	15	2	1	1	3	6	39.5	39	0.5

可见，含有 1.5% 浓度离子液体的水基钻井液基础配方在加入污染土后，流变性基本不受影响（动切力甚至有下降趋势），API 滤失量逐步降低，配方最高可抗土达到 20%（质量百分比）。

2.3 钻井液体系构建

在对离子液体本身特性及其与膨润土和其他钻井液处理剂的作用规律和配伍特性有了清晰认识后，开展了基于离子液体页岩抑制剂的水基钻井液体系构建。体系构建遵循三个原则：一是配方处理剂在满足钻井液功能基础上，尽量做到少而精；二是所选用处理剂要环保达标；三是构建的体系要综合性能优异。体系主要构成元素和处理剂功能见表 3。最终形成的配方为：1.8% 膨润土浆+0.8%PaC-LV+0.4%HLJ+0.1%KPAM+2%HY-268+1.5% GWIL-2+重晶石。

表 3　基于离子液体的水基钻井液体系主要构成元素

组分	名称	功能
配浆黏土	膨润土	提供体系必要的黏切、悬浮能力和一定滤失性
滤失造壁材料	PAC-LV 和 HLJ	保持体系优异的滤失造壁性能，同时处理剂本身环保
包被抑制材料	KPAM	提供体系包被能力，防止黏土水化分散
离子液体页岩抑制剂	GWIL-2	提供高离子环境，保证体系强抑制能力
封堵防塌材料	HY-268	稳固井壁，提升体系封堵防塌能力

对所构建的体系进行综合性能评价，结果见表 4。可以发现，体系流变性能优异，悬浮、携带岩屑能力良好；滤失造壁性能好，高温高压滤失量仅有 12mL，滤饼韧而薄；极压润滑系数只有 0.1097，超过大部分水基钻井液。

表 4　基于离子液体页岩抑制剂的水基钻井液性能

条件	$\Phi_{600}/\Phi_{300}/\Phi_{200}/\Phi_{100}/\Phi_6/\Phi_3$	$G_{10''}$ (Pa)	$G_{10'}$ (Pa)	FL_{API} (mL)	AV (mPa·s)	PV (mPa·s)	YP (Pa)	FL_{HTHP} (mL) (120℃，3.5MPa)	极压润滑系数
滚前	93/60/47/31/8/7	6	9		46.5	33	13.5		
滚后	87/53/40/25/6/5	3.5	7.5	6/0.5	43.5	34	9.5	12/1	0.1097

注：热滚条件为 120℃×16h，密度为 1.25g/cm³。

3 结论

（1）室内研究证实，以咪唑结构为阳离子的离子液体具有优良的抑制性能。页岩滚动回收实验和线性膨胀实验均显示，1.5%加量的离子液体能够有效抑制页岩水化分散和膨胀，性能优于相同加量的胺基抑制剂和7%加量的KCl。

（2）离子液体与膨润土和其他聚合物处理剂的作用规律呈现"盐类"处理剂特征。加量较小时即显现强抑制性，加量过大时则有可能破坏胶体的稳定结构。

（3）构建的基于离子液体页岩抑制剂的水基钻井液体系，流变、携岩性能好，滤失量小，且能形成薄而致密的滤饼，不添加任何润滑剂情况下，极压润滑系数仅有0.1097，超过大部分水基钻井液。

（4）本文研究内容采用业内常规实验手段证实了咪唑类离子液体的强抑制性和作为页岩抑制剂使用的可行性，拓宽了页岩抑制剂材料选型范围，为页岩用水基钻井液的研发打开了一条新途径。

参 考 文 献

[1] PETER J BOUL, B R REDDY, MATT HILLFIGER, et al. Functionalized nanosilicas as shale inhibitors in water-baseddrilling fluids[C]. SPE/OTC 26902, 2016.

[2] TAN C P, WU B, MODY F K, et al. Development and laboratory verification of high membrane efficiency water-based drilling fluids with oil-based drilling fluid-like performance in shale stabilization[C]. SPE/ISRM Rock Mechanics Conference. Irving, Texas, Society of Petroleum Engineers, 2002：12.

[3] SWPU P. Shale hydration inhibition characteristics and mechanism of a new amine-based additive in water-based drilling fluids[J]. Petrol, 2017, 3(4)：476-482.

[4] 刘音，崔远众，张雅静，等. 钻井液用页岩抑制剂研究进展[J]. 石油化工应用，2015，34（7）：7-10.

[5] 钟汉毅，邱正松，黄维安，等. 胺类页岩抑制剂特点及研究进展[J]. 石油钻探技术，2010，38（1）：104-108.

[6] 鲁娇，方向晨，王安杰，等. 国外聚胺类钻井液用页岩抑制剂开发[J]. 现代化工，2012，32（4）：1-5.

[7] 张锁江，刘晓敏，姚晓倩，等. 离子液体的前沿、进展及应用[J]. 中国科学 B 辑：化学，2009，39（10）：1134-1144.

[8] 张晓春，张锁江，左勇，等. 离子液体的制备及应用[J]. 化学进展，2010，22(7)：1499-1508.

[9] AHMEDA H M, KAMALB M S, AL-HARTHIA M. Polymeric and low molecular weight shale inhibitors：A review[J]. Fuel, 2019(251)：187-217.

[10] Yang Lili, Jiang Guancheng, Shi Yawei, et al. Application of Ionic liquid and polymeric Ionic liquid as shale hydration inhibitors[J]. Energy&Fuels, 2017, 31(4)：4308-4317.

[11] Luo Zhihua, Wang Longxiang, Yu Peizhi, et al. Experimental study on the application of an Ionic liquid as a shale inhibitor and inhibitive mechanism[J]. Applied Clay Science, 2017(150)：267-274.

[12] 罗志华，王龙祥，夏柏如. 咪唑类离子液体对水基钻井液抑制性的影响及机理[J]. 化工进展，2017，36(11)：4209-4215.

聚合物凝胶封隔技术研究与应用

邹盛礼 杨 川 黄 倩 赛亚尔·库西马克

(塔里木油田公司实验检测研究院)

【摘　要】 天然气井钻井过程中，储层气体由于置换作用进入管柱内，并在重力作用下在钻井液中会自然上升，本文研究的凝胶聚合物钻井液具有良好的黏弹效应，在低剪切速率下具有很高的黏度，可有效地降低气体的上窜速率。室内模拟气体在钻井液中的上窜测试方法，并研究了气体的突破压力及附加摩擦阻力，实验研究的凝胶有较大的附加摩擦阻力，从而能有效地防止井涌及井喷事故的发生。

【关键词】 天然气；封隔；上窜速度；凝胶

在高压(高含硫)气井钻井过程中，当起钻或其他钻井液不循环的井下作业时，因安全密度窗口很窄，钻井液密度稍高，可能井漏；钻井液密度稍低，气体可能进入井眼并向上滑脱累集，若上窜速度过快，就可能造成井涌、井喷等重大安全事故。

聚合物凝胶是黏弹性流体，它具有一定的结构黏度、强度，是黏性和弹性的双重流体，弹性流体流动时，表现出许多和牛顿流体不同的现象。在钻井液中加入一定量的聚合物，在低的剪切速率下可以增强凝胶的缔合，而使凝胶溶液的黏度随剪切速率的增大而增大，表现出剪切稠化，当剪切速率进一步增大时，缔合被逐步削弱，使黏度随剪切速率的增大而降低，表现出明显的剪切稀释特性。

本文利用以上凝胶聚合物特征，针对塔里木地层特点，研究出一种能抗温、抗盐的特种凝胶，它能满足塔里木地层需要，在井下一定时间内(足够钻井、完井、修井等起下钻时间)形成栓塞，隔断气层出气，从而阻止和减缓气层气体进入井筒并向上滑脱，当作业完成后能自动破胶，恢复可泵性，这种封隔技术研制成功，它可预防和减少钻井时出现井涌井喷及井漏事故，以及对油气层保护等方面具有重要意义和价值。

1　凝胶聚合物特征及要求

1.1　作用原理

钻井过程中，钻井液与储层中气体接触，当使用近平衡钻井时，钻井液首先通过置换作用进入井筒，然后气体在井筒中不断滑脱上升，并扩大形成大气泡。因此注入井筒的凝胶钻井液段塞需要具备两方面的技术要求：

(1) 气体尽可能少的进入井筒；

(2) 气体在井筒中的上窜速率尽可能低。

通过提高钻井液密度和增加钻井液对储层孔隙或裂缝的堵塞可以减少气体置换进入井

作者简介：邹盛礼，塔里木油田分公司实验检测研究院工作，高级工程师，长期从事实验分析与科研试验工作。电话：13999612080；邮箱：zousl-tlm@petrochina.com.cn。

筒，但增加钻井液密度易造成井漏发生，尤其对于窄压力窗口地层更为严重，对于此类地层可通过封堵办法暂时堵塞储层孔隙或裂缝。可膨胀聚合物的膨胀特性，降低储层流动通道，从而减少气体置换进入井筒。

对于进入井筒中的气体，通过凝胶聚合物黏弹性特征，凝胶聚合物钻井液段塞在静止状况下具有极高的黏度，从而降低气体在钻井液中的上升速率，满足安全作业的需要。

由此，凝胶聚合物段塞作用主要有：膨胀堵塞减少气体进入井筒与凝胶黏弹性形成的高的低剪切速率黏度降低气体上窜速率。

1.2　凝胶分子的主要特点要求

（1）分子量适度：凝胶分子量适度，单个分子尺寸较小，易于满足在管线以及近井地带地层流动，不易堵塞管线；在较低的剪切速率下，分子团的流体力学尺寸较大而黏度高，在较高剪切速率下，分子链团的流体力学尺寸小，易于满足剪切稀释性的要求；但是在更高的剪切速率下，聚合物分子线团之间表现出拉伸作用，聚合物表现出弹性，此时黏性占次要地位，聚合物的黏度会增加很快，表现出近似软固体的性质，并且当剪切速率变低时，凝胶溶液的空间结构能够迅速恢复。

（2）悬浮性：凝胶能够悬浮微粒，如钻屑、重晶石、碳酸钙等。

（3）抗盐性和抗温性：凝胶配成后，溶液黏度不随温度和盐度的增加而明显的降低，凝胶利用反电解质效应，分子链上的静电荷数为零，当凝胶的静电荷数为零时处于等电点，此时带相反电荷的链节间可能形成内盐键使高分子的形态和性质发生很大的变化。表现就在耐盐性上，分子尺寸越大，黏度越高。

2　实验研究

2.1　凝胶液配方优选和流变性

2.1.1　淡水凝胶液实验配方和流变性

用自来水配浓度为 4% 的膨润土浆，室温下养护 24h 后，加入各种聚合物干剂配成凝胶液，然后装入高温老化罐中在 150℃ 高温下静止老化 120h，室温测定流变性。实验配方和流变性结果见表 1。

表 1　淡水凝胶液实验配方和流变性结果

配方号	配方	AV（mPa·s）	PV（mPa·s）	YP（Pa）	G_{10s}/G_{10min}（Pa/Pa）
1	4.0% 膨润土浆+1.0%CX-215	20.5	9.0	11.5	7.5/7.0
2	4.0% 膨润土浆+1.0%CX-215+0.5%PRD	125.0	60.0	65.0	5.0/10.0
3	4.0% 膨润土浆+3.0%GEL-plug	12.5	12.0	0.50	0.2/0.5
4	4.0% 膨润土浆+2.0%CX-215+0.5%PRD	105.0	55.0	50.0	4.0/6.5
5	4.0% 膨润土浆+1.5%CX-215+0.5%PRD+2%ZZ-33	$\Phi 600$ 大于 300r/min			11.0/15.0

结果表明：在淡水浆中用 CX-215、PRD、ZZ-33 复配能获得较高黏度的凝胶液，而提切剂 Gel-plug 效果较差。

2.1.2　盐水凝胶液实验配方和流变性

依据塔中地层水的相关资料，在淡水凝胶液中加入 4%NaCl，然后装入高温老化罐中在

150℃高温下静止老化 120h，室温测定流变性。实验配方和流变性结果见表2。

表2 盐水凝胶液实验配方和流变性结果

配方号	配方	AV (mPa·s)	PV (mPa·s)	YP (Pa)	G_{10s}/G_{10min} (Pa/Pa)
6	4.0%膨润土浆+1.0%CX-215+4.0%NaCl	17.0	9.0	8.0	5.0/6.0
7	4.0%膨润土浆+1.0%CX-215+0.2%PRD+4.0%NaCl	70.0	52.0	18.0	2.5/4.5
8	4.0%膨润土浆+3.0% GEL-plug+4.0%NaCl	17.0	7.0	10.0	7.0/5.5
9	4.0%膨润土浆+2.0%CX-215+0.5%PRD+4.0%NaCl	68.0	48.0	20.0	2.0/4.0
10	4.0%膨润土浆+1.5%CX-215+0.5%PRD+2% ZZ-33+4.0%NaCl	130.0	85.0	45.0	4.0/10.0

结果表明：在盐水浆中用 CX-215、PRD、ZZ-33 复配的凝胶液黏切度最高，与淡水浆相比，黏切降低。

2.1.3 聚合物凝胶低剪切速率下黏度特性实验

将上述盐水凝胶聚合钻井液常用布氏 DV-Ⅱ黏度计测试仪不同剪切速率下的黏度值，通过拟合剪切速率与黏度的关系，从而可确定液体低剪切速率下的黏度，结果如图1所示。

由图1可以看出，研究的盐水聚合物凝胶在低剪切速率下具有极高的黏度，可以达到 23000mPa·s 以上。

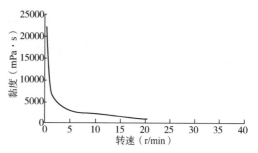

图1 盐水聚合物凝胶低剪切速率—黏度测试图
注：前切速率与转速成等比例关系。

2.2 膨胀剂膨胀性实验

在室温下，称取 20.0g 样品放入 1000mL 量筒中，加入 800mL 自来水，密封浸泡膨胀剂，28h 饱和后过 40 目筛子，称取水的质量，算出膨胀剂 ZZ-33 吸入水的体积，实验数据及结果见表3。

表3 ZZ-33膨胀剂膨胀实验数据及结果

样品质量 (g)	样品体积 (mL)	开始时水体积 (mL)	未吸收水体积 (mL)	吸收水体积 (mL)	膨胀量 (mL)	膨胀倍数
20.0	26.0	800.0	297.0	503.0	503.0	20.3

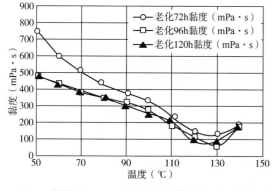

图2 凝胶在150℃不同时间老化后的黏温曲线

结果表明：膨胀剂 ZZ-33 遇水极易膨胀，吸水饱和后体积增加是膨胀前的 20 倍。

2.3 聚合物凝胶钻井液高温流变实验

取经 72h、96h、120h 150℃老化后的凝胶钻井液，用高温高压流变仪分别测定凝胶液在不同老化条件下、不同温度点的黏度值，实验数据及结果见图2。

从不同老化时间的黏温曲线图可知：随着测试温度的升高，黏度都呈现先下

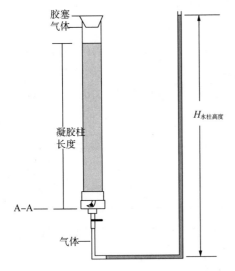

图3 气体在钻井液中测试装置示意图

（图中标注）
胶塞
气体
H 水柱高度
凝胶柱长度
A-A
气体

降，后上升的翘尾趋势；老化时间越长黏度下降越多，老化96h和老化120h凝胶液的黏度趋于稳定。

2.4 气体在凝胶钻井液中上窜速率实验

利用U形管实验装置，向塑料管内倒入不同浓度的凝胶溶液，接在塑料管下端胶皮管内有一段为气体，水柱向气体施压，水柱的高低达到对凝胶柱施压的大小控制。实验过程中，提高水柱高度的同时，仔细观察气泡的形成，当气泡大小达到一定程度后，会突破进入凝胶，并在凝胶中上窜，观察气泡形状，运动规律和其他现象，记录突破压力和上窜速度。原理图如图3所示。

用上述试验方法对不同钻井液中气体上窜速度进行了测试分析，结果见表4。

表4　150℃高温老化120h后测气体上窜速度实验结果

配方号	低剪切速率黏度（mPa·s）	水柱高度（m）	凝胶柱高度（cm）	上窜时间（s）	上窜速度（cm/s）
1	3200	82.0	45.5	2.9	15.7
5	21000	71.0	41.0	7.9	5.19
6	2700	73.0	46.0	2.7	17.0
10	23000	90.0	45.0	8.2	5.49

结果表明：不同钻井液中气体上窜速度各不相同，通过在钻井液中加入凝胶聚合物提切剂，提高钻井液的黏度和切力，在低剪切速率下黏度极高，可有效降低钻井液中气体上窜速度，从而保障安全生产。

2.5 气体在凝胶钻井液中突破压力及摩擦阻力研究

在以上装置中，利用U形管原理，建立压力平衡，从而计算出摩阻p损失：

$$p + p_G = p_W \tag{1}$$

即

$$p = p_W - p_G \tag{2}$$

$$p = \rho_W g H - \rho_g g L \tag{3}$$

式中：p为长度为L的凝胶柱的摩阻损失，MPa；p_G为凝胶柱产生的压力，MPa；p_W为水柱产生的压力，MPa；ρ_W为水密度，g/cm³；ρ_g为凝胶钻井液密度，g/cm³；H为实验水柱高度，cm；L为实验凝胶钻井液柱高度 cm。

进一步可计算成使每百米特种凝胶钻井液柱在一定管内发生移动时的最小压力（单位为MPa/100m）。首先计算在内径$D = 5.02$cm的塑料管里每百米特种凝胶柱的摩阻损失，由此可转换成现场使用套管尺寸的摩阻损失：

$$p_{100} = 100 \frac{p}{L} \times 10^{-6} \tag{4}$$

$$= 10^{-4}\frac{p}{L} \tag{5}$$

$$p = \frac{H \times p_{100} \times D_{套}}{D_{实验管}} \tag{6}$$

式中：H 为凝胶段塞高度，m；p_{100} 为 100m 凝胶柱的摩阻损失，MPa/100m；$D_{套}$ 为套管直径，cm；$D_{实验管}$ 为实验用测试管住直径，cm。

由以上实验及计算可知，实验的凝胶聚合物可以产生较大的防其窜阻力，其摩阻损失可达到 6.2MPa 以上(表5)。

表5　不同钻井液浆突破压力及套管内 800m 段塞所产生摩阻损失

配方号	水柱高度 （cm）	突破压力 （MPa）	p_{100} （MPa/100m）	凝胶柱高度 （cm）	800m 段塞当量摩阻 损失（MPa）
1	82.0	8.2	0.34	45.5	9.6
5	71.0	7.1	0.27	41.0	7.6
6	73.0	7.3	0.22	46.0	6.2
10	90.0	9.0	0.40	45.0	11.3

注：以 ϕ177.8mm 套管计算。

3　现场应用

现场应用中，可依据气体上窜速度测试结果，计算现场使用凝胶钻井液最低用量，在起下钻作业或其他辅助作业时注入凝胶段塞用量。

$$V_{凝胶段塞} \geq \frac{1}{4}\pi(D_{井眼}^2 - D_{钻具}^2) \times \frac{V_{凝胶段塞} \times V_{钻井液} \times t_{安全作业} - V_{凝胶段塞} \times H}{V_{钻井液} - V_{凝胶段塞}} \tag{7}$$

式中：$V_{凝胶段塞}$ 为需要使用的凝胶段塞的体积，m³；$D_{井眼}$ 为井眼直径，mm；$D_{钻具}$ 为钻具外径，mm；$t_{安全作业}$ 为安全作业时间，h；；$V_{钻井液}$ 为气体在钻井液中的上窜速度，mm/s；H 为井深，m；$V_{凝胶段塞}$ 为气体在凝胶中的上窜速度，mm/s。

该凝胶段塞气体封隔技术首先在塔中地区进行现场使用，在试验井中取得了很好的使用效果。使用凝胶段塞的作业井起下钻无一例井涌发生，凝胶段塞返排后可与钻井液很好相容，并直接融于钻井液中使用。现在塔里木地区气层钻井中已纳入钻井设计中得到了全面推广使用，达到了安全钻井的目的。

4　结论

（1）凝胶聚合物具有黏弹性，在低剪切速率下具有极高黏度。

（2）在钻井过程中凝胶聚合物钻井液作用主要有膨胀堵塞减少气体进入井筒与凝胶黏弹性形成的高的低剪切速率黏度降低气体上窜速率。

（3）利用 U 形管实验装置，可实验评价气体在钻井液中的上窜速率及突破压力，进而计算钻井液对气体的附加摩阻损失。

（4）起下钻及其他作业时，注入一定量的凝胶钻井液，可提高气体运动的附加摩擦阻力，防止井涌及井喷事故的发生。

参 考 文 献

[1] 许辉 . PRD 弱凝胶钻井液性能评价[J]. 石油化工应用，2012(9).

[2] 王平全，等 . ZND 凝胶抗稀释能力测试方法[J]. 精细石油化工，2015(5).

[3] 张群志，等 . 不同剪切方式对聚合物溶液及凝胶性能的影响[J]. 油田化学，2008(3).

[4] 张斌，等 . 无固相弱凝胶钻井液技术[J]. 钻井液与完井液，2005(5).

[5] 罗健生，等 . 无黏土弱凝胶钻井液的研制开发及应用[J]. 钻井液与完井液，2002(1).

[6] 梁红军，等 . 钻井堵漏用特种凝胶的流变性研究[J]. 钻井液与完井液，2011(6).

聚醚胺作为黏土膨胀抑制剂对钠基蒙脱石微观作用机制的分子动力学研究

黄 炎[1] 毛 惠[1,2] 文欣欣[1] 罗 浩[1]

(1. 成都理工大学能源学院石油工程系;
2. 油气藏地质及开发工程国家重点实验室(成都理工大学))

【摘 要】 聚醚胺(PEA)由于其优良的抑制性能在水基钻井液中被广泛应用。了解 PEA 在钠基蒙脱石之间的界面行为特性对揭示其抑制机理和研发设计新型高性能水基钻井液及其处理剂具有重要的意义。本文通过分子动力学的方法模拟研究了不同含水量的情况下中性聚醚胺(N-PEA)和质子化聚醚胺(P-PEA)在钠基蒙脱石中的结构及分子动力学特性。研究结果表明,当 33% 的 Na^+ 被 P-PEA 分子取代时,N-PEA 更倾向于与黏土表面的 $-NH_2$ 基团相互作用,而 $-NH_{3+}$ 基团与黏土表面之间的相互作用更强;当 66% 的 Na^+ 被 P-PEA 取代时,$-NH_3^+$ 更倾向于与水分子水合,分布于层间的中部。N-PEA 分子会包裹住 Na^+ 形成冠状结构,使得 Na^+ 的水化能力减弱。通过对钠基蒙脱石中 Na^+ 分布的分析发现,P-PEA 分子首先取代层间中部的 Na^+,其次是表面的 Na^+。P-PEA 和 N-PEA 都能与蒙脱石表面形成氢键,降低了蒙脱石的水化作用;当 66% 的 Na^+ 被取代时,蒙脱石与 P-PEA 之间形成的氢键数最少。此外,N-PEA 分子在不同含水量下的抑制机制是相似的,都是形成 PEA-Na^+ 络合物隔绝了 Na^+ 与水分子之间的接触。

【关键词】 聚醚胺;泥页岩抑制剂;钠蒙脱石;分子动力学模拟;水基钻井液

1 引言

高性能水基钻井液由于其环保、较好的流变性能和较低的成本被广泛应用于钻井作业当中[1-3]。在油气勘探和生产的过程中,钻遇泥页岩地层时,经常会遇到井壁失稳等问题[4-6]。蒙脱石(MMT)是一种常见的黏土矿物[7,8],其内部含有大量可交换的反离子可以吸引水分子[9-11],引起黏土矿物的水化膨胀[6,12]。在钻井作业的过程当中,黏土矿物的水化膨胀会导致井眼垮塌等一系列的问题,影响钻井效率[4,13,14]。

为了减少黏土矿物的水化膨胀,在过去的几十年里,国内外研发出了多种泥页岩抑制剂来减弱黏土矿物的水化膨胀[15-21],其中胺类化合物及其衍生物在油田上得到了广泛的应用[22-27]。在所有的胺类化合物中,聚醚胺(PEA)由于其环保、与水基钻井液配伍性强、胺

通讯作者简介:毛惠,男,1987 年生,甘肃天水人,2017 年 6 月毕业于中国石油大学(华东)油气井工程专业,获工学博士学位,现为成都理工大学能源学院石油工程系教师,油气藏地质及开发工程国家重点实验室(成都理工大学)固定研究人员,主要从事钻井液完井液方向的基础理论和应用研究。地址:四川省成都市成华区二仙桥东三路 1 号;电话:17711383553;E-mail:maohui17@cdut.edu.cn。

作者简介:黄炎,男,1999 年生,湖北荆州人,2020 年 6 月毕业于成都理工大学石油工程专业,获得工学学士学位,现就读于成都理工大学能源学院石油与天然气专业。地址:四川省成都市成华区二仙桥东三路 1 号;联系电话:15308617300;E-mail:huangyan@cdut.stu.edu.cn。

臭味较小以及高温稳定性得到了广泛的关注[26,28-30]。

Cui 等[26,27,31-35]对 PEA 在蒙脱石中的吸附作用进行了多次实验研究，发现其抑制机理主要是对黏土矿物的疏水改性以及离子交换；Lin 等[33,34,36]发现聚醚胺的末端能附着在黏土表面，疏水聚合物链伸向外部，使得黏土表面的亲水性降低。另外，根据 Henderson-Hasselbalch 方程[37]，当 pH 值接近或低于 PEA 分子的 pKa 值，伯胺很容易在水溶液中质子化，P-PEA 分子可以通过离子交换作用取代水合 Na^+，并通过静电作用和氢键作用吸附在黏土表面[36,38]。

这些研究结果为揭示 PEA 分子的抑制机理提供了重要启示，但无法从分子角度阐明 PEA 在蒙脱石层间的吸附行为以及其与层间物质之间的相互作用。计算机分子模拟(MD)为从原子水平研究 PEA-蒙脱石的结构和动力学特性提供了途径[39]。Greenwell 等[32]和 Anderson 等[40]对黏土矿物中烷基季胺物的结构和层间行为进行了分子动力学模拟，发现了 P-PEA 的离子交换机制。然而，他们观察到 N-PEA 分子与黏土表面之间的氢键很少或者没有氢键；此外他们也未能揭示层间物质的结构及动力学特性以及 PEA 与层间物质之间的相互作用。

因此，在本文中，我们使用了分子动力学模拟的方法详细地研究了水溶液中 P-PEA 分子和 N-PEA 分子在蒙脱土层间的结构及动力学特性。此外，我们还对不同条件下 PEA-离子之间的相互作用和氢键进行了分析；我们发现 N-PEA 分子可以吸附在蒙脱石表面与水分子竞争，并在表面形成疏水结构，抑制黏土矿物水化膨胀；此外 N-PEA 分子还会把 Na^+ 包裹在其内部形成包裹结构，降低 Na^+ 的水化能力。P-PEA 分子主要取代中间区域的 Na^+，但由于表面反离子的静电作用，很难完全取代。我们的研究提供了 PEA 分子在蒙脱土层间分子性能的一些见解，并为 PEA 抑制黏土水化膨胀的机理提供了一些启示。

2 分子模型的选择与模拟过程

2.1 分子模型

本研究中所有的分子动力学模拟都是使用 LAMMPS 软件完成的。考虑到同构取代的影响，取代位点服从 Loewenste I n 规则[41,42]，即两个四面体取代位点不能相邻。使用分子式为 $Na_{0.75}(Si_{7.75}Al_{0.25})(Al_{3.5}Mg_{0.5})O_{20}(OH)_4$ 的怀俄明型钠蒙脱土对 MMT 基底进行建模[43,44]，该模型由两个黏土层成，每个黏土层包括 96 个尺寸为 63.36Å×73.12Å×6.56Å 的晶胞[31,36]。PEA 选择聚合度为 3 的 JEFFAMINED-230 PEA。在实验中，因为它们具有机械稳定性和局部膨胀自由能最小等特性，天然蒙脱石颗粒中容易存在单水层(层间距为 1 个水层)和双水层(层间距为两个水层)晶态膨胀[12,45]。

因此，我们模拟了含水量为 0.1g/g 黏土体系，对应单层水状态下的三种情况：(I-1W)所有的 PEA 均为非质子化的；(Ⅱ-1W)33%的 Na^+ 被氨基取代(-NH_3^+)；(Ⅲ-1W)66%的 Na^+ 被氨基取代。由于离子交换，蒙脱土层间的 Na^+ 可以被带正电的 PEA 分子所取代[26]。

因为很难从实验中准确确定蒙脱土层间中被交换的 Na^+ 量，在研究中，我们设置了三种不同含 Na^+ 量的模型来模拟不同的 pH 值条件。0%的取代表示在高 pH 值条件下，所有的 PEA 分子都以中性分子存在，33%和 66%分别用于表征中、低 pH 值条件。Greenwell 等[32]发现，如果所有的 PEA 都被质子化了，实验层间有机物的含量对应的阳离子交换量仅为 82%。因此，66%用于模拟低 pH 值条件是合理的，其中大部分 PEA 分子以质子化形式出现。通过考虑这三种情况，可以研究 pH 值对 PEA 在蒙脱土层间扩散的影响。为了验证不同含水量下的抑制机理和分子动力学特性，本文还对双水层和三水层情况进行了简要讨论，主要以单水层(1W)状态为重点。表 1 中给出了每种情况的组成，中性聚醚胺(N-PEA)分子和质子化聚醚胺(P-PEA)分子的分子结构和化学式如图 1 所示。所有的模拟都是由 LAMMPS 软件完成的[46]，所有的图片由 VMD 软件查看[47]。

表 1　不同方案下体系的组分

方案	Na+	水	PEA
I -1W	72	384	12N-PEA
II -1W	48	384	12P-PEA
III -1W	24	384	24P-PEA
I -2W	72	768	12N-PEA
II -2W	48	768	12P-PEA
III -2W	24	768	24P-PEA
I -3W	72	1152	12N-PEA
II -3W	48	1152	12P-PEA
III -3W	24	1152	24P-PEA

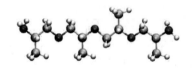

（a）中性聚醚胺

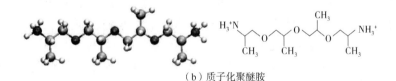

（b）质子化聚醚胺

图 1　本研究中采用的 PEA 的分子结构和分子式(蓝色，N；红色，O；青色，C；白色，H)

2.2　力场

模拟中的蒙脱土的局部电荷和 Lennard-Jones(LJ)参数取自 CLAYFF 力场[48]，在该力场条件下可以精确地显示黏土结构和层间物质的动态特征[49]。采用点电荷模型(SPC)模拟水分子[50]；采用 Smith 等的参数模拟 Na+[51]；采用 OPLS-AA 力场[52]模拟 PEA 分子；PEA 分子的参数文件来自 LigParGen Web[53]；其中键合参数和 Lennard-Jones(LJ)参数基于 OPLS-AA 力场；局部电荷是采用 1.14 * CM1A 的方法通过量子力学计算来估算和优化的。本研究中选择的这些力场已经被证明是相互兼容的，同时大量的研究表明[54-56]，结合 CLAYFF 和 OPLS-AA 可以很好地研究有机分子与黏土矿物之间的相互作用。

原子之间的相互作用可以建模成包括 Lennard-Jones(LJ)12-6 和库仑电势在内的成对加成电势：

$$V(r_{ij}) = 4\varepsilon_{ij}\left[\left(\frac{\sigma_{ij}}{r_{ij}}\right)^{12} - \left(\frac{\sigma_{ij}}{r_{ij}}\right)^{6}\right] + \frac{q_i q_j}{4\pi\varepsilon_0 r_{ij}} \tag{1}$$

其中r_{ij}、σ_{ij}以及ε_{ij}、q_i分别是距离、LJ 深度、LJ 宽度以及 i 原子的电荷量。Lorentz-Berthelot 混合公式可以用于计算具有不同 LJ 参数的原子之间的相互作用[57]。非键相互作用在距离为 12 Å 时消失，远距离的静电相互作用通过精确度为 10^{-4} 的点对点、点对面（PPPM）方法[58]进行处理，三维周期性边界条件也应用于模拟单元。

2.3 分子模拟过程

首先，我们在 300K 和 1atm 下垂直于黏土基体的 Z 方向（温度恒定）使用具有固定分子数量、压力恒定的 NP_zT 系统[43,44,59]在不存在 PEA 的情况下，通过计算不同水分子含量的 Na-MMT 的层间距来验证我们的模型。层间距 d 值的计算如下[60]：

$$d = <V>/(2*S) \tag{2}$$

其中$<V>$表示的是平均体积，S 是基础比表面积。

验证结果表明，不同的水分子含量的层间距与先前的模拟以及实验表现出良好的一致性（表 2）。

表 2 不同含水量下基础间距（Å）的模拟值和实验测量值的比较

水层	实验值[61-64]	模拟值[43,44]	本文值
0	9.7±0.2	10.2±0.3	9.86±0.04
1	12.4±0.2	12.3±0.3	12.43±0.14
2	15.4±0.2	15.1±0.2	15.00±0.15
3	18.5±0.4	17.7±0.7	17.26±0.12

在进行校准之后，我们将水分子、Na$^+$以及 PEA 分子一同加入模拟过程中。我们首先将 NP_zT 系统应用 1ns，获得了 PEA 分子的平衡层间距 d。在我们的研究中，我们设置了三种不同的情形：（Ⅰ-1W）所有的 PEA 均为非质子化的；（Ⅱ-1W）33% 的 Na$^+$被氨基取代（-NH$_3^+$）；（Ⅲ-1W）66% 的 Na$^+$被氨基取代。由于离子交换，蒙脱土层间的 Na$^+$可以被带正电的 PEA 分子所取代。接下来，通过 NVT 平衡系统（恒定数量的粒子，体积和温度），将蒙脱土晶层上下板设定为 10ns，然后进行 20ns 的运算，进行数据分析。含有 N-PEA 分子的分子动力学平衡体系快照如图 2 所示。体系温度由 Nose-Hoover 恒温器采用 0.1ps 的阻尼时间维持[65]。运动方程式由时间步长为 1ft，间隔时间为 0.02ps 的 Verlet 算法集成以收集统计数据，记录轨迹的间隔时间为 0.5ps。每 0.5ps 存储一次 600ps NVT 模拟的原子轨迹，用于 Na$^+$和水分子的扩散分析。根据爱因斯坦的均方位移方程（MSD）计算 $x-y$ 平面上的自扩散系数（D_{xy}）[66]：

$$D_{xy} = \frac{1}{4Nt}\sum_{i=1}^{N}\langle|\vec{r}_i(t) - \vec{r}_i(0)|^2\rangle \tag{3}$$

其中 N 是分子数，$\vec{r}_i(t)$ 是在 t 时 i-th 分子的质心位置，$\vec{r}_i(0)$ 是在 0 时刻的 i-th 分子的质心位置。

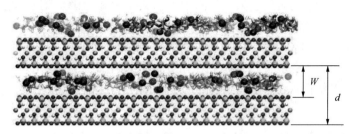

图 2 稳定后的 Na-MMT 层间照片[其中充填了 0.1g/g 黏土的水以及 N-PEA 分子
(紫罗兰，Na；蓝色，N；红色，O；青色，C；黄色，Si；白色，
H；绿色，Mg；粉色，Al)]

3 结果与讨论

3.1 PEA 的分布与结构特征

根据在 NVT 系统上的计算，层间物质的空间分布特征是沿着 z 方向(垂直于黏土的表面)原子数量密度分布。三种不同的实验方案有着不同的层间距：方案 I -1W 为 14.30 Å，方案 II -1W 为 13.67 Å，方案 III -1W 为 14.65 Å，其范围与之前的研究成果一致[2,26,32,66]。我们定义两个相对的四面体氧平面之间的层间距离为 w，并以层间中间的平面为原点($Z=0$)。考虑到蒙脱石层间顶部和底部的空间分布类似，本文只给出了层间底部的结果。PEA 分子两端的 N 原子数密度，C 原子数密度以及层间距离如图 3 所示。

当 P-PEA 分子取代 33% 和 66% Na$^+$ 时，体系层间距离最小为 $w=7.11$ Å，最大为 $w=8.09$ Å。这与方案 I -1W 中仅含有 N-PEA 分子的情况下相比，方案 II -1W 中的体系由于离子交换导致了 Na$^+$ 减少，层间距离变小，而方案 III -1W 中引入更多的 PEA 分子导致层间尺寸最大。

在不同的情况下，N 和 C 原子的空间分布有很大的不同。在 I -1W 情况下，C 和 N 在 MMT 层间形成双层结构，N 原子更靠近黏土表面，这说明 N 原子和四面体中的 O 原子之间形成了氢键。在 II -1W 情况下，C 原子主要集中在层间的中部，形成单层结构。此外方案 II -1W 的 N 原子的峰值要高于方案 I -1W，说明 -NH$_3^+$ 基团与黏土颗粒的相互作用更强，主要原因是氢键和静电吸引的协同作用。

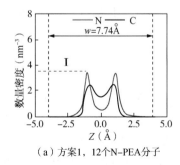
（a）方案1，12个N-PEA分子

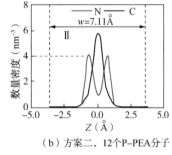
（b）方案二，12个P-PEA分子

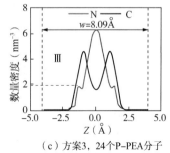
（c）方案3，24个P-PEA分子

图 3 单层水条件下，系统中 PEA 分子两端 N 和 C 原子的数量密度

在方案 III -1W 中，随着更多的 Na$^+$ 被 P-PEA 取代，N 原子主要位于层间的中部，在黏土表面有两个小突起。Na$^+$ 含量的降低促使更多的水与 -NH$_3^+$ 基团结合形成水合物，进一步

促进了更多的 N 原子从层间表面进入到层间中部。为了更好地解释不同方案下 N 和 C 原子的分布，PEA 在 MMT 层间的分子构象如图 4 所示，PEA 分子在 X-Y 平面上的分布如图 5 所示。可以发现，方案Ⅰ-1W 中 N-PEA 分子倾向于形成冠状结构并包裹住 Na^+ 在层间形成 Na^+-PEA 络合物，说明 Na^+ 水化作用是黏土水化膨胀的主要原因。因此，我们认为形成的 Na^+-PEA 络合物可以使得 Na^+ 与水隔绝，降低了 Na^+ 的水化能力，有利于抑制黏土矿物的水化膨胀[7]。

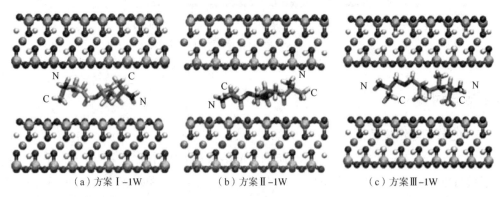

|(a)方案Ⅰ-1W|(b)方案Ⅱ-1W|(c)方案Ⅲ-1W|

图 4　单层水条件下 PEA 分子的构象(为了清晰显示 PEA 的分子构象，未显示出 H_2O 和 Na^+)

为了研究这种冠状结构的稳定性，我们选取了一个 Na^+-PEA 络合物，选取 $t = 20ns$ 到 $t = 25ns$ 之间的数据跟踪其动态变化，如图 6 所示。从图 6 可以看出，Na^+-PEA 络合物的结构基本不变，说明这种冠状结构具有很好的稳定性。在Ⅱ-1W 中，P-PEA 分子倾向于形成 S 形结构，其 $-NH_3^+$ 基团与水分子发生水合。但是由于 Na^+ 与 $-NH_3^+$ 基团之间存在静电斥力，因此在这种情况下很少观察到方案Ⅰ-1W 中的冠状结构。在方案Ⅲ-1W 中，P-PEA 分子表现出更随机的结构。此外，在方案Ⅲ-1W 也观察到了冠状结构，但这两种冠状结构不同，如图 5(d)和图 5(e)所示，方案Ⅰ-1W 中的 $-NH_2$ 基团与 Na^+ 配位，N 原子朝向 Na^+，或偏离 Na^+ 与水形成水合物；而在方案Ⅲ-1W 中，P-PEA 分子由于静电斥力只能形成 N 原子指向水分子的冠状结构，如图 5(f)所示，方案Ⅲ-1W 中的 P-PEA 分子由于水分子与 PEA 分子之间存在氢键，倾向于包裹水分子形成另一种不同于方案Ⅰ-1W 的冠状结构。

不同含水量下 PEA 分子是否具有相似的吸附行为和抑制机理如图 7 所示。从图 7 我们可以看到，PEA 分子在双层水和三层水条件下的结构性质与在单层水条件下的类似。当 PEA 分子以 N-PEA 形式存在时，大部分的 PEA 分子可以形成冠状结构将 Na^+ 包裹在内部，这可以显著减少水和 Na^+ 之间的水化反应。但当 PEA 分子以 P-PEA 形式存在时，由于 PEA 分子中带正电荷的 Na^+ 和带正电荷的 $-NH_3^+$ 基团之间的静电作用，则很难形成这种包裹结构。因此，我们得出结论，在不同的含水量情况下，N-PEA 分子都能通过形成 Na^+-PEA 络合物隔绝 Na^+ 与水分子之间的水化反应从而抑制黏土颗粒的水化膨胀；而 P-PEA 分子则无法形成这种冠状结构。为了更好地理解 MMT 层间 PEA 分子的动态特征，X-Y 平面的扩散系数如图 8 所示。我们可以看到水分子的扩散系数从方案Ⅰ-1W 到方案Ⅲ-1W 呈线性降低。另外，一方面，在Ⅱ-1W 情况下，P-PEA 分子可以通过静电互斥作用使得 MMT 层间更加紧密，所对应的层间距更小。因此，与方案Ⅰ-1W 相比，水分子的运动受到更大的限制，另一方面，PEA 的黏度高于水。在方案Ⅲ-1W 中加入更多的 PEA 分子后，水的扩散系数较方案Ⅰ-1W 有所降低，方案Ⅰ-1W 中 PEA 的扩散系数远远的高于方案Ⅱ-1W 和方案Ⅲ-1W。

发现这样的现象并不奇怪，因为在方案Ⅰ-1W中，PEA分子以N-PEA分子的形式存在，主要是通过范德华力和氢键与MMT表面相互作用，而方案Ⅱ-1W和方案Ⅲ-1W中，PEA分子携带正电荷，使得PEA分子与带负电荷的MMT表面之间的静电作用更加强烈。因此，方案Ⅱ-1W和方案Ⅲ-1W的扩散系数显著降低，对于这两种方案来说，由于静电作用在这两种情况下占主导地位，因此差异可以忽略不计。

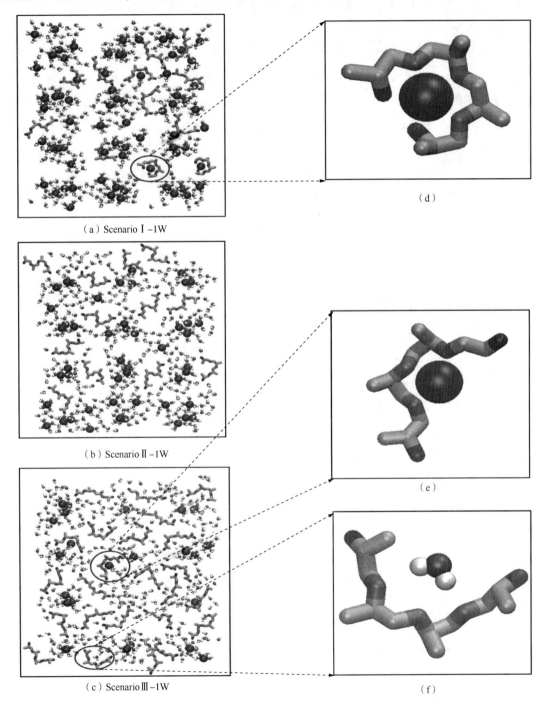

（a）Scenario Ⅰ-1W

（b）Scenario Ⅱ-1W

（c）Scenario Ⅲ-1W

（d）

（e）

（f）

图5　方案Ⅰ-1W、方案Ⅱ-1W、方案Ⅲ-1W条件下的 *X*-*Y* 平面视图

（为了能清晰显示PEA分子构象，未显示PEA分子中的H原子）

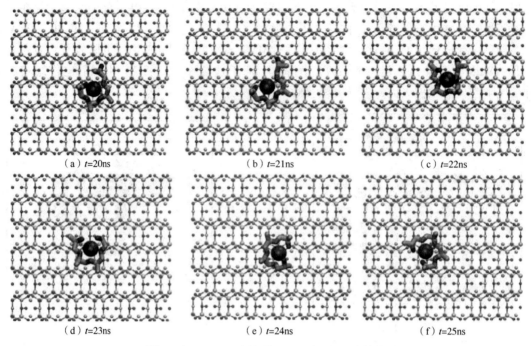

（a）t=20ns　　　　　　　　（b）t=21ns　　　　　　　　（c）t=22ns

（d）t=23ns　　　　　　　　（e）t=24ns　　　　　　　　（f）t=25ns

图 6　在 Na-MMT 层间的 Na⁺-PEA 的混合结构

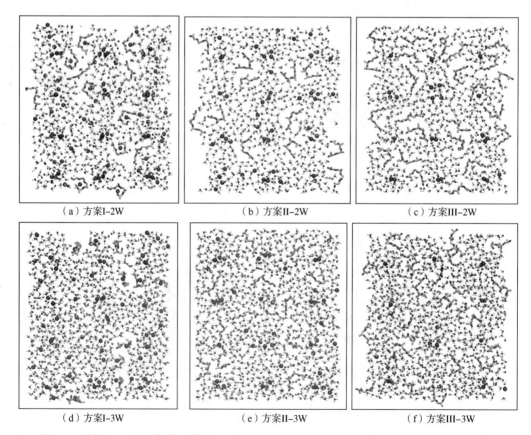

（a）方案I-2W　　　　　　（b）方案II-2W　　　　　　（c）方案III-2W

（d）方案I-3W　　　　　　（e）方案II-3W　　　　　　（f）方案III-3W

图 7　双层水和三层水条件下蒙脱土层间 X-Y 平面视图下水、Na⁺和 PEA 分子的分子结构

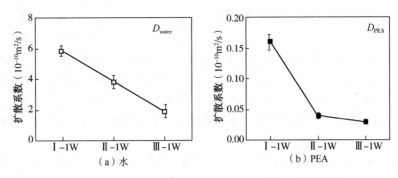

图 8 *X–Y* 平面上不同方案下水和 PEA 分子的扩散系数

3.2 水和层间粒子的分布

三种情况下 MMT 层间水和 Na$^+$ 沿 *Z* 方向的数量密度分布如图 9 所示。在三种情况下都是三层结构，这是因为 Na$^+$ 与层间中部的水分子形成内层和外层。在方案 Ⅱ–1W 中，33% 的 Na$^+$ 被 P-PEA 分子取代，层间中部的 Na$^+$ 密度较方案 Ⅰ–1W 急剧降低，而黏土表面的 Na$^+$ 密度略有下降，这说明交换的 P-PEA 分子主要取代的是 Na$^+$ 的外层络合物。当 P-PEA 分子交换了 66% 的 Na$^+$ 时，发现层间中部和黏土表面的 Na$^+$ 的密度同时降低，这说明外部和内部的 Na$^+$ 都受到了 P-PEA 分子的影响。此外，在层间中心区域和表面之间 Na$^+$ 出现了零密度区域。这是由于 Na$^+$ 与带负电荷的黏土表面有着很强的静电作用，使得 Na$^+$ 与黏土表面紧密结合，这些 Na$^+$ 难以扩散到 MMT 层间中部。

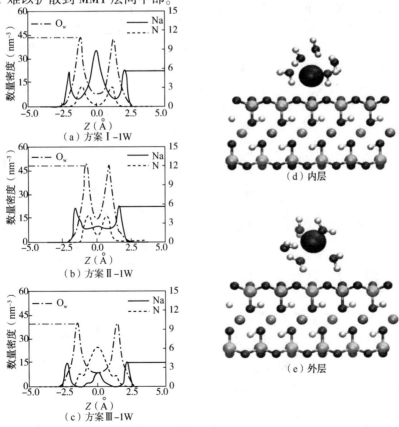

图 9 MMT 层间水（O$_w$）和 Na$^+$ 沿 *Z* 方向的数量密度

在三种方案中，PEA 分子扩散到 MMT 层间为双层水分子提供了足够的层间距，对应于氧原子出现两个峰。值得注意的是 O 原子和 N 原子表面周围峰的位置几乎相同，这说明含 N 基团与水分子之间存在竞争性吸附，导致了黏土颗粒表面的疏水改性。结果表明，方案 II-1W 的 O_w 原子峰值最高，其次是方案 I-1W，然后是 III-1W。一个可能的原因是，在方案 II-1W 中，当 33% 的 Na^+ 被取代时，由于层间中部的 Na^+ 数量的减少，更多的水分子会直接与黏土表面相互作用。此外，内层 Na^+ 的含量的减少为水分子在表面的吸附提供了更多的空间。在方案 II-1W 中，MMT 层间中部和侧部的 Na^+ 含量显著降低，但在黏土表面吸附的水最少。

这是由于在较高的离子交换条件下，$-NH_3^+$ 基团倾向于停留在层间中部，而不是在黏土表面吸附，在此过程中水分子被拉离表面，与 $-NH_3^+$ 基团水合。

3.3 氢键

水分子通过水与蒙脱石之间的铝酸盐基团和硅酸盐基团之间形成氢键，容易吸附在蒙脱土表面。据报道[36]，PEA 分子的含 N 基团通过氢键作用附着在黏土表面，使得亲水表面变为疏水表面。同时，PEA 分子还可以通过氢键与水相互作用。因此，分析氢键的作用在本文中具有重要意义。氢键结构如图 10 所示。在本文中，对于水-水和水-MMT，$r(O\cdots O)<$ 3.5Å 和 $\angle(O\cdots O-H)\leqslant30°$ 的氢键会被识别；对于水-PEA 分子和 MMT-PEA 分子，$r(N\cdots N)<3.5$Å 和 $\angle N\cdots O-H\leqslant30°$ 的氢键会被识别；其中 -OH 和 -NH 基团为施主，O 和 N 原子为受主。三种情况下从 10ns 到 30ns 的系统内的氢键平均数如图 11 所示。我们还计算了相同含水量下，当没有 PEA 分子时，水与 MMT 表面之间的氢键数作为参考。三种情况下 PEA 的引入降低了水与 MMT 表面的氢键数，这是由于 PEA 分子与水分子之间发生了竞争吸附，抑制了黏土矿物的水化膨胀。方案 II-1W 中水与 MMT 表面之间的氢键数最大，方案 I-1W 其次，最后是方案 III-1W，这与我们在前面讨论的水在 MMT 表面的数量密度分布情况一致。N-PEA 和 P-PEA 分子都能与 MMT 表面形成氢键，在方案 II-1W 中，P-PEA 分子与 MMT 表面的氢键强度最强，这是由于 $-NH_3^+$ 基团与 MMT 表面的相互作用更强。方案 III-1W 与水分子的竞争吸附使得 P-PEA 分子与 MMT 表面的氢键数最小，P-PEA 分子与水分子之间的氢键数最大。

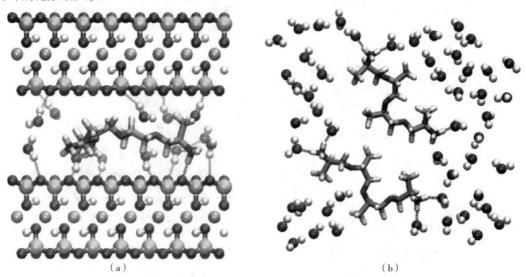

（a）   （b）

图 10 方案 II-1W 中(a)层间物质和黏土表面，(b)水和 PEA 分子之间的氢键(其中红色虚线表示水和 MMT 表面的氢键，蓝色虚线表示 PEA 分子与 MMT 表面或 PEA 分子与水分子之间的氢键)

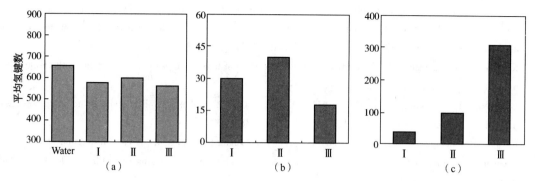

图 11　不同方案下(a)水–MMT，(b)PEA 分子–MMT，(c)水–PEA 分子之间的平均氢键数

4　启示

在页岩油藏的钻井过程中，页岩抑制剂对于保持井筒完整性至关重要。在所有的胺类页岩抑制剂中，PEA 因其较低的环境毒性、与大多数水基钻井液相匹配、较少的氨味以及热稳定性得到了大量的关注[15,29]。此外，PEA 的低分子尺寸使得它可以很容易扩散到层间，取代层间阳离子[32,36]。深入了解 PEA 的抑制机理对于减少黏土水化膨胀问题和设计高性能水基钻井液及其处理剂具有重要意义。

反粒子的水化作用和黏土表面的亲水性是黏土颗粒水化膨胀的两个主要原因[12]。本文的研究结果表明，N–PEA 分子可以吸附在蒙脱土表面与水分子竞争，并通过其疏水段改善蒙脱石表面的亲水性，有利于抑制水化膨胀。此外，N–PEA 分子还可以包裹 Na$^+$，降低 Na$^+$水化能力。虽然 P–PEA 分子会取代 Na$^+$，但 P–PEA 的高离子交换会使得和水之间的水化作用较强，不利于抑制黏土颗粒水化膨胀。因此，建议在钻井作业中选择合适的离子交换度，可以通过调节钻井过程中的 pH 值来控制。

5　结论

在本文中，我们应用了分子动力学模拟研究了三种不同含水量下的 MMT 层间 N–PEA 和 P–PEA 的分布和结构特征；详细讨论了不同 PEA 对 Na$^+$和水分子分布的影响；分析了三种情况下的氢键情况。

根据单层水情况下 PEA 分子扩散到 MMT 层间的分子模拟结果，结果表明，当 33% 的 Na$^+$被 P–PEA 分子取代时，中性 PEA 分子更倾向于通过–NH$_2$基团吸附在蒙脱土表面，–NH$_3^+$基团与蒙脱土表面的相互作用更强。当 66% 的 Na$^+$被取代时，–NH$_3^+$基团由于与水分子的相互作用倾向于分布在层间的中部。中性 PEA 分子倾向于形成冠状结构，将 Na$^+$包裹在内，显著降低了 Na$^+$的水化能力，而在 P–PEA 分子存在的情况下，很少观察到这种冠状结构。PEA 分子通过氢键与蒙脱土表面相互作用，降低了蒙脱土吸附水分子的能力。此外，当 MMT 层间存在双层水和三层水时，也观察到了类似的抑制机理。本研究成果可以为研发新型高性能水基钻井液处理剂提供重要的启示。

参 考 文 献

[1] V. Mahto, V. Sharma. Rheological study of a water based oil well drilling fluid. J. Pet. Sci. Eng., 45 (2004), pp. 123-128.

［2］ H. Mao, Y. Yang, H. Zhang, et al. A critical review of the possible effects of physical and chemical proper-
ties of subcritical water on the performance of water-based drilling fluids designed for ultra-high temperature
and ultra-high pressure drilling applications. J. Pet. Sci. Eng. , 187 (2020), p. 106795.

［3］ K. Tamura, H. Yamada, H. Nakazawa. Stepwise hydration of high-quality synthetic smectite with various cat-
ions. Clay Clay Miner. , 48 (2000), pp. 400-404.

［4］ G. Chen, M. E. Chenevert, M. M. Sharma, M. Yu. A study of wellbore stability in shales including poroelas-
tic, chemical, and thermal effect. J. Pet. Sci. Eng. , 38 (2003), pp. 167-176.

［5］ H. Jia, P. Huang, Q. Wang, Y. Han, S. Wang, F. Zhang, W. Pan, K. Lv. Investigation of inhibition
mechanism of three deep eutectic solvents as potential shale inhibitors in water-based drilling fluids. Fuel, 244
(2019), pp. 403-411.

［6］ M. Lal. Shale stability: drilling fluid interaction and shale strength. SPE Asia Pacific Oil and Gas Conference
and Exhibition, Society of Petroleum Engineers (1999).

［7］ P. F. Low. The swelling of clay: II. Montmorillonites. Soil Sci. Soc. Am. J. , 44 (1980), pp. 667-676.

［8］ G. Sposito, N. T. Skipper, R. Sutton, S. -H. Park, A. K. Soper, J. A. Greathouse. Surface geochemistry of
the clay minerals. Proc. Natl. Acad. Sci. , 96 (1999), pp. 3358-3364.

［9］ A. M. Kraepiel, K. Keller, F. M. Morel. A model for metal adsorption on montmorillonite. J. Colloid
Interface Sci. , 210 (1999), pp. 43-54.

［10］ P. Mignon, P. Ugliengo, M. Sodupe, E. R. Hernandez. Ab initio molecular dynamics study of the hydration
of Li$^+$, Na$^+$ and K$^+$ in a montmorillonite model. Influence of isomorphic substitution. Phys. Chem. Chem.
Phys. , 12 (2010), pp. 688-697.

［11］ W. B. F. Ngouana, A. G. Kalinichev. Structural arrangements of isomorphic substitutions in smectites: molec-
ular simulation of the swelling properties, interlayer structure, and dynamics of hydrated Cs - montmorillonite
revisited with new clay models. J. Phys. Chem. C, 118 (2014), pp. 12758-12773.

［12］ E. J. Hensen, B. Smit. Why clays swell. J. Phys. Chem. B, 106 (2002), pp. 12664-12667.

［13］ G. Bol, S. -W. Wong, C. Davidson, D. Woodland. Borehole stability in shales. SPE Drill. Complet. , 9
(1994), pp. 87-94.

［14］ M. E. Zeynali. Mechanical and physico-chemical aspects of wellbore stability during drilling operations. J.
Pet. Sci. Eng. , 82 (2012), pp. 120-124.

［15］ H. M. Ahmed, M. S. Kamal, M. Al-Harthi. Polymeric and low molecular weight shale inhibitors: a review.
Fuel, 251 (2019), pp. 187-217.

［16］ Q. Chu, J. Su, L. Lin. Inhibition performance of amidocyanogen silanol in water-based drilling fluid. Appl.
Clay Sci. , 185 (2020), p. 105315.

［17］ H. Jia, P. Huang, Q. Wang, Y. Han, S. Wang, F. Zhang, W. Pan, K. Lv. Investigation of inhibition
mechanism of three deep eutectic solvents as potential shale inhibitors in water-based drilling fluids. Fuel,
244 (2019), pp. 403-411.

［18］ Y. Qu, X. Lai, L. Zou. Polyoxyalkyleneamine as shale inhibitor in water-based drilling fluids. Appl. Clay
Sci. , 3 (2009), pp. 265-268.

［19］ S. R. Shadizadeh, A. Moslemizadeh, A. S. Dezaki. A novel nonionic surfactant for inhibiting shale
hydration. Appl. Clay Sci. , 118 (2015), pp. 74-86.

［20］ Y. Liu, C. Zou, C. Li, et al. Evaluation of β-cyclodextrin - polyethylene glycol as green scale inhibitors
for produced-water in shale gas well.

［21］ L. Yang, G. Jiang, Y. Shi, et al. Application of ionic liquid and polymeric ionic liquid as shale hydration
inhibitors. Energy Fuel, 31 (2017), pp. 4308-4317.

［22］ X. Bai, H. Wang, Y. Luo, et al. The structure and application of amine-terminated hyperbranched polymer shale inhibitor for water-based drilling fluid. J. Appl. Polym. Sci. , 134 (2017), p. 45466.

[23] N. Gholizadeh-Doonechaly, K. Tahmasbi, E. Davani. Development of high-performance water-based mud formulation based on amine derivatives SPE International Symposium on Oilfield Chemistry, Society of Petroleum Engineers (2009).

[24] J. Guancheng, Q. Yourong, A. Yuxiu, H. Xianbin, R. Yanjun. Polyethyleneimine as shale inhibitor in drilling fluid. Appl. Clay Sci. , 127 (2016), pp. 70-77.

[25] G. Xie, P. Luo, M. Deng, J. Su, Z. Wang, R. Gong, J. Xie, S. Deng, Q. Duan. Investigation of the inhibition mechanism of the number of primary amine groups of alkylamines on the swelling of bentonite. Appl. Clay Sci. , 136 (2017), pp. 43-50.

[26] H. Zhong, Z. Qiu, D. Sun, D. Zhang, W. Huang. Inhibitive properties comparison of different polyetheramines in water-based drilling fluid. J. Nat. Gas Sci. Eng. , 26 (2015), pp. 99-107.

[27] H. Zhong, Z. Qiu, D. Zhang, Z. Tang, W. Huang, W. Wang. Inhibiting shale hydration and dispersion with amine-terminated polyamidoamine dendrimers. J. Nat. Gas Sci. Eng. , 28 (2016), pp. 52-60.

[28] A. Patel, S. Stamatakis, S. Young, J. Friedheim. Advances in inhibitive water-based drilling fluids—can they replace oil-based muds? International Symposium on Oilfield Chemistry, Society of Petroleum Engineers (2007).

[29] A. D. Patel. Design and development of quaternary amine compounds: shale inhibition with improved environmental profile. SPE International Symposium on Oilfield Chemistry, Society of Petroleum Engineers (2009).

[30] B. Peng, P. Y. Luo, W. Y. Guo, Q. Yuan. Structure - property relationship of polyetheramines as clay-swelling inhibitors in water-based drilling fluids. J. Appl. Polym. Sci. , 129 (2013), pp. 1074-1079.

[31] Y. Cui, J. S. van Duijneveldt. Adsorption of polyetheramines on montmorillonite at high pH. Langmuir, 26 (2010), pp. 17210-17217.

[32] H. C. Greenwell, M. J. Harvey, P. Boulet, A. A. Bowden, P. V. Coveney, A. Whiting. Interlayer structure and bonding in nonswelling primary amine intercalated clays. Macromolecules, 38 (2005), pp. 6189-6200.

[33] J. -J. Lin, Y. -M. Chen. Amphiphilic properties of poly (oxyalkylene) amine-intercalated smectite aluminosilicates. Langmuir, 20 (2004), pp. 4261-4264.

[34] J. -J. Lin, I. -J. Cheng, R. Wang, R. -J. Lee. Tailoring basal spacings of montmorillonite by poly (oxyalkylene) diamine intercalation. Macromolecules, 34 (2001), pp. 8832-8834.

[35] S. Zhang, J. J. Sheng, Z. Qiu. Maintaining shale stability using polyether amine while preventing polyether amine intercalation. Appl. Clay Sci. , 132 (2016), pp. 635-640.

[36] H. Zhong, Z. Qiu, W. Huang, J. Cao. Shale inhibitive properties of polyether diamine in water-based drilling fluid. J. Pet. Sci. Eng. , 78 (2011), pp. 510-515.

[37] H. N. Po, N. Senozan. The Henderson-Hasselbalch equation: its history and limitations. J. Chem. Educ. , 78 (2001), p. 1499.

[38] Wang, S. Liu, T. Wang, D. Sun. Effect of poly (oxypropylene) diamine adsorption on hydration and dispersion of montmorillonite particles in aqueous solution. Colloids Surf. A Physicochem. Eng. Asp. , 381 (2011), pp. 41-47.

[39] Y. Li, M. Chen, H. Song, P. Yuan, D. Liu, B. Zhang, H. Bu. Methane hydrate formation in the stacking of kaolinite particles with different surface contacts as nanoreactors: a molecular dynamics simulation study. Appl. Clay Sci. , 186 (2020), p. 105439.

[40] R. L. Anderson, H. C. Greenwel, J. L. Suter, R. M. Jarvis, P. V. Coveney. Towards the design of new and improved drilling fluid additives using molecular dynamics simulations. An. Acad. Bras. Cienc. , 82 (2010), pp. 43-60.

[41] Y. Li, M. Chen, C. Liu, H. Song, P. Yuan, B. Zhang, D. Liu, P. Du. Effects of layer-charge distribution of 2: 1 clay minerals on methane hydrate formation: a molecular dynamics simulation study. Langmuir, 36 (2020), pp. 3323-3335.

[42] W. Loewenstein. The distribution of aluminum in the tetrahedra of silicates and aluminates. Am. Miner. , 39 (1954), pp. 92-96.

[43] M. Chávez-Páez, K. Van Workum, L. De Pablo, J. J. Pe Pablo. Monte Carlo simulations of Wyoming sodium montmorillonite hydrates. J. Chem. Phys. , 114 (2001), pp. 1405-1413.

[44] N. T. Skipper, F. -R. C. Chang, G. Sposito. Monte Carlo simulation of interlayer molecular structure in swelling clay minerals. 1. Methodology. Clay Clay Miner. , 43 (1995), pp. 285-293.

[45] H. D. Whitley, D. E. Smith. Free energy, energy, and entropy of swelling in Cs-, Na-, and Sr-montmorillonite clays. J. Chem. Phys. , 120 (2004), pp. 5387-5395.

[46] S. Plimpton. Fast Parallel Algorithms for Short-Range Molecular Dynamics. Sandia National Labs, Albuquerque, NM (United States) (1993).

[47] W. Humphrey, A. Dalke, K. Schulten. VMD: visual molecular dynamics. J. Mol. Graph. , 14 (1996), pp. 33-38.

[48] R. T. Cygan, J. -J. Liang, A. G. Kalinichev. Molecular models of hydroxide, oxyhydroxide, and clay phases and the development of a general force field. J. Phys. Chem. B, 108 (2004), pp. 1255-1266.

[49] Y. Li, M. Chen, H. Song, P. Yuan, B. Zhang, D. Liu, H. Zhou, H. Bu. Effect of cations (Na$^+$, K$^+$, and Ca^{2+}) on methane hydrate formation on the external surface of montmorillonite: insights from molecular dynamics simulation. ACS Earth Space Chem. , 4 (2020), pp. 572-582.

[50] H. Berendsen, J. Grigera, T. Straatsma. The missing term in effective pair potentials. J. Phys. Chem. , 91 (1987), pp. 6269-6271.

[51] W. L. Jorgensen, D. S. Maxwell, J. Tirado-Rives. Development and testing of the OPLS all-atom force field on conformational energetics and properties of organic liquids. J. Am. Chem. Soc. , 118 (1996), pp. 11225-11236.

[52] L. S. Dodda, I. Cabeza de Vaca, J. Tirado-Rives, W. L. Jorgensen. LigParGen web server: an automatic OPLS-AA parameter generator for organic ligands. Nucleic Acids Res. , 45 (2017), pp. W331-W336.

[53] B. Fazelabdolabadi, A. Alizadeh-Mojarad. A molecular dynamics investigation into the adsorption behavior inside {001} kaolinite and {1014} calcite nano-scale channels: the case with confined hydrocarbon liquid, acid gases, and water. Appl. Nanosci. , 7 (2017), pp. 155-165.

[54] E. Galicia-Andrés, D. Petrov, M. H. Gerzabek, C. Oostenbrink, D. Tunega. Polarization effects in simulations of kaolinite - water interfaces. Langmuir, 35 (2019), pp. 15086-15099.

[55] B. Schampera, R. Solc, S. Woche, R. Mikutta, S. Dultz, G. Guggenberger, D. Tunega. Surface structure of organoclays as examined by X-ray photoelectron spectroscopy and molecular dynamics simulations. Clay Miner. , 50 (2015), pp. 353-367.

[56] R. J. Good, C. J. Hope. New combining rule for intermolecular distances in intermolecular potential functions. J. Chem. Phys. , 53 (1970), pp. 540-543.

[57] R. W. Hockney, J. W. Eastwood. Computer Simulation Using Particles. CRC Press (1988).

[58] Li, A. K. Narayanan Nair, A. Kadoura, Y. Yang, S. Sun. Molecular simulation study of montmorillonite in contact with water. Ind. Eng. Chem. Res. , 58 (2019), pp. 1396-1403.

[59] X. Liu, X. Lu, R. Wang, H. Zhou, S. Xu. Interlayer structure and dynamics of alkylammonium-intercalated smectites with and without water: a molecular dynamics study. Clay Clay Miner. , 55 (2007), pp. 554-564.

[60] E. Ferrage, B. Lanson, B. A. Sakharov, V. A. Drits. Investigation of smectite hydration properties by mod-

eling experimental X-ray diffraction patterns: Part I. Montmorillonite hydration properties. Am. Mineral. , 90 (2005), pp. 1358-1374.

[61] M. Fu, Z. Zhang, P. Low. Changes in the properties of a montmorillonite-water system during the adsorption and desorption of water: hysteresis. Clay Clay Miner. , 38 (1990), pp. 485-492.

[62] R. Mooney, A. Keenan, L. Wood. Adsorption of water vapor by montmorillonite. II. Effect of exchangeable ions and lattice swelling as measured by X-ray diffraction. J. Am. Chem. Soc. , 74 (1952), pp. 1371-1374.

[63] K. Tamura, H. Yamada, H. Nakazawa. Stepwise hydration of high-quality synthetic smectite with various cations. Clay Clay Miner. , 48 (2000), pp. 400-404.

[64] D. J. Evans, B. L. Holian. The nose - hoover thermostat. J. Chem. Phys. , 83 (1985), pp. 4069-4074.

[65] C. -C. Chou, F. -S. Shieu, J. -J. Lin. Preparation, organophilicity, and self-assembly of poly (oxypropylene) amine-clay hybrids. Macromolecules, 36 (2003), pp. 2187-2189.

[66] F. -R. C. Chang, N. Skipper, G. Sposito, Computer simulation of interlayer molecular structure in sodium montmorillonite hydrates, Langmuir, 11 (1995) 2734-2741.

抗 210℃高温聚合物暂堵剂的制备及性能研究

张　伟　王超群　陈缘博　陈家旭

(中海油田服务股份有限公司)

【摘　要】 深层/深地油气、地热资源钻井过程中，往往存在高温地层（>200℃）严重井漏问题。针对常用吸水膨胀类聚合物难以满足抗高温堵漏技术要求，研制了一种新型抗210℃高温聚合物暂堵剂 N-GEL，借助傅里叶红外光谱仪、同步热分析仪和扫描电镜，实验评价了其分子结构；开展了 N-GEL 吸水性能、耐盐性能和封堵性能等测试。实验结果表明，抗210℃高温聚合物暂堵剂 N-GEL 抗温能力可达210℃，具有优良的吸水性能与耐盐性能，可有效提高地层承压能力，210℃老化 5d 后可自降解，适用于高温储层。

【关键词】 高温地层漏失；抗高温；聚合物；暂堵剂

吸水膨胀聚合物是一种具有三维网络结构的交联体，在水中溶胀但不溶解，抗稀释性好，吸水膨胀后具有可变形性，能根据漏失通道的大小进行形状调节，与刚性的骨架材料一起形成密实的封堵层，封堵漏失通道[1-4]。近年来，国内外专家学者针对吸水膨胀聚合物类堵漏材料开展了大量的研究工作。目前所采用的吸水膨胀聚合物类堵漏材料，吸水倍率大、可变形性好，但承压强度不高且抗温性能较差[5-7]。为此，本文研制了一种抗210℃高温聚合物暂堵剂 N-GEL，其抗温能力可达210℃，具有优良的吸水性能与耐盐性能，可有效提高地层承压能力，210℃老化 5d 后可自降解，适用于高温储层，并探讨了 N-GEL 堵漏作用机理。

1　抗210℃高温聚合物暂堵剂 N-GEL 的合成与表征

1.1　实验材料与设备

实验材料：丙烯酸，分析纯；丙烯酰胺，分析纯；四烯丙基氯化铵，分析纯；N，N-亚甲基双丙烯酰胺，分析纯；氢氧化钠，分析纯；过硫酸铵，分析纯；亚硫酸钠，分析纯。

实验设备：EUROSTAR 20 digital 悬臂搅拌器，RO5 磁力搅拌器，FD115 干燥箱，STA449F3 同步热分析仪，TENSOR 27 傅里叶红外光谱仪，S4800 型扫描电镜。

1.2　抗210℃高温聚合物暂堵剂的合成

将一定质量的丙烯酸、丙烯酰胺、四烯丙基氯化铵和 N，N-亚甲基双丙烯酰胺充分溶解在去离子水中，搅拌均匀后滴加质量分数 15%氢氧化钠溶液调整混合溶液 pH 值至 9.0，同时通氮气排除空气，依次加入一定质量的过硫酸铵和亚硫酸钠，搅拌条件下反应一定时

作者简介：张伟，男，硕士，现为中海油服油田化学事业部油田化学研究院高级钻完井液研发工程师，主要从事井壁稳定与防漏堵漏钻井液技术研究工作。E - mail：zhangwei61 @ cosl. com. cn；电话：13833628897；地址：河北省廊坊市三河燕郊行宫西大街81号。

间。以吸水膨胀倍率作为主要评价指标，通过正交实验和单因素分析，优化得出最优单体浓度、单体配比、交联剂和引发剂浓度及反应温度。将反应结束得到的弹性凝胶体剪切、烘干、粉碎，得到抗210℃高温聚合物暂堵剂。

1.3 抗210℃高温聚合物暂堵剂的性能表征

1.3.1 红外光谱分析

采用 TENSOR 27 傅里叶红外光谱仪对抗210℃高温聚合物暂堵剂 N-GEL 进行红外光谱分析，结果如图1所示。

由图1分析可知，N-GEL 中，波数 2927.55cm⁻¹是酰胺基–NH 的特征吸收峰，波数 1658.13cm⁻¹是酰胺基中–C=O 的伸缩振动吸收峰，波数 1121cm⁻¹是磺酸基不对称伸缩振动吸收峰，937.82cm⁻¹是羧基的振动吸收峰。通过红外分析可知，得到了目标产物。

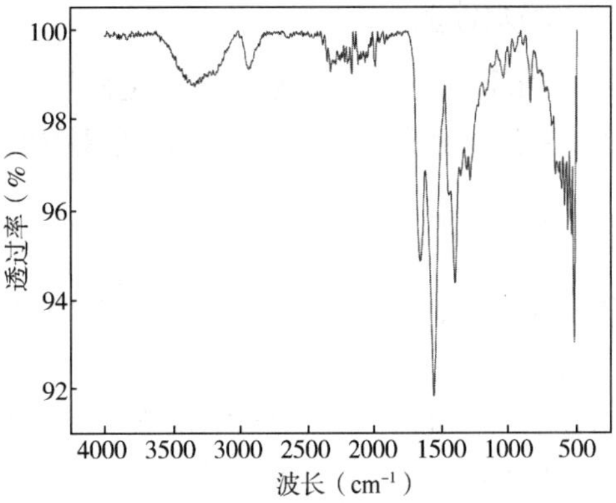

图1 抗210℃高温聚合物暂堵剂 N-GEL 红外光谱图

1.3.2 热重分析

采用 STA449F3 同步热分析仪对抗210℃高温聚合物暂堵剂 N-GEL 进行热重分析，结果如图2所示。

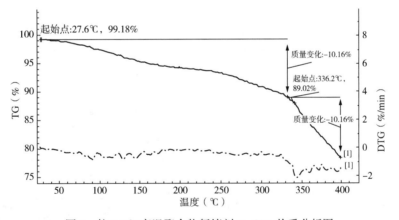

图2 抗210℃高温聚合物暂堵剂 N-GEL 热重分析图

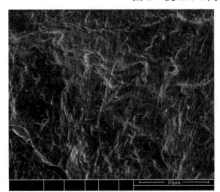

图3 抗210℃高温聚合物暂堵剂
N-GEL 扫描电镜图

由图2可知，N-GEL 有两个台阶是失重区，其中第一个台阶是 0~335℃，主要是材料中未干燥彻底的水分和一些未反应的小分子受热失去，失重 10.16%；第二个台阶则是发生在 335~400℃，这个阶段主要是网架结构受到破坏，大分子长链开始断裂，部分有机物也在分解，失重 10.61%。N-GEL 具有较好的热稳定性。

1.3.3 扫描电镜分析

采用 S4800 型扫描电镜对抗210℃高温聚合物暂堵剂 N-GEL 进行测试，结果如图3所示。由结果可知，N-GEL 表面有较多隆起的部分，表面较为粗糙，比表面积大，因此具有较好的吸水性能好。

2 抗 210℃ 高温聚合物暂堵剂 N-GEL 特性评价

2.1 吸水性能

吸水膨胀聚合物的吸水性能是衡量其性质的基本评价指标[8-10]。吸水倍率或膨胀度是指 1g 干聚合物溶胀平衡后，所吸收的液体的质量或体积，吸水倍率按下式计算：

$$Q = \frac{M - M_0}{M_0} \tag{1}$$

式中：Q 为吸水倍率，g/g；M_0 为干聚合物的质量，g；M 为吸水达到饱和后聚合物的质量，g。

抗 210℃ 高温聚合物暂堵剂 N-GEL 吸水速率如图 4 所示。

由图 4 分析可知，N-GEL 随着浸泡时间的延长，吸水倍率不断增大，最后趋于平缓。在浸泡的最初 100min 内，吸水倍率的变化较大，后来逐渐达到溶胀平衡，吸水倍率不再增大，稳定后的吸水速率为 15.2g/g。

2.2 耐盐性能

抗 210℃ 高温聚合物暂堵剂 N-GEL 在清水、15%NaCl 溶液和 5%CaCl_2 溶液中的吸水速率如图 5 所示。

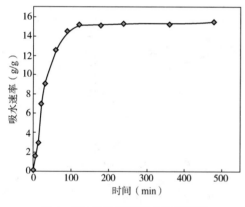

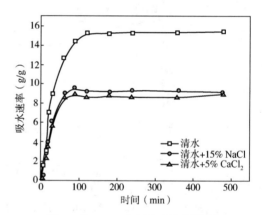

图 4 抗 210℃ 高温聚合物暂堵剂
N-GEL 吸水速率

图 5 抗 210℃ 高温聚合物暂堵剂
N-GEL 在不同溶液中的吸水速率

由结果分析可知，溶胀平衡后，N-GEL 在清水、15%NaCl 溶液和 5%CaCl_2 溶液中的吸水速率分别为 15.2g/g、9.1g/g 和 8.5g/g，N-GEL 在不同介质中的吸水倍率相差较小，表明 N-GEL 具有较好的耐盐性能。这主要是因为聚合物中含有阳离子基团，不易受环境中 Na^+、Ca^{2+} 等离子的影响，表现出了较好的耐盐性能。

2.3 抗温性能

使用 200g 粒径为 40~60 目的石英砂制成模拟漏失层的砂床，用砂床来模拟疏松易漏地层，置入砂床堵漏仪中进行堵漏实验。配制 3%N-GEL(20~60 目)堵漏液 350mL，210℃ 老化 16h 后，测试各配方砂床封堵性能见表 1。

表 1　各配方砂床侵入深度及漏失量

编号	配方	砂床侵入深度（cm）	漏失量（mL）
1#	清水+3%N-GEL	3.5	0
2#	清水+15%NaCl+3%N-GEL	5.0	0
3#	清水+5%CaCl₂+3%N-GEL	5.5	0

由实验结果可知，210℃老化16h后，N-GEL在清水、15%NaCl溶液和5%CaCl₂溶液中仍具有优良的封堵性能，N-GEL抗温能力可达210℃。

2.4　提高地层承压能力

使用50g粒径为10~40目火山岩制成模拟礁灰岩地层的砂床，用砂床来模拟弱胶结疏松易漏地层，通过高温高压动态堵漏仪实验评价抗210℃高温聚合物暂堵剂N-GEL提高地层承压能力效果。实验配方见表2。

表 2　实验配方

编号	配方
1#	4%膨润土浆+0.5%PF-XC+5%片状材料+1%矿物纤维
2#	4%膨润土浆+0.5%PF-XC +3%N-GEL+5%片状材料+1%矿物纤维

1#配方、2#配方压随时间变化如图6所示。由实验结果，单独使用片状材料和矿物纤维，所形成的封堵层承压能力较差，承压5MPa情况下，封堵层被突破；加入3%N-GEL后，承压能力大幅度提高至15MPa。

2.5　自降解性能

储层裂缝是油气渗流的主要通道，决定着油气藏开发的经济性，但是储层裂缝也会导致钻井液漏失，因此储层段发生漏失后需采用堵漏材料对储层进行封堵，防止钻井液漏失造成的储层伤害，油气井投产后采用酸化等措施进行解堵，恢复储层产能。因此要求N-GEL具有

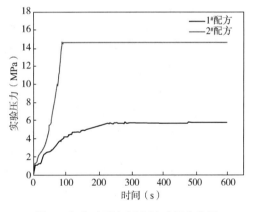

图 6　各实验配方压力随时间变化图

较好的自降解能力，以便保护储层，测试了N-GEL的降解率。降解率测定实验步骤如下：（1）配制3%N-GEL溶液350mL，210℃老化一定时间后；（2）将上述溶液缓慢倒入装有滤纸的布式漏斗中抽滤；（3）将滤纸置于干燥箱中于105℃±3℃下干燥2h，取出置入干燥器内，待冷却至室温后进行称量。降解率按公式（2）计算：

$$W = \frac{M_1 - M_2}{M_1} \tag{2}$$

式中：W 为材料降解率，%；M_1 为老化前材料质量，g；M_2 为老化后材料质量，g。

图7为抗210℃高温聚合物暂堵剂N-GEL降解率实验评价结果。

由实验结果可知，抗210℃高温聚合物暂堵剂N-GEL 210℃老化5d后基本完全降解，可用于高温储层。

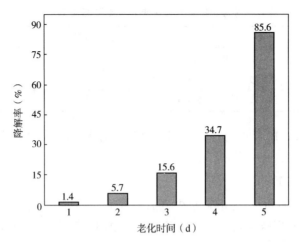

图 7　抗 210℃高温聚合物暂堵剂 N-GEL 降解率测试结果

综上所述，抗 210℃高温聚合物暂堵剂 N-GEL 抗温能力可达 210℃，具有优良的吸水性能与耐盐性能，可有效提高地层承压能力，210℃老化 5d 后可自降解，适用于高温储层。

3　抗 210℃高温聚合物暂堵剂 N-GEL 封堵作用机理

抗 210℃高温聚合物暂堵剂 N-GEL 可通过"吸水膨胀性—可吸附性—可变形性"协同作用，有效封堵漏层。

（1）吸水膨胀性。N-GEL 进入地层中，表面的分子链在地层环境中舒展开来，通过水合、吸附、缠绕、絮凝等作用与地层联结成一个整体后，继续吸水膨胀，产生次生压力，对地层进一步填充压实，形成高强度的封堵层，最终实现成功封堵。

（2）可吸附性。N-GEL 表面有很多高分子链，在地层水和温度的作用下舒展开，形成类似板栗壳形状的结构。舒展开的高分子链上的亲水基团与水接触形成水合状态，舒展的高分子链还可吸附到黏土颗粒、岩壁或堵漏浆中其他材料的表面上；同时堵浆中其他细小颗粒也可在树脂表面发生絮凝、团聚，聚合物颗粒间的分子链也会发生缠绕、纠结作用形成很强的内聚力。这些作用使堵漏材料与地层间连接成一个整体，形成有效封堵。

（3）可变形性。抗 210℃高温聚合物暂堵剂 N-GEL 具有较好的韧性和变形能力，在压差作用下能变形并被挤入地层孔道内，适应漏失层的形状而自动填充，堵塞裂缝。N-GEL 进入的裂缝区为压力过渡带，在压差的作用下，其迅速聚集在裂缝区，同时受到挤压，体积减小，内部压力增加，而一部分聚集在其内部的能量释放，聚合物吸水膨胀，直到作用在 N-GEL 表面的内外压力平衡为止。

4　结论

（1）新研制出一种抗高温聚合物暂堵剂 N-GEL，抗温能力可达 210℃，具有优良的吸水性能与耐盐性能，可有效提高地层承压能力，210℃老化 5d 后可自降解，适用于高温储层。

（2）抗 210℃高温聚合物暂堵剂 N-GEL 可通过"吸水膨胀性—可吸附性—可变形性"协同作用，有效封堵漏层，提高地层承压能力。

参 考 文 献

［1］王中华. 复杂漏失地层堵漏技术现状及发展方向［J］. 中外能源，2014，19（1）：39-48.

［2］张希文，李爽，张洁，等．钻井液堵漏材料及防漏堵漏技术研究进展［J］．钻井液与完井液，2009，26（6）：74-76.

［3］王中华．聚合物凝胶堵漏剂的研究与应用进展［J］．精细与专用化学品，2011，19(4)：16-20.

［4］Wang G.，Cao C.，Pu X.，et al. Experimental investigation on plugging behavior of granular lost circulation materials in fractured thief zone［J］．Particulate Science and Technology，2016，34(4)：392-396.

［5］李娟，刘文堂，刘晓燕，等．堵漏用高强度抗盐吸水树脂的性能评价［J］．钻井液与完井液，2012，29（5）：13-15+96.

［6］Savari S.，Whitfill D. L.．Lost circulation management in naturally fractured formations：efficient operational strategies and novel solutions［C］．SPE 178803，2016.

［7］苗娟，李再钧，王平全，等．油田堵漏用吸水树脂的制备及性能研究［J］．钻井液与完井液，2010，27（6）：23-26+96-97.

［8］王刚，樊洪海，刘晨超，等．新型高强度承压堵漏吸水膨胀树脂研发与应用［J］．特种油气藏，2019，26(2)：147-151.

［9］赖小林，王中华，邓华江，等．双网络吸水树脂堵漏剂的研制［J］．石油钻探技术，2011，39(4)：29-33.

［10］陈军．聚合物凝胶堵漏剂研究进展［J］．山东化工，2020，49(13)：48-51.

抗高温高钙纳米降滤失剂的研制与评价

敖　天[1,2]　杨丽丽[1,2]　谢春林[1,2]　蒋官澄[1,2]

(1. 中国石油大学(北京)石油工程学院；2. 中国石油大学石油工程教育部重点实验室)

【摘　要】 深井和超深井钻井过程中，水基钻井液易受高温高浓度阳离子污染，导致钻井液降滤失性能差，影响钻井施工过程的安全。本文通过自由基聚合将纳米二氧化硅与两性离子共聚物接枝合成了一种降滤失剂 FATG。傅里叶变换红外光谱（FTIR）、热重分析（TGA）和透射电子显微镜（TEM）用于表征 FATG 的组成、热稳定性和微观形貌。结果表明，四元共聚物成功接枝到二氧化硅上，形成了 50~150nm 的聚合物微球。滤失实验结果表明 FATG 具有更好的耐温耐盐性。将 2wt% FATG 加入 11wt% CaCl₂ 或 36wt% NaCl 污染的 BT-WDFs 中，240℃ 老化后 API 失水量分别为 12.8mL 和 10.0mL。通过扫描电子显微镜（SEM）、粒度测量、ζ 电位和原子力显微镜（AFM），分析了 FATG 与膨润土和阳离子相互作用的机理。

【关键词】 水基钻井液；降滤失剂；抗高温；纳米材料；抗高钙

　　随着浅部和中部油气藏的减少和石油钻井技术的发展，深层和超深层油气资源已成为勘探开发的重点[1]。然而，在深井和超深井钻井过程中，随着深井越深，钻井液遭受的高温问题也越来越严重，水基钻井液受到高温的影响，容易导致处理剂性能变化失效、黏土钝化聚结，进而导致钻井液流变性能变差、钻井液滤失量上升，影响井壁稳定[2,3]。此外，深井、超深井经常会钻遇盐膏地层，严重影响钻井液的性能，钙的入侵会压缩黏土双电层，降低静电力，使得膨润土颗粒间斥力变小，絮凝而变粗，易形成厚而疏松的滤饼，钻井液的滤失量剧增，极易发生井壁坍塌等严重井下事故[4,5]。因此提高钻井液处理剂的抗温抗钙能力非常重要。

　　在钻井液中，降滤失剂的抗钙能力直接决定着钻井液体系的抗盐钙能力。在现有的降滤失剂中，合成聚合物类降滤失剂与黏土具有良好结合，能够增强黏土结构，是目前最常用的降滤失剂类型，国内外研发了一系列的聚合物降滤失剂，但很少有聚合物降滤失剂能在超过 200℃ 的温度下保持一定的抗钙的能力[6,7]。

　　此外，研究人员发现，纳米颗粒与聚合物结合的共聚物具有很高的热稳定性，且结合的纳米共聚物具有比常规微米级别添加剂更好的桥塞性能，能够有限阻断液体进入地层，有助于改善钻井液的传热和流变特性、保持井筒稳定性以及保护油气藏[8,9]。因此，本文通过将纳米材料与聚合物结合，研发一种具有抗高温高钙纳米杂化材料降滤失剂，并对其抗高温高钙效果和抑制机理进行了分析。

1　实验材料与方法

1.1　实验材料与仪器

　　主要实验材料：ATG 是一种两性离子聚合物（实验室自制），mSiO₂ 为表面经过修饰的二氧化硅（20 nm），FATG 为 mSiO₂ 表面接枝 ATG 的共聚物（自制）。CaCl₂(99%，北京现代

通讯作者简介：杨丽丽，中国石油大学(北京)副教授，1988 年 11 月生，主要从事油田化学方面的研究工作。电话：13161083053/010-89732239；E-mail：yangll@ cup. edu. cn。地址：北京市昌平区府学路 18 号。

科技有限公司），钠膨润土（怀安县腾飞膨润土开发有限公司）。

主要实验仪器：JEM-2100F 透射电镜（美国，FEI），Q600 SDT 差热-热重（TG）分析仪（德国，Netzsch），BGRL-5 型滚子加热炉（青岛同春石油仪器有限公司）、API 滤失仪（青岛同春石油仪器有限公司），电动六速黏度计（青岛同春石油仪器有限公司）。

1.2　性能表征及效果评价

微观表征：取适量 mSiO$_2$ 和 FATG 样品分别溶于去离子水中并将样品浓度稀释至 1g/L，通过 JEM-2100F 透射电镜对其微观结构进行观察。

热稳定性分析：取适量 ATG，mSiO$_2$ 和 FATG 于氮气环境中进行热稳定性分析，升温速率为 10℃/min，升温范围为 25℃到 600℃。

API 滤失量测试：制备 4wt% 浓度的钠基膨润土基浆作为测试基液（BT-WBDFs），取一定量 FATG 和氯化钙加入基液中并命名为 XFATG/BT/YCa-WBDFs（X 为 FATG 加量，Y 为 CaCl$_2$ 浓度），取 250mL 新鲜的 WBDF 或老化 16h 后的 WBDF 置于 API 滤失仪中，装上特定滤纸，于 0.7MPa 压力下测试 30 min 的滤液体积。

1.3　微观分析实验

Zeta 电位测试：样品的 Zeta 电位通过激光纳米粒度和 Zeta 电位分析仪（Zetasizer Nano ZS，英国）测试。所有样品的浓度为 0.1g/L。

粒径测试：BT-WBDF 的粒度分布由 Bettersize 2000 激光粒度分析仪（Horiba，日本）测量。所有样品的浓度约为 10.0g/L。

AFM 测试：用原子力显微镜（AFM）（Bruker Corporation，Germany）观察膨润土颗粒的微观形貌。使用从布鲁克公司（英国）获得的氮化硅悬臂进行测量，标称弹簧常数为 0.35N/m。最初，将 20μL 浓度约为 10^{-4}g/L 的样品置于新切割的云母基板上并静置几分钟，然后在溶剂蒸发后用去离子水冲洗数次。样品干燥过夜后，样品准备好用于测量。

2　结果和讨论

2.1　微观表征

如图 1 所示，自然状态下的 mSiO$_2$ 粒径为 20nm 左右，并呈现聚集的状态。FATG 粒径在 50~150nm 之间，相比 mSiO$_2$，粒径增加 1.5 至 6.5 倍，且分散性良好，结果表明 ATG 成功的接枝在 mSiO$_2$ 表面。

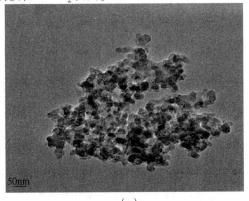

（a）　　　　　　　　　　　　（b）

图 1　mSiO$_2$（a）和 FATG（b）的 TEM 图像

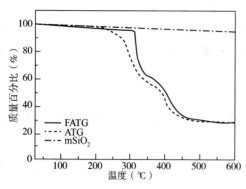

图 2　FATG，ATG 和 mSiO$_2$ 的 TGA 图像

2.2　热稳定性分析

FATG、ATG 和 mSiO$_2$ 的 TGA 曲线如图 2 所示。FATG 和 ATG 表现出三个失重阶段，分别对应于聚合物中游离水和结合水的损失、侧链断裂和聚合物主链的分解。mSiO$_2$ 原料只有失去游离水和结合水的阶段。对于 FATG，失重起始温度和最大热分解温度从 ATG 的 208.2℃ 和 360.7℃ 增加到 308.0℃ 和 366.2℃。FATG 能够在低于 308.0℃ 温度下保持热稳定，而 ATG 从 208℃ 开始失重，说明无机组分对杂化材料的热稳定性有积极影响。当温度达到 600℃ 时，FATG 和 ATG 的 TGA 曲线几乎重叠，说明少量无机纳米材料 mSiO$_2$ 足以提高纳米复合材料的热稳定性。

2.3　纳米降滤失剂 FATG 的性能评价

2.3.1　高温高钙对 WBDF 的性能影响

4wt% BT-WBDFs 的初始过滤量为 20.0mL，240℃ 老化后增加 60% 至 32.0mL，说明膨润土的性能受到影响，过滤控制能力下降（表 1）。滤饼因高温而变质。添加 11wt% CaCl$_2$ 后，室温下过滤体积分别增加 191% 至 58.6mL，240℃ 老化后 16h 后增加 419% 至 166.0mL，显示出钙离子对 BT-WBDFs 滤失能力的严重不利影响以及高温和高钙离子浓度对 BT-WBDFs 滤失控制性能具有协同作用。

表 1　高温高钙条件下 WBDFs 的流变和滤失性能

温度(℃)	CaCl$_2$浓度（wt%）	AV（mPa·s）	PV（mPa·s）	YP（Pa）	API 滤失量（mL）
25	0	8	5	3	20.0
25	11	8	4	4	58.6
240	0	6	5.5	0.5	32.0
240	11	14.5	7	7.5	166.0

2.3.2　FATG 在 BT-WBDFs 中的滤失控制性能

如图 3 所示，为研究加入 FATG 的 WBDF 的耐热和耐钙性，测量了在 180℃ 老化 16 h 后不同钙浓度下的 API 滤失量（图 3a），当添加 0.5 wt%FATG 时，随着 CaCl$_2$ 浓度从 2 wt% 增加到 33 wt%，滤失量从 57.2mL 增加到 114.4mL，0.5wt% 的 FATG 无法抵抗钙的影响；当 FATG 加量增加到 1wt% 和 1.5wt%，滤失量大大降低，但在高钙浓度下滤失量依然大于 10mL；当 FATG 加量为 2wt% 时，对于 2wt% 至 33wt% 的 CaCl$_2$ 浓度，滤失量降低至 7.4mL 至 5.2mL，继续增加 FATG 量到 2.5wt%，滤失量降低较小。因此我们认为 2wt% FATG 足以使 BT-WBDFs 抵抗 33wt% CaCl$_2$ 和 180℃ 高温。随后，评估了 2wt% FATG/BT/33Ca-WBDFs 的耐热性（图 3b），该体系在 180℃、200℃、220℃、240℃ 老化 16 h 后的滤失量分别为 4.6mL、8.8mL、11.4mL 和 46.0mL。因此，通过添加 2wt% FATG，被 33wt% CaCl2 浓度污染的 BT-WBDFs 最高可承受 220℃ 的高温。加入 2wt% FATG，被 CaCl2 浓度为 0、2、11、22 和 33wt% 污染的 BT-WBDFs 在 240℃ 老化 16h 后的滤失量分别为 10.2mL、11.6mL、12.8mL、19.0mL 和 46.0mL（图 3c）。因此，添加 2 wt% FATG 可使 BT-WBDFs 在 240℃ 下抗 11wt% CaCl$_2$ 污染。

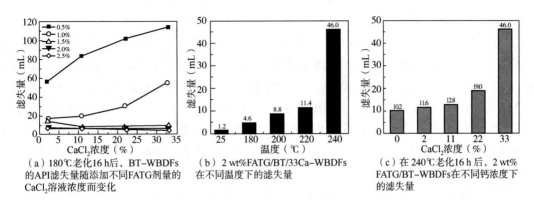

(a) 180℃老化16 h后，BT-WBDFs 的API滤失量随添加不同FATG剂量的 CaCl₂溶液浓度而变化

(b) 2 wt%FATG/BT/33Ca-WBDFs 在不同温度下的滤失量

(c) 在240℃老化16 h后，2 wt% FATG/BT-WBDFs在不同钙浓度下 的滤失量

图 3　FATG/BT/33Ca-WBDFs 的滤失性能

2.4　降滤失机理分析

2.4.1　Zeta 电位测试

Zeta 电位是表征胶体分散稳定性的重要指标。一般 BT-WBDFs 的 Zeta 电位为 -30.3 mV，能够在溶液中稳定分散，加入 Ca^{2+} 后，膨润土的双电层受到抑制，BT-WBDFs 的稳定性破坏，这种条件下 BT/11Ca-WBDFs 的 Zeta 电位下降到 -8.0 mV。而增加 2wt% FATG 后，2wt%/BT/11Ca-WBDFs 的 Zeta 电位增加到 -11.0 mV，胶体稳定性得到改善，这来自 FATG 微粒对膨润土颗粒表面的吸附包裹，和 FATG 微球对 Ca^{2+} 的竞争吸附，抑制了 Ca^{2+} 对 BT-WBDFs 的不利影响(表 2)。

表 2　25℃下不同 WBDFs 的 Zeta 电位

体系	Zeta 电位（mV）	体系	Zeta 电位（mV）
BT-WBDFs	-30.3	2wt%/BT-WBDFs	-31.4
BT/11Ca-WBDFs	-8.0	2wt%/BT/11Ca-WBDFs	-11.0

2.4.2　粒径测试

如图 4(a)所示，25℃下，BT-WBDFs 呈双峰分布，D_{50}（累积粒度分布到50%时的粒度）为 15.7μm，添加 11 wt% CaCl₂ 后，粒径曲线趋于单峰分布，D_{50} 增加到 18.2μm 左右，这是由 Ca^{2+} 促进膨润土颗粒絮凝引起，这将导致 BT-WBDFs 滤失量的增加。而在加入 2wt% FATG 后，粒径曲线恢复双峰分布，D_{50} 下降至 15.2μm，这说明 FATG 的加入保护了 BT-WBDFs，抑制了 Ca^{2+} 的影响，并促进了膨润土颗粒的分散。WBDFs 在 240℃ 老化 16h 后(图 4b)，所有 WBDFs 都趋于单峰分布，结果表明高温破坏了 BT-WBDFs 的稳定性，使膨润土颗粒聚集絮凝，导致粒径增加，但如果提前加入 2wt% FATG，粒径分布仍为双峰分布，高温影响受到一定抑制。

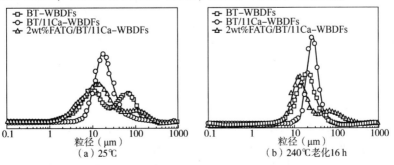

(a) 25℃

(b) 240℃老化16 h

图 4　Ca^{2+} 和 FATG 对 BT-WBDFs 中膨润土粒径的影响

2.4.3 SEM 分析

AFM 形貌图像表明，BT-WBDFs 稀释至 10^{-4}g/L 时，形成直径 $0 \sim 4\mu m$、高度为 $0 \sim 2nm$ 的颗粒[图 5(a_1)]，这表明膨润土颗粒在水溶液中的良好分散，当加入 2wt% $CaCl_2$ 稀释至 10^{-4}g/L，膨润土颗粒增加至 $0 \sim 10\mu m$，高度增加至 $5 \sim 147nm$[图 5(a_2)]，这是由 Ca^{2+} 导致了膨润土片层间的絮凝和聚集。当添加了 2wt% FATG 时[图 5(a_3)]，粒径增加到 $0 \sim 8\mu m$，高度增加到 $2 \sim 36nm$，可以明显看到 FATG 微球吸附在膨润土颗粒上并增加了高度。而对于 2wt% FATG/BT/2Ca-WBDFs[图 5(a_4)]，直径与高度远低于 BT/2Ca-WBDFs，表明 FATG 对 Ca^{2+} 具有优异的抵抗作用。

此外，AFM 的斜率图像显示了这些样品的不同硬度。可以看出，膨润土颗粒较软，斜率为 $2 \sim 8nN/\mu m$，添加 2 wt% $CaCl_2$ 后，斜率值增加到 $2 \sim 24$ $nN/\mu m$，表明阳离子增加了 Na-Bent 的硬度，这是由膨润土片层的聚集引起的；对于 FATG/BT-WBDFs，斜率增加到 $10 \sim 45.5nN/\mu m$，且硬度均匀；对于 FATG/BT/Ca-WBDFs，斜率分布更广，远低于 BT/Ca-WBDFs 的斜率，这归因于 FATG 对 Ca^{2+} 的吸附，保护膨润土颗粒不受 Ca^{2+} 的影响并降低硬度。

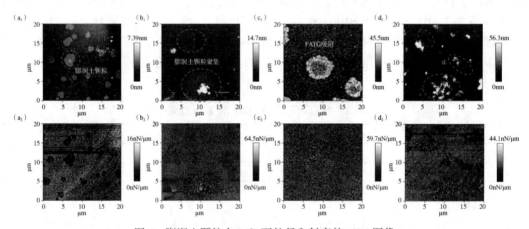

图 5　膨润土颗粒在 25℃下粒径和斜率的 AFM 图像

(a)BT-WBDFs；(b)2wt% SHNM/BT-WBDFs；(c)BT/2Ca-WBDFs；
(d)2 wt% FATG/BT/2Ca-WBDFs；(a_1) ~ (d_1)是粒度图像；(a_2) ~ (d_2)是斜率图像

2.4.4 作用机理分析

基于以上实验分析，对 FATG 的作用机理进行了分析。FATG 为表面带有两性离子聚合物链的二氧化硅基纳米粒子，直径在 $50 \sim 150nm$ 之间。FATG 具有二氧化硅的高热稳定性和两性离子聚合物链的多吸附位点，不像常规聚合物在高温下分解，并通过两性粒子聚合物链上的阳离子基团对膨润土颗粒进行吸附包裹，阴离子基团吸附拦截溶液中的阳离子(Ca^{2+})，有效抑制高温和高阳离子对膨润土颗粒的不利印象，并促进了膨润土颗粒的分散，有利于形成薄而致密的滤饼，降低滤失量。

3　结论

通过两性离子聚合物与二氧化硅的杂化，使得形成的纳米材料 FATG 兼具二氧化硅的高热稳定性和两性离子聚合物的高耐钙性能。结果表明，FATG 能够在 240℃和 11wt%$CaCl_2$ 污染的 WBDF 中使用，API 滤失量仅为 11.4mL。机理研究表明，FATG 微球能够通过吸附包裹在膨润土颗粒表面，保护膨润土颗粒免受高温和阳离子的影响，并促进膨润土颗粒的分散，形成薄而致密滤饼，降低滤失量。

参 考 文 献

[1] BLAND R G, MULLEN G A, GONZALEZ Y N, et al. HPHT Drilling Fluid Challenges; proceedings of the IADC/SPE Asia Pacific Drilling Technology Conference and Exhibition, F, 2006 [C]. SPE-103731-MS.

[2] BARRY M M, JUNG Y, LEE J K, et al. Fluid filtration and rheological properties of nanoparticle additive and intercalated clay hybrid bentonite drilling fluids [J]. Journal of Petroleum Science and Engineering, 2015, 127: 338-346.

[3] BISWAS A, SHOGREN R L, STEVENSON D G, et al. Ionic liquids as solvents for biopolymers: Acylation of starch and zein protein [J]. Carbohydrate Polymers, 2006, 66(4): 546-550.

[4] Environmentally safe water-based alternative to oil muds: Enright, D P; Dye, W M; Smith, F M SPE Drilling EngngV7, N1, March 1992, P15-19 [J]. International Journal of Rock Mechanics and Mining Sciences & Geomechanics Abstracts, 1992, 29(5): 308-308.

[5] ABU-JDAYIL B. Rheology of sodium and calcium bentonite-water dispersions: Effect of electrolytes and aging time [J]. International Journal of Mineral Processing, 2011, 98(3-4): 208-213.

[6] YANG L L, JIANG G C, SHI Y W, et al. Application of ionic liquid to a high-performance calcium-resistant additive for filtration control of bentonite/water-based drilling fluids [J]. Journal of Materials Science, 2017, 52(11): 6362-6375.

[7] PLANK J P, HAMBERGER J V. Field Experience With a Novel Calcium-Tolerant Fluid-Loss Additive for Drilling Muds; proceedings of the European Petroleum Conference, F, 1988 [C]. SPE-18372-MS.

[8] MAO H, QIU Z S, SHEN Z H, et al. Hydrophobic associated polymer based silica nanoparticles composite with core-shell structure as a filtrate reducer for drilling fluid at utra-high temperature [J]. Journal of Petroleum Science and Engineering, 2015, 129: 1-14.

[9] MA J Y, AN Y X, YU P Z. Core-shell structure acrylamide copolymer grafted on nano-silica surface as an anti-calcium and anti-temperature fluid loss agent [J]. Journal of Materials Science, 2019, 54(7): 5927-5941.

抗高温高密度可逆乳化钻井液的性能评价

刘　鹭　蒲晓林　惠　翔　姜锦波　李建宇

（西南石油大学石油与天然气工程学院）

【摘　要】　基于 pH 值刺激响应原理，制备了抗 150℃、密度为 1.67g/cm³ 的可逆油包水钻井液，实现乳液的双相稳定逆转。该可逆油包水钻井液经 150℃/16h 老化后，逆转前后的油包水钻井液及水包油钻井液的性能变化不大，高温高压滤失量低于 10mL。油包水钻井液和水包油钻井液具有较高的稳定性，TSI 值低于 0.01，能够实现油包水乳液和水包油乳液的稳定逆转，无破乳现象和重晶石沉降。酸液的 pH 值越低，滤饼的溶解速度越快，滤饼的清除效率越高。经 pH 值为 4 的酸液冲洗后水泥石的抗压强度与经冲洗液 SRE 冲洗后的水泥石抗压强度值相当。可逆油包水钻井液的岩屑可使用酸液降低其含油率。当酸液的 pH 值为 3~4 时，钻屑为变为粉末状，可分散于水相中。

【关键词】　可逆乳化剂；高温高密度；酸碱刺激响应；钻井液；乳液逆转；钻屑

常规油包水钻井液通常具有高乳化稳定性和强油润湿性能，会对岩屑、钻柱及与连续油相接触的地层产生强烈的油润湿性，避免了使用水基钻井液造成水敏性页岩失稳带来的一系列钻井问题。然而，常规油基钻井液会产生系列后续问题，例如：导致地层、岩屑等润湿性改变[1,2]；滤饼清除困难；固井胶结强度下降[3,4]；乳状液堵塞地层；含油岩屑不易处理、处理成本高等。由此产生了油基钻井液的钻井效率与油气井产能、环境保护等方面的矛盾，不仅阻碍了油基钻井液的推广应用，严重影响了油气资源的勘探与开发的效益。

为了解决油基钻井液的后续处理问题，国内外研究学者开展了油基钻井液滤饼清除技术[5-7]，油基钻井液固井清洗技术[8]，含油岩屑的处理技术等方面[9-11]的研究。但是，这些技术都是事后解决油基钻井液带来的不利影响，处理成本较高、处理工艺复杂、易造成二次污染等问题。因此，要彻底解决油基钻井液的上述问题，应从油基钻井液自身的性质出发，调控油基钻井液的润湿性。

1999 年，Arvind D. Patel [12] 首次提出了可逆逆乳化钻井液。可逆逆乳化钻井液和传统逆乳化钻井液的区别在于采用酸/碱响应型可逆乳化剂。在外在条件的刺激下，钻井液产生乳液状态的转变和润湿性的反转，实现油基钻井液和水基钻井液的相互转换，从而兼具油基钻井液和水基钻井液的优点。目前报道的可逆逆乳化钻井液体系，通常是以有机胺类表面活性剂作为可逆乳化剂，利用有机胺类表面活性剂的质子化和去质子化，实现乳液的转向。但目前现场应用的可逆油包水钻井液使用温度通常为 120℃，密度低于 1.5g/cm³，对高温高密度可逆油包水钻井液的研究不足。且重点维护油包水钻井液的性能，并不关注逆转后的水包油钻井液的性能。国内，可逆油包水钻井液技术尚处于实验室研究阶段。

作者简介：刘鹭(1989—)，女，2019 年毕业于西南石油大学，油气井工程博士，西南石油大学，助理研究员，主要从事钻井液研究工作。地址：成都市新都区新都大道八号；电话：13709087595；Email：robin_liulu@ msn. com。

1 实验部分

1.1 实验药品和仪器

0#柴油，中石油加油站；盐酸、氢氧化钠、氯化钙，成都市科龙化工试剂厂；有机土、润湿剂、降滤失剂、重晶石，成都西油华巍科技有限公司。

GGS71-1型高温高压失水仪，青岛怿泽机电科技有限公司；GJSS-B12K高速变频无级调速搅拌机、滚子加热炉、ZNN-D6六速旋转黏度计、DWY-2电稳定性测试仪、高温高压滤失仪，青岛同春石油仪器有限公司；DDS-11A型数显电导率仪，上海雷磁创益仪器仪表有限公司；PHS-3C型pH值计，上海仪电科学仪器股份有限公司；NB-1型钻井液密度计，上海市道墟燕光仪器设备厂；无目镜倒置荧光数码显微镜，美国AMG公司；MA2000近红外分析仪，法国劳雷公司。

1.2 可逆油包水钻井液的配制

在200mL 0#柴油中，加入3%~5%可逆乳化剂，以12000r/min的速度下搅拌5~10min，充分溶解后，加入1%~3%辅乳，速度下搅拌5~10min。缓慢加入200mL的25%氯化钙水溶液，12000r/min高速乳化30min。依次加入有机土、降滤失剂、润湿剂、重晶石等处理剂，制备密度为1.67g/cm³的可逆乳化钻井液。

1.3 可逆油包水钻井液的性能评价

1.3.1 可逆转相性能的测试

酸触：在乳液中滴加1mol/L的盐酸水溶液调节至所需pH值，12000r/min高速搅拌5min。通过稀释法判断乳液的类型，测定乳液的破乳电压和电导率。

碱触：在乳液中滴加1mol/L的氢氧化钠溶液调节至所需pH值，12000r/min高速搅拌5min。通过稀释法判断乳液的类型，测定乳液的破乳电压和电导率。

1.3.2 油包水钻井液的性能测试

将可逆油包水钻井液在150℃下滚动老化16h，降温至60℃下测定其流变性。可逆油包水钻井液的高温高压滤失量(150℃、3.7MPa)、破乳电压ES等性能评价方法参照国家标准。

1.3.3 钻井液的冲洗效率

采用旋转黏度计法测定油基钻井液的冲洗效率：将旋转黏度计的转芯从转头取下，称其重量为W_1，将转筒转子部分浸入到油基钻井液中，浸泡2h，然后取出使上面的液体自由滴下，持续时间约2min，其质量记为W_2。将黏附有油基钻井液的转筒浸入300mL的酸液中，以200r/min的转速清洗3~5min，待转子上面的液体自由滴下2min后，记重为W_3。按下式计算冲洗效率：

$$W = \left(1 - \frac{W_3 - W_1}{W_2 - W_1}\right) \times 100\%$$

1.3.4 岩屑的含油率

含油岩屑的制备：将10~40目岩屑放入真空干燥箱中，于105℃下干燥16h。取50g干燥后的岩屑放入装有可逆油包水钻井液的老化罐中，150℃/16h热滚老化后冷却至室温。将含油岩屑过孔径为0.125mm的筛网。取3份相同质量的岩屑编号1#、2#和3#，1#不做处理，2#采用pH值为5的酸液冲洗4~10min，3#使用清水冲洗。岩屑清洗后干燥10h。

岩屑的含油率的测定：准确称取岩屑的质量，置于干燥的索氏提取器中，与90℃下加热回流萃取12h，分别将萃取后的岩屑烘干至恒重后称取质量，岩屑萃取前后的质量差即为含油质量。

2 实验结论

2.1 抗温性研究

将油包水钻井液和水包油钻井液在不同的温度下热滚老化，测试了钻井液的各项性能，结果见表1。

表1 可逆乳化钻井液在不同老化条件下的性能

老化温度(℃)	乳液状态	ES(V)	AV(mPa·s)	PV(mPa·s)	YP/PV	G_{10s}/G_{10min}	FL_{HTHP}(mL)
100	W/O	436	53.5	45	0.19	2.0/5.0	2.2
	O/W	4	50.0	42	0.19	3.0/5.0	5.8
120	W/O	526	54.0	45	0.20	2.5/5.0	3.2
	O/W	3	51.0	42	0.21	2.0/6.0	6.0
150	W/O	562	55.5	47	0.18	2.5/6.0	3.8
	O/W	6	52.0	43	0.21	2.5/6.5	8.2

当老化温度为100~150℃时，可逆乳化钻井液体系的性能稳定，无论是油包水乳液还是水包油乳液的流变性能接近，没有出现黏度激增的现象。逆转过程中没有出现破乳和重晶石沉淀的现象，说明该钻井液可实现稳定的逆转，可有效地悬浮重晶石。油包水乳液和水包油乳液的滤失量不大，低于10mL，满足钻井工程对钻井液性能的要求。

2.2 Turbiscan 光散射稳定性分析

自 Turbiscan 光散射稳定分析仪的设计及设备的相继问世[13]，Turbiscan 光散射稳定法已广泛应用于石油化工领域[14,15]。Turbiscan 光散射稳定分析仪是一种非破坏性的检测方法，无须对样品进行稀释，可快速准确的检测到分散体系(乳液、悬浮液、泡沫、浓缩液等)的物理失稳过程[16,17]。

文中取150℃/16h 老化后的油包水钻井液和水包油钻井液分布置于 TURBISCAN 光散射稳定分析仪的样品池中，每间隔5h扫描1次，测量时长为60h，测试高度0~60mm。图1为老化后的油包水钻井液和水包油钻井液的 Turbiscan 稳定性分析图，上部分为透射光(T)曲线图，下部分为背散射光(BS)曲线图。

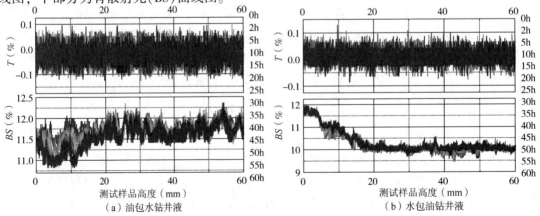

（a）油包水钻井液　　　　　　（b）水包油钻井液

图1 可逆乳化钻井液的 Turbiscan 稳定性分析图

由于测定的可逆乳化钻井液体系为黑色的，基本不透光，在测试的60h内，油包水钻井液体系和水包油钻井液体系的透射光曲线全部重合，透射光强度为0%。对于透光度较差的液体，主要根据背散射光曲线来判断体系的沉降稳定性。

油包水钻井液和水包油钻井液的在不同的测量时间时背散射光强度相差不大，背散射光曲线基本重合。说明油包水钻井液和水包油钻井液在60h小时内没有出现破乳、连续相析出、重晶石沉降等现象。

TURBISCAN光散射稳定分析仪的接收器多次扫描所接收到光强度的偏差，定义为稳定性动力学指数TSI。当TSI值越小时，样品越稳定。TSI值可定量地反映出测试样品的稳定性差异。文中计算了老化后油包水钻井液和水包油钻井液的稳定动力学指数随时间的变化，如图2所示。

在测量时长为60h以内，油包水钻井液和水包油钻井液的稳定动力学指数TSI均小于0.01，说明油包水钻井液和水包油钻井液在不同测定时间内稳定性较好。油包水钻井液的TSI值略大于水包油钻井液的TSI值。

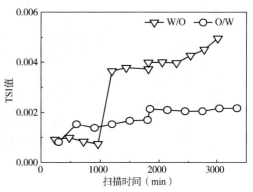

图2　可逆乳化钻井液的稳定动力学指数

2.3　抑制性评价

抑制性是指钻井液本身对黏土水化、膨胀、分散作用的抑制性。油基钻井液的优势之一在于具有较强的抑制性，减少水敏性地层的井壁失稳、井眼垮塌等问题，有利于维持井壁的稳定。因此有必要对可逆乳化钻井液进行抑制性评价。钻井液的抑制性评价主要包括岩屑滚动回收实验和抑制膨润土线性膨胀实验，实验方法参照SY/T 5613—2000《泥页岩理化性能试验方法》，实验结果见表2。

表2　可逆乳状液钻井液抑制性评价

实验编号	滚动回收率(%)	线性膨胀率(%)
清水	26.62	74.30
油包水钻井液	97.21	4.41
水包油钻井液	92.34	6.89

从表2中可知，无论是油包水钻井液还是水包油钻井液，均能有效抑制岩屑的水化分散，膨润土的线性膨胀率较低。由于可逆乳化钻井液中的油相对水化作用具有天然的抑制性，所以可逆乳化钻井液体系具有较强的抑制性。

2.4　逆转性性能

可逆乳液的优势在于具有油包水乳液和水包油乳液可逆转性，实现油包水钻井液和水包油钻井液的互相切换，有利于油基钻井液的多次循环利用。该小节重点考察可逆乳化钻井液的多次逆转稳定性。文中将上述可逆乳化钻井液经过150℃/16h高温老化后，依次加入酸液和碱液进行多次逆转实验，结果如图3所示。

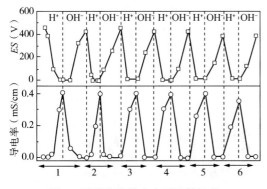

图3　可逆乳液的多次可逆转性能

由图3可知，可逆乳化钻井液可实现至少6次循环实验，油包水钻井液和水包油钻井液可实现多次逆转，且逆转循环过程中，油包水乳液的破乳电压值均高于400V，证明多次逆转循环得到的油包水乳液较为稳定。可逆乳化剂在逆转过程中损耗较小。且多次循环加入酸液和碱液生成的盐(氯化钠)堆积对乳液的逆转性能影响不大。

文中将钻井液室内实验中高温高压失水仪上所形成的滤饼，平均剪成两份，静置于不同浓度的酸液中5min，观察静态条件下油包水钻井液的滤饼清除情况，结果如图4所示。

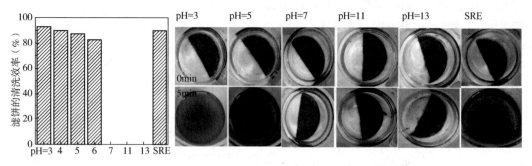

图4　油包水钻井液的滤饼在不同pH值溶液中的清除效率

从图4中可知，滤饼在pH值低于7的酸液中迅速瓦解，液体变浑浊。酸液的pH值越低，滤饼的溶解速度越快，滤饼的清除效率越高。pH值为4的酸液和固井清洗液SRE对滤饼的清除效率相当。油包水钻井液形成的滤饼放入酸液后，滤饼表面的油膜逐渐溶解，更多的酸液进入滤饼内部瓦解其骨架结构，滤饼从滤纸上脱落并溶解到酸液中。当pH值≥7时，滤饼在中性和碱性溶液中未有溶解。滤饼在静止的液体中具有较高的清除效率，反映出酸液与滤饼的相互作用。

2.5 固井质量

接下来重点考察水泥浆凝固后，可逆乳化钻井液对界面胶结质量的影响。文中分别将清洗前后的钢管和岩心放入G级水泥浆固化模中心，加入水泥浆在60℃时养护48h后，测定水泥石的抗压强度。可逆乳化钻井液在不同的清洗条件下，第一胶结面和第二胶结面的抗压强度如图5所示。

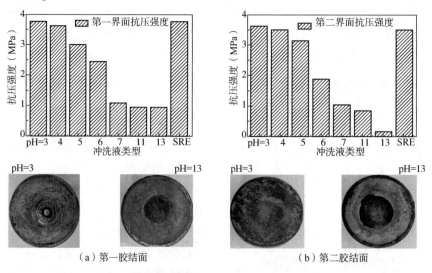

图5　不同冲洗液类型对固井胶结质量的影响

由图 5 可知，冲洗液的 pH 值越低，第一胶结面和第二胶结面的抗压强度越高。经 pH 值为 4 的酸液冲洗后水泥石的抗压强度与经冲洗液 SRE 冲洗后的水泥石抗压强度值相当。说明酸液的氢离子浓度越高，钢管或岩心表面附着的油包水钻井液越少，残余的钻井液或滤饼的清除效率更高，钢管或岩心表面恢复亲水性，界面的胶结质量越高。当冲洗液的 pH 值为 13 时，水泥石与钢管、水泥石与岩心接触界面存在较大缝隙，界面上水泥石的胶结质量差。因为碱性条件下，岩心或钢管表面残余的钻井液或滤饼的清除效果差，第一胶结面和第二胶结面表面附着的油膜，极大地降低了水泥石与钢管、水泥石与岩心的胶结强度。

2.6 含油钻屑处理

在油基钻井液的使用过程中，会产生大量的含油岩屑对环境造成污染。含油钻屑的处理受到技术、成本和环保等方面的限制。目前常用的含油钻屑的处理技术有溶剂萃取法、化学破乳法、热解法、生物法、焚烧法、地层回注法、超临界流体萃取法等。这些方法各有利弊，有的方法处理成本高，需要消耗大量的人力和物力；有的会形成二次污染，造成资源的浪费。随着当下国内外环保意识的提高，环境保护法律法规的要求日益严格，经济而高效地实现含油钻屑的无害化、资源化处理已经成为研究的热点。

可逆乳化钻井液的优势在于可调节钻屑上黏附物的性质，使得钻屑表面的油润湿性变为水润湿性，最终可简单地使用水溶液将其分散。减少了含油钻屑处理过程中处理剂的成本或处理过程中能力的消耗。为此，本小节将可逆乳化钻井液中加入一定量的钻屑，形成含油钻屑，然后将钻屑在不同 pH 值的酸液中搅拌以降低含油率。利用索氏提取法测定钻屑上含油率的变化。另外，将处理前后的钻屑研磨成粉状，在压片机上压成圆片，微量注射器取少量水滴在钻屑片表面，当形状不再发生变化时采集图像，测定钻屑表面的接触角。钻屑的含油率、水润湿性和分散性等结果见表 3 和图 6。

表 3　钻屑的含油率

测试项目	W/O	pH=6	pH=5	pH=4	pH=3
含油率(%)	17.32	8.44	4.56	1.17	0.99
水分散性	不分散	不分散	不分散	分散	分散
接触角(水滴)	102.5	65.7	35.2	12.5	<10

原始　　　pH=6　　　pH=5　　　pH=4　　　pH=3

图 6　含油钻屑的照片

可逆乳化钻井液原始钻屑的含油率 17.32%，钻屑在水中不分散，钻屑表面黏附有较多的油包水钻井液，为油润湿的，钻屑干燥后呈深黑色。含油钻屑使用不同 pH 值的酸液冲洗后，钻屑的含油率降低。酸液的 pH 值越低，钻屑表面钻井液冲洗的越彻底，钻屑的含油率降低得越多。酸液的 pH 值越低，钻屑的色泽由黑色变为黄色。钻屑经 pH 值为 3 的酸液处理后，颜色恢复至原来的土黄色。酸液的 pH 值越低，含油钻屑的亲水性越高，与水滴的接触角越小。当酸液的 pH 值低于 5 时，含油钻屑变得为水润湿的。当酸液的 pH 值为 3~4 时，钻屑为变为粉末状，可分散于水相中。酸性条件下，黏附在钻屑上的油包水钻井液转变为水润湿的，从而容易溶解到水相中，岩屑的含油率降低。可逆乳化钻井液所形成的含油钻屑经过简单的酸液的冲洗，含油率可大大降低，操作简单，成本低廉，减少了使用表面活性剂带来的环境污染。

3 结论

（1）抗 150℃、密度为 1.6g/cm³ 的可逆乳化钻井液，实现油包水乳液和水包油乳液的稳定逆转，无破乳现象和重晶石沉降。

（2）多重光散射结果说明油包水钻井液和水包油钻井液具有较高的稳定性。

（3）pH 值为 4~5 的酸液可高效的清洁残余油基钻井液，能够有效提高固井质量。

（4）可逆油包水钻井液所形成的岩屑可使用进行处理，操作简单。

参 考 文 献

[1] THOMAS D C, HSING H, MENZIE D E. Evaluation of Core Damage Caused by Oil-Based Drilling and Coring Fluids [M]. Society of Petroleum Engineers.

[2] YAN J N, MONEZES J L, SHARMA M M. Wettability Alteration Caused by Oil-Based Muds and Mud Components [J]. 1993, 8(1): 35-44.

[3] HEMPHILL T, LARSEN T I. Hole-Cleaning Capabilities of Water- and Oil-Based Drilling Fluids: A Comparative Experimental Study [J]. SPE Drilling & Completion, 1996, 11(4): 201-207.

[4] DAVISON J M, JONES M, SHUCHART C E, et al. Oil-Based Muds for Reservoir Drilling: Their Performance and Cleanup Characteristics [M]. SPE International Symposium on Formation Damage. Lafayette, Louisiana: Society of Petroleum Engineers, 2001: 127-134.

[5] BINMOQBIL K H, AL-OTAIBI M A, AL-FAIFI M G, et al. Cleanup of Oil-Based Mud Filter Cake Using an In-Situ Acid Generator System by a Single-Stage Treatment [M]. SPE Saudi Arabia Section Technical Symposium. Al-Khobar, Saudi Arabia: Society of Petroleum Engineers, 2009.

[6] BROWNE S V, SMITH P S. Mudcake Cleanup To Enhance Productivity of High-Angle Wells [M]. SPE Formation Damage Control Symposium. Lafayette, Louisiana: Society of Petroleum Engineers, 1994.

[7] 李蔚萍, 向兴金, 岳前升, 等. HCF-A 油基泥浆泥饼解除液室内研究 [J]. 石油地质与工程, 2007, 21(5): 102-105.

[8] 黄文红, 李爱民, 张新文, 等. 油基泥浆固井清洗液评价方法初探及性能研究 [J]. 新疆石油天然气, 2006, 2(2): 33-35.

[9] 位华, 何焕杰, 王中华, 等. 油基钻屑微乳液清洗技术研究 [J]. 西安石油大学学报(自然科学版), 2013, 28(4): 90-94.

[10] STREET C G, GUIGARD S E. Treatment of Oil-Based Drilling Waste Using Supercritical Carbon Dioxide [J]. J Can Pet Technol, 2009, 48(6): 26-29.

[11] P. ROBINSON J, KINGMAN S, SNAPE C, et al. Remediation of oil-contaminated drill cuttings using continuous microwave heating [J]. Chem Eng J, 2009, 152(2-3): 152-153, 458-463.

[12] PATEL A D. Reversible Invert Emulsion Drilling Fluids: A Quantum Leap in Technology [M]. IADC/SPE Asia Pacific Drilling Technology. Jakarta, Indonesia: Society of Petroleum Engineers, 1999: 55-65.

[13] BALASTRE M, ARGILLIER J F, ALLAIN C, et al. Role of polyelectrolyte dispersant in the settling behaviour of barium sulphate suspension [J]. Colloids & Surfaces A Physicochemical & Engineering Aspects,

2002, 211(2-3). 145-156.

[14] DUDáŠOVá D, FLåTEN G, SJöBLOM J, et al. Study of asphaltenes adsorption onto different minerals and clays: Part 2. Particle characterization and suspension stability [J]. Colloids Surf, A, 2009, 335(1-3): 62-72.

[15] LIU J, HUANG X-F, LU L-J, et al. Turbiscan Lab ® Expert analysis of the biological demulsification of a water-in-oil emulsion by two biodemulsifiers [J]. J Hazard Mater, 2011, 190(1-3): 214-221.

[16] CELIA C, TRAPASSO E, COSCO D, et al. Turbiscan lab expert analysis of the stability of ethosomes and ultradeformable liposomes containing a bilayer fluidizing agent [J]. Colloids and Surfaces B: Biointerfaces, 2009, 72(1): 155-160.

[17] LIU Z Q, YANG X, ZHANG Q. TURBISCAN: History, Development, Application to Colloids and Dispersions [J]. Advanced Materials Research, 2014.

抗高温润滑剂应用技术

李 亮 陈昆鹏 万 通 李亮飞

(中海油田服务股份有限公司)

【摘 要】 面对渤海油田增产上储的形势，勘探开发中深层油气田已成趋势。以渤中某区块为例，潜山地层为花岗片麻岩，质密坚硬，且均为 6in 小井眼的井身结构，完钻井深超 5000m，井底温度超过 170℃。该开发项目均为深部造斜井，井眼深、井斜大、井温高，小井眼钻具本身抗扭能力又较弱，常规润滑剂易出现失效现象，不能满足钻井液润滑性的高要求。为此引入抗高温润滑剂，增强钻井液润滑性，降低扭矩，满足安全钻进的需求。

【关键词】 中深层；小井眼；深部造斜；降低扭矩

随着渤海油田的勘探开发，针对在中深井存在的因井底极度高温，造成的常规润滑剂稠化、起泡或失效等问题已迫在眉睫，引入新型高效抗高温润滑剂势在必行。目前渤海钻井液一直为水基为主，新型润滑剂要与水基钻井液具有良好的复配性，对钻井液的流变性影响较小，在合理范围之内，且不影响使用。

1 高温开发井钻井液润滑性需求

现渤海钻井液润滑剂主要有固体润滑剂石墨、液体润滑剂组成。渤中某区块为渤海地区近年取得的重大储量发现之一，储层平均埋深约为 5000m，花岗岩储层研磨性强，井底静止温度高达 200℃以上，属于高温高压凝析气藏。在该区块的勘探开发中，对润滑性能提出了更高的技术挑战：

（1）抗高温性能：地温梯度 3.5℃/100m；常规润滑材料易失效。

（2）小尺寸钻具+高摩阻扭矩：小尺寸井眼钻具柔性强，强度低；排量小，携岩差，易产生岩屑床；长水平段易托压、易憋停。

（3）带源随钻测井：花岗岩研磨性强，易卡钻；无固相钻井液不易形成滤饼，润滑性较差。

2 抗高温润滑性评价

2.1 产品简介

润滑剂作为钻井液的核心处理剂之一，其润滑性能对钻井液影响显著，可有效降低钻进期间的摩阻扭矩，使用润滑性能好的钻井液可减少卡钻等复杂情况，同时可有效提高钻速，

作者简介：陈昆鹏，男，1987 年生，钻完井液高级工程师，2010 年毕业于西南石油大学化学工程与工艺专业，任职于中海油田股份有限公司油化塘沽钻完井液业务部探井项目组，担任项目副经理。地址：天津市滨海新区塘沽海洋高新区黄山道 4500 号中海油服天津产业园；E-mail：chenkp@ cosl. com. cn。

节省成本，保证钻井作业安全快速。抗高温润滑剂，其主要成分为脂类和醇类化合物，润滑剂分子末端富含多分枝吸附基团，具有强吸附性能，可与钻杆表面的原子通过共价键生成金属螯合环，形成高抗剪切吸附层，达到反转钻具表面润湿性及润滑防卡防泥包的目的。在水基钻井液中能显著降低润滑系数和扭矩，与常规水基钻井液处理剂复配性能良好，尤其适用于高密度水基钻井液体系，是一种高效水基润滑添加剂，适用于渤海潜山段使用的无固相钻井液体系中。

2.2 产品特点

（1）在钻井液中具有较好的分散性，能迅速附着在井壁和钻具上，并且可以改善滤饼质量，有效地降低黏附系数。

（2）具有良好的润滑性，能够防止卡钻、泥包。适用于水平井、大位移井等高难度井。

（3）抗盐、抗钙镁，可应用于淡水、盐水和海水钻完井液体系。

（4）抗温性好，可在深井中使用。

（5）与常规水基钻井液处理剂复配效果良好，适合高密度钻井液体系。

（6）无毒，有利于环保。

（7）推荐加量 1.0%~2.0%。

2.3 性能评价

室内对比评价了润滑剂和现场常用的润滑剂在钻井液体系中的润滑性能。其中钻井液体系配方在180℃条件下老化16h后进行性能测试结果表明，加入抗高温润滑剂在钻井液体系润滑系数最低为0.0583，明显优于其他润滑剂，润滑效果显著。同时，抗高温润滑剂在180℃高温热滚前后其流变性变化不大，体现了该润滑剂抗温能力较好。见表1。

表 1　性能评价表

配方		AV(mPa·s)	PV(mPa·s)	YP(Pa)	pH 值	蒸馏水扭矩值(kN·m)	钻井液扭矩值(kN·m)	润滑系数
基浆	热滚前	61	49	12	—	—	—	—
	180℃×16h	58	53	5	8.2	34.4	10.2	0.1008
LUBEHT	热滚前	58	46	12	—	—	—	—
	180℃×16h	59.5	54	5.5	8.2	35.3	8.5	0.0819
KRHG	热滚前	56.5	46	10.5	—	—	—	—
	180℃×16h	49	44	5	8.2	34.5	10.2	0.1000
HL220	热滚前	59	48	11	—	—	—	—
	180℃×16h	59.5	54	5.5	8.2	34.4	7.8	0.0771
LUBE220	热滚前	55	44	11	—	—	—	—
	180℃×16h	62	56	6	8.2	33.8	5.8	0.0583

2.4 配伍性试验

相对于未添加润滑剂的钻井液体系，添加1.5%的抗高温润滑剂可有效降低扭矩86%以上；经210℃热滚后，1.5%加量的钻井液润滑效果没有明显下降，表现出良好的抗高温性能和钻井液流变性控制能力，便于实际作业中对钻井液性能的调控。见表2。

表2 配伍性试验表

润滑剂加量		未添加		1%PF-LUBE220		1.5%PF-LUBE220		1%PF-HL220		1.5%PF-HL220	
		热滚前	210℃热滚后	热滚前	210℃热滚后	热滚前	210℃热滚后	热滚前	210℃热滚后	热滚前	210℃热滚后
Φ_{600}		69.0	134.0	90.0	112.0	100.0	118.0	90.0	120.0	100.0	114.0
Φ_{300}		43.0	90.0	58.0	75.0	65.0	77.0	57.0	76.0	64.0	73.0
Φ_{6}		6.0	10.0	3.0	4.0	3.0	4.0	3.0	4.0	3.0	4.0
Φ_{3}		5.0	7.0	2.0	3.0	2.0	3.0	2.0	3.0	2.0	3.0
AV(mPa·s)		35	67	45	56	50	59	45	60	50	57
PV(mPa·s)		26	44	32	37	35	41	33	44	36	41
YP(Pa)		9	24	13	19	15	18	12	16	14	16
润滑性能@150 lbf·in	水读数	38.7	31.0	30.3	30.3	30.1	30.8	30.0	30.3	30.3	29.3
	扭矩读数	31.2	18.4	4.8	8.4	3.4	3.5	10.6	6.9	21.6	6.1
	润滑系数	0.27	0.20	0.05	0.09	0.04	0.04	0.12	0.08	0.24	0.07
扭矩降低率				80%	66%	86%	86%	56%	72%	12%	74%

3 现场应用评价

作业难点：渤中某区块开发项目生产井平均井深5178m，完钻层位太古界潜山，第二造斜点平均井深4350m以上；花岗岩地层研磨性强、完钻井斜较大，预测钻进期间最大扭矩可达28.3kN·m；小尺寸井眼钻具柔性强，过高的摩阻扭矩易诱发钻具断裂失效。

3.1 渤中某区块AX井6in井段应用评价

渤中某区块AX井6in井段钻进至5073m完钻(钻进中扭矩13~23kN·m)。起钻至井口，组下随钻测井工具，出尾管后控制顶驱转速120r/min，测井速度<50m/h，开始下划测井，此时扭矩26~32kN·m偶有丢转现象(憋顶驱造成实际转速下降)出现，继续下划测井，扭矩缓慢升高至34kN·m，丢转现象加剧，新接立柱后，降低顶驱转速至90r/min，扭矩区间降为23~28kN·m，丢转现象缓解。

随着测井的进一步进行，丢转现象变得频繁，已无法维持80r/min的顶驱转速，扭矩区间为26~30kN·m，此时已无法满足测井需要。尝试上提顶驱转速至100r/min，扭矩急速上涨为最高35kN·m，如图1所示。

在加入抗高温润滑剂之后，扭矩有了明显的下降，经历一个下行趋势后，在顶驱转速依然为80r/min的情形下，扭矩稳定在6~12kN·m的范围内，如图2所示。

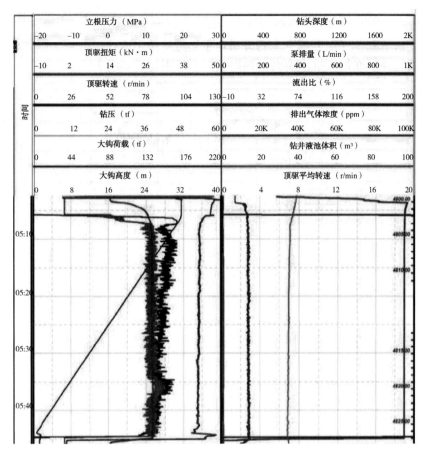

图 1　BZ196A4H 钻井参数曲线

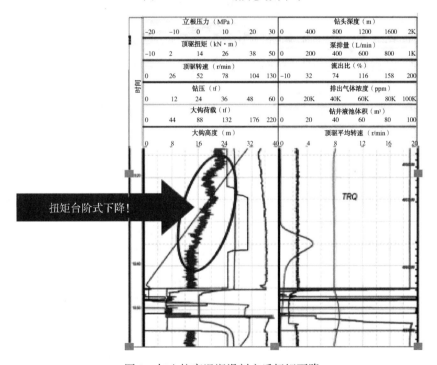

图 2　加入抗高温润滑剂之后扭矩下降

3.2 渤中某区块 AX2 井 6in 井段应用评价

渤中某区块 AX2 井 6in 井段在太古界潜山中钻进长达 1025m，刷新了该区块 6in 太古界潜山井段长度纪录，在加入抗高温润滑剂后扭矩下降明显，如图 3 所示。

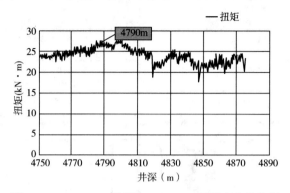

图 3　BZ19-6-AX2 井添加 LUBE220 扭矩变化趋势图

4　结论

面对极高温、小井眼、高摩阻等一系列技术难关的挑战，抗高温润滑剂应运而生，该产品在设计之初，就将这一系列的技术难关考虑在内。事实证明，不论是在实验室或是现场应用当中，抗高温润滑剂都有优异的表现。在渤海油田增产上储的大势所趋之下，中深层油气田的开发必然会成为日后的战略要点，其应用市场也会更加广阔。

参 考 文 献

[1] 薛永安，李慧勇. 渤海海域深层太古界变质岩潜山大型凝析气田的发现及其地质意义[J]. 中国海上油气，2018，30(3)：5-6.
[2] 夏小春，胡进军，孙强，等. 抗高温润滑剂 HTLube 的研制与应用[J]. 钻采工艺，2018(6).

两性离子抗高温抗盐降滤失剂 AADN 的研制及评价

刘路漫[1,2] 王 韧[1] 屈沅治[1] 杨 杰[1,3] 任 晗[1]

(1. 中国石油集团工程技术研究院有限公司；2. 西南石油大学石油工程学院；
3. 西南石油大学化学化工学院)

【摘 要】 通过将丙烯酰胺(AM)、2-丙烯酰胺-2-甲基丙磺酸(AMPS)、二甲基二烯丙基氯化铵(DMDAAC)、N-乙烯基己内酰胺(NVCL)以过硫酸铵和亚硫酸氢钠氧化还原体系引发，采用自由基聚合法，合成了一种两性离子抗高温抗盐降滤失剂(AADN)。通过正交试验法确定最优合成条件为：$n_{AM}:n_{AMPS}:n_{DMDAAC}:n_{NVCL}=6:4:1:2$，单体浓度为 25%，引发剂浓度为 0.3%，反应温度为 65℃。利用 FTIR 分析表明合成产物与设计结构一致，TGA 分析显示 AADN 热分解温度在 296℃以后，表明其具有良好的热稳定性。同时，将 AADN 应用于水基钻井液中，评价其对水基钻井液滤失性能的影响。结果显示，当 AADN 加量为 2.0%时，水基钻井液的滤失量仅为 3.8mL，200℃老化后 API 滤失量为 4.8mL，同时在含 20%NaCl 盐水浆中，经 200℃老化后 API 滤失量为 6.3mL。此外，通过对钻井液 Zeta 电位分析及对滤饼 SEM 分析，揭示了 AADN 在水基钻井液中的降滤失机理。

【关键词】 两性离子；抗高温；抗盐；降滤失剂

随着国内油气资源需求的快速增长及中浅层油气资源的日趋枯竭，油气开发逐渐向深层、超深层方向发展[1]。深部底层具有温度压力高、地质条件复杂(大多存在盐膏层)等特点，给钻井液施工带来了更大的挑战。降滤失剂作为水基钻井液的一种重要处理剂，对于维护钻井液性能稳定、保障安全高效钻井、保护储层起着重要作用[2,3]。两性离子降滤失剂具有抗温抗盐能力强、环保、加量低等优势已经成为研究应用热点。

本文以 AM、AMPS、DMDAAC、NVCL 为原料，共聚制备了一种两性离子抗高温聚合物降滤失剂，对合成的产物进行了表征并研究其降滤失性能及机理。

1 实验部分

1.1 材料与仪器

丙烯酰胺、2-丙烯酰胺-2-甲基丙磺酸、二甲基二烯丙基氯化铵为 60%水溶液、N-乙烯基己内酰胺、过硫酸铵与亚硫酸氢钠均为分析纯。

恒温水浴锅、高速搅拌器、ZNG-3 型中压失水仪、滚子加热炉、MAGNA-IR560 傅里叶变换红外光谱仪、VERSA THERM 分析热重仪、Quanta200F 场发射扫描式电子显微镜。

1.2 聚合物 AADN 的合成

称取一定量的 AMPS 溶于去离子水中，利用 20mol/L 的 NaOH 溶液调节 pH 值至 7，按

作者简介：刘路漫，女，1992 年生，西南石油大学在读博士，现为中国石油集团工程技术研究院有限公司钻井液研究所实习学生。地址：北京市昌平区黄河街 5 号院 1 号楼；电话：18282676642；E-mail：liulmdr@cnpc.com.cn。

照物质的量比为 $n_{AM}:n_{AMPS}:n_{DMDAAC}:n_{NVCL}=6:4:1:2$ 将 25% 的单体总质量加入四口烧瓶中，在氮气保护下搅拌 30min，再逐滴加入单体总质量 0.25% 的过硫酸铵和 0.25% 的亚硫酸氢钠，在 65℃ 下反应 6h 后冷却至室温，将烧瓶中的胶状物取出，用无水乙醇与丙酮的混合溶液洗涤、沉淀、过滤，在 60℃ 下真空干燥 12h，烘干后粉碎即得到聚合物 AADN。反应原理如图 1 所示。

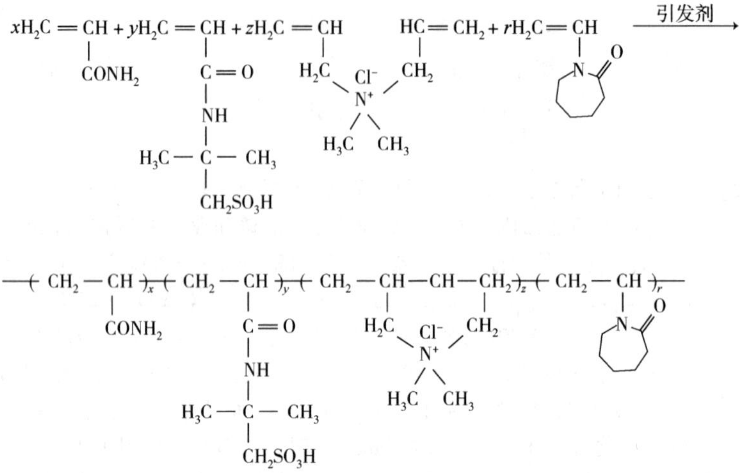

图 1　反应原理图

1.3　钻井液基浆的配制

淡水基浆配制：在高搅杯中加入 400mL 自来水，在高速搅拌下加入 16g 膨润土，0.56g Na_2CO_3 高速搅拌 20min，期间停止搅拌两次，以刮下杯壁上黏附的膨润土，在密闭容器中养护 24h。

盐水基浆配制：在高搅杯中加入 400mL 养护后的 4% 淡水基浆，在高速搅拌下加入一定量 NaCl，高速搅拌 20min，期间停止搅拌两次，以刮下杯壁上黏附的 NaCl，在密闭容器中养护 24h。

2　结果和讨论

2.1　正交实验及结果

根据自由基聚合原理，影响合成产物的因素有单体摩尔比、反应温度、引发剂加量。为得出合成两性离子降滤失剂 AADN 的最佳反应条件，设计正交实验，见表 1。由表 1 中极差 R 值可知，合成过程中，引发剂的加量对降滤失性能影响最大，其次是反应温度，最后是单体摩尔比。根据 K 值大小可知，最佳反应条件为：$n_{AM}:n_{AMPS}:n_{DMDAAC}:n_{NVCL}=6:4:1:2$，引发剂浓度为 0.3%，反应温度为 65℃。

表 1　聚合物 AADN 合成条件正交试验设计及结果

实验号	物质的量比（AM：AMPS：DMDAAC：NVCL）	$T_{反应}$（℃）	引发剂（%）	FL_{API}（mL）
1		45	0.3	4.9
2	8：2：1：2	55	0.4	7.5
3		65	0.5	6.2

实验号	物质的量比(AM：AMPS：DMDAAC：NVCL)	$T_{反应}$(℃)	引发剂(%)	FL_{API}(mL)
4	6：4：1：2	55	0.5	5.6
5		65	0.3	3.8
6		45	0.4	4.5
7	5：5：1：2	65	0.4	5.4
8		45	0.5	6.3
9		55	0.3	7.0
K_1	18.6	15.7	15.7	
K_2	13.9	20.1	17.4	
K_3	18.7	15.4	18.1	
R	4.8	4.7	2.5	

2.2 聚合物 AADN 的表征

2.2.1 红外光谱分析

对 AADN 进行结构分析，其红外谱图如图 2 所示。由图可知，3422.39cm⁻¹处为 AM 中 NH₂ 键的吸收峰；1458.17cm⁻¹ 为 DMDAAC 五元杂环中 C—N 键的吸收峰；1043.17cm⁻¹处的吸收振动峰为 AMPS 中磺酸基的拉伸振动；623cm⁻¹处的峰是 AMPS 上 C—S 键的吸收峰；1367.22～1654.48cm⁻¹处的吸收峰为 NVCL 的骨架振动特征吸收峰；2000～2500cm⁻¹处没有双键的振动峰，表明各反应单体均参加完合成反应，没有单体等杂质残留。AADN 的红外谱图结果表明合成产物与设计结构一致。

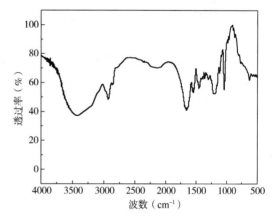

图 2 AADN 红外光谱图

2.2.2 TGA 热重分析

为分析两性离子聚合物热稳定性，采用热重分析仪进行热重实验。取干燥后的产物在氮气氛围下，40～600℃温度范围内，升温速率为10℃/min，得到聚合物降滤失剂 AADN 热分析曲线，结果如图 3 所示。由图可知，从40℃到600℃，失重过程分为三个阶段。第一阶段为40℃至296℃，此阶段随着温度的升高质量缓慢下降，曲线平缓，这主要是由于聚合物 AADN 中含有大量的酰胺基、磺酸基和季铵基团等强极性亲水基团，亲水基团使聚合物吸附空气中的自由水或与水分子作用产生结合水[4]。随着温度升高，自由水与结合水逐渐挥发，导致部分质量损失。第二阶段为296～420℃，此阶段质量损失是因

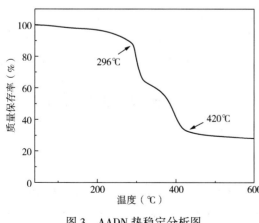

图 3 AADN 热稳定分析图

为聚合物分子链中的酰胺基、磺酸基受热分解，分子侧链与主链断开[5]。第三阶段为420~600℃，此阶段随着温度的进一步升高，聚合物主链C—C键开始断裂。结果表明，聚合物在296℃之前，聚合物中各功能性基团未分解，说明聚合物具有良好的热稳定性。

2.3 聚合物 AADN 性能评价

2.3.1 聚合物 AADN 的降滤失性能

将不同浓度的聚合物 AADN 加入配好的淡水浆中，在200℃条件下老化16h后，采用ZNZ-D3型中压滤失仪测量老化前后钻井液的降滤失性能，结果如图4所示。由图可知，随着降滤失剂 AADN 加量的增加，钻井液的 API 滤失量不断减少。4%土浆老化前滤失量为18.2mL，加入0.5%降滤失剂 AADN 后，滤失量降低至10.3mL，加量增加至2%时，滤失量低至3.8mL。4%土浆老化后滤失量为28.9mL，加入0.5%降滤失剂 AADN 后，滤失量降低至13.4mL，加量增加至2%时，滤失量低至4.8mL。

2.3.2 聚合物 AADN 抗温性

将2%降滤失剂 AADN 加入淡水浆中，在不同温度下老化16h，测量老化后钻井液 API 滤失量，测试结果如图5所示。由图可知，随着老化温度不断提高，钻井液 API 滤失量不断加大。当老化温度为200℃时，API 滤失量变化不大，为4.8mL，温度升高至220℃时，API 滤失量明显增加，说明降滤失剂 AADN 在200℃条件下具有良好的降滤失效果。

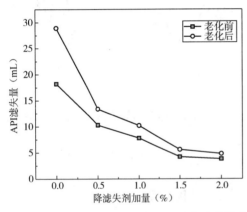

图4 老化前后 AADN 不同加量对滤失量的影响　　图5 不同温度对 AADN 降滤失效果的影响

2.3.3 聚合物 AADN 抗盐性

为了评价 AADN 的抗盐能力，在淡水浆中加入2%降滤失剂 AADN，再分别加入不同浓度(0~36%)氯化钠，经200℃/16h 老化后，测量 API 滤失量，结果如图6所示。由图可知，API 滤失量随着 NaCl 加量增加而加大，当 NaCl 加量为20%时，API 滤失量变化不明显，说明降滤失剂 AADN 在20%盐水浆中能够保持良好的降滤失性能。高浓度氯化钠的侵入会屏蔽膨润土颗粒之间的静电相互作用，使膨润土浆产生絮凝，从而不能形成致密的滤饼，滤失量增加。

2.4 降滤失性机理分析

2.4.1 Zeta 电位测量

水基钻井液是一种复杂的热力学不稳定胶体分散体系，其稳定性可分为动力稳定性和聚结稳定性，其中聚结稳定性尤为重要。聚结稳定性受温度、电解质和酸碱度等因素的影响，可利用 Zeta 电位研究降滤失剂 AADN 对水基钻井液聚结稳定性的影响。通常，Zeta 电位绝对值越高，聚结稳定性越好，体系越稳定。测定加入 2%降滤失剂 AADN 的淡水浆和盐水浆老化前后的 Zeta 电位，结果如图 7 所示。

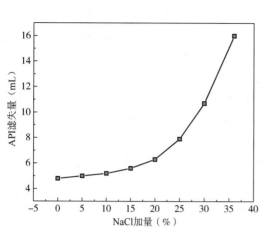

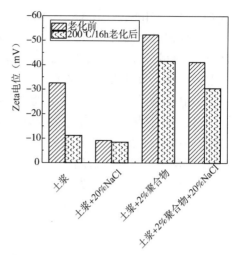

图 6 不同 NaCl 浓度对 AADN 降滤失效果的影响　　图 7 淡水浆、盐水浆老化前后的 Zeta 电位

由图 7 可知，淡水和盐水基浆老化后 Zeta 电位的绝对值均下降，表明高温加剧水分子热运动，使膨润土水化膜层变薄，颗粒更易聚结，分散性变弱，稳定性变差。加入聚合物 AADN 后，Zeta 电位绝对值明显升高，是由于聚合物中的二甲基铵单元吸附在膨润土颗粒上，使扩散双电层变厚，分散性好。加入 NaCl 后，Zeta 电位绝对值大幅下降，是由于加入 NaCl 后膨润土的"卡片房子"结构被破坏，膨润土扩散双电层压缩，Na^+ 进入膨润土后，产生静电屏蔽，减弱了膨润土间的排斥力作用，稳定性变差。当聚合物 AADN 加入盐水浆后，Zeta 电位绝对值大幅升高，是由于两性离子聚合物的反聚电解质效应[6]，在盐水浆中，聚合物链逐渐延伸，具有良好的抗盐性。

2.4.2 滤饼微观形态

在淡水浆中加入 2%聚合物降滤失剂 AADN 经 200℃/16h 条件老化后，进行中压失水实验，得到滤饼如图 8(a)所示。由图 8(a)可以看出，加入降滤失剂 AADN 后，滤饼薄而致密，起到了较好的降滤失作用。在室温下将滤饼风干后制样，利用扫描电镜对滤饼进行微观形貌分析，得到的扫描电镜图如图 8(b)所示。由图 8(b)可以看出，加入降滤失剂 AADN 后形成的滤饼表面均匀且致密，没有裂缝或孔道存在，说明聚合物在黏土颗粒周围形成有效吸附，使黏土颗粒分散均匀，防止黏土颗粒间的聚结，从而形成薄而致密的滤饼。

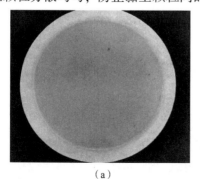

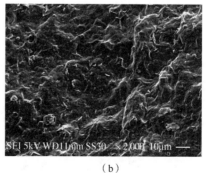

（a）　　　　　　　　　　　（b）

图 8 添加 AADN 盐水浆的 API 滤饼及其扫描电镜图

3 结论

（1）AM、AMPS、DMDAAC、NVCL 为单体，过硫酸铵和亚硫酸氢钠作为氧化还原体系，采用自由基聚合法，合成了一种抗温 200℃ 抗盐 20% 的降滤失剂 AADN。通过正交试验法确定最优合成条件为：$n_{AM}:n_{AMPS}:n_{DMDAAC}:n_{NVCL}=6:4:1:2$，单体浓度为 25%，引发剂浓度为 0.3%，反应温度为 65℃。

（2）利用红外光谱仪分析聚合物 AADN 的结构，结果表明合成产物与设计结构一致；热重分析仪分析其热稳定性能，聚合物 AADN 的热分解温度在 296℃ 以后，具有良好的热稳定性能。利用 Zeta 电位、扫描电镜对聚合物 AADN 对黏土吸附性能的分析，从而解释了聚合物 AADN 降滤失性能的机理。

（3）合成的聚合物降滤失剂 AADN 具有良好的降滤失剂性能及抗温、抗盐性能，当聚合物的加量为 2% 时，API 滤失量为 3.8mL，在 20% 盐水浆中，聚合物的加量为 2% 时，API 滤失量为 6.3mL。聚合物降滤失剂 AADN 抗温达 200℃、抗盐达 20%。

参 考 文 献

[1] 刘永贵. 含 NVP 的高温钻井液助剂的合成及在超深井中工程化应用[D]. 哈尔滨工业大学.
[2] 高胜南，蒲晓林，都伟超，等. 低分子量聚合物降滤失剂的合成与研制[J]. 应用化工，2017，46(9)：1674-1677，1682.
[3] 马喜平，朱忠祥，侯代勇，等. 抗高温抑制型钻井液降滤失剂的合成与评价[J]. 现代化工，2016，36(2)：117-121.
[4] 杨丽丽，杨潇，蒋官澄，等. 含离子液体链段抗高温高钙降滤失剂[J]. 钻井液与完井液，2018，35(6)：12-18.
[5] 常晓峰，孙金声，吕开河，等. 一种新型抗高温降滤失剂的研究和应用[J]. 钻井液与完井液，2019，36(4)：420-426.
[6] 肖圣威. 具有强"反聚电解质效应"的两性离子聚合物设计，制备及应用研究[D]. 浙江工业大学，2017.

三元共聚纳米复合降滤失剂及其降滤失性能研究

李萌萌[1,2]　屈沅治[1]　冯小华[1]

(1. 中国石油集团工程技术研究院有限公司；2. 中国石油大学(北京))

【摘　要】　选取丙烯酰胺(AM)、对苯乙烯磺酸钠(SSS)、4-丙烯酰吗啉(ACMO)3 种单体，采用水溶液聚合的方法得到三元共聚纳米复合材料(ASA/有机蒙脱土纳米复合材料)。并将其作为水基钻井液用降滤失剂。通过单因素法对聚合反应条件进行优化，并对纳米复合材料的降滤失性能进行评价。结果表明：ASA/有机蒙脱土纳米复合材料热稳定性好，降滤失效果显著；在淡水基浆中添加纳米复合材料的质量分数为 1% 时，常温下 API 滤失量为 6.0mL；在 180℃ 条件下老化 16h，API 滤失量为 8.4mL，是一种性能优良的抗高温降滤失剂。

【关键词】　水溶液聚合；共聚物；蒙脱土；纳米复合材料；降滤失剂

聚合物/蒙脱土纳米复合材料是一种将蒙脱土纳米尺寸的片层分散在聚合物基体中形成的复合材料，它与常规的聚合物/无机填料复合体系不同，不是有机相与无机相的简单混合，而是实现纳米级复合。由于黏土是一种层状矿物，可以通过有机阳离子和无机金属离子的离子交换反应来调节黏土的表面化学特征，使得聚合物或者有机单体等客体易插层到黏土片层间。由于聚合物经过纳米无机黏土主体的改性，极大地改善了原有性能而呈现出新的优异特性。

本文以丙烯酰胺(AM)、对苯乙烯磺酸钠(SSS)、4-丙烯酰吗啉(ACMO)为单体，通过自由基聚合的方法得到插层聚合物—ASA/有机蒙脱土纳米复合材料。通过单因素法对聚合反应条件进行优化，并对聚合物的降滤失性能进行评价。

1　实验部分

1.1　实验原料及仪器

实验原料：丙烯酰胺(AM)、对苯乙烯磺酸钠(SSS)、4-丙烯酰吗啉(ACMO)、偶氮二异丁腈(AIBN)、有机蒙脱土(O-MMT，十六烷基三甲基氯化铵改性，实验室制备)、钠基膨润土(Na-MMT，怀安土)。

实验仪器：水浴锅、分析天平、GJB-12 型高速搅拌机、ZNN-D6 型六速旋转黏度仪、SD-3 型三联失水测定仪、GRL-9 型数显式加热滚子炉、高温高压钻井液滤水仪。

1.2　反应原理

优选出良好的高温稳定性单体 AM/SSS/ACMO 作为共聚物单体，并且加入改性过的

作者简介：李萌萌(1997—)，研究生在读，目前就读于中国石油大学(北京)石油工程学院，专业方向为石油与天然气工程，现如今在中国石油集团工程技术研究院有限公司钻井液所实习。地址：北京市昌平区黄河街 5 号院 1 号楼中国石油集团工程技术研究院有限公司；电话：18752575376；邮箱：limengmeng199@163.com。

MMT 能够很好提高共聚物的稳定性。共聚物 AM/SSS/ACMO 合成路线如图 1 所示。

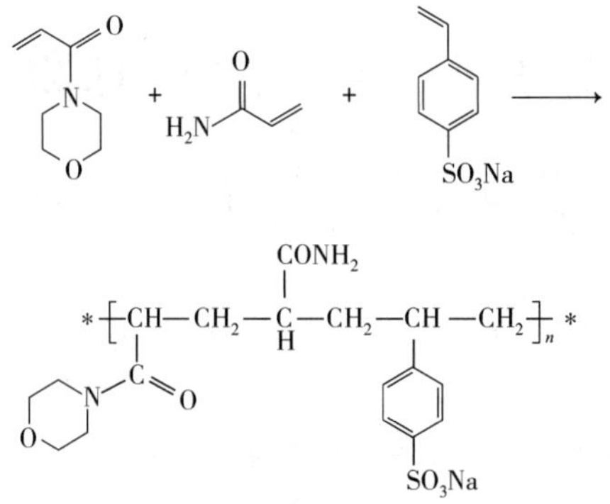

图 1　聚合反应方程式

1.3　合成方法

取洁净的三口烧瓶置于恒温水浴锅中，向三口烧瓶中加入去离子水，然后加入预先计量好的 AM、SSS、ACMO 和 O-MMT。加入 NaOH 调节溶液体系的 pH 值；向溶液体系中通入 N_2，并保持搅拌状态；30min 后，设定水浴锅温度，开始加热，持续通入 N_2；待溶液体系温度到达设定值，向溶液体系中加入引发剂 AIBN，开始引发聚合反应。反应一段时间后，得到凝胶状粗产物，利用无水乙醇对粗产物多次洗涤、提纯，干燥、粉碎后得到的聚合物即为产物。

2　结果与讨论

2.1　聚合物制备条件的优化

2.1.1　单体配比的影响

固定单体质量分数为 30%、引发剂质量分数为 0.3%、pH＝8.0、反应温度为 50℃、反应时间为 4h，改变单体配比制备聚合物，并将其加入淡水基浆中，加量为 1.0%，评价 API 滤失性能，结果见表 1。

表 1　单体摩尔比对聚合物降滤失能力的影响

序号	$n(AM):n(SSS):n(ACMO)$	API 滤失量(mL)
1	5∶3∶2	10.4
2	7∶1∶2	9.6
3	7∶2∶1	9.2
4	6∶2∶2	8.0
5	5∶2∶3	8.6

从表 1 中可以看出，当单体 $n(AM):n(SSS):n(ACMMO)$ 为 6∶2∶2 时，经 150℃ 老化 16h 后，降滤失能力最好，在该单体摩尔比下，反应得到的聚合物各个官能团能够互相配合协同作用，有效地降低滤失量。

2.1.2　单体浓度的影响

控制单体比例 AM∶SSS∶ACMO＝6∶2∶2，引发剂的用量为 0.3wt%(以单体的总质量计)，调节 pH 值为 8，在反应温度为 50℃，反应时间为 4h 的条件下改变单体质量分数制备聚合物，将其加入淡水基浆中，加量为 1.0%，经 150℃ 老化 16h 后，评价降滤失效果，结果如图 2 所示。

由图 2 可以看出，随着反应单体质量分数的增加，淡水基浆的滤失量先减小后增大，当单体质量分数为 30% 时，API 失水量最小，为 8.0mL。单体质量分数主要影响反应物分子在溶液中碰撞反应的概率，单体质量分数过低，碰撞反应概率低，不易发生聚合反应或聚合产物分子量较小，导致产物不能有效地起到降滤失的作用；单体质量分数过高，碰撞反应概率高，反应较为剧烈，增大链终止和链转移概率，导致聚合产物分子量较小，不能有效起到降滤失的作用。并且，自由基聚合是放热反应，单体质量分数越高，反应中后期体系的温度越高，

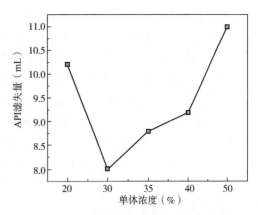

图 2　反应单体质量分数对聚合物
降滤失能力的影响

温度过高使得聚合过程中由于链转移产生的交联增加，从而影响产物的溶解性能。因此，结合产物的降滤失和溶解性能，单体质量分数优选为 30%。

2.1.3　引发剂加量对滤失量的影响

控制单体比例 AM：SSS：ACMO＝6：2：2，单体质量分数 30wt%，调节 pH 值为 8，在反应温度为 50℃，反应时间为 4h 的条件下改变引发剂质量分数制备聚合物，将其加入淡水基浆中，加量为 1.0%，经 150℃老化 16h 后，评价降滤失效果，结果如图 3 所示。

从图 3 可以看出，随着引发剂质量分数的增大，淡水基浆的滤失量先减小后增大，当引发剂质量分数为 0.3% 时，滤失量最小，为 8.0mL，因此，选择反应引发剂质量分数为 0.3%。引发剂的质量分数会影响产生自由基的数量，引发剂质量分数小，产生的自由基浓度低，不易引发聚合反应或聚合产物分子量低；引发剂质量分数过多，产生的自由基浓度高，容易使聚合反应提前进入链终止或者链转移阶段，导致聚合物聚合程度低，不能有效降低滤失量。

2.1.4　反应温度对滤失量的影响

控制单体比例 AM：SSS：ACMO＝6：2：2，单体质量分数 30wt%，调节 pH 值为 8.0，引发剂的用量为 0.3wt%（以单体的总质量计），反应时间为 4h 的条件下改变反应温度制备纳米复合材料，将其加入淡水基浆中，加量为 1.0%，经 150℃老化 16h 后，评价降滤失效果，结果如图 4 所示。

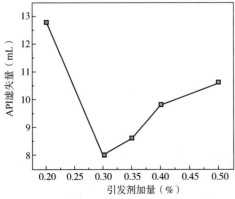

图 3　引发剂质量分数对聚合物降滤失能力的影响

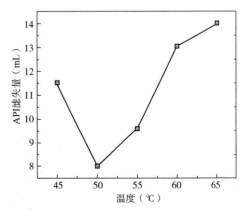

图 4　反应温度对聚合物降滤失能力的影响

从图 4 中可以看出，随着温度的升高，淡水基浆的滤失量先减小后增大，在 50℃ 时，滤失量最低，为 8.0mL，所以选择反应温度为 50℃。温度过低时，引发剂不易分解产生自由基，反应体系中自由基过少，生成的聚合物分子量小，黏度低自由基和单体分子之间碰撞概率低，不易发生聚合反应且生成的聚合物分子量小；反应温度过高，引发剂分解速率过快，产生的自由基过多，使单个自由基所能消耗的单体量减小，且易发生链转移，容易发生"爆聚"，聚合产物分子量较小，影响其降滤失性能。

根据以上实验，得出该反应的最佳反应条件：AM∶SSS∶ACMO＝6∶2∶2、单体质量分数 30wt%、pH 值为 8、引发剂的用量为 0.3wt%（以单体的总质量计）、反应温度 50℃、反应时间为 4h。

2.2 聚合物降滤失性能评价

2.2.1 纳米复合材料质量分数对降滤失的影响

对 ASA/有机蒙脱土纳米复合材料加量不同的钻井液体系进行了流变性能、API 滤失量及 HTHP 滤失量的测试，测试结果见表 2。4% 膨润土基浆中加入不同比例纳米材料后，能改善钻井液体系的流变性能，降低钻井液体系的滤失量，尤其能显著降低钻井液体系的高温高压滤失量。150℃ 下，未添加纳米材料的基浆的 HTHP 滤失量为 60mL，而添加 0.5% 纳米复合材料的基浆的 HTHP 滤失量下降到 25mL。且随着 ASA/有机蒙脱土纳米复合材料加量的增加，基浆的 HTHP 进一步减小，当纳米复合材料的加量达到 1% 时，钻井液的高温高压滤失量为 24mL。其中纳米复合材料加量 0.5% 的钻井液体系与加量 1% 的钻井液体系在 HTHP 滤失量相差较小，但黏度差异较大，综合考虑来说，加量 0.5% 就可以达到良好的降滤失效果。

因为聚合物中含有酰胺基团、羟基，可以通过氢键吸附在黏土表面；ACMO 中的吗啉具有环状结构，可以增强分子的刚性，提升聚合物在高温下的黏度，且吗啉基单元具有良好的抑制水解能力，提升聚合物老化稳定性能。

表 2 聚合物浓度对钻井液降滤失能力的影响

配方	条件 150℃/16h	AV （mPa·s）	PV （mPa·s）	YP （Pa）	FL_{API} （mL）	FL_{HTHP} （150℃）（mL）
4%基浆	老化前	6.5	4	2.5	—	—
	老化后	5	2	3	20.5	60
4%基浆+0.5% 纳米复合材料	老化前	19.5	13.5	6	—	—
	老化后	24	14	10	9.4	25
4%基浆+1% 纳米复合材料	老化前	36	21	15	—	—
	老化后	63.5	37	26.5	8.0	24

2.2.2 聚合物抗高温降滤失能力

对添加 1%ASA/有机蒙脱土纳米复合材料的膨润土基浆，在不同温度下热滚 16h 后，进行了流变性能参数、API 滤失量及高温高压滤失量的测试，结果见表 3。在较低温度（120℃）下老化，钻井液的黏度增大，明显增稠，这可能是在适中的温度下热滚，有利于 ASA/有机蒙脱土纳米复合材料中的聚合物分子链充分伸展，与基浆体系中的黏土颗粒形成多点吸附，有利于交联网络结构的形成，因而所测得的膨润土基浆体系的黏度增大；在

150℃下热滚 16h 后，交联网络结构达到最高程度，因此黏度最大。在 180℃下热滚 16h 后钻井液体系的流变性能、降滤失效果均与 120℃热滚所对应的性能参数相差甚小。随着温度的进一步升高，在形成网络交联结构的同时，由于分子链的热运动加剧，破坏网络交联结构的趋势增大。200℃热滚后，对网络交联结构的破坏程度达到一定程度时，基浆的黏度变小，滤失量也最大。因此，ASA/有机蒙脱土纳米复合材料在 180℃时热稳定性能好，具有明显的降滤失效果。

表 3   温度对钻井液降滤失能力的影响

老化条件	$AV(mPa \cdot s)$	$PV(mPa \cdot s)$	$YP(Pa)$	$FL_{API}(mL)$	$FL_{HTHP}(mL)$
室温	20	14	9	6.0	23(120℃)
120℃下热滚 16h	45	27	18	6.8	23(120℃)
150℃下热滚 16h	63.5	37	26.5	8.0	24(150℃)
180℃下热滚 16h	45	31	14	8.4	27(180℃)
200℃下热滚 16h	8	7	1	11.2	35(220℃)

3   结论

（1）ASA/有机蒙脱土纳米复合材料的最佳反应条件：AM∶SSS∶ACMO＝6∶2∶2、单体质量分数 30wt%、pH 值为 8，引发剂的用量为 0.3wt%（以单体的总质量计）、反应温度 50℃、反应时间为 4h、改变改性土质量分数 1%。

（2）ASA/有机蒙脱土纳米复合材料热稳定性好，降滤失效果显著；在淡水基浆中聚合物质量分数为 1% 时，API 滤失量为 6.0mL；在 180℃条件下老化 16h，API 滤失量为 8.4mL，是一种性能优良的抗高温降滤失剂。

参 考 文 献

[1] 柯扬船，斯壮·皮特. 聚合物—无机纳米复合材料[M]. 北京：化学工业出版社，2003.
[2] 屈沅治，孙金声，苏义脑. 聚丙烯酰胺类纳米材料的研究进展[J]. 油田化学，2007，23（3）：273-276.
[3] 屈沅治，孙金声，苏义脑. 纳米复合型聚（苯乙烯-b-丙烯酰胺）/蒙脱土的性能研究[J]. 石油钻探技术，2007，35（4）：50-52.
[4] 柯扬船. 聚合物纳米复合材料[M]. 北京：科学出版社，2009
[5] 袁新华，李小辉，朱恩波，等. 原位插层聚合制备硅树脂/蒙脱土纳米复合材料[J]. 江苏大学学报：自然科学版，2010，31（2）：165-169.
[6] 鄢捷年. 钻井液工艺学[M]. 北京：中国石油大学出版社，2012.
[7] 苏俊霖，蒲晓林，任茂，等. 高温无机/有机复合纳米降滤失剂 NFL-1 研究[J]. 钻采工艺，2012，35（3）：75-77.
[8] 乔军，黄向红. 剥离型聚苯乙烯/蒙脱土纳米复合材料的制备及性能研究[J]. 科技通报，2014，30（1）：15-17.
[9] 张太亮，刘婉琴，剥离型聚苯乙烯/蒙脱土纳米复合材料的制备及性能研究[J]. 精细化工，2014，31（10）：1269-1274.
[10] 全红平，吴洋，黄志宇，等. 抗高温耐盐型钻井液用降滤失剂的合成与性能评价[J]. 化工进展，2015，34（5）：1427-1432.

酸碱响应型可逆油包水钻井液

陶怀志[1,2]　景岷嘉[1,2]　明显森[1,2]　刘　鹭[3]

(1. 油气田应用化学四川省重点实验室；2. 中国石油川庆钻探工程有限公司钻采工程技术研究院；3. 西南石油大学化学化工学院)

【摘　要】　基于胺基的酸碱响应原理，制备了抗150℃、密度为1.6g/cm³的可逆油包水钻井液配方，实现乳液的稳定的双向逆转。油包水乳液和水包油乳液的显微镜照片显示液滴粒度低于10μm，粒度分布较为均匀。该可逆油包水钻井液经150℃/16h老化后，逆转前后的油包水钻井液及水包油钻井液的性能变化不大。油包水钻井液具有良好的抗盐污染和抗岩屑污染能力。多重光散射和沉降稳定结果说明油包水钻井液和水包油钻井液具有较高的稳定性。该配方可实现油包水乳液和水包油乳液的稳定逆转，无破乳现象和重晶石沉降。

【关键词】　可逆乳化剂；高温高密度；酸碱刺激响应；钻井液；乳液逆转；钻屑

　　油基钻井液具有天然具有优异抑制、封堵、润滑性能，是钻探高难度、非常规等各种复杂地层的重要手段。而常规油包水钻井液具有高乳化稳定性，使接触的地层、岩屑、钻柱形成强亲油表面，导致滤饼清除困难、固井胶结强度下降、乳液堵塞伤害地层等一系列问题[1-5]。

　　针对这一问题，国内外研究学者开展了相关研究，并于1999年由Arvind D. Patel[6]首次提出可逆乳化钻井液。可逆乳化钻井液实现油基钻井液和水基钻井液的相互转换，兼具油基钻井液和水基钻井液的优点，可以有效解决相关技术难题，具有很好的应用前景。

　　目前，国内外学者对可逆乳状液的控制因素开展了深入研究[7]，其中基于pH值控制的可逆乳状液具有转相可控性好、对环境适应性强的优点被人们重视，广泛应用于可逆乳化钻井液等领域。但目前现场应用的可逆油包水钻井液密度低、抗温能力差，应用范围受到限制，还需要进一步地开展优化研究。

1　实验部分

实验药品见表1，实验仪器见表2。

表1　实验药品

药品名称	生产厂家	药品名称	生产厂家
0# 柴油	中石油	有机土	成都西油华巍科技有限公司
盐酸	成都市科龙化工试剂厂	润湿剂	成都西油华巍科技有限公司
氢氧化钠	成都市科龙化工试剂厂	降滤失剂	成都西油华巍科技有限公司
氯化钙	成都市科龙化工试剂厂	重晶石	四川正蓉上之登科技有限公司

作者简介：陶怀志，川庆钻探钻采工程技术研究院，高级工程师。地址：四川省广汉市中山大道南二段钻采院；联系电话：13388123420；E-mail：tachz ccde@ cnpc. com. cn。

表 2　实验仪器

仪器名称	仪器型号	生产厂家
高温高压失水仪	GGS71-1	青岛怿泽机电科技有限公司
速变频无级调速搅拌机	GJSS-B12K	青岛同春石油仪器有限公司
滚子加热炉	HTD-GL6	青岛同春石油仪器有限公司
六速旋转黏度计	ZNN-D6	青岛同春石油仪器有限公司
电稳定性测试仪	DWY-2	青岛同春石油仪器有限公司
高温高压滤失仪	GGS71-B	青岛同春石油仪器有限公司
数显电导率仪	DDS-11A	上海雷磁创益仪器仪表有限公司
pH 值计	PHS-3C	上海仪电科学仪器股份有限公司
钻井液密度计	NB-1	上海市道墟燕光仪器设备厂
近红外分析仪	MA2000	法国劳雷公司

2　结果与结论

2.1　乳化剂的复配

目前，针对环境刺激响应型可逆表面活性剂研究有很多，如何选择适用于钻井环境，并能在高温高压的条件下保持良好的刺激响应型的乳化剂，实现乳液的有效逆转是可逆钻井液技术的关键。文中研制了一种有机胺类可逆乳化剂 RH-1，利用胺基上的氮原子在酸性及碱性条件下的质子化和去质子化，乳化剂 HLB 值发生改变，改变乳液的性质。

文中制备由 2%RH-1 单独稳定的乳液 A，油水比为 1∶1，分别加入 1mol/L 的盐酸和 1mol/L 的 NaOH 溶液，考察乳液在酸性、碱性条件下的性质。实验结果如图 1 所示。

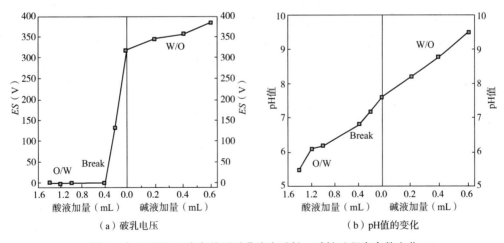

（a）破乳电压　　　　　　　　　　（b）pH 值的变化

图 1　由 2%RH-1 稳定的可逆乳液在酸触、碱触过程中参数变化

由图 1 可知，可逆乳化剂 RH-1 单独可形成稳定的 W/O 乳液。随着酸液的不断加入，乳液的破乳电压降低，乳液的稳定性下降。经历过破乳状态后，乳液逆转成 O/W 乳液。酸触逆转点对应的 pH 值为 6.8。通过观察图 1 中乳液连续相的析出量可知，酸触形成的水包油乳液析出水相较多，且 pH 值越低，乳液析出率越大。这是因为虽然乳液的质子化程度不断增加，但可逆乳化剂 RH-1 上的亲水基团不足以形成稳定的水包油乳液。

该可逆乳化剂 RH-1 在碱性范围内可形成稳定的 W/O 乳液, 此时析出率为 0。且 pH 值越高, 乳液的破乳电压越大, 乳液越稳定。说明碱性环境有利于可逆乳液维持油包水乳液的性能。

基于上述可逆乳化剂 RH-1 的不足, 我们复配了一种 HLB 值较高的 RZ-1 乳化剂, 并考察了该乳化剂单独形成的乳液在不同 pH 值的性质, 油水比为 1:1, RZ-1 的加量为 1%。结果如图 2 所示。

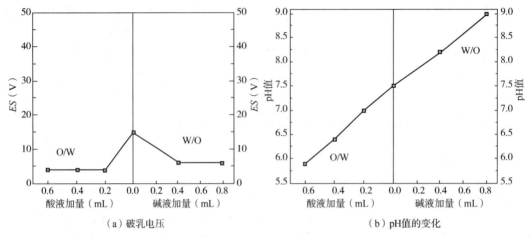

（a）破乳电压　　　　　　　　　　　　（b）pH 值的变化

图 2　由 1%RZ-1 稳定的乳液在酸触、碱触过程的参数变化

由图 2 可知, 不论是酸性还是碱性条件下, 由 RZ-1 稳定的乳液只能形成 O/W 乳液, 破乳电压均低于 20V。通过分析乳液的析出量可知, O/W 乳液在酸性条件下的析出量为 0, 在碱性条件下, O/W 乳液的水相有一定的析出, 低于 30%。说明由 RZ-1 稳定的 O/W 乳液在酸性条件下更加稳定。因为 RZ-1 是一种非离子型的表面活性剂, 其乳化性质受 pH 值的影响不大, 所以在不同酸碱范围内均能形成稳定的 O/W 乳液。

基于上述分析, 文中采用了 RH-1 可逆乳化剂和 RZ-1 辅乳化剂, 以乳液连续相的析出率是否低于 20% 作为乳液稳定的重要指标, 考察乳化剂的不同复配比例对乳液逆转性能的影响。结果见表 3。

表 3　乳化剂不同的复配比例对逆转前后乳液稳定性的影响

RH-1:RZ-1	油包水乳液	水包油乳液
1:1	不稳定	稳定
2:1	稳定	稳定
3:1	稳定	不稳定
4:1	稳定	不稳定

由表 3 可知, 当乳化剂的配比为 2:1 时, 逆转前后乳液的稳定性为最佳, 不论是油包水乳液还是水包油乳液的析出率均低于 20%。利用胺基对酸碱条件的刺激响应性, 实现乳液的逆转, 复配亲水性的乳化剂 RZ-1, 提高了逆转后水包油乳液的稳定性。

采用 RH-1 可逆乳化剂和 RZ-1 辅乳化剂的配比为 2:1 进行试验, 考察了乳液分别在酸触、碱触过程中的破乳电压、电导率的变化。

在酸液的影响下, 乳液由油包水乳液变成水包油乳液, 且逆转过程中无破乳现象发生。

在碱液的作用下，乳液由水包油乳液逆转成油包水乳液。说明在 RH-1 和 RZ-1 的共同作用下，乳液可实现稳定的双向逆转，逆转过程无破乳现象出现。通过分析油包水乳液和水包油乳液的显微镜照片可知，油包水乳液和水包油乳液的液滴粒度较小(低于 10μm)，粒度分布较为均匀。油包水乳液和水包油乳液的各自连续相的析出率均不高，乳液的稳定性较高。说明乳液的粒度越小，乳液越稳定。

由图 3 可知，由 RH-1 与 RZ-1 形成的油包水乳液破乳电压高于 400V，稳定性较高。加入酸液后，油包水乳液的破乳电压不断降低，说明乳液的稳定性下降。当酸液的加量为 3% 时，乳液的破乳电压降到 10V 以下，结合此时电导率不再为 0mS/cm，说明乳液此时完全逆转成水包油状态。但此时水包油乳液不稳定，析出量较大。随着酸液的继续加入，形成的水包油乳液较为稳定，析出量极少。在酸性条件下，由于可逆乳化剂的胺基质子化作用，乳化剂的 HLB 值增加，乳液由油包水状态变成水包油状态。

从图 4 中可以看出，在不断加入碱液的过程中，水包油乳液的电导率逐渐降低。这是由于胺基的去质子化作用，HLB 值降低，水包油乳液的稳定性降低。当碱液的加量为 3% 时，乳液电导率降低为 0mS/cm，此时乳液的破乳电压增加到 100V 以上，乳液由水包油乳液变成油包水乳液。随着碱液的进一步增加，油包水乳液愈加稳定，最终回到的稳定的油包水乳液状态，其破乳电压大于 400V。

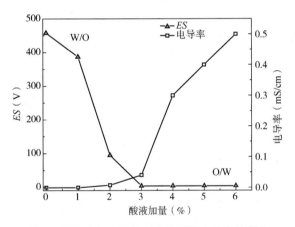 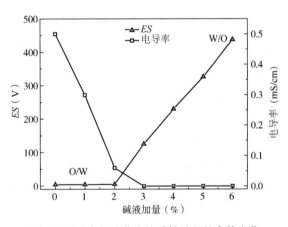

图 3　可逆油包水乳液在酸触过程中的参数变化　　　图 4　可逆水包油乳液的碱触过程的参数变化

2.2　可逆油包水钻井液的性能

可逆油包水钻井液配制：在 200mL 0# 柴油中，加入 2% 可逆乳化剂 RH-1，以 12000r/min 的速度下搅拌 5~10min，充分溶解后，加入辅乳 1%RZ-1，速度下搅拌 5~10min。缓慢加入 200mL 的 25% 氯化钙水溶液，12000r/min 高速乳化 30min。依次加入有机土、降滤失剂、润湿剂、重晶石等处理剂，每添加一种处理剂均以 12000r/min 高速搅拌 10min，制得可逆油包水钻井液。处理剂的加量为总乳液体积的质量百分数。

酸触：在乳液中滴加 1mol/L 的盐酸水溶液调节至所需 pH 值，12000r/min 高速搅拌 5min。通过稀释法判断乳液的类型，测定乳液的破乳电压和电导率。

碱触：在乳液中滴加 1mol/L 的氢氧化钠溶液调节至所需 pH 值，12000r/min 高速搅拌 5min。通过稀释法判断乳液的类型，测定乳液的破乳电压和电导率。

性能测试：将可逆油包水钻井液在 150℃ 下滚动老化 16h，降温至 60℃ 下测定其流变性。可逆油包水钻井液的高温高压滤失量（150℃、3.7MPa）、破乳电压 ES 等性能评价方法参照国家标准。

2.2.1 抗温性

可逆油包水钻井液的核心问题在于维护油包水钻井液及水包油钻井液的性能稳定。文中复配降滤失剂、润湿剂等处理剂，以维护钻井液的性能。可逆油包水钻井液的配方确定为：$0^{\#}$柴油+25%$CaCl_2$+2%RH－1+1%RZ－1+1%有机土+3%降滤失剂+0.5%润湿剂+重晶石，设计钻井液的密度为 1.6g/cm³，油水比为 1∶1。按此配方配制的可逆油包水钻井液，在不同温度下热滚老化16h，于60℃下测定可逆油包水钻井液的各项性能，结果见表4。

表4 可逆油包水钻井液在不同老化条件下的性能

老化温度（℃）	乳液状态	ES（V）	AV（mPa·s）	PV（mPa·s）	YP（Pa）	YP/PV	G_{10s}/G_{10min}	FL_{HTHP}（mL）
25	W/O	320	65.5	45	20.5	0.46	4.5/5	—
	O/W	4	64.5	44	20.5	0.46	4/5	—
100	W/O	436	64.5	46	18.5	0.4	4/5	0.6
	O/W	4	63	45	19	0.42	4/5	1.2
120	W/O	526	64	46	18	0.39	4/5	0.8
	O/W	3	63.5	46	17.5	0.38	3/3.5	1.6
150	W/O	562	63	50	13	0.26	3/4	1.8
	O/W	6	59	45	14	0.31	3/4	2.8

由表4可看出，在不同老化温度下，该可逆油包水钻井液配方的性能稳定，不论是油包水乳液还是水包油乳液的流变性能接近，没有出现黏度激增的现象。逆转过程中没有出现破乳和重晶石沉淀的现象，说明该钻井液可实现稳定的逆转，可有效地悬浮重晶石。且油包水乳液和水包油乳液的滤失量不大，低于 5mL，满足钻井工程对钻井液性能的要求。

2.2.2 抗污染性

在油包水钻井液的现场应用中，不可避免会遇到污染物的侵入。因此有必要考察可逆油包水钻井液的抗污染性能，包括抗盐水性和抗岩屑污染的能力。配制密度为 1.60g/cm³ 油包水钻井液，测定该油包水钻井液经 5%$CaSO_4$、5%NaCl 和 10%NaCl 的污染后的性能，结果见表5。

表5 可逆油包水钻井液的抗盐水污染性能

盐水	ES（V）	AV（mPa·s）	PV（mPa·s）	YP（Pa）	YP/PV	G_{10s}/G_{10min}	FL_{HTHP}（mL）
0	562	63	50	13	0.26	3/4	1.8
5%$CaSO_4$	473	66	51	15	0.29	3/4	3.4
5%NaCl	497	65.5	50	15.5	0.31	2/3	3.6
10%NaCl	436	72.5	59	13.5	0.28	2/3	5.2

由表5可知，加入不同浓度及种类的盐水后，钻井液的黏度略有升高，破乳电压大于400V，高温高压滤失量低于10mL，说明该可逆油包水钻井液具有良好的抗盐水污染能力。同时也说明可以根据地层情况随时调控油基钻井液的水相活度，这使得该油基钻井液体系具

有更广的适用性。

向可逆油包水钻井液中加入一定量的 100 目岩屑，搅拌均匀后，测定油包水钻井液体系在 150℃老化后的流变性、滤失性和电稳定性，实验结果见表 6。

表 6　可逆油包水钻井液的抗岩屑污染性能

岩屑加量(%)	ES(V)	AV(mPa·s)	PV(mPa·s)	YP(Pa)	YP/PV	G_{10s}/G_{10min}	FL_{HTHP}(mL)
0	562	63	50	13	0.26	3/4	1.8
5	532	64.5	52	12.5	0.24	3/4	2.6
10	496	65.5	54	11.5	0.21	3/4	3.2
15	461	69	54	15	0.27	2/3	4.8

由表 6 可知，随着岩屑加量的增加，油包水钻井液体系在经 150℃老化后的表观黏度、塑性黏度和切力均呈上升趋势，滤失量逐渐增加，破乳电压降低。当岩屑的加量为 15%时，体系仍然具有良好的流变性、滤失量和电稳定性。说明该可逆油包水钻井液体系具有良好的抗岩屑污染的能力。

2.2.3　可逆油包水钻井液的稳定性

钻井液沉降是指高密度固相或者加重材料下沉而使钻井液的密度发生变化，这种现象容易引发井漏、卡钻、井控和固井作业围难等问题。因此有必要测试所研制的油包水钻井液的沉降稳定性。配制两份密度为 1.6g/cm³ 可逆油包水钻井液，经 150℃/16h 热滚老化后冷却至室温。一份保持油包水钻井液置于烧杯中静置 6h，一份逆转成水包油钻井液，相同条件下静置 6h。通过测定钻井液的密度差来判断钻井液的沉降稳定性。

由表 7 可知，逆转前后的油包水钻井液和水包油钻井液的上下密度差均小于 0.1g/cm³，且无破乳的现象发生。说明了该可逆油包水钻井液配方可有效的悬浮重晶石，重晶石几乎未发生沉降，该可逆油包水钻井液配方具有良好的沉降稳定性。

表 7　可逆油包水钻井液的沉降稳定性

密度(g/cm³)	油包水钻井液	水包油钻井液
上部(1/5)	1.59	1.58
下部(4/5)	1.62	1.63
密度差	0.03	0.05

3　结论

（1）优选酸碱响应型可逆有机胺类乳化剂 RH-1，复配 HLB 值较高的 RZ-1 乳化剂，乳化剂的最优配比为 2∶1。乳液可实现稳定的双向逆转，油包水乳液和水包油乳液的液滴粒度较小，析出量低于 10%，乳液稳定。

（2）确定密度可达 1.6g/cm³，抗温 150℃的可逆油包水钻井液配方，该配方可实现油包水乳液和水包油乳液的稳定逆转，无破乳现象和重晶石沉降。

参　考　文　献

[1] THOMAS D C, HSINGH, MENZIE D E. Evaluation of Core Damage Caused by Oil-Based Drilling and Coring Fluids [M]. Society of Petroleum Engineers.

［2］YAN J N, MONEZES J L, SHARMA M M. Wettability Alteration Caused by Oil-Based Muds and Mud Compo-
nents ［J］. 1993, 8(1): 35-44.

［3］HEMPHILL T, LARSEN T I. Hole-Cleaning Capabilities of Water- and Oil-Based Drilling Fluids: A Compara-
tive Experimental Study ［J］. SPE Drilling & Completion, 1996, 11(4): 201-207.

［4］DAVISON J M, JONES M, SHUCHART C E, et al. Oil-Based Muds for Reservoir Drilling: Their Performance
and Cleanup Characteristics ［J］. 2001, 16(2): 127-134.

［5］鄢捷年, 宗习武, 李秀兰, 等. 泥浆滤液侵入对油藏岩石水驱油动态的影响 ［J］. 石油学报, 1995,
84-92.

［6］PATEL A D. Reversible Invert Emulsion Drilling Fluids: A Quantum Leap in Technology ［J］. 1999, 14(4):
55-65.

［7］刘飞, 王彦玲, 王学武, 代晓东, 王硕. 酸碱质量分数对 pH 控制的可逆乳状液转相的影响［J］. 石油化
工高等学校学报, 2020: 49-56.

新型清洁高密度封隔液体系性能研究

张 宇 丁秋炜 王素芳 张 昕

（中海油天津化工研究设计院有限公司）

【摘 要】 针对海上高温高压油气井环空腐蚀严重，开发无机—有机复合加重剂并配套高效缓蚀剂，形成清洁高密度封隔液。通过对封隔液的密度、流变性能、温度稳定性以及腐蚀性等关键指标进行评价，并且和国内外产品进行对比，表明清洁高密度封隔液具有耐高温耐酸性气体的特点，对 3Cr-L80 井筒钢材的腐蚀率为 0.058mm/a，可以有效保护井筒套管。

【关键词】 封隔液；流变性能；缓蚀剂

封隔液是指处于油气田井下油管和套管之间的液体，主要用来降低油管和套管之间环空的压力差、平衡地层压力、降低封隔器所承受的油气压力，可以保护封隔器。同时，由于封隔液长期处于环空，长期接触油管外壁和套管内壁，因此封隔液还应具备缓蚀性能，抑制油套管及井下工具腐蚀，封隔液的一般组成为：封隔液加重剂（通常是一些无机、有机盐）、封隔液缓蚀剂。传统的封隔液类似于钻井液，包含了许多悬浮固体颗粒，长期放置固体颗粒可能会沉降，会对地层造成伤害。新型的封隔液为清澈透亮无固相溶液，不会因为固体入侵而伤害地层。目前在石油行业中，要求封隔液具备高密度、低腐蚀、合适的 pH 值以及适合储层形成的离子和化合物，封隔液还要在储层温度下具有热稳定性，与地层流体具有很好的兼容性，潜在破坏力低，环保且经济高效。

近几年，由于无机磷盐体系的封隔液与缓蚀剂配伍性差、腐蚀率高、易结垢等特点，严重制约着油气田增产上储。国内外科研工作者都在寻求一种更好的体系来替代无机盐体系。甲酸盐[甲酸钠(NaCOOH)、甲酸钾(KCOOH)]作为有机盐，具有高密度、热稳定性好、低腐蚀、与有机缓蚀剂配伍性好等优点，且不含卤素离子，作为封隔液可以有效保护井筒和套管。

本文通过在甲酸钾体系研究的基础上，将甲酸钾和另一种无机盐复配作为封隔液加重剂 TS-7210，使用自主研发缓蚀剂 TS-7211 作为封隔液缓蚀剂，制备密度 1.30~1.65g/cm³ 密度可调的新型清洁封隔液体系，为中国海油高温（150~200℃）、高压（压力系数 1.8~2.2）和高含量 CO_2 油气藏的高效开发提供技术支撑。

1 实验部分

1.1 试剂与仪器

甲酸钾，上海麦克林生化科技有限公司；无机盐 T；缓蚀剂 TS-7211，中海油天津化工研究设计院有限公司自制；二氧化碳气体，天津市兴盛气体有限公司；去离子水；南海

作者简介：张宇(1990—)，助理工程师，硕士研究生，2019 年毕业于中国石油大学(北京)提高采收率研究院，现从事油田缓蚀剂研发工作。地址：天津市红桥区丁字沽三号路 85 号。

海水。

腐蚀钢片：3Cr-L80、13Cr-L80（规格 50mm×10mm×3mm），山东晟鑫科技有限公司；高温高压腐蚀性能评价装置，自制；Quanta200F 场发射扫描电子显微镜，美国 FEI；BS-210S 电子分析天平，德国 Sartorius；DV-Ⅱ+Pro 旋转黏度计，美国 Brookfield；HAAK MARS Ⅲ流变仪，德国 Thermo Fisher Scientific；SYD-510G 凝点仪，上海昌吉地质仪器有限公司。

1.2 高密度封隔液配制

将甲酸钾固体和无机盐 T 固体按照质量比 6∶1 的比例混合，搅拌均匀作为封隔液加重剂 TS-7210，电子天平称取 600gTS-7210，称取去离子水 400g，将 TS-7210 加入去离子水中，低速搅拌至溶液均一、透亮，为加速溶解过程，可适当加热至 50℃促进溶解。加重剂全部溶解后溶液透亮，搅拌下加入 3g 封隔液缓蚀剂 TS-7211，搅拌至封隔液均一透亮，得到的封隔命名为 A。

为了对比封隔液 A 的效果，找到国内外市场常见的封隔液产品进行对比。封隔液 B，国内常见甲酸钾体系封隔液；封隔液 C，焦磷酸钾体系，来自斯伦贝谢公司。

1.3 实验方法

1.3.1 密度测定

封隔液体系的密度是通过加重剂含量来确定的，不同类型盐、盐含量、温度都会改变封隔液的密度，而封隔液是通过自身密度产生的静压来平衡地层压力，因此需要封隔液密度可调且足够高来控制储层压力。封隔液的密度随着温度压力的变化而变化，如果在高温高压井下密度变化太大，可能会失去对环空保护作用。因此，封隔液的密度不应该随着温度压力的变化而显著变化。本小节中，将配制不同加重剂含量的封隔液，测定室温下密度，根据 GB/T 2013—2010《液体石油化工产品密度测定法》计算封隔液的密度。

1.3.2 黏度测定

封隔液的黏度会对完井作业产生重大影响，高黏度会显著增加油套管的摩擦压力，增加作业风险。因此，封隔液的黏度必须在适当的范围内，并且处于环空保护状态是不发生明显变化。在本节中，分别在 25℃ 和 80℃ 下测量不同转速的盐水的黏度。为了研究流体特性，绘制了黏度—转速和剪切应力—剪切速率图。

1.3.3 温度和 CO_2 稳定性

封隔液在低温环境和高温环境下的稳定性也是需要考察的一个指标。对于海上超深井，储层深处温度较高，封隔液必须在高温下保持稳定，并且流体的性质不得发生明显变化。如果封隔液渗透储层，将接触大量 CO_2 气体。因此，封隔液与高温 CO_2 接触时必须保持稳定，并且其 pH 值必须变化不大。冬季在海上平台运输储存时，海上温度较低，封隔液必须具备较低的结晶温度才能保证正常施工。本小节中，对上述 A、B、C 三种封隔液进行结晶点测试和高温高压测试。将封隔液放入高温高压釜中，设置温度 150℃，压力 2MPa（使用 CO_2 打压），放置 72h 后测定封隔液老化前后的密度和 pH 值，使用凝点仪测定封隔液的结晶温度。

1.3.4 腐蚀率测定

封隔液由于其高浓度的盐具有很强的腐蚀性，尽管目前都选用有机盐作为加重剂，腐蚀率远小于无机盐，但有机盐水与淡水相比仍具有很高的离子度，对井筒套管具有很大威胁。因此要选用合适的加重剂，减少腐蚀，同时要配合效果好的缓蚀剂降低腐蚀。本小节中采用高温高压釜对 A，B，C 三种封隔液进行腐蚀性能评价。参照 SY/T 5273—2014《油田采出水处理缓蚀剂性能指标及评价方法》来评价封隔液腐蚀性能。腐蚀介质为封隔液，钢片材质为3Cr-L80，13Cr-L80，采用自制高温高压腐蚀评价装置进行评价，腐蚀温度150℃，CO_2压力2MPa，腐蚀周期72h。

2 结果和讨论

2.1 密度

温度对盐水密度有明显影响，较高的井筒温度会降低封隔液密度，因此补偿由于温度引起的密度损失非常关键。封隔液在加热时会降低密度，如果密度降低很大，将不能提供控制储层压力所需的压力。因此需要考察封隔液在不同温度下密度的变化值。在本节中，我们测定3种封隔液不同温度下的密度值，其结果如图1所示。

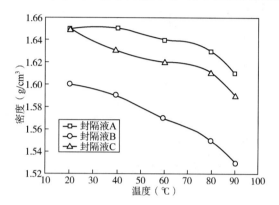

图1 不同封隔液密度随温度变化

由图1可以看出，三种封隔液密度都会随着温度升高而降低，其中封隔液B即甲酸钾体系随着温度升高，密度降低的幅度最大。封隔液A随着温度升高，密度降幅较小，具有较好的温度稳定性。在现场使用时，如果封隔液密度稳定性不好，随着井下温度大幅度升高，封隔液密度流失大，不能起到平衡底层压力的作用。

2.2 黏度

使用旋转黏度计测定25℃和80℃下的封隔液剪切黏度—转速关系，如图2所示；使用哈克流变仪测定25℃和80℃下封隔液的剪切应力—剪切速率关系，如图3所示。

从图2可以看出，由于流体运动速度增加，刚开始黏度会略有下降，但随后黏度不会发生显著降低，趋于稳定。尤其是封隔液A，黏度基本不随流动速度改变，只和温度有关，三种封隔液都会随着温度的升高，黏度有所降低。

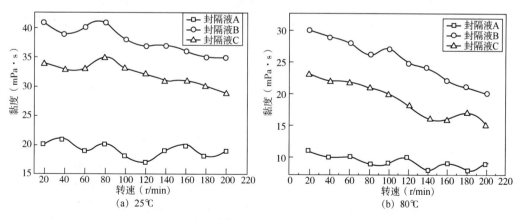

(a) 25℃　　　　　　　　　(b) 80℃

图2 封隔液黏度与转速关系

图3为三种封隔液不同温度下的流变行为，从图中可以明显看出三种封隔液的剪切应力与剪切速率是线性关系，在25℃时，封隔液A的剪切应力与剪切速率线性相关更强，80℃

时，三种封隔液的剪切应力与剪切速率线性相关都很强。根据牛顿流体的定义剪切应力与剪切速率有如下关系：

$$\tau = \mu \dot{\gamma}$$ (1)

式中：τ 为剪切应力；μ 为黏度；$\dot{\gamma}$ 为流体的剪切速率。

根据公式(1)，如果将剪切应力与剪切速率作图，图形是一条直线，斜率为流体的黏度。图3表明三种封隔液都是牛顿流体行为，类似于水的流体行为。图3(b)中各条直线的斜率小于图3(a)中对应直线的斜率，表明随着温度升高，三种封隔液的黏度降低，但是其流体行为不会发生变化，仍然是牛顿流体。

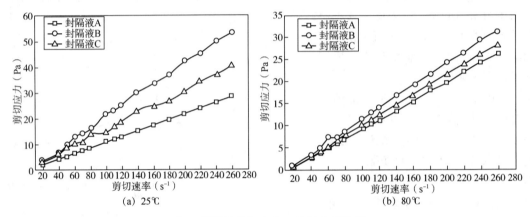

(a) 25℃   (b) 80℃

图3　封隔液剪切应力—剪切速率关系

2.3　温度和 CO_2 稳定性

封隔液的密度主要是由于溶解的加重剂盐含量决定，如果在低温条件下盐结晶析出，那么封隔液的密度也会随之降低。如果将封隔液以降低的密度泵入井下，就难以维持环空压力平衡。同时，如果封隔液中加重剂盐大量结晶，会导致封隔液黏度变大，泵入井下的过程中封隔液损失的量更多，还可能会导致地层破裂。因此，结晶温度也是封隔液的重要指标。

表1的结果表明，三种封隔液的结晶点都较低，夏季现场施工都可以使用，对于冬季海上平台温度较低情况，封隔液A具有更好的效果，冬季在现场储存时不会有晶体析出，影响现场使用。

表1　封隔液的结晶温度

封隔液类型	封隔液 A	封隔液 B	封隔液 C
结晶温度(℃)	−30	−25	−10

表2是将封隔液放入压力容器150℃老化72h后的密度、pH值变化，从表中可以看出封隔液A与B、C相比，密度和pH值变化很小，且高温老化后封隔液A仍为澄清透明溶液。封隔液C老化前后的pH值变化显著，是由于焦磷酸钾在高温下部分会转化成磷酸氢二钾导致pH值降低。封隔液要在高温高压下长期处于环空位置，密度和pH值是最关键的两个指标，变化明显时可能无法控制储层压力且造成地层伤害，因此当处于高温条件时，封隔液密度和pH值不应该有显著变化。

表 2　150℃老化前后封隔液的密度和 pH 值

封隔液类型	ρ_0(g/cm^3)	ρ_1(g/cm^3)	pH$_0$	pH$_1$
封隔液 A	1.65	1.64	11.08	10.97
封隔液 B	1.60	1.57	10.51	9.85
封隔液 C	1.65	1.63	12.04	10.73

注：ρ_0、pH$_0$ 指封隔液老化前 25℃的数据；ρ_1、pH$_1$ 指老化后恢复至 25℃测得数据。

表 3 是将封隔液放入高温高压釜中，通入 CO_2 至 2MPa，150℃老化 72h 后得到的结果，由实验结果可以看出，封隔液 A 对于高温 CO_2 的干扰，液体性质没有发生明显变化，不会由于酸性气体进入大幅度改变 pH 值，对油套管造成腐蚀。

表 3　150℃ CO_2 老化前后封隔液的密度、pH

封隔液类型	ρ_2(g/cm^3)	ρ_3(g/cm^3)	pH$_2$	pH$_3$
封隔液 A	1.65	1.63	11.08	10.41
封隔液 B	1.60	1.55	10.51	8.76
封隔液 C	1.65	1.60	12.04	10.02

注：ρ_2、pH$_2$ 指封隔液老化前 25℃的数据；ρ_3、pH$_3$ 指老化后恢复至 25℃测得数据。

2.4 腐蚀评价

封隔液由于其处于井下环境，高温高矿化度导致其腐蚀速率高，而且由于加重剂盐含量接近饱和，导致缓蚀剂溶解性差。因此腐蚀率是封隔液的一个重要指标。表 4 是密度 1.65g/cm^3 的封隔液 A、密度 1.60g/cm^3 的封隔液 B 和密度 1.65g/cm^3 的封隔液 C 分别对 3Cr-L80，13Cr-L80 两种油套管材质的腐蚀率，温度为 150℃，压力为 2MPa（CO_2 提供），腐蚀周期为 72h。

由表 4、表 5 可知，封隔液的密度增加，对钢材的腐蚀率也随之增加。高密度封隔液 A 的腐蚀率最小，小于国标 0.076mm/a，属于轻度腐蚀，不会对井下设备造成腐蚀，带来安全隐患。封隔液 B 是甲酸钾体系，属于中度腐蚀，如在现场使用可能导致套管腐蚀脱落，带来安全隐患。封隔液 C 是焦磷酸钾体系，能提供高密度，但是腐蚀性更强，如果不能找到高效的缓蚀剂与之配伍，会给现场生产带来极大危害。

表 4　封隔液对不同材质钢的腐蚀率

封隔液类型	封隔液 A	封隔液 B	封隔液 C
对 3Cr-L80 腐蚀率(mm/a)	0.058	0.138	0.976
对 13Cr-L80 腐蚀率(mm/a)	0.046	0.114	0.843

表 5　不同密度封隔液 A 的腐蚀率

封隔液 A 的密度(g/cm^3)	1.30	1.40	1.50	1.60
对 3Cr-L80 腐蚀率(mm/a)	0.0024	0.0037	0.0134	0.0247
对 13Cr-L80 腐蚀率(mm/a)	0.0018	0.0031	0.0086	0.0185

为了研究封隔液对钢表面的腐蚀形貌，将上述腐蚀后的 3Cr-L80 钢片进行扫描电镜分析，结合失重法腐蚀后的照片及数据，从微观角度进行表面分析。

从图 4 可以明显看出，图(a)表面光亮、平整，未发现点腐蚀；图(b)、图(c)片表面变暗，局部存在锈斑和点腐蚀。封隔液 A 对 3Cr-L80、13Cr-L80 的腐蚀程度很小。

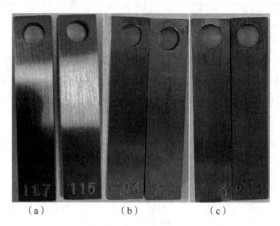

图 4 三种封隔液腐蚀后钢片表面照片
(a)封隔液 A 腐蚀后的钢片微观形貌(左边为 3Cr-L80，右边为 13Cr-L80)；
(b)封隔液 B 腐蚀后的钢片微观形貌(左边为 3Cr-L80，右边为 13Cr-L80)；
(c)封隔液 C 腐蚀后的钢片微观形貌(左边为 3Cr-L80，右边为 13Cr-L80)

从图 5 可以看出，图 5(a)表面形貌整齐，无裂纹、无坑，表明封隔液 A 对 3Cr-L80 的腐蚀程度很小，基本未损伤钢片表面形貌；图 5(b)表面多处分布裂纹，局部存在坑，表明封隔液 B 对 3Cr-L80 钢片腐蚀程度严重，且发生了点腐蚀；图 5(c)表面形貌杂乱，严重损伤，布满坑和裂纹，表明封隔液 C 对 3Cr-L80 钢片腐蚀程度非常严重，表面存在许多深坑，极易造成腐蚀穿孔。扫描电镜结果和失重法结果相匹配，验证了封隔液 A 腐蚀性较低，适用于高温高压油气井环空保护。

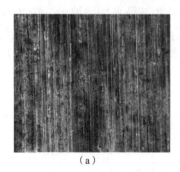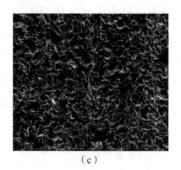

图 5 扫描电镜图片
(a)封隔液 A 腐蚀后的 3Cr-L80 钢片微观形貌；(b)封隔液 B 腐蚀后的 3Cr-L80 钢片微观形貌；
(c)封隔液 C 腐蚀后的 3Cr-L80 钢片微观形貌

3 结论

为了保证海上油气田高效开发开采，助力增储上产 7 年行动计划，研发加重剂 TS-7210，并且研发配套缓蚀剂 TS-7211 作为封隔液缓蚀剂，形成新型清洁高密度封隔液体系。将新型封隔液 A 与国内外知名公司产品封隔液 B、封隔液 C 各项性能对比。实验结果表明，封隔液 A 具有低结晶点、低黏度和牛顿流体的特性，且具有耐温、耐酸性气体的特点，在 150℃二氧化碳压力为 2MPa 的条件下，1.65g/cm³密度的封隔液对井筒套管 3Cr-L80 的腐蚀率仅为 0.058mm/a，完全满足现场要求。

参 考 文 献

[1] 谢玉洪. 筑梦"南海大气区"[N]. 中国海洋石油报, 2013, 7-19.

[2] 李晓岚, 李玲, 赵永刚. 套管环空保护液的研究与应用[J]. 钻井液与完井液, 2010, 27(6): 61-64.

[3] 杨安. 实用油气井防腐蚀技术[M]. 北京: 石油工业出版社, 2012.

[4] 郑力会, 张金波, 杨虎. 新型环空保护液的腐蚀性研究与应用[J]. 石油钻采工艺, 2004, 26(2): 13-16.

油基钻井液性能优化对井下复杂影响分析

张高波 兰 笛

(中国石油集团长城钻探工程有限公司钻井液公司)

【摘　要】　对比威远区块不同时间段所使用的油基钻井液，发现后期万米划眼率下降51.8%，万米卡钻率下降15.9%，卡钻口井数下降75%，漏失总时间下降46%，漏失量下降47.64%。如果选取的时间节点再靠后，井下复杂事故更少，复杂事故减低率会更高。分析发现，井下卡钻、划眼、漏失的复杂事故的减少，得益于油基钻井液性能优化，主要表现在黏度、切力降低，尤其是终切的大幅度降低，高温高压滤失量的降低，以及碱度的降低。本文从对比前后钻井液性能的基础上，分析油基钻井液关键性能与井下复杂关系，提出改进油基钻井液性能的措施，并与现场具体措施和钻井液性能控制方法对标，达到降低油基钻井液井下复杂事故的目的。

【关键词】　油基钻井液；井下复杂事故；流变性；碱度；高温高压滤失量

据统计，长城威远自营区块所使用的油基钻井液，早期(2019年9月至2020年6月)三开并完井30口，其中万米划眼耗时382.55h；卡钻4口，卡钻引起的填井1口，总计5口井，占完成井的16.67%，万米卡钻耗时84.36h；漏失7口井，总计521.39m³，耗时总计365h。而后期(2020年7月至2021年5月)，三开并完井16口井，万米划眼耗时184.48h，共卡钻0口，填井1口，占完成井的6.25%，万米卡钻耗时70.95h；漏失5口井，总计273m³，耗时总计197h，而且2021年1月到5月，三开期间没有发生过井漏事故。

两个对比时间段相比(以早期的数据为基础)，万米划眼率下降51.8%，万米卡钻率下降15.9%，卡钻口井数下降75%，漏失总时间下降46%，漏失量下降47.64%。特别是从2021年以后，划眼、卡钻、漏失复杂率更低，如果选取的时间节点从2021年后开始，以前的复杂数据在2019年9月以前，那么复杂减低率会更高。

通过对影响井下卡钻、划眼、漏失的复杂因素分析和研究，除去工程、管理、技术措施等方面的因素，纯粹从油基钻井液的角度，发现井下卡钻、划眼、漏失的复杂事故的减少，得益于油基钻井液性能优化。

1　钻井液性能对比

在一个区块同一时间段，相同密度下，油基钻井液的性能基本变化不大，因此选取两个不同阶段两口井，表1、表2是两个不同阶段代表性的钻井液性能和关键工程参数。

作者简介：张高波，1966年3月生，1988年毕业于江汉石油学院钻井工程专业，1991年毕业于西南石油学院，获硕士学位；高级工程师；1991年5月-2005年8月在中原油田钻井工程技术研究院工作，2005年9月至目前，在中油长城钻探工程有限公司钻井液公司从事钻井液技术和管理工作。联系电话：13522051560；E-mail：zhanggb. gwdc@ cnpc. com. cn。

表 1　后期代表性钻井液性能（三开井深 3820m）

井深 （m）	密度 （g/cm³）	漏斗黏度 （s）	PV （mPa·s）	YP （Pa）	YP/PV	Gel （Pa）	FL_HTHB （mL）	固相含量 （%）	碱度 （mL）	Cl⁻ （ppm）	破乳电压 （V）	油水比	排量 （L/s）	泵压 （MPa）
3440	2.08	58	56	6	0.11	2.5/5	2	48.5	3.5	32000	900	83/17	35	27.5
A点 3820	2.08	62	63	8.5	0.13	3/5.5	1.5	40.8	2.5	30000	980	85/15	35	29.5
4022	2.08	62	63	8.5	0.13	3/5.5	1.5	40.7	3	32000	1000	85/15	35	29.5
4289	2.08	65	55	10	0.13	3/6	1.8	40.2	3	32000	1040	85/15	35	34
4689	2.06	67	55	10.5	0.14	3/6	2	40.5	3	30000	1060	85/15	35	34
4852	2.05	66	55	6.5	0.12	3/6	2.8	40.65	2.8	30000	1100	86/14	35	34
5142	2.05	64	56	6	0.12	2.5/6	2.8	40.65	2.6	30000	1130	86/14	35	34
完钻 5320	2.05	67	59	8	0.13	3/6.5	2.5	40.54	2.5	30000	1050	86/14	35	34

表 2　早期代表性钻井液性能（三开井深 2269m）

井深 （m）	密度 （g/cm³）	漏斗黏度 （s）	PV （mPa·s）	YP （Pa）	YP/PV	Gel （Pa）	FL_HTHB （mL）	固相含量 （%）	碱度 （mL）	Cl⁻ （ppm）	破乳电压 （V）	油水比	排量 （L/s）	泵压 （MPa）
2318	1.55	65	35	15	0.43	5/14	3	34	3.2	25000		85/15	29	30
2622	1.7	65	39	11.5	0.29	5/15	2.6	35	4	25000	1400	85/15	31	30
3100	2	72	53	9	0.17	5/18	2.6	36	4	27000	1450	85/15	35	29
A点 3550	2.02	78	51	10.5	0.21	5/18	2.4	39	4.5	27000	1400	85/15	32	30
4435	2.03	81	54	12	0.22	5/19	2.4	40	4.5	27000	1150	85/15	29	31
4930	2.03	83	55	13	0.24	4.5/19	2.4	40	5	28000	1050	85/15	29	31
5154	2.03	83	55	11.5	0.24	5/19	2.4	40	5	28000	1150	85/15	31	31
5418	2.03	83	56	13	0.23	5/18	2.2	40	5	28000	1250	86/14	32	31
完钻 5496	2.03	83	57	10.5	0.18	5/13.5	2.2	40	5	32000	1150	86/14	30	31

可以看出，在井深和密度大致相同的前提下，前期和后期钻井液变化较大，钻井液性能得到很大程度的优化和改善。（1）前期钻井液漏斗黏度较高，达到83s，而后期只有65s；前期动切力9~15Pa，而后期只有6~10.5Pa，而且大多数情况下在6~8Pa；（2）动塑比前期为0.17~0.43，而后期只有0.11~0.14；初终切前期为4.5~5/14~19Pa，后期只有2.5~3/5~6Pa。特别是动切力的降低改善了钻井液的流动阻力，而终切的大幅度降低开泵时井底的压力和起下钻作业时的抽吸力，降低了井漏的发生概率；（3）而碱度前期为3~5mL，后期只有2.5~3mL，降低了碱度太高对流变性的影响和地层稳定性的影响；（4）同时氯离子浓度的增加，降低了液相活度，这使油基钻井液抑制性更强；（5）泵压和排量也更高，确保了剪切速率和井底岩屑携带和清洗。

2 油基钻井液关键性能与井下复杂关系

油基钻井液的关键性能，包括密度、流变性（剪切速率、黏度和切力）、高温高压滤失量、碱度（pH值）对井下复杂和事故直接影响较大。钻井液密度通过平衡地层压力来起到防止井壁掉块坍塌来稳定井壁的作用，这个就不多做论述。下面仅从流变性、高温高压滤失量、碱度三方面探讨钻井液性能与复杂事故的关系。

2.1 流变性与井下复杂事故

流变性对井下复杂事故的影响，包括剪切速率的影响和黏切的影响。一方面通过剪切速率影响钻井液对井壁的冲刷，从而影响井壁稳定性；同时，剪切性能还会影响到井下岩屑携带，即井底岩屑床厚度，对定向井斜井段以及水平井的水平段的影响较大，从而造成划眼、卡钻等复杂。目前已有这方面的研究，不但对水基钻井液有效，而且对油基钻井液也有效，这从下面的计算中可以得到证实。对剪切速率影响较大的是泵压和排量，这是工程参数，这里不做过多探讨。

另一方面钻井液黏切影响钻井液的流动阻力，从而影响的泵压、井底压力。而泵压、井底压力及其变化，又会影响井底当量密度和当量密度的波动，当量密度的大幅度增加或波动，对井壁稳定有巨大的影响；同时当量密度的增加，造成井底压力大于最大破裂压力以及当量密度的波动造成井下钻井液的呼吸作用等，引增加了井下井漏的发生概率。

根据Pegasus Vertex，Inc.（PVI）公司水力学软件计算，把早期威远区块发生复杂井的钻井液性能，换成后期和目前的钻井液性能，通过计算，得出不同井深的当量密度，并与模拟出的岩屑床厚度对比，结果见表3。

表3 不同钻井液性能条件下当量密度与岩屑床厚度对比

井深（m）	垂深（m）	（终切19Pa）ECD（g/cm³）	（终切6.5Pa）ECD（g/cm³）	差值
0~1800	1793.5	2.057	2.053	0.004
2100	2072.21	2.057	2.053	0.004
2550	2510.07	2.061	2.057	0.004
2900	2857.29	2.071	2.065	0.006
3200	3152.81	2.073	2.067	0.006
3511	3411	2.076	2.07	0.006
3900	3423	2.083	2.076	0.007
4388	3344.98	2.094	2.085	0.009
4800	3246.83	2.106	2.097	0.009
岩屑床（3300~3500m）最大厚度，mm		54.8	52.8	2

可以看出，钻井液切力降低，降低了井底当量密度，同时减少了岩屑床的厚度。尽管当量密度只有0.004~0.009g/cm³的差值，岩屑床厚度只有2mm的差值，这些差值在钻进及起下钻时，能有降低井底压力和压力波动，足以有效地降低划眼和卡钻事故的发生。同时当量密度的降低，对防止漏失发生至关重要。

汉科公司对钻井液密度对当量密度ECD的影响进行了研究[1]，发现随着密度增加，钻井液也当量密度也随着增加，见图1。同时动塑比（即剪切稀释性）的增加，钻井液携岩能力上升，但是其ECD也在逐渐增加，见图2。因此需要选择合适的动塑比，在保证携岩的基础上，降低动塑比，减小压耗，以防压漏地层。虽然最大密度为1.20g/cm³，不难想象随着钻井过程中，所采用的钻井液密度越大，其所带来的当量密度增加值也会越大，从而增加井底复杂发生的概率。

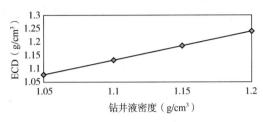

图1　钻井液地面密度对当量密度的影响

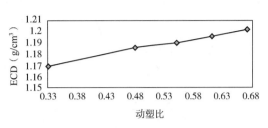

图2　动塑比对当量密度的影响

采用幂律流体模式的计算方法[2]，利用相关资料对新疆DN-204井的ECD进行了计算。该井钻进6970~7010m井段，钻头尺寸ϕ149.2mm，排量为10L/s，采用油基钻井液，出口钻井液密度为1.929g/cm³。通过计算当量密度变化情况，发现当量密度变化趋势没有钻井液密度的变化明显，随着井深增大，ECD略微降低，随后其值不断升高，到井底处ECD最高，达到1.981g/cm³。而ECD与当量静态密度ESD之间的差值即为AECD（当量密度增加值）的变化情况。由图3数据计算可知，AECD的波动范围为0~0.0435g/cm³。

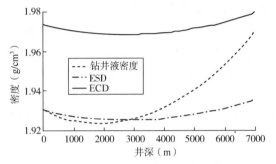

图3　钻井液密度、ECD与ESD剖面对比分析

文献[3]详细探讨了水平井中钻井液黏度、切力与当量密度的关系。对于ϕ215mm井眼的水平井，采用密度为1.2g/cm³的白油基钻井液，泵排量为33~34L/s时，设钻进位置A点深度为2374m（垂深2210.28m），钻头运行平均速度为0.4m/s，其他参数不变。以宾汉模式描述在用钻井液流变性为例说明钻井液流变性对波动压力的影响。图4表示$YP=0.049Pa \cdot s$不变，而YP值由1Pa增加到10Pa，由绘图程序的导出数据知，此时井底最大波动压力值从23.31309MPa先降低然后又急剧增加至37.3419MPa，在$YP=4.909Pa$时井底波动压力达到最小值1.0115MPa；图5表示$YP=2.404Pa \cdot s$不变，而YP值由0.005Pa·s增加到0.05Pa·s时，由绘图程序的导出数据知，井底最大波动压力值从5.1532MPa先降低然后又开始迅速增加至11.07653MPa，在$YP=0.023Pa \cdot s$时井底波动压力达到最小值0.231MPa。可见，动切力YP值和塑性黏度PV值对波动压力的影响均很大，钻井液动切力和塑性黏度在不同的范围时对井壁所产生的最大波动压力值的影响也不同。

从而得出结论，合适的黏切值会使管柱从静止状态到运动状态克服井内钻井液静切力或者由于管柱运动过程中克服动切力，以及使钻井液流动克服钻井液的黏滞力而引起的井眼环空中的压力波动变得很小，所以及时地调节钻井液的动切力和塑性黏度即流变性，是防止井喷、井漏等复杂事故的关键。

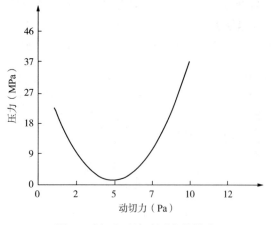

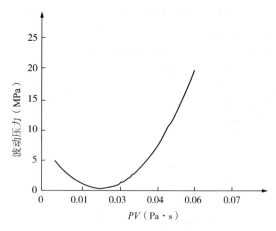

| 图 4 动切力对波动压力的影响 | 图 5 塑性黏度对波动压力的影响 |

2.2 高温高压滤失量与井下复杂

严格地说，这应该是叫做降低滤液与地层的接触量，包括降低高温高压滤失量和减少滤液与地层接触。目前主要做的就是降低高温高压滤失量。

高温高压滤失量影响井壁稳定性，它对井下安全至关重要。油基钻井液之所以为抑制性最好的钻井液，其主要原因之一就是因为其高温高压滤失量低。目前虽然有某些水基钻井液体系的高温高压滤失量（150℃，3.5MPa）可以达到 5mL 以下，但还是比油基钻井液的 2mL 左右要高得多。

高温高压滤失量影响井壁稳定性作用原理：一是通过减少滤液中水相甚至油相与地层接触量和范围，达到稳定井壁的作用。水相不但能引起地层的膨胀及岩屑的分散，而且会造成地层应力降低，这方面早期有无数的文献可以参考；二是油相也有类似的作用，虽然没有水相引起地层的膨胀及岩屑的分散强，但在造成地层应力降低方面，不比水相小。文献[4]的研究发现，干蒙脱土的基底间距 d_{001} 为 1.011nm，与水充分混分后 d_{001} 增加到了 1.905nm，增大 0.89nm 为 3~4 个水分子层厚。而与柴油充分混分后的油湿钠蒙脱土的 d_{001} 增加到了 1.285nm，约为一个柴油分子厚。说明膨润土遇到柴油后，也会发生膨胀，只不过膨胀量远低于遇水后的膨胀量。由此而推及地层，遇到油基后也会发生吸附与膨胀，从而造成地层应力降低。另外的研究选择四川盆地龙马溪井下岩心进行分析其润湿性[5]，结果表明龙马溪组页岩表面既亲油又亲水，且页岩表面更倾向于油湿；页岩浸泡在水中水化应力随着时间增加而先呈上升后趋于稳定，而先浸泡白油后浸泡水中水化应力上升速度减慢；页岩硬度随浸泡时间增加、浸泡温度升高以及浸泡压力增大而呈下降趋势，其中浸泡白油中硬度下降幅度较小，而浸泡水中硬度下降幅度较大；油基钻井液对页岩强度影响较小，而水基钻井液对页岩强度影响较大，易造成井壁失稳。

至于减少滤液与地层接触，是通过加入表面活性剂改变地层表面的润湿属性，最有代表性的就是用油基钻井液代替水基钻井液。研究表明[4]，页岩地层使用油基钻井液可改变页岩表面润湿性，使页岩表面润湿性即亲水又亲油，变为单一亲油性，减少水基钻井液因毛细管效应自吸作用，减少钻井液滤失即地层侵入量，使页岩受到的张应力降低，提高页岩气井的近井壁有效应力，有利于气井井壁保持稳定。至于改变页岩表面特性来提高仅在水基钻井液中有相关论述[6]，发现各一种阳离子表面活性剂、氟碳类表面活性剂、非离子表面活性剂都能增加清水与页岩的接触角，研究发现三种表面活性剂各加 0.005% 时，岩样与水的接触角最大。而在油基钻井液中加入合适的表面活性剂，最大限度地增加滤液与页岩的接触角而提高地层的稳定性，还没有找到相关文献，还需进一步进行相关研究。

因此，要保证地层稳定、减少复杂发生，一方面必须降低高温高压滤失量，减少液相与地层的接触；另一方面在油基钻井中加入合适的表面活性剂，改变地层的表面特性，增大液相与地层岩屑表面的接触角、减少液相与地层接触面积，进一步起到稳定井壁的作用。

2.3 碱度与井下复杂

用生石灰调节油基钻井液的碱度，一般应保持在 1.5~2.5mL，这时候相当于钻井液的 pH 值在 8.5~10.5 之间，有利于最大限度发挥乳状液作用[7]。保持合理的碱度是为了抵抗和降低钻井过程中遇到的酸性地层水、CO_2 和 H_2S 的污染。同时对油基钻井液的流变性和地层稳定性有一定的影响。

碱度的增加，即石灰加量的增加，由于 CaO 能提供 Ca^{2+}，而 Ca^{2+} 有利于二元金属皂的形成，根据定向楔理论，有利于形成稳定的油包水钻井液。同时，pH 值的增加，也有利于形成稳定的油包水乳状液[7]，同时 pH 值对油包水乳状液的 HLB 影响不大[8]。这从我们现场前后期钻井液性能中的破乳电压的变化就可以看出，前期破乳电压最高达到 1400~1500V，而后期只有 1100~1200V。但这并不意味着高 pH 值或高碱度对油基钻井液稳定性最好。

油基钻井液实际上就是油包水乳状液，碱度对井下复杂的影响，一方面碱度高造成岩屑的膨胀与分散，造成井壁不稳定，这在很多文献中就有论述；另一方面高碱度造成钻井液流变性能黏切变大、破乳电压提高、滤失量有所降低[9]。黏切的增加对复杂情况的影响前面已有论述。实际上高碱度造成井壁不稳定对井下复杂情况影响更大。因此，油基钻井液必须保证合适的碱度。

针对四川威远区块应用的钻井液配方，改变石灰加量实验发现，适当降低油基钻井液中的碱度，有利于降低钻井液高温高压滤失量，结果见表 4。可以看出，随着石灰加量增加，碱度增加，破乳电压有降低，黏度和切力有降低的趋势，但变化不大，但是高温高压滤失量呈增加的趋势。前期现场钻井液碱度达到 3~5mL，井底高温高压滤失量就会偏大，造成井壁不稳定。

表 4 石灰加量与油基钻井液流变性的关系

石灰加量（g/L）	ES（V）	AV（mPa·s）	PV（mPa·s）	YP（Pa）	Gel（Pa/Pa）	井底高温高压滤失量（mL）	碱度（mL）
13.84	1706	40.5	35	4.5	35/4	1.9	1.2
20.76	1901	36.5	31	5.5	3/4	1.67	1.5
27.68	1638	37	34	3	3/3.5	1.39	1.8
34.67	1491	38	37	1	2/3	1.36	2.1
44.98	1335	38	33	5	2.75/3.5	2.2	2.6
51.9	1102	36.5	33	3.5	2/3	5.6	2.8
62.28	1306	33.5	32	1.5	2/2.5	3.41	3.2
69.2	1246	34	36	2	2/2.5	2.33	3.6
89.97	1227	36.5	34	2.5	2.5/3	2.4	4.0

3 油基钻井液性能控制方法和进一步提高抑制防塌性能措施

笔者在文献[10]中从体系的优化与处理剂的配伍、研究多功能处理剂、研制和使用油基钻井液降黏剂、带多个支链球形粒子(或颗粒)封堵降滤失剂研制以及研究无土相油基钻井液体系几个方面阐述了油基钻井液流变性能控制和调整途径，主要是控制油基钻井液的黏度和切力，从而达到降低钻井液与地层的作用力、降低泵压上升，减少起下钻时的压力激动，从而减少页岩地层的破碎，降低由这些因素引起井壁不稳定。另外，采用更高密度的加重材料代替重晶石以降低钻井液的固相含量和黏度、切力，这在许多文献中都有论述并有一些应用。

油基钻井液从根本上来说就是油包水乳状液，选择合适的乳化剂(包括机理和用量)，形成稳定的油包水乳状液体系，这时候乳状液的流变性和稳定性应该是最佳。形成稳定的油包水钻井液，要根据井下实际需要调整密度和油水比时，及时调整乳化剂的用量。这在很多文献上都有研究。

在形成稳定的油包水乳状液体系的基础上，加入合适的降滤失剂和其他辅助处理剂，从而使油基钻井液性能达到最佳。油基钻井液一般用于深井和高密度井，建议这时钻井液的动切力不大于8Pa，终切不大于10Pa，井底 FL_{HTHB}(150℃)≤2mL，这对油基钻井液井下稳定至关重要。

现在大多文献过分强调油基钻井液的封堵作用，加入大量各种类型封堵剂，这时井底 FL_{HTHB} 不见降低，封堵效果也不知道在井下具体怎么样，反而造成钻井液流变性变差，从而增加了井下复杂和事故。因此，必须在油基钻井液稳定性最佳的前提下，选择合适的封堵剂。

碱度对油基钻井液稳定性和高温高压滤失量有很大影响，前面已经有论述。建议现场应该严格控制碱度在1.5~2mL，最大不应超过2.5mL。

同时，笔者在文献[10]中也提出了一些进一步提高抑制防塌性能措施，比如进一步降低活度、加入胺基抑制剂或插层剂、提高油水比等，现场可以根据需要参考。

4 现场措施及应用对比

通过对比发现，前期和后期钻井液性能要求有很大的改进，性能各项指标要求更严格，为目前大幅度降低井下复杂奠定了基础。

在威远区块现场应用油基钻井液，一是钻井液严格按配方和工艺配制，二是在井场与老浆混合时，要严格控制油基钻井液性能，三是在现场应用时，严格执行各项技术措施。

4.1 钻井液性能

密度执行设计或满足井下安全，钻井液黏度≤85s，Φ_6 读数 4~10，初终切 2.5~6/6~15Pa，动切力 6~13Pa，塑性黏度≤75mPa·s，动塑比 0.15~0.22，HTHP(120℃)失水≤2mL，滤饼厚度≤2mm；井底 FL_{HTHB}(150℃)≤3mL，滤饼厚度≤2mm，碱度≥2.5mL，氯离子≥25000mg/L，破乳电压≥800V，固含≤45%，油水比 90~85/10~15，低密度固相≤8%。

以上性能是设计的最基本要求，可以看出，前期的钻井液性能没有上述要求高，而在后期的流变性尤其是切力，基本达到了要求的最低值。但是还有一些与理论相比需要提高的地方，如碱度要求还有点偏高，高温高压滤失量还没有小于2mL，这些都需要进一步优化配方和措施进行改进。

4.2 技术措施

现场技术措施对油基钻井液的应用至关重要，主要包括以下几个方面：

（1）根据前期施工，确定合理钻井液密度，稳定井壁。

（2）提高新浆使用比例，A点前使用新浆比例在50%以上；在钻井过程中，不断补充新浆或用新浆更替部分老浆，以控制钻井液流变性能和低密度固相含量。

（3）强化固控：振动筛筛布240～260目，一体机筛布270目，使用率100%，高速离心机使用时间>纯钻时间的60%，严格控制低密度固相≤8%，调整钻井液流型，控制$PV \leqslant 75mPa \cdot s$。

（4）强化封堵，控制滤失量和滤饼质量：改性沥青、纳米封堵材料复配使用，适当增大加量，提高对龙马溪微裂缝封堵力；控制HTHP滤失量≤2mL；控制滤饼厚度≤2mm，形成韧而致密的滤饼。

（5）强化携岩：在排量保证的情况下，每钻进150～200m使用"胶液+重浆"稠塞彻底清洁净化井眼；发现扭矩异常或筛面返出异常立即循环，结合"稀浆+重浆"清洁净化井眼。

通过以上对油基钻井液各项性能的控制和严格执行各项技术措施，才使目前威远区块复杂事故率大幅度降低，彻底改变了以前每个月不出现卡钻、填井和井漏就会觉得不正常的忧虑，大大改变了钻井液和工程服务的形象。

5 结论

通过分析油基钻井液流变性与井下复杂事故的关系，并与两个时间段现场复杂事故率对比，可以得出以下结论：

（1）优化油基钻井液性能，能大幅度降低油基钻井液的井下复杂和事故；

（2）切力，尤其是终切的降低，有利于降低井底当量密度和由密度浮动带来的井下复杂和事故；

（3）高温高压滤失量应该降到2mL以下，加入封堵剂降低滤失量不能大幅度提高黏度和切力；

（4）油基钻井液的碱度应该控制在1.5～2mL，目前现场油基钻井液的碱度还应该下调和控制。

参 考 文 献

［1］吴彬．硬脆性泥页岩井壁稳定机理及相关体系、产品介绍［D］．湖北汉科新技术股份有限公司，2021．

［2］王鄂川，樊洪海，党杨斌，等．环空附加当量循环密度的计算方法［J］．断块油气田，2014，21（5）：671-674．

［3］李启明．适于水平井的波动压力预测新模型研究［D］．中国石油大学工程硕士学术论文．

［4］罗平亚．黏土表面水化抑制机理及抑制剂［C］．2017年钻井液完井液技术交流会．

［5］刘向君，熊健，梁利喜，等．川南地区龙马溪组页岩润湿性分析及影响讨论［J］．天然气地球科学，2014，25（10）：1644-1652．

［6］石彦平，陈书雅，彭扬东，等．电性抑制与中性润湿协同增强煤系地层井壁稳定性的实验研究［J］．煤炭学报，2018，43（6）：1701–1708.

［7］熊邦泰．油基钻井液乳状液稳定性机理研究［D］．长江大学硕士学术论文，2012.

［8］梁文平．乳状液科学与技术基础［M］．北京：科学出版社，2001.

［9］刘飞．酸/碱调控的可逆乳状液的制备与转相机理研究［D］．中国石油大学（华东）博士生论文，2018.

［10］张高波，高秦陇，等．提高油基钻井液在页岩气地层抑制防塌性能的措施［J］．钻井液与完井液，2019，36（2）：141–147.

油基钻井液用低密度固相清除剂研究与应用

房炎伟　赵　利　余加水　吴义成　张　蔚

付超胜　段利波　裴　成　刘祖磊

(中国石油集团西部钻探工程有限公司钻井液公司)

【摘　要】　油基钻井液体系中低密度固相(LGS)含量高、难以去除，引起钻井液黏切快速增长，易导致井壁塌陷、卡钻等复杂事故发生。针对上述问题，通过应用低密度固相清除剂(XNJ)配合筛分处理措施，降低油基钻井液体系中低密度固相含量。本文研究了低密度固相含量对油基钻井液体系流变性能影响，评价了不同阶段井浆经 XNJ 处理前后体系低密度固相含量、流变性能变化。实验结果证明，该产品在油基钻井液中具有良好配伍性，处理后低密度固相含量显著降低，钻井液黏切下降。该产品进行了现场随钻处理实验，加入 2% 低密度固相清除剂并筛分后，低密度固相含量下降 2.78%，体系性能有效改善。

【关键词】　油基钻井液；低密度固相清除剂；黏切；低密度固相含量

随着我国油气勘探开发行业的发展，深井、超深井和大位移井等复杂井应用越来越多，对钻井液的要求也越来越高[1]。油基钻井液是油包水乳液，凭借其优异的抑制性、抗温性、润滑性和抗污染能力等优势[2]，在复杂井段开发中应用广泛。

油基钻井液中低密度固相主要包括有机土、钻屑，平均密度为 2.60g/cm³。低密度固相通过与油基钻井液中分散成微纳米尺寸的水滴相互作用，形成框架结构，以提高油基钻井液切力，进而保证油基钻井液具备良好的携岩性能[3,4]。但当低密度固相含量过高时，会导致钻井液黏度、切力过高，使起下钻时井筒内激动压力和抽汲压力变大，易造成井壁塌陷、卡钻等事故[5,6]。同时低密度固相含量过高也导致井壁上形成的滤饼虚厚，井筒环空减小，导致钻井液摩阻增大，极易引发定向托压、压差卡钻、黏附卡钻等事故，造成重大经济损失[7-9]。

目前现场采用配制胶液(油包水乳液)稀释方式以降低油基钻井液中劣质固相含量，起到优化钻井液性能效果。但该方法应用成本高，同时导致后续需处理的油基钻井液总量增大；并且该方法并未将岩屑从体系中去除，待稀释后钻井液应用一段时间后，黏切仍会快速提高[10,11]。

絮凝技术是将高分子低密度固相清除剂加入液相中，基于高分子吸附搭桥机理，絮凝微细固相颗粒，进一步结合固控设备将其分离[12-14]。本文研究了低密度固相对油基钻井液性能影响，评价了一类低密度固相清除剂在降低油基钻井液低密度固相、优化钻井液性能方面的效果，并针对该产品开展现场随钻处理实验，取得良好应用效果。

作者简介：房炎伟(1977—)，硕士研究生，2006 年毕业于中国石油大学(华东)应用化学专业，现就职于中国石油集团西部钻探工程有限公司钻井液分公司，高级工程师，从事油田化学相关研究工作。E-mail：fyfy2000@sina.com。

1 材料与方法

1.1 实验材料

低密度固相清除剂(XNJ)由中国石油集团工程技术研究院有限公司钻井液所提供,油基钻井液井浆分别取样于金龙区块的 JLHW280 完钻老浆、JLHW2018 井造斜段过后井浆和 JL-HW279 中段井浆,其他油基钻井液配制材料均由西部钻探钻井液公司提供。

1.2 实验方法

1.2.1 配伍性试验

以西部钻探钻井液公司金龙区块现场油基钻井液配方配制油基钻井液(1%主乳+2%副乳+1.5%有机土 MOGEL+2%降滤失剂 MOTEX+2%氧化钙,重晶石加重至 1.60g/cm³,油相为 3 号白油,水相为 30%的氯化钙水溶液,油水比为 80∶20)。

配制步骤:(1)取 240mL 柴油加入高搅杯中。开启高速搅拌并设定速度为 12000r/min,缓慢将主乳、副乳加入其中,在该转速下搅拌 20min;(2)依次加入有机土、氧化钙和降滤失剂,在 12000r/min 下搅拌 20min;(3)在 12000r/min 转速搅拌下,缓慢将 60mL 氯化钙水溶液加入其中,继续搅拌 20min;(4)在 12000r/min 转速搅拌下,加入重晶石,继续搅拌 20min;(5)加入不同量低密度固相清除剂,利用低速搅拌机搅拌 20min;(6)配制完毕后,在 150℃下老化 16h。

1.2.2 絮凝筛分试验

(1)将取样老浆加热至60℃左右,采用机械振动筛(200 目)筛分,取过筛部分油基钻井液待后续测试。由于取样钻井液在现场自井口返出时已过 240 目振动筛,因此室内筛分筛面上基本无筛余物。

(2)依据 GB/T 16783.2,采用固相含量测定仪(ZNG-2,青岛同春)测试上述过筛后钻井液低密度固相含量。

(3)向老浆中加入适宜量低密度固相清除剂后,经低速搅拌机搅拌10min,之后再次进行 200 目振动筛筛分,以去除絮体,取过筛部分钻井液进行固相含量及流变性能测试。

2 结果与讨论

2.1 低密度固相含量对钻井液黏切影响

针对 JLHW279 井低密度固相含量进行监控,结果如图 1 所示。随着钻进,低密度固相含量保持明显上升趋势,由 8.0%上升至 10.8%。该钻进地层为乌尔禾地层,岩性较软,破碎性强,易在钻杆研磨下产生微细岩屑,难以通过振动筛去除。同时由于钻进过程中,离心机开启时间不足,故岩屑含量增加,导致整体低密度固相含量上升。

图 2 为该钻进阶段,油基钻井液体系黏度与切力变化趋势。由图 2 可见,随着低密度固相含量上升,体系的塑性黏度由 45mPa·s 上升至 62mPa·s,动切力由 7.5Pa 上升至 13.5Pa,初切变化幅度较小,终切由 12Pa 上升至 17Pa。由上述变化可发现,低密度固相对体系的黏切影响较大。低密度固相含量上升,会与体系中的微细水滴相互作用,增强了油基钻井液中框架结构力,使体系黏切增长过快[15]。

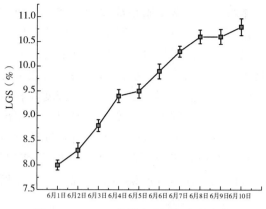

图1　JLHW279井低密度固相含量变化

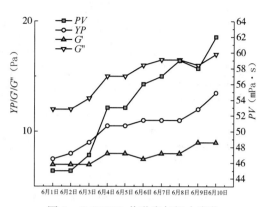

图2　JLHW279井黏度与切力变化

2.2　配伍性评价

2.2.1　低密度固相清除剂 XN-1 对油基钻井液流变性能影响

不同低密度固相清除剂加量条件下，油基钻井液老化前与老化后表观黏度和塑性黏度的变化情况如图3所示。由图3可见，随低密度固相清除剂加量提高，老化前和老化后钻井液的表观黏度和塑性黏度略微有所上升。老化前，油基钻井液的表观黏度由不加低密度固相清除剂时的31mPa·s上升到加入4%低密度固相清除剂时的33mPa·s。塑性黏度由不加低密度固相清除剂时的27mPa·s上升到加入4%低密度固相清除剂时的28.5mPa·s。老化后，加入4%低密度固相清除剂，与不加低密度固相清除剂相比，塑性黏度和表观黏度仅上升2mPa·s左右，说明低密度固相清除剂的加入对钻井液老化前后表观黏度和塑性黏度影响不大。

图4为不同低密度固相清除剂加量下，油基钻井液老化前动切力与初终切的变化情况。图4表明老化前，随低密度固相清除剂加量提高，钻井液的动切力基本保持稳定，初终切由不加低密度固相清除剂时的2.0Pa/3.0Pa上升到低密度固相清除剂加量1%时的4.0Pa/5.0Pa，之后保持不变。图5为不同低密度固相清除剂加量下，油基钻井液老化后动切力与初终切的变化情况。图5表明老化后，随低密度固相清除剂加量提高，钻井液的动切力和初终切都逐渐提高。动切力由不加低密度固相清除剂时的3.0Pa上升至低密度固相清除剂加量4%时的5.0Pa，初终切由不加低密度固相清除剂时的1.0Pa/2.0Pa上升至低密度固相清除剂加量4%时的1.5Pa/3.5Pa。

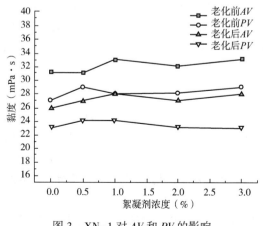

图3　XN-1 对 AV 和 PV 的影响

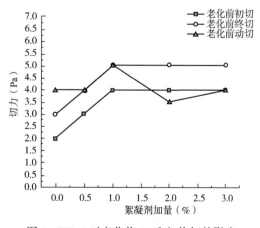

图4　XN-1 对老化前 YP 和初终切的影响

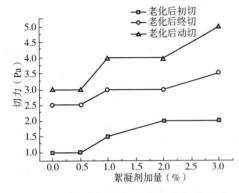

图 5 XN-1 对老化后 YP 和初终切的影响

总体而言，低密度固相清除剂的加入，使钻井液的黏度和切力有小幅上涨。这是由于低密度固相清除剂为高分子聚合物，分子链上含有一定极性基团。一方面，低密度固相清除剂的加量提高使低密度固相清除剂分子间以及低密度固相清除剂分子与油分子间摩擦力变大，宏观上表现出黏度增大。另一方面，低密度固相清除剂通过极性基团，在不同有机土颗粒表面少量吸附，有利于增强有机土颗粒形成网架的结构强度，进而使得钻井液切力有所增高。

2.2.2 低密度固相清除剂 XN-1 对对油基钻井液乳化稳定性影响

图 6 为不同絮凝剂加量下钻井液老化前后破乳电压的变化。由图 6 可知，当钻井液老化前未添加絮凝剂时，破乳电压仅为 480V 左右，说明体系中乳化剂含量偏低。重晶石加入钻井液，由于重晶石表面是亲水性的，大量 HLB 值较高的副乳脱离油水界面吸附到重晶石表面，导致钻井液的乳化稳定性有所降低。絮凝剂分子链上含有非极性基团和极性基团，具备一定的表面活性。因此，老化前随絮凝剂加量提高，絮凝剂吸附到油水界面上，有利于提高钻井液的乳化稳定性。在乳化剂含量较低时，少量絮凝剂的加入起到了补充乳化作用。当絮凝剂加量过高时，絮凝剂与主副乳在油水界面上竞争吸附，絮凝剂将部分乳化剂挤出油水界面。但絮凝剂的乳化性能比乳化剂差，故使钻井液的乳化稳定性有所下降，因此破乳电压随之降低。老化后，副乳在油水界面和重晶石表面的吸附更加均匀。一方面，油水界面上乳化剂吸附更为牢固。另一方面，适量副乳吸附在重晶石表面，使其表面亲油性增强，重晶石在钻井液中分散均匀，在水滴间形成了固相阻碍，使水滴难以接触和聚并，因此老化后破乳电压

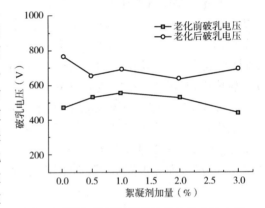

图 6 不同絮凝剂加量下钻井液的破乳电压

相对于老化前有所提高。此时加入絮凝剂，相比于絮凝剂补充乳化作用，絮凝剂与主副乳在油水界面的竞争吸附占据主导地位。因此，絮凝剂的加入使破乳电压有所降低，但整体降低幅度较小。总体而言，加入絮凝剂老化前后，体系的破乳电压都保持在 400V 以上，说明絮凝剂加入后可保持钻井液的乳化稳定性。

2.3 絮凝筛分效果评价

分别在钻进不同阶段取样油基钻井液井浆，评价低密度固相清除剂 XNJ 处理上述井浆效果。JLHW2018 井浆为造斜段后井浆取样，相比较而言井浆较新，低密度固相含量仅为 1.29%，因此絮凝剂加量相对较低（0.5%）。絮凝筛分处理后，低密度固相含量降低至 0.43%。图 7（a）为 JLHW2018 井流变性能变化。絮凝筛分后，切力基本保持稳定，塑性黏度有明显下降，说明絮凝筛分后钻井液性能明显优化。

JLHW279 井水平段钻进中井浆，水含量相对较高，油水比达到 67∶33。添加 1%絮凝剂筛分处理后，低密度固相含量降低至 0.33%，降幅为 2.02%。图 7（b）为 JLHW279 絮凝前后

流变性能变化，同样呈现为塑性黏度下降，切力基本保持稳定。

由表 1 可知，JLHW280 老浆低密度固相含量较高，达到 10.91%。添加 2%絮凝剂筛分后，低密度固相含量降低至 7.48%，降低幅度为 3.43%。因其低密度固相含量过高，建议絮凝配合高速离心机以达到更好降低有害固相效果。图 7(c)为 JLHW280 老浆絮凝处理前后体系流变性能变化。由图 7 可知，絮凝筛分处理后，体系塑性黏度由 50mPa·s 下降至 41mPa·s，动切力由 12.5Pa 下降至 11.5Pa，初切由 12.5 降低至 10，终切由 20 降低至 14。Φ_3、Φ_6 分别由 16、18 降低至 10、11。上述流变性能变化说明通过去除有害低密度固相，可降低钻井液黏切，优化钻井液流变性能。

表 1　絮凝筛分前后钻井液密度与低密度固相含量变化

样品	项目	絮凝剂加量(%)	密度(g/cm³)	低密度固相含量(%)	备注
JLHW2018	絮凝筛分前	0.50	1.41	1.29	造斜段井浆
	絮凝筛分后		1.40	0.43	
钻井液站取样	絮凝筛分前	1	1.45	2.36	水平段钻
	絮凝筛分后		1.43	0.33	进中井浆
JLHW280	絮凝筛分前	2	1.41	10.91	完井老浆
	絮凝筛分后		1.37	7.48	

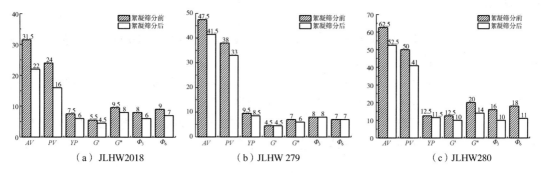

（a）JLHW2018　　　　（b）JLHW 279　　　　（c）JLHW280

图 7　絮凝筛分前后钻井液流变性能变化

3　现场试验

试验井位为金龙 2 区块 JLHW220 井，三开井段采用油基钻井液钻进，水平段长 1329m，目的层为乌尔禾，地层岩性为灰黑色砂砾岩和褐色泥岩，地层特点为破碎性强、易漏易塌。

钻井液采用 100%老浆，低密度固相含量较高达到 11%，塑性黏度相对正常，切力极大。乌尔禾地层，破碎性较强，钻进中需多次应用稠塞扫井，稠塞中有机土含量较高，混入体系后使体系中有低密度固相含量大幅升高。同时地层岩性偏软，极易磨成微细颗粒，井上使用的振动筛为 180 目与 200 目，对微细劣质固相去除效果有限，体系中低密度固相含量也相对较高。

絮凝处理工艺为：在起下钻期间，向罐上 75m³ 井浆加入 1.5t 絮凝剂，加量为 2%，搅拌 30min 后，通过钻井泵抽至振动筛上过筛处理，以出去絮凝后劣质固相。

图 8 为絮凝前后体系密度、固相含量变化。絮凝前，体系密度为 1.46g/cm³，低密度固相含量高达 11.26%；絮凝处理后，体系密度降低至 1.42g/cm³，低密度固相含量降低至

8.48%，密度固相含量降幅为 2.78%，降低比例为 25%。

图 9 为絮凝前后体系流变性能变化。絮凝前后，塑性黏度变化幅度较小，动切力由 14.5Pa 下降至 11.5Pa，终切由 17.5Pa 下降至 12.5Pa，6 转读数由 18 下降至 14，3 转读数由 17 下降至 13。通过絮凝协同筛分，劣质固相被去除，从而体系切力下降明显。

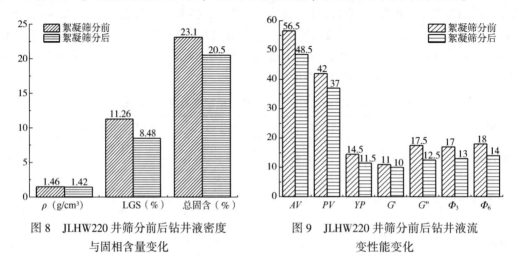

图 8　JLHW220 井筛分前后钻井液密度　　　　图 9　JLHW220 井筛分前后钻井液流
　　　与固相含量变化　　　　　　　　　　　　　变性能变化

4　结论

（1）油基钻井液体系中低密度固相含量高，导致油基钻井液黏切快速增长，流变性能不易控制，易造成井壁塌陷、卡钻等事故。

（2）低密度固相清除剂配合筛分措施，可有效去除体系中低密度固相，处理后油基钻井液黏切显著下降，并且该产品在油基钻井液中具备良好配伍性。

（3）目前该产品已在克拉玛依金龙 2 区块 JLHW280 井开展随钻处理试验，效果显著，有望大规模应用于降低油基钻井液体系低密度固相含量。

参 考 文 献

［1］张绍槐．深井、超深井和复杂结构井垂直钻井技术［J］．石油钻探技术，2005（5）：14-18.

［2］鄢捷年．钻井液工艺学［M］.山东东营：中国石油大学出版社，2013.

［3］冯萍，邱正松，曹杰，等．国外油基钻井液提切剂的研究与应用进展［J］.钻井液与完井液，2012，29（5）：84-88+101-102.

［4］杨振周，刘付臣，周春，等．抗超高温高密度油基钻井液用新型降黏剂的性能［J］.钻井液与完井液，2018，35（2）：35-39.

［5］王建华，张家旗，谢盛，等．页岩气油基钻井液体系性能评估及对策［J］.钻井液与完井液，2019，36（5）：555-559.

［6］潘谊党，于培志．密度对油基钻井液性能的影响［J］.钻井液与完井液，2019，36（3）：273-279.

［7］王波，孙金声，申峰，等．陆相页岩气水平井段井壁失稳机理及水基钻井液对策［J］.天然气工业，2020，40（4）：104-111.

［8］李建成，杨鹏，关键，等．新型全油基钻井液体系［J］.石油勘探与开发，2014，41（4）.

［9］王星媛，欧翔，明显森．威202H3 平台废弃油基钻井液处理技术［J］.钻井液与完井液，2017，34（2）：64-69.

［10］梁文利，陈智源，宋金初，等．涪陵页岩气田"井工厂"油基钻井液重复利用技术研究［J］.江汉石油

职工大学学报，2017，30(5)：33-36.

[11] 李茂森，刘政，胡嘉．高密度油基钻井液在长宁——威远区块页岩气水平井中的应用[J]．天然气勘探与开发，2017，40(1)：88-92.

[12] DRZYMALA J，FUERSTENAU D W. Selective flocculation of hematite in the hematite-quartz-ferric ion-polyacrylic acid system. Part 1，activation and deactivation of quartz[J]. International Journal of Mineral Processing，1981，8(3)：265-277.

[13] BANIK R，SURESH N，MANDRE N R. Selective Flocculation as a Pre-Concentration Process—an Overview [J]. Mineral Processing & Extractive Metallurgy Review，1995，14(3-4)：169-177.

[14] WEISSEBORN P K，WARREN L J，DUNN J G. Selective flocculation of ultrafine iron ore. 1. Mechanism of adsorption of starch onto hematite[J]. Colloids & Surfaces a Physicochemical & Engineering Aspects，1995，99(1)：11-27.

[15] 庄严，熊汉桥，丁峰，等．油水比对油基钻井液流变性的影响[J]．科学技术与工程，2016，16 (12)：241-246.

油基钻井液用改性纳米苯乙烯封堵剂研发与应用

耿　愿　王建华　刘人铜　倪晓骁　张家旗　闫丽丽　高　珊

（中国石油集团工程技术研究院有限公司）

【摘　要】 油基钻井液在页岩油气开发中应用广泛，但存在对微纳米孔隙、微裂缝封堵性不足导致钻井液滤失量大、井壁失稳频发的问题。针对上述问题，以苯乙烯与1-乙烯基咪唑为主要单体，采用微乳液聚合法合成纳米苯乙烯颗粒，进一步采用油酸改性，研发出一类油基钻井液用纳米封堵剂NS。该产品在油相中粒径处于40~150nm之间；吸附在岩石界面可提高其疏油性，3%NS加量下可将柴油在岩石表面接触角由12°提高至61°，有效降低柴油在岩石孔隙中的渗吸量；热稳定性良好。经评价，该产品在油基钻井液中配伍性良好；与未加NS基浆对比，NS加量为2%时，砂盘封堵滤失量由10.4mL降低至3.4mL，可显著降低压力传递，有效减缓岩石抗压强度下降。

【关键词】 纳米封堵剂；油基钻井液；表面改性；油酸

页岩油气已成为我国油气资源勘探开发的重点领域，对实现国内重点区块增储上产、保障我国能源安全具有重要意义[1]。油基钻井液作为勘探开发的关键技术之一，具有良好的抑制性、抗温性、润滑性等优势，与水基钻井液相比，可大幅度提高井壁稳定性，已成为页岩油气水平段钻进的主力钻井液[2]。但在川渝页岩气开发中，即使在油基钻井液应用下，井壁失稳现象仍时有发生，严重时甚至引发卡钻、旋导填埋等恶性事故，造成重大经济损失。泥页岩纳米孔隙、微裂缝十分发育，导致钻井液在井壁岩石中滤失量较大，极易引发井壁垮塌，因此亟须提高钻井液封堵性以降低滤失量[3,4]。但现有油基钻井液封堵剂，例如超细碳酸钙、沥青等，普遍尺寸处于微米级别，与纳米级别孔隙、微裂缝尺寸配伍性差[5]。少数种类如纳米二氧化硅、纳米乳液等材料，表面能相对较高，仅可在水相中实现纳米尺寸分布，在油相中极易团聚，无法起到封堵微纳米孔隙作用。针对上述问题，本文介绍了一类油基钻井液用改性苯乙烯纳米封堵剂，通过表面改性降低纳米苯乙烯颗粒表面能，使其在油相中稳定保持纳米尺寸分散，有效封堵微纳米孔隙及微裂缝；同时该产品可提高油相在岩石表面接触角，抑制油相在岩石孔隙中的毛细管自吸作用，从而降低钻井液滤失量，达到维护井壁稳定目的。

1 实验部分

1.1 药品与仪器

1.1.1 药品

苯乙烯（分析纯，麦克林）；1-乙烯基咪唑（有效含量>33%，麦克林）；油酸（分析纯，麦克林）；偶氮二异丁腈（有效含量>98%，麦克林）；乙醇（分析纯，麦克林）；氯化钙（分析纯，麦克林）；氧化钙（分析纯，麦克林）；岩心，四川威远龙马溪露头，切割成φ20mm×30mm圆柱体，两端抛光抹平；去离子水（实验室制备）；0号柴油、主乳化剂、副乳化剂、氧化沥青、有机土均由长城钻探钻井液公司提供；油基钻井液纳米封堵剂NX(主要成分为聚苯乙烯，固安恒科信)。

1.1.2 仪器

X射线衍射仪(BOEN-FTIR850，费尔伯恩)；热重分析仪(TGA-601，南京汇诚)；DP90滴点软化点仪，梅特勒-托利多；动态光散射仪(Zetasizer Ultra，马尔文帕纳科)；渗透封堵仪(Fann，美国范式)；六速旋转黏度计(KC600，肯测)；高温高压滤失仪(GGS71-B，青岛同春)；滚子炉(BGRL-7，青岛同春)；破乳电压测试仪(DWY-2，青岛同春)；压力传递仪器(实验室自制仪器)；比表面积及孔径分布仪(BSD-PS1/2/4，贝士德)。

1.2 改性纳米苯乙烯NS制备

(1) 预乳化。将span-80加入至盛有去离子水烧瓶中，加热至40℃，高速搅拌10min。进一步将苯乙烯、1-乙烯基咪唑缓慢加入上述烧瓶中，继续搅拌30min，之后超声处理20min，形成稳定乳液体系。

(2) 乳液聚合。通入氮气30min，以排出烧瓶中氧气；将温度均匀提高至60℃，将偶氮二异丁腈溶解于乙醇中，利用分液漏斗缓慢滴加至烧瓶中，在3000r/min转速下反应10h。

(3) 纳米颗粒改性。加入适量油酸，在1000r/min下继续反应2h，即得目标产品。

1.3 改性纳米苯乙烯NS性能表征

1.3.1 热重表征

利用实验室离心机高速离心分离NS，采用乙醇漂洗离心沉淀物3次，之后烘干粉碎，以备热重与软化点测试。其中热重采用N_2气氛，升温速率为10℃/min，温度范围为30~500℃。

1.3.2 软化点表征[6,7]

参照GB/T 4507—2014《沥青软化点测定法 环球法》，采用软化点测定仪测试NS固相粉末软化点温度。

1.3.3 粒径表征

将1mL NS溶液分别加入100mL水与100mL柴油中，超声处理30min。采用马尔文动态光散射仪在90°测试上述液相中固相粒径分布。同样方法测试市售油基钻井液纳米封堵剂NX(主要成分为聚苯乙烯乳液)在水相与油相中粒径分布，作为对比。

1.3.4 表面润湿性表征

将岩心分别置于NS浓度为1%和2%的柴油中浸泡24h，取出后自然晾干。之后利用接触角测量仪测试柴油在上述岩心表面接触角。

1.3.5 岩石吸油率

岩心含有大量微纳米级别孔隙，在毛细管作用力下，油相会自发渗吸至岩石内部，影响岩心力学稳定性[8]。将柴油在不同NS浓度柴油体系中浸泡24h，取出自然晾干。按图1所示，将岩心悬挂于电子天平中，使岩心下端与柴油接触。通过称量烧杯中剩余柴油重量，监测吸油量随时间变化关系。

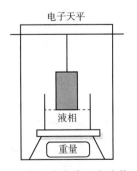

图1 岩心自发渗吸实验装置

1.4 改性纳米苯乙烯在钻井液中应用性能评价

1.4.1 配伍性评价

按如下配方配制油基钻井液基浆：柴油+1%有机土+1%主

乳化剂+2%副乳化剂+3%氧化沥青+3%氧化钙+CaCl$_2$水溶液，其油水比为80∶20。

向上述基浆中加入不同量 NS，依据 GB/T 16783.2 分别测试老化（150℃，16h）前后钻井液流变参数。

1.4.2 砂盘封堵(PPA)评价

利用 Fann-389PPA 渗透率封堵性测试仪，以特定渗透率砂盘作为渗滤介质，通过模拟井下高温高压环境，测试特定时间内钻井液滤失量，以评价钻井液封堵性能。砂盘渗透率为 400mD，温度设置为 150℃，压差为 3.5MPa，渗滤时间为 30min。

分别向基浆中加入 2% 的 NS、NX 和亲油纳米二氧化硅，在 11000r/min 下高速剪切 20min，之后测试老化前后上述体系的 PPA 滤失量，老化条件为 150℃×16h。

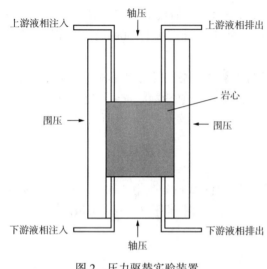

图 2 压力驱替实验装置

1.4.3 压力传递实验[9,10]

压力传递实验可用来评价钻井液体系封堵性能。将 20mm×50mm 岩心置于实验室自制压力传递实验仪器中(图 2)，围压、轴压均设定为 5.0MPa，上游注入不同类型钻井液，保持注入压力为 4.2MPa，下游注满饱和 NaCl 溶液，注入压力为 0.7MPa，监测下游压力变化。

1.4.4 岩石力学强度评价

将含有不同量 NS 的基浆加入老化罐中，加入岩心，加压 3.5MPa，150℃ 热滚 16h，取出后冷却至室温。采用岩石三轴仪测试热滚前后岩心的单轴抗压强度，加载速率为 0.0015mm/s。

2 结果与讨论

2.1 分子结构设计

油基钻井液用纳米封堵剂需满足三个条件：(1)低界面能保证纳米颗粒在油相中以微纳米尺寸良好分散。纳米材料尺寸小，比表面积大，故界面能较高，极易团聚[11]。通过表面改性可降低纳米材料界面能，从而有效改善纳米颗粒在油相中的分散性和相溶性，使其保持纳米尺度分散[12,13]。现有纳米材料表面改性主要分为物理改性和化学改性，物理改性是低表面材料通过分子间作用力吸附在纳米颗粒表面，吸附稳定性差，高温易脱附。化学改性是指利用化学反应将低表面能物质以化学键形式连接在纳米材料表面，具有牢固性强、耐高温等特点，应用更为广泛[14]。(2)纳米颗粒形状可变，对不同形态孔隙可形成致密封堵。无机纳米颗粒刚性极强，而岩石孔隙结构变化较多，导致无机纳米颗粒无法有效封堵[15]。而有机纳米颗粒在一定温度下可软化变形，对不同孔隙形态适应性强，可形成致密封堵，效果较好。(3)抗温性强。油基钻井液通常应用于高温地层，需保证材料具备良好的抗温性。

图3 为改性纳米苯乙烯分子结构图。选用苯乙烯作为合成材料主体，一方面由于侧链上苯环为刚性基团，空间位阻较大，合成聚合物分子链难以旋转，宏观表现出聚合物抗温能力较好。另一方面，合成聚苯乙烯纳米颗粒在一定温度下可软化，通过形变实现对不同形态孔隙结构的有效封堵。采用油酸作为表面改性剂，油酸在纳米颗粒改性中应用广泛，改性后产

品在油相中分散稳定性良好[15]。采用 1-乙烯基咪唑与苯乙烯共聚，由于 1-乙烯基咪唑聚合活性低于苯乙烯，分子链中位置通常处于末端，进而主要分布在纳米聚苯乙烯颗粒表面。咪唑基团为碱性[16]，可与油酸分子链上的羧基通过质子化反应形成化学键，有效提高了油酸在纳米颗粒的吸附稳定性。

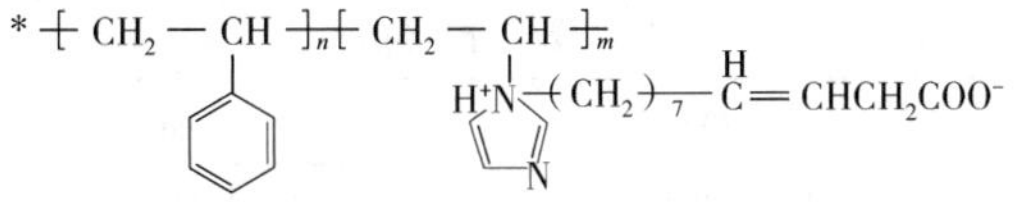

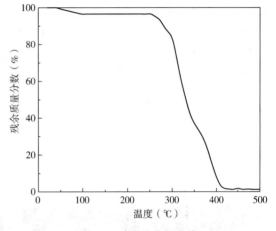

图 3　改性纳米苯乙烯 NS 分子结构图

2.2　油基钻井液纳米封堵剂 NS 物性表征

2.2.1　热重表征

油基钻井液纳米封堵剂 NS 抗温性可由热重分析仪评价，如图 4 所示。在室温至 100℃范围内，失重率为 3%。该阶段失重主要是产品中残余水分蒸发所引起；在 100~260℃ 范围内，基本无失重，说明该产品耐温性良好；在 260~320℃ 内，NS 失重率达到 17%，这一阶段失重主要是由于咪唑与羧基化学键高温下断裂，导致油酸脱附；在 260~420℃，失重率迅速增加，在 420℃残余质量分数接近 1%。这一阶段主要是高温导致聚苯乙烯链发生断裂，纳米颗粒结构破坏，故热重曲线呈现断崖式下降。

由上述分析可知，该产品在 260℃下结构仍保持稳定，进一步说明了苯环作为刚性侧基，可有效提高产品抗温性。同时也证明了以 1-乙烯基咪唑作为纳米颗粒表面改性过程中"连接"基团，形成化学键，有效提高了油酸在纳米颗粒表面的吸附稳定性。

图 4　NS 热重分析曲线

2.2.2　粒径表征与软化点测试

表 1 为 NS 与市售油基钻井液纳米封堵剂 NX 粒径分布及软化点。由表 1 可知，NS 在水相中尺寸分布为 30~100nm 之间，在柴油中尺寸分布为 40~150nm 之间，说明 NS 无论是在水相中还是油相中，均可保持在纳米级别分散。而 NX 在水相中尺寸分布为 50~100nm，但在油相中聚集呈肉眼可见的白色小球，尺寸在 30~70μm 之间。

表面能是指物质表面层中粒子(分子或原子)比内部粒子多出的分子间相互作用势能，微观层面反馈的是物质表面层中分子间吸引力(色散力、极性力)的大小，是决定不同物质间混溶稳定性的关键因素[17,18]。表面能越高，表面分子间吸引力越大，自聚集倾向越高。当液相与固相表面能相对接近时，液相对固相颗粒吸引力与固相颗粒间吸引力基本一致，固相可良好分散于液相中。若固相表面能远高于液相，则固相颗粒倾向于自聚集，因此易在液相中团聚，从而分散性较差[19]。水的表面能为 26.05mN/m，而油相表面能相对较低，仅为 26.05mN/m。NX 颗粒表面未经改性，虽在水相中可保持纳米级别粒径分布，但在油相中，NX 颗粒间吸引力高于油相对 NX 颗粒吸引力，因此 NX 颗粒倾向于自聚集，导致尺寸增大至微米级别。而 NS 颗粒经油酸表面改性后表面能降低，因此可同时在油相与水相中均保持纳米尺寸分布。这说明低表面能改性是实现封堵剂在油基钻井液中保持纳米尺寸分布的关键措施。

表1 NS 与市售油基钻井液纳米封堵剂 NX 尺寸与软化点

种类	尺寸分布(μm)		软化点(℃)
	水相	油相	
NS	0.1~0.3	0.15~0.5	172
NX	0.12~0.35	30~70	165

2.2.3 润湿性和岩石吸油率

岩石表面润湿性是决定液相向岩石中渗吸行为的重要因素，对井壁稳定性具有重要影响[8,9]。图5为柴油在不同浓度 NS 浸泡前后岩石表面接触角。NS 浸泡前，柴油在岩石表面接触角为12°。在1%NS 浸泡后，柴油在岩石表面接触角上升至40°；2%NS 浸泡后，柴油在岩石表面接触角上升至56.6°；3%NS 浸泡后，柴油在岩石表面接触角稳定在61.5°。固相表面润湿性主要由表面粗糙度和表面自由能决定，表面粗糙度越高，表面自由能越低，液相在岩石界面接触角越大[20]。岩石在含有 NS 柴油中浸泡，NS 吸附至岩石表面，提高了岩石表面粗糙度，并降低了岩石表面自由能，因此油相接触角明显提高。

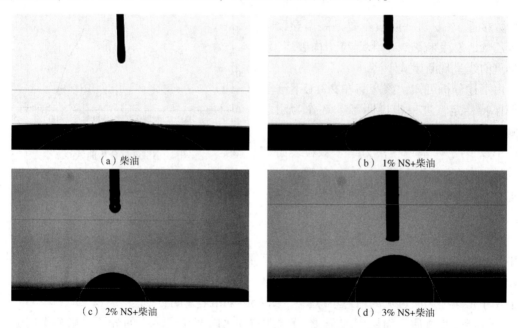

（a）柴油

（b）1% NS+柴油

（c）2% NS+柴油

（d）3% NS+柴油

图5 柴油在不同浓度 NS 浸泡前后岩石表面接触角

提高油相在岩石表面接触角，可降低毛细管力，有利于抑制油相在岩石孔隙中渗吸[21]。图6为 NS 对岩心自然渗吸柴油影响。由图6可知，岩心接触柴油后，油相渗吸量首先迅速上升，之后随时间延长渗吸速率逐渐降低并最终油相渗吸达到饱和，渗吸量基本不变。浸泡时间为200min 时，纯柴油体系中柴油渗吸量达到0.0783g，含1%NS 柴油体系中渗吸量为0.0581g，含2%NS 柴油体系中渗吸量仅为0.0464g，说明 NS 通过提高界面疏油性，可有效抑制油相渗吸，有利于提高井壁稳定性。

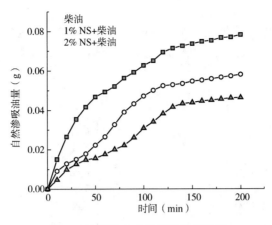

图 6 NS 对岩心自然渗吸油相影响

2.3 NS 在油基钻井液中应用性能评价

2.3.1 配伍性研究

表 2 为加入不同量 NS 后钻井液性能变化。由表 2 可知，NS 加量为 1%～3% 时，体系塑性黏度、动切力、初终切与基浆相比并无明显变化，破乳电压无论老化前后，与基浆相比有一定上升趋势，这主要是由于纳米颗粒在油水界面吸附形成致密膜，可提高油水膜结构强度，并具备很强的空间位阻作用，进而使乳化稳定性增强[22]。

表 2 NS 对油基钻井液性能影响(150℃，16h)

类别	实验条件	密度(g/cm³)	PV(mPa·s)	YP(Pa)	G'/G''	ES(V)	FL_{HTHP}(mL)
基浆	老化前		37	9	4/8	1395	
	老化后		33	5	2.5/3.5	1328	4.8
基浆+1%NS	老化前		40	8	4.5/7	1421	
	老化后	1.90	34	5	2.5/3	1339	2.4
基浆+2%NS	老化前		41	9	4.5/7	1482	
	老化后		34	6	3/4	1400	1.9
基浆+3%NS	老化前		41	8	4.5/7	1435	
	老化后		36	7	3/5	1431	2.1

加入 NS 后，体系高温高压滤失量显著降低。基浆高温高压滤失量为 4.8mL，而添加 2%NS 后，高温高压降滤失量降低至 1.9mL。这是由于 NS 纳米颗粒在滤饼中架桥，并在高温油相中溶胀，起到较好封堵作用，使滤饼渗透率降低[9]。另外，NS 纳米颗粒在滤饼表面沉积，通过提高滤饼表面粗糙度和降低表面能，使滤饼表面疏油性增强，抑制毛细管自吸作用，使高温高压滤失量可明显下降[23]。

2.3.2 钻井液砂盘封堵实验

图 7 为 NS、NX 和亲油纳米二氧化硅加入基浆老化前后砂盘封堵(PPA)滤失结果。由图 8 可知，在 2% 加量下，老化前 NS 体系的 PPA 滤失量为 4.1mL，老化后为 3.4mL，远低于 NX、亲油纳米二氧化硅体系及基浆 PPA 滤失量。这主要是由于 NS 经表面改性后可在油相中以纳米尺度稳定分散，可有效封堵纳米孔隙。另外，通过提高界面疏水性也可抑制油相自吸。而另外两种纳米材料在油基钻井液中极易团聚，无法对纳米孔隙有效封堵，因此滤失

量较高。

图 8 为 NS 加量对 PPA 滤失量影响。由图 8 可见，随 NS 加量提高，PPA 滤失量逐渐降低，但当 NS 加量高于 3% 之后，PPA 滤失量下降幅度相对较低。因此，NS 适宜加量为 2%~3%。

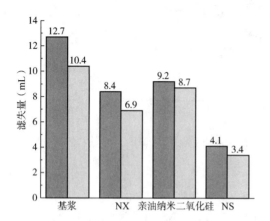

图 7　不同类别纳米封堵剂对钻井液 PPA 滤失量影响

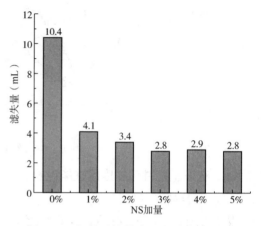

图 8　NS 加量对钻井液 PPA 滤失量影响

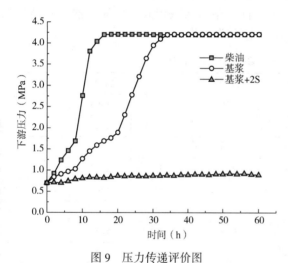

图 9　压力传递评价图

2.3.3　压力传递实验

以龙马溪露头为介质，开展不同油基钻井液体系压力驱替实验。由图 9 可知，3 号白油在 16h 时，下游压力达到 4.2MPa 左右，基浆峰值压力延迟，在 42h 达到 4.2MPa，而添加 2%NS 基浆体系则在 60h 内，均维持在 0.7MPa 左右，未发生上游压力突破，说明 NS 封堵性能良好，可显著降低压力传递，有利于减少油基钻井液侵入地层，提高井壁稳定。

图 10 为 NS 封堵前后岩心表面电镜照片。由图 10 可见，封堵前，岩心表面微纳米孔隙数量较多、且分布广泛。封堵后，岩心表面孔隙被有效填充，封堵结构较为致密，说明该材料可通过架桥作用实现对微纳米孔隙的有效封堵。

（a）封堵前　　　　　　　　　（b）封堵后

图 10　添加 NS 前后岩心表观形貌

2.3.4 岩石力学稳定性

在毛细管力、钻井液压差推动下，油基钻井液通过岩石孔隙、裂缝、层理渗吸至岩石中，一方面提高岩石孔隙压力，易于形成诱导裂缝，破坏岩石结构；另一方面，岩石内部的有机质，尤其是层理处富含的有机质，易在油相中溶胀甚至溶解，使岩石应力分布不均，力学稳定性显著下降[8]。表3为岩石在含不同浓度NS基浆中浸泡前后单轴抗压强度变化。由图3可知，在基浆浸泡前后，岩石单轴抗压强度由240.5MPa下降至181.7MPa，降低率为24.45%。而在基浆中加入3%NS，浸泡前后岩石单轴抗压强度由247.5MPa下降至215.8MPa，降低率仅为12.77%，说明NS通过物理封堵纳米孔隙、微裂缝以及抑制岩石毛细管自吸作用，可有效减少岩石力学稳定性变化，从而提高井壁稳定性。

表3 在含不同浓度NS基浆中岩石浸泡前后单轴抗压强度变化

序号	浸泡介质	平均抗压强度		
		浸泡前(MPa)	浸泡后(MPa)	降低率(%)
1	基浆	240.5	181.7	24.45
2	1%NS+基浆	234.7	194.2	17.26
3	2%NS+基浆	251.8	217.4	13.66
4	3%NS+基浆	247.4	215.8	12.77

3 结论

（1）以苯乙烯、1-乙烯基咪唑为主要单体，采用微乳液聚合方法，合成一类纳米苯乙烯颗粒。进一步通过油酸羧基与纳米颗粒表面上咪唑基反应，将油酸接枝至纳米颗粒表面，合成一类油基钻井液用纳米封堵剂NS。

（2）NS表面能较低，在油相中可保持纳米尺寸分散，对页岩纳米孔隙、微裂缝封堵效果良好，同时可提高油相在页岩表面疏油性，有效抑制岩石孔隙对钻井液的毛细管自吸作用。

（3）NS在油基钻井液中配伍性良好，可显著降低钻井液滤失量，抑制压力传递，有效减缓岩石力学强度降低。

参 考 文 献

[1] 邹才能，潘松圻，荆振华，等.页岩油气革命及影响[J].石油学报，2020，41(1).

[2] 王中华.国内外油基钻井液研究与应用进展[J].断块油气田，2011(4)：533-537.

[3] 管全中，董大忠，张华玲，等.富有机质页岩生物成因石英的类型及其耦合成储机制——以四川盆地上奥陶统五峰组—下志留统龙马溪组为例[J].石油勘探与开发，2021(4)：1-10.

[4] 孙龙德，刘合，何文渊，等.大庆古龙页岩油重大科学问题与研究路径探析[J].石油勘探与开发，2021，48(3)：453-463.

[5] 徐琳，邓明毅，郭拥军，等.纳米封堵剂在钻井液中的应用进展研究[J].应用化工，2016，45(4)：742-746.

[6] AL-MUHAILAN M S, RAJAGOPALAN A, AL-SHAYJI A, el al. Successful Application of Customized Fluid Using Specialized Synthetic Polymer in High Pressured Wells to Mitigate Differential Stikcing Problems by Minimizing Pore Pressure Transmission [C].Proceedings of the International Petroleum Technology Conference, 2014.

[7] 王伟，赵春花，罗健生，等. 抗高温油基钻井液封堵剂 PF-MOSHIELD 的研制与应用[J]. 钻井液与完井液，2019，36(2)：153-159.

[8] 王伟吉. 页岩气地层水基防塌钻井液技术研究[D]. 中国石油大学(华东)，2017.

[9] 王晓军，白冬青，孙云超，等. 页岩气井强化封堵全油基钻井液体系——以长宁—威远国家级页岩气示范区威远区块为例[J]. 天然气工业，2020，40(6)：107-114.

[10] 李东平，赵贤正，王子毓，等. 新型有机硅聚合物抑制封堵剂性能及作用机制[J]. 中国石油大学学报(自然科学版)，2020，44(4)：135-141.

[11] MüLLER K, MOTSKIN M, PHILPOTT A J, et al. The effect of particle agglomeration on the formation of a surface-connected compartment induced by hydroxyapatite nanoparticles in human monocyte-derived macrophages[J]. Biomaterials, 2014, 35(3)：1074-1088.

[12] 宋建建，许明标，王晓亮，等. 纳米材料在油井水泥中的应用进展[J]. 科学技术与工程，2018，18(19)：141-148.

[13] 郭朝霞，李莹，于建. 聚芳酯树枝状分子接枝改性纳米二氧化硅[J]. 高等学校化学学报，2003(6)：1139-1141.

[14] 郑骏驰. 纳米二氧化硅的表面修饰及其对天然橡胶复合材料结构与性能的影响[D]. 北京化工大学，2018.

[15] HUANG XIANBIN, SUN JINSHENG, LV, KAIHE, et al. Application of core-shell structural acrylic resin/nano-SiO$_2$ composite in water based drilling fluid to plug shale pores[J]. Journal of Natural Gas Science & Engineering, 2018.

[16] 杜素军，舒兴旺. 聚(St-BA)/SiO$_2$复合微球的制备及其乳胶膜性能研究[J]. 胶体与聚合物，2010，28(1)：1-4.

[17] 骆胜哲. 氟硅低表面能涂层的制备及其抗生物黏附与自清洁性能的研究[D]. 浙江大学，2020.

[18] 屈红强，舒尊哲. 无机化学[M]. 成都：四川大学出版社.

[19] 周红，丁浩，沈凯. 重晶石表面疏水改性对表面能与颗粒分散性的影响[J]. 化工矿物与加工，2015，44(5)：11-12+40.

[20] JI S, RAMADHIANTI P A, NGUYEN T B, et al. Simple fabrication approach for superhydrophobic and superoleophobic Al surface[J]. Microelectronic Engineering, 2013, 111：404-408.

[21] JIANG G, NI X, YANG L, et al. Synthesis of superamphiphobic nanofluid as a multi-functional additive in oil-based drilling fluid, especially the stabilization performance on the water/oil interface[J]. Colloids and Surfaces A Physicochemical and Engineering Aspects, 2019, 588.

[22] ABEND S, BONNKE N, GUTSCHNER U, et al. Stabilization of emulsions by heterocoagulation of clay minerals and layered double hydroxides[J]. Colloid & Polymer Science, 1998, 276(8)：730-737.

[23] JIANG G, NI X, YANG L, et al. Synthesis of superamphiphobic nanofluid as a multi-functional additive in oil-based drilling fluid, especially the stabilization performance on the water/oil interface[J]. Colloids and Surfaces A Physicochemical and Engineering Aspects, 2020, 588.

油基钻井液用高滤失固结堵漏剂室内研究

赵正国 张 谦 周华安 唐润平

（中国石油集团川庆钻探工程有限公司钻井液技术服务公司）

【关键词】 油基钻井液；漏失；堵漏剂；高滤失

油基钻井液在非常规油气井和风险探井中的应用广泛，近年来，由于非常规油气资源向深层和边缘区块推进，风险探井的地质条件复杂且未知因素多，导致油基钻井液漏失风险高，而与油基钻井液配套的防漏堵漏技术还不成熟，井漏治理问题突出[1]。

目前，用于油基钻井液堵漏的专用材料仍较缺乏，以水基钻井液用堵漏材料为主，包括桥塞堵漏材料、交联聚合物堵漏材料及高滤失堵漏材料等[2-8]。桥接堵漏材料受油基钻井液影响较大，在油润湿条件下，堵漏材料表面被油膜覆盖，难以在漏失通道内形成紧密的堵漏段塞，形成的堵漏段塞易受井下压力波动影响而破坏，发生复漏。可交联的聚合物及可反应树脂堵漏剂在油润湿条件下仍可发生反应，交联形成固体段塞，是油基钻井液用堵漏材料的重要发展方向，但这类材料多为液体，在漏层内的驻留难度较大，易受地层流体及井浆的影响而达不到交联固化效果。高滤失堵漏剂具有在漏失通道内快速滤失成塞，对漏失通道的适应能力和驻留能力较强，滤失后形成的段塞固结后强度高，封堵时效长等优点，在现场应用中成效显著，是治理井漏的重要手段，现有高滤失堵漏剂适用于水基钻井液堵漏，用于油基钻井液堵漏时，存在滤饼不固结，施工工艺复杂，易造成油基钻井液污染等缺点。因此，研发适用于油基钻井液的高滤失可固结堵漏剂，为解决油基钻井液漏失的高强度封堵问题提供技术手段。

1 高滤失固结堵漏剂组成及作用机理

高滤失堵漏剂的主要成分为助滤剂、填充材料和纤维材料等惰性材料组成，助滤剂为多

基金项目：川庆钻探科研项目"油基钻井液高滤失固结堵漏剂和胶结型随钻堵漏剂研究及现场试验"（编号 CQ2021B-33-Z2-3）。

作者简介：赵正国，男，博士/高级工程师，2016 年毕业于西南石油大学，现在川庆钻探钻井液技术服务公司从事钻井液防漏堵漏理论与技术研究。地址：四川省成都市成华区猛追湾街 26 号；电话：028-86010841；邮箱：zhaozhengguo_ sc@ cnpc. com. cn。

孔材料，具有良好的渗滤性，纤维材料可以在漏失通道表面挂阻，提高堵漏浆的滞留和滤失概率。早期的高滤失堵漏剂不含固结成分，形成的滤饼主要依靠纤维材料形成结构，强度较低，容易受井下压力波动而发生结构破坏。近年来，改进型的高滤失堵漏剂中添加了水泥等可固结成分，在水相条件下，堵漏剂形成的滤饼能够形成具有较高强度的固结体，大幅提高堵漏时效，但水泥类材料在油润湿条件下不固结，因此常规高滤失堵漏剂用于油基钻井液存在不固结的问题。

所研发的油基钻井液用高滤失固结堵漏剂，主要由固化剂、助滤剂、填充剂、增韧剂组成，固化剂为非水溶性材料，使用柴油或白油配制配制成堵漏浆。堵漏浆进入漏失通道后，在压差作用下向裂缝面发生滤失，固相在漏失通道内堆积填充，进而发生沿裂缝延伸方向的滤失，最终将漏失通道完全填充。堵漏剂中的固化剂随着堵漏浆快速滤失而分散堆积于滤饼内，在温度作用下，固化剂将滤饼固结成整体，实现在油润湿条件下的高强度固结段塞的形成，为油基钻井液漏失治理提供新的技术手段。

2 高滤失固结堵漏剂性能与效果评价

2.1 滤失时间

高滤失堵漏浆滤失快慢是反映堵漏浆液在压差的作用下形成滤饼速度快慢的标志，也是堵漏成败的关键。取 200mL 柴油，添加高滤失堵漏剂，减半均匀，形成不同浓度的高滤失堵漏浆，向高滤失堵漏浆中添加重晶石，搅拌均匀，配制不同密度的高滤失堵漏浆，使用中压滤失仪在 100psi 压差下测试高滤失堵漏浆的滤失时间，实验结果见表 1。

表 1 高滤失堵漏浆滤失时间测试结果

序号	配方	密度（g/cm³）	滤失时间（s）
1	柴油+30%高滤失堵漏剂	0.98	25
2	柴油+40%高滤失堵漏剂	1.02	17
3	柴油+50%高滤失堵漏剂	1.07	22
4	柴油+40%高滤失堵漏剂+重晶石	1.6	41
5	柴油+40%高滤失堵漏剂+重晶石	1.75	45
6	柴油+40%高滤失堵漏剂+重晶石	1.8	49
7	柴油+40%高滤失堵漏剂+重晶石	2.0	53
8	柴油+40%高滤失堵漏剂+重晶石	2.2	58

实验结果表明，以柴油作为基液，高滤失堵漏浆能够快速滤失，未加重情况下，加量 40%时，高滤失堵漏浆滤失时间仅有 17s；高滤失堵漏浆的滤失时间随堵漏浆密度增加而增大，高滤失堵漏浆密度达到 2.2g/cm³时，滤失时间为 58s。综合考虑滤失时间、经济性和后续实验中加重后的固结效果，高滤失堵漏剂的加量控制在 40%左右。堵漏浆滤失后，固相紧密堆积，形成致密的滤饼，图 1 为未加重和加重后堵漏浆滤失形成的滤饼。

（a）柴油+40%堵漏剂　　　　　　　　　（b）柴油+40%堵漏剂+重晶石

图1　高滤失堵漏浆滤失后形成的滤饼

2.2　滤饼抗压强度

高滤失堵漏浆在漏失通道内形成高强度的滤饼有助于实现漏层的稳固封堵。将滤失时间测试形成的滤饼分别放入500mL烧杯中，用塑料薄膜密封后放入恒温油浴锅中，在120℃±2℃条件下养护4h，将养护后的滤饼取出置于抗压强度仪上，加压至滤饼破裂，记录抗压强度仪读数，计算获取滤饼的抗压强度，实验结果见表2。

表2　滤饼抗压强度测试结果

序号	配方	密度（g/cm³）	抗压强度（MPa）
1	柴油+30%高滤失堵漏剂	0.98	6.22
2	柴油+40%高滤失堵漏剂	1.02	6.97
3	柴油+50%高滤失堵漏剂	1.07	7.58
4	柴油+40%高滤失堵漏剂+重晶石	1.6	5.65
5	柴油+40%高滤失堵漏剂+重晶石	1.75	5.16
6	柴油+40%高滤失堵漏剂+重晶石	1.8	4.93
7	柴油+40%高滤失堵漏剂+重晶石	2.0	4.72
8	柴油+40%高滤失堵漏剂+重晶石	2.2	4.41

实验结果表明，在油润湿条件下，高滤失堵漏浆形成的滤饼能够在温度作用下固结，且具有较高的强度，形成滤饼的强度随堵漏浆密度的增减逐渐减小，高密度堵漏浆中重晶石含量增加，导致滤饼中固结成分的比例降低，使得滤饼的强度降低。但是，评价实验中，堵漏浆密度为2.2g/cm³时，形成的滤饼固结后强度仍超过4MPa，在漏失通道内形成一定规模的固相堆积体后，完全可以满足井下高强度堵漏需求，图2为不同密度高滤失堵漏浆形成的滤饼固结后的压裂状态，可以看到，密度为1.8g/cm³的堵漏浆形成的滤饼，在压力作用下随产生了裂纹，但是，并未发生完全破碎，仍具有较高的强度；密度为2.2g/cm³的堵漏浆形成的滤饼，在压力作用下，产生了明显的破裂，但在纤维作用下，仍保持相对完整的结构。

(a) 密度1.8g/cm³　　　　　　(b) 密度2.0g/cm³　　　　　　(c) 密度2.2g/cm³

图2　不同密度堵漏浆滤饼固结后压裂形态

2.3　高滤失堵漏浆流变性

按照柴油+40%高滤失堵漏剂配制高滤失堵漏浆，使用重晶石加重，加重过程中可适当加入少量润湿剂，确保重晶石在柴油中的分散性，形成不同密度段堵漏浆，测试其流变性，结果见表3。

表3　高滤失堵漏浆流变性测试

序号	密度(g/cm³)	Φ_{600}	Φ_{300}	Φ_{200}	Φ_{100}	Φ_6	Φ_3	AV(mPa·s)	PV(mPa·s)	YP(Pa)
1	1.60	70	45	35	25	15	8	35	25	10
2	1.75	92	60	46	32	15	12	46	32	14
3	1.8	126	86	62	43	17	13	63	40	23
4	2.0	142	98	88	61	22	16	71	44	27
5	2.2	169	120	105	82	25	18	84.5	49	35.5

由表3数据可知，不同密度段的高滤失堵漏浆具有良好的流变性，可以满足现场施工的可泵性需求。

2.4　高滤失堵漏浆悬浮稳定性

配制密度分别为1.8g/cm³和2.0g/cm³的高滤失堵漏浆，将堵漏浆分别倒入100mL量筒内，静置一定时间，记录上层析出柴油的体积，用于评价堵漏浆的悬浮稳定性[稳定性=(总体积−析柴油体积)/总体积][9]。测试结果见表4。

表4　高滤失堵漏浆的沉降稳定性测试

序号	静置时间(min)	析出柴油体积(mL)		稳定性(%)	
		密度1.8g/cm³	密度2.0g/cm³	密度1.8g/cm³	密度2.0g/cm³
1	5	1.5	0.5	98.5	99.5
2	15	3	1	97	99
3	30	5	2	95	98
4	60	9	4	91	96
5	100	12	6	88	94
6	150	14	9	86	91

从表4中数据可以看到，密度为1.8g/cm³高滤失堵漏浆静置150min后，堵漏浆上层析出柴油体积为14mL，稳定性达到86%；密度为2.0g/cm³高滤失堵漏浆静置150min后，堵

漏浆上层析出柴油体积为 9mL，稳定性达到 91%。可见，配制的高密度高滤失堵漏浆具有良好的悬浮稳定性，图 3 为静置不同时间的堵漏浆析出柴油的照片，图中左侧密度 1.8g/cm³，右侧密度 2.0g/cm³。

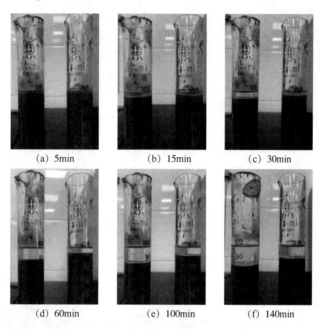

图 3　高滤失堵漏浆静置不同时间的稳定性

2.5　高滤失堵漏浆的污染实验

在堵漏施工过程中，井下堵漏浆与井浆会形成混浆段，堵漏浆可能会对井浆的性能产生影响，而井浆又会对堵漏浆的滤失时间、形成滤饼的固结强度等产生影响。分别对上述情况进行了实验评价，为现场堵漏施工提供参考。

2.5.1　堵漏浆污染井浆

取现场油基钻井液(白油+3%有机土+4%主乳化剂+4%辅乳化剂+2%润湿剂 2.5%生石灰+氯化钙溶液(25%)+4%降滤失剂+4%封堵剂+1%流型调节剂+加重剂)，密度为 2.21g/cm³，油水比 85∶15。配制密度为 1.8g/cm³ 的高滤失堵漏浆，将井浆与高滤失堵漏浆分别按 7∶3 和 5∶5 混合，搅拌加热至 50℃后测试浆体流变性能和破乳电压；将混浆在 120℃老化 4h，在 50℃下测试浆体流变性能和破乳电压，测试结果见表 5。

表 5　高滤失堵漏浆对井浆性能的影响

序号	混浆比例	$AV(\text{mPa} \cdot \text{s})$	$PV(\text{mPa} \cdot \text{s})$	$YP(\text{Pa})$	初/终切(Pa)	破乳电压(V)
1	井浆	103.5	97	6.5	2/5.5	410
2	井浆∶堵漏浆 = 7∶3	55	54	1	1/2	448
3	井浆∶堵漏浆 = 5∶5	52	50	2	1/1.5	453
4	井浆∶堵漏浆 = 7∶3 (120℃老化 4h)	94.5	77	17.5	1.5/2.5	432
5	井浆∶堵漏浆 = 5∶5 (120℃老化 4h)	114	84	30	1.5/3	446

注：井浆密度 2.21g/cm³，堵漏浆密度 1.8g/cm³；实验测试温度为 50℃。

实验结果表明，向井浆中加入堵漏浆后，混浆体系的黏度和切力降低明显，破乳电压略有升高；高温老化后，混浆的黏度切力升高，与井浆流变性能接近，具有良好的流动性；因此，井浆中混入高滤失堵漏浆，对井浆性能影响较小，不会导致井浆性能恶化。

2.5.2 井浆污染堵漏浆

井浆中含有大量降滤失材料和处理剂，堵漏浆与井浆混合后，会严重影响高滤失堵漏浆的滤失时间和滤饼的固结效果。配制密度为 1.8g/cm³ 的高滤失堵漏浆，分别向堵漏浆中加入 5%、10%、15%井浆，搅拌均匀后测试滤失时间，并观察滤饼形态，结果见表6和图4。

表6 井浆对高滤失堵漏浆滤失性能的影响

序号	混浆比例	滤失时间(s)	滤饼状态
1	堵漏浆	49	形状规则，致密
2	堵漏浆∶井浆＝95∶5	307	形状规则，分层
3	堵漏浆∶井浆＝90∶10	1224	滤饼下部松软
4	堵漏浆∶井浆＝85∶15	4160	滤饼未成形

注：井浆密度 2.21g/cm³，堵漏浆密度 1.8g/cm³。

 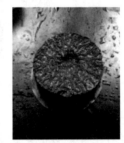 

（a）堵漏浆滤饼　　　　　（b）混入5%井浆　　　　　（c）混入10%井浆

图4 高滤失堵漏浆中混入井浆后形成的滤饼

实验结果表明，向高滤失堵漏浆中混入井浆后，堵漏浆的滤失时间显著增大；向堵漏浆中混入 5%井浆时，能够完全滤失，但滤饼出现分层；混入 10%井浆时，浆体中的液相难以完全滤失，无法形成致密的滤饼；混入 15%井浆时，滤饼无法成形。因此，堵漏施工中，要合理设计施工工艺，减小堵漏浆与井浆的密度差，控制合适的排量，减少混浆段的量，确保施工效果。

3 高滤失固结堵漏剂施工要点

（1）现场使用柴油配制堵漏浆，高滤失堵漏剂的加量 35%～45%，配制量根据现场需要，一般配制 25～35m³。施工前需要取出循环通路上所有滤网，避免堵塞管线，影响顺利施工。

（2）堵漏施工过程中，裸眼段较短时，将光钻具下至套管鞋内，泵入堵漏浆，堵漏浆出钻杆时，若出口见返，则关井浆，将堵漏浆全部替出钻具，控制套压向地层挤注，堵漏浆挤入地层一半时，停泵观察 10min，如果压力稳定，继续挤替，使高滤失堵漏浆全部滤失，若压力不稳，再次挤入 2m³堵漏浆，之后间隔 10min 挤入 2m³堵漏浆，直至堵漏浆全部挤注完毕；若堵漏浆出钻杆时，出口未返，在井口吊灌，灌满后关井，快速将堵漏浆全部替出钻具，重复上述挤注措施。如果裸眼段较长，将套管鞋以下的油基钻井液全部推入地层，会造成较大的损失，因此在漏层判断准确且漏层以上裸眼段无高渗透地层的情况下，可考虑将光钻具下至漏层以上 50～100m，进行堵漏施工，施工过程中注意活动钻具，降低卡钻风险[10]。

（3）若堵漏浆泵入后未滞留成塞，说明漏失通道尺寸较大，且延伸范围广，再次施工时需要增大堵漏浆的配制量，同时添加一定尺寸的颗粒桥堵材料，浓度控制在10%以内，确保堵漏浆有良好的可泵性，颗粒桥堵材料的加入增大高滤失堵漏浆在漏失通道内的滞留概率，为堵漏浆的滤失创造条件[11]。

（4）现场配制堵漏浆的密度尽量与井浆一致，泵注堵漏浆过程中要控制排量，减少混浆。施工结束后，井筒内混浆段在高温作用下会增稠，因此，候凝结后下钻钻塞时，接近预计混浆段时要控制下钻速度，同时开泵循环，避免钻具快速进入混浆段造成黏卡。

4 结论

（1）室内研制出一种可在油润湿条件下快速滤失，滤饼可固结的油基钻井液用高滤失堵漏剂，堵漏剂可配制密度范围 1.0～2.2g/cm³ 可调，滤失时间<60s，形成的滤饼固结强度>4MPa。

（2）配制的高滤失堵漏浆具有良好的悬浮稳定性，密度为 1.8g/cm³ 的堵漏浆静置 150min 稳定性达到86%，密度为 2.0g/cm³ 的堵漏浆静置 150min 稳定性达到91%，施工过程中不发生明显沉降。

（3）不同密度的高滤失堵漏浆具有良好的流变性能，满足现场施工泵注条件；堵漏浆对井浆的流变性和破乳电压影响较小，不会导致井浆性能的显著变化；井浆会导致高滤失堵漏浆的滤失时间大幅增加，影响滤饼的形成，因此，施工过程中要严格控制施工工艺，减少混浆段。

参 考 文 献

[1] 王中华. 复杂漏失地层堵漏技术现状及发展方向[J]. 中外能源, 2014, 19(1)：39-48.

[2] 张志磊, 胡百中, 卞维坤, 等. 昭通页岩气示范区井漏防治技术与实践[J]. 钻井液与完井液, 2020, 37(1)：38-45.

[3] 许明标, 赵明琨, 侯珊珊, 等. 油基桥架堵漏剂的研究与应用[J]. 断块油气田, 2018, 25(6)：799-802.

[4] 王建华, 王玺, 柳丙善, 等. 油基钻井液用改性树脂类抗高温防漏堵漏剂研究[J]. 当代化工研究, 2021(3)：150-152.

[5] 李红梅, 申峰, 吴金桥, 等. 新型油基钻井液堵漏剂性能[J]. 钻井液与完井液, 2016, 33(2)：41-44.

[6] 李爽, 张希文, 李彦琴. 新型高效高滤失堵漏材料的室内研究[J]. 广州化工, 2009, 37(9)：218-220+223.

[7] 黄贤杰, 董耘. 高效失水堵漏剂在塔河油田二叠系的应用[J]. 西南石油大学学报(自然科学版), 2008(4)：159-162+3+2.

[8] 孙晓杰. 油基凝胶堵漏剂的实验研究[D]. 中国石油大学(华东), 2016.

[9] 李爽, 张希文, 李彦琴. 新型高效高滤失堵漏材料的室内研究[J]. 广州化工, 2009, 37(9)：218-220+223.

[10] 苏坚, 申威. 高滤失堵漏剂的堵漏工艺[J]. 石油钻采工艺, 1994(3)：17-20+106.

[11] 王多金, 张坤, 黄平, 等. 快捷堵漏剂的研制及应用[J]. 天然气工业, 2008, 28(11)：74-76+141.

油基钻井液用增黏提切剂评价方法

倪晓骁　王建华　刘人铜　张家旗　李　爽　张　蝶

（中国石油集团工程技术研究院有限公司）

【摘　要】　油基钻井液的流变性是油基钻井液最关键的性能之一，而油基钻井液用增黏提切剂是维持体系流变特性的重要处理剂。而目前尚未统一增黏提切剂的性能评价方法，尚未形成统一的评价标准。目前常规的评价方法为在指定温度和常压条件下对钻井液的流变性进行测定，但其未能真实反映增黏提切剂对适用于深井中的油基钻井液的流变性的影响。本文借助高温高压流变仪和高温高压沉降稳定仪，基于高温高压条件下油基钻井液流变性和沉降稳定性参数，建立了一种真实反映增黏提切剂在深井中对油基钻井液体系性能影响的评价方法。利用本方法评价了增黏提切剂在高温高压条件下对体系的作用，发现其能够很好地提高体系的切力，维持体系在高温高压条件下的沉降稳定性。研究结果表明，所建立的评价方法能够更真实的评价油基钻井液用增黏提切剂的增黏提切性能。

【关键词】　油基钻井液；增黏提切剂；高温高压流变性；高温高压沉降稳定性

我国非常规油气，尤其是页岩油气、致密油气和煤层气储量占全国油气总量的 77% 以上，成为我国目前最重要的接替能源。因此，高效开发非常规油气对提高我国油气只给率具有重要而深远的意义。但是，非常规油气资源具有储层埋藏深，温度压力高的特点，常常需要借助复杂结构井进行钻探，油基钻井液成为这些复杂井的首选。高温高压的储层对钻井液的流变性提出了更高的要求，通常采用增黏提切剂来改善油基钻井液的流变性能，但目前还没有统一的评价方法对增黏提切剂进行性能表征。由于增黏提切剂的目的是提高钻井液的动切力从而改善体系整体的沉降稳定性能，同时还得保证较低的塑性黏度从而避免钻速降低，因此常规的方法主要是测量体系的塑性黏度、动切力和静切力。随后研究人员又觉得上述参数不能精确反应增黏提切剂的提切能力，利用低剪切速率动切力 LSYP（$LSYP = 2\Phi_3 - \Phi_6$）表征其性能。上述方法主要评价老化前后钻井液的流变性能，方法简单易行，但均未能真实反映钻井液在高温条件下的悬浮稳定性。为了更好地评价增黏提切剂的效果，便于真实有效地对不同种类的增黏提切剂进行筛选，以满足其在深部油藏中的应用。因此本文以高温高压流变仪和高温高压沉降稳定仪为主要评价仪器，形成更能反映在高温高压条件下增黏提切剂对油基钻井液流变性影响的方法。

基金项目：中国石油集团工程技术研究院有限公司院级课题《抗 240℃ 油基钻井液核心处理剂研发及体系构建》（CPET202024），《纳米材料对高密度钻井液沉降稳定性影响规律研究》（CPETQ202109）。

作者简介：倪晓骁（1990—），中国石油集团工程技术研究院有限公司钻井液研究所，工程师。地址：北京市昌平区黄河街 5 号院 1 号楼；电话：18810061210；E-mail：nixxdr@cnpc.com.cn。

1 油基钻井液用增黏提切剂评价方法

1.1 评价方法原理

油基钻井液用增黏提切剂是通过分子中含有的多个极性基团与油包水中的水滴之间相互作用缔合形成网架空间结构，同时该分子中还得具有大量的非极性基团，能够大大增加增黏提切剂在连续相油相中的溶解性。在钻井液中这种空间网架结构始终处于高剪切速率条件下不断被打破，然后低剪切速率下又复原的动态平衡过程。从而在钻井过程中高速剪切条件下，钻井液具有良好的流动性；在低剪切条件下，钻井液内部恢复空间网架结构，使得体系具有良好的结构力。同时在钻井液中还存在大量的固相颗粒，这些固相颗粒的分散性能直接影响整个体系的沉降稳定性能。在低剪切或者静止条件下，钻井液的空间网架结构就能提供良好的切力，维持我们体系中固相颗粒良好的悬浮稳定性能，不至于发生沉降导致固液分离。因此，可以通过研究高温条件下钻井液的塑性黏度、动切力、静切力以及在高温高压条件下体系的沉降稳定性等参数评价油基钻井液用增黏提切剂的增黏提切效果。高温高压条件下，加有增黏提切剂的油基钻井液塑性黏度增量越小，动切力增量越大，静切力增量越大以及沉降越稳定，表明增黏提切剂的增黏提切效果越好。

1.2 评价方法

通过对加有油基钻井液用增黏提切剂的油基钻井液体系热滚前后的流变性能，高温高压条件下钻井液的流变性能（塑性黏度、动切力、静切力）以及沉降稳定性能的评价，分析增黏提切剂的增黏提切效果。具体评价方法及步骤如下：

（1）1#油基钻井液的配制，在高搅杯中分别加入 270mL 5#白油，18g 主乳化剂和 6g 辅乳化剂，在 11000r/min 的高速搅拌下搅拌 30min；加入 30mL 20%的氯化钙水溶液并在 11000r/min 下高速搅拌 10min；加入 15g 氢氧化钙并在 11000r/min 下高速搅拌 10min；然后加入 15g 降滤失剂并在 11000r/min 下高速搅拌 10min；最后加入 928g 重晶石并在 11000r/min 下高速搅拌 40min，形成密度 2.3g/cm³ 的油基钻井液。

（2）2#含增黏提切剂油基钻井液的配制，在高搅杯中分别加入 270mL 5#白油，18g 主乳化剂，6g 辅乳化剂和 3g 油基钻井液用增黏提切剂，在 11000r/min 的高速搅拌下搅拌 30min；加入 30mL20%的氯化钙水溶液并在 11000r/min 下高速搅拌 10min；加入 15g 氢氧化钙并在 11000r/min 下高速搅拌 10min；然后加入 15g 降滤失剂并在 11000r/min 下高速搅拌 10min；最后加入 928g 重晶石并在 11000r/min 下高速搅拌 40min，形成密度 2.3g/cm³ 的含增黏提切剂的油基钻井液。

（3）钻井液性能评价，分别对上述配制的两种油基钻井液按 GB/T 16783.2 的规定测定其在 65℃+1℃条件下的流变性能，并在 50℃+1℃条件下的破乳电压。然后置于高温老化罐中于 150℃滚子加热炉中热滚 16h。取出样品放至室温，于 11000r/min 下高速搅拌 20min 后立即于 50℃+1℃条件下测量破乳电压，于 65℃+1℃条件下测量其流变性能。并测量其在 150℃条件下的高温高压滤失量。

（4）钻井液高温高压流变性，利用美国 OFI 实验仪器公司制造的 OFITE 高温高压流变仪分别对上述两种老化后的油基钻井液的高温高压流变性进行测定。假设垂直井深达

6000m，地面温度为10℃，地温梯度为3℃/100m，分别计算不同深度的地层温度和压力(钻井液液柱压力)，主要参数见表1。

表1　不同井深条件下地层温度压力数据

井深(m)	温度(℃)	压力(MPa)
2000	70	45
3000	100	68
4000	130	90
5000	160	112
6000	190	135

（5）钻井液高温高压沉降稳定性，利用自主研发的高温高压沉降稳定仪对油基钻井液的沉降稳定性进行测定。本仪器采用钻井液进行液压加压，能够更好的模拟井下的真实情况。本实验分别在160℃/112MPa，190℃/135MPa下静置24h，48h和72h后的沉降情况。实验通过计算沉降指数 SF 来表征沉降稳定性的优劣，SF 计算如式(1)所示。SF 数值介于0.50~0.53范围内时，表明体系悬浮性能良好，当 SF 大于0.53或小于0.50的情况下说明钻井液体系易发生沉降风险。

$$SF = \frac{\rho_{下部密度}}{\rho_{上部密度} + \rho_{下部密度}} \tag{1}$$

式中：SF 为沉降指数；$\rho_{下部密度}$ 为沉降稳定仪中下部钻井液的密度；$\rho_{上部密度}$ 为沉降稳定仪中上部钻井液的密度。

2　实验结果分析

2.1　钻井液流变性能

首先对钻井液的基本性能进行评价，由表2中数据分析可知不加增黏提切剂的1#油基钻井液老化前后破乳电压均在100V以上，保持良好的乳液稳定性能，但是老化后体系的塑性黏度、动切力和静切力均有不同程度的降低，高温高压滤失量达3.0mL。而加有增黏提切剂的2#油基钻井液老化前后破乳电压，静切力和动切力均保持良好，说明增黏提切剂具有良好的抗温性能，有效维持了钻井液体系的流变稳定性，同时高温高压滤失量保持在2.0mL，钻井液整体性能良好。但是此方法并没有真实的反应增黏提切剂在高温高压条件下对油基钻井液性能的影响。

表2　老化前后钻井液常规性能

序号	条件	ES (V)	AV (mPa·s)	PV (mPa·s)	YP (Pa)	Gel (Pa/Pa)	HTHP 滤失量/滤饼厚度 (mL/mm)
1#钻井液	老化前	1098	86	80	6	4/6	—
	老化后	1245	78	75	3	2/3	3.0/2.0
2#钻井液	老化前	1123	94	84	10	8/10	—
	老化后	1358	98	89	9	8/9	2.0/1.0

2.2 高温高压钻井液流变性能

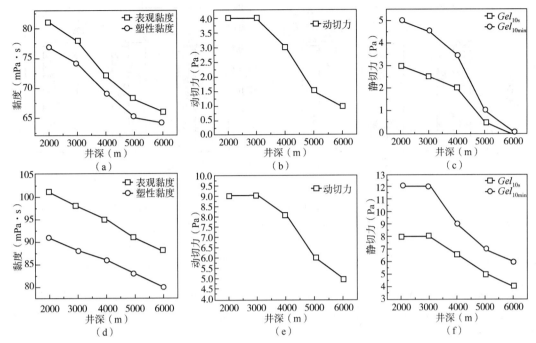

图1 增黏提切剂对油基钻井液高温高压流变性的影响

(a)、(b)、(c)为1#钻井液的流变性能；(d)、(e)、(f)为2#钻井液的流变性能

由图1可知，未添加增黏提切剂的1#油基钻井液的流变性随着井深的深入，温度和压力的不断上升，表观黏度和塑性黏度均呈现大幅下降的趋势，尤其是当井深大于5000m以后，井底温度大于160℃，此时体系的切力降低至1.5Pa以下，同时体系的静切力大大降低，使得油基钻井液体系的流变性难以维持油基钻井液中固相颗粒的悬浮性，从而进一步引发沉降风险，导致井下复杂的发生。而加有增黏提切剂的2#油基钻井液相对于未添加增黏提切剂的1#油基钻井液塑性黏度有小幅提高，但体系的动切力和静切力得到了较大的提高，同时随着井深的深入，2#油基钻井液体系的流变性也会有不同程度的减弱，但是在5000m以深的储层，钻井液的动切力依旧保持在5Pa左右，静切力也依旧保持在良好的状态，能够很好地维系体系的悬浮稳定性。由此可知，高温高压流变性测定实验相对于老化后测量的流变性更能真实地反映钻井过程中随着井深的深入，钻井液流变性的变化，同时能够更好地体现油基钻井液用增黏提切剂对油基钻井液在高温高压条件下流变性能的影响。

2.3 高温高压沉降稳定性能

在高温高压流变实验的基础上，分别考察增黏提切剂在不同温度和压力条件下对油基钻井液体系沉降稳定性的影响。由图2中结果可知在160℃/112MPa条件下，油基钻井液经过24h静置后，体系沉降指数为0.518，体系依旧保持良好的沉降稳定性，随着时间的增长，尤其是时间增加至72h后，体系的沉降指数增大至0.537，此时说明体系具有较大的沉降风险，实验开罐发现底部确实开始出现软沉。而加有增黏提切剂的油基钻井液体系经过72h的静置后，体系的沉降指数为0.518，保持在一个稳定的水平中，说明体系无沉降风险，实验开罐无沉。本实验的结果正好与高温高压流变性的测试结果相一致，只有维持钻井液的动切力和静切力在一个比较好的水平上才能保证钻井液的沉降稳定性。同时证明了沉降稳定性评价方法能够更真实地反映油基钻井液用增黏提切剂对体系沉降稳定性的影响。

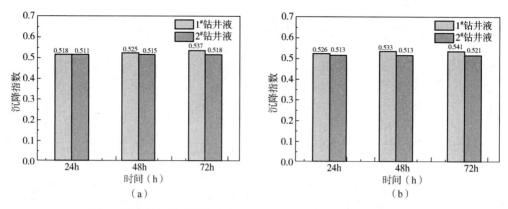

图 2   增黏提切剂对钻井液在 160℃/112MPa(a) 和 190℃/135MPa
(b)下静置 24h，48h 和 72h 后沉降稳定性的影响

3   结论

（1）油基钻井液常规流变性、滤失性和乳液稳定性均是在 65℃ 常压条件下进行测定的，并不能真实反应体系在高温条件下的流变性能，也不能体现出油基钻井液用增黏提切剂对体系性能的影响。

（2）高温高压流变性通过压力和温度的连续变化测定了油基钻井液体系在高温高压条件下体系切力的变化，更好的体系增黏提切剂对体系流变性能的影响。

（3）高温高压沉降稳定性很好地模拟了油基钻井液在井下的真实沉降状态，更好地评价了增黏提切剂对高温高压条件下体系沉降稳定性的影响。

（4）结合高温高压流变性和高温高压沉降稳定性测试能够更好地评价油基钻井液用增黏提切剂的效果，反映增黏提切剂在井下对油基钻井液性能的真实影响。

参 考 文 献

[1] 冯萍，邱正松，曹杰，等．国外油基钻井液提切剂的研究与应用进展[J]．钻井液与完井液，2012，29
(5)：84-88.

[2] 李晓岗，孙举，郑志军，等．无土相油基钻井液用增黏提切剂的合成及性能[J]．石油化工，2016，45
(9)：1087-1093.

[3] 杨斌．油基钻井液稳黏提切剂的研制及应用[J]．钻采工艺，2019，42(1)：80-82.

[4] 匡绪兵．TACK-2 型油基钻井液增黏剂的合成及其流变性能研究[J]．长江大学学报(自科版)，2015，
12(13)：20-23.

原位插层聚合法制备共聚物插层水滑石缓释型降滤失剂及其性能测试

李鹏鹏　刘　明　常庆露　胡苗苗　郭锦棠

（天津大学化工学院）

【摘　要】 随着我国油气资源勘探与开发逐渐向深层发展，高温高盐等恶劣地质条件对钻井工程提出了巨大的挑战，对钻井液性能提出了更高的要求。降滤失剂作为水基钻井液的核心处理剂之一，其性能直接决定着井壁稳定性和储层保护。为解决现有丙烯酰胺及其衍生物类多元共聚物型降滤失剂耐温抗盐性能差的缺点，本文使用原位插层聚合法制备了共聚物插层水滑石的杂化缓释型降滤失剂 MgAl-PSADM-LDH。失水及流变测试结果表明：2wt%加量 MgAl-PSADM-LDH 的淡水/盐水钻井液经高温（160℃、180℃、200℃、220℃）老化处理后仍具有优异的降滤失效果和流变性能。分析其作用机理可知，当 MgAl-PSADM-LDH 加入水基钻井液中，LDH 层板间的共聚物可与地层中的阴离子（如 Cl^-、SO_4^{2-}）通过阴离子交换反应而缓慢释放出来并发挥其原有效能；此外，带正电荷的 LDH 层板可与带负电荷的 Na-Mt 层板搭建成"卡片屋"结构，有利于增强体系的凝胶强度，有助于携带和悬浮岩屑及重晶石。

【关键词】 原位插层聚合；共聚物；水滑石；降滤失剂；流变性

随着我国石油和天然气逐渐由常规油气资源转向非常规油气资源，高温高盐等复杂工况条件对钻井工程提出了巨大挑战，对钻井液性能提出了更高的要求。降滤失剂作为水基钻井液的核心处理剂之一，其性能直接决定着井壁稳定性和储层保护，是目前用量最大的处理剂之一，具有优异耐温抗盐性能的降滤失剂的开发一直是国内外众多科研机构的研究热点。目前，常用的水基钻井液降滤失剂可分为天然聚合物（纤维素类、腐殖酸类和淀粉类等）和合成聚合物（磺化树脂类、丙烯酰胺及其衍生物类）。其中，天然聚合物类来源广泛，环保低廉，且具有良好的抗盐性，但由于其分子链中含有大量易断裂的醚键，导致其耐高温性能差，一般用于 150℃ 以下的井使用；由于国内对环保要求的日益提高，具有优异耐高温高盐性能的磺甲基酚醛树脂、磺化褐煤树脂类合成聚合物的使用受到了严重的限制；满足环保要求的丙烯酰胺及其衍生物的多元共聚物类降滤失剂受到越来越多的关注，已逐渐成为研究热点之一。

丙烯酰胺及其衍生物的多元共聚物类降滤失剂是以丙烯酰胺 AM 和 2-丙烯酰胺-2-甲基丙磺酸 AMPS 为代表的乙烯基单体经聚合制备而成，其可通过分子结构中的水化基团（-COO⁻和-SO₃_）及吸附基团（-CONH-）吸附在黏土颗粒表面并产生水化膜，保持黏粒的分

基金项目：中国国家自然科学基金（No. 51874210）。

作者简介：李鹏鹏，天津大学化工学院在读博士研究生，研究方向为钻固井用处理剂。邮箱：lipeng3478@ tju. edu. cn。

通信作者简介：郭锦棠，教授，工作于天津大学化工学院，研究方向为油田化学品、环境友好型高分子材料。电话：13821341810；邮箱：jtguo@ tju. edu. cn；地址：天津市津南区天津大学北洋园校区 50 楼。

散状态，提体系的胶体稳定系。但多元共聚物类降滤失剂经高温高盐等恶劣环境后，其分子结构会不可避免地发生降解、基团变异等不可逆变化，降低了其吸附和水化能力，导致处理剂作用效果降低。如何提高共聚物类降滤失剂在高温高盐环境下的高温稳定性，是维持钻井液性能的关键。为解决现有丙烯酰胺及其衍生物类多元共聚物型降滤失剂耐温抗盐性能差的缺点，本文使用原位插层聚合法制备了共聚物插层水滑石的杂化缓释型降滤失剂 MgAl-PSADM-LDH，测试其滤失和流变性能，并分析了其微观作用机理。

1 实验部分

1.1 主要原料

实验所用主要原料及试剂见表1。

表1 实验所用主要原料及试剂

原料或试剂名称	缩写	规格	厂家
2-丙烯酰胺-2-甲基丙磺酸	AMPS	工业级	北京瑞博龙石油科技发展有限公司
N，N-二甲基丙烯酰胺	DMAA	工业级	北京瑞博龙石油科技发展有限公司
对苯乙烯磺酸钠	SSS	纯度≥90%	上海笛柏化学品技术有限公司
马来酸酐	MAH	AR	上海阿拉丁生化科技股份有限公司
氢氧化钠	NaOH	AR	天津市江天化工技术股份有限公司
过硫酸铵	APS	AR	上海麦克林生化科技有限公司
九水合硝酸铝	$Al(NO_3)_3 \cdot 9H_2O$	AR	上海阿拉丁生化科技股份有限公司
六水合硝酸镁	$Mg(NO_3)_2 \cdot 6H_2O$	AR	天津市江天化工技术股份有限公司

1.2 降滤失剂的制备

1.2.1 共聚物无机杂化缓释型降滤失剂 MgAl-PSADM-LDH 的制备

配制 $Al(NO_3)_3 \cdot 9H_2O$ 和 $Mg(NO_3)_2 \cdot 6H_2O[c(Mg^{2+}/Al^{3+})=2]$ 的混合溶液 A；配制 100mL 浓度为 2.5mol/L 的 NaOH 溶液，即得 B 液；依次将一定比例的 AMPS、SSS、DMAA 和 MAH 加入到含有一定量蒸馏水的烧杯中，待充分搅拌溶解后，使用 NaOH 将混合溶液 pH 值调至 6，即得 C 液；将 0.6% 反应单体质量的引发剂 APS 溶于 10mL 水中，即得 D 液。

首先，将 C 液加入到装有 N_2 保护和 pH 计的四口烧瓶中，60℃下机械搅拌 0.5h。然后，恒速滴加 A 液，并控制 B 液的滴加速度，使体系 pH 值稳定在 9.5~10 内；待 A 液滴加完毕后，60℃恒温 0.5h 后，加入 D 液并升温至 80℃，反应 5h。反应结束后，使用无水乙醇反复洗涤，烘干，粉碎，得到 MgAl-PSADM-LDH 粉末。

1.2.2 共聚物型降滤失剂 PSADM 的制备

将 D 液直接加入到 C 液中，相同反应条件下进行自由基聚合和后处理步骤，即得 PSADM 粉末。

1.3 降滤失剂的性能测试

在高速搅拌下，将 4wt% 钠基膨润土分散于蒸馏水中，室温密闭水化 24h，得到淡水基浆 FWDF。在淡水基浆中加入 2wt% 待评价降滤失剂（MgAl-PSADM-LDH 或 PSADM），高速搅拌 20min，使用变频滚子加热炉（BGRL-5 型）在一定温度下（160/180/200/220/240℃）热滚老化 16h。参考 GB/T 16783.1—2014《石油天然气工业钻井液现场测试 第 1 部分：水基钻井液》方法，测量钻井液的流变性能和失水性能。

2 结果与讨论

2.1 降滤失剂的结构表征

为表征共聚物 PSADM 插层进 LAM 层板间，使用超纯水将得到的 MgAl-PSADM-LDH 粉末多次洗涤离心，分别取上层清液和下层固体沉淀物，经干燥后用于测试 FT-IR、^{1}H-NMR、XRD 和 TG。

2.1.1 降滤失剂分子结构表征

如图 1(a) 所示，3460cm^{-1} 处的吸收谱带为 N—H 的伸缩振动；1620cm^{-1} 处的吸收谱带可归属为-COO$^-$ 和-NH-CO-中 C=O 的不对称伸缩振动和 N-H 的弯曲振动；1550cm^{-1} 和 1400cm^{-1} 处的吸收谱带分别为不对称和对称羧酸根阴离子—C(=O)$_2^-$ 的伸缩振动；1360cm^{-1} 和 1185cm^{-1} 处的吸收谱带分别为不对称和对称磺酸根阴离子—S(=O)$_2^-$ 的伸缩振动；MgAl-NO$_3$-LDH 谱图中的 3450cm^{-1} 左右的特征宽吸收谱带对应于层板间羟基-OH 和水分子的伸缩振动，与水镁石 Mg(OH)$_2$ 相比，其羟基伸缩振动谱带发生了位移，印证了 LDH 层板中部分 Mg^{2+} 被具有较高电荷和较小离子半径的 Al^{3+} 取代，使其层板与层间阴离子之间存在较强的氢键作用；1385cm^{-1} 处吸收谱带为层间阴离子 NO$_3^-$ 的特征吸收；675cm^{-1} 和 450cm^{-1} 处的吸收谱带为 LDH 层板上的金属 Mg/Al-O 的振动。而 MgAl-PSADM-LDH 的谱图中，对应的存在 Mg/Al-NO$_3$-LDH 和 PSADM 的特征吸收谱带，且 LDH 中的 1385cm^{-1} 处的吸收谱带消失，证明聚阴离子型共聚物 PSADM 插入 LDH 的层间。

图 1(b) 为 PSADM 的 ^{1}H-NMR 谱图，各峰归属如图中所示，证明了共聚物中四种聚合单体的存在。

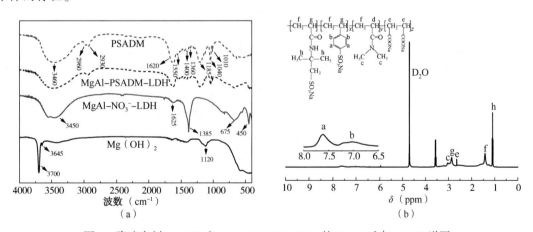

图 1 降滤失剂 PSADM 和 MgAl-PSADM-LDH 的 FT-IR 和 ^{1}H-NMR 谱图

2.1.2 MgAl-PSADM-LDH 的插层效果表征

采用 X 射线衍射仪(XRD) 表征了 MgAl-PSADM-LDH 的插层效果，测试结果如图 2(a) 所示。实验制备的 MgAl-NO$_3$-LDH 的 XRD 谱图显示出明显的特征衍射峰和高结晶度的层状结构，而共聚物插层的 MgAl-PSADM-LDH 的 XRD 谱图的衍射峰向小角度发生偏移，并且伴随着峰强度降低和峰形变宽，因此，可证明水滑石的层板间存在共聚物 PSADM。

采用热失重测试表征两种降滤失剂 PSADM 和 MgAl-PSADM-LDH 的热稳定性及 MgAl-PSADM-LDH 的共聚物插层率，测试结果如图 2(b) 所示。聚合物 PSADM 的热失重曲线分为三个阶段：第一阶段（35~300℃）质量损失约 12%，主要是由于通过氢键与聚合物链相连的水分子的挥发导致的；第二阶段（320~510℃）质量损失约 54%，主要是由于聚合物主链分解和侧链断裂所造成的；第三阶段（520~800℃）质量损失约 20%，主要是聚合物链的各种氧化反应。MgAl-NO₃-LDH 的热失重曲线主要分为三个阶段：第一阶段（35~120℃）质量损失约为 9%，对应于物理吸附水分子和层间水的挥发；第二阶段（280~520℃）对应于样品中层板中羟基和层板间硝酸根的热分解；第三阶段（520~800℃）样品充分分解为金属氧化物，质量损失无明显变化。MgAl-PSADM-LDH 的热失重曲线，其在 35~120℃ 的热失重与 MgAl-NO₃-LDH 大致相同，而在 280~520℃ 间，MgAl-PSADM-LDH 的质量损失（50%）比 MgAl-NO₃-LDH 的质量损失（36%）大约 14%。结合 PSADM 的热失重曲线分析可知，两者之间差异的原因是由于 PSADM 的热分解所致。因此，可以大致估算 MgAl-PSADM-LDH 层板间共聚物 PSADM 的含量约为 14wt%。

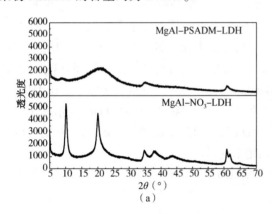 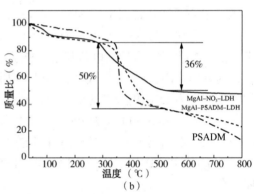

图 2　MgAl-PSADM-LDH 的插层效果测试

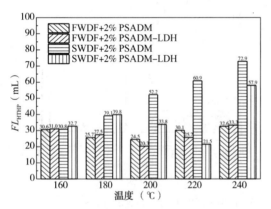

图 3　不同老化温度处理后的淡水
和 4% 盐水钻井液的滤失性能

2.2　降滤失剂的性能测试

2.2.1　温度和盐对水基钻井液滤失性能的研究

本节主要考察了不同老化温度处理后含有 2wt% 的四元共聚物型 PSADM 和四元共聚物插层水滑石缓释型 MgAl-PSADM-LDH 两种降滤失剂的淡水和 4% 盐水钻井液的滤失性能，测试结果如图 3 所示。

如图 3 所示，含有两种降滤失剂的淡水钻井液体系，随老化温度升高失水均呈现出先降低后增加的趋势，即使经过 240℃ 热老化处理 16h 后高温高压失水量均未超过 35mL，表明两种降滤失剂均呈现出良好的耐温性能。含有两种降滤失剂的 4%NaCl 盐水钻井液体系，加入共聚物型 PSADM 后其失水量随着老化温度的升高而逐渐增加，而加入缓释型的 MgAl-PSADM-LDH 后失水呈现出先降低后增加的趋势，且失水量小于加入 PSADM 的盐水钻井液，MgAl-PSADM-LDH 表现出优异的抗盐性能。

2.2.2 水基钻井液流变性能的测试

采用十二速旋转黏度计测试了不同老化温度处理后的含 2% 降滤失剂的水基钻井液的流变曲线，并采用赫谢尔—巴尔克莱方程[简称 H-B 方程，式(1)]对数据进行拟合，结果如图 4 所示。

$$\tau = \tau_y + K\dot{\gamma}^n \tag{1}$$

式中：$\dot{\gamma}$ 为剪切应力，Pa；$\dot{\gamma}_y$ 为动切力，Pa；K 为稠度系数，$Pa \cdot s^n$；n 为流性指数，无量纲；$\dot{\gamma}$ 为剪切速率，s^{-1}。

其中，静切力指流体开始流动所需的最小应力，反映钻井液网架结构的强弱；流性指数 n 反映流体偏离牛顿流体的程度；稠度系数 K，主要反映钻井液黏度的大小，K 越大，黏度越大。

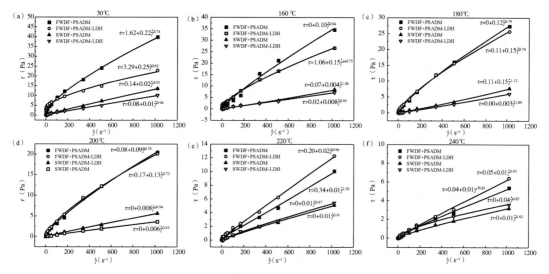

图 4　水基钻井液的赫谢尔-巴尔克莱方程拟合流变曲线

如图 4 所示，随着剪切速率的增加，水基钻井液呈现出明显的非牛顿流体特性($n<1$)，具有良好的剪切稀释特性；但随着老化温度的升高，流性指数 n 逐渐趋向于 1，非牛顿特性逐渐减弱，剪切稀释性降低，逐渐呈现出牛顿流体特性。此外，相比于 PSADM，MgAl-PSADM-LDH 的加入可进一步提高体系的剪切稀释特性和动切力。

此外，测试了含有两种降滤失剂的水基钻井液的触变性能，测试结果见表 2。相比于 PSADM，MgAl-PSADM-LDH 的加入明显提高了钻井液的终切与初切之差，这表明 MgAl-PSADM-LDH 的加入有助于提高体系的三维网架结构。但黏土粒子经高温老化处理后粒子聚结且表面钝化，无法形成稳定的"卡片屋"状的网架结构，导致钻井液的动切力、剪切稀释性能和触变性能变差。

表 2　水基钻井液的触变性性能

水基钻井液	初切(Pa)	终切(Pa)	Δ(Pa)
FWDF-PSADM(30℃)	2.4	8.7	6.3
FWDF-PSADM-LDH(30℃)	4.9	16.3	11.4

水基钻井液	初切（Pa）	终切（Pa）	Δ（Pa）
FWDF-PSADM（160℃）	1.1	2.8	1.7
FWDF-PSADM-LDH（160℃）	1.5	6.1	4.6
FWDF-PSADM（180℃）	0.5	1.1	0.6
FWDF-PSADM-LDH（180℃）	0.8	2.6	1.8
FWDF-PSADM（200℃）	0.2	0.7	0.5
FWDF-PSADM-LDH（200℃）	0.3	1.5	1.2
FWDF-PSADM（220℃）	0.2	0.3	0.1
FWDF-PSADM-LDH（220℃）	0.1	0.3	0.2
FWDF-PSADM（240℃）	0	0.1	0.1
FWDF-PSADM-LDH（240℃）	0	0.1	0.1

2.3 机理分析

层状复合氢氧化物（水滑石，LDH）是一类典型的阴离子型层状化合物，由二元或多元金属氢氧化物构成的纳米级的二维层板纵向有序排列形成三维晶体结构，层板内原子间为共价键合，层间为弱的相互作用（如离子键、氢键等）。位于层板上的二价金属阳离子可以被离子半径相近的三价金属阳离子同晶取代，从而使得主体层板上带部分正电荷；层间可以交换的客体阴离子与层板正电荷相平衡，因此使得 LDH 总体呈现电中性。本文利用水滑石的层间阴离子可交换性，采用原位插层聚合法制备了聚合物插层水滑石缓释型降滤失剂 MgAl-PSADM-LDH。当其加入水基钻井液中，MgAl-PSADM-LDH 层间的共聚物可被阴离子（Cl^-、SO_4^{2-} 等）缓慢置换出来出，从而发挥其原有效能，进一步起到降滤失的性能；此外，层板带正电的水滑石可与钻井液中层板带负电的黏土粒子间形成更为稳定的"卡片屋"状三维网架结构，提高了钻井液的剪切稀释和触变性能，有助于提高钻速和悬浮岩屑及加重材料。

3 结论

本文通过原位插层聚合法制备了一种共聚物/无机杂化缓释型降滤失剂 MgAl-PSADM-LDH，表征了其分子结构和共聚物插层效果，并测试了经不同温度老化处理后钻井液的失水和流变性能，具体结论如下；

（1）通过 FT-IR、1H-NMR、XRD 和 TG 测试表明共聚物 PSADM 插入水滑石的层间，其插层率约为14wt%。

（2）通过测试经不同温度（160℃、180℃、200℃、220℃、240℃）老化处理后，淡水钻井液和4%NaCl 盐水钻井液均表现出良好的滤失性能。

（3）相比于共聚物 PSADM，MgAl-PSADM-LDH 的加入可有效增强体系形成"卡片屋"状网架结构，提高钻井液的剪切稀释性和触变性能，有助于提高钻速和悬浮岩屑及加重材料。

参 考 文 献

［1］鄢捷年. 钻井液工艺学[M]. 东营：中国石油大学出版社，2012.

［2］Liu F, Jiang G, Wang K, Wang J. Laponite nanoparticle as a multi-functional additive in water-based drilling fluids[J]. J Mater Sci, 2017, 52 (20): 12266-12278.

[3] Cao L, Guo J, Tian J, Xu Y, et al. Preparation of Ca/Al-Layered Double Hydroxide and the influence of their structure on early strength of cement[J]. Constr Build Mater, 2018, 184: 203-214.

[4] Lin L, Luo P. Effect of polyampholyte-bentonite interactions on the properties of saltwater mud[J]. Appl Clay Sci, 2018, 163: 10-19.

[5] Wang K, Jiang G, Liu F, Yang L, et al. Magnesium aluminum silicate nanoparticles as a high-performance rheological modifier in water-based drilling fluids[J]. Appl Clay Sci, 2018, 161: 427-435.

[6] Sun J, Chang X, Zhang F, Bai Y, et al. Salt-Responsive Zwitterionic Polymer Brush Based on Modified Silica Nanoparticles as a Fluid-Loss Additive in Water-Based Drilling Fluids[J]. Energ Fuel, 2020, 34 (2): 1669-1679.

[7] Li X, Jiang G, He Y, Chen G. Novel Starch Composite Fluid Loss Additives and Their Applications in Environmentally Friendly Water-Based Drilling Fluids[J]. Energ Fuel, 2021, 35(3): 2506-2513.

自适应弹性颗粒随钻防漏剂的研制与评价

王　波[1,2,3]　申　峰[2,3]　李　伟[2,3]　马凤杰[4]　张文哲,[2,3]　薛少飞[2,3]

(1. 中国石油大学(华东)石油工程学院；2. 陕西延长石油(集团)有限责任公司研究院；
3. 陕西省陆相页岩气成藏与开发重点实验室；
4. 中国石油集团川庆钻探工程有限公司长庆井下技术作业公司)

【摘　要】　鄂尔多斯盆地延安气田钻井作业中井漏问题严重，使用常规堵漏材料和措施堵漏效果差、成本高，严重影响天然气井开发。为提高随钻堵漏成功率，缩短钻井周期，本文研制了一种适应裂缝宽度变化的弹性凝胶颗粒堵漏剂，该凝胶颗粒具有刚性内核和聚合物凝胶外围，粒径可在微米至毫米级间调整。热重分析结果表明，该自适应弹性颗粒抗温可达200℃以上，微观结构表明其内部含有较多微孔，受压力后缩小、吸水后膨胀，使其具有弹性形变能力。裂缝堵漏实验结果表明，其在0.5~1.5mm的裂缝中也具有较好的填充堵漏效果，可用于随钻过程中的防漏堵漏作用中。

【关键词】　鄂尔多斯盆地；自适应；弹性颗粒；热重分析；裂缝堵漏

1　地质概况

　　井漏是钻井作业中普遍存在的问题，也是增加钻井周期、影响钻井安全的难点，研发有效的防漏堵漏技术、制定合理的防漏堵漏方案是各个油田解决钻井漏失难题的关键技术。鄂尔多斯盆地延安气田地质资源量丰富，累计探明天然气地质储量6650×10[8]m[3]，建成产能32×10[8]m[3]，地理位置包括延安、延长、甘泉、富县等多个地区[1,2]。然而，在延安气田钻井作业中井漏问题严重，几乎逢钻必漏，严重影响钻井周期、增加钻井成本。通过对延安气田东部区域漏失资料统计分析，裂缝及恶性漏失层位多集中在刘家沟组、石千峰组、石盒子组等地层，其中以刘家沟组、石千峰组最为严重，发生漏失概率占27.12%、42.37%。对刘家沟组、石千峰组地层岩心微观结构扫描分析，结果如图1和图2所示。由扫描电镜结果可知，刘家沟组、石千峰组地层岩样均可见黏土矿物发育，且都不同程度发育微裂缝，微裂缝宽度分布在0.2~1.0mm，部分井下岩心发育有肉眼可见的宏观裂缝。在钻井液液相侵入和压差作用下，诱导微裂缝延伸扩展，导致宏观裂缝贯通，是造成漏失恶化的主要诱因。因此，在延安气田钻井过程中做好充足的防漏措施、阻止微裂缝的延伸，是避免井眼漏失、保障安全钻进的前提。

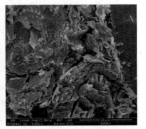

图1　刘家沟组电镜照片

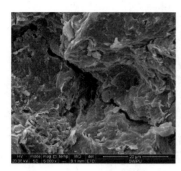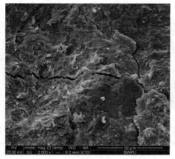

图2　石千缝组电镜照片

2　自适应弹性颗粒的研制

2.1　合成原理

自适应强化封堵随钻防漏剂合成过程中使用了实验室自制的反应性微凝胶 BWL 作为有机交联剂。众所周知，单体聚合反应中有机交联剂上的 C＝C 键起到交联作用，与常用有机交联剂(如 N，N′－亚甲基双丙烯酰胺、N－羟甲基丙烯酰胺等)相比，反应性微凝胶 BWL 表面含有高密度的活性 C＝C 双键基团，其与 AM、MAA 单体发生交联反应时的交联密度远高于常规有机交联剂，因而可以形成致密的三维网架结构，合成的凝胶具有良好的热稳定性。

作为一种双官能团物质，MPTMS 单体主链上的 C＝C 双键可与有机组分发生聚合反应，侧链上存在的甲氧基硅烷又能与无机组分发生物理或化学作用[3,4]。MPTMS 在 MAA 作用下水解生成的硅醇既可自聚生成 SiO_2，又可通过硅醇共价键和其他高分子反应，还又可与锂皂土表面纳米片层间通过硅羟基共价键缩合；同时 MPTMS 上的乙烯基可与 AM、MAA 单体聚合生成高分子链[5-7]。故 MPTMS 水解后生成的 SiO_2 作为无机组分与有机组分以化学键相连，同时提高了 SiO_2 在聚合物基体中的相容性和分散性。锂皂土作为增韧剂，其片层结构通过非共价键作用镶嵌于聚合物链上，增强了空间网架结构，也赋予高分子链灵活性，提高了凝胶的力学性能[8,9]。

2.2　合成步骤

首先，将 Laponite、AM 分散在去离子水中，搅拌一定时间后得到均匀的分散液；然后将预先超声 3min 混合均匀(或者搅拌均匀)的 MPTMS 和 MAA 加入上述分散液，再于室温搅拌一定时间；接着加入充分搅拌均匀的大分子交联剂 BWL；然后加入 APS 引发剂；最后，将上述分散液转移至塑料瓶里，密封后置于 50℃ 的水浴中聚合 48h 得到杂化凝胶；取出一半体积的凝胶，使用胶体磨造粒，凝胶颗粒平均粒径 200μm，浓度 20% 左右(表1)。

表1　自适应弹性颗粒各组分比例与条件

实验	各组分百分比(%)					
	锂皂土	AM	MPTMS	MAA	BWL	APS
1	0.8	20	3	20	0.5	0.15
2	0.8	20	3	20	1	0.15
3	0.8	20	3	20	1.5	0.15
4	0.8	20	3	20	2	0.15
5	0.8	20	3	20	3	0.15

3 自适应弹性颗粒性能评价

3.1 凝胶颗粒老化分析

采用激光粒度仪对不同条件制备的凝胶颗粒老化前后的粒径分布进行测试，老化试验条件为120℃/16h，老化前后凝胶颗粒的粒径变化情况见表2、表3。

表2 不同条件制备的自适应弹性颗粒老化前粒径分布

实验	1	2	3	4	5
浓度(%)	0.01	0.09	0.04	0.02	0.07
一致性	1.183	1.496	1.197	0.585	0.642
比表面积(m²/kg)	95.24	33.79	41.91	79.96	53.64
$D[3, 2](\mu m)$	63.0	178	143	75.0	112
$D[4, 3](\mu m)$	193	448	336	142	175
$D_x(10)(\mu m)$	35.0	92.1	77.6	42.3	64.0
$D_x(50)(\mu m)$	109	210	185	120	134
$D_x(90)(\mu m)$	397	1370	734	269	289

表3 不同条件制备的自适应弹性颗粒老化后粒径分布

实验	1	2	3	4	5
浓度	0.05%	0.02%	0.03%	0.03%	0.01%
一致性	1.649	0.568	0.327	1.019	0.399
比表面积(m²/kg)	32.65	60.54	66.29	68.55	76.62
$D[3, 2](\mu m)$	184	99.1	90.5	87.5	78.3
$D[4, 3](\mu m)$	861	143	106	236	108
$D_x(10)(\mu m)$	64.0	59.6	57.4	42.5	50.2
$D_x(50)(\mu m)$	430	114	99.5	152	99.9
$D_x(90)(\mu m)$	2090	250	163	434	179

对比老化前后凝胶颗粒粒径变化情况，结果见表4。

表4 老化前后不同类型凝胶颗粒粒径对比

实验	1	2	3	4	5
$D_x(50)$老化前(μm)	109	210	185	120	134
$D_x(50)$老化后(μm)	430	114	99.5	152	99.9
变化率(%)	294.50	-45.71	-46.22	26.67	-25.45
抗高温能力	A	C	C	A	B

由表2~表4实验测试结果可知，实验4、5配制出的凝胶抗高温效果[10]比较好，经过高温老化后其变化相对较小；其余实验中实验2、3粒径变小比较明显，实验1粒径变大比较明显。

3.2 热重分析实验

将实验4、5所制备的凝胶颗粒粉碎研磨，制成粉状样品，使用日本岛津公司DTG-60

型热重–差热分析仪对样品抗温能力进行测试，结果如图 3 所示。

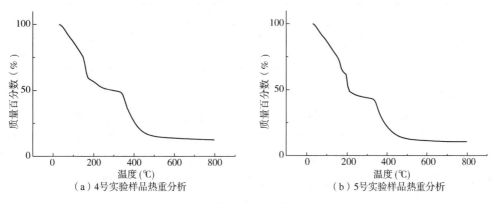

（a）4号实验样品热重分析　　　　　　（b）5号实验样品热重分析

图 3　样品热重分析结果

从图 3 中样品的热重分析曲线可知，4 号、5 号样品失重曲线存在两个台阶，其中第一个台阶变化点在 200℃左右，表示样品中的束缚水和结合水受热失去，失重 50%；第二个台阶变化则是发生在 350℃左右，在这一温度区间内材料网状结构受到破坏，内部大分子开始断裂，部分有机物也在分解，失重 10%。当温度升高至 650℃以后质量恒定不变，此时产物剩余质量为 10%~15%，表明所研制的弹性凝胶颗粒具有较好的温度稳定性。

3.3　扫描电镜分析

将 4 号样品冷冻干燥制样，通过扫描电镜观察其微观结构特征，凝胶颗粒结构如图 4 所示。

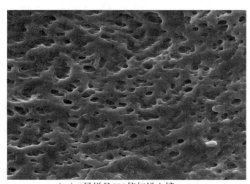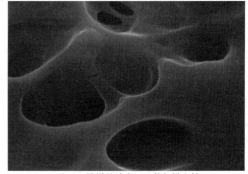

（a）4号样品500倍扫描电镜　　　　　　（b）4号样品放大1000倍扫描电镜

图 4　4 号样品扫描电镜图

从扫描电镜测试结果可知，凝胶整体结构连接致密，结构中分布有较多孔隙。这表明，弹性颗粒凝胶既可以受应力作用产生一定的形变，又可以在结构中吸收一定量的水分形成体积膨胀[11,12]。这种压缩变形、吸水膨胀的特性使凝胶颗粒在用于裂缝堵漏时既能在压力作用下体积缩小进入小裂缝，又能在吸水后体积扩张填充大裂缝，具有较宽的裂缝适用范围。

3.4　自适应弹性颗粒防漏堵漏效果评价

3.4.1　堵漏剂颗粒制备与分级

按照 2.2 节的合成步骤与方法及 4 号实验的组分比例制备自适应弹性颗粒，将所制备的凝胶干燥、研磨、造粒后进行粒径分级，分别筛选出粒径分布在 0.15~0.9mm 的弹性颗粒，颗粒的粒径分布区间及对应等级编码见表 5。

表5　自适应弹性颗粒堵漏剂的等级与尺寸对比

等级	A	B	C	D
目数	20~40	40~60	60~80	80~120
尺寸(mm)	0.9~0.45	0.45~0.3	0.3~0.2	0.2~0.125

3.4.2　堵漏剂堵漏效果评价

目前，现场常用的桥接堵漏材料一般按照形状可分为4大类，即刚性颗粒材料、纤维状材料、片状材料和其他形式的材料。本文以所研制的自适应弹性颗粒堵漏剂为主体，与纤维材料复配组合，测试不同粒径组成的自适应弹性颗粒对裂缝性漏失的堵漏效果。实验所用裂缝堵漏评价模型为0.5~1.5mm的裂缝模块，实验所用基浆为6%膨润土浆+4%纤维材料+8%自适应凝胶颗粒堵漏剂，凝胶颗粒各组分的比例及堵漏评价结果见表6。

表6　堵漏浆中不同等级的凝胶颗粒组成比例及堵漏评价结果

等级 尺寸(mm)	A 0.9~0.45	B 0.45~0.3	C 0.3~0.2	D 0.2~0.125	突破压力 (MPa)	突破前漏失量 (mL)
1	8				4.5	128
2	6	2			4.8	106
3	4	4			5.2	96
4	4	2	2		5.4	78
5	2	4	2		6.5	46
6	2	2	2	2	4.2	88
7	0	4	2	2	3.1	136
8	0	2	4	2	1.7	386

从实验结果可知，在只有A级颗粒时1号堵漏配方能承压4.5MPa，但漏失量较大，而逐渐降低A级颗粒含量，增加粒径较小的B、C、D及颗粒，堵漏浆的突破压力升高，突破前的漏失量均降低。当颗粒组成A：B：C=2：4：2时，堵漏浆的突破压力可达6.5MPa，漏失量仅为46mL，而当A级堵漏剂颗粒含量减少为0后，堵漏浆突破压力降低，漏失量急剧增加。这表明，对于0.5~1.5mm宽的裂缝漏失通道，A级颗粒具有比较合适的架桥承压效果，当一定程度降低A级颗粒，增加较小的B、C级颗粒后，能够在裂缝内构筑起稳固的封堵成，提高堵漏浆在裂缝内的承压能力和降低漏失量。若缺少A级骨架颗粒，堵漏浆的承压能力将快速减小。因此，通过实验可确定堵漏效果最好的颗粒组成为A：B：C=2：4：2。

4　结论与认识

（1）鄂尔多斯盆地延安气田东部区域井漏问题严重，该区域地层井漏主要由微裂缝延伸、扩展和对天然裂缝通道的诱导连通形成。

（2）研制了一种自适应弹性颗粒堵漏剂，凝胶粒径具有可控调整，抗温效果较好，微观结构特征表明凝胶具有弹性变形和膨胀扩张的效果。

（3）通过实验确定了凝胶堵漏颗粒的在选用A、B、C级颗粒后，以2：4：2的比例使用承压能力最高，漏失量最少。

参 考 文 献

［1］邱正松，吕开河，魏慧明，等．一种钻井液用自适应防漏堵漏剂［P］.CN101089116.

［2］王波．页岩微纳米孔缝封堵技术研究［D］.西南石油大学，2015.

［3］徐同台．钻井防漏堵漏技术［M］.北京：石油工业出版社，1997：70-86.

［4］蒲晓林，罗向东，罗平亚．用屏蔽桥堵技术提高长庆油田洛河组漏层的承压能力［J］.西南石油学院学报，1995(2) 78-84.

［5］白英睿，孙金声，吕开河，等．一种热熔型堵漏剂，随钻液及其制备方法和应用［P］.CN109810682A，2019.

［6］白英睿，孙金声，吕开河，等．有机—无机复合凝胶堵漏剂及其制备方法与应用［P］.CN110129013A，2019.

［7］张文哲，孙金声，白英睿，等．抗高温纤维强化凝胶颗粒堵漏剂［J］.钻井液与完井液，2020(3).

［8］李伟，王波，张文哲，等．一种耐高温复合强化凝胶堵漏剂及其制备方法［P］.CN110734751A，2020.

［9］贺明敏，吴俊，蒲晓林，等．基于笼状结构体原理的承压堵漏技术研究［J］.天然气工业，2013，33（10）：80-84.

［10］王波，孙金声，李伟，等．陕北西部地区裂缝性地层堵漏技术研究与实践［J］.钻井液与完井液，2020，37(1)：13-18.

［11］李成，李毅，罗鹏海．探讨陕北地区钻井的堵漏技术［J］.中国新技术新产品，2012(5)：160.

［12］张希文，李爽，张洁，等．钻井液堵漏材料及防漏堵漏技术研究进展［J］.钻井液与完井液，2009（6）：74-76.

钻井液润滑性测试重复性和一致性研究

赵　宇　何　斌　刘海丽

（中海油服油田化学事业部塘沽钻完井液业务）

【摘　要】 本文研究了极压润滑仪工作原理、操作习惯及校准方法，通过一定量的测试数据，分析了钻井液润滑仪测试数据误差来源。润滑环和润滑块的表面质量是仪器误差的主要来源，润滑块表面的摩擦位置及摩擦面积会影响测量结果。蒸馏水不应作为标准物质来校准仪器，而应该统一使用普朗尼制动计校准，这样不同仪器也能获得对比性、一致性和重复性很好的数据。

【关键词】 极压润滑仪；润滑性测试；超量程

1　引言

钻超深井、大斜度井、水平井和丛式井时，钻柱的旋转阻力和提拉阻力会大幅度提高。由于影响钻井扭矩和阻力以及钻具磨损的主要可调节因素是钻井液的润滑性能，因此钻井液的润滑性能对减少卡钻等井下复杂情况，保证安全、快速钻进起着至关重要的作用。

两个既直接接触又产生相对摩擦运动的物体所构成的体系称为摩擦副。按摩擦副的润滑状态，摩擦可以分为四类：（1）干摩擦：两接触表面间无任何润滑介质存在时的摩擦；（2）流体摩擦：两接触表面被一层连续不断的流体润滑膜完全隔开时的摩擦；（3）边界摩擦：两接触表面上有一层极薄的边界膜（吸附膜或反应膜）存在时的摩擦；（4）混合摩擦：两接触表面同时存在着流体摩擦、有序分子膜、边界摩擦和干摩擦的混合状态时的摩擦。

可以认为钻井过程为混合摩擦，但是边界摩擦其主要作用，即两接触面间有一层极薄的润滑膜，摩擦力不取决于润滑剂的黏度，而是与两摩擦表面和润滑剂的特征有关。极压润滑仪就是研究和模拟边界摩擦的专用仪器。

2　极压润滑仪工作原理及校准方法

目前，国内外室内测定泥浆摩擦系数主要使用极压润滑仪，主要机型如图 1 所示。极压润滑仪测试原理如下：测试环安装在旋转主轴上，以恒定的转速旋转（通常为 60r/min），测试块紧靠在测试环上，测试块与测试环之间的正压力可以通过扭矩扳手读出（通常为 150in·lbf，16.95nm），将测试环和测试块浸泡在钻井液中，钻井液在测试环和测试块之间形成一层极薄的润滑膜。施加在润滑膜上的力为 5000~10000psi（34470~68940kPa）。润滑性测试模拟的是钻井过程中钻杆与井壁之间的摩擦。摩擦测试实质测量的是摩擦系数，两个金属表面的摩擦系数被定义为摩擦力与正压力的比值。因此摩擦系数与接触面积无关，也就是

作者简介：赵宇，中海油服油田化学事业部塘沽钻完井液化验室，工程师。地址：天津市滨海新区海洋；高新区海川路 1581 号中海油服产业园分析楼 302 室；Tel：（022）59552522/17720117330，E-mail：zhaoyu5@cosl.com.cn。

说在相同的负载下，在小面积和大面积上克服摩擦的力是相同的。

（a）美国Fann公司生产

（b）美国OFI公司生产

（c）国产机型

图 1　极压润滑仪的主要机型

$$\mu = \frac{F}{W} \tag{1}$$

式中：μ 为摩擦系数；F 为摩擦力；W 为正压力。

由于正压力是通过扭矩扳手施加，力臂长度为 1.5in，当扭力扳手为 150in·lbf 时，正压力为 100lbf。

$$\mu = \frac{A}{100} \times k \tag{2}$$

式中：μ 为摩擦系数；A 为扭力扳手为 150in·lbf 时表盘读数；k 为仪器修正系数。

摩阻降低率定义为加入润滑剂后，使钻井液摩擦系数降低的百分比。

$$C = \frac{\mu_{钻井液} - \mu_{添加润滑剂的钻井液}}{\mu_{钻井液}} = (1 - \frac{A_{添加润滑剂的钻井液}}{A_{钻井液}}) \times 100\% \tag{3}$$

式中：C 为摩阻降低率；$\mu_{钻井液}$ 为钻井液的摩擦系数；$\mu_{添加润滑剂的钻井液}$ 为添加润滑剂后钻井液的摩擦系数；$A_{钻井液}$ 为钻井液样品时的表盘读数；$A_{添加润滑剂的钻井液}$ 添加润滑剂后钻井液样品时的表盘读数。仪器修正系数 k 不参与摩阻降低率的计算。

根据极压润滑仪的工作原理，需要校准的参数有转速、正压力、扭矩(图 2)。转速是指安装可摩擦环的主轴的旋转速度，可用转速表校准，转速允许误差范围±3 转；正压力是靠扭矩扳手施加，机械尺寸决定了力臂为常量，只需要校准扭矩扳手即可；扭矩校准方法有两种，这也是本文要讨论的主要问题：一种是使用 fann 普朗尼制动计（Prony Brake）校准；另一种是使用蒸馏水校准，将蒸馏水作为样品，测得摩擦系数为应 0.34，如图 3 所示。

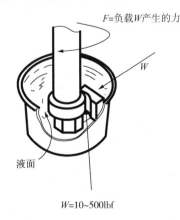

图 2　极压润滑仪的润滑环和润滑块位置

图 3　光电转速表和扭矩扳手表盘

使用 fann 普朗尼制动计校准方法如下：首先调整仪器转速反馈旋钮，使转速稳定。具体做法是，释放扭矩扳手，使正压力为零，调整转速为 60r/min，操作机器，使扭矩扳手读数为 150in·lbf，注意，这时润滑环和润滑块已经开始摩擦，因此必须使其浸泡在水或者其他样品中，避免温度过高。使用扭矩扳手加载 150in·lbf 扭矩后，转速不一定会保持

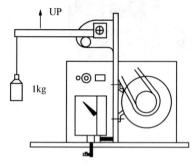

图 4　极压润滑仪主轴扭矩校准示意图

60r/min，这时需要调节转速反馈旋钮，使加载前和加载后的转速保持一致。然后，将极压润滑仪 90° 倒置，使旋转主轴保持水平状态（图 4）。开启仪器，调节转速调节旋钮，使旋转主轴旋转速度为 60r/min，调节扭矩调零旋钮，使空载扭矩读数显示为零。将 fann 普朗尼制动计安装在旋转主轴上，悬挂 1kg 砝码，读取此时扭矩读数。由于之前已经调整过转速反馈旋钮，因此悬挂 1kg 砝码后，主轴转速应该保持 60r/min 不变。根据仪器设计参数，悬挂 1kg 砝码后，扭矩读数应为 41.5。如果扭矩读数有偏差，应该调节扭矩增益旋钮和扭矩调零旋钮，使

其达到 41.5，这个调整过程可能要反复几次才能完成。需要注意的是，目前常用的进口、国产仪器只有 Fann21200 极压润滑仪可以使用 fann 普朗尼制动计校准，而 OFI 极压润滑仪不能使用 fann 普朗尼制动计校准。

3　实验过程

3.1　测试数据

润滑性测试操作如下：

配制基浆：在高搅杯中先加入 400mL 三级水，再加入 20g 钠膨润土，在 11000r/min 下搅拌 20min，至于 25±2℃ 下养护 24h。

配制样品浆：取养护好的基浆加入 4g 样品，在 11000r/min 下搅拌 20min，进行润滑系数的测定。

首先在确保润滑环和润滑块清洁的状态下，测量蒸馏水的润滑系数，验证仪器工作状态，蒸馏水的读数应为 34，但是根据长时间的仪器操作经验来看，不论怎么清洗，在上次测完样品浆以后，水的读数都会偏低一些，因此我们会以仪器的蒸馏水温度值参与修正计算［公式（2）中的 k］，而不会以单独的某次蒸馏水的读数为准，Fann21200 极压润滑仪蒸馏水的读数在很长时间内都会保持稳定。

然后分别测量基浆和样品浆的润滑性，为了验证仪器的工作状态，有时在测完基浆后，还要再测量一边蒸馏水。

以下为同一仪器，测量同一个润滑剂厂家的样品，获得的测试数据。测得的数据遵循步骤：蒸馏水-基浆-蒸馏水-加有润滑剂样品，见表 1。

仪器状态描述：仪器转速空转 60±3r/min、测试滑块表面光滑无沟槽。

表 1　极压润滑仪测定数据汇总

润滑剂测试样品序号	蒸馏水（通常前一次测试是加有润滑剂样品）	基浆	蒸馏水	样品浆	降低率（%）
1	31.5	59.0	35.5	6.5	88.98
2	32.5	60.0	37.0	8.0	86.67

润滑剂测试样品序号	蒸馏水(通常前一次测试是加有润滑剂样品)	基浆	蒸馏水	样品浆	降低率(%)
3	31.0	61.0	36.0	6.5	89.34
4	31.5	59.5	36.0	6.5	89.08
5	32.0	62.5	36.0	7.5	88.00
6	32.0	60.5	37.0	7.0	88.43
7	30.0	57.0	33.5	8.0	85.96
8	30.5	57.5	33.5	9.0	84.35
9	30.5	59.0	34.0	9.5	83.90
10	30.5	57.0	36.0	7.0	87.72
11	31.0	60.5	36.5	9.5	84.30
12	31.5	60.0	36.0	9.5	84.17
13	30.0	63.0	37.0	7.0	88.89
14	32.0	64.5	37.0	6.5	89.92
15	32.5	61.5	38.0	7.0	88.62
16	32.0	62.0	37.5	9.0	85.48

3.2 数据分析

从以上数据可以看出:

第一次蒸馏水的读数基本上稳定。有些差别是因为润滑环和润滑块上残留样品的影响。我们做过很多次验证,将润滑环和润滑块清洗干净后,连续测量 3~5 次蒸馏水后,蒸馏水的读数将稳定在同一个读数,误差在±1,不论上一次测量何种样品。

基浆的读数稍有变化。笔者认为引起基浆读数变化的原因是配制基浆过程中引入的误差,或者配制好基浆后取样不均衡引入的误差。基浆的读数可以使用多次测量的平均值参与降低率计算[公式(3)]。

样品浆及降低率的结果相对稳定。基浆的读数误差对降低率的计算,影响相对较小,而样品浆由于读数小,它的读数误差对降低率计算结果的影响较大。整体来看,测量误差在可接受范围内。

4 极压润滑仪误差来源分析

4.1 润滑环和润滑块的表面质量

图 5 中列出了平时收集到的,不同润滑块表面照片,笔者认为,极压润滑仪测量误差主要来源于润滑环和润滑块的表面质量不同。仪器本身的机械结构和电子电路很稳定,尤其是进口仪器。因此遇到读数一致性变差的情况,不会使用蒸馏水去校准,调整仪器参数,而是通过一定的方法,改善润滑环和润滑块的表面质量。使用蒸馏水是为了验证仪器整体工作状态是否稳定,而不是以蒸馏水作为标准物质。

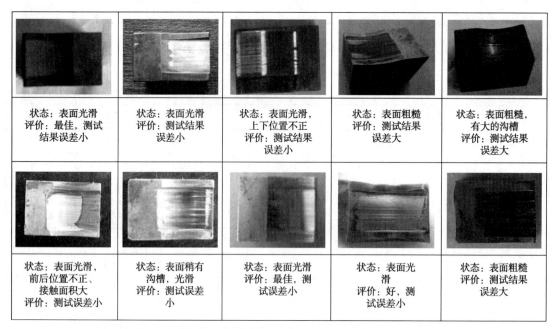

状态：表面光滑 评价：最佳，测试 结果误差小	状态：表面光滑 评价：测试结果 误差小	状态：表面光滑， 上下位置不正 评价：测试结果 误差小	状态：表面粗糙 评价：测试结果 误差大	状态：表面粗糙， 有大的沟槽 评价：测试结果 误差大
状态：表面光滑， 前后位置不正、 接触面积大 评价：测试误差小	状态：表面稍有 沟槽，光滑 评价：测试误差 小	状态：表面光滑 评价：最佳，测 试误差小	状态：表面光 滑 评价：好，测 试误差小	状态：表面粗糙 评价：测试结果 误差大

图 5 润滑环和润滑块的表面质量是仪器误差的主要来源

4.2 润滑环和润滑块的位置

极压润滑仪的润滑环和润滑块是配套使用的，必须同时更换。更换完的一套润滑环和润滑块，摩擦位置应该调整到润滑块的中间(图 6)。润滑块夹持器上的轴套是偏心的，使用扳手转动轴套，可以向前或者向后调节润滑块，从而前后调整摩擦位置，向上或者向下调节轴套，可以上下调节摩擦位置。虽然摩擦定律显示，摩擦系数只与接触面的粗糙程度和物体材料有关，与接触面积无关，但是在流体摩擦或者边界摩擦时，过小的摩擦面积会使接触面压强过大，破坏润滑膜或者边界膜。因此，应该按照说明书的要求，调整轴套，使摩擦位置处于中间，并且摩擦面积大于总面积的三分之二，才能获得较好的测试数据。

图 6 润滑环和润滑块的位置影响测量结果

5 结论

目前国内使用的极压润滑仪在重复性和一致性上一直困扰实验人员，数据重复性、一致性和对比性经常差强人意。根据以上的实验结果和长期的实验总结，得出以下结论：

(1) 润滑环和润滑块的表面质量是仪器误差的主要来源，应该尽量采用一些研磨方法，使接触面尽量光滑，无沟槽。

(2) 润滑环和润表 1 滑块的位置影响测量结果，接触面积大小也影响测试结果，应该调整轴套，使摩擦面处于润滑块中间位置，并使摩擦面积大于总面积的三分之二。

(3) 不应依据蒸馏水的测试结果调整仪器的电路参数，不将蒸馏水作为标准物质校准仪器，而应该使用 fann 普朗尼制动计校准仪器，这样不同的仪器会有很好的对比性和一致性。

参 考 文 献

［1］鄢捷年．钻井工艺学［M］．北京：中国石油大学出版社，2001.5：105-114.

［2］周凤山，蒲春生，倪文学，等．钻井液润滑性的合理评价［J］．西安石油学院学报（自然科学版），1999（1）：28-31+4-5.

［3］严维．Fann 型和 EP-B 型润滑仪检测差异性分析［J］．山东化工，2018，47(17)：120-121+123.

［4］王金锡．一种高性能水基钻井液润滑剂的研制与评价［D］．中国石油大学（北京），2019.

［5］夏小春，胡进军，耿铁，等．LEM-4100 润滑性评价装置及其应用［J］．钻采工艺，2016，39(2)：35-38+2.

［6］朱玉萍，王娜，何卫．润滑系数降低率测试方法的确定［J］．河南化工，2015，32(9)：60-62.

［7］孙明卫，魏秋菊，曾庆林，等．极压润滑仪磨块与磨环的抛光校正［J］．钻井液与完井液，2008（2）：8.

钻井液性能自动化检测系统的研制与应用

杨 超[1] 关 键[1] 杨 鹏[1] 翁 竞[2]

(1. 中石油长城钻探工程有限公司工程技术研究院;2. 四川泰锐石油化工有限公司)

【摘 要】 为满足钻探过程中钻井液性能参数实时检测、数据云储、自动诊断,实现油气行业智能化、数字化转型,研发出一套基于行业标准、现场施工要求、配合物联网及大数据平台相结合的钻井液智能检测系统。该系统可在常温~200℃,常压~8MPa 条件下进行 24 小时 365 天的全时段、不间断检测不同钻井液体系性能参数,测试范围包括钻井液温度、密度、流变参数、中压及高温高压滤失参数、滤液离子参数等,并根据智能分析模块对钻井液的实时参数与设计参数进行对比分析,及时提供钻井液优化建议,保证井下施工安全。通过长期室内检测及现场多口试验井数千组实验对比数据得出流变模块及滤失模块准确率 97.3%,离子测试模块准确率 96.2%,为安全、高效、智能的油气勘探开发提供了精确、稳定的数据保障。

【关键词】 数字化油田建设;钻井液智能检测评价;离子浓度检测;全自动实时检测;大数据

随着钻井液新技术的迭代更新,室内和现场需要检测的钻井液性能数字化参数趋于多样化、精细化;目前手动检测方法过程繁琐、重复性强、劳动量大、时效性差、精度较低,难以满足钻井液参数一体化统筹和精细化辩真的要求,因此研发出一套钻井液智能检测系统可在不同温度和压力条件下针对多种钻井液体系进行密度、流变性、滤失性、氯离子及钙离子浓度参数变化的全时段、全自动测试,以已录入的钻井液设计参数及邻井数据为标准,实时对比返出钻井液性能参数,出现异常及时报警,并自动生成性能优化建议[1-6]。该系统的远程控制模块可实现远程监测、网络访问、测试条件修正、测试数据转存分析等功能,通过智能控制模块生成的钻井液数据趋势分析图和对比图谱,确保钻井液性能稳定、数据可靠、有据可查和技术人员决策的精确传达,为实现石油行业一体化、精细化、智能化、数字化的深度改革提供了坚实、稳定的技术支持。

1 仪器的组成和工作原理

该仪器主要由四个机械模块和两个电子分析模块组成,机械模块包括钻井液循环加热取样模块、钻井液流变性测试模块、钻井液中压及高温高压滤失测试模块、钻井液离子浓度测定模块,电子分析模块包括钻井液性能远程监测模块和智能分析模块,如图 1 所示。钻井液循环加热系统依靠大功率可调节恒温水浴加热装置保持测试样品在设置温度范围内性能恒定,保证测试环境稳定;中压及高温高压测试模块保证钻井液在 0~7.2MPa 压差区间内自由调节,并可进行室温~200℃温度条件下滤失量全自动测试;离子滴定模块依靠不同类型

作者简介:杨超,男,1989 年生,2016 年毕业于中国石油大学(北京)获硕士学位,就职于中国石油长城钻探工程技术研究院,工程师,主要从事钻井液处理剂研发、防漏堵漏技术研究、钻井液参数自动化检测。地址:辽宁省盘锦市兴隆台区惠宾街 91 号;电话:17695624866;E-mail:yangchaodri@126.com。

电离测试探针测定 pH 值、Cl^-、Ca^{2+} 滴定过程中电位变化，并得到准确的离子浓度数据。远程监控和智能分析模块主要依靠电子井史系统和口井设计录入系统对实测钻井液性能进行分析，云储数据远程客户端可随时访问现场试验条件、参数。智能分析模块提取钻井液实测参数自动对比电子井史和口井设计，出现异常鸣笛报警，达到安全生产的目的。

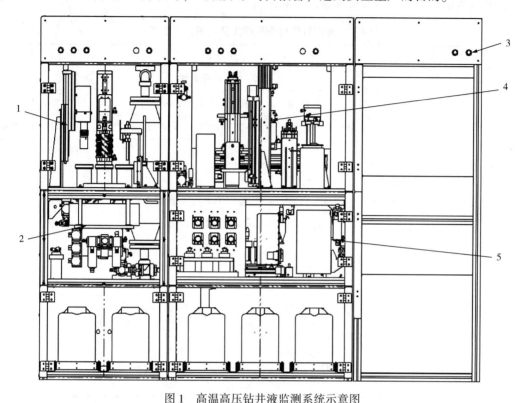

图 1 高温高压钻井液监测系统示意图

1—钻井液流变性测试模块；2—钻井液循环加热模块；3—钻井液性能远程监测及智能诊断模块；
4—钻井液中压及高温高压滤失测试模块；5—钻井液离子浓度测定模块

2 仪器结构特点及主要技术指标

2.1 仪器结构特点

该设备结构布局参考手动钻井液检测过程中默认取样测试流程，从人性化、合理化、安全化角度出发完成全套钻井液性能的检测、数据采集、云存储、数据对比、远程检测、智能诊断、报告导出的流程。循环加热取浆系统通过管道直连循环罐导流槽及钻井泵上水罐多个点位，可根据工况变化循环取浆并保温，并经过流量密度计转算钻井液密度。流变性测试模块经由改装的电子扭力仪计量六速黏度并转存分析展示在 55in 触屏显示器上，同时可计算出钻井液的动静切、n 值、K 值、动塑比等相关参数。滤失模块采用中压及高温高压分罐体加压加热模式，通过机械臂将待测样品自动转移进功率 2kW 的高温高压加热罐腔加热，可将 300mL 钻井液 20min 内加热至 200℃，滤液通过高精度计量泵进行体积测量，实现了实验流程的可视、高效、精确、快捷。离子浓度滴定模块采用高精度注射泵以 0.03~0.05mL/次进行滴定实验，同时在不同检测器的协作下完成 pH 值和离子浓度检测。远程模块和智能分析模块通过内部服务器和自主研发的钻井液性能分析软件进行钻井液各项参数的检测对标，出现异常后由智能系统报警，达到数据检测、采集、分析、报警、建议一体化、自动化模式。

2.2 主要技术指标

钻井液智能检测系统主要技术指标见表1。

表1 钻井液智能检测系统主要技术指标参考

序号	测试项目	测试范围及精度	测试标准
1	工作温度	室温~200℃，精度范围≤1℃	
2	密度测试	0~4g/cm³，精度范围≤0.01g/cm³	GB/T 16783.1—2014
3	流变性测试	静切力、动切力、塑性黏度、动塑比、n值、K值≤5%	GB/T 16783.1—2014
4	滤失压力	0~7.2MPa(≤0.01MPa)	GB/T 16783.1—2014
5	pH值及离子浓度测试	pH值、Cl^-、Ca^{2+}、K^+、Mg^{2+}≤5%	GB/T 16783.1—2014
6	中压及高温高压滤失量测试	API滤失量≤0.2mL，HTHP滤失量≤0.1mL	GB/T 16783.1—2014
7	远程监控系统	依托内网服务器及手机APP端对现场数据进行检索、报表查看、实验条件调试等	
8	云存储	现场采集的实验数据集中存储至云端，随时随地进行参数调取和对比	
9	智能分析系统	导入云端数据库中井位所在区块设计参数、邻井复杂情况数据、现场实测数据进行参数对比提供优化	
10	拓展功能	审计追踪功能：记录设备操作详细信息、追溯如开机时间、登录名、测试项目等情况；电子签名功能：可防止非相关执行者误操作设备，保证设备人员安全	

3 仪器主要技术特色及优势

3.1 钻井液性能检测一体化构建

该系统可在30min内一体、单机、同时进行温度、密度、流变、滤失、离子浓度等参数的测试，每项数据采集后立即显示在系统主屏幕上，如图2所示。测试功能的一体化和测试参数的直读性保证了仪器操作的便捷性、智能性和数据的时效性、准确性，有效减少手动操作时不同实验设备空间占用率，降低清洗设备、调试设备等工作强度，提高数据采集和应用的准确、高效。

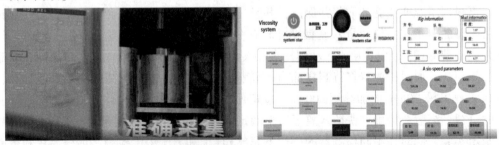

图2 数据采集界面化显示

3.2 钻井液性能参数定制式监测

钻井液智能检测系统可根据不同地区、不同井况、不同钻井液体系的需求对测试模块选择性定制，测试的针对性和专业性更突出。该系统在保证基础模块运行稳定的前提下，可根据现场应用的不同钻井液体系对循环取样点设置、离子检测种类、远程监控网络选取、智能化组件、提供报告类型等进行拆分组合、分类安装，如图3所示，达到完全贴合现场钻井液性能检测要求的目的。

图3 离子浓度分析模块组件

3.3 钻井液性能参数智能化分析

钻井液智能检测系统依托的工业PC采用IPC527E作为集画面显示、控制、通信等功能为一体的工业计算机；分布式I/O模块含总线模块、数字量输入模块、数字量输出模块、模拟量输入模块等共同完成数据采集并上传云端，对标云端井史大数据和钻井设计标准对采集参数进行分析，出现参数异常及时报警，如图4所示。

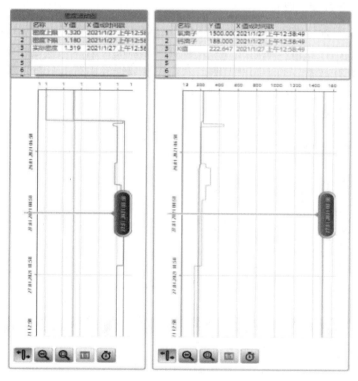

图4 钻井液性能参数异常报警界面

3.4 钻井液性能参数数字化应用

数字化模块由5G网络模块和工业交换机组成，5G模块通过网卡连接外网，供客户端远程访问使用。工业交换机把设备各模块的功能进行合理配置并组成一个局域网。数据回传后，远程控制模块可实现远程访问、测试条件修正、分析，通过智能控制模块对比钻井液数据趋势分析图，自动生成钻井液性能参数优化建议，如图5所示。

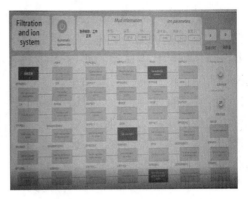

图 5　钻井液智能检测系统 APP 端及远程控制界面

4　测试应用

目前该设备已在室内进行了 1800 余组钻井液性能检测和数据采集，包括钻井液的密度、AV、PV、YP、GEL、FL_{API}、FL_{HTHP}、Cl^- 浓度、Ca^{2+} 浓度，测试效果准确的反映了钻井液的性能变化，测试数据准确率 95.34%。

4.1　钻井液密度及六速黏度检测

钻井液密度检测模块通过质量流量密度计进行钻井液采样检测，经过转存管线将钻井液转入钻井液黏度检测杯进行六速黏度检测。质量流量密度检测方式可进行点每秒的数据检测采集速度，实现钻井液密度的不间断监测。六速黏度数据经由智能分析系统计算并对标钻井液设计参数确定钻井液黏切（GEL、τ、AV、PV、YP、n、K）是否满足井下携岩、悬浮岩屑、流型参数等要求，如图 6 所示。

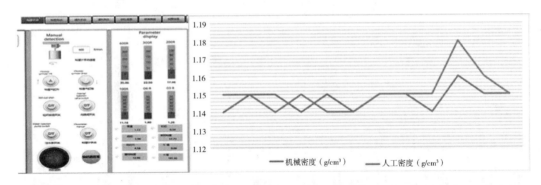

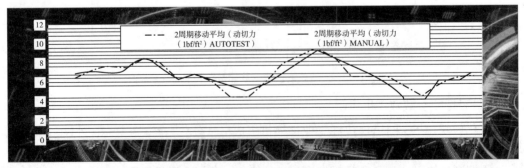

图 6　钻井液密度和黏切参数对比检测控制展示模块

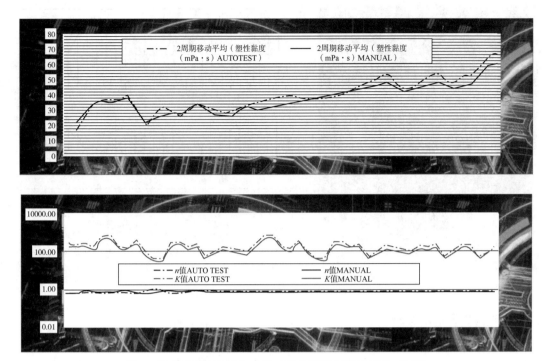

图6 钻井液密度和黏切参数对比检测控制展示模块(续图)

4.2 钻井液中压及高温高压滤失量检测

钻井液滤失检测模块由中压滤失量和高温高压滤失量两部分组成,中压标准参考 API 标准,HTHP 检测参考国标进行设计,通过串联三体加压泵进行加压,工作压力 0~8MPa。高温高压组件通过电加热套进行升温,最快可在 20min 内完成 300mL 钻井液常温~200℃的升温要求。实验的温度压力等设置的操作可在远程控制界面进行,实验过程在钢化玻璃保护的仪器内部由全自动机械臂完成(图7),保证了实验的安全、快速,实验结果的精确计量。

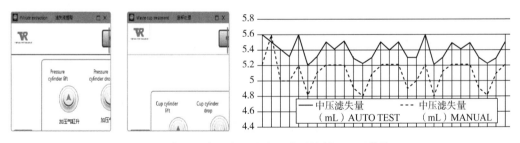

图7 中压及高温高压滤失量检测控制及显示模块

4.3 钻井液离子浓度检测

滤失实验时间可设置 7.5~60min,保证收集足够的滤液样品进行离子滴定实验。滤液收集杯内的 pH 值检测电极可进行酸碱度检测,pH 值检测后滤液通过滴定泵进入植入氯离子及钙离子检测探针滴定杯中进行最小流量为 0.001mL/次的滴定和电位检测实验,并将电位变化信号转换成数字信号,保证了实验结果的精确计算,如图8 所示。

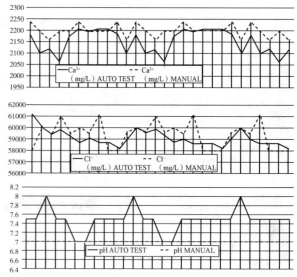

图 8　钻井液离子浓度检测控制及显示模块

4.4　远程监控及智能诊断

　　智能分析系统综合流变性参数、滤失参数、离子浓度参数检测数据，对比已录入系统的钻井液设计及邻井资料，系统将自动生成参数变化曲线及数据异常报告，为不同钻井液体系在现场安全、高效的技术服务提供有力的数据保障。远程监控系统主要由代理 APP 进行数据的云存储，并将现场采集的全部数据传输至实验室进行数据整合(图9)，达到油田数据检测可视化、数字化，方便后方技术人员对现场情况进行分析处理并提供更好的技术服务。

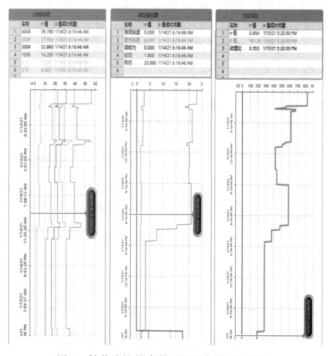

图 9　钻井液性能参数远程及智能分析模块

5 现场应用实例

通过人工智能系统的意见反馈和参数修正，有效保证了现场施工钻井液性能参数的稳定性和实效性，应用效果显著。目前该系统已在辽河油区和川渝地区共进行了 11 口井的现场服务，其中辽河油田平台井因地层亏空、易塌易漏，设计分别采用聚磺体系及卤水钻井液体系，应用智能检测系统后钻井液密度不正常波动报警 6 次，流变性参数超限 9 次，滤失超设计报警 12 次，钙离子浓度超限 2 次，承压堵漏 2 次，事故率较邻井大数据统计降低 50%，应用钻井液智能检测设备后人工成本降低 19%。

以辽河油田××井为例，该井服务周期 124 天，钻探过程中利用钻井液智能检测系统协同检测钻井液各项参数，以人机对比方式共检测钻井液样本 422 组，形成 2418 项数据，数据整体的平均准确率高达 95.7%。通过对比分析人/机测试钻井液部分参数的差异性，得出六速黏度参数人机对比检测最大波动不高于 9.86%，流变参数人机对比检测波动不高于 4.22%，如图 10 所示，具备了钻井液性能参数实时监控及事故预防的技术服务的能力。

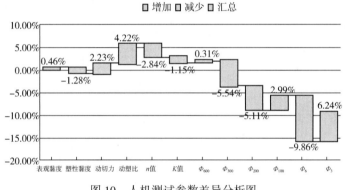

图 10　人机测试参数差异分析图

高温高压钻井液智能检测系统的技术支持效果显著，为现场不同钻井液体系钻探过程中在发现问题、解决问题提供了新思路、新方法。该设备在保证现场数据准确、及时的前提下，有效的减少现场服务人员的数量和工作强度，为数据的采集、分析、共享搭建了坚实的技术平台。

6 结论

钻井液智能检测系统的平台搭建将传统石油天然气行业钻井液测试技术与物联网平台、大数据平台相结合，为石油行业数字化转型提供了技术支持。

（1）功能全面、实时准确：该系统可针对不用地区、井况、钻井液体系进行钻井液温度、密度、流变、滤失、离子浓度等 20 项参数的实时检测和监测，通过对 1800 余组数据统计分析，平均准确率达到 95.3%。

（2）智能分析、数字云储：该系统可将采集数据上传云端，并对比邻井数据库及钻井液设计相关参数，对现场钻井液异常参数进行及时的报警、纠正，保证了钻井液性能在设计范围内的长期稳定性。

（3）安全环保、降本增效：该系统采用的一键式、全自动检测模式，减少人工进行 HTHP 实验、危化品检测实验频次，提高钻井液检测的安全等级，同时节约人工成本和减少井下复杂，直接经济效益显著。

参 考 文 献

［1］翁竞 . 一种浓度检测装置及钻井液综合性能智能检测分析系统［P］. 2019.

［2］陈明 . 钻井液密度和黏度自动连续测量系统设计应用［D］. 东北石油大学，2017.

［3］刘保双 . 钻井液性能参数在线测量装置的研制与应用［C］. 中国石油学会，2016.

［4］吴哲，黄明键，刘希民，等 . 钻井液流变性测量仪的研制［C］. 2017 中国自动化大会（CAC2017）暨国际智能制造创新大会（CIMIC2017），2017.

［5］刘保双，李公让，唐代绪，等 . 钻井液性能在线测量技术的研究及现状分析［J］. 石油管材与仪器，2011，25（2）：55-56.

钻井液用国产超微四氧化三锰加重剂的研发与应用可行性探讨

张茂欣[1]　徐同台[1]　肖伟伟[1]　褚会丽[1,2]

(1. 北京石大胡杨石油科技发展有限公司；2. 河北石油职业技术大学)

【摘　要】 埃肯公司研发的超微四氧化三锰(Micromax)加重剂用于高密度油基钻井液体系表现出良好的流变性和沉降稳定性，但由于成本高，还没有大量推广。经调研，国内已大量生产微细四氧化三锰，该产品是软磁材料的重要原料。本文探讨应用于软磁上的微细四氧化三锰(NCQ-10)，用作钻井液加重剂的可行性。通过对其理化性能测定及将其用来配制超高密度油基钻井液，NCQ-10配制的超高密度油基钻井液，表观黏度和塑性黏度较高，动切力和静切力较低，高温高压滤失量大。该产品不适用配制超高密度油基钻井液。国内某公司与北京石大胡杨石油科技发展有限公司一起研发出钻完井液用加重剂超微四氧化三锰(WSMO)，该产品密度4.6g/cm³，$D_{50} = 1.15\mu m$，颗粒形状大部分呈球形，用其与重晶石复配配制超高密度油基钻井液，流变性与沉降稳定性好、高温高压滤失量低、破乳电压高。此产品可用作钻完井液加重剂，成本可以降低。

【关键词】 超高密度油基钻井液；加重剂；四氧化三锰；粒度分布；颗粒形态；流变性

随着高温高压深井和超深井钻探日益增多，抗高温超高密度钻井液(密度>2.4g/cm³)越来越多。使用符合国标重晶石所配制的抗高温超高密度钻井液的流变性能与动沉降稳定性差，难以满足高温高压深井和超深井钻探需要[1-4]。近年来，埃肯公司研发的超微四氧化三锰(Micromax)加重剂，由于其密度高、无磁性、硬度大、比面积大、颗粒呈球形、酸溶等特点[5]，在钻完井液中使用，能显著改善超高密度钻井液流变性能与动沉降稳定性，提高完井液静沉降稳定性，减少对油气层的伤害等[6-8]。国内塔里木油田库车山前在超高密度油基钻井液中，亦已开始使用超微四氧化三锰(Micromax)加重剂，其用量已超过几千吨。超高密度钻井液的流变性和沉降稳定性大大改善，取得了明显效果[9]。但是由于价格昂贵，没有大量推广。为了满足复杂地层钻井对钻完井液性能的需求，寻找/研发价格可控国产钻完井液用加重剂超微四氧化三锰已是当务之急。

国内微细、超微四氧化三锰已拥有一定生产规模和产量，该产品是电子工业生产锰锌铁氧体软磁材料的重要原料，此外还可用作某些油漆或涂料的色料，含有四氧化三锰的油漆或涂料喷洒在钢铁上比含二氧化钛或含氧化铁的油漆或涂料具有更好的抗腐蚀性能。

本文探讨将国产应用于软磁上的微细四氧化三锰(NCQ-10)用作钻井液加重剂的可行性。实验结果表明，该产品不能满足钻完井液加重剂新需求，因而又开展适用于钻完井液用超微四氧化三锰加重剂研制，对其性能进行评价。实验结果表明，所研制国产超微四氧化三

作者简介：张茂欣，男，1998年11月生，2020年毕业于承德石油高等专科学校石油工程专业，现于北京石大胡杨石油科技发展有限公司工作，主要从事水基/油基钻完井液、防漏堵漏方向的研究。地址：北京市昌平区火炬街23号；电话：13231032809；E-mail：zhangmaoxin8117@163.com。

锰（WSMO）可用作钻完井液用加重剂。

1 软磁用微细四氧化三锰理化性能及在超高密度油基钻井液中的应用可行性探讨

1.1 软磁用微细四氧化三锰（NCQ-10）制备方法

四氧化三锰是一种黑色四方结晶，别名辉锰、黑锰矿、活性氧化锰，四氧化三锰是电子工业生产锰锌铁氧体软磁材料的重要原料。四氧化三锰的制备方法多种多样，从工艺特点和反应性质大致可归纳成四类：焙烧法、还原法、氧化法和电解法[10,11]。

我国四氧化三锰 1997 年开始生产，发展迅速，时下已经形成年产近 7 万多吨的生产规模。其生产方法采用金属锰粉氧化法生产。

1.2 软磁用微细四氧化三锰（NCQ-10）理化性能

软磁用微细四氧化三锰外观：黑色粉末；熔点 1567℃；密度 4.718g/cm³；溶解性：不溶于水，溶于盐酸、硫酸；其他性质：四氧化三锰在温度 1443K 以下时，四氧化三锰为扭曲的四方晶系尖晶石结构，而 1443K 以上时则为立方尖晶石结构。在自然界中以黑锰矿形式存在，是最稳定的氧化物。不溶于水，可溶于盐酸、硫酸。充分加热的产品，冷却后不再吸收氧气，在空气中是稳定的。结晶为斜尖晶石型体心立方晶格，$a = 0.575$nm，$c = 0.942$nm，晶格单位为 $Mn_4Mn_8O_{16}$。

本文对国产的软磁用微细四氧化三锰（NCQ-10）理化性能进行测试，结果如下。

1.2.1 密度

软磁用四氧化三锰（NCQ-10）密度见表 1，从表中数据得出，该产品密度为 4.7g/cm³，与 Micromax 相接近。

表 1 软磁用四氧化三锰与 Micromax 密度

样品名称	干粉密度（g/cm³）
Micromax	4.77
NCQ-10-1	4.73
NCQ-10-2	4.72

注：本文实验所用超微四氧化三锰（Micromax）全部取自塔里木油田现场某井。

1.2.2 颗粒形状

软磁用 NCQ-10 与 Micromax 电镜扫描（SEM）如图 1~图 3 所示。可以看出 NCQ-10 球形度不好，而 Micromax 呈球形，形态规则。

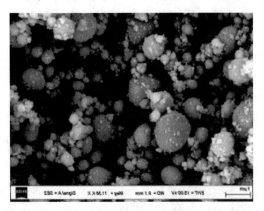

图 1 Micromax 微观结构

图 2 NCQ-10-1 微观结构

图 3　NCQ-10-2 微观结构

1.2.3　粒度分布

NCQ-10 与 Micromax 粒径分布见表 2。NCQ-10 三个批次的 $D_{90/75/50/25}$ 粒度均大于 Micromax。

表 2　四氧化三锰粒径分布

样品名称	颗粒度（μm）				
	D_{90}	D_{75}	D_{50}	D_{25}	D_{10}
Micromax	3.51	1.49	1.01	0.70	0.48
NCQ-10-1	5.59	4.40	3.47	2.56	0.88
NCQ-10-2	5.60	4.50	3.54	2.73	1.23
NCQ-10-3	5.58	4.34	3.41	2.53	0.81

1.2.4　化学组分

软磁用 NCQ-10 与 Micromax 组分见表 3。从表中数据见，软磁用 NCQ-10 纯度高达 99% 以上，而 Micromax 为 96%。

表 3　软磁用微细四氧化三锰化学组分

样品名称	元素质量比（%）										
	Mn_3O_4	S	Cl^-	H_2O	Fe_2O_3	Cr_2O_3	SiO_2	CaO	MgO	K_2O	Na_2O
Micromax	96.12	—	—	—	2.75	—	0.027	—	0.21	0.177	0.02
NCQ-10-1-1	99.53	0.01	0.03	0.20	0.0020	0.0006	0.0060	0.0034	0.0026	0.0016	0.0032
NCQ-10-1-2	99.04	0.02	0.02	0.29	0.3900	0.0124	0.0076	0.0035	0.0076	0.0018	0.0032
NCQ-10-1-3	99.13	0.02	0.03	0.35	0.2200	0.0090	0.0066	0.0027	0.0084	0.0017	0.0032

注：Micromax 产品组分来源埃肯公司产品介绍。

1.3　软磁用微细四氧化三锰用作钻井液加重剂可行性探讨

1.3.1　超高密度油基钻井液性能测试方法

钻井液性能测试方法严格按照 GB/T 16783.2—2012《石油天然气工业钻井液现场测试 第 2 部分油基钻井液》测试钻井液老化后性能，老化条件为 180℃下热滚 16h 油基钻井液流变性测试温度定为 65℃。

1.3.2 软磁用微细四氧化三锰对高密度油基钻完井液性能的影响

采用 Micromax、NCQ-10 作为加重剂，配制抗 180℃、密度 2.6g/cm³ 油基钻井液性能影响见表 4、图 4 和图 5。由表中数据得出：NCQ-10 用作加重剂所配制的超高密度油基钻井液，流变性能大大高于 Micromax-2 所配制的超高密度油基钻井液。NCQ-10-2 与 NCQ-10-3 配制的油基钻井液表观黏度和塑性黏度较大，而且高温高压滤失量极大，但电稳定性较好。

表 4 软磁用四氧化三锰（NCQ-10）对 180℃、2.6g/cm³ 油基钻井液性能影响

加重剂	ρ (g/cm³)	AV (mPa·s)	PV (mPa·s)	YP (Pa)	G_{10s} (Pa)	G_{10min} (Pa)	FL_{HTHP} (mL)	ES (V)
Micromax：重晶石 = 6：4	2.6	50.5	41.0	9.5	5.5	7.5	7.5	935
NCQ-10-1：重晶石 = 6：4	2.6	98.5	93.0	5.5	3.5	5.5	8	897
NCQ-10-2：重晶石 = 6：4	2.6	110.0	105.0	5.0	2.5	3.5	>100	1119
NCQ-10-3：重晶石 = 6：4	2.6	124.5	102	22.5	3.5	7	>100	1142

配方：0# 柴油 + 主乳 1% + 辅乳 1.4% + 润湿剂 2% + 有机土 1% + 降滤失剂 5% + CaO1% + 加重剂，油水比 90：10，钻井液用水为 25%CaCl₂，加重剂为四氧化三锰和重晶石 6：4 复配。

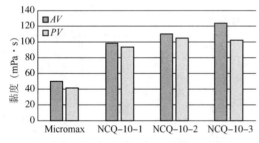

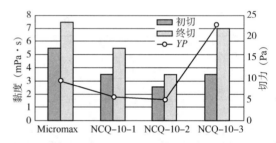

图 4 不同四氧化三锰对抗高温高密度　　　　图 5 不同四氧化三锰对抗高温高密度
钻井液黏度的影响　　　　　　　　　　钻井液切力的影响

1.3.3 小结

（1）软磁用微细四氧化三锰中，四氧化三锰含量高达 99.5%，密度为 4.7g/cm³；球形度不好，大部分呈不规则状，颗粒度 D_{50} 为 3.4~3.6μm。

（2）采用微锰（Micromax）作为加重剂配制密度为抗 180℃、2.6g/cm³ 油基钻井液，具有良好的流变性能，同时还可保持较低的高温高压滤失量。

（3）采用应用在软磁的四氧化三锰作为加重剂配制抗 180℃、密度为 2.6g/cm³ 油基钻井液，表观黏度和塑性黏度较高，动切力和静切力较低，高温高压滤失量大，该产品不能用作抗高温高密度油基钻井液加重剂，需研发钻完井液用加重剂超微四氧化三锰。

2 国产钻井液用加重剂超微四氧化三锰研发与应用可行性探讨

2.1 国产钻井液用加重剂超微四氧化三锰研发

为了研发适用于钻完井液加重剂超微四氧化三锰，国内某公司与北京石大胡杨石油科技发展有限公司一起进行此项研究工作。为了控制成本，改为国产成本低的锰矿粉作为原料，稍降产品中四氧化三锰含量。改变制备方法，利用特殊工艺改善四氧化三锰成型工艺，使生产出的四氧化三锰粉末呈球形，其粒径 D_{50} 接近 1μm，增大比表面，并改善表面性质。所研发出产品代号为 WSMO。

2.2 国产钻井液用加重剂超微四氧化三锰(WSMO)理化性能

2.2.1 密度

钻井液用四氧化三锰(WSMO)与微锰(Micromax)密度见表5。由表可知,Micromax 的密度要稍微大于 WSMO 的三个批次。

表5 钻井液用四氧化三锰(WSMO)与微锰(Micromax)密度

样品名称	干粉密度(g/cm³)
Micromax	4.77
WSMO-1	4.56
WSMO-2	4.55
WSMO-3	4.52

2.2.2 颗粒形状

钻井液用四氧化三锰(WSMO)与微锰(Micromax)电镜扫描(SEM)如图6~图9所示。可以看出,Micromax 颗粒全部为球形。WSMO 大部分呈球形,仅少部分呈不规则块状。

图6 Micromax(SEM)微观结构

图7 WSMO-1(SEM)微观结构

图8 WSMO-2(SEM)微观结构

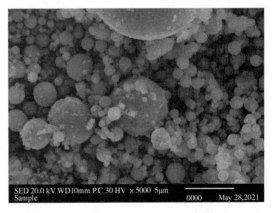

图9 WSMO-3(SEM)微观结构

2.2.3 粒度分布

钻井液用四氧化三锰(WSMO)与微锰(Micromax)粒径分布见表6。WSMO $D_{50/25/10}$ 粒度与 Micromax 相接近,但 $D_{90/75}$ 还是稍大于 Micromax。

表 6　四氧化三锰粒径分布

样品名称	颗粒度（μm）				
	D_{90}	D_{75}	D_{50}	D_{25}	D_{10}
Micromax	3.51	1.49	1.01	0.70	0.48
WSMO-1	4.06	3.36	1.16	0.77	0.51
WSMO-2	4.13	3.26	1.15	0.81	0.54
WSMO-3	6.28	3.30	1.74	0.82	0.42

2.2.4　化学组分

钻井液用超微四氧化三锰（WSMO）与微锰（Micromax）化学组分见表7。WSMO 与 Micromax 中四氧化三锰含量相接近。

表 7　钻井液用超微四氧化三锰（WSMO）化学组分

样品名称	元素质量比（%）										
	Mn_3O_4	S	Cl^-	H_2O	Fe_2O_3	Cr_2O_3	SiO_2	CaO	MgO	K_2O	Na_2O
Micromax	96.12	—	—	—	2.75	—	0.027		0.21	0.177	0.02
WSMO-1	98.73	0.03	0.03	0.20	0.2800	0.0150	0.0160	0.0034	0.0125	0.0016	0.0032
WSMO-2	98.76	0.04	0.02	0.29	0.3400	0.0124	0.0151	0.0035	0.0136	0.0018	0.0032

注：Micromax 产品组分来源埃肯公司产品介绍。

2.3　钻井液用超微四氧化三锰（WSMO）对超高密度油基钻井液性能的影响

采用1.3.1同样的油基钻井液性能测试方法，微锰（Micromax）和钻井液用超微四氧化三锰（WSMO）对180℃、2.6g/cm³油基钻井液性能影响见表8、图10和图11。由试验结果可知：WSMO-1、WSMO-2 和 Micromax 表观黏度和塑性黏度基本相同，初终切力和动切力也基本相同，高温高压滤失量和破乳电压略优与 Micromax。WSMO-3 表观黏度和塑性黏度稍大于 Micromax，初终切力和动切力基本相同，但高温高压滤失量和破乳电压要优与 Micromax。

表 8　四氧化三锰加重剂对180℃、2.6g/cm³油基钻井液性能影响

加重剂	ρ (g/cm³)	AV (mPa·s)	PV (mPa·s)	YP (Pa)	G_{10s} (Pa)	G_{10min} (Pa)	FL_{HTHP} (mL)	ES (V)
Micromax：重晶石=6:4	2.6	50.5	41.0	9.5	5.5	7.5	7.5	935
WSMO-1：重晶石=6:4	2.6	62	53	9	4	6	6	1360
WSMO-2：重晶石=6:4	2.6	61	50	11	5	6.5	8	1337
WSMO-3：重晶石=6:4	2.6	75	66	9	5	5.5	4	1524

配方：0#柴油+主乳1%+辅乳1.4%+润湿剂2%+有机土1%+降滤失剂5%+CaO1%+加重剂，油水比90:10，钻井液用水为25%CaCl₂，加重剂为四氧化三锰和重晶石6:4复配。

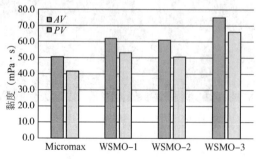

图10　不同四氧化三锰加重剂对抗高温高密度
钻井液黏度的影响

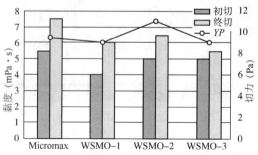

图11　不同四氧化三锰加重剂对抗高温高密度
钻井液切力的影响

2.4 小结

（1）WSMO 组份与 Micromax 相接近，其四氧化三锰含量均为 98% 左右。

（2）WSMO 密度要稍低于 Micromax。

（3）WSMO 球形度较好，少部分呈不规则块状，其球形度略次于 Micromax。

（4）WSMO 配制密度为 2.6g/cm³ 油基钻井液，表观黏度和塑性黏度均略高于 Micromax 配制的油基钻井液，动切力和静切力相接近，高温高压滤失量和破乳电压略优与 Micromax。

（5）WSMO 可用于配制超高密度油基钻井液。

3 结论与下一步计划

3.1 结论

（1）国产软磁用微细四氧化三锰不适合用作钻井液加重剂。

（2）新研发的钻完井液用超微四氧化三锰（WSMO），可用来配制的超高密度油基钻井液，其性能与 Micromax 相接近，基本可以满足现场钻井需求，其费用大幅度降低。

3.2 下一步计划

由于国产钻完井液用加重剂研发时间才 4 个月，中试了五批产品，其球形度还略次于 Micromax。下一阶段还需继续改进制备方法，提高球形度。并将此其用于完井液与油气层保护研究。

参 考 文 献

[1] 蔡利山，胡新中，刘四海，等．高密度钻井液瓶颈技术问题分析及发展趋势探讨[J]．钻井液与完井液，2007，24(s1)：38-44，127.

[2] 黄维安，邱正松，钟汉毅，等．高密度钻井液加重剂的研究[J]．国外油田工程，2010，26(8)：37-40.

[3] 邱正松，韩成，黄维安．国外高密度微粉加重剂研究进展[J]．钻井液与完井液，2014，31(3)：78-82.

[4] 王中华．国内外超高温高密度钻井液技术现状与发展趋势[J]．石油钻探技术，2011，39(2)：1-7.

[5] Mohamed Al-Bagouryand Chris Steele. A New, Alternative Weighting Material for Drilling Fluids [J]. IADC/SPE 151331。

[6] 张晖，蒋绍宾，袁学芳，等．微锰加重剂在钻井液中的应用[J]．钻井液与完井液，2018，35(1)：1-7.

[7] 韩成，邱正松，黄维安，等．新型高密度钻井液加重剂 Mn_3O_4 的研究及性能评价[J]．西安石油大学学报(自然科学版)，2014，29(2)：89-93.

[8] 岳超先，熊汉桥，苏晓明，等．加重剂类型对油基钻井液性能的影响评价[J]．钻井液与完井液，2017，34(1)：83-86.

[9] 尹达，胥志雄，徐同台，等．库车山前深井钻完井液技术[M]．北京：石油工业出版社，2020.

[10] 昝林寒，汪云华．国内四氧化三锰制备技术研究现状[J]．中国锰业，2015，33(1).

[11] 曾克新．我国四氧化三锰生产现状及发展预测[J]．中国锰业，2006，24(1)：6-8.

钻井液用沥青抑制剂室内研究

赖全勇　杨　洁　苗海龙　郭　磊

(中海油田服务股份有限公司)

【摘　要】　本文针对稠油沥青层钻进时发生的沥青黏附、包覆等问题,进行水基钻井液用沥青抑制剂室内研究。通过借鉴钻井液中防泥包测试方法构建了一套水基钻井液用沥青抑制剂的评价方法。在 KCl/PLUS 体系钻井液中进行了 6 种沥青抑制剂的评价研究,其中,2# 抑制剂能显著降低沥青在钢棒上的附着率,相对空白组的 100% 的沥青包覆,在 1.5% 加量下,沥青附着率能降至 1.5%,而且沥青并不会污染钻井液,沥青侵入后的钻井液外观、流变及 API 滤失基本无明显变化,并且沥青在浆中能保持粗分散状态。通过沥青抑制剂的机理研究分析,效果类似 2# 的聚合物型抑制剂,既能解除沥青黏附,又保持沥青的粗分散状态,是水基钻井液用沥青抑制剂的基本要求。

【关键词】　沥青抑制剂;KCl/PLUS 水基体系

在稠油油田的开发过程中,当钻遇富含沥青质稠油层且沥青软化点较低时,容易发生一些复杂情况,比如沥青包覆钻头、黏附钻具等问题,而且沥青在钻柱上黏附造成摩阻和扭矩的增加;另外,沥青对钻井液性能也有影响,由于沥青不溶于水基钻井液,因此存在于钻井液中的沥青会趋于聚集,进而污染钻井液,严重者可能会使水基钻井液增稠严重,以至于影响钻井液作业;甚至钻井液返出来的沥青容易附着在振动筛上,将振动筛糊死,直接造成振动筛跑浆。

在钻井过程中有很多预防以及处理沥青[1,2]侵入方法,如机械法、排放法、置换法、分散法以及化学法,其中化学法是使用最多的处理方式。比如,加拿大艾伯塔省 Joslyn Lease 地区的油砂开采中遭遇稠油沥青黏附时,会加入一些溶剂防止沥青的黏附;但是多余的溶剂会混入钻井液,通过循环进入井筒溶解近井壁地层中的沥青,造成了井眼的不规则,甚至导致井塌等严重事故,为了解决此问题,又会加入表面活性剂,共同解决沥青的黏附以及溶剂对井壁的侵蚀,但是不可避免地增加了环保费用与后期沥青的分离费用。综合国外的各种处理办法,同时满足环保以及经济要求的方法更多集中在沥青抑制剂上,这种添加剂既能防止沥青在管柱以及设备上的黏附,也不会将沥青溶解在钻井液中,避免了分离成本的增加和钻井液性能的改变。但国内在水基钻井液用沥青抑制剂的研究及报告极少,本文将针对性进行水基钻井液用沥青抑制剂室内研究。

1　实验部分

1.1　实验药品和仪器

药品:黄原胶类增黏剂 PF-XC、淀粉类降滤失剂 PF-FLOTROL、包被剂 PF-PLUS,加

作者简介:赖全勇,1988 年生,中海油服油化研究院,工程师,硕士研究生,主要从事钻完井液体系及产品的研究工作。电话:18510516982;邮箱:laiqy@cosl.com.cn。

重剂石灰石，均为工业产品，模拟海水(依据公司标准，自制)、沥青抑制剂(采购自市面，共6种，分别编号1#、2#、3#、4#、5#、6#)，KCl和NaCl(工业级)，烧碱(分析纯)，纯碱(分析纯)，沥青块(软化点70℃)。

仪器：变频高速搅拌器、电子天平、OFI800流变仪、OFI中压失水测量仪、OFI五轴高温滚子炉、老化罐、不锈钢棒($d=3cm$，$h=15cm$，重量350.00g)。

1.2 实验浆的配制

实验基浆选择国内外广泛使用的水基钻井液：KCl/PLUS体系，配方见表1。KCl/PLUS体系钻井液是一种全世界广泛使用的水基钻井液体系体系，性能突出，各材料代表性强，用作基浆具有普遍代表性。

表1 KCl/PLUS水基钻井液配方

组成	作用	加量
海水基液(模拟海水/烧碱/纯碱)	基液	350mL
PF-XC	增黏剂	1.0%
PF-FLOTROL	降滤失剂	1.5%
PF-PLUS	包被剂	0.3%
KCl	抑制	5.0%
NaCl	抑制	12%
石灰石	加重	加重至1.20g/cm³

同时，分别按1.5%的量往实验基浆中加入6种沥青抑制剂，对应编号1#、2#、3#、4#、5#、6#，得到实验基浆以及含有沥青抑制剂的6种样品浆。

1.3 沥青抑制剂评价研究

1.3.1 沥青抑制剂配伍性考察

实验基浆以及含有沥青抑制剂的6种样品浆在一定温度下动态热滚16h。按照SY/T 3484—2013《钻井液测试程序》，采用OFI800流变仪测试其流变性能；采用OFI中压失水测量仪测试其常温中压滤失量，压差100psi。

1.3.2 沥青抑制剂抑制性能评价

由于沥青黏附钻杆、包覆钻头等现象与钻井中的泥包钻具存在一定的类似性，故本文借鉴钻井液中防泥包测试方法构建水基钻井液用沥青抑制剂的评价方法[3]。但是由于沥青本身的亲油性，与水基钻井液亲水特性差异明显，还需要考虑沥青对钻井液本身的污染以及后续沥青的处理等问题。

钻井液用沥青抑制剂评价方法如下：

(1) 用天平称20g沥青样品，记录。

(2) 将沥青样品置于老化罐中，各老化罐中分别倒入350mL实验浆，然后在每个老化罐中放置一根不锈钢棒($d=3cm$，$h=15cm$，重量350.00g)。

(3) 在一定温度下热滚16h；热滚后观察沥青附着在不锈钢棒的情况，用清水缓慢冲刷，室温晾干称重，计算沥青附着量和附着率。

2 结果与讨论

2.1 热滚温度的影响

以不添加任何沥青抑制剂的基浆作为实验浆，按照上面所述的实验方法进行评价，热滚温度分别设为60℃，70℃，80℃，考察不同热滚温度下的沥青黏附情况，实验结果见表2及图1。

表2 热滚温度对沥青黏附的影响

热滚温度(℃)	沥青质量(g)	热滚后附着量(g)	附着率(%)
80	20.0	0.0	0.0
70	20.1	11.9	59.2
60	20.3	20.2	100.0

图1 热滚温度为80℃(左)、70℃(中)、60℃(右)下沥青黏附情况

由表2及图1可以明显发现，在沥青软化点附近，随着温度降低，沥青黏附越来越多，在高于沥青软化点处80℃时，沥青黏附极少或者不黏附，在软化点处70℃时，沥青附着率59.2%，而低于软化点温度60℃时，沥青附着率为100%，且黏附的牢固程度也强于70℃下。说明沥青包覆钻头、黏附钻具等问题可能更多是一个温度问题，这类现场作业问题也主要发生在国外一些低温作业区域，如加拿大Hangingstone油田等。这里选择60℃作为热滚温度，该温度下沥青包覆最多最牢固。

2.2 沥青抑制剂配伍性

KCl/PLUS钻井液基浆及加有抑制剂的6个样品浆流变及滤失性能测试结果见表3。

表3 沥青抑制剂加入后对KCl/PLUS钻井液体系性能的影响

编号	密度(g/cm³)	实验条件	AV(mPa·s)	PV(mPa·s)	YP(Pa)	YP/PV	G_{10s}/G_{10min}(Pa/Pa)	FL_{API}(mL)
基浆	1.20	滚前	24	12	12	1.0	4/5	
		60℃/16h	23	12	11	0.92	4/5	4.5
1#	1.20	滚前	25	13	12	0.92	5/6	
		60℃/16h	24	12	12	1.0	4/5	4.6
2#	1.20	滚前	26	14	12	0.86	5/6	
		60℃/16h	25	14	11	0.79	5/5	4.5
3#	1.20	滚前	23	12	11	0.92	4/5	
		60℃/16h	23	13	10	0.77	4/5	4.8
4#	1.20	滚前	27	13	14	1.08	6/7	
		60℃/16h	25	12	13	1.08	5/6	5.0

编号	密度（g/cm³）	实验条件	AV（mPa·s）	PV（mPa·s）	YP（Pa）	YP/PV	G_{10s}/G_{10min}（Pa/Pa）	FL_{API}（mL）
5#	1.20	滚前	26.5	14	12.5	0.89	5/6	
		60℃/16h	25	13	12	0.92	4/5	5.2
6#	1.20	滚前	25.5	13	12.5	0.96	4/5	
		60℃/16h	24	13	11	0.85	4/5	5.5

由表 2 可以看出，沥青抑制剂加入后，相比基浆，各样品浆的流变与 API 滤失量的变化在合理的允许范围内，说明沥青抑制剂与 KCl/PLUS 水基钻井液的配伍性较好。由于 6 种抑制剂来自市面上各厂家，它们的组成、颜色、黏度以及水溶性均差别明显，无法从这些物理特性上判断优劣，故以不影响钻井液基本性能作为基本前提。配伍性实验证实 6 种抑制剂没有对钻井液性能产生较显著的影响，因此进行后续评价。

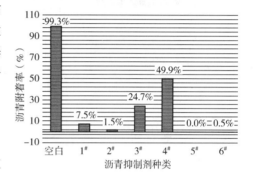

图 2 不同沥青抑制剂下的沥青附着率对比

2.3 沥青抑制性评价实验

2.3.1 抑制性实验

根据构建的评价方法计算各抑制剂的抑制效果，以附着率计，其值越小，说明抑制效果越好。结果见图 2 及图 3。

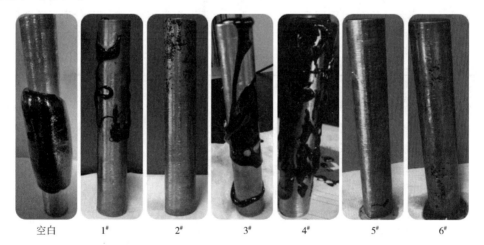

图 3 不同沥青抑制剂作用下的钢棒黏附情况

从图 2 沥青附着率看出，除了 3#、4# 的稍微偏高些，其他 4 个沥青分散抑制剂的抑制效果都很突出，沥青附着率均低于 8%，效果明显。其中，2#、5#、6# 的效果尤其突出，把空白组的近 100% 的黏附降至接近无，结合图 2 钢棒上的黏附情况来看，这三种抑制剂基本解除了沥青对钢棒的黏附。此外，空白组的沥青黏附是一种牢固式包覆，加入抑制剂后，虽然 3#、4# 样的附着率不如其他几个小，但是也明显降低了沥青在钢棒上的结合力。

2.3.2 钻井液对比

加入不同沥青分散抑制剂后，沥青在 KCl/PLUS 体系浆中也呈现出不同状态。这里选取

图 4 2#与 6#样品浆未清洗前的
钢棒黏附情况

抑制效果较突出的 2#与 6#样品浆进行对比，热滚后取出的钢棒，未清洗前状态如图 4 所示。

从图 4 中发现一个不可忽视的问题，虽然 6#的沥青附着率低于 2#，也即 6#抑制剂的抑制效果明显要优于 2#，但是并不能说明 6#就更好。因为除了抑制性，抑制剂处理后的沥青状态也很重要。虽然 6#沥青附着率更低，但是沥青变成了一种完全分散状态，钻井液完全染黑了，显然对后续的分离和处理会造成很大问题，成本也将大为提高。而 2#抑制剂保持了钻井液的基本颜色状态，同时让沥青保持在一个相对粗分散的状态，这为后续可以通过物理手段如离心及过筛除去提供了条件。

被沥青侵入后的 2#与 6#样品浆的钻井液性能见表 3。从表 4 结果来看，2#性能变化较小，而 6#已经发生了较大的改变。综合来看，2#是较为理想的一种抑制剂。

表 4 沥青侵入后样品浆的性能

编号	密度（g/cm³）	实验条件	AV（mPa·s）	PV（mPa·s）	YP（Pa）	YP/PV	G_{10s}/G_{10min}（Pa/Pa）	FL_{API}（mL）
2#	1.20	滚前	26	14	12	0.86	5/6	
		60℃/16h	25	14	11	0.79	5/5	4.5
		沥青侵入后	27	15	12	0.80	6/7	5.0
6#	1.20	滚前	25.5	13	12.5	0.96	4/5	
		60℃/16h	24	13	11	0.85	4/5	5.5
		沥青侵入后	35	18	17	0.94	9/10	7.0

2.4 抑制剂在不同加量下的性能

根据上述实验结果，表明 2#抑制剂较为符合钻井液用沥青抑制剂的要求。故进一步考察其加量对抑制效果的影响。结果如图 4 所示。

由图 5 可以看出，随着沥青抑制剂 2#增加，沥青附着率逐渐降低，当加量为 1%，可降至 10%以下，效果显著，加量至 1.5%，接近于 1%。说明 2#抑制剂的效果良好。

2.5 抑制机理分析

基于胶体溶液理论[4-6]，根据沥青质分子单元的缔合作用，抑制剂对沥青质缔合体的抑

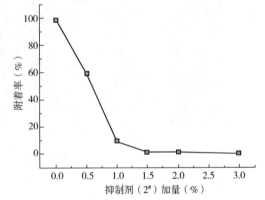

图 5 2#抑制剂加量对沥青附着率的影响

制或解缔作用主要是靠其与沥青质分子间形成更稳定的相互作用能或者形成空间位阻，从而破坏缔合体中沥青质分子间的相互作用，达到抑制沥青质聚沉和清除沥青质聚集体的效果[7]。

实际上，抑制沥青黏附聚集有两种类型的添加剂，它们分别是沥青抑制剂和沥青分散

剂。沥青质抑制剂提供真正的抑制，因为它们是通过转移沥青质絮凝压力来防止沥青质分子的聚集，达到提高沥青质分子稳定性的一类物质，故也叫沥青阻聚剂，其作用机理主要是通过氢键、吸附或嵌入等作用改变沥青质的极性从而抑制析出，并在分散沥青质表面形成"溶剂化层"防止重新聚集[8]，从结构特征上看，沥青质抑制剂多是聚合物（或树脂），包括：烷基苯酚/醛树脂、磺酸树脂；带有烷基、磺酸基苯基、烯烃基吡啶基官能团的聚烯烃酯、聚酰胺或聚酰亚胺；超支化的聚酯酰胺；烯基/乙烯基吡咯烷酮共聚物；顺丁烯二酸酐或乙烯基咪唑聚烯烃的接枝聚合物和木素磺酸盐等。而沥青质分散剂可以驱散已经形成的沥青质凝絮，其作用机理及产品样品更加复杂多样，表现为不同类型的分散剂有不同的分散机理，主要有 π—π 相互作用、酸—碱相互作用、极性力（比如氢键）、金属离子的络合等，从结构上看，沥青质分散剂一般是非聚物表面活性剂，比如十二烷基苯磺酸（DBSA），它们一般含有一个极性官能团（该极性官能团能够附着于沥青表面）和一个链烷基（阻止其他沥青分子附着），极性基团通常含有杂原子如氧、氮和硫等原子，但是近年来，胺类有机物和含有氮氧类有机化合物的聚合物高分子类沥青质分散剂，也已成为新的研究方向[9]。

许多沥青质抑制剂也可以作为沥青质分散剂使用[10]，然而沥青质分散剂不能作为沥青质抑制剂使用。但是，从最终的使用目的来看，这两者之间往往没有那么严格的界限，有时，统称为沥青抑制剂或沥青分散剂，而实际市面上的沥青分散抑制剂多是这两类材料的混合物，从本文研究的 6 种沥青抑制剂来看，除了 2# 抑制剂，其他 5 种应该包含不少的沥青分散剂成分，尤其是 6#，必然包含了不少表面活性剂成分，因为从使用之后的钻井液状态来看，亲油的沥青完完全全分散在了钻井液中，并把整个钻井液染黑。从钻井液用的沥青抑制剂角度来看，包含太多分散剂的产品并不太适合钻井液用，因为虽然解决了黏附的问题，也带来了钻井液被沥青污染、沥青难以被清除等新问题。从国外的使用情况来看，聚合物型的沥青抑制剂更符合要求，它们通过延迟沥青质絮凝起始点，阻止沥青质分子聚集，达到提高沥青质分子稳定性，既解决了黏附的问题，也不会让沥青完全分散在钻井液中，只是保持一定的粗分散状态，方便后续通过物理手段快速除掉。显然，聚合物型的 2# 抑制剂初步满足了这一要求。

3 结论

（1）通过配伍性、抑制性、钻井液性能对比，2# 抑制剂能显著降低沥青在钢棒上的附着率。相对空白组的 100% 的沥青包覆，在 1.0% 加量下，沥青附着率能降至 10% 以下，而且沥青并不会污染钻井液，沥青侵入后的钻井液外观、流变及 API 滤失基本无明显变化。

（2）通过沥青抑制剂机理分析，聚合物型的沥青抑制剂更符合水基钻井液用的要求，通过延迟沥青质絮凝起始点，阻止沥青质分子聚集，既解决了黏附的问题，也不会让沥青完全分散在钻井液中，而只是保持一定的粗分散状态，方便后续通过物理手段快速除掉。2# 抑制剂基本满足这些要求。

参 考 文 献

[1] Torres C A，Treint F，Alonso C I，et al. Asphaltenes Pipeline Cleanout：A Horizontal Challenge for Coiled Tubing[M]. 2005：1-19.

[2] Kabel K I，Abdelghaffar A M，Farag R K，et al. Synthesis and evaluation of PAMAM dendrimer and PD-PF-b-POP block copolymer as asphaltene inhibitor/dispersant[J]. 2015，41(1)：457-474.

［3］郝彬彬，项涛，胡进军，彭胜玉．钻井液防泥包性能室内动态评价实验方法［J］．中国海上油气，2017，29（3）：101-106.

［4］Nellensteyn F J. The science of petroleum［M］. Oxford University Press，London，1938.

［5］Mack，Charles. Colloid Chemistry of Asphalts［J］. The Journal of Physical Chemistry，1931，36（12）：2901-2914.

［6］Pfeiffer，J. P.，Doormaal，P. M.. The rheological properties of asphaltic asphalt. Journal of the Institute of Petroleum. 1936，22（152）. 414-440.

［7］李诚，田松柏，王小伟．沥青质分散剂与阻聚剂研究进展［J］．石油炼制与化工，2017，48（4）：99-108.

［8］袁林国，顾永超，曹刚等．沥青质抑制剂抑制机理研究［J］．辽宁化工，2019，48（10）：976-979.

［9］李杰，冀璐，孟艳．沥青质分散剂的研究进展［J］．当代化工，2019（2）：391-394.

［10］A M A，A G B，A M T，et al. On the evaluation of the performance of asphaltene dispersants［J］. Fuel，2016，179：210-220.

超高密度清洁型压井液体系研究

潘丽娟[1,2]　李冬梅[1,2]　龙　武[1,2]

(1. 西北油田分公司石油工程技术研究院；
2. 中国石化缝洞型油藏提高采收率重点实验室)

【摘　要】　目前高密度甲酸盐压井液密度与成本矛盾突出，二价钙、锌无机盐类易结垢沉淀，卤族盐类对井下管具腐蚀重，顺北超深井高温工况下此种污染和腐蚀难题更为突出。本文以不含二价阳离子和卤族元素的无机盐 JZJ-1 和有机盐 JZJ-2 复合型加重剂为基础，辅以合成耐温 180℃ 增黏降滤失剂 PT-1、阻垢剂及除氧剂，顺北现场水制备 1.60、1.70 和 1.80g/cm³ 三个密度梯度的清洁型压井液 SWJ-1、SWJ-2 和 SWJ-3。体系外观澄清透明，耐温 180℃ 老化 7d 后具有优异的流变性、滤失性及体系配伍性能，宏观及微观分析显示兼具低腐蚀特性，同时，成本较之常规同密度体系降低 50%。高温稳定、储层及管具保护特性为顺北超高密度清洁型压井液提供技术支撑，具备一定的推广应用前景。

【关键词】　超高密度；清洁型；增黏降滤失剂；完井液体系；腐蚀性能

　　顺北油气田是中国石化西北分公司的重要上产阵地，预计 2023 年建成 220×10⁴t 产能。由于储层超高温(180~207℃)、超高压(80~125MPa)，对压井液的高密度范围、高温稳定性、储层及管具保护特性提出更高要求。盐水类压井液种类繁多，为匹配地层压力体系和满足储层保护需求，在盐类加重剂的基础之上需加入其他化学处理剂。目前常用的无机盐类加重剂主要包括氯化钠、氯化钾、溴化钠、溴化钙及溴化锌等，但普遍存在压井液体系密度与造价成本间难以调和的矛盾[1-6]。同时，常规有机盐，诸如甲酸钠、甲酸钾等配制压井液体系密度有限($\leqslant$1.60g/cm³)，虽然甲酸铯等有机盐所配制压井液体系能够满足高密度 2.30g/cm³ 压井作业需求，但是造价十分昂贵。另外，一价金属盐主要用于低密度区间，因而对储层的污染和伤害较小，然而，二价钙盐、锌盐在井下地层中易结垢、沉淀，发生储层堵塞现象，且卤族盐对井下管具的腐蚀极为严重，加之井底高温条件此种污染和腐蚀难题更为突出[12,13]。此外，随深井及地热钻井技术逐渐发展，压井作业对其工作液体系高温稳定性提出了更高要求。

　　鉴于当前高密度、清洁型压井液体系在设计及应用方面存在的主要问题，结合新形势下压井作业对其工作液体系的性能要求，本项研究开展了高密度清洁型压井液体系的设计研发及应用性能研究，通过无机及有机盐复合技术在满足清洁型的前提下成功实现了对压井液体系密度的有效提升，同时，压井液体系制备成本较之常规同密度体系降低了约 50%。此外，辅以增黏降滤失剂、增溶剂、阻垢剂及除氧剂制备的高密度清洁型压井液体系具有优异的高温稳定性、储层及管具保护特性。

作者简介：潘丽娟(1983—)，女，湖北孝感人，2011 年毕业于西南石油大学应用化学专业，副研究员，主要从事钻完井液设计工作。E-mail：panlij.xbsj@ sinopec.com；Tel：18199830706；地址：新疆乌鲁木齐新市区长春南路 466 号西北石油科研生产园区。

1 实验部分

1.1 试剂及仪器

1.1.1 试剂

氯化锌、溴化钙、氯化钙、氯化钠、磷酸氢二钾、无机盐类加重剂 JZJ-1 和有机盐类加重剂 JZJ-2，以及包括氢氧化钠、磷酸、盐酸、阴离子型聚丙烯酰胺、阳离子型聚丙烯酰胺、非离子型聚丙烯酰胺、两性离子型聚丙烯酰胺、温轮胶、黄原胶、硫脲、亚硫酸钠、硫代硫酸钠、聚乙烯醇-400、十二烷基泵磺酸钠等，以上药品或试剂均为分析纯，采购于天津大茂化学试剂厂。

1.1.2 仪器

红外光谱仪、热重分析仪、Quanta450 环境扫描电子显微镜、PHSJ-4F 台式 pH 值计、HTD-GL4 高温滚子加热炉、ZNN-D12SP 六速旋转黏度计、X Pert PRO MPD 型 X 射线衍射仪、ZEISS EVO MA15 型扫描电子显微镜、高温高压 C276 磁力驱动反应釜、752N 型紫外可见光分光光度计、LH-NTU3M 型浊度仪等。

1.2 实验方法

1.2.1 增黏降滤失剂的制备及表征

以 2-丙烯酰胺基-2-甲基丙磺酸(AMPS)、丙烯酰胺(AM)及对苯乙烯磺酸钠(SSS)为聚合物单体，过硫酸铵(APS)为引发剂，采用水溶液聚合法制备适用于高密度清洁型压井液体系的增黏降滤失剂。首先，准确 8.0g SSS 溶解于 30g 去离子水中，并置于带有冷凝回流装置的四口烧瓶中升温至 60℃；然后，准确称取 16.0g AMPS 和 16.0g AM 溶解于 50g 去离子水中并置于恒压滴液漏斗，称取 4.0wt% 引发剂 APS 溶解于少量去离子水中并置于恒压滴液漏斗；待四口烧瓶中溶液升温至 60℃通氮气除氧 30min，然后开始滴加单体混合溶液和引发剂溶液，滴加时间为 30min，滴加完毕之后体系升温至 80℃反应 180min 即可。采用红外光谱分析表征合成增黏降滤失剂 PT-1 结构特征，热重分析仪测试 PT-1 耐热稳定性，Quanta450 环境扫描电子显微镜观察 PT-1 溶液微观结构，浓度为 0.50wt%，测试前需冷冻处理。

1.2.2 压井液体系的制备

首先，以实验室自来水($\rho = 1.0 \text{g/cm}^3$、pH = 7.0)为基液，添加无机盐、有机盐复合型加重剂、增黏降滤失剂 PT-1、阻垢剂、除氧剂等，制备 1.60、1.70 和 1.80g/cm³ 的三个密度梯度的高密度清洁型压井液体系 SWJ-1、SWJ-2 和 SWJ-3，然后利用氢氧化钠调节体系酸碱性即可。

1.2.3 超高密度压井液体系的性能

(1) 常规性能。高密度清洁型压井液体系常规性能，如密度、外观及体系酸碱性采用比重瓶法、直接观察法及台式 pH 值计(PHSJ-4F、上海仪电科学仪器股份有限公司)测试即可。

(2) 耐温性能。采用高温滚子加热炉(HTD-GL4、青岛恒泰达机电设备有限公司)对高密度清洁型压井液进行高温老化处理，老化温度为 180℃，龄期为 1d、2d 和 3d，然后对比老化前后 pH 值、流变及密度等性能指标的变化情况即可确定其耐温性能。

其中，流变性能采用六速旋转黏度计(ZNN-D12SP、青岛恒泰达机电设备有限公司)进行测试，包括高温老化之前及老化之后。

（3）腐蚀性能评价。高密度清洁型压井液体系腐蚀性能测试方法按 GB/T 35509—2017 油气田缓蚀剂的应用和评价执行，采用高温高压 C276 磁力驱动反应釜测试 180℃老化 7d 后的失重腐蚀速率。

采用 X Pert PRO MPD 型 X 射线衍射仪对腐蚀产物进行 X 射线衍射分析，EV0 MA15 型扫描电子显微镜对腐蚀后的 P110s 挂片进行微观形貌分析。

（4）配伍性研究。为便于井场现场使用，实验过程中选用顺北区块不同井场水为研究对象，以透光度及浊度等为指标，考察无机盐类加重剂 JZJ-1 和有机盐类加重剂 JZJ-2 与井场水间的配伍性。采用 752N 型紫外可见光分光光度计测试压井液体系透光度，LH-NTU3M 型浊度仪测试压井液体系浊度。

2 结果与讨论

2.1 增黏降滤失剂的合成及表征

采用单因素实验方法优选了压井液体系增黏降滤失剂 PT-1 的最佳合成条件，反应单体配比为 $m(AMPS):m(AM):m(SSS)=2:2:1$，引发剂加量为 4.0wt%，反应温度为 80℃，单体浓度为 33.3wt%，反应时间为 180min，最佳条件下合成 PT-1 红外光谱曲线及热失重曲线如图 1 所示。

首先，3444cm^{-1} 和 1665cm^{-1} 处存在两个较大的特征吸收峰，分别对应于丙烯酰胺中的 N-H 和 C=O 的伸缩振动吸收峰，1039cm^{-1} 处的特征吸收峰峰形较窄且强度较强，符合 2-丙烯酰胺-2-甲基丙磺酸结构单元中的 C-S 伸缩振动吸收峰特征，1588cm^{-1} 和 1450cm^{-1} 处的特征吸收峰分别对应于芳环骨架结构中两个 C=C 伸缩振动吸收峰，结合 810cm^{-1} 处芳环的吸收峰即可得知聚合物分子结构中包含了对苯乙烯磺酸钠的芳环结构。

综上，红外光谱曲线实验结果显示聚合单体 AMPS、AM 及 SSS 特征官能团所对应特征峰均出现，聚合单体 AMPS、AM 和 SSS 在引发剂 APS 的引发发生了聚合反应生成了高分子聚合物 PT-1。热重分析实验显示 200℃之前 PT-1 失重约 8%，主要因为聚合物表面自由水和一些易挥发组分在受热情况下挥发所致，也含部分酰胺基团的分解。鉴于此，合成增黏降滤失剂 PT-1 可适用于高密度清洁型压井液体系。另外，如图 2 所示，PT-1 溶液在 180℃老化 24h 后扫描电镜显示聚合物结构未发生明显变化，其溶液老化后均呈现树枝状结构，相互交错成网架结构，具有规整的空间结构。

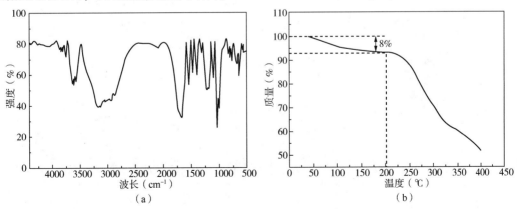

（a）   （b）

图 1 红外光谱（a）及热失重曲线（b）

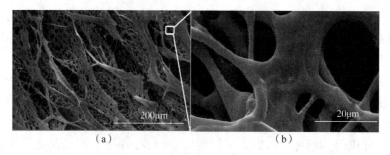

图 2　增黏降滤失剂 PT-1 溶液扫描电镜[（a）×500；（b）×10000]

2.2　超高密度压井液体系加重剂

　　高密度清洁型压井液体系要求加重剂密度范围宽、溶解度高，以满足高密度需求。下文优选溴化钙、氯化锌、无机盐类加重剂 JZJ-1 和有机盐类加重剂 JZJ-2 复合型加重剂，对比加重剂对压井液体系密度及造价成本的影响。

　　实验结果显示，在不添加任何助剂，诸如增溶剂及盐重结晶抑制剂的前提下，三种加重剂所配制压井液体系最高密度分别接近于 1.89、1.85 和 1.83g/cm³，最高密度所对应的单方成本分别为 17500、8700 和 8600 元。显然，溴化钙压井液体系造价极高，实际推广应用受到一定限制。另外，溴化钙及氯化锌压井液体系井下高温条件下易结垢且对管具腐蚀严重[6,7]。1.80g/cm³溴化钙和氯化锌体系于高温 180℃ 条件下老化龄期为 3d 时，前者底部产生了大量的乳白色沉积层，而后者对陈化罐产生了极为严重的腐蚀作用，如图 3 所示。因此，本项研究中以无机盐类加重剂 JZJ-1 和有机盐类加重剂 JZJ-2 作为复合型加重剂制备高密度清洁型压井液体系。

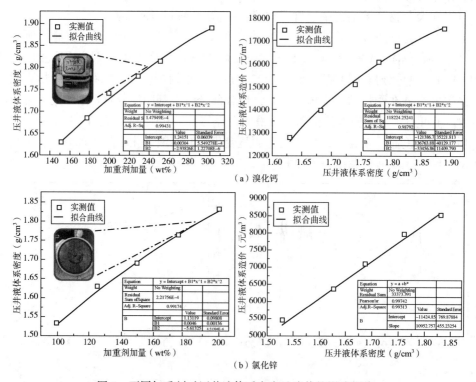

图 3　不同加重剂对压井液体系密度及造价的影响规律

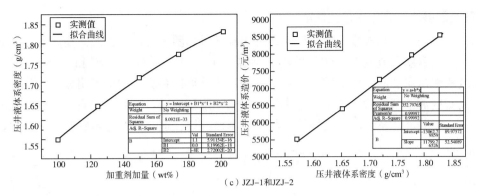

（c）JZJ-1和JZJ-2

图 3　不同加重剂对压井液体系密度及造价的影响规律(续图)

2.3　超高密度压井液体系常规性能

高密度清洁型压井液体系常规性能，如密度、pH 值及外观形貌分别见表 1 及图 4。压井液体系老化之前整体清澈、透明，高密度区间压井液经 180℃ 老化 3d 之后呈现淡黄色，而低密度区间压井液则无变化，颜色的变化主要归因于高温条件下部分加重剂氧化所致。不同密度压井液体系 pH 值总体位于 7 以上，随体系密度增加而逐渐增大，弱碱特性有助于克服传统溴化钙、溴化锌、氯化锌、氯化钙等类型加重剂对井下管具的腐蚀，破坏井筒完整性。另外，无机盐 JZJ-1 和有机盐 JZJ-2 复合型加重剂中不含钙、镁离子，能够最大程度避免二价钙盐、锌盐在井下地层中易结垢、沉淀，发生储层堵塞现象，进而对储层造成较大的污染。

表 1　压井液体系常规性能

序号	压井液体系密度（g/cm³）	pH 值	外观形貌	
			老化前	老化后
1	1.3	10.17	清澈、透明	清澈、透明
2	1.4	10.40	清澈、透明	清澈、透明
3	1.5	10.61	清澈、透明	清澈、透明
4	1.6	10.90	清澈、透明	清澈、透明
5	1.7	11.25	清澈、透明	清澈、微黄
6	1.8	11.49	清澈、透明	清澈、微黄

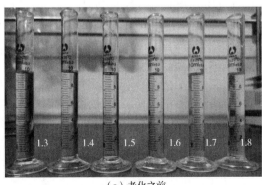

（a）老化之前

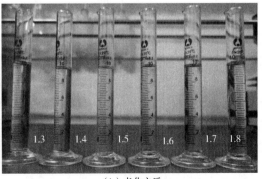

（b）老化之后

图 4　不同密度压井液体系

2.4 超高密度压井液体系耐温性能

高密度清洁型压井液体系耐温性能评价实验结果如图5所示，首次，高温老化不同临期对压井液体系密度和流变性影响均较小。高温老化3d时，1.60、1.70和1.80g/cm³压井液体系密度随测试温度的变化也较小，且不同密度压井液体系流变性均无明显变化(表2)。换言之，高密度清洁型压井液体系具有优异的耐热稳定性，适合于储层埋藏深、超高温高压地层；同时，压井液体系地面流动性好，具备低温流变性，适合低寒恶劣气候地区作业。

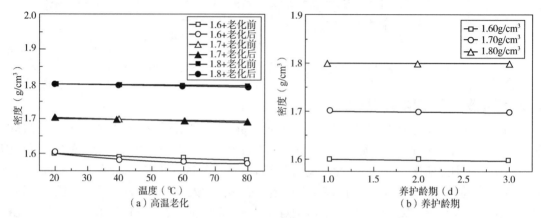

（a）高温老化 （b）养护龄期

图5　压井液体系密度

表2　压井液体系流变性能

压井液密度（g/cm³）	试验条件	不同转速下黏度(mPa·s)					
		3r/min	6r/min	100r/min	200r/min	300r/min	600r/min
1.80	老化前	0	1	33	65	103	205
	老化后	0	1	30	62	100	199
1.70	老化前	0	0	11	30	43	82
	老化后	0	0	10	28	41	76
1.60	老化前	0	0	5	11	15	31
	老化后	0	0	5	10	14	29

2.5 超高密度压井液体系腐蚀性能

JZJ-1、JZJ-2复合型加重剂所配制高密度清洁型压井液体系 pH 值位于 10～12 之间，理论上碱性环境有助于井下管具的防腐，加之 JZJ-1、JZJ-2 本身不含易腐蚀溴、氯等卤族元素，腐蚀较小。为对比说明高密度清洁型压井液体系腐蚀性能，选择国内其他油田另一压井液体系 YJ-1(密度为 1.50g/cm³) 产品作对比，两个体系中均不含缓蚀剂。

结果显示本项研究高密度清洁型压井液体系远优于 YJ-1 体系，如图6所示。压井液体系 YJ-1 高温 180℃ 腐蚀 7d 后 P110s 挂片表面出现了严重的腐蚀情况，水洗、石油醚洗及酸洗后表面存在明显点蚀现象，与前述理论分析一致。

X 衍射分析表明压井液体系 SWJ-3 和 YJ-1 腐蚀产物基本一致，产物大多为均为 Fe_3O_4，扫描电镜分析显示 P110s 挂片在体系 YJ-1 中腐蚀 7d 后钢材料表面已完全被腐蚀产物覆盖，已无法再观察到金属材料基底，而 P110s 挂片在体系 SWJ-1 中腐蚀 7d 后钢材料表面沉积的腐蚀产物较少，表面结构较为致密，尚能观察到金属材料基底(表3、图7)。

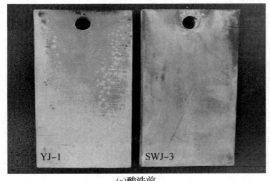
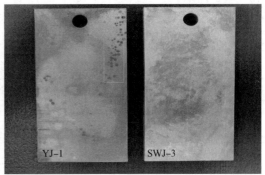

(a)酸洗前　　　　　　　　　　　　　　　　　(b)酸洗后

图 6　腐蚀前后挂片数码照片

表 3　压井液体系腐蚀评价

压井液	密度（g/cm³）	腐蚀前质量（g）	腐蚀后质量（g）	腐蚀速率（mm/a）
SWJ-3	1.80	23.0693	22.8824	0.4303
YJ-1	1.50	23.3057	22.1891	2.5939

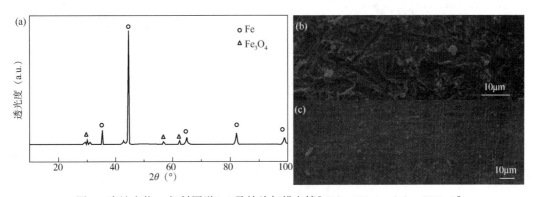

图 7　腐蚀产物 X 衍射图谱（a）及挂片扫描电镜［（b）：YJ-1；（c）：SWJ-3］

　　该现象的主要原因是无机盐 JZJ-1 和有机盐 JZJ-2 复合型加重剂中不含卤族元素，如溴、氯离子等[9,10]。综合上述宏观及微观分析，本研究所涉及高密度清洁型压井液体系腐蚀性较常规压井液体系小，且体系密度更高、造价成本更低，具备一定的推广应用前景。

2.6　超高密度压井液体系配伍性能

　　为进一步评价高密度清洁型压井液体系广谱性，以透光率与浊度为评价指标，就JZJ-1、JZJ-2 复合型加重剂与顺北工区不同钙镁离子浓度的井场水试样（表4）的配伍性进行了研究。

　　以 JZJ-1、JZJ-2 复合加重剂分别加重井场水 1#、2# 和 3# 至相同的密度 1.80g/cm³，测试体系的透光率和浊度值，透光率越高且浊度值越低，则配伍越好。结果显示：井场水 1#、2# 与复合型加重剂配伍性良好，透光率接近于纯水 100%，井场水 3# 配制压井液高温 180℃老化 1d 后透光率出现了较大的下降，体系中出现了明显的乳白色软沉淀，同时，浊度实验结果也显示压井液体系不再澄清透明，压井液体系中出现了大量微米级颗粒。粒径分析表明，软沉淀颗粒中值粒径约为 18.78μm，37.77μm 以下的颗粒约占 90%。如图 8 和图 9 所示。因此，判断复合型加重剂适应钙镁离子浓度上限为 320mmol/L。换言之，此钙镁离子浓度区间以内，高密度清洁型压井液体系配伍性良好。

表 4　井场水水质分析

序号	密度(g/cm³)	pH 值	Ca²⁺	Mg²⁺	Na⁺+K⁺	HCO₃⁻	SO₄²⁻	Cl⁻	矿化度
1#	1.001	6.6	6.44	3.91	752.21	51.26	1223	250	2261.56
2#	1.008	6.8	162	163	3389.94	89.7	3299	3502	10560.9
3#	1.009	7.6	280	135	3904	102.5	3099	4564	12035.6

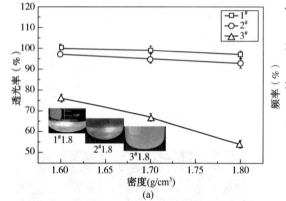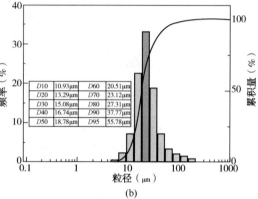

图 8　压井液透光率(a)及软沉淀粒径分布(b)

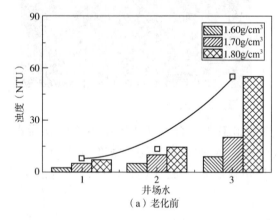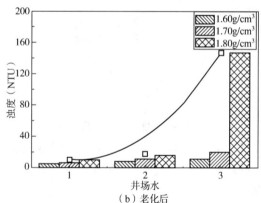

图 9　压井液体系浊度

3　结论

（1）无机盐 JZJ-1 和有机盐 JZJ-2 复合型加重剂，不含二价阳离子和卤族元素，避免了溴化钙、氯化锌等高密度体系高温二次沉淀和腐蚀严重的问题。

（2）采用单因素实验方法优选反应单体配比 $m(\text{AMPS}):m(\text{AM}):m(\text{SSS})=2:2:1$，引发剂加量 4.0wt%，反应温度 80℃，单体浓度 33.3wt%，反应时间 180min，合成耐高温增黏降滤失剂 PT-1。热重分析实验显示 200℃失重仅为 8%，PT-1 溶液在 180℃老化 24h 后扫描电镜显示聚合物树枝状结构无明显变化，相互交错成网架结构，具有规整的空间结构。

（3）采用无机盐 JZJ-1 和有机盐 JZJ-2 复合型加重剂，辅以增黏降滤失剂 PT-1、阻垢剂及除氧剂，制备 1.60、1.70 和 1.80g/cm³ 三个密度梯度的高密度清洁型完井液，体系外观澄清透明，耐温 180℃老化 7d 后具有优异的流变性能、滤失性能及体系配伍性能，宏观及微观分析显示兼具低腐蚀特性，同时，成本较之常规同密度体系降低约 50%。

（4）新型压井液体系高温稳定性、储层及管具保护特性，为顺北高密度清洁型经济型压井液提供技术支撑，具备一定的推广应用前景。

参 考 文 献

［1］王健. 利用提盐废卤制备高密度清洁型压井液的研究［D］. 西南石油大学硕士学位论文，2019.

［2］骆贵明，李淑白，张国良. 保护储层的清洁型压井液［J］. 钻井液与完井液，2002，19(4)：15-17.

［3］陈叙生，王勇，冯彬. 适用于气藏的高温高密度清洁型压井液的研究［J］. 石油天然气学报，2014，36(7)：103-106.

［4］刘平德，刘承华，廖仕孟，等. 新型清洁型压井液的研制及性能评价［J］. 天然气工业，2005，25(4)：83-85.

［5］魏忠印. 新型清洁型压井液的研究与应用［J］. 内蒙古石油化工，2015，309(17)：29-31.

［6］向燕，苏克松，唐力. 甲酸盐完井压井液体系的研制及性能评价［J］. 精细石油化工进展，2009，10(9)：17-19.

［7］霍海江. 氯化钙压井液腐蚀规律及缓蚀剂缓蚀机理研究［D］. 北京科技大学硕士学位论文，2017.

［8］梅宏，杨鸿剑，严向奎. 压井液在高温下的流变行为与循环摩阻的计算问题［J］. 新疆石油天然气，2011，7(1)：52-55.

［9］Tang S F，Yang X，Wu D W. Research on Corrosion of Well-Bore Tube and Anticorrosive Measure of Tazhong-1 Gas Field［J］. Applied Mechanics & Materials，2011，108：308-313.

［10］Suzuki I，Enjuzi M，Asai H. Approach to the Development of Corrosion Resistance of Fe-Zn Alloy Coating from Corrosion Science［J］. Tetsu-to-Hagane，2009，72(8)：924-931.

［11］Prosek T，Thierry D，Claes Taxén，et al. Effect of cations on corrosion of zinc and carbon steel covered with chloride deposits under atmospheric conditions［J］. Corrosion Science，2007，49(6)：2676-2693.

环保型生物润滑剂 JS-LUB 性能评价与现场应用

李松文　陈　军　李爱红　吴潇潇

(中国石化华东石油工程有限公司江苏钻井公司)

【摘　要】　常规钻井液润滑剂在现场应用中润滑性能不足，环境不友好，荧光级别高，影响钻井施工。通过在改性后的油酸酰胺中引入有机目和 S/P 元素制得环保型生物润滑剂 JSLUB，在室内评价了其润滑性能、抗温抗盐性能、起泡性、荧光级别以及生物毒性，并进行生物润滑剂与水基钻井液体系的配伍性研究。结果表明，JS-LUB 在常温和高温条件下均表现出良好的极压润滑特性，在淡水和盐水钻井液中使用起泡率低，荧光级别低，对勘探井、地质录井无影响，生物毒性符合环保要求，与井浆配伍性好，很好地满足了现场应用。

【关键词】　绿色环保；润滑性；钻井液；热滚；抗温抗盐

随着油田勘探开发技术的不断发展，定向井、大斜度大位移井、水平井及超深并不断增加。如何有效提高钻井液的润滑性能，减少黏卡事故发生，确保钻井施工顺利进行，已成为钻井液工艺中日益突出的问题。

作为钻井液主要处理剂之一的润滑剂为安全优质钻井起关键作用。其功能就是降低钻具旋转时所产生的钻柱与井壁之间的扭矩及起下钻时所产生的摩擦阻力。目前使用的润滑剂除矿物油外均为乳滴型润滑剂，存在室内测试性能良好，现场使用润滑能力不足的缺陷。能够形成稳定油膜的矿物油类润滑剂对环境污染不可逆，已经禁止使用。迫切需要开发一种既环保，有具有类似矿物油润滑性能的环保型高性能润滑剂。

通过自研开发的绿色生物润滑剂产品具有生物毒性低，润滑性能优，与水基钻井液配伍性好，综合应用成本低的优点。产品分别在江苏、四川和海南等区块的 112 口井应用，结果表明，与传统润滑剂相比，在相似结构井段滑动钻速至少提高 50% 以上，对提高水平井、大斜度井的钻井速度具有较大的现实意义，具有良好的推广应用前景。

1　环保生物润滑剂的室内评价

通过极压润滑性能测试、钻井液流变测试等测试手段对产品进行评价，并与国外公司先进润滑剂进行对比，优化后产品性能与国外公司产品性能相当。

1.1　润滑性能评价

JS-LUB 在 5% 膨润土浆中加量为 0.5% 时，与其他使用润滑剂植物油型润滑剂、乳化型润滑剂评价结果对比见表 1。

表 1　润滑剂极压润滑降低率测试

润滑剂类型	密度(g/cm^3)	K_f	极压润滑降低率(%)
空白	1.03	0.530	
基础油	1.03	0.489	7.8

润滑剂类型	密度（g/cm³）	K_f	极压润滑降低率（%）
JS-LUB	1.03	0.056	89.6
植物油型润滑剂	1.01	0.058	89.1
乳化型润滑剂	0.99	0.066	87.6
国外产品	1.01	0.064	88.4

由表1可以看出，基础油的极压润滑降低率仅有7.8%，尽管它是油相润滑剂的主要活性组分。这是由于基础油在水相的钻井液中无法有效分散，只有很少的部分到达需要润滑的摩擦表面。而植物油型润滑剂和乳化型润滑剂中有乳化剂，可将油相分散成小颗粒的油滴，在水相中均匀分散。油滴随着水相均匀送达摩擦面，起到润滑作用，所以极压润滑降低率均在85%以上。而JS-LUB作用原理与植物油型润滑剂和乳化型润滑剂不同，其中的植物油酸与胺反应生成有机酸胺/铵，可有效吸附在摩擦表面，经过植物油的桥接作用，基础油在摩擦面形成稳定油膜，起到部分润滑作用。环保型生物润滑剂在油相中均匀分散，与油相一起被送至摩擦面。在摩擦力作用下，环保型生物润滑剂中纳米钼形成片层纳米膜结构，形成有效润滑。与单一油相润滑不同，当摩擦面压力达到几十兆帕时，纳米钼被压力固定在摩擦面，仍然可以起到有效润滑作用。从钻井液密度变化可以看出，加入基础油和JS-LUB的钻井液密度没有变化，而加入植物油型润滑剂和乳化型润滑剂后钻井液密度下降，这可能是钻井液经过搅拌后，这两种润滑剂中的乳化剂与空气形成稳定气泡引起的。

1.2 JS-LUB抗温性能测试

把JS-LUB分别在不同温度下热滚16h。热滚后样品在5%膨润土浆中加量为0.5%，在室温下测试其极压润滑性能，结果见表2。

表2 JS-LUB不同温度老化16h后极压润滑降低率测试

老化温度（℃）	极压润滑系数降低率（%）	老化温度（℃）	极压润滑系数降低率（%）
常温	88.4	180	87.1
140	87.9	200	86.3

由表2可知，JS-LUB经140~200℃老化后，其在膨润土浆中的润滑性能有所降低，随着老化温度的增加，降低幅度变大。尽管如此，在经过200℃的老化后，JS-LUB极压润滑降低率仍大于85%，具备有效的润滑性，说明JS-LUB具有抗200℃的能力。

1.3 JS-LUB抗盐性能测试

将5%膨润土浆调整为4%盐水浆和饱和盐水浆，加入1%JS-LUB后分别在常温和200℃老化16h后测试极压润滑性能，结果见表3。

表3 JS-LUB在盐水浆中极压润滑降低率测试

老化温度（℃）	盐水浓度	极压润滑系数降低率（%）	老化温度（℃）	盐水浓度	极压润滑系数降低率（%）
常温	4%盐水浆	87.9	200	4%盐水浆	97.2
	饱和盐水浆	75.7		饱和盐水浆	80.8

由表3可知，JS-LUB在饱和盐水比在4%盐水浆中极压润滑系数降低率有所降低，经

过200℃滚动老化16h后，其润滑系数降低率相比常温条件下均有不同程度提高，最低达到75.7%，最高达到97.2%，表明JS-LUB在盐水和饱和盐水中均能表现出良好的润滑性能，能够应用在盐水钻井液体系中。

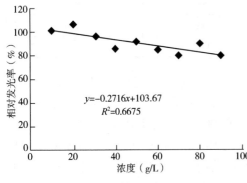

图1 JS-LUB生物毒性测试（EC_{50}>100g/L）

1.4 生物毒性

采用发光细菌法，参照Q/SY 111—2004《钻井液、油田化学剂生物毒性分级及检测方法》，采用DXY-2型生物毒性测试仪，对悬浮乳液钻井液现场试验井浆（完钻）的生物毒性进行了检验。以$ZnSO_4$为参比毒物，3%NaCl为对照，分别向装有1mL $ZnSO_4$溶液、样品液、对照液的测试管中加50μL菌液并记录加入初始时间，15min后按照菌液加入顺序用仪器依次进行发光度测试，结果如图1所示。

由图1可见，JS-LUB样品的半致死浓度（96h EC_{50}）大于25000mg/L，该钻井液的发光细菌生存状况基本正常，符合钻井液、油田化学剂生物毒性分级标准无毒值的要求，生物毒性检测结果为无毒。

1.5 荧光级别

通过直照荧光方法，对悬浮乳液钻井液配方体系进行荧光级别检测，测量结果：2级，体系荧光级别低，对地质录井无影响。

1.6 润滑剂对钻井液流变性的影响

采用OFITE-1100型流变仪对含有3%不同润滑剂的钻井液在100℃下的流变性进行测试，结果见表4。

表4 不同润滑剂在钻井液中流变性测试

样 品	PV(mPa·s)	YP(Pa)	Gel(Pa)	n	K
钻井液原浆	9.71	13.094	14.6	0.214	4.39342
JS-LUB	9.32	12.215	14	0.2532	3.4388
植物油型润滑剂	12.247	10.517	14.1	0.3606	1.54784
乳化型润滑剂	10.601	13.392	15.8	0.2314	3.92349
国外产品	8.427	12.462	14.5	0.2073	4.14563

注：钻井液配方为5%基浆+0.3%MMCA+0.5%Na-HPAN+1.5%FT-1+2%QS-2+0.2%HV-CMC+2%SPNH+3%SMP-2。

由表4可知，使用的植物油型润滑剂和乳化型润滑剂对钻井液的流变性有较大影响，具有一定的增稠效应，这可能是因为润滑剂中的乳化剂使钻井液主体起泡引起的。国外产品有一定的降黏作用。而加入JS-LUB的钻井液流变性与原浆相当，几乎没有变化，对钻井液整体流变性影响较小。由此可见，JS-LUB在钻井液体系中对体系的流变性能基本无影响。

1.7 JS-LUB在钻井液中性能评价

在室内模拟现场钻井液流变性，采用现场用料配制钻井液，钻井液配方如下：5%基浆+0.3%MMCA+0.5%Na-HPAN+1.5%FT-1+2%QS-2+0.2%HV-CMC。采用该钻井液体系评价不同 JS-LUB 加量对极压润滑性能和钻井液流变性能的影响。JS-LUB 在室内钻井液中不同加量对极压润滑降低率的影响见表 5。

表 5　不同 JS-LUB 加量对钻井液极压润滑系数影响

JS-LUB 加量（%）	常温极压性能		100℃×16h 极压性能	
	极压润滑读数	极压润滑降低率（%）	极压润滑读数	极压润滑降低率（%）
0	14.4		13.2	
0.5	5.5	61.81	2.8	80.56
1.0	5.6	61.11	3.0	79.17
2.0	5.3	70.14	2.6	81.94
3.0	5.3	70.14	2.7	81.25

由表 5 可以看出，老化前的极压润滑降低率随着 JS-LUB 在井浆中加量的增加而增加，但增幅不大；老化后不同 JS-LUB 加量对极压润滑降低率影响不大，基本在 80% 左右。结果表明，在钻井液体系本身极压润滑系数较低的情况下，加入 JS-LUB 后极压润滑降低率在 60% 左右，而经老化后极压润滑系数增加至 80 左右，可有效降低润滑系数。

不同 JS-LUB-II 加量对室内配制钻井液流变性的影响见表 6。

表 6　不同 JS-LUB 加量对室内钻井液 100℃×16h 老化前后流变性影响

JS-LUB 加量（%）	PV（mPa·s）	YP（Pa）	YP/PV	n	K（Pa·s^n）	FL_{API}（mL）	密度（g/cm³）	老化状态
0	13	6	0.46	0.6	0.3	5	1.11	前
	20	6.5	0.33	0.68	0.24	7	1.11	后
0.5	14	5	0.36	0.66	0.2	5	1.11	前
	21	7	0.33	0.68	0.26	6.4	1.11	后
1.0	15	6	0.4	0.64	0.26	4.8	1.11	前
	18	5.5	0.31	0.7	0.19	6.2	1.11	后
2.0	15	5	0.33	0.68	0.19	4.6	1.11	前
	21	7	0.33	0.68	0.26	6	1.11	后
3.0	14	5	0.36	0.66	0.26	4.6	1.11	前
	20	6.5	0.33	0.68	0.24	6.4	1.11	后

由表 6 可知，加入不同加量的 JS-LUB 对钻井液的塑性黏度和动切力的增加有贡献，但增幅较小，可忽略不计，该贡献随着 JS-LUB 加量的增加而增加的幅度不大。从 n 和 K 值变化可以看出，随着 JS-LUB-I 加量的增加，老化后钻井液的黏度指数和流性指数没有发生明显变化。即当 JS-LUB 加量在 0.5%~3% 之间变化时，老化前后钻井液虽有一定的变化，但对钻井液关键流型指标 n 值和 K 值影响不大。从滤失量数据对比可以看出，加入 JS-LUB 后，钻井液的滤失量降低，其降低的量随着 JS-LUB 加量的增加而增加，说明 JS-LUB 具有一定的降滤失功能。

2　现场应用

本产品在江苏油田的许庄区块、黄珏区块、联盟庄区块，在海南福山油田、浙江油田四川区块以及华东油气分公司四川页岩气项目的 112 口井进行了试验推广应用。取得了很好的现场应用效果。现选取首次在江苏油田许庄区块许 50 井试验应用情况进行说明。

2.1 基本概况

许 50 井位于江苏省扬州市江都区邵伯镇，为东台坳陷高邮凹陷许庄构造一口开发井。该井是一口设计为空间三维井身结构的定向井，设计垂深为 2130m，设计造斜点为 1060m，实际造斜点为 980m。钻井周期为 10 天 6 小时，建井周期为 24 天 5 小时。

2.2 JS-LUB 加入对钻井液性能的影响

在江苏油区润滑剂均采用逐渐加入的方式，当滑动钻进出现托压时加入润滑剂。本井在井斜为 29.6° 时井下出现明显托压，首次加入 0.3% 的润滑剂，随后逐次补加润滑剂。完井时，整井润滑剂总加量约为 1.5%。每次加入润滑剂后，润滑剂对钻井液本身的影响见表 7。

表 7 许 50 井加润滑剂 JS-LUB 前后钻井液性能数据对比

JS-LUB 加量（%）	井深	井斜	PV（mPa·s）	YP（Pa）	YP/PV	n	K（Pa·s^n）	FL_{API}（mL）	加润滑剂
0.3	1580	29.60	20	6	0.3	0.7	0.21	5.0	前
	1607	30.19	20	5	0.25	0.74	0.15	4.8	后
0.4	1607	30.19	20	5	0.25	0.74	0.15	4.8	前
	1630	32.00	19	6	0.32	0.69	0.21	4.8	后
0.4	1840	36.00	20	6	0.3	0.7	0.21	4.8	前
	1848	36.00	19	7.5	0.39	0.64	0.32	4.6	后
0.4	2080	36.78	20	6	0.3	0.7	0.21	4.6	前
	2100	36.78	20	7	0.35	0.67	0.27	4.6	后

由表 7 可以看出，每次加入润滑剂后，钻井液的流变性无明显变化，API 滤失量小幅下降。结果表明，在斜井段加入 JS-LUB 润滑剂后，钻井液性能稳定。表 8 为加入润滑剂前后钻井液黏度和密度变化情况。

表 8 许 50 井加润滑剂 JS-LUB 前后钻井液黏度和密度变化

JS-LUB 加量（%）	井深（m）	井斜（°）	FV（s）	钻井液密度（g/cm^3）	加润滑剂
0.3	1580	29.60	50	1.15	前
	1607	30.19	48	1.15	后
0.4	1607	30.19	48	1.15	前
	1630	32.00	47	1.15	后
0.4	1840	36.00	48	1.15	前
	1848	36.00	47	1.15	后
0.4	2080	36.78	48	1.15	前
	2100	36.78	48	1.15	后

由表 8 可以看出，前三次加入润滑剂后，钻井液黏度均有小幅下降，第四次加入润滑剂后，钻井液黏度没有变化。在加入润滑剂前后，钻井液密度保持稳定不变，表明加入润滑剂后无起泡现象，并且在钻井液中没有形成乳化油滴。

2.3 JS-LUB 加入钻井液的润滑效果评价

表 9 为加入润滑剂前后摩阻变化情况。由表 9 可以看出，首次加 0.3% 润滑剂前，摩阻本身较低，加润滑剂后摩阻没有变化，补充 0.4% 润滑剂 JS-LUB 后摩阻降低率为 16.67%，随后补充润滑剂后摩阻降低率达到了任务书设定标准。在现场操作过程中，因侧钻滑动遇到明显阻碍加入润滑剂，而加入润滑剂后，滑动提速明显。首次加入 0.3% 润滑剂后，单根滑动钻速并没有明显变化，继续补充 0.4% 润滑剂后，单根机械钻速提高率达 420%。在井深 1840m，井斜 36.00 处补充 0.4% 润滑剂后，单根机械钻速提高率达 84%，具有良好的滑动钻进润滑效果。

表 9 许 50 井加润滑剂 JS-LUB 前后摩阻变化情况

JS-LUB 加量 （%）	井深（m）	井斜（°）	摩阻（kN）	摩阻降低率 （%）	单根机械钻速 （m/h）	机械钻速提高率 （%）	润滑剂加入
0.3	1580	29.60	6	0	4.8	0	前
	1607	30.19	6		4.61		后
0.4	1607	30.19	6	16.67	4.61	420	前
	1630	32.00	5		24		后
0.4	1840	36.00	12	20.00	4.67	84	前
	1848	36.00	9		8.57		后
0.4	2080	36.78	12	20.00	—		前
	2100	36.78	9		—		后

选取试验井邻井在井深和井斜类似的井许 47A 和许 X48 井对比，见表 10。在相同井深和井斜的情况下，许 50 井的滑动机械钻速为 10.03m/h，比许 47A 井高 52.9%。而在井深明显大于邻井的情况下，许 50 井的滑动机械钻速比许 X48 井高 139%，对滑动机械钻速具有明显的改善作用。

表 10 实验井和对比井钻速对比

井　号	润滑剂类型	润滑剂用量（t）	井斜>30°井段 平均滑动钻速（m/h）	严重托压次数
许 50	JS-LUB	3	10.03	0
许 47A	植物油型润滑剂	1.8	6.56	0
	乳化型润滑剂	1		
	白油	0.5		
许 X48	乳化型润滑剂	2.5	4.20	0

3 结论

（1）环保型生物润滑剂有着优良的极压润滑特性，荧光级别低，对勘探井、地质录井无影响，无生物毒性，符合环保要求。

（2）现场应用结果表明，环保型生物润滑剂与井浆配伍性好，不起泡，对钻井液流变性能影响小，与传统润滑剂相比，在相似结构井段滑动钻速至少提高 50% 以上。

（3）环保型生物润滑剂经室内评价，单剂抗温达200℃，且高温条件下表现出良好的润滑性能，适合在高温深井中应用。

参 考 文 献

［1］逯贵广. 极压润滑剂 NH-EPL 性能评价与现场应用［J］. 油田化学，2017，34（3）：385-389.

［2］沈伟. 大位移井钻井液润滑性研究的现状与思考［J］. 石油钻探技术，2001，29（1）：25-28.

［3］郑涛，何恕，耿晓光. 钻井液润滑剂 RF 的研制与应用［J］. 石油钻采工艺，2000，22（2）：38-39.

［4］夏小春，胡进军，孙强. 环境友好型水基润滑剂 GreenLube 的研制与应用［J］. 油田化学，2013，30（4）：491-495.

［5］邓皓，陈尚水，向兴金，等. ZR 极压多性润滑剂的研究［J］. 油田化学，1990，7（3）：203-206.

缓释酸深部解堵液研制及其性能研究

蓝　强　王雪晨　严　波　黄维安

(中国石化胜利石油工程有限公司钻井液技术服务中心)

【摘　要】　在钻井和开发过程中，由于钻井液固相以及开发过程中颗粒运移导致地层渗透率大幅度降低，对单井产能和采收率造成极大影响。为此，本文利用Shah法制备有机缓释酸解堵液，通过对有机缓释酸解堵液的性能评价表明，有机缓释酸对管具腐蚀作用弱、管具表面清洁能力强，对堵塞滤饼的清除能力强，滤饼清除率达91.5%；岩心解堵能力强，渗透率恢复值为149.42%。

【关键词】　滤饼清除率；缓释酸深部解堵液；岩心解堵；渗透率恢复值

目前国内外的深部酸化解堵配方，如泡沫酸，乳化酸等，酸性强，但酸液锥进现象严重，酸盐稳定性差，酸化深度有限；而传统的多氢酸、氟硼酸，虽然能够缓慢释放氢离子，但是酸液中氢离子不能有效与岩层中的碳酸盐成分反应，起不到解堵的作用。有机酸解堵液是把有机酸与油、表面活性剂以及助表面活性剂混合形成的一种均匀、透明的体系，具有很高稳定性。在缓释酸中，油水界面张力、酸液黏度低，同时形成的油外相微乳液降低了氢离子释放速度，提高了酸化距离。

1　Shah 法制备微乳酸

1.1　CT1+NP1 作为表面活性剂

在室温(25±1℃)条件下，选择柴油作为油相(O)，HF+乙酸作为酸相(C)，正丁醇+正辛醇为助表面活性剂，小分子阳离子表面活性剂 CT1+聚氧乙烯醚 NP1 作为表面活性剂，按照 Shah 法，向体系中滴加酸液制备微乳酸。以 CT1∶NP1＝1∶1，正丁醇∶正辛醇＝1∶2的比例混合溶解作为 S。按 S∶O(油相)＝10∶0、9∶1、8∶2、7∶3、6∶4、5∶5、4∶6、3∶7、2∶8、1∶9、0∶10 的比例取 S 和柴油于烧杯中，滴加混合酸(4%氢氟酸+16%乙酸)直至溶液由澄清变为混浊，记录滴加混合酸的质量，实验结果见表1和图1。

表 1　滴加酸液后的实验现象

编号	V_s(mL)	V_o(mL)	V_c(mL)		
			澄清	浑浊	乳光
1	0	10	0	不互溶	
2	1	9	0	0.3	
3	2	8	0	0.45	
4	3	7	0	0.94	
5	4	6	0	2.1	

编号	V_s(mL)	V_o(mL)	V_c(mL)		
			澄清	浑浊	乳光
6	5	5	0		2.6
7	6	4	0	2.52	
8	7	3	0		1.1
9	8	2	0	1.21	
10	9	1	0	0.51	
11	10	0	0	0.1	

（a）加入酸液前　　　　　　　　　　　　　　（b）加入酸液后

图 1　CT1 与 NP1 制备微乳酸

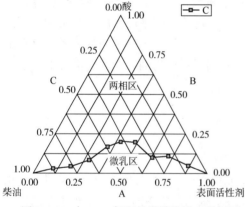

图 2　CT1 与 NP1 复配的微乳液拟三元相图

缓释酸是由酸（C）、油（O）、表面活性剂（S）和助表面活性剂（A）等组分，在适当比例下，自发形成的透明的或者半透明的、各向同性和热力学稳定的体系。按缓释酸是否与多余的油或酸共存分为以下几类：Winsor Ⅰ 型，两相 O/W 微乳液与过量水（酸）相共存；Winsor Ⅱ 型，两相 W/O 微乳液与过量水（酸）相共存；Winsor Ⅲ 型，三相微乳液相与过量水（酸）相和油相共存；Winsor Ⅳ 型，单相微乳液相。通过配制的缓释酸分层情况，判别其 Winsor 类型。根据表 1 的数据作拟三元相图，如图 2 所示。

从图 2 可以看出，CT1 与 NP1 复配制备的微乳液的均相区不大。将 6 号配方和 8 号配方放入离心机，以 2000、4000、6000r/min 离心 10min，观察是否分层。由图 3 可以看出，离心后微乳液体系仍然稳定。其中 6 号配方的酸的包埋率高于 8 号配方，将该微乳酸体系记做 M-1。将等量的苏丹红—石油醚溶液和甲基蓝水溶液滴加到微乳酸中，观察油溶性染料苏丹红和水溶性染料甲基蓝的扩散速度。从图 4 可以看出，甲基蓝染料的扩散速度明显高于苏丹红染料，因此 M-1 为 O/W 型微乳酸，酸液的包埋率为 20.63%。

1.2　CT1+NP2 作为表面活性剂

在室温（25±1℃）条件下，选择正辛醇：正丁醇=2:1，按照 Shah 法，向体系中滴加酸液制备微乳酸。以 CT1：NP2=1:1，正丁醇：正辛醇=1:1 的比例混合溶解作为 S。按 S：O（油相）=10:0、9:1、8:2、7:3、6:4、5:5、4:6、3:7、2:8、1:9、0:10 的比例取 S 和柴油于烧杯中，滴加混合酸(16%乙酸+4%氢氟酸)直至溶液由澄清变为混浊，记录滴加混合酸的质量，作拟三元相图，如图 5 所示。

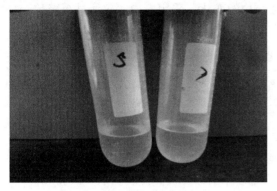

图 3 微乳酸的离心稳定性

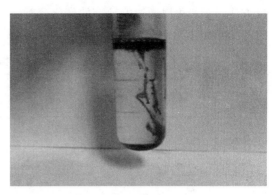

图 4 染色法鉴定微乳酸 M-1 的结构

有机酸包埋率最高的微乳酸体系，可以在解堵过程中，释放出足量的酸，进入井下，与堵塞层充分接触，达到酸蚀、松动滤饼的效果。根据实验结果可以得到最优配方 M-2 为：CT1：NP2 = 1：1，正丁醇：正辛醇 = 1：1，水相：油相 = 3：7，助表面活性剂：表面活性剂 = 1：2，乙酸：氢氟酸 = 4：1，该配方有机酸的包埋率为 30%，如图 6 所示。采用染色法鉴定其结构，从图 7 可以看出，上部的苏丹红染料快速扩散到微乳酸中，体系呈现红色，而位于底部的亚甲基蓝染料扩散较慢，说明 M-2 为 W/O 型缓释酸。

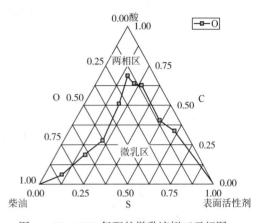

图 5 CT1+NP2 复配的微乳液拟三元相图

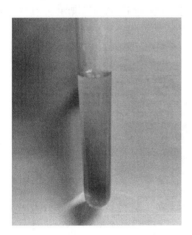

图 6 微乳酸 M-2 的外观

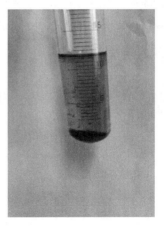

图 7 染色法鉴定微乳酸 M-2 的结构

2 有机缓释酸结构的测试分析

微乳液结构类型按分散相和连续相种类可分为三种类型：油包水（W/O）、水包油（O/W）和双连续（BC）相。但微乳液这三种结构形式不是固定不变的，可随温度、表面活性剂种类、助表面活性剂种类、电解质类型和浓度及各组分组成比例等因素的变化而变化。

油、水的电导率对溶液中的质点结构相当敏感，是探究微乳液内部结构变化最简单的测试方法。一般可以通过电导率的变化分析微乳液结构的变化。采用电导率仪测试缓释酸 M-2 体系在不同含水量下的电导率值。测试结果见表 2 和图 8。

表 2　含水量对微乳酸电导率的影响

含水量(%)	24.0	27.2	30.0	32.6	34.8	36.9	37.8	40.6	42.2	43.6	45
电导率(μS/cm)	1101	1734	507	609	793	824	3505	3689	3627	3503	3289

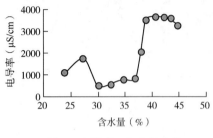

图 8　电导率—含水量曲线

从表 2 和图 8 的数据可以看出，由于微乳酸中加入无机强酸和有机弱酸，使得溶液中强电解质增加，体系电导率大大超过一般的微乳液体系。微乳酸 M-2 初始的电导率值为 1101μS/cm，此时形成的是 W/O 型微乳液，连续相是油相。随着含水量增加，液滴碰撞概率增大，导致电导率增强。当含水量在 27.2% ~ 36.9% 时，溶液黏度逐渐增加，呈半透明状，形成液晶结构，进入 W/O 和 O/W 型微乳液共存的双连续相。由于体系黏度增加，导电离子的运动能力减弱，因此电导率下降。当含水量高于 36.9% 时，液体黏度降低，电导率逐渐升高，此时双连续相微乳液已全部转变为小的油滴分散至水介质中，连续相为水相，形成的是 O/W 型微乳液。含水量为 40.6% 时，电导率也达到最大，电导率值为 3689μS/cm。继续加大含水量，导电离子浓度降低，因此电导率开始下降。

3　有机缓释酸解卡剂性能评价

3.1　钻具腐蚀作用弱

根据 SY/T 5405—2019《酸化用缓蚀剂性能实验方法及评价指标》的规定，在 60℃/4h 条件下，采用静态挂片法测量微乳酸体系的腐蚀速率和缓蚀率，实验结果见图 9 和表 3。

（a）M-2微乳酸腐蚀后　　（b）M-1型微乳酸腐蚀后　　（c）裸酸腐蚀后

图 9　酸液对 N80 钢片的腐蚀实验

表 3　不同酸液的腐蚀速率和缓蚀率

项　　目	M-2 型微乳酸	M-1 型微乳酸	裸酸 16%CH$_3$COOH+4%HF
平均腐蚀率[g/(m^2·h)]	2.0267	6.6452	25.0276
缓蚀率(%)	91.90	73.45	—

从图 9 可以看出，裸酸对 N80 钢片的腐蚀比较严重，表面凹凸不平，有腐蚀产物覆盖，

微乳酸体系对钢片的腐蚀程度明显低于裸酸。表 3 的数据显示出，M-2 为 W/O 型微乳酸，平均腐蚀速率为 2.0267g/(m² · h)，缓释率为 91.90%，在未添加缓蚀剂的条件下，达到 SY/T 5405—2019《酸化用缓蚀剂性能实验方法及评价指标》中一级缓蚀剂的评价指标，具有优越的缓蚀性能。M-1 为 O/W 型微乳酸，平均腐蚀速率为 6.6452g/(m² · h)，达到三级缓蚀剂的评价指标。因此，在钻井过程中使用微乳酸解卡/解堵，可以大大降低运输以及注入过程中，酸液对运输设备、施工管柱等的腐蚀，不用额外加入缓蚀剂，就能满足对设备和油(套)管的缓蚀要求。

3.2　钻具表面清洁能力强

润湿性能可通过接触角的测量体现。使用 JC2000D5M 接触角测试仪，考察微乳酸处理前后界面接触角的变化情况，实验结果如图 10 所示。

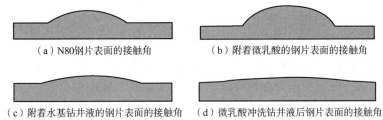

（a）N80 钢片表面的接触角　　　　（b）附着微乳酸的钢片表面的接触角

（c）附着水基钻井液的钢片表面的接触角　　（d）微乳酸冲洗钻井液后钢片表面的接触角

图 10　微乳酸 M-2 浸泡前后界面润湿情况的变化

如图 10(a) 所示，N80 钢片表面的接触角为 50.2°，表面附着缓释酸 M-2 以后，接触角变为 66.7°[图 10(b)]，这是由于金属表面十分光滑，微乳酸外相的油很少挂于钢片表面，因此润湿性变化不大。N80 钢片附着水基钻井液以后，接触角变为 34.8°[图 10(c)]。在 90℃下，将附着钻井液的钢片放入微乳酸浸泡 10min 后，可以看到水滴在钢片上迅速铺展，而且钢片表面的接触角变得比初始值更小，仅为 8.3°[图 10(d)]，这是因为 90℃的温度下，微乳酸的稳定性破坏，释放出表面活性剂，将钢片表面的钻井液冲洗干净，同时钢片表面残留少量表面活性剂，大大降低固液界面的张力，使得接触角降低到 8.3°，表面的亲水性大大增加。

3.3　提供一定的润滑性能

按 SY/T 6094—1994《钻井液用润滑剂评价程序》的规定，在 5% 膨润土浆(400mL 水 + 60g 膨润土)中加入 4.3% 的缓释酸 M-2，利用 EP-2 型极压润滑仪评价微乳酸对润滑系数的影响，实验结果如图 11 所示。

由图 11 可以看出，缓释酸 M-2 能显著降低膨润土浆的润滑系数，当加量为 4.2% 时，基浆的润滑系数从 25.4 降低到 14.41，润滑系数降低率达 43.31%，对提高钻井液的润滑性十分有利。其原因是该微乳酸的粒径为 36.87nm，可优先进入并吸附到黏土层间，减少黏土和水相的接触，使黏土表面从亲水转变为疏水；该微乳液还可在钻具上吸附形成均匀、薄而致密的油膜，从而强化了润滑作用。

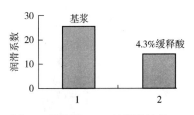

图 11　缓释酸 M-2 的润滑性能

3.4　高温高压动态滤饼的清除效果

在温度为 90℃条件下，将高温高压动态滤失仪压制的滤饼分别放入缓释酸 M-2、裸酸和清水中浸泡，观察滤饼清除效果，实验结果见图 12 和表 4。

（a）浸泡前

（b）微乳酸浸泡8h后

（c）裸酸浸泡7h后

（d）清水浸泡12h后

图12　高温高压动态滤饼的清除效果

表4　高温高压动态滤饼清除效果的对比

浸泡液	清除前滤饼质量	清除后滤饼质量	清除时间(h)	滤饼清除率(%)
微乳酸 M-2	19.603	2.028	8	89.6
裸酸	18.165	1.113	7	93.8
清水	20.759	16.682	12	19.6

从图12中可以看出，浸泡前的滤饼结构十分致密、紧凑，由于现场钻井液配方中的膨润土含量高达12%，远远高于常规钻井液配方里3%~5%的膨润土含量，因此滤饼的厚度和质量明显增加。通过微乳酸浸泡以后，厚实致密的滤饼已经大部分从滤纸上清除，微乳酸破乳后，释放出来的柴油溶解了磺化沥青类降滤失剂和井壁封固剂(多软化点沥青)，形成黑褐色的油膜。清水浸泡之后的滤饼变化不大。通过滤饼浸泡前后质量的变化，计算得到微乳酸、裸酸和清水的滤饼清除率分别为89.6%、93.8%和19.6%，进一步证明了微乳酸对滤饼堵塞的清除作用。微乳酸主要通过润湿反转使滤饼从滤纸表面脱落，然后在混合酸的作用下溶蚀滤饼的骨架结构，还能有效溶解骨架结构之间的胶结物质磺化沥青，共同破坏滤饼结构，最终达到有效清除滤饼的目的。

3.5　岩心解堵作用强

为了考察微乳酸体系对钻井液堵塞的解除效果，采用普仁1井3598~3630.80m储层的岩心进行渗透率恢复实验。先测量岩心的渗透率，然后用现场水基钻井液污染后测定渗透率，最后用缓释酸 M-2 浸泡2h，测定解堵后的渗透率。根据微乳酸浸泡前后岩心渗透率的变化，分析微乳酸体系的解堵效果。

现场水基钻井液的配方如下：

12%膨润土+5%KCl+0.3%K-PAM+0.4%LV-PAC+3%SMP-2+2.5%磺化沥青+1%SMC+3%超钙+2%纳微米成膜封堵剂+2%井壁封固剂(多软化点沥青)。

实验结果见图13~图15和表5。

图13　钻井液污染前的岩样

图 14　钻井液污染以后的岩心　　　　　图 15　缓释酸解堵后的岩心

表 5　工作液对渗透率的影响实验结果

工作液	实验条件	渗透率(mD)	渗透率恢复值(%)
钻井液	污染前	0.1732	36.32
	污染后	0.0629	
微乳酸 M-2	解堵后	0.2588	149.42

从图中可以看出，钻井液污染之后的岩心端面有一层滤饼，微乳酸 M-2 解堵后，岩心污染端面的大部分滤饼被清除干净，残余一层黑褐色的油膜，岩心端面与微乳酸释放出来的酸液发生反应，表面粗糙度明显增加，孔隙度增大。表 5 的实验数据表明，钻井液污染后，渗透率恢复值仅为 36.32%，微乳酸解堵后，岩心的渗透率得到显著改善，从 0.1732mD 增大至 0.2588mD，渗透率恢复值为 149.42%。缓释酸 M-2 性能指标见表 6。

表 6　缓释酸 M-2 的各项性能评价

指　标	测定值	指　标	评价结果
表面张力(mN/m)	26.9	≤32	合格
最终溶蚀能力(%)	26.2	≥8	合格
4h 腐蚀速度[g/(m²·h)]	2.0267	<5~10	合格
滤饼清除率(%)	≥89.6	≥85	合格
滤饼清除时间(h)	<12	≤8	合格

4　结论

（1）通过实验形成了缓释酸深部解堵液配方，通过评价，该有配方表面张力小，并且缓蚀效果显著，不用额外加入缓蚀剂，就能满足对设备和油(套)管的缓蚀要求。

（2）缓释酸深部解堵液体系对滤饼清除率达 89.6%，进一步证明了该体系对滤饼堵塞的清除作用。

（3）缓释酸深部解堵液解堵后，岩心的渗透率得到显著改善，渗透率恢复值为 149.42%。

参 考 文 献

[1] 李伟翰，颜红侠，王世英，等. 近井地带解堵技术研究进展[J]. 油田化学，2005，22(4)：381-384.

[2] 蓝强. 非离子微乳液制备及其对钻井液堵塞的解除作用[J]. 钻井液与完井液，2016，33(3)：1-6.

[3] 李丽，刘伟，刘徐慧. 川西低固相钻井完井液滤饼清除技术初探[J]. 钻井液与完井液，2010，27(6)：

27-29.

[4] 卜继勇，谢克姜，胡文军，等. 强封堵油基钻井液钻遇储层解堵技术[J]. 钻井液与完井液，2013，30 (2)：37-39.

[5] 李蔚萍，向兴金，岳前升，等. HCF-A 油基泥浆滤饼解除液室内研究[J]. 石油地质与工程，2007，21 (5)：101-105.

[6] 张荣军，蒲春生. 振动-土酸酸化复合解堵室内实验研究[J]. 石油勘探与开发，2004，31 (5)：114-116.

[7] 李军，梁喜梅，黎强. 鄂尔多斯盆地三叠系延长组油藏复合解堵技术[J]. 辽宁化工，2012 (6)：569-572.

基于 Pickering 乳液聚合的
树莓状纳微米封堵剂的研制

胡子乔　甄剑武

（中国石化石油工程技术研究院）

【摘　要】　针对硬脆性泥页岩井壁失稳问题，通过 Pickering 乳液聚合方法制备得到一种水基钻井液用树莓状纳微米封堵剂，其中，用于稳定 Pickering 乳液的固体粒子为表面交联改性的淀粉纳米粒子。在基于淀粉纳米粒子稳定的 Pickering 乳液的液滴模板内，以苯乙烯、甲基丙烯酸甲酯作为聚合反应单体，二乙烯基苯作为聚合反应内交联剂，通过自由基共聚得到表面吸附包裹淀粉纳米粒子的树莓状交联聚苯乙烯-甲基丙烯酸甲酯微球 P(St-co-MMA)，并对其粒子尺寸、形貌以及结构特点进行了表征分析。最后对其在钻井液中的性能进行了初步评价，结果表明其具有良好的封堵降滤失能力。

【关键词】　Pickering 乳液；树莓状；纳微米封堵剂；淀粉纳米粒子；苯乙烯；甲基丙烯酸甲酯

1　引言

井眼稳定与井筒强化是钻井工程及钻井液领域的永恒主题。钻井过程中井壁失稳容易导致掉块卡钻甚至井塌埋钻等工程事故，严重威胁井下安全。当前，硬脆性泥页岩的井壁失稳问题尤为突出[1]。泥页岩主要组成为微米级的黏土粒子，易吸水膨胀导致井壁坍塌[2]；另一方面，泥页岩含有大量天然发育的纳微米孔隙，具有较低的孔隙度和超低的渗透率，在压力传递作用下，近井地带的孔隙压力会增加，加大了井壁失稳风险[3]。研发性能优异的纳微米封堵剂，强化钻井液对地层纳微米孔隙的封堵，有效减少自由水对地层的侵入，削弱压力传递作用，是泥页岩地层钻井液井筒强化技术的一个关键。

针对钻井液纳微米封堵剂的研究，科研人员做了大量的工作，文献报道的封堵剂主要包括纳米二氧化硅以及部分聚合物纳微米粒子，其中纳米二氧化硅容易自聚集，在钻井液体系中不易保持其原本的纳微米尺度[4]。聚合物纳微米粒子的稳定性相对较高，一般通过乳液聚合方法制备，产物通常以乳液形式存在，如聚苯乙烯-甲基丙烯酸甲酯(St-MMA)乳液[5]、聚苯乙烯-丙烯酸丁酯乳液[6]。传统乳液聚合方法一般使用表面活性剂作为乳化剂，大量的表面活性往往会带来钻井液起泡问题。相比传统乳液聚合，Pickering 乳液聚合采用纳米或微米尺度的固体粒子吸附在分散相液滴表面，阻止液体之间的聚集，得到的油/水分散相具有更高的稳定性，不易受外界环境影响，反应单体在固体粒子形成的微小空腔内发生聚合，机理如图 1 所示。采用 Pickering 乳液聚合方法可有效避免表面活性剂的起泡问题，且用于稳

作者简介：胡子乔(1986—)，男，汉族，博士研究生，副研究员。从事钻井液技术研究与应用工作。E-mail：huzq. sripe@ sinopec. com。

定 Pickering 乳液的固体粒子为纳微米尺度，在起稳定乳液作用的同时还能协同强化钻井液的封堵性能，具有显著优点。

文献报道用于 Pickering 乳液的固体粒子种类较多，包括纳微米尺寸的二氧化硅、黏土颗粒、乳胶粒子以及微凝胶等。相对于人工合成粒子，近年来生物基固体颗粒乳化剂引起了科研人员的极大兴趣，特别是淀粉，作为一种天然可再生大分子聚合物，来源广泛，价廉易得，可作为一种理想的固体颗粒乳化剂。在本工作中，首先以玉米淀粉为原料，通过水分散表面交联改性方法制备得到淀粉纳米粒子，在基于淀粉纳米粒子稳定的 Pickering 乳液的液滴模板内，以苯乙烯(St)和甲基丙烯酸甲酯(MMA)的混合物为分散相，二乙烯基苯为内交联剂，经自由基共聚得到淀粉纳米粒子稳定的交联 P(St-co-MMA)微球，通过扫描电镜观察粒子形貌，并结合动态光散射判断粒子尺度分布。考察了该粒子对钻井液流变性能的影响，并通过 API 滤失和高温高压滤失实验评价了其封堵性能。

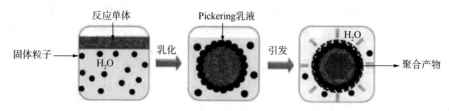

图 1　Pickering 乳液聚合机理

2　实验部分

2.1　试剂与仪器

玉米淀粉：含水率<10%；戊二醛：50%；硫酸：98%；氢氧化钠：分析纯；苯乙烯：分析纯；甲基丙烯酸甲酯：分析纯；二乙烯基苯：45%；过硫酸钾：分析纯。

扫描隧道电子显微镜(SEM)：HITACHI S-4300 型，加速电压 15kV；动态光散射仪(DLS)：Malvern Nano-ZS Zetasizer Particle Analyser S90 型；中压滤失仪：ZNS-2A 型；高温高压滤失量测定仪：fann Filter Press HPHT 500ML 型；六速转子黏度计：ZNN-D6 型。

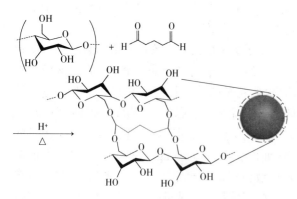

图 2　表面交联改性淀粉纳米粒子的制备示意图

2.2　淀粉纳米粒子的制备

将玉米淀粉置于盛有去离子水的烧杯中，加入硫酸，加热到一定温度，使玉米淀粉糊化，高速搅拌，然后加入戊二醛，充分反应后滤去不溶物，使用氢氧化钠中和滤液，即得表面交联改性的淀粉纳米粒子水分散液。反应示意图如图 2 所示，玉米淀粉主要成分为直链淀粉，分子式可以记为$(C_6H_{10}O_5)_n$。原淀粉颗粒的存在形式为离散的半结晶结构，通过酸解能够溶解原淀粉颗粒的无定形区，从而得到淀粉纳米晶。淀粉纳米晶亲水性过大，且碱性条件下易水解，因此加入戊二醛进一步对淀粉纳米晶进行表面交联改性，可得在碱性水相中稳定分散的淀粉纳米粒子，还能提高淀粉纳米粒子的热稳定性。

2.3 Pickering 乳液聚合制备交联 P(St-co-MMA)微球

将一定量的苯乙烯、甲基丙烯酸甲酯加入淀粉纳米粒子水分散液中，高速搅拌预乳化，形成淀粉纳米粒子稳定的 Pickering 乳液，在单体中混入加入少量二乙烯基苯作为交联剂，最后加入引发剂过硫酸钾，升温充分反应，即得 Pickering 乳液聚合产物交联 P(St-co-MMA)微球。反应示意图如图 3 所示，苯乙烯与甲基丙烯酸甲酯作为主要反应物，通过链式自由基聚合形成高分子链，二乙烯基苯作为交联剂参与聚合反应，使得最终形成的聚合物微球具有化学稳定的三维网络结构。淀粉纳米粒子作为乳液的稳定剂不参与聚合反应，但是，由于淀粉纳米粒子具有很大的表面能，聚合反应完成后淀粉纳米粒子将吸附在交联 P(St-co-MMA)微球的表面，极有可能使得最终制备得到的聚合产物呈现出多级结构。

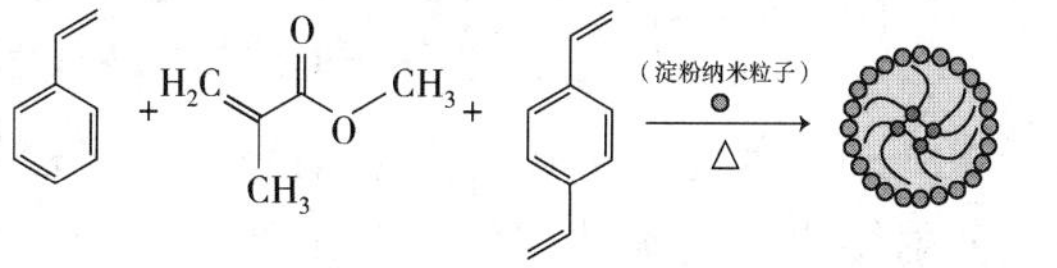

图 3   Pickering 乳液聚合制备交联 P(St-co-MMA)微球示意图

2.4 产物表征

淀粉纳米粒子以及交联 P(St-co-MMA)微球的形貌可通过扫描电子显微镜观察，取少量样品进行纯化处理，去除盐和各种杂质，充分稀释后滴在硅片上真空干燥，喷金使样品表面带电，然后进行扫描测试；粒子的尺度分布可通过动态光散射表征，需将样品稀释至澄清透明后进行测试，测试温度 25℃，扫描次数 12 次。

2.5 性能评价

选用氯化钾聚磺钻井液体系作为基浆进行评价。基浆的配制：首先配制浓度 2% 的土浆，充分水化后，在高速搅拌下依次加入质量分数 0.5% 低黏羧甲基纤维素（CMC-Lv）、0.5% 低黏聚阴离子纤维素（PAC-Lv）、2% 磺化酚醛树脂（SMP-2）、2% 褐煤树脂（SPNH）、1% 超细 $CaCO_3$（2500 目）、6%KCl 以及 0.5%KOH，充分搅拌均匀后待用。在基浆基础上加入不同含量的纳微米封堵剂，120℃ 热滚 16 小时后，考察流变参数、API 失水以及高温高压失水等性能的变化。其中，流变性能使用六速转子黏度计进行测试，表观黏度、塑性黏度、动切力等参数可通过 Φ_{600} 和 Φ_{300} 读数经下列公式计算：

表观黏度 $AV=\Phi_{600}/2(mPa \cdot s)$

塑性黏度 $PV=\Phi_{600}-\Phi_{300}(mPa \cdot s)$

动切力 $YP=(\Phi_{300}-PV)/2(Pa)$

API 失水测量钻井液在室温环境中压力 0.7MPa 下 7.5min 的滤失量 $FL_{7.5min}$，高温高压失水测量钻井液在 120℃ 下压差 3.5MPa 时 30min 的滤失量 FL_{30min}，则 API 滤失量 = 2× $FL_{7.5min}$，HTHP（120℃）滤失量 = 2× FL_{30min}，计量单位均为 mL。

3   结果与讨论

3.1 淀粉纳米粒子的表征

如图 4 所示，左侧样品(a)为未经改性的玉米原淀粉，置于去离子水中，玉米原淀粉完全沉入瓶底。右侧样品(b)为制备得到的淀粉纳米粒子分散液，通过激光照射可以观察到，淀粉纳米粒子分散液中出现的一条光亮的"通路"，光束完全穿透右侧样品，展现出明显的

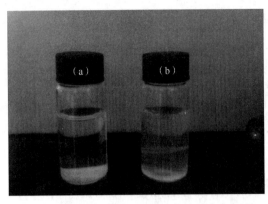

图4 玉米原淀粉和淀粉纳米粒子水分散液

丁达尔效应，而光束不能穿透左侧样品。丁达尔效应是胶体分散液特有的现象，右侧样品的这一现象表明，其中的淀粉粒子呈胶体分散状态，存在大量尺寸100nm以下的淀粉胶粒，淀粉胶粒的具体尺寸可以进一步通过动态光散射测试来明确。

如图5所示，从动态光散射谱图上可以看到，淀粉分散液中的粒子尺寸主要分布在30~90nm之间，D_{50}值约为50nm，多分散系数PDI=0.382，分布较为均匀。科学定义上判断粒子是否属于纳米尺度，衡量标准在于粒子的三维尺寸至少有一维低于100nm，因此，上述光散射结果表明淀粉分散液中的粒子呈纳米分散状态。然而，从动态光散射结果我们无法得知淀粉纳米粒子的三维形貌，考虑到马尔文光散射测定纳微米粒子尺寸的基本原理，是利用颗粒对激光的光散射特性作等效对比，所测出的等效粒径为等效散射粒径，即用与实际被测颗粒具有相同散射效果的球形颗粒的直径来代表这个实际颗粒的大小。当被测颗粒为球形时，其等效粒径就是它的实际直径。若粒子不为球形，则是通过一系列复杂公式换算得到等效粒径。因此，需要进一步通过扫描电子显微镜来观察淀粉纳米粒子的形貌及实际的三维尺寸。

如图6所示，从淀粉纳米粒子的扫描电镜图可以看到，淀粉纳米粒子的形貌呈不规则多面体颗粒状，样品观测区域内粒子一维尺寸在30~90nm，结果与动态光散射得出的统计结果基本吻合。

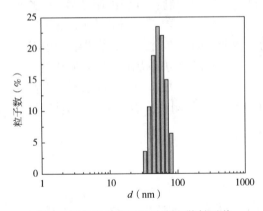

图5 淀粉纳米粒子的动态光散射图谱

图6 淀粉纳米粒子的扫描电镜图

3.2 Pickering乳液聚合产物的表征

如图7所示，左侧样品(a)为Pickering乳液聚合后的产物状态，呈白色乳液状态，放置30天未见明显分层，表明聚合形成的纳微米乳液较为稳定；右侧样品(b)为产物用50份去离子水稀释后，呈完全澄清透明状态，略泛蓝光，无任何肉眼可见沉淀或悬浮物，表明Pickering乳液聚合制备的交联P(St-co-MMA)微球可在水中完全分散。

交联P(St-co-MMA)微球的动态光散射结果如图8所示，粒子尺寸并非呈典型的正态分布，而是集中分布在20~80nm以及150~400nm两个独立的区域，区间峰值分别对应50nm/

300nm 左右。此时，分布图的 D_{50} 值已无实际意义。这一非典型的分布图预示着在 Pickering 乳液聚合产物中很可能存在多级结构。尤其是 20~80nm 的分布区间，与淀粉纳米粒子的尺寸分布极其吻合。据此推断，20~80nm 区间为游离的淀粉纳米粒子，150~400nm 区间为交联 P(St-co-MMA)微球。进一步对粒子数对应的积分面积进行计算，20~80nm 区间粒子数约占 39.7%，150~400nm 区间约占 60.3%，后者更倾向为产物主要成分。

图 7　Pickering 乳液聚合制备的
交联 P(St-co-MMA)微球

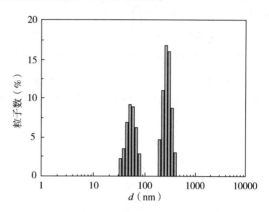

图 8　Pickering 乳液聚合产物的动态光散射图谱

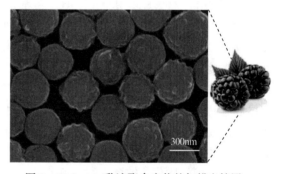

交联 P(St-co-MMA)微球的扫描电镜图如图 9 所示，我们可以看到，通过淀粉纳米粒子稳定的 Pickering 乳液聚合制备的交联 P(St-co-MMA)微球，其形貌为亚微米尺寸不规则球体，表面可见明显颗粒状凸起，这一形貌与大自然中的树莓非常相近，据此可以称之为"树莓状"微球。与传统乳液聚合制备得到的 P(St-co-MMA)粒子不同，传统乳液聚合得到的 P(St-co-MMA)粒子为典型的规则球体，表面十分光滑。从图 10 中看到，制备得到的树莓状交联 P(St-co-MMA)微球的尺寸多为 300nm 左右，这一点与图 9 光散射谱图中 150~400nm 区间的分布较为吻合，属于亚微米尺度的微球。微球表面凸起的颗粒状为纳米尺度，为 20~60nm，结合 Pickering 乳液聚合原理，推断表面凸起的颗粒极有可能就是淀粉纳米粒子，颗粒尺寸也与动态光散射结果基本吻合。

图 9　Pickering 乳液聚合产物的扫描电镜图

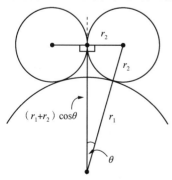

图 10　树莓状微球简化模型

进一步分析制备得到的树莓状微球的结构与尺寸，将其模型简化为如图 10 所示，假定淀粉纳米粒子在微球表面紧密排布，半径 r_1 的大球代表纯净的 P(St-co-MMA)聚合物微球，半径 r_2 的小球代表淀粉纳米粒子，因此，树莓状微球模型的最大半径 $R_{max} = r_1 + 2 \times r_2$，最大直径 $D_{max} = d_1 + 2 \times d_2$。结合动态光散射与扫描电镜的分析结果，$D_{max}$ 值取为 300nm，d_2 值取为 50nm，计算得到 d_1 值为 200nm，r_1 值为 100nm，r_2 值为 25nm。
树莓状微球模型的最小半径 $R_{min} = (r_1 + r_2) \cos\theta$，其中 $\sin\theta = r_2/(r_1 + r_2) = 0.2$，则 $\cos\theta = (1 - \sin\theta^2)^{1/2} = 0.98$，则 $R_{min} = 122.5nm$，$D_{min} = 245nm$。因此树莓状微球模型理论直径在

245~300nm，也就是说即便将树莓状微球简化为标准球形堆积模型，其直径尺寸也只能以某一个区间来反映，这与传统乳液聚合得到的近似单分散的粒子尺寸有较大区别。另外，树莓状微球的表面淀粉纳米粒子排布和堆积状态可能是单层，也可能是多层，这也是影响其微观尺寸的一个因素。从图9动态光散射结果可以看到，聚合后的树莓状微球在水中分散，存在20~80nm的小尺寸分散区间，不排除有多层堆积在树莓状微球的表面的淀粉纳米粒子发生解吸附，并游离于水相中。

将上述通过Pickering乳液聚合方法制备得到的树莓状微球用作钻井液纳微米封堵剂，从原理上可能存在几大优点：（1）原料与制备过程不添加任何表面活性剂，不会额外带来钻井液起泡问题；（2）通过Pickering乳液聚合制备得到的微球，其表面亲水亲油特性由固体粒子稳定剂决定，在钻井液中的分散/聚集形态不受表面活性剂的影响；（3）用作乳液稳定剂的固体粒子本身也是纳米尺度，可以协同强化对泥页岩纳微米孔隙的封堵；（4）淀粉纳米粒子只是改变了淀粉的分散状态，自身作为一种钻井液降滤失剂的作用依然存在，基于淀粉纳米粒子稳定的Pickering乳液聚合得到的树莓状纳微米封堵剂，可能还具备天然大分子降滤失剂的功能。

3.3 树莓状纳微米封堵剂的性能评价

基浆配方：2%评价土+0.5%CMC-Lv+0.5%PAC-Lv+2%SMP-2+2%SPNH+1%超细CaCO₃（2500目）+6%KCl+0.5%KOH，在基浆中加入体积分数1%、2%、3%的纳微米封堵剂，120℃热滚16h，与空白样对比，记录主要流变参数、API失水以及高温高压失水等性能的变化。由于加入的纳微米封堵剂为乳液状态，有效含量偏低，因此在配制基浆时应按照乳液含水量相应减少水的加量。

测试结果见表1和表2，其中，表1为纳微米封堵剂用量对钻井液流变性的影响。从表中可以看到，在老化前，随着纳微米封堵剂加量增大，钻井液的表观黏度AV以及塑性黏度PV均有一定程度的增长，而动切力YP的变化并不明显；120℃老化16h后，各样品的表观黏度和塑性黏度相比老化之前均有所降低，而且，纳微米封堵剂带来的黏度效应基本消退，表明制备得到的树莓状纳微米封堵剂对氯化钾聚磺钻井液体系流变性影响较小。

表1 树莓状纳微米封堵剂用量对钻井液流变性的影响

树莓状封堵剂加量（%）	老化前			120℃老化16h		
	AV（mPa·s）	PV（mPa·s）	YP（Pa）	AV（mPa·s）	PV（mPa·s）	YP（Pa）
0	20	16	4	18	14.5	3.5
1	21	17	4	19	15	4
2	22	17.5	4.5	19	15.5	3.5
3	24	19	5	19.5	15.5	4

表2为纳微米封堵剂用量对钻井液滤失性能的影响。从表2中可以看到，随着纳微米封堵剂加量增大，钻井液API滤失量与120℃下HTHP滤失量均呈逐渐降低的趋势。与空白样对比，当纳微米封堵剂加量为1%时，API滤失量降低率达到$(5.6~4.2)/5.6=25\%$，HTHP滤失量降低率达到$(12.8~10.4)/12.8=18.75\%$；随着封堵剂加量进一步提高，滤失量降低率明显放缓。总体上表明，树莓状纳微米封堵剂用于氯化钾聚磺钻井液体系中，具有明显的封堵降滤失性能。

表 2 树莓状纳微米封堵剂用量对钻井液滤失性能的影响

树莓状封堵剂加量（%）	0	1	2	3
FL_{API}（mL）	5.6	4.2	3.8	3.6
$FL_{HTHP120℃}$（mL）	12.8	10.4	8.8	8.2

4 结论与建议

在本文中，首先通过酸解玉米原淀粉，结合表面交联改性制备得到淀粉纳米粒子分散液，进一步以淀粉纳米粒子作为固体稳定剂，通过 Pickering 乳液聚合方法成功制备了钻井液用树莓状纳微米封堵剂，对粒子结构进行了表征分析，并对其封堵性能进行了初步探索评价，发现其具有较为明显的封堵降滤失性能，且对钻井液流变性影响较小，在高性能水基钻井液方面展现了良好的应用前景。

在后续的工作中，可进一步研究树莓状纳微米封堵剂在更高温度条件下的封堵性能，并丰富在不同钻井液体系中的应用，以及进行对泥页岩纳微米孔隙封堵的物理模拟试验。

参 考 文 献

[1] 陈勉，金衍. 深井井壁稳定技术研究进展与发展趋势[J]. 石油钻探技术，2005，33(5)：28-34.

[2] 赵峰，唐洪明，孟英峰，等. 微观地质特征对硬脆性泥页岩井壁稳定性影响与对策研究[J]. 钻采工艺，2010，30(6)：16-18.

[3] 卢运虎，陈勉，安生. 页岩气井脆性页岩井壁裂缝扩展机理[J]. 石油钻探技术，2012，40(4)：13-16.

[4] Cai, J. H., Chenevert, M. E., Sharma, M. M., Friedheim, J. E. Decreasing water invasion into Atoka shale using nonmodified silica nanoparticles. SPE Drill. Complet. 2012, 27(1), 103-112.

[5] 宋晓峰，张德文. 乳液聚合法制备苯乙烯-甲基丙烯酸甲酯-丙烯酸三元共聚物[J]. 化工新型材料，2004，32(2).

[6] 张洪涛，林柳兰，尹朝辉. 苯乙烯-丙烯酸丁酯超浓乳液聚合的研究[J]；高分子材料科学与工程，2001(1).

基于多点级联吸附润滑机理钻井液润滑剂的研究

王承俊　李公让　王旭东　李海斌

(中国石化胜利石油工程有限公司钻井液技术服务中心)

【摘　要】 针对现今植物油基钻井液润滑剂在摩擦表面吸附能力低，润滑性能差的问题，通过植物油硫化改性，助剂筛选，开发了以硫化植物油、吐温85、司盘80以及油酸为主要成分的高性能钻井液润滑剂。润滑剂具有较高的水分散能力，显著的润滑性能，与钻井液配伍能力强，热稳定性高。润滑剂采用了一种新型的级联吸附润滑机理即油酸自组装成膜完成金属表面疏水改性，硫化植物油自动富集并在极压条件下替代油酸吸附于钻具表面形成更为牢固的多点吸附润滑膜，从而提升润滑性能。该润滑剂具有较高的现场钻井应用前景。

【关键词】 钻井液；润滑剂；植物油，多点吸附；级联吸附

随着石油钻井工作的开展，深井、超深井、大斜度井、定向井及水平井等复杂井不断增多，摩阻扭矩问题逐渐凸显，钻井液的润滑性能亟待提高。通过加入润滑剂可以有效降低钻井过程中的摩阻，提升钻井液的润滑性能[1-5]。目前，钻井液润滑剂主要有固体润滑剂以及液体润滑剂，其中液体润滑剂的润滑机理是利用其结构中的长链疏水烃基在摩擦表面形成一层或多层的疏水润滑层，降低摩擦面之间的剪切力，提供润滑效果。因此，常见的液体钻井液润滑剂通常采用柴油、白油、气制油等矿物油作为钻井液润滑剂的基础油。但是，矿物油环保性能低，在摩擦表面吸附能力弱、润滑剂加量大等问题不利于矿物油基润滑剂的大量使用。相较而言，植物油是一种天然的含有长链烃基结构的化合物，来源较为丰富，环境相容性较强。但是，植物油结构中的酯基与双键所提供的吸附能力仍然较低，单纯植物油的润滑性能不是特别显著[6-8]。因此，如何提高钻井过程中，植物油在摩擦表面的吸附能力是植物油应用于钻井液润滑剂的重要突破口。本论文采用植物油及其衍生物为主要原料，通过硫化改性、助剂筛选，构建钻井液润滑剂，润滑剂采用硫化植物油为基础油，吐温85与司盘80为乳化剂，油酸为成膜剂。润滑剂采用了一种新型的多点级联吸附的润滑机理。初期，油酸在金属表面自组装成膜，完成金属表面疏水化改性，诱导疏水性硫化植物油在金属表面大量富集，硫化植物油进一步在摩擦过程中替代油酸膜吸附于金属表面形成牢固的润滑膜，提高润滑性能。润滑剂能够显著改善膨润土浆以及现场井浆的润滑性能，具有较高的配伍性能以及热稳定性能，拥有较高的应用前景。

1　钻井液润滑剂的设计与配方确立

采用硫化植物油作为润滑剂的主要基础油，可以有效提升植物油的润滑性能与热稳定性能。硫醚一直以来被认为是一种重要的极压润滑基团，含有硫醚的润滑剂可以在极压条件下

作者简介：王承俊，博士后，目前任职于中国石化胜利石油工程有限公司。地址：山东省东营市东营区德州路369号；电话：18351958908；E-mail：wangchengjun_1989@163.com。

与钻具表面的铁原子形成牢固的化学键合，从而形成更为致密的润滑膜。植物油主要成分为三油酸甘油酯，结构中大量活性双键可以被硫化形成硫化植物油。双键被硫醚改性后，整体热稳定性以及抗氧化能力得以提高。羧基化合物与金属具有较强的结合能力，采用脂肪酸作为润滑添加剂可以有效强化润滑剂在金属表面的成膜能力。吐温及司盘乳化剂结构是去水山梨醇脂肪酸酯，具有低毒易降解的环保性能，广泛用于化妆品、医药以及食品的乳化，添加吐温与司盘乳化剂可以有效提高润滑剂的整体水分散能力。

硫化植物油结构含有的硫醚基团亲水性较低，无法有效改善植物油的水溶性。从图1(a)Ⅰ可以看出，含有硫化植物油的水溶液高速搅拌后，其表面仍然浮有一层难溶性的棕黄色油状液体。这种低水溶性容易造成润滑剂在水基钻井液中析出或附着于固相表面，从而造成润滑剂损耗，持效性降低。鉴于吐温85结构中具有与植物油类似的三油酸酯结构，吐温85被用于润滑剂的乳化剂，辅助硫化植物油分散于水溶液形成乳状液。从图1(a)Ⅱ、Ⅲ可以看出，硫化植物油中加入吐温85作为乳化剂，硫化植物油的水溶性得以显著提升，其中加入2.5%的吐温85形成的乳浊液，表面仍然悬浮有少量未溶油状液体。加入吐温85达到5%时，乳化效果达到最佳。但是，乳化剂吐温85具有一定的发泡性能，加入吐温85后，溶液中析出大量泡沫。在此基础上，司盘80被添加到润滑剂中用作辅助乳化剂以及消泡剂，从图1(a)Ⅳ、Ⅴ中可以看出，加入1%的司盘80后，泡沫有所改善，继续提高司盘80的加量达到2%，其消泡性能未见进一步提高。考虑到司盘80加量过大后，影响整体乳化剂的HLB(亲水亲油平衡值)值，降低乳化性能。选择司盘80的加量为1%。另外，从图1(b)可以看出，在硫化植物油中加入乳化剂虽然能够提高润滑剂的水分散性，但是所形成润滑剂的润滑性能未见明显提高，这可能是由于乳化剂无法参与润滑剂成膜过程，并不能有效改善润滑剂的润滑能力。因此，需要加入能够辅助成膜的助剂来提升润滑剂的润滑性能。

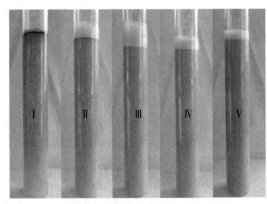

（a）加入2%润滑剂的水溶液形貌图

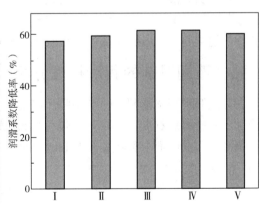

（b）加入0.5%润滑剂的膨润土浆极压润滑系数对比图

图1　加入2%润滑剂的水溶液形貌图和加入0.5%润滑剂的膨润土浆极压润滑系数对比图

Ⅰ. 硫化植物油；Ⅱ. 硫化植物油中加入2.5wt%的吐温85；Ⅲ. 硫化植物油中加入5wt%的吐温85；Ⅳ. 硫化植物油中加入5wt%的吐温85与1wt%司盘80；Ⅴ. 硫化植物油中加入5wt%的吐温85与2wt%司盘80

文献研究中的理论计算表明[9]，脂肪酸在金属表面具有较强的吸附性能。因此向润滑剂中加入等量的不同结构脂肪酸，来筛选最佳的脂肪酸添加剂。从图2可以看出，在润滑剂中混配短链脂肪酸乙酸、丁酸、己酸，润滑剂的润滑性能急剧降低，并且随着碳链的增长，润滑性能有所提高。这种现象说明，脂肪酸中的羧基可以迅速与金属结合形成润滑吸附膜，但是短链脂肪酸形成的润滑膜极性太强，无法形成有效的疏水润滑膜。同时也不利于硫化植物油进一步吸附，从而使润滑性能急剧降低。另外，月桂酸、肉豆蔻酸、棕榈酸以及硬脂酸均是脂溶性固态有机羧酸，在水基钻井液中会大量析出从而失去润滑效果，加入这四种有机羧酸无法产生辅助润滑效果，其润滑效果与未加脂肪酸的润滑剂类似。在众多脂肪酸中，辛酸与油酸润滑效果较为优异，这是由于辛酸与油酸均为液体脂肪酸，能够有效分散于钻井液中，快速与金属表面结合，形成润滑膜，其中由于油酸结构中脂肪链较长，能够有效吸引体系中的疏水性的硫化植物油形成疏水润滑膜，从而展现出最佳的润滑效果。

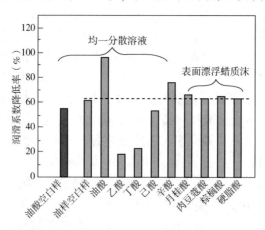

图2　加入润滑剂的膨润土浆极压润滑系数对比图

注：深色柱代表加入0.05%油酸，浅色柱代表加入0.5%润滑剂。其中油样空白为未加脂肪酸的润滑剂，其他为在润滑剂中混配10wt%油酸(十八碳烯酸)、乙酸、丁酸、己酸、辛酸、月桂酸(十二烷酸)、肉豆蔻酸(十四烷酸)、棕榈酸(十六烷酸)、硬脂酸(十八烷酸)

因此，钻井液润滑剂的制备方法如下：采用植物油为主要原料，在500g植物油中加入10g硫黄混合150℃加热硫化2h，冷却至80℃，加入50g脂肪酸，25g吐温85，5g司盘80混合加热搅拌30min形成棕黄色油状液体，即得多点级联钻井液润滑剂。

2　钻井液润滑剂的润滑机理分析

在完成润滑剂整体配方的确立后，本论文将进一步考察钻井液润滑剂的润滑机理。从上述筛选实验中可以看出，油酸对于润滑剂润滑性能提升具有至关重要的作用。从图2可以看出，单纯加入润滑剂中实际量的油酸以及单一加入硫化植物油，润滑剂的润滑性能远远达不到复配油酸与硫化植物油形成润滑剂的润滑性能，此现象表明，单一油酸无法形成牢固的润滑膜，润滑剂润滑性能是硫化植物油与油酸协同增效的结果，油酸与硫化植物油两者对于润滑剂提升缺一不可。另外，本论文尝试将配方中的硫化植物油替换成未硫化的植物油，通过缩减油酸的加量，来考察植物油硫化对于润滑剂性能的影响。从图3可以看出，未加油酸条件下，植物油润滑剂的润滑性能远低于硫化植物油润滑剂的润滑性能，同时加入等量的油酸，硫化植物油的润滑性能仍然优于未硫化植物油润滑剂的润滑性能。这一现象

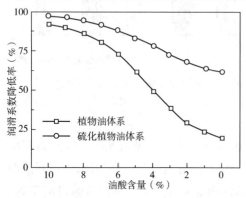

图3　在植物油与硫化植物油润滑剂体系中加入不同含量的油酸润滑系数对比图

说明，硫化可以有效提升植物油的润滑性能，硫化植物油与油酸形成的润滑膜要强于植物油与油酸形成的润滑膜。另外，缩减油酸含量后，植物油润滑剂体系的润滑性能降低速率要远快于硫化植物油润滑剂，说明植物油润滑剂体系的润滑性能对于油酸的依赖性太强，单纯的植物油很难在摩擦表面形成牢固的润滑膜。然而，考虑到油酸在此过程中主要起作用的基团为末端羧基，在钻井液高温碱性条件下，羧基非常脆弱，容易发生高温脱羧降解，或者与高价离子反应形成难溶性的盐，随着钻井液的循环，油酸逐渐被消耗，植物油润滑剂体系的润滑性能会大幅度降低，无法呈现持效润滑的作用。

另外，本文采用COMPASS程序包分别构建硫化植物油、油酸、Fe模型，并对所构建的模型进行几何优化，用Fe金属晶胞切出Fe(110)面，Fe的层数选为5层，厚度为1.0134nm，形成Fe的超晶胞，表面体系大小分别为7.9436nm×7.9436nm×4.8107nm，每个模拟体系的边长都足够长，以保证该体系中的分子与相邻体系中的同种分子没有相互作用。真空层厚度设置为4nm，这是因为在三维周期性边界条件下，使各个吸附物分子不会受到自身在金属表面法向上镜像的影响。依次分别在铁金属基底上添加相应的油酸与硫化植物油（$V_{油酸}/V_{硫化植物油} = 1:3$）的混配油构型。图4(a)为混配分子吸附模型的俯视图，图4(b)为混配分子吸附模型的主视图，图4(c)为混配分子模型的斜视图。从图中可以看出，油酸能够完整平铺在金属基底表面，并且其末端的羧基与金属贴合，具有单基团吸附构型。而硫化植物油能够利用结构中的多个硫醚基团和酯基吸附于金属基底表面，并伴有部分支链烷基伸出金属基底之外，所形成的吸附结构具有多个吸附位点，吸附构型更为厚实，吸附更为牢固。这一现象说明，普通油酸由于其结构小巧，羧基可以有效吸附于金属表面，但是所产生的吸附强度较低。而硫化植物油能够在金属表面形成多个吸附位点，所形成的硫化植物油吸附膜更为牢固。

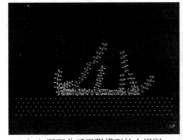  

（a）混配分子吸附模型的主视图　　　　　（b）混配分子吸附模型的俯视图　　　　　（c）混配分子吸附模型的斜视图

图4　混配分子吸附模型的主视图、混配分子吸附模型的俯视图及混配分子吸附模型的斜视图

因此，本论文推测出所研发润滑剂采用了一种新型的级联吸附的润滑机理，主要分为如下几个步骤（图5）：第一步，润滑剂在加入钻井液中，油酸利用自身结构中的羧基与金属作用迅速吸附到钻具金属表面，形成疏水性的自组装膜，完成钻具表面的疏水性改造。第二步，油酸形成的内层疏水润滑膜类似于"胶水"，利用相似相溶的原理使原先不易吸附于钻具极性表面的低极性分子可以附着在金属表面，实现多层疏水长脂肪链分子在金属表面的富集，这种多层疏水长脂肪链分子所形成的润滑膜可以有效降低摩擦阻力，提供润滑效果，这也解释了含有油酸的植物油体系润滑性能依然非常优异的原因。第三步，随着摩擦的进行，内部油酸形成的疏水润滑膜逐渐脱落，此时植物油为主要成分的润滑剂失去了在金属表面的附着力，润滑性能随着油酸含量的降低大幅度削弱。而硫化植物油利用油酸形成的润滑膜作为媒介，富集到金属表面，在油酸随着摩擦的进行脱落后，替代油酸，结构中的极压润滑基团硫醚在摩擦所形成的极压条件下，吸附于金属表面形成牢固的化学反应膜。由此可见，硫

化植物油与油酸在此过程中相辅相成，油酸促进了硫化植物油在金属表面的富集，硫化植物油替补油酸形成更为牢固的润滑膜，两者的协同作用实现了润滑剂性能的提升。

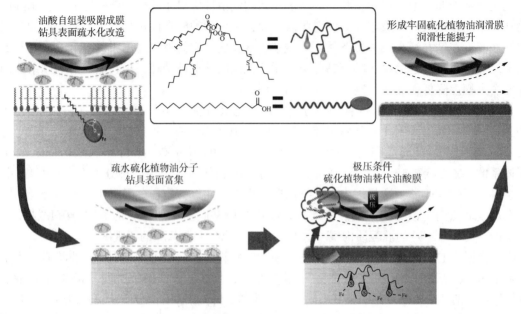

图5 钻井液润滑剂级联吸附润滑机理

3 钻井液润滑剂的配伍能力与润滑性能

在完成了钻井液润滑剂的配方研究与机理确定后，本论文进一步考察润滑剂在钻井液实际应用的前景。在膨润土浆中测试加入钻井液 0.5%润滑剂前后的流变性能、中压滤失量以及润滑系数。从表1可以看出，加入钻井液润滑剂后，膨润土浆的流变表观黏度、塑性黏度以及中压滤失量变化幅度较小，润滑系数降低率非常高达到96.6%。另外，本论文尝试在现场取样的井浆中加入钻井液润滑剂，测试加入润滑剂对井浆性能的影响。考虑到钻井液中多种聚合物、固相成分会通过吸附、包裹等形式降低润滑剂活性在金属表面吸附，因此，在井浆中钻井液润滑剂的加入量提高到2%，本论文在王152-斜15井的井浆中加入2%钻井液润滑剂，井浆的流变性能、中压滤失量变化幅度几乎可以忽略不计，润滑性能从原先的0.204降低到0.152。由此可见，钻井液润滑剂对于钻井液性能不会产生巨大的负面影响，与钻井液配伍性能优良，能够有效提高膨润土浆以及钻井井浆的润滑性能，具有较强的现场应用前景。

表 1 在膨润土浆以及井浆中加入润滑剂后的性能对比

测试浆	$AV(\mathrm{mPa \cdot s})$	$PV(\mathrm{mPa \cdot s})$	$FL_{\mathrm{API}}(\mathrm{mL})$	润滑系数	润滑系数降低率(%)
膨润土浆	14	7	24.0	0.683	—
膨润土浆+0.5%润滑剂	15	7.5	24.4	0.023	96.6
井浆	22.5	15	4.8	0.204	—
井浆+2%润滑剂	24	16	5.0	0.152	25.5

此外，本论文考察了钻井液润滑剂的高温稳定性，从表2可以看出，含有润滑剂的膨润土浆在不同温度条件下热滚16h后，整体黏度与中压滤失量有轻微增加，这可能是高温条件

下，有机长链化合物与膨润土结合，造成流变性的变化。高温热滚后，土浆的润滑系数有所提高，但依然维持较高的润滑性能，如前润滑机理部分所述，润滑剂成分中的油酸在高温碱性条件下可能被中和或脱羧，油酸浓度有所降低，但是，对于整体的润滑性能没有产生较为恶劣的负面影响。由此可知，钻井液润滑剂具有较强的高温稳定性，能够在较深地层呈现持效的润滑效果。

表 2 不停老化条件对于钻井液润滑剂的性能影响

测试浆	测试条件	$AV(mPa \cdot s)$	$PV(mPa \cdot s)$	$FL_{API}(mL)$	润滑系数	润滑系数降低率(%)
基浆+0.5%润滑剂	老化前	15	7.5	24.4	0.023	96.6
基浆+0.5%润滑剂	80℃/16h	15	7.5	24.8	0.054	92.1
基浆+0.5%润滑剂	120℃/16h	15.5	8	25.6	0.087	87.3
基浆+0.5%润滑剂	150℃/16h	16.5	8.5	26.2	0.106	84.5

4 结论

（1）采用硫化植物油作为润滑剂基础油，加入了吐温85与司盘80两种表面活性剂作为润滑消泡剂，对这两种表面活性剂的加量做了细致筛选，筛选了不同脂肪酸的种类与加量，最终确定了钻井液润滑剂的制备工艺与配方组成。

（2）通过控制润滑剂成分中硫化植物油与油酸的加量，对比植物油与硫化植物油形成润滑剂的性能，以及表面吸附分子模拟确定了润滑剂的多点级联吸附润滑机理即油酸在金属表面自组装成膜，促进硫化植物油在金属表面大量富集，并替代油酸吸附与金属表面形成高强度多点吸附润滑膜，提升了润滑效果。

（3）通过在膨润土浆以及现场井浆中加入润滑剂，测试其流变性能、滤失性能以及润滑性能，确定润滑剂具有较强的钻井液配伍能力，通过热滚实验确定润滑剂的高温稳定性能。

参 考 文 献

[1] 樊好福，司西强，王中华. 水基钻井液用绿色润滑剂研究进展及发展趋势[J]. 应用化工，2019，48(5)：1192-1196.

[2] 宣扬，钱晓琳，林永学，等. 水基钻井液润滑剂研究进展及发展趋势[J]. 油田化学，2017，34(4)：721-726.

[3] 魏昱，王骁男，安玉秀，等. 钻井液润滑剂研究进展[J]. 油田化学，2017，34(4)：727-733.

[4] 金军斌. 钻井液用润滑剂研究进展[J]. 应用化工，2017，46(4)：770-774.

[5] 李公让，王承俊. 极性吸附钻井液润滑剂的研究进展与发展趋势[J]. 钻井液与完井液，2020，37(5)：541-549.

[6] 夏小春，胡进军，孙强，等. 环境友好型水基润滑剂 GreenLube 的研制与应用[J]. 油田化学，2013，30(4)：491-495.

[7] 刘娜娜，王菲，张宇，等. 钻井液润滑剂 RH-B 的制备与性能评价[J]. 西安石油大学学报（自然科学版），2014，29(1)：89-93.

[8] 陈馥，张浩书，张启根，等. 钻井液用低生物毒性合成酯润滑剂的研究与应用[J]. 油田化学，2018，35(1)：8-11.

[9] 裴宏杰，陈钰荧，付坤鹏，等. 油酸与亚油酸在 Fe(110) 面上吸附和剪切的分子动力学模拟[J]. 润滑与密封，2019，44(11)：23-28.

深层页岩润湿性调控的分子模拟研究

张亚云[1,2]　林永学[1,2]　高书阳[1,2]　金军斌[1,2]　李大奇[1,2]

（1. 页岩油气富集机理与有效开发国家重点实验室；2. 中国石化石油工程技术研究院）

【摘　要】 页岩储层基质渗透率极低，但其中大量发育各种宏微观尺度的天然裂隙为外来流体侵入地层提供了"快车道"，当水分子侵入地层时，将对其晶体结构和力学性能产生显著的劣化作用。通过调节钻井流体与页岩系统的润湿性，使钻井流体侵入地层的毛管驱动力减弱甚至反转为阻碍流体侵入地层，且这种阻碍特性在微纳米裂隙中更加显著。本文借助分子模拟技术，建立了深层页岩典型矿物润湿铺展的分子动力学模型，通过润湿过程中的离子水合能力分析，研究典型抑制性无机盐溶液在页岩矿物表面的润湿铺展行为，揭示了页岩润湿铺展的微观动力学机制及其温度、压力和盐溶液类型与浓度的响应规律。研究发现：（1）温度和压力升高将降低页岩的水润湿性，且温度对润湿性的影响更大；（2）浓度增加，接触角增大，页岩的水润湿特性减弱，浓度控制的润湿性变化具有上限和浓度窗口；（3）不同离子类型下的页岩微观润湿性差异显著，但在石英晶片表面都表现明显的亲水性特征。

【关键词】 深层页岩；润湿性；调控；分子模拟

随着勘探开发的深入，我国油气勘探开始逐步向"深地"进军，深层油气资源是未来勘探开发的重点。深层石油资源占比 30%，天然气资源量占比 60%，是陆上剩余资源量最多、发展潜力最大、钻井挑战最大的领域[1]。随勘探对象的复杂化和井深的增加，高温高压与高应力环境更加常见，深层油气钻完井工程实践表明，深层泥页岩井壁失稳突发性和破坏性更强，坍塌掉块严重，说明深层泥页岩井壁失稳机制与浅层泥页岩具有显著差异，受温压环境的影响显著[2]。同时，页岩储层基质渗透率极低，但其中大量发育各种宏微观尺度的天然裂隙为外来流体侵入地层提供了"快车道"，当水分子侵入地层时，将对其晶体结构和力学性能产生显著的劣化作用。通过调节钻井流体与页岩系统的润湿性特性，使钻井流体侵入地层的毛管驱动力减弱甚至反转为阻碍流体侵入地层，且这种阻碍特性在微纳米裂隙中更加显著。

对流体润湿性能的调控是实现润湿封堵的基础。传统关于深层页岩中流体润湿特性评价与优化的宏观实验研究，忽略了深部页岩储层中流体润湿铺展的微观机理与过程。目前，国内外学者采用分子动力学方法分析的岩石表面的润湿性特征方便进行了大量研究，取得成果丰富。Crawford 等[3]研究了甲基化石英表面水滴的润湿角，其结果符合 Cassie 方程；Sghaier 等[4,5]实验研究了 NaCl 水溶液对玻璃的润湿性，发现 NaCl 水溶液在亲水性玻璃表面的润湿角随其浓度的增加而增大。Hautman 等[6]采用分子动力学（MD）模拟了 90 个水分子构建的水

基金项目：国家自然科学基金企业创新发展联合基金项目"高温高压油气安全高效钻完井工程基础理论与方法"（编号：U19B6003-05）资助。

作者简介：张亚云（1990—），男，中国石化石油工程技术研究院钻井液研究所，主要从事岩石力学、井壁稳定及非常规钻井液技术方面的研究工作。Tel：01056606437；E-mail：zyy_rockmechanics@163.com。

滴在亲水和疏水固体表面上的润湿行为;Lundgren 等[7]采用 MD 模拟了水滴及水乙醇混合液滴在石墨表面上的润湿性,水滴的润湿角为 83°与实验值一致;Chai 等[8]采用 MD 模拟了水滴在羟基和烷基化程度不同的无定形二氧化硅表面上的微观润湿性,发现表面烷基所占比例超过 70%时的润湿角几乎不变。

本文基于分子动力学模拟技术,在水岩作用抑制性控制的基础上,结合抑制性阳离子对页岩水岩作用劣化的有效抑制性能,建立了深层页岩典型矿物润湿铺展的分子动力学模型,针对深部页岩的复杂温压环境,研究典型抑制性无机盐溶液在页岩矿物表面的润湿铺展行为,分析深层页岩润湿特性对温度、压力和无机盐溶液类型与浓度的响应规律及微观动力学机制。

1 页岩典型矿物润湿铺展的分子动力学模型

页岩中的主要矿物可以分为三类:石英,碳酸盐矿物和黏土矿物,其中石英和黏土矿物的含量最为丰富,因此本文分别建立了页岩中石英和蒙脱石矿物的分子动力学模型,开展了典型无机盐($NaCl$、KCl、NH_4Cl、$CsCl$ 和 $CaCl_2$)溶液在页岩矿物表面的润湿铺展过程模拟,分析页岩润湿特性对温度、压力和典型无机盐溶液类型与浓度的响应规律及微观动力学机制。

1.1 模型构建

润湿性铺展的分子动力学模型的构建主要分为三步:

(1)石英和黏土矿物基片的构建。本文中石英晶胞选用 α-石英,建立超晶胞后,沿(0 0 1)晶面切片,为模拟页岩储层的水湿特性,对切片进行羟基化处理。本文的润湿性模拟中选用 Mg 取代蒙脱石。

(2)立方体型无机盐溶液液滴的构建。基于 Amorphous Cell 模块分别构建不同浓度的无机盐溶液($NaCl$、KCl、NH_4Cl、$CsCl$ 和 $CaCl_2$),立方体液滴构建过程中固定水分子数目为 400。固定水分子数目是为了避免液滴尺寸对润湿性的影响,同时也利于进行不同浓度和类型下的横向对比。

(3)装配液滴于矿物基片表面。将优化后的液滴置于构建的石英基片和蒙脱石基片表面,并进行几何优化和退火弛豫处理,获得能量最低的润湿性模型初始构型。建立的润湿性模拟的石英-盐水体系和镁取代蒙脱石-盐水体系的初始构型如图 1 所示。

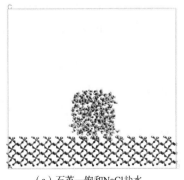
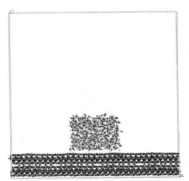

（a）石英—饱和NaCl盐水　　　　　　（b）镁取代蒙脱石—饱和KCl盐水

图 1 两种页岩典型矿物润湿模型

1.2 模拟方案与技术方法

液滴在矿物基片表面润湿过程的分子动力学模拟主要包括以下技术流程：润湿模型的构建，结构优化(几何优化和退火弛豫)获得初始构型，润湿过程的动力学模拟，统计物理学分析润湿性及液滴微观结构响应特征。

（1）模拟方案设置。

水岩作用下深层页岩润湿铺展的微观机制研究主要通过分析不同温度和压力条件下，润湿性对盐溶液类型与浓度的响应规律，探索无机盐溶液调控润湿性的微观机制。因此本文开展了不同温度(25~175℃)，压力(0.1~90MPa)条件，共计210组液体在典型矿物表面的润湿的分子动力学模拟。模式1中设置的模拟方案见表1。模式1的目标是进行不同温度、压力和浓度条件下，深层页岩润湿性的微观响应规律对比分析。选用页岩中含量较高的石英矿物作为基片，液滴选用 NaCl 溶液，开展了25~175℃范围内7种温度，0.1~90MPa 范围内6种压力和5.38%~26.34%范围内5种浓度的 NaCl 溶液在石英基片表面的润湿过程的分子动力学模拟。

表1 模式1：浓度与温压条件变化的润湿模拟方案

	基片	溶液类型	浓度(%)	温度(℃)							压力(MPa)	目标
				25	50	75	100	125	150	175		
模式1	石英	NaCl	26.34	—	—	—	—	—	—	—	0.1	浓度，温度和压力润湿性的响应
			20.12	—	—	—	—	—	—	—	5	
			15.16	—	—	—	—	—	—	—	10	
			10.21	—	—	—	—	—	—	—	30	
			5.38	—	—	—	—	—	—	—	60	
			—	—	—	—	—	—	—	—	90	

（2）技术参数设置。

本文中石英基片润湿性模拟选用 COMPASS 力场[9-11]。润湿模拟中体系采用恒温恒压系综[12,13](NPT)进行分子动力学计算，控温算法和控压算法分别是：Nosé-Hoover 和 Berendsen 算法。几何优化采用 Smart Minimizer 算法。库仑力计算采用 Ewald 求和方法。长程范德华力计算选择 Atom Based 方法。润湿过程的动力学模拟阶段总模拟时长1000ps，时间步长设置为1fs，采用三维周期性边界条件。动力学稳定后的最后400ps的运动轨迹用于结构分析，体系密度和扩散系数等动力学信息的分析。

（3）接触角的计算方法。

本文中通过接触角来表征液滴在矿物基片的润湿能力。在分子动力学计算中，可以获得润湿过程中体系内每一个原子的位置与速度信息，所以能够通过平衡后液滴的表面能、密度拟合、体积和铺展表面积等[14,15]方法计算微观接触角。

2 模拟结果和分析

2.1 润湿性模拟结果与对比验证

模式1中 NaCl 溶液在石英晶片的润湿性模拟结果见表2。

表 2　模式 1：浓度与温压条件变化的润湿模拟结果

浓度(%)	压力(MPa)	温度(℃)						
		25	50	75	100	125	150	175
26.34	0.1	39.54	40.13	42.54				
	5	40.28	43.68	43.85	46.35	48.12	51.79	56.42
	10	40.84	42.68	44.26	47.77	48.15	54.00	56.46
	30	41.29	42.78	46.40	44.48	48.82	50.97	57.31
	60	41.62	43.50	46.80	48.30	49.78	54.09	57.38
	90	43.05	43.58	47.63	48.65	50.60	54.26	60.87
20.12	0.1	39.10	39.76	41.43				
	5	40.08	42.12	45.42	45.13	47.70	50.66	55.15
	10	40.27	42.77	42.85	47.45	47.94	53.00	56.22
	30	40.50	42.44	43.43	43.57	48.15	49.59	57.02
	60	41.44	42.75	45.65	47.84	49.65	53.75	57.10
	90	42.30	42.28	47.30	48.40	49.18	54.07	59.37
15.16	0.1	35.57	33.98	37.81				
	5	32.14	35.96	38.07	41.70	46.41	46.88	55.06
	10	33.62	38.00	38.69	43.91	44.69	47.71	55.73
	30	34.78	36.94	39.96	42.14	45.50	51.83	58.08
	60	35.60	38.46	40.84	44.03	46.22	50.96	59.49
	90	35.81	38.53	41.07	45.06	46.52	56.86	60.50
10.21	0.1	28.06	31.22	31.03				
	5	30.09	31.42	34.22	34.67	35.30	37.72	38.01
	10	32.21	32.37	34.01	35.31	35.59	38.18	38.98
	30	32.23	33.76	34.86	35.71	35.62	39.36	40.27
	60	32.30	34.40	35.24	36.59	38.88	38.49	41.60
	90	36.55	36.08	36.61	38.13	39.53	39.55	44.36
5.38	0.1	27.77	30.67	31.00				
	5	29.71	30.75	33.48	34.33	35.15	37.40	37.64
	10	31.66	32.31	33.52	34.54	35.35	37.45	38.39
	30	31.59	32.95	34.03	34.93	35.21	38.69	39.43
	60	31.93	34.30	34.52	36.09	38.12	38.35	40.89
	90	35.91	35.91	35.99	37.52	38.79	39.54	44.04

　　对比发现，微观尺度 NaCl 溶液在石英晶片表面的接触角介于 27.76°～60.87°，展现出良好的水润湿特征。在 0.1MPa 条件下，液滴在 100～175℃ 范围内，发生汽化不再是纯液体状态，因此该阶段的润湿性结果误差较大，故表中未列出。将本文的模拟结果与前人相似条件情况下的对比，见表 3。对比可以发现，在相似条件下本文与前人的模拟结果十分接近，说明了本文所建模型的正确性和准确性。

表 3　部分润湿模拟结果对比验证

	基片	液体	系综	压力(MPa)	温度(℃)	浓度(%)	接触角(°)
本文	石英	NaCl	NPT	0.1	50	26.34	40.13
						20.12	39.76
						15.16	33.98
						10.21	31.22
						5.38	30.67
杨杰[16]	石英	NaCl	NVT	未知	50	25.5	38.58
						19.6	38.64
						14.0	35.08
						7.5	32.94
						3.9	23.69

2.2　温度对深层页岩润湿铺展的影响

由表 3 可知，对比不同温度下，NaCl 液滴在石英晶片上形成的微观接触角发现，随着温度的升高，接触角逐渐增大，而且这种增加效应在高温下增速明显加快(图 2)，这与 Roshan 等[17,18]对页岩润湿性的实验规律相同。例如，在 NaCl 浓度为 26.5%，压力 5MPa 下，温度由 25℃升高至 75℃时，微观接触角由初始的 40.28°仅增大至 43.58°，升高 8.87%，但当温度继续升高至 175℃时，微观接触角增大至 56.42°，升高 28.66%。对比不同压力条件

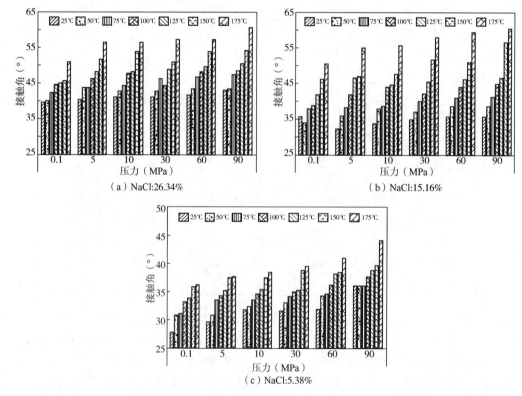

图 2　温度对微观接触角的影响

可以发现，不同压力条件下，随温度的升高，导致的微观接触角增幅波动明显，但是整体上表现出在高压条件下，温度导致的增幅更大。例如，在 NaCl 浓度为 26.5%，压力 5MPa 下，温度导致的增幅为 11.35°，90MPa 压力下，增幅为 17.82。另一方面，在较高浓度下，温度对微观接触角的增加效益更大。

总体来说，随着温度的升高，微观接触角增大，并且流体的高浓度和深部地层的高压环境将加剧这种增大效应。说明随着储层埋深增加，温度升高，页岩储层水润湿特性逐渐减弱。

温度对微观接触角增加效应可以通过溶液中离子与水中氧原子的径向分布函数（RDF）和平均作用势（PMF）[16,19]来解释。平均作用势通过离子间结合能垒和解离能垒的差异来评价离子的结合能力，其可由离子间的径向分布函数导出：

$$W(r) = -k_B T \ln[g(r)] \tag{1}$$

式中：k_B 是玻尔兹曼常数；T 是绝对温度；$g(r)$ 是径向分布函数。

本文通过分析 NaCl 液滴中 Na^+ 与水中氧原子间的径向分布函数与平均作用势来表征不同温度下，NaCl 液滴中离子对水分子结构的影响。图 3 展示了 NaCl 溶液浓度 15.16%，体系压力 5MPa 时，不同温度条件下 Na^+ 与水分子中氧原子间的径向分布函数和平均作用势。分析可知，Na-OW 的 RDF 曲线依然表现出明显的双峰型特征，说明 Na^+ 周围将形成两层水化壳结构。但随温度增加，RDF 曲线中的第一峰强度显著下降，第二峰强度也有微弱下降，说明 Na^+ 周围结合的水分子数在减小，液滴中水的运移能力显著增加。这可以借助 Na^+ 与水中氧原子的配位数来说明。图 4（a）中的 Na-OW 配位数显示，当前盐浓度和压力条件下，当温度从 25℃增加到 175℃时，钠离子配位数由 4.35 减小到 2.58，说明钠离子第一水化壳内结合的水分子数目减小显著。由图 4（b）中的平均作用势曲线可知，Na^+ 与水分子氧原子的平均作用势上存在两个极小值点，分别是 I 处的接触极小势能，III 处的分离极小势，分别对应钠离子周围的两层水结构。在两层水结构之间，存在一个 PMF 的极大值点（II 处），说明两层水之间存在能垒。由图可知，当水分子由 I 处向 II 处转移时，即从钠离子周围解离时需要克服的解离能垒，大于由 III 处向 II 转移时，即由第二层水接近第一层水结构时需要克服的结合能垒。说明当钠离子周围的水化结构形成，第一水化壳内水分子需要克服较高的能垒才能发生解离。同时，通过对比不同温度下，水分子从钠离子第一水化壳解离的解离能垒（即平均作用势曲线中 II 处和 I 处 PMF 的差值）可以发现：如图 4（b）所示，在当前浓度和压力条件下，随温度升高，水分子的解离能垒显著升高，说明温度的增加，结合在钠离子水化壳内的水分子的解离难度增大，从而减弱了液滴在石英晶片表面的铺展能力，导致微观接触角增加。

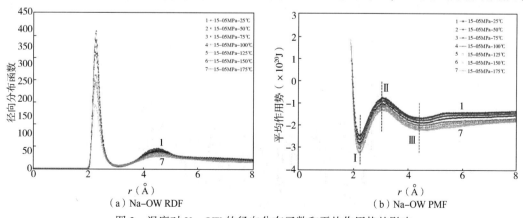

图 3　温度对 Na-OW 的径向分布函数和平均作用势的影响

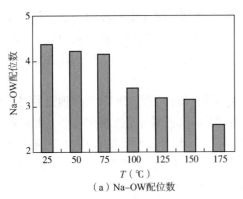

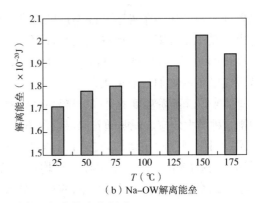

（a）Na-OW配位数 （b）Na-OW解离能垒

图 4 温度对 Na-OW 的配位数和解离能垒的影响

2.3 压力对深层页岩润湿铺展的影响

通过表 3 和图 5，对比不同压力下，NaCl 液滴在石英晶片上形成的微观接触角可以发现，随着压力的升高，微观接触角逐渐增大，但压力对微观接触角的增大效应弱于温度对微观接触角的影响，这与 Roshan 等[17,20]关于页岩润湿性的实验认识相同。与温度对微观接触角的影响不同，在研究的 0.1~90MPa 压力范围内，随压力增加，其对微观接触角的增加效应并没有加快，增速呈微弱波动，并没有显著增大或减小。对比不同温度发现，在高温条件下，随压力的升高，压力导致的微观接触角增幅明显增大，说明体系温度可以明显提高压力对微观接触角的影响。例如，在 NaCl 浓度为 26.34%，温度 25℃时，压力导致的增幅为 3.51°，温度 175℃时，增幅为 9.98°。另一方面，对比不同盐溶液浓度可以发现，压力对微观接触角的影响在较低浓度情况下更加显著。例如在浓度 5.38% 和温度 25℃时，压力导致的增幅平均值达 29.32%，但饱和盐浓度情况下，微观接触角的增幅仅有 8.88%。

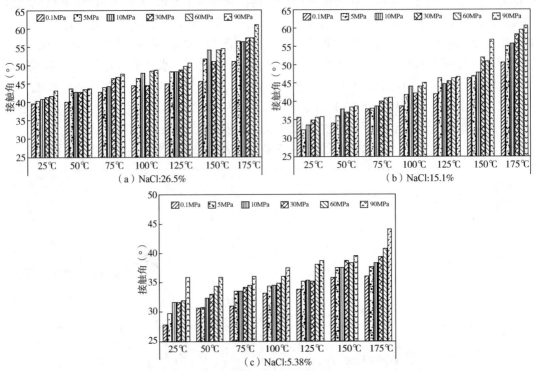

图 5 压力对微观接触角的影响

总体来说，随着压力的升高，微观接触角增大，并且深部地层的高温环境将加剧这种增大效应，但流体的高浓度不利于压力对润湿性的增大效应。同样说明随着储层埋深的增加，温度和压力升高，页岩储层的水润湿特性逐渐减弱。

压力对微观接触角的影响可以从两个方面进行分析。一是压力升高将增加液滴的界面张力和密度。界面张力增加，依据最小势能原理，液滴需要通过减小表面积，从而降低体系的总能量，进而抑制了液滴在石英基片表面的铺展。同时液滴密度的升高，将减小液滴与外相的密度差，不利于液滴在石英基片表面的润湿铺展。二是与温度的影响类似，也可以从压力作用下溶液中离子对水分子的作用强度进行分析。

图6展示了NaCl溶液浓度15.16%，体系温度100℃时，不同压力条件下 Na^+ 与水分子中氧原子间的径向分布函数和平均作用势。分析可知，不同压力条件下，钠离子与水分子中氧原子的RDF曲线都展现出明显的双峰型特征，说明压力条件下变化时，钠离子在液滴中都将形成两层水化壳结构。但与温度变化相比，压力升高导致的RDF曲线变化明显减小，第一峰值强度波动变化，但有逐渐降低趋势，第二峰值强度基本不变。钠离子的配位数结果表明，在当前浓度和温度条件下，压力由0.1MPa升高到90MPa时，Na-OW配位数在3.36~3.81间波动，变化不显著，如图7(a)所示。配位数的微弱变化可以解释为何压力对微观接触角的影响不如温度的影响显著，因为压力变化时液滴中水的结构特征变化不大。

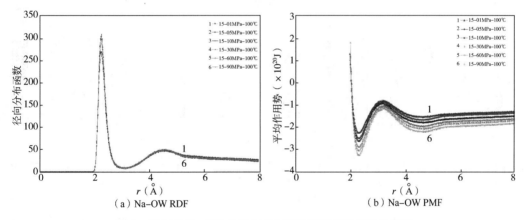

（a）Na-OW RDF　　　　　　　（b）Na-OW PMF

图6　压力对Na-OW的径向分布函数和平均作用势的影响

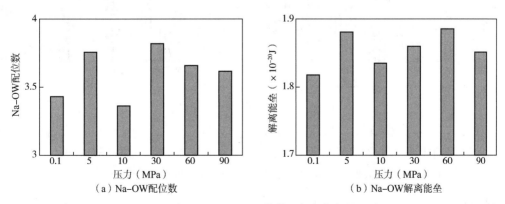

（a）Na-OW配位数　　　　　　（b）Na-OW解离能垒

图7　压力对Na-OW的配位数和解离能垒的影响

由图7(b)可知，对比不同压力下，水分子的解离能垒可以发现：当前浓度和温度条件下，在研究压力范围内，随压力升高，水分子的解离能垒具有波动的变化特征，但整体而言具有明显的增加趋势。说明压力升高，结合在钠离子水化壳内的水分子的解离难度增大，从而降低了液滴在石英晶片表面的铺展能力，导致微观接触角增加。

2.4 离子浓度对深层页岩润湿铺展的影响

通过图8，对比代表性压力和温度下，石英基片表面微观接触角随 NaCl 溶液浓度的变化可以发现，随 NaCl 溶液密度升高，微观接触角逐渐增大，液滴在石英基片表面的铺展能力逐渐减小，说明浓度增加，深层页岩的水润湿性减弱，这与 Sghaier 和 Xie 等[4,18,21,22]的实验规律相同。但在一定温度和压力下，微观接触角随浓度增大的增速呈现先快后慢的趋势。在本文模拟的温度范围内，当 NaCl 溶液浓度增加到 15.16%～20.12%时，微观接触角的增速放缓，逐渐达到稳定值。对比不同温度条件发现，在高温状态下浓度对微观接触角的增幅更大。例如，在 p=5MPa，T=25℃时，溶液浓度从 5.38%增加到 26.34%时，微观接触角由29.71°增大至 40.28°，增幅 35.58%，但在温度升高至 175℃时，微观接触角由 37.64°增大至 56.42°，增幅 49.89%。然而针对不同压力条件下，在低压状态时，浓度对微观接触角的增幅反而更大。例如在，p=90MPa，T=25℃时，微观接触角由 35.91°增至 43.05°，增幅19.88%，明显小于 p=5MPa 时 35.58%的增幅。

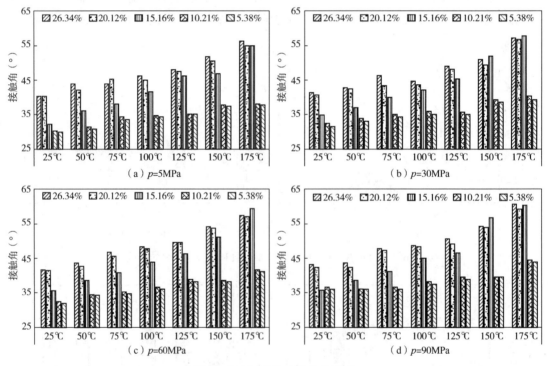

图 8　浓度对微观接触角的影响

总体而言，溶液浓度增加，微观接触角增大，导致页岩的水润湿性减弱。但随浓度增加微观接触角具有上限，一般增至超过 15.16%～20.12%浓度后，微观接触角增加放缓，逐渐趋于平缓。同时，浓度对微观接触角影响，在高温和低压状态下更加显著。

3　结论

本文建立了深层页岩典型矿物润湿铺展的分子动力学模型，研究典型抑制性无机盐溶液在页岩矿物表面的润湿铺展行为，分析页岩润湿铺展的微观动力学机制及其温度、压力和盐溶液浓度的响应规律。主要获得如下认识：

（1）随着温度的升高，流体在矿物表面的微观接触角增大，并且流体的高浓度和深部地层的高压环境将加剧这种增大效应。说明随着储层埋深的增加，温度升高，深层页岩的水润湿特性逐渐减弱。

（2）压力的升高，促进了流体在矿物表面的微观接触角增大，但其对微观接触角的影响程度弱于温度。同时高温下压力的作用更显著，然而高浓度的流体不利于压力对润湿性的增大效应。

（3）溶液浓度增加，流体在矿物表面的微观接触角增大，导致页岩的水润湿性减弱。但微观接触角随浓度增加具有上限，一般增至浓度超过 15.16% ~ 20.12% 后，微观接触角增速放缓，逐渐趋于平缓。同时浓度对微观接触角影响，在高温和低压状态下更加显著。

参 考 文 献

[1] 汪海阁，葛云华，石林. 深井超深井钻完井技术现状、挑战和"十三五"发展方向[J]. 天然气工业，2017，37(4)：1-8.

[2] 张亚云，陈勉，邓亚，等. 温压条件下蒙脱石水化的分子动力学模拟[J]. 硅酸盐学报，2018，(10)：1489-1498.

[3] Crawford R, Koopal L K, Ralston J. Contact angles on particles and plates[J]. Colloids and Surfaces, 1987, 27(4)：57-64.

[4] Sghaier N, Prat M, Ben Nasrallah S. On the influence of sodium chloride concentration on equilibrium contact angle[J]. Chemical Engineering Journal, 2006, 122(1)：47-53.

[5] Moučka F, Svoboda M, Lísal M. Modelling aqueous solubility of sodium chloride in clays at thermodynamic conditions of hydraulic fracturing by molecular simulations[J]. Physical Chemistry Chemical Physics, 2017, 19(25)：16586-16599.

[6] Klein M L, Hautman J. Microscopic wetting phenomena[J]. Physical Review Letters, 1991, 67(13)：1763-1766.

[7] Lundgren M, Allan N L, Cosgrove T, et al. Wetting of Water and Water/Ethanol Droplets on a Non-Polar Surface：A Molecular Dynamics Study[J]. Langmuir, 2002, 18(26)：10462-10466.

[8] Chai J, Liu S, Yang X. Molecular dynamics simulation of wetting on modified amorphous silica surface[J]. Applied Surface Science, 2009, 255(22)：9078-9084.

[9] Sun H. COMPASS：An ab Initio Force-Field Optimized for Condensed-Phase Applications Overview with Details on Alkane and Benzene Compounds[J]. The Journal of Physical Chemistry B, 1998, 102(38)：7338-7364.

[10] McQuaid M J, Sun H, Rigby D. Development and validation of COMPASS force field parameters for molecules with aliphatic azide chains[J]. Journal of Computational Chemistry, 2004, 25(1)：61-71.

[11] Sun H, Ren P, Fried J R. The COMPASS force field：parameterization and validation for phosphazenes[J]. Computational and Theoretical Polymer Science, 1998, 8(1-2)：229-246.

[12] 杨清建. 计算物理[M]. 上海：上海科学技术出版社，1988.

[13] 宫野. 计算物理[M]. 大连：大连理工大学出版社，1987.

[14] Ravipati S, Aymard B, Kalliadasis S, et al. On the equilibrium contact angle of sessile liquid drops from molecular dynamics simulations[J]. The Journal of Chemical Physics, 2018, 148(16)：164704.

[15] Li J, Wang F. Water graphene contact surface investigated by pairwise potentials from force-matching PAW-PBE with dispersion correction[J]. The Journal of Chemical Physics, 2017, 146(5)：54702.

[16] 杨杰. SC-CO_2 对地层水在岩石表面润湿行为影响的分子模拟[D]. 中国石油大学(华东)，2014：60.

［17］ Roshan H, Al-Yaseri A Z, Sarmadivaleh M, et al. On wettability of shale rocks［J］. Journal of Colloid and Interface Science, 2016, 475: 104-111.

［18］ Xie Q, Brady P V, Pooryousefy E, et al. The low salinity effect at high temperatures［J］. Fuel, 2017, 200: 419-426.

［19］ 刘冰, 杨杰, 赵丽, 等. 盐水液滴在砂岩表面润湿性的分子动力学模拟［J］. 中国石油大学学报(自然科学版), 2014, 38(3): 148-153.

［20］ Arif M, Barifcani A, Lebedev M, et al. Structural trapping capacity of oil-wet caprock as a function of pressure, temperature and salinity［J］. International Journal of Greenhouse Gas Control, 2016, 50: 112-120.

［21］ Al-Yaseri A Z, Roshan H, Lebedev M, et al. Dependence of quartz wettability on fluid density［J］. Geophysical Research Letters, 2016, 43(8): 3771-3776.

［22］ Pan B, Li Y, Xie L, et al. Role of fluid density on quartz wettability［J］. Journal of Petroleum Science and Engineering, 2019, 172: 511-516.

树枝状聚合物封堵降滤失剂研制及评价

王　琳　杨小华　林永学　李舟军　金军斌

（中国石化石油工程技术研究院）

【摘　要】　针对聚合物类降滤失剂在高温高盐下降解失效以及聚磺钻井液环保性等问题，本文采用端羟基树枝状聚胺酯为中心核，以 2-丙烯酰胺-2-甲基丙磺酸、N,N-二甲基丙烯酰胺、苯乙烯磺酸钠为聚合单体，合成了树枝状聚合物封堵降滤失剂 DMPF-Ⅰ。对该降滤失封堵剂进行了红外以及热失重分析，测试了产品的环保性能，同时对其在淡水、盐水以及超高温下进行了评价，实验结果表明，该树枝状聚合物封堵降滤失剂对微孔隙的封堵性好，黏度效应小，高温高盐下降滤失效果明显，抗温达 220℃，无毒、易降解。

【关键词】　树枝状聚合物；封堵降滤失剂；抗高温；环保

随着深部地层油气勘探开发力度的加大，高温、高压以及高盐含量等特殊钻井环境给钻井液施工带来了更大的挑战。降滤失剂作为钻井液的核心处理剂之一，其性能的高低往往决定了钻井安全和时效[1]。施工中使用聚合物降滤失剂、酚醛树脂类降滤失剂来控制钻井液滤失量，并加入大量沥青类产品以实现防塌封堵和井壁稳定[2]。随着国家对环境保护的加强，磺化酚醛树脂、沥青类处理剂的使用逐渐受到限制[3-5]，目前聚合物类降滤失剂多为直链型，高盐高温下易降解失效，具有降滤失、封堵等多种功能的抗高温抗盐环保处理剂急需开发。树枝状聚合物是一类具有树枝型结构的新型高分子，具有独特的结构与性能，在多个领域展现出良好的应用前景[6,7]。本文采用端羟基树枝状聚胺酯为中心核，以 2-丙烯酰胺-2-甲基丙磺酸（AMPS）、N,N-二甲基丙烯酰胺（DMAM）、苯乙烯磺酸钠（SSS）为聚合单体原料，合成了树枝状聚合物封堵降滤失剂，并对其进行了室内评价。

1　主要原料与实验仪器

1.1　主要原料

2-丙烯酰胺-2-甲基丙磺酸、N,N-二甲基丙烯酰胺、苯乙烯磺酸钠均为工业品；端羟基树枝状聚胺酯：自合成；氢氧化钠、引发剂、氯化钠、碳酸钠为分析纯；钻井液实验配浆用膨润土：符合 SYT 5490—2016，配浆时加入土量 5% 的碳酸钠。

1.2　主要仪器

四口反应烧瓶、恒温水浴、机械搅拌器、高速搅拌器、中压滤失仪、高温高压滤失仪、六速旋转黏度计、高温滚子炉、高温高压滤失封堵性测试仪、傅里叶变换红外光谱仪、热失重分析仪。

作者简介：王琳(1970—)，女，1995 年毕业于山东大学化学与化工学院有机合成专业，2004 年获中国科学院物理化学博士学位，研究员，主要从事钻井液及处理剂的研究工作。单位：中国石化石油工程技术研究院钻井液研究所；地址：北京市昌平区百沙路 197 号中国石化科学技术研究中心；电话：010-56606488；13641084018；E-mail：wanglin. sripe@ sinopec. com。

2 产品的设计与合成

2.1 分子结构设计

线性聚合物在高温条件下易于断链、降解，从而造成高温老化后钻井液性能恶化。本文以端羟基树枝状聚胺酯为中心核，在其表面通过聚合反应接枝上多个长链，形成具有类胶束形态的三维立体结构，其适度的变形有利于封堵微孔隙，且高温下分子结构不易坍塌，局部的高温断链对性能影响也较小；同时，在端羟基树枝状聚胺酯接枝的多个长链由 AMPS、DMAM、SSS 等不易水解、降解的抗温抗盐单体聚合形成，SSS 的苯环以及 AMPS、DMAM 的甲基侧基提高分子链刚性并具备疏水屏蔽作用，提高了产物的耐水解、耐降解能力，AMPS 和 SSS 含有的磺酸基具抗盐能力。通过调控中心核大小、端羟基数量及接枝长支链的结构、分子量等，增强与黏土相互作用，使合成的树枝状聚合物具在高温高盐下有良好的封堵能力和降滤失能力。

2.2 合成过程

将自合成的端羟基树枝状聚胺酯加入去离子水中，超声分散溶解均匀，按比例加入三种单体，充分搅拌溶解，搅拌并冷却下用氢氧化钠溶液调至目标 pH 值，通氮气除氧30min 以上，升温至目标温度后加入引发剂引发聚合反应，恒温反应 2~3h，得到黏稠液体，干燥、粉碎，得到固体粉末状产品。

按上述合成方法，对中心核用量、单体比例、pH 值、单体浓度、引发温度、引发剂加量等多个因素进行优化，通过对合成出的产物进行封堵能力和降滤失能力的评价，优选出最佳比例，得到了树枝状聚合物封堵降滤失剂 DMPF-I(Dendrimer Plugging Fluid Loss Reducer)。

3 产品性能评价

3.1 红外光谱分析

将合成的聚合样品用无水乙醇进行二次纯化，与溴化钾混合压片，使用傅立叶变换红外光谱仪进行测试，结果见图1。图中，3400cm^{-1}和3200cm^{-1}附近的吸收峰为羟基、氨基峰，2930cm^{-1}左右的二重峰为甲基、亚甲基的特征峰；1670cm^{-1}为归属于酰胺键中羰基的特征吸收峰，其附近的 1730cm^{-1}归属于端羟基树枝状聚胺酯核中的酯键中羰基的吸收，1450 ~ 1600cm^{-1}出现了较弱的芳环振动吸收峰；1040cm^{-1}和1200cm^{-1}是 AMPS 中 SO$_3^{2-}$的特征峰；分析结果与预期一致。

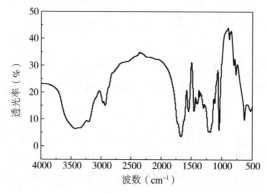

图1　树枝状聚合物封堵降滤失剂 DMPF-I 的红外光谱图

3.2　热失重分析

将样品以 10℃/min 的升温速率进行热失重实验，考察其热分解稳定性，结果见图 2。从图 2 数据可以看出，树枝状聚合物封堵降滤失剂在 200℃ 之前发生了约 8.5% 的少量失重，这是由于产物中含少量水分造成的失重。在 200～320℃ 之间约有 5.2% 的失重，可能为产物中有少量的分解。在 395℃ 之后，产物发生快速分解。可以看出，产物在 390℃ 之前具有很好的热稳定性。

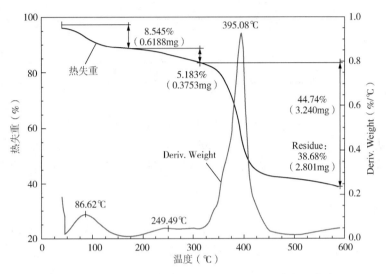

图 2　树枝状聚合物封堵降滤失剂 DMPF-Ⅰ 的热失重曲线图

3.3　产品封堵性能评价

采用 FANN 高温高压滤失封堵性测试仪测试产品的渗透封堵性能。分别在淡水基浆(4% 膨润土浆)和盐水基浆(4% 膨润土+10%NaCl)中加入 DMPF-Ⅰ，经 180℃/16h 热滚后进行测试。过滤介质为 FANN 陶瓷沙盘，测试压力 3.5MPa，测试温度 150℃，收集 30min 的滤液。与不加样品的基浆对比计算封堵率。结果见表 1。

表 1　树枝状聚合物封堵降滤失剂 DMPF-Ⅰ 的封堵性能评价

样品及加量	30min 滤出液(mL)	封堵率(%)	样品及加量	30min 滤出液(mL)	封堵率(%)
淡水基浆(1#)	48	—	10%NaCl 盐水基浆(2#)	152	—
1#+2%样品	8.6	82.0	2#+3%样品	16	89.4

从表 1 数据可以看出，在淡水浆和 10%NaCl 盐水浆中产品对陶瓷沙盘的封堵率均高于 80%，显示了较好的封堵性能。这是由于该树枝状聚合物由树枝状聚胺酯为中心核，其表面接枝了多个长链，对黏土颗粒的保护和黏结作用更强，其类胶束的立体结构可封堵微孔隙，相比较直链型的聚合物类降滤失剂具有较好的封堵降滤失效果。

3.4　产品降滤失性能评价

3.4.1　淡水浆中评价

在 4% 膨润土浆中测试了树枝状聚合物封堵降滤失剂 DMPF-Ⅰ，180℃ 热滚前后的流变性以及滤失量。实验结果见表 2。

表 2   树枝状聚合物封堵降滤失剂 DMPF-Ⅰ在淡水浆中的性能评价

加量	老化情况	$AV(\text{mPa}\cdot\text{s})$	$PV(\text{mPa}\cdot\text{s})$	$YP(\text{Pa})$	$FL_{\text{API}}(\text{mL})$	$FL_{\text{HTHP}}(\text{mL})$
空白	滚前				—	—
	滚后	14	6	8	29.6	全失
1%	滚前	44.5	25	19.5	8.8	—
	滚后	29.5	24	5.5	9.6	25
2%	滚前	73	42	31	7.6	—
	滚后	59	45	14	7.2	18
3%	滚前	107	62	45	6.0	—
	滚后	89	69	20	5.6	15

注：①热滚条件为180℃×16h；②高温高压滤失量测试温度150℃。

从表 2 数据可以看出，随着处理剂的加量增加，滤失量大幅度降低，加量为 1% 时，热滚前后中压滤失量降低近 70%，加量达到 2% 时，热滚前后中压滤失量小于 8mL，150℃下的高温高压滤失量可控制在 20mL 以内，降滤失效果好。同时试验浆在热滚前后的流变性未出现较大变化，表明其抗温能力强，也便于现场维护。

3.4.2   10% 盐水浆中评价

在 4% 膨润土浆中加入 10%NaCl，再加入树枝状聚合物封堵降滤失剂 DMPF-Ⅰ，测试试验浆热滚前后的流变性能以及滤失量。实验结果见表 3。

表 3   树枝状聚合物封堵降滤失剂 DMPF-Ⅰ在 10%NaCl 盐水浆中的性能评价

加量	老化情况	$AV(\text{mPa}\cdot\text{s})$	$PV(\text{mPa}\cdot\text{s})$	$FL_{\text{API}}(\text{mL})$	$FL_{\text{HTHP}}(\text{mL})$
空白	滚前	6.5	2.5	102	—
	滚后	5	2	178	全失
1%	滚前	6	5.5	10.4	—
	滚后	5	4.5	19	
2%	滚前	13.5	12	6.4	—
	滚后	6	5.5	8.8	33
3%	滚前	20	18	6.0	—
	滚后	14.5	13	4.8	24
4%	滚前	27.5	25	5.8	—
	滚后	19	18	4.4	18

注：①热滚条件为180℃×16h；②高温高压滤失量测试温度150℃。

从表 3 数据可以看出，4% 膨润土+10%NaCl 的基浆在热滚前后塑性黏度较低、切力大，流动性不好。随着树枝状聚合物封堵降滤失剂 DMPF-Ⅰ加量的增加，试验浆的流变性变好，滤失量急剧降低，在加量为 1.0% 时，热滚后中压滤失量降低率达 89%，加量达到 2% 时，热滚前后中压滤失量均小于 10mL，且能够控制高温高压滤失。同时试验浆未发生由于处理剂加量过大而出现的黏度过高的现象，表明产品在盐水浆中具有较低的黏度效应，这是由于研制的树枝状聚合物的结构为中心核表面接枝多个长链，与直链型聚合物相比受电解质的影响小，具有更好的抗温抗盐能力。

3.4.3 抗高温性能评价

在10%盐水浆中评价不同温度热滚后的性能。4%膨润土浆中加入10%NaCl，再加入3.0%树枝状聚合物封堵降滤失剂，测试不同温度老化后的流变性和滤失量。实验结果见表4。

表4 树枝状聚合物封堵降滤失剂 DMPF-Ⅰ抗高温抗盐性能评价

热滚温度(℃)	AV(mPa·s)	PV(mPa·s)	FL(mL)	热滚后状态
160	18	16	4.2	均匀
180	14.5	13	4.8	均匀
200	12	11	10.4	均匀
220	8.5	6.5	19	均匀
240	7.0	6.0	35	少量分层

从表4数据可以看出，随着老化温度提高，浆体的表观黏度和塑性黏度降低，中压滤失量有所增加。在10%盐水浆中经220℃老化后，滤失量仍能控制在20mL以内。其优良的抗温抗盐能力在于树枝状聚合物的特殊结构，中心核端羟基树枝状聚胺酯的表面通过自由基聚合接枝了多个长链，在高温下局部的断链对性能影响较小，具有更强的抗高温能力。

3.5 与国外产品的对比评价

在相同条件下，对比测试了国外产品 Driscal D、Dristemp、Hostdrill 与合成 DMPF-Ⅰ的热滚前后的流变性以及滤失量。基浆：4%膨润土+10%氯化钠+2.0%样品。实验结果见表5。

表5 DMPF-Ⅰ与国外产品性能比较

样品	老化情况	AV(mPa·s)	PV(mPa·s)	YP(Pa)	FL(mL)
Driscal D	滚前	48	25	23	—
	滚后	9.5	5	4.5	72.8
Dristemp	滚前	56	34	22	—
	滚后	7.5	7	0.5	9.0
Hostdrill	滚前	9.5	9	0.5	—
	滚后	4	3.5	0.5	17.8
DMPF-Ⅰ	滚前	13.5	12	1.5	—
	滚后	6	5.5	0.5	8.8

注：热滚条件为180℃×16h。

从表5数据可以看出，在相同基浆条件下，加量为2%时，合成的 DMPF-Ⅰ降滤失能力与 Dristemp 相当，好于 Driscal D 和 Hostdrill，而且加入 Driscal D 和 Dristemp 的浆体在热滚前后表观黏度和塑性黏度值变化较大，合成的 DMPF-Ⅰ和 Hostdrill 黏度相对较低，热滚前后均未出现大幅度增黏和降黏，流变性能相对稳定。

3.6 产品环保性评价

根据 SY/T 6788—2020《水溶性油田化学剂环境保护技术评价方法》的方法检测 DMPF-Ⅰ的生物毒性和生物降解。采用发光细菌法测得的半有效浓度 EC_{50} 值为 $6.7×10^5$mg/L，根据测得的化学需氧量 COD 和生化需氧量 BOD 的数值，计算出 BOD_5/COD_{Cr} 为 0.4。参照行标 SY/T 6787—2010《水溶性油田化学剂环境保护技术要求》生物毒性分级标准，EC_{50} 值大于 20000mg/L 时生物毒性等级为无毒，$BOD_5/COD_{Cr} \geq 0.05$ 时为易降解。研制的树枝状聚合物封堵降滤失剂 DMPF-Ⅰ无毒、易生物降解，环保性好。

4　结论

（1）以端羟基树枝状聚胺酯为中心核，2-丙烯酰胺-2-甲基丙磺酸（AMPS）、N,N-二甲基丙烯酰胺（DMAM）、苯乙烯磺酸钠（SSS）为聚合单体，设计并合成出了树枝状聚合物封堵降滤失剂 DMPF-Ⅰ。

（2）通过对产物的红外光谱分析，确认产物与预期相符，通过对产物的热失重分析，发现其具有良好的热稳定性能，通过对毒性和降解性评价，DMPF-Ⅰ无毒、易生物降解，环保性好。

（3）通过对树枝状聚合物封堵降滤失剂 DMPF-Ⅰ的评价，从实验数据可以看出，该聚合物对微孔隙具有良好的封堵性能，在淡水浆以及盐水浆中具有良好的降滤失性能，同时对试验浆流变性影响较小，产品部分性能好于国外产品。

参 考 文 献

[1] 王中华. 国内钻井液技术进展评述[J]. 石油钻探技术，2019，47(3)：95-102.
[2] 周波，何恩之，肖剑锋. 常规井环保型钻井液体系研究与应用[J]. 环境工程，2016，34(S1)：235-236.
[3] 王中华. 国内钻井液及处理剂发展评述[J]. 中外能源，2013，18(10)：34-43.
[4] 杨小华，王中华. 2015—2016 年国内钻井液处理剂研究进展[J]. 中外能源，2017，22(6)：32-40.
[5] 袁洋，唐华强，游佳春. 一种去磺化钻井液体系环保性能评价[J]. 科学技术创新，2019(6)：43-44.
[6] 刘海峰，王玉荣，任艳. 树枝状聚合物的应用研究进展[J]. 高分子通报，2005(3)：116-122.
[7] 钟汉毅，高鑫，邱正松，等. 树枝状聚合物在钻井液中的应用研究进展[J]. 钻井液与完井液，2019，36(4)：397-406.

数字成像微观分析技术在钻井液技术研究中的应用

（中国石化石油工程技术研究院）

【摘　要】　数字信息化时代的到来给石油工程的各个领域带来了新的研究手段。数字成像微观处理分析技术，是一种非接触无损量测技术，克服了接触量测人为干扰破坏的影响，可以实现微观领域的可视化、数字化，快速得到精确的结果以及大量的细节信息，还可同时进行多个平行样本采集测量对比分析研究，方便存储与重复利用，在非可视微观结构可视化呈现方面，以及钻井液物理化学作用下岩石微观与宏观变化的内在关系深层次揭示，多尺度渐进破坏及控制技术研究等方面都有着广泛应用前景，有利于指导钻井液技术研究。

【关键词】　数字成像；可视化；微观分析；钻井液

基础研究是科技创新发展的源头和原动力。测试技术是考察事物的状态、变化和特征并进行定性、定量描述的分析手段，包括量测和试验两个方面。从宏观进入微观，从静态研究进入动态研究，从个别、细致研究发展到相互渗透、相互联系、相互作用的研究，从定性描述到定量化的数字化处理是钻井液技术研究的发展之路。常规的钻井液技术研究方法主要基于宏观角度，针对微观空间的精细化研究则少之又少。微纳米孔缝空间是外来流体侵入地层并发生各种化学反应进而引起岩石原始应力变化产生内在微观伤害的重要通道。因此，系统的开展岩石微观孔隙空间研究的实验，并借助先进的数字化岩石微纳米孔隙表征手段对岩石微观孔缝空间发育特征及其控制因素，化学作用对岩石内部矿物和微观结构的伤害改变、微纳米化学和力学行为、流体微纳渗流驱动控制与优化技术、力化耦合特性叠加、表面改性与功能化等进行研究，由以往的宏观间接定性测试转为微观直接量化测试，可用于揭示相关的内在机理，指导钻井液技术研究。

1　数字微观分析技术

微观测试技术是随着微米/纳米技术的发展而迅速发展起来的技术，是为了获取毫米级、微米级甚至纳米级的研究对象的状态、运动和特征等方面的信息，使单位体积物质存储、处理信息和运动控制的能力实现又一次飞跃。

近年来，数字微观成像处理分析技术作为一种材料微观空间结构及几何形态的精确量测和数字表述手段快速地被应用于各个领域的微观结构定量分析中[1]，为全面认识岩石的非均匀性、内部结构特征、各组分的形态特征及相应的微观力学特性，以及受外界因素影响产生的微观至宏观变化等开辟了新的道路。第 476 次香山科学会议旨在引导能源地质等方面向更微观的层次迈进，专题研讨了超微观尺度技术的应用前景[2]。

数字微观分析技术是指对一个物体进行数字表示，把来自 X-Ray CT 机等的图像，经过数学变换后得到存储在计算机中的二维矩阵，图像记录的是物体辐射能量的空间分布，物体表面或内部不同介质的空间位置和分布特征可以通过其对应数字图像的灰度值或色度的离散函数来准确体现，再利用相关软件对图像进行数字化、变换、增强、去噪、分割、压缩等分析和处理，最后得到所期望的结果(图 1)。

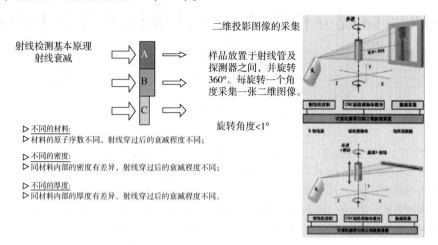

图 1　CT 扫描数字成像工作原理

2　岩心数字化

在长期的地质环境中，地层是经历了一系列的变形、破坏、再变形、再破坏的复杂过程，根据研究表明，控制地层岩体的变形、破坏机制与其组成的矿物类型及其在长期地质作用中形成的岩石微观和宏观结构单元密切相关。利用数字成像技术实现岩心的三维可视化，探究岩石微观特征和其宏观特性，并建立两者之间的相关性[3]，可为石油工程技术提供相应的基础理论依据。

将宝贵的井内钻取岩样，利用 CT 扫描仪等高精度实验设备获取岩心不同位置的二维图像，二维图像通过三维重建算法得到数字岩心(图 2)。将岩心微观结构以图像或数据的形式准确地刻画出来，并通过数学建模、定量分析、物理场模拟来研究岩石微观结构及岩石物理属性，从而实现对岩心微观尺度表征并定量研究各种微观因素对岩石物理属性的影响，揭示传统实验无法展现的岩石内部物理现象，从微观角度解释宏观现象，从根本上解释和解决岩石物理机理问题，弥补传统岩石物理实验的诸多不足。

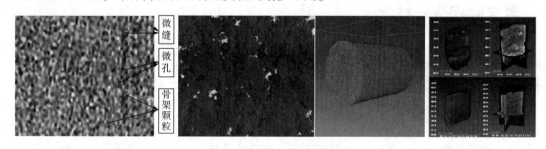

图 2　二维、三维数字岩心

岩石孔隙缝洞微观结构类型复杂，骨架颗粒间发育有粒间孔、粒内孔、黏土矿物层间孔缝、铸模孔、有机质粒内热解孔及边缘缝、成岩层理缝、构造微裂缝、溶蚀微裂缝及成岩收缩缝等，以微纳米孔隙缝洞空间作为节点相互贯穿，共同构成复杂的孔隙缝洞网络连通系统(图 3)。利用数字成像技术可建立高分辨率微纳米尺度的二维、三维数字岩心，微观描述岩石矿物组分、储集空间类型、孔径缝洞发育分布、面孔率、孔隙度和渗透性等特征，开展定性与定量分析，全面的研究岩石微观结构对宏观性质的影响。

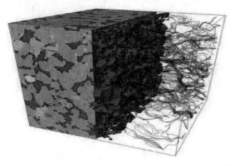

图 3 孔缝网络提取

岩石的非均匀性是研究中必须考虑和重视的因素[4]。提取岩石断面的数字图像特征，获取矿物的形状大小数量等微观结构信息，再决策分类，确定不同特征信息应归属的岩质类别，从微观上表征岩石非均匀性。

数字图像技术还可用于岩石内部裂纹变形、扩展和扩张的动态测量。在任意应力状态、任意部位，岩石内部裂纹宽度的准确测量对岩石本构关系、应力与渗透系数关系的建立具有重要的意义。

数字岩心的几个优点：（1）速度快、费用低、可重复使用；（2）样品选择灵活；（3）可控性强；（4）清晰、准确、直观、无损、动态连续、追踪统计、综合描述分析；（4）无须使用化学试剂，绿色环保等。

3 岩石化学损伤微观机理揭示

岩石微观结构对其力学性能和破坏过程有重要影响，而岩石整体强度由组成岩石微观组分中较弱的部分所决定。岩石是颗粒或晶体相互胶结或黏结在一起的聚集体，内部存在初始微裂纹和缺陷。岩石损伤就是内部的结构组织受到环境因素作用下出现微裂纹形成、扩展、空洞萌生、晶体错位等微细观的不可逆变化。

岩性对岩石水化损伤劣化的影响主要表现在岩石的矿物颗粒的大小、矿物成分、胶结物成分与强度、岩石强度和刚度、孔洞节理裂隙发育情况、节理分布特征、孔隙率、密度等。岩石的破坏是个损伤累积过程，即物理上的微细观结构变化的累积，力学上的宏观缺陷产生和扩展的累积。

水是溶解能力极强的极性分子，与岩石接触必定会发生溶解—沉淀反应，化学成分上，水化学损伤破坏了粒间连接和晶粒本身[5]。岩石化学损伤的影响因素主要是水溶液的成分及化学性质、状态和温度等，以及岩石矿物和胶结物的成分、亲水性、结构、裂隙裂纹的发育状况及透水性等。水（溶液）—岩化学作用会打破岩石内部原有的物理化学平衡和力学平衡关系，降低矿物颗粒间的相互吸引作用和胶质的胶结作用，影响黏聚力和内摩擦角，使岩石结构软化和崩解，颗粒脱落运移，颗粒间孔隙缩小，且水分子的前移液压作用也会使颗粒受到拉伸应力作用，削弱了岩石的强度，由微观破坏向宏观破坏不断进展（图 4）。因此，水（溶液）化学作用的岩石宏观力学效应是一种从微观结构的变化不断积累导致其宏观力学性质改变的过程，这种复杂作用的微观过程是自然界岩体变形破坏的关键所在。

图4　水—岩作用前后试样表面微观形貌图

　　钻井液侵入地层，岩石水化学损伤的机制取决于水（溶液）—岩化学作用与岩石中裂纹裂隙等物理损伤基元及其颗粒、矿物的结构之间的耦合作用。水（溶液）—岩化学损伤的最终结果是导致岩石的微观成分的改变和原有微观结构的破坏，从而改变了岩石的应力状态与力学性质。岩石受到的力学效应损伤与水—岩化学作用的反应强度、时间效应相关。而影响岩石化学损伤的主要因素包括岩石的物理性质、矿物成分、结构、物质成分空间分布、成因及演化历史，以及溶液的化学性质等。

　　应用数字图像处理技术，在不破坏岩石原始状态的情况下，研究钻井液化学与岩石相互作用后，岩石内部主要矿物相结构与界面特性的变化，矿相结构变化与重构力学规律和动力学机理（图5）。从微观到宏观揭示岩石内部结构的劣化过程与规律，可为钻井液处理剂和体系配方研发提供理论依据。例如，典型矿物与不同化学处理剂之间的相互作用机理揭示，从处理剂的物理和化学作用角度，揭示矿物水化膨胀分散机理，岩化相互作用规律和处理剂作用机理，初步建立定量构效关系；岩石天然孔缝洞表面微观结构特征化学作用影响分析，深入揭示充填物和界面沉积物的化学变化规律和机理，水化作用、水解和溶解作用产生的效应，矿物与水溶液界面的微观润湿性及水化膜厚度的差异性，岩石基体和孔缝界面的渐进损伤过程及其脱黏的相互作用主导失效过程等，以及对岩石本体结构的影响。

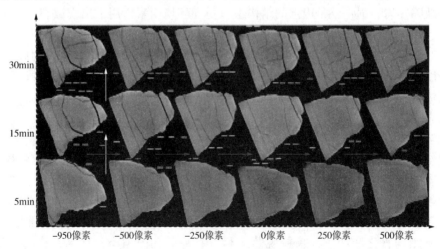

图5　页岩水化内部结构时空变化

4　岩石损伤微观力学研究

　　岩石内部微观组成和结构决定了其在外力作用下的应力—应变状态，进而控制其宏观力学响应和破坏机制。岩石受载后的宏观失稳和断裂破坏与其内部微裂纹的分布及微裂纹的产生、发展和贯通密切相关(图6)。

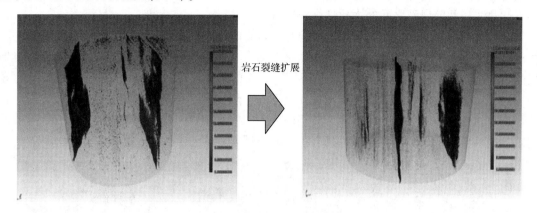

岩石裂缝扩展

图6　岩石内部裂解损伤

数字成像处理技术作为一种材料微观尺度上的空间结构精确测量和数字表述手段,已广泛应用于岩石等微观结构定量分析中。应用数字图像处理进行的岩石微观结构力学研究是对岩石力学研究方法的革新。可以研究分析岩石微观结构对其损伤演化及破坏过程的影响。

如岩石孔隙孔径、裂隙隙宽的非接触测量,获得精确有效的岩石裂隙的几何信息,数字化表述岩石结构的非均匀性,进行岩石微观力学行为分析,将提取的岩石数字特征值与相应的物性结合以实现流—固耦合研究,即物理、化学和静水压力、动水压力等反作用于岩体结构的特征。建立基于数字成像技术的岩石微观力学数值模拟方法,开展岩石系统内应力—渗流双场耦合的定量研究,以及非均匀性等对于岩石破裂过程、相关的渗流规律以及多场耦合研究等。

5　岩石微观力化耦合研究

地层岩石是多种天然矿物经长时期的地球化学作用而形成的一种非均质、多缺陷的复杂材料。因成岩过程中的地球化学作用的不均衡,会导致岩体内存在大量空隙和缺陷,这些空洞的存在将严重地影响了岩石的物理力学特性。岩体的孔隙变化,一方面会影响岩石的渗透特性,进而导致围岩应力状态的改变;另一方面也影响岩石骨架的有效应力,而有效应力是岩石材料的主要承重部分。因此,研究力化耦合作用下岩石微细观孔隙结构的变化对于正确认识岩石渗透特性以及力学特征的演化过程具有非常的重要意义。正确认识和有效评价地下复杂的围岩环境,深入探索井壁稳定机理,建立预测理论和控制模型,有效控制钻井过程中的井壁失稳,是实现优质、安全、高效和低成本钻井的关键。

进入20世纪90年代之后,泥页岩稳定性力学与化学耦合的研究开始进入定量化数学描述阶段。主要是从敏感性页岩地层、裂缝性地层、软泥岩和盐膏岩流变地层及强度各向异性地层的失稳机理与控制方法,以及钻井液造壁性、地层强度、垮塌的几何形态等失稳影响因素分析上开展研究。

水—岩之间的力学—化学耦合作用是一个跨尺度的极为复杂的演化过程,涉及不同的作用机理(如溶解、吸附、离子交换等),很多情况下同时会发生不同的化学作用,需要揭示岩石空隙中流体与岩石相互作用的力学和化学机理,研究岩体由局部向整体破坏的发展过程。尽管国内外相关研究人员对井壁稳定问题进行了大量的研究,取得了一定进展,但对井壁失稳机理的研究仍不够深入,不能很好地预先指导,防塌技术实施难以准确到位等。井壁失稳的原因业内基本共识是力化耦合破坏作用，而目前室内实验评价手段只是进行表观的定性或间接的简单量化评价，不能从微观角度测定分析岩石破坏规律，更无法完全模拟井筒条件下钻井液和井壁岩石之间的力化耦合作用过程。

钻井过程中，钻井液化学作用会引起井壁岩石产生一系列物理化学变化，改变岩石的物质成分或结构，产生力学破坏效应，物理化学和力学效应两种作用常常相互耦合进而影响地层的稳定性(图7)。钻井液化学性能的不同，岩石的水化程度和内部结构形态和孔缝变化发展不同，最终导致的岩石破坏形式和程度也不同，研究岩石自身的孔隙压力、膨胀应力、孔缝形态等物性参数的动态变化规律，对正确评价井壁稳定性，指导井壁稳定技术有针对性的制定，提供科学依据和理论支撑，具有重要的应用研究价值。

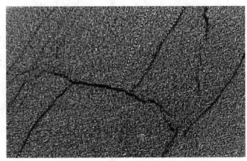

图7　力化耦合作用下岩石内部裂解损伤

利用数字成像微观分析手段，考虑到水岩之间的力学—化学耦合作用具有时间和温度依赖性即时效性和温度效应，通过高精度微观三维数字成像与定位，对岩石密度，孔、洞、缝、节理、层理形态与分布，填充物及填充状态和胶结方式等构造特征，进行微米/纳米级别的结构和物理特性清晰、准确、直观无损地静、动态连续追踪统计综合描述分析，以及岩石关键物性参数的提取；建立有效的分析评价方法，在不破坏岩石原始状态的情况下，研究钻井液化学与岩石相互作用后，岩石内部主要矿物相结构与界面特性的变化，矿相结构变化与重构力学规律和动力学机理；研究矿相—结构—形貌—性能耦合调控的机制，揭示水分子等各种影响元素的迁移途径、时空转化规律与影响调控机制，水力压力传递与化学渗透作用机理；从微观到宏观揭示岩石内部的结构变化过程与规律(图8)，如原生和次生孔缝的变化、产生、扩展、贯通破裂等，进而建立转化过程多参数构效模型、化学和多力场耦合调控模型等内在力化耦合机制，构建减少钻井液化学作用对岩石破坏的物理化学基础理论体系和稳定井壁控制技术措施，形成定向调控基础理论，进而推动井壁稳定技术的进步。

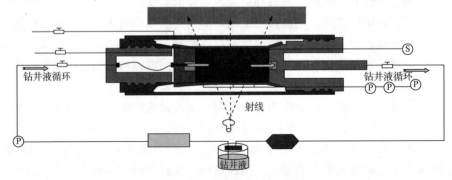

图8　微观成像模拟评价系统

6　钻井液对岩石作用机理的模拟评价

模拟评价系统可实现围压、轴压和液柱压力对岩心的同步加载，在钻井液动态循环状态下，实时测量岩石的孔隙压力、膨胀应力、裂缝形态变化等特征，分析岩心微观裂缝孔隙变化和滤饼的形成状态等(图9、图10)。

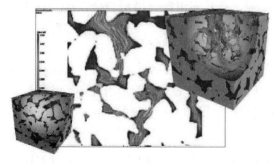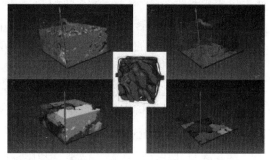

图9　岩石微观渗流作用机理分析

模拟实钻过程，研究钻井液与岩石相互作用后矿相—结构—形貌—性能耦合调控的机制，揭示水分子等各种影响元素的迁移途径、时空转化规律与影响调控机制，化学和多力场耦合调控模型等内在力化耦合机制，构建减少钻井液化学作用对岩石破坏的物理化学基础理论体系、稳定井壁控制技术和保护储层技术措施，预测岩心宏观传导性，形成定向调控基础理论，指导钻井液处理剂研发和体系配方研制。

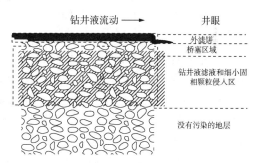

图10　滤饼形成过程和质量分析

微观模拟评价系统工作原理：模拟地层条件下的井壁岩石压力环境，岩心中央的钻孔提供钻井液在岩心内的流动通道。压力传感器测量钻井液在井壁岩石内渗流时的流体压力传递，触力传感器测量岩石骨架的膨胀应力，通过三维数字成像仪实时测量岩心的微观裂缝孔隙变化和滤饼的形成状态。

6.1　岩心微观渗流作用机理分析研究

岩石与各种流体作用后，将会产生一系列的物理化学变化，由于作业流体的性能不同，岩石破坏过程中的化学—力学耦合效应及内部结构变形和破坏规律也不同，最终对岩石强度、连通性及渗透性的影响也不同。数字岩心技术可以定量研究孔隙结构、岩石骨架性质、裂缝等因素对渗流特征的影响，通过孔隙尺度的渗流特征研究有助于对储层岩石渗流机理产生新的认识。

通过微观分析，研究流体—岩石相互作用的岩石内部结构微观演化过程，从微观到宏观揭示作业流体与岩石相互作用的裂变扩展机理、微观裂变过程及其破裂模式，孔缝洞尺度大小连通性变化等，揭示作业流体—岩石相互作用的内在力学和化学机制，渗流特征，储层伤害机理，渗流对力学特性的影响规律，岩石变形破坏特性等，为井壁稳定技术、储层保护技术、钻井液处理剂及体系配方的研发等提供必要的理论支撑。

6.2　钻井液滤饼质量分析

钻井液滤液侵入是一个十分复杂的物理过程，涉及滤液性质、井内钻井液柱与地层的压力差、油水相渗透率、滤液与地层水的密度差、滤液与地层水的矿化度差以及侵入油气层的时间等因素。

利用不同的降滤失剂、封堵剂或钻井液体系配方配制钻井液，取得 API 滤失和 HTHP 滤失形成的滤饼，分别进行静态微观数字成像层析，或者利用微观模拟评价系统，制备岩心，模拟钻井过程进行流体循环，实现对钻井液护壁微观成像记录分析动态条件下随时间变化，钻井液滤饼质量的形成过程机理和质量好坏。

通过对比滤饼结构的密实度、空隙、连通性、孔隙度和渗透率等，分析研究降滤失、封堵等作用机理，开展钻井液封堵固壁技术研究，结合化学分子设计原理、分子能谱结构分析等，制定改进提高滤饼质量的技术对策，指导处理剂的研发和井壁稳定技术的研究。

6.3　钻井液滤液渗流规律与机理研究

钻井液及其滤液沿孔隙、微裂缝和层理面的渗流作用致使岩石强度参数逐步弱化是引起井下复杂问题的根本原因。多孔介质中流体渗流的一些微观机理的二维、三维可视精细刻画分析，从微观角度建立一套合理完善的准确描述的微观渗流理论，是钻井液技术研究的基础和关键，具有十分重要的理论和实际意义。

利用微观模拟评价系统，模拟钻井过程，进行流体循环，CT 微观成像，记录分析动态条件下随时间变化，展示渗流曲线，实现对渗流过程的微观观察分析，以颜色标示区别压力场和流速场，获取毛管压力曲线，揭示渗流路径、方式、特征、规律与机理；研究渗流对岩石的力学特性影响，不同产状的孔洞缝系统在不同滤失条件下的压力传递机制、水化进程机理及理论模型，岩石物性参数变化等。

通过数字岩心分析展示的速度分布图、流线图和压力分布图，能够从一定程度上反映出孔隙分布状态、曲折程度和连通性，突出数字岩心内流体集中通过的不同大小孔隙位置。利用 CT 扫描实时监测下的岩心流动实验，可明确低渗透岩石中毛细管末端效应造成的附加水锁伤害，及其伤害程度与作用时长随岩石渗透率与水侵深度的变化规律等(图 11)。

■钻井液滤液
■地层水

图 11　钻井液滤液侵入流体分布结果

6.4　钻井液处理剂与体系配方评价

对各类工作液、处理剂与地层岩石相互作用的动态细观描述，识别岩石微结构的动态变化特征，如孔隙、缝洞系统的扩展、连通规律及破坏过程，进一步探索分析各种工程问题的本质原因，直观评价各类工作液与地层岩石的相互作用效果，揭示其作用机理，为勘探开发提供可靠、科学的基础理论及技术支持。

制备岩心，配制不同的钻井液处理剂溶液或不同体系配方的钻井液，利用微观模拟评价系统，模拟钻井过程，进行动态循环，CT 微观成像，通过岩心内部结构的变化程度，结合使用显微放大成像技术和粒度分布测量结果等，进行处理剂和体系配方的抑制性、封堵性等综合质量分析评价，模拟评价钻井液处理剂及体系配方的效果、适应性等，指导制定优化改进技术对策，更好地研发、优选钻井液处理剂和钻井液体系配方(图12)。

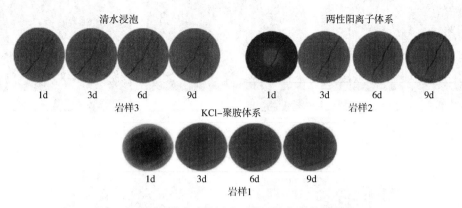

图12　不同钻井液滤液浸泡后岩石内部结构的损伤

6.5　储层伤害机理揭示

储层伤害的本质是油气层储渗空间发生了破坏性变化，导致渗透率降低。对储层储集空间进行二维、三维多尺度精细表征，系统研究储层渗流能力影响因素。利用新兴的数字岩心技术对岩石样品大范围、高分辨率、直观地无损扫描成像，可对孔喉大小、形态、连通性做出定性描述和定量评价，更加快速、直观地研究储层的储集空间分布特征。油气勘探进一步向深层扩展，由于深部储层相对致密，微观孔隙结构更趋复杂，非均质性强，传统的以压汞分析技术结合铸体薄片、SEM 观察不能直观反映储集空间的形态、大小、分布与空间配置关系等，同时存在实验单一、获取的参数不全面、岩心有损测试等问题，制约了储层深化认识。

孔隙性储层主要损害因素是外来流体进入后水化引起黏土矿物膨胀分散运移(水敏、盐敏)，流速引起的微粒脱落运移(速敏)，溶蚀、胶凝、沉淀等(酸敏、碱敏)等，堵塞孔喉降低渗透率。

裂缝性储层应力敏感性本质是有效应力增加不断压缩裂缝空间导致了渗流能力减弱，即应力敏感损害。通过加载岩石微观图像分析，对加压条件裂缝图像宽度变化特征进行直观量测，揭示应力敏感损害机理。

从微观角度可揭示耦合作用下颗粒胶结强度及颗粒崩解脱落运移堵塞机理，以及浸泡时间、膨胀性与崩解性之间的关联。微观结构的不断变化，使得颗粒间的摩擦力和咬合力下降，宏观上表现为强度下降。

岩石内部某一点或某一区域 CT 数的变化反映了该部位岩石的损伤程度(图13)。选取制备不同岩性的储层岩心，配制不同体系配方的钻井完井液，利用微观模拟评价系统，模拟钻井过程，进行动态循环，CT 微观成像，通过岩心内部孔喉缝洞结构大小的变化程度，结合岩心中矿物组分，滤液侵入深度，孔隙度和渗透率变化等，综合分析揭示储层潜在伤害的因素、机理以及伤害程度，潜在伤害因素被诱发的原因、过程及防治措施，目的是建立 CT 数变化与储层损害程度的关联，指导制定储层保护技术方案与实施技术(图 14)。

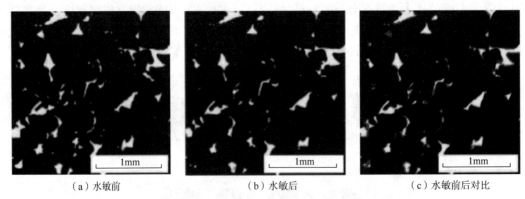

（a）水敏前 　　　　　　　（b）水敏后 　　　　　　　（c）水敏前后对比

图 13　水敏前后对比

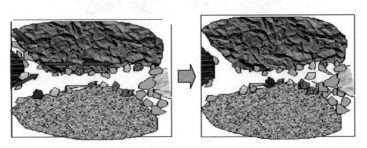

图 14　储层伤害机理揭示（固相运移堵塞）

7　结论与建议

（1）数字成像微观分析技术为岩石内部微观介质的空间分布及变形方便、直观地进行动静态精确测量和数值表述提供了可行途径，具有传统测量和分析手段无可比拟的优越性。

（2）借助微观测试手段和数字化技术，从宏观、间接、定性或半定量的测试分析走向微观、直接和定量的测试分析，再由微观外延至宏观，将是今后钻井液等测试分析研究的发展方向。

（3）开展岩石内部结构微观变形损伤机制、力化耦合特性叠加、表面改性与功能化等方面的基础性、前沿性以及面向工程化产业化的研究与开发工作，可以指导钻井液技术及化学处理剂的研发和应用。

参 考 文 献

［1］李凯，何志鹏，谢建文. 数字图像技术在岩土工程中的应用综述［J］. 地质与资源，2020，29（1）：106-112.

［2］杨炳忻. 香山科学会议第 476-480 次学术讨论会简述［J］. 中国基础科学，2014（3）.

［3］张守鹏，麦文，张铜耀. 全直径数字岩心三维可视化成像原理及应用探析［C］. 第十届石油地质实验交流会.

［4］于庆磊，等. 基于数字图像岩石非均匀性表征技术及初步应用［J］. 岩石力学与工程学报，2007，26（3）：551-558.

［5］汤连生，王思敬. 岩石水化学损伤的机理及量化方法探讨［J］. 岩石力学与工程学报，2002，21（3）：314-318.

阳离子聚合物包被剂的研究与应用

李 帆　郑 和　许春田　陈 军　贾桂霞

（中国石化华东石油工程有限公司江苏钻井公司）

【摘　要】　阳离子聚合物包被剂具有分子量适中、水溶性好、包被抑制性能优异、抗温性能好等优点，能够解决泥岩水敏性强而导致的井壁坍塌掉块、钻头泥包等问题。经过室内评价，阳离子聚合物包被剂与国外麦克巴 utracap 产品性能相当。由阳离子聚合物包被剂组成的钻井液体系抑制性强、具有良好的抗盐污染能力，体系滤液的符合环保要求。该处理剂在江苏油田永54 井进行现场实验，通过对比分析表明该阳离子包被剂与其他处理剂配伍性好，有效提高钻井液体系抑制性，能有效防止地层造浆、缩径和井壁坍塌。

【关键词】　阳离子包被剂；抑制性；钻井液

包被剂是水基钻井液中一种非常重要的处理剂，防止钻屑与水分子接触发生水化分散，其在钻井液中通过有效地抑制钻屑、井壁的水化分散，起到维持井壁稳定、清除无用固相、维持钻井液低密度固相的目的。

目前，国内研制和使用了聚丙烯酸类聚合物包被剂、两性离子聚合物包被剂 FA-367 及聚丙烯酰胺钾类包被剂 KPAM 等几类，这些包被剂在各自适用的钻井液体系中表现出了较好的性能，改善了钻井液体系的流变性，但在现场使用过程中，也表现出了一些不足：(1)只适用于某种特定的钻井液体系，如 PAC141 主要应用于聚合物钻井液体系，对盐水或饱和盐水钻井液体系却不适用；(2)抗盐性不够理想，包被剂在 10%NaCl 及以上浓度溶液中时，会产生絮体，降低或失去包被作用；(3)环保性能指标：如重金属含量等不满足相应国家标准要求。同时，由于包被剂主要采用合成工艺，聚合物分子量高，可生物降解性低[1]。

研发的阳离子聚合物包被剂对钻屑吸附速度快，包被抑制效果好，易溶解、抗盐、抗钙能力强、抗温性能好和环保性能好等优点，能够解决泥岩水敏性强而导致的井壁坍塌掉块、钻头泥包等问题。

1　室内评价

1.1　强抑制性阳离子包被剂的优选

根据南化研究院提供的 4 种阳离子聚合物包被剂工业级样品，展开抑制性和配伍性评价试验，优选适合江苏区块使用的包被剂产品。

1.1.1　抑制性评价实验

采用岩心滚动回收试验和线性膨胀降低率实验，对南化研究院 1#、2#、3#、4# 4 个包被剂样品和江苏区块目前常用的几种包被剂以及国外产品麦克巴 utracap 进行评价对比，结果见表 1。

从表 1 中可知，在岩心滚动回收率上，1# 和 4# 样品明显好于 PMHA-Ⅱ 等三款常用包被剂，其二次滚动回收率分别达到 80.56% 和 83.72%，与麦克巴 utracap 接近，但是 1# 样品在配制中起泡明显，溶解性效果不如 4# 样品。在线性膨胀降低率试验中，4# 样品效果最好，达到 43.1%，证明该样品具有非常好的抑制包被性能。

表1 抑制性评价实验（120℃×16h）

配 方	一次回收率（%）	二次回收率（%）	8h 线性膨胀降低率（%）	备 注
清水	22.06	0.96		
0.3% 1#包被剂	82.32	80.56	39.3	配制中起泡
0.3% 2#包被剂	79.9	30.24	36.7	
0.3% 3#包被剂	76.12	30.7	37.1	配制中起泡
0.3% 4#包被剂	94.22	83.72	43.1	
0.3%PMHA-Ⅱ	13.20	1.86	22.5	
0.3%MMCA	58.34	4.86	25.7	
0.3%FA-367	16.44	1.64	32.1	
0.3%麦克巴 utracap	94.94	87.52	42.2	

注：滚动回收使用江苏区块三垛组岩心，滚动条件 120℃×16h。

1.1.2 与 NH-1 聚胺抑制剂复配的岩心浸泡试验

将 4# 样品与 NH-1 聚胺抑制剂的进行复配，并将易水化分散的龙潭组硬脆泥岩浸泡在溶液和清水中，如图 1 所示。

（a）清水浸泡前岩心　　　　　　（b）浸泡6h　　　　　　（c）浸泡24h

图 1 岩心浸泡实验

实验配方：清水；0.3% NH-CPAM+0.3%NH-1。

岩心：龙潭组易水化分散硬脆泥页岩。

从浸泡 24h 后的形状可知，清水中岩屑已经完全破碎分散，而在复配溶液中仍具有较好的完整性，表明 NH-CPAM 和 NH-1 复配后有协调增强一致性的作用。

1.1.3 钻井液体系的配伍试验

为了进一步检验包被剂样品与钻井液体系的配伍性，进行钻井液体系试验（表 2）。

表 2 钻井液体系的配伍试验

序号	AV (mPa·s)	PV (mPa·s)	YP (Pa)	YP/PV	n	K	静切力		FL_{API} (mL)	pH 值
							10s	10min		
1#	16	11	5	0.45	0.61	0.24	0	4	6.8	8.5
2#	18.5	13	8.5	0.65	0.62	0.25	0	4.5	6.8	8.5
3#	17	13	4	0.31	0.69	0.14	0	4.5	6.6	8.5

注：1#：5%土粉+0.2%NH4-HPAN+0.6%LV-PAC+2%QS-2+1.5%白沥青+1.5%GL-1+2%JS-LUB+0.3%NH-1（密度 1.06g/cm³）。

2#：1#基浆+0.3%1#包被剂。

3#：1#基浆+0.3%4#包被剂。

由表2可知，耐温型阳离子聚合物包被剂对体系流变性的影响不大，说明其具有较好的配伍性。结合抑制性试验结果，优选4#样品作为体系用处理剂。并形成了以NH-1和NH-CPAM为主剂的阳离子钻井液体系，配方如下：

5%土粉+0.2%NH4-HPAN+0.6%LV-PAC+2%QS-2+1.5%白沥青+1.5%GL-1+2%JS-LUB+0.3%NH-1+0.3%NH-CPAM。

1.2 钻井液体系性能评价试验

1.2.1 体系滚动回收率

钻井液体系岩屑滚动回收率见表3和图2。

表3 体系岩屑滚动回收率（120℃×16h）

序 号	配 方	滚前质量（g）	滚后回收质量（g）	一次回收率（%）	备 注
1	清水	50	33.24	66.48	龙潭组易水化
2	钻井液	50	47.09	94.20	分散硬脆泥页岩

（a）清水

（b）钻井液

图2 岩心回收率对比图

由试验结果可知，钻井液体系滚动回收率达到94.2%。证明该体系具有较好的抑制性能。

1.2.2 不同密度下体系抗温性试验

钻井液配方：5%土粉+0.2%NH4-HPAN+0.6%LV-PAC+2%QS-2+1.5%白沥青+1.5%GL-1+2%JS-LUB+0.3%NH-1+0.3%NH-CPAM+重晶石。

1#：密度1.06g/cm³。

2#：密度1.20g/cm³。

3#：密度1.50g/cm³。

由表4分析，对比不同密度下钻井液体系在室温下和高温热滚后的性能可知，钻井液的流变性能和降滤失性能变化都不大，证明该体系能够有效抗温120℃。

表4 不同密度下钻井液体系抗温性试验

序号	测试条件	AV（mPa·s）	PV（mPa·s）	YP（Pa）	YP/PV	n	K	静切力（Pa）		FL_{API}（mL）	FL_{HTHP}（mL）
								10s	10min		
1#	室温	14.5	10	4.5	0.43	0.61	0.21	0.5	8.5	6.0	12.0
	老化后	33.5	24	9.0	0.38	0.64	0.39	0.5	3.0	5.4	11.6

序号	测试条件	AV (mPa·s)	PV (mPa·s)	YP (Pa)	YP/PV	n	K	静切力 (Pa) 10s	静切力 (Pa) 10min	FL_{API} (mL)	FL_{HTHP} (mL)
2#	室温	26.5	20	6.2	0.31	0.68	0.23	0.5	9.0	5.4	11.8
	老化后	46.0	35	11.0	0.30	0.69	0.37	1.0	4.5	3.6	10.8
3#	室温	36.0	29	7.0	0.23	0.74	0.20	0.5	9.0	4.8	11.0
	老化后	63.5	50	13.5	0.26	0.72	0.42	2.0	6.5	3.6	10.6

注：老化温度120℃，老化时间16h，高温高压失水温度为120℃。

1.2.3 体系抗膨润土污染试验

钻井液配方：5%土粉+0.2%NH4-HPAN+0.6%LV-PAC+2%QS-2+1.5%白沥青+1.5%GL-1+2%JS-LUB+0.3%NH-1+0.3%NH-CPAM。

由表5实验数据分析，在配制的钻井液加入不同质量分数的膨润土进行污染，当加入至7%膨润土污染后，钻井液体系的老化前后，流变性变化较小，当加入9%的膨润土后，钻井液在120℃老化16h后性能恶化，说明由阳离子配制的钻井液体系具有良好的抗黏土污染能力。

表5 钻井液体系抗膨润土污染试验

膨润土质量分数(%)	测试条件	AV(mPa·s)	PV(mPa·s)	YP(Pa)	YP/PV	Gel(Pa)
0	室温	20	13	7	0.54	0/1
	120℃×16h	33.5	27	6.5	0.24	0/0.5
3	室温	27	20	7	0.35	0.5/14
	120℃×16h	82	57	25	0.44	5.5/16.5
5	室温	39.5	24	15.5	0.65	1.5/25
	120℃×16h	84	53	31	0.58	8/25
7	室温	55.5	37	18.5	0.5	14/35
	120℃×16h	120	69	51	0.74	17/50
9	室温	85.5	43	42.5	0.99	40/62
	120℃×16h	无读数	—	—	—	—

1.3 生物毒性

参照 Q/SY 111—2007《油田化学剂、钻井液生物毒性分级及检测方法发光细菌法》对强抑制性阳离子水基钻井液进行了生物毒性测试。强抑制阳离子钻井液体系滤液的 EC_{50} 为 $2.73×10^5$ mg/L，无毒（EC_{50}>10000mg/L），表明强抑制性阳离子水基钻井液对环境友好，符合环保要求。

2 永54井现场应用

2.1 工程概况

永54井位于高邮市恒丰村。该井完钻井深2730m，造斜点975m，最大井斜31°。该井在钻至980m钻遇三垛组棕红色泥岩后，将0.3%阳离子聚合物包被剂（NH-CPAM）、0.6%

铵盐和 0.2% 聚胺抑制剂 PAIR 复配成胶液加入钻井液。经处理后的钻井液黏切较低、在易造浆和易垮塌三垛组、戴南组井段性能稳定，振动筛返出岩屑较临井返出岩屑成型性更好。该井全井短起下及后期通井起下钻作业都顺利进行，电测一次成功，下套管及固井施工顺利。

2.2 实施效果

（1）有效抑制地层造浆缩径。永安区块三垛组和戴南组泥岩水敏性强，极易造浆分散，容易导致施工中缩径等复杂。在使用 NH-CPAM 后，由表 6 可知，钻井液在易造浆和易垮塌井段性能稳定，且振动筛返出岩屑较邻井返出岩屑成型性更好，说明使用 NH-CPAM 后钻井液的抑制性得到明显提高，能有效防止地层造浆、缩径。

表 6　永 54 井分段钻井液性能

井深 (m)	密度 (g/cm³)	FV (s)	FL_{API} (mL)	AV (mPa·s)	PV (mPa·s)	YP (Pa)	YP/PV	切力 (Pa/Pa)	含砂量 (%)
601	1.08	38	6.2	18.5	13	5.5	0.42	1/2	0.3
845	1.09	38	6	19	13	6	0.47	1/2	0.3
1074	1.10	40	5.4	20	14	6	0.43	1/2	0.3
1300	1.12	40	5.4	20.5	14	6.5	0.46	1/2	0.2
1582	1.14	41	5.2	21	14	7	0.5	2/3	0.2
1857	1.17	42	4.8	22	15	7	0.49	2/4	0.2
2065	1.18	44	4.6	23.5	16	7.5	0.47	2/5	0.2
2307	1.19	47	4.6	25	16	9	0.54	3/6	0.2
2561	1.18	50	4.6	25.5	17	8.5	0.5	3/7	0.2
2670	1.18	52	4.4	26	16	9	0.56	3/8	0.2

（2）在该井地面距离 3km 处，原钻井队施工了永 43-11 井，将两口井的井史资料进行分析对比。图 3 为这两口井在易造浆缩径井段的三垛组层位的电测井径对比。

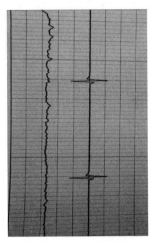 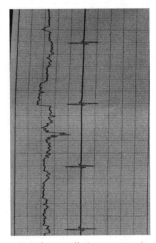

（a）永54井（970~1500m）　　（b）永43-11井（975~1620m）

图 3　永 54 井与永 43-11 井三垛组井径对比图

通过对比可知，在三垛组易造浆段，永 54 井较邻井永 43-11 井的井径更规则，说明加入阳离子包被剂后，钻井液抑制能力明显提高，井壁稳定性能更好。此外，永 54 井全井机械转速达到 18.71m/h，相比永 43-11 井的全井机械转速 11.7m/h 有明显提高。实际钻井周期 11d8h，设计周期 24d，钻井周期比设计降低 52.8%。

3 结论

（1）通过对四种不同耐温阳离子聚合物包被剂性能综合评价，优选出 4# 性能优良阳离子包被剂 NH-CPAM。

（2）通过复配试验，最终形成了含有 NH-CPAM 的耐温阳离子聚合物钻井液体系，并对体系的抑制性、抗温性能及聚胺抑制剂配伍等性能进行评价。体系具有良好抑制性，有效抗温性达到 120℃，抗污染能力强，体系滤液的 EC_{50} 为 $2.73×10^5$mg/L 符合环保要求。

（3）耐温型阳离子聚合物钻井液体系在永 54 井进行现场试验应用，实验结果表明该钻井液体系的抑制性强，能有效防止地层造浆、缩径。实验井起下钻及下套管作业顺利，从电测井径数据分析，与该区块邻井对比，井壁更规则，取得预期应用效果。

参 考 文 献

［1］蒋官澄，等. 环保耐温抗盐型包被剂 coater-10 的研制与应用［J］. 石油钻探技术，2011.

一种抗温抗盐高密度
钻井液极压润滑剂的研究及应用

李文明　宋彦波　刘全江　丁海峰　刘　冬　张大力

（中国石化胜利石油工程有限公司黄河钻井总公司）

【摘　要】　大位移高密度井扭矩阻力和摩擦阻力大，通常还伴随高温高盐环境，对钻井液的润滑性能提出了很高要求。而常规润滑剂一般无法满足高温高盐高密度条件下的极压抗磨性能造成润滑效果差。本文基于"反应成膜-光滑表面"协同高效润滑机理，优选酯类基础油、极压添加剂、摩擦副表面改性剂及乳化剂，研制出了一种高密度钻井液用抗温抗盐极压润滑剂 HEP-1。室内评价结果及现场应用效果表明，密度为 $2.0g/cm^3$ 的高密度浆 180℃老化后其极压润滑系数降低率大于 80%，在密度为 $2.0g/cm^3$ 的 30%NaCl 盐水体系和 NaCl/KCl 复合盐水体系中 180℃老化后其极压润滑系数降低率大于 65%，具有优异的抗温抗盐性能。同时，极压抗磨效果优良，荧光级别低于 2 级，与现场井浆配伍性良好。HEP-1 可有效降低大位移高密度井的扭矩阻力和摩擦阻力，具有较好的推广应用前景。

【关键词】　钻井液；高密度；极压；表面改性

为满足石油勘探开发需要，钻井在不断向更深、更大水平位移等方向发展，钻井液面临高温高盐高密度等环境，这会导致钻井扭矩阻力和摩擦阻力增大，也易发生黏卡事故[1-4]。添加润滑剂是改善钻井液润滑性能的常用方法。目前，常规液体润滑剂在低密度钻井液中润滑效果明显，但在高温、高盐及高固相等条件下，由于交联、降解、破乳、挥发等因素易失去活性，普遍存在增黏切、易起泡、抗磨差、极压润滑性差及高荧光等问题[5-9]。因此，研究抗温抗盐高密度钻井液极压润滑剂具有重要意义。

研究抗温抗盐高密度钻井液极压润滑剂存在以下难点：高密度钻井液的高固相使钻井液黏度切力增大导致摩阻增高，润滑性变差；高温使得润滑剂分子易发生降解、交联、基团变异、解吸附及去水化作用，同时高温条件下循环使润滑剂挥发量增大，有效含量降低；高盐易致润滑剂破乳从而降低甚至丧失润滑效果。目前国内对极压润滑剂和合成润滑剂的研究较少，一般液体润滑剂抗温及抗盐性能比较差，在高密度浆中润滑效果更差，且有时会出现影响钻井液流变性能等副作用。

鉴于以上原因，本文基于"反应成膜-光滑表面"协同高效润滑的研发思路，室内合成酯类基础油，并通过多种性能综合评价，优选极压添加剂、摩擦副表面改性剂及乳化剂，研制出了一种抗温抗盐高密度钻井液用极压润滑剂 HEP-1。

1　润滑剂 HEP-1 的制备

利用三因素三水平正交实验，确定润滑剂的最优配方。室内配制密度为 $2.0g/cm^3$ 的高

作者简介：李文明，胜利工程黄河钻井总公司，高级工程师，山东省东营市垦利区黄河钻井总公司。电话：13605462396；E-mail：liwenming337.ossl@sinopec.com。

密度淡水基浆(5%钠土+1%SMC+重晶石粉),采用极压润滑仪,测定室温下润滑剂加量为3%时各组润滑剂在高密度淡水基浆中的性能。

由表1可知,润滑剂组分加量对润滑系数降低率的影响为:酯类基础油>极压添加剂>摩擦副表面改性剂,同时当酯类基础油加量为90%,极压添加剂加量为5%,摩擦副表面改性剂加量为3%时,润滑系数降低率达到最高值,从而确定了润滑剂的合成工艺如下:搅拌条件下,将90份酯类基础油加入反应釜中,升温至75℃,加入5份极压添加剂及3份摩擦表面改性剂搅拌20min,加入2份乳化剂,边搅拌边冷却至室温,所得黑红色液体即为高密度钻井液用抗温抗盐极压润滑剂HEP-1。

表1 HEP-1 制备配方优选

序 号	酯类基础油加量(%)	极压添加剂加量(%)	摩擦副表面改性剂加量(%)	润滑系数降低率(%)
1	80	2	2	70.0
2	80	3	3	73.1
3	80	5	5	74.5
4	85	2	3	76.5
5	85	3	5	78.2
6	85	5	2	80.3
7	90	2	5	81.3
8	90	3	2	82.3
9	90	5	3	85.7
均值1	75.533	75.933	77.533	
均值2	78.333	77.867	78.433	
均值3	83.100	80.167	78.000	
极差	10.567	4.234	0.900	

2 润滑剂 HEP-1 性能评价

2.1 润滑性能评价

2.1.1 在高密度淡水浆中的抗温性能评价

室内配制密度为 $2.0g/cm^3$ 的高密度淡水浆(5%钠土+1%SMC+重晶石粉)作基浆,选择与市售同类润滑剂进行对比,采用 EP 极压润滑仪等进行180℃热滚前后各项性能测定,评价 HEP-1 在高密度淡水浆中的抗温性能,结果见表2。

表2 HEP-1 在高密度淡水浆中的抗温性能测定

实验样品	AV (mPa·s)	PV (mPa·s)	YP(Pa)	FL_{API} (mL)	极压润滑系数	润滑系数降低率(%)	温度
基浆	41	36	5	10.4	0.28		
3%HEP-1	40	34	6	7.6	0.04	85.71	
3%其他润滑剂 A	50	41	9	13.2	0.22	21.42	室温
3%其他润滑剂 B	52	43	9	13.8	0.18	35.71	

实验样品	AV （mPa·s）	PV （mPa·s）	YP（Pa）	FL_{API} （mL）	极压润滑系数	润滑系数降低率(%)	温度
基浆	47	40	7	16.8	0.29		
3%HEP-1	43	34	9	7.6	0.05	82.75	180℃/16h
3%其他润滑剂A	52	40	12	15.6	0.24	17.24	
3%其他润滑剂B	54	44	10	17.2	0.20	31.03	

由表2可知，加入3%HEP-1后，180℃热滚前后实验浆的流变性变化较小，说明HEP-1与高密度浆的配伍性较好；180℃热滚前后润滑系数降低率均大于80%，说明HEP-1在高密度浆中有良好的润滑性能；加入HEP-1的实验浆热滚前后的API滤失量较基浆均有所降低，说明HEP-1具备一定的降滤失效果；在相同的加量下，HEP-1的润滑性能优于其他同类润滑剂。

2.1.2 在高密度钻井液中的抗温抗盐性评价

室内分别配制密度为2.0g/cm³的30%NaCl体系和NaCl/KCl体系。30%NaCl体系：2.5%土浆+1.5%DSP-2+3%FF-1+3%纳米SiO₂+3%聚合醇+30%NaCl+BaSO₄；NaCl/KCl体系：3%土+1%DSP-2+15%NaCl+10%KCl+BaSO₄。采用极压润滑仪评价HEP-1在上述两体系中的性能，结果见表3。

表3　HEP-1在高密度钻井液体系中的抗温及抗盐性能测定

体系	T （℃）	HEP-1 加量(%)	AV （mPa·s）	PV （mPa·s）	YP （Pa）	Φ_6/Φ_3	极压润滑系数	润滑系数降低率(%)
30%NaCl 体系	室温	0	81	62	19	33/33	0.132	
		4	80	60	20	28/27	0.035	73.5
	180	0	55	30	25	30/29	0.112	
		4	36	24	12	21/20	0.036	67.8
NaCl/KCl 体系	室温	0	43	34	9	38/37	0.188	
		4	46	27	19	32/30	0.04	78.7
	180	0	40	36	4	2/2	0.145	
		4	31	27	3	2/2	0.05	65.51

由表3可知，加入4%HEP-1后，180℃热滚前后实验浆的流变性变化较小，说明HEP-1与高密度盐水浆的配伍性较好；润滑系数降低率随温度的升高呈下降趋势，但180℃热滚前后均大于65%，说明HEP-1在高密度浆中有良好的抗温抗盐性能。

2.2　极压抗磨性能评价

采用极压润滑仪，用EP测试环和EP测试块测定润滑剂在6%土浆中的极压抗磨性，调节转速为1000r/min，顺时针旋转扭矩调节手柄，注意使扭矩上升速率不超过5in·lbf/s，直至扭矩读数达到目标值或测试环和测试块"咬住"不动，记录扭矩表读值(T)并测量测试块上划痕宽度(W)和长度(L)。利用公式(1)计算得到极压膜强度(p)。所得结果见表4。300in·lbf下，极压性能测定后测试块的划痕图片见图1和图2。

$$p = \frac{T}{1.5LW}$$

（1）

式中：p 为膜强度，psi；T 为扭矩表读值，in·lbf；W 为划痕宽度，in；L 为划痕长度，in。

表4　HEP-1 极压抗磨性评价

润滑剂种类加量 ╲ 扭矩表读值	100in·lbf		300in·lbf		300in·lbf 时的现象
	$L \times W$(in×in)	p(psi)	$L \times W$(in×in)	p(psi)	
0.5%HEP-1	0.039×0.0195	87661	0.117×0.078	21915	5min 内运行平稳
0.5%其他润滑剂	0.126×0.078	10175	0.312×0.117	5478	运行 10s 后"咬住"

由表4可知，300in·lbf下，加有 HEP-1 的实验浆 5min 内运行平稳且无尖锐摩擦声，滑块的划痕面积小。而加有其他润滑剂的实验浆运行 10s 测试块和测试环"咬住"不动。由图1和图2得，加有 HEP-1 实验浆的测试块的划痕浅且表面光滑，而常规润滑剂测试块的划痕深且凹凸不平。说明 HEP-1 有优异的极压抗磨性。

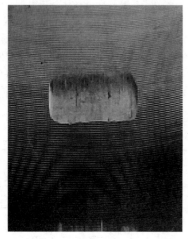 

图1　300in·lbf 下 HEP-1 摩擦面形貌　　　图2　300in×lbf 常规样摩擦面形貌
（S = 0.117in×0.078in）　　　　　　　　（S = 0.312in×0.117in）

3　润滑机理

润滑剂 HEP-1 充分发挥了酯类油性剂、极压添加剂、摩擦副表面改性剂及乳化剂间的高效协同作用。酯类油性剂有足量且吸附性能好的强吸附基团及盐敏性低的强水化基团，水解稳定性强，抗高温、抗盐性强；极压添加剂含有 S、N、Mo 等多种极压元素并配以少量摩擦副表面改性剂，高温下在摩擦表面生成一层连续有效的坚固化学反应膜，同时摩擦副表面改性剂能腐蚀摩擦副表面的凸起并能生成分散性物质填充微凹处，两者的协同作用使得在摩擦副表面生成的化学膜连续且平滑，从而有效降低摩擦系数。即"反应成膜-光滑表面"。摩擦副表面改性剂腐蚀作用较弱且加量少，仅对钻具表面进行改性，不会对钻具造成腐蚀性影响。

4　现场应用

（1）花古斜105井，位于济阳坳陷东营凹陷，是一口钻探高青潜山的重点探井。设计井深4972m，造斜点井深100m，水平位移2639m，三开井身结构，因双靶点原因井眼轨道设计为直—增—稳—降。一开采用 φ346mm 钻头钻至 892m 下入 φ273.1mm 表套，二开采用

φ241.3mm 钻头开钻，开钻后扭矩增加较快，钻至 3110m 时已达 35kN·m，先后采取了套管内加防摩接头、清砂、加大固体及油基润滑剂加量等办法，扭矩仍然超过 30kN·m，停止钻进调整钻井液性能。加入 3%HEP-1，扭矩很快降至 24kN·m，恢复正常钻进。

（2）坨斜 771 井，设计井深 4595m，水平位移 1510m，完钻井底温度达到 165℃。采用 NaCl/KCl 复合盐水钻井液体系，三开 Cl^- 含量在 12×10^4 mg/L 左右。钻井液密度达到 1.98g/cm³ 后起下钻具摩阻逐渐从 150kN 增加至 280kN。分两个循环周加入 1%HEP-1，钻井液流变性能基本无变化，摩阻逐渐下降并稳定在 180kN 左右，减摩效果显著。

5 结论

（1）HEP-1 通过酯类油性剂、极压添加剂、摩擦副表面改性剂及乳化剂的协同作用，在摩擦副表面形成一层坚固且平滑的化学反应膜，从而有效降低摩擦系数。

（2）HEP-1 在 30%NaCl 及 NaCl/KCl 高密度钻井液体系中 180℃ 热滚前后，润滑系数降低率均大于 65%，具有优异的抗温抗盐性及极压抗磨性。

（3）HEP-1 与井浆配伍性良好，且荧光级别低。

参 考 文 献

[1] 刘云峰，邱正松，等. 一种钻井液用高效抗磨润滑剂[J]. 钻井液与完井液，2018，35(5)：8-13.

[2] 刘清友，敬俊，等. 长水平段水平井钻进摩阻控制[J]. 石油钻采工艺，2016，38(1)：18-22.

[3] 潘丽娟，孔勇，等. 环保钻井液处理剂研究进展[J]. 油田化学，2017，34(4)：734-738.

[4] 汪海阁，葛云华，等. 深井超深井钻完井技术现状、挑战和"十三五"发展方向[J]. 天然气工业，2017，37(4)：1-8.

[5] 宣扬，钱晓琳，等. 水基钻井液润滑剂研究进展及发展趋势[J]. 油田化学，2017，34(4)：721-726.

[6] 金军斌. 钻井液用润滑剂研究进展[J]. 应用化工，2017，46(4)：770-774.

[7] 屈沉治，黄宏军，等. 新型水基钻井液用极压抗磨润滑剂的研制[J]. 钻井液与完井液，2018，35(1)：34-37.

[8] 王伟吉，邱正松，等. 钻井液用新型纳米润滑剂 SD-NR 的制备及特性[J]. 断块油气田，2016，23(1)：113-116.

[9] 黄召，何福耀，等. 新型高效抗磨减阻剂在东海油气田的应用[J]. 钻井液与完井液，2017，34(4)：49-54.

致密气藏储层保护剂的研制

郑文武　刘　福　张向光　韩　婧　何斌斌

（中国石化华北石油工程有限公司技术服务公司）

【摘　要】 提高致密气藏开发水平，实现规模有效开发，是实现持续有效协调发展的重要保障。东胜气田具有典型的"低渗透、低压、低丰度"致密气藏特征。黏土矿物的膨胀、破裂、分散、运移、堵塞喉道是造成伤害的内在因素之一，为此，针对性地研制了性能优良的储层保护剂，其酸溶率 81.5%，暂堵率≥90%，滤失量降低率≥40%。评价了其对致密气藏保护效果，钻井液返排渗透率恢复值≥90%、暂堵强度≥10MPa、暂堵深度≤1.10cm，具有较好的储层保护能力。该储层保护技术研究取得了预期效果，为进一步推动致密气藏储层保护技术的发展奠定了基础。

【关键词】 储层保护剂；渗透率恢复值；暂堵深度

致密气已成为非常重要的非常规天然气资源，随着油气田勘探开发的不断深入，深探井和钻井的建设逐渐增多[1]。常用的水基钻井液固相含量较高，亚微米颗粒占很大比例，劣质固相颗粒很容易黏附在井壁表面，国内外的勘探开发实践证明，重视钻井完井及开发作业中的储层保护及改造技术能够给经济开发致密砂岩气藏带来生机。

1　致密气藏储层保护剂的设计

新型致密气藏保护剂需含有部分可以变形的柔性石油树脂，以及纳米聚合物微球，它是水溶性的材料，也有部分可以酸溶的刚性颗粒，并添加少量的表面活性剂，一方面可以降低水锁效应，另一方面可以促进致密气藏保护剂均匀分散在钻井液中。当液柱压力大于地层压力时，致密气藏保护剂被挤入井筒附近的近井地带，并可在一定温度下首先溶解，释放出油溶性树脂和纳米聚合物弹性微球，作为填充粒子，依靠其变软、变形，暂时堵塞岩石孔隙，与作为纳米至微米级的刚性酸溶性颗粒的架桥粒子，形成屏蔽暂堵带，有效地阻止钻井液中固相颗粒及滤液的侵害，防止地层垮塌，同时还可以降低钻井液的失水量[2]，且对钻井液的流变性影响较小，与现有钻井液配伍性良好，有效保护好致密气藏。

2　致密气藏储层保护剂的合成

2.1　石油树脂的制备

将粗 C9 馏分蒸馏，收集不同温度的馏分。称取一定量的引发剂（包括一定配比的过氧化物和金属盐），加入 100g 精制 C9 芳烃，升温到 160℃左右，在搅拌下反应 10h。将反应混合物减压蒸馏，收集溶剂，剩余物即为所得石油树脂(图 1)。

作者简介：郑文武(1986—)，中国石化华北石油工程有限公司技术服务公司，工程师。地址：河南省郑州市中原区淮河西路 21 号新浦广场；电话：17737115855；E-mail：zhengwenwu911@126.com。

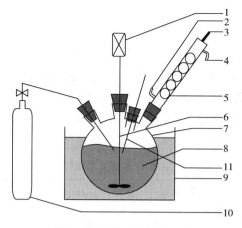

图1 室内部分反应装置图

1—电动搅拌器；2—冷凝水进水口；3—冷凝水出口(向大气开放)；4—冷凝水出口；5—球形冷凝器；

6—搅拌桨；7—圆底四颈烧瓶；8—水溶液；9—恒温水浴；10—氮气瓶；11—温度计

2.2 纳米聚合物弹性微球的制备

以 N,N-亚甲基双丙烯酰胺(MBA)、丙烯酰胺(AM)、丙烯酸(AA)及阳离子单体二甲基烯丙基氯化铵(DMDAAC)等为合成聚合物的单体，白油为分散介质，Span80/Tween80 为复合乳化剂，正丁醇为助乳化剂，在氧化还原体系过硫酸铵-亚硫酸氢钠的引发作用下，利用反相微乳液聚合法制备纳米聚合物弹性微球。

利用透射电子显微镜表征聚合物纳米微球的微观形貌和尺寸。将聚合物纳米微球乳液稀释若干倍成稀溶液，然后将样品滴加在铜网上，自然放置直至晾干，然后进行透射电子显微镜测试。聚合物纳米微球的透射电子显微镜图像的粒径分布如图2所示。聚合物纳米微球的形状为球形，形状规整。其平均粒径为 80nm，粒径分布范围为 50~110nm。

可变形的弹性微球具有较好的弹性，当进入岩石孔隙后有一定的扩张填充和内部挤紧压实的双重作用。其可变形性，使其能够适应不

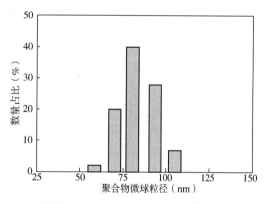

图2 可变性聚合微球粒径分布

同形状和尺寸的孔隙或裂缝，同时具有架桥和充填的双重功能。在压差的作用下，小于地层孔隙尺寸或裂缝宽度的弹性颗粒进入孔隙后，可通过"架充填充"原理产生封堵作用；大于地层孔隙直径或裂缝宽度的弹性颗粒可通过挤压变形进入孔隙，然后通过较强的弹性作用对孔隙或裂缝产生扩张充填作用，从而对孔隙或裂缝产生较好的封堵作用，保护致密气藏[3]。

2.3 储层保护剂的制备

将石油树脂、纳米聚合物弹性微球、纳米至微米级的刚性酸溶性颗粒、表面活性剂 Span80 或者 Tween80 按照一定比例投放在捏合机中，捏合均匀后并将其干燥、粉碎，过 200 目的筛网，由此得到一定粒径的致密气藏保护剂。

3 实验与评价研究

3.1 HBCBJ 返排性实验

称取 20.0g 致密气藏保护剂 HBCBJ 的样品，置于 200mL 的脱色煤油中，溶解一定时间后，分别用滤纸过滤、洗涤、在烘箱中 $105\pm2℃$ 恒温 16h 烘干、称重。随温度变化的储保剂溶解情况见表 1，溶解后均形成基本澄清的溶液，无肉眼可见的颗粒状物，说明样品在脱色煤油中具有一定的溶解度，油溶率可达 5%，失去堵塞作用不会给返排或解堵带来困难。

表 1　80℃下 HBCBJ 在煤油中随时间的溶解率

时间（h）	Ⅰ号暂堵剂			Ⅱ号暂堵剂		
	溶解后（g）	溶液状态	油溶率（%）	溶解后（g）	溶液状态	油溶率（%）
—	19.7	澄清	1.5	19.7	澄清	1.5
12	19.4	澄清	3	19.3	澄清	3.5
24	19.1	澄清	4.5	19	澄清	5
48	18.6	微浑浊	7	18.6	微浑浊	7
72	18.1	微浑浊	9.5	18.2	微浑浊	9

3.2 HBCBJ 酸溶性实验

将 20.0gHBCBJ 在一定温度下溶于 15%HCl 中，用过滤法测定酸溶率，结果见表 2。实验结果表明：HBCBJ 在 15%HCl 中溶解 72h 后均形成基本澄清的溶液，无肉眼可见的颗粒状物，说明样品在 15%HCl 中具有较好的溶解度，酸溶率达 81.5%。

表 2　室温下 HBCBJ 在 15%HCl 中随时间的溶解率

时间（h）	Ⅰ号暂堵剂			Ⅱ号暂堵剂		
	溶解后（g）	溶液状态	酸溶率（%）	溶解后（%）	溶液状态	酸溶率（%）
1	10.2	溶液澄清	49	10	溶液澄清	50
12	5.3	溶液澄清	73.5	5.2	溶液澄清	74
24	3.8	溶液澄清	81	3.8	溶液澄清	81
48	3.7	溶液澄清	81.5	3.7	溶液澄清	81.5
72	3.6	溶液澄清	82	3.7	溶液澄清	81.5

3.3 HBCBJ 与现有钻井液配伍性评价

在钾铵基钻井液基浆中分别加入 1%、2% 和 3% 的 HBCBJ，评价其对钻井液性能的影响，结果见表 3。在 120℃ 下老化 16h 后，水基钻井液体系的流变性、切力等参数满足钻井液的性能指标，加入 3% 的 HBCBJ 后，钻井液的 API 失水量下降了 40% 左右。在钻井液中的致密气藏保护剂的最佳加量确定为 3%。

表 3　HBCBJ 与钾铵基钻井液的配伍性

实验条件	老化试验	AV（mPa·s）	PV（mPa·s）	YP（Pa）	Gel（Pa/Pa）	FL_{API}（mL）	pH 值
基浆	老化前	32.5	21	11.5	3/8.5	5.2	9
	老化后	36	23	13	3/10	9	9

实验条件	老化试验	$AV(mPa \cdot s)$	$PV(mPa \cdot s)$	$YP(Pa)$	$Gel(Pa/Pa)$	$FL_{API}(mL)$	pH 值
基浆+1%HBCBJ	老化前	33.5	21.5	12	3/8.5	5.1	9
	老化后	37.5	24	13.5	3/9	6.6	9
基浆+2%HBCBJ	老化前	34	22	12	3/8.5	4.6	9
	老化后	38	24.5	13.5	3.5/9	6.2	9
基浆+3%HBCBJ	老化前	35	23	12	3/8.5	3.3	9
	老化后	39.5	25	14.5	3.5/11	5.3	9

3.4 HBCBJ 储层保护评价

致密气藏保护效果的评价采用致密气储层高温高压动态伤害评价装置,模拟井下工况对岩心进行动态伤害评价,这种伤害是钻井液固相和液相综合作用的伤害结果。评价钻井液体系对致密气藏保护效果,主要从钻井液返排渗透率恢复值、暂堵强度、暂堵深度等方面进行评价。

室内研究通过改变驱替压力来评价屏蔽暂堵环的抗压强度,实验选取不同渗透率的人在致密气藏岩心,先在 3.5MPa 的驱替压差下对岩心端面形成的屏蔽暂堵环进行反向驱替,然后将驱替压差升至 10.0MPa,观察岩心的渗透率变化,结果见表 4。随着驱替压力由 3.5MPa 增加到 10MPa 时,岩心渗透率均<0.01mD,说明岩心内部已经形成了足够强度的屏蔽层[4],阻止了液相和固相进一步进入岩心,起到暂堵作用。

表 4 钾铵基钻井液屏蔽暂堵强度评价实验

岩心号	$K_a(mD)$	$K_{3.5}(mD)$	$K_{6.0}(mD)$	$K_{8.0}(mD)$	$K_{10}(mD)$
66	0.435	<0.01	<0.01	<0.01	<0.01
57	0.852	<0.01	<0.01	<0.01	<0.01
98	0.098	<0.01	<0.01	<0.01	<0.01
45	0.258	<0.01	<0.01	<0.01	<0.01
90	0.657	<0.01	<0.01	<0.01	<0.01

注:(1)K_a 为岩心的原始渗透率;(2)$K_{3.5}$、$K_{7.0}$、$K_{8.0}$、$K_{10.0}$分别为暂堵后在压差为 3.5、7.0、8.0、10.0MPa 用 N_2 反向测得的渗透率。

实验选用了人造岩心,在钻井液体系中分别加入 3%HBCBJ 和 0.5%防水锁剂 HAR,利用致密气藏渗透率测试装置做暂堵实验,然后沿暂堵端截取一定长度的岩心,再测定剩余段岩心的渗透率,实验结果见表 5,暂堵深度平均≤1.1cm。

表 5 暂堵深度评价

钻井液体系类型	岩心编号	岩心长度 $L_o(cm)$	原始渗透率 $K_a(mD)$	截取长度 $L_i(cm)$	截取后剩下段渗透率 $K_i(mD)$	暂堵深度(cm)
钾铵基钻井液+3%HBCBJ	125	5.89	0.389	1.08	0.378	≤1.08
	145	6.18	0.185	0.96	0.182	≤0.96
	36	5.98	0.098	1.15	0.094	≤1.15
	97	6.01	0.245	1.21	0.24	≤1.21

注:实验条件为压差 3.5MPa、围压 10MPa、时间 30min。

利用致密气储层高温高压动态伤害评价装置评价了钾铵基钻井液污染岩心渗透率的变化情况，实验结果见表6。加入3%HBCBJ后，其岩心渗透率恢复值可达93.34%，具有较好的储层保护效果[5]。

表6 储层保护效果

钻井液体系	岩心编号	原始渗透率 K_a(mD)	伤害后渗透率 K_d(mD)	渗透率恢复值 K_d/K_a(%)	暂堵实验条件		
					压差(MPa)	时间(min)	温度(℃)
基浆	63	0.087	0.069	79.31	10	120	90
基浆+2%HBCBJ	139	0.174	0.15	86.2	10	120	90
基浆+3%HBCBJ	270	0.297	0.275	92.59	10	120	90
基浆+5%HBCBJ	77	0.385	0.37	96.1	10	120	90

4 结论

（1）研制出了新型的致密气藏保护剂，确定了最优合成路线，将石油树脂、纳米聚合物弹性微球、纳米至微米级的刚性酸溶性颗粒、表面活性剂Span80或者Tween80按照一定比例1∶2∶6.99∶0.01投放在捏合机中，捏合均匀后并将其干燥、粉碎，过200目的筛网，由此得到一定粒径的致密气藏保护剂HBCBJ。

（2）研制的致密气藏保护剂HBCBJ，其油溶率5%，酸溶率81.5%，暂堵率≥90%，滤失量降低率≥40%，暂堵强度≥10MPa，暂堵深度平均≤1.1cm。与现有钻井液的配伍性良好。

（3）在钻井液基础配方中加入3%的致密气藏保护剂HBCBJ，致密气藏岩心的平均渗透率恢复值达到90%以上，满足现场致密气藏保护的要求。

参 考 文 献

[1] 张国生，赵文智，杨涛，等．我国致密砂岩气资源潜力、分布与未来发展地位[J]．中国工程科学，2012(6)：87-93.

[2] 李昊，王昊，张小冬．致密砂岩含水率对渗透率的影响研究[J]．内蒙古石油化工，2019(7)：117-118.

[3] 蔡利山，于培志，刘贵传．关于无渗透钻井液技术合理性的思考[J]．钻井液与完井液，2009(4)：56-61.

[4] 张克勤，刘庆来，杨子超，等．无侵害钻井液技术研究现状及展望[J]．石油钻探技术，2006(1)：1-5.

[5] 薛玉志，蓝强，李公让，等．超低渗透钻井液体系及性能研究[J]．石油钻探技术，2009(1)：46-52.

钻井液用超支化聚合物的研究与应用

苏雪霞[1,2]　孙　举[1,2]　徐生婧[1,2]　梁庆磊[1,2]　孟丽艳[1,2]

(1. 中国石化石油工程钻完井液技术中心；
2. 中国石化中原石油工程有限公司钻井工程技术研究院)

【摘　要】　以丙烯酸、2-丙烯酰胺基-2甲基丙磺酸、丙烯酰胺为原料，采用 RAFT 可逆加成—断裂链转移聚合方法研制一种钻井液用反相乳液超支化聚合物，设计了水溶性超支化聚合物研制思路，研究了合成控制方法，考察了在不同基浆中的性能。结果表明，该产品在淡水、盐水、复合盐水及饱和盐水浆中均具有较好的降滤失效果，1.5%加量，滤失量降低率>90%、淡水浆中 220℃/16h 高温老化黏度略有降低，滤失量变化较小，体现出较好的抗温抗盐性能；在 2.0g/cm³ 聚磺钾盐钻井液体系中静止 112h 浆未出现沉降，表现出良好的高温稳定性能，且产品的有效利用率高，作用时间长，减少处理剂用量，节约综合成本具有较好的应用前景。

【关键词】　超支化聚合物；水溶性；反相乳液；RAFT 可逆加成—断裂链转移

目前现场所用的聚合物类处理剂基本上为线性聚合物，分子量分布宽、产品有效利用低；分子链长，高温后易于剪切断链，黏度大幅度降低，钻井液高温稳定性变差；盐的存在下易于卷曲，抗盐性不足。基于此，研究特殊结构(超支化、树枝状或树型结构)聚合物，通过改变处理剂分子构象，提高分子的稳定性，从而提高处理剂的高温稳定必。就结构而言，超支化结构，即使部分链结构破坏，但次生结构仍然能够满足需要，在一些条件下降解和交联同时发生时，表现相对分子质量稳定。与传统的线性聚合物相比，由于支链的位阻效应及支链上基团的相互影响，热稳定性会明显提高，支链上丰富的基团保证处理剂良好的吸附和水化性能。从处理剂分子的剪切稳定性来讲，即使提高线型大分子的分子链刚性，也不能有效地控制分子的剪切稳定性，这是线性高分子固有的缺陷，而具有超支化的树枝状和树型结构的分子，则具有非常好的剪切稳定性[1,2]。

1　水溶性超支化聚合物合成设计思路

水溶性超支化聚合物研究工艺复杂、合成路线长、步骤多、成本高，国内研究较少，作者采用可逆加成—断裂链转移(RAFT)聚合方式合成钻井液用水溶性超支化聚合物产品，其原理是在自由基聚合过程引入 RAFT 链转移剂，使其与增长自由基快速达到可逆终止的动态平衡，从而使增长自由基在大部分时间内可逆转化为不参与增长和终止反应的休眠种，一方面抑制双基终止反应，另一方面保证增长自由基以相同的概率增长，实现可控-活性聚合[3-5]。

2　水溶性超支化聚合物合成控制方法研究

RAFT 可控活性聚合因聚合单体活性高、支化剂含量高、链增长速率高，反应过程中易产生凝胶，反应的可控难度大；其次反应过程中链转移剂、引发剂、支化剂相互影响，叠加因素多，阻滞、交叉终止及诱导现象并存，支化程度控制难度大；反应活性控制程度与转化率、分子量之间存在矛盾。因此，合成过程掌握影响支化程度的关键因素，控制反应过程中的链增长与链转移，实现多支化或超支化结构。

2.1 支化程度控制

控制合成反应叠加因素(RAFT 与引发剂、RAFT 与支化剂、RAFT 与反应温度及单体浓度)关系，使自由基增长链处于链平衡和链转移状态，提高支化程度：

(1) 无规支化结构聚合物控制反应过程交联，提高单体转化率。

(2) 多臂星型支化结构聚合物控制反应过程中悬挂双键含量、死聚物含量增加支化密度；控制滴加速度，增加支化度均匀性。

2.2 分子量控制

(1) 通过控制聚合反应过程中叠加因素(引发剂与 RAFT、RAFT 与支化剂)比例关系、基团比例、反应温度，控制支链分子量。

(2) 利用端基活性控制末端支链分子量。

2.3 支化结构控制

通过控制加料策略控制支化结构(无规超支化、星型、树枝状)，图 1～图 3 为无规超支化结构、星型支化结构、树枝状结构示意图。

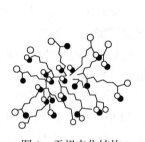 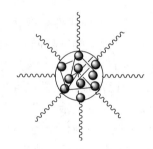 

图 1　无规支化结构　　　　图 2　星型支化结构　　　　图 3　树枝状支化结构

(1) 无规支化结构：采用水溶液一步聚合方式，RAFT、支化剂、引发剂与可聚合单体叠加因素关系，使聚合过程处于链长与链转移，直至单体完全转化，控制聚合过程凝胶反应。

(2) 星型支化结构：采用反相乳液半连续聚合方式，先制备聚合物核，RAFT 链转移剂作用，通过控制加料策略，聚合物链自由基发生链转移，生成星型多官能自由基，自由基发生增长反应得到星型聚合物。

(3) 通过 RAFT 制备线性聚合物臂，通过 RAFT 与支化剂进一步调控可聚合单体聚合，从而制得树枝状聚合物。

3　水溶性超支化聚合物合成及性能测试

在水溶性超支化聚合物控制方法研究的基础上，采用水溶液快速聚合和反相乳液半连续聚合方式合成系列超支化聚合物产品(粉剂和液体)，用于钻井液流变性、滤失量以及长期高温稳定性控制。对合成工艺条件进行初步优化，对产品性能进行初步评价，主要包括降滤失性能、抗温抗盐、钻井液高温稳定性能等。

3.1 产品室内合成

采用反相乳液 RAFT 可控聚合方式合成反相乳液超支化聚合物产品，对其合成工艺进行了优化，主要包括：(1)乳液稳定性反应条件；(2)RAFT 可控–活性聚合的反应条件。通过系统研究，初步确定反相乳液超支化聚合物最佳合成条件：引发剂用量 0.18%~0.25%、支化剂加量 0.2%~0.4%、引发剂与 RAFT 比例 1∶1.1~1∶1.228、RAFT 与支化剂比例 1∶1.8~1∶1.25、油水体积比 0.4∶0.6、乳化剂用量 8%~10%、反应温度 35~45℃、反应时间 3~5h。

3.2 水溶性超支化聚合物性能评价

对优化合成工艺条件下制备的反相乳液超支化聚合物产品进行了初步的性能测试，主要包括聚合物溶液性质及在钻井液中性能，包括降滤失性能、抗温性测、钻井液高温稳定性能等。

3.2.1 聚合物溶液性质

考察反相乳液超支化聚合物产品黏度随浓度、温度的变化关系，并与相同组分分子量相同的线性聚合物对比分析，结果如图 4、图 5 所示。由图 4 黏浓曲线图可以看出，反相乳液超支化聚合物溶液浓度由 1% 增加至 5%，黏度相对于同浓度线性聚合物增加较慢，说明超支化聚合物支链短，链缠结作用较弱，强度低，黏度较线性聚合物低。图 5 黏温曲线图可以看出，温度由 25℃ 增加至 75℃，黏度降低相对平缓，黏度保持率高于同组分同分子量下线性聚合物产品。说明该产品具有较好的抗温能力，应用于高密度钻井液中提高钻井液的高温稳定性能。

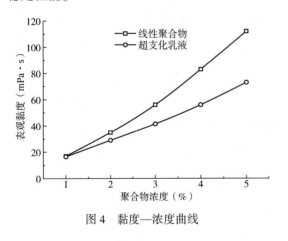

图 4 黏度—浓度曲线

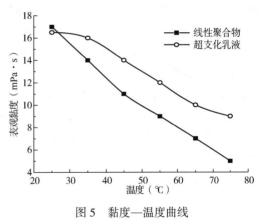

图 5 黏度—温度曲线

3.2.2 钻井液性能

（1）降滤失性能。考察了反相乳液超支化聚合物在淡水、盐水、复合盐水及饱和盐水浆中的降滤失效果，结果见表 1。

表 1 中分子量超支化聚合物在不同基浆中的性能评价结果

4%基浆	聚合物加量（%）	AV(mPa·s)	PV(mPa·s)	YP(Pa)	FL(mL)	pH 值
淡水	0	9.0	3.0	6.0	27.0	7.5
	0.5	17.5	13.0	4.5	10.0	7.5
	1.0	28.5	17.0	11.5	8.0	7.5
	1.5	36.0	18.0	18.0	6.0	7.5

4%基浆	聚合物加量(%)	AV(mPa·s)	PV(mPa·s)	YP(Pa)	FL(mL)	pH 值
盐水	0	4.5	3.0	1.5	112.0	7.0
	0.5	5.5	3.0	2.5	16.0	7.0
	1.0	9.0	5.0	4.0	10.6	7.0
	1.5	10.5	7.0	3.5	7.2	7.0
饱和盐水	0	5.5	4.0	1.5	180.0	7.0
	0.5	8.0	6.5	1.5	86.0	7.0
	1.0	13.0	11.0	2.0	33.0	7.0
	1.5	14.0	10.0	4.0	10.6	7.0
复合盐水	0	5.5	4.0	1.5	118.0	7.0
	0.5	9.5	6.0	3.5	20.0	7.0
	1.0	15.5	9.0	6.5	13.4	7.0
	1.5	20.5	11.0	9.5	6.5	7.0

从表1可以看出，反相乳液超支化聚合物在淡水、盐水、饱和盐水和复合盐水浆中均具有较好的降滤失、提黏切能力，同时具有较强的抗盐和抗钙、镁离子污染能力，当加量为0.5%时，即可使淡水基浆的滤失量由27mL降至10mL以下；当为1.0%时，盐水基浆的滤失量由112.0mL降低至10.6mL，表观黏度和动切力由4.5mPa·s和1.5Pa增加至9.0mPa·s和4.0Pa；当加量为1.5%时，即可使饱和盐水基浆的滤失量由180mL降低至10.6mL，表观黏度和动切力由5.5mPa·s和1.5Pa增加至14.0mPa·s和4.0Pa；可使复合盐水基浆的滤失量由118mL降低至6.5mL。

（2）抗温性。表2是不同老化温度下，反相乳液超支化聚合物在钻井液中的性能。从表2可以看出，反相乳液聚合物加量为3%时（相当于有效含量0.64%），在淡水钻井液中经150℃、165℃、180℃、200℃、220℃老化后黏度略有降低，滤失量无明显变化，均控制在10mL以内；180℃在盐水钻井液及饱和盐水仍具有较好的降滤失能力。

表2　老化温度对钻井液性能影响

基浆	实验条件	AV(mPa·s)	PV(mPa·s)	YP(Pa)	FL(mL)	pH 值
淡水	150℃/16h	18.0	17.0	1.0	8.2	7.0
	165℃/16h	15.0	14.0	1.0	8.0	7.0
	180℃/16h	11.0	11.0	0	8.6	7.0
	200℃/16h	9.0	8.5	0.5	9.5	9.0
	220℃/16h	7.0	7.0	0	12.6	7.0
盐水	150℃/16h	12.5	11.0	1.5	8.0	7.0
	165℃/16h	10.0	8.0	2.0	10.4	7.0
	180℃/16h	8.0	7.0	1.0	12.6	7.0
饱和盐水	150℃/16h	17.0	12.0	5.0	11.4	7.0
	165℃/16h	14.0	11.0	3.0	13.2	7.0
	180℃/16h	10.5	8.0	2.5	15.6	7.0

基浆	实验条件	$AV(mPa \cdot s)$	$PV(mPa \cdot s)$	$YP(Pa)$	$FL(mL)$	pH 值
复合盐水	常温	25.0	18.0	7	118.0	7.0
	150℃/16h	8.0	8.0	0	6.0	7.0
	165℃/16h	5.0	4.0	1.0	10.8	7.0

注：超支化样品为车间工业品，乳液用量3%（相当于有效用量0.96%）。

（3）钻井液长期高温稳定性。配制密度2.0g/cm³聚磺钾盐钻井液体系，考察反相乳液超支化聚合物在钻井液中高温稳定性能，结果见表3。由表3可以看出，聚合物加量为2.0%时，钻井液黏度较低，连续老化48h，浆体均匀、流变性较好、API滤失量控制在4mL以内，静止112h未出现沉降。

表3 高密度聚磺钾盐钻井液体系高温稳定性能

实验条件	$AV(mPa \cdot s)$	$PV(mPa \cdot s)$	$YP(Pa)$	$Gel(Pa/Pa)$	$FL(mL)$	pH 值
室温	49.0	38.0	11.0	4.0/8.0	3.6	9.0
200℃/16h	41.5	34.0	7.5	2.0/4.0	4.8	8.5
200℃/32h	43.0	34.0	9.0	4.0/8.0	3.2	9.0
200℃/48h	40.0	32.0	8.0	3.0/6.0	3.6	8.5
200℃/64h	33.0	29.5	3.5	2.5/4.0	9.0	8.5
200℃/80h	39.0	26.0	13.0	4.5/6.0	15.0	9.0
200℃/96h	33.0	28.0	5.0	1.5/4.0	14.4	8.5
200℃/112h	26.5	23.0	3.5	1.5/4.0	17.2	8.5

注：4%浆+2%超支化乳液+8%SMP+8%SMC+0.3gNaOH+5%KCl+420g重晶石。

4 现场应用

反相乳液超支化聚合物于卫370-9井、塔深5井、顺北4-1H进行应用，与现场钻井液配伍性好，起到较好的护胶、抗温降滤失和流型调节作用；提切降滤失性能好，支化度高、支链长，支链之间相互搭桥，有利于钻井液切力提高；有效利用率高，作用时间长，延长维护周期，减少处理剂用量，减少井下复杂，节约综合成本；抗污染能力强，盐膏层段钻井液流变性好，滤失量控制。表4为卫370-9井盐膏层段反相乳液超支化聚合物应用情况。由表4可以看出，钻进至2335m盐膏层段引入0.5%中分子量超支化聚合物产品，钻井液流变性能逐渐提升，API滤失量由5.0mL降低至3.0mL，超支化聚合物维护阶段API滤失量控制在3mL，进一步提高现场钻井液的抗盐污染能力。

表4 卫370-9井超支化聚合物加入后钻井液性能变化

井深	密度 (g/cm³)	FV (s)	Φ_{600}/Φ_{300}	AV (mPa·s)	PV (mPa·s)	YP (Pa)	YP/PV	G'/G'' (Pa/Pa)	FL_{API} (mL)	n 值
2287	1.28	53	58/40	29.0	18.0	11.0	0.61	3.0/10.0	5.0	0.54
2444	1.28	55	53/33	26.5	20.0	6.5	0.325	2.0/7.0	5.0	0.68
2515	1.30	52	58/36	29.0	22.0	7.0	0.318	2.0/7.0	3.0	0.69
2587	1.34	68	92/57	46.0	35.0	11.0	0.314	2.5/11.0	3.0	0.69
2679	1.35	63	93/58	46.5	35.0	11.0	0.329	2.5/11.5	3.0	0.68
2785	1.38	72	93/60	46.5	33.0	13.5	0.409	2.5/11.0	3.0	0.63

顺北 4-1H 井钻至四开井底温度高达 160℃，要求钻井液具有较好的抗温性能和沉降稳定性。反相乳液超支化聚合物在现场钻井液中黏度效应低，抗温抗盐性能优势突出，有效改善钻井液性能。表 5 为反相乳液超支化聚合物应用前后性能。由表 5 可以看出，该产品因其支化结构，表现出良好的提切性能，携岩悬浮能力强，应用后黏度和滤失量降低，切力增加，起到较好抗温降滤失和流型调节作用，较好地解决了长时间起下钻钻井液易沉降、长裸眼段电测不到底的问题。

表 5　现场应用效果

井深（m）	密度（g/cm³）	漏斗黏度（s）	AV（mPa·s）	PV（mPa·s）	YP（Pa）	Gel（Pa）	FL_API（mL）
7850	1.22	58.0	54.5	49.0	5.5	2.0∕3.0	4.8
7998	1.15	55.0	45.0	33.0	12.0	3.5∕5.5	3.6

5　结论

（1）基于超支化聚合物技术优势，在合成设计思路的指导下，采用 RAFT 可逆—加成断裂链转移聚合方式，通过合成控制方法研究，研制出有效利用率高、提切效果好且具有较好降滤失性能的钻井液用反相乳液超支化聚合物产品。

（2）反相乳液超支化聚合物在淡水浆、盐水浆、复合盐水浆、饱和盐水浆中均具有较好的降滤失效果，1.5%加量，滤失量降低率>90%、淡水浆中 220℃/16h 高温老化黏度略有降低，滤失量变化较小，体现出较好的抗温抗盐性能。

（3）在 2.0g/cm³ 聚磺钾盐钻井液体系中连续老化 48h，浆体均匀、流变性较好、API 滤失量控制在 4mL 以内，静止 112h 浆未出现沉降，表现出良好的高温稳定性能，有利于提高钻井液长期高温稳定性能。

（4）现场应用结果表明，反相乳液超支化聚合物与现场钻井液配伍性好，黏度效应低，提切降滤失性能好，有效利用率高，作用时间长，减少处理剂用量，减少井下复杂，节约综合成本。

参　考　文　献

[1] 王中华. 国内外钻井液技术进展及对钻井液的有关认识[J]. 中外能源, 2011, 16(1)：48-60.

[2] 王中华. 高性能钻井液处理剂设计思路[J]. 中外能源, 2013, 18(1)：36-46.

[3] 闫彦玲, 杨建军, 等. 超支化聚合物的活性聚合制备方法及其应用研究进展[J]. 现代化工, 2016, 36(7)42-46.

[4] 张鹏, 潘毅, 郑朝晖, 等. 可逆加成—断裂链转移(RAFT)聚合在星形聚合物合成中的应用[J]. 高分子通报, 2009(4)：49-56.

[5] 郭含培, 王文俊, 李伯耿, 等. 半连续 RAFT 反相乳液共聚合制备星型阳离子聚丙烯酰胺[J]. 高校化学工程学报, 2013, 27(5)：854-860.

钻井液用抑制固壁剂硅胺基烷基糖苷的研制及性能

司西强　　王中华　　王忠瑾

（中国石化中原石油工程有限公司钻井工程技术研究院）

【摘　要】　针对油气勘探开发过程中钻遇层理裂缝发育及破碎带等易坍塌地层的井壁失稳瓶颈难题，在产品分子设计及合成设计思路的指导下，开展了兼具强抑制和固壁效果的硅胺基烷基糖苷产品研制。采用先缩聚扩链、再胺化、再硅化的方法，制备得到抗高温、强抑制及固壁胶结、配伍性好、无毒环保的硅胺基烷基糖苷产品 GAPG。性能评价结果表明，硅胺基烷基糖苷产品具有突出的抑制防塌及固壁胶结性能，抗高温及配伍性好，无毒环保。200℃热滚 16h，1.0%产品对钙土浆的相对抑制率达 99.33%，随着含量增加，相对抑制率最高达 100%；1.0%产品浸泡岩心柱完整，且由于固壁胶结作用可使岩心柱质量增加；产品在 6%膨润土浆中加量不超过 1.0%时，表观黏度变化值不超过 3.0mPa·s，API 滤失量降低达 5.0mL，在发挥强抑制及固壁效果的同时兼具较好降滤失作用，配伍性好；产品 EC$_{50}$ 值为 587700mg/L，远大于排放标准 30000mg/L。研究形成了成熟的产品工业生产技术。产品生产工艺条件温和，易操作，能耗小，无三废排放。产品适用于高温高活性泥页岩、层理裂缝发育及破碎带等易坍塌地层的钻井施工，实现井壁稳定，预计具有较好的推广应用前景。

【关键词】　硅胺基烷基糖苷；抑制；固壁胶结；井壁稳定；抗高温；绿色环保

近年来，随着油气勘探开发范围不断扩大，钻遇的高活性泥页岩、层理裂缝发育及破碎带等易坍塌地层越来越多，井壁稳定难度越来越大[1-5]。其中，对于高活性泥页岩地层来说，目前现有的聚醚胺基烷基糖苷、聚醚胺、聚胺等强抑制剂已经能够较好地解决[6-14]；而对于层理裂缝发育地层、破碎带等易坍塌地层来说，不仅要求钻井液抑制性能强，同时对化学固壁性能也提出了更高要求[15,16]，近年来，常用的抑制固壁剂主要有硅酸盐类、有机硅类、聚合铝类等[17-19]，利用其进入地层后的温度、pH 值、矿化度等条件，通过发生物理或化学变化来达到沉积堵塞层理裂缝或生成胶结封固壳的效果，从而达到封堵或固结井壁的目的。但上述抑制固壁剂的实际固壁防塌效果有限、对钻井液流变性影响大、高温易失效、影

基金项目：中国石化集团公司重大科技攻关项目"硅胺基烷基糖苷的研制与应用"（JP19001）、中国石化集团公司重大科技攻关项目"烷基糖苷衍生物基钻井液技术研究"（JP16003）、中国石化集团公司重大科技攻关项目"改性生物质钻井液处理剂的研制与应用"（JP17047）、中国石化集团公司重大科技攻关项目"页岩气水平井 APD 水基钻井液技术应用研究"（JP18038-3）、中国石化石油工程公司重大科技攻关项目"基于分子尺寸控制的系列聚胺抑制剂研制与应用"（SG18-19K）联合资助。

作者简介：司西强，男，1982 年 5 月出生，2005 年 7 月毕业于中国石油大学（华东）应用化学专业，获学士学位，2010 年 6 月毕业于中国石油大学（华东）化学工程与技术专业，获博士学位。现任中石化中原石油工程公司钻井工程技术研究院首席专家，研究员，主要从事新型钻井液处理剂及钻井液新体系的研究及技术推广工作。近年来以第 1 发明人申报发明专利 54 件，已授权 20 件，出版专著 1 部，发表论文 80 余篇，获河南省科技进步奖等各级科技奖励 20 余项。地址：河南省濮阳市中原东路 462 号中原油田钻井院；电话：15039316302；E-mail：sixiqiang@163.com。

响环境等[20,21]。为较好地解决层理裂缝发育及破碎带等易坍塌地层的井壁失稳难题，现有常用抑制固壁剂的性能亟待提升，仍有很多工作要做。因此，在这种形势下，有必要研发兼具强抑制和固壁效果、配伍性好、绿色环保的高效抑制固壁剂[22]，符合现场技术亟需，具有重要现实意义。

在现有的研究基础上，保持烷基糖苷绿色环保、配伍性好、成膜防塌的技术优势[23,24]，通过合适化学反应制备得到硅胺基烷基糖苷 GAPG 产品，具有较好的前瞻性、创新性和实用性。硅胺基烷基糖苷产品分子结构上除了具有烷基糖苷环状结构外，同时具有胺基基团和含硅基团。其中，烷基糖苷单元增大位阻，提升产品分子整体配伍性能；胺基基团使产品分子具有强抑制和抗高温性能；含硅基团使产品分子具有固壁胶结性能。该产品适用于解决层理裂缝发育地层、破碎带等易坍塌地层的井壁失稳难题，符合现场技术亟需，具有较好推广应用前景。本文对抑制固壁剂硅胺基烷基糖苷产品进行了合成研究及性能评价，以期对国内外钻井液研究人员有一定借鉴作用。

1 实验材料及仪器

1.1 实验材料

产品合成原料：烷基糖苷 A，实验室自制；多元醇扩链剂 B，分析纯；氯代环氧化物桥接剂 C，分析纯；多活性点有机胺 D，实验室自制；可键合含硅化合物 E，分析纯；长链烷基磺酸催化剂 F，分析纯；引发剂 G，实验室自制。

钻井液配浆原料：钠膨润土，工业品；碳酸钠，分析纯；钙膨润土，工业品；黄原胶（XC），工业品；近油基基液（ZYBL），工业品；高黏度羧甲基纤维素钠（HV-CMC），工业品；低黏度羧甲基纤维素钠（LV-CMC），工业品；改性淀粉（CMS），工业品；磺化沥青（FT），工业品；聚合物降滤失剂（COP-LFL），工业品；抗盐降滤失剂（ZY-JLS），工业品；聚合物增黏剂（80A51），工业品；磺化褐煤（SMC），工业品；磺化酚醛树脂（SMP），工业品；纳米钙，工业品；氢氧化钠，工业品；氯化钠，工业品；氯化钾，工业品；天然岩屑（云页平 6 井 2087~2345m）等。

1.2 实验仪器

ZNCL-TS 恒温磁力搅拌器，河南爱博特科技公司；ZNN-D6 六速旋转黏度计，青岛海通达专用仪器厂；XGRL-4A 高温滚子加热炉，青岛海通达专用仪器厂；LHG-2 老化罐，青岛海通达专用仪器厂；GJS-B12K 变频高速搅拌机，青岛海通达专用仪器厂；DZF-6050 真空干燥箱，上海创博环球生物科技有限公司；BL200S 精密电子天平，上海勤酬实业有限公司；FTIR-850 傅里叶变换红外光谱仪，江苏天瑞仪器股份有限公司。

2 产品分子设计及合成设计

2.1 产品分子设计思路

根据文献调研结果，结合硅胺基烷基糖苷的分子设计理念及性能需求，提出以下分子设计思路：

（1）烷基糖苷分子本身无毒，具有吸附、成膜防塌及配伍性好等技术优势，且分子结构上具有多个羟基活性位，可根据性能需要进行改性化学反应。

（2）在烷基糖苷分子结构上引入聚醚基团，通过氢键、位阻及扩链等提高产品吸附、抗温及配伍性能。

（3）在烷基糖苷分子上引入合适结构的多活性点胺基基团，通过吸附成膜、反渗透、嵌入及拉紧晶层，抑制地层黏土矿物水化，实现强抑制性能；另外，引入的多活性点胺基基团刚性大、具有抑菌杀菌作用，可提高产品分子抗温性能。

（4）在烷基糖苷分子上引入合适结构的含硅基团，与黏土矿物发生化学反应，使产品分子具有化学胶结性能，从而实现固壁性能。

硅胺基烷基糖苷产品的理论分子设计结构如图1和图2所示。

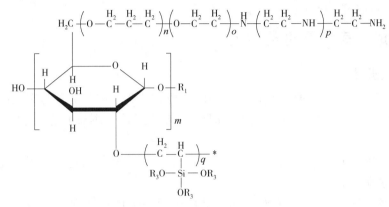

图1　硅胺基烷基糖苷产品的理论分子设计结构

$m=1\sim3$；$n=1\sim5$；$o=1\sim5$；$p=0\sim3$；$q=1\sim10$；R_1为CH_3或C_2H_5或C_4H_9。

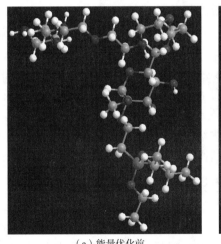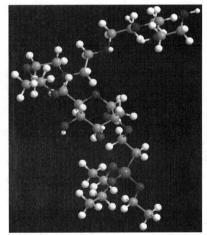

（a）能量优化前　　　　　　　　　　（b）能量优化后

图2　硅胺基烷基糖苷产品理论分子结构模型图

设计得到硅胺基烷基糖苷产品的理论分子结构。产品具有强抑制和固壁效果、配伍性好、绿色环保。产品通过分子结构整体中各基团的协同作用，充分发挥产品性能优势。产品在钻井液中使用时，即使其分子结构上的部分聚醚键、聚醚胺键、含硅基团脱落，仍然可以起到较好的抗高温抑制固壁作用。

2.2　产品合成设计思路

在产品分子设计思路的基础上，对其进行合成设计。按照合成设计原则，对产品理论分子设计结构进行拆分，得到烷基糖苷、多元醇、氯代环氧物、多活性点有机胺、可键合含

硅化合物等基本合成单元,再把反应原料通过合适的化学反应结合到一个分子整体上,提出如下合成设计思路:

(1)缩聚扩链反应:烷基糖苷、多元醇、氯代环氧化物在催化剂作用下,通过缩聚扩链反应生成氯代烷基糖苷聚醚,为后续胺化反应提供活性反应点。

(2)胺化反应:氯代烷基糖苷聚醚与多活性点有机胺发生胺化反应,生成醚胺基烷基糖苷。

(3)硅化反应:醚胺基烷基糖苷在引发剂引发下,与可键合含硅化合物发生接枝共聚反应,生成硅胺基烷基糖苷产品。

3 产品合成、表征及性能评价

3.1 产品合成研究

研究确定了硅胺基烷基糖苷 GAPG 产品的合成方法为:烷基糖苷与多元醇、氯代环氧化物发生缩聚扩链反应,再与多活性点有机胺发生胺化反应,再与可键合含硅化合物发生接枝共聚反应。

硅胺基烷基糖苷 GAPG 产品的合成方法确定后,对其合成工艺进行了优化,得到产品的优化合成工艺条件如下:

(1)控制搅拌速度在 800~1000r/min,将 0.6mol 多元醇扩链剂 B、6% 长链烷基磺酸催化剂 F(占烷基糖苷质量的百分数)、0.65mol 氯代环氧化物 C、加入装有冷凝回流和搅拌装置的四口烧瓶,搅拌混合均匀,在 105℃下反应 1.5h 后,继续加入 0.8mol 烷基糖苷 A,在 94~98℃下反应 2.0h,得到氯代烷基糖苷聚醚,降温至 40℃。

(2)缓慢滴加(滴加速度 0.3mL/s)0.6~0.8mol 多活性点有机胺 D,控制温度在 92~95℃,反应 3.0h,得到醚胺基烷基糖苷。

(3)加入 4.0mol 可键合含硅化合物 E,搅拌混合均匀,升温至 82~86℃,加入 0.05mol 引发剂 G 引发接枝共聚反应,2h 后结束反应,降至室温,即得红褐色黏稠状的硅胺基烷基糖苷产品 GAPG。

在上述优化合成工艺条件下制备得到硅胺基烷基糖苷产品,经减压蒸馏、提纯分离、冻干处理,得到纯化后的产品样品,用于产品结构表征。

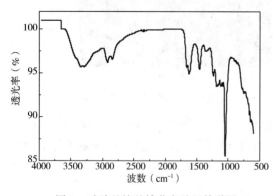

图 3 硅胺基烷基糖苷产品红外谱图

3.2 产品结构表征

3.2.1 红外光谱分析

为了确定硅胺基烷基糖苷产品的分子结构,对提纯得到的产品样品进行红外光谱分析。所用仪器为傅里叶变换红外光谱仪,所用方法为涂膜法。通过对产品中特征官能团-OH、C-O-C、伯胺基、仲胺基、C-N 键、C-Si 键、Si-O 键等对应的特征吸收峰进行分析来检验所得产物是否为目标产物。硅胺基烷基糖苷产品的红外光谱图如图 3 所示。

如图 3 中红外光谱数据显示,3380cm^{-1} 为 O-H 键的伸缩振动峰,2830~2950cm^{-1} 为甲基和亚甲基中 C-H 键的伸缩振动峰,可确定有糖苷结构;1151cm^{-1} 为 C-O-C 的伸缩振动峰,

1050~1100cm⁻¹为羟基中C-O键的伸缩振动峰，可确定含有聚醚结构；1419cm⁻¹为C-N键的吸收峰，1196cm⁻¹为C-N键的弯曲振动峰，3380cm⁻¹为N-H的吸收峰，可确定含有胺的结构；1110cm⁻¹为Si-O键的特征峰，确定含有硅氧烷结构；1234cm⁻¹为C-Si键的特征峰，确定含有烷基硅氧烷共聚结构单元。综合上述分析结果，硅胺基烷基糖苷产品分子结构中含有糖苷环、羟基、醚键、胺基、C-N键、C-Si键、Si-O键等特征结构，可初步确定其分子结构为理论设计结构。下面通过核磁共振分析进一步确定产品分子结构。

3.2.2 核磁共振分析

对提纯后的硅胺基烷基糖苷产品样品进行了¹H核磁共振分析。产品的¹H核磁共振谱图如图4所示。

对提纯后的硅胺基烷基糖苷产品样品进行了¹³C核磁共振分析。硅胺基烷基糖苷产品的¹³C核磁共振谱图如图5所示。

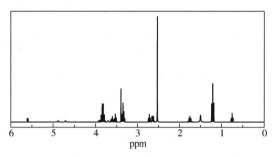

图4　硅胺基烷基糖苷产品的¹H核磁共振谱图　　图5　硅胺基烷基糖苷产品的¹³C核磁共振谱图

通过对图4、图5中硅胺基烷基糖苷产品的¹H核磁共振谱图和¹³C核磁共振谱图及相关信息进行分析，进一步确定了其分子结构与理论设计相符。

3.2.3 产品分子结构

通过对合成的硅胺基烷基糖苷产品样品进行红外光谱、¹H核磁共振、¹³C核磁共振分析，最终确定合成的硅胺基烷基糖苷产品分子结构如图6所示。产品分子结构中含有糖苷环、羟基、醚键、胺基、C-N键、C-Si键、Si-O键等特征结构。

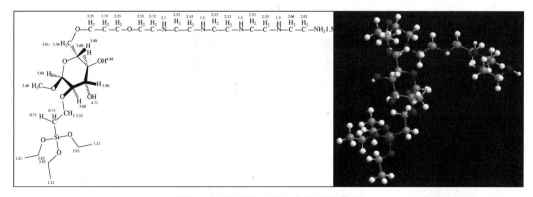

图6　硅胺基烷基糖苷产品分子结构

3.3 产品性能测试

对制备得到的抑制固壁剂硅胺基烷基糖苷GAPG产品性能进行了系统评价，主要包括抗温性能、抑制性能、固壁性能、配伍性能、生物毒性等。

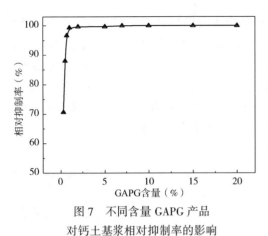

图 7　不同含量 GAPG 产品
对钙土基浆相对抑制率的影响

3.3.1　高温抑制性能

将不同含量硅胺基烷基糖苷 GAPG 产品加入钙土基浆中，通过考察抑制剂对钙土基浆的相对抑制率来评价其抑制性能。钙土基浆配制方法如下：取 350mL 蒸馏水，加入 0.5% 的碳酸钠，溶解后加入 10% 的钙膨润土，高速搅拌 20min；取 350mL 蒸馏水，加入 0.5% 的碳酸钠和不同含量的硅胺基烷基糖苷 GAPG 样品，充分溶解后加入 10% 的钙膨润土，高速搅拌 20min。老化实验条件为：200℃，16h。相对抑制率评价结果如图 7 所示。

由图 7 中实验结果可以看出，200℃高温滚动 16h，随着硅胺基烷基糖苷 GAPG 产品含量的增加，其对钙土基浆的相对抑制率呈先急剧升高后趋于平稳的规律。具体来说，当硅胺基烷基糖苷 GAPG 产品含量仅为 0.3% 时，其即可表现出较明显的抑制水化膨胀分散的效果，相对抑制率为 70.67%；当硅胺基烷基糖苷 GAPG 产品含量为 0.7% 时，其相对抑制率为 96.67%；当硅胺基烷基糖苷 GAPG 产品含量为 1.0% 时，其相对抑制率为 99.33%，且趋于平稳，随着 GAPG 含量的继续增加，相对抑制率最高达 100%。可以认为，GAPG 抗温达 200℃，当其含量≥0.7% 时，即可充分发挥其优异的抑制黏土矿物水化膨胀分散的能力，保障现场高温易坍塌地层的井壁稳定。

3.3.2　固壁性能

考察高温条件下不同含量硅胺基烷基糖苷 GAPG 产品对岩心柱外观和抗压强度的影响，来评价产品的固壁防塌性能。实验条件：将相同条件下制备得到的人工岩心柱放置到不同含量的硅胺基烷基糖苷 GAPG 产品中，180℃静置浸泡 16h。硅胺基烷基糖苷 GAPG 产品高温浸泡后岩心柱的外观形貌如图 8 所示。硅胺基烷基糖苷 GAPG 产品高温浸泡后岩心柱的回收质量和抗压强度见表 1。原始岩心的抗压强度为 75.88MPa。

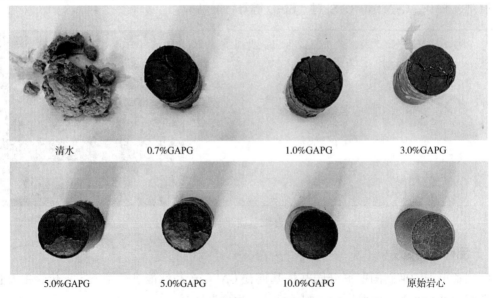

清水　　　0.7%GAPG　　　1.0%GAPG　　　3.0%GAPG

5.0%GAPG　　　5.0%GAPG　　　10.0%GAPG　　　原始岩心

图 8　清水及不同含量 GAPG 产品高温浸泡岩心柱外观

表 1 　清水及不同含量 GAPG 产品高温浸泡岩心柱回收质量

介质种类	热滚前岩心柱质量(g)	热滚后岩心柱质量(g)	岩心柱回收率(%)	岩心抗压强度(MPa)
清水	20.35	4.98	24.47	—
0.7%GAPG	20.34	20.42	100.64	86.42
1.0%GAPG	20.33	20.59	101.28	87.39
3.0%GAPG	20.32	20.76	102.17	88.27
5.0%GAPG	20.33	20.99	103.25	90.93
7.0%GAPG	20.34	21.32	104.82	92.17
10.0%GAPG	20.34	21.57	106.05	97.12

由图 8 和表 1 中实验现象及实验数据可以看出，200℃高温浸泡 16h，清水高温浸泡的岩心柱已经严重分散，失去原来的柱状形貌，岩心柱回收率仅为 24.47%；用 0.7%硅胺基烷基糖苷 GAPG 产品高温浸泡岩心柱，岩心柱外观完整，岩心柱回收率为 100.64%，抗压强度为 86.42MPa，而且随着硅胺基烷基糖苷 GAPG 产品含量的升高，岩心柱回收率呈缓慢上升趋势，岩心柱外观越来越光滑，抗压强度越来越高。这说明，硅胺基烷基糖苷 GAPG 产品对岩心柱具有化学沉积、固壁胶结性能，随着含量升高，其固壁效果越来越显著。

3.3.3　配伍性能

考察了不同含量硅胺基烷基糖苷 GAPG 产品对 6%预水化膨润土浆的流变性能及失水的影响，得到了产品的配伍性结论。老化实验条件为：200℃，16h。硅胺基烷基糖苷 GAPG 产品对膨润土浆的配伍性评价结果见表 2。

表 2 　硅胺基烷基糖苷 GAPG 产品对膨润土浆流变及失水影响

GAPG 含量(%)	AV(mPa·s)	PV(mPa·s)	YP(Pa)	FL(mL)
0	8.5	7	1.5	24.0
0.3	6	6	0	22.8
0.5	6	6	0	21.0
0.7	5.5	5	0.5	20.0
1.0	5.5	5	0.5	19.0

由表 2 中给实验结果可以看出，硅胺基烷基糖苷 GAPG 产品对膨润土浆具有降黏和降失水作用。当硅胺基烷基糖苷 GAPG 产品在 6%预水化膨润土浆中的加量不超过 1.0%时，表观黏度降低值不超过 3.0mPa·s，中压失水降低达 5.0mL，产品可在发挥强抑制及固壁效果的同时兼具较好降滤失作用，配伍性好。在实际现场施工过程中，硅胺基烷基糖苷 GAPG 产品的具体加量应根据现场井浆的实际情况(膨润土含量、劣质固相含量等)，并结合现场小型试验结果来确定。

3.3.4　生物毒性

采用发光细菌法测试了抑制固壁剂硅胺基烷基糖苷 GAPG 产品的生物毒性。测试结果显示，所合成 GAPG 产品样品 EC_{50} 值高达 587700mg/L，远高于排放标准 30000mg/L(GB/T 15441—1995《水质急性毒性的测定发光细菌法》)。得出结论为，合成得到的硅胺基烷基糖苷 GAPG 产品无生物毒性，绿色环保。

4 产品工业生产技术

4.1 产品工业生产工艺

硅胺基烷基糖苷 GAPG 产品的工业生产工艺如下：

（1）将 500 质量份（下同）多元醇、75 份长链烷基磺酸催化剂、600 氯代环氧化物加入装有冷凝回流和冷却装置的反应釜，搅拌混合均匀，在 103~106℃下反应 1.0~2.0h，继续加入 3500 份烷基糖苷，在 92~100℃下反应 1.0~3.0h，得到氯代烷基糖苷聚醚，降温至 40℃。

（2）通过滴液罐控速滴加 1300 份多活性点有机胺，控制温度在 90~98℃，反应 2.0~4.0h，得到醚胺基烷基糖苷。

（3）加入不少于 2000 份可键合含硅化合物，搅拌混合均匀，升温至 82℃以上，加入 3 份自制引发剂 G 引发接枝共聚反应，2h 后结束反应，降至室温，即得红褐色黏稠状的硅胺基烷基糖苷产品 GAPG。

（4）对产品随机取样测试其性能，确保产品质量合格；出料，装桶，张贴产品标签及合格证，在阴凉处保存备用。

4.2 工艺优点

硅胺基烷基糖苷 GAPG 产品的工业生产工艺主要有以下优点：

（1）反应条件温和、能耗低。整个生产过程只需在较低温度（≤106℃）、常压下进行，反应时间短，化学反应为自身放热反应，设备能耗低。

（2）可操作性强。反应较缓和，反应温度范围要求较宽，易于操作控制；原料多为液体状态，可直接泵入反应釜，操作安全，劳动强度低。

（3）绿色环保。生产原料及产品均无毒。生产过程无"三废"排出，绿色环保。

目前已生产硅胺基烷基糖苷 GAPG 产品共计 32.25t，并已跟甲方及现场施工单位沟通，计划在新疆奥陶系破碎带、淮南煤层气破碎地层开展现场应用，解决层理裂缝发育及破碎带等易坍塌地层的井壁失稳瓶颈难题，满足现场安全高效钻进。

5 结论

（1）针对层理裂缝发育及破碎带等易坍塌地层的井壁失稳瓶颈难题，在产品分子设计及合成设计思路的指导下，采用先缩聚扩链、再胺化、再接枝共聚的方法，研制出抗高温、强抑制及固壁胶结、配伍性好、无毒环保的硅胺基烷基糖苷产品 GAPG。

（2）得到了硅胺基烷基糖苷产品的性能评价结果。产品抗温达 200℃；1.0%产品对钙土浆的相对抑制率达 99.33%，随着含量增加，相对抑制率最高达 100%，抑制效果突出；1.0%产品浸泡岩心柱完整，且由于固壁胶结作用可使岩心柱质量增加，固壁效果突出；产品在发挥强抑制及固壁效果的同时兼具较好降滤失作用，配伍性好；产品 EC_{50} 值为 587700mg/L，无生物毒性。

（3）形成了硅胺基烷基糖苷产品工业生产技术。产品生产条件温和，能耗低，易操作，无三废排放，已生产产品 30 余吨，工业品性能与室内产品一致。产品适用于高温高活性泥页岩、层理裂缝发育及破碎带等易坍塌地层的钻井施工，实现井壁稳定，预计具有较好推广应用前景。

参 考 文 献

[1] 王中华. 钻井液及处理剂新论[M]. 北京：中国石化出版社，2017：99-108.

[2] 赵凯，樊勇杰，于波，等. 硬脆性泥页岩井壁稳定研究进展[J]. 石油钻采工艺，2016，38(3)：277-285.

[3] 王倩，周英操，唐玉林，等. 泥页岩井壁稳定影响因素分析[J]. 岩石力学与工程学报，2012，31(1)：171-179.

[4] 李劲松，翁昊阳，段飞飞，等. 钻井液类型对井壁稳定的影响实例与防塌机理分析[J]. 科学技术与工程，2019，19(26)：161-167.

[5] 姚如钢，何世明，龙平，等. 破碎性地层坍塌压力计算模型[J]. 钻采工艺，2012，35(1)：21-23.

[6] 司西强，王中华. 钻井液用聚醚胺基烷基糖苷的合成及性能[J]. 应用化工，2019，48(7)：1568-1571.

[7] 司西强，王中华，王伟亮. 聚醚胺基烷基糖苷类油基钻井液研究[J]. 应用化工，2016，45(12)：2308-2312.

[8] 高小芄，司西强，王伟亮，等. 钻井液用聚醚胺基烷基糖苷在方3井的应用研究[J]. 能源化工，2016，37(5)：23-28.

[9] 王中华. 关于聚胺和"聚胺"钻井液的几点认识[J]. 中外能源，2012，17(11)：1-7.

[10] 张兴来，罗健生，郭磊，等. 聚胺抑制剂PF-UHIB与膨润土相互作用机理[J]. 油田化学，2016，33(2)：195-199.

[11] 潘一，廖松泽，杨双春，等. 耐高温聚胺类页岩抑制剂的研究现状[J]. 化工进展，2020，39(2)：686-695.

[12] 张国，徐江，詹美玲，等. 新型聚胺水基钻井液研究及应用[J]. 钻井液与完井液，2013，30(3)：23-26.

[13] 钟汉毅，邱正松，黄维安，等. 新型聚胺页岩水化抑制剂的研制及应用[J]. 西安石油大学学报(自然科学版)，2013，28(2)：72-77.

[14] 邱正松，钟汉毅，黄维安. 新型聚胺页岩抑制剂特性及作用机理[J]. 石油学报，2011，32(4)：678-682.

[15] 于雷，张敬辉，刘宝锋，等. 微裂缝发育泥页岩地层井壁稳定技术研究与应用[J]. 石油钻探技术，2017，45(3)：27-31.

[16] 陈修平，李双贵，于洋，等. 顺北油气田碳酸盐岩破碎性地层防塌钻井液技术[J]. 石油钻探技术，2020，48(2)：12-16.

[17] 蓝强，邱正松，王毅. 硅酸盐钻井液防塌机理研究[J]. 石油学报，2007，28(5)：133-138.

[18] 苏俊霖，罗亚飞，张勇. 甲基硅酸钾页岩抑制剂抑制蒙脱石水化机理的分子模拟[J]. 化学世界，2019，60(1)：45-53.

[19] 张世锋，邱正松，黄维安，等. 高效铝-胺基封堵防塌钻井液体系探讨[J]. 西南石油大学学报，2013，35(4)：159-164.

[20] 鲍文婧. 几种常见的水基钻井液的室内试验评价[J]. 能源化工，2017，38(4)：42-46.

[21] 汤志川，邱正松，钟汉毅，等. 新型壳聚糖-邻苯二酚化学固壁剂合成与性能评价[J]. 钻井液与完井液，2019，36(5)：534-541.

[22] 蒋官澄，宣扬，王金树，等. 仿生固壁钻井液体的研究与现场应用[J]. 钻井液与完井液，2014，31(3)：1-5.

[23] 司西强，王中华. 钻井液用烷基糖苷及其改性产品合成、性能及应用[M]. 北京：中国石化出版社，2019：301-312.

[24] 司西强，王中华，赵虎. 钻井液用烷基糖苷及其改性产品的研究现状及发展趋势[J]. 中外能源，2015，20(11)：31-40.

新型环保油基钻井液的体系构建与性能评价研究

张家旗　闫丽丽　程荣超　王建华　杨海军　倪晓骁　高　珊

（中国石油集团工程技术研究院有限公司）

【摘　要】　建立了一种基础油生物降解性快捷评价方法，通过基础油组分生物降解规律研究，进一步优选出乳化剂、降滤失剂等核心处理剂，内相采用醋酸钠替代氯化钙，构建了环保油基钻井液新配方。综合性能评价表明，该环保油基钻井液体系具有生物无毒、生物可降解和重金属含量达标等良好性能，土壤与油基钻井液按照重量比例为 8：2 混合，可保证植物能够正常生长，达到了资源可回收利用的目的，抗温 160℃，密度可达 2.2g/cm³，性能可满足页岩油气水平井施工，可以在环保要求高的区块作业。

【关键词】　油基钻井液；基础油；生物降解性；环保；页岩油气

1　引言

油基钻井液具有强抑制、高润滑等优点，能显有效减少井下复杂和事故，是深井超深井、水平井及大位移井等复杂井工程的首选，已在川南页岩气、塔里木库车山前及新疆南缘等地区的钻井中规模化应用，但也面临着环保、油污钻屑处理等问题。油基钻井液中存在着较多的矿物油类基油，其占比高达 80%~90%[1-6]，钻井时往往会产生较多的废弃油基钻井液、油污钻屑等钻井废弃物，页岩气水平井单井处理费用基本与钻井液成本相当，大大增加了钻井工程成本。同时，油污钻屑在其产生、堆放、运输、处理等过程中均会对当地生态环境造成不同程度的危害，引起了高度重视[7-9]。本文通过开发安全高效的处理剂及油基钻井液体系，从源头治理与资源利用的角度尽可能地降低污染程度、减少钻井废物量，使得钻井工程实现真正意义上"绿色化、清洁化生产"，达到既安全高效又保护环境、使资源最大化利用的理想目标。

2　油基钻井液毒性及降解性评价方法

毒性测试采用发光细菌法测得半最大效应质量浓度（EC_{50}）。参照国标 HJ 505—2009 水质五日生化需氧量的测定，采用微生物电极法，快速测定水样中的 BOD 值，参照 HJ/T 399—2007 水质化学需氧量的测定快速消解分光光度法，测定样品的 COD 值，用 BOD_5/COD_{Cr} 值评估生物降解性，但此方法多被用于评价和分析水中的生物降解情况。由于基础油难溶于水，无法通过测定 BOD 和 COD 评价生物降解性评价，因此，建立了基础油生物降解性评价方法。

基金项目：中国石油天然气集团公司重大技术现场试验项目《深层页岩气水平井优快钻完井技术现场试验》（项目编号 2019F-31）资助。

作者简介：张家旗（1993—），男，河北石家庄人，油气井工程硕士，现就职于中国石油集团工程技术研究院有限公司，工程师，主要从事钻完井液技术研究。

基于不同类型烃类的生物降解机理的分析，发现其生物降解的最终产物都是以简单的 CO_2 和 H_2O 为主[10-13]，因此本文将建立以 CO_2 的生成量作为基础油降解的评价指标的评价方法，并利用该方法检测不同种类基础油的生物降解性，实验装置图见图1，主要由吸气装置、洗气装置、生物降解反应装置、CO_2 吸收装置、CO_2 称量装置5部分构成。实验流程为：由气泵提供持续稳定的气流，流经4个洗气瓶洗去 CO_2，分别是两个

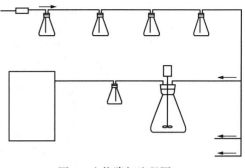

图1 生物降解流程图

30%浓度的 KOH 溶液、30%浓度的 KOH 溶液与饱和 Ca(OH)$_2$ 溶液的混合溶液、饱和 Ca(OH)$_2$ 溶液，将空气中的 CO_2 清洗干净；然后通过气体分流器将气体均匀的输送给三个反应装置，分别是空白反应瓶、生化反应瓶、生化反应对比瓶；最后经过各自的反应瓶分别流向各自的 CO_2 吸收瓶。参比基准物为分析纯的油酸，接种物采用活性污水制作成接种液，其生物活菌基本保持在 $(4.0 \sim 8.5) \times 10^7 CFU/mL$ 的水平。每天测定1次 CO_2 的生成量，需要扣除空白反应瓶中产生的 CO_2 值后作为测定值。生物降解率 BDI(Biodeg radability Index)= 测试样的 CO_2 生成量/参比物的 CO_2 生成量。当 BDI>80%时为易生物降解；60%<BDI<80%时为可生物降解；BDI 未达到 60%时，即可判定为难生物降解。

3 油基钻井液主要组分优选

3.1 基础油的优选

选取气制油、白油、柴油、矿物油 A、合成油和生物豆油进行对比评价，对比不同基础油的物化参数和生物毒性，结果见表1。由表1可以看出，0号柴油微毒，矿物油 A 和 0号柴油的芳香烃含量过高，食用豆油的运动黏度高，不适合作为环保油基钻井液的基础油。因此，优选合成油、气制油和3号白油进行生物降解性实验，结果见图2。由图2可知，随着降解天数的增加，除柴油外，其余油品在第6天生物降解性达到最大值，随后降解缓慢；合成油的8天生物降解率最大，达到84.9%，其次为气质油。

表1 基础油的物化参数及毒性测试结果

性　　能	气制油	3号白油	0号柴油	矿物油 A	合成油	食用豆油
运动黏度(40℃)(mPa·s)	2.8	5.1	2.8	2.7	2.4	32.52
沸点范围 IBP(℃)	200	244	175	306	242	230
苯胺点(℃)	88	83	57	78	92	—
闪点(℃)	110	141	63	73	147	280
密度(15℃)(kg/m³)	850	820	865	838	802	918
芳香烃含量, mg/kg	1.2	2	30000~50000	10000~20000	1.5	0
硫含量(mg/kg)	1	3	250	5.9	0.45	1.17
LC50(mg/L)	10^6	10^6	8000	4.8×10^5	10^6	10^6
毒性等级	可排放	可排放	微毒	可排放	可排放	可排放

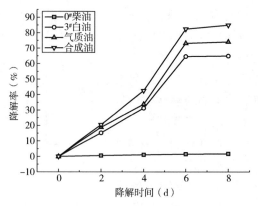

图2　基础油生物降解率

3.2　关键处理剂优选

采用新建立的生物降解性评价方法评估关键处理剂的生物降解性，采用发光细菌法测得关键处理剂 EC_{50}，以筛选符合环保要求的处理剂。以合成油为基础油，优选出乳化剂、降滤失剂等核心处理剂加量，构建出新型环保型油基钻井液的体系。

3.2.1　乳化剂

基于生物毒性和生物降解性，研制了以植物油酸为原料研制的聚酯类主、辅乳化剂，引入抗温性强的如酰胺基类基团，同时在亲油基团中引入不饱和双键来提高乳化剂的生物降解性，减少乳化剂生物毒性，同时具有亲水和亲油基团，HLB 值在 3~8 之间，乳化效果好的同时生物毒性也相对较小。主、辅乳化剂的 EC_{50} 大于 50000mg/L，BDI 大于 80%，生物毒性和降解性较好。测试其在油基钻井液中的性能，实验结果见表2。钻井液配方为：合成油+8%乳化剂+25%浓度 $CaCl_2$ 盐水+2%有机土+4%降滤失剂+3%石灰+重晶石（密度为 1.8g/cm³，油水比 80∶20，老化条件为150℃/16h，流变性测定温度为50℃）。由表2可以看出，不同主、辅乳化剂比例条件下，体系的破乳电压均大于 500V，表明优选的乳化剂与合成油有良好的配伍性；随着辅乳化剂比例的提高，钻井液表观黏度、塑性黏度不断下降，但切力变化不大，表明体系中的重晶石被润湿，分散地更均匀。当主乳化剂和辅乳化剂的比例为 4∶4时，破乳电压、流变性等最优。

表2　主、辅乳化剂的加量对钻井液性能影响

主辅乳比例	状态	ES(V)	AV(mPa·s)	PV(mPa·s)	YP(Pa)
1∶7	老化前	378	22	17	5
	老化后	673	38	32	6
2∶6	老化前	478	29	25	4
	老化后	776	36	32	4
3∶5	老化前	521	37	34	3
	老化后	785	52	45	7
4∶4	老化前	576	54	47	7
	老化后	1221	65	54	9
5∶3	老化前	645	69	61	8
	老化后	943	75	65	10

主辅乳比例	状态	$ES(V)$	$AV(mPa \cdot s)$	$PV(mPa \cdot s)$	$YP(Pa)$
6:2	老化前	770	72	60	12
	老化后	1567	82	65	17
7:1	老化前	936	79	66	13
	老化后	1721	87	70	17

3.2.2 降滤失剂

降滤失剂是钻井液体系控制滤失量的核心试剂,其可使钻井液在井壁形成薄而坚韧致密的滤饼,被广泛应用于钻井液中。油基降滤失剂多为沥青或改性沥青类产品,沥青含有的芳烃较多,有生物毒性、难生物降解,且对环境的伤害较大[14]。以天然高分子化合物腐殖酸为原料,接枝亲油长链胺类化合物,得到环保型液体降滤失剂,对其环保性能进行评价,结果见表3。由表3可以看出,生物毒性 $EC_{50}>50000mg/L$,BDI>60%,表明产品无毒可降解,绿色环保。

表3 降滤失剂的环保性能

处理剂/项目	Hg(mg/kg)	As(mg/kg)	Cd(mg/kg)	Pb(mg/kg)	Cr(mg/kg)	$EC_{50}(mg/L)$	BDI(%)
最高允许含量	15	75	20	1000	1000	>50000	>60
降滤失剂	3.34	5.85	0.68	9.56	12.77	73483	0.6838

测试不同加量降滤失剂在油基钻井液中的性能,实验结果见表4。钻井液配方为:合成油+4%主乳化剂+4%辅乳化剂+25%浓度 $CaCl_2$ 盐水+2%有机土+降滤失剂+3%石灰+重晶石(密度为 $1.8g/cm^3$,油水比80:20,老化条件为150℃/16h,流变性测定温度为50℃)。由表4可以看出,随着降滤失剂的加量增加,钻井液体系的滤失量逐渐减少,但当降滤失剂在加量达到5%时,其降滤失效果增加不是很明显。因此,考虑到经济成本等方面,当加4%的降滤失剂时该体系可以发挥出最优表现。

表4 降滤失剂加量优选

加量	实验条件	$ES(V)$	$AV(mPa \cdot s)$	$PV(mPa \cdot s)$	$YP(Pa)$	$FL_{HTHP}(mL)$
1%	老化前	556	37	33	4	—
	老化后	934	45	37	8	12.2
2%	老化前	574	41	37	4	—
	老化后	983	55	52	3	9.2
3%	老化前	601	45	40	5	—
	老化后	1054	55	40	6	5.4
4%	老化前	596	49	44	5	—
	老化后	1146	59	50	9	3.2
5%	老化前	621	47	42	5	—
	老化后	1189	63	55	8	2.8
6%	老化前	617	44	40	4	—
	老化后	1212	57	50	7	2.2

3.2.3 无机盐内相替代方法

油基钻井液体系中的无机盐内相主要组分是 $CaCl_2$ 水溶液，降低水相活度，起稳定井壁的作用。但其作为无机盐不可降解、具有高导电性，若其直接排放到土地中，不适合植物的生长，不利于环保[15,16]。因此选取了不含氯元素的醋酸钠水溶液作为替代 $CaCl_2$ 水溶液的抑制剂，其相同浓度时水活度相当。测试相同配方不同内相的油基钻井液性能，实验结果见表5。由表5可以看出，两种内相的油基钻井液性能相当，因此醋酸钠可以替代 $CaCl_2$ 作为环保油基钻井液的内相。

表5　不同内相的油基钻井液性能

内　　　相	实验条件	$AV(mPa \cdot s)$	$PV(mPa \cdot s)$	$YP(Pa)$	Φ_6/Φ_3	$ES(V)$
25%$CaCl_2$	老化前	58	47	11	13/10	792
	老化后	55	46	9	9/7	1269
25%醋酸钠	老化前	56	46	10	9/8	1013
	老化后	52.5	45	7.5	8/6	1425

4　环保油基钻井液性能评价

4.1　不同密度钻井液性能评价

对该钻井液在不同密度下的性能进行了测定，配方为：合成油+4%主乳+4%辅乳+25% CH_3COONa 溶液+2%有机土+4%降滤失剂+5%氧化钙+重晶石（老化条件为150℃/16h、油水比为80：20），结果见表6。从表6可以看出，该钻井液在密度为 $1.2 \sim 2.2g/cm^3$ 的范围内，有较大的静切力和较高的破乳电压，钻井液体系的稳定性较好。同时，不同密度的钻井液高温高压滤失量小于5mL，对井壁稳定和储层保护有很好的效果。

表6　密度对钻井液性能评价的影响

密度（g/cm³）	实验条件	$ES(V)$	$AV(mPa \cdot s)$	$PV(mPa \cdot s)$	$YP(Pa)$	Φ_6/Φ_3	$Gel(Pa/Pa)$	$FL_{HTHP}(mL)$
1.2	老化前	570	35	26	9	9/7	5/6	—
	老化后	1134	49	38	11	10/8	3/5	2.5
1.4	老化前	532	36.5	30	6.5	10/7	4/6	—
	老化后	1092	54	45.5	9.5	10/8	3.5/5	3.0
1.6	老化前	634	51	42	9	11/9	4/5	—
	老化后	1112	70	58	12	13/11	6/7	3.6
1.8	老化前	677	64	54	10	12/10	6/7	—
	老化后	1254	76	66	10	14/12	5/6	3.3
2.0	老化前	787	70	63	7	11/10	4/5	—
	老化后	1397	79	70	9	12/10	4/5	2.8
2.2	老化前	834	80	70	10	11/9	5/6	—
	老化后	1531	94	80	14	10/8	4/5	3.8

4.2　抗温性能

良好的抗高温性能是油基钻井液的主要指标之一，可拓展油基钻井液体系的使用范围，为高温深井的钻探打下基础，表7是不同温度下钻井液的性能评价。结果表明，钻井液在低于160℃热滚前后流变性变化不大，具有较高的破乳电压和较低的高温高压滤失量，所以该钻井液能够适用于川渝地区等页岩气水平井中。

表7 温度对钻井液性能影响

温度(℃)		$ES(V)$	$AV(mPa \cdot s)$	$PV(mPa \cdot s)$	$YP(Pa)$	Φ_6/Φ_3	$Gel(Pa/Pa)$	$FL_{HTHP}(mL)$
150	老化前	635	43	34	9	11/9	4/5	—
	老化后	1033	56	47	9	12/10	4/5	3.4
160	老化前	689	59	49	10	11/9	3/4	—
	老化后	1163	55	47	8	10/8	4/5	2.5
180	老化前	853	70	60	10	9/7	5/6	—
	老化后	1647	87	64	23	36/25	9.5/12	4.7

4.3 油水比对钻井液性能影响

油包水型钻井液的油水比越高，体系稳定性越好，但同时成本较高，配制不同油水比的钻井液体系，测试其性能，实验结果见表8。结果表明，油水比降低后，该钻井液的黏度有所增大，破乳电压小幅度降低，高温高压滤失量增大，但仍保持一定的性能，说明该钻井液的乳化稳定性较好，有利于现场通过油水比调控钻井液性能，降低钻井液综合成本。

表8 油水比对钻井液性能影响

油水比	实验条件	$ES(V)$	$AV(mPa \cdot s)$	$PV(mPa \cdot s)$	$YP(Pa)$	$FL_{HTHP}(mL)$
90:10	热滚前	562	47	43	4	—
	热滚后	874	58	50	8	4.8
85:15	热滚前	644	51	47	4	—
	热滚后	984	64	55	9	3.4
80:20	热滚前	657	59	53	6	—
	热滚后	1112	73	61	12	2.4
75:25	热滚前	567	63	54	9	—
	热滚后	733	74	61	13	5.4
70:30	热滚前	479	67	60	7	—
	热滚后	769	86	73	13	5.7

4.4 钻井液体系环保性能评价

对该体系整体进行环保性能评价，该体系的生物毒性、生物降解性和重金属含量实验结果见表9。结果表明，该体系钻井液生物无毒、可生物降解，达到环保标准。

表9 钻井液体系生毒性和降解性检测

项 目	$EC_{50}(mg/kg)$	毒性等级	BDI	降解性
新型环保油基钻井液体系	67962	无毒	0.6973	可降解

为了检验该体系是否会对植物生长产生影响，将该钻井液体系和常规钻井液体系分别与土壤按照8:2的重量比例进行充分混合，再设置一个不加任何体系的土壤作为空白对照组，

分别种上相同数量植物种子。最后集中放在室温为 28℃ 的室内实验室，每天定时浇水和接受相同的日照情况，观察其发芽情况，结果见表 10。结果可以看出，常规钻井液钻井液体系的发芽情况却只有空白组的一半，对植物生长严重的抑制作用，而新型环保油基钻井液体系的种子在 16 天的发芽情况与空白组差别不大，对植物生长影响较小，可以在环保要求高的区块作业。

表 10 植物发芽情况

项 目	1d	4d	7d	10d	13d	16d
环保油基钻井液体系	0	2	6	9	10	11
常规钻井液体系	0	0	2	4	5	7
空白组	0	4	8	10	13	14

5 结论

（1）以 CO_2 的生成量作为基础油生物降解的评价指标，建立了一种试验快捷高效、可靠合理的生物降解性评价方法。

（2）利用生物降解性评价方法筛选出了一种生物降解性和生物毒性符合环保标准要求的合成油，进一步优选出乳化剂、降滤失剂等核心处理剂，内相采用 CH_3COONa 溶液代替 $CaCl_2$ 溶液，构建了一套环保油基钻井液体系。

（3）新型环保型油基钻井液体系的破乳电压稳定在 500V 以上，密度 1.2~2.2g/cm³ 可调，可承受 160℃ 高温，高温高压情况下的滤失量不大于 5mL。

（4）该体系具有优良的环保性能，且对环境友好，不影响植物的正常生长，将有望在川渝页岩气水平井中应用，在减少环境污染方面发挥作用。

参 考 文 献

[1] 敬晓莉. 环保钻井液技术的发展现状分析及趋势探讨[J]. 石化技术，2018，25(8)：268.

[2] 刘潇潇. 国内外环保性钻井液的研究进展探讨[J]. 石化技术，2018，25(12)：278.

[3] 刘伟，柳娜，蔺文洁，等. 环保型全油基生物油钻井液的室内研究[J]. 石油化工应用，2014，33(8)：58-60.

[4] Shultz S M, Schultz K L, Pageman R C. Drilling aspects of the deepest well in Califomia [J]. SPE 18790, 1989.

[5] 陈建君. 环保钻井液技术的发展现状分析及趋势探讨[J]. 中国石油和化工标准与质量，2019，39(17)：134-135.

[6] 李午辰. 国外新型钻井液的研究与应用[J]. 油田化学，2012，29(3)：362-367.

[7] Park S, Cullun D, Mclean AD. The Success of Synthetic-Based Drilling Fluids Offshore Guil of Mexico: A Field comparison to Conventional Systems[R]. SPE 26354, 1993.

[8] 代秋实，潘一，杨双春. 国内外环保型钻井液研究进展[J]. 油田化学，2015，32(3)：435-439.

[9] 李秀灵，沈丽，陈文俊. 合成基钻井液技术研究与应用进展[J]. 承德石油高等专科学校学报，2011，13(1)：21-24.

[10] 武雅丽. 润滑油生物降解试验研究[J]. 润滑与密封，2004(5)：53-55.

[11] Sunita J. Varjani. Microbial degradation of petroleum hydrocarbons. Bioresource Technology[J], 2017, 233: 227-286.

[12] 杨丽芹，蒋继辉. 微生物对石油烃类的降解机理[J]. 油气田环境保护，2011，21(2)：24-26.

[13] 余磊，王毓民. 可生物降解汽油机油的试验性研究[J]. 西安公路交通大学学报，2001(4)：81-85.

[14] 符合，许明标. 环保型高分子聚合物油基钻井液降滤失剂的合成及性能评价[J]. 当代化工，2019，48(5)：966-968.

[15] Dardir M M，Abdou M I. Ether-baseed muds show promise for replacing some oil-based muds[J]. Peterleum Science and Technology，2013，31(22)：2335-2347.

[16] 刘雪婧，耿铁，赵春花，等. 乙酸钠为内相的合成基钻井液体系研究[J]. 精细石油化工，2018，35(6)：32-37.

深井及海洋钻井
钻井液技术研究与应用

EZFLOW 钻井液体系在南海某超深水开发井的应用

刘元鹏　杨洪烈　李怀科　张立权

（中海油田服务股份有限公司油田化学事业部）

【摘　要】 同超深水探井一样，超深水开发井钻井时存在易形成气体水合物、低温对钻井液性能产生严重影响、储层保护要求高等问题。因此，为满足超深水储层段钻井作业的需要，通过对水合物抑制剂、钻井液恒流变、储层保护进行研究，研制了一套适合超深水开发井储层段钻井施工水基钻井液体系，并对钻井液体系的综合性能进行了评价。现场应用结果表明，该钻井液体系具有性能稳定，水合物防治，储层保护效果好的特点。现场钻井施工过程顺利，无井下复杂情况出现，说明该钻井液体系能够满足超深水开发井钻井施工需求。

【关键词】 水合物抑制；恒流变；储层保护

LS 某气田距海南省三亚市东南方向约 149km，所在海域水深在 1252~1547m。该气田属于典型的高孔高渗透油藏（孔隙度 21.2%~36.4%、渗透率 89~2512.3mD），目的层温度为 89℃左右，压力系数为 1.19~1.22，属于正常的温度压力系统，超深水气田开采是国内首次作业，因此对储层段的开采提出了较大的挑战。水平井裸眼完井是一种最大限度提高储层开采能力的方式，但是如果钻开液污染储层，将无法采用其他工艺措施进行解除污染，因此，钻井液体系必须具有良好的保护储层的效果[1,2]。同时超深水井在泥线附近存在一个低温带，低温通常会对钻井液的流变性能产生影响，导致钻井液黏度增大、ECD 增大等现象；另外，在低温高压环境下容易产生气体水合物，也会对钻井液体系的性能产生比较严重的影响[3,4]。因此，本文通过室内研究材料优选及小型实验，作业过程中监测钻井液性能，保证了开发井作业顺利，也为后期类似井提供了作业支持。

1　油田基本情况

1.1　井况介绍

LS 某气田距海南省三亚市东南方向约 149km，所在海域水深在 1252~1547m，分定向井和水平井两种井型（图 1），井眼与套管程序分别如下：水平井：36in 导管 + 26in 井眼（20in 套管）+ 16in 井眼（13⅜in 套管）+ 12¼in 井眼（9⅝in 套管）+ 8½in 井眼；定向井/直井：36in 导管 + 26in 井眼（20in 套管）+ 16in 井眼（13⅜in 套管）+ 12¼in 井眼（9⅝in 套管）。其中定向井采用射孔完井，采用深水 HEM 钻井液体系钻进，水平井采用裸眼完井，需使用免破

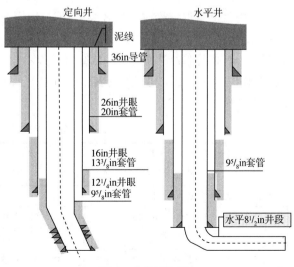

图 1　井身结构图

胶钻开液体系。

1.2 潜在风险

（1）低温高压（2.3℃，15MPa）环境，易生成气体水合物，引发生成水合物堵塞防喷器各腔室及管线，造成井控设备失效。

（2）地层上覆岩层压力小，导致作业窗口窄，17.5in 窗口仅有 0.1，井漏风险高。

（3）下部储层段高温（85~93℃），对钻井液性能影响大；

（4）储层以砂岩为主，夹薄层泥岩，渗透性好，对储层保护效果高。

2 室内体系优化实验

2.1 优选原则

（1）采用 NaCOOH+KCOOH 复配，既能实现钻井液密度达到 1.35g/cm³，一方面可以最大限度地降低钻井液成本，同时能有效预防气体水合物的形成。通过计算，该复配加重的方式较 KCOOH 加重至 1.35g/cm³ 可以节约费用约 32%。

（2）采用理想充填软件，计算合理碳酸钙颗粒配比，200 目：400 目：800 目为 3：2：1，该材料为暂堵剂，返排能力强，可以最大限度保护储层。

（3）为了最大限度地保护储层，实现体系自然降解，本井开发过程中体系全部采用可降解天然聚合物，如可降解类淀粉 PF-EZFLO、可降解生物聚合物 PF-EZVIS。

2.2 室内评价

免破胶储层钻开液 EZFLOW 已经在海油非深水井开展了广泛应用，主要组成为：钻井水+0.1%NaOH+0.2%Na₂CO₃+1.5%PF-EZFLOW+0.4%PF-EZVIS+6%PF-EZCARB。基于 LS 区域储层特性，在传统 EZFLOW 体系的基础上优选出适用于该开发井的配方：钻井水+0.1%NaOH+0.2%Na₂CO₃+1.5%PF-EZFLOW+0.4%PF-EZVIS+6%PF-EZCARB（200 目：400 目：800 目＝3：2：1）+45%NaCOOH+KCOOH（约 55%）加重至 1.35g/cm³，并对其基本性能进行了评价。

2.2.1 常规性能评价

室内借助低温流变仪、布式黏度计等评价设备，根据 Q/HS 14032—2017《深水钻井液设计和作业要求》标准要求，对其流变性、滤失量、低剪切速率黏度（LSRV）和润滑系数进行了测定，具体评价结果见表 1。从结果可以看出，研制的 EZFLOW 体系具有高低温条件下屈服值稳定，极地 API 滤失量，携带岩屑能力强，润滑性好等特点。实验结果见表 1，滤饼效果如图 2 所示。

表 1 EZFLOW 体系室内实验数据

名称	温度（℃）	Φ_{600}/Φ_{630}	Φ_{200}/Φ_{100}	Φ_6/Φ_3	AV（mPa·s）	PV（mPa·s）	YP（Pa）	Gel（Pa/Pa）	FL_{API}（mL）	LSRV（mPa·s）	润滑系数
老化前	25	80/50	44/30	10/8	40	30	10	9/11	3.2	25267	0.149
老化后	4	137/89	69/46	11/9	68.5	48	10.5	10/12	2.4	26468	0.151
	15	110/73	57/37	10/8	55	47	8	10/11	2.4	26895	0.156
	25	82/54	43/29	8/7	41	28	13	9/11	2.2	27297	0.152
	50	57/39	32/24	8/6	28.5	18	10.5	8/9	2.2	28258	0.153

图 2　EZFLOW 体系滤饼照片

2.2.2　水合物抑制性评价

以 LS 油田气体组分为例，采用水合物计算软件 HydraFlash 计算不同压力下水合物的临界温度，如图 3 所示。发现 45%NaCOOH 和 20%KCOOH 复配已经达到了对水合物的有效预防，实际体系中出 45%NaCOOH 以外还有 55%KCOOH，其水合物抑制性更强，在 20MPa，4℃ 的条件下更不会形成水合物。

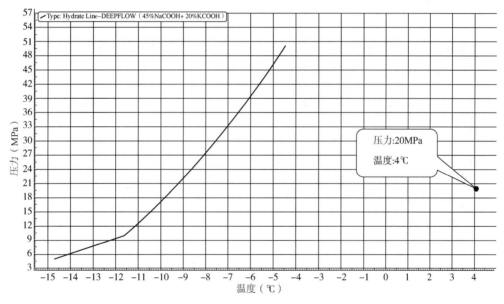

图 3　体系水合物 $p—T$ 相图

2.2.3　储层保护效果评价

室内采用两种作业工况，对体系的储层保护效果进行评价，具体流程和评价结果(表 2 和表 3)及实验流程如下。

(1) 单一流体储层保护效果评价：

① 选取渗透率 550mD 左右的人造岩心，抽真空饱和，备用。

② 使用煤油分别正向测定人造岩心的初始渗透率 K_o，驱替条件为 90℃×0.3mL/min。

③ 将人造岩心分别使用 EZFLOW 体系反向进行污染 120min，污染条件为 90℃×3.5MPa，记录滤失量。

④ 继续使用煤油分别正向测定污染后人造岩心的渗透率 K_{od}，计算渗透率恢复值。

表2 EZFLOW 体系渗透率恢复值测试结果

体系	岩心号	气测渗透率 K_g(mD)	初始渗透率 K_o(mD)	污染后渗透率 K_{od}(mD)	渗透率恢复值(%)
EZFLOW	48	661	48.3	40.8	84.5

（2）系列流体伤害评价：

① 在常温下正向用气体测定原始渗透率；

② 将岩心干燥，抽空饱和地层水，计算岩心的孔隙体积和孔隙度；

③ 将饱和后的岩心使用煤油正向驱替至压力稳定，驱替流量为 0.3mL/min，记录稳定压力并计算渗透率 K_o；

④ 在动态污染仪上，在 3.5MPa、90℃下，反向用钻开液污染岩心 125min；

⑤ 反向注入完井液，注入量应大于 2 倍孔隙体积，静置 12h；

⑥ 取出岩心，继续使用煤油正向驱替，驱替流量为 0.3mL/min，测定污染后岩心的煤油渗透率 K_{od}，计算渗透率恢复值 K_{od}/K_o。

表3 EZFLOW+清洁盐水渗透率恢复值测试结果

污染流体	岩心号	渗透率 K_g(mD)	渗透率 K_o(mD)	渗透率 K_{od}(mD)	渗透率恢复值(%)
EZFLOW+清洁盐水	136	586	46.2	40.9	88.5

从室内储层渗透率恢复值实验可以看出，不论是单一流体还是系列流体污染实验，需用的储层钻开液体系具有很好的储层保护效果。

3 现场施工情况及应用效果

3.1 现场施工工艺

3.1.1 作业前

（1）提前清洗干净钻井液池及附属管汇，将 EZFLOW 钻井液转至钻井液池，充分循环均匀，并检测钻井液性能，通过适量加入 PF-EZVIS 调整黏度至 48~55s。

（2）更换振动筛筛布目数至 120 目，检查除砂器、除泥器、离心机、除气器设备至正常工作。

（3）下钻期间，提前将压井、阻流管线提成 EZFLOW 钻井液。

3.1.2 作业中

（1）由于储层砂岩会增加钻井液的密度，现场钻进期间通过开启离心机、除砂器、除泥器控制钻井液密度，防止低密度固相颗粒侵入地层，工程上通过增加划眼时间，尽量降低 ECD 值，降低漏失风险。

（2）同时通过补充同比重盐水与新浆配成的稀胶液来适当调整钻井液流变性。

（3）钻进过程中，由于水平井井斜接近 90°，造成摩阻较大，通过加入 PF-LUBE/PF-HLUB 增加钻井液的润滑性，以降低摩阻。

（4）钻进过程中，由于储层存在泥质砂岩或夹薄层泥岩，为抑制泥岩水化分散，污染储层，其间补充 PF-UHIB 和 PF-JLX 提高钻井液的抑制性，减少泥岩的水化分散，同时可提高储层保护效果。

3.1.3 作业后

钻进至完钻井深后，将立管排量与增压泵的总排量开到 5m³ 以上，同时上下活动和转动钻具，待循环干净后短起下。为确保筛管顺利到位，短起时直接倒划眼起钻，以修整井壁。下钻至井底，循环干净，裸眼替入润滑性强的 EZFLOW 新浆垫满裸眼段。

3.2 应用效果

在 LS 某区块开发井应用过程中，6 口水平井平均水平段长 380m，采用蓝鲸号作业，作业周期约 7 天，作业过程顺利，未出现井下复杂，钻井液流变性和滤失性能数据如图 4~图 6 所示。同时所有开发井在完井期间未发生漏失，在完井后返排期间，仅 3h 后，井口压力恢复至井底压力，返液良好，直接转入生产，体现了该体系具有良好的储层保护效果。

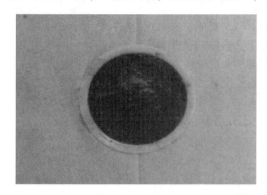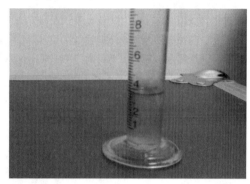

图 4　EZFLOW 体系现场 API 滤饼和滤失量

图 5　返出钻屑图

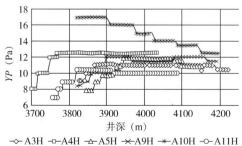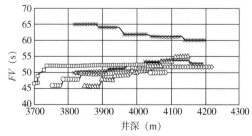

(a) LS某气田8.5in井段YP趋势　　　　　　　(b) LS1某气田8.5in井段FV趋势

图 6　EZFLOW 体系现场应用黏切数据

4 结论

（1）研制的 EZFLOW 体系具有很好的低温流变特性和储层保护效果，不仅适用于常规非深水区域开发井应用，同时也适合深水或者超深水开发井的应用。

（2）该体系在深水和超深水井储层段钻井期间，未形成水合物，水合物防治能力强。

（3）钻井期间，该体系在井下高温，泥线低温环境下性能稳定，流变性和润滑性良好。

（4）体系应用投产后产量测试均超过配产，表明体系未对储层造成损害，储层保护效果好。

参 考 文 献

[1] 袁进平，齐奉忠. 国内完井技术现状及研究方向建议[J]. 钻采工艺，2007，30(3)：3-6.

[2] 徐同台，赵敏，熊友明. 保护油气层技术[M]. 北京：石油工业出版社，2008，5.

[3] 郭豫辰，邢希金，赵锋，等. 南海 LH 油田深水钻井液体系研究[J]. 西部探矿工程，2014，26(12)：49-52.

[4] 徐加放，邱正松. 水基钻井液低温流变特性研究[J]. 石油钻采工艺，2011，33(4)：42-44.

[5] 张振. 海洋深水钻井完井液关键技术研究[J]. 石化技术，2016，23(5)：1-55.

[6] 包海文. 海洋深水钻井液技术研究[J]. 中国石油和化工标准与质量，2013，33(18)：128.

[7] 罗健生，李自立，罗曼，等. 深水钻井液国内外发展现状[J]. 钻井液与完井液，2018，35(33)：1-7.

[8] 高涵，许林，许明标，等. 深水水基恒流变钻井液流变特性研究[J]. 钻井液与完液，2018，35(3)：60-67.

柴达木盆地超高温水基钻井液技术研究与应用

雷　彪[1]　屈　璠[2]　李　龙[3]　钟　原[1]　于刘军[2]　陈宏泽[1]

(1. 中国石油青海油田钻采工艺研究院；2. 中国石油集团西部钻探钻井液分公司青海项目部；
3. 中国石油集团工程技术研究院有限公司)

【摘　要】　为解决柴达木盆地高温超深井 JT1 井钻井过程中钻井液在高温条件下流变性难以维持，流变性与失水控制极其困难，钻井液技术面临着极大的技术瓶颈亟待解决。开展了抗235℃超高温钻井液性能优化研究与现场试验。在抗 210℃ 高温聚胺有机盐的基础上，开展抗超高温钻井液添加剂优选、性能优化等室内试验，形成一套抗温能力达235℃的钻井液体系。抗超高温钻井液技术在 JT1 井五开成功试验，保证了该井顺利钻至 6343m，创柴达木盆地高温钻探纪录，为超深层油气资源安全高效开发提供强有力的技术支撑。

【关键词】　柴达木盆地；超高温钻井液；超深井；JT1 井

JT1 井位于柴达木盆地阿尔金山前中央鼻隆带前缘 JS 构造，设计井深 6343m（五开井段 5998~6343m），井底温度高达 235℃，是一口超高温超深井。前期使用的聚胺有机盐钻井液体系抗温能力只能达到 210℃，若继续使用的话，钻井过程中易发生缩径、掉块以及卡钻等事故复杂，降低生产时效，制约区块的勘探进程。为保证该井的顺利钻探，研发了抗 235℃ 水基钻井液体系，在 JT1 井进行了成功的应用，保障复杂地质条件下深井安全高效钻井。

1　高温对钻井液性能的影响[1]

1.1　高温对钻井液造壁性的影响

高温会使水基钻井液的滤饼变的厚且疏松，渗透率增大，滤失量增大，可能导致储层污染、起下钻遇阻、井壁垮塌以及压差卡钻等事故复杂产生，前期使用的抗 210℃ 聚胺有机盐钻井液在 240℃ 条件下高温高压失水基本全滤失，滤饼达到厚度 5~8mm。

1.2　对流变性的影响

高温会使聚胺有机盐钻井液的黏度降低，会出现钻井液井口黏度、切力缓慢降低的情况，导致加重材料沉淀，钻井液的稳定性变差。经过 240℃ 高温条件，抗 210℃ 聚胺有机盐钻井液动切力会由 12Pa 降低为 5.5Pa。

1.3　高温对钻井液 pH 值的影响

抗 210℃ 聚胺有机盐钻井液在 240℃ 条件下 pH 值会由 9~10 降低为 8。部分处理剂只有在一定的 pH 值范围才能发挥作用，pH 值的降低会导致处理剂部分或全部失效，进而使钻井液性能恶化。

作者简介：雷彪，工程师，1992 年生，大学本科，2015 年毕业于西南石油大学石油与天然气工程学院，现主要从事钻完井工艺研究工作。地址：甘肃省酒泉市敦煌市七里镇钻采工艺研究院；电话：18093715959；E-mail：1016149519@ qq. com。

2 抗超高温钻井液性能优化与评价

2.1 抗超高温钻井液配方优化[2]

为满足本井超高温环境下安全钻井的需求，在抗210℃聚胺有机盐钻井液体系[3]基础上进行优化研究。

2.1.1 抗超高温降滤失剂优选

通过调研优选出 DSP-1、Redu240、SO-1 等 5 种抗高温降滤失剂，并在 240℃热滚 16h 条件下对抗高温滤失剂[4]进行室内优选，结果表明 DSP-1 和 Redu240 均能有效降低高温高压滤失量(表1)，但 Redu240 对钻井液流变性能影响大，DSP-1 抗温能力不如 Redu240，故复配使用 DSP-1 和 Redu240 作为抗高温降滤失剂。

表 1 抗高温降滤失剂优选评价

配　　方	实验条件	$AV(mPa \cdot s)$	$PV(mPa \cdot s)$	$YP(Pa)$	$Gel(Pa/Pa)$	$FL_{API}(mL)$	$FL_{HTHP}(240℃)(mL)$
基浆	老化前	28	21	7	1.5/2	3.6	
	老化后	23.5	18	5.5	1/1.5	22	全滤失
基浆+ 5%DSP-1	老化前				2/5	1.8	
	老化后	97	89	8	1.5/4	1.0	18
基浆+ 2.5%Redu240	老化前				4/10	1.6	
	老化后				2/6	0.6	12
基浆+ 5.5%SO-1	老化前				3.5/9	1.8	
	老化后	136.5	120	16.5	2/7	1.6	210
基浆+ 1%JEW260	老化前	99	83	16	2/5	1.8	
	老化后	84	70	14	1.5/4	1.2	98
基浆+ 1.2%Dristemp	老化前	93	81	12	2/5	1.8	
	老化后	81	68	13	1/3	1.4	120

注：老化条件，240℃，16h，在70℃下测其性能。

开展不同加量的 DSP-1、Redu240 复配评价试验，结果表明 1%DSP-1 和 2%Redu240 作为抗高温降滤失剂[5]，具有更好的流变性能和更低的高温高压滤失量，见表2。

表 2 复配使用抗高温降滤失剂后钻井液流变性能评价

配　　方	实验条件	$AV(mPa \cdot s)$	$PV(mPa \cdot s)$	$YP(Pa)$	$Gel(Pa/Pa)$	$FL_{API}(mL)$	$FL_{HTHP}(mL)$
基浆	老化前	28	21	7	1.5/2	3.6	
	老化后	23.5	18	5.5	1/1.5	22	全滤失
基浆+2%DSP-1+ 1%Redu240	老化前	84	71	13	1.5/4.5	1.6	
	老化后	74	65	9	1/3	1	27
基浆+1.5%DSP-1+ 1.5%Redu240	老化前	110	98	12	2/5	1.4	
	老化后	97	89	8	1.5/4	0.8	20
基浆+1%DSP-1+ 2%Redu240	老化前	129	108	21	2/6	1.2	
	老化后	122	105	17	2/5	0.8	12

注：老化条件，240℃，16h，在70℃下测其性能。

2.1.2 抗超高温封堵防塌剂优选

对 PF-mony1、FL260、RFL 等 5 种钻井液用封堵防塌剂进行优选评价，从实验结果看，HRFL 封堵效果更好，选用 HRFL 作为封堵防塌剂，见表 3。

表 3　钻井液用封堵防塌剂优选评价

实验配方	实验条件	$AV(\text{mPa}\cdot\text{s})$	$PV(\text{mPa}\cdot\text{s})$	$YP(\text{Pa})$	$FL_{API}(\text{mL})$	pH 值	$FL_{HTHP}(\text{mL})$
基浆	老化前	43	24	19	7.2	8	21
	老化后	25	18	7	3.8	7	
基浆+3%PF-mony1	老化前	50.5	27	23.5	4	7	42
	老化后	20	16	4	3.8	8	
基浆+3%FL260	老化前	29	20	9	4.8	8	19
	老化后	12.5	9	3.5	3.9	7	
基浆+3%天然沥青粉	老化前	55	31	24	5.5	7	19
	老化后	38.5	20	18.5	3.9	7	
基浆+3%HRFL	老化前	35.5	19	16.5	3.4	7	13
	老化后	21	11	10	2.6	7	
基浆+3%SFT	老化前	54.5	30	24.5	4	7	19
	老化后	17.5	8	9.5	3.6	7	

注：老化条件，240℃，16h，在70℃下测其性能。

2.1.3 抗超高温润滑剂优选

综合考虑对基浆润滑性的改善以及对流变性、滤失性的影响，选取 PGCS-1 作为超深井抗高温钻井液的润滑剂[6]（表 4）。

表 4　钻井液用润滑剂优选评价

实验配方	实验条件	$AV(\text{mPa}\cdot\text{s})$	$PV(\text{mPa}\cdot\text{s})$	$YP(\text{Pa})$	$FL_{API}(\text{mL})$	pH 值	摩阻系数
基浆	老化前	48	27	21	5.2	8	
	老化后	21	17	4	4.8	8	
基浆+2%石墨粉	老化前	48	27	21	6	7	
	老化后	20	15	5	2.8	7	0.083
基浆+2%SD-506	老化前	42	20	22	5.4	7	
	老化后	13.5	8	5.5	4.4	7	0.069
基浆+2%PGCS-1	老化前	28.5	17	11.5	3.4	7	
	老化后	14.5	9	5.5	5	7	0.067
基浆+3%白油	老化前	52.5	33	19.5	4	7	
	老化后	15	9	6	4.2	7	0.064

注：老化条件，240℃，16h，在70℃下测其性能。

2.1.4 抗超高温稳定剂优选

综合考虑对基浆流变性、滤失性的稳定作用，选取亚硫酸钠作为超深井抗高温钻井液的高温稳定剂(表 5)。

表 5   钻井液用高温稳定剂评价

实验配方	实验条件	AV(mPa·s)	PV(mPa·s)	YP(Pa)	Gel(Pa/Pa)	FL_{API}(mL)	pH 值
基浆	老化前	48	27	21	3/10	5.2	8
	老化后	21	17	4	2.8/8	4.8	8
基浆+1%亚硫酸钠	老化前	47.5	32	15.5	6/11	6	7
	老化后	23.5	17	6.5	1.5/2	2.8	7
基浆+0.4%span-80	老化前	38.5	18	20.5	10.5/14.5	5.4	7
	老化后	14	8	6	3.5/6	4.4	7
基浆+0.3%硫脲	老化前	39	27	12	2.5/8.5	3.4	7
	老化后	20	14	6	3/6.5	4	7
基浆+1%SDW-1	老化前	37	22	15	7/12	4	7
	老化后	16.5	12	4.5	3.5/5.5	4.2	7

注：老化条件，240℃，16h，在70℃下测其性能。

2.1.5 有机盐含量确定

当有机盐加量为30%以上时，在一定温度下，有机盐溶液中的还原性基团与溶解氧反应，使溶液中的溶解氧浓度均降低了99%以上，有效减缓有机高分子链的氧化断裂，为处理剂分子提供了较好的高温保护环境(表6)。

表 6   清水与有机盐溶液中的溶解氧浓度

溶　　液	溶解氧浓度(ppm)	溶　　液	溶解氧浓度(ppm)
清水	9.603	100%Weigh3	0.0936
30%Weigh2	0.0944	120%Weigh3	0.0935
50%Weigh2	0.094	150%Weigh3	0.0933
70%Weigh2	0.0939	200%Weigh3B	0.0931
90%Weigh2	0.0937	250%Weigh3B	0.093

注：测试条件220℃，16h，冷却至室温。

2.1.6 流变性能控制

（1）pH 值的影响。

表观黏度、塑性黏度随 pH 值的增大成阶梯式升高，在 pH=7~8 和 pH=9~10 两段升高速度最快，而动切力先增高，到 pH=10 时到达最高值后降低，控制 pH 值在8~9之间（图1）。

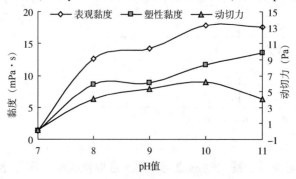

图 1   pH 值对流变性的影响

（2）小颗粒轴承效应。

考虑小颗粒轴承效益，在体系中引入 0.7~1.0μm 的超细碳酸钙，颗粒表面间的摩擦由滑动摩擦变成了由亚微米颗粒充当滚动轴承的滚动摩擦，随着超细钙含量的增加，AV、PV 先降低然后升高，当加量达到 10%，体系流变性能最佳，见表 7。

表 7　超细碳酸钙对钻井液流变性能的影响

超细钙含量（%）	AV(mPa·s)	PV(mPa·s)	YP(Pa)
2.5	91	78	13
5	84	74	10
7.5	78	67	11
10	69	59	10
12.5	72	60	12
15	85	71	14

注：老化条件，190℃，16h，在70℃下测其性能。

2.2　抗超高温钻井液性能评价

控制膨润土含量 1.5%~2.5%，优选了抗高温聚合物降滤失剂 LH-JEW260 和羧羟基烷烯共聚物降滤失剂 REDU240 为高效主降滤失剂、抗温 220℃的磺酸盐共聚物 DSP-1 为辅降滤失剂、弹性石墨 LH-TXSM150 为封堵剂、磺化沥青 SOLTEX 作为封堵润滑调节剂、亚硫酸钠为高温保护剂，经 240℃高温老化后进行综合评价试验，最终优选配方及性能评价测试结果如下：

配方：水+（3~6）%坂土+（0.1~0.3）%IND30+1%Redu1+3%Redu2+（2~3）%Redu200+（2~3）%Redu240+（2~3）%+DSP-1+（2~3）%SOLTEX+（2~3）%LH-TEWD260+（1~2）%PGCS-1+（1~2）%NFA-25+50%Weigh2+30%Weigh3+0.1%亚硫酸钠。

2.2.1　抗高温性能评价

钻井液优选配方 240℃抗温性能评价见表 8。

表 8　钻井液优选配方 240℃抗温性能评价

热滚时间（h）	密度（g/cm³）	AV(mPa·s)	PV(mPa·s)	YP(Pa)	Gel(Pa/Pa)	FL_API(mL)	FL_HTHP(mL)
0	1.9				1.5/3.5	0.5	7
16	1.9	138.5	128	10.5	1.5/3	0.6	6

2.2.2　高温稳定性能评价

将形成的钻井液体系置于滚子炉中老化不同时间，测量热滚前后的流变性能、API 失水及 240℃高温高压失水变化，定性评价悬浮稳定性[7,8]，形成的钻井液配方在 240℃高温热滚 72h 后无沉淀产生（表 9）。

表 9　钻井液优化配方 240℃高温稳定性能评价

热滚时间（h）	AV(mPa·s)	PV(mPa·s)	YP(Pa)	FL_API(mL)	FL_HTHP(mL)	悬浮稳定性（目测）
0				0.5	8	无沉淀
16	98.5	89	8.5	1.0	7.5	无沉淀
48	87	79	8	1.2	9.5	无沉淀
72	79	72	7	1.5	12	无沉淀

2.2.3 抑制能力评价

在试验浆中按不同比例加入岩屑粉，混合均匀后置于滚子炉中240℃热滚16h，冷却至70℃，测量流变性、API滤失和240℃高温高压滤失量，评价体系的抑制抗水敏性岩屑污染能力，实验结果显示均未产生明显沉淀，见表10。

表10 钻井液优选配方抗岩屑污染能力评价

岩屑加量(%)	PV(mPa·s)	YP(Pa)	Gel(Pa/Pa)	FL_{API}(mL)	FL_{HTHP}(mL)	悬浮稳定性(目测)
0	96	15	4/9	2.2	8.6	无沉淀
1	102	17	4/12	2.6	9.2	无沉淀
3	110	21	6/15	3.4	10.4	无沉淀
5	121	26	8/20	4.2	11.6	无沉淀

2.2.4 抗钙能力评价

在试验浆中按不同比例加入$CaSO_4$，搅拌均匀后，置240℃高温滚子炉中热滚16h，冷却至70℃，测量流变性、API滤失及240℃高温高压滤失量，评价体系抗膏泥岩污染能力，实验结果显示均未产生明显沉淀，见表11。

表11 钻井液优选配方抗钙能力评价

$CaSO_4$加量(%)	PV(mPa·s)	YP(Pa)	Gel(Pa/Pa)	FL_{API}(mL)	FL_{HTHP}(mL)	悬浮稳定性(目测)
0	96	15	4/9	2.2	6.8	无沉淀
0.1	98	15	4/9	2.4	8.8	无沉淀
0.7	106	19	5/14	3.0	10.2	无沉淀
1	114	22	6/19	3.8	10.8	无沉淀

3 抗超高温钻井液技术现场应用

3.1 JT1井现场应用

以5%Redu240、2%SOLTEX、0.5%~1%亚硫酸钠胶液浓度维护钻井液性能，保持钻井液性能稳定，每班两次检测钻井液全套性能。因超高温造成井下钻井液分散性强，钻井液中固相增长较快，加强固控设备的使用，振动筛使用220~240目筛布，离心机定期使用，有效减少钻井液中的有害固相。该井钻至6200~6343m频繁发生渗透性漏失，将钻井液密度由1.79g/cm³调整为1.70g/cm³，采用井浆+0.2%SZD-1+2%QS-2+1%NT+1%TXSM随钻堵漏以及格瑞斯的承压堵漏结合的方式进行堵漏，将承压能力由1.70g/cm³提高至1.90g/cm³。

3.2 应用效果

在超高温聚胺有机盐钻井液体系钻井施工过程中，合理控制钻井液各项性能(表12)，克服了井深6343m、井底温度235℃面临的多项钻井液技术难题，顺利保障了JT1井顺利施工。

表12 JT1井现场钻井液抗高温性能评价表

井深	Φ_{600}	Φ_{630}	Φ_{200}	Φ_{100}	Φ_6	Φ_3	Gel(Pa/Pa)	FL_{HTHP}(mL)	膨润土含量(mg/L)
6242	298	161	112	61	5	3	1.5/2.5	5.5	22
6284	—	222	164	96	9	5	2/2.5	6	20.94

井深	Φ_{600}	Φ_{630}	Φ_{200}	Φ_{100}	Φ_6	Φ_3	Gel(Pa/Pa)	FL_{HTHP}(mL)	膨润土含量(mg/L)
6289	—	176	118	62	5	3	1.5/2.5	6	21
6310	—	192	137	74	6	4	2/2.5	6	21
6318	—	188	132	70	6	3	1.5/2.5	5.5	18.2
6324	292	158	109	57	5	3	1.5/3	6	28.6
6338	—	227	172	89	10	6	2.5/4	5	29.6
6341	—	224	161	89	9	6	2.5/4	5	26.9
6342	—	268	194	109	12	10	2.5/4	4	22.6

4 结论与建议

（1）针对 JT1 井井下苛刻条件，研发了超高温聚胺有机盐钻井液体系，有效解决了钻井过程中钻井液超高温减稠和悬浮携带稳定性之间的矛盾，超高温高压滤失量得到了有效控制，具有优异的综合性能。

（2）超高温聚胺有机盐钻井液体系能有效解决深部地层恶性阻卡与井壁失稳难题，JT1井未出现因钻井液原因而导致卡钻或其他事故，很好地保障了井下作业的安全。

（3）因高温条件下会导致部分的钻井液处理剂裂解，从而产生 H_2S、CO_2 等酸性气体，因此需适当增加烧碱浓度，控制 pH 值9以上。

参 考 文 献

[1] 潘谊党. 抗高温高密度水基钻井液体系研究[D]. 北京：中国地质大学(北京)，2020.
[2] 李辉，郑义平，陈亮，等. 抗高温高密度钻井液配方的研制与性能评价[J]. 长江大学学报(自然科学版)，2019，16：27-31.
[3] 郝少军，徐珍焱，郭子枫，等. 昆2加深井超高温聚胺有机盐钻井液技术[J]. 钻井液与完井液. 2019. 36(4)：449-453.
[4] 郝延顺. 抗高温降滤失剂的合成及钻井液体系的研究[D]. 哈尔滨：哈尔滨工业大学，2014.
[5] 孔勇，杨小华，徐江，等. 抗高温强封堵防塌钻井液体系研究与应用[J]. 钻井液与完井液，2016，33(6)：17-22.
[6] 魏昱，王骁男，安玉秀，等. 钻井液润滑剂研究进展[J]. 油田化学，2017，34(4)：727-733.
[7] 王建，彭芳芳，徐同台，等. 钻井液沉降稳定性测试与预测方法研究进展[J]. 钻井液与完井液，2012，29(5)：79-83.
[8] 董晓强，李雄，方俊伟，等. 高密度钻井液高温静态沉降稳定性室内研究[J]. 钻井液与完井液，2020，297(5)：626-630.
[9] 王中华. 国内钻井液技术进展评述[J]. 石油钻探技术，2019，47(3)：95-102.

柴达木盆地超深井钻井液技术——以昆 1-1 井为例

郝少军[1]　安小絮[2]　张　闯[1]　江　林[1]

(1. 中国石油青海油田公司钻采工艺研究院；2. 中国石油青海油田公司勘探开发研究院)

【摘　要】 近年来，柴达木盆地加强了向深部油气资源勘探开发的步伐，深井、超深井逐渐增多，所钻遇的地质环境越来越复杂，本文以柴达木盆地昆 1-1 井为研究对象，该井属超深井，完钻井深 7310m，存在超高温、高密度、高压盐水层、井漏等叠加复杂因素，实际使用钻井液密度高达 2.00g/cm³，井底实测温度高达 210℃，加之多层高压盐水存在，是一口典型的"三高"井。在综合分析昆 1-1 井钻井存在难点的基础上，优选采用了聚胺有机盐钻井液体系以及雷特防漏堵漏配方，形成了一套满足昆 1-1 井安全钻井的超高温钻井液系列技术。研究结果表明：(1) 超高温钻井液老化 72h 后，高温高压滤失量保持在 12mL 以内、岩屑回收率达到 93.59%、抗污染性能优良；(2) 现场应用雷特抗高温堵漏材料，地层承压能力有效提高，最高承压能力提高到当量密度 2.07g/cm³。该井技术难点典型，积累了宝贵的现场施工经验，具有很好的借鉴指导意义，为后续柴达木盆地超深、超高温井的钻探提供了有利的技术支撑。

【关键词】 聚胺有机盐；超高温；超深井段；流变性；井塌；井漏

　　昆 1-1 井是中国石油天然气股份有限公司青海油田公司的一口重点井，属超深井，完钻井深为 7310m，施工风险高，难度极大，一方面井底温度高，最高达到 210℃，另一方面五开井段基岩风化壳，易发生井漏，为保障昆 1-1 井钻井施工的顺利进行，在对地层特点和高温影响因素充分研究分析的基础上，开展了抗高温、抗盐、强抑制、强封堵、高密度钻井液体系配方与现场施工工艺研究，优选出抗温 210℃、抑制性、封堵性、高温流变性能良好的聚胺有机盐钻井液体系，筛选了配伍性较好的抗温 210℃ 的降滤失剂、封堵剂等耐高温处理剂，制定相应的施工工艺措施，并在施工过程中根据井下情况变化不断优化完善，解决了一系列技术难题，实现了钻探目标，为后续超深井的安全钻探提供了有力的技术支撑。

1　地质特点及工程简况

1.1　地质特点

　　该井是一口直井，位于青海省柴达木盆地阿尔金山前东段冷北斜坡，自上而下共钻遇 10 套地层，分别是七个泉组(Q_{1+2})、狮子沟组(N_2^3)、上油山组(N_2^2)、下油山组(N_2^1)、上干柴沟组(N_1)、下干柴沟组下段(E_3^2)、下干柴沟组下段(E_3^1)、路乐河组(E_{1+2})、大煤沟组(J_1)、基岩。七个泉组(Q_{1+2})岩性以浅灰色、灰色泥岩为主；狮子沟组—下油砂山组(N_2^3—N_2^1)岩性以含砾泥岩、砂质泥岩、棕灰色泥岩为主；上干柴沟组(N_1)岩性以棕红色泥岩、棕

　　作者简介：郝少军，男，中国石油青海油田公司钻采工艺研究院，高级工程师，长期从事钻井液方面的研究工作。地址：甘肃敦煌七里镇钻采工艺研究院，电话：18993719751，E-mail：haosjqh@ petrochina. com. cn。

褐色泥岩、砂质泥岩，棕灰色、灰白色泥质粉砂岩为主；下干柴沟组上段（E_3^2）岩性以主要以中厚层棕红、棕褐色泥质粉砂岩、泥岩和砂质泥岩为主；下干柴沟组下段（E_3^1）以砂质泥岩、泥岩不等厚互层为主；路乐河组（E_{1+2}）上部岩性以棕褐色泥岩、砂质泥岩、泥质粉砂岩为主，下部岩性为泥质粉砂岩、粉砂岩、泥岩为主；大煤沟组 J_1 以灰色粉砂岩、细砂岩、含砾砂岩与棕褐色、灰色泥岩、砂质泥岩互层为主；基岩层为花岗片麻岩，上部风化壳裂缝发育。

1.2 工程简况

本井设计为五段制，一开井段 0~149m，ϕ508.0mm 表层套管下至148m，目的封隔岩性疏松漏失严重的七个泉组（Q_{1+2}）地层；二开井段 149~2150m，ϕ339.7mm 技术套管下至2149.01m，封隔裂缝发育、水敏性较强、易水化膨胀易漏易塌的狮子沟组—上油砂山组（N_2^3~N_2^2）地层；三开井段 2150~4500m，ϕ244.5mm 的技术套管下至4499.49m，封隔存在高压水气层、承压能力较差、易溢易漏易垮的下油山组—上干柴沟组（N_2^2—N_1）地层；四开井段 4500~6771m，ϕ177.8mm 的技术尾管下深 4215.22~6771m，封隔含易水化膨胀缩径和蠕变的泥岩的路乐河组（E_{1+2}）地层；五开井段 6771~7310m，ϕ127mm 的油层尾管下深6273.17~7310m，封隔易漏地层，ϕ127mm 尾管完井。

1.3 钻井液技术难点

（1）井壁稳定问题。本区 E_{1+2} 中下部含泥质粉砂岩、粉砂岩、泥岩为主极易造浆，同时在高温的作用下缩径严重，极易造成缩径卡钻。

（2）E_{1+2} 基岩勘探程度低，井温高，钻井液维护难度大。井深 5000m 以后地层温度过高，钻至6500m预计井底温度就达 180℃，完井（基岩层）井底温度 210℃，超高温条件下存在高分子断链、失效问题，使钻井液护胶困难，易导致高温高压滤失量巨变等问题。

（3）井漏问题。该井四开井段地层承压能力低，中下部地层承压能力不足（4700~5480m），易发生漏失，同时钻揭裂缝型基岩风化壳，多次井漏并伴有出水情况，整个裸眼段承压能力低，且该井段井底温度最高达到210℃，部分堵漏材料极易在高温下碳化失效。

2 超高温钻井液体系室内研究

2.1 钻井液方案选择

为满足本井地质特点和超高温环境下钻井的需要，研发抗温 210℃ 以上，具有良好抑制封堵能力和高温流变性能的抗盐抗钙钻井液体系。经过大量的分析研究筛选优化，选择具有较好抑制能力和抗温能力的聚胺有机盐钻井液体系。控制膨润土含量 1.5%~2.5%，优选了具有良好抗盐抗钙能力、抗温240℃的羧羟基烷烯共聚物降滤失剂 Redu240 为高效主降滤失剂、抗温 220℃ 的 Redu200 为辅降滤失剂；封堵剂优选了无荧光白沥青 NFA-25，该处理剂为改性高软化点物质的衍生物，高温下能有效封堵井壁地层裂缝，有利于深井防塌和储层保护，降低滤饼的渗透性和摩阻系数；高温保护剂优选亚硫酸钠，提高体系的高温稳定性；抑制剂优选聚胺和 KCl，有效抑制泥页岩水化膨胀，保持井壁稳定。

2.2 钻井液综合性能评价

2.2.1 抗超高温能力评价

将聚胺有机盐钻井液置于高温高压滚子加热炉中，经210℃老化72h后，通过高温流变仪及高温高压滤失仪测量其基本性能，结果见表1和图1。表1实验数据表明，优选的聚胺有机盐钻井液在超高温环境下，钻井液高温高压滤失量保持在12mL以内，图1实验结果表明，随着温度升高，钻井液黏度、切力逐渐下降，但当达到140℃以后，钻井液黏度、切力能够保持一定的数值，说明优选的钻井液体系抗超高温性能稳定。

表1　抗超高温聚胺有机盐钻井液的210℃超高温老化实验结果表

热滚(h)	表观黏度 AV（mPa·s）	塑性黏度 PV（mPa·s）	动切力 YP(Pa)	低温低压失水 FL_{API}（mL）	高温高压水水 FL_{HTHP}（mL）
0	—	—	—	0.6	9.0
16	97	89	8	1.0	8.5
48	86.5	80	6.5	1.2	9.8
72	80	73	7.0	1.6	11.8

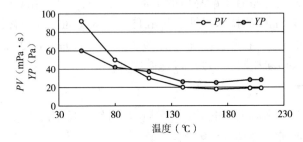

图1　抗超高温聚胺有机盐钻井液的高温高压流变性能图

2.2.2　抑制能力评价

昆1-1井深井段泥岩含量高，为加强抑制性能，在钻井液中引入无机盐 KCl 和聚胺 WX，以电离出的大量阳离子 K^+、NH_4^+、$[NH_xR_4^{-x}]^+$ 等协同抑制黏土表面水化膨胀。实验室进行膨润土吸水离心实验和岩屑回收率实验评价其抑制性能，结果见表2、表3。由表2、表3实验结果可知，聚胺有机盐钻井液的体积膨胀降低率达到95%、岩屑回收率达到93.59%，表明其具有极强的抑制性能。

表2　无机盐 KCl 和聚胺 WX 对有机盐溶液抑制性能的影响表

基液配方	基液体积 V(mL)	膨润土量(g)	吸水膨胀后体积 V(mL)	体积膨胀降低率(%)
清水	10	0.5	6.0	—
聚胺有机盐钻井液	10	0.5	0.3	95

表3　岩屑回收率评价表

介质	热滚前(g)	热滚后(g)	岩屑回收率(%)
清水	40.008	1.526	3.81
聚胺有机盐钻井液	40.009	37.446	93.59

注：岩屑采用邻井昆2井6270m岩屑。

2.2.3　抗岩屑污染实验

取昆2井砂质泥岩岩屑，干燥后粉碎，筛选粒径在0.098~0.15mm范围内的岩屑，分别按照2%、3%和4%的质量体积比加入到目标钻井液中，搅拌均匀后，置210℃超高温滚子炉中，热滚16h，测量流变性和210℃高温高压滤失量，结果见表4。实验数据表明，聚胺有机盐钻井液中，钻屑含量超过3%时，较高含量的劣质固相将会对流变性能和高温高压滤失性能产生明显的副作用。

表4 聚胺有机盐钻井液的抗岩屑污染实验

岩屑加量(%)	表观黏度 AV(mPa·s)	塑性黏度 PV(mPa·s)	动切力 YP(Pa)	高温高压失水 FL_{HTHP}(mL)
0	97.0	89.0	8.0	9.0
2	110.0	99.0	11.0	10.2
3	129.5	101.0	18.5	12.6
4	145.0	120.0	25.0	12.8

2.2.4 抗钙能力评价

在聚胺有机盐钻井液体系中按不同比例加入 $CaSO_4$，搅拌均匀后，置210℃高温滚子炉中热滚16h，冷却至70℃，测量流变性、API滤失及210℃高温高压滤失量，评价体系抗膏泥岩污染能力。实验结果见表5，表5实验结果可知：研究试验所优选出的高密度钻井液体系具有抗温210℃以上，同时具有良好的抗盐膏污染能力，可以满足昆1-1井目的层段钻进需要。

表5 钻井液优选配方抗钙能力评价

$CaSO_4$加量(%)	塑性黏度 PV(mPa·s)	动切力 YP(Pa)	低温低压失水 FL_{API}(mL)	高温高压失水 FL_{HTHP}(mL)
0	89.0	8.0	1.4	9.0
0.1	93	10	1.8	9.6
0.7	101	19	2.0	10.8
1	112	22	2.2	11.6

2.3 堵漏配方优选

昆1-1井井底温度为210℃、承压过程中常规堵漏材料在温度、压力的变化下极易变软、变形，承压或堵漏施工过程中堵漏材料由于碳化等因素影响，导致堵漏材料进入漏层的过程中不易进入，有可能造成承压或堵漏施工失败；因此我们优选雷特系列堵漏材料复配不同粒径的刚性堵漏材料形成了满足超深井超高温堵漏技术配方，采用的材料为雷特快失水堵漏材料为主的自有产品，分别为NT和GT系列，抗温200℃以上满足完井施工要求，提高基岩风化带地层承压能力。

3 现场应用及效果

3.1 四开钻井液技术

四开使用聚胺有机盐体系，井段(4500~6771m)，以1.0%聚胺、5%KCl和3%白沥青NFA-25、3%PGCS-1胶液等浓度维护，保持钻井液性能稳定，定期检测KCl和Weight2有效含量。配3%Redu240+3%Redu200水剂，降低钻井液的高温高压滤失量。加强四级固控设备使用，要求振动筛使用180~200目筛布，离心机使用率50%，最大限度清除有害固相。补充0.1%~0.15%亚硫酸钠，提高钻井液热稳定性及抗温效果，E_3^2~E_3^1~E_{1+2}为漏失层与高压层同层，控制加重幅度，及时补充1%~1.5%QS-2、随钻801提高地层承压、随钻防漏性能，提高密度以压稳水层为原则。钻至 $E_3^2 \sim E_3^1$、$E_3^1 \sim E_{1+2}$、$E_{1+2} \sim J_1$ 交界面加入 $1\% \sim 2\%$QS-2、$1\% \sim 1.5\%$ KH-n 强化封堵造壁、预防交界面坍塌阻卡；后续过程及时补充 Redu240、Redu200，控制 API 失水<4mL、HTHP 失水<12mL，强化钻井液检测，控制坂含 $30 \sim 40$g/L，以 $0.5\% \sim 1\%$DEVIS 降黏；以 $0.2\% \sim 0.3\%$HV-CMC 或 $1\% \sim 2\%$Viscol 提黏满足携带要求，加入 $1.5\% \sim 2\%$润滑剂满足润滑防卡要求。若出现渗漏，随钻加入 $1\% \sim 1.5\%$ $801+2\% \sim 3\%$ QS-2 随钻堵漏，若漏失严重，配堵漏浆静堵，具体结果见表6。

表6 昆1-1井四开井段部分钻井液性能表

井深(m)	密度 ρ(g/cm³)	漏斗黏度 FV(s)	低温低压失水 FL_{API}(mL)	动切力 YP(Pa)	高温高压失水 FL_{HTHP}(mL)
4510	1.53	86	4.2	16.5	9.5
4812	1.65	77	4	18	9.8
5130	1.68	81	3.8	18.5	9.5
5395	1.71	76	3.6	20.5	9.2
5671	1.78	79	3.8	22	8.8
5819	1.95	80	3.8	21	8.5
6049	2.02	73	4	23	9
6359	2.01	81	3.8	20	8.8

3.2 五开钻井液技术

五开使用聚胺有机盐体系，井段($6771 \sim 7310$m)，J1～基岩井段温度超过180℃，井底温度最高达210℃，钻井液性能受到极大考验，在钻进过程中对井浆的维护措施主要如下：(1)保证钻井液性能的稳定，避免变化过大，影响井壁稳定和井下安全。(2)合理使用各级固控设备，及时清除有害固相，控制密度。(3)随着井深和温度的增加，要逐步降低膨润土含量。(4)及时补充润滑剂、防塌剂和高温降滤失剂等，保持钻井液性能稳定。及时补充亚硫酸钠、KOH，保证 pH 值，维持钻井液一定的碱性，保证处理剂发挥功效，且降低腐蚀速率。(5)每个回次测试钻井液全性能，不定期进行高温热滚实验。保持较高动切力(动切力>10Pa)，确保悬浮携带；每次起钻前，配制"井浆+QS-2+HV-CMC+IND30 稠浆"进行清扫，确保井眼清洁强化性能检测，控制坂含 $30 \sim 40$g/L，确保高温、高密度下钻井液各项性能稳定，具体结果见表7。

表7 昆1-1井五开井段部分钻井液性能表

井深(m)	密度 ρ(g/cm³)	漏斗黏度 FV(s)	低温低压失水 FL_{API}(mL)	动切力 YP(Pa)	高温高压失水 FL_{HTHP}(mL)
6771	1.98	91	3.6	21	9
7182	1.80	108	3.8	18	8.6
7262	1.77	103	4	17	8.5

3.3 防漏堵漏技术

路乐河组(E_{1+2})地层微裂缝发育，地层承压能力相对较差，基岩顶部存在风化壳。四开五开井段都存在较大的漏失风险。针对漏失风险钻井液工作以预防为主，开钻配浆时即加入了 QS-2、BYD-2、NFA-25、HRFL 等耐温性能良好的刚性、柔性及胶质封堵材料，强化封堵能力，以提高井壁承压能力，尽可能将漏失消除在初始状态。

昆1-1井井深为6254~7310m处共发生漏失5次，现场应用雷特堵漏配方进行了5次堵漏作业。采用的材料为以雷特快失水堵漏材料为主的自有产品，分别为NT和GT系列，抗温200℃以上。在该井使用高承压堵漏技术，使用的堵漏配方如下：基浆+0.5%NTS中粗+2%NTS细+8%NTBASE+1%NT-T+2%HTK（0.5~1.0mm）+3%HTK（1~3mm）+2%HTK（3~5mm）+4%GT-MF，总浓度为13%。雷特承压堵漏施工效果良好，井底当量钻井液密度由1.94g/cm³提至2.07g/cm³。

4 结论及建议

（1）针对昆1-1井优选的聚胺有机盐钻井液体系，有效解决了钻井液超高温减稠和悬浮携带稳定性之间的矛盾，超高温高压滤失量得到了有效控制。

（2）现场应严格控制固控设备的使用，清除有害固相，可以保证钻井液的良好性能。

（3）建议钻至易漏井段时循环井浆中加入5%左右的抗高温、惰性随钻堵漏材料，既能起到遇缝即堵的效果，又能减小漏失量，还能起到不影响井浆性能的作用，为后续安全施工提供依据，满足钻井提速需求。

参 考 文 献

[1] 郝少军，徐珍焱，郭子枫，等.昆2加深井超高温聚胺有机盐钻井液技术[J].钻井液与完井液，2019，36(4)：449-453.

[2] 周晓宇，赵景原，熊开俊.胺基聚醇钻井液体系在巴[1]喀地区的现场试验[J].石油钻采工艺，2011，33(6)：33-36.

[3] 徐先国.新型胺基聚醇防塌剂研究[J].钻采工艺，2010，31(1)：93-95.

[4] 张坤，刘南清，王强，等.强抑制封堵钻井液体系研究及应用[J].石油钻采工艺，2017，39(5)：580-583.

[5] 王建华，鄢捷年，丁彤伟.高性能水基钻井液研究进展[J].钻井液与完井液，2007，24(1)：71-75.

[6] 钟汉毅，邱正松，黄维安，等.聚胺水基钻井液特性实验评价[J].油田化学，2010，27(2)：119-123.

[7] 邱正松，钟汉毅，黄维安，等.高性能水基钻井液特性评价实验新方法[J].钻井液与完井液，2009，26(2)：58-59.

[8] 钟汉毅，黄维安，邱正松，等.聚胺与甲酸盐抑制性对比实验研究[J].断块油气田，2012，19(4)：508-512.

[9] 钟汉毅，邱正松，黄维安，等.聚胺高性能水基钻井液特性评价及应用[J].科学技术与工程，2013，10(6)：2803-2807.

[10] 王信，张民立，庄伟，等.高密度水基钻井液在小井眼水平井中的应用[J].钻井液与完井液，2019，36(1)：65-69.

超深井博孜 902 井小井眼油基钻井液技术应用

崔小勃[1] 朱梦钦[2] 张 峰[3] 杨海军[1] 张家旗[1] 李承杰[1] 李 爽[1]

(1. 中国石油集团工程技术研究院有限公司钻井液研究所；
2. 中国石油青海油田分公司测试公司；3. 中国石油青海油田分公司井下作业公司)

【摘 要】 博孜 902 井是库车库车山前博孜 9 号构造上的一口超深井，完钻井深 7930m，井底温度 153.5℃。$6\frac{5}{8}$in 井段 6290~7849.5m，总长 1559.5m；$4\frac{3}{8}$in 井段 7849.5~7930m，总长 80.5m。小井眼井段环空间隙小，循环排量小，不利于携岩，井筒上部大套管环空返速低，岩屑浓度高，不易清洁；井底温度高，静止情况下重晶石易发生沉降。现场通过优化油基钻井液性能，顺利完成小井眼段钻进，井眼通畅，测井一次到底，下套管顺利。现场实践为油基钻井液在超深井小井眼中应用积累了宝贵经验。

【关键词】 超深井；小井眼；油基钻井液；应用；经验

博孜 902 井是塔里木盆地库车坳陷克拉苏构造带博孜 9 号构造上的一口重点评价井，设计井深 8185m，完钻井深 7930m。该井四开设计中完井深 7937m，钻进至 5504~5511m 遇软泥岩段，上提下放阻卡严重，划眼时频繁憋停顶驱，憋停后井漏，悬重恢复后回吐，使地层裂缝性连通，出现高压盐水，无压力窗口，钻进至 6410m 后，起下钻通井至 6290m 无法找到原井眼，井况复杂，钻进困难。为加快博孜 9 区块勘探任务，评价储量规模，决定四开至 6290m 提前中完，下套管封住软泥岩段，盐膏层增加一开，井身结构变为六开。该井四开起使用抗高温油基钻井液，小井眼段长 1640m，井底温度 153.5℃，历时 370 天顺利完钻，创库车山前超深小井眼井井深新纪录。现场实践表明，抗高温油基钻井液抗高温能力强，携岩能力强，完全满足超深井小井眼钻完井需要。

1 博孜 902 井井身结构

1.1 原设计井身结构

博孜 902 井原设计塔标 II 五开结构，设计四开钻至井深 7937m 中完，五开钻至设计井深完钻，如图 1 所示。

1.2 变更设计井身结构

变更设计为六开结构为四开 $9\frac{1}{2}$in 井眼钻至井深 6290m 中完，下 $7\frac{3}{4}$in+$8\frac{1}{8}$in 套管（5126~6290m），完钻后回接 $8\frac{1}{8}$in+$7\frac{3}{4}$in 至井口；五开 $6\frac{5}{8}$in 井眼钻至井深 7937m 中完，下 $5\frac{1}{2}$in 套管（5990~7935m）；六开 $4\frac{3}{8}$in 井眼钻至设计井深 8185m 完钻，如图 2 所示。

作者简介：崔小勃(1979—)，2003 年毕业于中国石油大学(北京)石油工程专业，获工学硕士学位，现供职于中国石油集团工程技术研究院有限公司，现从事钻井液研发与应用工作。地址：(102206)北京市昌平区西沙屯桥西中石油科技园 A34 地块 A301 室；电话：010-80162079；E-mail：cuixiaobo79@126.com。

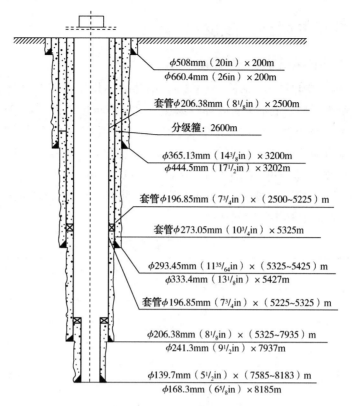

φ508mm（20in）×200m
φ660.4mm（26in）×200m

套管φ206.38mm（8¹/₈in）×2500m

分级箍：2600m

φ365.13mm（14³/₈in）×3200m
φ444.5mm（17¹/₂in）×3202m

套管φ196.85mm（7³/₄in）×（2500~5225）m

套管φ273.05mm（10³/₄in）×5325m

φ293.45mm（11³⁵/₆₄in）×（5325~5425）m
φ333.4mm（13¹/₈in）×5427m

套管φ196.85mm（7³/₄in）×（5225~5325）m

φ206.38mm（8¹/₈in）×（5325~7935）m
φ241.3mm（9¹/₂in）×7937m

φ139.7mm（5¹/₂in）×（7585~8183）m
φ168.3mm（6⁵/₈in）×8185m

图 1　博孜 902 井原设计井身结构

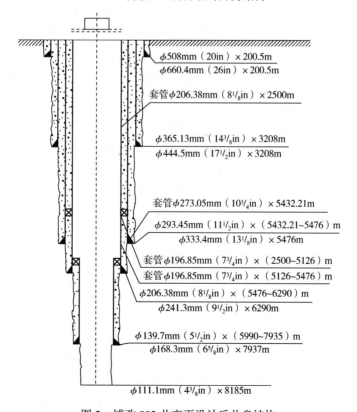

φ508mm（20in）×200.5m
φ660.4mm（26in）×200.5m

套管φ206.38mm（8¹/₈in）×2500m

φ365.13mm（14³/₈in）×3208m
φ444.5mm（17¹/₂in）×3208m

套管φ273.05mm（10³/₄in）×5432.21m

φ293.45mm（11¹/₂in）×（5432.21~5476）m
φ333.4mm（13¹/₈in）×5476m

套管φ196.85mm（7³/₄in）×（2500~5126）m
套管φ196.85mm（7³/₄in）×（5126~5476）m
φ206.38mm（8¹/₈in）×（5476~6290）m
φ241.3mm（9¹/₂in）×6290m

φ139.7mm（5¹/₂in）×（5990~7935）m
φ168.3mm（6⁵/₈in）×7937m

φ111.1mm（4³/₈in）×8185m

图 2　博孜 902 井变更设计后井身结构

2 博孜 902 井小井眼钻井液技术

2.1 五开 6⅝in 井段抗高温油基钻井液技术

6⅝in 井段 6290~7849.5m，总长 1559.5m。小井眼井井径和环空间隙小，循环排量小，易形成砂桥造成砂卡，井筒上部大套管环空返速低，岩屑浓度高，不易清洁[1,2]，本井段主要调整维护好钻井液流变性，使钻井液在低排量下能够具有良好的悬浮性和较低的黏度。经过优化的抗高温油基钻井液配方为：（2%~5%）主乳化剂 DR-EM+（1%~3%）辅乳化剂 DR-CO+（1%~3%）润湿剂 DR-WET+（1%~2%）有机土 DR-GEL+（1%~1.5%）降滤失剂 DR-COAT+（1.5%~3%）CaO+（21%~26%）CaCl₂ 盐水+0# 柴油+重晶石，密度为 2.30~2.65g/cm³。全井段抗高温油基钻井液基本性能见表1。

表1　6⅝in 井段钻井液性能

井深（m）	测定温度（℃）	ρ（g/cm³）	漏斗黏度（s）	Φ_3/Φ_6	YP（pa）	Gel（Pa/Pa）	E_S（V）
6290	53	2.48	75	7/9	8	3.5/5	870
6353	56	2.48	76	7/9	8	3.5/5	819
6453	56	2.48	75	7/9	8	4/6	798
7030	38	2.35	83	5/7	8	3.5/4.5	722
7142	40	2.35	80	5/7	8	3.5/4.5	727
7522.29	34	2.38	91	5/6	8.5	3/4.5	706
7543	34	2.38	91	5/7	8	3/4.5	717
7849.5	34	2.38	90	5/6	7	3/4	630

应用结果表明，抗高温油基钻井液高密度情况下，切力适中，低剪切速率下切力高，钻进过程中性能稳定，完全满足小井眼低环空返速下的携岩要求，起下钻顺畅。

2.2 六开 4⅜in 井段抗高温油基钻井液技术

目的层 4⅜in 井段 7849.5~7930m，总长 80.5m。五开固井下入 5½in 小套管总长 1857m，为留出尽可能大的环空间隙，使用了 3⅛in 钻铤和 2⅞in 小钻杆，其中 2⅞in 小钻杆 2200m，钻具组合为：4⅜in GT53s+230×2A10+2A11×XT26 母+3⅛in 钻铤+2⅞in 非标钻杆+XT26 公×HT40 母+4in 钻杆+4in 浮阀+4in 钻杆+HT40 公×520+5½in 钻杆+5½in 旋塞+5½in 浮阀+520×521+5½in 钻杆。该井段地层压力系数低，揭开前需要用基液把钻井液密度从 2.38g/cm³ 降低至 1.85g/cm³，基液配方为：柴油+5%主乳化剂+1%辅乳化剂+0.5%润湿剂+CaCl₂ 盐水（25%）+0.5%有机土+3%降滤失剂+3%生石灰，油水比 80/20。在降低密度的同时又要保证钻井液性能，既要满足携岩需要的排量，又要保证泵压在安全范围内，还要避免岩屑在大套管内堆积，此外，井底温度高，还要保证钻井液静止情况下重晶石不发生沉降[3-4]。全井段钻井液基本性能见表2。

表2　4⅜in 井段钻井液性能

井深（m）	测定温度（℃）	ρ（g/cm³）	漏斗黏度（s）	Φ_3/Φ_6	YP（Pa）	Gel（Pa/Pa）	E_S（V）
7866	23	1.85	62	5/4	7.5	3/4.5	542
7874	26	1.85	59	6/4	6.5	3.5/4.5	525

井深(m)	测定温度(℃)	ρ(g/cm^3)	漏斗黏度(s)	Φ_3/Φ_6	YP(Pa)	Gel(Pa/Pa)	E_S(V)
7879	24	1.85	64	6/5	7.5	3.5/4	520
7891	25	1.85	65	5/3	8	3.5/4.5	522
7903	25	1.85	66	5/3	8	3.5/4.5	518
7915	27	1.85	60	6/4	7.5	3/4	530
7918	26	1.85	61	6/3	8	3/4.5	528
7930	27	1.85	60	5/3	7.5	3/4	530

整个井段施工过程中，泵压稳定，起下钻顺畅，电测一次成功，未出现高温条件下油基钻井液破乳及性能变差情况，性能稳定。

3 结论

(1) 低排量井底高温，循环时间增加的情况下，抗高温高密度油基钻井液性能稳定。

(2) 低排量情况下，携岩能力强，井眼清洁彻底。

参 考 文 献

[1] 艾贵成，王宝成，李佳军. 深井小井眼钻井液技术[J]. 石油钻采工艺，2007，29(3)：87.

[2] 章景城，马立君. 塔里木油田超深井超小井眼定向钻井技术研究与应用[J]. 特种油气藏，2020，27 (2)：165-166.

[3] 杨刚，朱振今. 小井眼钻井液技术研究与应用[J]. 化工管理，2020，3：53-54.

[4] 李宁，杨海军. 库车山前超深井抗高温高密度油基钻井液技术[J]. 世界石油工业，2020，27(5) 69-70.

低密度钻井液体系在塔里木油田的应用研究

刘裕双[1] 张绍俊[2] 吴晓花[2] 任玲玲[2] 陆海瑛[2] 杜小勇[2]

(1. 中国石油集团工程技术研究院有限公司；2. 中国石油塔里木油田分公司)

【摘　要】 塔里木盆地阿克莫木、克拉气田等低压气藏钻采过程中漏失频发，严重制约着钻井提速，且易造成储层污染。使用低密度钻井液体系配合精细控压技术实施近（欠）平衡钻井，有利于解决漏失难题，保护储层。通过定制优化空心玻璃微珠粒径（中值 $40\sim60\mu m$），提高抗压（40MPa，破碎率<10%）、抗剪切能力，优化试验配方，形成了适用于塔里木油田低压储层的空心玻璃微珠低密度钻井液体系。该体系在阿克莫木气田应用情况较好，成功解决了漏失难题，储层保护效果较好。克拉气田储层压力情况与阿克莫木气田相似，漏失严重，将空心玻璃微珠低密度钻井液体系应用于克拉气田，有利于解决恶性漏失问题，有利于提质增效。

【关键词】 低压储层；漏失；技术对策；低密度钻井液；精细控压

在低压油气藏(压力系数一般不大于 1.0)的钻采过程中钻井液漏失频发，严重制约着钻井提速，且易造成储层污染，增加开发成本。近（欠）平衡钻井有利于解决低压油气藏的恶性漏失问题。常规水基钻井液体系密度极限在 $1.06g/cm^3$ 左右，无法满足近（欠）平衡钻井要求，超低密度钻井液技术应运而生。目前使用较为广泛的超低密度钻井液体系主要有空心玻璃微珠（HGB）低密度钻井液体系、水包油钻井液体系、微泡钻井液体系三类[1,2]。空心玻璃微珠呈球形，化学性质稳定，表面光滑可大幅降低钻井液摩擦阻力，有利于提高机械钻速。HGB 本体密度较低($0.32\sim0.6g/cm^3$)，通过控制加量可以配置密度范围 $0.6\sim1.0g/cm^3$ 的超低密度钻井液体系。HGB 低密度钻井液在应用过程中的主要问题是承压能力受限，如果发生破碎，其本体密度会迅速上升至 $2.50g/cm^3$，使其从减轻剂转变为加重剂，为维持低密度需要不断补充减轻剂。现场应用时需要根据地层压力选择相应抗压强度的 HGB，以保证安全快速钻进。水包油钻井液体系主要是将油相和水相通过乳化作用形成以水为连续相，油为分散相的低密度($0.89\sim1.0g/cm^3$)乳状体系。水包油钻井液体系抗温、抗污染性能较好，且具有较好的防塌和抑制性。但是当含油量过高会发生相反转，其密度下限难以低于 $0.85g/cm^3$。此外，水包油钻井液废弃物处理成本相对较高，且易造成环境污染，限制了其进一步应用。微泡钻井液体系利用空气作为减轻剂，密度在 $0.1\sim0.75g/cm^3$ 范围内可调。微泡钻井液体系配制工艺简单，具有较好的架桥封堵、防漏作用。但是由于空气具有可压缩性，脉冲信号衰减严重，限制了其应用环境[3,4]。

塔里木地区阿克莫木、克拉气田地层压力随着开采逐年降低，目前压力系数保持在 $0.91\sim1.0$，且裂缝发育，使用常规密度($1.10g/cm^3$)水基钻井液体系漏失严重，造成储层污染，极大地增加了钻采成本。通过对国内外低密度钻井液技术调研，根据油田现状选择使

作者简介：刘裕双，工程师，1990 年生，2016 年获西南石油大学材料物理与化学专业硕士学位，现主要从事钻井液技术研究工作。地址：北京市昌平区沙河镇西沙屯桥西中国石油创新基地 A34 地块；电话：010-80162082；E-mail：liuyshdr@ cnpc. com. cn。

用HGB低密度钻井液体系。通过定制优化HGB粒径(中值$40 \sim 60 \mu m$)，提高抗压($40MPa$，破碎率<10%)、抗剪切能力，开展大量试验评价，优化配方，形成了适用于塔里木油田的HGB低密度钻井液体系(图1)。该体系在阿克莫木气田应用情况较好，成功解决了漏失难题，有利于保护储层。塔里木克拉气田储层压力情况与阿克莫木气田相似，漏失严重，将HGB低密度钻井液体系应用于克拉气田，有利于解决恶性漏失问题，有利于提质增效。

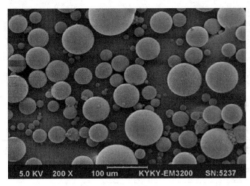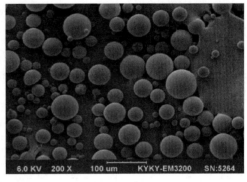

图1 优化前后空心玻璃微珠扫描电镜(200×)

1 地质概况

克拉气田位于库车坳陷北部克拉苏构造带克拉2号构造东部，自上而下依次钻遇新近系康村组、吉迪克组，古近系苏维依组、库姆格列木群，白垩系巴什基奇克组。主力储层为白垩系巴什基奇克组砂岩段(埋深4200m左右)，孔隙、裂缝发育，物性较好。克拉A区块属于常温、超高压系统，随着逐年开采，地层压力下降，目前压力系数1.00左右，目的层钻进易发生漏失，水平井漏失尤为严重(表1)。

表1 克拉气田A区块岩性特征及地层钻井风险

地 层	岩性特征	钻井风险
新近系康村组	泥岩、小砾岩、砂岩	
新近系吉迪克组	小砾岩、泥岩，砂质泥岩、泥岩、细砂岩	
古近系苏维依组	泥质砂岩、砂岩、细砂岩	
古近系库姆格列木群泥岩段	泥岩、含膏泥岩、膏质泥岩	
古近系库姆格列木群膏盐岩	盐岩、石膏岩、泥岩为主，夹云岩	缩径、阻卡、井漏、溢流
古近系库姆格列木群白云岩	白云岩	井漏、溢流
古近系库姆格列木群膏泥岩	含膏泥岩、膏质泥岩、泥岩	缩径、阻卡、井漏
白垩系巴什基奇克组	砂岩	防漏、防溢、防喷

2 已钻井情况分析

2.1 井身结构

克拉A区块主要采用塔标Ⅰ井身结构，一开封固表层疏松地层，二开封固盐上低压层，三开封盐，储层专打。直井采用套管完井，水平井采用套管+筛管完井，基本满足克拉气田克拉 A 区块勘探开发需求。

2.2 钻井液应用情况

2.2.1 钻井液体系

盐上井段使用水基钻井液体系，盐层、目的层使用水基或油基体系，基本满足工程需求。

（1）直井实钻钻井液体系：一开膨润土聚合物，二开 KCl 聚合物/KCl 聚磺，三开（盐层）近饱和盐水，四开聚磺体系。

（2）水平井实钻钻井液体系：盐上使用水基体系，盐层、目的层使用油基体系。早期水平井全井使用水基体系，阻卡频繁；替换为油基体系后阻卡情况大幅度降低，保证了盐层安全快速钻进（表 2）。

表 2　盐层使用水基、油基钻井液体系阻卡情况对比

井号	体系	井深(m)	遇阻井深(m)	密度(g/cm³)	岩性	井斜(°)
克拉 A-H1	近饱和盐水	3900	3795	1.9	泥膏岩	84.6
		3775	3551~3574	2.25	膏泥岩、泥岩	58~62.7
		3829	3802	2.26	膏质泥岩	—
		3829	3829	2.28	泥膏岩	82.7
		3825	3825	2.25	泥膏岩	83
		3718	3639	2.25	灰质泥岩	72.5
		3553	3503	2.25	含膏泥岩	49.5
		3553	3450	2.25	灰白色盐岩	42.6
克拉 A-H2	油基	3590	3472	2.25	泥岩	38

2.2.2 井壁稳定性分析

克拉 A 区块钻井液技术成熟，基本满足钻进要求。目的层孔隙、裂缝发育，加之压力衰减，在井筒工作液压差下易发生漏失。漏失导致井筒液柱压力降低，应力不平衡导致近井壁部分坍塌掉块。

（1）平均井径扩大率：满足工程要求，非目的层平均井径扩大率<12%，目的层平均井径扩大率<7%（图 2）。

（2）井壁稳定性：白垩系地层部分井段井径扩大率较大，岩性主要为泥岩、砂质泥岩、砂岩；经分析，主要原因为钻井液漏失，近井壁地层应力失衡引发垮塌掉块；其次通过分析漏失密度窗口，发现钻井液密度过低。

2.3 固井情况

（1）固井方式：一开采用一次上返，二开采用分级固井，三开采用尾管+回接，四开采用尾管+筛管（水平井）+回接。

（2）固井复杂：目的层固井漏失，下套管、固井前循环及固井过程中均发生漏失，堵漏困难。

（3）固井质量：非目的层段固井质量较好，目的层因漏失严重，导致全井段合格率为 6.2%、优质率为 2.31%（图 3）。

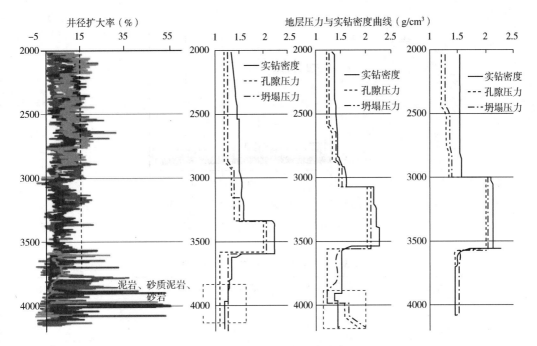

图 2　参考井井径扩大率曲线

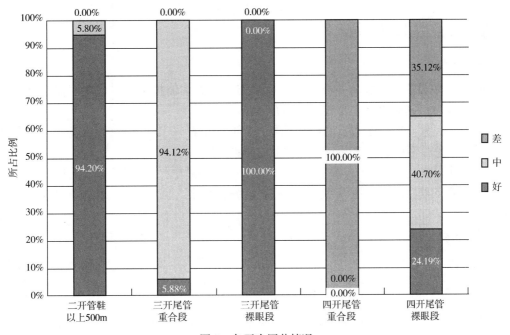

图 3　各开次固井情况

2.4　钻井时效及事故复杂情况

近年来完钻井直井生产时效 95.1%，复杂时效 4.9%；水平井生产时效 91.9%，事故复杂时效 8.1%。生产时效均较高，但是水平井复杂时效更高，主要为目的层水平段钻进漏失导致(图 4)。

水平井复杂主要集中在目的层，表现为井漏，平均漏失量 685m³，平均损失时间 193h (表 3)。

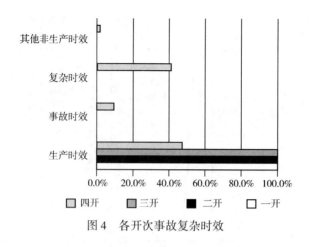

图 4 各开次事故复杂时效

表 3 参考井目的层漏失情况统计表

井号	发生经过	处理措施	漏失液体密度（g/cm³）	漏失量（m³）	损失时间（h）
1	钻进漏失 5 次	降排量、随钻堵漏、桥浆堵漏	1.21~1.35	891.16	277.3
2	钻进漏失 4 次		1.46~1.70	290.54	140.5
3	钻进漏失 5 次		1.40~1.60	873.12	160.28

3 钻井难点及技术对策

3.1 钻井难点

克拉 A 区块目前所形成的井身结构、钻井液体系等主体技术相对成熟，基本可以满足开发需求。目前存在的难点主要有以下几方面：

（1）地质因素：地层压力下降（1.98 降低至 1.0 左右），且孔隙、裂缝发育，钻完井过程中极易发生恶性漏失；气藏活跃，存在溢漏转换风险。

（2）钻井工程：常规水基钻井液密度极限在 $1.06g/cm^3$ 左右，无法满足目的层安全钻进。

（3）固井工程：漏失后易导致井壁失稳；堵漏较困难，且堵漏时间长，固井质量也无法保证。

3.2 技术对策

高效解决漏失问题、强化井壁稳定性，是为保证目的层安全快速钻进及固井质量的关键。根据对完钻井资料详细分析及通过地质工程一体化研究论证，提出了以下关键技术对策：

（1）加强地质研究，开展井壁稳定性与水平井优势方位分析（图5）。综合考虑井壁稳定及避开断裂带，推荐新钻水平井部署方向。

（2）采用精细控压钻井技术，降低溢流、漏失风险。配合低密度钻井液体系，可将密度降至 $1.0g/cm^3$ 左右，可有效解决储层漏失问题。

（3）应用低密度钻井液体系，解决常规水基钻井液密度极限问题。低密度钻井液体系密度范围可调，在塔里木油田有成功应用经验，解决压力衰减储层恶性漏失难题效果突出。

（4）沿用窄安全密度窗口固井技术，以防漏为核心；采用尾管选择性固井+回接固井，保证总体固井质量满足勘探开发要求。

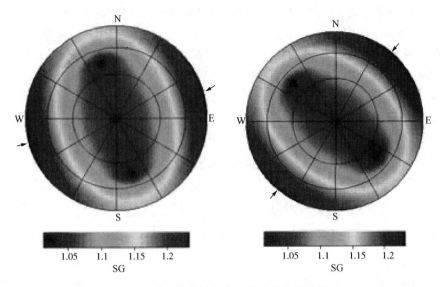

图 5　井壁稳定性与水平井优势方位分析

3.2.1　井壁稳定性与水平井优势方位分析

克拉 A 区块以构造缝为主，倾角 50°~80°，综合考虑井壁稳定及避开断裂带，水平井的部署方向推荐为北西向。

3.2.2　精细控压钻井技术方案

克拉 A 区块目的层压力系数较低、气藏活跃，极易井漏和漏喷转换，为降低井漏风险，确保井口安全，在目的层施工中经评估后采用精细控压钻井技术。

（1）钻井液密度：考虑气井井控风险，将钻井液密度低限设计为 $1.00g/cm^3$，后期根据实钻情况调整。

（2）控压参数：将气井钻井液密度压力附加值(3~5MPa)通过井口回压补偿，考虑漏失压力系数和设备能力，设计停泵控压上限为 3.5MPa，钻进时根据循环摩阻和溢漏情况调整（图 6）。

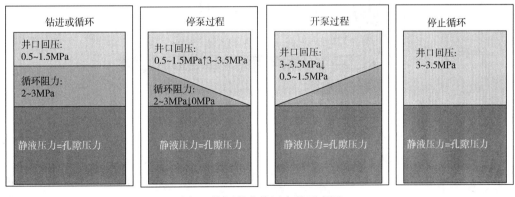

图 6　控压钻井控压参数示意图

3.2.3　低密度钻井液体系应用情况

（1）技术内涵：通过添加空心玻璃微珠降低钻井液密度至 $1.0g/cm^3$ 左右，配合精细控压作业。

（2）空心玻璃微珠关键性能指标：SiO_2 含量 70%~80%，密度 0.40~0.60g/cm³，粒径中值 40~60μm，破碎率（40MPa），7%。

（3）应用效果：阿克 A 井，2019 年 8 月 5 日试油期间井漏失返，替入 1.00g/cm³ 低密度水基钻井液，漏失停止、循环建立，顺利下油管完井。该井测试折日产气 49×10⁴m³。阿克 B 井，2020 年 6 月 20 日四开 1.10g/cm³ 聚磺钻井液钻至 3658.81m，井漏失返，堵漏效果差；6 月 22 日用玻璃微珠降密度至 1.03g/cm³，6 月 24 日降密度至 1.00g/cm³，漏失量逐渐减小，钻井液性能稳定，估算破碎率≤15%（表 4）。

表 4　现场低密度钻井液体系性能

密度 （g/cm³）	FV(s)	YP(Pa)	Gel （Pa/Pa）	FL_{API} （mL）	FL_{HTHP} （mL）	pH 值	含砂量 （%）	固相含量 （%）	氯根 （mg/L）
1.00	59	9	1.5/6	2	6.2	9	0.1	4	2200

3.2.4　选择性固井技术

水平井目的层采用尾管选择性固井+回接固井技术，配合精细控压技术，解决易漏问题。

（1）选择性固井管串结构：筛管+盲板+封隔器（液压式）+分级箍（液压式）+套管+尾管悬挂器；注替结束关孔后直接起钻，钻具相对安全，可有效规避漏失风险（图 7）。

（2）关键措施：1 根套管 1 只铝扶正器，可使居中度达到 65%；调节浆体流变性能（K≤0.5），关键井段大排量顶替（环空返速 1m/s），实现管鞋处顶替效率>90%。

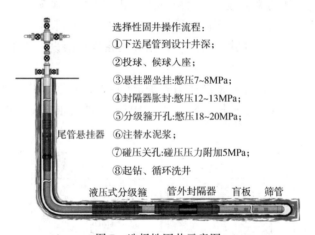

选择性固井操作流程：
①下送尾管到设计井深；
②投球、候球入座；
③悬挂器坐挂：憋压7~8MPa；
④封隔器胀封：憋压12~13MPa；
⑤分级箍开孔：憋压18~20MPa；
⑥注替水泥浆；
⑦碰压关孔：碰压压力附加5MPa；
⑧起钻、循环洗井。

尾管悬挂器　液压式分级箍　管外封隔器　盲板　筛管

图 7　选择性固井示意图

4　结论与建议

（1）通过定制优化 HGB 粒径（中值 40~60μm），提高抗压（40MPa，破碎率<10%）、抗剪切能力，开展大量试验评价，优化配方，形成了适用于塔里木油田的 HGB 低密度钻井液体系。

（2）该体系在阿克莫木气田应用情况较好，成功解决了漏失难题，有利于保护储层。塔里木克拉气田储层压力情况与阿克莫木气田相似，漏失严重，将 HGB 低密度钻井液体系应用于克拉气田，有利于解决恶性漏失问题，有利于提质增效。

参 考 文 献

［1］陈铖，赵素丽，石秉忠. 低密度钻井液减轻剂研究进展［J］. 科技创新与应用，2013，5：28-29.

［2］柳雷，许传华，虞夏. 高性能空心玻璃微珠在油气田开采中的应用［J］. 化学工程与装备，2014，12：92-94.

［3］耿晓光，郑涛，周大宇. HGS 低密度钻井液在全过程欠平衡水平井中的应用［J］. 钻井液与完井液，2008，25（6）：87-88.

［4］李晓波. 超低密度钻井液技术在大庆油田易漏复杂层的应用［J］. 石油工业技术监督，2020，36（2）：1-4.

低温环境下钻井液技术进展

陈安亮[1,2]　孙　双[1,2]　张　健[1,2]　刘腾蛟[1,2]　汪　海[2]　陈嘉博[2]

（1. 天津市复杂条件钻井液企业重点实验室；
2. 中国石油集团渤海钻探泥浆技术服务分公司）

【摘　要】　冻土层、极地及海洋深水等低温地层的钻进，对于科学研究和矿产与油气资源的勘探开发具有重要意义，低温地层的钻进及取芯工作需要性能优良的低温钻井液辅助，本文介绍了低温地层钻进相关的低温钻井液的研究现状和应用情况，对低温钻井液的发展状况进行了分析。

【关键词】　低温地层；低温钻井液；冻土层；极地；海洋深水；井壁稳定；研究进展

低温地层钻探跟常规地层钻进相比，最大区别在于需要保持孔壁冻土岩层的自然物态和温度状态，如果钻井液的温度太高，在循环过程中钻井液与地层之间产生热交换，改变所钻地层的原有温度，破坏地层原有的赋存状态，造成井壁失稳，如果钻井液的抗低温能力不足，则可能因钻井液在孔内的长时间循环而造成在孔内冻结，丧失流动性。目前低温钻井液研究主要针对冻土层、极地及海洋深水钻探，对于冻土层的钻进，需要着重考虑的是钻井液在低温下的综合性能，对于极地冰层科考钻进，着重考虑钻井液的抗低温能力和钻井液环保性能，而对于海洋深水钻进，除了要考虑低温性能外还需要重点考虑较高的静水压力以及较长循环通路所产生的影响。低温钻井液的性能关系着低温地层钻探的成败，针对科学研究和矿产与油气资源的勘探开发的需求，国内近年来对低温钻井液进行了一系列探索性研究。

1　冻土层资源开发低温钻井液

我国是世界第三大冻土国，拥有极其丰富的冻土资源，随着经济社会的发展，对冻土资源的开发逐渐提上日程，在冻土层钻进时，由于钻具与井壁摩擦会产生大量热，容易造成冻土地层中的冰融化，造成井壁失稳，低温下高分子聚合物溶解困难，其性能受到抑制难以发挥，同时低温下钻井液流变性差，因此研究低温钻井液以满足冻土层钻进要求具有重要意义。

针对冻土层矿产资源开发，国内进行了一些探索性的低温钻井液技术的研究，丁付利以NaCl 作为抗冻剂，钠土作为造浆材料，以抗盐共聚物 GTQ 和多功能剂 MBM 作为主剂，形成了能够满足-15℃和-10℃条件下使用的低温钻井液[1]。张永勤等通过钻探冲洗液在高原永冻区水合物的应用研究，对国外冰层取心和永冻土地层钻探冲洗液应用现状进行了分析。

基金项目：天津市科技计划项目"非常规和深层油气资源开发钻井液关键技术研究"（项目编号19PTSYJC00120）。

作者简介：陈安亮，中国石油集团渤海钻探泥浆技术服务分公司，工程师。地址：天津市大港油田红旗路东段泥浆公司；电话：022-25969465；E-mail：chenanliang@ 126. com。

主要从冲洗液体系的抗低温能力，抗低温处理剂和抗冻剂的选择入手，以及钻井液体系对冻土层的抑制性、降滤失性等方面，对高原永冻区水合物钻探冲洗液的研究和现场实际应用提出可借鉴的参考建议[2]。吉林大学冯哲等结合高原冻土和冻土层赋存条件，试验研究了钻井液的耐低温特性，以乙二醇作为防冻剂，配合其他高聚物等处理剂的无固相聚合物低温钻井液体系，可以满足青海地区永冻土地层勘探钻进所用钻井液的性能要求[3,4]。吉林大学展嘉佳根据高原冻土地层钻井液的使用原则，结合已有的低温钻井液现场使用经验，在无固相高聚物抗低温钻井液研究的基础上，对抗低温钻井液的不分散低固相高聚物体系进行了进一步实验研究，优选出以乙二醇和 NaCl 作为主要抗冻剂的耐低温钻井液体系[5]。刘华南对冻土层井壁温度场变化规律进行了理论研究，研制出低温泡沫冲洗液成功应用于漠河冻土区钻探施工中[6]。俄罗斯冻结岩层钻进经验表明，散热系数小、滤失量低、黏度大的钻井液是最有效的，向低温钻井液中添加不同聚合物(水解聚丙烯腈、聚丙烯酰胺、羧基甲基纤维素、聚乙烯氧化物等)，可以使其黏度变大，滤失量减小，从而达到上述性能[7]。郝振军以乙二醇与无机盐、有机处理剂聚乙烯醇(PVA)、水解聚丙烯胺(PHPA)相配合，形成可满足于-20℃条件下施工的钻井液，体系具有很好流变性[8]。

天然气水合物赋存地层钻井所用钻井液需要具备较常规油气钻井液更复杂的性能，水合物赋存地层钻井特性决定了在钻井液体系设计时，不仅要考虑钻井液的水合物抑制性，而且还必须重点关注钻井液密度、流变性、造壁和封堵能力和低温稳定性等这些对井壁稳定和井内安全控制起重要协同作用的性能参数[9]。低温对钻井液的流变性影响较大，钻井液的流变特性在整个钻进过程中对冷却钻头、携带岩屑、稳定孔壁等具有非常重要的作用，应研究在确保水合物相态稳定的前提下，选择相应处理剂调整钻井液流变特性，满足天然气水合物钻探的要求[10]。王胜等针对冻土地层钻井液的特点，通过室内大量试验，研究出了抗低温钻井液体系，并可适用于高原冻土水合物地层钻探的施工，为之后实施的青藏高原永冻土层水合物钻探施工做好了钻井液技术方面的准备，弥补了国内在低温钻井液方面研究的不足[11]。

赋存天然气水合物永冻层钻进相关的钻井液需添加有不同成分的天然气水合物的抑制剂。抑制剂主要有两类，一类是常规的抑制剂，即热力学抑制剂，盐、甲醇或乙二醇等，作用机理主要是使水合物的相平衡曲线移至更低温度(更高压力)的位置，动力学抑制剂，含有聚合物和表面活性剂的化学剂，主要是对天然气水合物的具有时间依赖性和随机性的结合和生长过程进行抑制[7]。王胜等[12]针对青藏高原永冻层天然气水合物的钻探，提出了以分解抑制法为基础进行低温钻井液体系设计的技术方案，在低温钻井液基础液研究的基础上，以 15%NaCl 溶液作为基础液研制出了满足高原冻土天然气水合物钻探要求的无固相低温钻井液体系。路保平等[13]优选了多糖类聚合物低温流性调节剂、淀粉类低温降滤失剂、复合盐醇防冻剂及天然气水合物抑制剂等关键处理剂，形成了 0~4℃和-25~0℃两套低温钻井液体系配方，室内试验结果表明，两套低温钻井液体系的泥页岩回收率均大于 90%，具有优良的润滑性能和天然气水合物抑制效果，且环境友好，$LC_{50} > 3 \times 10^4$mg/L。孙涛等[14]研究表明，在以 NaCl 为基础的钻井液中添加了聚乙二醇和聚乙烯乙二醇之类的有机添加剂，可改善天然气水合物的相态平衡点，其中添加聚乙二醇的钻井液体系的相态平衡温度为 6℃左右、平衡压力为 9~10MPa，掺加 5%KCl 的钻井液体系相态平衡温度为 9℃左右、平衡压力为 12MPa 左右。为解决高原冻土和天然气水合物勘探过程中钻进和取心问题，周忠鸣等选择了 NaCl 作为抗冻剂，抗盐共聚物 GTQ 和水解聚丙烯酰胺 PHP 作为主要聚合物试剂，形成了在-15℃可以满足高原冻土层钻进要求的钻井液体系配方[15]。Shuqing Hao 以 HEC、PEG、NaCl 和 KCl 为主剂，形成了适合冻土层天然气水合物开采的低温钻井液[16]。Nikolaev N. I. 等对以聚乙二醇和丙二醇组成的复合醇类钻井液的低温性能进行了研究，该钻井液以 PVP 为水合物动力学抑制剂，具有良好的低温流变性、润滑性、页岩抑制性和水合物生成抑制性，可用于含天然气水合物的永冻土层钻井[17]。

低温环境下，钻井液处理剂因结构不同，表现出不同的性能。杨葳等[18]对比分析了 PAM、PHPA、PAC-141、Na-CMC 与 KHm 的分子结构、官能团的种类与数量对钻井液的防塌能力和流动性的影响，得出了几种处理剂的耐低温能力大小的顺序为 PAC-141<PHPA<PAM<Na-CMC<KHm，为天然气水合物勘探中低温钻井液的配制与使用提供指导。杨阳等[19]研究了聚合物形态特征对低温钻井液性能的影响，认为线性高聚物的动切力低于环型高聚物，在低温条件下具有更好的流动性。

2 极地科考及资源勘探开发钻井液

极地科考工作具有重大的科学意义，深冰取心又是极地科考的重要工作，冰层取心钻进的关键技术之一就是安全环保、性能优良的超低温钻井液。国内南极科考冰层深孔钻进，主要采用以下钻井液：乙醇水溶液、乙酸丁酯(用苯甲醚作加重剂)、硅有机溶液，并越来越广泛使用加有各种加重剂的烃基液体。烃基液体主要为轻质燃料与工业煤油和溶剂。加重剂主要为三氯乙烯、高氯乙烯以及某些氯氟化碳。国外冰层钻进主要钻井液技术跟国内类似，主要是由基本组分(如煤油、烷烃类)和用来调节基本组分密度的第二种液体(加重剂或稠化剂)混合而成双组分钻井液，乙二醇溶液或乙醇溶液等亲水性钻井液，n-乙酸正丁酯等钻井液。在阿拉斯加北极地区科考过程中，在北极的永冻土地层中，使用卵磷脂试剂钻井液进行钻进，在钻进 K-13 钻孔时取得了圆满成功，通过在钻井液中加入一定量的 PVP 溶液、卵磷脂试剂和多聚物，通过卵磷脂试剂的吸附作用，部分卵磷脂试剂吸附于冻土层表面的出露孔壁，从而减缓冻土地层的分解速度，并且与冻土层已分解出的自由水和气体相结合，迅速形成新的冻土层，可有效控制气体的扩散[20]。根据南极冰层钻进的特点及对钻井液的特殊要求，韩俊杰等[21]在综合分析国内外冰层钻进钻井液应用经验的基础上，对有机硅、氟代烃、一元脂肪酸酯及二元脂肪酸酯进行了理论上的分析研究，测试了各自在不同温度条件下的黏度和密度，分析了黏度与密度变化的机理。确定出分子间相互作用中无氢键形成的物质的黏温系数最小，脂肪酸酯的黏温系数受到分子间氢键的数量影响最大，指出了介质密度的增加是由于体积收缩所致，与介质的分子结构与形态无关。王莉莉等[22]为寻找一种新型安全、环保的耐低温钻井液，对三种不同混合酯的耐低温性能进行了试验研究，测试了三种混合酯的黏度与密度随温度的变化。试验发现，当温度下降时，混合酯的黏度都存在一个稠化温度，稠化温度的高低受酯的分子结构、分子量及分子间作用力的影响。混合酯的组成、分子结构及分子间作用力大小不影响密度随温度的变化关系，但对密度的大小与密度增加的速度影响较大。韩丽丽通过深入的理论分析和大量的试验研究，优选出了低分子量硅氧烷、低分子量一元脂肪酸酯(MFAE)和低分子量的二元脂肪酸酯(STE-A)3 种密度和黏度性能基本符合南极冰层取心钻进用钻井液的单质和配方[23]。于达慧以椰子油庚基酯的衍生物 ESTI-SOLTM-140、-165 和-F2887 选择性复配形成的双组分酯基钻井液在-30℃以上温度范围内的性能良好，在-30℃时，密度可调节在 0.92 ~ 0.94g/cm³ 以内，黏度可调节在 8.2 ~ 11.2mPa·s 之间[24,25]。

汤凤林等对俄罗斯冰层及低温地层的钻探技术进行了研究，对国内冻土层矿产资源的开发具有重要借鉴意义[26-28]。

3　海洋深水低温钻井液

随着海洋石油开采比例的逐年增加，海洋石油勘探逐步向深水区域发展。与浅水区域相比，深水钻井涉及钻井环境温度低、海底页岩的稳定性、井眼清洗、浅层天然气以及气体水合物的形成等一系列问题，给钻井工作带来了诸多挑战。深水钻井一般是指在海上作业中水深超过 450~500m 的区域，当水深大于 1500m 时的海上作业称之为超深水钻井。深水环境是决定海底低温的重要因素，低温条件下进行钻井要求钻井液具有较好的低温稳定性。

王震等[29]通过大量实验优选出一种适合海洋天然气水合物地层钻井用的纳米 SiO_2 钻井液，并对其低温性能和水合物生成抑制性进行了实验评价，实验结果表明，该钻井液具有良好的低温流变性和泥页岩水化抑制性，并能够长时间有效抑制水合物地层分解气在钻井液循环系统中重新生成水合物，有利保障在含水合物不稳定地层中钻井的顺利实施。蒋国盛等[30]研究表明黏土对水合物生成起促进作用，改性淀粉、聚合醇对水合物生成有一定的抑制作用。PVP（K90）有良好的水合物抑制能力，黏土对钻井液低温流变性影响较大，加入黏土的聚合醇钻井液在低温条件下黏、切增长较快。聚合醇无土钻井液体系低温性能良好，适合在海底深水、低温条件下进行分解抑制法钻进水合物地层。在进行海洋天然气水合物勘探的钻井液体系研究时，应尽量选择无黏土低固相的钻井液体系，并且加入用量少、效果好的动力学抑制剂，来确保钻井液具有良好的低温性能和有效抑制水合物生成的能力。刘红卫等[31]研制了一种含有动力学抑制剂的深水水基钻井液，在水温 3℃ 左右的环境下，可有效地抑制气体水合物的生成，在低温条件下钻井液体系能保持良好的流变性能，钻井液的 PV、YP 在作业范围的温度段内变化较小，具有恒流变的特性能够满足深水钻井的要求。

低毒矿物油基钻井液是海洋深水钻井的另一重要钻井液体系。中国海洋石油集团有限公司在渤海海域蓬莱开发过程中，选择使用 VersaClean 低毒油基钻井液，该钻井液为低毒环保钻井液，可广泛应用在海洋钻井作业中[32]。胡三清等研究了低毒油基钻井液的配方及其低温流变性，并对钻井液进行了室内模拟伤害评价[33]。对于油基钻井液低温流变问题，国内外对深水钻井液技术进行了较为系统的研究[34,35]。MI 公司新型的恒流变合成基钻井液体系通过调控乳化剂、润湿剂、流变稳定剂和辅助增黏剂的比例，使恒流变合成基钻井液性能优异，温度对流变曲线几乎没有影响[36]。为解决深水钻井过程中常规合成基钻井液因其流变性在低温和高温条件下差异大而造成 ECD 值高、井漏和压力控制难等问题，王荐以长链不饱和脂肪酸和活性烯类单体为原料研发聚酰胺类流变恒定剂 MOCRA，通过环保生物质基液、有机土及降滤失剂及油水比的优选，开发环保型抗 200℃ 的恒流变生物质合成基钻井液体系[37]。气制油钻井液与合成基钻井液是具有油基钻井液性能的相对环保钻井液，是传统矿物油基钻井液的替代品，以气制油为基础油的恒流变钻井液体系国内外近年来研究比较广泛[38-43]。

4　结束语

目前国内关于低温钻井液的研究相对较少，这与中国目前在冰层、极地、冻土层和海洋深水的钻探相对较少有关。关于低温钻井液的研究工作相对单一，对于冻土层钻进水基钻井液主要以无机盐和乙二醇等为降凝剂，配合常规水基钻井液用处理剂。水合物抑制剂的研究也处于起步阶段，成熟的产品种类较少。对于能够用于低温水基钻井液以及合成基钻井液的调节低温流变性能的专用处理剂研究较少，这也应是未来研究的一个重要方向。

参 考 文 献

[1] 丁付利. 冻土地层低温钻井液体系研究[D]. 北京：中国地质大学(北京)，2014.

[2] 张永勤，孙建华，赵海涛，等. 高原冻土水合物钻探冲洗液的研究[J]. 探矿工程(岩土钻掘工程)，2007，9：16-19.

[3] 冯哲，徐会文，展嘉佳. 乙二醇复合聚合物抗低温钻井液体系的试验研究[J]. 世界地质，2008，27(1)：95-99.

[4] 冯哲. 抗低温钻井液性能的试验研究[D]. 吉林：吉林大学，2008.

[5] 展嘉佳. 不分散低固相聚合物钻井泥浆抗低温试验研究及地表冷却系统设计[D]. 吉林：吉林大学. 2009.

[6] 刘华南. 冻土层钻探低温泡沫冲洗液的研究[D]. 吉林：吉林大学，2016.

[7] 张凌，蒋国盛，蔡记华，等. 低温地层钻进特点及其钻井液技术现状综述[J]. 钻井液与完井液，2006，23(1)：69-72.

[8] 郝振军. 永冻层钻井冲洗液的研究[J]. 吉林地质，2011，30(3)：121-124.

[9] 张凌. 天然气水合物赋存地层钻井液试验研究[D]. 北京：中国地质大学(北京)，2006.

[10] 邱存家，陈礼仪，朱宗培. 天然气水合物钻探中钻井液的使用[J]. 探矿工程(岩土钻掘工程)，2002(4)：36-37.

[11] 王胜. 天然气水合物勘探用盐基低温无固相钻井液研究[J]. 地球，2013，4.

[12] 王胜，陈礼仪，张永勤. 无固相低温钻井液的研制[J]. 天然气工业，29(6)：59-62.

[13] 路保平，侯绪田，柯珂. 中国石化极地冷海钻井技术研究进展与发展建议[J]. 石油钻探技术，2021，49(3)：1-10.

[14] 孙涛，陈礼仪，邱存家，等. 天然气水合物勘探低温钻井液体系与性能研究[J]. 天然气工业，2004(2)：61-63.

[15] 周忠鸣，张扩，朱宝. 低温无固相钻井液配方优选及经济性评价[J]. 探矿工程(岩土钻掘工程)，42(4)：21-25.

[16] Shuqing Hao. A study to optimize drilling fluids to improve borehole stability in natural gas hydrate frozen ground[J]. Journal of Petroleum Science and Engineering，2011，76，109-115.

[17] Nikolaev N. I. a；Liu Tianle；Wang Zhen et al. The Experimental Study on a New Type Low Temperature Waterbased Composite Alcohol Drilling Fluid[J]. Procedia Engineering，2014，73：276-282.

[18] 杨葳，杨阳，徐会文. 冻土区天然气水合物勘探低温钻井液理论与试验[J]. 探矿工程(岩土钻掘工程)，2011，38(7)：29-31.

[19] 杨阳，孙友宏，郭威等. 聚合物形态特征对低温钻井液性能的影响试验[J]. 吉林大学学报，2012，42(3)：309-313.

[20] Zagorodnov V S，Morev V A，Nagornov O V，et al. Hydrophilic liquid inglacier boreholes. Cold Regions Science and Technology，1994，22：243-251.

[21] 韩俊杰，韩丽丽，徐会文，等. 极地冰层取心钻进超低温钻井液理论与试验研究[J]. 探矿工程(岩土钻掘工程)，2013，40(6)：23-26.

[22] 王莉莉，赵大军，徐会文，等. 南极冰层取心钻探酯基钻井液抗低温性能试验[J]. 世界地质，2013，32(4)：862-866.

[23] 韩丽丽. 南极冰钻超低温钻井液技术研究[D]. 吉林：吉林大学，2013.

[24] 于达慧. 双组分极地冰钻酯基钻井液研究[D]. 吉林：吉林大学，2013.

[25] Talalay P, Hu Z, Xu H, et al. Environmental considerations of lowerature drilling fluids[J]. Annals of Glaciology, 2014, 55(65): 31-40.

[26] 汤凤林. 俄罗斯南极冰上钻探技术[J]. 地质科技情报, 1999, 18: 3-6.

[27] 汤凤林, 蒋国盛, 等. 生产条件下冻结岩石钻进的试验研究[J]. 探矿工程(岩土钻掘工程, 2002, 3: 28-31. 地质科技情报, 2001, 21(4): 96-100.

[28] 汤凤林, 张生德, 蒋国盛, 等. 在天然气水合物地层中钻进时井内温度规程与钻井液的关系[J]. 地质科技情报, 2002, 21(4): 96-100.

[29] 王震, 冯振波, 刘天乐, 等. 水合物地层用纳米 SiO_2 钻井液低温性能实验研究[J]. 科学技术与工程, 2014(34): 135-139.

[30] 蒋国盛, 施建国, 宁伏龙, 等. 海底天然气水合物钻井液性能[J]. 探矿工程-岩土钻掘工程, 2009, 036(0z1): 235-239.

[31] 刘卫红, 俞玲, 许明标, 等. 一种含有动力学抑制剂的深水水基钻井液的研制[J]. 油田化学, 2019. 36(4): 577-580.

[32] 安文忠, 张滨海, 陈建兵. Versa Clean 低毒油基钻井液技术[J]. 石油钻探技术, 2003, 31(6): 33-35.

[33] 胡三清, 余娇梅, 胡志鹏. 低毒深水油基钻井液室内研究[J]. 化学与生物工程, 2008, 25(11): 48-50.

[34] 李怀科, 罗健生, 耿铁, 等. 国内外深水钻井液技术进展[J]. 钻井液与完井液, 2016, 32(6): 85-88.

[35] 罗健生, 李自立, 罗曼, 等. 深水钻井液国内外发展现状[J]. 钻井液与完井液, 2018, 35(3): 1-7.

[36] Steven Young, James Friedheim, John Lee, et al. A New Generation of Flat Rheology Invert Drilling Fluids[J]. SPE 154682, 2012.

[37] 王荐. 环保型深水恒流变生物质合成基钻井液体系研究[D]. 北京: 中国地质大学(北京), 2020.

[38] 沈丽, 王宝田, 宫新军, 等. 气制油合成基钻井液流变性能影响评价[J]. 石油与天然气化工, 2013, 42(1): 53-57.

[39] 万绪新, 张海青, 沈丽 等. 合成基钻井液技术研究与应用[J]. 钻井液与完井液, 2014, 31(4): 26-29.

[40] 胡文军, 向雄, 杨洪烈. FLAT-PRO 深水恒流变合成基钻井液及其应用[J]. 钻井液与完井液, 2017, 34(2): 15-20.

[41] 李自立, 罗健生, 田荣剑, 等. 适用于深水钻进的合成基液探索[J]. 钻井液与完井液, 2012(6): 4-6.

[42] 丁文刚. 深水恒流变合成基钻井液体系及流变性研究[D]. 荆州: 长江大学, 2013.

[43] 舒福昌, 齐从温, 向兴金, 等. 深水合成基钻井液恒流变特性研究[J]. 石油天然气学报, 2012, 34(12): 101-104.

改进型水基钻井液体系在文昌13-2油田的应用

李　强　张立权　刘喜亮　易鹏昌

(中海油田服务股份有限公司油田化学事业部)

【摘　要】　文昌13-2油田位于中国南海西部海域珠江口盆地，该项目19口井为南海西部首次采用修井机进行大规模批钻井作业，设备能力弱，作业条件有限，项目井井眼轨迹呈三维"S"形，作业摩阻大，易发生卡钻，同时该区块珠海组以上地层泥岩伊/蒙含量高容易水化起球，储层压力衰竭，压力系数低至0.32，作业过程中极易发生井漏，极大影响钻井时效。针对修井机在该区块钻完井作业中的诸多问题，结合区块地质特点，构建了一套适合文昌区块修井机批钻井作业的钻井液体系和现场作业模式。现场应用表明，该钻井液体系成功解决了前期作业过程中泥球、摩阻大、井眼清洁差和钻井时效低等技术难题，项目19口井作业均安全顺利完成，降本提质增效效果显著。

【关键词】　水基钻井液；修井机；泥球；井眼清洁；摩阻控制

南海西部海域珠江口盆地珠海组以上地层含有大套砂泥岩互层，泥岩蒙皂石和伊/蒙混层含量高，极易发生水化分散和水化膨胀。同时由于优快钻井机械钻速快，井筒中钻屑浓度较高，传统水基钻井液体系中因含有大量大分子链聚合物，通过静电与活性基团共同作用容易将钻井液中的固相颗粒包裹起来，促使钻屑相互黏结形成泥球。另外，钻井液流变性调控和工程措施不到位，会造成携岩能力差，造成井眼不清洁，继而引起钻井液体系增稠、黏附、起泥球、缩径，导致泥包、阻卡、憋泵等复杂情况[1]。文昌13-2项目井设计轨迹复杂，呈三维"S"形，裸眼段长，摩阻大，而修井机作业能力有限，更容易发生井下复杂情况。因此，构建一套适合该区块修井机批钻井作业的钻井液体系，提高钻井时效，保证作业安全非常重要。

1　地质特征及工程简况

1.1　地质特征

文昌13-2油田位于南海北部大陆架西区的珠江口盆地内，处于珠江口盆地珠三拗陷琼海凸起中部，油田项目井从上到下依次钻遇第四系、新近系粤海组、韩江组、珠江组，油田储层主要分布在珠江组一段和珠江组二段[2]。珠江组一段以上以灰色泥岩为主，夹薄层状灰色泥质粉砂岩、细砂岩，泥岩蒙脱石和伊/蒙混层含量较高，极易发生水化分散和水化膨胀。珠江组一段上部以浅海席状砂相为主，颗粒细，泥质含量较高，物性相对较差，岩心平均孔隙度25.6%~29.5%，平均渗透率19.3~57.9mD，为高孔、中低渗储层；珠江一段中下

作者简介：李强，助理工程师，毕业于长江大学应用化学专业，现从事钻完井液技术工作。地址：广东省湛江市坡头区鸡咀山路中海油服湛江分公司油化事业部；电话：15872151572；E-mail：liqiang97@cosl.com.cn。

部中临滨砂坝孔隙度平均为29.6%~31.5%，渗透率平均为200.6~1478.0mD，为高孔、高渗储层，下临滨大多为高孔、中低渗储层；珠江组二段为砂坪沉积，平均孔隙度28.2%~34.1%，渗透率为427.3~4432.1mD，储层主要为高孔、高渗储层[3]。文昌13-2油田各油藏垂深1000~1350m，均为正常压力系统，纵向上各油组具有各自独立的压力系统，表现出油田具有多油水系统的特点，储层压力系数为0.32~1.04之间，地层温度梯度为5.40℃/100m，最高井底温度87℃。

1.2 工程简况

项目井原ODP和基本设计阶段推荐钻完井作业机具方案均为"桩靴改造后海洋石油某钻井平台+搬迁文昌平台HXJ180修井机"，钻井平台发生穿刺后，经评估目前区块已有钻井平台均不具备作业条件，同时经过核算HXJ180修井机设备能力满足项目钻完井作业需求[钻机最大提升能力1800kN，顶驱最大提升能力250t，连续输出扭矩24.34klb·ft（最大扭矩36.8klb·ft）]，计划19口井全部用该修井机完成钻完井所有作业。

项目井表层采用打桩方式下入 φ609.6mm（单筒单井）及 φ914.4mm（单筒双井）隔水导管，一开使用 φ406.40mm 钻头钻至井深600m左右，下入 φ339.73mm 套管坐底；二开使用 φ311.15mm 钻头钻进至入砂（井深1190.00~2015.00m），下入 φ244.48mm 套管坐底；三开使用 φ215.90mm 钻头钻进至井深1685.00~2730.00m，下入 φ127.00mm 筛管，水平裸眼段长217.00~1032.00m。

1.3 定向井轨迹

项目井轨迹设计上部全角变化率(2.00°~4.20°)/30.00m，下部最大全角变化率(3.00°~4.30°)/30.00m，9口井轨迹需要反扣，实际钻进过程中因储层埋藏浅、岩性疏松，造斜率无法平稳控制，最大狗腿度达8.5°，实钻轨迹较为复杂。项目井轨迹如图1、图2所示。

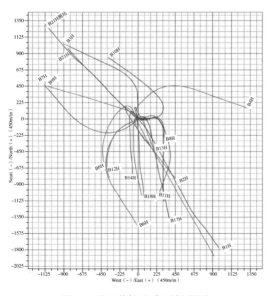

图1　项目井轨迹水平投影图

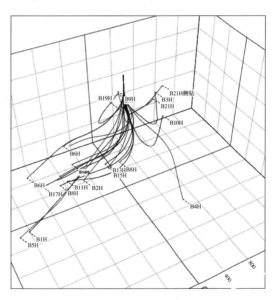

图2　项目井轨迹三维投影图

2 钻井液作业难点

项目井所属区块粤海组、韩江组和珠江组含有大套砂泥岩互层，泥岩蒙脱石和伊/蒙混层含量较高，极易发生水化分散和水化膨胀，容易引起泥球、井壁缩径、阻卡、憋泵等复杂情况，根据地质资料预测，该区块多个油组亏空严重，压力系数低至 0.32，漏失风险较大（图3）。同时项目井全部为三维井，井眼轨迹呈"S"形，摩阻大，且全部采用修井机作业，与钻井平台相比，修井机平台设备能力差，作业条件有限，更容易发生井下复杂情况。结合钻遇地层特点、井身结构、井眼轨迹及作业机具，项目井主要风险控点如下：

　　（1）防止起泥球及井眼清洁问题；

　　（2）三维轨迹摩阻控制问题；

　　（3）粤海组组大套泥岩起钻困难问题；

　　（4）亏空储层防漏和储保问题。

图3　文昌13-2区块前期A平台钻进返出泥团

3　钻井液体系优化

3.1　优化思路及技术原理

　　通过全面调研、总结国内外钻井液作业经验，深度结合区域地质特点，室内反复试验论证，构建出适用于南海西部文昌区块修井机批钻井作业的新型水基钻井液体系。该钻井液技术的主要技术理念如下：

　　（1）针对粤海组、韩江组容易起泥球，井壁易缩径，起钻时效低的技术难题，通过降低聚合物包被剂的加量，将原来的强包被体系变为弱包被体系，使钻屑适度分散。

　　（2）针对粤海组、韩江组大套泥岩，通过引入有机胺类抑制剂，协同无机抑制剂，进一步提高体系的抑制性[4]。

　　（3）针对南海西部修井机作业摩阻大，启动扭矩和上提悬重异常带来的井下复杂情况，引入提切降滤失剂和流型调节剂，提高钻井液切力和低剪切速率，保证携带和悬浮能力，防止过度冲刷井壁，维持井眼微扩径。同时采用间断泵入 PF-PLUS 稠浆清扫的作业模式，维持清洁井眼的同时润滑井壁，有效降低了裸眼段摩阻，起钻前针对性的在裸眼段垫入高润滑钻井液，进一步降低裸眼段的摩阻，保证套管顺利到位[5]。

3.2　流变性评价

　　实现优快钻井固有的特点之一就是机械钻速快，钻速快就不可避免的会造成大量钻屑的产生，当钻井液的动态携岩能力较差时，就不能满足携带岩屑的要求，造成钻屑不能及时返出井筒，必然会导致环空钻屑累积，钻屑浓度过高，钻屑颗粒就极容易发生相互反复碰撞，从而引起互相黏结、形成泥球[6]。因此，提高井眼清洁可以在很大程度上防止泥球的产生，改进型水基钻井液体系引入提切降滤失剂 PF-FLOTROL 和流型调节剂 PF-VIS，能有效地提高岩屑携带效率，室内流变性实验结果见表1。

表 1　改进型水基钻井液体系流变性能

密度 (g/cm³)	PV (mPa · s)	YP (Pa)	YP/PV	Φ_3
1.10	13	7	0.54	5
1.20	18	9	0.50	6
1.30	22	10	0.46	6

从表1可以看出，不同比重的改进型水基钻井液体系具有良好的流变性，钻井液的动切力和 Φ_3 读数较高，能够满足动态和静态岩屑携带要求，减少环空钻屑浓度避免形成泥球。

3.3　抑制性评价

南海西部区块井目前常用的抑制剂为无机盐 KCl，防塌抑制性良好，钻井液中加入 KCl，可在一定程度上抑制黏土的水化，防止泥岩段井径过度扩大。改进型水基钻井液体系在传统无机盐抑制剂的基础上，引入有机胺抑制剂 PF-UHIB，通过"无机抑制+有机抑制"双抑制作用实现对泥岩段的强抑制。评价结果如表2所示，实验结果表明无机抑制剂配合有机抑制剂实现了物理抑制和化学抑制双协同，进一步增效了改进型 PDF-PLUS/KCl 钻井液体系的抑制性，对外来黏土具有很好的抑制水化分散作用，能有效实现泥岩段的高效抑制。

表 2　改进型水基钻井液体系抑制性

体系	H 原 (mm)	R24 (mm)	R24 占比 (%)	原钻屑重量 (g)	热滚回收重量 (g)	热滚回收率 (%)
钻井水	10.00	5.38	53.8	50.00	18.65	37.3
改进型水基钻井液	10.00	0.78	7.8	50.00	46.92	93.8

3.4　润滑性评价

修井机作业条件有限，作业能力无法与常规钻机相比，项目井轨迹复杂，作业摩阻较大，容易导致启动扭矩和上提悬重异常，引起井下复杂情况发生。为此室内针对水基钻井液加强润滑减振做了大量室内评价实验，评价结果见表3。实验表明，使用多种液体润滑剂（PF-JLX/PF-HLUB/PF-LUBE），并配合使用固体润滑剂（PF-GRA 和 PF-BLA），可以有效地提高钻井液润滑性，降低扭矩和摩阻。同时使用简单体系钻进时，适当补充 PF-PLUS，可以改善简单钻井液润滑性，从而最终起到降低摩阻的效果。

表 3　改进型水基钻井液体系润滑性能

项　　目	润滑系数
基浆	0.203
基浆+0.1%PF-PLUS	0.165
基浆+2%PF-JLX+1.5%PF-LUBE	0.113
基浆+2%PF-JLX+1.5%PF-HLUB	0.110
基浆+2%PF-JLX+1.5%PF-LUBE+1.5%PF-HLUB	0.085
基浆+2%PF-JLX+1.5%PF-LUBE+1.5%PF-HLUB+2%PF-GRA	0.078

4 现场应用情况

改进型水基钻井液体系已在文昌13-2油田19口井中成功应用，现场应用表明井眼清洁，起下钻顺畅，摩阻扭矩小，井壁稳定无任何井下复杂情况，大幅提高钻井作业时效，提质增效效果显著。

4.1 钻井基本数据

文昌13-2油田项目井技术层段井深结构基础数据见表4。

表4 文昌13-2油田项目井技术层段井深结构基础数据

井 名	B1H	B2H	B3H	B4H	B5H	B6H	B7H	B8H	B9H	B10H
13⅜in 套管（m）	603.8	605.7	603.8	603.8	604.8	605.5	603.1	605.8	603.3	608
12¼in 井眼（m）	2015.8	1189.7	1439	1611.5	2015.85	1680	1468	1528	1228.4	1496.6
垂深（m）	1030.6	1037.9	1111	1129.36	1127.69	1119.6	1112	1156	1039	1188.12
最大井斜（°）	79.36	74.8	73.77	84.3	79	84.3	74.24	86	77	80.5

井 名	B11H	B12H	B13H	B14H	B15H	B16H	B17H	B18H	B21H	
13⅜in 套管（m）	599.2	604.8	600.5	601.5	608	605.2	605	600	605	
12¼in 井眼（m）	1390	1205	1468	1455	1541	1516	1266	1529	2013.65	
垂深（m）	1172	1097	1201	1229	1335	1267.4	1002	1275.64	1219.8	
最大井斜（°）	70.57	50.87	87	82.8	79.2	87	88	85.59	83.54	

4.2 现场钻井液性能维护情况

因修井机作业条件有限，采用陆地配制高浓度胶液运输至现场，现场根据实际情况进行调整配制开钻钻井液，钻进期间维护措施如下：

（1）韩江组及以上地层采取简单改进型水基钻井液思路，维持钻井液黏度30~32s，密度1.08g/cm³以内。具体做法为：泥岩段钻进时根据返砂情况往循环系统补入1%~2% KCl和0.5%~1% PF-UHIB，防止泥岩过度水化；通过钻井液低黏低密度条件下的强冲刷力，促进大套泥岩段井眼适当扩大。砂岩段适当补充PF-PLUS胶液保持井壁滑而不黏，每钻2~3柱清扫稠浆5~7m³，防止岩屑藏在不规则和大狗腿处。

（2）珠江组控制黏度32~35s，密度控制在1.10g/cm³以内，每2~3柱清扫稠浆7m³，视情况可增加稠浆清扫量。此段砂泥岩互层较多，钻进期间，结合轨迹及地层岩性变化，适当调整钻井参数，合理泵入稠浆清洁井眼，间歇补充PF-PLUS胶液；同时加强封堵，合理使用提切降滤失剂PF-FLOTROL和流型调节剂PF-VIS，降低钻井液滤失量，避免井眼井径不规则或出现井眼清洁问题。

（3）充分利用好固控设备，尽量更换150~170等高目数筛布，全程开启除砂器、除泥器和离心机，通过往循环系统持续性补入稀胶液，结合排放沉砂池，确保钻井液清洁。

（4）针对低压储层，一方面严控钻井液密度，同时通过多种措施保证钻井液清洁，降低环空ECD。另外加入酸溶暂堵剂PF-EZCARB和封堵材料PF-NRL/PF-LSF，改善滤饼质量，增强地层承压，降低失水。

（5）钻进至目的层入砂确定中完后，泵入20~30m³稠浆清扫，循环至返出干净，下钻通井到底，加入1.5%PF-BLA，2%PF-GRA，3%PF-JLX，4%PF-LUBE，提高钻井液的润滑性和抑制性。

4.3 现场应用效果分析

4.3.1 典型钻井液性能

改进型水基钻井液体系在文昌13-2油田项目中使用效果良好，钻井液的性能维护简单易操作，流变性较为稳定，携砂能力好，能满足现场作业需求，实际使用过程中钻井液性能见表5。

表5 改进型水基钻井液现场性能

井　名	密度(g/cm³)	漏斗黏度(s)	PV(mPa·s)	YP(Pa)	FL_{API}(mL)
B1H	1.05~1.10	30~37	6~9	3.5~6.5	4.6~6.0
B2H	1.04~1.10	29~37	4~9	4~7	4.0~6.8
B3H	1.04~1.12	30~37	4~9	4~7	4.0~7.0
B4H	1.04~1.08	28~34	7~10	5~6	4.8~6.0
B5H	1.06~1.10	29~37	5~12	1.5~6.5	4.6~6.2
B6H	1.04~1.10	28~35	5~10	4~5.5	4.6~6.4
B7H	1.05~1.12	30~37	4~9	3~6	4.4~6.0
B8H	1.04~1.12	31~37	8~9	2~7	4.0~7.0
B9H	1.04~1.08	28~35	7~10	4~5.5	4.4~5.4
B10H	1.05~1.09	30~35	7~8	4.5~6	4.6~5.6
B11H	1.04~1.14	33~38	8~10	4~8	4.0~6.0
B12H	1.04~1.08	30~35	7~10	5~5.5	4.2~5.8
B13H	1.08~1.15	32~36	10~13	3~6	4.0~5.0
B14H	1.07~1.15	29~35	10~13	2~6	4.6~6.8
B15H	1.05~1.10	32~37	9~10	5.5~6	4.2~7.0
B16H	1.04~1.09	28~35	7~8	4~6	4.6~5.8
B17H	1.03~1.09	28~35	7~10	4.5~5.5	4.6~5.2
B18H	1.06~1.08	30~35	6~7	4~6	4.4~5.8
B21H	1.06~1.10	30~35	8~12	4~6.5	4.0~5.6

4.3.2 机械钻速

钻进过程中采用低黏低切思路，"分层位一对一"使用钻井液，让泥岩尽量分散，很大程度上释放了机械钻速，平均机械钻速64.58m/h，较区块前期井35.21m/h提高了84%，钻井过程中未出现泥球和井漏现象(图4)。

4.3.3 起钻情况

修井机作业设备能力有限，采用两个单根为一柱作业模式，中完后主动倒划眼短起，倒划眼参数平稳，划眼顺利，下钻过程无阻挂，项目井裸眼段平均直接起钻速度为205.19m/h，作业期间，未出现井壁失稳现象，起下钻时效显著提高(图5)。

4.3.4 摩阻控制

本项目19口井全部为三维井，井眼轨迹呈"S"形，摩阻较大，室内模拟裸眼段摩阻系数为0.35~0.50，项目井通过采用改进型水基钻井液体系有效地保证了井眼清洁和井径相对规则，起钻前针对性的再次提高裸眼段润滑性，下套管到位后反算摩阻系数仅为0.15~0.22，降摩减阻效果显著(图6)。

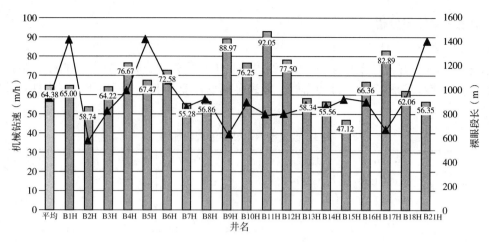

图4 文昌13-2B油田项目12¼in井段机械钻速

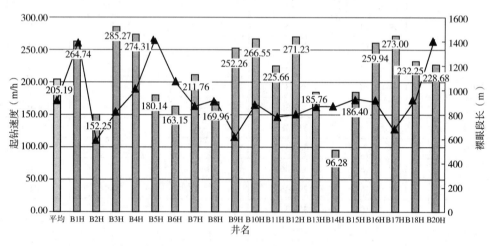

图5 文昌13-2B油田项目12¼in井段裸眼起钻情况

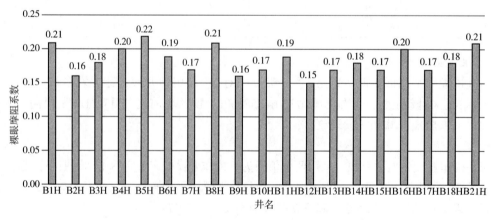

图6 文昌13-2B油田项目12¼in井段机械钻速

5 结论

（1）针对文昌区块修井机作业所使用的的传统型钻井液体系进行了优化，并根据作业特征构建了一套修井机钻井液现场作业模式。现场应用结果证明，改进型水基钻井液技术成功解决了前期文昌区块修井机作业过程中泥球、摩阻大、井眼清洁差和钻井时效低等技术难题。

（2）改进型水基钻井液体系弱包被思路适用于易水化大套泥岩段地层，井眼清洁效果良好，井壁均匀规则微扩，同时起钻前针对性地提高裸眼段润滑性，减阻效果显著，项目井19口井套管均顺利下入。

（3）改进型水基钻井液在文昌13-2B油田开发调整井项目的应用取得成功，钻井液成本较前期类似井降低约35%，作业时效较前期提效约30.72%，降本提质增效效果显著。

参 考 文 献

[1] 张岩，向兴金，鄢捷年，等. 快速钻井中泥球形成的影响因素与控制措施[J]. 中国海上油气，2011（5）：335-339.

[2] 冯正祥，刘春兰. 珠江口盆地文昌A凹陷储集层及盖层特征[J]. 中国海上油气，1999(6)：421-428.

[3] 姜巍，廖明光，陈小强. 文昌13-2油田珠江组一段储层特征研究[J]. 国外测井技术，2009(1)：24-27.

[4] 罗健生，李自立，李怀科，等. HEM深水聚胺钻井液体系的研究与应用[J]. 钻井液与完井液，2014，31(1)：20-23.

[5] 李自立. 海洋钻井液技术手册[M]. 北京：石油工业出版社，1988.

[6] 鄢捷年. 钻井液工艺学(修订版)[M]. 东营：中国石油大学出版社，2012.

国产合成基钻井液在文昌 X 井的应用

尹瑞光　李怀科　张立权　刘喜亮

（中海油田服务股份有限公司油田化学事业部）

【摘　要】　井壁失稳问题一直影响南海西部文昌区块钻井提质增效的关键难题之一，为了解决该区块珠海组井眼缩径、井壁坍塌、卡钻等复杂情况，实现目标区块提质增效，助力南海西部油公司增储上产。在室内通过几种合成基础油进行对比，并在基础油优选的基础上对进行体系优化实验，使用国产合成基钻井液体系，并对体系的流变性、抗污染性和储层保护效果进行了综合性评价，同时在南海西部文昌 X 井进行了现场应用。室内评价和现场应用效果表明，该体系具有较好的流变性、乳化稳定性和抗污染能力，切力和 ϕ_6 受温度影响较小，有效避免了该区块井壁失稳和卡钻等情况，满足了钻井作业的要求，为后续该区块的开发具有较好的借鉴意义。

【关键词】　井壁失稳；国产合成基钻井液；稳定性；抗污染

井壁失稳问题一直影响南海西部文昌区块钻井提质增效的关键难题之一，以文昌区块为代表，珠江组和珠海组地层泥岩水化膨胀易造成井眼缩径、井壁坍塌、阻卡等情况；同时该井段较长，轨迹复杂，面临深井摩阻大等难题。前期该区块使用油基钻井液体系作业，虽能满足井壁稳定和保护储层要求，有效防止和减少由于水敏性地层产生水化、膨胀、分散而引起的缩径或井塌。但该体系流变性较高，主要原因是体系采用白油作为基础油，黏度较高，造成体系流变性偏大，ECD 增大。为了提升文昌区块的综合钻井时效，作业者采用合成基钻井液作业，解决现有技术体系的应用缺陷。通过调研发现，进口合成基钻井液采用的合成基油主要以 185V 气制油和 110 气制油为主，但成本高，国产合成基油不仅成本低，油品性能能够达到进口合成基油的性能[1,2]。因此，提出在该区块采用国产合成基钻井液进行作业的作业思路。

1　体系介绍及优选原则

合成基钻井液既能提供优越的井眼稳定性和最大化的机械钻速，还具有常规油基钻井液的所有优势。而合成基钻井液中，用量最大的就是基础油，同样影响油基钻井液性能最大的也是基础油，基础油的运动黏度大小直接决定着该体系黏度的高低，直接影响着钻速的释放和井眼的清洁效果[3,4]。

钻井液体系设计的原则应综合考虑地质情况、钻井施工的难易程度以及钻井成本、环境保护等多方面因素。依据地层的地质情况及井下的温度和压力，每个井段设计选择的钻井液

作者简介：尹瑞光（1983—），男，现供职单位：中海油田服务股份有限公司油田化学事业部湛江作业公司，职称：工程师，研究方向：海洋石油钻完井液。地址：广东省湛江市坡头区南油三区中海油田服务有限公司油田化学事业部湛江作业公司钻完井液化验室；电话：13590047598；E-mail：yinrg@cosl.com.cn。

体系必须满足以下要求：减少对油层及环境的污染、抑制泥岩的水化膨胀、防止井壁的坍塌、防止卡钻、提高钻速、具有良好的润滑性以利于减少扭矩和摩阻。为最大限度地降低钻井液成本，本技术选用国产合成基础油，并开展老浆重复利用评价实验，最终优选出一套性价比高的钻井液体系。

2 室内体系优化及评价

2.1 基础油性能评价

室内对比进口合成基油（185V）、白油和国产合成基油的运动黏度、芳烃含量、密度等性能，结果见表1。从表1可以看出，与进口气制油相比，国产合成基油运动黏度更低、且芳烃和硫含量最小，国产合成基油的碳数分布在 $C_9 \sim C_{15}$ 之间，这种窄的碳数分布能使合成基油的黏度受温度的影响小，有利于流变性能稳定的钻井液配制既有利于提高机械钻速，又有利于井壁冲刷和井眼清洁，避免井下复杂情况发生[5,6]。

表1 国产合成基油与进口合成基油的性能

油 品	运动黏度（mm²/s）	含硫量（mg/L）	芳烃含量（%）	密度（g/cm³）
185V 气制油	2.57	0.0350	0.050	0.779
110 气制油	1.62	—	<0.01	0.794
国产合成基油	1.75	0.0001	0.001	0.756

由表1可见，国产合成基油含硫量和芳烃含量都较低，而且运动黏度也较低，其整体性能较好，部分性能优于进口气制油。

2.2 体系优化

考虑到现场使用情况，在保证工程安全顺利情况下，室内通过体系配方优化，实验主要采取老浆和新浆混合配比，以此来进一步降低成本。通过不断优化老浆和新浆的配比，同时结合国产合成基特性，不断优化技术方案。最终优选出合适方案。

本着降低成本的原则，进一步利用旧的油基泥浆，新浆、老浆性能见表2。

表2 新浆、老浆性能

项 目	Φ_{600}	Φ_{630}	Φ_6/Φ_3	Gel(Pa/Pa)	AV (mPa·s)	PV (mPa·s)	YP (Pa)	E_S(V)	FL_{HTHP} (150℃)(mL)
新浆	43	25	4/3	2/2.5	21.5	18	3.5	480	3.6
老浆	104	60	5/4	2.5/4.5	52	44	8	1365	1.0

注：新浆配方"合成基油（320mL）+2.5%主乳+2.0%辅乳+2.5%石灰+3%有机土+10%添加剂+氯化钙饱和盐水（80mL）+重晶石加重至1.4g/cm³"。

由表2可见，新浆流变性较低，老浆流变性较高，新浆滤失量远远大于老浆。

配方优化：主要是选择合适的老浆和新浆（国产合成基钻井液），进行混合配比优化实验，性能的测试见表3。

由表3可见，老浆:新浆=1:1，混合浆油水比接近80:20，加入一定浓度乳化剂、封堵剂、有机土，并加重至1.4g/cm³，国产合成基钻井液流变性能较好（塑性黏度25mPa·s）、较经济；而老浆:新浆=2:1，流变性能较高，塑性黏度从25mPa·s升至41mPa·s，说明老浆劣质固相较多，易造成井下复杂情况；同理老浆:新浆=1:2，钻井液性能整体较好，塑性黏度为 23mPa·s，降低程度不明显，但新浆使用较多，成本增加，通过 3 天高温老化，发现该体系切力和 ϕ_6 值受温度影响较小，体系抗温性较好。

表 3　新浆、新老浆配伍实验

项　　目	Φ_{600}	Φ_{630}	Φ_6/Φ_3	Gel (Pa/Pa)	AV (mPa·s)	PV (mPa·s)	YP (Pa)	$E_S(V)$	FL_{HTHP} (mL)
老浆：新浆 = 2∶1	90	39	7/6	3.5/5.5	45	41	4	1154	2.0
老浆：新浆 = 1∶1 老化 16h 后	60	35	6/5	3.5/4.5	30	25	5	851	1.6
老浆：新浆 = 1∶2 老化 16h 后	56	33	6/5	3/4	28	23	5	677	3.2
老浆：新浆 = 1∶1 老化 72h 后	58	34	6/5	3.5/4.5	29	25	4	667	1.8

2.3　抗污染性能评价

在该体系的基础上，加入一定量的污染土，然后测试性能，按照老浆：新浆 = 1∶1 混合，新浆油水比是 80∶20，并分别加入 5% REV DUST 污染后，性能见表 4。

表 4　国产合成基油污染实验

项　　目	Φ_{600}	Φ_{630}	Φ_6/Φ_3	Gel(Pa/Pa)	AV (mPa·s)	PV (mPa·s)	YP (Pa)	$E_S(V)$	FL_{HTHP}(mL)
老化前	61	37	7/6	3/5	30.5	24	6.5	815	
老化后	67	41	8/7	4/5	33.5	26	7.5	860	2.8

由表 4 可见，污染前后合成基钻井液性能稳定，综合来看，新浆油水比 80∶20 和老浆 1∶1 混合后性能更优。

2.4　储保性能评价

单一流体储层保护效果评价具体实验流程及条件如下：

（1）选取渗透率 550mD 左右的人造岩心，抽真空饱和，备用。

（2）使用煤油分别正向测定人造岩心的初始渗透率 K_o，驱替条件为 90℃×0.3mL/min。

（3）将人造岩心分别使用合成基钻井液体系反向进行污染 120min，污染条件为 90℃×3.5MPa，记录滤失量。

（4）继续使用煤油分别正向测定污染后人造岩心的渗透率 K_{od}，测试渗透率恢复值，试验结果见表 5。

表 5　国产合成基油储保数据

岩心号	气测渗透率 K_g(mD)	初始渗透率 K_o(mD)	污染后渗透率 K_{od}(mD)	渗透率恢复值(%)
223#	958.774	12.15	113.54	90

由表 5 可见，人造岩心在合成基钻井液污染前后，渗透率恢复值达 90%，储层保护效果优。

通过以上评价，结果与讨论如下：

（1）通过国产合成基油和国外 185V 气制油、110 气制油对比，发现国产合成基油具有运动黏度低，芳烃含量和含硫量均低于进口气制油，整体性能良好。

（2）国产合成基油配制成的合成基钻井液性能良好。用此新浆配合使用前期的老浆混合配伍试验，发现新浆：老浆＝1∶1，混合国产合成基钻井液体系的 Φ_{600} 值、YP 等性能都比较低，长时间高温老化，Φ_6、YP 值受温度的影响较小，有较强的抗温性。

（3）抗污染能力。国产合成基钻井液在5%加量污染土污染后流变性能见表4。从表4的测试结果可见，国产合成基钻井液体系受到 REV DUST 污染后，性能稳定，Φ_{60} 值和 YP 值均大于6，能达到清洁井眼的目的。

（4）储层保护实验。在国产合成基钻井液污染岩心后，测试污染后渗透率恢复值高达90%，较好的保护了油藏。

3 现场应用

3.1 文昌X井井况介绍

文昌X井井深5558m，分别要钻遇粤海组、韩江组、珠江组和珠海组，而且在该区块，珠江组和珠海组地层主要为灰色粉砂岩，粉砂质泥岩或者是互层，经常发生井眼缩径、井壁坍塌、卡钻等复杂情况[7]，为了保证作业顺利，经过室内化验人员的大量配方优化试验。最终确定使用国产合成基钻井液体系来钻进该井。

3.2 文昌X井正常钻进

国产合成基钻井液在12¼in井段珠江组、珠海组整个钻进过程中，返出岩屑良好，岩屑干爽，成型，而且拥有较低的流变性，较好的抗温性和润滑性，岩屑携带良好，避免了因抗温性不足和润滑性等问题，引起的阻卡，实现起下钻顺畅。9⅝in套管直接到位，工程顺利，大大提高作业时效(图1)。

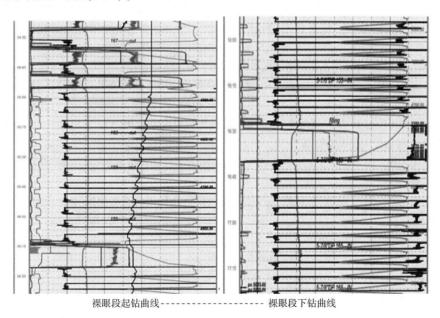

裸眼段起钻曲线--------------------裸眼段下钻曲线

图1 起下钻曲线图

3.3 提质增效，储保效果好

作业时效27天，较设计工期提效40%；同时储层保护优，在后续完井清喷试产中，产量超配产80%以上，为南海西部增储上产及提质增效做出了贡献(图2)。

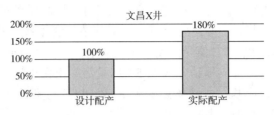

图 2　国产合成基钻井增储效果

4　结论

（1）通过对比国产合成基油和其他进口合成基油，选择黏度较低，抗温性较好的国产合成基础油作为基液，通过室内大量的实验优选出一套适合文昌区块作业的国产合成基钻井液体系。

（2）优化后的国产合成基钻井液具有性能稳定、流变性低、抗污染性强、储层保护效果好等优点。

（3）利用配方优选，合理选用老浆和新浆的混合配比，较好地让资源利用最大化，进一步降本增效。

（4）通过优选出的合成基钻井液避免了文昌 X 井作业过程中可能会出现扭矩大，阻卡和井壁失稳的风险，较设计工期提效 40%，产量超配产 80% 以上，较好的满足了施工要求。

参 考 文 献

[1] 罗健生，李自立，刘刚，等.深水用煤制油恒流变合成基钻井液体系的研制[J].中国海上油气，2014，26(1)：74-77.

[2] 罗健生，刘刚，李超，等.深水 FLAT_PRO 合成基钻井液体系研究及应用[J].中国海上油气，2017，29(3)：61-66.

[3] 张向华.一种新型钻井液体系在海上某油田的成功应用[J].石化技术.2020.27(5)：120+127.

[4] 胡文军，向雄，杨洪烈，等.FLAT_PRO 深水恒流变合成基钻井液及其应用[J].钻井液与完井液，2017，34(2)：15-20.

[5] 马文英，刘昱彤，钟灵，等.毛世发油基钻井液封堵剂研究及应用[J].断块油气田，2019，26(4)：531-532.

[6] 廖奉武，李坤豫，胡靖，等.钻井液封堵剂高温高压封堵性能评价方法[J].科学技术与工程，2019，19(29)：90-95.

[7] 刘喜亮，黄美科，等."三低"抗高温五固相钻井液在低孔低渗气田的应用[J].能源化工，2020，41(1)：49-53.

海域天然气水合物
水平井钻井过程中井壁稳定特性研究

汪奇兵[1,2]　王　韧[2]　孙嘉鑫[3]　杨　杰[2]　屈沅治[2]

(1. 中国石油大学(华东)石油工程学院；2. 中国石油集团工程技术研究院有限公司；
3. 中国地质大学(武汉)工程学院)

【摘　要】　水平井可显著提高单井产气量，有望成为未来水合物产业化时的一种高效开发方式。但在其钻进过程中，由于井内温度、压力和盐度等参数变化极易造成井周水合物分解，引起卡钻乃至井壁失稳等工程事故。因此，本文利用数值模拟方法研究了海域水合物储层在上述不同情况下的侵入特性，揭示了钻井液性能参数对井周水合物分解行为的影响。预测结果表明，在安全密度窗口内，钻井液密度调整对水合物分解影响相对较弱，储层对钻井液温度变化最为敏感，若钻井液温度调控不当出现明显升高，将扩大水平井周水合物分解造成井壁失稳。当盐浓度介于 3.5%～7.5% 之间，离子浓度的升高会加速水合物分解，不利于维持井壁稳定。

【关键词】　天然气水合物；水平井；钻井液；井壁稳定

海域天然气水合物资源量极其丰富，是一种潜在的高效清洁油气接替资源[1]。近年来，各国高度重视水合物开采，但均离商业化相距甚远。海域天然气水合物地层埋藏浅、弱胶结、成岩性差[2-4]，对温压条件以及外来流体性质等极为敏感，钻井时钻井液侵入与储层天然气水合物之间发生传质、传热作用，若钻井液性能调控不当，极易诱发储层天然气水合物分解，弱化储层力学强度，进而导致井壁失稳[5,6]。2020 年，我国全球首次采用水平井技术对深海潜软储层中的天然气水合物进行开采，结果表明，水平井较直井可显著提高单井产气量，是极具发展潜力且经济的提高天然气水合物产能的开采方法[7]。但在水平井钻进过程中，受钻井液密度窗口窄、与井壁接触面积大、作用时间长、侵入量相对较高等影响，井壁失稳问题更加突出[8-10]。因此，本文基于中国南海神狐海域第一次试采地层资料，利用 TOUGH+HYDRATE 模拟器建立了水平井钻进时的泥浆侵入模型，研究了水平井钻井过程中井周储层响应特性，揭示了不同钻井液温度、密度、盐度等关键物性参数对井周水合物分解行为的影响规律，旨在为后续现场施工提供针对性的防控措施，避免井壁失稳等工程事故的发生。

1　模型构建

1.1　区域背景概况

2017 年和 2020 年我国在南海神狐海域进行了 2 轮天然气水合物试采，现场实测资料表

作者简介：汪奇兵，男，1996 年 5 月生，中国石油大学(华东)在读硕士，现为中国石油集团工程技术研究院有限公司钻井液研究所实习学生。地址：北京市昌平区黄河街 5 号院 1 号楼；电话：19106423202；E-mail：wangqbdr@cnpc.com.cn。

明[7,12]，该区域海水深度约 1266m，天然气水合物储层主要赋存在海底泥线以下 201~278m，储层总厚度约 77m，具体可分为三层：（1）天然气水合物储层，厚度约 35m；（2）三相混合层，厚度约 15m；（3）游离气层，厚度约 27m。神狐海域天然气水合物储层岩性以泥质细粉砂为主。本文模拟时假定初始地层水合物饱和度为 30%。

1.2 数值模型

参考第二轮试采方案，本文假定水平井的水平段布设在水合物储层中间，在 TOUGH+HYDRATE 中建立了长度为 5.0m，高度为 10m，厚度为 0.1m 的长方体模型（水平井长度可以延伸）；取钻孔直径 228.6mm，钻杆直径 177.8mm，环空间隙 25.4mm，钻井液温度 15.2℃，密度 1070kg/m³，盐浓度 3.5%，并假定孔内压力近似为此处海水和孔内钻井液产生的静液柱压力，由下式计算得出：

$$p_f = p_{atm} + g(\rho_{sw}h + \rho_f z) \times 10^{-6} \tag{1}$$

式中：p_f 为钻井液压力，MPa；ρ_f 为钻井液密度，kg/m³；p_{atm} 为大气压，0.101325MPa；h 为水深、z 为海底沉积物距海底的深度，m；g 为重力加速度，N/kg；ρ_{sw} 为平均海水密度 kg/m³，是水深、温度和盐度的函数，可根据已有拟合方程[11]计算得出为 1019kg/m³。钻孔环空中的钻井液单元被设置成固定内边界，即保持温度和压力恒定。模拟过程中假设环空网格为"伪多孔介质"，其孔隙度取值为 1.0，渗透率为 $kx = ky = kz = 5.0 \times 10^{-9} m^2$，孔隙水压力 $p_c = 0$；模型外边界设置为 Dirichlet 边界。TOUGH+HYDRATE 软件中所涉及的部分模拟参数暂未公开。

本文设定施工背景为无隔水管钻井，钻井液侵入主要发生在近钻头区域，随水平段的延伸以及井壁泥皮的逐渐形成，远离钻头区域井周外来流体侵入储层的情况将逐渐弱化，故选取 36h 为最终模拟时间节点，来直观形象地反映钻井液侵入条件下的储层响应特征及其演化过程。

2 结果与分析

钻井液侵入水合物储层对水平井井壁稳定有较大影响。如图 1 所示，过平衡式钻井会促使井筒内的钻井液在压差作用下侵入储层，造成井周储层孔隙压力的增大；钻井液侵入初期，压力传递迅速，使得井周孔压显著增加，而侵入后期，受井周孔隙压力分布逐渐趋于平衡的影响，变化趋势随之减弱；因此，对于弱/欠固结型的海域天然气水合物储层，在水平井钻井过程中，钻井液侵入早期极易因井眼附近有效应力骤降而诱发井壁失稳。

由图 2 可知，钻井液侵入还会造成井周储层水合物吸热分解，而井周水合物饱和度降低会造成储层强度下降，同时也会加剧井壁失稳；此外，钻井液侵入及水合物分解会导致储层含水量增大，这一情况削弱了沉积物颗粒间的黏聚力，进一步降低了储层强度，尤其是剪切强度。整体而言，钻井液侵入早期，井周储层孔隙压力明显升高，但钻井液热量传递滞后，侵入后期，随着外来流体驱替以及热量传递的持续进行，储层水合物的分解范围逐渐扩大，所造成的储层力学强度降低必然会增加井壁失稳风险。上述情况也可以从井周储层盐度的演化特性得到佐证（图 3），盐浓度为 3.5% 的钻井液侵入储层，井眼区域（$r = 0.108m$）盐度基本保持不变，受水合物分解产水影响（水合物具有"排盐"特性，分解出的水中不含盐），近井壁向外延伸 0.2m 左右范围内，储层盐度显著降低，随着与井壁间距离的增大，受水合物分解量逐渐减少影响，储层盐度逐步增大，直至与原始盐度一致。本文这部分研究仅做了时长 36h 的模拟计算，若模拟时间加长，出现井壁失稳的区域必定会随着钻井液侵入深度的延伸而进一步增大。

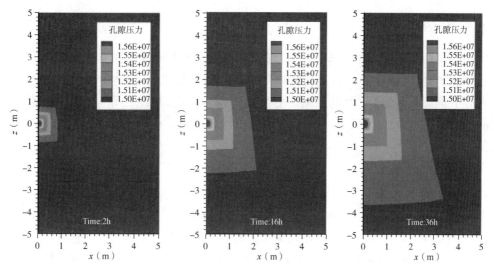

图 1 井周储层孔隙压力分布演化情况

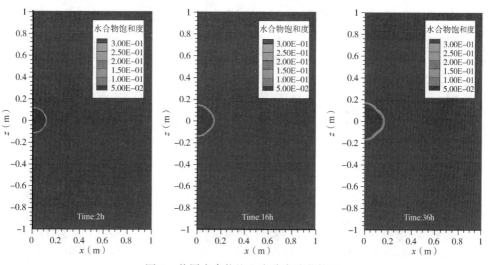

图 2 井周水合物饱和度分布演化情况

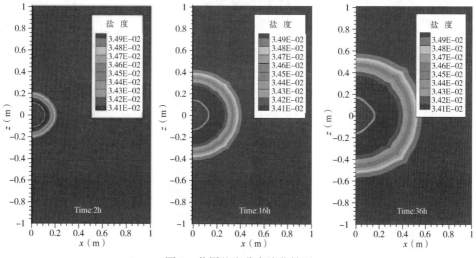

图 3 井周盐度分布演化情况

3 敏感性分析

水平井施工过程中，钻井液相关性能变化很可能诱发井周水合物储层温度及压力等条件的变化，进而改变水合物赋存情况，影响井壁稳定性。因此，在前述研究的基础上，进一步探讨了钻井液温度、密度以及盐度对水合物地层侵入特性的影响，钻井液性能参数取值如下，钻井液温度（℃）：15.2、16.2、20.0；钻井液密度（kg/m³）：1050、1070、1090；钻井液盐度（%）：3.5、4.5、7.5。

3.1 钻井液温度的影响

其他参数取值相同时，钻井液温度升高后井周储层孔隙压力分布演化情况如图4所示，当钻井液温度仅升高1℃时，侵入前期，井周孔隙压力的变化情况与钻井液温度为15.2℃时几乎相同，两种情况下井周孔压受外来流体侵入的影响，均有显著增大；侵入后期，两个钻井液温度条件下，井周孔隙压力的演化情况同样没有大的区别，并且均受井周孔隙压力分布逐渐趋于平衡影响，变化趋势随之逐渐减弱，$r > 3.5\mathrm{m}$ 范围内，储层孔隙压力并未发生明显变化。当钻井液温度升至20℃后，侵入前期，井周储层水合物分解速率明显加快，并在 $r = 0.2\mathrm{m}$ 附近

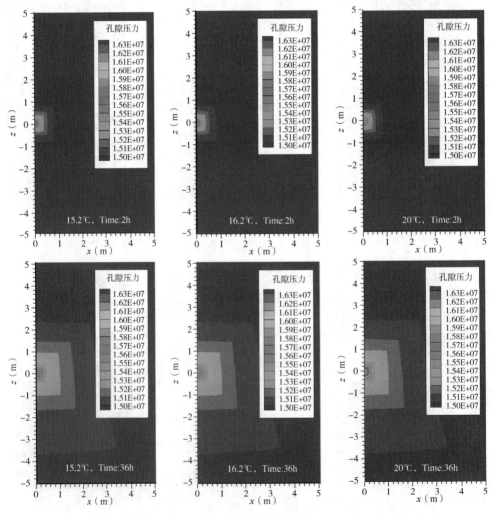

图4 不同温度钻井液作用下井周储层孔隙压力分布演化图

区域内聚集了一定量的分解气，导致此处孔隙压力明显高于其他区域；侵入后期，受钻井液持续侵入及热量传递等协同作用，分解气富集区域逐渐扩大并显著提升了井周孔隙压力(径向深度约0.1~0.2m)，进而使得井壁及井周储层极易发生失稳。此外，钻井液温度有小幅升高(1℃)井周储层水合物分解差异不大，当井内温度升高较大时(4.8℃)，水合物的分解速率明显加快，水合物饱和度大幅降低区域从$r=0.18$m扩大至$r=0.22$m附近，井壁失稳情况加剧。

3.2 钻井液密度的影响

图5为其他参数取值相同钻井液密度改变时的井周储层孔隙压力分布演化情况。如图5所示，在维持过平衡钻进的情况下，适当降低钻井液密度能够有效弱化压力传递(井周储层孔隙压力明显减小)，减小钻井液侵入范围，从而在一定程度上有助于维持井壁稳定。反之，若钻井液密度有所提高，则会导致井周储层的孔隙压力随之增大，进而造成井周较大范围内的有效应力降低。对比孔隙压力演化情况可知，低密度钻井液侵入前期，井周储层孔隙压力变化的径向延伸深度约为0.6m，而高密度钻井液侵入则导致径向延伸深度0.9m范围内的储层孔隙压力都随之增大，两者相差约0.3m；侵入后期，上述差值则达到了1.2m。而在一定范围内减小或增大钻井液密度，对水合物饱和度的影响却相对较小。

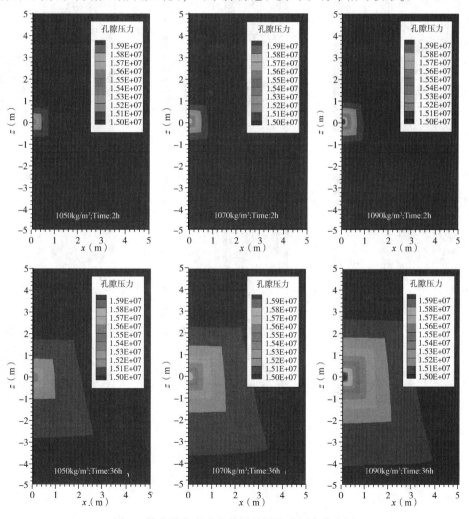

图5 钻井液密度改变井周储层孔隙压力分布图

3.3 钻井液盐度的影响

井周储层孔隙压力及水合物饱和度对钻井液盐度极为敏感(图6)。从图6中可以发现，钻井液盐浓度增加较小时，其对井周储层内水合物分解的影响程度相对较小，并不会产生游离气，所以对孔隙压力分布没有太大的影响。但随着盐浓度的进一步增大，井周水合物分解明显加快，局部孔隙压力显著增大，使得井周储层的有效应力急剧降低。此外，盐浓度的显著提高，滤液侵入使得水合物分解范围也随之扩大，井周储层力学性质必定会因为水合物的分解加剧而快速降低，并且不断沿径向延伸，进而增大了井壁失稳的风险。因此，钻井液盐浓度的大幅提高不利于海域天然水合物水平井井壁稳定。

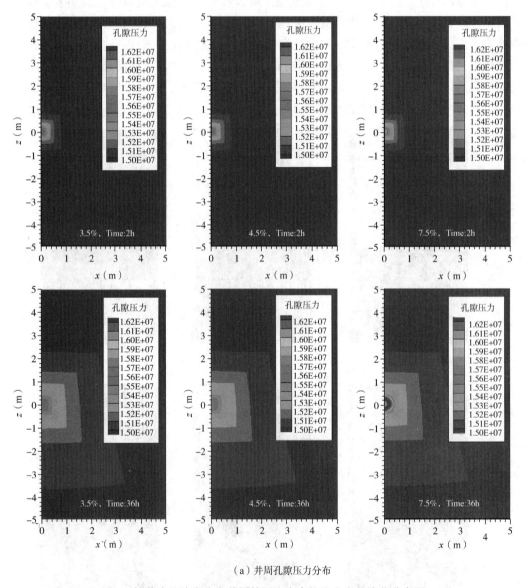

（a）井周孔隙压力分布

图6　钻井液盐浓度改变井周储层内水合物饱和度的演化分布图

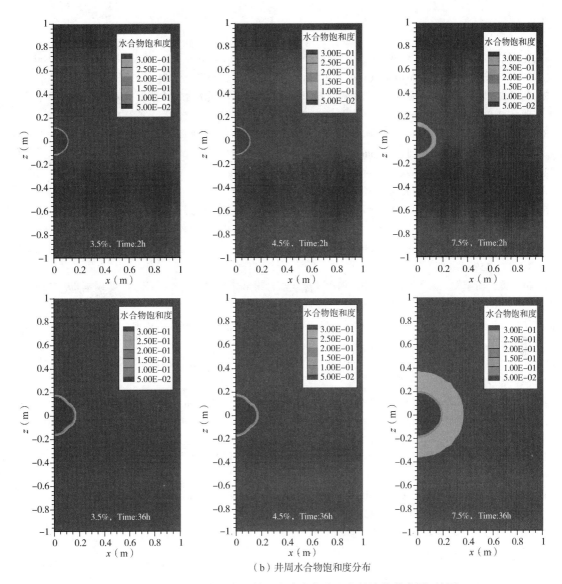

（b）井周水合物饱和度分布

图6 钻井液盐浓度改变井周储层内水合物饱和度的演化分布图（续图）

4 结论与建议

（1）井周水合物对钻井液温度变化极为敏感，钻井液温度对水平井井壁稳定性的影响存在阈值，如果钻井液温度过高，极易造成水合物分解，从而加剧水平井井壁失稳。因此，必须精细调控钻井液循环温度。

（2）当钻井液密度在一定范围内减小或增大时，改变了井周对流传热过程；但仅从井周水合物分解诱发井壁失稳来讲，在确保过平衡钻井的前提下，小幅降低钻井液密度有助于减缓井周储层有效应力降低和水合物分解，有利于井壁稳定。

（3）钻井液中盐度的变化会对井周水合物储层相态稳定产生直接影响。当盐浓度在3.5%~7.5%之间时，随着离子浓度升高，水合物分解加速。因此，在实际钻进过程中，应尽量降低钻井液盐度或快速形成低渗泥皮，避免钻井液大量侵入造成井周水合物分解。

参 考 文 献

［1］Wu N Y, Huang L, Hu G W, et al. Geological controlling factors and scientific challenges for offshore gas hydrate exploitation［J］. Marine geology and Quaternary Geology, 2017, 37(5)：1-11.

［2］苏丕波, 雷怀彦, 梁金强, 等. 神狐海域气源特征及其对天然气水合物成藏的指示意义［J］. 天然气工业, 2010(10)：103-108.

［3］Zheng R C, She H B Y; Ponnivalavan B, et al. Review of natural gas hydrates as an energy resource：Prospects and challenges［J］. Applied Energy, 2016, 162：1633-1652.

［4］Gao Y, Yang M J, Zheng J N, et al. Production characteristics of two class water-excess methane hydrate deposits during depressurization［J］. Fuel, 2018, 232：99-107.

［5］Ning F L, Zhang K N, Wu N Y, et al. Invasion of drilling mud into gas-hydrate-bearing sediments. Part I：effect of drilling mud properties［J］. Geophysical Journal International. 2013, 193(3)：1370-1384.

［6］Klauda J B, Sandler S I. Global distribution of methane hydrate in ocean sediment［J］. Energy & Fuels. 2005, 19(2)：459-470.

［7］叶建良, 秦绪文, 谢文卫, 等. 中国南海天然气水合物第二次试采主要进展［J］. 中国地质, 2020, 47(3)：557-568.

［8］宁伏龙, 蒋国盛, 张凌, 等. 影响含天然气水合物地层井壁稳定的关键因素分析［J］. 石油钻探技术. 2008, 36(3)：59-61.

［9］张宇, 赵林, 王炳红, 等. 流—固—化—热耦合的陆相页岩井壁稳定力学模型及应用［J］. 特种油气藏, 2019, 26(3)：163-168.

［10］Sun J, Ning F, Lei H, et al. Wellbore stability analysis during drilling through marine gas hydrate-bearing sediments in Shenhu area：a case study［J］. Journal of petroleum science and engineering, 2018, 170：345-367.

［11］吴学东, 胡明君. 混合盐水密度模型的建立及应用［J］. 石油大学学报(自然科学版), 1995, 4(5)：42-46.

［12］Li J F, Ye J L, Qin X W, et al. The first offshore natural gas hydrate production test in South China Sea［J］. China Geology, 2018, 1(1)：5-16.

井筒强化钻井液技术在鸭探1、冷探1井的应用

王　威　张民立　郭　超　谢仁才

（中国石油集团渤海钻探泥浆技术服务分公司）

【摘　要】　随着石油勘探开发的持续深入，柴达木盆地特有的地质条件对钻井液技术有了更高的要求。柴北缘区块高压盐水层出水，低压渗透层漏失严重。对于存在多套压力系统的地层，使用单一密度的钻井液很难满足安全生产要求。常规的堵漏技术适用于封堵裂缝发育程度较弱的地层。面对裂缝小而多且发育完全的地层，使用常规堵漏技术进行钻进，一旦钻遇非常规地层，就会发生严重的漏失现象。对相关地层进行承压堵漏耗资巨大且效果不佳。为解决这一难题，通过改进钻井液性能，改良防漏堵漏技术，研发出井筒强化钻井液技术并将其应用于鸭探1、冷探1井中。此技术在随钻过程中能有效地抑制钻井液的漏失，减少了钻井液漏失量及相关层的堵漏次数，可明显提高地层的承压能力。

【关键词】　随钻封堵；DFT；承压堵漏

冷探1、鸭探1等井的沉积环境为大的扇形湖相沉积，二、三、四开井段地层主要为新近系、古近系地层，地层较新，欠压实，非均质，岩性主要为大套碎屑岩，泥岩、砂岩、砂质泥岩、泥质砂岩、夹粉砂质泥岩、泥质粉砂岩和粉砂岩为主，部分含较粗砂砾，为砂、泥、砾叠加的孔隙式胶结体，属于孔隙性、渗透性地层特性。针对特殊的沉积环境与特有的岩性组合，分析认为地层不会存在天然的大型裂缝，以欠压实以及胶结性差而形成的渗透性、孔隙性漏失为主，最严重漏失为粗砂，砂砾，甚至风化壳导致的高连通孔隙性漏失，传统的架桥堵漏思路不适合现有堵漏，不可能一层一堵，一天一堵。因此，现场使用随钻封堵来提高地层承压能力的技术思路。

根据以往邻井存在井溢、井漏、卡钻、事故频繁状况，两口井工程设计均要求从三开井段开始进行阶段性承压堵漏工作，每钻进500m左右进行承压堵漏一次，要求钻井液当量密度达到 2.10g/cm^3。

现场分析认为鸭探1井、冷探1井地层的适应性较差，结合邻井实钻资料预测井下漏失将非常频繁，且堵漏成功率很低，会损失大量的周期和费用（例如冷科1井，自 $600 \sim 3470\text{m}$，发生大、小漏失85次），传统的堵漏方法已不适应两口井的堵漏特性；另外，总结室内试验及现场堵漏实践经验得出，承压堵漏能够提高地层承压能力最高的当量钻井液密度在 $0.05 \sim 0.15\text{g/cm}^3$ 之间，超过 0.15g/cm^3 的不多，基于此，从工程角度也提出使用随钻封堵提高地层承压能力的技术应用设想。

作者简介：王威，工程师，硕士，1988年生，毕业于中国石油大学（华东）石油与天然气工程专业，现在从事钻、完、修井液现场技术应用及科研工作。地址：天津市滨海新区大港油田泥浆公司；电话：18609968195；E-mail：309687391@qq.com。

1 随钻封堵技术研究

1.1 随钻封堵总体技术路线

1.1.1 技术思路

采用随钻楔入、刚塑结合、延时膨胀、胶结压实、固结一体技术思路。随钻楔入，钻头破碎地层，随钻材料通过正压差、初失水、瞬间楔入地层原始孔隙、微裂缝，实现随钻封堵，叠加沉积、压实；刚塑结合，随钻堵漏材料既有不同粒径的刚性粒子材料，也有具有一定弹性功能的塑性材料组成，两者融合，形成物理封堵与化学吸附填充的刚塑胶结；延时膨胀，随钻堵塑性材料，具有一定的延时膨胀性能，地层中的泥质成分也具有一定的水化膨胀作用，两者构成双向挤压，加之钻井液液柱压力，实现"三维"胶结压实；固结一体，通过随钻楔入、刚塑结合、延时膨胀、地层微水化和液柱压力使随钻封堵材料充分填充、楔入地层孔隙、微裂缝，与地层胶结固化，形成致密的内滤饼、阻断层，形成相对密实的完整岩体，实现封堵和固壁，既防漏又防塌。

1.1.2 封堵机理

1.1.2.1 润滑剂 BZ-YRH 的浊点效应及吸附机制

润滑剂 BZ-YRH 作为非离子表面活性剂具有浊点效应，BZ-YRH 溶于水后，形成非离子型溶液、多分子醇胶束亲水乳状液，其中微乳液粒径 $0.001 \sim 0.1 \mu m$，乳状液为 $0.0001 \sim 0.01mm$，当温度大于浊点温度时，分散相颗粒转换为亲油，当出现裂缝时，在浊点下出现"微粒"封堵孔隙，利于吸附井壁。

1.1.2.2 BZ-YFT、BZ-DFT 封堵剂

封堵剂 BZ-YFT 既含有水溶组分也含有油溶组分，分散于水后，其综合软化点的油溶组分粒径为 $0.001 \sim 1mm$。BZ-DFT-1 为含有部分延时膨胀，而且在高温、高压条件下具有一定塑性的封堵材料；BZ-DFT-2 为粒径在 $400 \sim 600$ 目的惰性球状材料；BZ-DFT-3 为粒径在 $800 \sim 1200$ 目的惰性球状材料，三种型号材料都具有抗温、抗盐效果。

1.1.2.3 NAX 纳米封堵剂

在钻井过程中，钻井液滤液在压差作用下容易通过微小裂缝进入地层内部，水力压力在微裂缝中的传递作用造成裂缝发展，使得井壁稳定性变差，严重时带来井壁垮塌等钻井事故。所以，需要在钻井液中加入封堵剂，以改善滤饼质量，封堵地层微裂缝，提高井壁的稳定性。地层微裂缝的产生，往往是从纳米级裂缝开始，在水力压力传递作用下裂缝发展长大，所以在纳米微裂缝开始产生时进行有效封堵，封堵防塌效果最佳。

目前常规封堵剂多为改性沥青类，包括磺化沥青与乳化沥青，这些沥青类封堵剂粒子粒径多处于微米级及微米级以上，粒径较大难以对纳米级微裂缝进行有效封堵。当初始产生的纳米级微裂缝不能及时封堵时，微裂缝发展长大导致地层强度变差，即使后面有大小匹配的粒子封堵，封堵效果依然很差，不能有效封堵防塌。

钻井液用纳米封堵剂 NAX50，纳米级颗粒含量为 $50\% \sim 90\%$，常温中压滤失量降低率为 $50\% \sim 80\%$，通过化学吸附、镶嵌，具有很好的封堵微裂缝作用，提高其对纳米级微孔、微裂缝的封堵性能，并且材料本身具有抗温、抗盐效果，封堵性能良好，添加到钻井液中，能够有效改善滤饼，封堵地层纳米级微裂缝、改善滤饼，较好地稳定井壁，可有效解决井壁失稳、垮塌等问题。

由上可知，BZ-YRH、BZ-YFT、BZ-DFT、BZ-YJZ-1、NAX 通过物理、化学的微观变

化，形成了从 0.1nm 至 1mm 等不同粒径的多级塑性封堵，实现"刚—塑"结合，形成致密的封堵层，并且纳米封堵剂能有效地封堵泥页岩纳米级微孔、微裂缝，起到井壁强化作用。

1.1.3　技术关键

（1）强抑制性。要求钻井液自身具有较强的抑制性，降低岩石的水化程度。这方面通过钻井液中的高分子、具有 K^+、Na^+、NH_4^+ 等诸多阳离子的复合有机盐、具有"浊点"效应的 YRH，具有水溶兼油溶特性的 YFT 剂联合实现。

（2）低的滤液水活度。钻井液滤液水活度要低于地层水活度，尽量保证地层的非水化原始状态。这方面通过钻井液中的具有 K^+、Na^+、NH_4^+ 等诸多阳离子的复合有机盐、具有"浊点"效应的 YRH 联合实现。

（3）密度控制。控制适当高的密度值，保证 ECD 大于地层孔隙压力，即压着打。

（4）必须保证随钻封堵材料在钻井液中的有效含量，量变引起质变。

（5）对于大套碎屑岩地层，即使钻进过程中突然泥浆失返，也可能不是大的裂缝、孔洞性漏失，这一点很容易造成误判，进而错误地加入大量粗、特粗堵漏材料，造成封门现象。

1.2　随钻封堵实施方案

（1）相对于比较纯的粉砂岩、泥质粉砂岩、砂质泥岩等互层地层，降低排量可以建立循环情况下的基本配方：原浆+1%~2%的 BZ-DFT（1、2、3）+1%~2%NAX。

（2）对于较粗砂岩、含砾砂岩、砂泥岩互层地层，出口不返泥浆情况下的基本配方：原浆+2%~3%的 BZ-DFT（1、2、3）+1%~2%NAX+2%~3%BZ-DSA（1）+2%~3%云母（0.3~0.5mm）。配合使用 40~60 目振动筛布。

（3）对于存在微裂缝、风化壳、窄窗口严重的地层情况下基本配方：原浆+2%~3%的 BZ-DFT（1、2、3）+2%~3%NAX+2%~3%BZ-DSA（1、2）+2%~3%云母（0.3~0.5mm）+2%~3%SQD-98（细）+2%~3%SQD-98（中粗）。配合使用 40~60 目振动筛布。

1.3　随钻封堵泥浆配制

（1）冷探 1 井与鸭探 1 井在正常钻进过程中，将抑制防塌剂 BZ-YFT、抑制润滑剂 BZ-YRH、降滤失剂 ReduSH、封堵剂 BZ-DFT（1、2、3）与 NAX、复合有机盐 BZ-YJZ 等处理剂配成胶液，采用细水长流方式补充维护。随时根据井下情况动态调整浓度和粒径级配，及时调整补充 BZ-DFT（1、2、3）与 NAX 的加量，保持全井钻井液中 BZ-DFT（1、2、3）其有效含量不低于 2%，NAX 有效含量不低于 1%，提高裸眼井段承压能力，同时加足防塌剂 BZ-YFT、润滑剂 BZ-YRH，保证钻井液性能和井壁稳定。预期钻井液密度，按循环周及配方加量均匀加入各种随钻封堵材料，循环均匀即可。开始按配方下限加入，根据实钻井下漏失情况进行配方动态调整。

（2）钻进过程中发生漏失，首先立马降低排量，然后边循环边通过加重漏斗及时向井内加入 BZ-DFT，连续加入 10~30min，这样可以保证漏失点基本可以连续强化封堵 30min 以上，待随钻堵材料出水眼循环后，基本漏失解除。

（3）中完、完井作业时，根据井下裸眼井段的体积和长短，隔离出 1~2 个单独的泥浆罐，采用井浆+0.5%ReduSH+2%BZ-YFT+3%BZ-YRH+1%~2%BZ-DFT+1%~2% NAX 配制封闭浆打入井内封闭裸眼段，保证封闭浆性能的"三高一低"，保证电测、下套管一次性到位。

2 现场应用

2.1 地质简况

冷探 1 井位于柴达木盆冷湖构造带冷湖五号构四高点基岩断背斜构造高部位，本井设计井深 5700.00m，实际完钻井深 5708.50m，钻探目的为探索冷湖五号深层基岩和侏罗系含油气性，通过钻探提高盆地腹部背斜构造带基岩和侏罗系勘探认识，带动该领域勘探整体突破，形成天然气储量接替区，为柴北坳陷侏罗系含油气系统下部研究和勘探系统提供依据；鸭探 1 井位于青海省柴达木盆地鄂博梁-台吉乃尔构造带鸭湖构造高部位，本井设计井深 6000.00m，实际完钻井深 6208m，钻探目的为探索鸭湖构造 $N_1 \sim E_3^2$ 含油气情况；实现盆地腹部构造带深层煤型气勘探突破，为区域地质研究及下步勘探部署提供依据。

2.2 工程简况

冷探 1 井一开用 $\phi660.4mm$ 钻头钻至井深 355.00m，下入 $\phi508.00mm$ 套管至井深 353.73m；二开用 $\phi444.5mm$ 钻头钻至井深 2036.00m，下入 $\phi365.1mm$ 套管至井深 1828.49m；三开用 $\phi333.4mm$ 钻头钻至井深 3814.00m，下入 $\phi273.05mm$ 套管至井深 3812.07m；四开用 $\phi241.3mm$ 钻头，钻至井深 5113.00m，下入 $\phi177.80mm$ 套管（6.59 ~ 3210.50m）+ $\phi219.08mm$ 套管（3449.34 ~ 5113m），五开用 $\phi190.5mm$ 钻头钻至井深 5708.50m，下入 $\phi139.70mm$ 套管（井深 3205.89 ~ 5706.50m）。

鸭探 1 井一开用 $\phi660.4mm$ 钻头钻至井深 400.00m，下入 $\phi508.00mm$ 套管至井深 397.52m；二开用 $\phi444.5mm$ 钻头钻至井深 2530.00m，下入 $\phi365.1mm$ 套管至井深 2528.06m；三开用 $\phi333.4mm$ 钻头钻至井深 4500.00m，下入 $\phi273.05mm$ 套管至井深 4498.40m；四开用 $\phi241.3mm$ 钻头，钻至井深 5300.00m，下入 $\phi177.80mm$ 套管（6.59 ~ 3210.50m）+ $\phi219.08mm$ 套管（4187.56 ~ 5300m），五开用 $\phi190.5mm$ 钻头钻至井深 6208.00m，下入 $\phi177.8mm$ 套管（0 ~ 4002.00m）+ $\phi139.70mm$ 套管（井深 3999.32 ~ 6207m）。

2.3 冷探1、鸭探1随钻封堵效果

冷探 1、鸭探 1 井二、三、四钻进过程中，邻井均频繁发生漏失、溢流、甚至卡钻等复杂、事故，承压能力不到 $1.97g/cm^3$，多次导致溢流—关井—卡钻恶性循环，鸭参 3 井因漏失、卡钻报废，冷探 1 邻井均因井下复杂没有完成地质任务，其中冷新 1 井发生井漏 5 次、冷科 1 井发生井漏 2 次、冷 90 井发生井漏 6 次、冷探 1 井发生井漏 2 次，鸭参 3 井发生井漏 16 次、鸭深 1 井发生井漏 11 次、鸭探 1 井发生井漏 2 次。

通过冷探 1 井与冷新 1 井、冷科 1 井、冷 90 井以及鸭探 1 井与鸭参 3 井、鸭深 1 井等整体事故复杂数对比，我们可以看出冷探 1 井与鸭探 1 井不仅成功钻完井深，并且相比于其他井，这两口井因井漏而导致的事故复杂数以及耽误时效都大幅度降低。我们通过实施随钻封堵提高地层承压能力工作，两口井不进行专门承压堵漏，承压能力便可达到 $2.15g/cm^3$、$2.35g/cm^3$ 以上，节省了繁杂的阶段堵漏工作，不仅节省了泥浆消耗，更是减少损耗了时间，保障了钻井进度，为甲方以及钻井节约了可观的周期和费用。

鸭探 1 井进行反向堵水承压堵漏前，通过随钻封堵提高地层承压能力达到 $2.35g/cm^3$ 以上（实时钻井液密度 $2.19 \sim 2.20g/cm^3$，井深 4850m，憋压至 8MPa 地层破裂，按 7.9MPa 地层不破反推钻井液当量密度 $2.35 \sim 2.36g/cm^3$），完全可以满足下部高压层的承压要求，尤其是在钻遇粗砂岩时，并没有像往常一样发生明显漏失，这一现象充分说明了随钻堵漏的良

好效果。因为随钻封堵材料在类似结构疏松的粗砂岩孔缝中更容易渗透沉积、堆积、压实，所以效果更为明显。

冷探 1 井坚持随钻封堵钻进，通过强化随钻封堵，发挥 BZ-DFT 的物理填充封堵效果，结合 NAX 的化学吸附、纳米填充，既解决了漏失难题，又实现了破碎层的井壁稳定。电测显示，邻井存在的几十、上百层气、水层，该井由于采取了随钻堵漏技术，达到了随钻提高地层承压能力的效果，实现了预提密度至 2.10g/cm³ 以上，预防了漏失与溢流复杂问题的发生。而且，该井四开实现了路漠河及侏罗系的同层穿越，穿越多层煤层等破碎性地层，井壁稳定，起下钻畅通，电测一次成功，在套管与井壁之间最小间隙不到 4mm 的情况下，达到下套管、开泵、固井顺利完成。

3 认识与建议

（1）随钻封堵提高地层承压能力技术，基于物理填充、沉实为主，结合化学吸附，对碎屑岩等渗透性、孔隙性地层防漏、堵漏效果明显。

（2）随钻封堵提高地层承压能力技术，具有广谱适应性。

（3）随钻封堵提高地层承压能力技术，配制操作简单，与钻井液不存在配伍性问题，施工风险小，成本低。

参 考 文 献

[1] 韩玉华，郭缨，顾永福，等. 鸭深 1 井钻井液技术[J]. 钻井液与完井液，2006，23(6)：29-33.

[2] 王富华，魏振绿，亢连礼，等. 一种新型防漏堵漏剂的研究[J]. 钻井液与完井液，2006，23(3)：42-44.

[3] 李家学，黄进军，罗平亚，等. 随钻防漏堵漏技术研究[J]. 钻井液与完井液，2008，25(3)：25-28.

[4] 吕开河，高锦屏，孙明波. 多元醇钻井液高温流变性研究[J]. 石油钻探技术，2000，28(6)：23-25.

[5] 沈丽，柴金岭. 聚合醇钻井液作用机理的研究进展[J]. 山东科学. 2005，18(1)：18-23.

[6] 苏鹏. 随钻防漏堵漏剂 GSZ-1 的研究与应用[J]. 西部探矿工程，2018，30(10)：51-53.

[7] 熊正强，赵长亮，郑宇轩，等. GPC-200 型耐 200℃ 高温随钻堵漏剂的研制及性能评价[J]. 地质装备，2018，19(3)：19-23.

[8] 舒曼，赵明琨，许明标. 涪陵页岩气田油基钻井液随钻堵漏技术[J]. 石油钻探技术，2017，45(3)：21-26.

[9] 江瑞晶. 一种高性能油基钻井液用随钻堵漏剂的开发及应用[J]. 能源化工，2019，40(3)：47-50.

[10] 张庆港. 宁 216H39-3 井防漏堵漏钻井液技术[J]. 西部探矿工程，2020，32(3)：39-42.

[11] 程智，仇盛南，曹靖瑜，李海彪，徐兴军，巩晓璠. 长裸眼随钻防漏封堵技术在跃满 3-3 井的应用[J]. 石油钻采工艺，2016，38(5)：612-616.

抗 220℃、密度 2.0g/cm³ 聚磺钻井液体系研究

古　晗[1]　李志远[2]　蒋华箭[1]　李　博[3]　邓小刚[1]　林　凌[1]　胡正文[1]

(1. 西南石油大学化学化工学院；

2. 中石油西部钻探工程有限公司；3. 洲际海峡能源科技有限公司)

【摘　要】 随着油气勘探的不断深入，对钻井液的抗温性等要求越高，本研究通过对目前报导的抗高温高密度钻井液体系进行分析，选定聚磺体系，在大量室内实验的基础上，初步形成一套抗温 200℃，密度 1.88g/cm³ 聚磺水基钻井液体系配方，再通过提高老化温度，优选处理剂，最终形成一套抗温 220℃、密度 1.88~2.0g/cm³ 聚磺水基钻井液体系配方：1.0%膨润土+1.0%土(低造浆土)+0.7%抗高温包被剂+1.0%抗高温降滤失剂+0.2% XY-27+0.2%纯碱+0.3%烧碱+1.5%Drill-thin+2.0%SMP-1+4.0%褐煤树脂+6.0%氧化沥青+4.0%ZD-1。该体系具有良好的流变性及滤失性能，其中，表观黏度为 83mPa·s，动塑比为 0.258，经 220℃ 老化 16h 后，钻井液悬浮稳定性好，180℃ HTHP 失水 16mL。

【关键词】 抗高温；水基钻井液；性能评价；聚磺钻井液体系

柴达木盆地英中区块及柴北缘地质条件复杂，油气水显示活跃，地层压力高，地温梯度高(柴北缘区块地温梯度高达 3.3~4.0℃)，目前施工井最高地层温度预计高达 234℃，针对即将出现的高压高温环境，需要研究构建抗高温高密度，且各项性能良好的钻井液体系[1-4]。

现有的部分抗高温高密度水基钻井液体系多采用"磺化材料+聚合物"作为主处理剂，笔者对数套现有水基钻井液体系进行了评价，其中第 1 套密度 1.55g/cm³ 体系具有较好的流变性能和沉降稳定性，经 190℃ 老化 16h 后 HTHP 滤失量 25mL，但体系密度增加至 2.4g/cm³ 后，体系黏度增至 129.5mPa·s，经 190℃ 热滚 16h 老化后在 190℃ 下 HTHP 滤失量增加至 244mL；第 2 套饱和盐高密度钻井液体系密度 2.35g/cm³，在 200℃ 下测量 HTHP 滤失量为 22mL，流变性测量超出量程，其性能无法满足现有工程要求[5-10]。

第 3 套密度 2.1g/cm³ 油基钻井液体系经 200℃ 老化 16h 后，有沉淀产生，在 180℃ 下 HTHP 滤失量 55mL。此外，油基钻井液体系成本相对高、污染性强，后续处理成本较高[11-15]。相对而言，水基钻井液具有对环境友好、原材料来源广泛、成本低等优势，其流变性能及滤失性能控制简单。因此，本文针对柴达木盆地英中区块及柴北缘钻井需求，开展抗高温高密度水基钻井液体系研究，为后续向更深地层的钻探提供技术储备。

1　抗高温聚磺水基钻井液体系设计

1.1　膨润土浆配制方法

3%膨润土浆的配制：自来水+3%膨润土+0.2%纯碱，在浆杯中先使用低速搅拌机搅拌

作者简介：古晗，男，汉族，1995 年生，材料与化工专业，硕士在读，从事钻井液技术研究。地址：四川省成都市新都区新都大道 8 号。联系电话：17854217396；E-mail：17854217396@ 163.com。

通讯作者：林凌，男，副教授，1985 年生，从事油田化学相关研究，E-mail：cowbolinling@ swpu.edu.cn。

10min；再使用高速搅拌机搅拌 10min，随后静止水化 16~24h，水化 16h 之后即可用于实验。

1.2 钻井液配制方法

将预水化后膨润土浆取出放置在低速搅机搅拌，同时加入相关处理剂，处理剂的加入顺序是：可溶无机物、小分子化合物、低—中—高分子量聚合物。在低速搅拌机下搅拌 10min，再加入重晶石。低速搅拌机搅拌 10min，在高速搅拌 5min 后在低速搅拌 5min 即配制成钻井液体系。

1.3 抗高温聚磺水基钻井液体系配方优选

1.3.1 正交实验

体系配方优选采用"四因素三水平"开展正交试验，评价指标以 HTHP 滤失量为主，兼顾体系的流变性能。综合考察抗高温包被剂、抗高温降滤失剂、磺化材料、褐煤树脂、SMP-1 四种因素。因素与水平见表 1，实验设计见表 2。基本配方：3.0%膨润土+0.2%纯碱+0.3%烧碱+1.5% Drill-thin+重晶石，密度加重为 1.88g/cm³。正交试验测试数据见表 3。

表 1　实验因素与水平表

水平	A（抗高温包被剂）	B（抗高温降滤失剂）	C（褐煤树脂）	D（SMP-1）
1	0.1%	0.4%	2.0%	1.0%
2	0.2%	0.6%	3.0%	2.0%
3	0.3%	0.8%	4.0%	3.0%

注：表中所指为质量分数。

表 2　实验因素与水平表

编号	A	B	C	D	抗高温包被剂	抗高温降滤失剂	褐煤树脂	SMP-1
1	1	1	1	1	0.1%	0.4%	2.0%	1.0%
2	1	2	2	2	0.1%	0.6%	3.0%	2.0%
3	1	3	3	3	0.1%	0.8%	4.0%	3.0%
4	2	1	2	3	0.2%	0.4%	3.0%	3.0%
5	2	2	3	1	0.2%	0.6%	4.0%	1.0%
6	2	3	1	2	0.2%	0.8%	2.0%	2.0%
8	3	2	1	3	0.3%	0.6%	2.0%	3.0%
9	3	3	2	1	0.3%	0.8%	3.0%	1.0%

表 3　正交试验测试数据

编号	AV（mPa·s）	PV（mPa·s）	YP（Pa）	Gel（Pa/Pa）	FL_{API}（mL）	FL_{HTHP}（mL）
1	63.5	59	4.5	1/2	4.6	36
2	98	81	17	2/7	3.4	24
3	142.5	109	33.5	4/10	2.6	20
4	111	89	22	3/9	2.8	30
5	113	88	25	2.5/7.5	2.8	20
6	126	88	38	4.5/11	2.2	18
7	132	103	29	3.5/9	2.0	22
8	125	100	25	5/11.5	2.6	18
9	140	96	44	5/10	2.0	20

对体系 HTHP 滤失量、表观黏度、塑性黏度、动切力做极差分析得出各因素最优化水平组合是：A3B2C3D2。最优配方是：3.0%膨润土+0.2%纯碱+0.3%烧碱+1.5% Drill-thin+0.3%抗高温包被剂+0.6%抗高温降滤失剂+4.0%褐煤树脂+2.0% SMP-1+重晶石。对优选配方评价见表4。

表4　优选配方评价

AV(mPa·s)	PV(mPa·s)	YP(Pa)	Gel(Pa/Pa)	FL_{API}(mL)	FL_{HTHP}(mL)
137.5	103	34.5	3/8.5	2.2	16

1.3.2　单因素实验

（1）膨润土加量对体系的影响见表5。

基础配方：3.0%膨润土+0.2%纯碱+0.3%烧碱+1.5% Drill-thin+0.3%抗高温包被剂+0.6%抗高温降滤失剂+2.0% SMP-1+4.0%褐煤树脂。密度加重至 1.88g/cm^3。

表5　膨润土加量的影响

膨润土	AV(mPa·s)	PV(mPa·s)	YP(Pa)	Gel(Pa/Pa)	FL_{API}(mL)	FL_{HTHP}(mL)
1.0%	103	82	21	1.5/3	2.0	20
2.0%	120	90	30	2.5/6.5	1.6	18
3.0%	137.5	103	34.5	3/8.5	2.2	16
4.0%	145	108	37	5/12	2.4	16

由表5可看出，膨润土加量越大，黏土颗粒表面的水化膜增厚，使滤饼的渗透率降低，从而降低 HTHP 滤失量；钻井液中膨润土粒子的浓度越高，其表面吸附的自由水越多，引起黏土颗粒之间的机械摩擦增加、黏土颗粒端—面及端—端结合形成卡片房子结构的程度增强，造成钻井液黏度的增大。另一方面与处理剂分子协同加强对自由水的束缚，造成钻井液黏度与切力的上升。综上所述，该钻井液体系中膨润土合理加量为3.0%。

（2）烧碱加量对体系的影响见表6。

表6　烧碱加量的影响

烧碱	AV(mPa·s)	PV(mPa·s)	YP(Pa)	Gel(Pa/Pa)	FL_{API}(mL)	FL_{HTHP}(mL)	pH 值
0	136.5	99	37.5	4/10	2.2	26	7
0.1%	135.5	103	32.5	4/9.5	1.8	26	7.5
0.2%	142	103	39	4/10	2.0	22	8
0.3%	137.5	103	34.5	3/8.5	2.2	16	8.5
0.4%	135.5	100	35.5	2.5/8	2.6	22	9

由表6可得，烧碱含量<0.2%时，钻井液的黏度与切力呈稳定趋势。烧碱含量>0.2%时，钻井液的黏度与切力呈下降趋势。OH$^-$与膨润土中的重碳化合物反应后仍有大量的盈余，体系的 pH 值在 8.5 左右，各种处理剂开始发挥作用，降黏剂使得体系的黏度、切力下降，处理剂的抑制作用明显。高 pH 值条件下，处理剂的功能基团开始出现水解，对黏土颗粒的抑制性减弱引起。综上所述，在该钻井液体系中烧碱的合理加量为 0.3%，pH 值在 8.5 左右为宜。

（3）抗高温降滤失剂加量对体系的影响见表7。

表7　抗高温降滤失剂加量的影响

抗高温降滤失剂	AV(mPa·s)	PV(mPa·s)	YP(Pa)	Gel(Pa/Pa)	FL_{API}(mL)	FL_{HTHP}(mL)
0.3%	103	86	17	2/6	3.2	24
0.4%	115	93	22	2.5/7	2.8	24
0.5%	130	103	27	3/8	2.2	20
0.6%	137.5	103	34.5	3/8.5	2.2	16
0.7%	142.5	102	40.5	4/10	1.6	16

由表7可知，随着抗高温降滤失剂的加量升高，钻井液的黏度和切力逐渐增加，常温中压滤失量有持续下降的趋势，抗高温降滤失剂降滤失效果显著，含量在0.6%～0.7%时，HTHP滤失量变化趋势平缓，随着抗高温降滤失剂的含量增加，降滤失效果在高温的影响下开始趋于平缓，此阶段是抗高温降滤失剂饱和阶段。综上所述，在该钻井液体系中抗高温降滤失剂的合理加量为0.6%。

1.3.3　初选配方抗温能力评价

为了提升该体系的抗温能力，在优选配方中加入2.0% ZD-1+2.0%氧化沥青，加重至1.88g/cm³。200℃热滚动实验16h后测其性能(表8)。

表8　优选配方抗温性能评价

编号	AV(mPa·s)	PV(mPa·s)	YP(Pa)	Gel(Pa/Pa)	FL_{API}(mL)	FL_{HTHP}(mL)
1#(热滚)	67	44	23	9/17.5	17	168

优选配方经200℃高温老化后，HTHP滤失量较高，下一步进行配方调整优化实验。

2　抗200℃，密度1.88g/cm³聚磺钻井液体系配方优化

固相含量中，密度越高、粒径越小、粒度分布越合理、品质越高，则流变性越优。膨润土含量降低对控制钻井液黏度有利。因此，基础配方中将ZD-1增加至4.0%，复配重晶石（常规重晶石：超微重晶石=7:3）。

基础配方：0.2%纯碱+0.3%烧碱+1.5% Drill-thin+4.0% ZD-1+重晶石(7:3)。具体配方见表9。老化条件：200℃/16h，HTHP测试温度180℃。性能检测结果见表10。

表9　优化实验配方表

编号	膨润土	抗高温包被剂	抗高温降滤失剂	SMP-1	褐煤树脂	氧化沥青	FD-1	XY-27
2#	3.0%	0.3%	0.6%	2.0%	4.0%	2.0%	—	—
3#	3.0%	0.3%	0.6%	3.0%	6.0%	2.0%	—	—
4#	3.0%	0.3%	0.6%	2.0%	4.0%	2.0%	3.0%	—
5#	3.0%	0.5%	0.6%	2.0%	4.0%	4.0%	—	—
6#	3.0%	0.6%	0.6%	2.0%	4.0%	5.0%	—	—
7#	2.0%	0.6%	0.6%	2.0%	4.0%	6.0%	—	0.2%
8#	2.0%	0.6%	1.0%	2.0%	4.0%	6.0%	—	0.2%
9#	2.0%	0.7%	1.0%	2.0%	4.0%	6.0%	—	0.2%

注："/"表示未加入该类处理剂。

表 10 优化实验性能数据

编号	$AV(\text{mPa}\cdot\text{s})$	$PV(\text{mPa}\cdot\text{s})$	$YP(\text{Pa})$	$Gel(\text{Pa/Pa})$	$FL_{\text{API}}(\text{mL})$	$FL_{\text{HTHP}}(\text{mL})$
2#	139	110	29	3.5/13	2.0	28
2#(热滚)	82.5	48	34.5	9.5/22	13.6	80
3#	147	122	25	4/14	1.6	28
3#(热滚)	68.5	41	27.5	10/22	10.4	112
4#	123.5	99	24.5	3.5/14	2.0	26
4#(热滚)	74	41	33	14/24.5	14.8	74
5#	138	108	30	1/11	1.0	20
5#(热滚)	68	51	17	14/20	5.6	36
6#	—	—	—	5/12	1.1	20
6#(热滚)	70	51	19	10/17	2.8	24
7#	136	108	28	3/7.5	0.9	26
7#(热滚)	65	52	13	7/11	3.6	35
8#	—	—	—	4.5/10	0.9	20
8#(热滚)	96	78	18	6/11.5	1.2	22
9#	—	—	—	5.5/11.5	1.2	23
9#(热滚)	106	85	21	5/11	1.6	22

注："—"表示测量时参数超过量程，不能读数。

由表 10 可知，加入两种复配重晶石、加大 ZD-1 的加量至 4.0%，使体系高温老化后的滤失性得到控制，故后续实验固定 ZD-1 的加量与重晶石复配的比例。通过增加聚合物处理剂加量、降低膨润土含量，使钻井液内部可容纳更多处理剂，且老化后钻井液的 HTHP 滤失量持续下降，最低至 22mL。7#~9#沉降情况、滤饼形貌如图 1 所示。

（a）沉降情况　　　　　　（b）API 滤饼　　　　　　（c）HTHP 滤饼

图 1　7#~9#沉降、滤饼状态

3　抗 220℃，密度 2.0g/cm³ 聚磺钻井液体系配方优化

根据之前实验可得：适当降低膨润土含量、增加聚合物处理剂、抗高温沥青的含量能有效控制钻井液的滤失情况。按照老化温度梯度增加，设置热滚动老化条件为 220℃/16h，并进一步提升钻井液密度至 2.0g/cm³（常规重晶石：超微重晶石=7:3）。

基础配方：0.2% 纯碱+0.3% 烧碱+1.5%Drill-thin+2.0%SMP-1+4.0% 褐煤树脂+6.0%氧化沥青+4.0% ZD-1+重晶石（7:3）。具体配方见表 11，性能检测结果见表 12。10# 和 11#滤饼状态如图 2 所示。

表 11　10# 和 11# 配方组成

编号	配方
10#	基本配方+1.5% 膨润土+0.5% 抗高温包被剂+1.2% 抗高温降滤失剂+0.5%XY-27
11#	基本配方+1.0% 膨润土+1.0% 土（低造浆土）+0.7% 抗高温包被剂+1.0% 抗高温降滤失剂+0.2% XY-27

表 12　10# 和 11# 配方性能数据

编号	AV(mPa·s)	PV(mPa·s)	YP(Pa)	Gel(Pa/Pa)	FL_{API}(mL)	FL_{HTHP}(mL)
10#（热滚）	95	75	20	6/8.5	3.0	18
11#（热滚）	83	66	17	7.5/9	2.2	16

注：老化参数：220℃/16h，HTHP 测试温度 180℃。

（a）10#HTHP 滤饼　　　　　　　　　　　（b）11#HTHP 滤饼

图 2　10# 和 11# 滤饼状态

由表 12 可知，10#配方在此处调整抗高温降滤失剂加量至 1.2%，使聚合物整体加量较11#配方增加 0.1%；11#配方在 8#配方的基础上引入两种膨润土复配，在聚合物总量不变的情况下，加大抗高温包被剂含量，降低抗高温降滤失剂含量。2 组钻井液体系老化后沉降性能稳定，流变性能、滤失性能良好，HTHP 滤失量低至 16mL。

4　结论及认识

（1）针对柴达木盆地英中区块温度高达 234℃等复杂地质条件，通过大量室内实验，优选抗高温降滤失剂等处理剂，优化膨润土、烧碱的加量，最终形成了一套抗 220℃高温，密度 2.0g/cm³ 聚磺水基钻井液体系。

（2）该钻井液体系经 220℃热滚后沉降稳定性好，流变性能、滤失性能良好，表观黏度83mPa·s，动塑比 0.258，HTHP 滤失量低至 16mL。

（3）后续将在该体系基础上进一步提升其性能。将抗温逐步提至230℃、240℃，密度提至 2.2g/cm³、2.4g/cm³，且控制其 HTHP 滤失量小于20mL。

参 考 文 献

[1] 田继先，李剑，曾旭，等.柴北缘深层天然气成藏条件及有利勘探方向[J].石油与天然气地质，2019，40(5)：1095-1105.

[2] 马达德，袁莉，陈琰，等.柴达木盆地北缘天然气地质条件、资源潜力及勘探方向[J].天然气地球科学，2018，29(10)：1486-1496.

[3] 曾旭，田继先，杨桂茹，等.柴北缘侏罗纪凹陷结构特征及石油地质意义[J].中国石油勘探，2017，22(5)：54-63.

[4] 侯海海.柴达木盆地北缘侏罗系煤储层物性特征与综合评价[D].北京：中国矿业大学(北京)，2015.

[5] 付均，袁俊文.抗高温高密度水基钻井液技术研究[J].西部探矿工程，2019，31(1)：27-29+33.

[6] 吴彬，舒福昌，王荐，等.1.5~2.8g/cm³高密度水基钻井液体系研究[J].石油天然气学报，2013，35(10)：104-107+8.

[7] 杨泽星，孙金声.高温(220℃)高密度(2.3g/cm³)水基钻井液技术研究[J].钻井液与完井液，2007(5)：15-17+86.

[8] 郭玉华，李来红，李世文，等.钻井液技术的现状与发展趋势[J].石化技术，2019，26(10)：251-252.

[9] 景烨琦.国内外超高温高密度钻井液技术现状与发展趋势[J].中国石油和化工标准与质量，2019，39(3)：206-207.

[10] 王启文.高密度钻井液技术的现状与发展趋势[J].中国新技术新产品，2014(1)：74.

[11] 王中华.国内外超高温高密度钻井液技术现状与发展趋势[J].石油钻探技术，2011，39(2)：1-7.

[12] 杨智.钻井液的功能及其类型[J].化工设计通讯，2018，44(8)：238.

[13] 李旭方，熊正强.抗高温环保水基钻井液研究进展[J].探矿工程(岩土钻掘工程)，2019，46(9)：32-39.

[14] 刘均一.高性能环保水基钻井液技术研究新进展[J].精细石油化工进展，2018，19(6)：29-34.

[15] 赵小平，孙强.环境友好型水基钻井液技术研究新进展[J].山东化工，2018，47(20)：52-53.

抗钙钻井液配方探索

赛亚尔·库西马克　杨　川　黄　倩　刘锋报

（中国石油塔里木油田分公司）

【摘　要】 塔里木盆地库车山前区块地层特征为 1~3 套盐岩及石膏岩，且存在高含钙高压盐水层。在高压盐水层钻进过程中，钻井液易被侵入的含高钙盐水污染，导致钻井液性能失控，进而导致复杂情况发生，给该区块的钻井作业带来较大的困难。针对现场工况，通过实验研究优选了主要配方，并提高了钻井液的抗钙污染能力；该体系抗温达 180℃，抗钙离子污染能力达 3000mg/L。在塔里木盆地库车山前区块博孜段的现场试验表明，该钻井液体系在钻巨厚盐膏层特别是厚石膏层时具备优异的流变性能和滤失性能，现场钻井过程顺利。

【关键词】 塔里木盆地；高压盐水层；抗钙钻井液；除钙剂

随着油田勘探开发的深入发展，工程技术不断地向更深、更复杂领域发展。塔里木盆地库车山前区块位于塔里木盆地北部库车坳陷，主要包括克深段、大北段、博孜段、阿瓦特段，地质构造复杂，各区块普遍发育复合盐膏层、异常高含钙高压盐水层，钻遇率 40%~80% 不等，且分布无规律，存在多个区域性不整合面和多种类型圈闭[1-3]。

近三年库车山前油气区平均单井漏失量 887 方，盐层漏失量最大，漏失占比 57%，其次为目的层，占比 29%。膏岩层、目的层地层承压能力低，固井、钻井漏失量大，严重影响固井质量和成本控制。

库车山前区块高含钙高压盐水层在上泥岩段、盐岩段、中泥岩段、膏盐岩段均有钻遇[3]。以博孜、大北区块盐层为例，库姆格列木群发育巨厚盐膏层，自西向东埋深和厚度增大（埋深最深超过 6000m，部分井盐膏层厚度超过 4000m），且盐间普遍发育高含钙高压盐水（最高压力系数超过 2.60）和低压薄弱层，部分区块发育逆掩推覆体存在 2 套盐。溢流、井漏等事故复杂频繁，井控风险大，常规钻井液体系难以应对如此复杂地层的钻完井作业[4,5]。

该地区盐膏层间高含钙高压盐水分布不规律，压力系数高，矿化度高达 23×10^4 mg/L，高压盐水层钙离子含量高达 46800mg/L。一旦钻遇，在井下高温、高压环境下，钙离子的侵入将严重影响钻井液的流变性和失水造壁性，此时要求钻井液不仅具有良好的抗温、抗盐能力，而且具有较强的抗钙能力[5]。

若要提高钻井液抗钙离子污染能力，将钻井液转化为钙处理钻井液体系是一种有效的解决办法[6]。通过对钻井液进行钙处理，使钻井液中的钠土颗粒转化为钙土颗粒，优化钻井液配方性能，使钻井液配方在一定量钙离子存在条件下能发挥作用，降低钻井液体系对钙离子的敏感性，进而形成具有良好虑失性能、流变性和抗钙污染能力的抗钙钻井液体系，对于

作者简介：赛亚尔·库西马克，塔里木油田分公司实验检测研究院工作，助理工程师，从事钻完井实验分析与科研试验工作。电话：15026087703；E-mail：syekxmk-tlm@petrochina.com.cn。

安全钻进盐膏层和高含钙高压盐水层，减少井下复杂情况，提高钻井效率具有重要意义。

1 高钙盐水侵钻井液技术难点及对策分析

普通钻井液钙离子含量一般为 0~1500mg/L，适度的钙离子有利于控制钻井液体系的稳定性，但钙离子含量大于 5000mg/L，常规钻井液体系就会失去钻井液正常的流变性和胶体稳定性[7]。

塔里木油田库车山前盐膏层普遍发育，深、厚、岩性复杂，存在多个高含钙高压盐水层且分布无规律，巨厚层状泥岩、盐岩、膏岩及三者的交叉为特征。高压盐水层压力系数高，发生盐水溢流后，维持更高钻井液或压井液密度，加剧了薄弱夹层的漏失。

高压盐水层中盐水的钙离子含量高，涌出量大(010 井和 010A 井井涌时盐水涌出量最大 240m³/h)，易对钻井液性能造成严重污染，所以对钻井液抗钙污染能力要求高。

高压盐水层同时也是漏层，环空压力高易导致漏失，漏失严重时井口不返钻井液，井漏后常伴随井涌，安全密度窗口窄，防漏及堵漏难度大等技术难题。

因此，针对类似复杂地层情况，要求抗钙钻井液体系具备如下基础：(1)优选钻井液配方，使其在二价金属钙离子浓度较高时，钻井液性能仍然保持稳定。(2)钻井液具有较高的固相容量，为克服异常高压盐水层压力系数高的问题，需要钻井液密度可在较大的范围内调整，尤其是高密度钻井液状态下，钻井液流动性仍然很好。(3)试验并优选能够抗高浓度的二价金属钙离子的降滤失剂及其处理剂。(4)制订钻遇高压高钙盐水层钻井液处理及预防技术方案，为处理类似钻井工作提供技术储备。同时，与施工现场保持密切配合与联系，争取在紧急时刻快速采取安全可靠的工艺措施，确保安全顺利完成钻井施工任务。

2 抗高钙盐水侵钻井液配方的确定

2.1 除钙剂的优选实验

钻井液钙污染作用机理：钻井液属于黏土适度分散的胶体—悬浮体分散体系，高含钙盐水侵对钻井液性能的影响主要是通过压缩黏土颗粒表面的扩散双电层和水化膜从而影响黏土的分散度(导致黏土颗粒絮凝)，导致钻井液性能失控。针对博孜 11 井持续高钙盐水侵问题，本研究选取 Na_2SO_4、K_2SO_4、Na_2SiO_3 作为除钙剂，利用除钙剂的作用原理进一步进行评价和优选。为控制博孜 11 井钻井液体系的稳定性，对其井浆配方进行了除钙实验，优选除钙剂以优化钻井液性能(图 1 和表 1)。

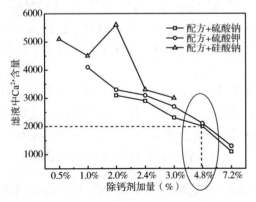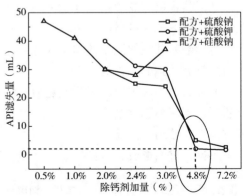

图 1　不同含量三种除钙剂(Na_2SO_4、K_2SO_4、Na_2SiO_3)对博孜 11 井井浆的除钙效果

表1 除钙剂含量对博孜11井钻井液体系性能的影响

K_2SO_4 (%)	密度 (g/cm³)	AV (mPa·s)	PV (mPa·s)	YP (mPa·s)	静切力 初切/终切 (Pa/Pa)	FL/h (mL/mm)	Ca^{2+} (mg/L)
1	1.66	38.0	31.0	7.2	3.8/6.2	38.5/6.0	$4.1×10^3$
2	1.66	55.0	40.0	14.4	6.2/9.1	40.0/7.0	$3.3×10^3$
2.4	1.66	37.5	30.0	7.2	3.4/7.7	31.2/4.0	$3.1×10^3$
4.8	1.66	35.0	26.0	8.6	3.4/9.1	2.0/1.0	$2.1×10^3$
7.2	1.66	45.0	34.0	10.6	1.9/8.2	1.6/2.0	$1.3×10^3$

随着 Na_2SO_4、K_2SO_4的加入，博孜11井井浆中的钙离子浓度逐渐降低。通过对比体系中除钙剂的加量以及钻井液性能，当加入4.8%的 Na_2SO_4 和 K_2SO_4 时，钻井液黏切、滤失性等性能较为稳定，其除钙性能较好。

2.2 抗高含钙高压盐水侵钻井液配方研究

2.2.1 降虑失性能优选

对不同厂家降虑失剂的降虑失性能进行了优选试验，通过实验发现，不同厂家提供的降虑失剂性能差别较大，实验数据表明，1#降虑失剂性能较好，在高钙下仍具有较好的降虑失性能(表2)。

表2 抗钙钻井液配方降虑失剂优选

CMC-LV	密度 (g/cm³)	pH	AV (mPa·s)	PV (mPa·s)	YP (mPa·s)	静切力 初切/终切 (Pa/Pa)	FL/h (mL/mm)	FL_{HTHP}(mL)	Ca^{2+} (mg/L)
1#	1.8	8.0	31.5	29	2.4	0.5/3.8	1.9/1.0	19	$3×10^3$
2#	1.8	8.0	42	38	3.8	0.5/6.7	1.8/0.5	100	$3×10^3$

2.2.2 抗钙钻井液配方优选

抗钙污染钻井液作用机理：对钻井液进行钙处理，将钻井液转化为钙处理钻井液体系，钻井液中的钠土颗粒转化为钙土颗粒，优化钻井液配方性能，使钻井液配方在一定量钙离子存在条件下能发挥作用，降低钻井液体系对钙离子的敏感性。针对高含钙高压盐水层，通过室内实验确定了抗钙钻井液体系，该体系具有极强的抑制性、较好的润滑性与良好的流变性。

体系中 KCl 有防塌、防堵和对土相的含量和分散性进行有效控制；SMP-3 和 SPNH 有降滤失和降黏的作用；PRH-1 有润滑作用；FI-IA 和 DYFT-2 为沥青类，用于降低高温高压滤失量、稳定井壁。

通过筛选抗钙钻井液处理剂和大量的配方试验优选，其典型配方详见表3。实验结果表明，通过钻井液配方优选2#配方性能较好，能够实现 1.8g/cm³ 密度条件下的各项性能要求，并具有切力与高温高压滤失量低、流动性好等特点，同时控制体系内3000mg/L二价金属钙离子和高温共同作用下，抗钙钻井液体系仍保持较好的性能，能够解决高密度条件下钻井液钻遇大段石膏层或遇到氯化钙盐水时的钙污染问题。

表3 抗钙钻井液配方优选(150℃、16h、1.8g/cm³)

	配　方	pH	AV (mPa·s)	PV (mPa·s)	YP (Pa)	静切力 初切/终切 (Pa/Pa)	FL/h (mL/mm)	FL_{HTHP} (mL)	Ca²⁺ (mg/L)
1#	3%土浆+0.8%NaOH+4%SMP-3+3% SPNH+3%FT-1A+0.5%PRH-1+2% CMC-LV+2.5%CaCl₂+5%KCl+重晶石粉	8.5	32.0	29.0	2.9	0.5/1.4	1.8/1.0	7	2×10³
2#	3%土浆+0.8%NaOH+4%SMP-3+4% SPNH+3%FI-IA+2%CMC-LV+0.5% PRH-1+1%DYFT-2+3.0%CaCl₂+ 5%KCl+1%SQD-98+重晶石粉	8.0	31.5	29	2.4	0.5/3.8	1.9/1.0	19	3×10³
3#	3%土浆+0.8%NaOH+4%SMP-3+4% SPNH+3%FI-IA+3%CMC-LV+0.5% PRH-1+1%DYFT-2+3.0%CaCl₂+ 5%KCl+1%SQD-98+重晶石粉	8.0	37	34	2.9	1.0/5.8	2.5/0.5	36	3×10³
4#	3%土浆+0.8%NaOH+4%SMP-3+4% SPNH+2%FI-IA+2%CMC-LV+0.5% PRH-1+2%DYFT-2+3.0%CaCl₂+ 5%KCl+1%SQD-98+重晶石粉	8.0	71	59	11.5	1.0/4.8	1.0/1.0	8	3×10³
5#	3%土浆+0.8%NaOH+4%SMP-3+4% SPNH+3%FI-IA+2%CMC-LV+0.5% PRH-1+1%DYFT-2+3.0%CaCl₂+ 5%KCl+2%SQD-98+重晶石粉	8.0	33	26	6.7	9.1/22.1	2.6/0.5	20	3×10³

2.2.3 钻井液pH值的控制

维持钻井液在合理的pH值范围之内,以便更好的控制钻井液流变性。通过实验证明,抗钙钻井液配方可在中酸碱度下使用,需将pH值控制在8~10之间的弱碱性环境(表4),既能保持钻井液强化学抑制能力,又能维持固相颗粒粗分散,可部分减少强分散类处理剂的使用,更有助于流变性稳定。从表4的结果看出,烧碱的加入可提高钻井液的pH值,且终切有较大幅度增加。因此,需要将pH值控制在8~10范围是比较合适的。

表4 抗钙钻井液pH值的控制

NaOH(%)	pH	AV (mPa·s)	PV (mPa·s)	YP (Pa)	静切力 初切/终切 (Pa/Pa)	FL/h (mL/mm)	FL_{HTHP} (mL)	Ca²⁺ (mg/L)
0.5	8	34.5	30	4.3	1.0/12.5	2.4/0.5	52	3×10³
0.8	8	31.5	29	2.4	0.5/3.8	1.9/1.0	19	3×10³
1	9	34.5	30	4.3	0.5/5.3	2.0/0.5	39	3×10³
1.5	10	32.5	33	-0.5	0.5/2.9	1.9/0.5	7	3×10³

注:配方中NaOH含量为1.5%时,重晶石粉无法正常加入。

2.2.4 钻井液抗岩屑污染性能

在抗钙钻井液(密度为1.8g/cm³)体系配方中加入粒径小于等于0.15mm的钻屑(库车山

前岩屑），在150℃温度下热滚16h，测其抗污染能力。实验结果表明，在上述试验条件下，钻井液中混入3%~5%的钻屑，钻井液仍具有较好的流变性和失水性能(表5)。

表5　抗钙钻井液抗岩屑污染性能

钻屑(%)	AV(mPa·s)	PV(mPa·s)	YP(Pa)	静切力 初切/终切(Pa/Pa)	FL/h(mL/mm)	FL_{HTHP}(mL)
0	31.5	29	2.4	0.5/3.8	1.9/1.0	19
1	40	30	9.6	0.5/11.0	1.8/0.5	27
3	47.5	41	6.2	1.0/10.6	1.4/0.5	10
5	63.5	65	7.2	0.5/8.6	2.0/0.5	11

2.2.5　钻井液腐蚀性能

参照 SY/T 5390—1991 标准，把质量 11.012g 的 13Cr 试片，放于抗钙钻井液中，在 150℃ 条件下浸泡 16h 后质量变为 10.994g，该体系对金属的腐蚀速率为 14.07g/m²。把质量为 0.7070g 的橡胶，在抗钙钻井液中浸泡 16h 后，其质量变为 0.7071g，增多了 0.1mg。实验表明，尽管未使用任何防腐剂，该体系对橡胶附件与钻具的腐蚀性都在标准规定范围内。

2.2.6　抗温性能

钻井液在 120、150、180℃ 温度下老化前后性能变化如表6所示。在不同温度下老化 16h 后，钻井液塑性黏度为 31~45mPa·s，动切力为 1.0~5.8Pa，钻井液性能稳定，具有很好的抗温性能。

表6　抗钙钻井液抗温性能

密度 （g/cm³）	实验条件	AV （mPa·s）	PV （mPa·s）	YP （Pa）	静切力 初切/终切(Pa/Pa)	FL/h （mL/mm）	FL_{HTHP}(mL)
1.8	120℃、16h	45	39	5.8	0.5/8.2	1.9/1.0	6
	150℃、16h	31.5	29	2.4	0.5/3.8	1.9/1.0	19
	180℃、16h	31	30	1.0	0.5/3.4	1.9/1.0	21

2.2.7　现场施工效果

针对博孜 11 井工况，通过加入除钙剂，对博孜 11 井钻井液配方进行了除钙剂的优选实验。在加入除钙剂之前的博孜 11 井井浆性能较差、滤失量大，滤液中二价钙离子浓度为 8000mg/L，通过加入除钙剂后，钻井液滤液钙离子降低为 2100mg/L，流变性稳定，能保证博孜 11 井该开次中完钻井任务成功下入套管，为下步钻井作业提供了良好的作业条件。

3　结论

通过实验研究优选了一种性能良好的除钙剂以及抗钙钻井液配方。通过大量实验配方优选，在抗钙钻井液体系中二价钙离子含量达到 3000mg/L，同时能保证钻井液性能稳定。抗钙钻井液密度为 1.8g/cm³，有利于平衡高压地层压力、在 150℃ 条件下具有良好的流变性和虑失性，API 滤失量小于 2mL，高温高压滤失量小于 19mL，合适 pH 值在 8~10 范围内使用，同时具有较强的抗岩屑污染能力和防腐蚀性能，体系抗温高达 180℃。

参　考　文　献

[1] 李宁，李龙，王涛，等. 库车山前盐膏层与目的层漏失机理分析与治漏措施研究[J]. 广州化工，

2020, 48(11)：101-103.

[2] 陆灯云，王春生，邓柯，等.塔里木博孜区块巨厚砾石层气体钻井实践与认识[J].钻才工艺，2020，43(4)：8-11.

[3] 尹达，刘锋报，康毅力，等.库车山前盐膏层钻井液漏失成因类型判定[J].钻采工艺，2019，42(5)：121-123.

[4] 李军伟，赵景芳，杨鸿波，等.Missan 油田盐膏层钻井技术[J].长江大学学报(自科版)，2013，16(7)：92-94.

[5] 柴龙，商森，史东军.抗盐钙钻井液技术研究与应用[J].科技创新与应用，2018，(13)：168-169.

[6] 王树永.一种低土相高密度抗钙钻井液体系[J].钻井液与完井液，2016，33(5)：41-44.

[7] 王杰东，杨立，郑宁，等.玛北1井四开抗高钙盐水侵钻井液技术[J].钻井液与完井液，2013(6)：88-90.

抗盐抗高温高密度油基钻井液研究及在山前深层的应用

洪　伟[1]　袁　伟[1]　杨　鹏[1]　马　俊[1]　程　东[1]　刘锋报[2]　王延民[2]

(1. 中国石油集团长城钻探工程有限公司工程技术研究院;

2. 中国石油天然气股份有限公司塔里木油田分公司勘探事业部)

【摘　要】 为了满足塔里木库车山前复杂地层钻井需求,通过研制新型油基钻井液降滤失剂,建立了新型抗盐抗高温高密度油基钻井液配方,同时对其性能进行了室内评价,实验结果表明新型抗盐抗高温高密度油基钻井液体系抗温可达 240℃,流变性良好;抗盐水污染可达50%,未破乳,无沉降;密度为 2.5g/cm³ 时,沉降稳定性良好,同时具有良好的抑制性。并在库车山前进行了应用,现场应用结果表明抗高温高密度油基钻井液性能稳定,封堵防塌性能良好,抗盐能力突出,具有较强的抗污染能力。

【关键词】 油基钻井液;高密度;盐水侵;降滤失剂;巨厚盐膏层

国内塔里木油田的库车山前地区是塔里木油气富集区域,也是西气东输主要气源地之一。该地区地质条件复杂,钻井过程中同一井段溢、漏、塌、卡并存,存在着巨厚盐膏层和高压盐水层,成为中国乃至世界上钻井最复杂的地区之一。油基钻井液虽然具有润滑性好,抗污染能力强等诸多优点,但当高压盐水侵入,仍会出现性能变差,易导致卡钻、井漏等井下复杂事故。本文通过研制新型油基钻井液降滤失剂,自主研发了新型抗盐抗高温高密度油基钻井液体系,并顺利完成山前地区博孜 X 井盐膏层、目的层钻进,应用效果良好。

1　油基钻井液降滤失剂的研制

1.1　制备

抗盐抗高温高密度油基钻井液用降滤失剂的研制应综合考虑油溶性、抗高温性能以及抗盐性能,同时针对其他处理剂需要具备良好的配伍性。因此,应具有以下性质:(1)为了具有良好的抗温性能,选用 C—C 链或者 C—N 链,同时具有苯环等刚性侧基;(2)为了具有更高的吸附黏土颗粒的能力,应该含有磺化基团;(3)为了增强抗盐水侵性能,应含有一定的亲水基团;(4)环境友好,配伍性优良[1-4]。

本文采用苯乙烯和 α-烯烃聚合,合成带有苯环的 α-烯烃苯乙烯,通过加入一定量的浓硫酸引入磺化基团,基本步骤为:苯乙烯和 α-烯烃混合,加入一定量的引发剂,将产物溶于 $SnCl_4$ 加入磺化剂在 50℃下充分搅拌,反应过后水解过量酸酐;反应完毕后沉淀过滤,干燥研磨,包装后得到油基钻井液用降滤失剂 GW-FCL[5-7]。

作者简介:洪伟,1987 年生,毕业于东北石油大学石油与天然气工程专业,就职于长城钻探工程有限公司工程技术研究院油田化学技术研究所,主要从事钻井液科研及技术服务工作。地址:辽宁省盘锦市兴隆台区惠宾街 91 号;电话:13904278165;E-mail:gcyhw. gwdc@ cnpc. com. cn。

1.2 性能评价

GW-FCL 含有苯环以及磺化基团，因此在高温下可以很好地吸附黏土颗粒，有效地改善油基钻井液体系的失水造壁性能。图 1 为 GW-FCL 加量对油基钻井液高温高压滤失量以及流变性的影响(基础配方为：3%有机土+2%沥青降滤失剂+2%CaO+3%CaCO$_3$)。可以看出 GW-FCL 对降低油基钻井液的滤失量有明显的效果，随着 GW-FCL 加量的增加，油基钻井液滤失量大幅度降低，加量 3%时，滤失量可以满足需求。

同时实验结果表明：随着 GW-FCL 加量的不断增加，钻井液体系的表观黏度以及塑性黏度不断增加，而动切力不断降低，但降幅较小。

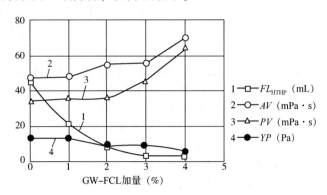

图 1   GW-FCL 加量对油基钻井液的影响

本文选用两家国外公司降滤失剂与 GW-FCL 进行对比，表 1 为实验结果。实验配方为：3%有机土+2%沥青降滤失剂+2%CaO+3%CaCO$_3$+3%降滤失剂，实验结果表明 GW-FCL 降滤失效果优于两种处理剂，同时流变性能较优。

表 1   降滤失剂加量为 3%性能对比

降滤失剂	$AV(mPa \cdot s)$	$PV(mPa \cdot s)$	$YP(Pa)$	$FL_{API}(mL)$	$FL_{HTHP}(mL)$
1#降滤失剂	48	38	10	2.2	5.2
2#降滤失剂	46	33	13	1.8	4.6
GW-FCL	56	46.5	9.5	1.2	3.4

2   抗高温高密度油基钻井液配方的确定

抗高温高密度油基钻井液以有机土、乳化剂、降滤失剂和润湿剂为主，本文以 0# 柴油为基础油，通过室内评价，确定每种处理剂对体系配方的影响，最终确定各种处理剂加量。

2.1   有机土加量的确定

有机土作为亲油胶体，能够直接影响油基钻井液的流变性以及滤失性能，本文采用长城钻探自研有机土 GW-GEL，该有机土分散性良好，能够有效调节油基钻井液的基本性能。基础配方为：基础油+4%乳化剂+CaCl$_2$水溶液+有机土+0.4%提切剂+2%CaO+3%CaCO$_3$+3%GW-FCL+1%润湿剂+重晶石(ρ=2.4g/cm^3；油水比为 80∶20)，其中有机土的加量为 1%~3%[8-10]。

表 2 为钻井液体系老化前后的流变性以及滤失量。实验结果表明有机土能够有效降低滤失量，提高钻井液体系的黏度和切力。当有机土加量为 2%~3%时，体系有较好的流变性和滤失性。

表2 有机土对钻井液性能的影响

有机土加量(%)	实验条件	AV(mPa·s)	PV(mPa·s)	YP(Pa)	FL_{API}(mL)	FL_{HTHP}(mL)
1	老化前	78	71	7	7	—
	老化后			沉降		
2	老化前	85	76	9	4	—
	老化后	71	64	7	7	6.8
3	老化前	90	80	10	3	—
	老化后	79	72	7	4.5	5.6

注：老化条件为16h、220℃。

2.2 乳化剂加量的确定

乳化剂的加入能够将油基钻井液体系内部的表面自由能降低，从而形成界面膜，改善钻井液体系的结构性能和流变性以及沉降稳定性。

本文将乳化剂加量确定为3%~5%，表3为钻井液体系在老化前后的流变性以及破乳电压。其基础配方为：基础油+乳化剂+CaCl$_2$水溶液+3%有机土+0.4%提切剂+2%CaO+3%CaCO$_3$+3%GW-FCL+1%润湿剂+重晶石($\rho=2.4$g/cm^3；油水比为80∶20)。

实验结果表明乳化剂加量为4%时，体系性能优良，因此确定乳化剂最佳加量为4%。

表3 乳化剂对钻井液性能的影响

乳化剂加量(%)	实验条件	AV(mPa·s)	PV(mPa·s)	YP(Pa)	破乳电压(V)
3	老化前	85	75	10	628
	老化后	72	66	6	506
4	老化前	90	80	10	1042
	老化后	79	72	7	896
5	老化前	110	97	13	1428
	老化后	95	84	11	1236

注：老化条件为16h、200℃。

2.3 降滤失剂加量的确定

油基钻井液体系一般滤失量较低，但是由于其滤液以油为主，所以滤失量大不仅仅影响油基钻井液的性能，同时还会大幅度增加成本，因此，要求油基钻井液的滤失量更低[11,12]。

由长城钻探自主研发的油基降滤失剂 GE-FCL 加量在3%时，基础配方为：基础油+4%乳化剂+CaCl$_2$水溶液+3%有机土+0.4%提切剂+2%CaO+3%CaCO$_3$+GW-FCL+1%润湿剂+重晶石($\rho=2.4$g/cm^3；油水比为80∶20)具有良好的降滤失效果，因此，在基础配方中将油基降滤失剂 GE-FCL 加量设定在2%~4%之间，考察其对油基钻井液体系流变性和滤失量的影响，实验结果见表4。

表4 降滤失剂对钻井液性能的影响

降滤失剂加量(%)	实验条件	AV(mPa·s)	PV(mPa·s)	YP(Pa)	FL_{API}(mL)	FL_{HTHP}(mL)
2	老化前	68	56	12	4.6	—
	老化后	56	50.5	5.5	3.2	8

降滤失剂加量(%)	实验条件	$AV(mPa \cdot s)$	$PV(mPa \cdot s)$	$YP(Pa)$	$FL_{API}(mL)$	$FL_{HTHP}(mL)$
2.5	老化前	72	61	11	3	—
	老化后	60	54	6	2.4	5.2
3	老化前	90	80	10	2	—
	老化后	79	72	7	1.6	2.8
3.5	老化前	95	84.5	10.5	1.4	—
	老化后	81	74	7	1	2.0
4	老化前	101	90	11	1	—
	老化后	85	78	7	0.2	1.2

注：老化条件为16h、220℃。

通过实验结果可以看出，油基降滤失剂 GE-FCL 加量在3%时，降滤失效果明显，对钻井液体系流变性能影响不大，因此，油基降滤失剂 GE-FCL 加量确定为3%。

2.4 润湿剂加量的确定

在钻井液配制过程中，加重剂一般为惰性颗粒，其表面多为亲水性。而亲水性颗粒在油基钻井液体系中分散性差，影响钻井液性能。润湿剂可以改变加重剂的表面活性，从而降低加重剂对钻井液体系的影响，改善流变性和沉降稳定性。

以基础油+4%乳化剂+$CaCl_2$水溶液+3%有机土+0.4%提切剂+2%CaO+3%$CaCO_3$+3%GW-FCL+润湿剂+重晶石(ρ=2.4g/cm³；油水比为80：20)为基础配方，考察润湿剂加量在0.5%～2%区间内钻井液体系的流变性，沉降稳定性以及破乳电压，实验结果见表5。

表5 润湿剂对钻井液性能的影响

润湿剂加量(%)	实验条件	$AV(mPa \cdot s)$	$PV(mPa \cdot s)$	$YP(Pa)$	破乳电压(V)	静置16h上下密度差
0.5	老化前	分散不均匀				
	老化后	沉降严重				
1	老化前	90	80	10	1326	<0.03
	老化后	79	72	7	1208	
1.5	老化前	92	82	10	1492	<0.03
	老化后	80	72.5	7.5	1384	
2	老化前	94	83.5	10.5	1754	<0.02
	老化后	82	75	7	1548	

注：老化条件为16h、220℃。

实验结果表明：润湿剂加量在1%时，钻井液体系流变性、沉降稳定性良好，破乳电压适中。因此，润湿剂加量确定为1%。

3 抗盐抗高温高密度油基钻井液体系性能评价

3.1 抗温性能

由于目标区块储层深，井底温度高，因此需要油基钻井液体系具有良好的抗温性能。表6为油基钻井液体系在不同温度下的性能对比。

配方：基础油+4%乳化剂+CaCl₂水溶液+3%有机土+0.4%提切剂+2%CaO+3%CaCO₃+3%GW-FCL+1%润湿剂+重晶石（ρ=2.4g/cm³；油水比为80：20）

实验结果表明在240℃下油基钻井液体系流变性能优良，高温高压失水量较低，体系性能稳定，证明该体系抗温性能良好。

表6　温度对钻井液体系的影响

温度（℃）	AV（mPa·s）	PV（mPa·s）	YP（Pa）	破乳电压（V）	FL_{HTHP}（mL）
常温	96	80	16	1868	—
150	86	72	14	1704	1.6
180	82	68	14	1524	2.4
200	76	65	11	1264	2.6
220	71	60	11	1086	3.4
240	67	61	6	960	4.6

3.2　抗盐水污染性能

目标区块具有巨厚盐膏层和高压盐水层，盐水的侵入会导致钻井液体系稳定性差，破坏体系的乳化稳定性。本文考察了体系在不同浓度盐水污染下的流变性、破乳电压以及沉降稳定性，其中油水比为80：20。实验结果见表7，可以看出，油基钻井液体系具有良好的抗盐水污染能力。

表7　盐水对钻井液体系的影响

盐水浓度（%）	ρ（g/cm³）	PV（mPa·s）	YP（Pa）	初切/终切（Pa/Pa）	破乳电压（V）	油水比	静置6h现象
基础配方	2.35	75	8	2.9/4.8	1180	85：15	无沉淀，未破乳
基础配方+30%盐水	2.04	90	27	11/12.5	459	52：48	无沉淀，未破乳
基础配方+40%盐水	1.97	95	32	12.5/14.8	423	45：55	无沉淀，未破乳
基础配方+50%盐水	1.91	105	36	13.4/15.8	378	33：67	无沉淀，未破乳

注：老化条件为16h、170℃。

3.3　沉降稳定性

钻井液体系的沉降稳定性能直接影响其携、悬加重材料以及岩屑的能力，如果沉降稳定性差，那么加重材料和岩屑会快速沉降导致卡钻等井下事故发生。针对上述确定的配方，分别加重至1.8g/cm³、2.0g/cm³、2.3g/cm³、2.5g/cm³，考察其老化后静置2h、16h的上下密度差，其结果见表8。实验结果表明：钻井液沉降稳定性良好，在静置2h、16h后，其上下密度差均在0.04g/cm³以下。

表8　钻井液沉降稳定性

密度（g/cm³）	上下密度差（g/cm³）		密度（g/cm³）	上下密度差（g/cm³）	
	2h	16h		2h	16h
1.8	0.01	0.01	2.3	0.02	0.03
2.0	0.02	0.02	2.5	0.03	0.04

注：老化条件为16h、240℃。

3.4 抑制性能

针对目标区块的的泥岩(库车山前库姆格列木群泥岩段),分别采用水、油基钻井液、强抑制高润滑KCl钻井液进行了滚动回收实验(160℃,滚动16h),滚动回收率分别为:29.6%、97.9%、84.5%。结果表明油基钻井液防塌抑制性良好。

4 现场应用

博孜X井是位于库车坳陷克拉苏构造带的一口预探井,目的层为巴西改组。四开、五开为泥岩、盐岩及膏盐层段,存在井壁垮塌、缩径、卡钻、层间夹薄弱层易发井漏等难题。四开、五开使用了高密度油基钻井液来减少井下复杂。表9为博孜X井钻进过程中油基钻井液性能,可以看出,最高密度为2.27g/cm³钻井液具有良好的失水造壁性、流变性以及点稳定性。

表9 油基钻井液钻进过程基本性能

性能井深(m)	$\rho(g/cm^3)$	$PV(mPa \cdot s)$	$YP(Pa)$	$Gel(Pa/Pa)$	$FL_{HTHP}(mL)$	$E_S(V)$
7660	2.25	63	8	6/10	4.6	933
7718	2.25	62	8.5	6/10	4.2	1030
7781	2.25	60	7.5	5/9	4.0	970
7839	2.25	47	7.5	4.5/8	3.6	1139
7912	2.25	47	4.5	7/3	3.2	1203
7983	2.25	51	6	3.5/8	3.0	1248
8005	2.27	54	5	4.5/3.5	3.0	1350

施工期间油基钻井液性能在高密度条件下表现稳定,封堵防塌性能良好,抗盐能力突出,具有较强的抗污染能力,成功保障了博孜X井钻井顺利进行,未发生因钻井液原因造成的复杂情况。现场应用结果表明,抗盐抗高温高密度油基钻井液体系具有良好的流变性能、抗盐抗污染能力、抗高温性能和抑制性,可有效解决库车山前深部大段盐层恶性阻卡、井壁失稳及井漏等难题。博孜X井完钻井深8235m,为目前塔里木油田库车山前地区最深井,同时也创中石油国内油基钻井液现场应用最深纪录。

5 结论

(1)自主研发的油基钻井液降滤失剂性能优良、配伍性良好。

(2)通过对有机土、乳化剂、降滤失剂、润湿剂等处理剂加量对钻井液性能的影响研究,确定了抗盐抗高温高密度油基钻井液体系配方。通过室内实验可以看出油基钻井液体系具有良好的抗温、抗盐水污染能力,同时沉降稳定性以及流变性能良好。

(3)抗高温高密度油基钻井液体系在博孜X井进行了现场应用,钻井液体系性能稳定,能够有效降低井下复杂事故发生率,缩短钻井周期。

参 考 文 献

[1] 李建成,杨鹏,关键,等. 新型全油基钻井液体系[J]. 石油勘探与开发,2014,41(4):490-496.
[2] Fossum P V, Moum T K, Sletfjerding E, et al. Design and utilization of low solids OBM for Aasgard reservoir drilling and completion[R]. SPE 107754, 2007.

[3] 鄢捷年. 钻井液工艺学[M]. 东营：石油大学出版社，2001：236-250.

[4] 王中华. 国内外油基钻井液研究与应用进展[J]. 断块油气田，2011，18(4)：533-537.

[5] 冯萍. 交联型油基钻井液降滤失剂的合成及性能评价[J]. 钻井液与完井液，2012，29(1)：10-11.

[6] 狄毅，张喜文，鲁娇，等. 油基改性腐植酸降滤失剂的制备及性能评价[J]. 当代化工，2014，43(2)：168-170.

[7] 舒福昌，史茂勇，向兴金. 改性腐植酸合成油基钻井液降滤失剂研究[J]. 应用化工. 2008，37(9). 1067-1069.

[8] 刘绪全，陈敦辉，陈勉，等. 环保型全柴油基钻井液的研究与应用[J]. 钻井液与完井液，2011，28(2)：10-12.

[9] 杨鹏，李俊祀，孙延德，等. 油基可循环微泡沫钻井液研制及应用探讨[J]. 天然气工业，2014，34(6)：78-84.

[10] Davison J M，Jones M. Oil-based muds for reservoir drilling；Their performance and clean-up characteristic [R]. SPE 72063，2001.

[11] 李建成. 新型柴油基油包水钻井液体系研究[J]. 钻采工艺，2015，40(4)：85-89.

[12] 高远文，杨鹏，李建成，等. 高温高密度全白油基钻井液体系室内研究[J]. 钻采工艺，2016，39(6)：88-90.

辽河深探井抗高温复合盐钻井液技术研究与应用

李　燕　王　琬　冯文强　袁长晶　杨　刚　李方茂

(中国石油集团长城钻探工程有限公司钻井液公司)

【摘　要】　为了探索辽河东部坳陷南部黄金带深层火成岩含油气情况以及辽河西部坳陷清水洼陷深层资源潜力，扩展深层整体勘探领域，实现规模高成熟天然气突破，辽河油田在以上区域布置多口 5000m 以上的深探井，井底温度预计最高达到 220℃，钻井液性能要求抗高温、强封堵、强抑制，室内针对不同深探井性能要求开展抗高温复合盐钻井液体系研究，最终在驾101、驾102、驾深1、马探1井等多口井中得到成功应用，屡次刷新辽河最深进尺纪录，为辽河油田超深油藏勘探提供了有力保障。

【关键词】　抗高温复合盐钻井液；抗高温；强封堵；强抑制

辽河油田目前已经进入开发中后期，为保持油田持续千万吨稳产目标，2020 年辽河油田加紧勘探深部储层，深探井逐渐增多，深探井钻井面临复杂的地质条件，勘探的重点在深层、断块边缘及面积较小的圈闭，地层存在含砂率高，孔隙度大，大段泥岩、地温梯度高的特点，对钻井液技术提出来更高的要求，常用 KCl 聚合物钻井液是解决泥页岩井壁失稳的重要手段，但是抗温能力不足限制了该类体系在高温深探井的应用，针对以上技术需求开展了系列深探井抗高温复合盐钻井液体系研究，考虑成本精细控制，细化体系研究，根据井底温度不同，研究了抗温 180℃、200℃、220℃三套体系，最高密度达 1.95g/cm³，该体系具有高温稳定、封堵性强、抑制能力强的特点，施工过程中创辽河井温最高、井深最深、尾管环空间隙最小等多项纪录，满足了辽河东部和西部坳陷区块深探井技术需要。

1　钻井液技术难点

1.1　井底温度高

地温梯度高，预测井底温度达 180℃以上，马探 1 井最高达 220℃。在高温作用下，黏土易发生分散和钝化作用，处理剂易发生降解和交联等问题，因此对钻井液抗高温能力提出严峻的考验。

1.2　井壁稳定性差

存在较长泥岩井段，泥岩浸泡时间过长，造成井壁不稳定，加之环空间隙小，非控压与控压转换时井底压力可能存在较大的波动，进一步加剧井塌风险。

1.3　井漏风险和井喷风险

根据地质预测钻遇井段存在砂砾岩，沙三下扇体含砂率高，孔隙度大，存在井漏风险。且在沙三下底部存在地质异常体，有钻遇高压层的可能，存在井喷风险。据此判断深层井段

作者简介：李燕，高级工程师，本科，1976 年生，毕业于江汉石油学院化学工程与工艺专业，主要从事钻井液技术研究。电话：18042717503；E-mail：lh_zyly@ cnpc. com. cn。

可能存在不同的压力梯度，且有存在漏喷同层的风险。

1.4 小井眼钻井尾管环空间隙小

小井眼钻井风险高，环空压耗大，起钻需要控压和注入重浆帽，下钻需要分段顶替重浆，环空压耗的控制与钻井液有效携砂存在矛盾；环空间隙小，极易引起井下复杂。

2 抗高温复合盐钻井液体系组分特点及优选

2.1 抑制性

在原有氯化钾钻井液体系基础上引入甲酸钠，通过 K^+ 进入黏土晶层间隙和甲酸根 $HCOO^-$ 吸附于黏土颗粒表面[1]，协同抑制黏土的水化膨胀，解决大段泥岩井段水化膨胀井壁不稳定问题。

（1）对泥岩抑制性评价。

筛取粒径为 2.00~2.80mm 的泥岩岩屑作为评价岩屑，分别在 350mL 聚合物体系里加入不同量的盐构成的评价溶液中加入试验用钻屑 50g，并于 120℃ 下热滚 16h 进行分散试验，热滚后存留的钻屑用孔径 0.45mm 的标准筛回收，测得评价液的回收率见表 1。

表 1　泥页岩抑制性评价

盐分组成	回收率（%）	盐分组成	回收率（%）
3%KCl	70	5%KCl+3%甲酸钠	90
5%KCl	82	5%KCl+5%甲酸钠	95
7%KCl	89	5%KCl+10%甲酸钠	98
9%KCl	95	5%KCl+12%甲酸钠	99

从表 1 可以看出随着 KCl 加量的增加，泥岩岩屑回收率不断升高，室内为了验证甲酸钠与 KCl 的协同效应，选取 5%KCl 做为基液，加入不同量甲酸钠，从实验数据可以看出，甲酸钠的加入，提高了 KCl 抑制泥页岩作用。

（2）页岩膨胀实验。

选取一定量的 KCl，加入不同加量的甲酸钠，用页岩膨胀试验仪进行页岩膨胀曲线实验，实验结果如图 1 所示。

通过以上实验可以看出，甲酸钠的加入提高了 KCl 的抑制能力，因为 K^+ 的直径与黏土晶胞形成的孔径相当，嵌入黏土晶格的 K^+，降低了黏土的负电位，降低了黏土吸附阳离子和水化能力，有力地抑制了黏土的水化，增强了晶层的联结力，使黏土层面形成封闭结构，

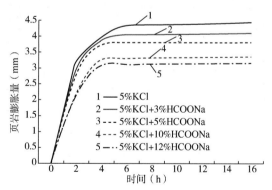

图 1　复合盐抑制页岩膨胀实验曲线图

防止黏土表面水化，现场可以根据地层泥岩含量确定复合盐复配加量，推荐 KCl 加量在 5%~7%，甲酸钠加量在 5%~10%。

2.2 抗温性

常用 KCl 聚合物钻井液是解决泥页岩井壁失稳的重要手段[2]，但是抗温能力不足限制了该类体系在高温深探井的应用，为保证体系高温条件下具备良好的流变性能和成本控制，

室内通过加入有机盐甲酸钠、抗温增黏剂 GW-VIS1 或 GW-VIS2、表面活性剂不同程度地提高体系抗温能力。

2.2.1 甲酸钠对井浆抗温能力提升实验

在井浆中加入不同浓度甲酸钠水溶液，对比评价甲酸钠对体系流变性和滤失造壁性的影响情况（表2）。

表 2 甲酸钠对井浆性能影响数据表

甲酸钠加量（%）	实验条件	ρ（g/cm³）	Φ_{600}/Φ_{300}	Φ_6/Φ_3	PV（mPa·s）	YP（Pa）	Gel（Pa/Pa）	FL（mL）	FL_{HTHP}（mL）
0（井浆）	老化前	1.58	81/477	3/2	34	6.5	1.5/3	1.10	—
	老化后	1.60	100/58	6/5	42	8	2.5/4.5	5.6	35
3%	老化前	1.59	93/56.5	5/4	36.5	10	2.5/3.5	0.80	—
	老化后	1.60	72/40	4/3	32	4	2/5	3.4	17
5%	老化前	1.60	92/55	5/3.5	37	9	2.5/3.5	0.7	—
	老化后	1.61	74/42	4.5/3.5	32	5	2.5/6	2.2	15

注：FL_{HTHP} 在180℃、3.5MPa下测定；热滚前后均在70℃下测定性能；热滚条件为180℃、16h。

实验数据显示：井浆中加入甲酸钠后综合性能良好，随着甲酸钠水溶液加量的提高，体系流变性良好，滤失造壁性明显提升。

2.2.2 增黏剂抗温实验

（1）增黏剂在盐水中黏温效果。

分别将增黏剂 GW-VIS1、GW-VIS2 加入到5%KCl 和5%KCl+10%HCOONa 溶液中，测量其180℃、220℃热滚16h 后50℃流变性，结果见表3，从表3中可以看出在盐水中 GW-VIS1、GW-VIS2 抗温均达到220℃，甲酸钠的加入提高了体系的抗温性。

表 3 不同增黏剂在盐水中的黏温性能表

配方	条件	Φ_{600}/Φ_{300}	Φ_{200}/Φ_{100}	Φ_6/Φ_3	PV(mPa·s)	YP(Pa)	Gel(Pa/Pa)
水+5%KCl+3%GW-VIS1	热滚前	59/43	36/25	4.5/3.5	16	13.5	1.75/1.75
	180℃/16h	66/42	32/21	6/5	24	9	2.5/2.5
	220℃/16h	30/17	12.5/7	1/0.5	13	2	0.25/0.25
水+5%KCl+3%GW-VIS1+10%甲酸钠	热滚前	38/25	19/11	2/1	13	6	0.5/0.5
	180℃/16h	60/40	29.5/17.5	3.5/2.5	20	10	1.25/1.25
	220℃/16h	51/31	23.5/15	3.5/3	20	5.5	1.5/1.5
水+5%KCl+3%GW-VIS2	热滚前	86/58	45/28	3/2	28	15	1/1
	180℃/16h	9/5	3/2	1/0.5	4	0.5	0.5/0.5
	220℃/16h	5.5/3	2.5/1.5	0.5/0.5	2.5	0.25	0.25/0.25
水+5%KCl+3%GW-VIS2+10%甲酸钠	热滚前	72/47	36/21.5	2/1.5	25	11	0.75/0.75
	180℃/16h	73.5/46.5	34.5/20	2/1	27	9.75	0.5/0.5
	220℃/16h	37.5/20	14.5/7.5	1/0.5	17.5	1.25	0.25/0.25

注：热滚前后均在50℃下测定性能。

（2）增黏剂在 KCl 钻井液体系的抗温效果。

在配制好的 KCl 钻井液中分别加入相同量 GW-VIS1、GW-VIS2 和甲酸钠，评价 GW-VIS1、GW-VIS2 对钻井液体系性能影响（表4）。

表4 不同增黏剂在盐水中的黏温性能表

配方	实验条件	Φ_{600}/Φ_{300}	Φ_{200}/Φ_{100}	Φ_6/Φ_3	$PV(mPa \cdot s)$	$YP(Pa)$	$Gel(Pa/Pa)$	$FL_{HTHP}(mL)$
KCl 钻井液	老化前	102/62	47/29	8/6.5	40	11	4/—	—
	老化后	76/61	51/39.5	20/18.5	15	23	9/12.5	78/17mm
KCl 钻井液+ 0.8%GW-VIS1+10%甲酸钠	老化前	100/62	46/27.5	4/3	38	12	1.5/—	—
	老化后	83/49	39/27.5	13/12.5	34	7.5	6/11.5	58/9mm
KCl 钻井液+ 0.8%GW-VIS2+10%甲酸钠	老化前	119/74	53.5/31	4/2.5	45	14.5	1.5/—	—
	老化后	86/50	38/23.5	5/4	36	7	1.5/3	12.4/2mm

注：FL_{HTHP} 在 180℃、3.5MPa 下测定；热滚前后均在 50℃ 下测定性能；热滚条件为 220℃、16h。

从表4中实验数据可以看出，在 220℃ 热滚 16h 后加入 GW-VIS1 的钻井液体系流变性与加入 GW-VIS2 的钻井液体系流变性能相当，但 HTHP 滤失量较大，形成的滤饼质量较差，因此，抗温 220℃ 体系选用 GW-VIS2（图2）。

图2 老化后 HTHP 滤饼图

2.2.3 表面活性剂对体系抗温性的影响

选用非离子型表面活性剂，该类表面活性剂在黏土表面有较强的吸附性，可以缓解黏土颗粒的高温分散，同时表面活性剂还可以与聚合物相互作用，增加聚合物分子上的亲水基团，克服高温去水化作用和取代基脱落造成的分子亲水性不足，从而提高体系的抗温能力[3]（表5）。

表5 不同加量表面活性剂对井浆性能的影响结果

表面活性剂（%）	实验条件	$PV(mPa \cdot s)$	$YP(Pa)$	$Gel(Pa/Pa)$	$FL_{API}(mL)$	$FL_{HTHP}(mL)$
0(井浆)	老化前	38.5	9.5	2/3.5	1.3	—
	老化后	36	8	3/6.5	2.9	13
1	老化前	42	9	2.5/3.5	1.0	—
	老化后	40	5	2.5/6	1.9	11
2	老化前	42	12.5	3/4	1.2	—
	老化后	39	7	2.5/5.5	1.6	10.5

注：FL_{HTHP} 在 180℃、3.5MPa 下测定；热滚前后均在 50℃ 下测定性能；热滚条件为 180℃、16h。

2.3 降滤失性

在复合盐钻井液体系中选用聚合物降滤失剂 GW-HFL，通过增黏剂和 GW-HFL 分子之间相互作用形成网状结构来提高体系的结构黏度，形成的空间网状结构可包裹大量自由水，使其不能自由流动达到降低滤失量的效果[4]，聚合物分子结构中含有大分子刚性链和磺酸基团，提高了聚合物的抗盐能力，使其在较高盐含量下，保持较好的降滤失效果[5]（表6）。老化后 HTHP 滤饼图见图3。

表6 降滤失剂评价实验性能

序号	$AV(mPa \cdot s)$	$PV(mPa \cdot s)$	$YP(Pa)$	$Gel(Pa/Pa)$	$FL_{API}(mL)$	$FL_{HTHP}(mL)$
0.3%GW-VIS1	130.75	86.5	44.25	6.25/19.5	1.4	—
	100.75	89.5	11.25	9/16	5	31.7/3mm
0.4%GW-HFL	98	71	27	4.5/15.5	1.4	—
	77.5	45	32.5	29/34.5	3.5	15/2.5mm
0.3%GW-VIS1+ 0.4%GW-HFL	140	92	48	7.5/20.5	1.5	—
	82.75	56	26.75	14.75/36.5	3	9.8/2mm

注：FL_{HTHP} 在180℃、3.5MPa下测定；热滚前后均在50℃下测定性能；热滚条件为180℃、72h。

图3 老化后 HTHP 滤饼图

从表6实验数据可以看出，GW-HFL 可以有效降低钻井液滤失量，与增黏剂复配使用可起到协同增效作用。

2.4 封堵性

通过选用不同粒径的封堵剂，白沥青、聚合醇、纳米封堵剂，使其在地层孔隙喉道通过吸附架桥、充填方式形成致密性超低渗透率滤饼，提高钻井液封堵性及地层承压能力；同时施工中保证合理钻井液足够密度，化学防塌、物理封堵和力学平衡相结合，控制井眼稳定。

室内通过 API 失水、HTHP 失水、砂床渗透实验以及 PPT 封堵实验评价封堵剂，从实验结果可以看出，加入白沥青、聚合醇和纳米封堵剂，有效地提高了井浆封堵性（表7）。

表7 封堵剂评价实验结果

钻井液	$FL_{API}(mL)$	$FL_{HTHP}(mL)$	$FL_{砂床}(mL)$	$FL_{PPT}(mL)$
井浆	4.8	13.5	21	18
井浆+2%白沥青	4.5	12	15	12
井浆+2%白沥青+2%聚合醇	4.0	11	12	9.5
井浆+2%白沥青+2%聚合醇+2%纳米封堵剂	2.5	10.2	7.0	5.0

注：FL_{HTHP}、$FL_{砂床}$、FL_{PPT} 在120℃、3.5MPa下测定；$FL_{砂床}$ 为 0.45mm 的标准筛筛出 200g 石英砂，倒入高温高压滤失仪加热罐中，作为砂床测定的高温高压滤失量。

3 无固相复合盐钻井液体系构建

根据以上优选实验结果，室内构建了抗温达 180℃、200℃、220℃ 的无固相复合盐水基钻井液体系。经 180℃、200℃、220℃ 热滚 16h 老化后复合盐无固相体系具有良好的流变性能。

3.1 抗温 180℃无固相复合盐钻井液体系

配方：400mL 水+2%~3%SMP-Ⅱ+2%~3% SPNH-Ⅰ+0.3%~0.5%GW-HFL+0.5%~0.8%GW-VIS1+5%~7%KCl+5%~7%甲酸钠+2%~3%白沥青+2%~3%聚合醇+2%~3%纳米封堵剂+NaOH+重晶石。180℃无固相复合盐钻井液性能数据见表8。

表 8 180℃无固相复合盐钻井液性能数据表

实验条件	Φ_{600}/Φ_{300}	Φ_6/Φ_3	AV （mPa·s）	PV （mPa·s）	YP （Pa）	n	K （mPa·s^n）	Gel （Pa/Pa）	FL_{HTHP} （mL）	FL_{PPT} （mL）
老化前	160/98	9/8	80	62	18	0.71	594	4/10	—	—
老化后	105/63	6/4	52.5	42	10.5	0.73	337	2/6	12	4.0

注：老化条件为 180℃、16h；FL_{HTHP}、FL_{PPT} 测试温度 180℃，PPT 使用 3μm 砂盘；老化前后测试温度 50℃。

3.2 抗温 200℃无固相复合盐钻井液体系

配方：400mL 水+3%~4%SMP-Ⅱ+3%~4% SPNH-Ⅰ+0.5%~0.8%GW-HFL+0.3%~0.5%GW-VIS1+0.3%~0.5%GW-VIS2+5%~7%KCl+6%~8%甲酸钠+3%~4%白沥青+3%~4%聚合醇+3%~4%纳米封堵剂+NaOH+重晶石。200℃无固相复合盐钻井液性能数据见表9。

表 9 200℃无固相复合盐钻井液性能数据表

实验条件	Φ_{600}/Φ_{300}	Φ_6/Φ_3	AV （mPa·s）	PV （mPa·s）	YP （Pa）	n	K （mPa·s^n）	Gel （Pa/Pa）	FL_{HTHP} （mL）	FL_{PPT} （mL）
老化前	180/109	10/7.5	90	71	19	0.72	621	6.5/12	—	—
老化后	113/67	6.5/5	56.5	46	10.5	0.75	317	2.5/8.5	15.8	4.8

注：老化条件为 200℃、16h；FL_{HTHP}、FL_{PPT} 测试温度 180℃，PPT 使用 3μm 砂盘；老化前后测试温度 50℃。

3.3 抗温 220℃无固相复合盐钻井液体系

配方：400mL 水+4%~6%SMP-Ⅱ+4%~6%SPNH-Ⅰ+0.8%~1.2%GW-HFL+0.8%~1.2%GW-VIS2+3%~5%白沥青+3%~5%聚合醇+3%~5%纳米封堵剂+5%~7%KCl+7%~10%甲酸钠+NaOH+重晶石。220℃无固相复合盐钻井液性能数据见表10。

表 10 220℃无固相复合盐钻井液性能数据表

实验条件	Φ_{600}/Φ_{300}	Φ_6/Φ_3	AV （mPa·s）	PV （mPa·s）	YP （Pa）	n	K （mPa·s^n）	Gel （Pa/Pa）	FL_{HTHP} （mL）	FL_{PPT} （mL）
老化前	220/133	8/5	110	87	23	0.73	712	3/7.5		—
老化后	179/105	6/4	89.5	74	15.5	0.77	438	2/5.5	16	5.2

注：老化条件为 220℃、16h；FL_{HTHP}、FL_{PPT} 测试温度 180℃；老化前后测试温度 50℃。

4 现场应用

4.1 驾101井

驾101井是桃30块的第二口预探井，目的是探索桃园构造带沙三中下亚段火成岩含油气情况，扩展东部凹陷南段深层整体勘探领域（图4）。设计井深5155.65m，完钻井深5156m（图5）。完井周期96天，驾101井四开采用抗温180℃深探井复合盐钻井液体系，在施工中为了保证有良好的油气显示克服了频繁地大幅调整钻井液密度（最低要求1.28g/cm³，完钻后恢复到1.52g/cm³）施工困难，以及维持了钻遇油气显示后为满足井下安全每次起下钻泵入和替出的高密度钻井液性能稳定，最终保障了该井的顺利施工，较该区块第一口预探井完井周期缩短93天，零污染事件，零安全事故（表11）。

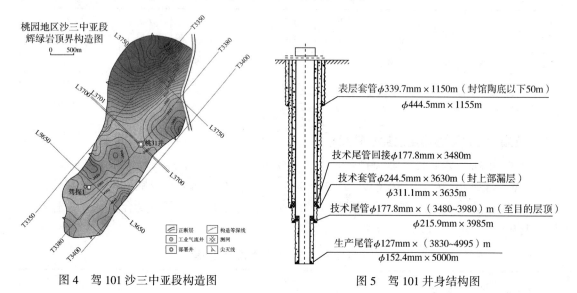

图4 驾101沙三中亚段构造图   图5 驾101井身结构图

表11 驾101现场钻井液性能

井深（m）	ρ（g/cm³）	PV（mPa·s）	YP（Pa）	n	K（mPa·s^n）	Gel（Pa/Pa）	FL_{API}（mL）	FL_{HTHP}（mL）
4822	1.35	30	14	0.61	655	2.5/8	2.4	15
4882	1.35	28	12.5	0.61	589	2.5/8	2.4	14
5044	1.35	14	14	0.61	654	2.5/8	2.4	14
5156	1.36	28	12.5	0.61	598	2.5/8	2.4	12
5156	1.48	35	14	0.64	590	2/7.5	2.4	12
5156	1.52	32	12.5	0.64	534	2/7.5	2.2	13
5156	1.58	26	12	0.61	565	2.5/8	2.6	10

4.2 驾102井

驾102井设计井深5106.79m，实际完井井深5530m，完钻层位为沙三段，该井创辽河油区陆上215.9mm井眼最深记录。本井沙三段含玄武岩、碳质泥岩和煤层，容易掉块、坍塌。沙三上亚段预计钻遇10~20套单层厚度1~9m的煤层，井壁稳定差。邻井驾探1井、驾101井地温梯度较高，预计本井完井井底温度可能超过180℃，钻井液抗高温稳定性需要加强。因此，选用抗200℃深探井复合盐钻井液体系，加强体系封堵和抗温性(表12)。

主要技术措施：

(1)加入6%的甲酸钠，通过降低自由水活度，提高滤液渗透压及滤液黏度，提高钻井液防塌能力，并增强钻井液的高温稳定性。

(2)磺化类降失水剂加量提至3.5%，提高抗高温聚合物降滤失剂GW-HFL的加量(提至0.8%)，维持钻井液的在高温下良好的降滤失能力。

(3)井深超过5000m井温进一步升高，高温减稠现象严重，复配0.4%的抗高温增黏剂GW-VIS1和0.2%GW-VIS2，提高泥浆高温状态下的黏切。

(4)封堵材料提高至4%；补充超细钙，封堵地层裂缝，提高地层承压能力。

(5)施工过程中注意补充自由水，采用细水长流的方式向钻井液补水，以补充钻井液因高温蒸发而丧失的水分。

表12　驾102现场钻井液性能

井深(m)	实验条件	FV(s)	Gel (Pa/Pa)	PV (mPa·s)	YP(Pa)	n	K (mPa·s^n)	FL_{API} (mL)	FL_{HTHP} (mL)
5000	老化前	71	4/6	51	23.5	0.60	1155	1.8	—
	老化后	56	3.5/5	34	15	0.61	707	2.2	16
5484	老化前	85	4/5.5	50	23.5	0.60	1177	1.7	—
	老化后	75	3.5/5	46	21.5	0.60	1071	2.0	14

注：测试温度65℃；老化条件为200℃、16h；FL_{HTHP}测试温度180℃。

三开井段(3576～5530m)黏度、K值曲线分别如图6、图7所示。

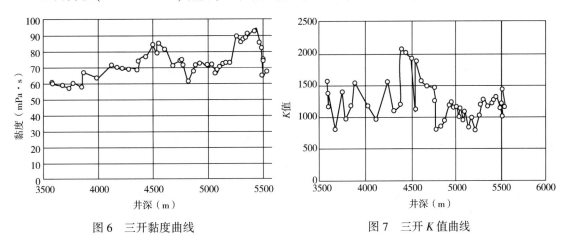

图6　三开黏度曲线　　　　　　　　　图7　三开K值曲线

4.3　马探1井

马探1井第一次设计井深5400m，是一口直井预探井，钻至5400m油气显示不理想，为更好地探索清水洼陷深层资源潜力，后加深井深至5980m，完钻层位中生界。根据井温不同钻井液采用分段维护，三开4400m后氯化钾钻井液体系改型为复合盐抗高温钻井液体系，4400～4800m井段开始加入GW-HFL、GW-VIS1和甲酸钠，钻进至5400m三开完钻后因等甲方设计和抗高温套管，从2020年12月21日到2021年2月17日历时58天，为保持井下安全及时维护抗高温复合盐钻井液性能，保证了井壁稳定未出现因长时间浸泡井壁坍塌现象，电测、下套管、固井施工顺利。四开5400m后引入GW-VIS2进一步提高体系抗温性，及时调整钻井液流变性，保持井眼清洁，降低ECD，避免由于压力激动而导致井壁失稳。配合控压起下钻和长起钻打重浆帽等措施，保障了每次长起下钻周期80h以上井底返出钻井液流动性良好，杜绝了钻井液在长时间高温静止之后性能大幅变化的情况。有效地确保了井壁稳定。全井起下钻畅通，没有出现掉块现象，四开井段井径扩大率1.41%，达到优质标准。该井完井井深5877m，井底温度超过200℃，在控压作业密度高达$1.92\sim1.95g/cm^3$的情况下，刷新了辽河油田井深最深、井温最高、尾管环空间隙最小等多项施工纪录（图8）。

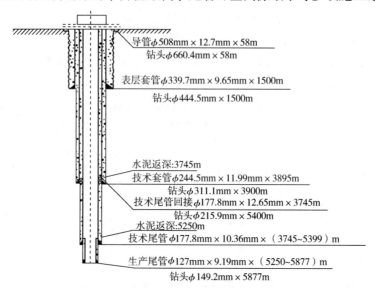

导管ϕ508mm×12.7mm×58m
钻头ϕ660.4mm×58m
表层套管ϕ339.7mm×9.65mm×1500m
钻头ϕ444.5mm×1500m
水泥返深:3745m
技术套管ϕ244.5mm×11.99mm×3895m
钻头ϕ311.1mm×3900m
技术尾管回接ϕ177.8mm×12.65mm×3745m
钻头ϕ215.9mm×5400m
水泥返深:5250m
技术尾管ϕ177.8mm×10.36mm×（3745~5399）m
生产尾管ϕ127mm×9.19mm×（5250~5877）m
钻头ϕ149.2mm×5877m

图8　马探1井井身结构图

4.3.1　钻井液优化实验

进入三开对正在施工的马探1井钻井液进行优化实验，使优化后的体系分别在180℃、200℃、220℃条件下流变性和HTHP滤失造壁性显著提升。

优化配方：450mL基浆（马探1井井浆：水=1∶1）+0.8%GW-HFL+0.8%GW-VIS2+7%甲酸钠+重晶石。马探1井钻井液老化前后性能数据见表13。

表13　马探1井钻井液老化前后性能数据表

实验条件	密度（g/cm³）	Φ_{600}/Φ_{300}	Φ_6/Φ_3	PV（mPa·s）	YP（Pa）	Gel（Pa/Pa）	n	K（mPa·sⁿ）	FL_{HTHP}（mL）	测试温度（℃）
老化前	1.62	119/67	3.5/2	52	7.5	2.5/4	0.83	193	—	50
老化后	1.63	79/46	3.5/2.5	33	6.5	1/3.5	0.78	180	10.0/2mm	180℃/72h，90
老化前	1.63	131/78	4/2.5	53	12.5	2/3.5	0.75	369	—	65
老化后	1.64	76/45	4/2	31	7	1.5/3.5	0.75	213	10/2.5mm	200℃/16h，65
老化前	1.62	119/74	4/2.5	45	14.5	1.5/3.5	0.68	541	—	65
老化后	1.63	86/50	5/4	36	7	1.5/3.5	0.78	196	12.4/2mm	220℃/16h，65

注：FL_{HTHP}测试温度180℃。

4.3.2　现场井浆性能

马探1井现场钻井液性能见表14。

表14 马探1井现场钻井液性能

井深(m)	实验条件(℃)	FV(s)	Gel(Pa/Pa)	PV(mPa·s)	YP(Pa)	n	K(mPa·s^n)	FL_{API}(mL)	FL_{HTHP}(mL)
4686	65	78	3/4.5	51	21.5	0.63	937	1.9	—
	100	68	2.5/4	42	16.5	0.64	702	2.0	12
5360	65	87	3.5/5	66	22.5	0.67	852	1.6	—
	100	65	3/4	41	14	0.66	579	1.9	11
5509	65	104	4/7	80	22.5	0.71	745	1.6	—
	100	73	2.5/5	39	12	0.72	359	1.8	14.2
5665	65	104	3.5/5	84	18	0.77	517	1.5	—
	100	62	3/6	33	9	0.72	292	1.6	12.4
5740	65	112	3.5/7	95	18.5	0.78	520	1.5	—
	100	66	2/5.5	37	9.5	0.73	301	1.8	10
5877	65	112	3/5.5	91	18	0.78	502	1.5	—
	100	60	2/4	31	11	0.66	429	1.7	10.4

注：FL_{HTHP}测试温度180℃。

马探1井三开、四开井径图分别如图9、图10所示。马探1井四开钻井液常温性能曲线如图11所示。

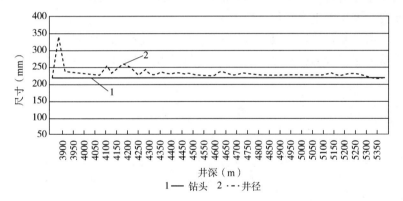

1—— 钻头　2···井径

图9 马探1井三开井径图

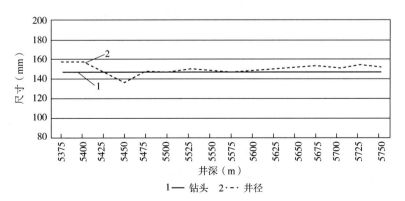

1—— 钻头　2···井径

图10 马探1井四开井径图

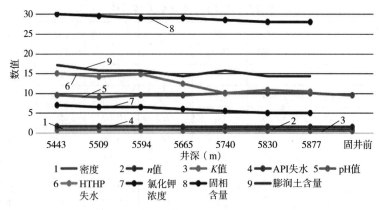

图 11 马探 1 井四开钻井液常温性能曲线

注：为了便于对比，本图表 K 值单位选取为：$Pa \cdot s^n$。

从上述图表可以看出马探 1 井在井底温度较高的情况下，长时间保持性能稳定，保障了施工质量。

5 结论

（1）通过氯化钾和甲酸钠协同抑制，聚合物 GW-VIS1、GW-VIS2 高温保护以及合理的级配封堵，形成的抗高温复合盐钻井液体系，满足了辽河油田高温深探井钻井技术需求。

（2）甲酸钠能够提高 KCl 聚合物钻井液体系抗温能力，可以减少聚合物用量，对抗高温钻井液体系流变、固相控制都有积极作用。

（3）辽河深探井复合盐钻井液具有优良的抑制性、较强的封堵能力以及极高的抗温性，确保了易塌、易水化膨胀地层井壁稳定，保障了尾管环空间隙小，频繁调整密度控压施工的安全，实现了安全钻井。

参 考 文 献

[1] 许杰，等. 抗高温无固相甲酸盐钻井液体系研究[J]. 油田化学应用，2019. 38(6)：36-40.

[2] 逯玺. 辽河双南高温深井钻井液技术[J]. 钻井液与完井液，2014. 31(5)：35-38.

[3] 蔡利山，刘彦学，张秀业，等. 成膜树脂防塌钻井液在松南后五家户地区的应用[J]. 石油钻探技术，2001，29(1)：22-24.

[4] 蒲吉玲. 无黏土相聚合物钻井液体系在大邑 4 井的应用[J]. 西部探矿工程，2010. (1)：81-28.

[5] 马喜平，朱忠祥，等. 抗高温钻井液降滤失剂的评价及其作用机理[J]. 石油化工，2016，45(4)：453-460.

深水低密度水基钻井液现状及技术探讨

杨 洁　邓楚姶　郭　磊　罗健生

【摘　要】　为应对深水、超深水钻井液面临的窄安全密度窗口的挑战，对目前的深水低密度水基钻井液现状、密度减轻剂和应用情况进行梳理，同时从密度减轻剂、泡沫钻井液和水合物抑制剂等方面对深水低密度水基钻井液技术发展方向进行了探讨。
【关键词】　低密度；深水钻井液；水基钻井液；密度减轻剂

截至 2019 年，近 5 年，全球新发现海洋油气田 530 个，其中深水为 210 个，近 5 年投产的油气田中深水占 40%。随着时间的推移，浅水油气田投产数量已经在逐渐减少，深水油气资源成为支撑世界石油产业未来发展的新领域。我国海洋石油与天然气资源丰富，深水油气储产量潜力巨大，自然资源部地调局等资料显示，南海地区拥有占全国油气资源总量的三分之一的油气储量，其中 70% 以上位于深水[1]，深水油气总地质资源量约 350×10^8 t 油当量。随着经济的发展，中国的石油能源对外依存度越来越高，对南海深水油气资源开发愈显迫切。在海洋钻井中，因为水柱的上覆压力比相对应的岩石上覆压力低得多，使得海床底下的非胶结地层胶结性很弱，颗粒间仅存在很少胶结物而颗粒间的黏附力很小。由于坍塌压力和破裂压力梯度窗口很窄导致了在钻井过程中的钻井液密度窗口过窄，在钻井过程中会导致严重的井壁稳定问题，深水和超深水钻井更加复杂，出现的问题更多[2]。

目前，在解决深水钻井窄安全密度窗口的问题时，除了各种钻井工程措施外，国外深水作业主要使用油基钻井液，以满足低密度的钻井液需求；国内的主要开发区域——中国南海，由于环保要求日益严格，深水浅层钻井现阶段以仍水基钻井液为主。在使用水基钻井液时，为了有效防止气体水合物的生成，通常需要加入无机盐类等热力学水合物抑制剂[2]，致使钻井液密度升高，无法完全满足窄安全密度窗口深水井作业。需用具有更低密度的深水水基钻井液以解决深水钻井窄安全密度窗口难题。

1　深水低密度水基钻井液现状

由于国外的深水钻井通常使用油基钻井液，国外关于深水低密度水基钻井液的报道较少。国内深水低密度水基钻井液的研究应用刚起步[3-5]，沿用常规低密度水基钻井液的思路，将具有更低密度的密度减轻剂加入到流体中以减轻钻井液的密度。在油气行业中，漂珠、珍珠岩、低密度粉煤灰、生物灰和玻璃微珠等具有中空孔隙的低密度材料被广泛应用于固井水泥中以降低水泥石的密度[6-8]，但这些低密度材料由于自身材料特性并非完全适用于钻井液，例如低密度粉煤灰、生物灰等材料虽然具有中空密闭空隙，但其真密度仍比水高；

作者简介：杨洁，中海油服油化研究院，工程师。地址：河北廊坊三河燕郊行宫西大街 81 号；电话：010-84528460，18911623521；E-mail：yangjie46@ cosl. com. cn。

漂珠等材料密度虽然比水稍低，但对钻井液密度降低范围有限。在钻完井液领域，常见的密度减轻剂为玻璃微珠，已经有较多用玻璃微珠降低钻井液密度的报道[9-15]，还有部分高分子类型的中空微球研究应用报道[16-18]。

1.1 玻璃微珠密度减轻剂用于深水低密度水基钻井液

玻璃微珠作为密度减轻剂广泛用于各行业，例如涂料、浮力材料、建筑材料等方面[19-21]。玻璃微珠主要化学成分是碱石灰硼硅酸盐玻璃，作为一种新型的无机填料，它具有以下优点：(1)真密度小，容易在有机体系中均匀分散，而且可在 $0.25 \sim 0.60 \mathrm{g/cm^3}$ 之间进行密度调节；(2)抗压能力强，可在 $2 \sim 69 \mathrm{MPa}$ 之间进行调节；(3)空心玻璃微珠属无机非金属材料，晶型稳定，一般不与除 HF 外的酸碱等起反应，即稳定性优异。玻璃微珠在 20 世纪 60 年代作为钻井液的密度减轻剂用以防漏[9]，90 年代以后作为密度减轻剂配制低密度钻井液和水泥浆，并进行了现场应用[10]。进入 21 世纪后，玻璃微珠低密度水基钻井液或油基钻井液在世界多地用于低压油气井及欠平衡钻井中推广应用[19]。2006 年以来，玻璃微珠钻井液也在国内多个油田进行了应用[12]，并且促进了国内玻璃微珠产业的不断发展壮大。玻璃微珠密度减轻剂经过不断改进，市面上已有大量性能优异价格合理的国产化产品[23,24]。

在南海莺歌海盆地水深 1713m 的某深水井钻探中，由于在钻进时需要降低钻井液密度。王都等在钻井液中加入 5% 的玻璃微珠，该玻璃微珠流动性好、易泵送，密度为 $0.2 \sim 0.6 \mathrm{g/cm^3}$。加入玻璃微珠后，钻井液从初始密度为 $1.06 \sim 1.1 \mathrm{g/cm^3}$ 降低至 $1.01 \sim 1.07/\mathrm{cm^3}$，解决了深水水基钻井液密度调节问题。该空心玻璃温度的稳定性好，能够保持钻井液纯液相状，易于控制其性能，且可以回收利用，减少了钻井液的配制成本[3]。

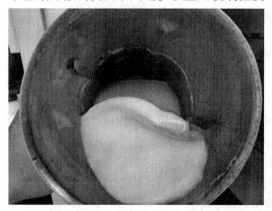

图 1 含玻璃微珠 HEM 钻井液热滚后性状

虽然玻璃微珠作为钻井液密度减轻剂已被多次报道，中海油服钻完井液科研人员实验过程中发现其还存在部分缺陷。室内研究发现，玻璃微珠在钻井液中经过高速搅拌后，玻璃微珠破碎会造成钻井液密度回升，钻井液性能恶化(图1)。由于钻井液在配制时需要高速搅拌，且在钻井过程中钻井液必须通过钻头水眼高速剪切，易碎的玻璃微珠不适用于降低深水水基钻井液的密度。

1.2 改性玻璃微珠密度减轻剂用于深水低密度水基钻井液

对易碎的玻璃微珠表面改性，提高其耐剪切和耐研磨韧性，可以提高玻璃微珠在钻井液完整性。李中等人用乙烯基三甲氧基硅烷、乙烯基三乙氧基硅烷及固化剂等对玻璃微珠表面进行改性，制备了一种新型玻璃微珠密度减轻剂[5]。该密度减轻剂具有如下特性：(1)壁厚为 $1 \sim 3.5 \mu \mathrm{m}$，粒径 $10 \sim 120 \mu \mathrm{m}$；(2)密度为 $0.4 \mathrm{g/cm^3}$ 左右；(3)抗压可达 40MPa，不易压缩(图2)。室内实验结果表明，该密度减轻剂抗压能力能够达到 40MPa，对 HEM 钻井液体系流变性能影响小，能够有效降低钻井液密度 $0.4 \sim 0.6 \mathrm{g/cm^3}$。南海西部永乐区块水深为 1893m 的某勘探井，安全窗口极窄。为解决窄密度窗口时低密度水基钻井液安全钻进与抑制水合物的矛盾，将新型密度减轻剂加入至 HEM 钻井液体系中，该新型密度减轻剂不影响钻井液流变性，降低钻井液密度 $0.03 \mathrm{g/cm^3}$。现场实测数据与室内相关钻井液性能测试相吻合，现场应用结果表明该密度减轻剂有效拓宽了现场安全密度窗口，现场作业顺利并且易维护。

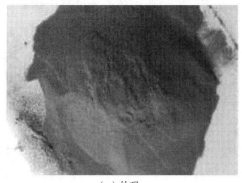

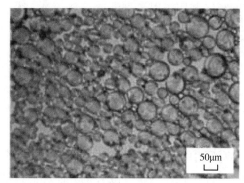

（a）外观   （b）显微镜照片

图2　改性玻璃微珠外观和显微镜照片

1.3　高分子中空微珠密度减轻剂用于深水低密度水基钻井液

除了无机类的玻璃微珠减轻剂，高分子类低密度中空微珠也被引入到深水低密度水基钻井液钻井液中。李怀科等将经表面改性处理的聚苯乙烯中空微珠作为密度减轻剂[4]，表面致密光滑壁厚均匀，粒径范围数 20~120μm；平均粒径 42μm；平均密度 0.60g/cm³（图3）。实验研究表面该聚苯乙烯中空微珠抗剪切能力强，承压 60MPa，对钻井液流变性能影响小。

图3　改性聚苯乙烯中空微珠显微镜照片

2　低密度深水水基钻井液技术讨论

深水低密度水基钻井液作为解决深水窄安全密度窗口的技术途径之一，目前相关研究和应用都比较少。从目前深水低密度水基钻井液现状可以看出：（1）目前深水水基钻井液用的密度减轻材料种类和相关的材料改性研究较少；（2）将气体作为密度减轻剂，引入低密度微泡钻井液作为深水钻井液研究暂无报道；（3）其他方面：认识常规深水水基钻井液密度高的本质，应从根本上提出解决降低深水水基钻井液密度的途径。

2.1　密度减轻剂研究

无机低密度材料，例如典型的玻璃微珠，因中空特性，虽然能够降低液体的密度，但由于其无机材料的物理特性，延展性和韧性差，作为密度减轻剂加入到钻井液中使用时存在破碎及静置上浮现象。对无机低密度材料进行改性或采用高分子中空微球密度减轻剂可以部分解决无机密度减轻剂所存在的问题。

2.1.1　高分子中空微球

除上文提到的聚苯乙烯中空微球外，目前还有其他类型低密度高分子中空微球被研究。陈诚、赵素丽等人合成制备了 HPS、SMHPS 等具有高弹韧性、耐研磨的改性玻璃微珠和高分子中空微珠，并且在陆地油田现场得到运用，使用效果良好[16-18]。赵素丽等还发明了一种密胺树脂中空微球密度减轻剂，密度为 $0.4 \sim 0.8 g/cm^3$，粒径 $60 \sim 140 \mu m$[25]。除了专门针对降低水基钻井液密度的高分子中空微球，目前已经工业化生产的通用高分子微球也可以作为密度减轻剂用于引入到深水低密度水基钻井液体系。已膨胀微球作为已经成熟的工业产品，主要成分为聚丙烯酸酯，该类产品具有极低的密度、出色的稳定性和耐溶剂性能，并且可根据温度调节膨胀倍率，目前广泛应用环氧浇筑、印刷油墨等。酚醛树脂中空微球，也被作为密度减轻剂广泛地用于深海浮力材料制备和航天设备涂装方面等，该类产品有强的承压能力、极地低的密度、具有可塑性和化学惰性[26-27]。可以将该类密度减轻剂引入到深水水基钻井液体系中，并对其配伍性进行研究。

2.1.2 高分子中空微球改性

高分子中空微球能从整体韧性等方面提升在深水低密度钻井液中的适应性。如何将高分子中空微球不仅作为密度减轻剂，还在后续地钻井过程中持续发挥作用，成为钻井液的功能性材料是更应该考虑的问题。虽然高分子中空微球能够减轻密度，但大部分的常规树脂材料为热固性树脂，具有化学惰性，与水溶液和钻井液处理剂不发生物理化学作用。由于浮力原因，部分材料易于上浮，长期静置可能造成钻井液体系的密度不均匀。对微球材料进行表面改性，提高表层水化功能，可增强其在体系中的分散性能。例如，对苯乙烯中空微球或酚醛树脂中空微球表面改性引入—OH、—COOH 或—NH$_2$等极性基团，微球表面在高浓度盐水中的表面水化能力提高，并且可以与钻井液体系其他的处理剂协同作用，降低钻井液密度的同时还能降低钻井液的滤失量。在酚醛树脂中空微球制备阶段引入—SO$_3$H 基团，提高其表面水化能力和耐温性能；在低密度钻井液阶段完成后，不需要再从体系筛除该类密度减轻剂，因高分子中空微球具有弹韧性，在高温或高压情况下该类材料作为钻井液的封堵材料继续使用。

2.2 空气减轻剂—高盐水基微泡沫钻井液研究

空气也可作为一种减轻剂应用在钻井液体系中，形成微泡沫钻井液。微泡沫一般指由粒径在 $10 \sim 100 \mu m$ 之间的气体、液体或乳液为核心的微泡沫构成的胶体分散体。利用空气作为减轻剂，钻井液的密度可调整。微泡沫有架桥封堵能力、防漏作用好[28]。目前，中海油服油田化学研究院已经在 HEM 钻井液体系基础上引入高效表面活性剂制得密度为 $0.8 \sim 1.0 g/cm^3$，$t_0 \approx 260 min$，$t_{1/2} \approx 550 min$ 微泡沫钻井液，该微泡沫钻井液流变性能和降滤失性能同常规 HEM 钻井液性能基本一致。该类钻井液作为低密度的深水钻井液种的一种实现途径，有待将来实现现场应用(图4)。

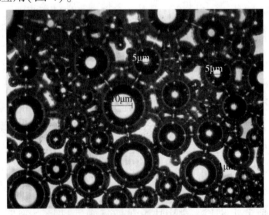

图4　HEM 泡沫钻井液显微镜图

2.3 气体水合物抑制剂研究

由于深水钻井中存在天然气入侵风险，在低温高压情况下极易生产天然气水合物。在工作流体中需加入水合物抑制剂预防天然气水合物的产生目前制约深水浅层水基钻井液密度的主要因素是大剂量的气体水合物抑制剂的加入[3-5]。目前，水合物抑制剂有两种类型。一类为热力学抑制剂，可改变水溶液或水合物相的化学位，从而使水合物的形成条件移向较低的温度或较高的压力范围。盐类物质如氯化钠、氯化钾、氯化钙、甲酸钠、甲酸钾等和醇类物质如甲醇、乙二醇和聚合醇等都属于热力学抑制剂，在钻井液中加入其中一至二种组合；这类热力学抑制剂加量高，但可以做到水合物全防[2,29-31]。另一类为动力学抑制剂，通过显著降低水合物的成核速率、延缓乃至阻止临界晶核的生成、干扰水合物晶体的优先生长方向及影响水合物晶体定向稳定性等方式来抑制水合物的生成，如聚乙烯吡咯烷酮、聚甘油酰胺酯等[32]。动力学抑制剂添加剂量小，延迟水合物生成时间，但不能完全避免天然气水合物生成[33]。如果单一使用会使得钻井液存在生成天然气水合物的隐患，目前无单一使用动力学抑制剂的钻井液案例。如何将热力学抑制剂和动力学抑制剂相结合使用，降低钻井液密度的同时完全抑制水合物的生成。从物理化学和分子结构等方面进行研究，研发出高效安全的水合物抑制剂，从根本上降低深水水基钻井液的密度。

3 结论

根据深水低密度水基钻井液的需求，对深水低密度水基钻井液技术现状尤其是目前用的密度减轻剂进行了梳理，深水低密度水基钻井液的技术研究和应用还比较少，现阶段低密度深水水基钻井液技术仍然是通过加入低密度的玻璃微珠、改性玻璃微珠、聚乙烯中空微球等途径实现低密度。本文从高分子密度减轻剂在深水钻井液中的适用性、高盐水基微泡沫钻井液应用可能性和深水水基钻井液中水合物抑制剂发展方向等方面进行讨论，为低密度深水水基钻井液实现方案提供技术路径。

参 考 文 献

[1] 鲁东侯. 深水油气：全球油气的接替者[J]. 能源，2020(1).

[2] 李自立. 海洋钻井液技术手册[M]. 石油工业出版社，2019.

[3] 王都，谢志涛，罗斐. 空心玻璃微珠钻井液在海洋深水钻井中的应用研究[J]. 化工管理，2016(11).

[4] 李怀科，张伟，马跃. 深水窄密度窗口钻井液技术改进及现场应用[J]. 油田化学，2018(2).

[5] 李中，郭磊，胡文军，等. 密度减轻剂在中国南海超深水钻井液中的应用[J]. 石油钻采工艺，2020(6).

[6] 王同友，等. 低密度高强度防气窜水泥浆体系的研制及应用[J]. 中国海上油气，2005(3).

[7] 王清顺，等. 超深水低温低密度水泥浆体系的研究与应用[J]. 西部探矿工程，2019(12).

[8] 卢海川，等. 国内外固井低密度水泥浆体系研究综述[J]. 精细石油化工进展，2020(8).

[9] Medley G H，William C Maurer，Aily Garkasi. Use of hollow glass spheres for underbalanced drilling fluids [R]，SPE 30500，1995.

[10] Medley G H，Jerry E Haston，Richard L Montgomery，et al. Field application of lightweight hollow glass sphere drilling fluids，[R]，SPE 38637，1997.

[11] 孟尚志，鄢捷年，等. 低密度空心微珠玻璃球钻井液室内研究[J]. 钻井液与完井液，2007(1).

[12] 叶艳，鄢捷年. 高强度空心玻璃微珠低密度水基钻井液室内研究及应用[J]. 石油钻探技术，2006(3).

[13] 杨建永. 低密度水基钻井液在长深易漏区块深层水平井的应用[J]. 石油和化工设备，2019(7).

[14] 贾兴明，冯学荣，等. 中空玻璃微珠低密度钻井液的现场应用工艺[J]. 钻井液与完井液，2007(7).

[15] 张雪娜. 中空玻璃微珠在钻井液中的研究与应用[D]. 大庆：大庆石油学院，2008.

[16] 赵素丽，陈铖，石秉忠. 聚苯乙烯中空微珠及其钻井液的研究[J]. 油田化学，2013(3).

[17] 李胜，夏柏如，等. 新型高分子中空微珠的制备及现场应用[J]. 钻井液与完井液，2017(2).

[18] 陈铖，许洋，赵素丽，等. 高分子中空微珠低密度钻井液技术在十屋地区的应用[J]. 特种油气藏，2018(5).

[19] Manuel J，Jose G Blanco，Rosa I. Marquez，et al. Field application of glass bubbles as a density-reducing agent[R]. SPE 62899，2000.

[20] 赵超. 玻璃微珠的应用和制造[J]. 玻璃，1994(4).

[21] 刘志，梁忠旭，等. 6000米用高强度低密度固体浮力材料的制备及性能研究[J]. 合成材料老化与应用，2019(1).

[22] 宋寒，陈明，等. 低密度隔热材料的性能研究[J]. 玻璃钢/复合材料，2019(5).

[23] 赵素丽. 中空微珠在低密度钻井液中的应用前景及发展趋势[R]. 石油工程新技术青年论坛，2011.

[24] 汪婧. 试论高性能空心玻璃微珠在油气田开采中的应用[J]. 化工管理，2015(8).

[25] 赵素丽，石秉忠，王建宇，等. 一种密胺树脂中空微球及其制备方法和应用，中国专利，CN201510237935.6.

[26] 刘喜宗，李贺军，等. 酚醛树脂空心微球的研究及应用进展[J]. 材料导报：综述篇，2010(4).

[27] 刘坤，王金，等. 大深度载人潜水器浮力材料的应用现状和发展趋势[J]. 海洋开发与管理，2019(12).

[28] 汪桂娟，丁玉兴，等. 具有特殊结构的微泡沫钻井液技术综述[J]. 钻井液与完井液，2004(3).

[29] 罗健生，李自立，等. 深水钻井液国内外发展现状[J]. 钻井液与完井液，2018(3).

[30] 杨洪烈，吴娇，等. 海洋深水钻井液体系研究进展[J]. 化学与生物工程，2019(12).

[31] 赵学战，方满宗，等. 南海深水水基钻完井液防水合物技术[J]. 探矿工程(岩土钻掘工程)，2017(2).

[32] 李锐，宁伏龙，等. 低剂量水合物抑制剂的研究进展[J]. 石油化工，2018(2).

[33] 胡耀强，李贺军，等. 高矿化度水中动力学水合物抑制性能[J]. 现代化工，2017(10).

深水水基钻井液体系优化及应用

何　松[1]　邢希金[1]　冯桓榰[1]　赵　欣[2]　李　佳[2]

(1. 中海油研究总院有限责任公司；2. 中国石油大学(华东)石油工程学院)

【摘　要】 针对中国南海深水气田面临的深水低温和储层高温高压导致的大温差等问题，采用 XRD 和扫描电镜分析了岩样矿物组构，分析了井壁失稳和起下钻遇阻等复杂情况原因，并据此提出了中国南海深水气田钻井液技术对策和钻井液优化方案。构建了一套高性能水基钻井液配方，室内评价结果表明，构建的高性能水基钻井液具有良好流变性和滤失性，受大温差变化影响较小，具有较好的润滑性；岩屑回收率为 92.3%，膨胀率为 3.56%，可有效抑制泥页岩水化；具有较好的抑制天然气水合物生成的能力。其主要性能指标基本达到了同类深水钻井液水平，现场应用表明，其可满足中国南海深水气田钻井需求。

【关键词】 深水钻井；水基钻井液；井壁失稳；天然水合物

深水钻井过程中温度变化较大，深水低温环境下，钻井液容易严重增稠，导致当量循环密度急剧升高。在安全作业密度窗口窄的深水钻井作业中，往往会引起井漏、井壁失稳等严重井下事故。随着水深的增加，钻井液面临的温差变化较大，对其性能调控提出了更高要求[1]。在深水钻井液技术研发方面，国内外钻井液技术服务公司相继推出了高性能深水水基钻井液体系，例如 MI-SWACO 公司的 ULTRADRILL、中海油田服务股份有限公司的 HEM，具有良好的抑制性，不易发生泥包，环境友好，配方简单，维护方便。此外，国内外公司还开发了深水恒流变合成基钻井液，如 MI-SWACO 公司的 RHELIANT、中海油田服务股份有限公司的 FLAT-PRO 等，可在 4~65℃范围内，动切力、静切力及 Φ_6 值基本不变，具有较好的流变性能，且乳状液稳定性好，不易发生沉降[2,3]。本文针对该海域的地质情况和钻井工程技术特点，分析了钻井液关键技术，优化出一套高性能水基钻井液体系，可满足中国南海目标深水气田钻井的要求。

1　钻井液技术难点及优化设计

中国南海目标深水气田年平均气温 26.2℃，水深 901~990m，海底泥线温度约为 4℃，储层温度为 134~145℃。海底低温条件下，钻井液易严重增稠，导致当量循环密度急剧升高。在深水窄安全密度窗口钻井作业中，往往会引起卡钻、井塌及井漏等井下复杂事故。因此在钻井液设计过程中要着重考虑大温差下的钻井液性能调控[4-7]。

1.1　井下复杂情况原因分析

相邻深水区块钻井过程中面临的主要问题是井壁失稳和起下钻遇阻，为分析中国南海深水气田井下复杂情况原因，对易塌地层进行相关岩样组构和理化性质分析。

1.1.1　XRD 分析

采用 XRD 对中国南海深水气田不同地层岩样进行全岩矿物成分和黏土矿物成分分析，结果见表 1 和表 2。

表1 全岩矿物成分分析结果

岩心	石英	钾长石	斜长石	方解石	白云石	铁白云石	石盐	石膏	菱铁矿	重晶石	黏土矿物
1#	44	4	15	8	4	—	2	1	1	—	21
	45	4	14	11	3	—	2		1	—	20
2#	30	2	9	18	2	—	2	1	1	7	28
	48	4	11	12	4	—	—	—	1	6	14
3#	41	1	5	2	—	10	—	—	3	10	28
	33	—	8	8	—	—	3	—	—	22	26

由表1测试结果可知，中国南海深水气田1#地层岩屑以石英、黏土矿物及长石为主，黏土矿物含量为20%左右，2#地层岩屑以石英、黏土矿物及方解石为主，黏土矿物含量为14%~28%，3#地层岩屑以石英和黏土矿物为主，黏土矿物含量为28%左右。

表2 黏土矿物成分分析结果

岩心	高岭石(K)	绿泥石(Ch)	伊利石(I)	伊/蒙间层(I/S)	间层比(S)(%)
1#	9	14	45	32	20
	14	17	42	27	20
2#	9	13	45	33	20
	9	27	39	25	20
3#	11	0	77	12	20
	15	15	40	30	20

由表2测试结果可知，中国南海地层岩屑黏土矿物中均以伊利石为主，1#伊/蒙层间含量较高为30%左右；2#伊/蒙层间含量较高为25%~33%，3#伊/蒙层间含量为12%~30%。

1.1.2 扫描电镜分析

选取中国南海气田易塌地层岩样，利用扫描电镜，对岩样的结构、构造等行直观分析，结果如图1所示。

图1 岩样扫描电镜照片(1100倍、1300倍)

由图1可知，岩样构造较为疏松，粒间、溶蚀孔隙和微裂缝较发育，孔隙尺寸在3~12μm。黏土矿物主要为伊利石，其次为伊/蒙混层，其部分充填在孔隙中，部分形成黏土颗粒作为岩石骨架。

1.1.3 理化性质分析

使用易塌地层岩样进行滚动分散实验,测算其清水回收率,结果见表3。

表3 滚动分散实验结果

岩 样	清水回收率(%)	岩 样	清水回收率(%)
1[#]	0.60	3[#]	3.90
2[#]	2.94		

使用易塌地层岩屑压制岩心,在清水中浸泡8h,考察该地层泥页岩水化膨胀能力(图2)。

由表3实验结果可知,中国南海深水气田岩样具有较强的水化分散性,岩屑回收率仅为0.6%~3.9%,水化分散能力极强。图2测试结果表明,中国南海深水气田地层泥页岩具有一定的水化膨胀能力,尤其是3#泥页岩地层,水化膨胀能力较强。

根据中国南海深水地层岩样组构和理化性质分析可知,该地层黏土矿物含量较高,水化能力较强,容易造成井壁失稳[8];同时,该地层部分层位发育有微孔隙或裂缝,为钻井液

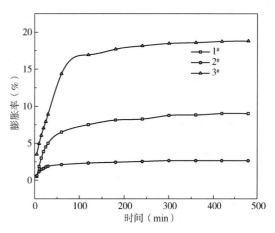

图2 地层岩心膨胀率实验曲线

滤液侵入提供了通道。当钻井液抑制性、封堵或滤失造壁性不足时,可能导致钻井液滤液侵入地层,使黏土矿物水化膨胀、分散,引起井径不规则或岩石脱落掉块等,造成起下钻遇阻;当钻井液滤失造壁性不理想时,可能无法在井壁上形成致密滤饼,导致滤饼虚厚,也会引起起下钻阻卡[9-11];中国南海气田存在异常高压井段导致安全密度窗口窄,易发生压裂性漏失和裂缝扩展性漏失[12]。

1.2 水基钻井液优化设计

针对中国南海深水气田钻进过程中井筒内温差较大、井壁失稳及窄安全密度窗口等问题,要求钻井液具有较强的抑制防塌性能[13,14]。因此,以高效页岩抑制剂PF-UHIB,低分子量包被剂PF-UCAP,高效防泥包润滑剂PF-HLUB为核心处理剂,进一步优化出低温增黏效应较低的改性黄原胶增黏剂及淀粉降滤失剂,优化构建出一套高性能水基钻井液体系,其配方为:2%~4%膨润土浆+2%~3%PF-UHIB+0.5%~0.8%PF-UCAP+2%~3%PF-HLUB+2%~5%降滤失剂+1%~1.5%改性黄原胶增黏剂+3%~15%NaCl+重晶石。

2 深水高性能水基钻井液性能评价

2.1 基本性能

实验测试构建的高性能水基钻井液密度为1.5g/cm³ 在150℃/16h热滚前后的黏度、API滤失量和150℃/3.5MPa条件下的高温高压滤失量,以及"25℃—4℃—50℃—80℃—50℃—4℃—25℃"的流变参数,结果见表4。

由表4测试结果可知,高性能水基钻井液老化前后均具有较好的流变性和滤失性,API滤失量为2.2mL,高温高压滤失量为13mL,在4~80℃范围内,动切力 $YP_{max}/YP_{min}=1.5$,

流变性受大温差变化影响相对较小，表明高性能水基钻井液具有良好的抗高温能力和大温差恒流变特性。同时钻井液极压润滑系数为 0.0936，具有较好的润滑性。

表 4　钻井液基本性能(150℃/16h)

条件	$AV(\text{mPa} \cdot \text{s})$	$PV(\text{mPa} \cdot \text{s})$	$YP(\text{Pa})$	$Gel(\text{Pa}/\text{Pa})$	$FL_{\text{API}}(\text{mL})$	润滑系数	$FL_{\text{HTHP}}(\text{mL})$
热滚前	67	53	14	11/18	4.0		
热滚后	62	51	11	9/14	2.2		
4℃	65	50	15	9/15	2.8		
50℃	53	43	10	9/14	2.4	0.0936	13
80℃	51	40	11	8/13	2.2		
50℃	54	44	10	9/14	2.2		
4℃	66	51	15	9/15	2.6		
25℃	60	49	11	9/14	2.6		

2.2　页岩水化抑制性

对其页岩抑制性进行测试，使用非储层段岩屑，处理成 5~10 目的颗粒进行岩屑滚动分散回收率实验，同时，将岩屑研磨过 100 目筛子压制成岩样进行页岩膨胀率实验，评价钻井液热滚后的抑制性能，结果见表 5。

表 5　页岩滚动分散实验及膨胀实验结果

实验浆	回收率(%)	膨胀率(%)
清水	3.9	18.79
高性能水基钻井液	92.3	3.56

由表 5 测试结果可知，高性能水基钻井液具有较好的抑制岩样水化分散性和水化膨胀性能，岩屑滚动回收率高达 92.3%，页岩膨胀率为 3.56%。

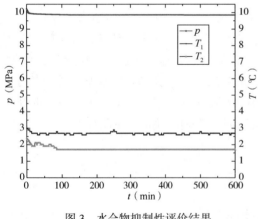

图 3　水合物抑制性评价结果

2.3　水合物抑制性

利用水合物抑制性评价实验装置，对钻井液进行了水合物抑制性评价，结果如图 3 所示。

由图 3 测试结果可知，10h 内反应釜中未出现温度明显增加同时压力降低的现象。实验结束后打开反应釜，未观测到天然气水合物生成，表明高性能水基钻井液具有良好的水合物抑制效果。

2.4　封堵承压性能

利用砂床滤失仪评价钻井液体系对 40~60 目砂床的堵漏效果，实验结果见表 6。

表 6　钻井液砂床滤失实验结果

条　件	侵入深度(cm)	滤失量(mL)
150℃/16h 热滚 1.5g/cm³	1.6	0

利用高温高压堵漏仪评价钻井液体系对 200μm 和 400μm 裂缝的堵漏效果，实验结果如图 4 所示。

由测试结果表 6 和图 4 可知，钻井液体系在砂床中的侵入深度为 1.6cm，滤失量为 0mL。钻井液封堵 200μm 和 400μm 微裂缝可承压至 5.5MPa，累计漏失量不大于 5mL，其封堵承压性能较好。

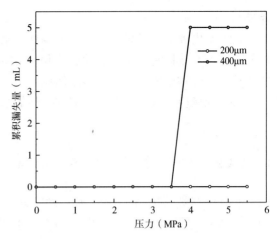

图 4　裂缝性堵漏性能评价结果

2.5　深水钻井液性能对比

将高性能水基钻井液与不同深水钻井液体系[15-17]进行性能对比，包括国外公司的 1 套高性能水基钻井液和 2 套深水合成基钻井液，结果见表 7。

表 7　不同深水钻井液性能对比（150℃/16h 热滚，密度 1.5g/cm³）

钻井液	条件	AV(mPa·s)	PV(mPa·s)	YP(Pa)	Gel(Pa/Pa)	FL_{API}(mL)	FL_{HTHP}(mL)	YP_{max}/YP_{min}
自制	4℃	65	50	15	9/15	2.8	13	1.5
	80℃	51	40	11	8/13	2.2		
高性能水基钻井液	4℃	116	51	65	10/14.0	3.1	31	2.83
	80℃	51	28	23	4.5/6	4		
合成基钻井液 1	4℃	47	36	11	5/12	3.6	7	1.47
	80℃	28.5	21	7.5	5/12	4.2		
合成基钻井液 2	4℃	73	58	15	6.5/12	0.8	5	2.14
	80℃	26	18	8	4.5/8	1.3		

由表 7 评价结果可知，高性能水基钻井液具有较好的流变性能和井眼清洁能力，钻井液性能受大温差影响相对较小，各项性能指标达到了国际上同类钻井液的技术水平。

3　现场应用

经过优化后的 HEM 钻井液体系，在南海深水陵水 25-1 气田成功应用数口井，各方面性能满足钻井作业要求，钻井作业顺利。

现场应用过程中，HEM 钻井液体系基本性能稳定，有良好的流变性、沉降稳定性和失水造壁性能。钻井过程中较少发生井壁失稳，HEM 钻井液体系有效抑制了钻井过程中泥页岩膨胀，保障了井壁稳定性。同时，钻井过程中未形成水合物，优选的 HEM 钻井液体系具有良好的水合物抑制性能。

4　结论

（1）针对中国南海深水气田钻井液技术难点，构建出一套高性能水基钻井液体系，其配方为：2%~3%PF-UHIB+0.5%~0.8%PF-UCAP+2%~3%PF-HLUB+1%~4%PF-FLOTRO+1%~1.5% 改性黄原胶增黏剂+0.5%~1.5% 淀粉降滤失剂+0.5% 流型调节剂+3%~15%NaCl+

重晶石。

（2）室内评价结果表明，构建的高性能水基钻井液具有良好流变性和滤失性，受低温影响较小，可有效抑制泥页岩水化，岩屑回收率为 92.3%，膨胀率为 3.56%，具有较好的抑制天然气水合物生成的能力和封堵承压能力。

（3）现场应用效果表明，构建的高性能水基钻井液可满足中国南海深水气田钻井需求。

参 考 文 献

[1] 胡友林，刘恒. 天然气水合物对深水钻井液的影响及防治[J]. 天然气工业，2008，28(11)：68-70+140.

[2] 邱正松，赵欣. 深水钻井液技术现状与发展趋势[J]. 特种油气藏，2013，20(3)：1-7+151.

[3] 李怀科，罗健生，耿铁，等. 国内外深水钻井液技术进展[J]. 钻井液与完井液，2015，32(6)：85-88+109.

[4] Young S, Friedheim J, Lee John, Prebensen O. A new generation of flat rheology invert drilling fluids [R]. SPE154682, 2012.

[5] 邱正松，徐加放，赵欣，等. 深水钻井液关键技术研究[J]. 石油钻探技术，2011，39(2)：27-34.

[6] 岳前升，刘书杰，何保生，等. 深水钻井条件下合成基钻井液流变性[J]. 石油学报，2011，32(1)：145-148.

[7] 罗健生，刘刚，李超，等. 深水 FLAT-PRO 合成基钻井液体系研究及应用[J]. 中国海上油气，2017(3)：61-66.

[8] Zhao Xin, Qiu Zhengsong, Zhou Guowei, et al. Synergism of thermodynamic hydrate inhibitors on the performance of poly(vinyl pyrrolidone) in deepwater drilling fluid[J]. Journal of Natural Gas Sdience and Engineering, 2015, 23: 47-54.

[9] 邹星星，李佳旭，刘彦青，等. 深水钻井抗高温水基钻井液体系研究及应用[J]. 钻采工艺，2020，43(2)：99-102+6.

[10] 路保平，李国华. 西非深水钻井完井关键技术[J]. 石油钻探技术，2013，41(3)：1-6.

[11] 徐加放，邱正松. 深水钻井液研究与评价模拟实验装置[J]. 海洋石油，2010，30(3)：88-92.

[12] 张群. 一种海洋深水水基钻井液体系室内研究[J]. 西南石油大学学报，2007(S1)：50-52+5+4.

[13] 耿铁，邱正松，汤志川，等. 深水钻井抗高温强抑制水基钻井液研制与应用[J]. 石油钻探技术，2019，47(3)：82-88.

[14] Zhong H, Qiu Z, Huang W, et al. Shale inhibitive properties of polyether diamine in water based drilling fluid[J]. Journal of Petroleum Science and Engineering, 2011, 78(2): 510-515.

[15] 胡文军，向雄，杨洪烈. FLAT-PRO 深水恒流变合成基钻井液及其应用[J]. 钻井液与完井液，2017，34(2)：15-20.

[16] 赵欣，邱正松，高永会，等. 缅甸西海岸深水气田水基钻井液优化设计[J]. 石油钻探技术，2015，43(4)：13-18.

[17] 罗健生，李自立，刘刚，等. HEM 聚胺深水钻井液南中国海应用实践[J]. 石油钻采工艺，2015，37(1)：119-120.

莺歌海盆地抗高温高密度油基钻井液技术及应用

韩 成 张万栋 张 超 张雪菲 谢 露

(中海石油(中国)有限公司湛江分公司)

【摘 要】 南海西部莺歌海盆地东方 D 气田储层高温高压，且采用大位移井及水平井批钻开发模式，钻井作业面临着井底温度高、井筒静置时间长、摩阻扭矩大、安全密度窗口窄、储层保护要求高等难题。通过优选抗高温主乳化剂与辅乳化剂、软性沥青衍生物和硬性微纳米级颗粒封堵剂，使用超微重晶石加重油基钻井液，显著提高高密度油基钻井液的电稳定性、封堵性、流变及沉降稳定性，构建一套抗高温高密度油基钻井液体系。该体系在东方 D 气田 20 多口大位移井及水平井中应用表明，油基钻井液密度超过 1.80g/cm³，经过井下高温静置 170d 后密度仅增加 0.03g/cm³，破乳电压超过 1000V，钻进过程中流变性平稳易调控，摩阻扭矩低，无井漏发生，20 多口井清井排液产量均超过油藏配产要求，储层保护效果良好。抗高温高密度油基钻井液有效推动海上高温高压气田规模化开发。

【关键词】 高温高压；高密度；油基钻井液；水平井；破乳电压；沉降稳定性；储层保护

南海西部东方 D 气田位于莺歌海盆地中央凹陷北部地区，是目前海上开发规模最大的高温高压气田。前期东方 A 气田多采用小井斜定向井开发，高温高压井段采用水基钻井液作业，而东方 D 气田多采用大位移井及水平井开发，为降低钻进摩阻扭矩及复杂情况的发生，高温高压井段采用油基钻井液作业。东方 D 气田无高密度油基钻井液作业经验，高密度油基钻井液面临着井底温度高，流变性调控难；海上批钻作业模式导致井筒钻井液高温静置时间长，对高密度油基钻井液沉降稳定性要求高；储层安全密度窗口窄，且水平段采用小井眼 φ149.2mm 作业，环空容积小，循环摩阻大，油基钻井液承压封堵能力要求高；同时储层为中孔中渗储层，高密度油基钻井液固相含量高，易污染储层[1-5]。通过增强高密度油基钻井液乳化稳定性、沉降稳定性、封堵性、储层保护性能等，构件了一套抗高温高密度油基钻井液体系，该体系在东方 D 气田 23 口大位移井及水平井得到成功应用，有效推动了海上高温高压气田规模化开发。

1 钻井液技术难题

东方 D 气田钻遇地层从上到下依次为乐东组、莺歌海组、黄流组，目的层为黄流组一段地层，岩性上部为巨厚层状灰色泥岩，下部以灰色细砂岩、泥质粉砂岩为主，夹灰色泥岩。东方 D 气田水平井为五开次井身结构 φ660.4mm 井段+φ444.5mm 井段+φ311.2mm 井段+φ215.9mm 井段 + φ149.2mm 井段，对应下入 φ508.0mm 套管+φ339.7mm 套管+φ244.5mm 套管+φ177.8mm 尾管，其中水平井 φ215.9mm 井段开始着陆并进入高温高压井

作者简介：韩成(1987—)，2014 年获中国石油大学(华东)硕士学位，现主要从事海上高温高压现场钻完井监督工作，工程师。地址：广东省湛江市坡头区南油二区西部公司大楼附楼；电话：0759-3911608；E-mail：hancheng3@cnooc.com.cn。

段，149.2mm 井段为水平裸眼段，在 ϕ215.9mm 井段、ϕ149.2mm 裸眼两个井段使用抗高温高密度油基钻井液。

（1）东方 D 气田储层高温高压，现场使用的油基钻井液密度超过 1.80g/cm³，高密度油基钻井液在高温条件下流变性调控难，同时水平段 ϕ149.2mm 裸眼为小井眼，作业过程中由于下钻、循环等工况下产生的激动压力极易超过地层破裂压力导致井漏，对钻井液封堵承压能力提出较高的要求。

（2）东方 D 气田使用丛式水平井进行开发，且使用批钻作业模式，水平井 ϕ215.9mm 井段全部作业结束后，再进行水平段 ϕ149.2mm 裸眼钻井作业，导致某些井 ϕ215.9mm 井段高密度油基钻井液在井下需要静置数月甚至半年，这就要求高密度油基钻井液在高温环境下要求具有良好的沉降稳定性。

（3）东方 D 气田黄流组一段地层总体为中渗地层，部分地层表现为低渗地层。高密度油基钻井液固相含量较高，在压差作用下固相可以易堵塞储层孔隙吼道，影响产能释放，要求高密度油基钻井液具有较低的返排压力，储层保护效果好。

2 抗高温高密度油基钻井液构建及评价

2.1 乳化剂的优选

为防止油基钻井液高温破乳，通过优选抗高温主、辅乳化剂协同作用，提高油基钻井液高温乳化稳定性。室内优选出主乳化剂 EnvaMul A 和辅乳化剂 EnvaMul B，EnvaMul A 主要成分为妥尔油脂肪酸及其衍生物，具有较强抗温能力，其碳碳长链加合在一起形成网状结构，可显著增强乳化膜强度。辅乳化剂 EnvaMul B 主要成分为含有较多的羟基、羧基、酯基的多元醇酯类与长链烷基脂肪酸类混合物，在油/水界面上形成氢键结构进一步增强乳化膜强度。油水比是保证油基钻井液稳定性和流变性的重要因素，若水相过多，乳状液不稳定，若水相过少，乳状液黏度低[6,7]。室内按不同主辅乳化剂加量及不同油水比配制高密度油基钻井液，油基钻井液配方：5#白油+CaCl₂盐水（质量分数25%）+主乳化剂 EnvaMul A+辅乳化剂 EnvaMul B+1.5%碱度调节剂 PF-MOALK，使用超微重晶石加重密度至 1.85g/cm³，在 150℃滚子炉中热滚 240h 后测量电稳定性结果如表1所示。由表1结果可知，不同主辅乳化剂加量及不同油水比配制油基钻井液经过 150℃老化后破乳电压都超过 1000V，说明选择的主乳化剂 EnvaMul A 和辅乳化剂 EnvaMul B 具有良好的抗高温性能。

表 1 不同主辅乳化剂加量及不同油水比配制油基钻井液高温老化电稳定性测量结果

主乳化剂加量(%)	辅乳化剂加量(%)	油水比	破乳电压(V)
3	2	85：15	1402
3	2	80：20	1254
2.5	2.5	85：15	1350
2.5	2.5	80：20	1125

2.2 封堵性能优化

目前国内外油基钻井液用封堵剂大多数没有化学活性，只具有单一的物理封堵作用，难以发挥封堵效果。东方 D 气田高温高压井目的层钻井液安全密度窗口窄，储层存在非均质孔隙和诱导性裂缝，要求油基钻井液具有良好的承压封堵能力[8,9]。封堵剂 MOSHIELD 主要由软性沥青衍生物和硬性微纳米级颗粒复配制备而成，纳米级刚性颗粒能有效桥堵微裂缝和微孔隙，软性沥青颗粒具有吸附基团、较长的碳链、高油溶物含量，在压差作用发生变形进入桥堵缝隙，进一步吸附封堵微裂缝，使得封堵剂 MOSHIEL 同时具备化学封堵与物理封堵作用，显著提高地层承压能力。封堵剂 MOSHIELD 与油溶性碳酸钙 EZCARB 配合使用，体系粒度分布更广，能进一步提高各种不同宽度裂缝的封堵能力。室内对比评价油基钻井液基础配方加入 2.5%封堵剂 MOSHIELD 及 1.5%油溶性碳酸钙 EZCARB 前后砂床封堵效果，实验用砂 20 ~ 40 目，基础配方为 85：15 油水比+3% 主乳化剂 EnvaMul A + 2% 辅乳化剂 EnvaMul B+1.5%碱度调节剂 PF-MOALK+3.5%高温降失水剂 PF-TPL3，使用超微重晶石加重密度值 1.85g/cm^3，在 150℃ 滚子炉中热滚 16h 后，实验结果如图 1 所示。由图 1 可知看出，在 5MPa 及 10MPa 压力作用下，加入 2.5%封堵剂 MOSHIELD 及 1.5%油溶性碳酸钙 EZCARB 后油基钻井液砂床漏失量显著降低，说明封堵剂 MOSHIELD 具有良好的封堵性能。

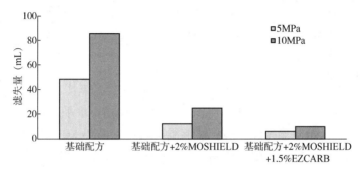

图 1　油基钻井液砂床封堵效果对比

2.3　沉降稳定性优化

普通重晶石表面属于水湿性，在高密度油基钻井液中稳定分散的难度较大，高密度油基钻井液重晶石沉降是钻井施工作业中经常出现的难题。超微重晶石及普通重晶石放大相同倍数的扫描电镜结果如图 2 所示，通过对重晶石进行超微工艺处理后，超微重晶石相对与普通重晶石颗粒之间分布有大量微孔，从而大幅度增加了固相的比表面积，更有利于油基钻井液的乳化剂、降滤失剂的吸附。同时超微重晶石粒径较小，可显著降低超微重晶石高密度油基钻井液的沉降趋势[10-12]。

（a）超微重晶石　　　　　　　　　　　（b）普通重晶石

图 2　超微重晶石及普通重晶石扫描电镜结果

2.4 储层保护性能评价

选取 3 块天然岩心进行测试,按照配方 85∶15 油水比+3%主乳化剂 EnvaMul A+2%辅乳化剂 EnvaMul B+1.5%碱度调节剂 PF-MOALK+3.5%高温降失水剂 PF-TPL3+2.5%封堵剂 MOSHIELD+1.5%油溶性碳酸钙 EZCARB,使用超微重晶石加重密度至 1.85g/cm³,经过 150℃滚子炉中热滚 16h 后,按照钻井液完井液损害油层室内评价方法,采用 JHDS 高温高压动失水仪进行动态污染实验,仪器温度设置为 150℃,实验结果如表 2 所示。从表 2 可以看出,3 块岩心被全油基钻井液损害后,其渗透率恢复值均在 90%以上,返排压力最高仅为 0.041MPa,说明油基钻井液具有较低的返排压力,能有效地保护储层。

表 2　油基钻井液岩心污染实验结果

岩心编号	原始渗透率 K_o($10^{-3}\mu m^2$)	污染后渗透率 K_{od}($10^{-3}\mu m^2$)	渗透率恢复值 R_d(%)	返排压力(MPa)
C1#	37.55	37.09	98.77	0.034
C2#	110.6	109.77	99.25	0.025
C3#	18.51	17.87	96.54	0.041

3　现场应用效果

抗高温高密度油基钻井液在东方 D 气田 23 口大位移井及水平井得到应用,该油基钻井液表现出良好的流变及沉降稳定性,现场性能维护简单,循环 ECD 附加量平稳,储层保护效果突出,无井漏等复杂情况发生,高温高压井作业失效得到大幅提升。

3.1 沉降稳定性显著

统计东方 D 气田 A 平台水平井 ϕ215.9mm 井段长时间静置前后的高密度油基钻井液性能如表 3 所示,由表 3 可知在井底经过长时间高温静置,静置前后钻井液密度、流变性、滤失量及电稳定性变化不大,其中 A2 井由于批钻作业,导致 ϕ215.9mm 井段油基钻井液在井筒高温环境下静置时间长达 170d,静置后井底返出钻井液密度仅仅增加 0.02g/cm³,破乳电压超过 1000V,无破乳现象发生,说明该油基钻井液体系具有良好的高温电稳定性及沉降稳定性。

表 3　A 平台部分井 ϕ215.9mm 井段长时间静置前后的高密度油基钻井液性能

井名	井段静置时间(d)	测量条件	密度(g/cm³)	漏斗黏度(s)	塑性黏度(mPa·s)	动切力(Pa)	HTHP 滤失量(mL)	破乳电压(V)
A2H	—	静置前	1.80	58	35	6	2.20	1250
	170	静置后	1.82	73	51	10	1.80	1066
A4H	—	静置前	1.81	58	47	9	1.80	1356
	119	静置后	1.83	78	55	14	1.80	1200
A5H	—	静置前	1.80	57	35	7	2.00	1200
	151	静置后	1.81	77	55	14	1.80	1068
A6H	—	静置前	1.81	55	48	9.5	1.60	1275
	59	静置后	1.81	65	53	12	1.80	1158

注:HTHP 滤失量实验条件为 3.5MPa,150℃。

3.2 流变性性能稳定

为维持钻进过程中乳化剂消耗，东方 D 气田水平井高温高压井段钻进期间每隔 100m 左右适当补充主乳化剂 EnvaMul A 和辅乳化剂 EnvaMul B 以提高油基钻井液乳化稳定性。表 4 为统计 A7H 井在钻进过程中，在不同深度处的油基钻井液密度、流变性、电稳定性参数及对应的井底随钻工具实测 ECD，A7H 井 ϕ149.2mm 井段实钻完钻井深 4624m，水平段长度约 300m。由表 4 结果可知，油基钻井液各项性能平稳，实测 ECD 比钻井液密度最高仅高 0.11 左右，ϕ149.2mm 井段小井眼钻进过程中引起的密度增量较小，有效避免了井漏发生，保证了 ϕ149.2mm 裸眼井段钻进作业顺利进行。

表 4　A7H 井 ϕ149.2 井段实钻过程钻井液性能及实测 ECD

井深(m)	密度(g/cm³)	漏斗黏度(s)	塑性黏度(mPa·s)	破乳电压(V)	实测 ECD	密度增量(g/cm³)
4388	1.83	53	59	1273	1.914	0.084
4403	1.83	53	59	1281	1.922	0.092
4412	1.82	53	60	1270	1.927	0.107
4425	1.82	53	59	1273	1.925	0.105
4460	1.82	52	58	1287	1.926	0.106
4472	1.82	53	59	1288	1.921	0.101
4497	1.82	54	60	1293	1.927	0.107
4507	1.82	54	60	1289	1.929	0.109
4573	1.82	54	60	1283	1.932	0.112
4584	1.82	53	59	1291	1.924	0.104
4612	1.82	55	60	1306	1.932	0.112
4619	1.82	55	60	1310	1.928	0.108
4624	1.82	56	60	1327	1.931	0.111

3.3 储层保护效果好

水平井段钻进过程中使用 PF-TPL3 控制钻井液 HTHP 滤失量在 3mL 以下，减小滤液对储层段的伤害，理使用固控设备清除有害固相及低密度固相对储层的损害，统计东方 D 气田 A 平台部分井清喷产量与油藏配产，由结果可知，9 口井全部超过油藏配产要求，说明高密度油基钻井液储层保护效果良好。

4　结论

（1）针对东方 D 气田高温高压地层特点，通过优选抗高温乳化剂、封堵剂及使用超微重晶石，构建了一套抗高温高密度油基钻井液体系，该体系具有良好的高温流变性、沉降稳定性、封堵性及储层保护效果。

（2）抗高温高密度油基钻井液体系在东方 D 气田 23 口高温高压井中应用表明，钻井液体系流变性稳定，性能易维护，封堵性强，ECD 值低，降低井漏发生风险，储层保护效果良好，有利促进了海上高温高压气田开发。

参 考 文 献

[1] 齐志刚，彭志刚，路志平. 超深井页岩气钻井抗高温油基钻井液的研制[J]. 钻采工艺，2015，38(6)：

66-68.

[2] 韩成，罗鸣，杨玉豪，等. 莺琼盆地高温高压窄安全密度窗口钻井关键技术[J]. 石油钻采工艺，2019，41(5)：568-572.

[3] 万绪新. 渤南区块页岩油地层油基钻井液技术[J]. 石油钻探技术，2013，41(6)：44-50.

[4] 罗鸣，韩成，陈浩东，等. 南海西部高温高压井堵漏技术[J]. 石油钻采工艺，2016，38(6)：801-804.

[5] 韩成，黄凯文，罗鸣，等. 南海莺琼盆地高温高压井堵漏技术[J]. 石油钻探技术，2019，47(6)：15-20.

[6] 李胜，夏柏如，韩秀贞，等. 油水比对油基钻井液性能的影响研究[J]. 油田化学，2017，34(2)：196-200.

[7] 覃勇，蒋官澄，邓正强，等. 抗高温油基钻井液主乳化剂的合成与评价[J]. 钻井液与完井液，2016，33(1)：6-10.

[8] 王伟，赵春花，罗健生，等. 抗高温油基钻井液封堵剂PF-MOSHIELD的研制与应用[J]. 钻井液与完井液，2019，36(2)：153-159.

[9] 舒曼，赵明琨，许明标. 涪陵页岩气田油基钻井液随钻堵漏技术[J]. 石油钻探技术，2017，45(3)：21-26.

[10] 叶艳，尹达，张馨文，等. 超微粉体加重高密度油基钻井液的性能[J]. 油田化学，2016，33(1)：9-13.

[11] 韩成，邱正松，黄维安，等. 微粉重晶石高密度钻井液性能研究[J]. 钻井液与完井液，2014，31(1)：12-15.

[12] 邱正松，韩成，黄维安. 国外高密度微粉加重剂研究进展[J]. 钻井液与完井液，2014，31(3)：78-82.

海水复合盐封堵钻井液体系的研究与应用

赵 湛

(中国石化胜利石油工程有限公司海洋钻井公司)

【摘 要】 胜利海区埕北区块的东营组、沙河街组地层在以往施工中或是暴露出井壁不稳定而导致的各种复杂情况，或是因定向井施工摩阻、扭矩大影响施工进度或是在环境保护要求严格区域施工导致环保成本增加，这些技术瓶颈严重制约了钻井施工速度进而影响了钻井的综合效益。因此，研究和应用新型环保钻井液体系，有效保障钻井施工的安全，杜绝复杂故障的发生，提高钻井速度，缩短钻井周期，保护海洋环境，提高勘探开发整体效应，是今后钻井液技术发展的方向。复合盐封堵钻井液体系就是针对以上制约钻井综合效益并在传统水基钻井液完井液基础上开发并在现场得到成功应用的具有多种功效的新型钻井液体系。复合盐封堵钻井液的应用具有显著的经济效益和广阔的应用前景。

【关键词】 复合盐；体系转换；抑制；防塌；流变性；高温高压

1 复合盐封堵钻井液简介

复合盐封堵钻井液是一种适应全程小循环，有效控制井径，保护油气层的强抑制钻井液体系，它主要由水、膨润土、无机盐、抑制剂等组成，使用、维护方便。该钻井液抑制能力强、护壁性好、固相容量大、亚微米颗粒含量低、低滤失、润滑性好、适应性广、易配置、综合成本低，能有效保证固井质量，有效保护储层的钻井液体系。

1.1 复合盐封堵钻井液组成

(1) 基础液：聚合物防塌钻井液或氯化钙防塌钻井液。

(2) 无机盐：氯化钠、氯化钾。

(3) 其他处理机：抑制剂、抗盐降滤失剂、润滑剂、降黏剂等。

(4) 加重剂：重晶石。

1.2 复合盐封堵钻井液特点

(1) 体系转化简单。

氯化钙钻井液实现上部造浆段的钻井液不落地，东营组中下部逐步降低滤失量，进沙河街组前将钻井液各性能调整至设计要求范围，目的层前 100~150m，加入氯化钠 5%~7%、氯化钾 2%~3%，并补充抗盐降滤失剂等将钻井液各性能恢复至设计要求，完成复合盐体系转化后，实施后期井段施工任务。体系转化时间短(2~3 循环周)、易操作。

(2) 钻井速度快。

复合盐封堵钻井液体系抑制性好，黏土在其中分散性较弱，亚微米颗粒数量少。钻进过程中产生的钻屑不易分散，通过使用合理的固控设备，劣质固相含量容易清除，而密度为 $1.2g/cm^3$ 的常规钻井液固相含量在 15% 左右，密度越高固相含量随之增加。复合盐钻井液的黏土颗粒相对较大和亚微米颗粒数量少的特点，使其机械钻速提高，经实验同等条件下可使钻速提高 1.5 倍。

（3）有利于保护油气层。

氯化钙、氯化钾、氯化钠等无机盐形成复合盐体系，大大提高了滤液矿化度，有效抑制黏土的渗透膨胀和分散，保护了油气层。钻井液在现场的滤失量一般低于 5mL。且该钻井液抑制性很好，能有效抑制黏土的水化膨胀、分散，避免油层发生水敏性损害。

（4）有利于井壁稳定。

无机盐（如氯化钠、氯化铵、氯化钾、氯化钙等）是一类价廉物美的页岩抑制剂。当超过一定浓度，任何水溶性盐都有稳定页岩的作用。盐是通过压缩页岩表面扩散双电层的厚度，减小电位起稳定页岩的作用。虽然任何水溶性盐都有稳定页岩的作用，但稳定页岩的效果是不同的。

① 氯化钾的防塌机理：一是 K^+ 水化能低。由于黏土对阳离子吸附具有选择性，它优先吸附水化能较低的阳离子，因而 K^+ 往往比 Ca^{2+}、Mg^{2+}、Na^+ 优先被黏土吸附；此外由于其水化能较低，被吸附后会促使晶层间脱水，使晶层受到压缩形成紧密构造，从而能有效抑制黏土水化。二是 K^+ 的晶格固定作用。正是由于这种作用，使 K^+ 有可能尽量靠近相邻晶层的负电荷中心，形成的致密构造不会再发生较强的水化。有效抑制黏土的渗透膨胀和分散，控制地层造浆。

② 食盐主要用于配制盐水钻井液和饱和盐水钻井液，以防止岩盐井段溶解，并通过压缩页岩表面扩散双电层的厚度，减小 ζ 电位，起到稳定页岩的作用；

③ 抑制能力强：通过几种无机盐的相互作用，能有效防止黏土的水化膨胀、分散，从而避免了由于黏土膨胀造成的井壁坍塌、缩径，减少了井下事故的发生。在已经施工的井中没有出现一次卡钻事故。

（5）抗污染能力强。

复合盐钻井液体系抑制性好，脱离了黏土分散体系理论，黏土在该体系基本不分散，复合盐封堵液体系，矿化度 60000~80000mg/L，抗盐抗钙能力强，抗各种污染的能力强。

2 复合盐封堵钻井液性能室内研究评价

胜利海区东营组、沙河街及中生界地层稳定性差，传统聚磺体系抑制性不足，容易造成地层失稳，给起下钻和电测工作造成困难，为此借鉴胜利陆上复合盐封堵钻井液体系经验，对海水钻井液体系进行匹配性试验（本次海水取自桩西黄河海港）。

2.1 流变性与滤失性能评价

$1^{\#}$ 基浆：取自垤北 306-3 井二开上部 2670m 井浆+10%海水（取自黄河海港）；基浆性能：$\rho=1.15g/cm^3$，$FV=40s$，$AV=17mPa \cdot s$，$PV=12mPa \cdot s$，$YP=5Pa$，pH=7.5，$FL_{API}=15mL$。

$2^{\#}$ 海水聚磺钻井液：基浆+0.3%包被剂+2%抗高温抗盐降滤失剂+1%磺酸盐共聚物降滤失剂+3%磺甲基酚醛树脂 SMP-I+2%固体聚合醇+2%白沥青+3%超细碳酸钙（2000 目 50%，4000 目 50%）+烧碱适量。

$3^{\#}$ 海水复合盐封堵钻井液：基浆+0.3%包被剂+10%氯化钠+5%氯化钾+2%抗高温抗盐降滤失剂+1%磺酸盐共聚物降滤失剂+3%磺甲基酚醛树脂 SMP-I+0.5%胺基聚醇+2%SF-4+2%乳化石蜡+3%超细碳酸钙（2000 目 50%，4000 目 50%）+烧碱适量（表 1）。

表1　三个样品在100℃条件下的流变性及滤失量

实验序号	实验条件	AV(mPa·s)	PV(mPa·s)	YP(Pa)	pH 值	FL_{API}(mL)
1#样品	常温	17	12	5	7.5	15
	100℃/16h 静止老化	22	13	4	7	20.6
2#样品	常温	26	18	7.5	7.5	4.6
	100℃/16h 静止老化	22.5	15	6	7	4.4
3#样品	常温	23.5	16.5	7	7.5	4.4
	100℃/16h 静止老化	21.5	15	6.5	7	2.8

由表 1 中看出，常温下两种体系滤失量均小于 5mL，表明两种钻井液体系在常温环境下降滤失效果相近，加热到 100℃老化后，滤失量都有不同程度的下降，它们的表观黏度、塑性黏度、切力都有一定的变化，综合来看复合盐封堵钻井液体系的流变性变化相对较小，在此温度下，失水不升反降。

2.2　抗温性能评价

（1）3#钻井液配方不同温度下性能变化见表 2。

表 2　海水复合盐封堵钻井液抗温性能

ρ(g/cm³)	AV(mPa·s)	PV(mPa·s)	YP(Pa)	FL_{API}(mL)	备　　注
1.15	23.5	16.5	7	4.4	室温
1.15	21.5	15	6.5	4.0	90℃/16h
1.15	21.5	15	6.5	2.8	100℃/16h
1.15	20.5	14	6.5	3.2	110℃/16h
1.15	19	13.5	6	3.6	120℃/16h
1.15	19	13.5	6	3.6	130℃/16h
1.15	18.5	13	5.5	4.2	140℃/16h
1.15	19	13.5	5.5	4.4	150℃/16h
1.15	18	13	5	4.4	160℃/16h
1.15	17	12.5	4.5	4.8	170℃/16h
1.15	15	12	4	5.0	180℃/16h

（2）钻井液高温高压失水试验见表 3。

钻井液配方：

3#基浆+0.3%包被剂+10%氯化钠+氯化钾 5%+2%抗高温抗盐降滤失剂+1%磺酸盐共聚物降滤失剂+3%磺甲基酚醛树脂 SMP-I+0.5%胺基聚醇+2%SF-4+2%乳化石蜡+3%超细碳酸钙（2000 目 50%，4000 目 50%）+烧碱适量。

4#基浆+0.3%包被剂+10%氯化钠+氯化钾 5%+4%抗高温抗盐降滤失剂+1%磺酸盐共聚物降滤失剂+3%磺甲基酚醛树脂 SMP-I+0.5%胺基聚醇+2%SF-4+2%乳化石蜡+3%超细碳酸钙（2000 目 50%，4000 目 50%）+烧碱适量。

5#基浆+0.3%包被剂+10%氯化钠+氯化钾 5%+6%抗高温抗盐降滤失剂+1%磺酸盐共聚物降滤失剂+3%磺甲基酚醛树脂 SMP-I+0.5%胺基聚醇+2%SF-4+2%乳化石蜡+3%超细碳酸钙（2000 目 50%，4000 目 50%）+烧碱适量。

表 3　高温高压失水试验结果

ρ (g/cm³)	温度(℃)	FL_{HTHP} (mL)		
		3#	4#	5#
1.15	150	9	7.6	6.0
1.15	160	10.4	8.6	8.0
1.15	170	11.0	10.2	9.6
1.15	180	17.6	14	11.4

由表2、表3可以看出，钻井液随温度升高黏度及切力降低，滤失量降低，但温度超过120℃后，随温度升高黏度下降，滤失量升高，但仍能够满足井下需要，温度超过180℃后，YP偏低，滤失量为5mL。高温高压滤失试验，在180℃条件下，高温高压失水小于12mL，综合考虑抗温能力不低于180℃。

2.3　防塌性能评价

（1）膨胀试验结果见表4。

表 4　膨胀试验结果

时间	膨胀高度（mm）		
	海水	2#样品	3#样品
30s	0.09	0.04	0.01
2min	0.50	0.11	0.04
8h	5.07	2.37	1.90

由表4可以看出，加入复合盐后，黏土的膨胀高度明显降低，说明复合盐体系能有效抑制岩心的水化膨胀。

（2）岩屑回收率试验结果见表5。

表 5　岩屑回收率试验结果

岩屑序号	试验液	岩屑回收率（%）	岩屑序号	试验液	岩屑回收率（%）
1	海水	29.50	3	3#样品	94.25
2	2#样品	88.98			

由表5可以看出，海水复合盐封堵体系回收率均高于海水和海水聚磺体系的回收率，说明该体系具有很强的抑制性，能有效提高岩屑回收率，有利于井壁稳定及保护油气层。

2.4　抗污染性能评价

岩屑污染试验结果见表6。

表 6　岩屑污染试验结果

序号	配方	AV(mPa·s)	PV(mPa·s)	YP(Pa)	FL(mL)	备　注
1	2#样品+3%岩屑粉末	27	16.5	5.5	10.4	室温
		48	25	23	8	120℃/16h
	2#样品+5%岩屑粉末	29.5	17.5	6	9.6	室温
		59	33	26	7.6	120℃/16h

序号	配方	AV(mPa·s)	PV(mPa·s)	YP(Pa)	FL(mL)	备　注
2	3#样品+3%岩屑粉末	26.5	18.5	8.5	4.4	室温
		31	21	10	4.0	120℃/16h
	3#样品+5%岩屑粉末	28	18	6.5	4.2	室温
		34	24	10	4.0	120℃/16h

由表6可以看出，加入埕岛地区东营组泥岩岩屑粉末后，对常规聚磺体系影响较大，海水复合盐封堵体系钻井液黏度、切力变化程度及滤失量变化很小，说明复合盐体系抗泥岩污染能力较普通聚磺钻井液要强。

2.5 润滑性能评价

钻井液摩擦系数见表7。

表7　摩擦系数

序号	钻井液	摩擦系数	序号	钻井液	摩擦系数
2#样品	1%油基润滑剂	0.093	3#样品	1%油基润滑剂	0.080
	2%油基润滑剂	0.076		2%油基润滑剂	0.069
	3%油基润滑剂	0.063		3%油基润滑剂	0.059

由表7可以看出，复合盐封堵钻井液具有良好的润滑性能。

2.6 结论

（1）复合盐封堵体系在流变性、抑制性、抗温性、抗膨润土污染能力、润滑性等明显的优于传统的聚磺体系。

（2）由于海水含盐，补充胶液即可补充氯化钠，减少了处理频次，有利于钻井液性能稳定。

（3）随温度升高黏度及切力降低，滤失量降低，但温度超过120℃后，随温度升高黏度下降，滤失量升高，实验温度升到180℃后，YP降低，滤失量升高到5mL，但能够满足井下需要，综合考虑其抗温能力不低于180℃。

（4）复合盐封堵体系能有效抑制黏土的水化膨胀、岩屑的水化分散和岩心的坍塌，具有较好的防塌性能，有利于井壁稳定。

3　复合盐封堵钻井液体系应用情况

在室内研究的基础上，复合盐封堵钻井液技术在胜利海区进行了现场试验应用，取得了较好的应用效果。该项目2020年在胜利六号、胜利八号、胜利十号平台施工的多口探井中推广使用，从施工效果看，达到了比预期好的效果。

3.1 应用的技术状况及水平

复合盐封堵钻井液在今年的五口探井施工中使用取得了良好效果：每口井各环节施工没有发生复杂情况；它的抑制作用效果明显，二开前用先加入1%的$CaCl_2$，直接小循环钻进，地层黏土基本不分散，通过振动筛、离心机设备可直接清除，使钻井液保持较低的固相含量。打出的井眼井径规则，东营组、沙河街组、中生界地层井段平均井径扩大率都在10%

以内，为提高井深质量及固井质量创造了条件。由于体系的抑制能力强，能够阻止钻屑和黏土颗粒再分散，使其保持在较粗的颗粒范围内，易于被固控设施清除，保持较低的固相含量，有利于提高钻井速度。取得了良好的经济效益和社会效益。

从各环节施工过程总结，复合盐封堵钻井液具有以下技术优势：适应各种地层，抑制性强，井壁稳定，打出的井眼井径规则；主要性能类似油基钻井液，井壁润滑性好；油层保护效果好；携砂效果强；提高东营组、沙河街、中生界地层机械钻速明显；钻井液体系抗温能力强，性能稳定；环境友好。

3.2 复合盐封堵钻井液现场应用效果评价

3.2.1 埕北古斜18井和埕北古斜16井试验应用

埕北古斜18井是由胜利十号平台施工的一口重点探井。该井于完钻井深5085m，完钻层位太古界。该井施工的难点是：三开裸眼井段长达1989.35m（2852～4841.35m），穿越地层多，分别穿过、东营组、沙河街组、中生界地层，特别是东营组底部和沙河街的油泥岩地层不稳定，中生界地层易漏等。埕北古16井是由胜利六号平台施工的一口重点探井。该井于完钻井深4964m，完钻层位太古界。该井施工的难点是：三开裸眼井段长1605m（2749～4354.4m），穿越地层多，分别穿过、东营组、沙河街组、中生界、下古生界地层。任何一个环节的疏忽，都有可能造成复杂情况。为了确保安全施工，现场使用复合盐封堵钻井液。这两口井三开钻进至东营组后转换使用复合盐封堵钻井液体系，转换后的钻井液显示出的优势：机械钻速快、携砂能力强、流动性好、润滑效果好、性能稳定、地层稳定等特点。

（1）埕北古斜18井和埕北古16井两口井三开井段泥浆性能分别见表8和表9。

表8　埕北古斜18井复合盐使用段钻井液性能

序号	井深(m)	密度(g/cm³)	黏度(s)	失水(mL)	滤饼(mm)	pH值	PV(mPa·s)	YP(Pa)	Gel(Pa/Pa)
1	3206	1.19	40	4.8	0.5	8	20	7	2/7
2	3735	1.22	41	4.6	0.5	8	20	7.5	2/7
3	4162	1.35	59	3	0.5	8	25	8	3.5/9
4	4470	1.34	56	3.2	0.5	8.5	24	8.5	4/10
5	4660	1.34	58	3	0.5	9	25	8.5	4/10
6	4841	1.38	65	2.8	0.5	9	28	10	6/16

表9　埕北古16井复合盐使用段钻井液性能

序号	井深(m)	密度(g/cm³)	黏度(s)	失水(mL)	滤饼(mm)	pH值	PV(mPa·s)	YP(Pa)	Gel(Pa/Pa)
1	3260	1.19	55	3.8	0.5	8.5	24	12	2.5/6
2	3670	1.20	55	3.4	0.5	8.5	29	11	2.5/7
3	3888	1.23	59	3.4	0.5	8	27	8	3/8
4	3960	1.25	65	3	0.5	9	31	9.5	3/8
5	4230	1.29	64	4	0.5	9.5	28	8	2/7.5
6	4354	1.30	70	3	0.5	9	33	10	3/8

（2）两口井复合盐使用段井径情况见表10。

表10 两口井复合盐使用段井径情况

井号	油层井段（m）		钻头外径（mm）	平均井径扩大率（%）
	始	终		
埕北古斜18井	2852	4496	215.90	7.71
埕北古16井	2727	4354.4	215.90	3.76

使用复合盐封堵钻井液后打出的井眼平均井径扩大率都在8%以内，井径规则，保证了电测顺利完成。

3.2.2 固井情况

两口井固井质量合格。

3.2.3 机械钻速情况

埕北古斜18井和埕北古16井钻时情况分别见表11和表12。

表11 埕北古斜18钻时情况

井号	井段（m）	进尺（m）	纯钻时间（h）	机械钻速（m/h）
埕北古斜18	2852~3815（东营组）	963	83.75	11.5
	3815~4162（沙河街）	347	35	9.91
	4318~4516（中生界）	198	30.25	6.55

表12 埕北古16井钻时情况

井号	井段（m）	进尺（m）	纯钻时间（h）	机械钻速（m/h）
埕北古16	2749~3689（东营组）	940	121.06	7.76
	3689~3888（沙河街）	199	32.5	6.12

3.2.4 钻井周期情况

两口井钻井周期情况见表13。

表13 两口井钻井周期情况

井号	设计钻井周期（d）	实际钻井周期（d）	缩短钻井周期（%）
埕北古斜18	92.87	89.7	3.4
埕北古16	85.06	75.7	11

3.2.5 携砂情况

复合盐封堵钻井液携砂能力特强，井眼没有滞留钻屑。现象：由于机械钻速很快，工程措施是打完一柱钻杆划眼两遍，一般耗时10~15min，打下一柱钻杆时就会出现一段10~15min振动筛没有返砂的现象，说明钻井液能够将打出的钻屑及时全部携带到地面（图1）。

3.2.6 复合盐封堵钻井液抑制性强

复合盐封堵钻井液钻出的钻屑比较干燥。由于复合盐封堵钻井液抑制钻屑分散能力强，钻屑在环空上返过程没有机会吸水，所以返出的钻屑比较干燥，在振动筛下堆积到一定高度后可自由流动进入下方的钻屑收集箱内（图2）。

图 1　振动筛钻屑返出情况　　　　　　图 2　钻屑在振动筛下堆积情况

3.2.7　试验应用效果分析

（1）抑制作用效果明显，二开前用先加入 1% 的 $CaCl_2$，直接小循环钻进，地层黏土基本不分散，通过振动筛、离心机设备可直接清除，使钻井液保持较低的固相含量。

（2）减少了井下复杂事故。使地层造浆得到了有效的控制，泥包钻头、地层缩径等复杂情况基本杜绝；增强了地层的稳定性。

（3）平均井径扩大率小。平均井径扩大率低于 10%，为提高井深质量及固井质量创造了条件。

（4）钻井液携带和悬浮能力强，能保证井眼清洁，满足大斜度井和水平井安全施工要求，钻井液稳定性好，性能变化幅度小，井眼稳定，井径规则。

（5）由于体系的抑制能力强，能够阻止钻屑和黏土颗粒再分散，使其保持在较粗的颗粒范围内，易于被固控设施清除，保持较低的固相含量，有利于提高钻井速度。

（6）钻井液润滑性好，一方面控制钻井液的优质固相，提高滤饼质量，另一方面加入 2%~3% 润滑剂，来提高钻井液的润滑能力，降低滤饼摩阻系数在 0.05 以下。保证完井作业施工的顺利。

（7）钻井液体系的配伍性好，加入 1% 海水降黏剂及适量的烧碱，既可使钻井液流变性变好，加入 2% 无荧光白油润滑剂，既可使钻井液具有良好润滑效果，有利于钻井液性能的调整和稳定。

3.3　埕北 141 井和埕北 830 井应用

复合盐封堵钻井液在埕北古斜 18 井和埕北古 16 井的试验应用取得了非常不错的效果，解决了过去深井钻井液黏度高，流动性差、容易糊上部井壁，固相含量高，井壁失稳等多种问题。在总结上两口井施工经验后，将复合盐封堵钻井液推广应用到埕北 141 井和埕北 830 井两口探井施工中。

3.3.1　两口井基本数据

两口井基本数据见表 14。

表 14　两口井基本数据

序号	井号	完钻井深（m）	完钻层位
1	埕北 830	3680	东营组
2	埕北古 141	4998.47	下古生界

3.3.2　钻井液处理措施

（1）二开套管内循环直接加入 1% $CaCl_2$，钻进期间按每 100m 进尺 200kg 的加量加入 $CaCl_2$ 溶液，保持 Ca^{2+} 含量为 1500~2000ppm。充分利用 Ca^{2+} 的抑制能力抑制地层造浆，利用固控设备，及时清除有害固相。钻井液性能：密度 1.10~1.12g/cm³，黏度 28~35s。

（2）进入东营组以后把钻井液转换成为复合盐封堵钻井液体系，含盐量达到 8%~10%。利用海水降黏剂调节钻井液流变性能，利用磺酸盐降滤失剂 DSP-2 配合抗盐抗高温降滤失剂降低滤失量，保持钻井液好的滤饼质量，保证了钻井液的造壁性和稳定性。控制失水量在 5~8mL，黏度在 35~40s，同时加大排量，适当增加井径扩大率，保障起下钻畅通。

（3）沙河街组及以下地层加大钻井液处理剂含量，并且加入 2%~3% 抗高温抗盐防塌降失水剂，降低钻井液 API 滤失量至 4mL，HTHP 滤失量 20mL 以内，加入 3% 的超细碳酸钙提高钻井液的封堵能力。保证钻井液的抑制性，确保井眼稳定。

（4）在保证良好滤饼质量的基础上，保证润滑剂含量达到 2%~3%，使钻井液具有良好的润滑防卡性能。

（5）振动筛、除砂器、除泥器、离心机与钻井泵同步运转，严格控制钻井液中的劣质固相含量和低密度固相含量。

（6）钻进中要保持各种处理剂的有效含量，并定期补充，使钻井液性能符合设计各井段要求。

（7）完钻后，为保证电测顺利，先大排量循环洗井，然后短程起下钻，使井眼畅通无阻，起钻前用 2% 固体润滑剂对裸眼段进行封井，保证电测及下套管的顺利施工。

3.3.3　两口井复合盐井段钻井液性能

两口井复合盐井段钻井液性能见表 15 和表 16。

表 15　埕北 830 井复合盐使用井段钻井液性能

序号	井深(m)	密度(g/cm³)	黏度(s)	失水(mL)	滤饼(mm)	pH 值	PV(mPa·s)	YP(Pa)	Gel(Pa/Pa)
1	2915	1.16	42	4	0.5	8	19	6	2/6
2	3265	1.19	48	5	0.5	8	20	7.5	2/7
3	3349	1.19	50	4	0.5	8	23	9	3/8
4	3657	1.19	54	4	0.5	9	25	12	4/9.5
5	3680	1.20	55	4	0.5	9	23	11	3/9

表 16　埕北 141 井复合盐使用井段钻井液性能

序号	井深(m)	密度(g/cm³)	黏度(s)	失水(mL)	滤饼(mm)	pH 值	PV(mPa·s)	YP(Pa)	Gel(Pa/Pa)
1	2706	1.17	50	3.8	0.5	9	20	5	2/4.5
2	3198	1.22	54	3	0.5	9	25	10.5	3/8
3	3566	1.25	55	3.2	0.5	9	25	12	3/9
4	3774	1.30	55	3	0.5	9	25	12.5	5/10
5	4005	1.35	55	2.6	0.5	9	25	11.5	5/10
6	4203	1.35	55	2	0.5	9	25	12.5	5/10.5

3.3.4　井径情况

两口井复合盐使用井段井径情况见表 17。

表 17　两口井复合盐使用井段井径情况

井号	复合盐使用井段（m）		钻头外径（mm）	平均井径扩大率（%）
	始	终		
埕北 830	2690	3680	215.9	6.77
埕北古 141	2720	3990	215.9	4.35

使用复合盐封堵钻井液后打出的井眼平均井径扩大率都在 8% 以内，井径规则，保证了电测顺利完成。

3.3.5　固井情况

两口井固井质量合格。

3.3.6　机械钻速情况

机械钻速情况见表 18。

表 18　机械钻速情况

井号	井段（m）	进尺（m）	纯钻时间（h）	机械钻速（m/h）
埕北 830	3349~3680（东营组）	331	21.1	15.69
埕北古 141	2794~3745（东营组、沙河街、中生界）	951	131.75	7.22

复合盐封堵钻井液的黏土颗粒相对较大和亚微米颗粒数量少的特点，固相含量越低，越容易实现高的机械钻速；另外有复合盐封堵钻井液水眼黏度低，井底清洁能力强，提高了钻头的破岩效率。使其机械钻速提高，尤其是东营组及以下地层提高显著。

3.3.7　钻井周期情况

两口井钻井周期情况见表 19。

表 19　两口井钻井周期情况

井号	设计钻井周期（d）	实际钻井周期（d）	缩短钻井周期（%）
埕北 830	28.81	14.31	50.3
埕北古 141	87.71	81.59	6.98

3.3.8　应用效果分析

（1）减少了井下复杂事故。上部地层采用 $CaCl_2$ 钻井液，使地层造浆得到了有效的控制，泥包钻头、抽吸、缩径复杂情况基本杜绝；下部地层（东营组以下）采用复合盐封堵钻井液体系和合适的钻井液密度，提高了井壁是稳定性。

（2）平均井径扩大率小。特别是上部地层井径扩大率的控制。为提高井深质量及固井创造了条件。

（3）保证了电测成功率，电测过程中未出现阻卡现象。

（4）井眼净化有进一步改善。现场推广应用证明，复合盐封堵钻井液，携带岩屑能力强，井眼干净，起下钻遇阻划眼等复杂情况大大减少，每次下钻都能顺利到井底。

（5）由于该体系抑制能力强，使得钻井液中的黏土和岩屑能保持在较粗的范围内，有利于固控设施清除，能保持较低的固相含量，滤饼质量好，润滑防卡能力强。

（6）钻井液性能具有良好的稳定性，形成的井眼稳定性好，井径规则，有利于电测和下套管作业的顺利进行。

3.4 数据对比

用复合盐封堵钻井液体系和常规聚合物防塌钻井液体系施工的井数据对比见表20。

表20　分别用两种钻井液体系施工的井数据对比

复合盐钻井液				聚合物防塌钻井液			
井　号	井深（m）	平均机械钻速（m/h）	井径扩大率（%）	钻井周期（d）	井　号	井深（m）	平均机械钻速（m/h）	井径扩大率（%）	钻井周期（d）
埕北古斜18	5085	11.17	7.71	89.7	埕北313	4884	5.29	8.65	155
埕北古16	4964	8.51	3.76	75.7	埕北古斜405	4964	7.78	14.1	168.41
埕北830	3680	14.31	6.77	14.31	埕北古斜114	3650	11.01	10.63	88.4
埕北古141	4998.47	9.93	4.35	81.59	埕北古斜605	4776	8.66	8.92	105.67

由表20数据对比可知，复合盐钻井液与常规聚合物钻井液相比，井径扩大率都在8%以内，保证了固井质量的合格。而聚合物钻井液体系的井径扩大率要偏大，超出标准要求。相同层位的井使用复合盐封堵钻井液体系平均机械钻速上明显高于聚合物体系的钻井液，说明复合盐钻井液的破岩性比聚合物钻井液要强。从钻井周期来看，复合盐封堵钻井液体系的钻井周期较以往使用聚合物体系的井的钻井周期有大幅度缩减，说明使用复合盐钻井液一是减少了施工时间，机械钻速也得到提高，井下的复杂情况也大幅度减少。所以复合盐封堵钻井液体系是很有应用价值的。

4　结论

（1）在实验温度低于180℃时，复合盐封堵钻井液随温度升高黏度及切力降低，滤失量降低，但温度超过180℃后，随温度升高黏度下降，滤失量略有升高，综合考虑其在海水中的抗温能力可达180℃。

（2）复合盐封堵钻井液能有效抑制黏土的水化膨胀、岩屑的水化分散和岩心的坍塌，具有较好的防塌性能，有利于井壁稳定。

（3）复合盐封堵钻井液能有效封堵岩芯，封堵层侵入深度小，封堵强度高，渗透率恢复率高，有利于保护油层。

（4）复合盐封堵钻井液在胜利海区进行了应用，现场应用表明：该钻井液体系转化简单，维护方便，钻井液性能稳定，与常规钻井液处理剂有较好的配伍处理钻井液性能效果；具有很强的抑制作用，黏土基本不分散，控制了地层造浆，废弃钻井液数量较常规水基钻井液少3~4倍，具有很强的抗盐抗钙抗污染能力；钻井液体系具有较强的封堵防塌能力，电测井径平均扩大率小于8%，固井质量合格率100%；现场应用没有与钻井液有关的复杂情况，钻井施工顺利，完井作业顺利，缩短了储层浸泡时间，使用暂堵剂可酸化解堵，达到有效保护油气层的目的。

（5）复合盐封堵钻井液体系应用范围：体系研究与现场应用表明，该钻井液体系抗温可达180℃以上，有良好适应能力，适应钻井液高碱性污染问题地区以及高含盐地层井应用。

该项技术具有提高机械钻速、保护油气层、稳定井壁、抗污染能力的特点，是一种理想的钻井液完井液体系，有利于提高钻井施工中的井下安全、井壁稳定、储层保护、钻井液的回收再利用效果，具有很好的经济价值和广阔的应用前景。

深部破碎性地层井壁失稳机理及对策研究
——以顺北油气田为例

金军斌 张杜杰 李大奇 刘金华 王伟吉 李 凡

（中国石化石油工程技术研究院）

【摘 要】 近年来，多口探井在顺北油气田奥陶系碳酸盐岩地层钻遇破碎带，钻揭破碎性地层时普遍出现严重的井壁失稳现象，阻卡频繁，深部破碎性地层井壁失稳问题已成为制约顺北油气田安全建井的突出问题。本文首先阐述了顺北奥陶系地层井壁失稳现状，系统分析了井壁失稳机理，并提出了井壁稳定技术对策。研究发现：（1）受断裂+构造挤压影响，破碎地层局部应力集中，水平应力差大；（2）弱面—天然多尺度裂缝发育，岩体强度低；（3）裂缝应力敏感性强，钻井液易沿裂缝侵入地层，进一步提高地层孔隙压力等是深部破碎性地层井壁失稳的主要机理。分析明确：（1）强化钻井液致密封堵能力，防止钻井液侵入；（2）提高钻井液固壁能力，提高地层完整性和岩石强度；（3）适当提高钻井液密度，加强力学支撑作用；（4）采用油基钻井液是深部破碎性地层井壁稳定技术的核心技术。同时，简化钻具，优化钻井参数将有助于进一步提高井壁稳定效果，保证建井安全。研究成果对提高深部破碎性地层安全高效钻井具有重要意义。

【关键词】 破碎性地层；井壁稳定；碳酸盐岩；应力集中；钻井液

随着全球能源消耗的不断增大，目前深层、超深层油气资源日益成为国内外油气增储上产的主战场[1,2]。据统计，深层石油天然气探明可采储量高达 $729 \times 10^8 t$ 油当量，占全球总可采储量 49.07%[3,4]，而我国 70% 的剩余石油天然气资源位于深部地层。随着国内勘探开发技术的不断进步，目前我国已形成塔里木盆地和四川盆地等深层油气资源重要区域[5-7]。作为深部油气资源的重要组成部分，我国深层碳酸盐岩油气藏分布广泛、资源量大，具有良好的勘探开发潜力。其中，顺北油气田奥陶系碳酸盐岩油气藏储层段埋深介于 7500~8800m，初步估算油气资源量为 $17 \times 10^8 t$，有望建成百万吨级的原油产能，顺北油气田已经成为中石化增储上产的重点区块[8]。

然而，由于构造历史时间长，埋深大，地应力条件复杂，地层孔、缝、洞发育等特点，且局部发育破碎性地层。据统计，顺北 5 口井在奥陶系地层钻揭破碎带，频繁卡钻，累积损失钻井周期 913 天，深部破碎性地层井壁失稳问题已经成为制约顺北油气田高效建井的突出问题[9,10]。基于此，笔者以塔里木盆地顺北深部碳酸盐岩油气藏为背景，通过表征顺北奥陶系破碎性地层地质特征，系统分析破碎性地层井壁失稳机理，并提出井壁稳定技术对策。以期对国内外相关研究提供借鉴。

作者简介：金军斌（1970—），男，研究员，主要从事钻井液理论与现场工艺、井壁稳定钻井液技术研究。电话：010-56606500；E-mail：jinjb. sripe@ sinopec. com。

通信作者：张杜杰（1989—），男，博士后，助理研究员，主要从事深层超深层井壁稳定、防漏堵漏钻井液理论与技术研究工作。电话：010-56606438；E-mail：zhangdj. sripe@ sinopec. com；dujie. zhang@ qq. com。

1 顺北深部破碎性地层井壁失稳现状

顺北油气田主体位于塔里木盆地顺托—果勒低隆起，其东南延伸至古城墟隆起的顺南斜坡，其储层主要发育段为一间房组—鹰山组上段，为断缝体碳酸盐岩油气藏。储层岩性为碳酸盐岩，具有良好的洞穴、裂缝及沿缝溶蚀孔洞型储集体，平均埋深超过 7000m[11]。受强构造运动影响，该区碳酸盐岩油气层发育有大量网状天然微裂缝，裂缝线密度介于 1.47~4.25 条/m，部分层段由于受多期次复杂构造运动影响，甚至出现明显的破碎带（图 1）[12]。

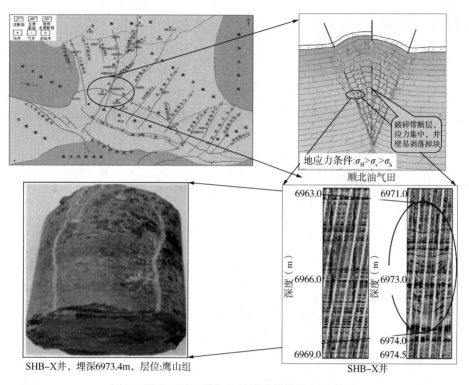

图 1 顺北工区地质构造及天然裂缝发育示意图

钻遇顺北奥陶系碳酸盐岩破碎带地层时，地层掉块严重，影响钻井安全。顺北 5-3 井直井段完钻后，因坍塌侧钻 4 次，总周期 240 天，全井实钻周期 457 天/7932.74m，井深结构如图 2 所示。据不完全统计，顺北油气田 5 口井钻进奥陶系碳酸盐岩破碎性地层时，因井壁坍塌掉块严重，共侧钻 10 余次，单井损失时间达最长达 285 天，累积损失时间 900 余天，见表 1，极大地延误了顺北油气田勘探开发进程，增加了钻井成本。

表 1 顺北区块钻井复杂及处置时间

井号	阻卡层位	岩性	钻井周期（d）	处理井筒周期（d）	侧钻次数
顺北 W-1X	鹰山	碳酸盐岩	501.83	242	3
顺北 W-3	一间房—鹰山	碳酸盐岩	465	184	4
顺北 Y-1	鹰山	碳酸盐岩	442	124	1
顺北 P-1	鹰山	碳酸盐岩	347	49	—
总计	—	—	—	669	10

2 奥陶系破碎性地层井壁失稳机理分析

2.1 断裂+强挤压共同作用，地应力差大，井壁易失稳

顺北油气田5号断裂带奥陶系属典型的走滑断裂，断裂带周围地应力复杂，极易出现地应力差变大、地应力方向旋转等问题。对钻井工程来说，在走滑断裂及其破碎带钻井，地应力的突变、局部应力集中是钻井保证井壁稳定所面临的突出难题[13-15]。以顺北5号断裂带为例，采用有限元方法模拟顺北5号断裂带附近的地应力分布，物理模型如图2所示。

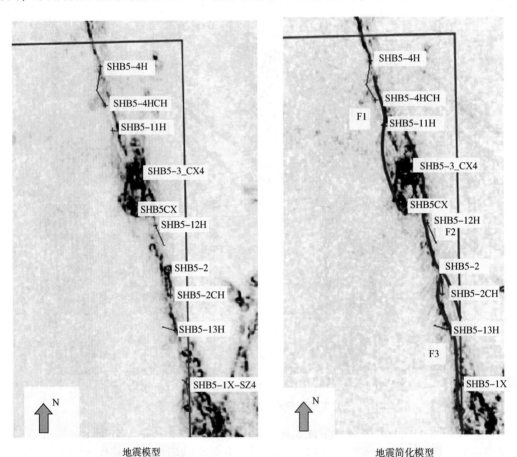

地震模型　　　　　　　　　　　　地震简化模型

图2　顺北奥陶系碳酸盐岩地层构造应力特征

有限元模型力学参数根据露头岩石力学特征及测井数据获得，其中模型最大水平地应力为201.10MPa、最小水平地应力为130MPa，上覆岩层压力为174.69MPa、孔隙流体压力为85MPa，断裂内部弹性模量为21GPa，断裂内部泊松比为0.22，断裂内部单轴抗压强度为70MPa，围岩泊松比为0.20，围岩弹性模量为35GPa，围岩单轴抗压强度为133MPa，最大水平主应力方向为NE44°。

顺北奥陶系破碎性地层地应力方向计算结果如图3所示。由图3(a)可知，水平最大地应力介于156.57~219.39MPa，水平最小地应力介于105.17~131.11MPa，最大、最小地应力均位于断裂边缘。因此，分析认为，在断裂边缘处部署井位，井壁失稳风险较大。此外，为了进一步分析地应力特征，对差应力进行了分析，分析结果如图3(b)所示。由图3可知，

顺北 5 号条带水平主应力差介于 25.46~114.22MPa，其中最大地应力差主要分布在断裂带附近，且断裂带端部地应力差极大，井壁失稳风险极大。

根据矿场钻井情况显示，断裂带附近及断裂带尖端附近钻井时，井壁失稳问题较为突出。顺北 W-1X 井、顺北 W-3 井均位于断裂带尖端，井壁失稳现象突出，高地应力差是此类井壁失稳的主控因素。

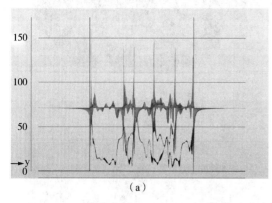
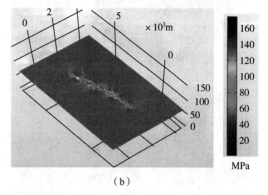

图 3　顺北奥陶系 5 号条带差应力大小计算结果

2.2　弱面—天然多尺度裂缝发育，岩体强度低

顺北奥陶系破碎性地层气测孔隙度介于 2.55%~6.51%，平均 3.72%；气测渗透率介于 0.00237~0.03448mD，平均 0.00839mD，为典型的致密储集层。孔渗交汇图显示孔隙度与渗透率线性关系不明显（图 4），说明微裂缝对渗透率的贡献较大，地层微裂缝较发育。

如图 5 所示为顺北奥陶系破碎性地层掉块的岩石薄片及扫描电镜分析图像，岩石以硅质

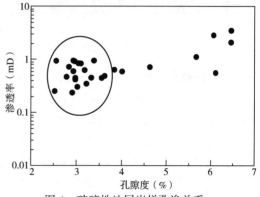

图 4　破碎性地层岩样孔渗关系

胶结为主，方解石、白云石以块状或团块状充填裂缝，裂缝宽度介于 0.732~20.60μm。此外，掉块岩样观察可见数百微米—毫米级裂缝，弱面—天然多尺度裂缝发育，导致岩体完整性降低。

岩石的完整性可以通过岩体完整性系数 K_v 表征，其计算公式如式（1）所示。

$$K_v = V_{pm}/V_{pr} \tag{1}$$

式中：V_{pm} 为岩体弹性纵波波速，m/s；V_{pr} 为岩块弹性纵波波速，m/s。

韩旭等（2019）针对国内典型碳酸盐岩地层开展岩体完整性系数与岩体力学参数的关系实验研究，通过大数据拟合得到了碳酸盐岩内聚力随地层完整性系数变化的经验公式：

$$C = 15.709 e^{-2.119(1-K_v)} \tag{2}$$

式中，C 为内聚力，MPa。

内聚力计算结果如图 6 所示。根据顺北工区破碎带声波测井数据显示，顺北工区破碎性地层完整性介于较破碎和较完整范围内。破碎的岩体结构导致岩体降低偏低，造成井壁失稳。

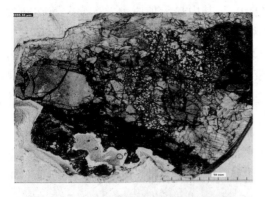
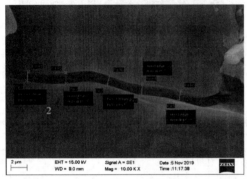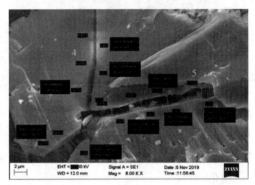

图5 奥陶系碳酸盐岩破碎性地层铸体薄片及扫描电镜图像

2.3 裂缝强应力敏感性，钻井液易沿裂缝侵入地层

由图6可知，顺北破碎性地层天然裂缝发育，裂缝宽度介于数百纳米至数百微米，部分可能数毫米。发育的裂缝可能导致钻井液沿裂缝侵入地层，造成地层孔隙压力降低。此外，由碳酸盐岩露头裂缝岩样应力敏感性实验可知(图7)，钻井液液柱压力波动下，裂缝宽度最高可增加1.9倍。钻井液液柱波动压力作用下，裂缝动态张开，在液柱压力、毛细管力、化学势差等驱动下，钻井液滤液沿层理、微裂缝优先侵入岩石内部，导致近井壁地层孔隙压力急剧升高，削弱了液柱压力对井壁的有效力学支撑作用，加剧了井壁力学失稳。同时，微裂缝、层理为力学弱面，当地层应力不平衡时，极易沿着层理、裂缝发生剪切滑移，宏观上表现为剥落掉块式垮塌[16]。

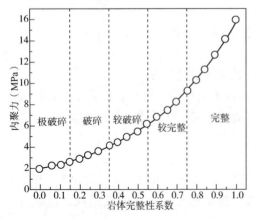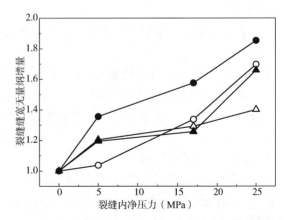

图6 内聚力随岩体完整性系数的变化规律 　　　图7 裂缝内静压力与裂缝动态宽度变化图

3 深部破碎性地层安全钻井技术对策

3.1 钻井液技术对策

3.1.1 强化钻井液封堵，防止钻井液侵入

针对破碎性地层微观天然多尺度裂缝结构特征，依据"理想充填"及"屏蔽暂堵"理论优选与破碎性地层孔径相匹配的不同类型封堵材料，主要包括刚性架桥充填材料、弹性可变形充填材料、微细纤维材料、高软点沥青等软化材料、纳米封堵材料，通过优化其合理的粒径级配，在破碎地层近井壁形成微纳米级致密封堵层，实现对破碎性地层的全封堵(图8)，严控钻井液滤液侵入及压力传递作用，维护井壁稳定。

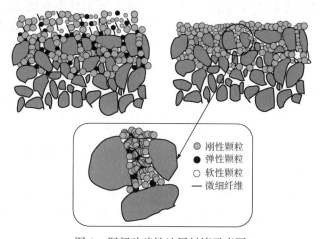

图 8 深部破碎性地层封堵示意图

3.1.2 提高滤饼强度及固结性能，提高地层完整性

目前通过加入固壁剂提高地层强度也是提高破碎性地层井壁稳定性的重要手段。针对破碎程度一般的地层，可以通过向钻井液中加入随钻化学固壁滤饼强化剂类处理剂，利用环氧树脂的强黏附特性，以可采将其包裹，在一定压差作用下芯才破壳释放，提高地层与滤饼的胶结作用。通过与西南石油大学联合攻关，目前获得了滤饼强化剂小样，测试结果显示，微胶囊在160℃老化后呈球形，且在压力作用下出现较大裂纹。微胶囊粒径范围在 $2\sim300\mu m$，平均粒径为 $54.038\mu m$。通过热重及钻井液性能评价显示，胶囊滤饼强化剂在245℃一下具有良好的热稳定性，加入微胶囊的钻井液基浆滤饼黏附强度有所提高，流变性影响不大，API 滤失量显著降低(图9)。

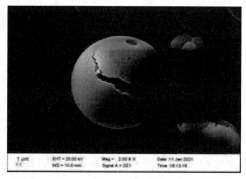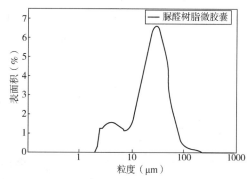

图 9 滤饼胶囊强化剂图像及粒度分析

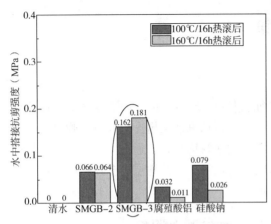

图 10　SMGB-3 固壁剂的搭接抗剪强度测试结果

针对失稳较为严重的破碎井段，可采用钻井液化学固壁剂段塞进行处理，在地层内部岩石颗粒间形成具有较强黏附性和内聚力的胶结层，从而实现井周围岩强化（图 10）。基于铁铝酸类，遇水后可在一定温度压力条件下固化、硬化的固壁原理，基于不同固结剂的固壁作用效果及配伍性实验，采用高温活化，结合威尔逊聚合反应，以及研磨工艺方法进行制备了抗高温固壁剂 SMGB-3。借鉴胶黏剂行业标准，提出了岩样界面胶结抗剪强度测试实验方法，较好模拟钻井液用强固壁剂的"胶结"岩石界面作用效果。评价结果显示，SMGB-3 在 100℃、160℃热滚后的水中搭接抗剪强度分别为 0.162MPa 和 0.181MPa，温度升高，SMGB-3 的界面黏接作用变强，经 160℃热滚后，其水中界面搭接抗剪强度更接近了 0.2MPa。

3.1.3　适当提高钻井液密度，加强力学支撑

在钻揭地层岩石强度低的地层时，通过提高钻井液密度从而加强对井壁的力学支撑有助于维持井壁稳定性，因此合理优化钻井液密度一直是学者关注的重点。地层坍塌压力、破裂压力和地层孔隙压力组成的三压力剖面是优化井壁稳定钻井液密度的基础，在保证地层不漏不溢的情况下维持井壁稳定是井壁稳定钻井液密度优化的重要目标。林永学等通过研究发现，当钻井液密度由 1.35g/cm³ 增加至 1.55g/cm³ 后，顺北鹰 1 井奥陶系破碎带地层起下钻遇阻及划眼困难情况有所好转，井壁失稳现象明显缓解，用矿场实践证明了在裂缝性地层通过优化钻井液密度仍然可以起到缓解井壁失稳的作用[13]。

3.1.4　采用油基钻井液体系钻破碎性地层

油基钻井液体系具有较强的封堵、抑制及润滑性能，为破碎地层安全钻进提供新技术思路。碳酸盐岩地层为亲水地层，油基钻井液可通过液相毛细管阻力、乳液封堵及微纳米材料等封堵途径发挥致密封堵作用，滤液为油相具有全抑制防塌效果，同时连续相为油基，润滑性能好。顺北 5-7 井、顺北 4 井奥陶系桑塔木组破碎性地层采用油基钻井液后，掉块明显减少，阻卡现象明显降低，扭矩正常。

3.2　工程技术对策

由于深部碳酸盐岩地层埋藏深、层厚大、岩石致密，钻井施工工艺复杂，通常需要多趟钻才能钻穿整套碳酸盐岩地层。起下钻过程中，动力学失稳是井壁失稳掉块的主要机理。因此，在钻揭深部厚层碳酸盐岩地层时，保持钻具组合不发生较大幅度的变化将有助于保持地层井壁稳定；控制上提下放钻具速度，防止急提快放，避免井壁与钻具的高速接触加剧井壁掉块；合理控制钻井液上返速度，在保证能及时将岩屑掉块带离井底的情况下适当降低钻井液环空返速，减少由于钻井液流体对岩石块体拖曳力增大造成的破碎井壁失稳掉块。

4　结论与建议

（1）顺北油气田深部破碎性地层井壁失稳机理主要有：①受断裂+构造挤压影响，破碎地层局部应力集中，水平应力差大；②弱面—天然多尺度裂缝发育，岩体强度低；③裂缝应

力敏感性强，钻井液易沿裂缝侵入地层，进一步提高地层孔隙压力。

（2）强化钻井液致密封堵能力，防止钻井液侵入；提高钻井液固壁能力，提高地层完整性和岩石强度；适当提高钻井液密度，加强力学支撑作用；采用油基钻井液是深部破碎性地层井壁稳定的钻井液关键核心技术。

（3）保持钻具组合相对固定，控制上提下放钻具速度，防止急提快放，避免井壁与钻具的高速接触加剧井壁掉块；合理控制钻井液上返速度是实现深部破碎性地层井壁稳定的关键辅助措施。

参 考 文 献

[1] 邹才能，陶士振，侯连华. 非常规油气地质[M]. 北京：地质出版社，2011.

[2] HOLDITCH S A. Tight gas sands[J]. Journal of Petroleum Technology，2006，58：86-93.

[3] YE Z Y，JIANG Q H，ZHOU C B，et al. Numerical analysis of unsaturated seepage flow in two-dimensional fracture networks[J]. International Journal of Geomechanics，2017，17(5)：04016118.

[4] DYMAN T，WYMAN R，KUUSKRAA V，et al. Deep natural gas resources[J]. Natural Resources Research，2003，12：41-56.

[5] 冯佳睿，高志勇，崔京钢，等. 深层、超深层碎屑岩储层勘探现状与研究进展[J]. 地球科学进展，2016，31(7)：718-736.

[6] 李熙喆，郭振华，胡勇，等. 中国超深层构造型大气田高效开发策略[J]. 石油勘探与开发，2017，45(1)：111-118.

[7] 贾承造，庞雄奇. 深层油气地质理论研究进展与主要发展方向[J]. 石油学报，2015，36(12)：1457-1469.

[8] 焦方正. 塔里木盆地顺北特深碳酸盐岩断溶体油气藏发现意义与前景[J]. 石油与天然气地质，2018，39(2)：5-14.

[9] 徐同台. 井壁稳定技术研究现状及发展方向[J]. 钻井液与完井液，1997，14(4)：36-43.

[10] KIDAMBI T，KUMAR G S. Mechanical earth modeling for a vertical well drilled in a naturally fractured tight carbonate gas reservoir in the Persian Gulf[J]. Journal of Petroleum Science and Engineering，2016，141：38-51.

[11] 李映涛，漆立新，张哨楠，等. 塔里木盆地顺北地区中——下奥陶统断溶体储层特征及发育模式[J]. 石油学报，2019，40(12)：1470-1484.

[12] 苏晓明，练章华，方俊伟，等. 适用于塔中区块碳酸盐岩缝洞型异常高温高压储集层的钻井液承压堵漏材料[J]. 石油勘探与开发，2019，46(1)：168-175.

[13] 林永学，王伟吉，金军斌. 顺北油气田鹰1井超深井段钻井液关键技术[J]. 石油钻探技术，2019，47(3)：113-120.

[14] 张广垠，金军斌，夏柏如. 加蓬 G 区块破碎地层井壁失稳机制与钻井液技术对策[J]. 科技导报，2014，32(13)：53-57.

[15] 张广垠，金军斌，夏柏如. 加蓬 G 区块破碎地层井壁失稳机制与钻井液技术对策[J]. 科技导报，2014，32(13)：53-57.

[16] Labenski F，Reid P，Santos H. Drilling fluids approaches for control of wellbore instability in fractured formations[C]. SPE/IADC Middle East Drilling Technology Conference and Exhibition，SPE，2003.

环保钻井液及废弃物处理技术研究与应用

120℃环境友好型钻井液的研究和应用

陈春来　周　岩　吴晓红　朱宽亮

（中国石油冀东油田钻采工艺研究院）

【摘　要】 随着新版环保法颁布实施，传统聚合物钻井液由于色度高、降解度低和生物毒性等问题，逐渐受到法律法规的限制。冀东油田为了从源头上解决钻井废弃物环保问题，优选了环境友好的钻井液处理剂，开展了体系润滑性、抑制性和油层保护性能评价，形成了120℃环境友好型钻井液，并进行现场试验。应用效果表明，该钻井液润滑性好，抑制性能强，定向施工顺利，起下钻通畅，能够满足冀东油田中浅层地层现场施工需要；体系滤失量低，渗透率恢复值均在90%以上，油层保护效果好；同时该体系荧光低于4级，对现场录井无影响，环评指标均达标，钻井液废弃物短期内色度降低明显，降解速度快，环境友好。

【关键词】 环境友好型钻井液；润滑性；抑制性；油层保护

随着世界范围内环境保护意识的日益增强和环境保护法律法规的日益严格，钻井液及其废弃物对环境的影响引起了国内外环境保护界、石油工业界及公众的普遍关注[1]。2015年1月1日新版《中华人民共和国环境保护法》颁布实施，对钻井液提出更严格的要求，聚合物钻井液处理剂以聚合物大分子包被剂、聚合物中小分子降滤失剂（如NPAN等）及沥青类防塌剂（如Soltex等）、改性抗温降滤失剂为主，产品含有部分未完全转化的有毒单体，导致钻井液的生物毒性指标难以满足环境保护的要求，且部分处理剂生物降解能力差，对环保造成较大的不利影响[2]。为了从源头上消除钻井液及废弃物环保隐患，环境友好型钻井液应具有：与油基钻井液相近的抑制性能；配制和维护成本与普通水基钻井液相近；满足施工地区的环保排放标准，对生态环境无害；保证施工人员的健康和安全[3]。冀东油田调研了国内外环保指标合格的钻井液处理剂及体系，筛选目前普遍使用的钻井液处理剂，从色度、生物降解性和生物毒性等方面进行评价，优选构建了可抗温120℃的环境友好型钻井液，该体系具有流变性好、抑制能力强、低摩阻，低滤失量和低荧光等特点；体系抗温性能稳定，经过120℃×16h老化后，体系各项指标无明显变化。在冀东油田现场成功应用60余口井，在性能调整上，环境友好型钻井液体系与传统聚合物钻井液体系相同，利于现场调整钻井液性能，具备较好的工程应用效果；同时，该体系环保性能达标，与常用的聚磺钻井液对比，该体系体现出明显较好的环境保护效果，见表1。

表1　环境友好型钻井液与聚磺钻井液性能对比

体　　系	常规性能						环保性能	
	$\rho(g/cm^3)$	$PV(MPa \cdot s)$	$YP(Pa)$	$FL_{API}(mL)$	$FL_{HTHP}(mL)$	K_f	$BOD/COD(\%)$	$EC_{50}(mg/L)$
聚磺钻井液	1.20	20	9	5.5	11.2	0.08	14.8	1040
环境友好型钻井液	1.20	22	10	6.5	12	0.08	25.7	$40.6×10^4$

注：聚磺钻井液配方：3%膨润土+0.3%PMHA+2%SPNH+2%SMP+2%SAS+2%润滑剂HLB+石灰石加重至1.20g/cm³。

1 处理剂优选评价

钻井液处理剂在选材上采用以下原则：成分无毒、可生物降解，具有较高的环境可接受性；钻井液处理剂颜色尽可能浅，利于环保色度的处理；钻井液体系具有一定的使用广谱性，即有一定的抗温性、抗污染能力，满足复杂地区钻井的一般需要[4]；目前钻井液毒性评价采用急性毒性试验方法，主要实验方法有：糠虾生物检测法、微生物毒性法和累计生物荧光法[5]。优选实验中毒性实验采用了累计生物荧光法，生物降解性实验采用了 BOD_5/COD_{Cr} 的比值评价法，优选出了 EC_{50} 大于 $1.0×10^5$、生物降解率大于15%的较易降解和无毒类处理剂，见表2。

表2 优选钻井液处理剂生物毒性评价

浓度（%）	处理剂	外观	物性	BOD/COD（%）	EC_{50}（mg/L）
3	聚醚多元醇	乳白色液体	水溶性	18.59	1534300
2	无荧光白沥青	白色粉末	水溶性	16.25	648500
2	改性淀粉	白色粉末	水溶性	46.39	603400
2	聚合醇	透明液体	水溶性	29.2	>50X10⁴
0.5	包被剂 HV-500	白色粉末	水溶性	25.2	108440
0.8	LV-PAC	白色粉末	水溶性	26.2	>10⁶
1	氨基硅醇	透明液体	水溶性	29.3	121200

注：氨基硅醇为体系稀释剂。

上述处理剂分别为为天然高分子包被抑制剂、降滤失剂、封堵抑制剂和润滑抑制剂，根据优选出的环保处理剂，开展配伍性实验，形成了120℃环境友好型钻井液体系，配方为：3%～5%膨润土+0.3%～0.5%天然高分子包被剂 HV-500+0.8%～1%LV-PAC+1%～2%聚合醇+1%～2%聚醚多元醇+1%～2%白沥青+1%～1.5%改性淀粉。

1.1 钻井液常规性能

配制环境友好型钻井液测定常规性能，经过60℃、90℃、120℃老化16h后测定其性能，实验结果见表3。钻井液老化前后流变性能稳定，表观黏度保持在30mPa·s上下，动塑比在0.45～0.59，具有较好携岩性，老化后 API 滤失量 5.0～6.5mL，高温高压滤失量为12mL，能较好的满足钻井需要。

表3 环境友好型钻井液抗温性能评价

实验条件	AV（mPa·s）	PV（mPa·s）	YP（Pa）	动塑比	FL_{API}（mL）	FL_{HTHP}（mL）
常温	32	22	10	0.45		
60℃老化	34	23	11	0.48	6.5	11
常温	28	18	10	0.56		
90℃老化	31	20	11	0.55	5	11
常温	27.5	18	9.5	0.53		
120℃老化	27	17	10	0.59	6.5	12

注：环境友好型钻井液配方为：3%膨润土+0.3%天然高分子包被剂 HV-500+0.8%LV-PAC+1%聚合醇+1%聚醚多元醇+1%白沥青+1%改性淀粉+石灰石加重至 1.20g/cm³。

1.2 钻井液抑制性

采用泥页岩膨胀率和滚动回收率两种方法对环境友好型钻井液进行抑制性评价，实验结果见表4、表5。将20g膨润土粉经过3.5MPa×15min压制成约25.4mm×5mm泥页岩饼，常温条件下分别浸泡于环境友好型钻井液和清水中，泥页岩饼经过24h膨胀后，清水24h的线性膨胀率为72%，而环境友好型钻井液仅为21.65%，其线性膨胀率降低率为70.6%。取不同区块泥岩岩心，开展滚动回收率评价实验，环境友好型钻井液对不同区块岩心的抑制性不同，清水滚动回收率为5.28%~31.86%，120℃环境友好型钻井液滚动回收率均为60%以上，表现出了良好抑制性能。

表4　120℃环境友好型钻井液泥页岩线性膨胀率评价

岩　　心	浸泡时间(h)	清水(%)	钻井液(%)	降低率(%)
膨润土压制岩饼	24	72	21.65	70.6

表5　120℃环境友好型钻井液对不同区块泥岩回收率评价

岩　　心	井深(m)	清水(%)	钻井液(%)	提高率(%)
高34	3146.6	16.48	71.78	335.6
柳北检1-24	3082.61~3115.91	31.86	81.52	155.9
南堡11-E27-X226	2340.34~2341.27	5.28	63.14	1095.8

1.3 钻井液润滑性能

对环境友好型钻井液不同润滑剂加量的润滑性开展评价，实验结果见表6，当体系中润滑剂聚醚多元醇加量为2%时，极压润滑系数为0.074，黏附系数0.15，具有良好的润滑性，能够满足常规井钻井需要。当聚醚多元醇加量增至4%时，极压润滑系数可降低至0.039，黏附系数0.15，与2%加量相比，极压润滑系数和黏附系数分别降低16%和26.7%，可有效降低钻进过程中的摩阻扭矩，能够满足大位移井钻井需要。

表6　120℃环境友好型钻井液润滑性评价

润滑剂PPL浓度(%)	极压润滑系数	黏附系数
2	0.074	0.15
3	0.048	0.13
4	0.039	0.11

1.4 钻井液油层保护性能

采用不同渗透率的岩心分别进行了80℃和90℃的岩心渗透率恢复值实验，实验结果见表7，采用中、高渗透率的露头岩心，经过环境友好型钻井液污染后渗透率恢复值均为85%以上，钻井液动滤失量小于4.5mL。南堡1号构造东一段地层岩心渗透率恢复值为95.45%，岩心动滤失量2.5mL。可见，环境友好型钻井液体系针对露头岩心和地层岩心的渗透率恢复值均较高，油层保护效果好，体系出了较好的储层保护性能。

1.5 钻井液抗污染性能

对钻井液体系进行抗钻屑和水污染实验，实验结果见表8，不同区块的钻屑对钻井液性能影响较小，随着钻屑量的增加，钻井液黏度和切力略有增加，20%南堡岩屑污染后较原体系有一定变化，钻进过程中钻遇大段泥岩及钻时较快时，需要及时补充包被剂加量并提高钻井液抑制能力，通过加入稀释剂保证良好流变性，少量水侵对钻井液有较小的稀释效果，动切力略降，滤失量略增，不会对体系性能产生明显的影响。

表7 120℃环境友好型钻井液油层保护评价

岩　　心	$K_{气体}$（$10^{-3}\mu m^2$）	实验温度（℃）	$K_{油相}$（$10^{-3}\mu m^2$）	$K_{污染}$（$10^{-3}\mu m^2$）	恢复值（%）	滤液体积（mL）
露头岩心	2460.2	80	903.98	846.85	94.0	4.2
露头岩心	232.55	90	83.94	81.67	93.7	2.4
南堡 306X1 4218.4m 岩心	257	80	110	105	95.45	2.5

表8 120℃环境友好型钻井液抗污染评价

配　　方	实验条件	AV（mPa·s）	PV（mPa·s）	YP（Pa）	动塑比	FL_{API}（mL）
120℃环境 友好型钻井液	常温	22.0	17	4.5	0.265	
	老化后	23.0	19	5.0	0.263	5.5
+10%高308-4井钻屑	常温	24.5	19	5.5	0.289	
	老化后	26.5	21	5.5	0.262	5.5
+10%庙30-9井 钻屑	常温	24.5	20	4.5	0.225	
	老化后	25.5	20	5.5	0.275	5.5
+20%南堡 13-X1064井钻屑	常温	33.5	27	6.5	0.241	
	老化后	35.5	28	7.5	0.268	5.5
+10%水	常温	21.5	17	3.5	0.210	
	老化后	22.0	18	4.0	0.217	6.0

注：配方为120℃环境友好型钻井液体系+岩屑样品；老化条件为90℃、16h。

1.6 钻井液环保性能

根据 GB 4914—2008《海洋石油勘探开发污染物排放浓度限值》第5.2条钻井液和钻屑排放浓度限值含油量；SY/T 7298—2016《陆上石油天然气开采钻井废物处置污染控制技术要求》第4.4固化/稳化物浸出液控制项目限值对重金属和石油类限值；GB/T 18420—2009《海洋石油勘探开发污染物生物毒性》第2部分检测方法；及钻井生物降解度常用分类方法等对各项相关指标的要求，对120℃环境友好型钻井液的重金属、石油类、生物降解性和生物毒性等环评项目开展评价，结果见表9。从表中可以看出，钻井液重金属和石油类远小于标准要求，生物降解度为25.7%，属于极易降解物质。环境友好型钻井液糠虾毒性实验结果为 $40.6 \times 10^4 mg/L$，优于一级标准 $3 \times 10^4 mg/L$，体系具有较好的环保性能。

表9 120℃环境友好型钻井液环保性评价

体　系	检测项目							
	镉 （10^{-6}mg/L）	汞 （10^{-6}mg/L）	铬 （10^{-6}mg/L）	砷 （10^{-6}mg/L）	铅 （10^{-6}mg/L）	石油类 （%）	BOD/COD （%）	EC_{50} （10^4mg/L）
标准	<3	<1	<500	<40	<500	<1	>25	>3
基浆	0.0477	0.00588	53.0	2.15	40.9	0.02	27.4	
120℃环境 友好型钻井液	0.134	0.00694	50.9	0.884	34.6	0.01	25.7	40.6

2 现场应用

室内实验和现场应用表明，该环境友好型钻井液体系能抗温120℃，适用于冀东油田南堡滩海及南堡陆地中浅层地层，该体系已在南堡滩海和南堡陆地成功应用60余口井，应用效果表明，该钻井液体系具有较好的流变性，荧光级别低于4级，井壁稳定效果好，油层保护效果好，各项环评指标均合格。

2.1 配制和维护

120℃环境友好型钻井液配制方法与普通聚合物钻井液一样，预水化3%~5%膨润土浆24h，加入0.1%~0.2%天然高分子包被剂HV-500，循环均匀，保证钻井液体系合适密度和黏切打完表套后，一开中完固井；二开钻塞放掉部分污染钻井液，加入纯碱处理污染钻井液，开始逐渐加入小分子降滤失剂LV-PAC进行护胶，保证钻井液的稳定性，上部明化镇组地层钻时快，胶结疏松，蒙脱石含量高易于水化，钻进过程中根据钻时及时补充包被剂"包裹"岩屑，遵循0.5~1kg/m加量加入包被剂，并适时加入稀释抑制剂氨基硅醇，防止钻井液坂含上升过快影响体系流变。在进入馆陶组之前，胶液补充0.5%~0.8%LV-PAC、1%~1.5%淀粉、1%~1.5%聚合醇和1%~1.5%白沥青，控制滤失量在5mL左右，保证滤饼质量薄而韧，提高钻井液抑制封堵能力，安全钻穿玄武岩和底砾岩。进入储层前充分利用四级固控清除上部钻井液中劣质固相，通过加水、稀释剂或补充胶液等方法降低钻井液膨润土含量小于60g/L，加入降滤失剂和封堵剂，控制较低钻井液密度，实现近平衡钻井，做好油层保护。

性能维护如下：(1)维持钻井液pH值在8~10，保障pH值在合适范围，避免因pH值变化导致泥浆性能变差。(2)按钻井液设计性能维护，保持适当钻井液黏度、初终切力，使钻井液具有良好的触变性。为了保障井眼的清洁，确保钻井液具有良好的悬浮和携岩性能，应维持钻井液良好的流变性参数，$YP \geq 5Pa$，Φ_6 为4~8，Φ_3 为3~6，动塑比$YP/PV>0.4$。(3)进入造斜段如定向困难，可加入1%~2%聚醚多元醇润滑剂，配合聚合醇使用，提高体系的润滑性，保持体系较低的摩阻系数，钻进过程中发现摩阻系数升高或活动钻具拉力异常时，及时增加润滑剂加量。(4)针对南堡油田浅层泥岩段造浆问题突出，坂含上涨快，该体系的包被剂以天然高分子聚合物为主，如现场机械钻速快，高分子聚合物溶解时间不能满足及时加入的需要，根据现场情况补充适量PMHA，保证对泥岩的包被抑制效果。定期监测坂含，维持坂含在55~80g/L，坂含过低和过高都容易带来流变性调控难度增大的问题；钻进中使用好四级固控设备，清除泥浆中的有害固相，维持较低的固相含量。

2.2 常规性能检测

对应用井的钻井液体系进行常规性能检测，检测结果见表10，从表中数据可以看出，该体系流变性好，性能稳定，荧光级别低于4级，油层段控制高温高压滤失量小于12mL。

表10 应用井钻井液常规性能评价

井 号	井深(m)	ρ(g/cm³)	AV(mPa·s)	PV(mPa·s)	YP(Pa)	FL_{API}(mL)	FL_{HTHP}(mL)
NP23-2136	2200	1.15	20	11	9	6	12
	2450	1.15	29	25	4	5.5	11.4
NP32-3050	2500	1.15	22	16	6	6.6	12
	3000	1.15	23	13	10	5.4	12

井 号	井深(m)	ρ(g/cm^3)	AV(mPa·s)	PV(mPa·s)	YP(Pa)	FL_{API}(mL)	FL_{HTHP}(mL)
NP23-2151	2900	1.16	30	18	12	5.8	12
	3236	1.16	28	17	11	5	11.6
G87-16	2878	1.28	41	30	11	4.2	
	3040	1.28	46	34	12	3.6	12
G87-19	2940	1.27	38	28	10	3.8	
	3238	1.28	39	30	9	3.6	11.6

2.3 油层保护评价

对120℃环境友好型钻井液体系进行渗透率恢复值测定，实验结果见表11，从表中数据可以看出，该体系渗透率恢复值大于90%，滤液体积小于4.5mL，表现出较好的油层保护效果。

表11 应用井钻井液油层保护评价

井 号	井深(m)	岩心	$K_{气体}$($10^{-3}\mu m^2$)	$K_{油相}$($10^{-3}\mu m^2$)	$K_{污染}$($10^{-3}\mu m^2$)	恢复(%)	滤液体积(mL)
南堡23-2452	2800	露头岩心	760.36	700.13	653.78	93.37	4.2
高56-37	2559	露头岩心	423.12	372.98	340.43	91.27	3.2
南堡32-3050	3000	露头岩心	289.75	259.43	240.89	92.9	4.2
南堡23-2151	2800	露头岩心	1820.2	753.98	703.25	93.3	4.0

2.4 环保指标检测

对应用井的钻井液环保性能进行测试，实验结果见表12，从表中可以看出，两口井石油类含量均小于0.4%，生物毒性优于一级标准。

表12 应用井钻井液环保性能评价

井 号	井深(m)	ρ(g/cm^3)	石油类(%)	pH 值	氯化物(mg/L)	BOD/COD(%)	EC_{50}(mg/L)
南堡23-2452	1950	1.18	0.17	7.15	457	26.4	73976
	2800	1.24	0.372	7.4	301	28.82	21848
高56-37	2330	1.18	0.084	6.83	123	27.6	100985
	2559	1.18	0.028	6.63	88.8	25.9	90235
南堡23-2136	2200	1.15	0.07	8.88	91.3	—	—
	2450	1.15	0.048	8.97	109	—	—
南堡32-3050	2500	1.15	0.086	8.02	64.8	—	—
	3000	1.15	0.145	8.33	223	—	37848

根据SY/T 7298第4.4固化/稳化物浸出液控制项目限值对石油类限值要求；及GB 8978—1996《污水综合排放标准》对第二类污染物最高允许排放浓度中要求，对于固化土浸出液含油和COD开展环评指标评价，通过对两口井废弃钻井液处理后的压滤滤饼进行后续跟踪检测，南堡23-2452井在30天时间内，固化土含油量降低至0.8mg/L，COD由112mg/L降低至81mg/L；高56-37井在17天的时间内，固化土含油量降低至1.69mg/L，COD由

120mg/L 降低至 93mg/L，后期固化土色度明显降低，含油量及 *COD* 均满足环保要求。

3 结论与认识

（1）经过室内处理剂优选，研究出了一套抗 120℃的环境友好型钻井液体系，该钻井液体系具有良好的抑制性、润滑性及油层保护性能，能够抗钻屑及水污染，经检测体系无毒。

（2）120℃环境友好型钻井液体系能够满足现场大位移井钻井需要，经现场 60 余口应用井表明，该环境友好型钻井液体系性能良好，稳定性好，荧光级别低于 4 级，钻井施工顺利，渗透率恢复值均大于 90%，油层保护效果好。

（3）取现场试验井 120℃环境友好型钻井液样品测试，样品在 pH 值、氯化物含量、石油类、生物降解性和生物毒性等方面均符合环评标准，废弃物短期内色度明显降低，降解速度快，环保效果好。

参 考 文 献

[1] 李学庆，杨金荣，尹志亮. 钻井液废弃物无害化处理的新技术研发[J]. 石油与天然气化工，2013，42（4）：439-442.

[2] 王睿，王娟，曾婷，等. 120℃环境友好型钻井液技术的研究与应用[J]. 钻采工艺，2009，32（6）：75-77.

[3] 盖国忠，李科. 钻井液环境可接受性评价及 120℃环境友好型钻井液[J]. 西部探矿工程，2009，21（2）：57-60.

[4] 程启华，孙俊，王小石. 无害化钻井液体系的研究与应用[J]. 石油与天然气化工，2005，34（1）：74-76.

[5] 杨振杰. 120℃环境友好型钻井液技术现状及发展趋势[J]. 钻井液与完井液，2004，21（2）：39-42.

固井污染浆高温固化及改造利用技术探讨

肖金裕　兰太华　汪　伟　唐润平

(川庆钻探钻井液技术服务公司)

【摘　要】 本文针对固井污染浆严重影响钻井液性能，尤其是钻井液高温性能，极易出现高温固化和堵钻头水眼等一系列问题，以 HS101 井固井污染浆为例，分析了污染浆的特点、来源和性能检测分析，开展了污染浆固化温度摸索实验，提出污染浆改造技术思路，并进行了一系列高温实验。通过实验结果分析，采用 20%~30%高浓度胶液或膨润土浆稀释，能获得较好流变性和高温稳定性，完全满足井下需要，可继续再利用，为今后类似固井污染浆处理及预防提供借鉴。

【关键词】 固井污染浆；高温固化；流变性；高温稳定性

在油气勘探开发过程中，随着深井超深井、大斜度井、水平井越来越多，同一裸眼存在多压力系统、窄安全密度窗口、高温高密度、裂缝发育、喷漏同层等复杂的地质条件给固井工作带来了很大难度。为了提高固井质量，常常采用新配隔离液来解决水泥浆与钻井液之间的接触污染问题和提高水泥浆顶替效率。经常受井眼状况(滤饼、岩屑、不规则井眼等)、环空顶替流态和长时间静止的影响，出现较多未凝固的"水泥浆+隔离液+钻井液"的混浆。一旦排放不及时，将会严重影响钻井液性能，尤其是钻井液高温性能。川渝地区 HS101 井311.2mm 井眼中完井深 5678m，井底温度 160℃，钻井液密度 2.14g/cm³。固 177.8mm 套管后，钻完水泥塞起钻，因水泥浆+隔离液+钻井液的混浆未能有效排放，钻井液受到严重污染，出现高温固化和堵钻头水眼现象，通过置换大部分污染浆和垫注优质封闭浆的方式得到解决。污染浆量大排放困难，如何将污染浆进行改造再利用，对钻井液提质增效工作有一定的借鉴意义。

1　污染浆特点

(1) 固井水泥浆与钻井液产生接触污染，水泥浆中的 Ca^{2+} 对钻井液产生"钙侵"，造成 Ca^{2+} 污染钻井液严重、失水过大、切力降低、高温钝化失去流动性、处理剂失效等问题。

(2) 水泥水化产生 Fe^{3+}、Mg^{2+}、Al^{3+} 等金属离子和 OH^-，可与钻井液中的特殊处理剂交联形成弱凝胶或胶态分散凝胶，凝胶会包裹吸附混浆中自由水，导致钻井液流动性急剧降低。

(3) 钻井液中某些处理剂与隔离液和水泥浆中的添加剂相互作用而使混浆稠度迅速增加。

作者简介：肖金裕，1969 年生，汉，高级工程师，1992 年毕业于石油大学(华东)开发系泥浆专业，一直从事钻井液技术工作。工作单位：川庆钻探工程有限公司钻井液技术服务公司；地址：重庆市渝北区红石路 258 号石油大厦 9 楼；电话：19922800109，023-67320148；E-mail：xiaojy_sc@cnpc.com.cn。

（4）隔离液中含有抗污染剂SD86(主要成分是羟基乙叉二磷酸钠)和缓蚀剂SD210，这2种处理剂对钻井液高温性能影响较大。

（5）水泥浆+隔离液+钻井液的混浆在高温高密度条件下，其相容性问题突出，高温稳定性较差，高温变稠甚至发生固化。

（6）污染浆中OH⁻浓度较高，PH值升高，高达13~14，极易发生高温过度交联，对其流变性和失水造壁性产生较大影响。

2 污染浆来源

（1）受井眼状况(滤饼、岩屑、不规则井眼等)、环空顶替流态的影响，出现较多未凝固的"水泥浆+隔离液+钻井液"的混浆，固井后起钻循环排放掉大部分明显的混浆，但仍有小部分轻度污染或不明显的混浆进入钻井液中。

（2）理论水泥塞长与实际水泥塞长误差大，未凝固的水泥混浆多，侯凝完开泵下钻探水泥塞过程中，"水泥浆+隔离液+钻井液"混浆污染量大时间长，地面不好判断，造成排放混浆不彻底或排错。

（3）钻水泥塞时，出现"钙侵"，钻井液未得到及时处理。

3 固井污染浆性能监测分析

以HS101井污染浆为例开展室内性能监测分析研究，实验结果见表1。

表1 HS101井固井污染浆性能

取样位置	ρ (g/cm³)	FV (s)	PV (mPa·s)	YP (Pa)	Gel (Pa/Pa)	FL_{HTHP} (160℃) (mL)	pH	Ca²⁺ (mg/L)	六速黏度计读值			热滚
									600/300	200/100	6/3	160℃×8h
起钻前出口	2.14	42	43	8	2/5	12.8	13	230	102/59	43/25	4/3	固化
起钻钻具内3050m	2.12		51	8	5/14	15	13	230	118/67	47/29	6/5	固化
起钻钻具内2300m	2.12		61	20	5/26	22	13	230	162/101	76/48	9/8	固化
起钻钻具内1400m	2.12		98	40	10/41	30	13	230	276/178	135/85	22/19	固化

从表1中看出，污染浆Ca²⁺浓度低，但pH值高，发生HO⁻离子污染，地面低温条件下，钻井液黏切低，仍具有较好流变性，但取样热滚160℃、8h发生固化，说明污染浆抗温能力降低，高温稳定性差。未及时处理的污染浆重新进入井内，随着井温升高，钻井液中处理剂发生高温交联，黏切上涨，失水增大，逐渐失去流动性甚至固化，导致起钻时发生污染浆堵塞钻头水眼现象。

4 污染浆固化温度摸索实验

以HS101井污染浆为例开展室内固化温度分析研究，实验结果见表2。

表2 污染浆固化温度摸索实验

序号	介质	密度(g/cm³)	热滚条件	开罐情况
1	7号罐污染浆	2.14	热滚100℃×16h	玻璃棒能到底，未变稠
2	7号罐污染浆	2.14	热滚100℃×24h	玻璃棒能到底，未变稠

序号	介 质	密度(g/cm³)	热滚条件	开罐情况
3	7号罐污染浆	2.14	热滚100℃×48h	玻璃棒能到底，未变稠
4	污染浆	2.14	热滚110℃×6h	玻璃棒能到底，稍微变稠
5	污染浆	2.14	热滚110℃×16h	玻璃棒不能到底，变稠，有固化迹象
6	污染浆	2.14	热滚110℃×24h	已全部固化
7	7号罐污染浆	2.14	热滚110℃×6h	玻璃棒能到底，开始变稠
8	7号罐污染浆	2.14	热滚110℃×16h	已全部固化
9	污染浆	2.14	热滚160℃×4h	玻璃棒能到底，未变稠，无问题
10	污染浆	2.14	热滚160℃×8h	已全部固化

从表2中看出，污染浆在100℃以内不会发生固化现象，但温度从110℃开始就会发生固化现象，且温度越高，固化时间越短。说明污染浆抗温能力低，超过100℃后，温度越高，高温稳定性越差，越容易发生固化。

5 污染浆改造技术思路

经检测污染浆性能，Ca^{2+}浓度为230mg/L，但pH值高达13，属于典型的OH^-污染。改造思路一是首先采用柠檬酸中和过量的OH^-，降低pH值至9.5~10，从而阻止钻井液处理剂高温交联，然后补充高浓度胶液或膨润土浆稀释调节流变性和高温稳定性；二是直接补充高浓度胶液或膨润土浆稀释调节流变性和高温稳定性。

6 污染浆高温实验

(1) 先将污染浆进行降pH处理，然后进行流变性调节和高温稳定性试验(表3)。

表3 污染浆高温实验

序号	配 方	热滚条件	ρ (g/cm³)	YP (Pa)	Gel (Pa/Pa)	pH值	FL_{HTHP} 160℃ (mL)	六速黏度计读值		
								600/300	200/100	6/3
1	污染浆+1.2%柠檬酸+2%清水	160℃×24h	2.14	13	5/30	10		108/67	50/31	4/3
2	污染浆+1.2%柠檬酸+2%清水+2%HW-THIN	160℃×24h	2.14	7.5	3/20			87/51	38/22	2/1
3	污染浆+1.2%柠檬酸+2%清水+30%胶液(0.5%NaOH+10%RSTF+20%JD-6+2%JNJS220)+重晶石粉	160℃×24h	2.14	1	0.5/2.5			58/30	21/11	1/0.5
		160℃×48h	2.14	3	0.5/4	10	8	68/37	26/14	1/0.5
4	污染浆+1.2%柠檬酸+2%清水+30%膨润土浆(5%膨润土，护胶：5%RSTF+11%JD-6)+重晶石粉	160℃×24h	2.14	1.5	0.5/7.5	10	10	51/27	19/11	1/0.5
		160℃×48h	2.14	4	1/10			71/40	29/17	2/1
5	污染浆+1.2%柠檬酸+2%清水+20%胶液(0.5%NaOH+10%RSTF+20%JD-6+2%JNJS220)+重晶石粉	160℃×24h	2.14	5.5	1/12			75/43	31/19	2/1

序号	配 方	热滚条件	ρ （g/cm³）	YP （Pa）	Gel （Pa/Pa）	pH 值	FL_{HTHP} 160℃ （mL）	六速黏度计读值		
								600/300	200/100	6/3
6	污染浆＋1.2%柠檬酸＋2%清水＋10%胶液（0.5% NaOH＋10% RSTF＋20% JD－6＋2% JNJS220）＋重晶石粉	160℃×24h	2.14	9	3/17			90/54	41/20	4/3

从表3中看出，污染浆先用柠檬酸处理降低 pH 至 10，然后补充 30%和 20%高浓度胶液稀释，经过 160℃恒温滚动实验，其流变性和高温稳定性较好，但补充 10%高浓度胶液流变性较差。或者补充 30%膨润土浆稀释，经过 160℃恒温滚动实验，其流变性和高温稳定性也较好。说明污染浆通过柠檬酸＋20%～30%高浓度胶液或者柠檬酸＋30%膨润土浆进行改造，能获得较好流变性和高温稳定性，完全满足井下需要，可继续再利用。

（2）不做降 PH 处理，直接进行流变性调节和高温稳定性试验（表4）。

表4 污染浆高温实验

序号	配 方	热滚条件	ρ （g/cm³）	YP （Pa）	Gel （Pa/Pa）	pH 值	FL_{HTHP} （160℃） （mL）	六速黏度计读值		
								600/300	200/100	6/3
1	污染浆＋30%胶液（0.5% NaOH＋10% RSTF＋20% JD－6＋2% JNJS220）＋重晶石粉	160℃×24h	2.14	2	0.5/1			62/33	23/13	1/0.5
		160℃×48h	2.14	2.5	0.5/1			75/40	27/15	1/0.5
2	污染浆＋20%胶液（0.5% NaOH＋10% RSTF＋20% JD－6＋2% JNJS220）＋重晶石粉	160℃×24h	2.4	3.5	1/4			83/45	31/18	2/1
3	污染浆＋10%胶液（0.5% NaOH＋10% RSTF＋20% JD－6＋2% JNJS220）＋重晶石粉	160℃×24h	玻璃棒能到底，比较稠							
4	污染浆＋30%膨润土浆（5%膨润土，护胶：5% RSTF＋11% JD-6）＋重晶石粉		2.14	3.5	1/8.5			81/44	31/18	2/1
5	污染浆＋0.3%焦磷酸钠＋3% RSTF＋4% JD－6＋20%胶液（0.5% NaOH＋10% RSTF＋20% JD-6＋2% JNJS220）＋重晶石粉	160℃×24h	2.14	5.5	0.5/3.5			85/48	35/20	2/1

从表4中看出，污染浆直接采用 30%高浓度胶液稀释，经过 160℃恒温滚动实验，切力偏低。直接采用 20%高浓度胶液稀释，其流变性和高温稳定性较好。但采用 10%胶液稀释，经 160℃恒温滚动变稠。采用 30%膨润土浆稀释，经 160℃恒温滚动实验，其流变性和高温稳定性也较好。说明污染浆直接通过 20%高浓度胶液或者 30%膨润土浆进行改造，能获得较好流变性和高温稳定性，完全满足井下需要，可继续再利用。

7 结论及建议

（1）固井污染浆抗温能力低，超过 100℃后，温度越高，高温稳定性越差，越容易发生固化。

（2）固井污染浆通过柠檬酸+20%～30%高浓度胶液或者柠檬酸+30%膨润土浆进行改造，能获得较好流变性和高温稳定性，完全满足井下需要，可继续再利用。

（3）固井污染浆直接通过20%高浓度胶液或者30%膨润土浆进行改造，能获得较好流变性和高温稳定性，完全满足井下需要，可继续再利用。

（4）进一步加大对固井工作液配方和材料的研究，提高与钻井液的相容性。

（5）按照"一算、二排、三护、四垫、五把关"的原则，加强固井污染浆的预防及处理。

① 一算。每次固井施工后，根据施工实际情况计算出隔离液的位置，为排放混浆做准备。

② 二排。尽量多排，重点井高温井可考虑在多排1倍的情况下，再回收一部分，确保隔离液及混浆清除干净。

③ 三护。对于一些因特殊原因，怀疑未排干净混浆的井，在通井到底后，测循环周，取综合样，根据循环周和综合样的测试情况，进行护胶处理。处理完毕，高温性能合格后再进行下步作业。

④ 四垫。起钻前，将未受污染的井浆垫到井底，重点井考虑垫到井温90～100℃的井深，同时钻杆内保留相同井深的垫底浆。

⑤ 五把关。在关键节点，及时派把关人员到井监督指导。

参 考 文 献

[1] 鄢捷年. 钻井液工艺学[M]. 东营：石油大学出版社，2001，5.

[2] 郑永刚. 定向井层流注水泥顶替的机理[J]. 石油学报，1995，16(4)133-138.

[3] 高永海，孙宝江，刘东清，等. 环空水泥浆顶替界面稳定性数值模拟研究[J]. 石油学报，2005，26(5)：119-122.

[4] 宋正聪，李青，刘毅，等. 塔河油田超深井裸眼段打水泥塞事故原因分析及对策[J]. 钻采工艺，2012，35(6)：119-120.

[5] 石秉忠，胡旭辉，高书阳，等. 硬脆性泥页岩微裂缝封堵可视化模拟试验与评价[J]. 石油钻探技术，2014(3)：32-37.

[6] 鄢捷年，罗平亚. 抗高温抗盐失水控制剂—磺甲基酚醛树脂(SMP)作用机理的研究[J]. 石油钻采工艺，1982，2：81-83.

[7] 朱宽亮，王富华，徐同台，等. 抗高温水基钻井液技术研究与应用现状及发展趋势(Ⅱ)[J]. 钻井液与完井液，2009，26(6)：56-64.

[8] 黄维安，邱正松，曹杰，等. 钻井液用超高温抗盐聚合物降滤失剂的研制与评价[J]. 油田化学，2012，29(2)：133-137.

[9] 赵忠举，徐同台. 国外钻井液新技术[J]钻井液与完井液，2000，17(2)：32-36.

[10] 唐林，罗平亚. 泥页岩井壁稳定性的化学与力学耦合研究现状[J]. 西南石油学院学报，1997，19(2)：85-88.

环保型水基钻井液在大位移井的应用

赵江印　李洪明　赵子瑄　杨　帆

（渤海钻探工程公司第四钻井工程分公司）

【摘　要】　冀中坳陷束鹿凹陷西斜坡晋古 14 断块施工环保要求高，且大位移井井眼净化、润滑防卡难度大，晋古 14-40X 井和晋古 14-55X 井就是该断块上的两口大位移井。这两口井的井斜角和水平位移大、裸眼段长、靶点多且较深，加之在东营组地层过断层，钻井施工难度大。采用环保水基钻井液(FLHB)，并配合井眼净化和润滑防卡以及井壁稳定技术，满足了大位移井的钻井施工要求。应用结果表明，环保水基钻井液(FLHB)具有较强的井眼净化和润滑防卡能力以及井壁稳定能力，携砂悬浮能力强，有效地防止了事故复杂的发生。采用的钻井液工艺技术满足了井斜角达 66°、水平位移达 3095.74m 的长裸眼、多靶点大位移井对钻井液的要求，钻井施工安全顺利。

【关键词】　晋古 14 断块；大位移井；环保水基钻井液；井眼净化；润滑防卡；井眼稳定

冀中坳陷束鹿凹陷西斜坡晋古 14 断块施工环保要求高，且大位移井井眼净化、润滑防卡难度大，晋古 14-40X 井和晋古 14-55X 井就是该断块上的两口大位移井。这两口井的井斜角和水平位移大、裸眼段长、靶点多且较深，加之在东营地层过断层，钻井施工难度大。采用环保水基钻井液(FLHB)，配合井眼净化和润滑防卡以及井壁稳定技术，确保了大位移井的钻井施工安全顺利。

1　地质概况

冀中坳陷束鹿凹陷西斜坡构造上的第四系和上第三系地层岩性以黏土、砂层以及泥岩与砂岩互层、含砾砂岩和杂色砾岩为主，其中馆陶组地层底部为杂色砾岩，成岩性差，地层疏松，砾岩容易漏失；下第三系地层东营组地层岩性以厚层紫红色泥岩夹浅灰色细砂岩为主，过断层易发生漏失。沙河街组地层岩性以紫红、浅灰色泥岩与细砂岩互层为主。据文献[1]介绍，该构造下第三系东营组地层黏土矿物以伊蒙混层为主，易水化膨胀、造浆；沙河街组地层黏土矿物自上而下由以伊蒙混层为主（含量由 60% 降到 30%）渐变为以伊利石为主（含量由 20% 升至 50% 左右），易剥落掉块、坍塌，易导致井壁不稳定情况发生。

2　工程概况

（1）晋古 14-40X 井。该井完钻井深为 4410m，使用 φ445mm 钻头钻至井深 33.5m，下入 φ339.7mm 导管 33.29m；一开使用 φ311.2mm 钻头钻至井深 978m，下入 φ244.5mm 表层套管至井深 976.63m；二开使用 φ215.9mm 钻头钻至井深 4410m，分别在 936m 和 2700m 打水泥塞完井。造斜点为 391m，斜井段长度为 4019m，裸眼长度为 3432m。该井采用"直—

作者简介：赵江印，中国石油渤海钻探工程公司第四钻井工程分公司，工程师。地址：河北省任丘市潜山道钻四工程技术服务中心；电话：18632778098；E-mail：zhaojiangyin@ cnpc.com.cn。

增—稳"三段制井身剖面，A 靶井深为 3769.94m，最大井斜角为 56.68°，最大水平位移为 3095.74m。

（2）晋古 14-55X 井。该井完钻井深为 4535m。使用 ϕ445mm 钻头钻至井深 56m，下入 ϕ339.7mm 导管 55.7m；一开使用 ϕ311.2mm 钻头钻至井深 1076m，下入 ϕ244.5mm 表层套管至井深 1074.76m；二开使用 ϕ215.9mm 钻头钻至井深 4535m，下入 ϕ139.7mm 油层套管至井深 4533.46m。造斜点为 698m，斜井段长度为 3837m，裸眼长度为 3459m。该井采用"直—增（双增）—稳（双稳）"三段制井身结构，A 靶井深为 2125.56m，B 靶井深为 2624.92m，C 靶井深为 3939.46m，最大井斜角为 66.01°，最大水平位移为 3011.64m。

3　钻井液技术难点

这两口井的井斜角和水平位移大、裸眼段长、靶点多，施工过程中要多次进行井斜、方位的调整，加之靶点较深，故极易发生井下事故复杂。因此，钻井液技术难点是井眼净化、润滑防卡和井壁稳定问题。

3.1　井眼净化

井眼净化能力是大位移井施工的首要问题。因其具有长的大斜度稳斜段，岩屑携带悬浮相对比较困难，相同环空返速的条件下，钻屑更易沉降附着在下井壁形成岩屑床。故此，首先要做好井眼净化工作。研究表明[2-4]，环保水基钻井液（FLHB）具有较强的携砂悬浮能力，考虑施工井环保要求选用环保水基钻井液体系。另外，钻井液的环空上返速度应控制为 1.25~1.46m/s，动塑比控制为 0.35~0.45Pa/mPa·s 较适宜。同时，井斜角超过 30°后应坚持短程起下钻，提高井眼净化能力，破坏岩屑床的形成。

3.2　润滑防卡

润滑防卡是大位移井施工的关键问题。多年来的研究与应用表明[5]，定向井润滑防卡体系以液体润滑剂和固体润滑剂组合润滑防卡效果最好。由于定向井在钻井施工时钻具与井壁的接触面积大，易发生压差卡钻，而大位移井则更是如此。据文献[6]介绍，当钻具停靠在井壁上时，如需上提钻具，其提升力必须大于摩擦阻力才能将钻具提起。如此力克服不了摩擦力，就会发生压差卡钻。而钻具运动的摩擦力与滤饼摩擦系数以及钻具与井壁的接触面积成正比，而接触面积又与滤失量、滤饼厚度及质量和岩屑床厚度有关。因此，进入斜井段后，一是一定要加入足量的防卡剂，降低滤饼摩擦系数；二是要严格控制钻井液的滤失量和滤饼厚度，保持滤饼薄而坚韧；三是要防止岩屑床的形成或尽量减少其厚度。同时，应采用多级净化设备，尤其是要强化初级固控设备的使用，降低钻井液中的有害固相，再配合合理的钻井工程措施，可有效地控制压差卡钻的发生。

3.3　井壁稳定

井壁稳定是大位移井施工的重要问题。井斜角越大则钻具转动对井壁的撞击越严重，更容易引起井壁坍塌，尤其是大位移井钻井液浸泡时间长更容易引起井壁坍塌。因此，大位移井应保持井壁稳定。室内试验表明，HL-FFQH 环保型水基钻井液的一次和二次滚动回收率分别为 92.6%和 84.2%，远高于聚磺钻井液的 83.7%和 64.5%。说明环保型水基钻井液（FLHB）具有良好的抑制泥页岩分散的性能。

因此，晋古 14-40X 井和晋古 14-55X 井采用了环保水基钻井液（FLHB）。进入易塌地层前加入防塌剂以及抗高温降滤失剂，控制高温高压滤失量，改善滤饼质量。进入断层前，要做好防漏准备工作，以防止严重漏失钻井液，导致井壁失稳或塌卡发生，同时采用合理的钻井液密度和合理的工程技术措施，确保井壁稳定。

4 钻井液工艺要点

4.1 一开

4.1.1 钻井液配方及预处理

钻井液配方为：4%膨润土+0.1%~0.3%包被剂高分子固化树脂HLB+0.3%~0.5%降滤失剂HLJ+1%~2%仿生固壁剂FLGB+1%~2%液体润滑剂仿生氨基酸酯HLR。

一开采用密度为1.05g/cm³左右的预水化膨润土浆，加入0.1~0.3t HLB，0.3~0.5t HLJ预处理。

4.1.2 维护处理

（1）以HLB和HLJ复配使用，抑制地层造浆，控制黏土颗粒分散。

（2）明化镇地层配合仿生固壁剂HLGB降低钻井液滤失量，改善滤饼质量。

（3）造斜后，及时加入液体润滑剂仿生氨基酸酯，改善钻井液润滑性能。

4.2 二开

4.2.1 钻井液配方

钻井液配方：4%膨润土+0.3%包被剂高分子固化树脂HLB+2%降滤失剂HLJ+3%固壁剂HLGB+1%封堵剂HLFD+2%润滑剂HLR。

4.2.2 维护处理

（1）钻进过程中，及时补充HLB和HLJ抑制地层造浆，尤其是东营组地层分散造浆性较强，一定要提高钻井液的抑制能力。

（2）用固壁剂HLGB并配合降滤失剂改性树胶树脂HLKY，降低钻井液的滤失量。

（3）用0.03%~0.1%增黏剂仿生天然凝胶HLN，提高钻井液携带能力。适量配合稀释剂HLX，控制钻井液黏切。

（4）造斜后，控制API滤失量小于5mL，并及时加入润滑剂HLR，降低钻具与井壁间的摩擦和钻具的扭矩。同时，随着井深增加及时补充润滑抑制剂HLRH和固体润滑剂HLGRH、石墨RH203，提高润滑防卡效果，防止钻具黏附在井壁上造成压差卡钻。

（5）井斜角超过30°以后，保持钻井泵的排量为32~36L/s，每钻进100~300m进行一次短程起下钻拉井壁。

（6）进入易漏层前，补充超细碳酸钙和封堵剂HLFD，加强坐岗，并做好防漏的准备工作。

（7）进入油层前，按设计要求调整好钻井液性能并加入聚膜剂HLJM，做好油层保护工作。

（8）进入沙河街组地层，加足HLGB、HLFD和HLKY，保证其在钻井液中的有效含量，保持井壁稳定。

（9）强化初级固控，使用220~240目筛布，同时加强多级固控设备的使用，严格控制钻井液中劣质固相含量。

（10）完钻循环后起钻电测前，在井底打入由液、固体润滑剂和仿生固壁剂组成的高质量封闭液，确保完井电测安全顺利。

两口井钻井液性能见表1和表2。

表1 晋古14-40X井二开钻井液性能参数

井深(m)	ρ(g/cm³)	FV(s)	PV(mPa·s)	YP(Pa)	FL_{API}(mL)	FL_{HTHP}(mL)	K_f
1170	1.12	35	12	4.5	4.6		
2520	1.17	45	16	7.5	3.6	10	0.075
3010	1.18	46	19	8	3.2	10	0.05
4410	1.20	48	21	10	3.4	9.6	0.07

表2 晋古14-55X井二开钻井液性能参数

井深(m)	ρ(g/cm³)	FV(s)	PV(mPa·s)	YP(Pa)	FL_{API}(mL)	FL_{HTHP}(mL)	K_f
1942	1.16	38	13	6	3.6	8.8	
2600	1.20	40	18	7	3.4	10	0.075
3600	1.22	51	19	8	2.6	11.2	0.075
4534	1.22	55	20	9	2.8	9.6	0.075

5　应用效果

（1）钻井安全顺利。现场应用表明，两口大位移井采用环保水基钻井液（FLHB），具有较强的井眼净化能力以及润滑防卡能力和井壁稳定能力，再配合合理的工程技术措施，有效地防止了事故复杂发生，取得了良好的效果。晋古14-40X井钻井周期为20.29d，建井周期为39.58d，平均机械钻速为18.93m/h；晋古14-55X井钻井周期为21.06d，建井周期为54.73d，平均机械钻速为19.67m/h。两口井钻井安全，起下钻顺利，事故复杂时间为零，完井电测均安全顺利，井身质量和固井质量均合格。

（2）纪录接连刷新。晋古14-40X井继晋古14-55X创下华北油区最大水平位移3011.64m纪录后，以3095.74m水平位移，再度刷新华北油区最大水平位移井纪录。

6　结论与认识

（1）环保水基钻井液（FLHB）体系具有良好的携带和悬浮钻屑的能力，润滑防卡和井壁稳定能力好，能够满足大斜度大位移井钻井要求。

（2）大位移井钻井液应重点解决好井眼净化、润滑防卡和井壁稳定问题。润滑防卡应以液体润滑剂为主，并适当配合固体润滑剂，提高润滑防卡效果。同时，应保持井壁稳定，并及时破坏岩屑床，防止卡钻事故的发生。

（3）尽可能使用多级固控设备，尤其要强化初级固控设备使用，有效地控制劣质土含量。

（4）长稳斜井段坚持定期进行技术划眼，及时进行短程起下钻拉井壁，保证井眼光滑、畅通。

（5）配合使用水力振荡器、尾扶和井眼清洁器等钻井工具，既保证钻井施工安全，又有利于提高钻井速度。

参 考 文 献

[1] 徐同台. 油气田地层特性与钻井液技术[M]. 东营：石油大学出版社，1998.

[2] 张永青，等. HL-FFQH 环保型水基钻井液体系的构建及应用[J]. 钻井液与完井液，2019，36(4).

[3] 赵江印，等. 岩屑床的控制技术及其应用[J]. 钻井液与完井液，1999，16(3).

[4] 谢彬强，等. 大位移井钻井液关键技术问题[J]. 钻井液与完井液，2012，29(2).

[5] 赵江印，等. 大斜度长裸眼定向井钻井液技术[J]. 钻井液与完井液，2012，29(4).

[6] 鄢捷年. 钻井液工艺学[M]. 东营：中国石油大学出版社，2006.

环保钻井液的生态利用现状及发展趋势

叶 成

（中国石油新疆油田公司工程技术研究院）

【摘 要】 环保问题是当前油气资源勘探开发亟需解决的关键难题之一，而减少钻井液污染是解决油气勘探开发环境污染的重中之重。长期以来环保钻井液的研究主要集中在单一处理剂的范围内，仅实现了核心主剂环保，体系无毒性实现难度大、进展缓慢。当前钻井液毒性评价方法局限在使用前或废弃物环节，未考虑废弃钻井液的生态修复和利用功能，废弃物处理后也无有效跟踪评价手段。钻井液的生态修复和生态利用在现阶段受基础机理、环保钻井液技术、应用环境的限制，仅在局部领域上有探索。因此，构建处理剂—钻井液体系—重复利用—废弃—生态修复及利用的全环节环保机制，破除传统环保钻井液的弊病，以盐碱地生态修改和利用为突破点，有助于实现地下油气和地面土地资源的综合环保开发和利用。

【关键词】 环保钻井液；生态利用；盐碱地；评价方法

在国家能源需求持续加大、能源安全形势严峻的大背景下，环保问题是当前我国油气资源勘探开发面临的重大技术难题之一[1]，由此造成油气勘探开发的环保成本急剧上升，严重制约了油气的规模化开发，而钻完井液等入井流体的污染是造成环境问题的重中之重[2]。废弃钻井液所含有的各类聚合物、重金属离子、盐类、沥青类和一些改性处理剂是环境污染的主要来源。目前，国内外对废弃钻井液处理技术主要有直接填埋、脱稳干化处理法、固化法等[3,4]，但这些处理方式在有害物质的转移和处理成本上都存在一定的局限性。以油气钻井过程中常用的"三磺"类钻井液为例，在最新的《国家级危险化学品目录2015》中磺化类化学药品名列其中[5]，而此类处理剂是国内高温油气井、深井的重要添加剂之一，若不使用磺化类药品，钻井液成本将大幅度上升。

在我国西北部分油气资源勘探开发区域内，地表覆盖了大量的盐碱地，合理开发和利用巨大的盐碱地资源，是解决人口日益增加和粮食产量不足矛盾的重要突破口[6]。油气勘探开发过程中，钻井液使用量大，常规水基钻井液废弃后，因含有大量的碱、盐、重金属等有毒有害的物质而无法重新利用，亟需研制新型的环保钻井液，使经过简单处理后得废弃钻井液具有改良盐碱地的生态修复能力、具有适用于常规植物生长的生态利用效果。当前油气钻井大规模使用水基钻井液，如若能够形成具有生态修复、生态利用效果的新型环保钻井液，将能够有效的对局部油气丰富地区的盐碱地进行改良[7]，达到环保与油气开采双赢的目的。

1 环保钻井液理论与体系

随着环保意识的提高，环境保护类法律法规逐渐完善，油气领域的环境污染关注度大幅

作者简介：叶成，男，1987年2月生，高级工程师，硕士，现工作于新疆油田公司工程技术研究院，从事钻井液技术研究工作。地址：新疆克拉玛依市胜利路87号；电话：13629972636；E-mail：ycheng225@126.com。

度提升，从 20 世纪末至今，特别是"十三五"以来，环保型无污染钻井液的研究和应用逐步推广，但高成本、低效率等限制了环保型钻井液的利用。

现有环保钻井液主要是满足国家和地方的环保排放标准，不污染油气开采区域的周围生态环境，包括表层土壤、动植物、地下水等，不影响主要的农作物生长和施工人员的安全健康。达到了国家和地方对油气领域废弃物排放的要求，促进了油田在后期废弃物处理领域的大发展，但对于实现生态利用的可持续发展未引起重视。

已有的环保钻井液主要包括烷基糖苷钻井液体系[8-10]、硅酸盐钻井液体系[11,12]、甲酸盐钻井液体系[13,14]、聚合醇钻井液体系[15]、化肥钻井液体系[16,17]、甘油钻井液体系[18]、有机盐钻井液体系、合成基钻井液体系[19]等，各种钻井液体系均在环境保护上相较常用的三磺/聚磺钻井液体系有大幅度改进。

烷基糖苷钻井液体系近年来发展较快，特别是在司西强、王中华、赵虎等学者的推动下有了长足的发展。烷基糖苷(APG)，是一种加入少量就能明显改变钻井液物理、化学性质的绿色环保非离子型表面活性剂[20]，具有无毒、无刺激、生物降解彻底等特点，广泛应用于洗涤产品、制药、护肤品、油气勘探开发、建筑等领域[21]，其本身具有良好的稳定性，能够在一定程度抑制细菌生长，并且整体的黏度较低。烷基糖苷在钻井液中有多种聚集形态，其微观结构与内部基团间的相互作用会直接影响钻井液的流变性[22]。烷基糖苷胶束聚集形态有两种，包括球状和圆柱状结构，在钻井液中使用时受加量和温度等影响可能变成蠕虫状等多种结构。应用于钻井液中能够实现无毒和生物降解，其本身有高润滑性、稳定性，废弃物对环境污染较小。Simpson 等国外学者依据 EPA 的研究标准，研究烷基糖苷的生物降解性测试表明，LC50 远超过 EPA 标准的要求，具有良好的效果，在墨西哥湾高水敏地层等有良好的应用。但烷基糖苷只是单一处理剂，主要还体现在主流体的作用上，其他添加剂还不能够很好的解决环境污染的问题[23]。

硅酸盐钻井液体系在 20 世纪 90 年代开始进入快速研究阶段，在墨西哥湾、北海等海洋钻井领域得到了广泛应用。近几年，国内也在推动硅酸盐钻井液的应用，许明标等学者研究的新型甲酸盐体系在南海等海域和川渝、新疆等陆地区域进行了应用，也取得了较好的应用效果[24-26]。硅酸盐无毒、无荧光[27]，而且成本较低，配合使用的纤维素类、淀粉类的处理剂对环境污染也较小，近年来发展硅酸盐混合体系进一步改进了其性能。但总体来讲，硅酸盐体系还需要与其他非环保的材料复配才能够正常使用。

甲酸盐、有机盐、合成基[28]、聚合醇等钻井液体系在基础材料上有着较好的环保性能，主剂能够起到一定的环境保护作用。但其面临的核心问题，与烷基糖苷、硅酸盐钻井液体系相似，在核心处理剂上能够做到环境无毒或者快速生物降解，但是必须配合其他的处理剂才能完成钻井液的功能，但这类处理剂并不完全环保。

环保型钻井液的应用虽然已经取得了很好的经济、技术和环境综合效益[29]。但现有环保型钻井液体系还较普遍存在以下问题：(1)成本较高，性能还比较单一，应用结果不够理想；(2)很多的新型环保型处理剂合成工艺复杂，还只停留在室内试验和现场试用阶段，没有在现场大量应用；(3)一些环保型处理剂生物降解性和性能稳定性的矛盾问题没有完全解决；(4)缺乏更好的生产处理剂的新型原料，难以从根本上弥补传统产品的缺陷。

2 生态环保的评价方法

传统水基钻井液如三磺/聚磺类钻井液对自然环境的危害，主要通过常规的生物毒性测试[30]、*COD*、*BOD*、*LC*$_{50}$等方法测试(表1)。对于烷基糖苷、硅酸盐、有机盐等钻井液体系利用常规方法在主剂测试上均能够测得其主要组分相对安全,常规评价程序均能够满足现有环保标准要求,但其体系的真实环保性能依然存在着很大的问题,评价方法、手段和装置上依旧存在着很大的缺陷,不能够满足日益严格的环保需求。

表1 部分常规钻井液添加剂毒性[31]

化学添加剂	LC_{50}(ppm)	毒性级别	化学添加剂	LC_{50}(ppm)	毒性级别
防垢剂	1200~12000	微毒	防腐剂	0.2~1000	剧毒—中等
杀菌剂	0.2~1000	剧毒—中等	破乳剂	4~40	毒性
水包油破乳剂	0.2~15000	剧毒—无毒	防蜡剂	1.5~4.4	毒性
表面活性剂	0.5~429	剧毒—中等			

针对钻井液检测过程中面对的诸多问题,国内外的学者在检测方法上开展了大量的研究,包括钻井液生物毒性、组分毒性及联合毒性、区域整体性污染等多种多类的方式,形成了微藻、卤虫、SK快速评价、*EC*$_{50}$、NDEC等评价方法,均具有很好的效果[32]。

国内常规钻井液毒性研究主要集中在常规钻井液的整体性评价和环保型钻井液的核心处理剂评价,但将每种处理剂的环境危害作为处理剂质量评定标准的方法相对较少,并未当做一个评价指标。国内一些学者对钻井液添加剂进行了比较详尽的毒性试验,对不同的体系的钻井液毒性进行了毒性试验,得出了不同体系钻井液的不同毒性[33-35]。

Microtox生物毒性测试技术是一种较为准确的测试方法,其以费希尔狐菌作为受试菌种,测试了部分水基钻井液处理剂和钻井液体系的*EC*$_{50}$值,形成钻井液生物毒性现场快速监测技术[36]。李长兴采用国家环保局发布的环境监测技术规范中规定的"蚕豆根尖细胞微核技术"测试了大庆油田废钻井液、聚合物体系钻井液、三钾聚合物体系钻井液的压滤液和全泥浆的生物毒性,钻井液遗传毒性很低或基本为无遗传毒性,但并未检测全处理剂情况[37]。

美国石油学会API推荐钻井液毒性评价采用急性毒性试验方法,并认为直接测定急性毒性,具有快速、经济及从单项(悬浮相)数据就可判断钻井液毒性大小的优点。目前国外钻井液急性毒性试验法主要有糠虾法、微生物毒性法、生物累积发光法和海胆受精法等。其中糠虾法是美国国家环保局早期批准的常规检测法,后三种方法均属能够在使用的快速检测法。

张聪等以国际标准组织(ISO)规定的淡水污染指示生物斑马鱼 Brachydanio rerio 和乍得湖区优势种泥鳅 Misgurnus anguillicaudatus 为实验对象,采用96h急性毒性试验,以96h半致死效应浓度(96h *LC*$_{50}$)和毒性单位(TUa)为指标,对乍得油区石油勘探开发所用钻井液进行水生环境生态毒性评价及分级[38]。在添加低荧光白沥青(JHBA-2),生态毒性即由无毒激变为低毒性,添加剂具有明显的环境生物毒性。

国内外在研究钻井液的毒性检测方面的相关技术很相似,国外如美国石油学会、国际标准组织等均推荐有较为严格的毒性检测评价方法。国内在参考国外方法的基础上,结合我国的环境保护实际,研究了一些新的检测方法,这些评价方法对未使用或者废弃钻井液的毒性检测具有很好的效果。当前利用细菌发光法对钻井液及其处理剂进行快速毒性检测已成为国内的主要研究方法[39]。

不同的钻井液检测方法还包含有很多,对不同环节、不同类型的钻井液进行了较为细致深入的研究，这类研究有效的提高和促进了钻井液毒性研究的效率。但当前的毒性研究方法的主要问题在于毒性检测针对的是相关的钻井液废弃物，对于废弃物在排放或者其他方式处理后表现出怎么样的毒性并没有涉及，而这与钻井液的实际后期存在状态并不相符。因此，需要进一步的跟踪评价在钻井液作为废弃物处理后状态，如钻井液废弃物在所种植植物的毒性情况、废弃物生物降解后毒性及是否可作为肥料等，都需要相关的毒性测试评价方法来保证钻井液的安全性[40]。

3 钻井液生态修复与利用

现有对于已使用钻井液废弃物的处理措施是实现钻井液废弃物的"零排放"，国外对于钻井液废弃物的处理坚持废弃物处理数量最少化、毒性最小化的管理原则，简称"4R"原则，包括源头减少、再利用、再循环、再回收四个环节。这种源头减低、循环使用的方式有效较低了钻井液的伤害过程，但依然在最后环节面临回收的问题[41]。

钻井液利用的理想状态是：源头处理剂无毒性、可循环使用、废弃物微处理后可直接用于生态修复和生态利用，这对地表覆盖盐碱地的油气勘探区域从下至上，全环节的环境保护有这重要的作用，保证各个环节的处理剂能够实现无毒和高效生态利用[42]。

实现钻井液废弃液对于盐碱地的生态修复和生态利用在前期有少量学者进行了探索性的研究，但由于在钻井液性能调控方面面临巨大的困难而受到很多的限制，性能难以达到钻井需求，同时其应用成本相对较高。另一方面，虽然研究的钻井液在某些钻井液性能要求低的区域使用，但受到国家和地区环境保护法律法规，以及地方农田等保护的要求，生态修复和生态利用并未实际开展。

因此，国家和地方对于环境保护要求越来越严格的背景下，部分现用处理剂还有可能会进一步被限制使用，这就对钻井液废弃物的生态修复功能和生态利用能力有着更进一步应用需求。

4 存在问题及主要发展趋势

现用环保钻井液仅实现了主剂环保，整体无毒性实现难度大。虽然当前开展了各种类型的环保钻井液的理论和处理剂研究工作，但在日趋严格的环境保护需求下，环保钻井液无论是整体的环境无毒性还是废弃物的再处理上均有很明显的不足，基础理论和思路并未脱离传统水基钻井液的范畴，因此需要进一步以全组分环保为目标，开展组分无毒和整体无毒的环保钻井液基础机理和处理剂的系统研究。

钻井液毒性评价方法局限在使用前或废弃物环节，废弃物处理后无跟踪评价手段，也未考虑废弃钻井液的生态修复和利用功能。现有的钻井液毒性测试重在利用 LC_{50}、EC_{50} 等指标评价钻井液的无毒性，虽然保证了钻井液在现阶段的无毒无害，但未开展废弃钻井液处理后的环境跟踪环节，钻井液在生物降解后被植物等其他环节再利用情况下的毒性评价手段欠缺。

钻井液的生态修复和生态利用在现阶段受到基础机理、环保钻井液技术、应用环境的限制，仅在局部领域上有探索。钻井液生态修复和生态利用要求钻井液组分和整体环保无毒，但现在尚未有钻井液能够在实现这一要求的同时满足钻井的工程需求，同时后期的钻井液生态修复和生态利用方向受到技术和应用环境的局限，因此需要从全环节考虑钻井液在整体性能需求、盐碱地生态修复区域、生态利用的后评价等，做到真正的全过程"生态"。

环保钻井液是当前国家油气资源绿色勘探开发过程中的必然选择，是当前亟需推进解决地油气钻井工程关键技术之一。实现钻井液在处理剂—体系—重复利用—废弃—生态修复及利用的全环节无环境污染是当前环保钻井液的主要发展方向和趋势。结合当前广大油气富集地区的丰富盐碱地资源，可侧重在盐碱地的生态修复、生态利用及后期持续跟踪评估做研究和成果转化工作，实现油气富集区地上、地下资源的有效整合利用，为地下油气资源的高效开发和地面土地资源的综合利用提供有益参考。

参 考 文 献

[1] 张兴儒，张士权. 油气田开发建设与环境影响[M]. 北京：石油工业出版社，1998.

[2] 张力军，张鹏国，费良军. 油气田开发对生态环境影响的综合评价指标体系与评价方法研究[J]. 沈阳农业大学学报，2011(5)：600-605.

[3] 赵雄虎，王风春. 废弃钻井液处理研究进展[J]. 钻井液与完井液，2004(2)：43-48.

[4] 刘志明，郑庆红，王树华，等. 废弃钻井液固化研究[J]. 钻井液与完井液，2002，19(1)：23-25.

[5] 陈军.《危险化学品目录(2015版)》解读[J]. 安全，2015(6)：59-62.

[6] 赵秀芳，宋国香，谢志远，等. 我国盐碱土修复现状与特点[J]. 环境卫生工程，2017(4)：100-103.

[7] 孙玉芳，牛丽纯，宋福强. 盐碱土修复方法的研究进展[J]. International Journal of Ecology，2014(3)：30-36.

[8] 赵虎，龙大清，司西强，等. 烷基糖苷衍生物钻井液研究及其在页岩气井的应用[J]. 钻井液与完井液，2016，33(6)：23-27.

[9] 赵虎，司西强，雷祖猛，等. 烷基糖苷钻井液研究与应用进展[J]. 精细石油化工进展，2018(1)：5-9.

[10] 司西强，王中华. 钻井液用聚醚胺基烷基糖苷的合成及性能[J]. 应用化工，2019(7)：13.

[11] Duncan J, McDonald M. Exceeding drilling performance and environmental requirements with potassium silicate based drilling fluid[C]//SPE International Conference on Health，Safety，and Environment in Oil and Gas Exploration and Production. Society of Petroleum Engineers，2004.

[12] Guo J，Yan J，Fan W，et al. Applications of strongly inhibitive silicate-based drilling fluids in troublesome shale formations in Sudan[J]. Journal of Petroleum Science and Engineering，2006，50(3-4)：195-203.

[13] Davarpanah A. The feasible visual laboratory investigation of formate fluids on the rheological properties of a shale formation[J]. International Journal of Environmental Science and Technology，2019，16(8)：4783-4792.

[14] Saasen A，Jordal O H，Burkhead D，et al. Drilling HT/HP wells using a cesium formate based drilling fluid[C]//IADC/SPE Drilling Conference. Society of Petroleum Engineers，2002.

[15] Davarpanah A. The feasible visual laboratory investigation of formate fluids on the rheological properties of a shale formation[J]. International Journal of Environmental Science and Technology，2019，16(8)：4783-4792.

[16] Obinduka F，Nwaogazie I L，Akaranta O，et al. Removal of Total Petroleum Hydrocarbons(TPHs)and Polycyclic Aromatic Hydrocarbons(PAHs)in Spent Synthetic-Based Drilling Mud Using Organic Fertilizer[J]. Archives of Current Research International，2018：1-16.

[17] 罗健生，蒋官澄，王国帅，等. 一种无氯盐环保型强抑制水基钻井液体系[J]. 钻井液与完井液，2019，36(5)：594-599.

[18] Don Green，Thomas E·Peterson，张蛮庆. 防止井眼坍塌的甘油基钻井液[J]. 国外地质勘探技术，1991(8)：17-18.

［19］ Razali S Z, Yunus R, Rashid S A, et al. Review of biodegradable synthetic－based drilling fluid: progression, performance and future prospect［J］. Renewable and Sustainable Energy Reviews, 2018, 90: 171-186.

［20］ Lee S M, Lee J Y, Yu H P, et al. Synthesis of environment friendly nonionic surfactants from sugar base and characterization of interfacial properties for detergent application［J］. Journal of Industrial & Engineering Chemistry, 2016, 38: 157-166.

［21］ Malik A H, McDaniel R S, Urfer A D, et al. Built liquid laundry detergent containing alkyl glycoside surfactant: U. S. Patent 4, 780, 234［P］. 1988-10-25.

［22］ Zhao H, Si X, Wang Z, et al. Laboratory study on calcium chloride-APG drilling fluid［J］. Drilling Fluid & Completion Fluid, 2014, 31(5): 1-5.

［23］ El-Sukkary M M A, Syed N A, Aiad I, et al. Aqueous solution properties, biodegradability, and antimicrobial activity of some alkylpolyglycosides surfactants［J］. Tenside Surfactants Detergents, 2009, 46(5): 311-316.

［24］ Alford S E, Asko A, Campbell M, et al. Silicate-based fluid, mud recovery system combine to stabilize surface formations of Azeri Wells［C］//SPE/IADC Drilling Conference. Society of Petroleum Engineers, 2005.

［25］ Jienian D T Y. Studies on the Inhibitive Character and Its Influence Factors of Silicate Drilling Fluid［J］. Petroleum Drilling Techniques, 2005(6): 13.

［26］ Rawlyk D, McDonald M. Potassium Silicate Based Drilling Fluids: An Environmentally Friendly Drilling Fluid Providing Higher Rates of Penetration［C］//CADE/CAODC DRILLING CONFERENCE. 2001: 23-24, 10.

［27］ Yao L, Naeth M A, Chanasyk D S. Spent potassium silicate drilling fluid affects soil and leachate properties［J］. Water, Air, & Soil Pollution, 2014, 225(10): 2156.

［28］ Van Slyke D C. Non-toxic inexpensive synthetic drilling fluid: U. S. Patent 6, 034, 037［P］. 2000-3-7.

［29］ Shuixiang X, Guancheng J, Mian C, et al. An environment friendly drilling fluid system［J］. Petroleum Exploration and Development, 2011, 38(3): 369-378.

［30］ Bila D M, Montalvao A F, Silva A C, et al. Ozonation of a landfill leachate: evaluation of toxicity removal and biodegradability improvement［J］. Journal of Hazardous Materials, 2005, 117(2-3): 235-242.

［31］ 马文臣, 易绍金. 钻井液研究与使用应考虑的环境问题［J］. 石油钻采工艺, 1998, 20(3): 37-40.

［32］ Chesser B G, McKenzie W H. Use of a bioassay test in evaluating the toxicity of drilling fluid additives on Galveston Bay shrimp［C］//EPA-sponsored conference: Environmental aspects of chemical use in well-drilling operations. 1975: 153-168.

［33］ 刘丽萍, 褚春莹, 张前前, 等. 卤虫在钻井液毒性检测中的应用［J］. 中国海洋大学学报(自然科学版), 2010(9): 96-100.

［34］ 张妍, 周守菊, 马云谦, 等. 钻井液组分及体系生物毒性测试方法研究［J］. 石油钻探技术, 2009, 37(1): 18-22.

［35］ 闫学平. 钻井液急性毒性快速检测及其对海域污染的评价方法研究［D］. 青岛: 中国海洋大学, 2012.

［36］ 朱红卫, 刘晓栋. Microtox 生物毒性测试技术在钻井液中的应用分析［J］. 钻井液与完井液, 2015, 32(1): 53-56.

［37］ 李长兴, 王明仁, 李钟玮, 等. 大庆油田钻井液遗传毒性试验研究［J］. 油气田环境保护, 1997(3): 58-61.

［38］ 张聪, 陈聚法, 赵俊, 等. 乍得油区环保钻井液的水生生态毒性评价［J］. 渔业科学进展, 2011, 32(6): 128-134.

［39］ 滕宇. 发光细菌法检测钻井液添加剂毒性与影响因素研究［D］. 北京: 中国石油大学(北京), 2020.

［40］ Parrish P R, Duke T W. Variability of the acute toxicity of drilling fluids to Mysids(Mysidopsis bahia)［M］// Chemical and biological characterization of municipal sludges, sediments, dredge spoils, and drilling muds. ASTM International, 1988.

[41] Steliga T, Uliasz M. Spent drilling muds management and natural environment protection[J]. Gospodarka Surowcami Mineralnymi, 2014, 30(2): 135-155.

[42] Li F X, Jiang G C, Wang Z K, et al. Drilling fluid from natural vegetable gum[J]. Petroleum science and technology, 2014, 32(6): 738-744.

油气田废弃钻井液微生物无害化处理技术研究进展

孙露露　吴广兴　宋　涛　张　洋　耿晓光

（大庆钻探工程公司钻井工程技术研究院）

【摘　要】　废弃钻井液具有高毒性和难降解性，是石油勘探开发过程中的主要污染物之一。微生物治理技术作为一种处理含油气钻井液废弃物的有效方法，具有治理效果彻底、无二次污染等优点，受到了国内外学者的广泛关注。为深入贯彻落实绿色勘探理念，推进废弃钻井液无害化处理，对近年来微生物治理废弃钻井液的相关研究进行了整理，阐述了微生物对重金属的作用机制及其在国内外研究的新成果，介绍了微生物对石油类污染物的治理能力，并对高盐环境下嗜盐微生物治理废弃钻井液的研究进展做了简要介绍，最后对该领域的未来发展方向进行了展望，以期为废弃钻井液的处理提供可行性的思路。

【关键词】　微生物；降解菌；废弃钻井液；治理；石油类

废弃钻井液产量大、危害强、治理难，是钻井工业污染防治的重点，在能源与环境危机的双重压力下，迫切需要寻求安全有效的方法实现废弃钻井泥浆的的无害化处理和资源化利用，以促进废弃泥浆处置向"无害化、资源化、标准化、产业化"方向发展，亦是行业从业者需要长期研究的课题。

目前微生物处理法以其经济、高效、无二次污染等优点，广受国内外学者的重视，是废弃钻井泥浆处理技术研究的热点之一。利用现代微生物工程技术，针对废弃泥浆中的有害成分(烃类、重金属离子、聚合物和钻屑等其他毒害成分[1])，从中选育具有高效降解转化能力的降解菌，在适宜的环境条件下，通过微生物在废弃泥浆中的代谢作用对泥浆中的烃类物质进行降解、与重金属相互作用降低有效含量，同时利用嗜盐微生物在高盐环境下的突出代谢能力，使其脱毒、脱胶、脱盐碱、脱水，从而使废弃泥浆对生态环境造成的污染得以有效治理，达到无害化处置的目的。

调研统计结果表明，在地球环境中，可降解简单石油烃类污染物的微生物几乎无处不在，但能够降解复杂有机物(如沥青类)的微生物种类却寥寥无几，即钻井液成分越复杂，越难被生物降解。目前国内外对微生物处理废弃钻井液多集中在菌种的选择以及效果测试方面的研究。通常采用测定石油含量、重金属离子含量和化学需氧量(COD)等指标来评价微生物对废弃钻井泥浆的降解效果。

1　微生物对废弃钻井液中重金属的处理

重金属是指比重大于5，原子量在63.5～200.6之间的元素[2]。钻井泥浆中含有大量的

基金项目：中国石油集团油田技术服务有限公司项目"环保清洁生产技术研究与试验"(2020T-008-001)。

作者简介：孙露露，现在大庆钻探工程公司钻井工程技术研究院从事钻井液技术研究工作，工程师。地址：黑龙江省大庆市红岗区八百垧钻井工程技术研究院钻井液技术研究所；电话：15045893956；E-mail：sunlulu001@cnpc.com.cn。

重金属元素（Cu、Zn、Hg、Cd 等），与石油类和其他有机物污染不同，重金属是不可生物降解的，微生物在重金属污染中的作用主要体现在 3 个方面：微生物吸附、微生物转化与微生物溶解[3]。

1.1 微生物吸附

微生物吸附重金属离子主要是金属阳离子与表面带负电荷基团的微生物之间通过螯合、共价吸附及离子交换等作用，结合成重金属分子聚集在微生物内部或表面，从而达到对金属离子吸附的目的[4]。

余秀梅[5]研究发现一株镉（Cd）去除根瘤菌（Rhizobium pusense）KG2，该菌株具有高效 Cd 固定能力，可用于水体中 Cd^{2+} 的去除。马永松[6]从长宁—威远页岩气井场中筛选出柠檬酸杆菌属（Citrobacter sp.），该菌株对 Ni^{2+} 的耐受性可达 300mg/L，对 Ni^{2+} 的去除率和吸附率分别达到了 56.64% 和 52.16%，同时对总 TPH 的降解率达到 35.65%，该菌种最适生长温度为 30℃，最适生长 pH 为 7~9。何环宇[7]从钻井废水和井场周边污泥中筛选得到的气单胞菌，该菌株对 Cu^{2+} 的耐受阈值为 200mg/L，最优吸附条件为：温度 30℃、pH 为 4、菌体投加量为 20g/L，吸附 90min 时吸附率为 86.25%。张晓倩[8]从泥水样品中筛选出能够高效去除重金属 Cu 的沼泽红假单胞菌 GH32，该菌株 24h 内对 Cu^{2+} 的去除率在 99% 以上。Kuyukina，Maria S[9]利用红球菌生物吸附作用处理油田废水，使重金属（Al、Cr、Cu、Fe、Hg、Zn、Mn）的有效去除率达到 75%~96%。Kasimani[10]研究发现，在 $\rho(Cr^{2+})$ 为 25mg/L 的溶液中，蓝藻菌（Cyanobacteria）对 Cr^{2+} 的吸附能力可达 75.63%。

1.2 微生物转化

微生物转化作用主要包括氧化还原或配位络合等方式，改变重金属离子的价态、赋予形态、生物有效性及溶解性等，将其转化为低毒态或无毒态，从而降低重金属的毒性[11]。已有研究表明，微生物可通过对砷氧化/甲基化、汞还原/甲基化和镉转运的方式来减小其对环境的毒害作用[12,13]。曾远[14]研究发现具有 Pb 耐受性的特异性菌株节杆菌属（Arthrobacter sp.），其对 Pb 的耐受浓度在 200~600μg/g，该菌株可将矿物铅从小分子有机结合态 $Pb(Ac)_2 \cdot 3H_2O$ 转化为大分子有机结合态如 $(C_{17}H_{35}COO)_2Pb$ 或 $C_{32}H_{66}PbS_2$ 形式。陈敏会[15]通过筛选分离出具转化重金属 Hg、Pb 能力的微生物优势菌株 7 株，其中优势菌对铅的转化率可达 99% 以上，对汞的转化率最高可达 92%。

1.3 微生物溶解

微生物溶解是指微生物在生长代谢过程中分泌出有机酸，这些有机酸可与重金属发生反应，从而促进重金属的溶解，提高其生物有效性[16]。唐志远[17]研究发现机酸含量与镉溶出率呈显著正相关，优选的 13 株耐镉菌均能分泌草酸、乙酸和柠檬酸，对 Cd 的耐受浓度在 400mg/L 以上。高雅雄[18]通过比较 45 种真菌发酵液，发现 Zjj15 真菌对溶解重金属具有广谱性，对 Cu、Pb、Zn 的浸出率分别为 11.9%、7.1% 和 28.5%。吴岭[19]成功分离出抗镉内生菌 WJ-3，为芽孢杆菌属，对重金属镉有一定的耐受性，为 80mg/L，对难溶性碳酸镉具有一定的溶解能力，培养液中镉离子的浓度由 0.029μg/L 提高到了 4.978μg/L，提高了 170.6%，能使镉碳酸盐结合态（CB）和铁锰氧化态（FeMn-Ox）向镉可交换态（EX）转换。周雪芳[20]通过研究筛选出具有镉活化功能的根际促生溶磷菌（阴沟肠杆菌、不动杆菌、大肠埃希氏菌、荧光假单胞菌、克雷伯氏菌），进行 $CdCO_3$ 的活化实验，溶镉量在 27.65~38.23mg/L 之间，溶镉率在 70.89%~98.02% 之间。其中，荧光假单胞菌溶镉能力较强，主要依靠葡萄糖酸的贡献，胞外分泌物中葡萄糖酸浓度为75.3mg/L，溶解的 Cd 含量占总溶镉量的42.4%。

2 微生物对废弃液中石油类的降解

石油中的烃类组分是钻井泥浆的主要污染物，主要包括烷烃、环烷烃、芳香烃和少量的非烃类化合物，由于各组分的相对分子质量和化学结构不同，致使其生物降解性也存在较大差异。通常情况下，相对分子质量越大，支链越多，生物降解难度越大。

Mansour D[21]以原油为唯一碳源，对泥浆废弃物进行了矿物学和微生物学研究，揭示了其原生碳氢化合物分类菌群的高度多样性，这些属性可用于生物治理废弃泥浆。陈立荣[22,23]利用微生物对水基钻井固废进行了处理试验，不使用其他化学添加剂，即可将固废中的有机物转变成土壤腐殖质组分，泥渣中的 COD、石油类污染物的降解率达90%以上，且栽种植物中没有重金属转移的现象。幸晶晶[24]以新疆某磺化钻井液为唯一碳源，通过富集驯化分离筛选出一株降解磺化钻井液效率较高的菌株 Xh8。Kuyukina M S[25]利用木屑固定红球菌净化油田污水，两周内对烷烃和多环芳烃的生物降解效率为70%。申圆圆[26]通过分离筛选得到 4 株以原油为惟一碳源的高效石油烃降解菌（动性杆菌、藤黄微球菌、蜡状芽孢杆菌和短小芽孢杆菌），在石油烃初始浓度为 2000mg/kg 条件下，40d 后石油烃浓度为 1662mg/kg，降解率为16.9%。万书宇[27]通过添加 0.5%左右的微生物降解菌处理钻井固废，3 个月后钻井固废中主要有害重金属的含量满足 GB 15618—2018《土壤环境质量农用地土壤污染风险管控标准（试行）》，处理后浸出液中 pH 值、COD、石油类满足 GB 8978—1996《污水综合排放标准》一级标准。侯博[28]从苏格里气田废弃钻井液附近筛选出 SL-1 细菌，将微生物和固化处理技术相结合，菌体投加量为 6mL/mL，处理后的废弃钻井液的 COD_{Cr} 含量降低到 100mg/L 以下，石油类含量也降低到 7.4mg/L。表 1 列举了对石油类污染具有较强降解能力的部分微生物菌属。

表 1 可降解石油类污染物的部分微生物

降解菌	最适生长pH	最适生长温度（℃）	接种量（%）	降解对象	初始浓度（mg/L）	去除率（%）	参考文献
芽孢杆菌	6.0	50	2	原油	500	98	[29]
芽孢杆菌	7.2	32		原油	3898	66.8	[30]
地衣芽孢杆菌	7	52~58	2mL	石油	5000	53.14	[31]
假单胞菌	自然值	35	10	石油	4000	98.14	[32]
绿脓杆菌	7	37	1	原油	20000	93.16	[33]
红球菌	7	30	2	石油	1500	55.47	[34]
乳酪短杆菌	8.83	37		TPH	165000	99.6	[35]
不动杆菌	7.5	28	5	原油	2000	34.82	[36]
类芽孢杆菌	7	50	1	TOC		83	[37]
戈登氏菌	9	30	11	原油	3000~9000	43.98	[38]
肠杆菌	7	30	10	石油烃	1250	74.24	[39]
Kosakonia	7	30	10	石油烃	1250	80.29	

降解菌	最适生长 pH	最适生长温度(℃)	接种量(%)	降解对象	初始浓度(mg/L)	去除率(%)	参考文献
短芽孢杆菌	7	50	1	TOC		89	[40]
				石油		84.51	
Sinobaca bifengensis JH2^T	7.0/9.3	28~37	10	COD	5000	60.5	[41]
				柴油	1000	50	

3 微生物在高盐环境下对废弃钻井液的治理

采用微生物治理废弃盐水钻井液时，由于盐浓度较高，可对传统微生物的生理特性及生命活动产生很大影响，如破坏细胞膜、致使酶变性、降低氧的溶解度等，导致微生物生长代谢能力减弱，降解效果下降，无法发挥降解作用。科研人员通过筛选培育发现一类可生长于高盐环境的微生物，具有特殊的细胞结构、基因类型和生理机制，可在盐浓度较高的环境中正常代谢，即嗜盐微生物。因此，可将该类微生物用于废弃盐水钻井液的治理，具有广阔的应用前景。Chen J.[42]成功驯化了耐盐微生物群落，通过异养硝化反应处理高盐废水，COD去除效率可达97%。有些嗜盐菌还可以产生表面活性剂，Khemili-Talbi[43]从油田高矿化度污水中分离出一株极端嗜盐菌，该菌株能产生生物表面活性剂，在NaCl浓度为25%时仍具有降解苯酚的潜力。表2列举了部分嗜盐微生物菌属对石油类污染物的去除效果。

表 2　高盐环境下可降解石油类污染物的微生物

降解菌	最适生长 pH	最适生长温度(℃)	盐度	降解对象	降解率(%)	参考文献
假单孢菌	7.5	30	5g/L	石油	63.66	[44]
荧光假单胞菌	7	40	20%	原油	40.37	[45]
枯草芽孢杆菌	6.5	28	0.45%	原油	52.5	[46]
嗜盐菌 Salinicola sp.	6.5	30	8%	柴油	56	[47]
Klebsiella 柠檬酸菌	10	30	8%	石油	73	[48]
突变株黏质沙雷氏菌	7	30	80g/L	石油烃	74%	[49]
革兰氏阳性杆菌	9	36	3%	COD	68.5	[50]
革兰氏阴性菌	5.4	42	7.5%	原油	41.02	[51]
大洋沉积芽孢杆菌	8.2	36	0.9%	COD	71	[52]

4 微生物菌群治理废弃钻井液

由于钻井液成分极其复杂，每种降解菌有其各自的降解对象及降解范围，单菌株对所有污染物均可降解的情况少之又少，因此，多种微生物协同作用可在一定程度上提高对目标污染物的降解效果，提高降解效率。

高小龙[53]从含油量超过12g/kg、芳烃—胶质沥青含量超过80%、含盐量超过8g/kg的钻井废弃泥浆中富集得到1个活性微生物菌群，菌种包括假单胞菌属(Pseudomonas)、根瘤菌属(Rhizobium)、红细菌属(Rhodobacter)和嗜碱还原硫素杆菌(Dethiobacteralk aliphilus)，处理钻井废弃泥浆5天后，含油率由12403mg/kg降至42mg/kg，综合脱油效率99.67%，石油烃降解率68.9%。吴秉奇[54]以原油为唯一碳源，优选得到3株石油降解菌，对石油的降解率为34.5%~52.2%，经复配构建得到复合菌群SQ1，菌群在30℃、pH7.6、石油浓度20g/L条件下，11d内对石油的去除率提高至73.5%，对石油总烷烃的去除率为91.7%，对较难降解的C21~C35烷烃组分的降解率接近100%。朱淑芳[55]从含油污泥中分离筛选得到9株降解菌，对原油的降解率最高为48.73%，经正交复配后组成的菌群对原油的降解效果优于单个菌株，降解率达57.88%。李红[56]以原油降解率为指标，对5种优势降解菌复配，发现混合菌对原油的降解率较最优单菌对原油的降解率，提高了15.8%。苏俊霖[57]以废弃油基钻井液沉积物为处理对象，选择菌群为处理材料，在湿度30%、pH为6~8条件下，对沉积物中的TPH有较好的降解效果。何焕杰[58]结合破乳、油—水—固三相分离和微生物降解技术，对废弃油基钻屑进行处理，油相回收率大于85%，清洗后废渣总石油烃含量小于2%，再经生物深度处理30天后，废渣中总石油烃含量降至0.3%以下。

5 结语与展望

目前，利用微生物治理废弃钻井泥浆已经取得了一系列进展，但仍面临着诸多挑战与难题，如泥浆对微生物的抑制作用限制微生物的生长繁殖；相比于物理、化学方法，微生物治理周期相对较长；微生物本身的稳定性差，易受外界因素影响；微生物菌剂广谱性差、降解效果差等。从当前发展趋势来看，未来可从以下几个方面开展深入研究：

（1）充分挖掘天然微生物资源，加强对泥浆场地周围的微生物筛选，丰富泥浆降解微生物资源数据库。

（2）不断筛选和构建高效的微生物菌群，探索混合菌种在降解过程中的相互促进或抑制作用，充分发挥优势菌株间的协同作用，提高治理效果。

（3）进一步研究微生物对废弃泥浆主要污染物的作用机理，明确最优条件，提高微生物在泥浆中的活性与稳定性，以期为实际应用提供理论指导和技术支撑。

（4）联合多种技术，如物理、化学、动植物治理技术与微生物技术相结合，发挥优势互补，更快、更有效地治理废弃钻井泥浆。

（5）综合运用代谢学、基因科学等现代化的生物手段，提高微生物对环境的适应性、降低处理成本、优化实施工艺，简化作业程序。

（6）加强现场工艺的研究，尽快将研究成果应用到现场实践中，切实解决废弃泥浆的环境污染问题。

参 考 文 献

[1] 何长明，李俊华，王佳. 废弃钻井液无害化处理技术的研究[J]. 应用化工，2016，45(9)：1792-1794.

[2] Srivastava N K, Majumder C B. Novel biofiltration methods for the treatment of heavy metals from industrial wastewater[J]. Journal of Hazardous Materials，2008，151：1-8.

[3] 陈楠. 微生物在重金属污染土壤修复中的作用研究[J]. 环境科学与管理，2016，41(2)：86-90.

[4] Joutey N T, Sayel H, Bahafid W, et al. Mechanisms of Hexavalent Chromium Resistance and Removal by Microorganisms[J]. 2015.

[5] 余秀梅，李艳梅，崔永亮，等. 一株镉去除根瘤菌KG2、含有所述根瘤菌的菌剂及其用途[P]. 四川

省：CN107815428B，2020-06-09.

[6] 马永松，李琀，李珍珍，等．一株镍抗性和石油烃降解菌的分离鉴定及其生物学特性[J]．生物技术通报，2017，33(10)：169-177.

[7] 何环宇．重金属铜吸附优势菌株的筛选及其特性研究[D]．成都：西南交通大学，2017.

[8] 张晓倩，杨阔，王宁，等．一株红假单胞菌的分离及对 Cu~(2+)的去除[J]．微生物学通报，2020，47(8)：2392-2398.

[9] Kuyukina M S，Ivshina I B，Serebrennikova M K，et al. Oilfield wastewater biotreatment in a fluidized-bed bioreactor using co-immobilized Rhodococcus cultures[J]．Journal of Environmental Chemical Engineering，2017，5(1)：1252-1260.

[10] Kasimani R，Seenivasagan R，Sundar K. Optimization of Growth Medium and Biosorption of Chromium Using Micro Algae and Cyanobacteria[M]// Bioremediation and Sustainable Technologies for Cleaner Environment. Springer International Publishing，2017.

[11] 滕应，骆永明，李振高．污染土壤的微生物修复原理与技术进展[J]．土壤，2007(4)：497-502.

[12] 仝梦璐．滇池微生物群落及其重金属转化相关功能基因研究[D]．昆明：云南大学，2018.

[13] 宋洁．铬(Ⅵ)的微生物转化研究进展[J]．生物学教学，2015，40(2)：43-44+38.

[14] 曾远．铅锌矿区土壤中特异性微生物吸附转化铅机理研究[D]．北京：中国地质大学(北京)，2017.

[15] 陈敏会．微生物修复汞、铅等重金属污染的研究[D]．贵阳：贵州大学，2015.

[16] 吴敏，王锐，关旸，等．土壤重金属污染的微生物修复机理研究进展[J]．哈尔滨师范大学自然科学学报，2014，30(3)：147-150.

[17] 唐志远．具有溶镉能力的微生物筛选及其促生特性研究[D]．广州：华南农业大学，2018.

[18] 高楠雄．农田重金属污染土壤的化学微生物修复及植物效应研究[D]．南京：南京农业大学，2015.

[19] 吴岭．苎麻内生菌的筛选以及对土壤镉修复的强化作用[D]．株州：湖南工业大学，2018.

[20] 周雪芳．具有镉活化功能的根际促生溶磷菌的筛选及其活化镉作用研究[D]．广州：暨南大学，2017.

[21] Mansour D，Nasrallah N，Djenane D，et al. Richness of drilling sludge taken from an oil field quagmire：potentiality and environmental interest[J]．International Journal of Environmental ence & Technology，2016，13(10)：1-10.

[22] 陈立荣，李盛林，张敏，等．钻井固废生物处理技术[J]．油气田环境保护，2018，28(1)：25-27+61.

[23] 陈立荣，乔川，包莉军，等．水基钻井固废生物资源化土壤利用技术效果分析[J]．环境影响评价，2020，42(4)：53-57.

[24] 宋淑芬，马立安，胡传炯，等．一株磺化钻井液降解菌的筛选鉴定及其降解特性[J]．石油钻采工艺，2018，40(5)：589-595.

[25] Kuyukina M S，Ivshina I B，Serebrennikova M K，et al. Oilfield wastewater biotreatment in a fluidized-bed bioreactor using co-immobilized Rhodococcus cultures[J]．Journal of Environmental Chemical Engineering，2017，5(1)：1252-1260.

[26] 申圆圆，王文科，李菁，等．土壤中石油烃微生物降解动力学[J]．油气田环境保护，2017，27(4)：11-14.

[27] 万书宇，余思源，何天鹏，等．微生物处理水基钻井固废技术应用[J]．油气田环境保护，2019，29(2)：33-36+61.

[28] 侯博，杨勇平，孙欢．废弃钻井液微生物—固化复合处理技术研究[J]．应用化工，2017，46(11)：2191-2194.

[29] Li Z Y，Xie S，Jiang G，et al. Bioremediation of Offshore Oily Drilling Fluids[J]．Energy Sources，2015，37(13-16)：1680-1687.

[30] 韩志勇，张利军，李玲，等．固定化高效石油降解菌处理石油废水优化实验[J]．兰州理工大学学报，

2016，42（3）：77-81.

[31] 姜义，马洪杏，宗利，等. 耐高温石油烃降解菌的筛选及性能研究[J]. 中国微生态学杂志，2016，28（6）：674-677.

[32] 于彩虹，赵粉红，吴东奎，等. 一株假单胞菌（Pseudomonas）SYBS01 降解石油的特性[J]. 环境工程学报，2016，10（10）：6042-6048.

[33] 赵姣，屈撑囤，鱼涛，等. 高效原油降解菌的分离鉴定及降解特性分析[J]. 油田化学，2017，34（3）：532-537.

[34] 杨智，陈吉祥，周永涛，等. 玉门油田污染荒漠土壤石油降解菌多样性[J]. 环境科学研究，2017，30（5）：799-808.

[35] A O T，A F B，A A K A，et al. Synergistic effects of compost, cow bile and bacterial culture on bioremediation of hydrocarbon-contaminated drill mud waste[J]. Environmental Pollution, 266.

[36] 郭倩瑜，张建民，李蓉蓉. 含油废水处理中石油降解菌的筛选及其降解条件优化[J]. 纺织高校基础科学学报，2016，29（2）：269-274.

[37] 刘宇辉，黄朋，贾彬，等. 采油废水兼性厌氧降解菌株的筛选及鉴定[J]. 环境工程，2016，34（S1）：362-366+392.

[38] 汤瑶，王晓丽，雷霆，等. 渤海湾滩涂高效石油降解菌筛选及其降解性能研究[J]. 天津理工大学学报，2016，32（1）：49-52+57.

[39] 张斌，朱雷，郭超，等. 土壤石油高效降解菌的筛选、鉴定及其特性研究[J]. 科学技术与工程，2016，16（33）：317-322.

[40] 刘宇辉，黄朋，贾彬，等. 采油废水兼性厌氧降解菌株的筛选及鉴定[J]. 环境工程，2016，34（S1）：362-366+392.

[41] 唐雪. 废弃钻井泥浆降解细菌遗传多样性研究及两株降解细菌新种的确定[D]. 成都：四川农业大学，2016.

[42] Chen J, Han Y, Wang Y, et al. Start-up and microbial communities of a simultaneous nitrogen removal system for high salinity and high nitrogen organic wastewater via heterotrophic nitrification.［J］. Bioresour Technol, 2016, 216：196-202.

[43] Khemili-Talbi Isolation of an extremely halophilic arhaeon Natrialba sp. C21 able to degrade aromatic compounds and to produce stable biosurfactant at high salinity[J]. Extremophiles, 2015, 19（6）：1109-1120.

[44] 杨乐. 两株石油降解菌的筛选及其生长特性[J]. 湖北农业科学，2016，55（2）：333-336.

[45] 邓振山，马琳，张袭，等. 一株产表面活性剂石油降解菌筛选及其特性[J]. 环境工程学报，2017，11（5）：3295-3303.

[46] 牛志睿，山宝琴，刘羽，等. 响应面法优化石油降解菌性能的研究[J]. 环境工程学报，2016，10（3）：1527-1532.

[47] 林佳辉，王丹，李霜. 一株中度嗜盐菌 Salinicola sp. 在高盐环境中的烷烃降解特性[J]. 化工进展，2019，38（4）：1894-1902.

[48] 刘宇程，王姗镒，马丽丽，等. 石油降解菌筛选鉴定及耐受性分析[J]. 东北农业大学学报，2017，48（1）：49-57.

[49] 付瑞敏，李彬，薛婷婷，等. 一株耐盐石油降解菌的鉴定及低能 N~+注入诱变[J]. 环境科学与技术，2016，39（4）：41-46.

[50] 马乐，罗梓轩，祝亚婷，等. 可降低污水 COD 的耐盐微生物菌种筛选[J]. 石化技术，2019，26（12）：71-74.

[51] 邓振山，马琳，张袭，等. 一株产表面活性剂石油降解菌筛选及其特性[J]. 环境工程学报，2017，11（5）：3295-3303.

[52] 幸晶晶，马立安，余维初. 一株磺化沥青降解菌的筛选鉴定及降解特性研究[J]. 钻井液与完井液，

2018, 35(6): 42-48.

[53] 高小龙, 常允康, 侍浏洋, 等. 驯化复合微生物菌群处理废弃钻井泥浆活性研究[J]. 微生物学报, 2019, 59(1): 134-144.

[54] 吴秉奇, 刘淑杰, 陈福明, 等. 海洋石油降解菌的筛选及复合菌系的构建[J]. 生物技术通报, 2016, 32(8): 184-193.

[55] 朱淑芳, EHENEDEN IYOBOSA, 宁海军, 等. 高效原油污染降解菌的筛选、鉴定及菌群的构建[J/OL]. 生物技术通报: 1-9[2021-01-12].

[56] 李红. 耐盐石油降解菌群的构建及其降解性能研究[D]. 西安: 西安石油大学, 2020.

[57] 苏俊霖, 秦祖海, 闫璇, 等. 工程菌降解废弃油基钻井液沉积物中 TPH[J]. 环境工程, 2019, 37(1): 41-44, 40.

[58] 何焕杰, 单海霞, 马雅雅, 等. 油基钻屑常温清洗—微生物联合处理技术[J]. 天然气工业, 2016, 36(5): 122-127.

抗温180℃近油基钻井液体系研究及应用

司西强　王中华　王忠瑾　谢　俊

（中国石化中原石油工程有限公司钻井工程技术研究院）

【摘　要】　近油基钻井液是原创研发的一种作用机理与油基钻井液相近、性能与油基钻井液相当，且绿色环保的水基钻井液，通过嵌入及拉紧晶层、吸附成膜阻水、低水活度反渗透驱水、封堵微孔裂缝形成封固层等发挥抑制防塌性能，可实现"水替油"的技术目标。针对目前新疆顺北工区深井超深井在抗高温、井壁稳定、润滑防卡、绿色环保等方面的技术亟需，开展了抗高温近油基钻井液体系研究攻关。研发出耐温达332℃近油基液，构建并优化得到了抗温180℃近油基钻井液配方：近油基基液（水活度0.682）+1.0%~3.0%土+1.0%~1.5%降滤失剂AMC+0.5%~1.5%降滤失剂ZY-JLS+0.1%~0.3%流型调节剂MSG+3.0%~7.0%成膜封堵剂ZYPCT-1+1.0%~3.0%纳米封堵剂ZYFD-1+0.5%~2.0%固壁抑制剂GAPG-1+5.0%~7.0%辅助抑制剂ZYCOYZ-1+0.1%~0.3%pH调节剂+重晶石。钻井液密度在1.14~2.60g/cm³范围内可调。密度为1.14g/cm³时，钻井液水活度为0.641。钻井液抗温达180℃；岩屑回收率接近100%；极压润滑系数0.034，滤饼黏附系数0.0524；钻井液滤液表面张力25.178mN/m；钻井液中压滤失量0mL，高温高压滤失量8.0mL；钻井液EC_{50}值139700mg/L；钻井液抗盐达饱和，抗钙10%、抗土30%、钻屑25%、抗水30%、抗原油20%；钻井液表现出较好的储层保护性能。截至目前，抗高温近油基钻井液体系已在新疆顺北4-1H井、顺北11X井成功应用，效果突出，顺北4-1H井应用井段井径扩大率仅为5.21%，起下钻摩阻仅为4~8t。在抑制防塌、润滑防卡、降低循环温度、老浆回收利用、测井保障、钻后处理费用等方面表现出显著优势，实现了新疆深井超深井的绿色、安全、高效钻进。目前正在顺北53-2井、顺北46X井等多口井推广应用，具有较好的经济效益和社会效益，应用前景广阔。

【关键词】　深井超深井；抗高温近油基钻井液；低活度；强抑制；高润滑；绿色环保；水替油

　　自2011年以来，历经十余年攻关研究，中国石化中原石油工程公司王中华创新团队研制出了系列化的低活度近油基液[1-7]，并以其为基础，配套不同功能的其他配伍处理剂，构建并优化形成了抗温150℃近油基钻井液体系[8-13]，先后在东北页岩油水平井、江苏页岩

基金项目：中国石化集团公司重大科技攻关项目"烷基糖苷衍生物基钻井液技术研究"（JP16003）、中国石化集团公司重大科技攻关项目"改性生物质钻井液处理剂的研制与应用"（JP17047）、中国石化集团公司重大科技攻关项目"硅胺基烷基糖苷的研制与应用"（JP19001）联合资助。

作者简介：司西强，男，1982年5月出生，2005年7月毕业于中国石油大学（华东）应用化学专业，获学士学位，2010年6月毕业于中国石油大学（华东）化学工程与技术专业，获博士学位。现任中国石化中原石油工程公司钻井工程技术研究院首席专家，研究员，主要从事新型钻井液处理剂及钻井液新体系的研究及技术推广工作。近年来以第1发明人申报发明专利54件，已授权20件，出版专著1部，发表论文80余篇，获河南省科技进步奖等各级科技奖励20余项。地址：河南省濮阳市中原东路462号中原油田钻井院；电话：15039316302；E-mail：sixiqiang@163.com。

油水平井、延长页岩气水平井、四川页岩气水平井成功应用，较好地满足了国内页岩油气水平井的绿色、安全、高效钻进[14-15]。其中，采用近油基钻井液施工的松页油 2HF 井为国内第一口水基钻井液打成的页岩油水平井[16]，打破了松辽盆地北部页岩油储层被称为"钻井禁区""不可战胜"的神话，为我国下步页岩油大规模开发积累了宝贵的第一手资料，意义重大。在松页油 2HF 井施工过程中，100%纯泥岩裸眼浸泡 165d 仍然保持强效持久的井壁稳定(邻井坍塌周期不超过 21d)，完井作业以 200~300m/h 的高速度下套管一次成功。总的来说，近油基钻井液是一种作用机理与油基钻井液相近、性能与油基钻井液相当，且绿色环保的水基钻井液，通过嵌入及拉紧晶层、吸附成膜阻水、低水活度反渗透驱水、封堵微孔裂缝形成封固层等发挥抑制防塌性能，从技术、成本及环保等角度来说，近油基钻井液体系均表现出明显的优势，可实现"水替油"的技术目标，适用于高活性泥页岩、含泥岩等易坍塌地层的绿色、安全、高效钻进。

近年来，鉴于目前新疆顺北工区部分超深井的井深已超过 9000m，深层地层温度已高达 180℃，地质状况更加复杂，环保要求更加严苛[17-19]。因此，针对新疆顺北工区深井超深井在抗高温、井壁稳定、润滑防卡、绿色环保等方面的技术亟需，开展了抗高温近油基钻井液体系研究攻关，形成了抗温 180℃近油基钻井液体系。抗高温近油基钻井液体系已在新疆顺北 11X 井、顺北 4-1 井成功应用，在抑制防塌、润滑防卡、降低循环温度、老浆回收利用、测井保障、钻后处理费用等方面效果突出，并正在继续推广应用。本文主要介绍抗温 180℃近油基钻井液体系的研究概况及现场应用效果，以期对国内外钻井液技术人员有一定启发作用，促进钻井液技术不断进步。

1 抗温 180℃近油基钻井液体系

抗温 180℃近油基钻井液体系的研究目标在于在高温条件下充分发挥近油基基液的近油特性，以近油基基液为基础和连续相，研制或优选其他配伍处理剂，通过协同作用来提升近油基钻井液的综合性能，形成一种作用机理与油基钻井液相近，性能与油基钻井液相当，且绿色环保的抗高温近油基钻井液体系，满足现场高温高活性易坍塌地层的绿色、安全、高效钻进的技术亟需。

1.1 耐高温近油基基液研制

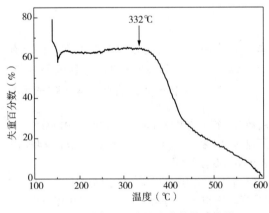

图 1　耐高温近油基基液的热重曲线

耐高温近油基基液是由糖基聚醚、杂多糖、胺基壳寡糖、烷基糖苷、甜菊糖苷、硬葡聚糖等天然产物经一系列生物化学反应制备得到。耐高温近油基基液对自由水具有牢固的束缚作用，其具有油的性质，可认为是一种近似油的物质，但又不存在油的环保问题。热重分析结果表明，近油基基液耐温达 332℃。耐高温近油基钻井液的热重曲线如图 1 所示。

通过对耐高温近油基基液的特性进行测试评价，结果表明，其水活度为 0.682，EC_{50} 值为 506800mg/L，220℃高温下基液相对抑制率达 100%，润滑系数 0.0178。可以定性预测的是，以耐高温近油基基液作为连续相配制得到的近油基钻井液体系必然具有突出的抗高温稳定性、超强的抑制防塌性能和突出的润滑防托压防卡性能。

1.2 体系构建及配方优化

以水活度为 0.682 的耐高温近油基基液作为基础和连续相，开展抗高温近油基钻井液体系的构建及配方优化。通过配套研制或优选的不同功能的各种配伍处理剂，并通过单因素考察实验和正交优化实验对钻井液配方组成进行优化，最终研究形成了抗温 180℃ 近油基钻井液体系的优化配方：耐高温近油基基液（水活度 0.682）+1.0%～3.0% 土+0.1%～0.3% 流型调节剂 MSG+1.0%～1.5% 降滤失剂 AMC+0.5%～1.5% 降滤失剂 ZY-JLS+3.0%～7.0% 成膜封堵剂 ZYPCT-1+1.0%～3.0% 纳米封堵剂 ZYFD-1+0.5%～2.0% 固壁抑制剂 GAPG-1+5.0%～7.0% 辅助抑制剂 ZYCOYZ-1+0.1%～0.3% pH 调节剂+重晶石。经测试，密度为 1.14g/cm³ 时，钻井液水活度为 0.641。

根据高温高压地层的实际需要，抗温 180℃ 近油基钻井液体系密度在 1.14～2.60g/cm³ 范围内可调。对抗高温近油基钻井液体系优化配方及加重钻井液性能进行了评价。钻井液老化实验条件为：180℃、16h。不同密度下抗高温近油基钻井液体系的性能评价结果如表 1 所示。

表 1　不同密度下抗高温近油基钻井液体系配方的性能结果

密度 ρ （g/cm³）	AV （mPa·s）	PV （mPa·s）	YP （Pa）	YP/PV ［Pa/(mPa·s)］	Gel （Pa/Pa）	FL_{API} （mL）	FL_{HTHP} （mL）	润滑系数	黏附系数	pH 值
1.14	38.5	24	14.5	0.604	3.0/5.0	0	8.0	0.034	0.0524	9.0
1.40	46.5	31	15.5	0.500	4.0/5.5	0	6.4	0.047	0.0612	9.0
1.70	52.5	36	16.5	0.458	4.0/6.5	0	6.0	0.064	0.0787	9.0
2.00	63.5	49	14.5	0.296	5.0/7.0	0	5.4	0.078	0.1228	9.0
2.50	71.5	55	16.5	0.300	5.5/8.5	0	4.6	0.097	0.1228	9.0
2.60	77.0	60	17.0	0.283	5.5/12.5	0	2.8	0.127	0.1228	9.0

由表 1 中数据可以直观地看出，抗高温近油基钻井液体系在不加重及密度较低的情况下，流变性及降滤失性能均较好，随着密度的升高，钻井液黏度和切力均呈上升趋势，高温高压滤失量呈降低趋势，虽然润滑系数随着密度升高而逐渐增大，但在高密度条件下仍然保持了较好的润滑性能。当密度为 1.14g/cm³ 时，钻井液表观黏度 38.5mPa·s，塑性黏度 24mPa·s，动切力 14.5Pa，动塑比 0.604，中压滤失量 0mL，高温高压滤失量 8.0mL，极压润滑系数 0.034，滤饼黏附系数 0.0524；当密度升高至 2.0g/cm³ 时，钻井液表观黏度 63.5mPa·s，塑性黏度 49mPa·s，动切力 14.5Pa，动塑比 0.296，中压滤失量 0mL，高温高压滤失量 5.4mL，极压润滑系数 0.078，滤饼黏附系数 0.1228；当密度升高至 2.6g/cm³ 时，钻井液表观黏度 77.0mPa·s，塑性黏度 60mPa·s，动切力 17.0Pa，动塑比 0.283，中压滤失量 0mL，高温高压滤失量 2.8mL，极压润滑系数 0.127，滤饼黏附系数 0.1228。可以看出，在高密度情况下，钻井液黏度上升幅度较大，特别是塑性黏度较表观黏度上升的速度更快，针对上述问题，可通过严格控制重晶石质量及粒度、调变钻井液配方中聚合物加量来优化钻井液流变性能，确保抗高温近油基钻井液体系在高密度时仍然具有较好的流型，以满足不同区域不同地层现场施工的技术需求，实现安全、快速、高效钻进。普通水基钻井液或

高性能水基钻井液在高密度情况下，由于其抑制地层造浆的能力较差，随着劣质固相不断侵入钻井液体系，在钻进中后期，往往会出现钻井液黏切大幅度上升且难以控制的难题，而近油基钻井液体系中的近油基基液是一种性能与油相近的流体，可消除地层黏土矿物及钻屑的水化作用，从而避免地层造浆导致的流变性能失控难题。

1.3 钻井液性能

抗高温近油基钻井液体系是以水活度为 0.682 的耐高温近油基基液作为连续相配制而成。由于耐高温近油基基液具有强抑制、高润滑、低表面张力、吸附自由水、固液容量限高、封固微孔裂缝、无毒环保等特性，配制得到的抗高温近油基钻井液体系也表现出优异的性能。具体对抗高温近油基钻井液体系的抑制、润滑、滤液表面活性、降滤失、抗污染、储层保护、生物毒性等性能进行了评价测试。并从抑制、润滑、失水、储层保护及生物毒性等方面对抗高温近油基钻井液和油基钻井液进行了比较。

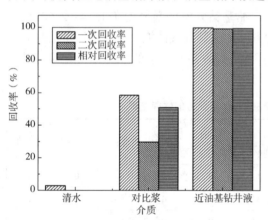

图 2　清水、对比浆及抗高温近油基钻井液岩屑回收率结果

1.3.1 抗高温近油基钻井液性能

1.3.1.1 抑制性能

（1）岩屑回收实验。

清水、对比浆与抗高温近油基钻井液的岩屑回收率实验结果如图 2 所示。对比浆为按照抗高温近油基钻井液体系优化配方扣除近油基基液后配制得到的参照钻井液。岩屑回收实验条件为 180℃、16h，所用岩屑为马 12 井 4～10 目泥岩岩屑。

由图 2 中实验结果可以看出，180℃高温滚动 16h，抗高温近油基钻井液中岩屑一次回收率为 99.80%，二次回收率为 99.20%，相对回收率为 99.40%，而清水中的岩屑一次回收率仅为 2.9%，对比浆的岩屑一次回收率为 58.40%，二次回收率为 29.70%，相对回收率为 50.86%。抗高温近油基钻井液的岩屑回收率接近 100%，远远高于对比浆的岩屑回收率。综合上述分析，抗高温近油基钻井液对易水化黏土矿物具有超强的抑制膨胀、水化分散能力，表现出优异的抑制防塌性能。

（2）膨润土柱高温滚动实验。

为进一步考察高温条件下抗高温近油基钻井液对膨润土柱子的影响，对清水、对比浆、抗高温近油基钻井液浸泡并高温滚动的膨润土柱子外观形貌进行了对比，对膨润土柱子的筛余量(过 40 目筛)进行干燥称重。对比浆为按照抗高温近油基钻井液体系优化配方扣除近油基基液后配制得到的参照钻井液。老化实验条件：180℃热滚 16h。热滚前后膨润土柱子的外观形貌如图 3 和图 4 所示；热滚后膨润土柱子回收质量如表 2 所示。

由图 3、图 4 和表 2 中实验现象及实验结果可以看出，180℃热滚 16h 后，从膨润土柱子的外观状态来看，清水中高温滚动的膨润土柱子分散最为严重，已经失去原来柱子的形状，外观为一滩泥水，干燥后称重质量仅为 3.14g，柱子回收率为 15.45%；扣除近油基基液后的对比浆中高温滚动的膨润土柱子也未保持住柱子的原始形貌，外观表现为一些尺寸较大的黏土颗粒碎屑，干燥后称重质量仅为 8.97g，柱子回收率为 44.14%，说明对比浆具有一定的抑制黏土矿物水化膨胀分散的功能；抗高温近油基钻井液中高温滚动的膨润土柱子保持了原始形貌，柱体未出现裂缝和水化膨胀分散现象，可以认为，抗高温近油基钻井液完全抑制住了膨润土柱子的水化分散，且其在膨润土柱子上具有成膜吸附作用，导致干燥称重的膨润土柱子超过原始质量，干燥后称重质量为20.86g，柱子回收率为102.61%。

清水　　　　　　　　　　　对比浆　　　　　　　　抗高温近油基钻井液

图3　不同介质热滚前膨润土柱子的外观形貌

清水　　　　　　　　　　　对比浆　　　　　　　　抗高温近油基钻井液

图4　不同介质热滚后膨润土柱子的外观形貌

表2　清水、基液、抗高温近油基钻井液热滚后膨润土柱子回收质量

介质种类	热滚前柱子质量(g)	热滚后柱子质量(g)	柱子回收率(%)
清水	20.33	3.14	15.45
对比浆	20.32	8.97	44.14
抗高温近油基钻井液	20.33	20.86	102.61

1.3.1.2　润滑性能

对抗高温近油基钻井液的润滑性能进行了测试评价，并与清水和对比浆的润滑性能进行了对比。对比浆为按照抗高温近油基钻井液体系优化配方扣除近油基基液后配制得到的参照钻井液。对比浆和抗高温近油基钻井液的润滑性能结果均在180℃热滚16h后测试得到，所用仪器为EP极压润滑仪、滤饼黏附系数测定仪。评价测试结果如表3所示。

由表3中实验数据可以看出，抗高温近油基钻井液中水活度为0.682的近油基基液的存在可显著降低钻井液的极压润滑系数和滤饼黏附系数。对比浆的润滑系数为0.145，黏附系数为0.1687；抗高温近油基钻井液极压润滑系数为0.034，滤饼黏附系数为0.0524，与对比浆相比，润滑系数降低率和黏附系数降低率分别为76.55%和68.94%。综上所述，抗高温近油基钻井液中存在的水活度为 0.682 的近油基基液可显著改善钻井液的润滑性能，避免现场钻井施工过程中出现的起下钻摩阻大、托压卡钻等井下复杂，满足现场施工过程中的润滑防卡要求。

表 3　清水、基液、抗高温近油基钻井液润滑性能测试结果

配方	极压润滑仪示数	极压润滑系数	润滑系数降低率(%)	滤饼黏附系数	黏附系数降低率(%)
清水	40.0	0.340	—	—	—
对比浆	17.0	0.145	—	0.1687	—
抗高温近油基钻井液	4.0	0.034	76.55	0.0524	68.94

1.3.1.3　滤液表面活性

考察了对比浆及抗高温近油基钻井液的滤液表面活性。对比浆为按照抗高温近油基钻井液体系优化配方扣除近油基基液后配制得到的参照钻井液。将 180℃ 热滚 16h 后的对比浆及抗高温近油基钻井液压取滤液，在室温下测定其表面张力，实验结果如表 4 所示。

表 4　清水、基液、抗高温近油基钻井液滤液表面张力测试结果

配方	表面张力(mN/m)	表面张力降低率(%)
清水	72.300	
对比浆	36.316	—
抗高温近油基钻井液	25.178	30.67

由表 4 中实验数据可以看出，抗高温近油基钻井液的滤液表面张力为 25.178mN/m，较对比浆滤液的表面张力有较大程度的降低，表面张力降低率为 30.67%，表现出较好的表面活性，有利于减小水锁效应，提高滤液返排效率，提高油气采收率。

1.3.1.4　降滤失性能

考察了对比浆、抗高温近油基钻井液的中压滤失量和高温高压滤失量。对比浆为按照抗高温近油基钻井液体系优化配方扣除近油基基液后配制得到的参照钻井液。通过对比分析，得出近油基基液对抗高温近油基钻井液滤失量的影响。老化条件：180℃、16h。实验结果见表 5。

表 5　近油基基液水活度对钻井液滤失量的影响

配方	FL_{API}(mL)	FL_{HTHP}(mL)
对比浆	1.8	14.0
抗高温近油基钻井液	0	8.0

由表 5 中实验数据可以看出，对比浆的中压滤失量为 1.8mL，高温高压滤失量为 14.0mL，抗高温近油基钻井液的中压滤失量为 0mL，高温高压滤失量为 8.0mL。这说明在抗高温近油基钻井液中，由于水活度为 0.682 的低水活度近油基基液连续相的存在，其可与其他处理剂发生协同作用，使抗高温近油基钻井液的滤失量显著降低。低水活度近油基基液对抗高温近油基钻井液体系具有显著的降滤失效果。

1.3.1.5　抗污染性能

为了考察抗高温近油基钻井液的抗盐、抗钙、抗膨润土、抗钻屑、抗水侵及抗原油等污

染的能力，在抗高温近油基钻井液中人为加入工业盐、氯化钙、膨润土、钻屑、水、原油等对钻井液性能影响较大的固体液体物质，180℃高温滚动16h，对钻井液性能进行评价测试，得出抗高温近油基钻井液的抗污染性能评价结果。实验评价结果表明，抗高温近油基钻井液体系抗盐达饱和，抗钙10%，抗土30%、抗钻屑25%、抗水侵30%，抗原油20%。抗高温近油基钻井液体系具有较高的固相和液相容量限，这些固体和液体的侵入不会破坏钻井液的性能，表现出突出的抗污染性能。

1.3.1.6　储层保护性能

为了评价抗高温近油基钻井液体系的储层保护性能，考察了该钻井液对岩心进行静态和动态污染后的渗透率恢复值。渗透率恢复值评价实验所选用岩心为东北松页油2HF井天然岩心，岩心直径25mm，岩心长度25.5mm。岩心夹持器加热温度90℃。评价测试结果见表6。

表6　抗高温近油基钻井液渗透率恢复值测试结果

实验方式	围压（MPa）	$p_{前稳}$（MPa）	$p_{后稳}$（MPa）	渗透率恢复值（%）
静态	6.0	0.355	0.382	92.93
动态	6.0	0.421	0.462	91.13

由表6中天然岩心的动态渗透率恢复值和静态渗透率恢复值的测试数据可以看出，用抗高温近油基钻井液动态或静态污染岩心后，岩心的静态渗透率恢复值大于92%，动态渗透率恢复值大于91%，说明抗高温近油基钻井液对地层伤害程度较小，表现出较好的储层保护性能。

1.3.1.7　生物毒性

对抗高温近油基钻井液体系的生物毒性进行了评价测试，所用方法为发光细菌法，检测指标为EC_{50}值。经检测，抗高温近油基钻井液优化配方的EC_{50}值为139700mg/L，远大于排放标准30000mg/L。得出结论为：抗高温近油基钻井液无生物毒性，绿色环保，可适用于海洋及其他环境敏感地区的钻井施工，实现绿色、安全、高效钻进。

1.3.2　近油基与油基性能对比

为充分认识抗高温近油基钻井液体系的近油基特性及环保性能，从抑制、润滑、失水、储层保护及生物毒性等方面对抗高温近油基钻井液和油基钻井液进行了对比。岩屑回收实验条件为180℃、钻井液老化实验条件为180℃、16h。抗高温近油基钻井液按1.2中提供的优化配方配制；油基钻井液配方组成：柴油+4%~6%有机膨润土+20%CaCl₂+2%~3%氧化沥青+4%粉状乳化剂+1%Span80+3%CaO+2%结构剂+2%降滤失剂JPAS，油水比为8:2。实验结果如表7所示。

表7　抗高温近油基钻井液与油基钻井液性能对比

钻井液	岩屑回收率（%）	润滑系数	FL_{API}（mL）	FL_{HTHP}（mL）	动/静态渗透率恢复值（%）	EC_{50}值（mg/L）
近油基	99.80	0.034	0	8.0	91.13/92.93	139700
油基	100.00	0.043	0.8	7.8	90.76/93.52	—

由表7中实验数据可以看出，抗高温近油基钻井液岩屑回收率为99.80%，油基钻井液

岩屑回收率为100%；抗高温近油基钻井液润滑系数为0.034，油基钻井液润滑系数为0.043；抗高温近油基钻井液中压滤失量和高温高压滤失量分别为0mL和8.0mL，油基钻井液中压滤失量和高温高压滤失量分别为0.8mL和7.8mL；抗高温近油基钻井液动静态渗透率恢复值分别大于91%和92%，油基钻井液动静态渗透率恢复值分别大于90%和93%。由上述实验数据分析结果可以看出，抗高温近油基钻井液在抑制、润滑、降滤失、储层保护等方面性能与油基钻井液相当，且具有油基钻井液所不具备的绿色环保效果。因此，在目前世界环保要求日益严格的情况下，抗高温近油基钻井液可作为避免高温复杂地层现场施工环保压力的一种有效解决手段，实现绿色、安全、高效钻进。

2 抗高温近油基钻井液现场应用

截至目前，抗高温近油基钻井液体系已在新疆顺北4-1H井、顺北11X井成功应用，效果突出。其中，顺北4-1H井应用井段井径扩大率仅为5.21%，起下钻摩阻仅为4~8t。在抑制防塌、润滑防卡、降低循环温度、老浆回收利用、测井保障、钻后处理费用等方面表现出显著优势，实现了新疆深井超深井的绿色、安全、高效钻进。目前正在顺北53-2井、顺北46X井等多口井推广应用，具有较好的经济效益和社会效益，应用前景广阔。本节主要介绍抗高温近油基钻井液体系在顺北4-1H井的应用情况。

2.1 概况

抗高温近油基钻井液体系在新疆顺北4-1H井成功应用。顺北4-1H井位于新疆沙雅县境内，是中石化西北油田分公司部署于顺北4号断裂带的一口定向开发水平井，设计井深8036.61m/7928m(垂)，由华北西部钻井公司90103HB钻井队承钻，由中原钻井院提供四开抗高温近油基钻井液技术服务，于2021年4月28日19:00开钻，由于定向方位数据出现偏差，甲方决定填井侧钻，2021年5月16日16:00开始侧钻，2021年6月2日7:00完钻，完钻井深8036.61m/7925.09m(垂)，完钻井斜38.1°。整个钻进过程井壁稳定无掉块，起下钻摩阻低，顺利完钻，电测顺利，裸眼完井。

顺北4-1H井的井身结构设计如表8所示。

表8　顺北4-1H井井身结构设计表

开钻顺序	钻头直径（mm）	井深（m）	套管外径（mm）	套管下深（m）	备注
1	444.5	2000	339.7	1999	
2	311.2	5820	250.8+244.5	5818	双级固井，双级箍位置3000m左右
3	215.9	7284	177.8	7282	悬挂器位置5618m
4	149.2	8036.61/7928	—	—	

2.2 技术难点

顺北4-1H井位于顺北4号断裂带上，该井施工技术难点主要表现在以下三个方面：

（1）破碎带地层易井壁失稳。

顺北4-1H井地质预测在井深7783.8~7836.7m(斜)/7470~7480m(垂)，水平位移417.5~469.5m处钻遇破碎带，地层易垮塌掉块，井壁失稳风险极大，且破碎带附近裂缝可能非常发育，易发生放空、井漏、卡钻等。

（2）小井眼定向易托压，环空压耗高。

顺北 4-1H 井四开井眼尺寸为 149.2mm，环空间隙小，定向易托压，对钻井液润滑防卡性能要求极高，同时井眼小导致环空压耗高，对钻井液流变性能要求高。

（3）对钻井液高温稳定性及环保要求高。

顺北 4-1H 井井底温度高达 169℃，对钻井液高温稳定性要求高，同时对定向工具和仪器的抗高温性能要求高，以确保轨迹控制和定向钻井效率。前期甲方在顺北 4-1H 井的部分邻井采用油基钻井液，油基钻井液钻屑需要环保处理，存在综合使用成本过高及影响完井电测数据获取的难题，而近油基钻井液绿色环保，抑制防塌及润滑性能与油基钻井液相当，钻屑无需环保后处理，同时不影响电测数据的获取。

2.3　技术对策

针对施工技术难点，主要从井壁稳定、润滑防卡、高温稳定三个方面来制定技术对策。

（1）井壁稳定技术。

① 低活度近油基基液作为连续相，通过嵌入及拉紧晶层、吸附成膜阻水、低水活度反渗透驱水、封堵微孔裂缝形成封固层等发挥超强抑制防塌性能。

② 引入固壁抑制剂 GAPG-1，通过与地层黏土矿物发生化学胶结作用，固结破碎带井壁，实现井眼稳定；引入辅助抑制剂 ZYCOYZ-1，通过嵌入黏土晶格抑制黏土矿物水化膨胀分散。

③ 引入成膜封堵剂 ZYPCT-1、纳米封堵剂 ZYFD-1、不同粒径刚性和变形材料（与地层孔缝相匹配），通过成膜柔性封堵和纳微米级配刚性封堵等多重封堵措施，降低液相压力传递，预防破碎地层应力坍塌。

（2）润滑防卡技术。

① 近油基基液作为连续相，含大量长链烷基、氮、醇羟基等疏水亲油基团及强吸附基团，可通过强吸附基团在井壁及钻具表面产生物理吸附和化学吸附，亲油基朝外，形成金属杂化薄膜，具有突出的抗磨性和耐极压性；

② 后期完井作业使用塑料小球、石墨等固体润滑剂，使钻具与井壁之间的滑动摩擦转变为滚动摩擦，保障下套管作业顺利施工。

（3）高温稳定技术。

近油基基液本身耐温达 332℃，以其为连续相配制成的近油基钻井液抗高温性能突出；同时，引入抗温 180℃的流型调节剂 MSG、抗温 180℃的抗盐降滤失剂 AMC、抗温 200℃成膜封堵剂 ZYPCT-1 和抗温 200℃固壁抑制剂 GAPG-1 等多种配套抗高温处理剂，与近油基基液协同提升近油基钻井液高温稳定性能。

2.4　应用效果

通过对现场实钻情况进行总结分析，发现近油基钻井液体系具有以下应用效果。

（1）抑制防塌效果突出，井壁保持长久稳定。

顺北 4-1H 井四开钻进过程中井漏严重，多次发生失返性漏失，共漏失钻井液 600 余立方米，为减小漏失概率，将近油基钻井液密度由设计的 1.34g/cm³ 降至 1.13g/cm³，降低幅度高达 0.21g/cm³，即便在密度如此大幅波动的情况下，依然保持了强效持久的井壁稳定状态，无掉块产生，起下钻顺畅，完井电测一次成功，井径规则，应用井段平均井径扩大率仅为 5.12%。

抗高温近油基钻井液在顺北4-1H井四开应用井段的井径曲线如图5所示。

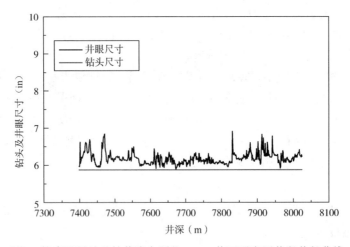

图5 抗高温近油基钻井液在顺北4-1H井四开应用井段井径曲线

（2）机械钻速高。

抗高温近油基钻井液在顺北4-1H井四开应用，平均机械钻速4.4m/h，四开钻井周期16.63d，较设计周期缩短10.37d，节约率达38.4%。跟邻井相比提速效果显著。

（3）润滑效果突出。

顺北4-1H井四开钻进过程中，抗高温近油基钻井液润滑系数小于0.06，定向过程非常顺利，无托压现象，一趟钻完成造斜目标，起下钻摩阻4~8t，润滑效果与油基钻井液相当。

（4）钻井液降温效果显著，提高了定向仪器工作效率。

通过对顺北工区应用的其他水基钻井液的降温效果进行统计分析，结果表明，常规水基钻井液降温幅度为9℃，顺北8X井侧钻2开第1趟钻最高温度168.75℃，顺北11侧钻探管数据最高静止温度163℃。而顺北4-1H井的井底静止温度经定向仪器测试为153~169℃，使用抗高温近油基钻井液体系，由于其具有在井底热容量限高，返出井底时散热快的优点，钻进过程中钻井液循环温度仅为132~141℃，循环降温幅度可达20~29.9℃，有效提高了螺杆、定向仪器及钻头在高温下的工作效率及使用寿命。

（5）保障了测井项目不受限制。

近油基钻井液体系连续相为近油基基液，其虽具有油的特性，但本质仍为水基，对所有的测井项目均无干扰，有效解决了油基钻井液部分测井项目受限的技术难题。

（6）老浆循环利用率高，绿色环保。

顺北4-1H井使用顺北11X老浆240m³，抗高温近油基钻井液重复使用率达92.3%，老浆性能稳定，与新配制浆配伍性能良好，钻井过程中钻井液高温性能稳定，有效降低了近油基使用综合成本；抗高温近油基钻井液EC_{50}值为139700mg/L，远大于排放标准30000mg/L，无生物毒性，绿色环保。

3 结论及认识

（1）研制出耐温达332℃、水活度为0.682的近油基基液，其是由糖基聚醚、杂多糖、胺基壳寡糖、烷基糖苷、甜菊糖苷、硬葡聚糖等天然产物经一系列生物化学反应制备得到，对自由水具有牢固的束缚作用。

（2）以水活度为 0.682 的耐高温近油基基液作为基础和连续相，构建并研究得到了抗温 180℃ 近油基钻井液体系优化配方。钻井液密度在 1.14～2.60g/cm³ 范围内可调。密度为 1.14g/cm³ 时，钻井液水活度为 0.641。钻井液表现出优异的抗高温、抑制、润滑、降滤失、抗污染、储层保护、环保等性能。

（3）抗高温近油基钻井液在抑制、润滑、降滤失、储层保护等方面性能与油基钻井液相当，且具有油基钻井液所不具备的绿色环保效果。因此，在目前世界环保要求日益严格的情况下，抗高温近油基钻井液可作为避免高温复杂地层现场施工环保压力的一种有效解决手段，实现绿色、安全、高效钻进。

（4）抗高温近油基钻井液体系在超深井应用效果突出。顺北 4-1H 井应用井段井径扩大率仅为 5.21%，起下钻摩阻仅为 4～8t。在抑制防塌、润滑防卡、降低循环温度、老浆回收利用、测井保障、钻后处理费用等方面表现出显著优势，实现了新疆超深井的绿色、安全、高效钻进。

（5）继续开展抗温 200℃ 及以上的近油基钻井液技术攻关，满足现场更高温度地层绿色、安全、高效钻进的技术需求。

（6）在目前"近油基钻井液体系"持续深入研究及不断实践的基础上，探索开展"超油基钻井液体系"的前瞻研究。

参 考 文 献

[1] 王中华. 钻井液及处理剂新论[M]. 北京：中国石化出版社，2017：456-467.

[2] 司西强，王中华. 钻井液用烷基糖苷及其改性产品合成、性能及应用[M]. 北京：中国石化出版社，2019：301-312.

[3] 司西强，王中华，赵虎. 钻井液用烷基糖苷及其改性产品的研究现状及发展趋势[J]. 中外能源，2015，20(11)：31-40.

[4] 司西强，王中华. 钻井液用聚醚胺基烷基糖苷的合成及性能[J]. 应用化工，2019，48(7)：1568-1571.

[5] 司西强，王中华，魏军，等. 钻井液用阳离子甲基葡萄糖苷[J]. 钻井液与完井液，2012，29(2)：21-23.

[6] 魏风勇，司西强，王中华，等. 烷基糖苷及其衍生物钻井液发展趋势[J]. 现代化工，2015，35(5)：48-51.

[7] 司西强，王中华，贾启高，等. 阳离子烷基糖苷的中试生产及现场应用[J]. 应用化工，2013，42(12)：2295-2297.

[8] 司西强，王中华，王伟亮. 聚醚胺基烷基糖苷类油基钻井液研究[J]. 应用化工，2016，45(12)：2308-2312.

[9] 司西强，王中华，魏军，等. 阳离子烷基葡萄糖苷钻井液[J]. 油田化学，2013，30(4)：477-481.

[10] 司西强，王中华，王伟亮. 龙马溪页岩气钻井用高性能水基钻井液的研究[J]. 能源化工，2016，37(5)：41-46.

[11] 谢俊，司西强，雷祖猛，等. 类油基水基钻井液体系研究与应用[J]. 钻井液与完井液，2017，34(4)：26-31.

[12] 赵虎，司西强，王爱芳. 国内页岩气水基钻井液研究与应用进展[J]. 天然气勘探与开发，2018，41(1)：90-95.

[13] 赵虎，司西强，甄剑武，等. 氯化钙—烷基糖苷钻井液页岩气水平井适应性研究[J]. 钻井液与完井液，2015，32(6)：22-25.

[14] 赵虎，孙举，司西强，等．ZY-APD高性能水基钻井液研究及在川南地区的应用[J]．天然气勘探与开发，2019，42(3)：139-145.

[15] 高小芃，司西强，王伟亮，等．钻井液用聚醚胺基烷基糖苷在方3井的应用研究[J]．能源化工，2016，37(5)：23-28.

[16] 司西强，王中华，雷祖猛，等．近油基钻井液技术及实践[A]．2019年度全国钻井液完井液学组工作会议暨技术交流研讨会论文集[C]．北京：中国石化出版社，2019：7-20.

[17] 董小虎，商森．顺北区块超深120mm小井眼定向技术难点及对策[J]．西部探矿工程，2018，30(1)：47-50.

[18] 王建云，杨晓波，王鹏，等．顺北碳酸盐岩裂缝性气藏安全钻井关键技术[J]．石油钻探技术，2020，48(3)：12-19.

[19] 付均，袁俊文．抗高温高密度水基钻井液技术研究[J]．西部探矿工程，2019，31(1)：27-29.

页岩气油基钻井液外相转化回收利用技术

刘浩冰　赵素娟

（中国石化江汉工程钻井一公司）

【摘　要】 柴油基钻井液一直是页岩气水平段钻井常用的钻井液体系，随着江汉工程在川渝区块大面积推广白油基钻井液，在资源化再利用方面存在两种体系转化难的问题。笔者通过两种不同外相钻井液结构特性，优选新型乳化剂、润湿剂等在两种不同基础油的高效适应性，达到外相转化后形成稳定油包水乳化钻井液，通过其他封堵剂等关键助剂优化，提高油基钻井液防漏堵漏能力，并在宜志页 2HF 井三开水平段使用。现场应用结果表明，以白油基老浆与柴油基胶液 3∶1 比例混配，通过加入新型乳化剂、润湿剂及相适应的降滤失剂、封堵剂成功转化成柴油基钻井液，该钻井液在钻进期间保持了良好的流变性、乳化稳定性以及封堵防塌性；井壁稳定，三开水平段井径扩大率为 5.4%；高温高压失水小于 1.6mL，很好的满足井下施工要求。实现了老浆的重复利用及两种油基钻井液的无缝衔接，达到了降本增效的目的。

【关键词】 柴油基钻井液；白油基钻井液；外相转化；回收利用

一直以来页岩气油基钻井液通过充分重复利用来降低成本及对环境的影响[1-3]。由于柴油基钻井液和白油基钻井液两个体系组分结构不同，在配制和维护措施方面存在差异[4]，目前大部分的柴/白油基老浆重复利用技术均来自同外相老浆之间，由于基础油组分不同，相适应的处理剂也有所不同，导致白油基转化成柴油基钻井液和柴油基钻井液转化为白油基转化失败，使得储存和使用成本增大，对于不同外相之间的"混用"鲜有报道。但是随着江汉工程川渝区块大面积推广白油基钻井液，在资源化再利用方面亟待解决两种体系转化问题，因此，筛选与两种不同基础油均具有高效适应性的新型乳化剂等关键助剂，优化外相互相转化技术，实现两种油基钻井液的无缝衔接，对于油基钻井液重复利用，降低油基钻井液成本，具有重大现实意义。

1　页岩气油基钻井液外相转化优化

保持乳状液的稳定性是油基钻井液的核心问题，乳化剂的有效性常常与基油的化学组成等有关[5]，因此，柴/白油基体系外相转化，研选与两种基础油高效适应性的新型乳化剂，并结合其他封堵剂、降滤失剂等助剂的优化，最终确定钻井液转化基础配方见表 1，其性能见表 2。

从表 2 数据，柴油基钻井液混入白油基胶液，白油基钻井液混入柴油基胶液，达到外相转化，通过研选出的新型乳化剂、润湿剂，达到稳定油包水乳化钻井液，通过封堵剂、氧化钙、降滤失剂等处理剂加量优化、油水比调整等，提高油基钻井液封堵等能力，两种外相转化后的钻井液均达到性能要求，白油基钻井液具有更小的塑性黏度，破乳电压均高于 450V，

作者简介：刘浩冰，中国石化江汉工程钻井一公司，工程专家。地址：湖北省潜江市江汉油田五七大道文化路 2 号泥浆公司；电话：18071996178；E-mail：jhlhb9lhb@126.com。

高温高压滤失量低于 5.0mL，具有较好的乳化稳定性，在现场应用中可根据混入的不同外相老浆性能和现场要求，调整新老浆混配比例及油水比。

表 1　油基钻井液外相优化配比基础配方

配方	柴/白配比	油水比	高效乳化剂（%）	高效润湿剂（%）	降滤失剂（%）	CaO（%）	油基封堵剂（%）
1	柴油基钻井液：白油胶液（60：40）	80：20	2.5	2.0	2.0	3.0	1.5
2		70：30	3.0	2.0	2.0	3.0	1.5
3		65：35	3.0	2.5	2.0	3.0	1.5
4	白油基钻井液：柴油胶液（60：40）	80：20	2.0	1.0	2.0	3.0	1.5
5		70：30	2.5	2.0	2.0	3.0	1.5
6		65：35	3.0	2.0	2.0	3.0	1.5

注：试验温度 65℃，密度均为 1.90g/cm³。

表 2　不同配方下油基钻井液基本性能

配方	实验条件	PV(mPa·s)	YP(Pa)	Φ_6	Φ_3	Gel(Pa/Pa)	E_S(V)	FL_{HTHP}(mL)
柴油基钻井液	滚后	51	10.5	8	6	5/9	489	2.0
1	滚前	49	10	8	5	4.5/8	652	
	滚后	50	9.5	7.5	5	5/8.5	668	2.4
2	滚前	52	11	9	5.5	6/9	647	
	滚后	51.5	10.5	8.5	5	5/8.5	650	2.8
3	滚前	65	12.5	11	9	5.5/10	625	
	滚后	64	12	11	8.5	6/9	601	4.2
4	滚前	46	10	6.5	5	4.5/6.5	588	
	滚后	45	9.5	7	6	5/7	592	2.2
5	滚前	48	11	7	5	5/7.5	576	
	滚后	46.5	10.5	6	5	4.5/7	578	2.4
6	滚前	62	12	8	6	6/8	554	
	滚后	61	11.5	7	5	5.5/8	568	4.4
白油基钻井液	滚后	44	7	6	4	4/6	475	1.8

注：试验温度 65℃，热滚条件：160℃下热滚 16h。

2　页岩气油基钻井液外相转化优化性能评价

室内对外相转化优化后钻井液体系进行了综合性能评价，以油水比 70：30、胶液混配 60：40 为例，评价其沉降稳定性、抗温性、抗污染能力以及封堵能力。

2.1　沉降稳定性评价

室内评价了油水比为 70：30、密度为 1.90g/cm³ 的柴/白油基(60：40)钻井液以及白/柴油基(60：40)钻井液的沉降稳定性。将配制好的钻井液在160℃下热滚16h后，常温静置24h，测定钻井液的上下密度。实验结果见表3。

表3　高密度白油基钻井液沉降稳定性评价

钻井液	$\rho(g/cm^3)$	上部密度（g/cm³）	下部密度（g/cm³）	上下密度差（g/cm³）	沉降稳定性
柴/白油基钻井液	1.905	1.895	1.910	0.005	无沉降
白/柴油基钻井液	1.91	1.905	1.915	0.01	无沉降

从表3可以看出两种不同外相转化后的油基钻井液体系静置24h后的上下密度差不超过0.01g/cm³，表面也未出现基油析出的现象，说明转化后的体系具有较好的沉降稳定性。

2.2 抗温性能评价

室内评价油水比为70：30、密度为1.90g/cm³的柴/白油基(60：40)钻井液以及白/柴油基(60：40)钻井液经160℃高温滚动24h、48h、72h后的性能，实验结果如图1所示。

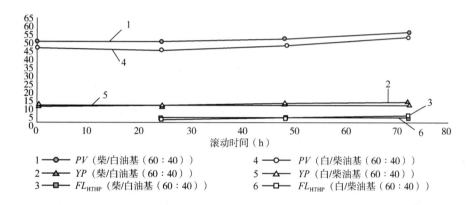

1 —○— PV（柴/白油基（60：40））　　　　4 —○— PV（白/柴油基（60：40））
2 —△— YP（柴/白油基（60：40））　　　　5 —△— YP（白/柴油基（60：40））
3 —□— FL$_{HTHP}$（柴/白油基（60：40））　　6 —□— FL$_{HTHP}$（白/柴油基（60：40））

图1　高温滚动时间对转化优化后钻井液性能影响

从图1高温滚动时间变化对转化后油基钻井液体系性能影响曲线可以看出，两种外相转化后的油基钻井液体系的抗温能力强，经过长时间滚动模拟循环，其油水稳定性与流变性能稍有些变差，滤失量也有所增加。但总体破乳电压保持在540~647V之间，动切力在10.5~12Pa，高温高压滤失量均低于5.0mL。这表明转化后的体系具有良好的热稳定性，能够满足井下要求。

2.3 抗污染性评价

室内对转化后的油水比为70：30、密度为1.90g/cm³的柴/白油基(60：40)钻井液以及白/柴油基(60：40)钻井液体系进行了抗岩屑粉、盐水侵等污染能力评价，结果见表4。

从表4数据可以看出，体系钻屑或膨润土侵污后黏切上涨，5%钻屑和10%钻屑粉上涨明显，高温高压失水和电稳定性变化幅度不大，抗污染能力良好，现场应用尽量减少岩屑侵入过多。

在钻进过程中，可能有地层盐水入侵，所以对其进行抗盐水污染试验，在配制好的钻井液中分别加入5%、10%、15%氯化钠饱和盐水，结果见表5。

表 4 抗钻屑污染实验结果

钻井液	岩屑加量（%）	密度（g/cm³）	*PV*（mPa·s）	*YP*（Pa）	Φ_6	Φ_3	*Gel*（Pa/Pa）	E_S（V）	FL_{HTHP}（mL）
柴/白油基钻井液	0	1.905	52	11	9	5.5	6/9	647	
	3	1.905	56	13	10	6.5	7/9.5	639	2.8
	5	1.91	65	14	11	7	8/11	626	3.0
	10	1.91	75	19	16	12	13/16	603	3.4
白/柴油基钻井液	0	1.91	48	11	7	5	5/7.5	576	
	3	1.91	52	13	9	6	6/8	562	2.8
	5	1.915	61	14	10	7	7/9.5	544	2.8
	10	1.915	70	18	14	11	12/15.5	540	3.0

表 5 抗盐水污染实验结果

实验条件	NaCl 盐水（%）	*PV*（mPa·s）	*YP*（Pa）	Φ_6	Φ_3	*Gel*（Pa/Pa）	E_S（V）	FL_{HTHP}（mL）
柴/白油基钻井液	0	52	11	9	5.5	6/9	647	
	5	55	13	10	7	7/10	615	3.2
	10	60	14	10.5	8	8/11	554	4.0
	15	65	14	11	9	10/14	480	4.6
白/柴油基钻井液	0	48	11	7	5	5/7.5	576	
	5	50	12	8	6.5	6/8	532	3.8
	10	56	13	9	8	7/9	498	4.2
	15	60	13	10	9	9/10	476	4.4

随着盐水加量的增加，体系略有增稠现象，塑性黏度、切力呈增大趋势；高温高压滤失量呈增加趋势；破乳电压虽然呈降低趋势，但仍保持在 450V 以上，各项性能均能满足现场施工要求，说明该体系具有良好的抗盐水污染能力。

2.4 封堵能力评价

为应对水平段钻遇微裂缝地层，室内对优化后的油基钻井液进行防漏封堵能力优化，室内采用无渗透滤失仪对油水比为 70：30、密度为 1.90g/cm³ 的柴/白油基（60：40）钻井液以及白/柴油基（60：40）钻井液体系进行了封堵性评价。实验条件为 40~60 目砂床 0.7MPa 承压 30min，并在钻井液中加入 3% 封堵剂进行实验，观察钻井液侵入砂床的深度。实验结果如图 2 所示。

从图 2 可以看出，优化后的柴/白油基（60：40）钻井液+3% 封堵剂砂床侵入深度为 1.2cm，白/柴油基（60：40）钻井液体系+3% 封堵剂侵入砂层的深度在 1.0cm，说明外相转化优化后的油基钻井液具有良好的封堵性能，同时与封堵材料具有良好的配伍性，能够较好的堵住漏层。

通过室内试验优化，转化优化后的油基钻井液具有良好的抗温、抗污染能力，室内实验

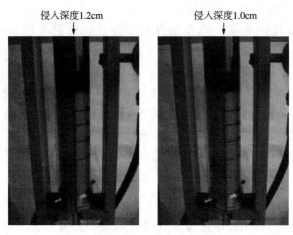

图 2 转化后油基钻井液封堵效果

中油水比 80:20~65:35 均具有良好的乳化稳定性，因此在现场应用可根据现场老浆性能情况和现场要求，调整适合的油水比，根据地层区块岩性特点，增加微纳米等封堵材料，增加钻井液封堵能力。

3 现场应用

3.1 现场油基钻井液配制

宜志页 2HF 井位于湖北省宜昌市当阳市王店镇满山红村，是中国石油化工股份有限公司江汉油田分公司部署在中扬子地区宜昌斜坡带构造的一口预探井，井型为直导眼井改水平井，设计井深 5206m。宜志页 2 井老浆为白油基老浆，按油水比为 80:20 的配方配制柴油基新浆，根据白油基老浆性能情况，通过新老浆配比实验，优化外相转化后钻井液性能见表 6。

表 6 现场油基钻井液外相转化实验结果

序号	钻井液	密度 (g/cm³)	AV (mPa·s)	PV (mPa·s)	YP(Pa)	E_S(V)	FL_{HTHP} (mL)	油水比
1	老浆性能	1.70	50.5	44	6.5	318	2.2	82/18
2	3:2(老浆:柴油胶液)	1.65	43	37	6	456	2.0	85/15
3	3:1(老浆:柴油胶液)	1.65	41	36	5	488	2.0	86/14

从表 8 实验结果可看出，两种混配比例转化优化后的钻井液性能良好，从保证井下安全的条件出发，选择 3 号老浆:新浆等于 3:1 的比例应用于现场施工井。

3.2 现场维护措施要点

（1）了解现场地质条件，钻进难点，根据现场地层特点，调试现场钻井液配方，通过引入新型高效乳化剂，最大限度保证外相转化后油基钻井液的乳化效果及乳化稳定性。

（2）加入微纳米封堵材料等助剂，做好防漏工作，符合现场钻进过程中防漏、抑制封堵、高温稳定等要求，做好钻前小型试验。

（3）严格按照转浆比例转浆，提高钻井液稳定性，破乳电压≥600V，氯离子含量>25000mg/L，碱度1.5~2.5，沉降稳定性要好（24h 沉降≤0.02g/cm³）油基钻井液性能稳定确保施工安全。

（4）钻进中如果发现钻井液滤失量大幅增大，或携带岩屑困难的现象，及时补充降滤失剂、封堵剂、乳化剂、润湿剂加量。如果发现钻井液破乳电压指标呈现下降趋势或滤液中含有水相，需及时补充乳化剂的加量，提高钻井液的乳化稳定性和携岩能力。

（5）充分利用固控设备，清除钻井液中的有害固相，维持钻井液的低密度和低固相，确保有效和快速钻进。

3.3 应用效果

地层预警显示，宜志页 2HF 井龙马溪五峰组地应力差异大，龙马溪地层微裂缝发育，因此针对地层特点，调试油基钻井液转浆配方，加入微纳米防漏封堵等材料，在保证性能稳定的情况下提高防漏堵漏能力。

（1）性能稳定，携砂效果好，保持井壁稳定。

现场应用表明，宜志页 2HF 井三开使用白油基老浆与柴油基胶液转化优化后的高性能油基钻井液，密度合适，性能稳定，流变性能好，携砂效果好，返出钻屑完整，三开井段井径规则平均井径扩大率 5.45%，150℃ 高温高压失水小于 1.6mL，井深 5200m 只有0.4mL（表 7，图 3 至图 5）。

表 7　油基钻井液实钻数据

序号	井深	密度(g·cm³)	AV(mPa·s)	PV(mPa·s)	YP(Pa)	E_S(V)	FL_{HTHP}(mL)	油水比
1	3542	1.70	42	38	4	717	1.6	80/20
2	4088	1.75	40	35	5	873	1.6	80/20
3	4475	1.74	66	56	10	855	0.6	85/15
4	5200	1.75	61	52	9	865	0.4	86/14

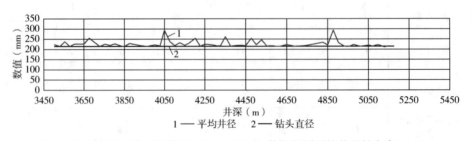

1 —— 平均井径　2 —— 钻头直径

图 3　宜志页 2HF 井三开井段（3500~5200m）井径规则平均井径扩大率 5.45%

（2）防漏堵漏效果好。

转化优化后的钻井液乳化稳定性高，且防漏堵漏效果好。油基钻井液的微乳液滴本身就是很好的封堵介质，在油基泥浆中加入纳米至微米级的封堵剂，微米级堵漏剂如超细碳酸钙500 目到 3000 目等材料，对于微裂缝造成的井漏能够起到很好的预防和封堵效果。本井在4247~4251m 发生井漏，一次堵漏成功，且在后期水平段施工中均未出现大的漏失。

<table>
<tr><td>图 4　返出钻屑完整</td><td>图 5　PDC 钻头切削痕迹明显</td></tr>
</table>

4　结论与建议

（1）转化优化后的油基钻井液乳化稳定性高，水平段破乳电压一直在 800V 左右。

（2）通过不同外相转化优化后的油基钻井液其他性能不受影响，与防漏堵漏等材料具有良好的配伍性，防漏堵漏效果好，井壁稳定，宜志页 2HF 井三开井段井径规则平均井径扩大率 5.45%，150℃高温高压失水小于 1.6mL，井深 5200m 只有 0.4mL，携砂效果好，返出钻屑完整，本井老浆∶新浆 3∶1 的比例配制，老浆利用率 75%，有效降低了钻井液成本。

（3）外相转化完钻油基钻井液性能保持良好，进行降固相处理后还可以继续回收使用。

（4）不同外相转化后的油基钻井液能够满足页岩气开发需求，可以推广至其他页岩气区块施工。

参 考 文 献

[1] 王星媛，欧翔，明显森，等．威 202H3 平台废弃油基钻井液处理技术[J]．钻井液与完井液，2017，34(2)：64-69.

[2] 梁文利．现场废弃油基钻井液的优化研究[J]．钻井液与完井液，2012，29(3)：9-12.

[3] 李胜，等．白-平 2HF 井回收油基钻井液的优化研究及应用[J]．特种油气藏 2012，26(6)：112-115.

[4] 王茂功，王奎才，李英敏，等．柴油和白油基钻井液用有机土性能研究[J]．油田化学，2009，26(3)：235-237.

[5] 鄢捷年．钻井液工艺学[M]．东营：石油大学出版社，2001：247-258.

钻井液防漏堵漏及承压堵漏技术研究与应用

"一井一策"精细堵漏管理论述

陈昆鹏　万　通　李　亮

（中海油田服务股份有限公司）

【摘　要】　渤海中深层某构造探井，为渤海三大易漏构造带之一，常年面临着下第三系井漏而处理手段有限的难题，2020年中，通过多专业、多技术联动，从更高层面协调组织防漏、堵漏技术力量，为现场堵漏工作提供技术保障。结合渤海某区块两口重点井"一井一策"作业模式全新摸索，以及作业质量的全面把控，形成了《渤海中深层探井防漏堵漏推荐做法》，并在渤海中深层探井进行推广应用，防漏、堵漏效果明显，在深层井漏的防与治方面取得了阶段性胜利！

【关键词】　中深层探井；下第三系地层；联动；防漏；堵漏

1　防漏堵漏管理措施

1.1　成立作业中心专家支持小组

（1）对于风险井由项目组组织成立作业中心级专家支持小组，包括钻完井液、固井等相关专业公司，明确责任专家，解决作业过程中的技术难题；

（2）建立专家讨论组，每天上午9：00、下午4：00项目组向专家讨论组汇报现场作业情况；

（3）每周五由项目组组织专家对本周作业进行总结汇报，并由专家对下步作业方案进行审核，形成最终方案，现场严格按照方案进行施工；

（4）现场作业出现问题，及时向专家讨论组汇报现场作业情况，由专家会诊，提出解决方案，以指导现场作业。

1.2　项目组制订详细方案

（1）对于高风险井，除了施工设计以外，还需编写详细《防漏堵漏预案》，内容主要包括各井段、各地层的钻井液密度控制、短起下原则、薄弱层钻井参数控制、相关 ECD 计算及堵漏方案等；

（2）对于高风险井段做到"一段一策"，项目组组织编写各井段方案，作业过程中实时更新方案。

作者简介：陈昆鹏，男，1987年生，钻完井液高级工程师，2010年毕业于西南石油大学化学工程与工艺专业，中级工程师，任职于中海油田股份有限公司油化塘沽钻完井液业务部探井项目组，担任项目副经理。地址：天津市滨海新区塘沽海洋高新区黄山道4500号中海油服天津产业园；E-mail：chenkp@cosl.com.cn。

2 防漏堵漏整体技术措施

根据渤海下第三系地层地质特征，不同层位漏失机理，结合"一井一策"防漏堵漏施工情况，形成钻前避漏，以防为主，防堵结合的防漏堵漏技术思路(图1)。

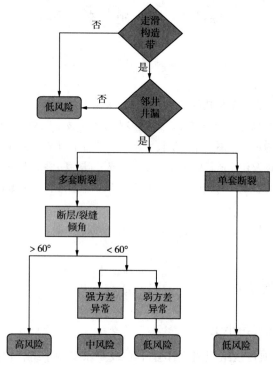

图1 渤海第三系裂缝性井漏模糊预测模型

2.1 钻前避漏

（1）结合"一井一策"生产实践过程中形成的井漏风险评估流程，钻前综合评估井漏风险，进行精准预测；

（2）加强地震分析，针对井漏风险较大的井位，优化设计轨迹及井位坐标，地质工程一体化，通过移动平台或者靶点进行避漏，尽量避开井漏高风险点。

2.2 钻中防漏

2.2.1 防漏原则

（1）合理设计和优化井身结构。尽量将高低压地层分隔开，且套管下深到位，若套管程序不能满足，建议在低压地层安排承压堵漏作业或应用膨胀管进行封隔。

（2）选择合适的钻井液密度。确定地层三压力剖面，在保证安全钻进前题下，尽可能采用较低密度钻井液钻进。如钻进时发生井漏，分析现场多方面情况，考虑是否可以降密度。

（3）精细化施工，控制井筒 ECD，预防井漏发生。

（4）随钻堵漏：钻遇破碎地层、渗透性好的地层、薄弱地层或裂缝发育等易漏失地层时，在钻井过程中加入随钻堵漏剂、可过钻头水眼的堵漏剂，提高地层承压能力，强化井壁，遇缝即堵，防止井漏。

2.2.2 古近系地层防漏预案

(1) 合理设计井身结构，有效封固断层及薄弱点：设计井段应封固上部薄弱地层及断层，提高地层承压能力；设计井段应根据三压力钻进至起压井段前，并尽量封固薄弱地层以及断层，保证将上部薄弱地层以及下部井段高压段分隔开。

(2) 有效降低钻井液密度，减少井底 ECD 值：全井段采用低密度，降低井底 ECD 值，降低漏失风险。钻进期间尽量维持较低钻井液密度，中完密度根据三压力曲线以及实钻过程中气全量以及单根气情况决定。

(3) ECD 随钻监测跟踪，合理控制钻井参数，有效降低井底当量密度：钻具组合中加入随钻监测 ECD 工具（SLB Telescope），进行 ECD 实时跟踪监测，明确井段的漏失安全井底当量；采用专业软件跟踪计算，模拟井底 ECD 值，从而合理控制钻井参数来指导起下钻速度、套管下入速度、提密度、固井循环等关键操作，保证不因工程操作，提高井底当量，发生漏失。

(4) 合理短起下控制，保证井眼清洁，降低漏失风险：钻进至东营组前，转化钻井液体系为 KCl 聚合物体系，进行第一趟短起下钻作业，拉顺井壁；钻遇断层以及漏失风险点前 50m，进行一次短起下钻；通过适时的短起下钻，验证低密度钻进期间井壁稳定性；钻进期间，根据 ECD 监测值，适当增加短起下次数或循环时间，配合扫稠浆，确保井眼清洁。

(5) 钻井液性能控制：利用"应力笼"理论（图 2），拓展井壁强化技术，在近井壁带形成井眼压力安全壳，改善井眼的完整性，拓宽安全密度窗口，钻遇断层及薄弱层之前，钻井液中添加 2%随钻承压增强剂、5%逐级拟合填充剂，形成低渗透性的化学封闭膜，提高近井壁应力，从而提高裂缝开启和延伸的临界值，达到随钻防漏的效果；采用强封堵、强抑制钻井液体系，通过无机盐离子浓度配比，复配 3%~5%抑制剂，利用"浊点效应"提高钻井液的抑制能力，以强抑制和有效封堵来降低平衡地层坍塌压力所需的钻井液静液柱压力；在满足井眼清洁的前提下，合理优化钻井液流变性，降低钻井液黏切，尽量控制钻井液 YP 在 8~12Pa、漏斗黏度 50~53s 之间，减少循环阻力及压耗，降低 ECD；加重钻井液时，采用"重浆"缓慢补充循环池的方式，匀速加重，每大循环周加重不超过 0.02g/cm³。

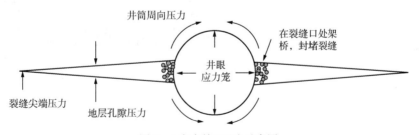

图 2 "应力笼"理论示意图

(6) 工程精细操作，防止压力激动：根据钻进 ECD 安全余量，控制起下钻速度、套管下入速度、提高钻井液密度期间循环排量、固井循环排量，保证作业时井底当量不超过钻进最大 ECD 值，防止压力激动，发生漏失；控制裸眼井段下钻速度不超过 0.5m/s，防止激动压力过大而压漏地层；裸眼段打通，控制排量不超过 500L/min，开泵循环时分阶段多次提高循环排量，防止激动压力过大；断层及薄弱地层钻进期间，在保证携带的前提下，降低泵排量，降低漏失风险；根据 ECD 模拟值，适当增加短起下次数或循环时间，配合扫稠浆，确保井眼清洁；若因气全量或气窜速度过高，不能满足起下钻作业要求时，建议采用重浆帽方式，补充循环当量，保证起下钻期间井控安全。

2.3 高效堵漏

结合渤中某构造中深层探井恶性断层漏失或断层破碎带漏失，钻遇后，漏失速度均较大，且常规堵漏钻井液承压能力不满足下步作业需求，制定渤海下第三系地层堵漏推荐做法(图3)，根据漏速，推荐匹配的堵漏程序及工艺，提高堵漏作业的科学性和精准性，实现快速堵漏和一次堵漏成功率(图4、表1)。

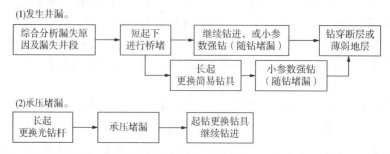

注：满足强钻条件下，钻穿断层及薄弱地层后，进行堵漏、承压，提高承压能力。

图3　堵漏推荐程序图

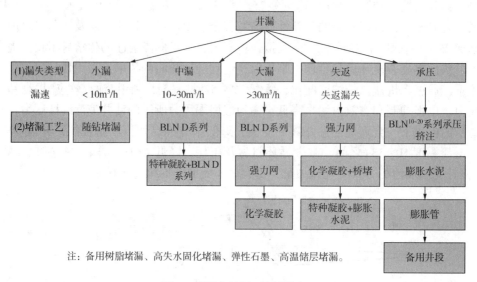

注：备用树脂堵漏、高失水固化堵漏、弹性石墨、高温储层堵漏。

图4　堵漏决策树(根据漏速)

3 总结

传统作业思路中，主要精力放在"堵漏"，但处理手段不足以满足深井堵漏需求。渤中某区块探井复杂情况引起了各级专家领导的高度关注，在专家领导的关心帮助下，改变传统作业模式，将作业重心由"堵"前移至"避"和"防"，进一步深挖地质勘探资料，结合实钻情况，对地质资料再次认识，力求源头避险，化解作业危机。制定了"钻前避漏—钻中防漏—高效堵漏"的新的作业思路，在技术和管理两个方面开展相应攻关。

表 1　桥堵浆配方的推荐加量（根据漏速）

井漏程度	漏速（m^3/h）	漏层	优先次序	堵漏配方加量（%）													总加量	配浆量（m^3）
				凝胶	SEAL	SZDL	BLN1	BLN2	BLN3	BLN1-D	BLN2-D	BLN3-D	强承压	Netlock	STP	化学凝胶		
大漏	>30	大裂缝、溶洞	1							5~10	5~10	5~10					15~30	30~50
			2										25				25	50~100
			3	前置浆 1.2~1.5						5~10	5~10	5~10					16.2~31.5	30~50
			4							5~10	5~10	5~10			2~3		17~33	50~100
			5							5~10	5~10	5~10		0.3~0.35			15.3~30.35	30~50
			6											0.3~0.35	15~30		15.3~30.35	20~30
			7													5	5	10
中漏	10~30	裂缝	1				5~10	5~10	5~10								15~30	20~30
			2										15				15	25~50
			3				5~10	5~10	5~10					0.2~0.25			15.2~30.25	20~30
小漏	<10	微裂缝、渗漏	1		5~10	5~10											10~20	随钻堵漏
			2		5~10	5~10	5~10	5~10	5~10								15~30	随钻堵漏
			3				5~10	5~10	5~10								15~30	随钻强钻

参 考 文 献

［1］李大奇，康毅力，刘修，等．裂缝性地层钻井液漏失动力学模型研究进展［J］．石油钻探技术，2013（4）：42-47.

［2］皇凡生．天然裂缝网络系统钻井完井液漏失数值模拟［D］．成都：西南石油大学，2014.

［3］张利威，豆刚锋，雷志永．探讨海洋钻井液技术研究和应用现状以及未来发展方向［J］．化工管理，2014（1）.

渤中区块防漏、堵漏技术

李雨洋　李　凯　彭三兵

（中海油服油田化学事业部塘沽作业公司）

【摘　要】　渤中某井区存在薄弱地层与异常压力同层的地质特征，在 12.25in 井段易发生井漏及溢流等复杂情况。本文围绕发生在该区块 12.25in 井段的恶性漏失案例展开研究，从漏失机理、防漏处理措施、堵漏材料和堵漏工艺进行了探讨，介绍 LT 承压技术的应用情况，为后续作业提供理论指导和技术支持。

【关键词】　钻井；漏失；承压；堵漏技术

在油气井勘探与开发中，井漏问题是困扰世界的技术性难题。各种油气井中漏失类型各种各样，本区块所属狭窄的密度窗口问题如若不得到重视，在钻井工程得不到妥善处理，最终可能导致井塌、严重漏失等问题，甚至发展为溢流的井控安全事故。

1　漏失机理

众所周知，在钻井中发生漏失有三要素[1]：井筒压力大于地层压力；地层中分布着漏失通道且漏失通道必须连通一定的储集空间；钻井液中随钻堵漏颗粒尺寸要小于漏失通道尺寸。对于防漏、堵漏要基于此三要素开展工作，减小正压差是有效的手段之一，即通过使用 VM 软件计算井内循环当量密度 ECD 和静止当量密度 ESD，精准控制其介于薄弱层的漏失当量密度和孔隙当量密度之间，跟踪地层压力确认钻穿薄弱层后再提高地层承压能力，能避免恶性漏失的次发生。

2　典型案例分析

AX1 井是本区块第一口开发评价水平井，由于地质认识不清晰，钻井液密度偏高，在钻进中发生不同程度的漏失，处理复杂情况延误钻井工期长达 20 余天，本井段漏失钻井液 1237m³。本井段的堵漏情况见表 1。

表 1　AX1 井 12.25in 井段堵漏程序及效果

过程	井深（m）	钻井液密度（g/cm³）	工况简述	堵漏效果
第一次井漏	3296	1.38	钻进过程瞬时失返，起钻更换堵漏钻具	

作者简介：李雨洋，中海油服油田化学事业部塘沽作业公司，钻完井液现场工程师。地址：中国天津市塘沽海洋高新技术开发区海川路 1581 号；电话：022 - 59551648/13342006353；E - mail：liyy52@cosl.com.cn。

过程	井深 （m）	钻井液密度 （g/cm³）	工况简述	堵漏效果
第一次堵漏：桥堵浆堵漏	3296	1.38	桥堵浆 9m³	排量 1900L/min，监测循环漏速 4.2m³/h，计划继续钻进钻穿漏层
第二次堵漏：桥堵浆堵漏	3360	1.38	桥堵浆 20m³	排量 1000L/min，漏速 1.2m³/h
第三次堵漏：STP堵漏	3365	1.38	10m³ 高失水堵漏浆	井底当量密度 1.41g/cm³，不满足作业要求
第四次堵漏：LT承压堵漏	3365	1.38	小排量间歇挤入地层 LT 承压堵漏浆 11.53m³，最终承压 8.25MPa	井底当量密度大于 1.65g/cm³，满足作业要求，但钻进至 3386m 再次发生井漏
第二次井漏	3386	1.43	组合简易钻具，下钻至井底，通过重浆提高钻井液密度至 1.43g/cm³，钻进至 3386m 瞬时井口无返出，起钻更换光钻杆，其间静止漏速降至 4m³/h	
第五次堵漏：回收 LT 堵漏+桥堵浆材料堵漏	3386	1.43	用第四次堵漏作业回收 LT 堵漏浆 50m³，配置承压堵漏浆，小排量间歇挤注，最终承压 3.1MPa	井底当量密度 1.50g/cm³，无法满足高压层作业需求
第六次堵漏：挤水泥堵漏	3386	1.43	水泥塞封固井段 3315~3114m，共挤注水泥浆 0.9m³	三开钻进至 3489m，倒划眼短起至 3201m，排量至 3000L/min 循环，循环漏速 6m³/h，无法满足下部作业
第七次堵漏：LT承压堵漏	3489	1.43	1#细颗粒承压堵漏浆 15m³+2#粗颗粒承压堵漏浆 27m³，挤入地层 23.8m³，最终承压至 5.5MPa	折算地层当量密度 1.61g/cm³，满足下部作业要求，钻进至 4312m，逐渐提高密度至 1.48g/cm³，未发生漏失
第三次井漏	4312	1.48	正常钻进过程中突然失返，降低排量至 1500L/min，监测循环漏速 60m³/h	
第八次堵漏：随钻堵漏	4312	1.51	降低排量至 1500L/min，监测循环漏速 60m³/h，循环池加入果壳、单封等	测循环漏速：排量 1500~3000L/min，循环漏速均为 5~10m³/h，倒划起钻过程中漏速逐渐减小至无漏失
第四次井漏	4314	1.51	钻进期间井下漏失，排量 1600~2000L/min，漏速 6~10m³/h	
第九次堵漏：随钻堵漏	4314~4377	1.51	循环池内持续加入果壳、单封	钻进至中完井深 4377m，漏速 4~6m³/h，倒划短起至 3818m，逐渐减小至无漏失
第五次井漏	下套管作业	1.51	下 9⅝in 套管至 1200m 左右时排量减少，监测漏速 5~10m³/h；固井结束候凝期间，套管管控灌浆漏速由 4.2m³/h 逐渐降至 0	

3 后期作业井漏预防及堵漏技术措施

3.1 优化井深结构

根据 AX1 井作业经验，已知晓本区块薄弱层所在地理位置为东二段，海拔 3100 ~ 3350m，应尽量选择 16in 井段深钻，以减少 12.25in 井段的裸眼段长度，增加管鞋处的抗破裂压力强度，不至于在 12.25in 井段处理复杂情况时压破管鞋地层。

3.2 软件精准跟踪

通过前期数据支持，确定本井段密度控制整体思路如图 1 所示。

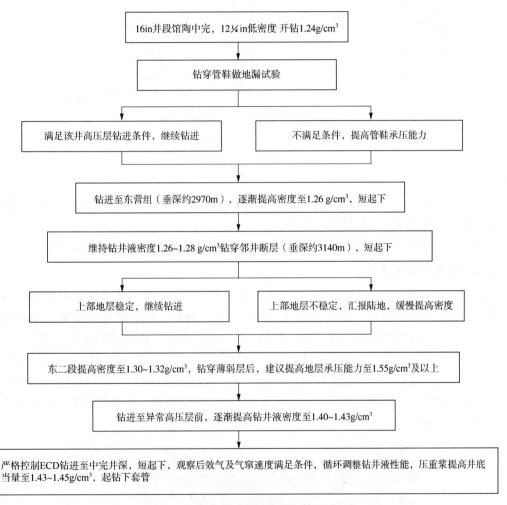

图 1 确定本井段密度控制整体思路

通过 VM 软件可以较精准预测 ECD，达到精准控制的目的，如图 2 所示。

3.3 ECD 精确控制

（1）进断层和薄弱层前，建议进行短起下作业，增加循环时间，配合扫稠浆，清洁井眼并拉顺井壁。

（2）断层和薄弱层附近钻进时控制机械钻速，使用小排量钻进，开泵时阶梯状提排量，

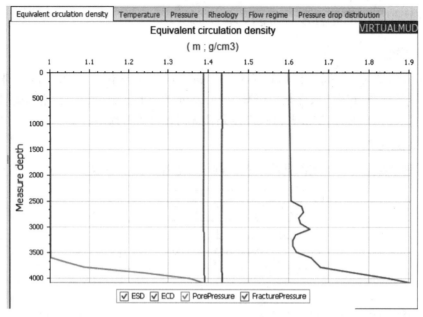

图 2　VM 软件界面

防止压漏地层。

（3）如非必要，不要在循环池添加加重或提黏材料，避免井浆性能短时间大幅度调整，尽量采用重浆或者稠浆调整钻井液性能。

（4）控制裸眼井段下钻速度不超过 0.5m/s，防止激动压力过大而压漏地层。

3.4　LT 高承压堵漏技术

LT 高承压堵漏技术在后续作业中得到充分改进和应用，包含高承压片状树脂材料、矿物纤维、快失水矿物材料、矿植物粉末、矿植物复合材料、植物架桥颗粒等，多种规格不一、功能各异的材料级配组合在一起，是集合随钻堵漏技术、桥塞堵漏技术、快失水堵漏技术、高承压堵漏技术等综合的一种堵漏技术，能实现针对不同漏失通道尺寸均能快速架桥封堵，其中高承压片状树脂能快速翻转、楔形插入，提高承压能力，且材料具有高温稳定性、与常用水基钻井液配伍性强的特点，适用于破碎带地层、裂缝、孔洞型漏失，窄压力安全窗口、喷漏同层等恶性漏失情况[2]。LT 高承压堵漏示意图如图 3 所示。

图 3　LT 高承压堵漏示意图

4 后续应用情况

执行以上防漏、堵漏方案，对本区块后续两口井的12.25in井段进行跟踪统计，均成功实施LT高承压堵漏技术，效果见表2。

表2 本区块防漏、堵漏效果

井名	井深(m)	钻井液密度 (g/cm³)	工况简述	堵漏效果
AX2	4075	1.43	12¼in井段钻进至3664m进行地层承压实验，井口压力达到4.7MPa地层发生漏失，折合当前井底当量密度1.431，断层处(3490m)当量密度1.443。钻进至3795m跟踪地层压力系数达1.37，背景气>20%，且有明显单根气，决定LT承压至当量密度1.55g/cm³	本井段未发生漏失
AX3	4523	1.43	12¼in井段钻进至中完井深4523m，倒划眼短起至3244m第一次发生井漏，经过三次桥堵失败后，进行LT高承压至薄弱层当量密度1.55g/cm³	承压堵漏成功，满足后续作业

5 结论与建议

渤中某井区的钻井作业，防漏、堵漏技术已逐渐成熟，在后续推广中应该"因井制宜"，根据不同情况制定"一井一策"。

(1) 在邻井已发生恶性漏失的情况下，同一层位的地层压力数据对后续作业极具参考意义。

(2) 软件精准模拟ECD和地层孔隙压力的跟踪监测，对于钻井工程中防漏意义重大。

(3) LT高承压堵漏技术可视挤注量大小灵活调整配方及浓度，避免大颗粒"封门"影响堵漏效果。

参 考 文 献

[1] 韩宇，余文萍. 钻完井过程中漏失机理及堵漏技术研究进展[J]. 化工设计通讯，2018，44(6).
[2] 尹达，李天太，胥志雄. 塔里木油田钻井液技术手册[M]. 北京：石油工业出版社，2016.

川渝地区防漏堵漏的技术瓶颈

冉启华[1]　刘智敏[1]　查家豪[2]　葛　炼[1]　黄　平[1]　何　纶[3]

(1. 川庆钻探钻井液技术服务公司；2. 中国石油西南油气田分公司；
3. 原四川石油管理局工程技术部)

【摘　要】　川渝地区地质构造复杂，地层破碎，裂缝纵横交错，使得钻井过程中中上部地层井漏十分频繁，严重影响了钻井速度，延长了钻井周期。同时，对于井漏的防漏堵漏机理、堵漏工具以及堵漏材料等方面的研究并不是很完善，使得川渝地区的防漏堵漏仍存在较多的技术瓶颈。本文便是针对上述的技术瓶颈进行讨论，通过分析近几十年来川渝地区发生的复杂井漏情况及当前现场在用堵漏技术及基本治漏情况(目前一次堵漏成功率达到60%)，从而确定目前川渝地区存在的防漏堵漏技术瓶颈，为今后的研究确定方向。

【关键词】　川渝地区；井漏；防漏堵漏；技术瓶颈

钻井液及固井水泥浆漏失一直是困扰钻井和完井作业的重大难题。井漏的发生及处理常常大幅度增加非生产时间，延长钻井周期，造成直接和间接的重大经济损失，是钻井工程提质增效面临的重大技术难题。井漏会干扰地质录井工作，影响钻井液性能的正常维护处理，若发生在储层，会影响产能。井漏也可能引起井下其他复杂事故，如卡钻、溢流等。复杂井漏的处理难度大，川渝地区复杂井漏的堵漏成功率低，成为影响川渝地区钻井速度的技术瓶颈问题。到目前仍有很多技术瓶颈问题有待解决和攻关。随着油气勘探开发向更深、更复杂的领域发展，除钻井中钻遇漏失，同时，在固井时也常出现水泥浆漏失，特别是深井段，一次性封固段较长，也增加了固井时水泥浆漏失的风险。漏失井固井作业中的水泥浆低返一直是困扰固井技术的难题，也严重制约了油气勘探开发战略的实施。

1　井漏的危害

(1) 井漏延误钻井作业时间，延长钻井周期，影响提速增效。

井漏是指在钻井作业过程中，钻井液、水泥浆、完井液、修井液等各种工作液漏失到地层中的现象。在钻井中发生井漏，当其漏速达到一定程度时，就不能继续维持钻井，必须停钻进行处理。即使采用最简易的静止堵漏法或桥塞堵漏法，也得花费相当长的时间才能解决。

(2) 井漏直接造成巨大的物资损失。

钻井或完井过程中发生井漏后，处理井漏直接的物资损失巨大，包括以下几方面：

① 损失大量钻井液。由于发生井漏，为了恢复循环必须补充钻井液，其数量视漏失程

作者简介：冉启华，高级工程师，1969年毕业于中国石油大学(华东)钻井工程专业，主要从事钻井生产运行管理、工程技术管理、钻井液研发、技术服务管理等工作。地址：四川省成都市成华区猛追湾街26号；电话：15982299580；E-mail：zjs3rqh@cnpc.com.cn。

度而定，一口井少则几十立方米，多则上千立方米。②消耗大量堵漏材料。③配合堵漏措施需消耗许多辅助材料。④耗费大量的人力、物力、财力。

（3）储层漏失会损害产能。

凡是储层渗透孔隙直径或裂缝开口尺寸大于钻井液中的固相颗粒(包括黏土、加重剂、处理剂及细钻屑)直径的都有可能在压差作用下造成储层井漏，这些微细颗粒会在储层的油气通道较窄小的喉道处堆集，而把部分流通孔道堵死或沉积在孔道壁上面使通道变小，减少油气流量。

（4）井漏干扰钻井液性能的正常维护处理。

钻井中一旦发生井漏，至少需要补充新浆，这就会使原来符合钻井要求的钻井液性能发生变化。因此，不但增加了维护钻井液的工作量，而且难以保持良好而稳定的性能。处理井漏需消耗大量的桥接材料、凝胶物质、水泥及化学剂等，往往会对钻井液性能造成破坏，进而需要使用大量化学剂进行处理，以恢复正常的钻井液性能。

2 川渝地区井漏复杂情况

从钻探初期就开始出现井漏，从简单的堵漏手段到逐渐采用各种堵漏技术的发展历程，可以看出堵漏难题一直困扰钻井和完井作业，甚至事故不断。在钻井过程中，常遇恶性漏失，井漏的复杂性成为当前卡脖子技术难题。

（1）钻探初期井漏工作处于被动局面。

钻探初期处理井漏手段有限。川渝地区石油钻探初期均不同程度地存在着井漏，井漏几乎是很难解决的复杂问题，没有理论指导，没有成熟经验，没有堵漏材料，没有堵漏技术，束手无策。在钻井中出现井漏，工作十分被动，采用盲堵，地层有孔就堵，所加堵漏材料没有规范，完全凭经验施工，特别是钻石灰岩裂缝性地层时井漏更为严重，因堵漏不成功而报废或提前完钻的事情屡见不鲜。

（2）20世纪80年代堵漏成功率低。

川渝地区的防漏堵漏技术经历了见漏就堵，以堵为主，堵漏效率较低的初始阶段。以后逐渐进入以堵为主，堵漏防漏结合的摸索阶段，但该阶段堵漏成功率不够高，针对某一漏点存在反复多次堵漏作业的情况。该阶段堵漏材料品种单一，工艺技术简单。

（3）20世纪90年代缺乏真实评价堵漏效果手段、

20世纪90年代后防漏堵漏技术进入科学发展初期阶段。

① 大力发展堵漏剂和相应的工艺技术。

在常规水泥堵漏和桥接材料堵漏的基础上，发展了一些特殊水泥、新型复合桥接堵漏剂、高失水堵漏剂、暂堵剂、化学堵漏剂、单向压力封闭剂等几大类数十种堵漏材料，初步形成了一套处理各类井漏的工艺技术。

② 开始重视对井漏的预防。

在长期同井漏作斗争的过程中，人们认识到处理井漏的最好手段是预防。因此，人们越来越重视对井漏的预防，从设计合理的井身结构，到平衡压力钻井，从钻井液体系选择和性能的控制到合理的钻井工艺措施选择，开展了多方面的探索和研究，初步形成了一套预防井漏的方法。

③ 漏层地质特性、漏失机理和漏层测试手段的研究开始起步。

20世纪80年代后期到90年代初期，各油田相继开展了漏层地质特性、漏失机理和漏层测试手段的研究，初步形成了一套包括漏失的原因、漏层的性质、漏失的影响因素及分类等几大部分在内的理论，迈出了钻井井漏理论研究坚实的一步。

（4）川渝地区当今井漏治理情况及措施。

随着多年的堵漏技术经验积累，堵漏新产品研发，堵漏新技术推广试用，堵漏取得初步成效，总体一次堵漏成功率达到60%，平均单次井漏治理损失时间降低到22h。目前通过各项堵漏技术集成，形成了对于常规井漏治疗效果较好的堵漏技术。

① 水基钻井液集成应用堵漏技术包括：JD-5 随钻纤维堵漏技术、FDJ 系列复合堵漏技术、WNDK 系列刚性粒子堵漏技术、PZDL 系列水基膨胀型堵漏技术、HGS 水基高滤失堵漏技术、YSD 一袋式承压堵漏技术、ZND 凝胶堵漏技术、水泥堵漏技术、多相介质混输堵漏技术。其中，YSD 一袋式承压堵漏技术配合 WNDK 系列刚性粒子堵漏剂技术有效提高了原钻具堵漏成功率。HGS 水基高滤失堵漏技术配合 WNDK 系列刚性粒子堵漏技术，显著提高了含水层漏失、回吐型漏失的堵漏成功率。

② 油基钻井液集成应用堵漏技术包括：JD-5 随钻纤维堵漏技术、OSD 油基随钻胶结堵漏技术、LCY 系列堵漏技术、WNDK 系列刚性粒子堵漏技术、YSD 一袋式承压堵漏技术、WNPDL 油基膨胀型堵漏技术、WNC-1 油基钻井液高滤失固化堵漏技术、水泥堵漏技术。其中，WNPDL 油基膨胀型堵漏技术、LCY 系列堵漏技术配合 WNDK 系列刚性粒子堵漏技术，对于油基钻井液裂缝型漏失有较高的堵漏成功率。

（5）川渝地区井漏治理的技术难题。

① 井漏是川渝地区页岩气/油区钻井的"顽症"。

在四川油气钻井复杂情况当中，井漏一直很严重。20世纪80年代中期以来，由于盆地东部高陡构造钻探范围不断扩大和工作量的增加，井漏频繁发生。21世纪随着勘探开发力度猛增，川渝地区钻井中最突出的难题，井漏至今仍是未能完全攻克的"顽症"。

② 油基钻井液漏失问题日益严重，造成重大的经济损失。

针对油基钻井液井漏问题，国内外相关专家开展大量理论和试验研究。约90%的钻井液漏失问题是由天然或诱导裂缝的延伸扩展引起的，而裂缝延伸压力较低则是导致油基钻井液严重漏失问题的根本原因。

③ 堵漏效果差，一次性成功率低。

地层漏失的随机性、影响因素的多重性、漏失机理的不确定性，使得川渝地区防漏堵漏效果不佳，堵漏一次成功率低，甚至诱发其他井下复杂或事故。

④ 对恶性漏失国内外均没有系统、科学、高效的治理手段。

恶性漏失危害大，难治理，严重阻碍钻井和完井作业的正常进行，无法有效成功堵漏，甚至引发更为严重的井下复杂与事故。恶性漏失常表现为两种不同的类型：较大的天然裂缝（溶洞）引起的"有进无出"的严重漏失；长井段低承压地层"随机性、多点漏失"问题。

⑤ 表层大裂缝和溶洞分布广，漏失现象严重；中下部地层普遍漏失。

3 防漏治漏存在的共性卡脖子技术难题

（1）复杂裂缝性地层漏失及防漏治漏机理不清，即核心机理认识不清；

（2）防漏治漏材料缺乏桥堵作用和承压之间有机结合，无法有效提高裂缝地层承压能力；

（3）防漏治漏评价方法不能真实模拟裂缝性地层漏失，评价封堵效果的仪器与地层的真

实性相差太大,评价方法也缺乏统一的标准;

(4)恶性井漏防漏技术经验依赖性强,堵漏技术可复制性差;

(5)堵漏材料与漏层的自适应性及自干扰性还不能满足承压的要求;

(6)各区块的大数据云网络工作还没实质性开展;

(7)井下堵漏工具配套不够完善;

(8)防漏治漏工程是系统工程,需要钻井、地质、测井等通力配合,现场统筹工作缺乏规范。

4 川渝地区目前存在的技术瓶颈

通过技术攻关与创新,结合地质工程技术措施,虽然川渝地区井漏治漏取得一定成果,大部分井漏都得到了有效控制,但在提质增效和控制事故降低复杂专项行动的要求下仍需解决一些关键技术难题。部分复杂井还存在漏失治理难度大,治理时间长的问题,需深入攻关研究,关键技术难题如图1所示。

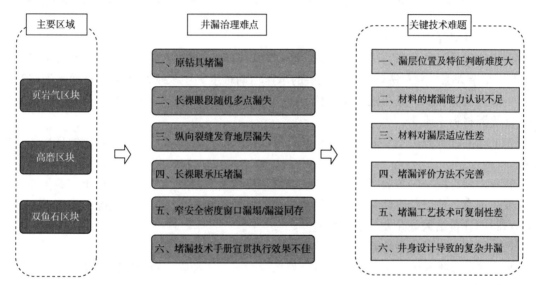

图1 川渝地区井漏治理技术难题图解

(1)漏层位置及特征判断难度大。

井漏发生后,缺乏对漏层位置、漏层压力、漏层流体和漏失通道特征的测量手段,尤其针对长裸眼多压力层段。漏层性质认识不清,堵漏措施针对性不强。目前仅能实施环空液面监测,其他漏层性质均靠经验判断,难以满足现场高效堵漏需求,造成堵漏方法选择、钻具下深、堵漏浆配制和施工压力等工艺参数无法科学确定,堵漏施工存在盲目性和不可预见性。

(2)材料堵漏能力认识不足。

现有堵漏材料种类繁多,材料形状、尺寸、配比、浓度等参数与堵漏效果之间的关系认识不足,缺少针对不同漏失类型、不同尺寸漏失通道的堵漏材料选择的数据支撑,现场依靠经验判断,导致堵漏效果难以达到预期,如图2所示;另一方面导致原钻具堵漏配方选择困难,难以解决材料在原钻具中的通过性与堵漏效果之间的矛盾,如图3所示。

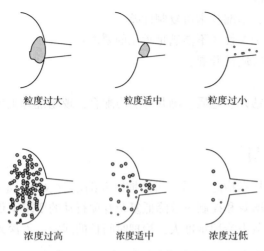

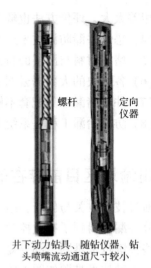

粒度过大　　　　粒度适中　　　　粒度过小

浓度过高　　　　浓度适中　　　　浓度过低

图2　堵漏剂粒度和堵漏浆浓度与裂缝的匹配关系

螺杆　　　定向
　　　　　仪器

井下动力钻具、随钻仪器、钻
头喷嘴流动通道尺寸较小

图3　螺杆/定向仪器示意图

（3）材料对漏失通道的适应性差。

由于地层的漏失状态无法实时监测，桥堵材料对裂缝性漏失适应性差（长裸眼多点随机漏失），复杂天然裂缝及诱导裂缝性地层的承压堵漏难度大；水基段塞类材料如水泥浆和凝胶等的裂缝适应性强，但在施工安全性、抗温和抗污染等方面仍存在不足；油基及储层漏失用防漏治漏材料不成熟。

（4）堵漏评价方法不完善，缺乏科学性的测试手段评价高温、高压、高腐蚀环境的漏失状况。

行业内缺乏统一的防漏堵漏评价方法，真实模拟井下漏层状况的堵漏评价实验仪器还有待研发。现有各油田及研究院所开发的室内评价仪器不能真实模拟地层情况，模型单一，对同一材料的评价结果差异大，重现性差。

（5）堵漏技术可复制性差。

现有堵漏技术和施工工艺主要来自于现场经验或个体经验，对漏层特征认识不清，区域地层差异大。

（6）井身结构设计不合理导致的复杂井漏。

成熟区块长期注采导致地层压力变化大，部分层位压力衰减严重，无法准确预测地层压力，增加了井身结构的设计难度。

5　展望

近年来，随着油气勘探的进一步深入，钻井过程中遇到的地层越来越复杂，页岩气区块长水平段的井增多，钻井难度增加。各种漏失处理的成功率越来越低，尤其是裂缝性漏失千变万化，没有规律可循。恶性漏失的治理难，特别是处理窄安全窗口的恶性漏失更难，井控风险大。探井的井漏问题突出，治理油基钻井液的恶性漏失手段不足。因此，开发适应油基钻井液的堵漏材料和具有保护储层作用的堵漏剂，深入开展井漏及治理的理论研究，研制能够较准确评价堵漏效果的地层模拟装置，配套完善地面及井下堵漏工具将成为"十四五"科技规划的重点。

川渝地区下一步工作拟从以下几方面开展：

（1）对于长裸眼多漏层的井段，可注水泥塞分段封隔，或短裸眼逐段承压即根据井况每钻进200~500m分段进行承压堵漏。

（2）对于大压差井漏，可复合使用凝胶堵漏、水泥浆堵漏和高滤失堵漏等方法，以提高堵漏效果。

（3）编制切实可行的区域堵漏技术模块，针对不同的漏层，完善规范堵漏配方和施工流程。

（4）引进漏层位置测定仪，自主研发和引进防漏堵漏的新工艺、新技术和新材料，拓展承压堵漏的方法或手段。

（5）系统地针对不同区域开展防漏治漏的理论研究。

（6）开发适合水基钻井液和油基钻井液的堵漏剂新材料及具有储层保护功能的堵漏材料。

（7）研发模拟地层漏失状态的评价堵漏模拟试验装置，研究堵漏效果的评价方法及统一标准。

（8）研究完善地面堵漏浆的配制装备和井下堵漏工具等。

参 考 文 献

[1] 李家学，黄进军，罗平亚，等. 随钻防漏堵漏技术研究[J]. 钻井液与完井液，2008(3).

[2] 张敬荣. 喷漏共存的堵漏压井技术[J]. 钻采工艺，2008(5).

[3] 唐国旺，于培志. 油基钻井液随钻堵漏技术与应用[J]. 钻井液与完井液，2017(4).

川渝地区防漏堵漏智能辅助决策平台研究与应用

邓正强　黄　平　谢显涛　王　君

(中国石油川庆钻探工程有限公司钻井液技术服务公司)

【摘　要】 大数据/人工智能技术赋能钻井工程，是石油数字化智能化的方向。在实际钻进中，由于对漏失通道性质认识不清，井漏治理主要以经验为主，部分井需多次调整堵漏配方才能堵漏成功，堵漏成功率低。为研究基于大数据挖掘已钻井漏失数据形成正钻井的防漏堵漏智能辅助决策堵漏工艺推荐，将大量的井漏数据按一定算法进行自主聚类、关联、分析。同时根据挖掘出的规律对钻井漏失进行诊断，获取真实漏失关键参数、获得漏失机理，并对历史堵漏施工进行评价，对堵漏施工提出针对性处理方案，从而智能化地提高防漏堵漏效果。研究表明智能防漏堵漏辅助决策平台对已完钻井进行堵漏方案推送，验证符合率达 60%，对正钻井进行堵漏方案推送，与专家方案符合率 50%，现场应用效果良好。

【关键词】 川渝地区；智能；大数据挖掘；防漏堵漏；辅助决策

川渝地区是中国石油"十三五"提量上产的主要区块，也是川庆钻探重要的作业区域[1-3]。地质特征及已钻井情况表明川渝地区地层疏松、裂缝发育，钻井过程中漏失严重。地层漏失的随机性、影响因素的多重性、漏失机理的不确定性，使得该区域防漏堵漏效果不佳，一次成功率低，甚至诱发其他井下复杂及事故。井漏造成的经济损失、时间损失居高不下，严重影响着川渝地区勘探开发的进程。因对漏失通道性质认识不清，井漏治理主要以经验为主，部分井需多次调整堵漏配方才能堵漏成功，堵漏成功率低，耗时耗力。因此，有必要引入代表未来科技发展方向的大数据/人工智能技术赋能钻井工程，对漏失特征、裂缝性质进行大数据诊断，智能化地提高防漏堵漏效果。通过数据挖掘确定并输出漏层位置、裂缝开度、漏失类型、漏失压力、安全密度窗口、堵漏措施的有效性；并分析各因素对漏失的影响程度、相互关系，得到漏失机理及特性，对漏失进行诊断与预测[4-8]。

1　防漏堵漏智能辅助决策平台组成及原理

基于交互性、可靠性、安全性的原则，针对一体化平台导出的数据进行分析，采用性能极好的 Python 开发语言进行钻井防漏堵漏数据挖掘平台构建。防漏堵漏智能辅助决策平台使用了基于 MTV 模式的 Django 框架，结合目前川庆一体化平台的应用情况，对学科服务平台进行分析、设计，依靠 HTML5+CSS+JavaScript 等前端开发技术，完成了 B/S 模式的 Web应用系统平台的构建(图 1)。

基金项目：川渝地区井漏特性评价与辅助决策研究与软件开发(编号：CQ2021B-33-Z6-3)。

作者简介：邓正强(1989—)，工程师/博士，2020 年毕业于中国石油大学(北京)油气井工程专业，现从事钻完井液研究工作。地址：四川省成都市成华区猛追湾街 26 号；电话：028-86017152；E-mail：dengzhengq_ sc@ cnpc. com. cn。

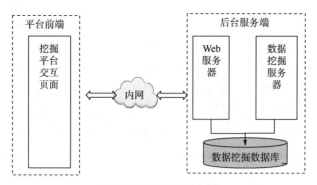

图 1　数据挖掘平台架构

以井史资料、典型案例为数据挖掘来源与数据挖掘对象；以系统专家知识、专业人员对缺失数据进行补全，对噪声数据进行清洗。聚类分析、关联规则，获取目标区块的漏失机理，以及裂缝开度、漏层位置等关键参数；优化数据挖掘过程中的参数设置，即用专业知识对数据挖掘进行监督学习；应用经多组数据、多次监督学习的数据挖掘专家系统对目标进行防漏堵漏辅助决策分析。

1.1　数据采集

使用 Python 语言编写小程序，从上述平台或电子文档中共采集了 240 口井、2796 张 Excel 数据表或其他类型数据表、210 万条数据、1162 个漏点，数据容量大约为 2.4GB。因为有部分井数据项目缺失，按照主要相关数据统计分析，总有效率为 65.8%。

1.2　数据转换

由于采集到的数据类型各异，包含 Excel、Word 和其他格式数据文件，数量非常大，本项目使用 Python 语言开发数据转换软件，将每口井对应的数据转换并迁移(导入)到数据库系统中(MYSQL)，共形成类型相同的防漏堵漏原始数据 140 余万条数据库记录以用于后继分析使用。

1.3　数据清洗

上述数据收集并迁移到数据库后，经数据探索分析发现原始数据中的数据存在缺失和不一致性，不能直接用于数据挖掘和预测，必须对原始数据中的数据进行清洗后才能使用[9-11]。为了消除输入数据之间的相互影响，调用 Python 中的 Pandas 模块对钻井数据实施进行归一化处理，将 9 个输入参数转化在 [−1，1] 之间。归一化函数的数学公式如下：

$$X_i = \frac{2(x_i - x_{i\min})}{x_{i\max} - x_{i\min}} - 1 \tag{1}$$

式中：X_i 与 x_i 分别为规范化前和规范化后的数值；$x_{i\max}$ 和 $x_{i\min}$ 分别为规范化前最大与最小数值。具体处理的流程如图 2 所示。

1.4　数据参数与井漏的相关性

从一体化平台中取得的钻井参数共有 23 种，其中部分参数可能包含的井漏信息较少，对井漏的影响微乎其微。将这种参数输入模型不仅会使网络规模冗余，从而降低学习速度和效率，甚至还会影响其他输入参数，导致重要参数被淹没[12-14]。因此，寻找与井漏解相关的最佳有效变量集是非常必要的。采用相关系数法分析相关性。

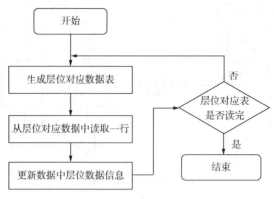

图 2　数据规范化流程图

通过 SPSS 来对 22 个参数与钻井漏失这一参数进行相关系数测试，并通过相关系数绝对值的大小确定变量的重要性，以选择建立模型的最佳相关预测因子，并将结果汇成如图 3 所示。

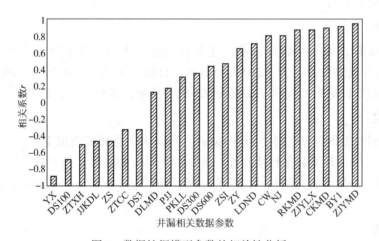

图 3　数据挖掘模型参数的相关性分析

由图 3 可以看出，在研究的 22 个变量中，排除掉 2 个常数或接近常数的变量，其余 20 个变量被认为是预测井漏解的输入参数。这些变量的范围是非常重要的因素，数据挖掘模型输入参数中缺失了任何一种都可能会导致最终产生的井漏解决方案不可靠。

2　数据挖掘模型

以川渝地区的 240 口井的井史详细数据为基础，研究这些数据与井漏之间的关系。首先，利用基于大数据的机器学习技术提取井史数据中的有用信息，并按照一定的规则对这些信息进行特征化处理，进而得到可以进行数据挖掘的数据集合。其次，将此数据集代入相应的机器学习算法中进行学习，生成对应的学习模型。然后，对该学习模型进行评估，看模型准确率是否符合要求，如果不符合要求则对数据集重新进行特征化处理；如果符合要求则保存该学习模型。具体步骤如图 4 所示。

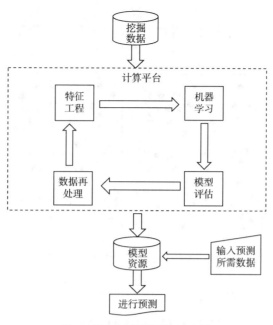

图4　数据挖掘模型构建步骤

2.1　文本型参数的数字化处理

数据挖掘数据库中存在很多以汉字或英文为描述的文字信息，如岩性、层位、钻头类型、钻井液类型等，这类文字信息无法直接进行数据挖掘，需要进行进一步处理将其数字化。由于类别之间是无序的，不能采用自然序数编码，为了解决此类问题，采用了独热编码(One-Hot Encoding)技术[15-17]。独热编码即 One-Hot 编码，又称一位有效编码，其方法是使用 N 位状态寄存器来对 N 个状态进行编码，每个状态都有其独立的寄存器位，并且在任意时候，只有一位有效。编码前后的情况如图5所示。

BZJS	CW	ZTLX
800	乐平组	PDC
801	乐平组	PDC
802	乐平组	PDC
803	乐平组	PDC
804	乐平组	PDC
805	乐平组	PDC
806	飞仙关组	PDC
807	飞仙关组	PDC
808	飞仙关组	PDC
809	飞仙关组	PDC

井号	SIGMAZS	乐平组	栖霞组	茅口组	飞仙关组
YS118H1-3	1.56	0	0	0	1
YS118H1-3	1.47	0	0	0	1
YS118H1-3	1	0	0	0	0
YS118H1-3	0.9	1	0	0	0
YS118H1-3	1.06	1	0	0	0
YS118H1-3	1.03	1	0	0	0
YS118H1-3	1.03	1	0	0	0
YS118H1-3	1.13	1	0	0	0
YS118H1-3	0.85	1	0	0	0
YS118H1-3	0.98	1	0	0	0

图5　独热编码前后示意图

从图5中可看出，经过独热编码后，用无序的汉字或英文进行描述的文字信息转化为有序的数字信息，为数据挖掘提供了基础。

2.2　井漏倾向相似井段聚类

如果能通过区块井史数据分析，将漏前相关参数(如钻压、岩性等)发生了类似变化的井漏倾向相似井段都归并到相同类别中，那么同一类井段的井漏倾向是为类似井段提供风险预测预警的很好判据。所以，数据挖掘领域中的聚类分析对于电子图书馆的智能推荐服务具有重要意义[18-20]。

K-mean 算法是聚类分析中的经典算法，也是数据挖掘中最常用的聚类算法，聚类原理与过程如图6所示。

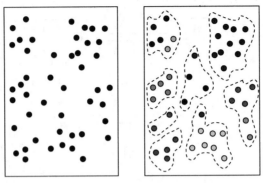

图6　K-mean算法聚类原理与过程

2.3　井漏的改进 Apriori 关联规则挖掘

经过聚类分析后，有相似井漏倾向的井段被归并到一个类别中，这个井段类别所关联的井漏倾向也就成为提供智能预测预警的初始依据。也就是说，某一井段如果有相关参数发生了类似的变化，则这一井段就有很大可能发生和类内井段相同的井漏倾向事件，但这需要进一步利用关联规则数据挖掘算法去实现。

Apriori 算法是关联规则挖掘的常用方法，但其形成的关联规则很多是冗余的，并且需要执行的扫描次数也比较多。为此，本课题在传统的 Aprior 算法的基础上进行了改进，改进算法流程如图7所示。

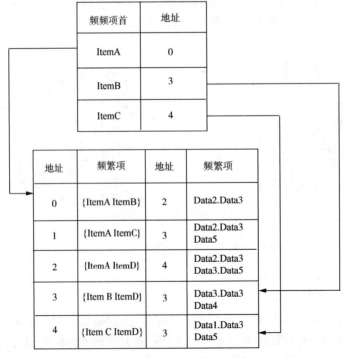

图7　关联规则改进算法

3 防漏堵漏智能辅助决策平台构建及现场应用

3.1 平台构建

依据上述所提出的聚类分析、关联规则挖掘等数据挖掘算法，调用数据仓库数据，构建了智能防漏堵漏辅助决策平台。其功能模块包括：控制台模块、权限管理模块、数据导入模块、数据预处理模块、井漏风险预测模块及漏层位置预测模块。防漏堵漏智能辅助决策平台界面如图8所示。

防漏堵漏智能辅助决策平台可以在用户登录之后针对平台内不同区块的钻井数据进行检索查看服务，并提供部分数据统计功能，帮助工程师们更加直观地看到钻井数据中的可用信息。智能决策平台可以与一体化平台实现跨平台连接，既可以根据用户设置自动导入实时钻井数据，也可以手动导入一些平台以外的新数据。

防漏堵漏智能辅助决策平台提供了包括神经网络、K近邻、随机森林在内的多种数据挖掘算法，用户既可以根据区块规律、算法特征来自行选择，也可以通过平台推荐来选择最优模型(图9)。

图8 用户登录界面

图9 平台提供的数据挖掘服务

3.2 现场应用

使用软件对已完钻井和正钻井进行堵漏方案推送验证，见表1、表2。

表1 已完钻井进行堵漏方案推送验证

序号	井号	堵漏方式	是否成功	符合率
1	MX023-H1	桥堵	成功	60%
2	MX022-H30	降密度	成功	100%
3	N209H36-10	桥堵	成功	40%
4	N216H5-4	桥堵	漏速减小	40%
5	N209H39-3	随堵	漏速减小	60%

表 2　正钻井进行堵漏方案推送验证

序号	井号	堵漏方式	是否成功	符合率
1	MX131	桥堵	成功	50%
2	N209H31-2	桥堵	成功	50%
3	W204H40-2	桥堵	成功	50%

由表 1 可知，对已完钻井进行堵漏方案推送验证符合率达 60%，对正钻井进行堵漏方案推送，与专家方案符合率 50%。

4　结论

（1）针对川渝地区复杂区块井漏问题，通过数据采集、数据清洗与分析、数据挖掘模型的建立，构建防漏堵漏智能辅助决策平台。

（2）对已钻井的数据挖掘与智能学习，能够实现正钻井井漏风险预测，满足钻井工程的实际需求。

（3）智能防漏堵漏辅助决策平台对已完钻井进行堵漏方案推送验证符合率达 60%，对正钻井进行堵漏方案推送，与专家方案符合率 50%。

参 考 文 献

[1] 陈敏，赵常青，林强. 川渝地区漏失井固井工艺技术[J]. 钻采工艺，2020，43(2)：126-128.

[2] 万云，何建中，张勇，等. 川渝地区井漏分析及处理工艺研究[J]. 油气田地面工程，2009，28(6)：26-27.

[3] 马光长，吉永忠，熊焰. 川渝地区井漏现状及治理对策[J]. 钻采工艺，2006(2)：25-27，122.

[4] 闫铁，许瑞，刘维凯，等. 中国智能化钻井技术研究发展[J]. 东北石油大学学报，2020，44(4)：6，15-21.

[5] 潘一，徐明磊，郭永成，等. 智能钻井液的化学体系及辅助系统研究进展[J]. 精细化工，2020，37(11)：2246-2254.

[6] 王敏生，光新军. 智能钻井技术现状与发展方向[J]. 石油学报，2020，41(4)：505-512.

[7] 李根生，宋先知，田守嶒. 智能钻井技术研究现状及发展趋势[J]. 石油钻探技术，2020，48(1)：1-8.

[8] 周方成，么秋菊，张新翌，等. 智能钻井发展现状研究[J]. 石油矿场机械，2019，48(6)：83-87.

[9] 李国良，周煊赫. 面向 AI 的数据管理技术综述[J]. 软件学报，2021，32(1)：21-40.

[10] 董学润. 大数据分析及处理综述[J]. 中国新通信，2021，23(1)：67-68.

[11] 李晓松，雷帅，刘天. 我国数据驱动管理决策研究现状分析[J]. 国防科技，2020，41(6)：83-88.

[12] 陈国靖. 浅谈通信网络的大数据相关性分析算法[J]. 电脑知识与技术，2020，16(36)：57-59.

[13] 马蓉蓉，杨国柱，胡月明，等. 数据挖掘算法在高寒草地退化驱动因素相关性分析中的应用[J]. 地学前缘，2020，12(6)，1-12.

[14] 张宇，周燕，陶邦一，等. 基于时序相关性分析方法的浮标异常数识别[J]. 海洋学报，2020，42(11)：131-141.

[15] 赵晨光，周次明，庞彦东，等. 基于独热码有限状态机的斐索干涉解调相位补偿方法[J]. 光子学报，2020，49(5)：7-15.

[16] 梁杰，陈嘉豪，张雪芹，等. 基于独热编码和卷积神经网络的异常检测[J]. 清华大学学报(自然科学版)，2019，59(7)：523-529.

[17] 魏凤歧，须毓孝. 可自启动独热状态编码同步时序电路的设计[J]. 遥测遥控，2001(1)：37-39，47.

[18] 马天顺，鲁昊，李顶根，等. 基于多维聚类分析的 MILD 燃烧中的反应区域识别[J]. 化工设计通讯，2021，47(1)：135-137，195.

[19] 李铨民，刘勇. 基于大数据技术的图书馆自助服务设备故障诊断方法[J]. 自动化与仪器仪表，2021(1)：70-72，76.

[20] 高哲. 聚类算法在图书馆微信公众号传播效果中的应用研究——以国家图书馆微信公众号为例[J]. 新媒体研究，2020，6(17)：12-15.

高分子基弹性体堵漏剂的制备及性能研究

程　凯[1]　许桂莉[2]　陈　智[1]　李茂森[1]

(1. 中国石油集团川庆钻探工程有限公司钻井液技术服务公司;
2. 中国石油集团川庆钻探工程有限公司井下作业公司)

【摘　要】　以热塑性弹性体苯乙烯—丁二烯共聚物为基体材料,复配经过铝酸酯偶联剂改性的碳酸钙,制备一种高分子基弹性体堵漏剂,探讨了改性碳酸钙用量对堵漏剂拉伸强度、压缩强度和熔体流动速率的影响。同时考察了高分子基弹性体堵漏剂抗温性及其对钻井液流变性的影响,并且对弹性体堵漏剂堵漏效果进行了评价。结果表明,改性碳酸钙含量为15%的高分子基弹性体堵漏剂抗温超过150℃,承压大于5MPa,对模拟微裂缝地层具有良好的堵漏效果。

【关键词】　热塑性弹性体;堵漏剂;碳酸钙;表面修饰;铝酸酯偶联剂

　　川渝地区地层结构复杂,尤其是在长宁页岩气和高石梯—磨溪等区块井漏频繁且堵漏成功率低,不仅耗费钻井时间、损失钻井液和堵漏材料,还会引起卡钻和井喷等一系列复杂情况。现有弹性堵漏剂(如高分子凝胶等)抗温能力和承压能力均有待提高,在应对喷漏同层、多压力系统等复杂地层井漏治理时存在堵漏次数多、堵漏成功率低等问题。高分子材料作为堵漏剂在油田应用方面有其独特的性能优势,如高弹性易形变、抗压能力强,有效周期长等。本研究选择苯乙烯—丁二烯共聚物作为高分子弹性体材料,并复配常用且成本低廉的碳酸钙填料,可使材料具备优质的弹性和一定韧性,能在压力下挤入裂缝中,在自身弹性作用下增大与裂缝面的摩擦,增加整个封堵层的弹性,避免堵漏材料返吐或向裂缝深处滑动,封闭漏失通道,达到"进得去、停得住"的效果,以实现对井壁裂缝的有效封堵。

1　样品制备

1.1　原料及仪器

　　碳酸钙(CaCO_3,平均粒径300nm)和铝酸酯偶联剂LS-1,河南省济源科汇材料有限公司;丁二烯—苯乙烯嵌段共聚物(线型SBS,YH-791,平均相对分子质量$(8\sim12)\times10^4$,中国石油化工股份有限公司巴陵分公司;抗氧剂1010:巴斯夫股份公司。

　　多功能电子天平,JY系列,上海衡平仪器仪表厂;电热鼓风干燥箱,CS101-2EBN,重庆永恒实验仪器厂;同向双螺杆挤出机,SHJ-20,长径比40,南京杰恩特机电有限公司;电热恒温鼓风干燥箱,5E-DHG,长沙开元仪器股份有限公司;塑料注射机,130F2V,东华机械有限公司;平板硫化机,XLB,中国青岛亚东橡机有限公司青岛第三橡胶机械厂;塑料

　　基金项目:中国石油集团川庆钻探工程有限公司攻关项目"弹性体堵漏剂及160℃固化堵漏剂研究与现场试验"(项目编号:CQ2021B-33-Z3-3)。

　　作者简介:程凯,工程师。地址:四川省成都市成华区猛追湾街26号;电话:028-86017152(18280098039);邮箱:284420860@qq.com。

熔体流动速率机，GT-7100-MI，高铁检测仪器有限公司；电脑伺服拉力试验机，GT-TCS-2000，高铁科技股份有限公司；粒径仪，ZMV2000，英国马尔文仪器有限公司；热分析系统，TGA/DSC2，梅特勒—托利多，瑞士；水接触角测试仪，DSA25，德国 KRUSS 公司；6速电子油田六速旋转黏度计，KC600，肯测仪器（上海）有限公司；高温滚子加热炉，XGRL-4 型，青岛海通远达专用仪器有限公司；高温高压滤失仪，71 型，山东美科仪器有限公司。

1.2 CaCO₃ 的表面改性工艺

碳酸钙经 120℃ 干燥 12h 后，准确称取 50.0g 投入小型高混机中，在 110℃ 下预热 10min。准确称取 2.5g（5%）铝酸酯偶联剂 LS-1，用液体石蜡按质量比 1∶1 进行稀释，然后分 2 次喷洒于高混机中的粉体，间隔 5min，高速混合 30min 后出料。得到的样品经乙醇清洗 3 次后，于 80℃ 烘箱内烘干，得到经铝酸酯偶联剂改性的碳酸钙（CaCO₃@LS-1）。

1.3 样品制备

SBS 和 CaCO₃@LS-1 加工前于 80℃ 下干燥 12h。然后，将 SBS、CaCO₃@LS-1（质量分数分别为 0、5%、10%、15%、20%、25%）和抗氧剂 1010（质量分数为 1%）加入双螺杆挤出机（螺杆四段温度分别为 150℃、175℃、185℃、190℃，螺杆转速 130r/min），对挤出的样品进行切粒（粒径在 0.5~2mm 范围内），之后 80℃ 干燥 24h。干燥后的样品进行注塑成型和模压成型。注塑机螺杆四段温度分别为 160℃、180℃、185℃、195℃；模压成型的压力和温度分别为 10MPa 和 170℃，预热 8min，热压 2min，冷压 2min，样品厚度 1mm 左右。

1.4 表征测试方法

1.4.1 碳酸钙活化度（H）测试

向 250mL 分液漏斗中加入 100mL 水，然后加入一定量的改性碳酸钙 CaCO₃@LS-1；振动摇晃 5min，静置 15min；把沉于水底的粉体一次性放入已知质量的坩埚中。于烘箱中烘干，称其质量，得到沉于水底的粉体的质量，按式（1）计算活化度（H）。

$$H=\left(1-\frac{m_2-m_1}{m}\right)\times100\% \tag{1}$$

式中：m 为碳酸钙总质量，g；m_1 为坩埚质量，g；m_2 为干燥后坩埚和沉于水底碳酸钙的质量，g。

1.4.2 动态光散射法测试粒子粒径（DLS）

采用动态光散射法对 CaCO₃ 和 CaCO₃@LS-1 进行粒径测试。少量待测样品于乙醇中超声分散后加入样品池内进行测试。

1.4.3 热失重分析测试（TGA）

对 CaCO₃ 和 CaCO₃@LS-1 进行热失重测试，温度范围为 30~600℃，升温速率为 10℃/min，在氮气下进行测试。样品的铝酸酯偶联剂 LS-1 包覆率 R 由式（2）计算：

$$R=\frac{W_{CaCO_3@LS-1,100}}{W_{CaCO_3@LS-1,600}}-\frac{W_{CaCO_3,100}}{W_{CaCO_3,600}} \tag{2}$$

式中：$W_{CaCO_3@LS-1,T}$ 为在温度 T（100/600℃）时 CaCO₃@LS-1 的剩余质量百分比；$W_{CaCO_3,T}$ 为在温度 T（100/600℃）时 CaCO₃ 的剩余质量百分比。

1.4.4 水接触角测试

通过压片法制备 $CaCO_3$ 和 $CaCO_3@LS-1$ 粒子样品模，采用蒸馏水进行接触角测试。水滴接触和渗透过程由软件记录，水滴刚接触样品模时定义为 0 时刻($t=0$)，测试结果为 $t=0$ 时的接触角。

1.4.5 熔体流动速率实验

采用 GB/T 3682 规定进行，砝码质量 5kg，温度 190℃。

1.4.6 拉伸强度

将材料经过注塑加工得到标准样条，采用 GB/T 1040 规定进行，在室温下进行测试，拉伸速率 50mm/min。

1.4.7 压缩强度

将材料经过模压加工得到直径和高度均为 10mm 的圆柱形样品，测试过程中采用 20kg 传感器，压缩速率为 2mm/min。

1.4.8 堵漏效果评价

采用 DQ-2 型堵漏材料试验装置对高分子基弹性体堵漏剂堵漏效果进行评价。将 4mm 钢珠 600g 和 10mm 钢珠 800g 依次放在钢珠床内，均匀铺平后放入堵漏材料试验装置内腔中。量取 3000mL 井浆，加入一定量的高分子基弹性体堵漏剂，搅拌均匀后注入装置中，旋紧罐盖后逐渐加压至 5MPa，稳压 30min，读取钻井液漏失量。

2 结果与讨论

2.1 碳酸钙的表面改性

首先，通过活化度、粒径和接触角及热失重来分析表征经过铝酸酯偶联剂改性前后的碳酸钙。

图 1 为碳酸钙经过铝酸酯偶联剂改性前后的活化度变化情况。由图 1 可知，碳酸钙经过铝酸酯偶联剂改性后，活化度由 5.3% 升高至 88.7%。未改性纳米碳酸钙的表面是强极性的，在水中自然沉降。改性后碳酸钙表面呈现非极性，并且具有较强的疏水性，在水中由于巨大的表面张力作用使其在水面上漂浮不沉。所以，可以用活化度(H，样品中悬浮部分的质量与样品总质量之比)来反映表面处理效果的好坏。活化度的显著升高说明了铝酸酯偶联剂成功包裹在碳酸钙粒子表面，表面修饰的成功有利于碳酸钙粒子在弹性体基体材料中的分散。

图 2 为 $CaCO_3$ 和 $CaCO_3@LS-1$ 样品的粒径变化情况。由图 2 可知，碳酸钙经过铝酸酯偶联剂改性后，平均粒径由 383nm 增大至 512nm。铝酸酯偶联剂成功包裹在碳酸钙粒子表面使得样品粒子粒径增大，这也说明了对碳酸钙纳米粒子表面进行了成功改性。

$CaCO_3$ 粉体的表面浸润性能可通过接触角测定仪进行测量表征。图 3 为改性前后 $CaCO_3$ 与水为接触液的接触角照片。从图 3 可知，与未改性 $CaCO_3$ 相比，改性后 $CaCO_3@LS-1$ 的接触角从 64° 增加至 71°。该结果说明，铝酸酯偶联剂中亲油性基团的存在使改性后 $CaCO_3@LS-1$ 的表面自由能降低，从而憎水性增加，亲油性增加，可在一定程度上有效地阻止粉体间粒子的团聚。与未改性的 $CaCO_3$ 相比，$CaCO_3@LS-1$ 在有机聚合物中的分散性能显著提高。

热失重分析(TGA)用来表征铝酸酯偶联剂在碳酸钙纳米粒子表面包覆的质量分数，检测温度范围为 30~600℃。图 4 为 CaCO₃ 和 CaCO₃@LS-1 样品的热失重曲线。在这些曲线中，190℃左右的质量损失为 1.3%，这部分质量损失来源于碳酸钙纳米粒子表面吸附的水分等的蒸发。在 CaCO₃ 的热失重曲线上观察到 190~500℃ 之间有 5.1% 的质量损失，该部分归因于体系中吸附的有机结构的降解。CaCO₃ 纳米粒子经过铝酸酯偶联剂包覆改性后，同一温度范围内的质量损失高达 7.5% 左右，这一结果证实了碳酸钙纳米粒子表面成功包覆了一定量的铝酸酯偶联剂。根据参考文献中的计算方法，铝酸酯偶联剂的包覆率达到 3.0%。该数值小于改性时铝酸酯偶联剂的加入量(5%)，这是因为铝酸酯偶联剂包覆在 CaCO₃ 粒子表面后，部分未完全反应的改性剂在反复洗涤时已随同溶剂被除去。

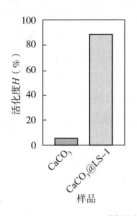

图 1 CaCO₃ 和 CaCO₃@LS-1 样品的活化度

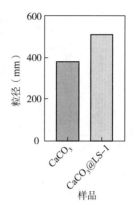

图 2 CaCO₃ 和 CaCO₃@LS-1 样品的粒径

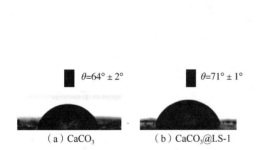

图 3 CaCO₃ 和 CaCO₃@LS-1 样品的水接触角

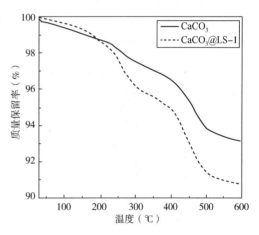

图 4 CaCO₃ 和 CaCO₃@LS-1 样品的热失重曲线

活化度、粒径、接触角和热失重分析结果均证明了偶酸酯偶联剂 LS-1 成功地包覆在碳酸钙粒子表面。

2.2 改性碳酸钙添加量对高分子基弹性体堵漏剂性能的影响

在实际现场堵漏作业过程中，堵漏剂需要具有一定的机械强度，以达到堵漏的目的。因此，首先考察了 CaCO₃@LS-1 不同填充量(质量分数分别为 0、5%、10%、15%、20%、25%)对高分子基弹性体材料拉伸强度和压缩强度的影响。图 5 为 CaCO₃@LS-1 填充量对 SBS 拉伸强度的影响。由图 5 可知，加入功能填料 CaCO₃@LS-1，高分子基弹性体堵漏材料的拉伸强度有所提高。并且随着 CaCO₃@LS-1 含量增加，堵漏材料的拉伸强度逐渐增加，当 CaCO₃@LS-1 添加量为 25%时，堵漏材料获得最大拉伸强度，与不加 CaCO₃@LS-1 的材料相比，拉伸强度提高了 47%。

图 6 为 CaCO₃@LS-1 填充量对 SBS 压缩强度的影响。由图 6 可知，加入功能填料 CaCO₃@LS-1，高分子基弹性体堵漏材料的压缩强度随着 CaCO₃@LS-1 含量增加而逐渐提高。当 CaCO₃@LS-1 添加量为 25%时，堵漏材料获得最大压缩强度（6.3MPa），与不加 CaCO₃@LS-1 的材料（3.3MPa）相比，压缩强度提高了 91%。

除了考虑堵漏剂机械强度，还应考虑制备时的加工性能，若材料体系的熔体流动速率较低，会引起加工困难，耗能增大。因此，探讨了 CaCO₃@LS-1 填充量对 SBS 熔体流动速率的影响，结果如图 7 所示。由图 7 所知，随功能填料 CaCO₃@LS-1 的增加，堵漏材料熔体流动速率明显减小，尤其是当 CaCO₃@LS-1 填充量为 20%时，堵漏材料熔体流动速率显著减小。当碳 CaCO₃@LS-1 填充量为 15%时，与不含填料的堵漏材料相比，熔体流动速率从 4.8g/10min 降低为 3.4g/10min。功能填料 CaCO₃@LS-1 的加入，使堵漏材料的流动性减弱，加工性变差。

综合考虑堵漏材料的机械强度和加工性能，确定功能填料 CaCO₃@LS-1 添加量为 15%。

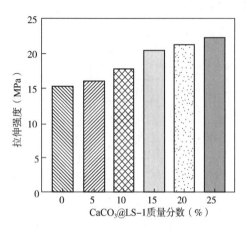

图 5　CaCO₃@LS-1 质量分数对高分子基弹性体材料拉伸强度的影响

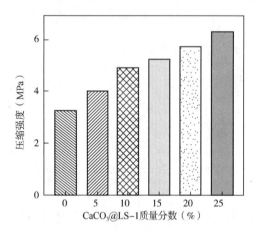

图 6　CaCO₃@LS-1 质量分数对高分子基弹性体材料压缩强度的影响

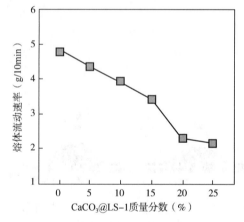

图 7　CaCO₃@LS-1 质量分数对高分子基弹性体材料熔体流动速率的影响

2.3　高分子基弹性体堵漏剂抗温性及其对钻井液流变性的影响

取 L203H123-1 井井浆，加入不同量的高分子基弹性体堵漏剂（WNCTX-1），测试其 150℃老化 16h 前后的流变性和滤失量，实验结果见表 1。

由表 1 可知，高分子基弹性体堵漏剂是一种隋性堵漏材料，对钻井液的流变性没有明显影响。同时，随着高分子基弹性体堵漏剂加量的增大，滤失量反而有所降低。经过 150℃高温老化 16h 后，钻井液性能变化不大，由此说明高分子基弹性体堵漏剂与钻井液配伍性好，且抗高温达到了 150℃，满足深井的堵漏工作。

表 1   高分子基弹性体堵漏剂抗温流变性能

WNCTX-1 含量(%)	实验条件	AV(mPa·s)	PV(mPa·s)	YP(Pa)	FL(mL)
0	老化前	51	45	6.5	3.8
0	老化后	48	44	4	4.0
1	老化前	53	47	6	3.6
1	老化后	49	45	4	4.0
2	老化前	54	48	6	3.4
2	老化后	50	46	4	3.8
3	老化前	56	50	6	3.2
3	老化后	52	49	3	3.6

2.4   高分子基弹性体堵漏剂堵漏效果评价

地层存在的微裂缝发育会导致钻井液的漏失，在进行堵漏作业时需要同时兼顾堵漏材料的承压能力和堵漏能力。室内高温高压砂床评价了 WNCTX-1 在 L203H123-1 井井浆中的堵漏效果。实验结果见表 2。

表 2   不同浓度 WNCTX-1 的堵漏效果

WNCTX-1 含量(%)	承压(MPa)	漏失量(mL)	WNCTX-1 含量(%)	承压(MPa)	漏失量(mL)
0	5	7.8	3	5	2.4
1	5	5.6	5	5	0.8

由表 2 可知，未加 WNCTX-1 的钻井液漏失量很大，加入 5%WNCTX-1 后，钻井液的漏失量降为 0.8mL，且可承压能力达到 5MPa。因此 WNCTX-1 具有较强的承压能力，且对微裂缝地层具有良好的堵漏效果。

3   结论

（1）选用热塑性弹性体 SBS 作为基体材料，复配用铝酸酯偶联剂改性的碳酸钙，成功制备高分子基弹性体堵漏剂。

（2）高分子基弹性体堵漏剂与钻井液的配伍性能良好。钻井液分别加入不同浓度的高分子基弹性体堵漏剂后，流变性及降滤失性能均无明显变化。

（3）高分子基弹性体堵漏剂抗温超过 150℃，承压大于 5MPa，室内实验结果表明对模拟微裂缝地层具有良好的堵漏效果。

参 考 文 献

[1] 汤燕丹，许春田，李爱红，等 . 钻井堵漏用聚合物凝胶胶凝时间影响因素研究及性能评价[J]. 复杂油气藏，2016，9(1)：63-66.

[2] 康力，鲜明，杨国兴，等 . 废旧汽车轮胎橡胶颗粒堵漏材料的研究与应用[J]. 钻井液与完井液，2016，33(4)：69-73.

［3］左文贵，朱林，吴兵良，等．聚合物凝胶堵漏剂在大裂隙溶洞地层中的研究及应用［J］．探矿工程（岩土钻掘工程），2018，45（9）：19-24.

［4］肖富森，韦腾强，王小娟，等．四川盆地川中—川西地区沙溪庙组层序地层特征［J］．天然气地球科学，2020，31（9）：1216-1224.

［5］胡笙，谭秀成，罗冰，等．四川盆地西北部二叠系栖霞阶层序地层特征及地质意义［J］．古地理学报，2020，22（6）：1109-1126.

［6］李公让，于雷，刘振东，等．弹性孔网材料的堵漏性能评价及现场应用［J］．石油钻探技术，2021，49（2）：48-53.

［7］李伟，白英睿，李雨桐，等．钻井液堵漏材料研究及应用现状与堵漏技术对策［J］．科学技术与工程，2021，21（12）：4733-4743.

古巴大位移井油基钻井液性能控制及防塌防漏技术研究

张　福　段参军　谭学超　鲁先振　穆希伟　张晓崴

(中国石油集团长城钻探工程有限公司钻井液公司)

【摘　要】　介绍了古巴地区地质和工程概况，引入油基钻井液后，虽解决了部分技术难题，但个别井段仍然面临井壁稳定、窄窗口施工密度及井眼清洁等难题；针对以上技术难题，优选纳米类封堵剂，提高钻井液体系封堵防塌能力，强化井壁稳定性；以钻井计算软件为依托，分析了油基施工各井段重点施工难点并提出相应的优化对策，以封堵防塌联合模拟计算的油基钻井液技术确保 V-1011 井施工顺利，为 V 油田继续使用油基钻井液奠定基础，为加大勘探开发提供理论保障。

【关键词】　油基钻井液；井壁稳定；模拟计算；应用

古巴石油行业起步较晚，但其在墨西哥湾拥有数量可观的石油储备，目前主要开采东南部油田近海石油。该地区井型一般为从陆地向海上延伸的大位移和超大位移水平井，地层垂深在 1500~2000m 之间，水平位移在 3000~6500m 之间，水垂比均在 2 以上，该区块地质情况复杂，勘探开发的难度极高。在该区块上部和中部井段钻进过程中，井壁稳定、井眼清洁等问题十分突出[1-3]。结合当地地层特点引入油基钻井液体系，该体系在前期应用过程中取得不错的应用效果，但是井壁稳定、井眼清洁和漏失方面仍未彻底解决。本文通过分析施工中难点，提出强化油基钻井液封堵防塌性能，并结合钻井模拟软件排量和机械钻速(ROP)对岩屑床影响，对油基钻井液精细施工提供指导意义。

1　地质工程概况

1.1　地质概况

古巴井位部署各区块层位深浅不同，但地层基本一致，地质结构较为复杂，地层断层发育，目的层为新生代第三纪古新世碳酸岩油层，该地区地层从上到下依次为第四纪、中新世、白垩世 Vía Blanca 层、始新世 Vega Alta 层和古新世 Canasí 层等。其中第四纪和中新世的岩性主要为礁灰岩，钻进过程中常发生失返性漏失；白垩世 Vía Blanca 层岩性主要为碎屑砂岩夹泥岩层，夹层泥岩的黏土含量较高，易水化膨胀从而导致坍塌卡钻事故；始新世 Vega Alta 层主要为泥岩和蛇纹岩，泥岩黏土成分较高，活性极强，极易水化膨胀分散，部分泥岩段为裂缝性硬脆泥岩，地层承压能力较差，极易发生憋漏；古新世 Canasí 层为目标储层，岩性主要为裂缝性灰岩夹少量砂岩和泥岩，地层压力系数较低。

1.2　工程概况

由于地质情况复杂以及存在多套压力系统，古巴大位移井通常采用 6 开设计。表 1 为 V 油田典型井身结构表。

表1　V油田典型井身结构

开次及体系	钻头尺寸(in)	井段(m)	套管尺寸(in)	地层
一开/膨润土浆	26	0~300	20	第四纪
二开/油基	17½	300~2500	13⅜	中新世
三开/油基	12¼	2500~4400	10⅝	白垩世 Vía Blanca 层
四开/油基	9⅝~10⅛	4400~5990	8⅝	始新世 Vega Alta 层
五开/聚合物	6½~7¾	5990~7040	6⅝	始新世 Vega Alta 层
六开/聚合物	5⅝	7040~8150	裸眼	古新世 Canasí 层

施工中二开 17½in 开始并完成造斜，三开至完钻在水平段钻进，井身结构具有造斜点浅(300~500m)、造斜率大(85°左右)、斜深长(水平位移 6000m 左右)等特征。由于二开、三开和四开等裸眼段长、井眼尺寸大、劣质固相增长过快、地层对井底压力波动较为敏感，是古巴大位移井发生事故主要井段。

2 施工难点及技术对策

2.1 施工难点

(1)井壁稳定。该区块 75%非生产时间归结于井壁稳定问题，井壁失稳地层往往发生在白垩世 Vía Blanca 下部地层和始新世 Vega Alta 层，钻遇阻卡、频繁划眼、电测需反复通井、套管难以下到位需反复起下等情况。

(2)窄安全密度窗口。地层安全密度窗口较窄，承压能力较弱，密度选择不合理造成该区块钻进过程中易发生漏失，现场施工油基钻井液施工中，经常陷入起钻提密度—下钻降密度、下钻分段循环降密度及缓慢开泵等技术措施，尽量降低井底当量循环密度(ECD)的压力波动，频繁提密度降密度、过度循环造成非生产时间增加，钻井时效降低。

(3)井眼清洁。该地区井身结构呈"L"型，二开井眼大且增斜较快，岩屑易在井底沉积，尤其是 40°~70°井斜段，形成巨厚岩屑床，造成频繁划眼和起钻超拉，如处理不当造成划出新井眼，耽误大量非生产时间[4]。

2.2 技术对策

(1)井壁稳定技术。Vega Alta 地层的裂缝尺寸一般在纳米到微米级且裂缝发育的非均质性较强，目前针对裂缝性储层的评价方式还未形成统一的标准。因此选用 PPA(渗透率封堵装置)配合 3μm 砂盘和高温高压滤失仪配合高温高压滤纸，通过考察滤失量和滤饼质量综合考察优选的纳米类封堵剂效果[5]。

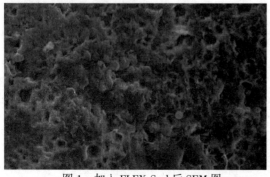

图1　加入 FLEX Seal 后 SEM 图

针对 Vega Alta 地层微裂缝泥岩发育，引入适用于油基钻井液的纳米类封堵材料 1%~3%FLEX Seal 后，钻井液流变性和乳化稳定性变化不明显，说明纳米类材料对钻井液体系流变性和体系稳定性不会造成负面影响，高温高压滤失量从加入之前的 3.6mL 降到 1.6mL，形成的滤饼薄而韧。扫描电镜下如图 1 所示，加入 3% FLEX Seal 的体系形成的滤饼更加致密且均匀，且厚度明显降低，FLEX Seal 加入强化了体系的封堵防塌剂性能(表2)。

表2　加入 FLEX Seal 后油基钻井液性能表

体系	条件	密度 (g/cm^3)	PV (cP)	YP ($lb/100ft^2$)	Gel(10s/10min/30min) ($lb/100ft^2$)	Φ_6/Φ_3	E_S (V)	FL_{HTHP} (mL)
OBM	热滚前	1.50	30	21	11/20/22	12/10	1021	
	热滚后	1.50	33	24	13/22/24	13/11	1125	3.6
OBM+1% FLEX Seal	热滚前	1.50	30	22	10/20/22	12/10	1035	
	热滚后	1.50	34	24	13/22/25	13/11	1183	3.0
OBM+2% FLEX Seal	热滚前	1.50	31	21	11/22/24	12/11	1056	
	热滚后	1.50	34	25	13/23/25	13/12	1210	2.6
OBM+3% FLEX Seal	热滚前	1.50	33	23	12/22/24	13/12	1189	
	热滚后	1.50	35	25	14/23/26	14/12	1225	1.6

注：(1)热滚条件120℃、16h,测试温度为65℃；(2)高温高压测试温度为120℃。

为进一步评价加入纳米封堵剂 FLEX Seal 的封堵能力,以 $3\mu m$ 的陶瓷砂盘,在压差 7.1MPa 和120℃下,对比评价加入前后的滤失曲线如图2所示,从曲线上可以看出,加入 FLEX Seal 的体系瞬时滤失量显著降低,说明该体系加压瞬间即可在渗透介质上形成致密封堵层。随着时间延长,加入 FLEX Seal 的体系滤失量增加缓慢,至滤失终点时,两者滤失量差距更大。该实验证实加入 FLEX Seal 的体系利于低渗裂缝泥岩防塌,进而利于阻止滤液在微裂缝内的延展。

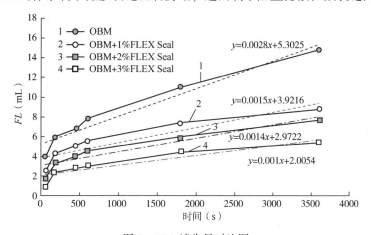

图2　PPA 滤失量对比图

(2)流变性控制技术。利用钻井计算模拟软件,结合地层破裂压力和地层孔隙压力,预测井眼清洁程度和井下 ECD 变化。通过微调钻井液体系流变性控制 ECD 在安全密度窗口以内;通过调整 ROP 和排量,预测全井段岩屑床形成,优化主要水力学参数和采取工程技术对策,及时清理岩屑床;同时预测在开泵、钻进、静置和下套管期间调整 ECD 变化始终在安全密度窗口内,确保井壁稳定[6-8]。

通过室内模拟加软件计算结合,将油基钻井液现场应用升级为井眼强化+水力学控制的油基钻井液精确控制技术,为油基钻井液现场施工提供指导意义。

3　应用实例

以 V 油田 V-1011 井油基应用井段二开、三开和四开为例,对施工中的关键问题进行分析讨论。

3.1 二开 17½in 井段

上部套管结构：20in 套管×300m。

钻具组合：17½in PDC+15¾in 螺杆+12in 扶正器+8in 钻铤+8¼in 无磁钻铤+8in 钻铤+8in 震击器+6⅝in 加重钻杆+6⅝in 钻杆。

以往施工中岩屑床是该开次施工面临的主要难点。通过软件模拟岩屑床厚度与排量、机械钻速 ROP 关系。从图 3 岩屑床高度和排量及机械钻速关系曲线上可以看出，单纯提高排量有利于提高井底岩屑清除效率，避免形成岩屑床，最小排量应控制在 3.2m³/min，此时形成的岩屑床厚度低于井眼内径的 5%，在安全范围以内(10%～15%井径)。机械钻速提高至 10m/h 后，岩屑在环空快速累积，为避免形成岩屑床，应及时采取工程技术措施或者增加循环时间，在机械钻速 10m/h 时，配合最优排量，可及时清理岩屑床。

3.2 三开 12¼in 井段

上部套管结构：13⅜in 套管×2500m。

钻具组合：12¼in PDC+12¼in 旋转导向+12⅛in 扶正器+8¼in 接头+8¼in 无磁+8in 震击器+转换接头+5½in 接头+5½in 钻杆+接头+6⅝in 钻杆+6⅝in 加重钻杆+接头+5½in 钻杆+5½in 加重钻杆+5½in 钻杆。

钻塞完成后，再次下钻钻进，在钻进过程中逐步提高 FLEX Seal 封堵剂的含量至 3%。对拟采用的钻具组合对岩屑床厚度与排量进行测算(图 4)，受地层变化和定向钻进需要，机械钻速控制在 10m/h 以下。从图 4 可以看出，在 10m/h 机械钻速下，维持入口排量在 2.85m³/h 即可维持井眼清洁，同时根据钻进进度坚持 200m 短起下。在钻进过程中，机械钻速维持在 10m/h 以下、坚持 200m 短起下制度后，三开钻进未发生环空岩屑累积造成的阻卡现象。因此在三开钻进时维持需最低排量 2.85m³/min。如地层发生变化后，应及时控制机械钻速、增加短起下频率或增加循环时间，以保证井底清洁。

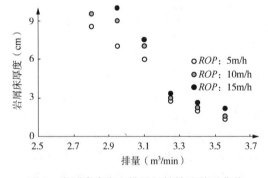

图 3 岩屑床高度和排量机械钻速关系曲线

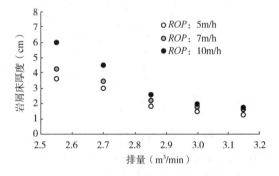

图 4 岩屑床高度和排量机械钻速关系曲线

3.3 四开 9⅝~10⅛in 井段

上部套管结构：10⅝in 套管×4400m。

钻具组合：9⅝inPDC+9⅝in 旋转导向+9½in 扶正器+接头+6¾in 无磁+5in 加重+6¾in 震击器+5in 加重+接头+5in 钻杆+接头+5½in 钻杆+接头+6⅝in 加重钻杆+接头+5½in 加重钻杆+5½in 钻杆。

在钻井液体系中 PV 与其他流变参数呈现正相关，此处仅选取 PV 作为钻井液性能变量考察。同样在 17½in 和 12¼in 井段通过计算模拟，改变钻井液性能对上部大井段环空压耗贡献较小，但需要特别注意钻井液密度的调控，维持当量静态密度高压地层坍塌压力。

在机械钻速 8m/h、排量 2.4m³/min 参数下，模拟 9⅝in 井段 ECD 随钻井液塑性黏度变化曲线(图5)可以看出，随着水平段延长，钻井液体系流变性贡献占 ECD 波动权重越来越大。体系 PV 不超过 40cP 时，ECD 不会超过地层破裂压力，在 9⅝in 井段钻进要维持 PV 低于 40cP，必要时采取补充新浆的方式维持体系黏切。

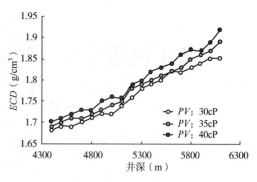

图5　ECD 随塑性黏度变化曲线

4　结论

(1) 井下实际 ECD 受多种因素的影响，该钻井计算软件未考虑地层气及温度对井下 ECD 的影响，今后继续对该软件在温度压力耦合及井筒内多相流方面优化升级模型，以获取更加精准的井下 ECD 数据，建立起更适合大位移钻井液施工的钻井计算模型。

(2) 在油基钻井液的基础上引入纳米类封堵剂，提高了钻井液体系的封堵防塌能力，从化学角度强化了井壁稳定性，一定程度上也拓展了地层的安全窗口密度，在现场取得不错的应用效果，今后可继续推广应用。

(3) 通过软件计算和现场施工，在今后施工中上部二开、三开井段重点关注井眼清洁，通过维持最低排量、控制 ROP 和必要时采取工程措施(如短起下等)及时清除岩屑床，也可以引入井下工具等；三开下部和四开井段重点关注井壁稳定问题，避免可预测的激动压力过大，应通过适当降低塑性黏度和切力，以及降速等工程技术措施，降低井下 ECD 过度波动。

参 考 文 献

[1] 谢彬强，邱正松，黄维安，等 . 大位移井钻井液关键技术问题[J]. 钻井液与完井液，2012，29(2)：76-81.

[2] 王鄂川，樊洪海，党杨斌，等 . 环空附加当量循环密度的计算方法[J]. 断块油气田，2014，21(5)：671-674.

[3] 郝希宁，蒋世全，孙丽丽，等 . 深水钻井当量循环密度影响规律分析[J]，石油钻采工艺，2015，37(6)：49-52.

[4] 陈雨微，张菲菲，吴涛，等 . 大位移井井眼清洁与 ECD 控制方法[J]，中国科技论文，2021，16(9)：1-5.

[5] 孙晓峰，闫铁，王克林 . 复杂结构井井眼清洁技术研究进展[J]. 断块油气田，2013(1)：1-5.

[6] 赵海锋，王勇强，凡帆 . 页岩气水平井强封堵油基钻井液技术[J]. 天然气技术与经济，2018，12(5)：33-36，82.

[7] Zhang F F. Numerical simulation and experimental study of cutting transportation in intermediate and inclined wells[D]. Tulsa：University of Tulsa，2015：34-55.

[8] 汪海阁，刘岩生，杨立平 . 高温高压井中温度和压力对钻井液密度的影响[J]. 钻采工艺，2000，23(1)：56-60.

基于机器学习算法的井漏实时预警方法研究

王金树[1,3]　余林锋[2,3]　徐同台[3]

(1. 河北石油职业技术大学；2. 中国石油大学(北京)；
3. 北京石大胡杨石油科技发展有限公司)

【摘　要】　在钻井过程中能够实现实时预警井下漏失对安全钻井和降本提效具有重要意义，统计分析结果表明综合录井数据与井下漏失具有较强的响应关系。本文以 BP 神经网络为例建立了井漏预警模型，通过井漏预警特征参数选择、神经网络结构设计和计算方法优选等方面分析影响井漏预警模型精度的因素。模型预警结果表明数据样本质量、网络结构和训练函数等都会对模型精度和适用性产生影响，通过两个预警模型精度分析可以为规则推理类机器学习算法在井漏预警等方面的应用提供了借鉴和参考。

【关键词】　井漏预警；神经网络；建模；特征参数

近年来，在深井和非常规油气钻井过程中，钻遇的井漏问题愈发严重[1,2]。以某油田区块为例，2020 年所钻探井中 57%的非生产时间为处理井漏，井漏已成为该地区影响钻井安全及钻井成本的最主要因素。

通过对目标区块漏失井钻井参数绘图分析，取钻井日报记录的漏点井深以上 50m 内的钻井参数数据进行绘图分析，在钻井日报记录的漏点之前钻井参数已有明显的变化，如图 1 所示，在钻井日报漏点(3778m)之前 3756m 排泵比(避免排量调节对泵压的影响而引入的参数)发生明显突变，提前预警 32min，由此可知，井下漏失的提前预警是可行的。根据 Geertsma-Deklerk 对水力作用下裂缝扩展的研究，非致漏天然裂缝(微裂缝、小裂缝、井壁岩石弱结构面)在水力尖劈作用下产生诱导裂缝，并逐步张裂至发生漏失是逐步进行的过程[3]，此过程会伴随钻井参数的变化，因此利用综合录井数据和合理的数据分析手段可实现井漏提前预警，及时提醒技术人员调整工程参数，实现井漏有效控制和避免其他复杂情况的发生。

钻压、扭矩、泵压、排量、瞬时钻速等钻井参数均与井下漏失有很强的响应关系，但其变化规律复杂、模糊性强，传统数值分析方法难以解决此类问题。目前人工智能、机器学习等方法在井漏类型判断、防漏堵漏技术决策等方面进行了一些应用，国内外学者开展的多项针对性的研究取得了一定的成果[4-12]。但是机器学习算法处理规则复杂，模型结构参数设计、收敛算法的优化设计、训练数据和测试数据的质量等都会对模型精度、模型适用性产生影响，而目前对这些方面的研究还鲜有报道。本文以工程领域最常用的 BP 神经网络为例建立井漏预警模型，通过井漏预警特征参数的选择、神经网络结构设计和计算方法优选等方面

作者简介：王金树，男，1986 年 11 月生，2014 年 6 月毕业于中国石油大学(华东)油气井工程专业，获得工学硕士学位；现工作于河北石油职业技术大学，讲师，主要从事钻完井液及防漏堵漏技术研究；地址：河北省承德市双桥区学院路 2 号河北石油职业技术大学石油工程系；电话：18715930239；Email：cug-wjs421@ 126. com。

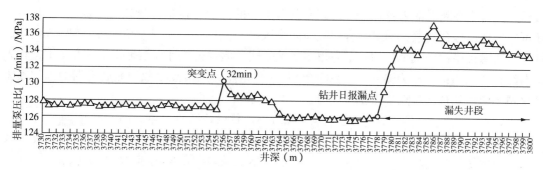

图1 ××井排量泵压比对井下真实漏失的响应关系

分析影响井漏预警模型精度的因素，为规则推理类机器学习算法在井漏预警等方面的应用提供借鉴和参考。

1 井漏预警特征参数的选择

为确保井漏预警特征参数选择的有效性和全面性，以目标区块漏失井数据为分析样本，通过钻井日报确定各漏失井漏点井深，选取漏点前后50m的综合录井数据和地质数据进行绘图分析，根据综合录井数据曲线上的突变点并结合钻井日报、地层组构特征、地质风险提示等信息，确定15个井漏预警特征参数，通过网络结构设计和学习算法选择建立井漏预警模型，最终测试模型精度为74.71%。本文在1.0版本的基础上综合考虑钻井液当量循环密度、地层可钻性、地层物性和地层风险提示等数据资料，确定井别(评价井/预探井/开发井/调整井等)、井深、垂深、层位、岩性、地层组构特征(风险提示)、钻压、转速、扭矩、泵压、排量、出口密度、ECD、大钩负荷、机械钻速、钻时、Dc指数、迟到时间、出口流量、地层压力系数、地层破裂压力系数、理论最大排量(入出比)、排泵比等23个参数作为输入向量。

2 BP神经网络模型建立

2.1 BP神经网络设计

BP神经网络设计主要包括网络结构设计和学习算法选择两部分。网络结构设计包括网络层数、输入层节点数、隐含层节点数、输出层节点数、传输函数等参数设计；学习算法主要是优选最合理的收敛算法，以提高运算速度和预警精度。

2.1.1 输入层和输出层设计

单层网络结构只能解决线性可分问题，对于复杂的线性不可分问题，需要使用多层神经网络。相比于图像、声音等复杂的模式识别问题，井漏预警具有特征参数少、数据样本少的特点，因此三层神经网络即可满足建模需要。

神经网络的输入层和输出层节点数量都是由所要解决的实际问题所决定的。输入层神经元节点数等于输入向量的维数，即井漏预警特征参数的个数；对于模式分类问题，输出层的神经元个数等于类别数量，本文将节点个数设计为$\log_2 n$(n表示分类类别)，由于井漏预警输出共有两种情况，因此采用一维向量0和1分别表示井下正常和漏失的工作状态。

2.1.2 隐含层设计

隐含层神经元个数的确定与模型预警精度和网络训练时间直接相关。隐含层的神经元个数越多，非线性映射能力越强，可使模型获得更好的性能，但也会导致网络训练时间过长，还可能出现过拟合现象；如果隐含层神经元个数太少，网络自主学习效果差，训练精度低。神经网络隐含层神经元个数的确定有很多经验公式，但各公式计算结果相差很大，本文首先根据经验公式 $\log_2 m$（m 为输入层节点个数）初步确定隐含层节点个数，然后根据训练和预警结果精度调整隐含层节点个数至最优值。

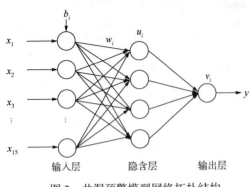

图 2　井漏预警模型网络拓扑结构

2.1.3　传递函数的选择

为提高特征参数与井下工作状态的映射效果，本文隐含层采用非线性映射函数 log-sigmoid，输出层使用线性函数—硬限值函数 hardlim。神经网络模型拓扑结构如图 2 所示，根据特征参数数量，定义输入特征参数变量为 $x_1 \sim x_{23}$，初始化输入层和隐含层之间的连接权值为 ω_i，阈值为 b_i，则各层之间的函数传递关系可表示为式（1）、式（2）、式（3）。

$$u_i = \sum_{i=1}^{23} x_i \omega_i + b_i \qquad (1)$$

$$v_i = f(u_i) = \frac{1}{1 + e^{-u_i}} \qquad (2)$$

$$y = \begin{cases} 0 & v_i < 0 \\ 1 & v_i \geqslant 0 \end{cases} \qquad (3)$$

式中：u_i 为隐含层输入函数值；ω_i 为输入层与隐含层之间连接权值；b_i 为输入层与隐含层之间连接阈值；v_i 为隐含层输出函数值；$f(u_i)$ 为 log-sigmoid 传递函数值；y 为输出层 hardlim 输出函数值。

2.2　原始数据采集与处理

2.2.1　训练集、验证集和测试集生成

以××油田 12 口具有完整数据资料的漏失井综合录井和钻井日报数据为数据源，以 23 个井漏预警特征参数为数据项，以井下工作状态（正常或漏失）作为标签，选择漏失井所有漏点前后 50m 录井数据和地层组构特征建立数据样本。BP 神经网络具有强大的数据识别和数据分析功能，地层层位、岩性描述、地层组构特征等文字描述数据可不进行逻辑赋值直接调用 xlsread 函数（本文使用 Matlab2021a 版进行建模）导入".xlsx"格式的样本数据进行数据读取和分析。为避免不同特征参数量纲差异对预警结果造成的影响，调用归一函数 mapminmax 对训练样本进行归一化处理，将输入参数归化在 [−1，1] 之间。

为保证训练模型的可用性，首先必须确保有足够多的样本数量，使得训练网络具有良好联想记忆和预警能力。本文计算样本数量为 2584 个，采用 70∶15∶15 分割数据样本，即 70% 训练样本用于训练网络，15% 验证样本用于修正网络，15% 测试样本用于测试网络。使用 Matlab 函数随机抽取训练集、验证集和测试集。

2.2.2 随钻录井数据采集

井漏预警模型建模完成后，钻井过程中，综合录井数据通过端口连接进入数据预处理单元，经过归一化处理后，进入计算单元进行预警分析，预警结果以声音和图像形式在操作界面进行显示，提醒技术人员及时调整钻井参数和井漏预防措施。

2.3 BP 神经网络模型训练和参数调整

神经网络训练的实质是利用某种算法反复调整权值和阈值，在反复训练过程中使网络的期望输出和实际输出的均方误差达到预期精度要求。影响模型训练精度和运算速度的因素主要有构造函数、隐含层个数和训练算法。

2.3.1 网络结构设计函数对模型预警精度的影响

BP 神经网络有 newff 和 feedforwardnet 两种构造函数，分别使用两种函数构造神经网络，设置隐含层节点数为 10，通过多次训练进行分析，结果表明 feedforwardnet 函数模拟误差比 newff 函数误差大。如图 3 所示，神经网络迭代 1000 次后，feedforwardnet 函数验证样本均方误差为 0.072，newff 函数训练后验证样本均方误差为 0.043。因此本文选用 newff 函数作为模型构造函数。

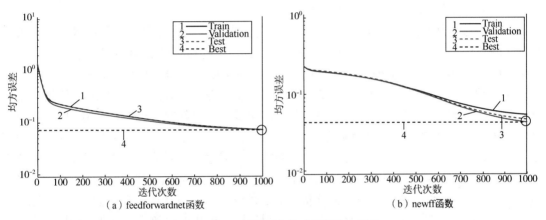

图 3 两种 BP 神经网络构造函数均方误差

2.3.2 训练算法对网络模型预警精度的影响

BP 神经网络训练函数主要分为梯度下降法、拟牛顿法和 Levenberg-Marquardt 法等。分别使用表 1 算法进行模型训练，每种模型进行 5 次训练并取最高测试结果如表 1 所示。

表 1 BP 神经网络训练函数预警精度

学习算法	名称	隐含层数量	迭代次数	运行时间(s)	预警精度(%)
Traingd	标准梯度下降法	10	1000	23	83.10
Traingdm	动量梯度下降法	10	1000	1	94.30
Traingdx	动量自适应学习算法	10	1000	0	88.22
Trainbfg	BFGS-拟牛顿法	10	20	0	79.88
Trainrp	弹性 BP 算法	10	24	0	83.74
Trainlm	LM 算法	10	44	0	86.50
Trainbr	贝叶斯规则法	10	1000	5	89.33

梯度下降法及其改进算法测试结果表明，标准梯度下降法的训练效率最低，迭代次数达到设定次数 1000 次，运算时间为 23s；带有动量项自适应学习算法运算速度最快，动量梯度下降法训练测试精度最高。相比于梯度下降法，拟牛顿法具有更好的收敛效果，经过 20 次迭代之后完成模型训练，但由于训练模型只有 2584 个样本数据和 23 个特征参数，属于小型神经网络，所以很难体现其运算速度优势。Levenberg-Marquardt 算法收敛速度快，但需要内存较大，适用于中小型神经网络，模型训练精度为 86.50%。通过对表 1 中所有训练函数进行训练测试，对比分析选择 Traingdm 进行模型训练可以获得最好的预警效果。

2.3.3 隐含层个数对模型预警精度的影响

分别选择训练结果较好的 Traingdm、Traingdx 和 Trainlm 函数评价隐含层节点个数对模型预警精度的影响。Traingdx 函数在隐含层节点数为 16 时，模型预警精度最高，为 88.79%；Traingdm 函数在隐含层节点为 10 时，模型预警精度最高，为 94.30%；Trainlm 函数在隐含层节点为 8 时，模型预警精度最高，分别为 92.16%。在模型训练过程中，由于训练集中噪声数据的影响造成过拟合，使得学习效果出现先下降后上升的异常现象，因此确定 Traingdm 函数隐含层最优节点个数为 10。

图 4 ROC 曲线和图 5 训练模型误差直方图进一步解释了隐含层节点数量对预警结果的影响。ROC 曲线以假阳性概率（False Positive Rate）为横轴，以真阳性概率（True Positive Rate）为纵轴绘制曲线，横坐标 FPR 数值越大，表明错误预测概率越高；纵坐标 TPR 越大，表明准确预测概率越高。以 Trainlm 函数为例，当隐含层数量为 7 时，验证集和测试集的 ROC 曲线靠近 45° 对角线，说明测试模型预测精度较低；当隐含层数量为 10 时，训练集、验证集和测试集的 ROC 曲线均靠近坐标轴（0，1）点，说明训练模型和测试模型的预测精度高。误差直方图表示不同误差对应点数的分布情况，当隐含层数量为 7 时，训练数据偏离中心较多，说明数据训练误差较大，训练模型的测试精度低；当隐含层数量为 10 时，大多数训练数据位于中心线附近，少量数据分布在中心线边缘，说明数据训练误差较小，训练模型的测试精度高。同时为了降低边缘数据比例，提高模型泛化能力和预警精度，可增加更多数据样本重新训练。

2.3.4 特征参数对模型预警精度的影响

图 6 为 Traingdm 函数井漏预警模型的混淆矩阵，按顺时针方向分别为训练集、验证集、测试集和三种数据集组合的混淆矩阵图，各图中区域①表示井下正常（0）和井下漏失（1）的正确响应数据和对应比例；区域②表示错误响应的数据统计情况；各图右下角区域④表示训练集、验证集、测数据和总体准确率。由混淆矩阵可以看出，在四个矩阵中井下正常状况的预警精度分别为 97.7%、93.5%、95.6% 和 96.7%，井下漏失状况的预警精度分别为 90.4%、85.7%、86.7% 和 88.9%，井下正常状态的预警精度均高于井下漏失状态的预警精度，表明漏失井特征参数及其数值会对井漏预警判断造成影响。现场综合录井数据采集间隔为每米一个数据点，间隔数据采集很难真实反映井下钻井参数的实时变化，这也是造成井下漏失状况的预警精度低于井下正常状况的预警精度的原因。如果能够获得连续的综合录井数据，将会大大提高数据样本质量和模型预警精度。

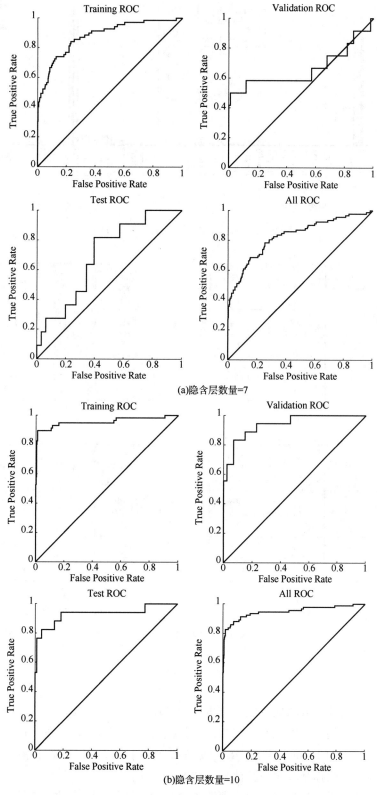

(a)隐含层数量=7

(b)隐含层数量=10

图 4   Trainlm 函数训练模型 ROC 曲线

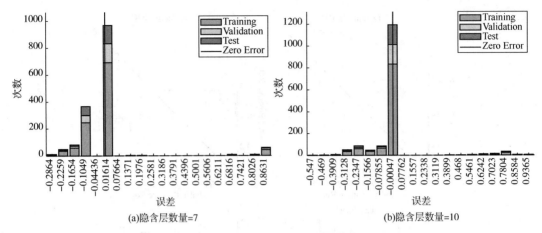

图5　Trainlm 函数训练模型误差直方图

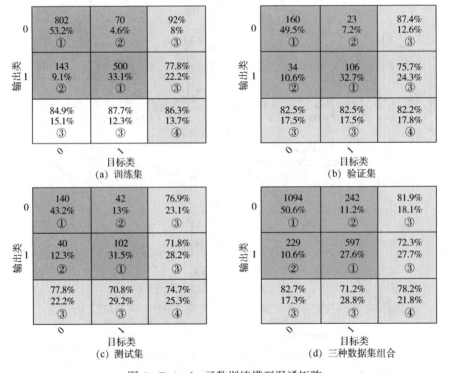

图6　Traingdm 函数训练模型混淆矩阵

3 结论

（1）通过实时钻井参数和地质数据分析可知钻压、扭矩、排量、泵压、瞬时钻速等参数与井漏有很强的响应关系，因此通过综合录井数据可以实现井下漏失的及时预警。

（2）基于 BP 神经网络的井漏预警模型提前发现井下漏失，可及时提醒技术人员调整工程参数，实现井漏有效控制和避免其他复杂情况的发生。

（3）通过建模分析发现建模函数、训练函数、隐含层神经元个数及特征参数的选择都会对模型预警精度产生影响。因此，在实际模型构建过程中，应综合考虑各方面因素并不断调整完善以获得最优的预警模型。

（4）通过对模型预警结果数据分析发现特征参数数值存在一定的噪声，造成了井下漏失状态判断准确率低于井下正常状态的判断准确率。

（5）通过合理设计井漏预警的特征参数，井漏预警模型最高精度可达 94.30%，模型精度可以满足实际需要。但考虑到井下情况的复杂性，目前综合录井数据采集方式无法真实反映钻井参数实时变化情况，对于钻速较慢的地层尤其明显。如果能够获得连续的综合录井数据，将会大大提高数据样本质量和模型对井下漏失的预警准确率。

参 考 文 献

[1] 徐同台，刘玉杰，申威，等．钻井工程防漏堵漏技术[M]．北京：石油工业出版社，1997．

[2] 杨宪彰，蔡振忠，雷刚林，等．库车坳陷探井井漏地质特征分析[J]．钻采工艺，2009(3)：26-28．

[3] Geertsma J, Klerk F D. A Rapid Method of Predicting Width and Extent of Hydraulically Induced Fractures[J]. Journal of Petroleum Technology，1969，21(12)：1571-1581.

[4] 张学洪，李黔．基于案例推理的井漏风险预警方法[J]．断块油气田，2017，2：123-126，131．

[5] 史肖燕，周英操，赵莉萍，等．基于随机森林的溢漏实时判断方法研究[J]．钻采工艺，2020(1)：9-12．

[6] 王宝毅，张宝生，费沿光，赵日升．基于案例推理的钻井复杂情况专家系统[J]．石油大学学报(自然科学版)，2005(6)：123-126．

[7] 高晓荣，徐英卓，李琪．基于 CBR 的井下复杂情况与事故智能诊断和处理系统[J]．计算机应用研究，2008(5)：1446-1449．

[8] Raja H Z, Sormo F, Vinther M L. Case-based reasoning: predicting real-time drilling problems and improving drilling performance[C]. SPE Middle East Oil and Gas Show and Conference. Society of Petroleum Engineers，2011.

[9] 胡英才．基于神经网络融合技术的钻井事故诊断方法研究[D]．西安：西安石油大学，2011．

[10] 季厌浮，常晓娟，兰成章，等．粗糙集和集成神经网络在钻井专家系统中应用．自动化与仪表，2013，28(9)：5-7．

[11] Xu Y, Li C. Research on the Early Intelligent Warning System of Lost Circulation Based on Fuzzy Expert System[C]. 2018 International Conference on Intelligent Transportation，Big Data & Smart City (ICITBS). IEEE，2018：540-544.

[12] Hou X, Yang J, Yin Q, et al. Lost circulation prediction in south China sea using machine learning and big data technology[C]. Offshore Technology Conference，Houston，Texas. 2020.

井壁强化封堵微观机理与承压防漏技术模拟实验研究

邱正松　李　佳　钟汉毅　赵　欣　臧晓宇　刘钲凯　杨一凡

(中国石油大学(华东)石油工程学院)

【摘　要】 针对井壁强化封堵裂缝微观机理与承压防漏钻井液技术难题，基于计算流体力学与离散元耦合模拟分析方法，综合考虑钻井液流变性及架桥颗粒的碰撞作用，建立了楔形裂缝内颗粒封堵分析模型，提出了颗粒临界架桥浓度的评价指标，探讨了井壁强化材料特性和钻井液性能等对封堵层稳定性的影响规律。综合考虑井壁强化过程中裂缝闭合应力对裂缝开度的影响，建立了可变裂缝封堵模拟实验装置及评价方法，提出了最大封堵压差和等效封堵位置的定量化评价指标。结果表明，等效封堵位置与承压能力呈反比，优选合适粒度准则可在裂缝入口端形成窄而致密的封堵层；适度宽泛的粒度分布，可提高封堵层与裂缝壁面的摩擦阻力，且不规则颗粒表面棱角产生的颗粒间自锁力，均有助于提高封堵层滞留能力；提高承压封堵材料强度可降低井筒压力扰动的影响，增加材料弹性可提高封堵层对动态裂缝的适应性；适当增加钻井液黏度，可提高裂缝内封堵颗粒的有效浓度，有助于承压封堵层形成。

【关键词】 井壁强化；临界架桥颗粒浓度；计算流体力学与离散元耦合模拟；承压封堵微观机制；可变裂缝模拟实验；颗粒流数值模拟

井漏作为钻井生产中最常见的井下事故之一，每年对全球石油行业造成的经济损失高达20亿~40亿美元[1]，提高地层承压能力是预防和减少井漏问题的关键。井壁强化钻井液技术作为一种通过随钻或段塞挤注提升地层破裂压力或裂缝重启压力的先期主动防漏方法，已成为拓宽钻井液安全密度窗口的重要手段。为此，国内外学者开展了一系列井壁强化机理与模拟实验研究。Alberty[2]、Dupriest[3]和Morita[4]等基于井壁强化提高地层承压能力的作用机理，分别提出了"应力笼"理论、"裂缝闭合应力"理论及"裂缝延伸强度"理论。康毅力等[5]针对低承压能力地层漏失机理，分析了不同地层条件下井壁强化理论的适用条件及材料要求。邱正松等[6]基于颗粒物质力学理论，提出了多种类型材料协同作用，形成"强力链网络结构"的致密承压封堵基本理论。但目前井壁强化仍然面临承压封堵材料作用效率较低，模拟实验装置及评价方法不完善等问题。

因此，本文基于计算流体力学与离散元耦合方法，开展了裂缝内井壁强化材料微观运移架桥过程数值模拟研究，探讨了封堵层稳定性的关键影响参数及其作用规律；建立了可变裂缝模拟实验装置及评价新方法，验证井壁强化关键技术参数的作用规律，有助于促进井壁强化承压防漏钻井液技术的完善和发展。

────────────

项目基金：国家自然科学基金项目(51974354)、国家重点研发计划(2019YFA0708303)。

作者简介：邱正松，教授，博士生导师。地址：山东省青岛市黄岛区长江西路66号；电话：0532-86983576；E-mail：qiuzs63@sina.com。

1 井壁强化微观封堵机理模拟研究

1.1 模型构建及验证

为了简化裂缝形态对堵漏材料封堵架桥过程的影响，假设裂缝形态为楔形的平行缝板[6]。模拟过程中，通过颗粒的滞留情况分析封堵材料在裂缝内的封堵效率。封堵颗粒以一定的初始速度从裂缝入口端随机进入裂缝内部，进入的速度为钻井液注入速度。颗粒的力学参数采用惰性矿物颗粒碳酸钙进行模拟研究。裂缝的几何形态及边界条件假设如图1所示。

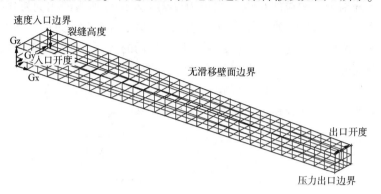

图1 裂缝模型几何形状及边界条件假设

由图1可知，为了简化裂缝尺度的影响，假设裂缝的高度为1.5倍颗粒直径，裂缝出口处开度为2倍颗粒直径，入口处开度为4倍颗粒直径[7,8]。为了使封堵颗粒有充足的时间在裂缝内架桥充填，裂缝的长度设置为30倍颗粒直径。模型的基本参数设置见表1。

表1 模型基本参数

参数	数值	参数	数值
颗粒直径(mm)	0.25	摩擦系数	0.49
杨氏模量(MPa)	250	钻井液密度(g/cm³)	1.1
泊松比	0.25	钻井液表观黏度(mPa·s)	30
颗粒密度(g/cm³)	1.25	漏失速度(m/s)	1

堵漏颗粒从裂缝入口处以一定浓度和初始速度随机进入裂缝内部，进入裂缝的固相颗粒体积分数 η 的计算公式为：

$$\eta = \frac{Q_p}{Q_f} = \frac{Q_p}{vS_f} \tag{1}$$

式中：Q_p 为裂缝入口处颗粒流量，个/s；v 为入口处漏失速度，m/s；S_f 为裂缝入口面积，m²。

1.2 微观封堵影响因素分析

1.2.1 临界架桥浓度的影响

从裂缝入口处注入不同浓度的单种粒径架桥颗粒，通过记录裂缝出口端颗粒流量随浓度的变化曲线判断封堵材料的临界架桥浓度。

由图2可知，当颗粒浓度较低时，由于无法架桥封堵，颗粒运移不受阻碍，因此，裂缝出口端颗粒流量随浓度增加线性增长且标准差较小，即实验的结果较为稳定；当颗粒浓度接近架桥浓度时，封堵颗粒开始架桥，但多数情况下难以形成稳定封堵层，因此，裂缝出口端颗粒流量降低，偶然的架桥结果导致标准差较大；当颗粒浓度达到临界架桥浓度时，裂缝出口端颗粒流量和标准差均降为0，说明裂缝内已形成稳定的封堵层。因此，临界架桥浓度可定量化表征不同参数对架桥结果的影响。

1.2.2 粒度分布的影响

通过匹配一种小粒径颗粒，研究了两种粒度组合下，不同浓度配比对临界架桥浓度的影响。小颗粒粒径分别为大颗粒的0.9、0.8和0.7倍，小颗粒所占的比例为0~100%。

由图3的模拟结果可知，当小颗粒粒径与裂缝出口开度较为接近时，适度增加小颗粒配比可降低临界架桥浓度。此时，在大粒径颗粒骨架结构的支撑下，小颗粒的适度充填可提高封堵层与裂缝壁面的接触面积，从而提高了封堵层的滞留能力；当小颗粒粒径较小时，大颗粒难以与其匹配形成有效的封堵层，因此，随着小颗粒粒径的降低，临界架桥浓度曲线的拐点逐渐左移，最终，与小颗粒所占比例呈线性变化关系。

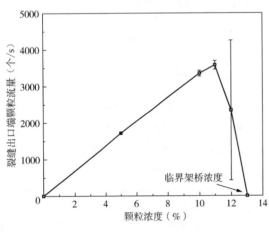

图2 出口端颗粒流量随颗粒浓度的变化曲线

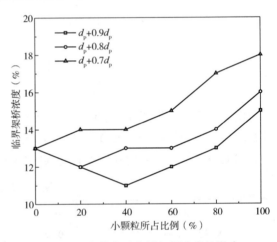

图3 粒度分布对临界架桥浓度的影响

1.2.3 颗粒形状的影响

本文以不同棱角的颗粒和片状堵漏材料作为研究对象[9]。通过分析不同粒度匹配的临界架桥浓度，得到颗粒形状对架桥效果的影响。

由图4可知，随着颗粒棱角度的增加，临界架桥浓度逐渐降低。这是由于颗粒的棱角可提高颗粒间自锁力作用，从而增强封堵层的力学稳定性。球形颗粒只能通过颗粒间摩擦力增强封堵层滞留能力，因此，其临界架桥浓度最大。片状材料由于体积较小，可通过较低的浓度形成大体积的网架结构，从而提高封堵层稳定性，但当其粒度与裂缝出口端开度相差较大时，片状结构则难以形成稳定的封堵层。

1.2.4 颗粒杨氏模量的影响

基于常用矿物颗粒、弹性石墨、橡胶及果壳等材料的强度特性，分析材料杨氏模量对临界架桥浓度的影响[10-12]。

由图5可知，随着颗粒杨氏模量的增加，临界架桥浓度逐渐降低，说明较大的颗粒强度可更好地承受井筒压力的影响，从而形成稳定的封堵结构。较大的杨氏模量还提高了封堵层的抗压强度，使其不易在裂缝闭合应力作用下发生挤压破碎，从而进一步提高封堵层的滞留能力。

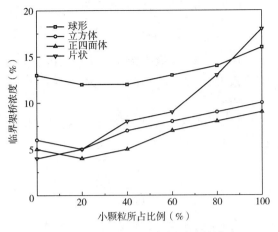

图 4　颗粒形状对临界架桥浓度的影响

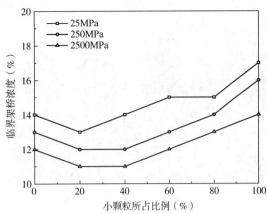

图 5　颗粒杨氏模量对临界架桥浓度的影响

1.2.5　钻井液黏度的影响

钻井液黏度主要通过悬浮稳定性，即携带堵漏材料进入裂缝的能力，影响封堵层的架桥情况。因此，通过改变钻井液黏度分析了其对裂缝内颗粒封堵架桥效果的影响。

由图 6 可知，随着钻井液黏度的增加，临界架桥浓度逐渐增大。说明虽然增加钻井液黏度可提高体系悬浮稳定性和携带运移能力，但从临界架桥浓度的研究结果表明，黏度主要通过增加钻井液漏失过程所产生的井筒压力，降低了封堵层稳定性。从临界架桥浓度曲线的拐点可知，封堵颗粒的粒径配比的影响不受钻井液黏度的干扰。

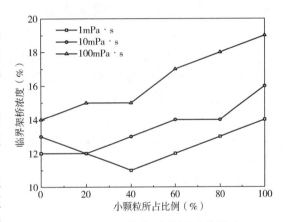

图 6　钻井液黏度对临界架桥浓度的影响

2　井壁强化模拟实验研究

2.1　可变裂缝模拟实验装置及评价方法

2.1.1　可变裂缝模拟评价装置

钻井液封堵承压模拟实验装置是评价井壁强化作用效果的重要手段。目前，国内外井壁强化模拟实验装置以固定裂缝开度的楔形缝板堵漏仪为主，无法评价裂缝闭合应力作用下裂缝动态变化对封堵层稳定性的影响，因此，研制了国内首台可变裂缝开度井壁强化模拟实验装置[13-19]。

由图 7 可知，井壁强化可变裂缝模拟实验装置由模拟裂缝模块、温度压力控制装置及数据采集系统组成。其中，模拟裂缝由两块不锈钢圆盘组成，位移传感器与裂缝下表面相接，可监测裂缝开度的动态变化。温度压力控制装置主要由注入泵、温控仪和温度压力传感器组成。数据采集系统可实时记录钻井液注入压力、裂缝出口压力和裂缝开度的变化。

2.1.2　可变裂缝模拟评价方法

基于可变裂缝模拟实验装置，建立了最大封堵压差和等效封堵位置的定量化评价指标。

最大封堵压差的计算公式为：

$$\Delta p = \max(p_i - p_o) \qquad (2)$$

式中：Δp 为最大封堵压差，MPa；p_i 为钻井液注入压力，MPa；p_o 为裂缝出口压力，MPa。

基于力学平衡原理可得到等效封堵位置计算公式：

$$r_s = \sqrt{\dfrac{p_c - p_o}{p_i - p_o}} \qquad (3)$$

图7　井壁强化可变裂缝动态模拟实验装置

式中：r_s 为等效封堵位置，无量纲；p_c 为裂缝闭合压力，MPa；p_o 为裂缝出口压力，MPa；p_i 为钻井液注入压力，MPa。

2.2　井壁强化效果主要影响因素分析

2.2.1　粒径匹配准则的影响

利用新研制的井壁强化可变裂缝模拟实验装置，开展粒度匹配准则对井壁强化效果的影响因素分析。由于井壁强化裂缝开度范围为微米级，初始裂缝入口开度选取 $250\mu m$，封堵材料选用碳酸钙颗粒。

由表2可知，在本文单裂缝模拟实验条件下，D50准则具有最优的封堵承压效果，且封堵层的承压能力与等效封堵位置呈反比。这是由于该装置裂缝模块呈周向扩展，因此，裂缝尖端处裂缝的波及范围要大于裂缝入口处的面积。实际地层条件下，近井周裂缝沿初始破裂位置会产生扩散性延伸，因此，D50准则可在裂缝近开口端架桥封堵，其封堵层范围集中，压力突破点较少，更容易形成稳定的承压封堵层。该准则优选的粒径分布可降低实际施工过程中由裂缝闭合应力挤压或循环磨蚀导致的颗粒粒度降级的影响，还可提高封堵配方对裂缝开度动态扩展的充填效果。

表 2　粒径匹配准则对井壁强化效果的影响

粒径匹配准则	粒径分布(μm)	粒径含量(%)	最大封堵压差(MPa)	等效封堵位置
1/3准则	0~80	50	4.13	0.50
	80~350	50		
D50准则	0~250	50	8.38	0.35
	250~350	50		
D90准则	0~250	90	5.99	0.39
	250~350	10		

2.2.2　粒度分布范围的影响

为了探究粒度分布范围对井壁强化效果的影响，分别调整粒度的上下限以研究粒度范围对裂缝封堵效果的影响。初始裂缝入口开度同样设定为 $250\mu m$。

由表3可知，提高粒度分布下限可显著提高封堵层承压能力。这是由于粒度下限的提高使得粒径分布与裂缝入口开度较为接近，有效增加了裂缝入口附近的封堵颗粒浓度，从而增强了封堵层的承压效果。粒度上限的降低同样提高了封堵层承压能力，但其作用效果不显著。这说明过度增加粒度分布上限不利于封堵层的形成，即使裂缝扩展后，粒度上限的增加也无法较好地匹配裂缝开度的变化。

表3　粒径分布范围对井壁强化效果的影响

粒径匹配准则	粒径分布（μm）	粒径含量（%）	最大封堵压差（MPa）	等效封堵位置
D50准则	0~250	50	4.99	0.43
	250~350	50		
	150~250	50	10.70	0.29
	250~350	50		
	0~250	50	5.42	0.42
	250~300	50		

2.2.3　承压封堵材料力学性能的影响

选取不同弹性和刚性颗粒，分别测试其弹性模量和回弹系数，从而确定其力学性能。对不同力学性能的封堵材料进行承压能力测试，分析其对井壁强化效果的影响。

由表4可知，矿物颗粒具有较大的强度特征，但其回弹系数较低；弹性石墨类材料的强度相对较高，且其回弹系数较大。由于不同材料的密度差别较大，因此，采用相同体积加量分析材料力学性能对井壁强化效果的影响。

表4　承压封堵材料的力学性能

材料类型	密度（g/cm³）	弹性模量（GPa）	回弹系数（%）
碳酸钙	2.70	43	0.63
果壳	1.25	0.2	3.51
弹性石墨	1.60	11	114.71

由表5可知，弹性颗粒具有最佳的封堵承压效果。这说明颗粒的弹性变形特征更有利于封堵层承受裂缝动态开度变化的影响。与传统固定裂缝开度的堵漏过程相比，井壁强化过程强调封堵层对裂缝闭合应力扰动的承受能力，而传统堵漏过程则侧重沿裂缝扩展方向的承压能力，因此，在满足一定强度的基础上，提高承压封堵材料的回弹性能，更有利于增强封堵层的承压稳定性。

表5　承压封堵材料力学性能对井壁强化作用的影响

匹配准则	材料类型	加量（g/mL）	最大封堵压差（MPa）	等效封堵位置
D50准则	果壳	0.03	2.74	0.58
	弹性石墨	0.014	12.13	0.29
	碳酸钙	0.018	3.18	0.54

2.2.4　钻井液黏度的影响

改变钻井液聚合物加量分析钻井液黏度对封堵配方的井壁强化作用的影响，不同聚合物加量的钻井液流变性测试结果见表6。

由表 6 可知，聚合物含量的增加有效提高了钻井液的黏度和切力。

表 6　聚合物加量对钻井液流变性的影响

聚合物加量（%）	表观黏度（mPa·s）	塑性黏度（mPa·s）	动切力（Pa）
0.2	27	16	11
0.3	31.5	17	14.5
0.4	35.5	19	16.5

由表 7 可知，钻井液黏度的增加提高了封堵层的承压能力，该承压能力的提高主要由流体阻力增大及携带封堵材料增多导致，但受制于管线的长度，封堵层承压效果远大于钻井液流体阻力。这说明适当提高钻井液黏度，可增强井壁强化的封堵承压作用效果。

表 7　钻井液黏度对井壁强化作用的影响

裂缝开度（μm）	粒径匹配准则	聚合物加量（%）	最大封堵压差（MPa）	等效封堵位置
250（0）	D50 准则	0.2	4.70	0.46
		0.3	6.06	0.39
		0.4	8.38	0.35

2.2.5　注入速度的影响

为了探究钻井液注入速度对井壁强化效果的影响，通过调节驱替泵的流量，分析封堵配方的致密承压效果。

由表 8 可知，随着钻井液注入速度的增加，封堵层承压能力逐渐降低。这是由于较大的注入速度导致封堵颗粒难以在裂缝内滞留，封堵层易产生滑移失稳。因此，适当降低井壁强化施工过程的注入速度，可提高封堵颗粒在裂缝内的滞留效果。

表 8　注入速度对井壁强化作用的影响

裂缝开度（μm）	粒径匹配准则	注入速度（mL/min）	最大封堵压差（MPa）	等效封堵位置
250（0）	D50 准则	5	6.64	0.37
		10	5.29	0.42
		15	4.99	0.43

3　结论与认识

（1）基于计算流体力学与离散元耦合的方法，建立了封堵材料在裂缝内微观运移和架桥的模型，提出了临界架桥浓度的定量化评价指标，并探讨了封堵材料性能和钻井液流变性对封堵层滞留能力的影响。

（2）建立了可变裂缝动态模拟实验装置及评价方法，提出了最大封堵压差和等效封堵位置的定量化评价指标。该装置可模拟不同地层温度、压差条件下可变或固定开度裂缝的动态漏失及封堵过程，为井壁强化微观机理与承压防漏钻井液深入研究提供了先进实验手段。

（3）在单裂缝开度动态扩展及裂缝形态扩散性延伸的条件下，D50 匹配准则通过在裂缝近开口端架桥封堵，显著提高了封堵层对动态裂缝开度的适应性。封堵颗粒的不规则形状可提高颗粒间自锁力效应。片状堵漏材料则易通过搭接成网增强封堵层整体稳定性。材料的杨氏模量可增强封堵层的抗压强度，使其不易在裂缝闭合应力作用下发生挤压破碎。封堵材料在满足一定强度的基础上，提高回弹性能有利于增强封堵层的稳定性。适当提高钻井液黏度可提高体系的悬浮稳定性，从而携带更多封堵材料进入裂缝架桥封堵。适当降低井壁强化材料的注入速度，可提高封堵层的滞留效果，有利于形成承压封堵层。

参 考 文 献

[1] Cook J, Growcock F, Guo Q, et al. Stabilizing the wellbore to prevent lost circulation[J]. Oilfield Review, 2011, 23(4): 26-35.

[2] Alberty M W, McLean M R. A physical model for stress cages[C]. Society of Petroleum Engineers, 2004.

[3] Dupriest F E. Fracture closure stress (FCS) and lost returns practices[C]. Society of Petroleum Engineers, 2005.

[4] Morita N, Black A D, Guh G F. Theory of lost circulation pressure[C]. Society of Petroleum Engineers, 1990.

[5] 康毅力, 许成元, 唐龙, 等. 构筑井周坚韧屏障: 井漏控制理论与方法[J]. 石油勘探与开发, 2014, 41(4): 473-479.

[6] 邱正松, 暴丹, 刘均一, 等. 裂缝封堵失稳微观机理及致密承压封堵实验[J]. 石油学报, 2018, 39(5): 587-596.

[7] Feng Y, Gray K E. Review of fundamental studies on lost circulation and wellbore strengthening[J]. Journal of Petroleum Science and Engineering, 2017, 152: 511-522.

[8] 康毅力, 余海峰, 许成元, 等. 毫米级宽度裂缝封堵层优化设计[J]. 天然气工业, 2014, 34(11): 88-94.

[9] 许成元, 康毅力, 李大奇. 提高地层承压能力研究新进展[J]. 钻井液与完井液, 2011, 28(5): 81-85.

[10] 康毅力, 张敬逸, 许成元, 等. 刚性堵漏材料几何形态对其在裂缝中滞留行为的影响[J]. 石油钻探技术, 2018, 46(5): 26-34.

[11] Xu C, Kang Y, Chen F, et al. Analytical model of plugging zone strength for drill-in fluid loss control and formation damage prevention in fractured tight reservoir[J]. Journal of Petroleum Science and Engineering, 2017, 149: 686-700.

[12] Kang Y, Xu C, You L, et al. Temporary sealing technology to control formation damage induced by drill-in fluid loss in fractured tight gas reservoir[J]. Journal of Natural Gas Science and Engineering, 2014, 20: 67-73.

[13] Lavrov A. Lost circulation: mechanisms and solutions[M]. Haston: Gulf Professional Publishing, 2016.

[14] Bao D., Qiu Z., Zhao X., et al. Experimental investigation of sealing ability of lost circulation materials using the test apparatus with long fracture slot[J]. Journal of Petroleum Science and Engineering, 2019, 183: 106396.

[15] Cao C., Pu X., Zhao Z., et al. Experimental Investigation on Wellbore Strengthening Based on a Hydraulic Fracturing Apparatus[J]. Journal of Energy Resources Technology, 2017, 140(5).

[16] 王在明, 邱正松, 徐加放, 等. 复合堵漏中平衡区域及其在新型堵漏仪中的应用[J]. 石油学报, 2007, (1): 143-145.

[17] 徐江, 石秉忠, 王海波, 等. 桥塞封堵裂缝性漏失机理研究[J]. 钻井液与完井液, 2014, 31(1): 44-46.

[18] 赵正国, 蒲晓林, 王贵, 等. 裂缝性漏失的桥塞堵漏钻井液技术[J]. 钻井液与完井液, 2012, 29(3): 44-46.

[19] Alsaba M., Nygaard R., Saasen A., et al. Experimental investigation of fracture width limitations of granular lost circulation treatments[J]. Journal of Petroleum Exploration and Production Technology, 2016, 6(4): 593-603.

颗粒形状在漏失裂缝中的作用机理数值模拟

马成云　冯永存

(中国石油大学(北京)石油工程学院)

【摘　要】　裂缝封堵层承压能力及作用时效与堵漏颗粒特征参数密切相关。堵漏颗粒特征参数主要包括：堵漏颗粒形状、摩擦系数、抗压强度、抗溶蚀性等，其中抗压强度、摩擦系数及抗溶蚀性已有研究报道。为研究颗粒形状在漏失裂缝中的作用机理，本研究采用 PFC3D 颗粒流方法，构建了 5 种典型形状的堵漏颗粒，开展了不同压差作用下颗粒封堵漏失裂缝的数值模拟实验，获得了不同形状颗粒在漏失裂缝中的承压能力，揭示了颗粒形状在漏失裂缝中的作用机理。数值模拟结果表明：多棱角颗粒在漏失裂缝中的搭桥概率高，所形成的封堵层结构强度高、稳定性强。此外，研究还发现：在设计堵漏配方时，当多棱角片状颗粒和长方形颗粒的浓度达到 60% 时，可显著提高封堵层承压能力和封堵效率。基于上述研究结论，可缩短设计堵漏配方的周期，节省人力、物力和财力，能够提高现场堵漏一次成功率。

【关键词】　堵漏；漏失裂缝；封堵层；颗粒形状；封堵层结构；PFC3D

目前，针对堵漏颗粒堵漏机理的研究绝大部分基于实验，实验结果偶然性大。设计一组堵漏配方，实验周期长，需耗费大量的人力、物力和财力。最重要的是：堵漏实验无法从微观角度解释堵漏颗粒桥堵漏失裂缝的机理。CFD-DEM 数值方法作为一种用于研究颗粒与流体相互作用的高级数值方法，已在石油工程各领域得到了广泛应用[1-8]。例如：Wang 等利用 DEM 研究了颗粒参数对裂缝堵塞性能的影响[9]，但未考虑流体的作用。Xu 等利用 CFD-DEM 方法研究了颗粒状堵漏剂的桥接过程，认为存在临界桥联浓度[10]。Yang 利用 CFD-DEM 方法分析了颗粒在页岩孔隙中的堵塞过程，提出了粒径和浓度是影响堵塞成功的关键因素[11]。冯一和李皋等人在构建 CFD-DEM 耦合裂缝封堵模型过程中，考虑了裂缝面粗糙度的影响，模拟了堵漏材料在粗糙裂缝中的非均匀架桥与铺置[12]。Lee 等研究了颗粒粒度分布、摩擦系数、杨氏模量和流体黏度对裂缝堵漏效果的影响[13]。尽管上述研究采用不同的方法对堵漏过程进行了模拟，但对堵漏机理认识还不够清楚，尤其是堵漏颗粒形状在封堵过程中作用机理。为此，笔者基于 PFC3D 颗粒流数值方法，研究了颗粒形状对裂缝封堵效果的影响。

1　颗粒堵塞的 PFC3D 细观数值模型

1.1　数值建模思路

堵漏颗粒在漏失裂缝中的运移、沉积、架桥及堆积堵塞的过程属于颗粒多相流问题。

作者简介：马成云，1987 年生，博士后。2020 年毕业于中国石油大学(北京)并获博士学位。主要从事油气井防砂和防漏堵漏研究工作。地址：北京市昌平区府学路 18 号；E-mail：mcy0000@ 163. om；电话：13636810776。

因此，可以考虑基于颗粒多相流数值模拟方法，构建漏失裂缝几何模型和颗粒模型，并在裂缝内使流体作用力施加到单个颗粒上，依次模拟漏失裂缝内流体和颗粒的相互作用问题。

本文利用颗粒流软件PFC3D，建立长裂缝堵漏模型，研究堵漏浆液进入裂缝进行封堵过程中，颗粒在流体中的沉降、颗粒间的相互作用、颗粒与裂缝壁面的相互作用，从而探索堵漏材料在裂缝内的沉降、运移与封堵规律。

1.2 几何模型构建

依据地层的不同，本研究构建固定尺寸的楔形裂缝壁面，裂缝入口为5mm，出口2mm，裂缝长为600mm，几何模型如图1所示。此外，在裂缝入口设有100mm×5mm×50mm的颗粒生成区域，裂缝几何模型如图1所示。

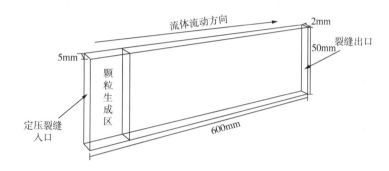

图1 漏失裂缝几何模型

1.3 颗粒模型构建

本研究特设计了5种典型的桥塞堵漏材料，分别为：球颗粒、正四面体颗粒状、长方体颗粒、正方体颗粒、多棱角片状颗粒。在PFC3D软件中，可通过"Clump"命令让基本颗粒通过一定排列方式黏结成一个刚性体颗粒，用来模拟不同形状的实际颗粒。为了研究颗粒形状在裂缝封堵过程中的作用机理。图2展示原几何模型和利用"Clump"命令构建的颗粒模型。需要注意：利用"Creat ball"命令构建不同尺寸球形模型，并采用等效体积替换法，以保证每次堵漏实验的颗粒粒度分布和颗粒体积相同。为了避免其他因素的影响，在模拟中颗粒的其他基本参数设置相同。通过不同形状、不同粒径级配的材料复配，实现裂缝内架桥、填充直至封堵。

1.4 流体模型构建

PFC3D颗粒的运动方程通过标准方程给出，且通过附加力考虑颗粒与流体的相互作用。

$$\frac{\partial \boldsymbol{u}}{\partial t} = \frac{\boldsymbol{f}_{\text{mech}} + \boldsymbol{f}_{\text{fluid}}}{m} + \boldsymbol{g} \tag{1}$$

$$\frac{\partial \boldsymbol{\omega}}{\partial t} = \frac{\boldsymbol{M}}{\boldsymbol{I}}$$

流体作用于颗粒上的拖拽力，是基于包含该颗粒的流体单元自身条件为其单独定义的。这取决于孔隙度是如何计算的，一个颗粒可能与多个流体单元重叠。在这种情况下，力基于

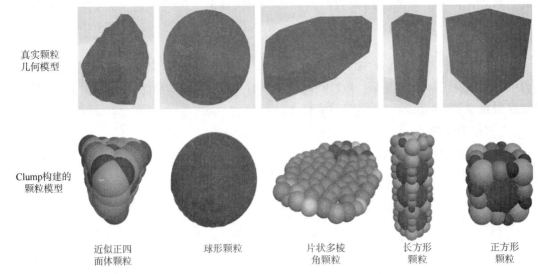

真实颗粒
几何模型

Clump构建的
颗粒模型

近似正四　　　　球形颗粒　　　　片状多棱　　　长方形　　　　正方形
面体颗粒　　　　　　　　　　　　　角颗粒　　　　颗粒　　　　　颗粒

图 2　颗粒原几何模型及采用 Clump 构建的颗粒模型

颗粒和流体单元的重叠比例进行分配。

PFC3D 附加力在颗粒上的作用力主要包括，流体施加在颗粒上的拖拽力和动水压力、作用于颗粒上的外力和接触力，以及重力作用，基本方程如下：

$$\boldsymbol{F}_{\text{fluid}} = \boldsymbol{F}_{\text{drag}} + \boldsymbol{F}_{\nabla p} = \frac{C_{\text{D}} \rho_{\text{f}} \pi d_{\text{p}}^2}{8} |\boldsymbol{v}_{\text{p}} - \boldsymbol{v}_{\text{f}}| (\boldsymbol{v}_{\text{p}} - \boldsymbol{v}_{\text{f}}) \phi^{-\lambda} + \frac{\pi d_{\text{p}}^3}{6} (\nabla p - \rho_{\text{f}} g) \tag{2}$$

$$\lambda = 3.7 - 0.65 \exp\left[-\frac{(1.5 - \lg R_{\text{ep}})^2}{2}\right] \tag{3}$$

式中：u 为颗粒速度，m/s；m 为颗粒质量，g；f_{fluid} 为流体施加在颗粒上的总作用力，N；f_{mech} 为作用在颗粒上的外力(包括施加的外力和接触力)之和，N；g 为重力加速度，m²/s；ω 为颗粒角速度，rad/s；I 为惯性矩，m⁴；M 为作用在颗粒上的力矩，N·m；f_{fluid} 为流体施加到颗粒上的作用力(流体-颗粒相互作用力)，由两部分组成，即拖拽力和由流体压力梯度导致的力。

1.5　堵漏过程数值模拟

为揭示不同形状颗粒在裂缝中的搭桥机理，利用构建模型，对颗粒在裂缝内的运动状态及承压能力进行监测，具体如图 3 和图 4 所示，展示了颗粒在漏失裂缝中的搭桥封堵过程。

2　模拟结果分析

2.1　不同形状颗粒承压能力对比分析

由图 5 至图 9 可看出，近似正四面体颗粒承压能力最小，只能承压 1MPa；其次为球形颗粒，承压值 3MPa；而长方形、多棱角片状颗粒和正方形颗粒承压均达到了 15MPa。显然，颗粒棱角配位数越多，越容易在漏失裂缝中形成桥堵，且建立的桥堵层结构强、承压值高。

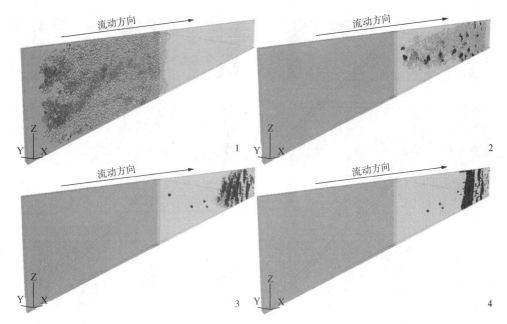

图 3　颗粒在裂缝中的运移及搭桥封堵过程

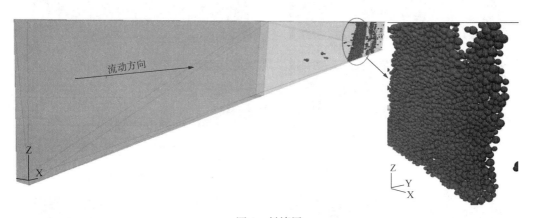

图 4　封堵层

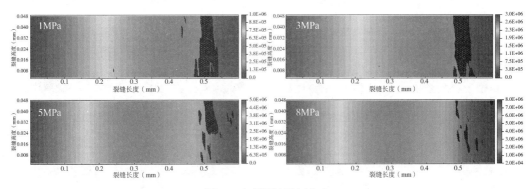

图 5　球形颗粒承压能力

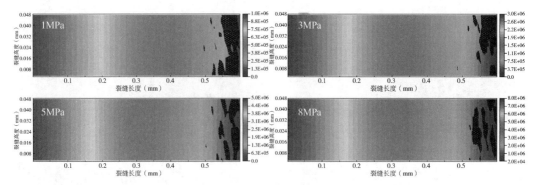

图 6　近似正面体颗粒承压能力

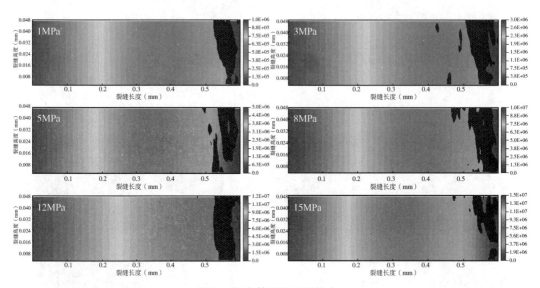

图 7　长方体颗粒承压能力

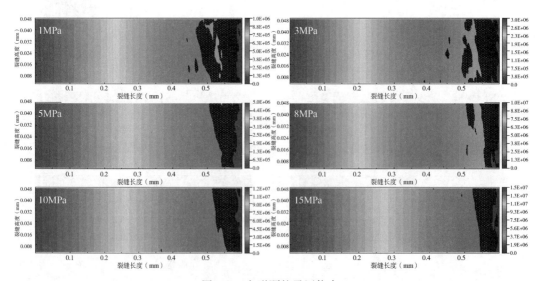

图 8　正方形颗粒承压能力

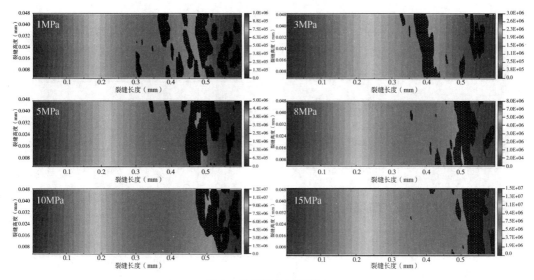

图 9   片状颗粒承压能力

2.2   颗粒形状在堵漏配方设计中的应用

根据上述研究发现，随着颗粒棱角配位数增加，颗粒在裂缝中架桥的概率增加，且形成的封堵层结构较强，承压值高。这启发我们在设计堵漏配方时，不同形状颗粒的占比对所设计堵漏配方承压能力起主导作用。

本研究设计 6 组配方(表 1)，配方由上述 5 种颗粒组成，然后重点考察了长方形颗粒和多棱角片状颗粒占比对堵漏配方封堵效率及承压能力的影响，仿真结果如图 5 至图 9 所示。

表 1   堵漏颗粒配方

序号	配方
1	4.5%球形颗粒+3%近似正四面体颗粒+2.25%多棱角片状颗粒+2.25%长方体颗粒+3%正方形颗粒
2	1.5%球形颗粒+3%近似正四面体颗粒+5.25%多棱角片状颗粒+2.25%长方体颗粒+3%正方形颗粒
3	3%球形颗粒+1.5%近似正四面体颗粒+3.75%多棱角片状颗粒+3.75%长方体颗粒+3%正方形颗粒
4	1.5%球形颗粒+1.5%近似正四面体颗粒+5.25%多棱角片状颗粒+3.75%长方体颗粒+3%正方形颗粒
5	1.5%球形颗粒+1.5%近似正四面体颗粒+9%多棱角片状颗粒+0%长方体颗粒+3%正方形颗粒
6	1.5%球形颗粒+1.5%近似正四面体颗粒+0%多棱角片状颗粒+9%长方体颗粒+3%正方形颗粒

由图 10 可看出，当多棱角片状颗粒和长方形颗粒占比低于 60%时，所设计堵漏配方包含的复配颗粒不能在漏失裂缝中形成致密的封堵层；但当多棱角片状颗粒和长方形颗粒占比达到 60%时，所设计堵漏配方包含的复配颗粒均能够在漏失裂缝中形成致密封堵层。该仿真结果可作为室内堵漏配方设计的重要依据，能够有效地缩减筛选范围，提高堵漏设计效率。

2.3   颗粒堵塞漏失裂缝机理分析

通过上述研究可推断：随着颗粒棱角配位数增加，颗粒间的相互作用或搭桥的概率增加，有利于快速堵塞漏失裂缝。此外，颗粒棱角配位数越多，形成封堵层承压能力较强。这主要是由于颗粒在裂缝运移过程中会发生旋转。对于带有棱角的颗粒，旋转过程中颗粒棱，

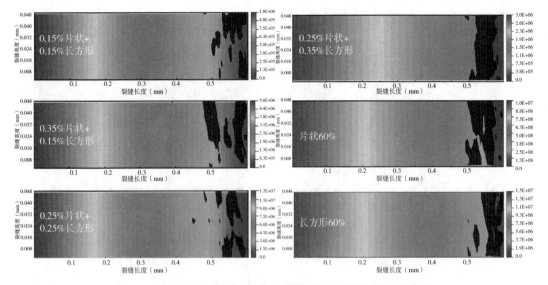

图 10 多棱角片状颗粒和长方形颗粒对漏失裂缝架桥封堵作用

易与裂缝面或颗粒面发生相互作用(图 11),产生极强的相互作用力。尤其,对于楔形裂缝,随着裂缝深度加深,裂缝宽度缩小,促使颗粒发生旋转。因此,对于带有棱角的颗粒,旋转概率增加,导致其在裂缝内的挂阻作用越明显。而球形颗粒在旋转过程中,产生的挂阻作用较弱(图 12)。显然,由于边缘效应,多棱角颗粒很容易在裂缝中挂阻架桥。这进一步解释了,当堵漏配方中多棱角颗粒和长方形颗粒占比达到 60% 时,承压能力可达 12MPa,甚至更高。

图 11 封堵层内多棱角颗粒间相互作用关系   图 12 封堵层内球形颗粒间相互作用关系

3 结论

(1)颗粒多相流数值方法能够协助实现堵漏实验,完成堵漏配方设计及堵漏机理研究,研究结果可信度高。

(2)在堵漏配方设计中,应保证片状颗粒和近似长方形颗粒的占比,有助于提高封堵层承压能力和持久性。

(3)复合堵漏颗粒体系中,所含多棱角颗粒(不小于 4),尤其片状颗粒和近似长方形颗粒的占比越高,堵漏颗粒在漏失裂缝中的搭桥概率越高,产生的相互作用力越强,促使了堵漏颗粒搭桥于裂缝三维空间。

参 考 文 献

［1］ Zeng J, Li H, Zhang D. Numerical simulation of proppant transport in hydraulic fracture with the upscaling CFD-DEM method［J］. Journal of Natural Gas Science and Engineering, 2016, 33: 264-277.

［2］ Yamashiro B, Tomac I. Particle-fluid flow and transport within rough fractures［C］. E3S Web of Conferences, 2020: 8010.

［3］ Zhang M, Prodanovic M. Coupled CFD - DEM Modeling of Proppant Transport in Smooth and Rough Fractures［C］. AGU Fall Meeting Abstracts, 2019: H41H-1781.

［4］ Krzaczek M, Nitka M, Tejchman J. Effect of gas content in macropores on hydraulic fracturing in rocks using a fully coupled DEM/CFD approach［J］. International Journal for Numerical and Analytical Methods in Geomechanics, 2021, 45(2): 234-264.

［5］ Pera N C. A coupled CFD - DEM model for sand production in oil wells［D］. Universitat Politècnica de Catalunya, 2017.

［6］ Ismail N I, Kuang S, Yu A. CFD - DEM study of particle - fluid flow and retention performance of sand screen［J］. Powder Technology, 2021, 378: 410-420.

［7］ Shaffee S N A, Luckham P F, Matar O K, et al. Numerical investigation of sand-screen performance in the presence of adhesive effects for enhanced sand control［J］. SPE Journal, 2019, 24(5): 2, 195-2, 208.

［8］ Hongtu Z, Ouya Z, Botao L, et al. Effect of drill pipe rotation on gas-solid flow characteristics of negative pressure pneumatic conveying using CFD-DEM simulation［J］. Powder Technology, 2021, 387: 48-60.

［9］ WANG Gui, PU Xiaolin. Discrete element simulation of granular lost circulation material plugging a fracture［J］. Particulate Science and Technology, 2014, 32(2): 112-117.

［10］ XU Chengyuan, YAN Xiaopeng, KANG Yili, et al. Friction coefficient: A significant parameter for lost circulation control and material selection in naturally fractured reservoir［J］. Energy, 2019, 174: 1012-1025.

［11］ YANG Xianyu, CHEN Shuya, SHI Yanping, et al. CFD and DEM modelling of particles plugging in shale pores［J］. Energy, 2019, 174: 1026-1038.

［12］ Feng Y, Li G, Meng Y. A Coupled CFD-DEM Numerical Study of Lost Circulation Material Transport in Actual Rock Fracture Flow Space［C］. IADC/SPE Asia Pacific Drilling Technology Conference and Exhibition, 2018.

［13］ Lee L, Dahi Taleghani A. Simulating Fracture Sealing by Granular LCM Particles in Geothermal Drilling［J］. Energies, 2020, 13(18): 4878.

辽河油田储气库承压堵漏技术研究及应用

焦小光　李树皎　左京杰　牛作军　王　波　卢志新　袁　媛

（中国石油集团长城钻探工程有限公司钻井液公司）

【摘　要】　辽河油田储气库钻井施工中，因受注采井影响，造成地层流体亏空，储层压力偏低；同时储层孔隙度高，井壁承压能力低，井漏风险大。现场承压堵漏施工难度大，一次成功率低。通过分析承压过程中地层状态的变化和承压能力影响因素，室内研选出一种承压增效剂，并优化承压堵漏配方，形成了辽河油田储气库承压堵漏配套技术。在双6、雷61、双31等储气库井承压堵漏施工中，裸承一次成功率达到80%以上，缩短了施工周期。钻井液密度1.20g/cm³情况下，承压最高达到5.3MPa，满足固井要求。

【关键词】　储气库；承压堵漏；堵漏配方；承压能力

辽河油田提出"推进千万吨持续有效稳产，建设库容达100亿立方米储气库"的目标，将储气库建设作为今后一段时期重要的业务和效益增长点。辽河油田储气库群主要包括双台子储气库、雷61、黄金带、马19、龙气5、高3等储气库。按照规划，到2035年，辽河油田储气库库容将从目前的53亿立方米达到241亿立方米，工作气量从16亿立方米达到115亿立方米，成为东北和京津冀地区重要的调峰中心。

储气库运行周期至少50年，要求强注强采，周期循环，因此包括井内管柱、井口装置和固井质量等井筒质量必须能承受交变应力的影响[1,2]。且储气库钻完井多为典型的枯竭型气藏钻井，地层亏空，对井筒密封性和完整性要求极高，对钻完井工程提出巨大挑战。辽河油田储气库群地层上部砂岩发育，胶结差，易漏失，为保证技术套管固井质量，固井前需对易漏砂岩地层实施有效封堵，提高地层承压能力[3]。由于承压幅值高，承压堵漏很难一次成功，需反复多次，进而造成井眼条件较差，堵漏剂附着在井壁难以彻底清除，在一定程度上影响固井水泥胶结质量。需要针对储气库安全运行的特点，提出一套储气库承压堵漏技术方案，提高井壁承压能力和承压堵漏成功率，满足储气库安全、快速施工要求。

1　地质和工程概况

储气库地层自下而上为沙河街组（1960~2570m）、东营组（1200~1960m）、馆陶组（750~1200m）、明化镇组（300~750m）、平原组（0~300m）。目的层为沙一、二段兴隆台油层，岩性主要为砂质细砂岩、含砾砂岩、深灰色泥岩；东营组主要由灰绿色泥岩、砂砾岩交互组成；馆陶组主要为砂砾岩、砾岩、中粗砂岩和细砂岩；明化镇组以砂砾岩、泥岩为主；平原组以黏土层和流沙层为主。

储气库施工井以定向井和水平井为主，井深一般在2500~3000m，近期施工的浅井一般

作者简介：焦小光，1982年生，男，高级工程师。现在从事钻井液技术研究工作。E-mail：jiaoxg.gwdc@cnpc.com.cn。

井深在 1800m 左右。典型井身结构为：660. 4mm×52m/508. 0mm×50m+444. 5mm×1203m/339. 7mm×1200m + 311. 1mm×2417m/244. 5mm×2412m + 215. 9mm×3008. 04m/（177. 8mm 套管+168. 3mm 筛管）×3008. 04m（双 6 储气库，水平井）。

2 储气库漏失问题和井漏难点

以辽河油田已建成的双 6 储气库为例，2010—2014 年间完成了第一轮共 18 口井施工，其中发生 5 次井漏，损失 190h；中完承压堵漏共损失 936h，其中一口井中完承压堵漏 11 次，损失 624h。2019—2020 年施工双 6 储气库扩容工程 16 口井和雷 61 储气库 11 口井，发生 6 次井漏，漏失量达 2200m³，损失时间 615h。总的来说，储气库井漏问题呈现易发、多发的状态。

通过地质情况分析发现，储气库钻井施工过程中需要注意馆陶组和沙河街组的井漏问题。以双 31 储气库施工井为例，区块内热河台油层，是气顶油中边底水的流体类型，受注采井影响较大，导致地层流体亏空，储层压力偏低；同时根据邻井完井数据，热河台油层最大孔隙度达 20%，最小孔隙度 8.3%，平均 15.5%，易发生井漏。现场承压堵漏施工难度大，特别是钻穿漏层后进行裸承一次承压成功率较低，且无法判断具体井漏位置，给承压堵漏漏点判断和具体施工方案的制定带来极大的困难，迫使在现场施工中采用多次承压，逐步验证和提高地层承压能力，造成施工周期长，大量堵漏材料黏附于井壁上，井眼条件差，影响高密度水泥浆固井质量。

3 承压堵漏机理分析

3.1 承压过程中地层状态的变化

有分析表明，承压堵漏过程实际上是一个地层裂缝延伸与终止的动态变化过程，也是一个局部地层存在状态新旧平衡建立与破坏的过程，其波及范围与地层漏失通道的密集程度、连通性和所采用的封堵工艺密切相关[4]。承压过程中所有裸眼井壁（实施人工封隔技术的情形除外）均受到同一压力梯度的拉伸应力作用，但实际上由于封堵材料在井壁各处的堆积数量、状态、地层抗张能力、应力的分布及传递效率等各种因素几乎全部是一些随机变量，因此裸眼井段各处所承受的张应力也不可能完全相同，这是导致承压结果不确定的一个重要因素。假设裸眼井段各处所承受的人工应力是均匀的，并具有很高的传递效率，这样可对承压过程中地层的变化状态进行如下描述：随着挤注压力的升高，裸眼井段地层首先在薄弱处破坏开裂，此时粒径适宜的堵漏材料进入裂缝，随着堵漏材料在裂缝中堆积，其移动阻力越来越大，最终形成封堵带，这就相当于提高了薄弱处的抗张能力。当压力进一步提高，达到上一次未开裂地层的抗张极限时，抗破裂能力相对较高的地层发生开裂，堵漏材料随即进入其中，堆积挤压成为封堵层。此过程不断反复，所有裸眼地层依次接受这种承压过程，直到在整个裸眼井筒形成具有较高承压能力的封堵层后完成承压过程[5]。

上述过程是建立在允许井壁形成一定的人工裂缝基础上的，理论上，只有这种过程不断反复才能形成有效的人工加固井壁效应，达到承压目的。假设地层在张应力作用下产生的径向裂缝及裂缝的尺寸是地层硬度的函数，那么可以用数学公式表示为：

$$\Delta p = 0.3927 \times \frac{W}{R} \times \frac{E}{1-v^2} \tag{1}$$

式中：Δp 为裂缝地层所承受的实际压力，MPa；W 为裂缝宽度，m；R 为裂缝延伸半径，m；E 为地层杨氏模量，MPa；υ 为地层泊松比，无量纲。

3.2 地层承压能力的影响因素

蔡利山在研究中指出[6]，影响地层承压能力的因素主要有以下几个方面。一是堵漏浆消耗量，这一点已成为共识，保证合理数量的堵漏浆液进入漏层是提高地层承压能力，确保承压作业成功的关键。二是承压时的附加压力。一般来说，承压前后的当量密度差越大，承压作业的成功率就越低。但由于承压指标受多种因素的制约，因此不能简单地根据承压指标高低评断某一承压指标制定的是否合理，而必须紧密结合实际情况。三是承压技术方案。正确选择堵漏方法，确定合理的堵漏材料配方方案，以及正确的现场操作工艺，是保证承压作业成功的重要手段。四是堵漏材料，必须选用适应地层、质量过关的堵漏材料，这对于保证承压效果至关重要。

4 堵漏配方室内研选

分析储气库地层岩性特点，对之前使用的堵漏材料、承压堵漏配方等存在的问题逐一分析，在室内对高效堵漏材料和堵漏配方进行一系列的研选、优化，研选出一种承压增效剂GW-ZX，并优化承压堵漏配方为：井浆+7%核桃壳（1~2mm）+5%云母（1~2mm）+4%石灰石（20目）+5%复合堵漏剂+3%弹性颗粒+3%GW-ZX（承压增效剂）。

承压增效剂 GW-ZX 由多种纤维复合而成，纤维在堵漏浆中互相穿插，形成网络结构，可显著增强堵漏材料凝聚力，提升桥塞承压致密性。室内评价可以发现，在模拟的 4mm 裂缝下，随着压力不断增大，基浆漏失量明显增加，而添加了 3%桥堵增效剂后的堵漏浆，4.5MPa 内的漏失量基本不变，5MPa 压力下也仅小幅增加。2mm 缝板下，施加 5.5MPa 压力，基浆漏失量达到 670mL，而添加 3%承压增效剂后，漏失量降到仅为 200mL。表明该材料可以有效提升堵漏浆承压能力。数据如图 1 和 2 所示。

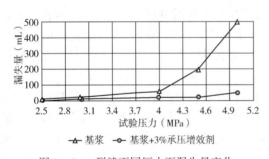

图 1　4mm 裂缝不同压力下漏失量变化

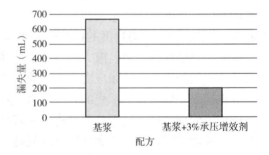

图 2　2mm 裂缝 5.5MPa 压力下漏失量变化

基于承压增效剂，对承压堵漏配方进行了优化。利用 QD 堵漏仪，在不同目数砂和缝板条件下，考察配方的承压封堵效果，见表 1 至表 3。可以发现，优化后的承压堵漏配方，显著降低不同孔隙和裂缝条件下的漏失量，起到了良好的封堵效果，最高承压可达5.5MPa（裂缝性）。实验结束后，观察堵漏滤饼情况，可见形成较厚的堵漏层，如图 3 所示。

表 1　不同目数砂模拟评价

配方	模拟不同渗透率及裂缝地层	压力（MPa）/承压时间（min）	漏失（mL）
基浆	40~70 目砂	6.0/30	30

配方	模拟不同渗透率及裂缝地层	压力(MPa)/承压时间(min)	漏失(mL)
基浆	20~40 目砂	6.0/30	310
基浆+承压堵漏配方		6.0/30	0
基浆	10~20 目砂	6.0/30	1220
基浆+承压堵漏配方		6.0/30	0

表2 堵漏配方 2mm 缝板承压堵漏能力

堵漏配方	模拟不同渗透率及裂缝地层	压力(MPa)/承压时间(min)	漏失(mL)
基浆	2mm 缝板	5.5/10	500
基浆+承压堵漏配方	2mm 缝板	5.5/10	50

表3 堵漏配方 3mm 缝板承压堵漏能力

堵漏配方	模拟不同渗透率及裂缝地层	压力(MPa)/承压时间(min)	漏失(mL)
基浆	3mm 缝板	5/10	620
基浆+承压堵漏配方	3mm 缝板	5/10	80

图3 堵漏填充层

5 承压堵漏技术现场应用

5.1 承压堵漏工艺优化

根据储气库多口井的施工经验,优化了现场承压堵漏工艺。打破以往以承压堵漏施工为主的技术思路,在二开钻进时即加大随钻堵漏剂的用量,及时提高地层承压能力。优化承压方案,将二开钻完进尺后实施承压堵漏,优化为钻进至盖层泥岩 10~20m 时进行先期承压试验,缩短施工时裸眼段的长度,堵漏材料进入孔隙通道内,使井壁承压能力及时得以加强,后期施工时细颗粒堵漏剂在循环压力和钻具涂抹作用的双重作用下可进一步加固井壁。使用固井车进行承压试验,若承压达到预期值,满足固井施工要求即可,不需要再进行承压堵漏;若承压试验失败,需进行承压堵漏施工。根据单井钻遇的砂砾岩及含砾细砂岩段的长度，调整各种堵漏剂的加量，实现堵漏剂"进得去、站得稳、承得住"。优化井身结构，适当加深表层套管的下入深度，将东营组上部高渗透性砂砾岩进行封隔，亦可有效降低中完承压的难度。

5.2 现场应用效果

在双6储气库施工过程中，二开钻进时加入1.5%~2%超低渗透剂、1%~1.5%承压堵漏剂和1%~2%超细碳酸钙，提高地层承压能力，为下步承压工作打下基础。进入东营组漏失层位后，采用优选的承压堵漏配方，确保承压堵漏达到预期效果。见泥岩后进行承压实验，承压合格后继续进行下部井段钻进。对双6储气库10口井进行承压堵漏统计可以发现，方案优化前，承压堵漏施工周期长，分别为30d和23d；方案优化后，5口井承压堵漏一次成功，3口井承压试验一次成功，见表4。

表4 双6储气库井二开承压情况统计

井号	承压次数		承压压力（MPa）	配制数量（m³）	泵入数量（m³）	作业时间（d）
	堵漏浆	钻井液				
双6-H3325	8	6	3.0	690	150	30
双6-观4	4	5	4.7	640	123	23
双6-H2315	1	1	3.6	90	20	4
双6-H3326	1	1	2.9	130	20	3
双035-20	1	1	3.8	150	20	3
双6-H1202	1	1	4.5	90	5.5	3
双036-20	0	0	6.0	0	3	1
双034-28	1	1	4.3	100	20	3
双034-20	0	1	3.3	0	4	1
双032-26	0	1	3.2	0	2	1

目前，研发的储气库承压堵漏配套技术正在双31储气库区块使用，取得了明显效果。裸承一次成功率达到80%以上，大幅缩短了施工周期。钻井液密度1.20g/cm³情况下，承压最高达到5.3MPa，满足固井施工要求。

6 结论和认识

（1）储气库施工井井壁承压能力弱，漏失风险大，必须要有安全、可靠的配套承压堵漏技术，保证储气库井的安全运行。

（2）室内研选的桥堵增效剂GW-ZX可提高桥塞承压致密性，承压压力提升至5MPa。优化的承压堵漏配方，可有效针对20~40目砂岩孔隙型漏层和3mm裂缝性漏失地层进行堵漏，显著降低漏失量。

（3）研发的配套承压堵漏技术在储气库现场施工中得到成功应用。钻井周期缩短20天，裸承一次成功率达到80%以上，钻井液密度1.20g/cm³情况下，承压最高达到5.3MPa，满足固井施工要求。

参 考 文 献

[1] 吴忠鹤，贺宇．地下储气库的功能和作用[J]．天然气与石油，2004，22(2)：1-4.

[2] 孙海芳．相国寺地下储气库钻井难点及技术对策[J]．钻采工艺，2011，34(5)：1-5.

[3] 南旭，杨勇，沈泉，等．双6储气库水平井钻井液技术[J]．中国石油和化工标准与质量，2013 (4)：150.

[4] 金衍，陈勉，张旭东．天然裂缝地层斜井水力裂缝起裂压力模型研究[J]．石油学报，2006，27(5)：124-126.

[5] 蔡利山，张进双，苏长明．关于合理使用承压堵漏技术指标的建议[J]．石油钻探技术，2008，36(2)：84-86.

[6] 蔡利山．易漏失地层承压能力分析[J]．石油学报，2010，31(2)：311-317.

裂缝及亏空地层抗温凝胶复合承压堵漏技术

王晓军[1]　步文洋[2]　景烨琦[1]　孙云超[1]　杨　超[1]　任　艳[1]　闻　丽[1]

(1. 中国石油长城钻探工程有限公司工程技术研究院；
2. 中国石油长城钻探工程有限公司钻井一公司)

【摘　要】　针对辽河油田裂缝及亏空地层井漏事故频发，堵漏成功率低，且常规桥接堵漏和胶质水泥堵漏存在的承压能力低、堵漏材料滞留能力差和施工风险高等问题，室内通过承压堵漏机理分析和堵漏材料的优选，形成了一套抗温凝胶复合承压堵漏配方。室内性能评价表明：该堵漏配方抗温达 180℃ 以上，对 3~5 目石英砂组成的模拟漏层封堵强度达到 7.5MPa 以上，在 7~5mm 宽的梯形裂缝中形成的封堵层承压能力达到了 10.04MPa。抗温凝胶复合承压堵漏配方在辽河油田不同漏失特征井中应用 10 井次，一次性堵漏成功率达 80%。结果表明，抗温凝胶复合承压堵漏技术配方简单，施工操作方便易行，堵漏成功率高，具有广阔的推广应用前景。

【关键词】　井漏；凝胶聚合物；堵漏配方；成功率；辽河油田

辽河油田早期进行开发的沙河街组地层注水开采多年，亏空严重，同时由于岩石胶结疏松、骨架应力弱、压力系数低，在揭开油气层时极易发生井漏；深部古潜山地层原生微裂缝与致漏裂缝发育，同时存在溶蚀孔洞，井漏事故频发。以往采用的桥接堵漏工艺简便，价格较低，但是由于固体颗粒材料在光滑壁面黏附力差，形成的封堵层的强度难以满足承压要求；胶质水泥堵漏适应性广，封堵强度大，但是在漏层处的滞留能力较差，容易被水稀释冲走，且对钻井液性能污染严重，稠化时间难以掌握还会存在施工风险[1-3]。凭借着良好的变形性、滞留能力以及与其他堵漏材料的配伍能力，凝胶堵漏技术能提高一次性堵漏成功率，然而，常规凝胶抗温性能差，单纯凝胶体系的承压强度难以满足施工需求。为此，急需优选出可提高堵漏材料与漏失地层黏结性的凝胶聚合物，复配其他堵漏材料，形成抗温凝胶复合承压堵漏配方，为提高复杂漏失地层的堵漏成功率提供有效途径。

1　抗温凝胶复合承压堵漏技术机理

凝胶体系凭借着良好的剪切稀释性能够进入漏层尖端封堵细小孔缝，在静止状态下黏切较高，并与漏层内岩石发生交联吸附，形成的段塞需要较大的启动压力才能使之移动，同时可在井筒界面形成一层半渗透膜，利用半透膜的物理、化学特性，来减少孔隙压力的进一步传递。若在凝胶体系中同时添加刚性支撑剂，凝胶聚合物通过交联吸附和多节点连接作用可以有效提高和稳固复合堵漏剂形成的空间骨架强度，复配填充材料和纤维，不仅能够进一步增强封堵层的严实程度，还可通过"拉筋"作用提高封堵层柔性与抗折强度，最终可形成集强度、韧度和持久性的封堵层[4-6]。

作者简介：王晓军，中国石油集团长城钻探工程有限公司工程技术研究院油化所，高级工程师。地址：辽宁省盘锦市兴隆台区惠宾街 91 号；电话：13998763295；E-mail：wangxiaojun666666@126.com。

2 核心堵漏材料的优选

2.1 凝胶聚合物的优选

为了满足堵漏技术的施工要求和应用范围，优选的凝胶聚合物需要具备良好的剪切稀释性和抗高温性能。室内以清水+1.5%凝胶聚合物为评价对象，对市场上使用较广的三种产品进行评价对比。

2.1.1 剪切稀释性

在25℃温度条件下，采用DV-1布氏黏度计测定凝胶体系不同转速下的黏度，以评价凝胶聚合物的剪切稀释性能是否满足泵送要求。

由图1中可以看出，三种聚合物添加到清水中高速搅拌后，体系分子间通过非共价键形成的空间网架结构强度较大，易于封堵漏失地层；随着转速的增加，三种体系黏度迅速减小，均能满足高剪切速率下黏度低、易于泵送的施工要求。

2.1.2 抗温性能评价

采用HAAK高温流变仪测定了三种凝胶在不同温度条件下的$7.34s^{-1}$低剪切速率黏度，以测定凝胶体系的抗温性能。

由图2中可以看出，凝胶聚合物NJ-1和NJ-2在低剪切速率下形成的黏度较高，均能满足堵漏浆静止条件下需具有较大启动压力才能使之移动的优点。但是NJ-2在120℃后黏度急剧下降，而凝胶聚合物NJ-1在180℃高温条件下的黏滞性能仍然满足深井或者注蒸汽高温井的堵漏要求。

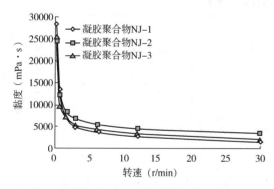

图1　不同转速条件下凝胶聚合物黏度对比

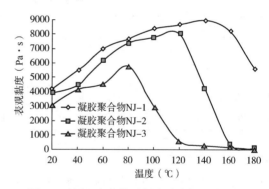

图2　不同温度条件下凝胶聚合物黏度对比

2.2 架桥材料优选

根据"应力笼"原理，为了提高漏失通道内部封堵层的承压能力，必须首先利用刚性支撑材料在漏失通道内形成具有一定强度的网络结构，然后通过弹性和纤维等其他材料不断填充压实，才能形成具有高强度和持久性的封堵层[7]。室内对常用的天然惰性堵漏材料以及化学合成类高强度支撑剂A、支撑剂B和支撑剂C等进行了抗温、抗压等评价，结果见表1。

由表1对比可知，优选的架桥材料均具有较强的抗压强度和抗温性，但支撑剂C硬度高，对泵配件、钻具和循环系统损害较大；支撑剂B密度太高，容易在配浆罐中沉降，同时会在漏层表面快速聚集造成假封现象。综合对比各项性能，高强支撑剂A的强度、硬度以及在钻井液中的悬浮稳定性都符合架桥材料的标准。

表 1 架桥材料性能对比

材料名称	密度（g/cm³）	熔点（℃）	莫氏硬度	抗压能力（MPa）	
				25℃	（150℃热滚 8h 后）
支撑剂 A	1.3	>160	2~3	25	24.1
支撑剂 B	3.35	>1000	2~2.5	34	30.5
支撑剂 C	2.65	>148	7	28	24

2.3 填充材料优选

漏失地层中的裂缝和溶蚀孔洞的开度非均质性强且难以准确预测，这就要求堵漏填充材料需具备良好的变形性能，以适应漏失通道形态和尺径变化[8]。膨胀性填充材料其颗粒粒径不需要与漏失通道尺寸严格匹配，而是利用颗粒的延迟膨胀特性来挤满漏失通道，具有弹性高、韧性好、强度大等特点[9]。将优选的膨胀填充材料添加到聚磺钻井液中，分别测试常温和高温条件下不同时间的膨胀倍数。

由表 2 对比可知，膨胀剂 C 的膨胀效果最佳，80℃条件下在 2h 内能够膨胀 25 倍，非常适合大通道堵漏施工，但是由于在钻井液中膨胀速度过快，无法保证填充材料有效进入漏层，还可能在裂缝端面造成假封现象。优选的膨胀剂 B 在 1h 内几乎不膨胀，可顺利注入漏层，随着地层温度的升高，膨胀速度加快，短时间内填充材料体积迅速增加，能够有效提高封堵层的致密程度和挤压效果。

表 2 填充材料延迟膨胀性能对比

膨胀剂	25℃				80℃			
	15min	30min	45min	60min	75min	90min	105min	120min
A	2	5	7	15	18	20	21	22
B	1	1	1	1.5	6	10	14	16
C	3	6	10	18	20	21	23	25

2.4 纤维材料优选

在压差作用下，堵漏材料不断地累积压缩以填满漏失通道，能够起到拉筋连绕作用的纤维材料可以增加封堵层的韧劲与抗拉强度，有利于提高封堵层的滞留能力和整体性[10]。

通过表 3 中可以看到，纤维 A 虽然分散性和抗温性均较好，但断裂伸长率较低，相对较脆，而且价格太高；纤维 B 和纤维 C 在水中的分散性相当，但纤维 B 熔点低，在 150℃的烘箱中，2h 后，纤维 B 发生熔化现象，而纤维 C 并没有明显的变化；因此，高韧纤维 C 具有强度高、耐腐蚀、耐高温、化学稳定性强等优点，在堵漏配方中可进一步提高封堵层的承压强度。

表 3 纤维材料的性能对比

材料名称	分散性	钩接强度（N/tex）	断裂强度（N/tex）	断裂伸长率（%）	熔点（℃）
纤维 A	较好	0.32~0.41	0.47~0.57	24~41	>230
纤维 B	较好	0.32~0.41	0.52~060	43~56	<150
纤维 C	较好	0.35~0.44	0.53~0.62	45~60	>220

3 抗温凝胶复合承压堵漏配方评价

以满足不同漏失特征下的堵漏效果为前提,室内经过堵漏材料的优选,并借鉴SAN-2工程分布理论和三分之二架桥理论,最终形成了抗温凝胶复合承压堵漏配方:井浆+1%~1.5%凝胶聚合物NJ-1+3%~5%高强度支撑剂A+6%~12%膨胀填充剂B+0.1%~0.5%高韧纤维C。

3.1 模拟砂床封堵评价

采用71型高温高压失水仪,向容器底部填入高度为15cm石英砂,通过调整石英砂的粒径来模拟不同地层孔喉尺寸,测定180℃下的砂床漏失量,评价抗温凝胶复合承压堵漏配方对高孔高渗漏层或亏空型地层的堵漏效果。

由表4中可以看到,抗温凝胶复合承压堵漏浆在漏失处形成的封堵墙强度较高,那是因为凝胶聚合物与岩石交联吸附,延缓压力传递的同时黏结滞留了高强度支撑和填充材料,辅以高强度抗温纤维材料的拉筋绕连,形成了同时具备强度和韧力的封堵层,这种封堵层能够有效封堵3~5目石英砂组成的模拟砂床,承压能力能达到7.5MPa以上。

表4 抗温凝胶复合承压堵漏配方封堵砂床能力评价

砂样粒径（目）	堵漏配方	不同压力下的漏失量（mL）			
		0.7MPa	3.5MPa	5.5MPa	7.5MPa
10~20	基浆+1.0%NJ-1+3% 0.5mm 支撑剂A+6% 0.5mm 填充剂B+0.3% 2mm 纤维C	0	0.8	1.6	2.2
5~10	基浆+1.2%NJ-1+4% 1mm 支撑剂A+8% 0.5mm 填充剂B+0.3% 3mm 纤维C	1.2	2.2	2.6	4.0
3~5	基浆+1.5%NJ-1+5% 1.5mm 支撑剂A+10% 0.5mm 填充剂B+0.3% 5mm 纤维C	1.8	5.4	8.2	12.8

注:基浆配方为4%膨润土+0.3%纯碱+0.1%烧碱+3%磺化褐煤+1.5%酚醛树脂+2%超细碳酸钙。

3.2 梯形裂缝封堵评价

采用CDL-1型高温高压堵漏仪,根据裂缝尺寸调整堵漏配方中堵漏材料的粒径和加量,分别测定180℃条件下堵漏浆对1~3mm、3~5mm、5~7mm梯形裂缝钢板的封堵能力,评价抗温凝胶复合承压堵漏配方对裂缝漏层的堵漏效果。封堵5~7mm裂缝的堵漏配方为:基浆+1.5%NJ-1+5% 4mm 支撑剂A+8% 1-3mm 填充剂B+4% 0.5mm 填充剂B+0.4% 8mm 纤维C,表5为5~7mm梯形裂缝钢板前端、中部和终端监测压力随驱替压力的变化情况。

表5 高强度复合承压配方封堵裂缝能力评价

驱替时间（min）	驱替压力（MPa）	缝板前端压力（MPa）	缝板中部压力（MPa）	缝板尖端压力（MPa）
2	7.32	7.21	7.19	5.25
4	7.54	7.43	6.00	4.06
6	7.75	7.67	4.94	3.01
8	8.12	8.03	4.00	2.06

驱替时间（min）	驱替压力（MPa）	缝板前端压力（MPa）	缝板中部压力（MPa）	缝板尖端压力（MPa）
10	8.14	7.96	3.31	1.37
12	8.20	8.02	2.35	1.32
14	8.44	8.33	1.85	0.73
16	8.55	7.38	1.67	0.47
18	8.74	7.69	1.55	0.23
20	9.16	7.82	1.07	0.12
22	9.56	9.02	1.04	0.10
24	10.04	8.70	0.69	0.07
26	10.56	9.94	9.92	9.98
28	10.99	9.99	9.97	10.03
30	11.41	10.24	10.05	10.05

表 5 可以看出抗温凝胶复合承压堵漏浆在 180℃ 高温环境下对 5~7mm 梯形缝板的封堵过程。在驱替初期（0~4min）凝胶凭借着剪切稀释性快速进入裂缝通道尖端，延缓了压力进一步传递；在持续加压过程中（0~12min），驱替压力可将复合堵漏剂不断挤入漏层，裂缝内部已经形成一定强度的封堵层；随着时间延长（0~24min），膨胀填充材料变形使裂缝通道被进一步挤实，拉筋作用与封堵强度并行提高；当压力增大至 10.56MPa 时，缝板尖端压力突然急剧变大，堵漏屏障被高压破坏，形成的封堵层被突破。由此可以得出，抗温凝胶复合承压堵漏配方能够在 180℃ 的高温下有效封堵 5~7mm 梯形缝板，其承压能力达到 10.04MPa。

4 现场应用

辽河油田冷东、欢喜岭和高升等区块主力储层沙河街组高孔高渗，由于常年开采导致亏空严重，地层压力系数较低，在钻井过程中如果密度偏高或者操作不当，极易发生失返性漏失。而曙古、陈古区块的潜山地层和房身泡组的玄武岩地层不仅原始地层压力系数低，而且裂缝和溶蚀孔洞异常发育，钻完井过程中容易发生严重及恶性井漏事故。抗温凝胶复合承压堵漏技术在辽河油田应用 10 井次，其中一次堵漏成功 8 井次，成功率达到了 80%，现以欢×××井和曙×××井为例，介绍抗温凝胶复合承压堵漏技术在两种漏失特征井位中的堵漏施工情况。

4.1 欢×××井堵漏施工

欢×××井沙一段储层岩性主要为砂砾岩和含砾不等粒砂岩，厚度一般为 70~100m，粒度中值平均为 0.48mm，平均泥质含量 4.2%，粒度磨圆度较差，以次尖—次圆为主，颗粒间呈点接触，泥质胶结，胶结类型以孔隙式为主，储层物性好，孔隙度 28.7%，渗透率 1.3μm²，属于高孔高渗地层。该井完钻井深 2030m，完井通井到底后小排量开泵未见返液，井眼出现严重漏失。分析原因为井深 1500m 上下泥岩段井壁掉块造成环空憋堵，导致亏空严重的主力油层出现漏失。先后采用 8 次常规桥塞堵漏均未成功；实施了两次胶质水泥堵漏施工，钻塞到底后均出现失返性漏失。

采用抗温凝胶复合承压堵漏技术，配堵漏浆 30m³，配方为基浆+1.5%NJ-1+5% 2mm 支撑剂 A+8% 1mm 填充剂 B+4% 0.5mm 填充剂 B+0.4% 8mm 纤维 C，下钻至 2000m，以 1.5m³/min 泵入配制好的堵漏浆 25m³；堵漏浆到底后提高排量至 1.8m³/min，漏失堵漏浆 5m³ 后井口返浆正常；替浆 18m³ 后起钻至 1500m，将排量升至 2m³/min，以增加井底循环压力确保堵浆进入漏层，循环 1h 后未发现漏失现象。静止 8h 后带钻头下钻试漏通井，通井到底后，为了控制上部地层出油，避免环空不畅导致后续施工出现复杂事故，将钻井液密度由完钻的 1.32g/cm³ 提高至 1.45g/cm³，循环返液正常无漏失，堵漏成功。循环并处理钻井液后，钻井液性能恢复正常，进行后续施工。

4.2 曙×××井堵漏施工

曙×××井主要目的层为太古界的古潜山储层，岩性以混合花岗岩、片麻岩为主，储集空间主要是次生成因的，包括孔洞和缝隙。古潜山中、高潜山带具有"上缝下孔"的特征，即上部以构造裂缝为主，溶蚀孔隙不发育，下部在裂缝发育的基础上，出现大量溶蚀孔、洞。根据邻井地层压力预测结果，潜山储层的地层压力系数在 0.96～0.98 之间。该井钻进至 3005m（潜山顶 2785m）井口失返，常规桥接堵漏和胶质水泥堵漏未成功后填井侧钻，12 月 5 日侧钻进至 3024m 井口再次失返。

采用抗温凝胶复合承压堵漏技术，配堵漏浆 25m³，配方为基浆+1.5%NJ-1+5% 4mm 支撑剂 A+8% 1-3mm 填充剂 B+4% 0.5mm 填充剂 B+0.4% 8mm 纤维 C，牙轮钻头下钻至 2980m，以 1.5m³/min 排量泵入配制好的堵漏浆 19m³，堵漏浆到底后，漏失堵漏浆 2m³ 后井口返浆正常，替浆 26m³ 后起钻至 2540m 关封井器，以 5L/s 排量将堵漏浆缓慢挤入漏层，每次挤入量不大于 100L，套压上升幅度小于 1MPa，总计憋挤 7m³ 后套压升至 5MPa，30min 不降。憋压 8h 后缓慢开井，下钻到底分别以单阀、双阀、三阀排量共循环 5h 未见漏失，堵漏成功，恢复正常钻进。

5 结论

（1）以凝胶聚合物为携带载体，复合高强支撑剂、膨胀填充剂和高韧纤维形成的抗温凝胶复合承压堵漏技术，能够解决堵漏成功率低的难题。

（2）室内形成的抗温凝胶复合承压堵漏配方能够有效封堵 5～10 目砂床和 5～7mm 梯形裂缝钢板，能够在高孔高渗亏空地层和裂缝地层堵漏施工中应用。

（3）抗温凝胶复合承压堵漏技术在辽河油田实施 10 井次，一次堵漏成功率达到了 80%，解决了井漏引起的施工周期长、材料损耗多和次生事故频发等难题，具有广阔的推广应用前景。

参 考 文 献

[1] 王中华. 复杂漏失地层堵漏技术现状及发展方向[J]. 中外能源，2014，19(1)：39-48.

[2] Fidan E，Babadagli T，Kuru E. Use of cement as lost circulation material-field case studies[R]. IADC/SPE 88005，2004.

[3] 唐文泉，王晓军，王成彪，等. 抗温高强度交联堵漏配方研究与应用[J]. 科学技术与工程，2016，16(23)：161-165.

[4] 王勇，蒋官澄，杜庆福，等. 超分子化学堵漏技术研究与应用[J]. 钻井液与完井液，2018，193(3)：52-57.

[5] 王贵，蒲晓林. 提高地层承压能力的钻井液堵漏作用机理[J]. 石油学报，2010，31(6)：1009-1012.

［6］张新民，聂勋勇，王平全，等．特种凝胶在钻井堵漏中的应用［J］．钻井液与完井液，2007，24(5)：86-87，97.

［7］赵洋，邓明毅，肖洛书，等．裂缝性漏失架桥材料粒度分布研究［J］．钻采工艺，2018，41(1)：88-91.

［8］邱正松，暴丹，李佳，等．井壁强化机理与致密承压分度钻井液技术新进展［J］．钻井液与完井液，2018，35(4)：1-6.

［9］史野，左洪国，夏景刚，等．新型可延迟膨胀类堵漏剂的合成与性能评价［J］．钻井液与完井液，2018，35(4)：62-65，72.

［10］黄进军，罗平亚，李家学，等．提高地层承压能力技术［J］．钻井液与完井液，2009，26(2)：69-71.

伊拉克西古尔纳Ⅱ期油田堵漏技术

陈亚宁[1]　刘腾蛟[1]　李彬菲[1]　黄　峥[1]　邱元瑞[2]

(1. 中国石油渤海钻探泥浆技术服务公司；2. 中国石油冀东油田监督中心)

【摘　要】 伊拉克的西古尔纳Ⅱ期油田地层岩性以碳酸盐和白云岩为主，该区块存在多个潜在的漏失层位，极易发生井下漏失。重点漏失层位 Dammam、Radhuma、和 Hartha 等均含不同程度的漏失孔道，通过对该区块漏失层岩性特征和裂缝发育等实际情况进行井漏原因分析，现场施工中以防漏为主，兼顾大斜度井定向防托压，钻穿漏层后进行堵漏和验漏，钻一层，封一层；优选"一袋化"堵漏材料进行常规堵漏，提高一次堵漏成功率，同时根据现场施工情况采用低强度水泥浆堵漏工艺，提高地层承压能力，解决地层复漏问题。

【关键词】 漏失；渗透；裂缝性灰岩；防漏堵漏

伊拉克的西古尔纳Ⅱ期油田在巴格达东南部，位于美索不达米亚前渊盆地的台地斜坡，地层岩性以碳酸盐和白云岩为主，该区块存在多个潜在的漏失层位，极易发生井下漏失。目前西古尔纳Ⅱ期油田现场钻井液技术施工过程中，12¼in 井眼钻遇的 Dammam、Radhuma 和 Hartha 地层，均发生了不同程度的井下漏失，部分井出现复漏现象，严重影响了钻井施工进度。为确保井下安全、施工顺利，针对前期施工中出现的复漏现象，经过对多种堵漏剂的筛选及配方优化，引进"一袋化"堵漏材料，利用"一袋化"堵漏材料不同粒径和物质，匹配填充地层，提供地层承压能力，优化了常规堵漏配方，优选出可有效降低渗透率，提高地层承压能力的防漏堵漏技术，并在现场进行防漏堵漏应用，施工结果表明该技术堵漏针对性强，效果明显，一次堵漏成功率大幅提升。

1　地质和工程简况

1.1　地质简况

西古尔纳Ⅱ油田地层岩性情况见表1。

表 1　西古尔纳Ⅱ油田地层岩性情况

地层	垂深/斜深（m）	孔隙压力 *ECD*（g/cm³）	破裂压力 *ECD*（g/cm³）	地层岩性	备注
HAMMAR	28/28	1.00	1.49	泥岩、大段沙砾	井口垮塌
UPPER FARS	83/83	1.00	1.49	泥岩夹砂岩、石膏、石灰岩互层	井口垮塌
DIBDIBA	345/346	1.00	1.49	砂岩，泥岩，石膏夹层	沉砂

作者简介：陈亚宁，男，1985 年 10 月生，西南石油大学毕业，渤海钻探泥浆技术服务公司泥浆工程师，主要从事钻井液技术服务工作。地址：天津市滨海新区大港油田红旗路东段泥浆技术服务公司；电话：15122481467。

地层	垂深/斜深（m）	孔隙压力 ECD（g/cm³）	破裂压力 ECD（g/cm³）	地层岩性	备注
LOWER FARS	518/525	1.00	1.475	泥岩、砂岩、石膏、石灰岩互层	泥包
GHAR	921/996	1.05	1.77	砂岩、夹白云岩、粉砂岩	渗漏
DAMMAM	1005/1110	1.09	1.72	白云岩	漏失
RUS	1261/1563	1.10	1.73	石膏	扭矩大
UMM ER RADHUMA	1275/1596	1.10	1.73	上白云岩、下石灰岩、夹石膏、页岩	漏失
TAYARAT	1679/2507	1.14	1.73	石灰岩、夹页岩	含硫水/1.15
SHIRANISH	1794/2675	1.14	1.73	顶灰泥、中下石灰岩、夹白云岩	泥包
HARTHA	1953/2896	1.12~1.14	1.73	上白云岩、中石灰岩、底部灰泥岩	漏
SAADI	2138/3154	1.17	1.73	石灰岩	油气侵
SAADI OIL	2234/3284	1.22	1.75	石灰岩	油气侵
TANUMA	2275/3336	1.23	1.71	页岩、夹石灰岩	塌，卡
KHASIB	2318/3389	1.19~1.22	1.69	石灰岩、夹页岩	油气侵
MISHRIF	2372/3456	0.79	1.65	石灰岩、夹页岩	油气侵，漏
TD	2526.4/3646	0.79	1.65	石灰岩、夹页岩	油气侵，漏

1.2 工程简况

该区块大部分为四开次井，以 WQ2-097 井为例，其井深结构和钻井液设计密度见表2，该区块钻井，造斜点浅，以大斜度井、大位移井居多。

表2 WQ2-097 井井身结构以及钻井液体系密度

开次	钻头尺寸(in)	井段(m)	套管尺寸(in)	井段(m)	密度(g/cm³)
一开	24	0~84	18⅝	0~82	1.04~1.08
二开	16	84~1121	13⅜	0~1119	1.09~1.13
三开	12¼	1121~3178	9⅝	0~3175	1.08~1.14
四开	8½	3178~3655	7	2799~3653	1.25

1.3 重点漏失层位简介

12¼in 井段钻遇多段漏层，主要有：Dammam、Radhuma 和 Hartha，岩性以石灰岩和白云岩为主，夹杂石膏、页岩和泥灰岩，地层连通性好，承压能力较差，井漏发生的概率非常大，该区块实钻过程中，大部分井揭开 Dammam 100m 内(垂深)必漏，漏速 10~40m³/h，小部分井段揭开 Damman 地层后漏速相对较小，漏速 2~6m³/h；Radhuma 也易发生漏失，漏速 2~4m³/h；Hartha 漏失漏速 2~4m³/h；Tayarat 地层中有含硫水层，必须提高钻井液密度至 1.14g/cm³ 才能压稳水层，有可能导致上部压力系数低的漏层复漏发生(地层压力系数见表1)，窄密度窗口下防漏堵漏与平衡水层压力相互矛盾，因此提高漏层段的承压能力，能够有效缓解这一矛盾。

2 室内堵漏评价实验

Dammam 为 12¼in 井眼主漏失层，承压能力极差，开钻密度仅 1.08g/cm³，大部分情况下揭开 Damman 漏层时，易发生恶性漏失，判断中大型裂缝 3~5mm，或更宽；只有小部分情况下，钻遇该漏层漏速较小，一般 2~6m³/h，判断裂缝发育为 2~3mm。

12¼in 井眼的 Ruaduma 和 Hartha 漏失层，也存在裂缝性漏失，钻进时通常漏速为 2~4m³/h，根据施工井分析，判断裂缝一般为 1~3mm。

依据裂缝孔径数据分析，前期堵漏材料单一，采用 BH-KSM 钻井液作为原始配方基浆，复配使用常规堵漏材料后易出现封门现象，造成复漏。针对这种现状引进"一袋化"堵漏材料进行室内评价，选取最优配方进行常规堵漏。

"一袋化"堵漏剂内除有常规颗粒堵漏材料外，还复配了凝胶类及纤维类堵漏材料，易适应封堵不同形态的漏层，能克服复杂漏层对传统堵漏材料的选择效应，弥补以往堵漏材料粒度难以合理匹配的缺陷；使得漏层内的堵漏材料具有一定的扩张填充和内部挤紧压实的双重作用，具有较好的自适用延时强化堵漏作用。通过堵漏材料在裂缝内建立封堵裂缝的封堵隔离带，既可以增大流体在缝内的流动压降，也阻止了裂缝的延伸和扩展，同时提高了井壁岩石抵抗产生新裂缝的能力，从而提高了地层的承压能力。

2.1 BZ-SDL 堵漏剂承压试验

BZ-SDL 是由刚性堵漏材料、复配云母片、杏壳和凝胶颗粒组成(图 1)，主要针对裂缝性漏失，与纤维桥接材料复配，嵌入地层裂缝，封堵地层裂缝。使用含 6% 的膨润土井浆作为基浆，配制 1000mL 堵漏浆。用 JHB 型高温高压堵漏仪配带 1mm 平行缝隙板评价裂缝性漏失(表 3)。结果发现，BZ-SDL 直接封堵 1mm 裂缝效果较好，可承压 2MPa，堵漏浆无漏失，承压 3MPa 时，堵漏浆的漏失量可控制在 20mL 以内。

表 3 BZ-SDL 堵漏剂承压试验

配方	裂缝(mm)	常压漏失量(mL)	承压漏失量(mL)	承压能力(MPa)
基浆+6% BZ-SDL	1	0	0	2
基浆+6% BZ-SDL	1	0	20	3

2.2 BZ-CDL 堵漏剂承压试验

BZ-CDL 是一种复配封堵材料(图 2)，由热固性塑料树脂、纤维、甘蔗渣、杏壳和凝胶颗粒组成，封堵材料能深入裂缝内部，形成致密的封堵层，提高地层承压能力。使用含 6% 的膨润土浆井浆作为基浆，配制 1000mL 堵漏浆。用 JHB 型高温高压堵漏仪配带 2mm、3mm 和 4mm 平行缝隙板评价裂缝性漏失(表 4)。结果发现 BZ-CDL 封堵 2~4mm 裂缝效果较好，承压能力可达 4MPa，堵漏浆的漏失量也可控制在 300mL 以内。

表 4 BZ-CDL 堵漏剂承压试验

配方	裂缝(mm)	常压漏失量(mL)	承压漏失量(mL)	承压能力(MPa)
基浆+6% BZ-CDL	2	0	50	4
基浆+6% BZ-CDL	3	0	170	4
基浆+6% BZ-CDL	4	0	290	4

图 1 BZ-SDL

图 2 BZ-CDL

2.3 堵漏配方优选实验

通过室内试验对优化后的配方进行试验对比(表 5)。

表 5 优化堵漏配方对比承压试验

配方	裂缝(mm)	常压漏失量(mL)	承压漏失量(mL)	承压能力(MPa)
配方 1(原始配方)	1	0	8	2
配方 2	1	0	0	2

(1)室内配方优选:用 JHB 型高温高压堵漏仪配带 1mm 平行缝隙板评价裂缝性漏失。

配方 1(原始配方):500mL 井浆+1%单封+1.5%云母(细)+1.5%果壳(细)。

配方 2:500mL 井浆+2%BZ-DSA+2%BZ-SDL。

结论:优化后的 BZ-SDL 复配纤维性桥接堵漏材料 BZ-DSA 堵漏配方 2 相比于优化前的原始配方 1 在承压能力 2MPa 时,承压漏失量明显降低。

(2)室内配方优选:用 JHB 型高温高压堵漏仪配带 1mm 平行缝隙板评价裂缝性漏失(表 6)。

表 6 1mm 平行缝隙板评价对比实验

配方	裂缝(mm)	常压漏失量(mL)	承压漏失量(mL)	承压能力(MPa)
配方 3(原始配方)	1	0	36	3
配方 4	1	0	20	3

配方 3(原始配方):500mL 井浆+2%单封+2%云母(细)+2%云母(中)+1%~2%果壳(细)+1%~2%果壳(中)+2%细目钙。

配方 4:500mL 井浆+2%BZ-DSA+4%BZ-SDL+1%~2%果壳(细)+1%~2%果壳(中)+2%细目钙。

结论:优化后替换成等同加量的 BZ-SDL 复配 BZ-DSA 堵漏配方 4 相比于优化前的原始配方 3 在承压能力 3MPa 时,承压漏失量明显降低。

(3)室内配方优选:用 JHB 型高温高压堵漏仪配带 2mm 平行缝隙板评价裂缝性漏失(表 7)。

表7　2mm 平行缝隙板评价对比实验

配方	裂缝(mm)	常压漏失量(mL)	承压漏失量(mL)	承压能力(MPa)
配方5(原始配方)	2	0	70	4
配方6	2	0	50	4

配方5(原始配方)：500mL 井浆+4%~6%单封+4%~6%BZ-SPA+4%~6%云母(细)+4%~6%云母(中)+4%~6%果壳(细)+4%~6%果壳(中)+4%~6%细目钙。

配方6：500mL 井浆+3%~5%BZ-SDL+8%~10%BZ-CDL+4%~6%BZ-SPA+4%~6%复堵(中)+2%~4%果壳(中)+2%~4%细目钙。

BZ-SPA 主要成分是由果壳、云母片、蛭石、凝胶颗粒和少量纤维复配的堵漏剂。复合堵漏剂中主要成分是果壳、云母片和少量单封类惰性堵漏材料组成。

结论：优化后的堵漏配方6，在裂缝 2mm、承压 4MPa 的实验中，承压漏失量低于原始配方5。

（4）室内配方优选：用 JHB 型高温高压堵漏仪配带 3mm 平行缝隙板评价裂缝性漏失(表8)。

表8　3mm 平行缝隙板评价对比实验

配方	裂缝(mm)	常压漏失量(mL)	承压漏失量(mL)	承压能力(MPa)
配方5(原始配方)	3	0	220	4
配方6	3	0	170	4

配方5(原始配方)：500mL 井浆+4%~6%单封+4%~6%BZ-SPA+4%~6%云母(细)+4%~6%云母(中)+4%~6%果壳(细)+4%~6%果壳(中)+4%~6%细目钙。

配方6：500mL 井浆+3%~5%BZ-SDL+8%~10%BZ-CDL+4%~6%BZ-SPA+4%~6%复堵(中)+2%~4%果壳(中)+2%~4%细目钙。

结论：优化后的堵漏配方6，分别在裂缝 3mm、承压 4MPa 的实验中，承压漏失量低于原始配方5。

2.4　优化后的堵漏配方

根据室内实验数据对比，结合西古尔纳Ⅱ区块的地层特性，优化得出 $12\frac{1}{4}$in 井眼防漏堵漏配方如下。

随钻堵漏配方：井浆+2%BZ-DSA+2%BZ-SDL。

段塞堵漏配方：井浆+2%BZ-DSA+4%BZ-SDL+1%~2%果壳(细)+1%~2%果壳(中)+2%细目钙。

静止堵漏配方：井浆+3%~5%BZ-SDL+8%~10%BZ-CDL+4%~6%BZ-SPA+4%~6%复堵(中)+2%~4%果壳(中)+2%~4%细目钙。

3　堵漏工艺在三开 $12\frac{1}{4}$in 井段应用

3.1　Damman 漏失层堵漏应用

西古尔纳Ⅱ期油田在上 $12\frac{1}{4}$in 井眼钻进 Damman 施工过程中，发生漏失时，依据实际漏速情况，采用相对应的"一袋化"优选配方堵漏，一次堵漏成功率达到78.43%。

（1）针对漏速 $2 \sim 3m^3/h$ 堵漏。采用优化后的随钻堵漏配方：井浆+2%BZ-DSA+2%BZ-SDL，成功封堵渗透性的微裂缝，提高地层承压能力，保证了下部地层提高井浆密度平衡地层压力正常施工，无重复漏失发生。

（2）针对漏速 $3 \sim 4m^3/h$ 堵漏。采用段塞堵漏配方：井浆+2%BZ-DSA+4%BZ-SDL+1%~2%果壳（细）+1%~2%果壳（中）+2%细目钙，主要针对裂缝性漏失，提高 BZ-SDL 加量，与纤维性桥接材料复配，嵌入地层裂缝，封堵地层裂缝，有效地提高了地层承压能力4MPa，无复漏现象发生。

（3）针对漏速 $4 \sim 6m^3/h$ 堵漏应用。采用静止堵漏配方：井浆+3%~5%BZ-SDL+8%~10%BZ-CDL+4%~6%BZ-SPA+4%~6%复堵（中）+2%~4%果壳（中）+2%~4%细目钙，使用 BZ-SDL 与 BZ-CDL 复配，嵌入地层裂缝，成功封堵 $2 \sim 4mm$ 裂缝，提高承压能力至4MPa，无复漏现象发生。

（4）针对恶性漏失层堵漏。西古尔纳Ⅱ期油田在 $12\frac{1}{4}in$ 井眼钻进 Damman 施工过程中，当揭开 Damman 主漏层发生恶性漏失，瞬时漏失极高，最高能达到 $40m^3/h$，严重时发生井口失返的情况，为了节省时间，减少井下风险，直接采取强穿漏层水泥封堵工艺，如图3所示。在西古尔纳油田Ⅱ期钻遇 Damman 地层，发生恶性漏失的情况下，采用低强度水泥浆堵漏，能够有效地提高地层承压能力，堵漏成功率达到90%，节省了 $4 \sim 8d$ 的时间。

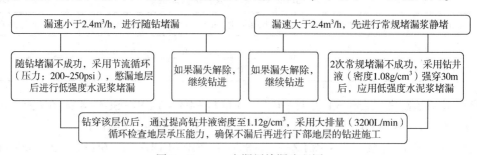

图3　Damman 主漏层堵漏流程图

3.2　Radhuma 和 Hartha 漏失层堵漏应用

西古尔纳油田Ⅱ期钻遇 Ruaduma 和 Hartha 漏失层，主要也是裂缝性漏失，钻进中的通常漏速为 $2 \sim 4m^3/h$，裂缝发育一般为 $1 \sim 3mm$。在使用室内随钻堵漏配方基础后，对钻井液性能进行了进一步的优化和调整，降低了该地层的井漏发生率。

（1）针对漏速 $2m^3/h$ 堵漏。采用随钻堵漏配方：井浆+2%BZ-DSA+2%BZ-SDL，成功封堵渗透性的微裂缝，提高地层承压能力，保证了下部地层提高井浆密度平衡地层压力正常施工，无重复漏失发生。

（2）针对漏速 $2 \sim 2.5m^3/h$ 堵漏。采用段塞堵漏配方：井浆+2%BZ-DSA+4%BZ-SDL+1%~2%果壳（细）+1%~2%果壳（中）+2%细目钙，主要针对裂缝性漏失，提高 BZ-SDL 加量，与纤维性桥接材料复配，嵌入地层裂缝，封堵地层裂缝，有效地提高了地层承压能力，一次堵漏成功率高，无复漏发生。

（3）针对漏速 $2.5 \sim 4m^3/h$ 堵漏。静止堵漏配方：井浆+3%~5%BZ-SDL+8%~10%BZ-CDL+4%~6%BZ-SPA+4%~6%复堵（中）+2%~4%果壳（中）+2%~4%细目钙，引进 BZ-SDL 与 BZ-CDL 复配，嵌入地层裂缝，成功封堵 $2 \sim 4mm$ 裂缝，提高承压能力至 4MPa，一次堵漏成功率高，无复漏现象发生。

3.3 现场试验成果

对比已完成井的三开常规堵漏，为了减少复漏的风险，后期钻进作业期间，排量维持在 2.8m³/min 以内，泵压 15.17MPa；采用优化后的堵漏工艺施工的 WQ2-330 井，上部 Dammam 漏层采用"一袋化"堵漏技术与低强度水泥浆（自胶结）堵漏相结合；下部 Ruaduma 和 Hartha 漏层优选"一袋化"堵漏技术，解决了复漏难题，堵漏成功后，继续钻进，排量可提高至 3~3.2m³/min，泵压 20.35MPa。

现场通过优选"一袋化"堵漏剂的堵漏技术，配合使用低强度水泥浆（自胶结）堵漏，有效缓解了复漏，应用效果良好。堵漏成功后，应用节流循环，检测地层承压能力，避免下套管期间的漏失，井壁承压能力得到明显提升，一次堵漏成功率为 78.43%，复漏概率由 58% 降为 0。通过新堵漏工艺和材料的应用，堵漏损失时间和漏失量都有所减少。

4 应用效果

（1）采用优化后的 12¼in 漏失井段堵漏配方，形成有针对性的堵漏技术工艺，综合堵漏一次成功率提高为 78.43%。

（2）针对 12¼in 井段漏失，对西古尔纳Ⅱ区块地层进行了分析，引进"一袋化"堵漏材料进行常规堵漏，提高了地层承压能力，避免了复漏。形成的西古尔纳Ⅱ区块地层防漏堵漏技术施工措施，完成了钻井提速。

（3）现场通过优选"一袋化"堵漏剂的堵漏技术，配合使用低强度水泥浆（自胶结）堵漏，有效缓解了复漏，应用效果良好。堵漏成功后，应用节流循环，检测地层承压能力，避免下套管期间的漏失，井壁承压能力得到明显提升，复漏概率由之前的 58% 降为 0。

（4）现场试验 42 口井，形成了《伊拉克鲁克项目西古尔纳Ⅱ区块钻井液施工工艺技术规范》，现场应用新堵漏工艺技术，极大地缩短了钻井周期，最短钻井周期 18.67d（设计周期 36d）。

（5）降低井下漏失复杂，地层承压能力提高。完成区块堵漏技术研究，承压堵漏剂在裂缝形成致密封堵层，承压 4MPa；用"一袋化"堵漏技术进行常规堵漏和低强度水泥浆堵漏，以此解决了后期钻进的复漏问题，达到后期固井要求；形成区块施工防漏堵漏技术模板和处理措施，节约施工时间。

5 认识和建议

（1）石灰岩地层孔隙度大，连通性好，漏失通道畅通，以纵向裂缝和网状裂缝为主。钻进中当钻井液液柱静压力大于地层压力时，极容易发生漏失。堵漏成功后，钻开新地层后又容易发生新的井漏，造成复漏，因此应提前做好易漏地层的有效封堵提高其承压能力或者采取合理的工程措施，之后才能钻开新地层。

（2）西古尔纳Ⅱ期区块钻遇 Damman 地层，该地层连通性较好，地层承压能力较差，堵漏非常困难，采取井浆强穿该漏层，之后实施水泥塞堵漏，能降低复漏风险，利于工程提速。

（3）西古尔纳Ⅱ期区块钻遇 Radhuma 和 Hartha 地层，地层以石灰岩为主，采用"一袋化"堵漏剂的堵漏技术能解决堵漏难题。

参 考 文 献

[1] 鄢捷年. 钻井液工艺学[M]. 青岛：中国石油大学出版社，2012.

[2] 张丽华，杨培高，靳恒涛，等. 伊拉克米桑油田 Abu 区块储层防漏堵漏技术[J]. 钻井液与完井液，2017，34(6)：62-66.

[3] 杨决算，李增乐. 伊拉克南鲁迈拉油田溶洞性漏失固完井技术[J]. 钻采工艺，2014，37(4)，9-11.

[4] 陈德铭，刘焕玉，董殿彬，等. 伊拉克米桑油田 AGCS27 井裂缝性严重漏失堵漏新方法[J]. 钻井液与完井液，2015，32(2)：55-57.

[5] 王业众，康毅力，游利军，等. 裂缝性储层漏失机理及控制技术进展[J]. 钻井液与完井液，2007，24(4)：74-77.

[6] 陶晓风. 普通地质学[M]. 北京：科学出版社，2014.

川东北河坝区块钻井防漏堵漏技术及建议

邬　玲[1]　杨新春[2]　段元向[3]　冯圣凌[4]　唐　睿[5]

(1. 中石化西南石油工程有限公司重庆钻井分公司;
2. 中石化西南石油工程有限公司钻井工程技术研究院)

【摘　要】　四川盆地川北坳陷通南巴构造带河坝场构造陆相地质复杂,地层倾角度大,地层破碎,陆相主要以砂岩、泥岩互层为主、页岩、夹杂少量的煤层,地层稳定性差,易垮塌、易漏,周围邻井钻井期间多次发生井漏等其他复杂情况。海相地层以石灰岩、白云岩、盐膏岩为主,地层压力系数差异较大。在前期施工井过程中,井漏频繁,堵漏难度大。实钻施工中,河嘉201H、河嘉202H、河嘉206H、河嘉204H井均以嘉陵江二段为目的层,且施工过程中出现不同程度的井漏。故施工方进行了钻井参数、钻具组合及堵漏配方等优化,在预防井漏,提高地层承压能力方面取得了良好的效果,为提速提效奠定基础。同时提出了该区块施工的建议,为在今后施工提供了参考依据。

【关键词】　井漏;堵漏;河坝区块

1　河坝区块井漏特点

1.1　地层特点

(1) 陆相地层。

四川盆地川北坳陷通南巴构造带河坝场构造陆相地质复杂,地层倾角度大,地层破碎,陆相主要以砂岩、泥岩互层为主、页岩、夹杂少量的煤层,地层稳定性差,易垮塌、易形成大肚子、裂缝纵向和横向发育,断裂带、易漏,邻井钻井期间多次发生井漏等其他复杂情况(图1)。

(2) 海相地层。

海相地层以石灰岩、白云岩、盐膏岩为主,地层压力系数差异大,在前期施工井过程中,井漏频繁,堵漏难度大。河坝101井多次发生井口失返恶性井漏,漏层开口尺寸较大连通性好,地层骨架结构弱,地层承压能力低(图2)。

1.2　漏层分布广

河坝区块几乎每段层位都有不同程度的井漏,主要分布在沙溪庙组、千佛崖组、自流井组、须家河组、雷口坡组、嘉陵江组,尤其是在上部陆相地层井漏占全部井漏的70%左右(图3)。

作者简介:邬玲,女,1986年生,重庆市万州区人,2011年本科毕业于重庆科技学院,获得工学学士学位,现任重庆钻井分公司技术服务中心钻井液技术员,工程师,主要从事钻井液技术服务工作。地址:四川省德阳市旌阳区旌城一品;联系电话:17781400520;邮箱:295255286@qq.com。

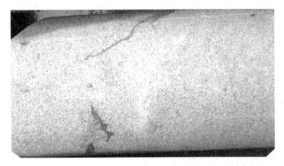

图1 河嘉 204H 井须家河组取心图

图2 河嘉 204H 井嘉陵江组取心图

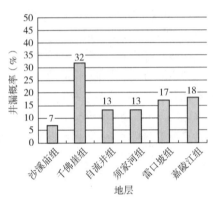

图3 河坝区块井漏统计图

1.3 漏失类型

河坝区块漏失类型主要以渗透性、裂缝性为主。漏失主要表现在浅层填充溶蚀微孔、裂缝。由于钻井液液相进入地层微裂缝后，液柱压力导致微裂缝端不断地向地层深部发展，诱导裂缝扩张，甚至可能因为不断延伸而沟通地层内部漏失通道，产生严重漏失。

1.4 钻井液密度窗口窄

该区块地层孔隙压力、漏失压力、破裂压力接近，钻井液密度窗口窄，对压力敏感。为了压稳气层而多次调整钻井液密度，造成上部长裸眼低压漏失层或者多层段井漏，并且漏层不易确定，增加堵漏施工的难度。

2 预防井漏措施

2.1 优化井身结构

结合前期施工井的钻井、地质等资料，针对该区块井漏情况，合理优化井身结构，采用下技术套管封隔易漏地层。

2.2 选择合适钻井液密度

在保证陆相地层井控安全施工前提下，选择合适的钻井液密度，尽量走密度低线，减少井漏发生的可能性。需要提高钻井液密度时，每个循环周密度提高不超过 $0.02g/cm^3$。提高密度后应循环一个迟到时间观察，不漏后再继续加重。

2.3　优化钻井液性能

控制好钻井液流变性，降低循环压耗。在钻遇设计预测渗漏层前，在钻井液中加入不同类型细颗粒随钻堵漏和封堵材料，增强钻井液的封堵能力。

2.4　精细钻井操作

严格控制起下钻速度在 0.5m/s 内，下钻时分段循环钻井液，开泵时尽量避开易漏井段。若在易漏井段开泵，则应先启动转盘或顶驱，再小排量顶通，待出口流量稳定后再逐步增大排量达到钻进要求。

3　堵漏技术措施

在处理井漏时应先分析井漏的原因，再确定漏层位置、类型及严重程度，再选择合适的堵漏方法进行堵漏。根据河坝区块井漏堵漏经验，并结合该区块井漏特点，主要采取随钻堵漏、桥浆堵漏、水泥浆堵漏等堵漏技术方法；对目前已施工井堵漏方法进行统计分析，分析情况如图4所示。

可以从图4中看出现场应用较多主要是随钻堵漏、桥浆堵漏。接下来主要介绍以上几种堵漏技术措施。

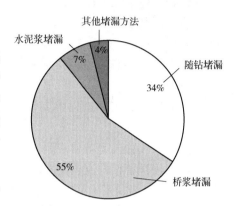

图 4　河坝区块各堵漏方法
使用率统计图

3.1　随钻堵漏技术

随钻堵漏主要针对刚钻开漏层、未完全暴露的地层、渗透性以及微裂缝漏失，在钻井液中加入随钻堵漏剂，主要以细颗粒的裂缝（LF-1）、超细碳酸钙、随钻堵漏剂、1~3mm 核桃壳、1~2mm 酸溶性堵漏材料、1~3mm 复合堵漏剂等为主，复配不同种类防塌剂，保持堵漏材料在 10% 左右，边钻进边堵漏。具体操作措施如下：

（1）发现井漏后，立即降低排量，小排量循环保持液柱压力，并上下活动钻具，防止黏卡。

（2）将堵漏材料通过加重漏斗加入至钻井液，并及时更换合适的振动筛筛网目数（20~80目），保证堵漏材料不易被筛除。

（3）堵漏材料到达井底后，适当加大排量，及时监测钻井液液面变化。若堵漏成功后，将振动筛筛网目数更换为正常钻进时的筛布。

（4）若继续漏失，可进行桥浆堵漏。

3.2　桥浆堵漏技术

在钻遇大段破碎地层或地层压力交错段时发生井漏，则可以采用桥浆进行间断性关挤。主要以复合材料为主，互配纤维、酸溶性细颗粒等材料。具体操作措施如下。

（1）非光钻杆堵漏。

① 发现井漏后，起钻至安全井段，同时配制堵漏浆。起钻时监测好环空液面，连续向环空吊灌不超过井浆密度的钻井液。

② 根据钻具、井下工具及钻头水眼尺寸确定合适颗粒级配的堵漏材料和堵漏浆浓度，待配制好堵漏浆后，下钻到漏层顶部，泵入堵漏浆。

③ 替浆至钻具内堵漏浆高度与环空堵漏浆高度一致后，起至堵漏浆界面以上，逐步加

大排量循环，进行动态承压。待堵漏浆进入漏层1/3~1/2后，若仍漏失，则静止3~4h，再多次循环承压，控制堵漏浆进入漏层的量不超过2/3注入量。

④ 动态承压成功后，下钻至漏层以上循环观察漏失情况。如无漏失，分段循环筛除堵漏材料，恢复正常作业；如仍然漏失，则起钻下光钻杆专项堵漏。

⑤ 若井内钻具组合不适合堵漏，在满足起钻条件下，起钻更换为光钻杆专项堵漏。

（2）光钻杆堵漏。

① 起钻后下入光钻杆至漏层顶部，条件允许最多下至漏层中部，严禁下过漏层。

② 配制桥堵浆，建议配方：3%~5%复合堵漏剂Ⅰ型+5%~8%复合堵漏剂Ⅱ型+2%~3%复合堵漏剂Ⅲ型+2%~3%裂缝堵漏剂Ⅰ型+1%~2%竹纤维+1%树脂薄片（1~3mm）+2%树脂薄片（3~5mm）+1%~2%云母片+1%橡胶颗粒+2%聚硅纤维（S/M）+1%聚硅纤维（L）+1%~2%刚性堵漏剂Ⅰ型+1%~2%刚性堵漏剂Ⅱ型+2%~3%刚性堵漏剂Ⅲ型，堵漏浆浓度25%~37%。

③ 注堵漏浆施工过程中要活动钻具，特别是堵漏浆出钻具后要连续活动钻具，避免卡钻。

④ 注入和顶替完堵漏浆后，起钻至安全位置。

⑤ 缓慢顶替钻井液，使堵漏浆进入漏层，若出口见返，开泵顶替堵漏浆，如顶替过程中井口返浆，堵漏浆到位后，进行关井挤注，挤注压力现场确定。根据堵漏浆进入漏层的数量，可关井小排量、低压力缓慢整压；若出口不返或返出排量低很多，可挤小部分堵漏浆入漏层，静止候堵30~60min后，再进行间断挤堵。

⑥ 对于无法憋压或憋不进去等情况，重新调整堵漏浆配方和浓度，为了提高堵漏效果，可采用"间歇关挤"憋压工艺，但憋压压力不应超过地层破裂压力（通常套压或立压不超过5.0MPa）；通常挤入漏层的堵漏浆量应大于注入量的2/3。

⑦ 关井挤注开井后，循环观察堵漏效果，堵漏成功后完成堵漏的收尾工作，如：替换出上水管线中的堵漏浆、清理加重系统、循环罐和筛出堵漏材料等。

（3）水泥浆堵漏。

如遇恶性井漏复杂情况，多次使用桥堵浆堵漏不成功，可采用打水泥浆堵漏。

① 施工前应全面了解井漏情况，确定漏层位置和漏层性质。

② 根据井漏情况仔细计算材料、水、添加剂量和钻井液顶替量。

③ 做好室内试验，提高堵漏浆的配伍性以及初、终凝时间。

④ 水泥浆中可加入3%纤维材料。

⑤ 在泵注堵漏浆前，应尽可能地注入隔离液。

⑥ 泵注堵漏浆时操作应仔细，泵注完成后循环钻井液或上提至安全位置候凝。

4　应用情况

随钻堵漏、桥浆堵漏技术在近期河坝区块施工的河嘉201H、河嘉202H、河嘉204H、河嘉206H进行了应用，取得较好效果。

其中河嘉201H与河坝1井属于同井场，河嘉206H井与河坝101井属于同井场，前期河坝1、河坝101井施工中多次发生井漏，漏失量大（表1）。所以在后期的河嘉两口井的施工时，采取预防为主来降低井漏发生概率，通过随钻堵漏和桥堵等技术有效地控制井漏。

表 1 井漏情况对比表

井号	河坝 1 井	河嘉 201H 井		河坝 101 井	河嘉 206H 井	河嘉 204 井
漏失层位	沙溪庙组—嘉陵江组	沙溪庙组	嘉陵江组	蓬莱镇—嘉陵江组	蓬莱镇—嘉陵江	沙溪庙组—嘉陵江组
井漏次数（次）	不小于 14	11	2	334	28	27
漏失量（m³）	733.16	524.29	56.5	12902.77	2936.78	1602.1
堵漏方法	桥浆堵漏技术、随钻堵漏	桥浆堵漏技术、随钻堵漏	专项堵漏、随钻堵漏	随钻堵漏、桥浆堵漏技术、专项堵漏	随钻堵漏	随钻堵漏
堵漏效果	堵材料进入后漏失减少	堵材料进入后漏失减少	后续无漏失	全井段井漏	后续四开无漏失	堵材料进入后漏失减少

5 建议及总结

（1）在复杂井段，对钻完各层位进行地层承压施工，提高地层承压能力，为下步施工提供有利条件，提高钻井时效。

（2）如裸眼段长，须提高套管鞋承压能力，在挤堵情况下，深层承压试验避免挤破上部地层，因控制套管鞋与井底当量密度 0.3g/cm³ 以内。

（3）在发生井漏后，应彻底处理成功并承压能力达到要求后，再进行下步施工。避免重复井漏，增大堵漏难度。

（4）应避免长时间浸泡，造成井壁垮塌，增加卡钻风险。

参 考 文 献

[1] 段元向. 河嘉 201H 井钻井完井报告[R]. 重庆钻井分公司，2019：34-36.

[2] 段元向，蒋金龙. 河嘉 202H 井钻井完井报告[R]. 重庆钻井分公司，2019：42-43.

[3] 石文昭，明源. 河嘉 206H 井钻井完井报告[R]. 重庆钻井分公司，2020：45-48.

[4] 明源. 河嘉 204H 井钻井完井报告[R]. 重庆钻井分公司，2021：37-38.

油基钻井液用热塑性聚合物研究及现场应用

张县民[1,2]　姜雪清[1,2]　郭建华[3]　王中华[1,2]

(1. 中石化石油工程钻完井液技术中心；2. 中石化中原石油工程有限公司
钻井工程技术研究院；3. 中石化中原石油工程有限公司西南钻井分公司)

【摘　要】　油基钻井液堵漏中，堵漏材料驻留能力不足，封堵层稳定性弱，堵漏效果差；
尤其在水平段、储层及其他复杂井段，更需要简单、安全、高效的堵漏技术。制备一种亲油热
塑性聚合物 TP-C，该聚合物由非晶态部分和晶态部分组成。非晶态部分具有吸油黏结性；晶态
部分可控制非晶态部分吸油黏结速率。常温下，聚合物 TP-C 对堵漏浆黏度影响小，满足配制及
泵送要求；漏层温度下，聚合物 TP-C 吸油黏结能力提高，可黏结油相润湿的堵漏材料及漏层岩
石，具有黏结驻留和变形填充性能。该聚合物在 80℃吸油达 3 倍以上，形成黏结致密封堵层，
有效封堵 2mm 宽的裂缝。以该聚合物为基础材料的堵漏技术，工艺简单、安全，可有效封堵焦
页××井水平段连通性较好的裂缝。

【关键词】　油基钻井液；堵漏；热塑性聚合物；黏结；现场应用

　　油基钻井液堵漏中，驻留性差且材料之间作用力较弱，封堵层稳定性不足，抗破坏能力
弱等，封堵效果不理想[1-3]。尤其在西南工区页岩气开采中，油基钻井液在水平段、储层及
其他复杂井段发生漏失时，对堵漏施工的安全有效性提出了更高要求。

　　近年来，国内外科研人员不断研发新的堵漏材料[4-6]，其中以弹性变形材料及亲油聚合
物较多。Kumar[7]将弹性石墨(RGC)应用在油基钻井液中；IvanCD[8]和邱正松团队[9]分别制
备了油基钻井液堵漏、防漏用交联聚合物。通过材料的弹性变形性和亲油性，可有效提高封
堵层致密性，但是材料的驻留能力未能明显提高。

　　为此，制备一种亲油热塑性聚合物，该聚合物由非晶态聚合物和晶态聚合物等材料混炼
而成，组成非晶态部分和晶态部分。在油相介质渗透作用下，这聚合物可吸油膨胀，表面黏
结，达到一定程度后，形成具有表面黏结的弹性体。通过该聚合物的吸油黏结、变形填充以及黏结其他堵漏材料，可形成密实封堵层，提高封堵层的稳定性，有效封堵漏层，对油基钻井液堵漏有重要的意义。

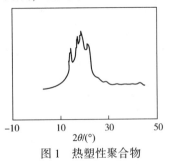

图 1　热塑性聚合物
TP-C 的 WAXD 图

1　热塑性聚合物结构特征

　　热塑性聚合物 TP-C 由非晶态部分和晶态部分两部分组成。非晶态部分含柔性亲油链节，具有较好的吸油黏结性。通过广角 X 射线衍射(WAXD)谱图(图 1)可知，在 2θ 为 14.15°、

作者简介：张县民(1987—)，男，河南省林州市人，2018 年毕业于中国石油大学(北京)油气井工程专
业，2018 年获中国石油大学(北京)油气井工程专业博士学位，助理研究员，主要从事钻井液处理剂研究工
作。E-mail：zhangxianmin2007@126.com。

17.09°、18.73°、21.88°、28.81° 处出现了尖锐的衍射峰，分别对应 α 晶系的（110）、（040）、（130）、（111）、（131）晶面，具有明显的晶格结构。这种晶格结构可以提高聚合物 TP-C 的强度，以及控制非晶态部分吸油黏结性。这种结构有效控制聚合物在油相介质中的吸油黏结性。

2 基本性能

堵漏浆配制和泵送过程中，需要聚合物 TP-C 吸油缓慢，对堵漏浆黏度影响较小；进入漏层后，需要聚合物 TP-C 具有较好的黏结性，提高驻留能力；封堵阶段，需要聚合物 TP-C 变形填充、以及黏结其他堵漏材料，形成整体封堵层。结合堵漏施工要求，考察了热塑性聚合物 TP-C 在不同时间以及浓度等条件下的性能。

2.1 聚合物 TP-C 的吸油性能

将 $5g（m_0）$ 粒径为 $0.83 \sim 2.36mm$ 的聚合物 TP-C 加入 100mL 柴油中，作为 5%（w/v）聚合物柴油体系，配制多份，分别在常温和 80℃下静置，用 DV-III 黏度计（德国 Bruker 公司）测量静置不同时间体系的黏度，实验结果如图 2 所示，趁热过滤，测量聚合物 TP-C 的质量（m_1），根据 $n = \dfrac{m_1 - m_0}{m_0} - 1$ 计算吸油倍数 n，实验结果如图 3 所示。

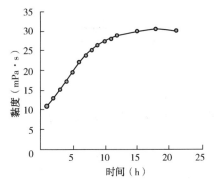
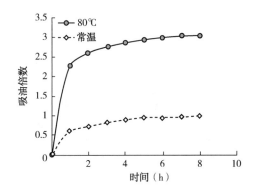

图 2　聚合物 TP-C 柴油体系黏度随时间变化　　　　图 3　聚合物 TP-C 吸油倍数随时间变化

TP-C 柴油体系常温静置 24h 后，黏度几乎为 0，说明 TP-C 常温下非晶态部分扩散程度较低，对油相介质黏度影响较小，有利于堵漏浆的配制。80℃下静置 2h，体系黏度变化较小，有利于堵漏浆的泵送；12h 后，黏度变化较小，此时聚合物吸油平衡，此时，聚合物 TP-C 为表面黏结的弹性体。

常温和 80℃下，聚合物 TP-C 吸油倍数均是先快后慢，6h 后吸油倍数变化缓慢。常温下，TP-C 的吸油倍数为 1 左右，80℃达 3 以上。结合图 2，常温下，聚合物 TP-C 的吸油溶解性较差，便于堵漏浆的配制和泵送；80℃时，聚合物 TP-C 吸油溶解性能增强，通过调节堵漏浆在漏层附近静置时间来控制聚合物的吸油溶解性能，实现黏结驻留、形成黏结致密的封堵层的目的。

2.2 聚合物对堵漏浆增黏性

为考察聚合物 TP-C 浓度对堵漏浆黏度的影响，在油基钻井液（密度为 $1.5g/cm^3$）中分

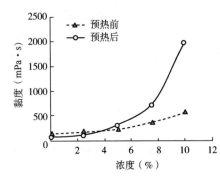

图4 加热前后聚合物 TP-C 浓度对
堵漏浆黏度影响

别加入 2.5%、5%、7.5% 和 10% 的 TP-C，充分搅拌后，在 80℃ 下预热 6h。用旋转黏度计分别测量预热前后堵漏浆的黏度，实验结果如图 4 所示。

由图 4 可知，随着浓度提高，加热前后的堵漏浆黏度均提高。当聚合物浓度大于 5% 时，堵漏浆黏度增幅较大；当浓度为 10% 时，预热后堵漏浆黏度呈指数增加，可大幅提高堵漏浆整体黏度；当浓度低于 10% 时，聚合物作为表面黏结的弹性体进行封堵，浓度高于 10% 时，可以与堵漏浆形成聚合物凝胶体系进行封堵。

3 封堵性

3.1 可泵送性

以油基钻井液(密度为 1.5g/cm³)为携带液，添加 10% 聚合物 TP-C，搅拌均匀，配制成堵漏浆加入水泥浆稠化仪中，1.0h 升温至 120℃，观察堵漏浆稠度的变化。

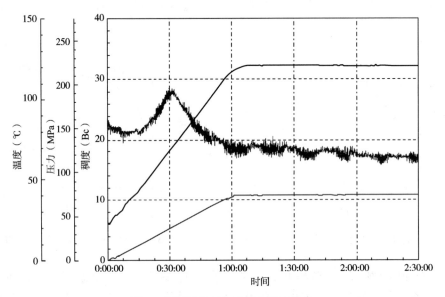

图5 堵漏浆在泵送过程中稠度变化

由图 5 可知，15min 之前(小于 40℃)，聚合物 TP-C 吸油黏结性能较低，堵漏浆由于黏温效应，稠度随温度升高逐渐降低；15~30min(40~70℃)之间，聚合物 TP-C 吸油黏结作用增强，堵漏浆稠度迅速升高；30min(70℃)时，堵漏浆稠度达到最高，之后，堵漏浆稠度逐渐降低。该堵漏浆的稠度总是小于 30Bc，能够满足泵送要求。

3.2 封堵层稳定性评价

采用弹簧试验机(海宝仪器)考察封堵层的稳定性。堵漏剂配方：油基钻井液(密度为 1.5g/cm³)+7.5%TP-C，该体系在 80℃ 下静置 4h；采用 FA 钻井液可视砂床无渗透失水仪进行封堵实验，砂床采用 10~20 目河砂；加压 0.69MPa 后，静置 10min，取出封堵层，如

图6(a)所示；将封堵层在弹簧试验机缓慢压缩，当高度降低80%时，停止压缩，压缩后的封堵层状态如图6(b)所示，记录压力与封堵层变形程度关系，如图7所示。

（a）压缩前　　　　　　　　（b）压缩后

图6　封堵层压缩前后状态

图7　压力与封堵层变形程度关系

封堵层压缩过程中，压力缓慢增加，压缩80%时，压力未见明显突变，说明封堵层中颗粒间胶结力较强，封堵层仍为一体，稳定性较好。

3.3　封堵性评价

为考察热塑性聚合物 TP-C 的封堵性，采用长度为 15cm、宽 2mm 光滑平行缝板模拟地层裂缝，利用堵漏仪进行封堵实验。堵漏剂配方：300mL 油基钻井液（密度为 $1.5g/cm^3$）+ 5%~15%聚合物 TP-C（8~14 目：14~20 目：20~40 目 = 3：5：2）+5%~15%牡蛎壳（10~20 目）+5%~15%石英砂（10~18 目）+5%~10%硅酸盐纤维（1~3mm）。堵漏浆配制均匀后，在 80℃下静置 4h，趁热进行封堵实验。缓慢加压，当压力升至 5.0MPa 时，稳压 10min，得到裂缝封堵层如图8 所示。

图8　聚合物 TP-C 堵漏剂封堵层

由图8 可知，堵漏材料可以在裂缝口、喉，以及尾发生驻留填充，通过聚合物的挤压架桥、变形填充，以及黏结性与其他堵漏材料聚集在一起，形成致密的整体黏结封堵层，有效封堵裂缝。

4　现场应用

（1）基本情况。

焦页××井是重庆涪陵焦石坝区块布置的一口加密井。水平段采用油基钻井液，钻进至 3267~3314m 发生漏失，漏层温度为 100℃。该段为龙马溪组③号小层，由于邻井大型水力压裂，该层裂缝连通性好，易漏失。现场采用两次浓度为 30%~40%的桥塞堵漏浆进行封堵，下钻至 3200m 循环，排量提至 15L/s 开始有漏失，漏速 $9m^3/h$。堵漏效果差的原因主要是由于堵漏材料在油基钻井液中驻留性不足，封堵层致密性及稳定性差。为此，引入聚合物 TP-C，通过该材料吸油黏结驻留，以及变形填充，通过与桥堵材料协同作用，形成密实封堵层，提高堵漏效果。

（2）堵漏剂配方。

根据现场漏失及前期堵漏情况，形成以聚合物 TP-C 为基础，复配刚性颗粒、柔性纤维等的堵漏剂配方。油基钻井液+5%~15%聚合物 TP-C+3%~5%FD-2+3%~7%核桃壳（1~3mm）+5%~15%刚性堵漏剂+3%~5%硅酸盐纤维（3~5mm）+3%~5%硅酸盐纤维（1~3mm）。

（3）施工过程及堵漏效果。

根据堵漏剂配方，配制 24m³ 堵漏浆，通过挤注、憋压等方式，挤入堵漏浆 13m³，套压最高升至 3.6MPa，10min 后，压力降至 2.7MPa。挤入量与套压之间的关系如图 9 所示。下钻至 3200m 时探桥堵塞面，缓慢钻塞至 3314m 后，大排量循环验漏，无漏失，返出岩屑如图 10（a）所示，原始岩屑如图 10（b）所示。下钻至井底，循环 2h，筛堵漏剂未漏失，起钻更换定向钻具组合，恢复钻进。

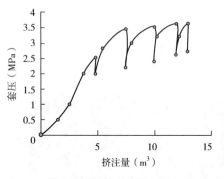

图 9　堵漏浆封堵效果图

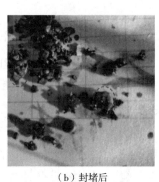

（a）封堵前　　　　　　　　（b）封堵后

图 10　返出岩屑状态

由图 10 可知，该聚合物能够有效黏结被油基钻井液润湿的漏层岩石，提高堵漏材料的驻留作用；通过黏结驻留、变形填充等作用，以及与其他桥塞堵漏材料协同作用，形成黏结的密实封堵层，有效解决裂缝型漏失问题。

5　结论及认识

（1）研究一种热塑性聚合物 TP-C 作为油基钻井液用堵漏材料，该聚合物由晶态部分和非晶态部分组成。

（2）聚合物 TP-C 在高温油相介质中表现为表面黏结的弹性颗粒，可同时具有黏结性和弹性变形性。非晶态部分吸油膨胀，并缓慢溶解，可有效黏结油相润湿的漏层岩石及其他堵漏材料；晶态部分能够提高聚合物强度，控制非晶态部分油溶性。

（3）聚合物 TP-C 具有较好的封堵性。通过黏结性及挤压变形协同作用，该聚合物可在光滑的裂缝中有效驻留，形成致密封堵层。

（4）基于该聚合物的堵漏技术施工安全可靠，能够应用于水平段、产层，以及一些复杂井段裂缝型漏失，成功封堵焦页××井水平段 3267~3272m 处裂缝型漏失，对油基钻井液堵漏有重要的意义。

参 考 文 献

[1] 周峰，张华，李明宗，等．强封堵型无土相油基钻井液在四川页岩气井水平段中的应用[J]．钻采工艺，2016，39（3）：106-109．

［2］路宗羽，徐生江，叶成，等．准噶尔南缘膏泥岩地层高密度防漏型油基钻井液研究［J］．油田化学，2018(1)．

［3］刘均一，邱正松，罗洋．油基钻井液随钻防漏技术实验研究［J］．钻井液与完井液，2015，32(5)：10-14.

［4］王灿，孙晓杰，邱正松．油基钻井液凝胶堵漏技术实验探讨［J］．钻井液与完井液，2016(6)：40-44.

［5］刘伟，柳娜，张小平．膨胀型油基防漏堵漏钻井液体系［J］．钻井液与完井液，2016，33(1)：11-16.

［6］罗米娜，艾加伟，陈馥，等．油基钻井液用纳米材料 CQ-NZC 的封堵性能评价［J］．化工进展，2015，34(5)：1395-1400.

［7］Kumar A，Savari S，Whitfill D，et al. Wellbore Strengthening：the Less-Studied Properties of Lost-Circulation Materials［C］. Society of Petroleum Engineers，2010.

［8］Ivan C D，Bruton J R，Marc T，et al. Making a Case for Rethinking Lost Circulation Treatments in Induced Fractures［C］. Society of Petroleum Engineers，2002.

［9］Zhong H，Shen G，Yang P，et al. Mitigation of Lost Circulation in Oil-Based Drilling Fluids Using Oil Absorbent Polymers［J］. Materials，2018，11(10)：2020.

油基钻井液用固结堵漏技术研究及现场应用

张麒麟[1,2]　李旭东[1,2]　郭建华[3]　樊朋飞[1,2]

(1. 中石化石油工程钻完井液技术中心；2. 中石化中原石油工程有限公司钻井工程技术研究院；3. 中石化中原石油工程有限公司西南钻井分公司)

【摘　要】　在钻井作业过程中油基钻井液一旦发生井漏，将导致钻井成本大幅增加。目前现场缺乏应对油基钻井液漏失的技术手段，常规堵漏技术存在着堵漏成功率低且复漏概率高等缺点。针对油基钻井液堵漏技术难题，开发了油基钻井液用固结堵漏技术，固结体抗压强度大于 10MPa，混浆 30% 油基钻井液抗压强度依然大于 4MPa。固结堵漏浆在漏失通道中具有较强的驻留性，能将油基钻井液浸润的井壁、漏层表面、部分油基钻井液和堵漏剂固结为一整体，可以满足渗漏至失返的漏失情况。该技术现场应用油基钻井液堵漏 34 井次，堵漏一次成功率 73.5%，取得了良好的应用效果，已成为现场解决油基钻井液漏失必备技术。

【关键词】　页岩气；油基钻井液；漏失机理；固结堵漏

油基钻井液在页岩气勘探开发过程中得到广泛应用，其具有优良的抑制防塌、润滑防卡、高温稳定和抗污染能力强等特点[1]。然而在油基钻井液钻井作业过程中发生井漏，会导致钻井成本大幅提高，造成严重损失。目前国内在油基钻井液堵漏剂及堵漏工艺的研发和应用方面成果较少，主要是桥塞堵漏和水泥浆堵漏两类，存在着桥塞堵漏在漏层中难以驻留，复漏概率高和水泥浆易受油基钻井液污染导致固结困难等问题，油基钻井液井漏问题尚未得到有效解决。笔者通过分析油基钻井液漏失特点及堵漏难点，研发了与油基钻井液相容的固结堵漏技术，在西南工区页岩气钻探大规模现场应用结果表明，该技术较好地解决了油基钻井液堵漏技术难题。

1　油基钻井液漏失因素分析

1.1　地质因素

西南工区韩家店、石牛栏(小河坝)、龙马溪地层裂缝发育，为油基钻井液的漏失提供通道，部分井受到压裂及断层发育影响，漏失较为严重，复杂时效高，据统计，仅长宁工区 6 口井损失钻井周期 1044h。

1.2　设计因素

部分平台技术套管下深较浅，未封隔上部易漏失破碎地层，同一裸眼段存在多套压力系统，导致钻进龙马溪地层时上部地层发生漏失，个别井漏失油基钻井液近千立方米。

1.3　井控因素

油基钻井液钻进下部地层时往往需要提高密度以保证井控安全，但容易导致上部薄弱地层特别是套管鞋位置由于液柱压力的提高而发生漏失。

1.4 工程因素

易漏失地层由于漏失层位多，地层薄弱，反复多次堵漏施工未取得效果，易造成漏失通道相互沟通，漏失愈加复杂，大量损失油基钻井液及钻井周期，个别井被迫填井侧钻。

2 油基钻井液堵漏难点

据统计，油基钻井液桥塞堵漏和水泥浆堵漏堵漏成功率一般维持在20%~30%之间，难以彻底隔断井筒与漏失通道深部两个压力系统，解决漏失问题。

（1）"呼吸现象"加剧油基钻井液堵漏难度。

油基钻井液漏失表现出一种明显的漏失现象——"呼吸现象"，即钻井液循环时发生漏失，停泵后部分钻井液回吐。漏层在正向压差作用下，裂缝张开，但由于漏失通道及漏失空间有限，钻井液发生部分漏失，当正压差消失后，裂缝闭合，油基钻井液回吐至井眼中。

（2）桥堵材料在漏层中难以富集和驻留，复漏概率高。

桥塞堵漏要发挥作用，首先要保证桥堵材料可以在漏失通道中堆积和充填，并形成致密封堵段塞，钻井液与堵漏材料分离并流走。对于相对密闭的漏失空间，钻井液与桥堵材料始终无法分离，桥堵材料难以形成紧密堆积，只是以相对松散的状态停留在漏层中，一旦井底正向压差消失，钻井液与桥堵材料又一起被推回井眼，造成堵漏失败或短时间内发生复漏。另外，油基钻井液配浆用基础油的低表面张力和润滑性导致常规堵漏材料—材料之间以及材料—裂缝界面之间摩擦力更低，难以形成致密堆积。

（3）水泥浆与油基钻井液混窜失去固结能力。

水泥浆受油基钻井液影响明显，混窜后失去固结能力，即使使用隔离液分隔，但现场混浆难以避免，导致固结强度大幅下降，成功率较低。水泥浆流动性较好，对于失返型漏失，在井底压差作用下容易完全流失，在漏层中难以驻留。水泥浆与油浸润过的漏层表面接触，难以固结，堵漏成功率低。

3 解决对策

应对油基钻井液漏失，开发的油基钻井液用固结堵漏技术需满足以下四个方面的要求：
（1）与油基钻井液具有相容性，本体和部分混浆均具备固结能力。
（2）材料粒度较细，便于进入各类漏层，避免封门现象。
（3）固结堵漏浆具有良好的触变性，提高漏层驻留能力。
（4）通过滤失堆积或浆体固结等方式将漏失通道和驻留段塞固结为一体，实现整体固结，彻底隔断井筒与漏失通道深部的这两套压力系统，解决漏失问题。

4 固结堵漏剂研发与评价

固结堵漏浆从配浆、入井、进入漏层、起钻、固结到扫塞整个环节需要对浆体的流变性、稠化时间、驻留能力和固结封堵强度等方面提出要求，对整体配方进行设计。固结堵漏浆发生固结的关键是具有活性的固结材料，缓凝剂用于控制各种温度条件下稠化时间，分散剂用于调节流型易于泵送，驻留剂提高固结堵漏浆的触变性和驻留能力，通过对各组分的优选与评价，确定了固结堵漏剂的配方由固结材料、缓凝剂、分散剂、驻留剂等组成。

4.1 固结强度

通过调整固结堵漏浆的水灰比，可以控制固结堵漏浆的密度、稠度和固结强度。水灰比低时可采用膨润土浆配浆，保证悬浮性，水灰比高时(如1:1.5和1:1.7)配浆时添加了少量分散剂，保证流动性。水灰比对固结堵漏浆性能的影响实验结果见表1。

表1 水灰比对固结堵漏浆性能的影响

序号	水灰比	密度(g/cm³)	稠化时间(h)	抗压强度(MPa)
1	1:1.0	1.46	1.5	6.5
2	1:1.2	1.52	1.5	9.9
3	1:1.4	1.58	1.5	10.5
4	1:1.5	1.60	2.0	12.8
5	1:1.7	1.66	2.0	15.3

注：水浴温度70℃，常压养护24h，未加缓凝剂。

由实验结果可知，随着水灰比的增加，固结堵漏浆的密度有所增加，固结体的抗压强度大幅提高，考虑到堵漏对固结体强度的要求，推荐水灰比为1:1.2~1:1.7。

4.2 稠化时间

缓凝剂可以推迟固结堵漏剂发生胶凝反应，从而延长固结堵漏浆的稠化时间，使固结堵漏浆在一定时间内保持塑性流动状态，有利于泵送入井顶替到位，保证整个作业环节井下安全，同时对固结堵漏浆各项性能不会造成不良影响。为确保现场使用的便捷性、漏层温度环境和缓凝效果，确定采用两种有机类缓凝剂作为固结堵漏浆的缓凝剂，达到保证施工安全的要求，使用条件及加量见表2。

表2 缓凝剂性能范围

性能	中低温缓凝剂A	中高温缓凝剂B
适用温度(℃)	40~100	90~150
加量(%)	0.1~1.2	0.1~3.0
稠化时间(h)	3~8	3~8

4.3 油基钻井液相容性

现场作业环节，固结堵漏浆要达到漏层，需先与油基钻井液接触，注替过程中混浆段的流动度、稠化时间以及固结后抗压强度会发生变化，为保证安全性，混浆段的稠化时间不应明显缩短，不能出现闪凝现象，以免发生安全事故(图1)。固结堵漏浆水灰比为1:1.5，油基钻井液密度为1.85g/cm³，混浆后表观黏度、稠化时间及固结强度见表3。

图1 固结效果图

表 3　油基钻井液混浆性能测试

混浆比例 （固结浆体积∶钻井液体积）	表观黏度 （mPa·s）	稠化时间 （h）	抗压强度 （MPa）
10∶0	50	2	11.5
9∶1	56	4	9.6
8∶2	64	6	6.4
7∶3	73	8	4.0
6∶4	85	—	—
5∶5	—	—	—

　　固结堵漏浆与油基钻井液混浆，会逐渐变稠，稠化时间延长，抗压强度降低，油基钻井液混浆比例控制在 7∶3，依然具有一定的固结强度。混浆后不会出现稠化时间缩短的现象，安全性可以得到保障。当混浆达到一定比例后，固结堵漏浆无法固结，抗压强度无法保障，因此为提高现场堵漏成功率，设计施工时应尽量减少混浆井段，保证尽量纯的固结堵漏浆在漏层固结。水泥浆自身固结效果很好，养护 24h 抗压强度达到 13.5MPa，可是一旦混入油基钻井液，则完全不能固结。

4.4　驻留能力

　　驻留材料提供两种作用：（1）提供固结堵漏浆较高的触变性，流动时阻力较小便于泵送以及进入漏层，静置一段时间后，内部形成结构，不易于流动，提高在漏层驻留的能力。（2）接触漏层后，驻留剂通过滤失堆积有助于固结堵漏浆在漏层中形成高浓度段塞，提高固结段塞的强度。

4.5　岩心胶结强度

　　固结堵漏浆如果不能与油浸的漏失通道界面固结为一体的话，仅依靠自身固结不足以将漏失通道完全封堵，极有可能沿着裂缝界面发生复漏，因此必须验证固结堵漏浆与油浸的漏失通道界面的胶结强度。评价方法如下：取两根外表光洁的岩心，分别浸泡在柴油和清水中 24h，待岩心饱和后将岩心插入固结堵漏浆中，并置于 70℃水浴中养护 24h，待固结后取出并在压力试验机上挤压岩心，将岩心从固结体中推出，测试其抗剪切强度，实验结果见表 4 和图 2。

图 2　固结堵漏浆与岩心固结

表 4　抗剪切实验数据

性能	水基浸泡岩心	油基浸泡岩心
抗剪切强度（MPa）	7.5	4.6

　　柴油浸泡的岩心与固结堵漏浆可以胶结为一整体，虽然将其推出的抗剪切强度较水浸泡的岩心抗剪切强度有所降低，但依然达到了 4.6MPa，如果考虑到地层中的漏层漏失界面的粗糙程度，抗剪切能力应该更高。实验表明油基钻井液固结堵漏技术可以适用于油基钻井液浸泡的地层。

4.6 突破压力

固结堵漏浆封堵漏层后，需要具备足够的封堵强度，才能保证在随后的钻进过程中不发生复漏或由于密度的提高而造成交界面的分离。为此开展了封堵层突破压力的测试，突破压力是指流体开始穿越、突破封堵层时的排替压力。室内配制不同水灰比的固结堵浆，放入19mm钢管中于70℃养护24h固结形成封堵层，再采用岩心夹持器，使用清水作为介质测试其突破压力，时间结果见表5。

表5　突破压力测试

序号	水灰比	突破压力（MPa）	序号	水灰比	突破压力（MPa）
1	1∶1.5	>25	3	1∶2.0	>25
2	1∶1.8	>25			

实验结果表明，固结堵漏浆水灰比达到1∶1.5，即可保证清水的突破压力大于25MPa，考虑到井内流体为含有各类固相的钻井液，所需的突破压力更高，因此可以确定固结堵漏浆固结后可以满足致密封堵漏层的现场要求。

总体来看，固结堵漏技术具有以下特点：（1）具有密度可调。根据现场漏失压力计算，通过水灰比的调整，可将固结堵漏浆的密度控制在1.4~1.8g/cm³，减少井底压差，利于固结堵漏浆在漏失通道中的驻留。（2）固结强度高。井底温度40~150℃，养护24h，固结体抗压强度大于8MPa，满足堵漏及承压堵漏作业要求。（3）漏层驻留性强。通过固结剂和驻留剂的共同作用，固结堵漏浆触变性较高，静置情况下具有明显的结构强度。（4）稠化时间可控。通过缓凝剂的调整可将稠化时间控制在1~8h之间，保证各种工况下的安全施工。（5）抗污染能力强。可将油基钻井液、油基钻井液浸润的井壁和漏层表面以及固结剂固结为一整体，抗压强度大于4MPa，基本不受油基钻井液污染影响。（6）施工工艺简便。无需配制隔离液，减少施工环节，使用水泥泵车和灰罐车配制固结堵漏浆，浆体全部入井，减轻损耗量和劳动强度。

5　现场应用

油基钻井液用固结堵漏技术在焦石坝、长宁、荣自泸等工区累计应用于油基钻井液堵漏34井次，堵漏一次成功率73.5%。

5.1　堵漏工艺

5.1.1　固结堵漏浆配制工艺

（1）配方：清水+（0.1%~3.0%）缓凝剂+（1∶1.2~1∶1.7）固结堵漏剂。

（2）固结堵漏浆性能要求：水灰比1∶1.4~1∶1.6，密度1.50~1.65g/cm³。缓凝剂根据漏层温度、堵漏工艺及稠化时间确定，如采取关井平推工艺，稠化时间控制在4~6h，如采取替平起钻工艺，稠化时间控制在6~8h。

5.1.2　固结堵漏现场施工工艺

（1）关井平推工艺：将钻具放在套管鞋以内，堵漏浆出钻具前关井，利用压力将固结堵漏浆挤入漏层，并将堵漏浆液面推至预定位置的堵漏方式。

（2）平衡起钻挤注工艺：钻具放在漏层以上的安全井段，固结堵漏浆出钻具后上返至环空，钻杆内外替平并保证钻杆内液柱压力高于钻杆外部液柱压力，起钻至堵漏浆液面以上安全井段，关井挤堵，将堵漏浆挤入漏层，并将堵漏浆液面推至预定位置的堵漏方式。

5.2 井例

5.2.1 焦页203-2HF

（1）漏失情况。焦页203-2HF是重庆南川区块的一口开发井，二开套管下至小河坝组顶部3308.91m，自三开钻至3312.44m时发生第一次漏失（漏速50m^3/h，油基钻井液密度1.31g/cm^3），到钻至4748m期间，在上部小河坝地层3308~3410m采用桥塞堵漏剂并配合水泥浆反复漏失高达10次，堵漏耗时约60d，井队采用复合堵漏剂、随钻堵漏剂、刚性堵漏剂等常用水基钻井液堵漏剂配制桥浆并配合常规水泥堵漏10次，仅堵漏耗时约60d，累计漏失油基钻井液1200m^3，由于长时间处理漏失未成功造成上漏下塌，最后决定打水泥塞侧钻，损失进尺1168m。

（2）现场堵漏情况。分析井漏原因为小河坝组地层承压能力差，无法满足龙一段水平段钻井液密度施工要求，反复施工导致小河坝组地层漏失程度加剧。鉴于小河坝井段漏失井段长，漏失层位多，漏失量大的实际情况为保证侧钻后钻进过程中井下安全，需将三开小河坝地层承压能力提高至1.69。决定采取分段固结堵漏方案，根据每次固结堵漏后的效果决定下一步措施，直至将该井段彻底封堵成功，达到承压当量密度1.69g/cm^3的效果（表6）。

表6 焦页203-2HF井固结堵漏应用效果统计表

序号	工艺措施	堵漏浆量（m^3）	效果	备注
1	关井平推	15.7	封固3308~3400m井段，扫塞未漏失	分段固结
2	关井平推	16.4	封固3308~3443m井段，扫塞未漏失	分段固结
3	关井平推	20.4	提小河坝承压系数至1.69	承压成功

经过先后三次固结堵漏施工，提升小河坝底部当量密度1.69g/cm^3，控时侧钻至3596m未发生漏失，承压堵漏成功，恢复正常施工。该井钻至井深5757m顺利完钻，期间经固结堵漏处理过的井段未发生复漏，整个钻进过程也未发生漏失。

5.2.2 宁209H21-4井

（1）漏失情况。宁209H21-4井是长宁页岩气示范区的一口页岩气丛式水平井，二开套管下至韩家店组顶部2250m。三开自2255.17m至井深3159.45m共发生8次井漏。其中韩家店组2次（2255.17m、2300.15m）、石牛栏组4次（2758m、2901.48m、2920m、2955m）、龙马溪组2次（3012m、3142m），漏速一般在1~2.5m^3/h之间。其中在韩家店组2255.17m和2300.15m分别漏失密度1.55g/cm^3油基钻井液37m^3和20m^3，桥堵后恢复钻进。继续钻进至3159.45m发生溢流，节流压井，密度由1.89g/cm^3提至2.16g/cm^3，漏速增大到8~10m^3/h，桥塞堵漏三次，水泥浆堵漏一次，均未成功。循环钻井液，开泵漏失13m^3，停泵返吐9m^3。

（2）现场堵漏情况。分析漏失原因为该井溢漏同存，压井提密度导致上部地层漏失，套管鞋附近发生漏失可能性最大，决定采用固结堵漏技术处理2250~2650m井段。施工过程：光钻杆起钻到2040m（套管鞋内210m），采用关井平推工艺，泵入固结堵漏浆21m^3，稠化时间控制在6h，套压最高9MPa，稳压7.5MPa，关井候凝12h，套压降至5.5MPa。候凝24h后下钻扫塞，塞面2150m，塞底2380m（确定漏层韩家店组），采用大排量循环无漏失，停泵高架槽断流，无返吐，堵漏成功并恢复钻进。

5.2.3 泸203H58-4井

（1）漏失情况。泸203H58-4井是泸州区块川南低褶带阳高寺构造群福集向斜构造布置的一口开发井，该井三开套管下深2831m，采用油基钻井液密度2.1g/cm³钻至3010m（韩家店组），按设计要求四开钻穿栖霞组后做地层承压达2.25g/cm³，合格后方可继续钻进，其中2936.36~2983m栖霞组石灰岩地层经8次桥堵，3次水泥浆承压堵漏用时近一个月仍未达设计要求，累计漏失301.3m³。

（2）现场堵漏情况。调研邻井栖霞组未发生反复漏失现象，该井2936.62~2983m栖霞组井段多次发生漏失，推测该井段多次漏失为单点复漏可能性较大，决定对该井段实施固结堵漏提高地层承压能力。施工过程：光钻杆下至2800m，采用平衡起钻挤堵工艺，泵入固结堵漏浆17.3m³，替浆9.4m³，起钻至2512m，关井挤注16.3m³，套压最高5.6MPa，稳压5MPa，候凝24h，探塞塞面2793m，扫塞至塞底2902m，做地层承压能力实验，堵漏一次成功，将栖霞组漏失井段承压提至2.25g/cm³，满足安全钻进需要，至完钻未复漏。

6 结论

（1）对于油基钻井液堵漏，常规桥塞堵漏材料难以驻留、容易复漏，水泥浆受油基钻井液污染难以固结，堵漏成功率较低。

（2）研发的固结堵漏技术适用于油基钻井液堵漏，固结堵漏浆与油基钻井液具有良好的配伍和相容性，固结体抗压强度大于10MPa，混入30%油基钻井液抗压强度大于4MPa，突破压力大于25MPa。

（3）针对油基钻井液漏失特点，优化现场施工工艺，提高堵漏成功率。

（4）油基钻井液用固结堵漏技术对于单点漏失和承压堵漏均能起到很好的堵漏效果，无复漏情况发生，有效降低钻井复杂时效和钻井综合成本。

参 考 文 献

[1] 王中华. 国内页岩气开采技术进展[J]. 中外能源，2013，18（2）：23-32.

油气层保护技术研究与应用

渤中19-6气田高温钻井液优化
及潜山储层保护技术研究

高 健 邢希金 幸雪松

（中海油研究总院有限责任公司）

【摘 要】 渤中19-6气田潜山储层钻井过程中，钻井液侵入将造成严重的储层伤害难题，储层高温对钻井液的性能提出了更高的要求。笔者通过岩心分析技术、岩心流动实验等系统分析了渤中19-6气田潜山储层主要损害机理，统计并分析了现场钻井液存在的技术难题，优化出具有良好性能的高温潜山储层保护钻井液。研究结果表明，渤中19-6气田潜山储层黏土矿物含量为4%~6%，平均孔喉半径为0.0217μm；储层岩石整体连通性较差，渗透率基本在0.02~5mD之间，孔隙度基本在0.2%~5%，为低孔低渗储层。储层存在强速敏性（临界流速为0.1mL/min）、盐敏性（临界矿化度为265581mg/L）、弱碱敏性（临界pH值为12.0）强酸敏性及中等偏弱应力敏感性（临界应力为2.5MPa）损害；渤中19-6气田潜山储层主要存在储层温度高、钻井液漏失、起下钻阻卡等钻井液技术难题。实验结果表明，优化出的钻井液耐温性能良好，封堵性能良好，能减少固相侵入，削弱水锁效应，储层岩心渗透率恢复值达到86.1%，具有良好的储层保护性能，满足渤中19-6气田潜山储层复杂井段钻进的钻井液技术要求。

【关键词】 潜山储层；储层伤害；钻井液；渤中19-6气田

渤中19-6气田潜山储层具有低孔隙度、低渗透率、孔、洞、缝并存、非均质程度较高的双重介质特点，储层钻井过程中容易造成储层伤害[1,2]。由于潜山储层孔喉狭窄且微裂缝发育，存在明显的毛管力自吸效应，当钻井流体在正压差下打开储层时，水基液会迅速侵入并充满井眼周围的裂缝网络，造成液相滞留效应，降低储层渗透率；同时，钻进过程中的钻井液固相颗粒、钻屑或地层颗粒很容易堵塞储层，导致后期储层压裂改造困难，严重影响单井产能[3-5]。针对渤中19-6气田钻探过程中存在的储层保护技术难题，开展了储层损害机理及保护钻井液技术研究。

1 渤中19-6气田潜山储层损害机理

1.1 岩石组成

渤中19-6气田太古界潜山地层岩样XRD分析测试表明，岩石组成矿物中长石含量最高，为60%~64%，石英次之，为21%~27%，白云石含量为5%~8%，黏土矿物含量在4%~6%之间，铁白云石、方解石含量较低；渤中19-6气田太古界潜山地层岩样的黏土矿

基金项目：本文为科技项目"渤中19-6凝析气田开发钻完井关键技术研究及应用I"（YXKY-2020-TJ-03）部分研究成果。

作者简介：高健，油田化学助理工程师，1994年生，毕业于中国石油大学（华东）油气井工程专业，主要从事钻井液与完井液技术研究工作。电话：15763949076；E-mail：gaojian18@cnooc.com.cn。

物成分中，伊利石含量最高，为51%~71%，伊/蒙间层次之，为22%~35%，绿泥石及高岭石含量较少。储层敏感性矿物易引起不同类型的敏感性损害。其中伊利石、高岭石易引起储层速敏性损害，绿泥石、菱铁矿、铁白云石及方解石易引起储层酸敏性损害，伊/蒙间层易吸水膨胀、脱落，运移后堵塞喉道，潜在速敏性、酸敏性及水敏性损害[6,7]。

1.2 岩石微观结构及孔渗性质分析

1.2.1 微观结构

渤中19-6气田潜山储层岩样扫描电镜分析结果表明(图1)，储层岩石胶结致密，发育有微裂缝及溶蚀孔隙。岩石孔隙类型以粒间孔隙为主，是储集层的主要储集空间；岩石孔喉细小，内部填充有方解石及有机质。

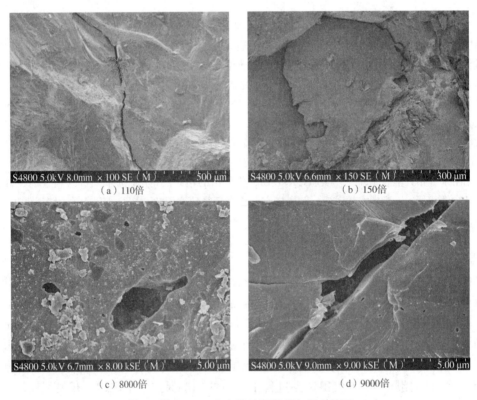

(a) 110倍 (b) 150倍

(c) 8000倍 (d) 9000倍

图1　渤中19-6太古界储层岩样扫描电镜图

利用岩石薄片观察可以得出(图2)，渤中19-6气田潜山储层岩石主要由石英、斜长石、角闪石及黑云母组成；石英具加大边，波状消光，斜长石黏土化严重，角闪石局部富集。黑云母绿泥石化，局部被溶蚀，石英、斜长石裂纹发育；裂隙和溶蚀孔含有机质。

1.2.2 孔渗性质

利用气测渗透率仪与压汞仪测定渤中19-6气田潜山储层岩石渗透率及毛细管压力曲线，分析岩石渗透率、孔喉大小及分布的系列特征参数，可知岩样渗透率分别为0.57mD，最大孔喉半径0.1438μm，平均孔喉半径为0.0217μm，均质系数0.1511，该岩心具有低孔低渗特性，对渗透率具有贡献的孔径分布在0.036~0.1μm。

1.3 敏感性

参考SY/T 5358—2010《储层敏感性流动实验评价方法》，通过岩心流动实验对目标储层

（a）单偏光   （b）正交偏光

图2 渤中19-6太古界储层岩样薄片分析图

岩样进行敏感性分析。结果表明，储层岩样具有强速敏性，临界流速为 0.1cm³/min；水敏损害程度较弱；具有一定的盐敏性，在矿化度超过 265581mg/L 后，渗透率明显降低；具有弱碱敏性，临界 pH 值 12；酸敏损害程度为强酸敏；存在中等偏弱应力敏感损害，临界应力为 2.5MPa。

1.4　储层损害机理

根据储层岩心和敏感性分析，揭示渤中19-6气田太古界储层损害机理。

（1）微裂缝发育导致的固相侵入损害。

储层岩心发育有不同尺度的微裂缝，钻井工作液中固相含量粒度较小时，会导致体系中的固相颗粒侵入地层裂缝中，堵塞储层的油气运移通道。

（2）微裂缝内颗粒胶结疏松导致的速敏性损害。

由于岩心孔喉致密，地层发育的微裂缝成为主要的渗流通道，裂缝相对于致密的孔隙，具有较大的变形空间，且裂缝内颗粒胶结较为疏松，当储层受到较大的应力差时，裂缝内胶结疏松的微粒发生运移，从而产生速敏性。

（3）低孔低渗储层孔喉尺寸小造成的水锁损害。

渤中19-6气田储层为低孔低渗储层，初始含水饱和度较小，甚至常常小于束缚水含水饱和度，此时储层孔隙处于亚束缚水状态，毛细管力处于欠平衡状态，具有很强的毛管自吸趋势，容易造成水锁损害。

2　钻井液主要技术难点

渤中19-6气田潜山储层主力产层主要集中于太古界，主要为灰色片麻岩，属于典型的低孔低渗储层；常规井储层垂深 4680m，储层温度约 171℃，A3 井储层垂深 5500m，储层温度高达 214℃，为高温储层，高含二氧化碳且含硫化氢。基于前期完钻的井，统计出存在的主要钻井复杂情况。基于渤中19-6气田潜山储层主要损害机理与现场钻井复杂情况可知，该储层钻井液技术难点主要为以下三个方面。

2.1　高温

太古界地层条件为高温，钻井液处理剂易在高温作用下失效，造成钻井液流变性、滤失造壁性等性能不稳定，引起钻井复杂情况。

2.2 钻井液漏失

太古界地层发育有宏观裂缝、基质微裂缝、基质溶蚀孔隙，具有双孔介质特征。裂缝的存在也极大降低了地层承压能力，当液柱压力大于地层孔隙压力或者地层破裂压力时，易引起地层破裂、天然裂缝及诱导裂缝进一步延伸，造成钻井液漏失。

2.3 起下钻遇阻

太古界地层发育有微孔隙或裂缝，为钻井液滤液侵入提供了通道。当钻井液抑制性、封堵或滤失造壁性不足时，可能导致钻井液滤液侵入地层，使黏土矿物水化膨胀、分散，引起井径不规则或岩石脱落掉块等，造成起下钻遇阻。

3 储层保护钻井液优化及评价

3.1 保护储层的钻井液优化

针对储层段高温及裂缝发育的特点，在优化构建抗温 170℃ 及 210℃ 储层保护钻井液体系时，采用水基聚磺钻井液体系，可满足抗温性及封堵造壁性的要求。

3.1.1 暂堵剂设计

由于渤中 19-6 气田潜山储层孔喉致密，发育的微裂缝是主要的渗流通道，根据 SEM 分析可知，微裂缝开度在 20μm 左右。因此，结合 D90 准则，对暂堵剂粒度分布进行优选(图 3、图 4)。

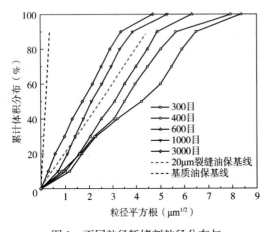

图 3　不同粒径暂堵剂粒径分布与
油保基线关系图

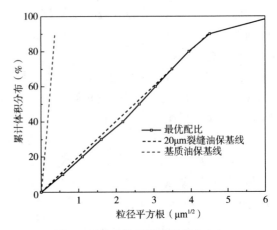

图 4　最优配比暂堵剂粒径分布与
油保基线关系图

D90 规则在理想充填理论的基础上，提出当暂堵剂颗粒在其粒径累积分布曲线上的 D90 值与储层的最大孔喉直径或最大裂缝宽度相等时，可取得理想的暂堵效果。将压汞分析得到的最大孔喉直径平均值作为 D90，做出其与原点的连线作为油保基线[8,9]。

优化暂堵剂粒径分布(400 目∶3000 目＝3∶1)在微裂缝油保基线右侧，且较为接近，说明暂堵剂可对储层微裂缝形成理想充填，具有较好的暂堵效果。

3.1.2 防水锁剂优选

目前对于水锁效应伤害抑制技术的研究，主要集中在表面活性剂对表/界面张力的影响，从而消除毛细管力对水相的束缚，缓解水锁损害。

基于毛细管压力，探究在解水锁剂条件下，对岩心渗透率的影响，以此评价水锁伤害抑制效果。毛细管力公式如式(1)所示。

$$p_c = \frac{2\sigma\cos\theta}{r} \tag{1}$$

式中：p_c 为毛细管压力，MPa；r 为毛细管半径，μm；σ 为气水界面张力，mN/m。

因此，可用 $\sigma\cos\theta$ 值大小评价体系的防水锁性能。$\sigma\cos\theta$ 值越小，形成的毛细管力越小，造成水锁损害的程度越轻。

配制质量浓度为 0.5% 的不同防水锁剂溶液进行 210℃/16h 热滚，热滚后，利用表面张力测量仪测量不同防水锁剂溶液的表面张力值。不同防水锁剂的 $\sigma\cos\theta$ 值见表 1。

表 1　不同防水锁剂的 $\sigma\cos\theta$ 值

防水锁剂	接触角(°)	表面张力(mN/m)	$\sigma\cos\theta$(mN/m)
SDFS-1	38.23	24.5	18.89
PF-SATRO	44.45	27.7	19.77
TGF-1	46.31	16.6	11.46
吐温 80	35.57	34.2	27.82
有机硅	44.54	22.6	16.11
OP-10	30.12	28.6	24.74

由实验结果可知，防水锁剂 TGF-1、SDFS-1 和有机硅具有较低的 $\sigma\cos\theta$ 值，但防水锁剂 TGF-1 起泡严重，影响钻井液性能；有机硅成本过高，因此，优选 SDFS-1 为防水锁剂。

3.1.3　水基聚磺钻井液体系配方构建

通过单剂优选，优选出的各类性能较优的处理剂。选用膨润土与 Viscal 土复配来配制体系的基浆，这样可以兼顾两者的特性互补，形成滤失性能好、高温稳定性好的基浆。磺化酚醛树脂与磺化褐煤树脂组合优选为 SD101 与 SD201，封堵防塌剂优选为 FT-1，聚合物类降滤失剂优选为 FA367 与 DSP-2 组合，高温稳定剂优选为 Na_2SO_3，除硫剂优选为碱式碳酸锌。优化构建了适合渤中 19-6 气田储层段抗 210℃ 的钻井液配方：2%Viscal 土基浆+1%膨润土浆+0.15%NaOH+0.3%Na_2CO_3+0.35%FA367+0.35%HPL-3+1.0%DSP-2+7%SD101+7%SD201+7%FT-1+10%超钙(400 目∶3000 目=3∶1)+2%Na_2SO_3+0.3%碱式碳酸锌+0.5%SDFS-1+HCOOK(加重至 1.27g/cm³)。

3.2　储层保护钻井液性能评价

3.2.1　基本性能

由表 2 可知，储层保护钻井液黏度、切力适中，老化前后流变性稳定；滤失量较小，封堵性能良好；润滑系数较小，具有良好的润滑性。

由实验结果可知，该配方抗温达 210℃，170℃/16h 及 210℃/16h 热滚后具有抗 10% NaCl、抗 1.0%$CaCl_2$、抗 8% 劣土、抗 4%CO_2 及 4%H_2S 污染的能力。在 170℃ 及 210℃ 热滚条件下稳定时间达 48h 以上。

表 2　储层段优化后钻开液流变性及滤失性评价结果

条件	AV （mPa·s）	PV （mPa·s）	YP （Pa）	Gel （Pa/Pa）	FL_{API} （mL）	FL_{HTHP} （mL）	pH 值	K_f
热滚前	53.5	48	5.5	3.5/11.5	1.6		9	—
170℃/16h 热滚后	29	24	5	1/3.5	1.0	12	9	0.1081
210℃/16h 热滚后	67	60	7	2/5	4.2	15	9	0.0553

注：高温高压滤失量测试条件为 150℃/3.5MPa。

3.2.2 储层保护性能

（1）防水锁性。

选取 3 块尺寸及孔渗特征相近的渤中 19-6 气藏潜山储层岩心作为测试岩样，利用岩心自吸实验剂润湿性测试评价保护储层的钻井液防水锁性能，实验结果见表 3。

表 3　渤中 19-6 气藏潜山储层岩心自吸滤液实验结果

待测试液	表面张力（mN·m）	接触角（°）	自吸液质量（g）
模拟地层水	75.2	40.4	1.17
170℃/16h 热滚后保护储层钻井液滤液	29.5	64.2	0.51
210℃/16h 热滚后保护储层钻井液滤液	34.8	56.6	0.70

注：自吸液质量为 12h 测定。

由表 3 可知，渤中 19-6 气藏潜山储层保护钻井液有较好的防水锁效果。由于钻井液中添加有 0.5% 的 SDFS-1 防水锁剂，可有效降低钻井液滤液的表面张力，并与滤液中溶解的聚合物处理剂协同改变岩心表面润湿性，大幅降低入侵滤液的毛管力，削弱储层水锁损害。

（2）渗透率恢复值。

选取尺寸及孔渗特征相近的渤中 19-6 气田潜山储层岩样作为测试岩样，利用钻井液动态污染仪模拟地层条件下钻井液对储层岩心的伤害程度，实验结果见表 4。可以看出，由于储层保护钻井液可形成的滤饼较为致密，滤失量低，滤液表面张力小，固相颗粒难以侵入岩心，岩心污染后渗透率恢复值大于 86%，表皮系数均小于 0.17，表明储层保护钻井液具有良好的储层保护效果。

表 4　钻井液动态污染实验结果

入井流体	井深	K_1（mD）	K_2（mD）	L_t（cm）	S	R_{sw}（%）
170℃/16h 热滚后保护储层钻井液	4679.00	0.0417	0.0360	9.12	0.145	86.33
210℃/16h 热滚后保护储层钻井液	4678.06	0.0792	0.0682	9.42	0.166	86.11

注：污染条件为 90℃、3.5MPa、2h。

4　现场应用

室内优化的储层保护钻井液体系目前已在渤中 19-6 气田现场应用了 2 口井。钻井过程中，16in 井段使用海水膨润土浆钻进，12¼in 井段使用改进型 PEC 钻井液体系钻进，8½in 井段使用 PEM 钻井液体系钻进，6in 井段使用优化的保护储层钻井液体系钻进。表 5 为 2 口井的钻井液性能参数。该体系在现场应用中较为顺利，表现出了抗高温、抗污染、井眼清洗效果好、流变性稳定等优点。该体系将继续在我国渤海高温潜山气层中进行推广应用。

表5 渤中19-6气田2口井6in井段保护储层钻井液性能

井号	深度（m）	密度（g/cm³）	漏斗黏度（s）	PV（mPa·s）	YP（Pa）	切力（Pa/Pa）	FL_{HTHP}（mL）
1#	4512~5079	1.10~1.13	44~46	15~17	11~15	(6~8)/(8~10)	11~12
2#	4638~5500	1.12~1.15	43~48	13~18	13~14.5	(3.5~5)/(6~8)	12~13

5 结论

(1) 渤中19-6气田潜山储层黏土矿物含量为4%~6%，平均孔喉半径为0.0217μm；储层岩石整体连通性较差，渗透率基本在0.02~5mD之间，孔隙度基本在0.2%~5%，为低孔低渗储层。储层存在强速敏性、盐敏性、弱碱敏性强酸敏性及中等偏弱应力敏感性损害。

(2) 渤中19-6气田潜山储层非均质性严重，岩性特殊，钻进过程中易出现储层损害、钻井液漏失、起下钻阻卡等井下复杂情况；地层条件为高温，对钻井液性能要求较高。

(3) 渤中19-6气田潜山储层保护钻井液流变性及封堵性能良好，可降低储层水锁损害，岩心渗透率恢复值高，满足现场复杂层段钻井液钻进技术要求，具有良好的储层保护性能。

参 考 文 献

[1] 李玉光，曹砚锋，何保生. 潜山储层损害因素分析及钻井液技术对策探讨——以渤中28-1、涠洲6-1油田及锦州25-1S油气田为例[J]. 中国海上油气，2005，17(6)：403-407.

[2] GENG JIAOJIAO, YAN JIENIAN, LI ZHIYONG, et al. Mechanisms and prevention of damage for formations with low-porosity and low-permeability[C]. SPE 130961, 2010.

[3] 舒勇，鄢捷年. 低渗裂缝性碳酸盐岩储层应力敏感性评价及保护技术研究——以塔里木盆地奥陶系古潜山油气藏为例[J]. 中国海上油气，2009，21(2)：124-126.

[4] 董兵强，邱正松，陆朝晖，等. 临兴区块致密砂岩气储层损害机理及钻井液优化[J]. 钻井液与完井液，2018，35(6)：65-70.

[5] 黄维安，雷明，滕学清，等. 致密砂岩气藏损害机理及低损害钻井液优化[J]. 钻井液与完井液，2018，35(4)：37-42.

[6] 曾大乾，李淑贞. 中国低渗透砂岩储层类型及地质特征[J]. 石油学报，1994，15(1).

[7] Civan F. Reservoir formation damage[M]. U.S.：Gulf Professional Publishing，2015.

[8] TaoYongjin Y J, Guohui Y. Techniques of formation protection and optimal-fast drilling of well kun-2[J]. China Petroleum Exploration，2006(6)：77-84，131.

[9] 张凤英，鄢捷年，杨光，等. 理想充填暂堵新方法在吐哈丘东低渗透气田的应用[J]. 钻采工艺，2009，32(6)：88-90.

低渗储层自降解聚膜修井液适用性研究

马双政[1]　张耀元[1]　王冠翔[1]　元平南[1]　陈金定[1]　黄　云[1]

陈小娟[1]　苑玉静[2]　钟鸿鹏[1]　周广巍[1]

(1. 中海油能源发展股份有限公司工程技术分公司;

2. 中海石油(中国)有限公司天津分公司)

【摘　要】　南海西部某油气田属低渗油田,地质储量大开发前景广阔。随着开发时间的延长,修井作业越发频繁,现有修井液使用后产量欠佳。目前海上所用修井液难以满足要求,主要问题:隐形酸完井液修井后,漏失严重导致频繁欠载无产出;PRD 钻开液修井后,因难以破胶,导致产量下降,甚至无产出。从储层损害因素分析入手,针对海上油气田现用修井液体系封堵性能不足、封堵后难以自行解堵、储层保护性能较差等问题,利用自降解和聚膜的方法,构建与海上低渗储层配伍性良好的修井液体系,实现修井液的"自降解、超低损害"。评价表明低渗储层自降解聚膜修井液封堵率高达 98%,120℃,104h 降解率可达到 81%,渗透率恢复值高于 92%。该体系在低渗储层修井作业中,具有较大的应用前景。

【关键词】　低渗储层;自降解;修井液;聚膜

南海西部某区块探明低渗地质储量 $14682×10^4m^3$,约占总量的 30%,开发前景广阔。生产一段时间后,因诸多因素需要进行修井作业。该油气田进行修井作业的区块主要为中孔低渗,特低渗为主,地层孔喉较小,连通性差。矿物含量分析表明,该区域地层以伊利石为主,并夹杂伊/蒙混层,同时含有一定绿泥石,敏感性评价表明,储层存在强水敏,中等偏强速敏,较强水锁损害。修井液是修井作业顺利完成的重要保障,目前该区块所用修井液仍沿用钻完井时期的隐形酸完井液和 PRD 钻开液。然而随着油气田的持续开发,地质气藏条件发生变化,导致现有修井液体系适用性变差。使用隐形酸完井液修井后,因修井液封堵性不足,导致大量漏失,导致油井欠载无产出。使用 PRD 钻开液修井液后,因形成堵塞,导致下部产层无产出,产量大幅下降。针对该区块修井液特点,通过室内实验,优选出能够有效在岩石表面成膜降低滤失、抑制黏土水化膨胀、降低水锁损害的试剂。通过使用现场岩心评价新型自降解聚膜修井液储层保护效果,并对防膨性能、防水锁性能、降解性能、配伍性能进行评价分析[1-8]。

1　现有修井液存在问题

2012 年至 2015 年期间,低渗储层共计修井 18 次,修井后未恢复产能 6 次,其中 X-1 井储层段 80%修井漏失造成低产,X-2 井漏失修井液 $300m^3$,无法正常生产。目前低渗油气

项目基金:广东省软科学研究计划项目"广东省海上高温高压油气藏勘探开发企业重点实验室"(项目编号:2018B030323028)。

作者简介:马双政(1983—),男,工程师,硕士学位,油气井工程专业,现主要从事钻完井液储层保护研究工作。E-mail:mashzh2@cnooc.com.cn。

田修井液主要技术难点包括：

（1）现有隐形酸完井液做修井液封堵性不足，导致储层伤害。

目标油气田地层存在泥岩层理发育，并伴随有构造裂缝，地层岩性存在非均质性，伊/蒙混层含量较高，当使用隐形酸完井液作为修井液时，因该修井液封堵性不足导致大量漏失，滤液进入储层导致不均匀膨胀引发崩裂，造成储层损害，极大地降低油气产量。

（2）现有 PRD 完井液做修井液难降解，进入储层后导致储层伤害。

使用 PRD 完井液作为修井液时，因为其较高的低剪切速率黏度，使其具有较好的封堵能力，虽然可以解决隐形酸完井液封堵性不足的缺点，但 PRD 完井液进入储层后难以排除，且进入地层后的 PRD 完井液自身难以降解，加上该目标区块储层低孔低渗的特点，造成严重的储层损害。

（3）液相侵入导致储层伤害。

目标油气田属于中孔低渗储层，孔喉细小，连通性差，外来工作液进入储层容易形成水锁损害、水敏损害及滤液与地层流体配伍性损害、固相颗粒进入孔喉难以排出，造成渗透率下降。

如何解决修井液封堵、防水锁及后续封堵解除，成了该低渗油气田修井液需要解决的关键问题。

2　自降解聚膜修井液体系构建

为了开发出满足要求的自降解修井液，室内主要从封堵、防水锁、抑制这 3 个方面着手，对其封堵性能、抑制性能、防水锁性能等进行了评价，最终优选出 Z-1 为成膜封堵剂；优选 Y-1 为抑制剂，优选 C-1 改变岩石表面润湿状态降低水锁损害导致的储层伤害的防水锁剂。

2.1　成膜剂 Z-1 降低体系滤失

该区块井底温度可达 120℃，为满足修井液体系在井底时的封堵要求，实验室内用钠膨润土配制密度为 1.03g/cm³ 的基浆，分别加入不同加量的不同成膜剂，包括国外最新成膜材料 FLC2000，国内第二代成膜剂 CMJ-2 以及国内双保无渗透钻井液转换剂 OCL-BST-1，通过其在基浆中高温高压滤失量(120℃，3.5MPa)，评价其封堵性能，最终筛选出 Z-1 试剂。为了准确研究 Z-1 对体系封堵性能的影响，控制体系中另外一重要试剂 C-1 的加量为定值，测定结果如图 1 所示。

从图 1 可以看出，不同成膜剂随着加量增多，滤失量均呈现降低趋势，其中 Z-1 效果最佳，随着 Z-1 加量增大，滤失量不断减小，与不加 Z-1 相比，Z-1 加量为 1% 时其滤失量可降低 46% 左右，当 Z-1 含量达到 6% 时，其滤失量可降低 76%。这表明 Z-1 可显著降低体系滤失量，并可根据实际需求调整 Z-1 的加量。

为进一步验证 Z-1 与钻井液的配伍性能及在岩石上的封堵性能，并确定 Z-1 最佳浓度。实验室对不同 Z-1 加量的钻井液进行了流变及

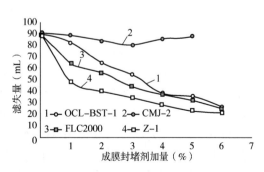

图 1　不同成膜剂不同加量封堵性能评价

岩心滤失性能测试。不同 Z-1 加量对体系性能影响见表 1。

表 1　不同成膜剂 Z-1 加量修井液的性能

Z-1 加量（%）	AV（mPa·s）	PV（mPa·s）	YP（Pa）	pH 值
0	33	23.5	9.5	8
1.0	35	25	10	8
2.0	36	25	11	8
3.0	37	26	11	8
3.5	37	26	11	8
4.0	34.5	24.5	10	8
5.0	35	24.5	10.5	8

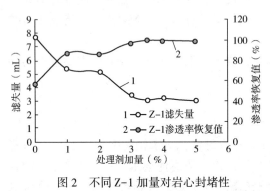

图 2　不同 Z-1 加量对岩心封堵性
及储层保护性能评价

从表 1 可以看出，在保证 C-1 加量一定的条件下，随着 Z-1 加量增大，体系表观黏度和塑性黏度及动切力仅轻微增加，高温高压失水逐渐降低，表明 Z-1 对体系流变性能影响较少。结合图 2 在岩心上的滤失量可以看出，不加 Z-1 的岩心滤失量可达 7.7mL，随着 Z-1 加量增大，滤失量越来越小，当 Z-1 加量为 50% 时，滤失量仅为 3.1mL，且渗透率恢复值达 99%，说明 Z-1 可在岩石表面有效封堵，储层保护效果好；但当 Z-1 加量继续增大时，滤失量及储层保护无明显变化。

2.2　防水锁剂降低低渗储层水锁损害

外来液相流体进入油层孔道后，将储层中的油气推向储层深部，并在油气—水界面形成一个凹向油相的弯液面，产生毛管阻力，当产层能量不能驱开水段塞即发生水锁损害。由于低渗储层的孔隙吼道较细，毛管压力会更高，对流体束缚性强，水锁效应更为明显。为降低水锁损害应尽量降低毛管吸力[9-11]。根据 Laplace 公式毛管吸力 P_r 表示为

$$P_r = \frac{2\sigma\cos\theta}{r} \tag{1}$$

式中：σ 为液体的表面张力；θ 为接触角；r 为毛管半径。

由于储层毛管半径为定值，根据式（1）可知，降低液体表面张力，增大接触角可有效降低毛管吸力，降低水锁损害。为了降低表面张力，对大量物质表面活性剂进行了室内评价，最终筛选出了可有效降低体系表面张力的 C-1 试剂。加入 0.3% C-1 后，表面张力仅为 3.2mN/m。为了进一步评价 C-1 对接触角的影响，并确定 C-1 的最佳浓度。室内使用接触角测量仪测定 C-1 处理前后岩心表面水相接触角。

从图 3 可以看出，当岩心表面未经过处理时，岩心表面水相接触角为 34°，而当岩心经过 C-1 处理过后，岩心表面接触角随着 C-1 的浓度的增加而不断增大，当 C-1 浓度增加到 0.3% 时，岩心表面水相接触，上升达到 150°，说明 C-1 可有效降低液体毛管吸力。

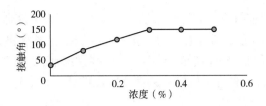

图3 不同浓度 C-1 处理剂处理后岩心表面接触角

为了进一步验证 C-1 试剂的防水锁效果，室内选取不同渗透率的低渗岩心，通过在修井液中加入 0.3% 浓度的 C-1 与不加 C-1 的修井液储层保护性能进行对比评价，结果如图 4 所示。

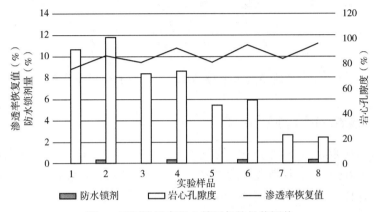

图4 不同渗透率岩心储层保护性能评价

从图 4 可以看出，对于孔隙度接近的岩心，加入 C-1 后的渗透率恢复值均在 85% 以上，且相比不加 C-1 的渗透率恢复值均高 10% 以上；岩心孔隙度越小，加与不加 C-1 渗透率恢复值差值越大，分析认为，孔隙度越小，毛细管吸力越大，更易造成水锁损害，而加入 C-1 后，降低水锁损害的效果就更明显。

2.3 抑制剂降低水敏损害

液相侵入导致的损害，除水锁损害外，地层水敏也是重要因素之一。地层水敏损害主要原因是地层黏土矿物与滤液接触后，发生水化造浆、膨胀，从而导致低渗储层伤害。控制地层水敏损害主要通过添加抑制剂调节体系的抑制性能。室内采用不同种类的抑制剂溶液，考察其对 30% 膨润土的造浆性的抑制能力，经过大量实验最终优选出 Y-1 作为体系的抑制剂(表2)。Y-1 水化后切力为零，均小于其他抑制剂，表明 Y-1 溶液具有良好的抑制膨润土造浆的能力。

表2 不同种类抑制剂对膨润土造浆的抑制

抑制剂种类	$AV(mPa \cdot s)$	$PV(mPa \cdot s)$	$YP(Pa)$	初切(Pa)	终切(Pa)
淡水	>150	—	—	—	—
2%SIAT(国内聚胺产品)	42.5	30	12.5	11	75
2%小阳离子	19	1	18	5.5	3
2%Y-1	5	5	0	0	1

采用不同种类抑制剂进行页岩膨胀性实验，考察其抑制页岩膨胀的能力。分别进行页岩岩屑在清水和2%浓度不同抑制剂溶液中的线膨胀，膨润土在清水和不同浓度的Y-1溶液中的线膨胀，由实验结果可知，Y-1溶液经过4h后，线性膨胀高度仅为1.1mm，明显优于其他抑制剂，表明抑制剂Y-1具有良好抑制膨润土膨胀的能力(图5)。

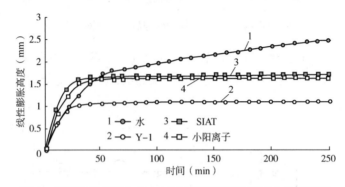

图5 页岩岩屑在清水和2%浓度不同抑制剂溶液中的线膨胀

3 自降解聚膜修井液性能评价

为了验证自降解聚膜修井液的储层保护性能，室内选取现场岩心，评价其污染后渗透率恢复值并与现场PRD修井液和隐形酸修井液对比，同时还对该自降解聚膜修井液抑制性能、封堵性能、防水锁性能、降解性能、配伍性能分别进行评价。

3.1 储层保护性能评价

参考SY/T 6540—2002《钻井液完井液损害油气层室内评价方法》，实验室通过测定污染前后渗透率的变化情况来考察修井液对储层的储层保护性能影响，实验结果见表3。

表3 不同修井液储层保护性能

污染液	编号	井深（m）	孔隙度（%）	污染前渗透率（mD）	污染后渗透率（mD）	渗透恢复值（%）
自降解聚膜修井液	1#	3675.2	15.6	41.58	38.39	92.32
PRD 修井液	2#	3649.0	15.3	37.26	29.17	78.30
隐形酸修井液	3#	3675.2	15.5	47.38	32.73	69.08

从表3可以看出，PRD修井液和隐形酸修井液渗透率恢复值较低。PRD修井液因其较高的低剪切速率黏度难以进入岩心后达到储层保护的目的，但同时也导致其进入岩心内部后难以反排，加上低渗储层孔喉小，从而导致渗透率降低。隐形酸修井液因岩心孔隙度较小，进入岩心后导致水锁等损害从而导致渗透率恢复值较低。所研制的自降解聚膜修井液具有较好的储层保护效果，污染后岩心渗透率恢复值可达92.32%。

3.2 防膨性评价

室内使用页岩膨胀仪，分别评价现场岩屑的清水及修井液体系滤液16h膨胀性。结果显示岩屑线性膨胀修井液滤液比清水提高46.4%，表明自降解聚膜修井液具有良好的防膨性(图6)。

3.3 防水锁性能评价

室内分别测定自降解聚膜修井液处理前后人造岩心对水的渗吸含量。当岩心未经过修井液浸泡时，岩心对水的自然渗吸量在2h内达到2.7mL，而采用修井液浸泡处理过后，岩心对水的自然渗吸量在2h内只有1.41mL，修井液浸泡处理过后，岩心内部孔喉表面润湿性由亲水向疏水转变(图7)。

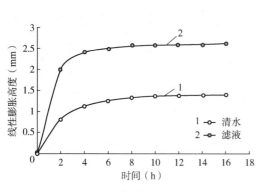

图6 自降解聚膜修井液防膨性评价

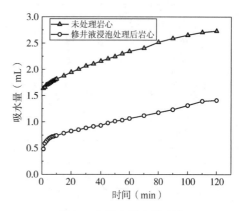

图7 2h岩心吸水量变化

3.4 封堵性能评价

利用高温高压砂床封堵性实验及现场岩心，分别对自降解聚膜修井液的封堵性进行评价。

（1）高温高压砂床封堵性实验。

在高温高压失水仪中加入100目砂样，在120℃条件下，通过评价不同压力砂床10min滤失量来评价自降解聚膜修井液封堵性能(表4)。

表4 自降解修井液砂床封堵实验

承压(MPa)	0.7	1	2	3	4	5	6	7
漏失量(mL)	0	0	0	0	0	0	0	0

经优化的修井液体系在热滚后性能稳定，具有良好的承压封堵性能，100目砂床承压7MPa，漏失量为0mL。

（2）岩心封堵性实验。

选取现场岩心，在0.6MPa压力下，通过压井液测定岩心空白滤失，随后分别替换成自降解聚膜修井液，分别在6MPa、15MPa、22MPa条件下驱替30min，后再将修井液替换为压井液，测量此时岩心的滤失速率，以评价不同修井液的封堵性能。自降解聚膜修井液封堵前后漏失速率由93m/h降至1.8m/h，降低了93%，表明自降解聚膜修井液对岩心具有较好的封堵性能。

3.5 自降解聚膜修井液自降解性能评价

修井液体系中的抗高温增黏剂和成膜剂Z-1中含有高分子聚合物，通过聚合物的网状结构达到增黏提切的作用，维持了修井液体系的悬浮性能和具有膜结构的封堵层。长时间高温条件下，高分子结构链断裂而降解为小分子结构，从而打开储层通道，恢复产能。在

120℃和140℃条件下经过104h后Φ_{600}读数从21降为4和3，降解率分别81.1%和85.7%，表明自降解聚膜修井液具有自降解的能力（表5）。

表5　修井液体系在140℃热滚后性能变化

140℃热滚时间（h）	条件	Φ_{600}	Φ_{300}	Φ_{200}	Φ_{100}	Φ_6	Φ_3	Gel（Pa/Pa）	FL_{API}（mL）
0	滚前	21	13	9	5	2	1	0.5/1	15
16	滚后	19	10	6	3	1	0	0/0.5	15
36	滚后	15	7	5	2	0	0	0/0.5	16
48	滚后	14	7	4	1	0	0	0/0	16
68	滚后	9	4	3	1	0	0	0/0	16
88	滚后	6	3	1	0	0	0	0/0	16
104	滚后	3	1	0	0	0	0	0/0	16

3.6　自降解聚膜修井液配伍性评价

经过浊度仪测定，不同比例混合的修井液滤液和地层水，浊度值见表6。

表6　修井液和地层水的浊度和颜色

地层水：修井液滤液	0：10	1：9	3：7	5：5	7：3	9：1	10：0
浊度	157.6	145.9	108.6	77.5	47.4	15.9	2.1
沉淀情况	黄色半透明，无沉淀	黄色半透明，无沉淀	黄色半透明，无沉淀	黄色透明，无沉淀	淡黄色透明，无沉淀	淡黄色透明，无沉淀	无色透明，无沉淀

修井液滤液和地层水，两两按不同比例混合，浊度没有增加，无沉淀产生，说明修井液体系与地层水之间配伍性良好。

4　结论

（1）低渗储层修井液需同时具有较好的封堵性能、防水锁性能、降解性能。目前低渗储层使用的隐形酸完井液修井液因封堵性不足导致液相损害，特别是低渗储层导致的水锁损害是十分严重的。

（2）室内通过实验方法研制出了一种自降解聚膜修井液。该修井液具有较好的封堵性、防水锁性、抑制性，在120℃长时间放置可自动降解等特点。

（3）室内实验表明，自降解聚膜修井液对低渗储层有较好的储层保护效果，其渗透率恢复值>90%，明显优于PRD修井液和隐形酸修井液。

参　考　文　献

［1］李红梅，鄢捷年，舒勇，等．保护低渗凝析气藏储层的低损害修井液［J］．钻井液与完井液，2010，27（6）：12-15.
［2］何丕祥，胡成亮，熊英，等．多重油层保护修井液研制与应用［J］．非常规油气，2018，8（5）：66-70.
［3］徐国雄，陈华兴，庞铭，等．高渗稠油气田保护储层修井液的研发［J］．气田化学，2018，12（35）：

613-617.

[4] 方培林，白健华，王冬，等.BHXJY-01修井暂堵液体系的研究与应用[J].石油钻采工艺，2012，34(S0)：101-103.

[5] 李蔚萍，向兴金，吴彬，等.东海平湖油气田水凝胶修井液体系的开发与应用[J].中国海上油气，2009，21(2)：120-123.

[6] 卜继勇，谢克姜，车伟林，等.涠洲12-1气田储层保护修井液技术[J].钻井液与完井液，2012，29(3)：51-54.

[7] 舒勇，熊春明，张建军，等.XJPS无固相凝胶修井液的研究及其在低渗裂缝发育储层的应用[J].石油与天然气化工，2011，40(4)：370-375.

[8] Bennion D B，Thomas F B，Ma T. Formation damage processes reducing productivity of low permeability gas reservoirs[J]. SPE 60325.

[9] 李楠楠，李国禄，王海斗，等.表面自由能的计算方法及其对材料性能影响机制的研究现状[J].材料导报，2015，29(11)：30-35，40.

[10] 蒋官澄，倪晓骁，李武泉，等.超双疏自洁高效水基钻井液[J].石油勘探与开发，2020，47(2)：390-398.

[11] 陈洲亮，欧阳传湘.超低渗砂岩储层钻井液损害机理分析及解决办法——以库车北部构造带吐格尔明段为例[J].科学技术与工程，2019，19(35)：166-171.

高密度无固相环保型储层钻开液在蓬莱油田的应用

何　斌　彭三兵　鲁　鹏

（中海油服油田化学事业部塘沽钻完井液业务）

【摘　要】　蓬莱油田位于渤海中南部海域，其主力油层于新近系明化镇组下段和馆陶组，储层岩性为河流相沉积的陆源碎屑岩。伴随着近年来的大规模开采，油田产量下降，同时，由于注水井原因导致地层压力异常，目前在利用现有的资源下，工程上采用水平井开采方式提高采收率，这无疑对钻井液提出了更高的要求。针对蓬莱油田储层特性，采用无固相环保型储层钻开液，通过无机盐和有机盐复配加重，实现了渤海首次使用 $1.42\mathrm{g/cm^3}$ 的高密度裸眼水平段钻井作业，通过搭配颗粒级配技术，形成屏蔽暂堵保护储层，控制较低的固相含量，维持较低的返排压力，储层保护效果优异；该体系首次在蓬莱应用，并达到了预期效果，投产时能达到配产要求，对蓬莱油田群进一步的有效开发提供了技术保障。

【关键词】　无固相；免破胶；屏蔽暂堵；储层保护

渤海蓬莱区块油田主力油层主要位于上第三系地层的馆陶组，受到钻机能力和固控条件的限制，在钻遇泥岩后，泥岩颗粒不能及时清理，被研磨较细，固相颗粒的侵入影响体系的封堵性能，导致地层污染。针对蓬莱区块地层特点结合分析地层孔隙度，针对性地进行室内配伍性评价实验，通过抑制剂的优选和核心封堵材料的合理级配，减弱劣质固相对体系的封堵性能的不利影响，可达到维持较低的返排压力的目的，在蓬莱 MX 井中应用达到了预期效果，该井投产时产能达到配产要求。

1　蓬莱区块储层特点

勘探发现，蓬莱油田储层主要是明化镇组和馆陶组，油田以中、高渗储层分布为主，储层物性好，因此对钻井液的封堵承压以及储层保护要求高。

2　体系介绍

无固相环保型储层钻开液体系是一种可逆弱凝胶体系，它具有流变性能良好、环境友好、易降解、极易返排（无须破胶）和储层保护效果优良等特点，达到了国际同行的相同体系的先进水平。通过封堵颗粒的合理匹配，形成致密性超低渗透率滤饼，使滤液侵入深度浅，约 1mm，减少固液相对储层的伤害；同时，该体系可形成正向强封堵，反向易返排滤饼，返向返排压力为 2psi，可实现免破胶。体系配方中，可溶性盐作为密度调节剂的同时，钻遇泥岩起到抑制泥岩水化分散的作用。

作者简介：何斌，工程师，大学本科，1984 年生，2008 年毕业于西南石油大学应用化学专业，现从事钻完井液技术研究工作。地址：天津市滨海新区海洋高新区海川路 1581 号中海油服产业园分析楼；电话：（022）59552569 \ 18522923842；E-mail：hebin4@ cosl. com. cn。

3 体系性能评价

体系基本配方：$0.2\%Na_2CO_3+0.2\%NaOH+0.4\%$提黏剂$+1.5\%$降滤失剂$+8\%$暂堵剂+可溶性盐加重到所需密度(可溶性盐为氯化钾、氯化钠、甲酸钾甲酸钠等)。

3.1 流变性能评价

无固相环保型储层钻开液体系通过体系分子键间相互缠绕，形成空间网架结构，结构形成与拆散可逆，静切力恢复迅速，黏度随剪切速率的增加而快速降低(图1)，具有很好的静态悬砂能力，动塑比高、具有很好的动态携砂能力，超强的流变性能克服水平井或大斜度井段携砂难、易形成沉砂床的问题，低泵速或静止时有效防止岩屑床的形成。

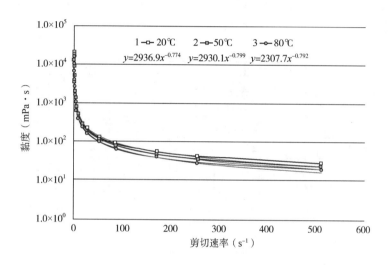

图1 EZFLOW 体系剪切稀释性曲线

3.2 封堵承压及返排实验

目前国内外90%以上的井都是用正压差打开油气层，如果压力预测与实际相差太大，则在钻井液工艺方面就不能针对每口井地层压力情况制订最有效的储层保护方案。

用高密度盐水和甲酸钾复配，同时搭配"粒径级配软件"优选不同尺寸的粒径进行合理的粒径匹配，将基础配方加之$1.42g/cm^3$，进行封堵承压评价(图2)及返排压力测定实验(图3)，有结果可以看出：高密度无固相环保型储层钻开液表现出较好的承压能力，能显著提高地层承压能力，最大承压不小于20MPa，且滤失量少。返排效果较好，最大突破压力为0.691psi，突破后压力下降到0.354psi后，保持稳定。说明滤饼的渗流通道极易打开，就能恢复储层的生产能力，正因为如此，说明体系具有"单向液体开关"的良好性能。

3.3 抗盐加重能力强

室内通过用KCl、高密度盐水和KCOOH分别对体系加重至上限，通过评价其流变和低剪切速率黏度评价抗盐能力。从表1中数据可以看出，体系抗盐能力强，能够通过盐加重实现体系密度在$(1.07\sim1.52g/cm^3)$的调整，满足蓬莱区块异常压力作业要求。

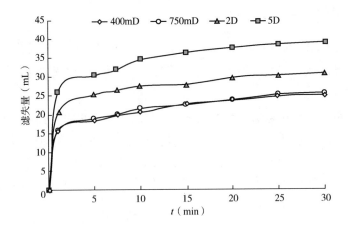

图 2 封堵滤失量曲线图

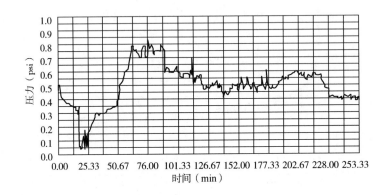

图 3 返排压力曲线图

表 1 体系加重及抗盐能力评价实验

加重剂	密度 （g/cm³）	AV （mPa·s）	PV （mPa·s）	YP （Pa）	Φ_6/Φ_3	$Gel_{10s/10min}$ （Pa/Pa）	$LSRV$ （mPa·s）	pH 值
—	1.07	24.5	10	14.5	14/12	7/8	53189	9
KCl	1.09	26	10	16	14/12	7/8	42991	9
	1.20	27	11	16	14/12	7/8	43891	9
高密度盐水	1.24	32.5	15	17.5	15/12	8/9	37792	9
	1.30	37.5	21	16.5	13/10	7/8	89885	9
KCOOH	1.43	32.5	18	14.5	12/10	6/8	47291	9
	1.52	45	30	15	13/10	6/8	36092	9

3.4 储层保护评价

由于体系使用盐类加重，本身属于无黏土相和重晶石粉，避免了高分散的黏土颗粒侵入储层，从根本上消除了污染源，卓越的滤饼性能，有利于储层保护，同时体系形成的滤饼易于返排，渗流通道易于重新建立，储层保护效果好。室内分别通过对低、中、高孔渗岩心渗透率恢复值的测定，通过表 2 数据可以看出，体系在低渗、中渗、高渗岩心渗透率恢复值均超过 80%，储层保护性能优异。

表 2　不同渗透性岩心的渗透率恢复值评价实验

岩心编号	K_g(mD)	K_o(mD)	K_{od}(mD)	p_o(MPa)	p_{od}(MPa)	p_{max}(MPa)	R_d(%)
100#(低渗)	28.33	4.33	3.74	0.11	0.114	0.464	86.5
245#(中渗)	731.01	50.57	45.82	0.04	0.03	0.085	90.6
276#(高渗)	3734.69	116.40	94.42	0.005	0.006	0.024	81.1

3.5　与原油配伍性评价

通过评价体系滤液与蓬莱油田群原油按 1:4、5:5、4:1 混合摇匀后，在 60℃恒温下观察油液界面评价配伍性，如图 4 所示，图中具塞量筒从左至右分别代表滤液与原油按 1:4、5:5、4:1 混合后配伍性，可以看出：原油与体系滤液混合后，油水迅速分离；在 60℃下养护，养护 1h 后(图 5)，油水完全分离，界面清晰，未出现乳化、沉淀、絮凝等现象，表现出良好配伍性能。

图 4　滤液与原油混合

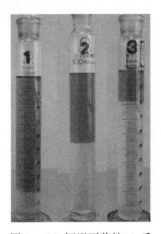
图 5　60℃恒温下养护 1h 后

4　现场应用及成果

无固相环保型储层钻开液体系首次在蓬莱区块应用，钻井工程顺利，作业中完井筛管均一次性到位，储保效果明显。

4.1　无固相环保型储层钻开液在蓬莱油田首次引入

蓬莱 MX 井，6in 井段，首次应用该体系钻进，该体系体现出良好的流变能力(表 3)，较高的低剪切速率黏度有利于悬浮钻屑，携带能力强(图 6)，提高井眼净化能力，失水小，滤饼薄而致密(图 7)，整个作业过程未出现井壁失稳情况，钻进过程返砂良好，ECD 值低，且倒划眼顺利，无憋漏地层情况发生，有效防止大斜度段和水平井段岩屑床的形成，在大风待机空井 36h，下筛管顺利到位。

蓬莱 MX 井顺利作业再次证明无固相环保型储层钻开液在蓬莱油田水平段钻井期间发挥了良好的井壁稳定性和流变性，其中优良的触变性及剪切稀释性、空间结构强的优点得到了现场作业的充分印证，是一种良好的储层保护钻开液。

表3 无固相环保型储层钻开液流变性能

钻进期间	FV （s）	ρ （g/cm³）	AV （mPa·s）	PV （mPa·s）	YP （Pa）	Φ_6/Φ_3	$Gel_{10s/10min}$ （Pa/Pa）	$LSRV$ （mPa·s）	FL_{API} （mL）
均匀前	61	1.52	37	18	19	10/9	9/11	43865	4
均匀后	58	1.52	32.5	16	16.5	9/8	7/10	40765	3.6

图6 循环均匀后返砂情况

图7 钻进中钻井液滤饼

4.2 储层保护效果优异

在储层中无固相钻井液中其液相对地层的损害远远大于固相对地层的损害，水进入产层极易引起产层岩石之间黏土类胶结物的水化膨胀，从而堵死气层微裂缝与孔隙，为了更好地抑制固相的水化从而应该进行合理的暂堵剂颗粒级配技术来实现有效的"屏蔽暂堵"技术。

其原理是利用适当粒径的骨架粒子与变形粒子通过"架桥+填充+压实"，在液柱压力作用下，在井壁表面（或浅层）形成一层致密的封堵层，阻止钻井液中的颗粒与液相浸入地层，从而降低损害；在液柱压力解除后，由于地层压力原因能迅速破坏屏蔽层，利于返排，从而达到暂堵的目的。

在蓬莱MX井中应用效果较好，配产超60%。

5 结论

（1）高密度无固相环保型储层钻开液是性能优良的可逆弱凝胶体系，能够有效阻止钻井液对储层的污染伤害，较高的低剪切速率黏度有利于悬浮钻屑，提高井眼净化能力。

（2）高密度无固相环保型储层钻开液体系在使用过程中，抑制性强，在钻遇泥岩后，具有很好的抗钻屑污染能力，降低泥岩对储层伤害。

（3）高密度无固相环保型储层钻开液在蓬莱油田首次使用并获得成功，打破了传统的储层钻开液需要使用破胶才能达到生产，减少作业风险，节省油田开发周期，降低作业成本，投产后产能高，见液快，对蓬莱油田群进一步的有效开发提供了技术保障。

参 考 文 献

[1] 程冬洁，陈振华．无固相钻井完井液研究与应用进展[J]．精细石油化工进展，2009(8)．

[2] 张明，李凡，袁洪水，等．FLO-PRO无固相钻开液对绥中36-1油田水平井的储层保护[J]．石化技术，2015(5)．

[3] 许明标，马双政，韩金芳，等．抗高温无固相弱凝胶钻井液体系研究[J]．油田化学，2012(2)．

海上低孔低渗气田抗高温完井产能释放液研究与应用

余　意　孟文波　任冠龙　董　钊　黄　亮

(中海石油(中国)有限公司湛江分公司)

【摘　要】　低孔低渗气田的主要产能释放措施是酸化和压裂，而海上油气田受完井方式、作业成本、安全要求等因素制约，储层改造措施技术有限。为解决海上低孔低渗高温气田产能释放问题，通过对酸化以及储层保护等多方面研究，分别构建了具有酸化、破胶、扩孔和防水锁等功效的适合 Y 气田定向井和水平井的新型产能释放液体系，体系酸溶率 7.70% ~ 12.99%，深部酸化能力强，可有效降低毛管压力和增加助排性，系列流体污染后渗透率恢复值大于 90%，且二次污染后渗透率恢复值仍保持稳定，具有良好的储层改造和保护效果。产能释放液体系成功应用在 Y 气田，应用后各井清井测试产能平均达到配产产量的 1.7 倍，充分释放了低孔低渗高温气田的产能需求，为类似海上低渗气田的开发提供了借鉴。

【关键词】　低渗；高温；产能释放；酸溶率；储层保护

随着油气勘探开发技术的不断进步，低孔低渗砂岩油气藏正在成为世界油气储量增长和能源接替的重要区域。目前世界范围内对低渗—特低渗气田的主要产能释放措施是酸化和压裂，我国陆地油田已经形成了一套成熟的压裂改造技术体系，而海上油气田受完井方式、作业成本、安全要求等因素制约，储层改造措施技术有限[1-5]。Y 气田所在海区水深在 110 ~ 130m。该气田属于低孔、低渗、高温储层，具有典型的凝析气藏特征，同时储层存在各种类型的潜在敏感性，储层低渗、高温给气田产能释放带来很大难度。通过对压裂、酸化、射孔以及储层保护等多方面研究，针对气田开发井引入了双效型固体酸破胶剂，孔道疏松剂、降压助排剂以及高温缓蚀剂等多种处理剂协同应用，起到酸化、破胶、扩孔和防水锁等功效，分别构建了适合定向井和水平井的新型产能释放液体系，为该气田顺利开发提供保障。

1　气田储层特征

Y 气田属于凝析气藏，压力系数正常，但由于井深较深，井底最高温度达 169.45℃，气藏孔隙度 8.5% ~ 15.5%，渗透率 0.14 ~ 34.88mD，属中—低孔、特低—低渗气藏。黏土矿物成分主要为伊/蒙混层和绿泥石，其次为伊利石，在生产过程中存在潜在微粒运移伤害；储层存在弱酸敏、弱碱敏、弱盐敏、水敏、速敏中等，水锁较强。Y 气田储层为中等—强非均质储层，易受钻完井液污染，敏感性、配伍性及微粒运移伤害，与常规油气层相比更易受到污染和损害，一旦受到损害，恢复更加困难，但 Y 气田的孔隙度大都在 7% 以上，具备一定的酸化扩孔释放产能的条件[6-8]。

作者简介：余意(1988—)，男，湖北黄冈人，汉族，东北石油大学石油工程专业，学士，工程师，研究方向海洋钻完井工艺。地址：广东省湛江市坡头区南油一区油公司大楼；联系电话：18607595984；E-mail:yuyi2@ cnooc. com. cn。

酸液接触岩石后会引起基岩结构的破坏，微粒的释放和沉淀的形成，润湿性的改变。常见的储层伤害有酸化后二次产物的沉淀，酸液与储层岩石、流体的不配伍，储层润湿性的改变，毛管力的产生，酸化后疏松颗粒及微粒的脱落运移堵塞，产生乳化等[9,10]。总之 Y 低渗气田由于气层物性差、气藏埋藏深、井底温度高，实际开发中面临如何最大限度解除污染，释放产能的问题。

2 产能释放液体系研究

目前针对海上油田特殊油藏地质和储层伤害特征，有 10 余套储层改造液体系应用于海上油气田，该体系借鉴解堵+储层改造型酸液体系释放产能，其核心处理剂有，双效型固体酸破胶剂：解除聚合物、固相堵塞，溶蚀储层矿物，改造储层；孔道疏通剂：解除无机堵塞、溶蚀储层矿物，改造储层；降压助排剂：改变储层润湿性，降低含水饱和度，有利于降压返排；防水敏、水锁剂：预防和解除水锁水敏伤害。

2.1 酸溶率性能

双效型固体酸破胶剂 A 是一种双效型固体酸，孔道疏通剂 B 是一种复合有机酸，均为非氟化物，将二者复配成 3%复合有机酸，选用天然岩心，在 150℃、3.5MPa 下动态污染 2h，记录封堵时漏失量，然后用 3%酸液破胶 4h，再测定破胶后漏失量。由图 1 可见，经过三种酸液体系破胶后，岩心漏失量均随时间有所增大，其中经过复合有机酸破胶的岩心漏失量呈现快速增大的趋势，说明其既可降解岩心封堵层聚合物，又可以溶蚀岩心喉道内部分矿物，造成渗透率增大。

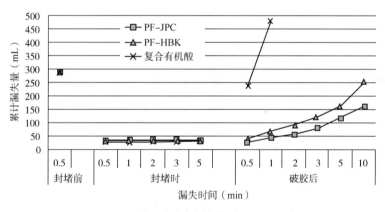

图 1 酸溶率性能对比

2.2 深部酸化性能

将复合有机酸和多氢酸进行对比，调整复合有机酸中氢离子摩尔浓度与多氢酸相同，然后测定岩心经过酸液污染后渗透率的比值。由表 1 可见，经过三段岩心污染后，复合有机酸的渗透率比值仍达 120%，而经过多氢酸污染的多段岩心后，渗透率比值下降很快，说明复合有机酸具有深部酸化的性能。由图 2 可见，岩心经过多氢酸多次污染后渗透率先大幅增加再快速下降，说明多氢酸在降解聚合物的同时又大量溶蚀岩心喉道矿物，最终导致溶蚀微粒堵塞孔喉降低渗透率，而复合有机酸再经过多次污染后岩心仍保持稳定的渗透率，经测定其酸溶蚀率为 6%~13%，不会造成二次伤害，储层酸化程度控制和保护效果均较好。

表 1 酸液深部酸化性能评价

酸液体系	滴定氢离子浓度（mol/L）	岩心段数	K_1(mD)	K_2(mD)	K_2/K_1
复合有机酸液	0.3668	1	2.81	7.96	2.8
		2	2.80	6.01	2.1
		3	3.52	4.34	1.2
多氢酸	0.3695	1	2.19	31.10	14.2
		2	3.89	2.40	0.7
		3	3.02	1.52	0.5

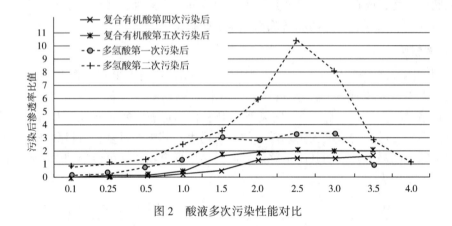

图 2 酸液多次污染性能对比

2.3 防水锁性能

HAR 防水锁剂是一种含氟的非离子表面活性剂，氟烷基具有疏水特性，烯氧基与岩石表面连接（吸附），分子的聚集特性导致多点连接于岩石表面并且有长久性的处理效果，降压助排剂 D 可与储层中残余水混合后形成低沸点共沸物，可在解除水锁伤害的同时，显著降低返排压力。由表 2 可见，两者复配后的岩心渗透率恢复效果明显优于常规完井液体系。

表 2 防水锁降压助排性能

侵入流体		完井液		完井液+4%防水锁剂 HAR+20% 降压助排剂 D	
返排条件	温度（℃）	100	100	100	100
	压力（MPa）	2.0	3.0	2.0	3.0
	时间（h）	2	2	2	2
渗透率恢复值(%)	0.5MPa 下	75.5	77.7	111.3	111.9

2.4 黏土稳定性能

黏土稳定剂 W 具有较好的水敏预防与解除能力，由表 3 可知，在海水中加入 2%的黏土稳定剂后可以完全解除造成的水敏伤害。

表 3　黏土稳定剂性能评价

岩心	井深(m)	长度(cm)	直径(cm)	气测渗透率(mD)	孔隙度(%)	孔隙体积(mL)
1#	3263.66	4.34	2.46	85.17	14.0	2.88
模拟工艺	流动介质	矿化度(mg/L)	K_i(mD)	伤害率(%)		水敏程度
水敏伤害	模拟地层水	11929	2.068	0		
	1/2模拟地层水	5964.5	1.528	26.11		中等偏强弱
	蒸馏水	0	0.720	65.18		中等偏强
水敏解除	海水+2%黏土稳定剂	34181	2.238	-0.08		完全解除

2.5　高温缓释性能

经过大量的实验评价，分别确定了定向井降压增产射孔液、水平井产能释放液配方如下。

降压增产射孔液：海水+1.0%孔道疏通剂 B+20%降压助排剂 D+2%防水锁剂 HAR+2%黏土稳定剂 W+5.0%高温缓蚀剂。

产能释放液：海水+10%双效型固体酸破胶剂 A+8%孔道疏通剂 B+20%~30%降压助排剂 D+4%防水锁剂 HAR+2.5%黏土稳定剂 W+5.0%高温缓蚀剂。

通过优选高温缓蚀剂，定向井射孔液腐蚀速率在170℃下≤0.076mm/a，酸化产能释放液腐蚀速率在170℃下≤30g/(m²·h)，满足定向井、水平井酸化产能释放腐蚀控制要求，见表4。

表 4　高温稳定性评价

酸化产能释放液	滴定氢离子浓度(mol/L)	酸化产能释放液	滴定氢离子浓度(mol/L)
配制后	0.3668	170℃恒温60h	0.3579

3　产能释放液性能评价

3.1　溶蚀性评价

取 Y 气田储层岩心进行酸液驱替实验，调整酸液浓度，评价岩心驱替后重量的变化量作为溶蚀量评价标准，由表5可见，水平井产能释放液对储层岩屑具有明显的溶蚀作用，溶蚀率在7.70%~12.99%范围，而经过土酸驱替后的岩心溶蚀量增加，说明土酸不适合 Y 气田岩心酸化，其与岩心反应后生成部分沉淀造成岩心重量增加。

3.2　防水锁和润湿性评价

将产能释放液与钻井液、完井液等不同体系进行表面张力和接触角等性能对比，由表6可见，产能释放液在完井液和多氢酸的基础上，可显著降低表面张力并改变储层润湿性。

表 5　产能释放液溶蚀性评价

岩心	井深(m)	酸液种类	A 加量(%)	D 加量(%)	酸加量(mL)	溶蚀量(g)	溶蚀率(%)
1#	3666.29	产能释放液	10	8	50	0.7688	7.70
			10	8	50	0.7876	7.84
		土酸	—	—	50	-0.0661	-0.65

岩心	井深(m)	酸液种类	A加量(%)	D加量(%)	酸加量(mL)	溶蚀量(g)	溶蚀率(%)
2#	3756.58	产能释放液	10	3	50	0.9981	9.86
			10	5	50	1.1263	10.98
			10	8	50	1.2270	12.23
			10	10	50	1.2466	12.40
			10	15	50	1.2727	12.66
			20	10	50	1.2993	12.99
		土酸	—	—	50	−0.1742	−1.74

表6　产能释放液防水锁和润湿性评价

工作液	自来水	钻井液滤液	完井液	产能释放液		多氢酸
				+20%A	+30%A	
比重	1.0	1.03	1.03	1.049	1.046	1.022
气—液表面张力（mN/m）	72.12	30.61	19.87	19.90	19.90	25.65
接触角(°)	48.7	36.9	32.5	6.6	0	42.0

3.3　降压助排性评价

取 Y 气田储层岩心，进行钻井液、完井液与产能释放液助排性实验，由表7可见，产能释放液可明显降低毛管突破压力和叠加毛管力阻力梯度，具有很好的降压助排性。

表7　产能释放液降压助排性评价

岩心号	2			
井深(m)	3748.20			
孔隙度(%)	12.4			
渗透率 K_a(mD)	0.627			
污染流体	钻井液滤液	完井液	产能释放液	
水锁防治措施	+2%HAR-D	+2%HAR	+4%HAR+20%D	+4%HAR+30%D
$\sigma\cos\theta$(mN/m)	24.4843	16.7613	19.7683	19.9000
突破压力(MPa)	1.5	2.0	0.25	0.1
叠加毛管力阻力梯度（MPa/m）	30.02	40.12	5.17	2.07

3.4　二次污染性评价

取 Y 气田储层岩心，测定岩心经过酸液多次污染后不同返排时间下的渗透率恢复值，由图3可见，多氢酸驱替后随着返排时间延长，岩心的渗透率表现出先增大后快速下降的趋势，而产能释放液驱替后的岩心渗透率恢复值保持稳定增大的趋势，说明产能释放液可对储层矿物适度溶蚀，不会产生二次伤害。

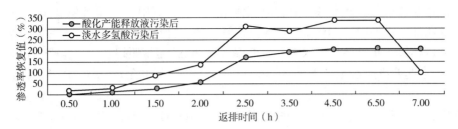

图3 产能释放液二次污染性评价

3.5 腐蚀性评价

经过实验评价，降压增产射孔液在 170℃×72h 下腐蚀速率在 0.0149～0.0480mm/a，均≤0.076mm/a。产能释放液在 170℃×4h 下腐蚀速率在 6.8849～28.9087g/(m²·h)，均≤30g/(m²·h)，满足定向井、水平井产能释放腐蚀控制要求，图4 为 P110 挂片在不同浓度产能释放液腐蚀后的状态。

（a）降压增产射孔液腐蚀后挂片状态

（b）产能释放液腐蚀后挂片状态

图4 产能释放液高温腐蚀性评价

3.6 储层保护性能评价

室内对地层水与入井流体相互之间的配伍性进行了系统评价。通过实验表明产能释放液与钻井液滤液和地层水、完井液之间的配伍性较好，有利于储层保护。室内研究储层保护实验流体包括改进型 THERM、抗温 EZFLOW、完井液以及 EZFLOW 钻开液的破胶液。在钻完井过程中入井流体都不是单一的，因此实验通过进行系列流体的污染来考察入井流体的储层保护效果，实验结果见表8。从结果可以看出，Y 气田岩心在经过系列流体污染后表现出具有很好的储层保护效果，其渗透率恢复值大于90%。

表8 系列流体储层保护效果

岩心号	驱替流体	污染流体+产能释放液	K_0(mD)	K_1(mD)	K_1/K_0(%)
20	氮气	改进 THERM 钻井液、完井液	0.801	0.736	91.89
4	氮气	改进 THERM 钻井液、完井液	0.479	0.447	93.32
5	氮气	抗温 EZFLOW 钻井液体系、破胶液、完井液	0.952	0.901	94.64
6	氮气	抗温 EZFLOW 钻井液体系、破胶液、完井液	0.624	0.601	96.31
10	氮气	油基钻井液体系、滤饼清除液、完井液	1.082	0.994	91.87

4 现场应用

Y 气田第一批井完井期间均应用了产能释放液体系，应用效果显著。其中成功应用降压增产射孔液体系 3 口井，水平井产能释放液体系 4 口井，其中 Y 气田 X3H 井是一口水平井，该井井深 5446m，水平段长 1190m，下入打孔管完井。打孔管下到位后，采用产能释放液替代常规完井液体系，正循环替入水平井产能释放液 30m³ 至裸眼段，下入生产管柱后开井放喷。经测试该井清井测试最高日产量 46.9×10⁴m³，远高于配产 28×10⁴m³，达到配产的 1.68 倍。

Y 气田 X2 井是一口定向井，该井井深 5515m，射孔段长 249m，在 7in 尾管内射孔，不防砂，生产管柱采用 2⅞in 自喷生产管柱。该井首先替入套管清洗液进行 7in 套管刮管洗井，而后在射孔段上下替入降压增产射孔液 15m³ 并用完井液顶替到位，下入射孔管柱后电测校深进行射孔放喷作业，经测试该井清井测试最高日产量 5.1×10⁴m³，远高于配产 3×10⁴m³，达到配产的 1.7 倍。

5 结论

（1）针对海上低孔低渗高温气田，通过优选双效型固体酸破胶剂、孔道疏松剂、降压助排剂以及高温缓蚀剂等多种处理剂协同应用，分别构建了适合定向井和水平井的新型产能释放液体系，体系酸溶率 7.70%~12.99%，具有深部酸化和防二次污染性能，可有效降低毛管压力和增加助排性，工作液配伍性好，系列流体污染后渗透率恢复值大于 90%，具有良好的储层改造和保护效果。

（2）产能释放液体系成功应用在 Y 气田，其中降压增产射孔液体系应用 3 口井，水平井产能释放液体系应用 4 口井，应用效果显著，各井清井测试产能均远超预期配产，平均达到配产产量的 1.7 倍，充分释放了低孔低渗高温气田的产能需求，为该气田的顺利开发提供保障，同时也为类似海上低渗气田的开发提供了借鉴。

参 考 文 献

[1] 舒勇，鄢捷年，李志勇，等．低孔低渗高压砂岩储层损害机理及保护技术研究[J]．钻井液与完井液，2008(6)：17-19，90.

[2] 武恒志．低渗油气田高效开发钻井技术研究与实践[J]．石油钻探技术，2012，40(3)：1-6.

[3] 方文超，姜汉桥，孙彬峰．低渗致密气藏基质酸化产能评价及特征分析[J]．大庆石油地质与开发，2014，33(1)：106-110.

[4] 郭少儒，张晓丹，蔡华，等．东海低渗气田高效开发面临的挑战及其对策[J]．中国海上油气，2013，25(2)：46-48.

[5] 武恒志．低渗油气田高效开发钻井技术研究与实践[J]．石油钻探技术，2012，40(3)：1-6.

[6] 罗刚，任坤峰，邢希金，等．低孔低渗储层完井改造一体化工作液的研究与应用[J]．钻井液与完井液，2017，34(3)：117-121.

[7] 彭科翔，李亭，彭安钰．超低渗深井新型射孔液研究[J]．当代化工，2016，45(10)：2343-2346.

[8] 蒋官澄，王乐，张朔，等．低渗特低渗油藏钻井液储层保护技术[J]．特种油气藏，2014，21(1)：113-116，156.

[9] 王昌军，王正良，罗觉生．南海西部油田低渗透储层防水锁技术研究[J]．石油天然气学报，2011，33(9)：113-115，168.

[10] 贾虎，王瑞英，杨洪波，等．低渗砂岩储层正压射孔中水锁损害试验研究[J]．石油钻探技术，2010，38(2)：76-79.

基于油溶暂堵剂的自解型储层钻开液实验研究

邢希金　范白涛

（中海油研究总院有限责任公司）

【摘　要】　海上水平井揭开储层后弱凝胶钻开液体系通常需要破胶，以清除滤饼提高返排渗透率，近几年来海洋石油已经发展出不需要破胶的钻开液体系，其暂堵材料以惰性材料为主，聚合物与暂堵材料易在高渗层残留，降低近井地带渗透率。本文以可生物降解聚合物和油溶暂堵剂为主剂，开发构建了新一代的自解型储层钻开液体系，利用暂堵剂遇地层原油可溶解原理，减少暂堵剂侵入近井地带后的残留，以达到提高滤饼解除率和保护渗流通道的作用。论文对主要处理剂进行优选，并对构建的配方进行了封堵性能、自解性能及储层保护性能实验评价，实验表明自解型储层钻开液能够提高直接返排的渗透率，对海洋高渗储层开发与保护具有实用价值。

【关键词】　生物降解；免破胶；油溶；暂堵；储层保护

针对海上中高孔、中高渗储层，水平井完钻后当滤饼被解除时，将会产生很大的漏失风险，通常采用新配钻开液进行暂堵。这对钻开液提出了更高的要求，一方面要尽量避免钻开液损害储层，另一方面如果产生伤害，需要配套的完井措施能够有效地解除储层伤害。目前，对于高渗储层，为了减少漏失，通常采用高分子增黏剂和暂堵剂进行封堵，通过后续破胶处理，来减少对储层的伤害。目前，渤海油田暂堵型钻开液体系多为无固相弱凝胶体系，该体系在近年来的应用过程中取得了较好的应用效果，但也存在一些问题，一是完井过程中需加入破胶剂破胶，不仅增加作业时间，而且破胶后随着完井液漏失，有一定程度的污染地层；二是在低渗储层的应用案例不多。针对这种情况，本文对免破胶的钻开液体系进行了研究，提出了一种基于油溶暂堵剂的自解型储层钻开液体系，可省去破胶工艺，既节约成本又减少作业风险。

已用的弱凝胶体系研究和评价认为，弱凝胶体系黏度的提供主要是依靠类似 VIS 这样的生物胶。这种类型的聚合物分子链长，体积大，构建的完井液体系结构强，很难在油藏温度下自动破胶或者自行降解；同时弱凝胶体系使用的惰性暂堵材料进入储层后，如果不通过破胶、酸溶等工艺，也很难自行解除。针对这种情况室内进行了相关研究，一是形成的免破胶钻开液体系，在地层温度条件下能够自动破胶或降解，进入地层中的钻开液可以通过后期生产，自动返排，减少对储层的污染。二是研究油溶性自解除暂堵材料替代现有的无机惰性暂堵材料。通过在砂页岩和泥页岩的微裂缝地层井壁上形成强的垫层，提高井壁强度，降低滤饼渗透率，降低完井液向油层的漏失，保护油气层。同时，形成的暂堵层在生产过程中，遇

基金项目：钻井储层保护工艺研究（项目编号：2021OT-ZC03）。

作者简介：邢希金（1981—），男，高级工程师，主要从事海洋石油开发油田化学相关研究与设计工作。地址：北京市朝阳区太阳宫南街六号院 B 座 504 室；电话：010-84526245；邮箱：xingxj2@cnooc.com.cn。

油易于溶解而解堵，达到保护储层的目的。

1 主要处理剂筛选

1.1 增黏剂优选

根据免破胶钻开液对聚合物要求，从聚合物降解性出发，进行了免破胶增黏剂的优选，达到可生化降解、免破胶要求。增黏剂种类繁多，结合其生物降解性，本文选择了黏性较好且降解性较好的 12 种植物胶进行了评价，评价浓度为 0.5%，具体实验情况见表 1。

实验配方：海水+0.5%样品。

表 1 增黏剂生物降解性评价

样品名称	浓度(%)	COD_{Cr}(mg/L)	BOD_5(mg/L)	BOD_5/COD_{Cr}(%)	降解性等级
HVIS-1	0.5	4593	855.2	18.62	较易降解
HVIS-2	0.5	1958	712.5	36.39	易降解
HVIS-3	0.5	4049	863.2	21.32	较易降解
HVIS-4	0.5	2539	567.5	22.35	较易降解
HVIS-5	0.5	2286	385.9	16.88	较易降解
HVIS-6	0.5	3433	876.1	25.52	易降解
HVIS-7	0.5	3690	1081.2	29.3	易降解
HVIS-8	0.5	3807	982.2	25.8	易降解
HVIS-9	0.5	3465	735.7	21.23	较易降解
HVIS-10	0.5	2394	693.6	28.97	易降解
HVIS-11	0.5	2648	326.5	12.33	较难降解
HVIS-12	0.5	2819	472.2	16.75	较易降解

从表 1 实验数据来看，综合考虑 BOD_5、COD_{Cr} 绝对值及其比值，增黏剂 HVIS-6 和 HVIS-7 都表现出良好的可降解能力，两者中 HVIS-7 表现更优，综合比较选择 HVIS-7 作为环保可生化降解的免破胶钻开液体系构建的增黏剂材料。

1.2 油溶暂堵剂优选

根据免破胶钻开液的作用要求，研究评价油溶性自解除暂堵材料，通过地层原油解除暂堵材料，达到免破胶目的，来提高免破胶完井液储层保护能力。采用油溶自解型暂堵材料替代现有的无机惰性暂堵材料，形成的暂堵层可以在生产过程中通过地层的油气溶解来解堵，达到保护储层的目的。目前油溶性暂堵剂的参考文献[1-3]还比较少，本次选择市售及自研的 12 种油溶暂堵材料参与评价，温度模拟渤海地层 60℃、80℃，溶解时间 1h，室内采用溶剂为柴油和煤油，具体实验情况见表 2。

表 2 暂堵剂的溶解性评价

处理剂	溶解温度(℃)	溶解时间(h)	溶解率/柴油(%)	溶解率/煤油(%)
FDO-1	60	1	38.3	28.5
	80	1	65.6	62.3

处理剂	溶解温度(℃)	溶解时间(h)	溶解率/柴油(%)	溶解率/煤油(%)
FDO-2	60	1	28.9	31.2
	80	1	72.5	68.7
FDO-3	60	1	52.6	46.8
	80	1	78.6	73.2
FDO-4	60	1	18.7	8.3
	80	1	66.3	45.7
FDO-5	60	1	26.8	18.8
	80	1	52.9	43.8
FDO-6	60	1	68.9	72.8
	80	1	76.2	80.3
FDO-7	60	1	43.6	34.9
	80	1	68.9	74.5
FDO-8	60	1	45.5	57.8
	80	1	69.3	72.1
FDO-9	60	1	36.8	42.8
	80	1	85.5	82.7
FDO-10	60	1	35.7	39.8
	80	1	56.3	63.6
FDO-11	60	1	72.6	76.9
	80	1	83.8	84.8
FDO-12	60	1	56.8	58.9
	80	1	68.6	72.3

从表 2 实验数据来看，暂堵剂 FDO-3、FDO-6、FDO-9 和 FDO-11 在柴油和煤油中都具备很好的溶解性，其中 FDO-11 表现最优，选定为本次实验用油溶暂堵剂。

2 自解型储层钻开液配方构建

根据优选的免破胶增黏剂 HVIS-7、油溶暂堵剂 FDO-11，构建了基于油溶暂堵剂的自解型储层免破胶钻开液体系。

2.1 增黏剂 HVIS-7 加量确定

室内研究在钻开液体系中对增黏剂 HVIS-7 加量进行了优化，热滚条件为 80℃×16h，测试温度为 50℃，具体实验数据见表 3。

实验配方：海水+0.2%NaOH+0.15%Na_2CO_3+增黏剂 HVIS-7+1.5%降滤失剂 HFL-2+5%暂堵剂 FDO-11，KCl 加重至 1.15g/cm^3。

配方 1：0.3%增黏剂 HVIS-7。

配方 2：0.5%增黏剂 HVIS-7。

配方 3：0.7%增黏剂 HVIS-7。

配方 4：0.9%增黏剂 HVIS-7。

从表 3 实验数据来看，增黏剂 HVIS-7 加量≥0.7%条件下，钻开液体系具备良好的流变性能，可以达到目前水平井钻完井性能要求，根据现场要求结合实验结果，确定增黏剂加量控制在 0.7%~0.9%之间。

表3　增黏剂 HVIS-7 加量评价

编号	热滚条件	AV (mPa·s)	PV (mPa·s)	YP (Pa)	YP/PV	Φ_6/Φ_3	FL_{API} (mL)
1	滚前	21	13	8	0.62	4/3	
	滚后	12	8	4	0.50	2/1	4.8
2	滚前	33	19	14	0.74	9/7	
	滚后	20.5	11	9.5	0.86	5/4	4.2
3	滚前	39	22	17	0.77	12/10	
	滚后	30.5	15	15.5	1.03	10/9	4.2
4	滚前	47.5	24	23.5	0.98	19/17	
	滚后	39.5	18	21.5	1.19	16/14	3.8

2.2　暂堵剂 FDO-11 加量确定

室内研究在钻开液体系中对暂堵剂 FDO-11 加量进行了优化，热滚条件为 80℃×16h，测试温度为 50℃，具体实验数据见表 4。

表4　暂堵剂 FDO-11 加量评价

编号	测定时间	AV (mPa·s)	PV (mPa·s)	YP (Pa)	YP/PV	Φ_6/Φ_3	FL_{API} (mL)	FL_{HTHP} (mL)
1	滚前	37	19	18	0.95	13/11		
	滚后	33	17	16	0.94	10/9	5.0	14.8
2	滚前	37.5	20	17.5	0.88	13/11		
	滚后	34	18	16	0.89	10/9	4.8	12.2
3	滚前	38	20	18	0.90	13/11		
	滚后	35.5	18	17.5	0.97	11/9	4.2	9.8
4	滚前	48	24	24	1.00	20/18		
	滚后	35	17	18	1.06	12/10	3.8	8.2

实验配方：海水+0.2% NaOH+0.15% Na_2CO_3+0.8%增黏剂 HVIS-7+1.5%降滤失剂 HFL-2+暂堵剂 FDO-11，KCl 加重至 1.15g/cm³。

配方 1：空白。

配方 2：3.0%暂堵剂 FDO-11。

配方 3：5.0%暂堵剂 FDO-11。

配方 4：7.0%暂堵剂 FDO-11。

从表4实验数据来看，随着暂堵剂 FDO-11 加量的增加，钻开液体系失水降低，说明提高暂堵剂加量，有利于改善钻开液滤饼质量，提高钻开液体系的封堵能力；当加量过大时，钻开液体系黏度变化较为明显，综合流变性和失水控制，确定暂堵剂 FDO-11 加量为 5.0%。

根据以上实验研究，结合已有降失水剂 HFL-2，确定油溶暂堵剂的自解型储层免破胶钻开液体系配方：海水+0.2%NaOH+0.15%Na$_2$CO$_3$+0.7%~0.9%增黏剂 HVIS-7+1.5%降滤失剂 HFL-2+5%暂堵剂 FDO-11，盐加重至所需密度。

3 性能评价

3.1 封堵性能评价

室内对基于油溶暂堵剂的自解型储层免破胶钻开液体系进行了封堵性评价，并以碳酸钙作为对比样，实验配方为：海水+0.2%NaOH+0.15%Na$_2$CO$_3$+0.7%增黏剂 HVIS-7+1.5%降滤失剂 HFL-2+5%暂堵剂 FDO-11，KCl 加重至 1.15g/cm^3。

实验方法如下：

（1）筛取 60~80 目的砂烘干后备用。

（2）在砂床实验仪中加入 60~80 目的砂铺平成砂床。

（3）将 350mL 钻开液慢慢加入砂床实验仪中，加压至 0.7MPa，在常温下分别测试的 30min 的滤失量和侵入深度。实验结果见表5。

表5 封堵性能评价

时间（min）	漏失量（mL）		
	5%暂堵剂 FDO-11	5%暂堵剂 CaCO$_3$	空白
瞬时	0.0	0.0	全漏失
30	无（侵入深度 3cm）	无（全部润湿）	

从表5和图1实验数据可以看出，加入暂堵剂后钻开液体系具备良好的封堵性能，侵入深度仅 3cm，而对比样则全侵入，实验结果表明 FDO-11 可以减少钻开液侵入地层，达到保护储层的目的。

  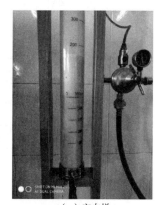

（a）暂堵剂FDO-11　　　　（b）碳酸钙　　　　（c）空白样

图1 封堵性能评价

3.2 自解性能评价

生物胶在一定温度下可以热降解，文献[4，5]中有所研究与描述，降解后其分子变小，表观黏度降低，因此可以用 AV 来考察生物聚合物的降解性。本次室内针对基于油溶暂堵剂的自解型储层免破胶钻开液体系进行了自解评价，老化温度设定为80℃。

从表6、图2实验数据来看，7天后PRD钻开液表观黏度降低率为26.7%，EZFLOW钻开液表观黏度降低率为46.3%，油溶自解钻开液表观黏度降低率为54.3%，说明基于油溶暂堵剂的自解型储层免破胶钻开液体系较目前的无固相体系自降解性能上有很大提高，更有利于储层保护。

表 6 自降解性能评价

时间(d)	表观黏度 AV(mPa·s)		
	PRD 钻开液	油溶自解钻开液	EZFLOW 钻开液
0	37.5	35	40
16	32	28	30.5
24	30.5	25	29
48	30	21	28.5
72	30	19	25.5
96	29	17	25
144	26	16	23
168	27.5	16	21.5
192	26.5	15	21
216	27.5	15	20
240	25.5	14	20

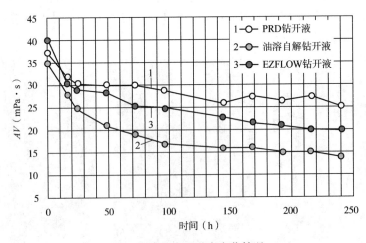

图 2 自降解表观黏度变化情况

3.3 储层保护性能评价

根据渤海区块储层渗透率情况，室内研究选取了高渗天然岩心进行了储层保护性能评价。评价程序是按照 SY/T 6540—2002《钻井液完井液损害油层室内评价方法》执行的，采用高温高压动态失水仪模拟钻井条件下以及岩心渗透率梯度测试仪对基于油溶暂堵剂的自解型储层免破胶钻开液体系的储层保护效果进行评价，采用 EZFLOW 作为对比样，实验步骤如下：

(1) 在常温下正向用气测定原始渗透率；

(2) 将岩心干燥，抽真空饱和标准盐水；

(3) 正向测定岩心的煤油渗透率 K_0；

(4) 在动态污染仪上，反向用钻开液污染(实验条件：反向 3.5MPa、80℃、120min)；

(5) 取出岩心，经过返排后，正向测定岩心的煤油渗透率 K_1，计算渗透率恢复值。

从表 7 实验数据可以看出，本次构建的基于油溶暂堵剂的自解型储层免破胶钻开液体系具备良好的储层保护效果，渗透率恢复值可以达到 89%以上，相比于目前现场使用的 EZ-FLOW 钻开液有所提高。同时，与目前的 EZFLOW 体系对比，渗透率恢复值差别不大，返排压力有所降低，更利于后期油气生产。

表 7　储层保护性能评价

岩心号	249	273	335
气测渗透率(mD)	703	706	729
岩心长度(cm)	7.38	6.18	7.21
岩心直径(cm)	2.5	2.5	2.5
煤油测渗透率 K_0(mD)	111.30	87.76	111.33
反向污染钻井液	不加暂堵剂	EZFLOW	油溶自解钻开液
滤失量(mL)	3.8	<0.5	<0.5
反排压力(MPa)	1.25	0.0565	0.0435
污染后反排煤油渗透率 K_1(mD)	62.16	75.18	99.49
渗透率恢复值 K_1/K_0(%)	55.84	85.67	89.36

4　结论与认识

(1) 根据自解钻开液对聚合物要求，从聚合物生物降解性出发，对 12 种天然植物胶类高分材料进行了优选，筛选出可生物降解，易于自破胶钻开液增黏剂 HVIS-7。

(2) 基于利用地层原油解除暂堵材料思路，从 12 种油溶暂堵剂中评价选出自解除暂堵材料 FDO-11，达到免破胶及提高返排渗透率的目的，提高了水平井无黏土相弱凝胶钻开液的储层保护能力。

(3) 本次对所构建的基于油溶暂堵剂的自解型储层免破胶钻开液进行了主要性能的室内评价，该配方表现出良好的封堵性能、自降解性能及储层保护性能。

参 考 文 献

[1] 谢富强, 李晓新, 尤志良, 等. 微软粒油溶性暂堵剂 WZD-Ⅱ的研究与应用: CN103087694A[P]. 2008-04-19.

[2] 霍维晶, 刘先富, 孟皓锦, 等. 一种耐高温油溶性暂堵剂的制备及性能研究[J]. 现代化工, 2016,

36(12)：74-77.

[3] 余小燕，王树森，肖诚诚，等．表面改性油溶性暂堵剂的研制及在河南油田的应用[J]．石油地质与工程，2021，35(3)：113-116.

[4] 邢希金，罗刚，谢仁军．高渗储层双降解修井液体系研究[J]．石油与天然气化工，2015，44(5)：73-76.

[5] 邢希金，罗刚，谢仁军，等．适用于稠油热采井的热降解型修井液实验研究[J]．石油化工应用，2015，34(6)：22-25.

冀东油田协同增效储层保护技术的研究与应用

阚艳娜　吴晓红　周　岩　陈金霞

（中国石油冀东油田钻采工艺研究院）

【摘　要】　针对冀东油田钻井过程中的储层保护技术现状，以进一步增强储层保护效果为目的，开展了新型储层保护技术的研究与性能评价。室内通过对作用机理进行分析研究，通过分析冀东油田地层特点，优选协同增效储层保护剂，开展钻井液体系的配伍性及储层保护效果评价，研究结果表明：协同增效储层保护剂具有较好的失水造壁性，阻止滤液及固相颗粒进入地层，改善储层保护效果。协同增效储层保护技术成功开展现场试验，与钻井液配伍性良好，老化前后性能稳定，中压失水明显降低，具有一定的封堵效果，岩心渗透率恢复值大于 90%，储层保护效果良好。

【关键词】　储层保护；地层特点；协同增效；配伍性；渗透率恢复值

钻井过程中，在正压差、毛管力的作用下，钻井液固相进入油气层造成孔喉堵塞，其液相进入油气层，诱发储层的潜在损害因素：水敏、盐敏、润湿反转、化学沉淀等，造成对储层的损害。油田中浅层储层纵、横向渗透率不均质，钻井过程所采用的储层保护剂应该达到有效地阻止固相与液相进入油气层，防止对储层损害的目标。通过开展配伍性评价实验，研究出具有针对性的储层保护剂。

1　储层保护技术作用机理

孔隙结构与油气层的损害关系表现为：在其他条件相同的情况下，喉道越粗，不匹配的固相颗粒侵入的深度就越大，造成的固相损害程度就越严重，但滤液侵入造成的水锁、贾敏等损害的可能性较小。固相堵塞孔喉、液相引发水敏是中、高渗储层损害的主要原因，因此，形成强而有效的封堵层，防止固相颗粒和滤液的侵入是中、高渗储层保护的重中之重。

1.1　复合刚性纤维颗粒储层保护技术原理

在 D_{90} 规则设计基础上，以理想充填理论为优化指导，在压差的作用下，架桥粒子在储层孔喉或裂缝处镶嵌架桥填充；刚性纤维、柔性纤维与钻井液中的亚微米颗粒共同封堵，形成一定强度的保护层，减少固相和液相的侵入，实现保护储层（图1）。具有的特点1：片状粒状架桥、刚性柔性纤维相结合，提高封堵层韧性、致密度。特点2：双重包覆工艺，提高储层保护剂与钻井液配伍性，去浮泡：降低表面张力，防止颗粒裹挟空气入浆；调流型：降低固相引入对钻井液性能影响；抗污染：辅助提高钻井液体系抗污染能力。

作者简介：阚艳娜（1982—），女，河北唐山人，工程师，2006 年毕业于西南石油大学应用化学专业，大学学历，现就职于中国石油冀东油田公司钻采工艺研究院，从事钻井液油层保护研究工作。地址：河北省唐山市路北区 51 号甲区冀东油田钻采工艺研究院；电话：0315-8768054；E-mail：jd_ kanyn@ petrochina. com. cn。

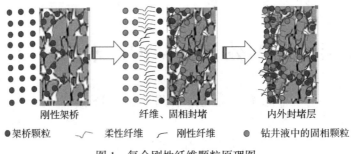

图 1　复合刚性纤维颗粒原理图

1.2　微纳米聚合物储层保护技术原理及特点

在分子链上接枝多巴胺基团，在提升"膜"黏附性的同时，提高处理剂抑制性。具有的特点 1：极强的水下黏附特性，在弱碱性液体条件下多巴胺能够在多种基材表面牢固吸附。特点 2：成膜封堵效应，与泥页岩接触后，泥页岩表面会形成低聚体，从而对泥页岩微纳米级孔隙起到部分封堵作用，在一定程度下阻止了水通过毛细管力等作用向泥页岩内部的侵入。特点 3：良好的抑制性，通过与膨润土硅氧烷之间强氢键的形成，将相邻的膨润土晶层黏附在一起，从而抑制了水分子向层间的进一步侵入。

1.3　协同增效储层保护技术原理及特点

优化架桥颗粒为封堵层支撑点，复合刚性纤维舒展填充为筋线，微纳米聚合物贴膜提高致密度，形成点线面结合的砖泥交替多层复合结构及致密的内外滤饼，解决了非均质砂岩储层、高渗透储层保护难题，实现高渗透油气层"零"损害目标。

2　储层保护剂性能评价

2.1　配伍性评价

将三种储层保护剂加入不同井型的钻井液体系中，开展配伍性评价，其中，钻井液常规性能参数见表 1，常用聚合物钻井液配方：3%膨润土+0.3%~0.5%两性离子聚合物+0.6%~1%铵盐+2%白沥青+3%~5%润滑剂+2%超细钙+纯碱+烧碱，石灰石加重。

表 1　钻井液基本参数

井号	钻井液体系	井深（m）	密度（g/cm³）	固相含量（%）	膨润土含量（g/L）	FL_{HTHP}（mL）	Ca²⁺（mg/L）
高 24-平 30	聚合物	1830.5	1.13	11.0	57.00	13.0	193.17
南堡 23-2698	聚合物	2707	1.20	12.0	92.62	7.4	128.78

配伍性实验结果表明：在高 24—平 30 井钻井液中，协同增效储层保护剂与钻井液配伍性良好，老化前后性能较为稳定，中压失水明显降低，显现一定的封堵效果。在南堡 23-2698 井钻井液中，协同增效技术与常用储层保护剂均略有增黏，协同增效储层保护剂起泡率略低于常用储层保护剂(表 2、表 3)。

2.2　封堵性能评价

室内通过 PPD 砂盘实验装置，通过监测钻井液滤液的滤失量，评价协同增效储层保护剂的封堵性能，实验结果如图2、图3所示。由图2、图3可见，协同增效储层保护剂在南堡23-2698井、高24-平30井中均有较好的封堵效果(实验条件：80℃，5D砂盘)。

表2 储层保护剂与高24—平30井浆配伍性

样品	时间	AV (mPa·s)	PV (mPa·s)	YP (Pa)	YP/PV	初切/终切 (Pa/Pa)	FL_API (mL)	pH 值
井浆	老化前	11	9	2	0.22	0.5/1.5	5.5	9.5
	老化后	11.5	10	1.5	0.13	1.0/2.0	5.2	9.5
井浆+3%复合刚性纤维	老化前	11.5	9.5	1.5	0.18	0.5/1.5	5	9.5
	老化后	11.5	10.5	1.5	0.12	1.0/2.0	5	9.5
井浆+3%微纳米聚合物	老化前	12	10.5	1.5	0.14	0.5/1.5	4.8	9.5
	老化后	14	11	3	0.27	1.0/3.0	4.8	9.5
井浆+3%协同增效储层保护剂	老化前	13.5	12.5	1	0.08	0.5/1.5	4.8	9.5
	老化后	14	12	2	0.17	1.0/2.5	4.8	9.5

注：实验条件：80℃，16h。

表3 储层保护剂与南堡23-2698井浆配伍性

样品	时间	AV (mPa·s)	PV (mPa·s)	YP (Pa)	YP/PV	初切/终切 (Pa/Pa)	FL_API (mL)	pH 值	起泡率 (%)
井浆	老化前	17	14	3	0.21	1.5/2.0	4.1	9	17.5
	老化后	17.5	15	2.5	0.17	1.0/2.0	4.6	8.5	
井浆+2%常用储层保护剂	老化前	20	16	4	0.25	1.5/2.0	4	9	25
	老化后	19.5	16	3.5	0.22	1.5/2.0	4.4	8.5	
井浆+2%协同增效储层保护剂	老化前	20.5	17	3.5	0.21	1.5/2.0	4.2	9	22.9
	老化后	21.5	18	3.5	0.19	1.5/2.5	4.6	9	

注：实验条件：110℃，16h。

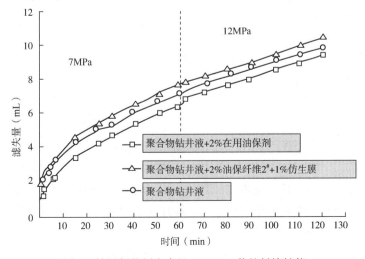

图2 储层保护剂在南堡23-2698井的封堵性能

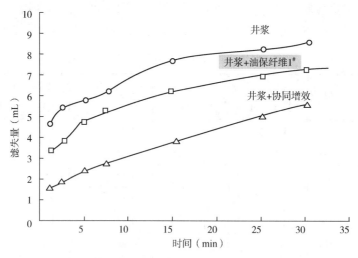

图 3   储层保护剂在高 24-平 30 井的封堵性能

2.3   储层保护效果评价

开展岩心渗透率恢复值实验，实验结果见表 4。从表 4 中可以看出，采用中高渗透率的露头岩心，井浆渗透率恢复值为 83.3%，钻井液动滤失量小于 4.5mL。加入 2% 协同增效储层保护剂，岩心渗透率恢复值为 100%，岩心动滤失量 2.5mL。结果表明，协同增效储层保护剂能够实现良好的储层保护效果。

表 4   渗透率恢复值测试结果

样品	气测渗透率（mD）	动态滤失量（mL）	油相渗透率（mD）		渗透率恢复值（%）
			污染前	污染后	
井浆	469	2.9	56.63	47.19	83.33
井浆+2%协同增效储层保护剂	489	1.8	49.08	49.08	100.00

2.4   储层保护材料荧光测试

室内开展荧光级别实验，新型储层保护材料荧光级别低于 4 级，满足现场使用要求(表 5)。

表 5   荧光级别测试

样品	荧光级别	扫面步长（nm）	起始波长（nm）	终止波长（nm）	稀释倍数
协同增效储层保护剂	0	20	200	600	1
复合刚性纤维	2.3	20	200	600	1
微纳米聚合物	2.2	30	200	600	1

通过开展储层保护剂与井浆配伍性、封堵性以及储层保护性能评价，结果表明，协同增效储层保护技术与钻井液体系配伍性良好，具备明显提高承压封堵能力的效果，渗透率恢复值达到 100%，可满足现场储层保护需要。

3 现场应用效果

协同增效储层保护剂在冀东油田成功应用,应用效果表明,储层保护剂具有较好的流变性,储层保护效果好,投产后超过设计产能。

3.1 常规性能

协同增效储层保护剂加入现场钻井液体系中,在使用过程中未出现增黏、起泡现象,钻井液流变性能稳定(表6)。

表6 常规性能检测

井号	井深（m）	工况描述	AV（mPa·s）	PV（mPa·s）	YP（Pa）	FL_{API}（mL）	FL_{HTHP}（mL）	含砂（%）	膨润土含量（g/L）	固相（%）
南堡23-2309	2481	施工前	10.5	9	1.5	5.4	14	0.3	121.1	12
	2570	一次施工后	13.5	11	2.5	5.4	12	0.2	135.4	12
	2783	二次施工后	36.5	23	13.5	5.2	12	0.3	135.4	17
南堡103X22	2720	施工前	34.5	24	10.5	5.2	11	0.3	57	16
	2806	一次施工后	33	22	11	4.8	11	0.3	50	16
	2890	二次施工后	37.5	25	12.5	4.8	11	0.3	50	15

注：FL_{HTHP}实验条件为100℃。

3.2 储层保护性能

在不同类型的钻井液中加入协同增效储层保护剂后现场性能稳定,更好地保护了储层,实验结果见表7。由表7可知,钻井液中加入储层保护剂后,岩心的渗透率恢复值>91%,滤液侵入量低,体系具有较好的失水造壁性,可阻止滤液及固相颗粒进入地层,改善储层保护效果。

表7 渗透率恢复值测试结果

井号	工况描述	井深（m）	岩心来源	K_a（mD）	渗透率恢复值（%）	突破压力（MPa）	滤液体积（mL）
南堡23-2309	施工前	2481	露头岩心	530.03	64.86	0.0127	1.6
	一次施工后	2570	露头岩心	483.63	74.85	0.221	1.3
	二次施工后	2783	露头岩心	256.19	91.04	0.149	1.2
南堡103X22	施工前	2720	露头岩心	138.49	86.67	0.074	1.8
	一次施工后	2806	露头岩心	213.26	100	0.054	1.5
	二次施工后	2890	露头岩心	177.63	100	0.046	1.3

3.3 投产情况

与地质预期产量相比,投产井产液量超出设计产能,油气层保护措施起到了较好的正向作用(表8)。

表 8 试验井投产情况表

井号	目的层位	投产初期生产情况				日产液（m³）
		日产液（m³）	日产油（t）	日产气（m³）	含水（%）	
NP23-2309	Ed1Ⅱ	22	22	7989	0	15
NP103X22	Ed1Ⅰ、Ⅱ	27.5	22.05	3323	19.8	20

4 结论

（1）固相堵塞孔喉、液相引发水敏是中高渗储层损害的主要原因，因此形成强而有效的封堵层，防止固相颗粒和滤液的侵入是中高渗储层保护的重中之重。采用协同增效技术，结合两项技术优点，形成致密内外滤饼，提高单井产量。

（2）应用结果表明，协同增效储层保护剂微纳米聚合物能够形成真正的"广谱"暂堵膜，避免了屏蔽暂堵技术需准确预知油气层孔径的致命缺点，解决了非均质油气层的储层保护问题。

参 考 文 献

[1] 徐同台. 保护油气层技术[M]. 北京：石油工业出版社，2016.
[2] 李志勇，鄢捷年，王友兵，等，保护储层钻井液优化设计新方法及其应用[J]. 钻采工艺，2006，29(2)：85-87.
[3] 蒋官澄，毛蕴才，周宝义，等，暂堵型保护油气层钻井液技术研究进展与发展趋势[J]. 钻井液与完井液，2018，35(2)：1-16.
[4] 杨同玉，张福仁，孙守港. 屏蔽暂堵技术中暂堵剂粒径的优化选择[J]. 断块油气田，1996，3(6)：50-54.
[5] 蒲晓林，雷刚，罗兴树，等. 钻井液隔离膜理论与成膜钻井液研究[J]. 钻井液与完井液，2005，22(6)：1-4.
[6] 蒋官澄，宣扬，王玺，等. 高渗特高渗储层的保护剂组合物和钻井液及其应用：CN，104650823A[P]. 2015-05-27.
[7] 吴朝玲. 钻井液油层保护技术及运用实践研究[J]. 化学工程与装备，2019，4(37)：89-90，97.
[8] 张绍槐，罗平亚. 保护储集层技术[M]. 北京：石油工业出版社，1993.
[9] 徐同台，陈永浩，冯京海，等. 光谱型屏蔽暂堵保护油气层技术的探讨[J]. 钻井液与完井液，2003，20(2)：39-41.
[10] 贺明敏，蒲晓林，苏俊霖，等. 水基成膜钻井液的保护油气层技术研究[J]. 钻采工艺，2010，33(5)：93-95.

可酸溶钻井液储层保护技术在深层缝洞型气藏的应用

张瀚奭[1]　张　洁[1]　曹　权[2]　王双威[1]　郭建华[2]

张　军[2]　赵俊生[2]　张超平[2]

(1. 中国石油集团工程技术研究院有限公司；

2. 中国石油天然气股份有限公司西南油气田分公司)

【摘　要】　深层缝洞型气藏普遍存在安全密度窗口窄、裂缝/溶洞发育等特点，钻完井液沿着天然裂缝和溶洞侵入深部，并对基质孔隙系统形成网状损害，储层损害程度严重，影响探井气层发现和开发井产气量。本文分析了缝洞型气藏储层损害机理，研究形成基于核磁共振的可视化储层损害评价方法。研发出可酸溶纤维封堵剂，酸溶率>90%，最大突破压力19MPa。研发了高密度可酸溶加重剂，密度>4.7g/cm³，粒径为0.2~7μm，形状为规则的球形，悬浮能力强，返排压力低，酸溶率>95%。构建了可酸溶钻井液储层保护体系，抗温180℃，承压能力10MPa，形成的滤饼酸溶率高，对岩心的渗透率恢复值达91.5%。形成的可酸溶钻井液储层保护技术在高石梯—磨溪区块应用7口井，提高测试产量52%~178%，储层保护效果显著，该项技术在深层缝洞型气藏具有广阔的应用前景。

【关键词】　深层缝洞型气藏；可酸溶钻井液；储层保护

与常规油气藏相比，深层缝洞型气藏普遍存在安全密度窗口窄、裂缝/溶洞发育、井底温度高及井下复杂多等难题，井壁失稳和储层损害等问题一直未得到很好解决。深层缝洞型储层纳微米级基质孔喉、微米级天然裂缝、毫米级人工裂缝并存，传统的封堵材料不能适应多尺度地层孔缝，封堵效率低，导致工作液漏失及堵漏材料堵塞渗流通道，且酸化压裂无法高效解除污染，严重影响地质目标的实现和储层保护质量提升。

1　高石梯—磨溪区块储层主要特征及储层损害机理分析

西南油气田高石梯—磨溪区块气藏的主要目的层为震旦系灯影组灯四段，主要岩性为溶洞粉晶云岩、角砾云岩夹细晶云岩，埋深在5035~5700m，压力系数为1.094~1.15，压力系统相近，储层段试油温度为147.1~154.8℃。灯四段渗透率主要分布在1mD以下，平均值为0.593mD，为低渗储层，孔隙度普遍在8%以下，平均孔隙度为4.34%。

缝洞是深层缝洞型储层油气的主要储存空间和渗流通道，与常规油气藏相比，钻完井液对深层致密缝洞型油气藏的储层损害程度更加严重。在正压差下，钻完井液会沿着天然裂缝

基金项目：四川盆地高温高压含硫深井超深井钻井、完井及试油技术研究与应用(2016E-0608)。

第一作者简介：张瀚奭(1981—)，男，博士，高级工程师，主要从事钻井液与储层保护理论与技术等研究工作。地址：北京市昌平区黄河街5号院1号楼；电话：18633305188；E-mail：zhanghsdr@cnpc.com.cn。

和溶洞长驱直入、侵入储层深处，并通过裂缝和溶洞对致密基质微纳米孔隙系统形成网状损害区域，以固相堵塞损害为主，还包括水敏、液相圈闭等损害类型。

原有的钻完井液体系和堵漏材料未考虑酸溶性能，不同酸液对钾聚磺钻井液体系滤饼的溶蚀率为 7.03%~15.94%，对堵漏材料的盐酸溶蚀率为 37.74%~50.23%，溶蚀率均较低，井漏造成的固相堵塞损害无法通过后续的酸化措施完全解除。需要提高缝洞暂堵率，降低钻井液漏失量，提高固相酸溶率，实现最大限度降低储层损害的目的。

2 基于核磁共振的可视化储层损害评价方法

深层缝洞型储层由于存在基质—裂缝/溶洞双重介质，采用常规岩心柱进行的储层损害评价不能反映其双重介质特性，因此研制了具有核磁共振实时扫描的储层损害评价设备，并建立了相应的评价方法。

在核磁共振储层损害评价设备中，岩心安装在射频脉冲衰减低的铝制压力容器内。压力容器随着扫描仪支架移动，由一个精度达到 0.0005 的精度转换表来实现精确移动。转换表每移动 2mm 会连续成像，因此沿着 5cm 长的岩心会得到 25 个横截面图像。核磁共振光谱仪的计算机反褶积结果可以使图像显示 1mm 细节水平。岩心夹在熔凝石英两端之间，这两端与岩心衰减度相同，因此核磁共振获得岩心边缘成像不会受到边缘效应影响。图 1 所示的是以时间为序列的岩心核磁共振原始数据，图 2 是整个岩心的裂缝发育成像情况。通过对比污染前后岩心内部成像情况和渗透率变化情况可以定性和定量的评价钻井液对岩心损害情况。

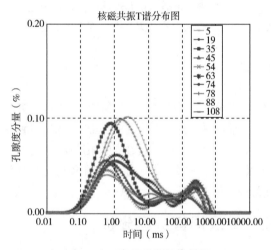

图 1 岩心核磁共振初始数据

图 2 整个岩心的裂缝发育成像情况

3 关键储层保护材料的研制与评价

3.1 可酸溶纤维封堵剂

在常规的储层中，颗粒类屏蔽暂堵剂能够有效地提高钻井液储层保护效果。但是由于缝洞型储层漏失通道宽，钻井液中的固相颗粒、常规碳酸钙类、油溶性树脂类等屏蔽暂堵剂难以在裂缝入口处沉积形成滤饼阻挡层。

通过广泛调研，发现纤维暂堵技术适合于缝洞型储层，并确定将改性后的聚乳酯（$H-[OCHCH_3CO]_n-OH$）作为可酸溶封堵剂。纤维暂堵技术是将纤维暂堵剂加入钻井液中，当其进入裂缝储层时，由于纤维长度远远大于裂缝宽度，很容易在裂缝口处形成架桥，同时捕获随后经过的纤维，从而相互牵扯形成网架结构，对裂缝进行成功封堵，减少后续钻井液大量进入裂缝带，实现对缝洞型碳酸盐岩储层的屏蔽暂堵(图3)。

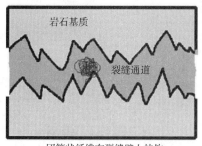
团簇状纤维在裂缝壁上挂钩

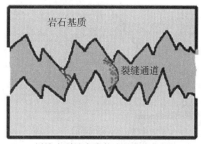
纤维在裂缝宽度较小的地方架桥

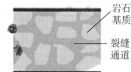
团簇状纤维在接触部位间的桥堵

纤维在裂缝接触较窄处单独架桥

线性纤维在裂缝接触较窄部位架桥后捕获颗粒类封堵剂，封堵裂缝通道

图3　纤维类暂堵剂封堵裂缝示意图

（1）酸溶性能评价。

可酸溶纤维封堵剂在150℃下与混酸（10%HCl+3%HAc+1%HF）和20%HCl反应3h后溶液透明，可酸溶纤维几乎完全溶解，酸溶率均大于90%。可酸溶纤维在有效封堵储层缝洞后，可以通过后续酸化措施解除封堵，不影响气井产能，具有良好的屏蔽暂堵性能(图4、图5)。

图4　可酸溶纤维酸溶前

图5　可酸溶纤维酸溶后

（2）封堵性能评价。

在钻井液加入0.5%的暂堵剂，可以将岩心裂缝几乎完全封堵，最大突破压力19MPa。

暂堵剂的加入，增加了滤饼的致密程度，减少了钻井液滤失量，可以有效地降低钻井液对储层造成的敏感性伤害、相圈闭伤害等（图6、图7）。

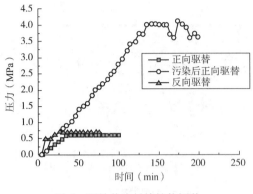

图6 原钻井液封堵性能评价

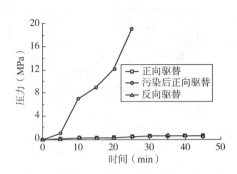

图7 原钻井液+0.5%封堵剂封堵性能评价

（3）储层保护性能。

先测试岩心的初始气相渗透率，然后用原浆+3%可酸溶纤维污染岩心出口端面，再用15%HCl浸泡岩心出口端面2h，最后测试岩心污染后的气相渗透率，计算出岩心的渗透率恢复值。污染后岩心的返排压力为0.053~0.074MPa，三组岩心的渗透率恢复值平均为88.24%，能够起到较好的屏蔽暂堵效果（表1）。

表1 加入可酸溶纤维后钻井液储层保护效果评价

实验编号	原始渗透率（mD）	返排压力（MPa）	污染后渗透率（mD）	渗透率恢复值（%）
1	8.39	0.053	7.6	90.58
2	9.39	0.071	8.31	88.50
3	5.92	0.074	5.07	85.64
平均	—	—	—	88.24

注：实验配方为原浆+3%可酸溶纤维。

对比酸洗前后的扫描电镜结果表明，用15%HCl浸泡岩心端面2h后，滤饼的致密结构被打散，因此降低了返排压力，提高了渗透率恢复值（图8）。

图8 酸洗前后岩心污染端在扫描电镜下微观结构变化

3.2 高密度可酸溶加重剂

常规钻井液加重剂重晶石的密度为 $4.2g/cm^3$，粒度分布为 $0.8\sim300\mu m$，颗粒形状棱角分明，在酸中不溶解，不能通过酸化来解堵。经过大量试验研究，攻克了高密度可酸溶加重剂的生产方式，其密度为 $4.7\sim4.8g/cm^3$，在钻井液中用量较重晶石少；粒径为 $0.2\sim7\mu m$，粒度分布窄，形状为规则的球形，悬浮能力强，返排压力低；且酸溶率>98%，具有较好的储层保护效果（图9、图10）。

图9　重晶石微观结构　　　　　　　　图10　高密度可酸溶加重剂微观结构

将含有可酸溶加重剂的滤饼，在15%HCl溶液中浸泡2h，在扫描电镜下观察酸化前后的微观形貌可知，酸化前可酸溶加重剂与其他钻井液材料协同作用形成致密的滤饼，可以减少钻井液侵入量。酸溶后球状颗粒明显减少，说明可酸溶加重剂已溶解（图11、图12）。

 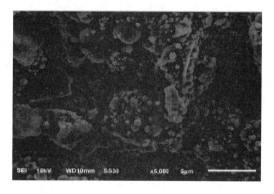

图11　酸化前的微观结构　　　　　　　　图12　酸化后的微观结构

4　可酸溶储层保护钻井液体系性能评价

4.1　常规性能评价

以可酸溶纤维封堵剂和高密度可酸溶加重剂为核心处理剂，构建了可酸溶储层保护钻井液体系。现场钻井液加入可酸溶加重剂和可酸溶纤维后，滤失量下降明显，对钻井液流变性影响较小，储层保护剂的使用浓度为可酸溶加重剂5%～10%，可酸溶纤维为2%～3%（表2）。

表 2　储层保护关键处理剂对钻井液体系常规性能影响

配方	ρ （g/cm³）	AV （mPa·s）	PV （mPa·s）	YP （Pa）	G_{10s}/G_{10min} （Pa/Pa）	FL_{API} （mL/mm）	FL_{HTHP} （mL/mm）
1#	1.29	42.5	38	4.5	3/9	0.4/0.3	3.1/0.8
2#	1.32	47	42	5	4/11	0.2/0.3	2.8/1.0
3#	1.25	40	33	7	2/10	0.8/0.5	5.4/1.1
4#	1.25	44	35	9	4/12.5	0.4/0.6	3.4/1.3
5#	1.29	46	40	6	3.5/7.5	0/0.5	2.4/1.0
6#	1.32	49.5	42	7.5	5/9.5	0.2/0.5	2.2/1.2

注：1#为现场钻井液+5%可酸溶加重剂，2⁴#为现场钻井液+10%可酸溶加重剂，3#为现场钻井液+2%纤维，4#为现场钻井液+3%纤维，5#为现场钻井液+5%可酸溶加重剂+2%纤维，6#为现场钻井液+10%可酸溶加重剂+3%纤维。表中各数据测试条件为150℃热滚16h后，测试温度50℃。

评价了可酸溶钻井液体系对裂缝的封堵能力，可以将造缝岩心裂缝几乎完全封堵，突破压力超过10MPa，能够有效提高低压地层承压能力，降低应力敏感，预防漏失复杂，提高综合钻井速度(图13、图14)。

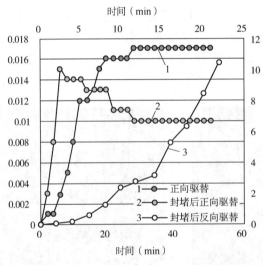

图 13　钻井液裂缝封堵能力

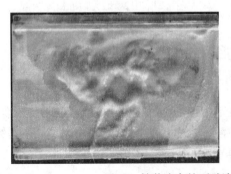

图 14　钻井液中的可酸溶纤维在缝板中驻留封堵

现场钻井液动态渗透率恢复值为72.4%，加入可酸溶纤维封堵剂和高密度可酸溶加重剂后，渗透率恢复值为91.5%，提高了19.1%（表3）。

表3　不同钻井液对岩心的渗透率恢复值实验结果

污染流体	$\rho(g/cm^3)$	污染前渗透率（mD）	污染后渗透率（mD）	渗透率恢复率（%）
1#	1.25	2.63	1.91	72.4
2#	1.32	2.41	2.21	91.5

注：150℃动态污染125min，压差3.5MPa，渗透率恢复值为酸化后，酸液为9%HCl+3%HAc+1%HF。1#为现场钻井液，2#为现场钻井液+10%~20%可酸溶加重剂+3%可酸溶纤维。

4.2　可视化成像评价

使用核磁共振的可视化储层损害评价装置，分别对比了缝洞岩心初始状态、使用原钻井液污染岩心后，以及使用可酸溶钻井液污染岩心后岩心内部的固相颗粒分布情况。对比结果证明，污染前岩心内部孔隙主要被天然气和水饱和，使用原钻井液污染岩心后，由于钻井液暂堵效率较低，钻井液中的固相较大程度侵入整个岩心，而使用可酸溶钻井液污染岩心后岩心的成像图片中，钻井液在岩心入口端较浅处形成致密暂堵层，阻止了钻井液进一步污染岩心，发挥了良好的屏蔽暂堵功能（图15至图17）。

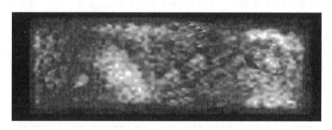

图15　岩心初始状态扫描成像

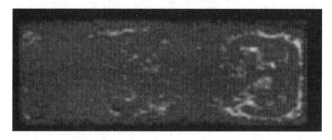

图16　原钻井液污染岩心后扫描成像

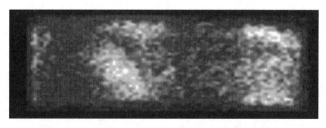

图17　可酸溶钻井液污染岩心后扫描成像

5 现场应用

2019—2020 年，可酸溶储层保护钻井液技术在西南油气田高磨区块磨溪 022-H23 等 7 口井成功应用，现场钻井液密度最高 1.85g/cm³，最高井底温度 165℃，最深井深 7008m。储层保护效果显著(表 4)。

表 4 可酸溶钻井液储层保护技术在缝洞型气藏的应用效果

试验井	类型	实施时间	测试效果
磨溪 022-H23	开发井	2019.1	无阻流量 169×10⁴m³/d，与邻井平均数相比提高 78%
高石 126	探井	2019.12	测试产量 58.76×10⁴m³/d，与邻井平均数相比提高 52%
磨溪 128	探井	2020.4	测试产量 27.5×10⁴m³/d，与邻井平均数相比提高 178%
磨溪 021-H2	评价井	2020.10	无阻流量 140×10⁴m³/d，与邻井平均数相比提高 54%
磨溪 131	探井	2020.12	已完成现场试验，待试油
磨溪 149	探井	2020.12	已完成现场试验，待试油
磨溪 022-X40	开发井	2020.12	测试产量 53.22×10⁴m³/d，是原井眼产量的 4.58 倍

高石 126 井磨溪区块灯四气藏的一口探井，为五开大斜度井，目的层为灯四组，岩性为灰色，褐灰色浅褐灰色白云岩。本井区灯影组地层溶蚀洞缝发育，钻井过程中普遍井漏，钻井液密度窗口窄，预计高石 126 井的井底温度为 151℃左右，最高地层压力达到 100.55MPa 左右。可酸溶储层保护钻井液现场试验井段为五开井段，设计井深 5228～6242m，设计钻井液为聚磺钻井液，需要钻井液具有抗高温、扩大安全密度窗口和储层保护的性能(表 5)。

表 5 高石 126 井与邻井地质条件与测试产量对比表

井号	邻井/试验井	I 类储层段长(m)	有效储层段长(I 类及 II 类)(m)	平均孔隙度(%)	平均渗透率(mD)	测试日产量(10⁴m³)	平均每米有效储层厚度日产量(10⁴m³)
高石 18 井	邻井	—	48.4	2.0~15.0	—	24.92	0.51
高石 20 井	邻井	—	36.4	2.0~7	—	1.75	0.04
高石 21 井	邻井	—	0.6	2.01~6.62	0.2322	0.004	0.006
高石 118 井	邻井	8.8	41.8	4.1	1.62	109.45	2.61
高石 119 井	邻井	1.8	9.3	3.5	19.466	34.03	3.659
高石 120 井	邻井	0	9.3	3.52	0.35	19.62	2.10
高石 124 井	邻井	1.2	49.4	3.6	0.5	31.33	0.63
高石 125 井	邻井	0.38	39.36	4.25	0.86	56.63	1.43
高石 132 井	邻井	3.9	32.5	3.8	1.446	69.66	2.14
平均数	邻井	2.68	29.67	3.795	3.496	38.60	1.46
高石 126 井	试验井	0.4	27.7	3.5	0.071	58.76	2.12

分析结果表明，高石 18 井区存在普遍规律：I 类及有效储层段长越长，平均渗透率越高，测试产量越大；高石 126 井储层地质条件较差前提下(一类储层段长为平均数的 15%，

渗透率为平均数的2.0%），与邻井平均数相比，测试日产量提高52.23%，平均每米有效储层段长日产量提高44.92%。

现场试验结果表明，该钻井液体系可以有效助力探井发现油气层，达到了预期效果。该项技术成本低，现场配制方便，对高效钻进和储层保护均有显著效果，经济效益明显，应用前景广阔。

6 结论

（1）高石梯—磨溪区块灯四组的储层损害机理是，在正压差下，钻完井液会沿着天然裂缝和溶洞侵入储层深处，并通过裂缝和溶洞对致密基质微纳米孔隙系统形成网状损害区域，以固相堵塞损害为主，实现对缝洞的有效暂堵是保护该类储层的关键。

（2）通过研发可酸溶纤维封堵剂、高密度可酸溶加重剂等核心处理剂，构建了可酸溶钻井液储层保护技术，可有效保护深层缝洞型储层，有利于探井发现油气层、开发井提高油气产量。

参 考 文 献

[1] 张浩，佘继平，杨洋，等. 可酸溶固化堵漏材料的封堵及储层保护性能[J]. 油田化学，2020，37(4)：581-586，592.

[2] 方俊伟，张翼，李双贵，等. 顺北一区裂缝性碳酸盐岩储层抗高温可酸溶暂堵技术[J]. 石油钻探技术，2020，48(2)：17-22.

[3] 向俊华，王新海，王玮，等. 油气层保护效果评价方法在L10井的应用[J]. 石油天然气学报，2008，30(6)：288-289.

[4] 王建忠，洪亚飞，孙志刚. 低渗透缝洞型储层损害及保护措施研究[J]. 石油化工高等学校学报，2015，28(3)：66-69.

[5] 杨兰田，耿云鹏，牛晓，等. 保护缝洞性碳酸盐岩储层的钻井液技术[J]. 钻井液与完井液，2012，29(6)：17-20，86.

南堡 1-5 区中低渗油藏开发后期储层伤害因素与对策

吴晓红　　陈金霞　　阚艳娜　　朱宽亮

（中国石油冀东油田公司钻采工艺研究院）

【摘　要】　中低渗油藏在高含水开发后期，伴随着长期注水开发，储层微观结构、剩余油分布发生复杂变化，若油层保护技术针对性不强极易进一步伤害储层。以南堡凹陷 1-5 区东营组一段为研究对象，开展了剩余油分布规律研究、高含水后期储层伤害因素评价分析，并针对性优化了储层保护技术。该区块随开发进行储层物性下降、孔喉尺寸降低、非均质性严重，剩余油滞留于孔喉细小的低渗层、低渗条带，其水锁伤害率为 10%~29%，固相伤害率 10% 左右，液相敏感性伤害率 5%~10%。从提高广谱型成膜封堵及防水锁能力入手，根据粒度分布及软化点评价结果，确定了广谱型封堵成膜最优配方：2% 超细碳酸钙（800 目：2000 目 = 8：2）+1.5% 防塌封堵剂 FD-2+2% 超低渗透剂 JDWS-Ⅰ，同时基于界面性质、起泡率及与钻井液配伍性评价选取 HAR 作为防水锁剂，对原钻井液配方进行了优化，评价结果显示优化后配方砂盘滤失 15min 后不再增加，滤失量仅为 10.2mL，岩心伤害实验截取小于 1cm 固相污染端后渗透率可恢复至 92% 以上，现场应用效果证明所提出的方案能够有效解决中低渗高含水油藏开发后期钻井液伤害储层的问题。

【关键词】　开发后期；剩余油；伤害机理；钻井液；储层保护

随着勘探开发的不断深入，深层低—特低孔渗油气藏成为中外学者研究的热点。但受限于开发技术，目前乃至未来一段时间内，国内各大油田在产能建设任务中起重要作用的很大一部分仍然为中浅层中等孔渗油藏。因长期持续注水开发，这类油藏多进入高含水后期调整开发阶段。尤其对于中低渗、强水敏性油藏，储层渗透性、矿物特征、孔喉结构发生改变，更易受到外界因素影响，导致油相渗透率持续下降。其中钻井液是最先与储层接触的外界流体，其对储层的作用尤为关键，针对性分析高含水后期储层物性、黏土矿物特征、孔喉结构、敏感性变化规律及剩余油微观分布规律，研究制定有效的钻井液储层保护技术措施是实现高含水油藏后期储层保护的关键，而目前中外关于此方面的研究较少。

南堡 1-5 区东一段储层为浅湖环境的近源辫状河三角洲沉积，岩性以中细砂岩为主，埋深 2500~3300m，平均孔隙度 22.9%，平均渗透率 86.8mD，属于典型的中低渗强水敏感性油藏。该区块天然能量不足，采用注水开发方式，目前油藏已进入高含水后期开发调整阶段。通过对 1-5 区东营组一段高含水后期储层岩心开展物性、黏土矿物特征、孔喉结构、敏感性变化规律及剩余油微观分布规律评价分析，认为长期注水开发导致剩余油储集空间复杂化、储层物性降低、孔喉尺寸降低、非均质性加剧，剩余油多滞留于孔喉细小、毛管力高的低渗透条带，并针对性研究了低渗透条带的主要伤害因素，设计了解决方案，对原钻井液配方进行了封堵剂种类级配优化及防水锁剂优选，评价结果显示所提出的方案能够有效降低

作者简介：吴晓红（1982—），女，高级工程师。地址：河北省唐山市光明西里 51 号甲区冀东油田第一科研楼；电话：0315-8768589，13513338493；E-mail：jdzc_ wuxh@ petrochina. com. cn。

钻井液对储层的伤害，现场应用也证明该方案提高了南堡1-5区东一段高含水油藏后期钻井储层保护效果。

1 注水开发前后储层特征变化规律分析

利用开发初期完钻井及高含水后期完钻井的实钻取心，通过物性、黏土矿物、孔喉结构、敏感性等分析化验，对比分析了南堡1-5区东一段油藏储层特征变化规律。结果表明：

（1）开发初期储层孔隙度在14.3%~28.523%范围内，平均为23.73%；渗透率在5.9~481.67mD范围内，平均为63.39mD；高含水开发后期储层孔隙度在11.43%~26.3%范围内，平均为22.05%；渗透率在9.5~394mD范围内，平均为49.55mD。渗透率明显降低。

（2）开发初期储层平均黏土矿物含量为5.26%、平均伊/蒙混层相对含量为17.9%；高含水开发后期储层平均黏土矿物含量及伊/蒙混层相对含量分别提高至10.88%、44.9%(图1)。

（3）高含水开发后期储层平均、最大孔喉半径降低，排驱压力、分选系数呈增加趋势，压汞曲线变陡，储层非均质性加重(表1)。

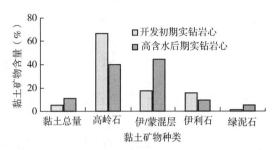

图1 南堡1-5区东一段油藏不同开发阶段黏土矿物变化规律

表1 南堡1-5区东一段油藏不同开发阶段岩心孔喉特征参数表

开发阶段	样品数	孔喉度（%）	渗透率（mD）	排驱压力（MPa）	$r_{平均}$（μm）	r_{max}（μm）	分选系数
开发初期	168	23.77	68.77	0.153	1.704	9.729	1.534
高含水后期	73	22.49	45.74	0.177	1.5	6.27	1.601

（4）储层水敏性减弱，由开发初期的中偏强—强敏感降低至高含水开发后期的中偏弱—中偏强敏感；碱敏性增强，由开发初期的无—中偏弱敏感转变为高含水开发后期的中偏弱敏感；润湿性仍属于强亲水性。

2 剩余油分布规律分析

南堡1-5区东一段属于辫状河三角洲沉积，地层纵向上具有低渗、高渗条带状非均质性，开发初期，高渗条带大孔喉流动阻力低、原油贡献率高，经过多年注水开发剩余油在储层孔喉中的分布逐渐复杂化。通过实钻地层岩心观察及测井成果分析，对高含水后期剩余油在层间、层内分布规律进行了研究。

2.1 层间非均性分布规律分析

根据测井解释成果分析，受层间非均质性影响，高含水后期剩余油在小层间分布具有差异性，高渗层流动阻力小，出油或进水速度快，含油饱和度低；而低渗层孔喉尺寸小、流动阻力大，含油饱和度较高(图2)。在高含水开发后期应注重保护含油饱和度较高的低渗层，以利于对该部分剩余油的高效挖潜。

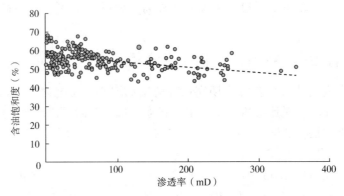

图2　南堡1-5区东一段油藏高含水后期测井含油饱和度与渗透率关系曲线

2.2　层内非均性分布规律分析

高含水开发后期实钻取心横切面证实南堡1-5区层内纵向上中下部水驱冲刷较严重、剩余油较少，中上部剩余油含量较高，受冲刷影响，剩余油呈条带状分布，低渗条带轻微冲刷，含油饱和度较高，高渗条带冲刷严重，含油饱和度低(图3)。同一油层中应注重保护水驱冲刷程度低的低渗条带。

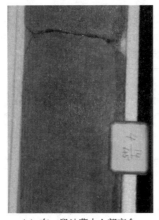

(a) 东一段油藏中上部高含
水开发阶段轻微水洗岩心

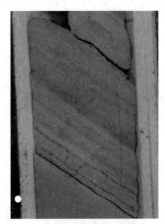

(b) 东一段油藏中下部高含
水开发阶段强水洗岩心

图3　东一段油藏中上部高含水开发阶段岩心

3　储层伤害机理评价分析

针对南堡1-5区东一段目前储层特征及剩余油在孔喉中分布规律，选取高含水后期低渗条带钻井取心开展现有钻井液及模拟地层水伤害评价实验，评价分析了现有钻井液对储层的伤害因素及伤害程度。利用南堡1-5区东一段现场钻井液，配方为：3%膨润土浆＋0.3%~0.5%KPAM＋2%~3%抗温降滤失剂GT-98＋2%~3%防塌剂＋1.5%聚合醇＋2%超低渗透剂JDWS-Ⅰ＋3%~5%钾盐。钻井液基本性能：密度1.25g/cm³，pH值9~9.5，固相含量12%~15%，矿化度29563~35692mg/L。利用钻井液完井液伤害油层室内评价装置进行伤害实验，钻井液伤害实验步骤如下：(1)选取岩心，抽真空饱和地层水。(2)用煤油正向驱替岩心，测定其油相初始渗透率K_0。(3)在120℃、3.5MPa条件下在岩心端面循环钻井液及模拟地层水，反向动态污染 125min。（4）用饱和煤油正向驱替岩心，测定其伤害后渗透率 K_1，计算岩心渗透率恢复值 K_1/K_0。（5）将岩心污染端截取 1cm 后，用煤油正向驱替岩心，测定其渗透率 K_2，并计算渗透率恢复值 K_2/K_0。

3.1 现有钻井液对低渗储层岩心的伤害实验

实验结果如图 4 所示，可以看出现有钻井液对南堡 1-5 区东一段目前低渗条带储层岩心具有一定伤害，反排渗透率恢复值在 70%~80%，钻井液伤害率平均为 25% 左右。钻井液伤害主要包括固相伤害和液相伤害两部分，固相伤害一般发生在近井地带，侵入深度浅，室内通过截取 1cm 污染端岩心，消除固相伤害因素，测得截后渗透率恢复值在 80%~85%，说明钻井液固相伤害率平均为 10% 左右。

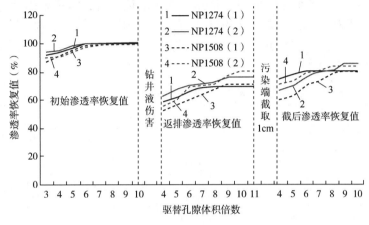

图 4　钻井液伤害实验结果

3.2 现有钻井液滤液对低渗储层岩心的伤害实验

钻井液滤液伤害分为液相敏感性等化学伤害及水锁物理伤害，室内为模拟钻井液滤液对岩心的伤害，在污染过程中在岩心污染端面垫入等直径滤纸垫片，阻止固相进入岩心，实验结果如图 5 所示，可以看出滤液污染后岩心渗透率恢复值在 70%~85%，说明钻井液液相伤害率在 15%~30%。

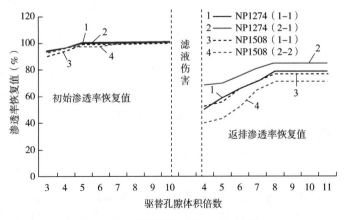

图 5　钻井液滤液伤害岩心实验结果

3.3 模拟地层水对低渗储层岩心的水锁伤害实验

低渗条带以细小孔喉为主，因具有孔喉尺寸小、毛细管力大、强亲水性等特点，水相侵入后难以排除、滞留于细小孔喉中，造成含水饱和度升高、油相相对渗透率降低，即水锁伤害。实验评价了南堡1-5区东一段低渗条带岩心在不同含水饱和度下的水锁伤害情况，实验步骤如下：（1）选取岩心，抽真空饱和模拟地层水。（2）用气体渗透率测量仪采用恒压法驱替，直到达到需要的含水饱和度为止。（3）用煤油正向驱替岩心，测定其油相初始渗透率 K_0。（4）岩心反向驱替模拟地层水 $1\sim2PV$，静置 10h 以上，让水相与岩心充分渗透。（5）用煤油正向驱替岩心，测定其伤害后渗透率 K_1，计算水锁伤害率 $(K_0-K_1)/K_0$。

结果显示南堡1-5区东一段低渗条带储层存在水锁伤害，渗透率越低、初始含水饱和度越低，伤害率越大。根据储层含水饱和度在 $30\%\sim45\%$ 范围内，确定储层水锁伤害在 $10\%\sim29\%$ 范围内（表2），与前述钻井液滤液伤害率比较，认为滤液对储层造成的敏感性伤害率在 $5\%\sim10\%$ 范围内。

表 2　水锁伤害评价结果

井号	岩心号	孔喉度（%）	含水饱和度 S_{wi}（%）	渗透率（mD）			伤害率（%）
				气测 K_a	油相 K_1	伤害后油相 K_2	
NP15-04	1-3	21.25	15.4	12.58	16.25	8.67	46.65
	2-3	22.66	27.5	53.91	24.58	15.88	35.39
	1-4	21.57	43.6	28.82	18.37	16.63	9.47
NP15-08	3-3	22.05	30.8	14.83	8.64	6.13	29.05
	4-3	20.98	38.4	45.25	22.56	19.96	11.52

4　钻井液保护措施及解决方案

通过前述对南堡1-5区东一段目前低渗条带储层特征及伤害机理评价分析，确定该区块存在水锁伤害（伤害率 $10\%\sim29\%$）、固相伤害（伤害率 10% 左右）及液相敏感性伤害（伤害率 $5\%\sim10\%$），因此油层保护技术方案完善重点为广谱性成膜封堵及防水锁能力。

4.1　广谱性封堵成膜材料优化

根据压汞评价数据，南堡1-5区东一段储层高渗条带孔喉半径介于 $0.025\sim17.54\mu m$，中值孔喉半径平均为 $1.16\mu m$，低渗条带孔喉半径介于 $0.016\sim8.937\mu m$，中值孔喉半径平均为 $0.50\mu m$。储层温度为 $80\sim105℃$。为实现钻井液对储层的良好保护，根据储层孔喉尺寸分布及温度条件，合理优化刚性封堵材料粒径配比，优先具有适宜软化点的塑性封堵材料，利用井底高温高压环境下刚性材料架桥、塑性材料黏合及原配方中超低渗透剂的结构成膜作用，实现对两类孔喉尺寸的广谱性封堵。

以经济性及普适性为原则，选用超细碳酸钙作为架桥粒子，采用激光粒度分析仪对不同目数超细碳酸钙粒径分布进行分析，结果见表3，依据D90规则及屏蔽暂堵理论，可以看出800目超细碳酸钙粒度分布适于高渗条带孔喉的架桥封堵，2000目粒度分布超细碳酸钙适于低渗条带孔喉的架桥封堵（表3）。

表 3 刚性材料粒度分析结果

规格（目）	100	200	600	800	1000	2000
D10（μm）	8.992	3.819	1.85	1.726	1.422	0.901
D50（μm）	54.764	28.67	10.527	9.362	8.692	4.592
D90（μm）	162.81	72.041	28.021	20.586	15.475	7.129

结合室内粒度分布曲线及软化点测定结果（表4）及现场应用实践，选择了粒度 SN 及 JDFD-2 两种塑性材料，确定广谱性封堵成膜材料的最优配方为 2%超细碳酸钙（800目：2000目＝8：2）+1.5%SN+1.5% JDFD-Ⅱ +2%超低渗透剂 JDWS-Ⅰ。

表 4 塑性材料粒度分布及软化点

封堵剂	粒度范围（μm）	D50（μm）	D10（μm）	D90（μm）	软化点（℃）
SN	0.368~48.57	8.865	1.785	25.4	92
JDFD-Ⅰ	0.509~26.67	4.217	1.574	13.7	95
JDFD-Ⅱ	0.22~17.83	2.492	0.83	10.28	105
FT342	0.248~18.29	4.397	1.347	3.88	95

4.2 防水锁剂优选

低渗条带细小孔喉毛细管力高，对流体束缚性强，水锁效应更为明显。根据 Laplace 公式，降低毛细管力的途径之一是降低液体的界面张力，通过在钻井液中加入适当具有良好配伍性的表面活性剂能够有效降低滤液的界面张力，达到降低水锁伤害的目的。

基于室内界面张力、起泡率及与钻井液配伍性评价分析结果（表5），选取 AR 作为钻井液体系的防水锁剂，当其加量为 2%时，滤液表面张力仅为 7.98mN/m，且与现有钻井液体系配伍性良好，无起泡现象。

表 5 表面活性剂优选评价

样品名称	滤液界面张力测定		与钻井液配伍性			起泡率（%）
	表面张力（mN/m）	界面张力（mN/m）	AV（mPa·s）	PV（mPa·s）	YP（Pa）	
原钻井液	62.36	15.99	24.0	20.0	4.1	—
+2%AR	25.24	7.98	22.5	19.0	3.6	—
+1%ABSN	35.2	10.6	23.0	19.0	4.1	—
+1%OP-20	28.1	8.34	22.5	18.0	4.6	—
+2%SD-1	18.26	0.4	32.0	28.0	4.1	50
+0.5%FS	18.01	7.77	36.0	33.0	3.1	150

4.3 钻井液配方优化与性能评价

根据前述研究认识，优化后钻井液配方为：3%膨润土浆+0.3%~0.5%KPAM+2%~3%抗温降滤失剂 GT-98+1.5%SN+1.5%JDFD-Ⅱ+3%~5%钾盐+2%防水锁剂 AR+1.5%聚合醇+2%超低渗透剂 JDWS-Ⅰ+2%超细碳酸钙（800目：2000目＝8：2），其封堵能力及油层保护效果室内评价结果见表6、表7，可以看出，优化后配方封堵能力及油层保护效果明显提高，砂盘滤失15min后不再增加，滤失量仅为10.2mL，对储层岩心返排渗透率恢复值达到85%以上，截取小于1cm固相污染端后，渗透率可恢复至92%以上。

表6 钻井液优化前后砂盘滤失性能对比

钻井液配方	砂盘滤失量（mL）						
	0	5min	10min	15min	20min	25min	30min
优化前	6.3	9.4	12.6	15.2	16.4	17.6	18.4
优化后	4.2	6.2	8.4	10.2	10.2	10.2	10.2

表7 优化后钻井液对南堡1-5区东一段岩心伤害实验

岩心		孔喉度（%）	动滤失量（mL）	渗透率（mD）			返排渗透率恢复值（%）	截取长度（cm）	切后渗透率恢复值（%）
井号	编号			气测	油相	污染后			
NP15-04	1-5	22.33	0.6	52.61	34.23	31.02	90.61	—	—
	2-4	20.35	0	29.55	15.81	13.49	85.33	0.86	95.24
NP15-08	3-4	19.87	0	14.63	8.624	7.44	86.24	0.72	92.63
	4-3	21.59	0	27.33	12.33	10.58	85.82	0.52	94.85

优化后钻井液配方在南堡1-5区东一段应用27井次，新井初期投产单井日产油量平均提高2.57t，说明优化后钻井液对南堡1-5区东一段中低渗高含水油藏储层保护效果明显。

5 结论与认识

（1）与开发初期储层条件相比，南堡1-5区东一段中低渗油藏开发后期储层物性降低，黏土矿物含量提高，孔喉半径降低、分选系数增加、储层非均质性加重，水敏性减弱、碱敏性增强，剩余油分布具有层间、层内非均质性，多滞留于孔喉尺寸小、毛细管力高的低渗层、低渗条带中。

（2）低渗条带储层主要存在水锁伤害（伤害率10%～29%）、固相伤害（伤害率10%左右）及液相敏感性伤害（伤害率5%～10%），油层保护技术方案完善重点为提高广谱性成膜封堵及防水锁能力。

（3）优化后钻井液配方封堵性与储层保护能力明显提高，对储层岩心返排渗透率恢复值达到85%，截取小于1cm污染端后，渗透率可恢复至92%以上。现场应用油层保护效果明显，对南堡1-5区东一段中低渗高含水油藏适应性良好。

参考文献

[1] 邓玉珍，吴素英．注水开发过程中储层物理特征变化规律研究[J]．油气采收率技术，1996，3(4)：44-52.

[2] 高博禹，彭仕必，王建波．剩余油形成与分布的研究现状及发展趋势[J]．特种油气藏，2004，11(4)：7-11.

[3] 耿学礼，吴智文，黄毓祥，等．低渗储层新型防水锁剂的研究及应用[J]．断块油气田，2019，26(4)：537-540.

[4] 韩成，黄凯文，韦龙贵，等．海上低渗储层防水锁强封堵钻井液技术[J]．钻井液与完井液，2018，

35（5）：67-71.

[5] 蒋官澄，张志行，张弘. KCl 聚合物钻井液防水锁性能优化研究[J]. 石油钻探技术，2013，41（4）：59-63.

[6] 蒋官澄，倪晓骁，李武泉，等. 超双疏强自洁高效能水基钻井液[J]. 石油勘探与开发，2020，47（2）：1-9.

[7] 贾万根，贾禾馨，杨雪山. 断块低渗油藏成膜钻井液保护技术研究[J]. 复杂油气藏，2019，12（2）：73-76.

[8] 康万东. 西峰油田储层敏感性特征及对注水开发的影响[D]. 西安：西安石油大学，2019.

[9] 李存贵，徐守余. 长期注水开发油藏的孔隙结构变化规律[J]. 石油勘探与开发. 2003，30（2）：94-96.

[10] 马京缘，潘谊党，于培志，等. 近十年国内外页岩抑制剂研究进展[J]. 油田化学，2019，25（1）：181-187.

[11] 宋碧涛，马成云，徐同台. 硬脆性泥页岩钻井液封堵性评价方法[J]. 钻井液与完井液，2016，33（4）. 51-55.

[12] 许定达，卢志明，郭玲玲，等. 哈得油田储层特征及损害因素研究[J]. 钻采工艺，2017，40（2）：89-92.

[13] 姚振杰. NP 油田不同注水开发阶段孔渗变化规律研究[D]. 大庆：东北石油大学，2013.

[14] 杨洋. 低孔低渗气藏高温高压储层损害因素分析[J]. 断块油气田，2019，26（5）：622-625.

[15] 张旭东，陈科，何伟渤，等. 海西部海域某区块油田注水过程储层伤害机理[J]. 中国石油勘探，2016，21（4）：121-126.

[16] 张鹏，马东，续化蕾，等. 南海流花油田储层特征及敏感性评价[J]. 科学技术与工程，2019，19（16）：112-117.

[17] 张金波，鄢捷年. 钻井液中暂堵剂颗粒尺寸分布优选的新理论和新方法[J]. 钻井液与完井液，2004，25（6）：88-95.

长岭气田储层伤害机理及储层保护技术研究

于　洋[1]　谢　帅[1]　史海民[1]　赵景原[2]

（1. 吉林油田钻井工艺研究院；2. 东北石油大学）

【摘　要】　吉林油田长岭气田营城组储层属裂缝性火山岩气藏，平均压力系数 0.75，钻井过程中漏失严重，极大地影响单井产能。通过储层伤害机理评价与分析，储层主要伤害形式为固相损害、水相圈闭和应力敏感损害，根据地层裂缝特点优选不同粒径的竹纤维、碳酸钙等封堵剂，形成钻井液暂堵保护技术，在应用过程中有效地减少钻井漏失，提高承压能力 6~9MPa，取得了较好的储层保护效果。

【关键词】　裂缝型火山岩气藏；伤害机理；随钻封堵；堵漏；储层保护

长岭气田位于松辽盆地南部的长岭断陷中部，主要生产层段为营城组，属于裂缝性火山岩气藏，经多年开采，地层压力发生很大变化，目前压力系数 0.61~0.81，钻完井过程中漏失严重，严重影响钻井时效和单井产能有效发挥（表 1）。

表 1　2016—2019 年长岭营城组完钻井漏失情况（井号加密处理）

年份	井号	井型	漏失层位	漏失量（m^3）	漏失井段（m）	现场密度（g/cm^3）	完钻井深（m）
2016	长深 001	水平井	营城组	356	3668~4053	1.03~1.05	4215
2017	长深 002	水平井	营城组	260	4104~4763	1.03~1.05	4832
2018	长深 003	直井	营城组	350	3683~3726	1.04~1.07	3726
	长深 004	直井	营城组	165	3712~3756	1.04~1.07	3823
	长深 005	水平井	营城组	103		1.03~1.05	4253
2019	长深 006	水平井	营城组	460	3600~3650	1.03~1.05	4467
	长深 007	水平井	营城组	604	3600~3650	1.03~1.05	4310

因此，如何解决井漏问题，减少漏失污染，提高储层保护效果和单井产能成为亟待解决的关键问题。

1　长岭气田营城组储层特点

长岭气田中营城组的火山岩储层较为发育，以酸性、中基性熔岩（安山岩、玄武岩、英安岩）和火山碎屑岩（凝灰岩）为主；此外，还含有少量的侵入岩（如辉绿岩和花岗岩），气藏埋深在 3500m 左右，孔隙度最大为 25%，最小 0.44%，平均孔隙度为 7.3%；渗透率最大为 23.91mD，最小 0.1mD，平均 1.1mD。其中，最好物性的流纹岩孔隙度为 25%，渗透率为 6.08mD；最好物性的凝灰岩孔隙度为 21.35%，渗透率为 73.72mD，说明火山岩储层中流纹岩孔隙最发育，凝灰岩裂缝最发育，两者都有较好的储集特征[1,2]（图 1、图 2）。

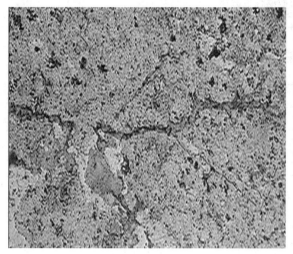

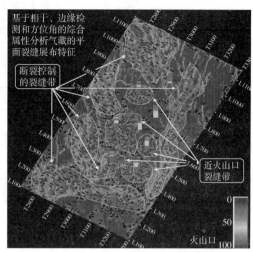

图1 长深X-2井，流纹质熔结凝灰岩

图2 气层内部裂缝平面展布特点

按照SY/T 5163—2018《沉积岩中黏土矿物和常见非黏土矿物X射线衍射分析方法》，对岩样进行研磨筛析、分离后，利用D/max-2200 X射线衍射仪对储层岩心黏土矿物相对含量进行分析。

从表2可以看出，长深××区块岩心黏土总量为1.5%~2.2%，以高岭石为主，占比为90%~99%；伊利石含量为1%~7%，此外，含有少量绿泥石，含量为1%~6%，不含混层。

表2 火山岩黏土矿物X射线衍射定量分析报告

样品号	岩心	黏土矿物总量(%)	黏土矿物相对含量(%)					混层比	
			蒙皂石	伊/蒙混层	伊利石	高岭石	绿泥石	伊/蒙	绿/蒙
1	长深××-1	1.5			4	94	2		
2	长深××-2	1.8			3	91	6		
3	长深××-3	2.1			4	95	1		
4	长深××-4	1.7			1	99			
5	长深××-5	2.2			7	92	1		
6	长深××-6	2.0			5	90	5		
7	长深××-7	1.7			2	97	1		
8	长深××-8	1.6			6	92	2		
9	长深××-9	2.0			2	98			
10	长深××-10	1.8			2	96	2		

2 储层敏感性评价及损害机理分析

按照SY/T 5358—2010《储层敏感性流动实验评价方法》进行实验，结果见表3。

表3 岩石敏感性性分析

敏感性	岩心	初始渗透率（mD）	临界值	损害程度（%）	评价
速敏	cs-1	51.41	4mL/min	18.54	弱速敏
	cs-2	65.02	3.5mL/min	9.66	弱速敏
水敏	cs-3	3.93	—	25.77	弱水敏
	cs-4	48.46	—	27.85	弱水敏
盐敏	cs-5	7.12	2500mg/L	20.01	弱盐敏
	cs-6	70.36	5000mg/L	28.74	弱盐敏
碱敏	cs-7	23.49	pH=11	13.4	弱碱敏
	cs-8	5.14	pH=12	14.7	弱碱敏
酸敏	cs-9	35.12	—	—	无
	cs-10	22.59	—	—	无
应力敏	cs-11	9.22	临界净围压10MPa	88.21	强应力敏感性
	cs-12	6.84	临界净围压10MPa	92.64	强应力敏感性
水锁损害	cs-13	67.74	—	43.0	中等偏弱
	cs-14	3.16	—	57.8	中等偏弱

根据上述实验结果进行损害机理分析，结果见表4。

表4 岩石伤害机理性分析

敏感性	伤害机理分析
速敏	钻井液滤液在岩心中的流速均小于岩心的临界流速，因此在钻井过程中，钻井液滤液在滤失过程中一般不会对裂缝性储层造成速敏损害
水/盐敏	储层临界矿化度均在2500~5000mg/L，火成岩裂缝储层属于弱盐敏损害
碱敏	储层碱敏损害在13.4%~14.7%，为弱碱敏损害，临界pH值大于10。而钻井液的pH值一般在8~10之间，所以在钻井过程中储层一般不会发生碱敏损害
应力敏	由于岩心裂缝、微裂缝发育的结果，大大加强了流体的渗流通道，因而渗透率敏感性表现得极强

储层基质为低孔低渗、裂缝发育，钻进过程中固相颗粒极易以渗滤、漏失的方式进入储层，从而造成储层伤害。

3 气藏保护策略及钻井液技术

长岭地区裂缝性火山岩储层主要为固相损害、水相圈闭和应力敏感损害，在分析损害机理的基础上开展了储层保护技术研究，进行了可酸溶屏蔽暂堵技术研究，保护缝宽1.0mm以下原生裂缝的渗透通道，避免或者减少固相及液相的侵入。损害机理分析结果及具体的保护对策见表5。

固相粒子侵入地层越深，对储层的损害就越严重。要达到保护储层的要求，必须控制固相粒子的侵入深度。为了研究固相粒子浓度与侵入深度的关系，在常温条件下进行了5组实验（相关参数见表6），然后测量侵入深度[3,4]。

表5　长岭地区储层损害机理及保护

主要损害	损害机理	保护对策
固相	堵塞裂缝、微裂缝	(1)降低固相含量，防止堵塞裂缝；(2)降低压差，减小漏失量；(3)选用酸溶性加重材料，实现酸化解堵；(4)采用暂堵技术
水相圈闭	毛管自吸，滤液侵入造成液相滞留	(1)降低正压差；(2)在储层表面快速形成致密滤饼；(3)添加表面活性剂，减弱毛细管作用产生的自吸作用
强应力敏感	应力降低，裂缝闭合	(1)选择合适的钻井液密度，以控制液柱压力；(2)降低正压差，采用微过平衡钻进；(3)采用高强度弹性材料支撑裂缝

表6　暂堵深度的相关参数表

岩心编号	粒子粒径(μm)	K_g(mD)	K_0(mD)	h(μm)
1	25.0	312	152	56
2	20.0	205	98	45
3	20.0	187	89	39.8
4	25.0	232	110	47.6
5	20.0	145	65	36.5

从图3的实验结果可以看出，实验岩心的暂堵深度随粒子浓度的增加而降低；当粒子体积浓度≥3%之后，固相粒子的侵入深度与浓度并无直接关系，因此，要达到较好的暂堵效果，一方面应选用适宜粒径的暂堵剂来封堵具有不同有效流动宽度的裂缝，另一方面必须保证有足够高的暂堵剂粒子浓度[5]。

进行不同配比的随钻堵漏剂对4%基浆在常温条件下封堵性(18~30目石英砂)评价实验，以确定随钻堵漏剂配方，随钻堵漏剂加量为3%，结果见表7。

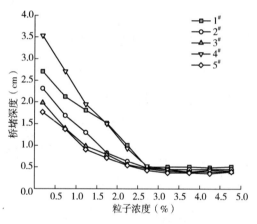

图3　裂缝性岩样的桥堵深度随粒子浓度的变化曲线

表7　随钻堵漏剂配方调整封堵性评价实验

随钻堵漏剂配方	侵入深度(cm)
空白	穿透
1#：[5% CaCO₃(1/3)]	8.5
2#：[3.5%纤维+5%CaCO₃(1/3)]	8.0
3#：[3.5%纤维+5%CaCO₃(1/3)+5%CaCO₃(1/4)]	7.0
4#：[3.5%纤维+5%CaCO₃(1/3)+1%磺化沥青]	7.8
5#：[3.5%纤维+5%CaCO₃(1/4)+1%磺化沥青]	7.5
6#：[3.5%纤维+5%CaCO₃(1/3)+5%CaCO₃(1/4)+1%磺化沥青]	6.5

以上实验数据可以看出，6#配方封堵效果最好。

4 现场应用效果

4.1 长深X1井现场应用

承压堵漏适用于钻遇较宽裂缝还需要继续钻进的情况，需要提高该处地层的承压能力。纤维作为柔弹性材料，在封堵层中起着提高封堵层整体结构稳定性的作用。大尺度纤维可以横向架于裂缝端面处；小尺度纤维被横架于裂缝端面处的大尺度纤维捕获，形成纤维网架结构，减弱了压力向裂缝深处的传播；随着压差的不断增大，当压力大于纤维的屈服强度时，纤维网架结构整体进入裂缝，形成更加致密的网架结构，也使得其他堵漏材料更加易架桥和填充。经过对纤维粒径的级配实验，发现合适的纤维粒径级配配合刚性颗粒和软化粒子能够大大提高承压能力(表8)。

表8　长深X1井承压堵漏情况

情况	漏失情况	承压堵漏
第一次漏失	4698m时发生气侵，密度从1.26g/cm³提至1.34g/cm³后出现井漏，4698~4900m井漏和气侵并存，判断裂缝发育	15.5%复合堵漏浆+17.5%竹纤维(40目)+2.5%细目钙(800目)+2.5%酚醛树脂+5%膨润土，可承压为6.5MPa，满足继续钻进条件
第二次漏失	钻进到4940m时，发生井漏	10%复合堵漏浆+5%竹纤维(10目)+8%竹纤维(40目)+4%竹纤维(100目)+4%细目钙(800目)+4%膨润土+1%磺化沥青，可承压9MPa，达到了固井要求

4.2 长深X2井现场应用

长深X2井是吉林长岭区块部署的一口水平井(表9)。

表9　长深126井随钻堵漏情况

情况	漏失情况	处理方式	结果
第一次漏失	营城组4020m，每小时漏失5~10m³，密度：1.10g/cm³，黏度：56s	配堵漏浆10m³，复合堵漏剂6t，单封堵漏剂4t，静止堵漏	漏速恢复每小时0.5m³左右，恢复钻进
第二次漏失	营城组4062m，每小时漏失10m³	配堵漏浆10m³，复合堵漏剂6t，单封堵漏剂4t，静止堵漏	漏速恢复每小时0.5m³左右，恢复钻进
第三次漏失	营城组4189m，漏速每小时15m³，密度：1.11g/cm³，黏度：76s，井斜：88.6°	配堵漏浆30m³(抗高温沥青1t，降滤失剂1t，复合堵漏剂中颗粒3t)，静止堵漏	恢复钻进，漏失40m³
第四次漏失	营城组4303m，漏速每小时10m³，密度：1.11g/cm³，黏度：60s，井斜：89.1°	配堵漏浆25m³，(抗高温沥青1t，降滤失剂1t，复合堵漏剂中颗粒3t)，静止堵漏	恢复钻进，漏失30m³

随钻堵漏可在井漏发生前或井漏初期，第一时间封堵小裂缝及渗漏层，对漏失起到预防和控制的作用。因此采取硬质颗粒与变形颗粒复配的模式，起到填充大孔道和二次架桥的作用，使漏失通道孔、缝更小。评价实验结果显示，复合堵漏具有强封堵、不增黏、减摩阻的

特点，加入钻井液后不会对钻井液性能造成不良影响，能较好地满足吉林油田钻井现场需求。

5 结论

通过长岭气田储层特点和矿物组分分析，明确了营城组储层敏感性和伤害分析，通过优化随钻堵漏和桥堵配方，形成了适合该地区的屏蔽暂堵储层保护技术，现场应用效果显著，显著提高了封堵效果和地层承压能力，降低了储层污染，解决了长岭气田裂缝性火山岩气藏漏失难题。

参 考 文 献

[1] 喻世金. 成像测井技术在裂缝储层评价中的应用探究[J]. 中国石油和化工标准与质量，2016，36(9)：125-126.

[2] 刘国平，曾联波，雷茂盛，等. 徐家围子断陷火山岩储层裂缝发育特征及主控因素[J]. 中国地质，2016，43(1)：329-337.

[3] 王英伟，潘保芝，王满，等. 长岭地区营城组火山岩储层参数分布规律[J]. 断块油气田，2010，17(2)：134-137.

[4] 张福明，侯颖，朱明，等. 火山岩储层测井评价技术现状及发展趋势[J]. 地球物理学进展，2016，31(4)：1732-1751.

[5] 刘野. 火山岩裂缝储层的识别与预测[J]. 化工管理，2015(6)：78.

钻完井液损害裂缝—基质交互影响机制研究

王双威　张　洁　赵志良　龙一夫　张翰爽　张天怡

（中国石油集团工程技术研究院有限公司）

【摘　要】　针对钻完井过程中致密裂缝性储层损害程度、主控因素以及对储层最终产能影响情况不明确的问题，调研了国内致密裂缝性储层损害案例，设计了裂缝—基质串联/并联储层损害物理模型，搭建了实验装置，评价了不同污染压差下钻井液污染裂缝—基质串联/并联模型后，基质岩心、裂缝岩心以及裂缝—基质串联/并联模型的静态渗透率恢复值。实验证明，在串联模型中，污染压差从 0.1MPa 提高至 5.0MPa，钻井液污染后基质岩心、裂缝岩心和裂缝—基质串联模型的渗透率恢复值的变化情况分别为 90.48% 降低至 77.27%、94.64% 降低至 62.80%、88.24% 降低至 52.94%。在并联模型中，污染压差从 0.1MPa 提高至 5.0MPa，钻井液污染后基质岩心、裂缝岩心和裂缝—基质并联模型的渗透率恢复值的变化情况分别为 77.78% 降低至 31.72%、95.67% 降低至 65.79%、93.16% 降低至 55.79%。通过调研和实验论证了钻完井过程中致密裂缝性储层保护工作的必要性。

【关键词】　裂缝性储层；裂缝基质并联；裂缝基质串联；井底正压差；储层损害机理

致密裂缝性气藏裂缝发育、基质致密，具有较强的非均质性[1,2]。裂缝是此类储层的主要渗流通道和储集空间，致密基质则发挥着供能作用。针对储层裂缝，学者对固相颗粒堵塞损害、应力敏感损害、微粒运移损害等进行了大量研究[3-7]。针对储层基质，部分学者通过致密岩心自吸实验、数值模拟等证明了钻井液通过裂缝端面对储层基质造成的相圈闭损害[8]、敏感性损害[9]、配伍性损害等液相损害[10]大大降低了油气资源从致密基质进入裂缝通道的能力。基于研究成果，形成了"保护裂缝为主，兼顾基质"的储层保护原则，有效地提高了致密裂缝性气藏储层保护效果。但是现有评价技术皆采用分别对基质或裂缝岩心进行储层损害评价，尚未开展裂缝基质交互影响方面的研究。本论文设计了裂缝—基质串联和并联储层损害物理模型，搭建了实验装置，评价了不同污染压差下钻井液污染裂缝—基质串联和并联模型后，基质岩心、裂缝岩心以及裂缝—基质串联和并联模型的静态渗透率恢复值。深入分析了钻井液通过储层天然裂缝进入致密储层过程中，对储层基质、裂缝和裂缝—基质串联和并联模型的损害程度，为致密裂缝性储层保护方案的制定提供了理论依据。

1　国内外致密裂缝性储层钻井过程中案例分析

塔里木油田库车北部构造迪北致密气藏，平均孔隙度 6.9%，渗透率 0.3~0.9mD，裂缝

基金项目：中国石油集团公司重大工程技术现场试验"恶性井漏防治技术与高性能水基钻井液现场试验"（2020F-45）。

作者简介：王双威，男，1986 年生，2013 年 7 月 1 日获得西南石油大学应用化学专业硕士学位。目前工作于中国石油集团钻井工程技术研究院，高级工程师，主要从事钻井液配方及储层保护技术领域研究工作。手机：15311540160；E-mail：449106160@ qq. com。地址：北京市昌平区黄河街 5 号院 1 号楼。

密度 0.43~0.49 条/m。该区块迪西 1 井四开氮气钻进后测试日产量为 58.4×10⁴m³，4811m 后转聚磺钻井液钻进、承压堵漏后，测试日产量为 22.8×10⁴m³，经 2 次酸压和 1 次压裂后，测试日产量为 12.1×10⁴m³，测试日产量降低幅度为 79.3%，证明聚磺钻井液钻进过程中因大量漏失发生了严重的储层损害，后期的储层改造非但未起到解除损害的效果，反而加重了储层损害程度。

塔里木油田克深 2 区块平均孔隙度 7.4%，渗透率 0.1~1.0mD，裂缝密度 0.50~1.70 条/m。该区块克深 2-2-12 井改造段在钻井过程中漏失相对密度 1.84~1.86，以重晶石加重的钻井液 18.2m³。经过前期进行压裂后，在生产过程中地层出砂导致油管砂堵，后期进行冲砂、打捞油管、钻磨、修井等作业，目的层污染严重，试产油压为 46MPa，日产气量为 150000m³。后对改井段进行了重晶石解堵操作，解堵后油压从 46MPa 升高至 52MPa，折日产气量从 150000m³ 升高至 210000m³，产气量增产效果为 40%。重晶石解堵主要溶解钻井等过程中侵入地层的重晶石，其明显的增产效果证明确实有大量重晶石堵塞了孔缝通道，导致储层产能下降。

青海油田英西区块裂缝性碳酸盐岩储层油层平均孔隙度 7.0%，基质渗透率 0.93mD，裂缝宽度 20~200μm。该区块狮 204 井二开揭开高压层 2644~2649m 段时曾发生井漏，漏失钻井液 1176.2m³；2650~2660m 层射孔，酸化、投产日产油小于 5.4t，53d 后发现返泥浆，替浆洗井后日产油 26t，后产量稳定在 14.6m³。该区块狮 42 井中途测试求产获高产，随后起测试工具时发生溢流，井漏，反复压井后起初测试管柱，换装井口在此下测试管柱未见油气，继续加深，划眼到底出现后效，加深 16m 裸眼完井，测试初期产量 40~50t/d，表明钻井过程中发生了储层损害。

2　裂缝—基质双重介质储层损害评价方法建立

储层天然气开采为多尺度传质系统，天然气需经过基质孔喉、储层天然裂缝和人工改造裂缝，才能进入井筒。正因如此，钻井过程中钻井液也会延裂缝通道侵入储层，并通过裂缝面与基质发生理化作用，最终对储层裂缝和基质孔喉造成渗透率的降低。此外，在致密裂缝性气藏中，虽然裂缝渗透率远大于基质。在井底正压差下，钻井液优先进入裂缝通道。但是储层基质毛细管力大，即使欠平衡状态下，也会自发吸入钻井液中的液相，发生液相圈闭损害，同样会影响生产井的产能。针对上述两种钻井液侵入方式，设计了两种储层损害评价模型，开展裂缝—基质双重介质储层损害。

2.1　实验器材

实验装置主要包括适用于长度为 15cm 和 5cm 岩心流动实验的岩心夹持器、基质岩心、裂缝岩心、长度为 2cm 的不锈钢岩心垫块、压力传感器、氮气瓶、回压阀、中间容器以及精密 ISCO 泵等。通过将裂缝岩心和基质岩心串联和并联，评价钻完井液损害裂缝性储层过程中裂缝与基质的交互作用(图 1)。

实验岩样取自四川白垩系露头岩心，岩石成分以石英为主，含量为 94.0%，其次为黏土矿物，含量为 5.9%，还含有少量钾长石，不含油气。首先将岩心加工成长度为 5cm，直径 2.5cm 的柱塞岩心，然后测定岩心的气体渗透率。选气测渗透率<0.5mD 的岩心进行实验，并将其中部分岩心人工造缝，通过调节围压和垫趁材料，将裂缝岩心的气体渗透率控制在 30mD 左右(表 1)。

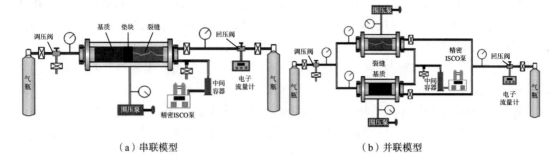

(a) 串联模型　　　　　　　　　　　　　　(b) 并联模型

图1　裂缝基质双重介质储层损害评价模型

表1　岩性物性数据

岩心类型	岩心编号	长度 (cm)	直径 (cm)	驱替压差 (MPa)	气体渗透率 (mD)
基质岩心	SK-1	5.034	2.498	2.5	0.21
	SK-2	5.002	2.498	2.5	0.24
	SK-3	5.014	2.500	2.5	0.21
	SK-4	5.022	2.500	2.5	0.22
	SK-5	5.004	2.498	2.5	0.18
	SK-6	5.012	2.498	2.5	0.22
	SK-7	5.006	2.496	2.5	0.20
	SK-8	5.004	2.496	2.5	0.19
裂缝岩心	SK-9	5.034	2.500	1.0	33.21
	SK-10	5.002	2.500	1.0	34.16
	SK-11	5.014	2.496	1.0	35.05
	SK-12	5.022	2.496	1.0	33.33
	SK-13	5.004	2.502	1.0	32.09
	SK-14	5.012	2.502	1.0	34.16
	SK-15	5.006	2.500	1.0	34.00
	SK-16	5.004	2.500	1.0	33.97

2.2　实验方法

使用建立的串联/并联模型评价钻完井液损害气藏机理的方法主要包括以下步骤：

（1）分别将基质岩心和裂缝岩心建立初始含水饱和度。

（2）2MPa回压条件下，分别测定裂缝岩心和基质岩心的正向气体渗透率，以及将岩心串联/并联后的正向气体渗透率。其中串联模型以裂缝岩心为进口端，基质岩心为出口端，裂缝岩心和基质岩心之间需加装不锈钢垫块，以保证经裂缝岩心侵入的钻井液能够均匀地与基质岩心端面接触。

（3）在不同污染压差下，使用钻井液反向静态污染岩心串联/并联模型120min。

（4）首先评价2MPa回压条件下，钻完井液污染后岩心串联/并联后的正向气体渗透率，然后分别测定2MPa回压条件下，裂缝岩心和基质岩心污染后的气体渗透率。

实验用钻井液配方为：5%土浆+0.5%NaOH+0.5% PAC－LV+3%RSTF+3%JNJS－220+6%SMP－3+5%FRH+6%YH－150+8%KCl+3%超细碳酸钙，使用重晶石加重至密度为1.29g/cm³。西南油气田高磨区块普遍应用该钻井液体系。钻井液性能参数见表2：

表2　钻井液性能参数

项目	ρ （g/cm³）	AV （mPa·s）	PV （mPa·s）	YP （Pa）	G_{10s}/G_{10min} （Pa/Pa）	FL_{API} （mL/mm）	FL_{HTHP} （mL/mm）
数值	1.29	28	24	4	2/5.5	1.2/0.3	4.2/0.8

3 裂缝—基质双重介质钻完井液损害程度分析

影响裂缝岩心损害程度的因素主要为过平衡压力、钻井液体系对裂缝的封堵率等。影响基质岩心损害程度的因素主要为钻井液体系对裂缝的封堵率、钻井液液相的表面张力、钻井液滤液与储层岩石的接触角等。本文主要评价了过平衡压力对钻完井液损害裂缝—基质双重介质的影响程度。后续将开展不同性能钻井液对损害程度的影响。

3.1 裂缝—基质串联模型钻完井液损害程度分析

裂缝—基质串联模型可以模拟钻井过程中，钻井液通过天然裂缝通道侵入储层后对储层天然裂缝以及基质的损害程度。分别以0.1MPa、2.0MPa、3.5MPa和5.0MPa的污染压差，对裂缝—基质串联模型进行了钻井液静态污染。实验数据见表3。

表3　裂缝—基质串联模型钻完井液损害实验参数及数据

试验编号	岩心类型	污染压差（MPa）	污染前渗透率（mD）	污染后渗透率（mD）	渗透率恢复值（%）	污染前突破压差（MPa）	污染后突破压差（MPa）	突破压差升高倍数
1	基质	0.1	0.21	0.19	90.48	0.2	0.2	1
	裂缝		33.21	31.43	94.64	0.05	0.05	1
	裂缝—基质		0.17	0.15	88.24	0.22	0.24	1.09
2	基质	2	0.24	0.21	87.5	0.18	0.36	2
	裂缝		34.16	30.6	89.58	0.05	0.09	1.8
	裂缝—基质		0.2	0.16	80	0.21	0.37	1.76
3	基质	3.5	0.21	0.17	80.95	0.2	0.4	2
	裂缝		35.05	28.8	82.17	0.05	0.12	2.4
	裂缝—基质		0.18	0.13	72.22	0.23	0.42	1.82
4	基质	5	0.22	0.17	77.27	0.19	0.41	2.16
	裂缝		33.33	20.93	62.8	0.05	0.19	3.8
	裂缝—基质		0.17	0.09	52.94	0.25	0.61	2.44

驱替压差对钻井液污染基质岩心、裂缝岩心和裂缝—基质串联模型的渗透率恢复值影响趋势见图2。如图2(a)所示随着污染压差的增大，钻井液通过裂缝岩心后，对基质岩心造成了污染，基质岩心的渗透率从近平衡条件下（污染压差0.1MPa）的90.48%降低至77.27%。如图2(b)所示，污染压差的增大对裂缝岩心的损害更加严重。污染压差从

0.1MPa 提高至 5MPa 的过程中，裂缝岩心的渗透率恢复值从 94.64% 降至 62.80%。如图 2(c)所示，相同污染压差下，钻井液对裂缝—基质并联模型的损害程度大于对基质岩心和裂缝岩心的损害率，污染压差从 0.1MPa 提高至 5MPa 的过程中，裂缝—基质串联模型渗透率恢复值从 88.24% 降低至 52.94%。

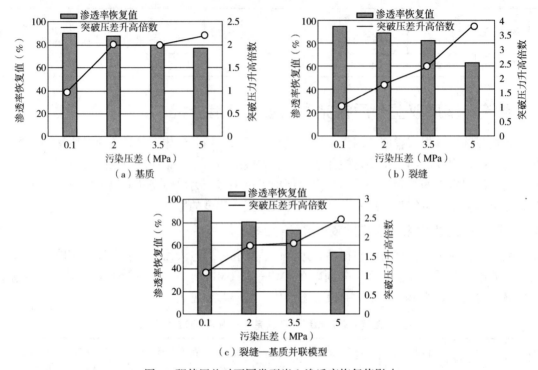

图 2 驱替压差对不同类型岩心渗透率恢复值影响

在污染程度增加的同时，气驱突破压差也相应升高。说明储层受到污染后，需要更高的启动压力，才能形成稳定气流。裂缝—基质串联模型的渗透率恢复值和突破压差更大程度上受基质的影响，两者的变化趋势比较相似。

此外，由于钻井液对裂缝有一定程度的封堵能力，当污染压差从 2MPa 提高至 3.5MPa 时，基质岩心和裂缝—基质串联模型的渗透率恢复值下降并不明显。但是当污染压差升高至 5MPa 时，基质岩心和裂缝—基质串并联模型的渗透率恢复值下降明显。说明，提高钻井液对裂缝的屏蔽暂堵能力，能够有效地提高裂缝性储层的产能。

3.2 裂缝—基质并联模型钻完井液损害程度分析

裂缝—基质并联模型可以模拟钻井过程中，钻井液对裂缝发育的非均质储层的损害程度。分别以 0.1MPa、2.0MPa、3.5MPa 和 5.0MPa 的污染压差，对裂缝—基质并联模型进行了钻井液静态污染。实验数据见表 4。

驱替压差对钻井液污染基质岩心、裂缝岩心和裂缝—基质并联模型的渗透率恢复值影响趋势如图 3 所示。如图 3(a)所示即使在近平衡压力条件下，基质岩心的渗透率恢复值也只有 77.78%。随着污染压差的增大，基质岩心的渗透率恢复值持续降低，污染压差从 0.1MPa 提高至 5MPa 的过程中，基质岩心的渗透率恢复值从 77.78% 降低至 31.72%。说明过平衡压力的大小对基质岩心的直接损害影响较大。如图 3(b)所示，裂缝岩心的损害程度与污染压差呈一定的线性关系。污染压差从 0.1MPa 提高至 5MPa 的过程中，裂缝岩心的渗透率恢复值从 95.67%降低至 65.79%。如图 3(c)所示，相同污染压差下，钻井液对裂缝—基质并联模型的损害程度与对裂缝岩心的损害程度比较接近，污染压差从 0.1MPa 提高至 5MPa 的过程中，裂缝—基质并联模型渗透率恢复值从 93.16%降低至 55.79%。说明在裂缝发育的非均质地层中，重点要保护储层裂缝，同时兼顾保护基质，才能取得较好的储层保护效果。

表 4　裂缝—基质并联模型钻完井液损害实验参数及数据

试验编号	岩心类型	污染压差（MPa）	污染前渗透率（mD）	污染后渗透率（mD）	渗透率恢复值（%）	污染前突破压差（MPa）	污染后突破压差（MPa）	突破压差升高倍数
1	基质	0.1	0.18	0.14	77.78	0.23	0.41	1.78
	裂缝		32.09	30.7	95.67	0.06	0.07	1.17
	裂缝—基质		34.05	31.72	93.16	0.05	0.07	1.4
2	基质	2	0.22	0.14	63.64	0.15	0.33	2.2
	裂缝		34.16	30.84	90.28	0.09	0.09	1.8
	裂缝—基质		34.66	30.71	88.6	0.05	0.08	1.6
3	基质	3.5	0.2	0.1	50	0.2	0.52	2.6
	裂缝		34	28.38	83.47	0.05	0.11	2.2
	裂缝—基质		34.18	27.4	80.16	0.05	0.11	2.2
4	基质	5	0.19	0.07	36.84	0.22	0.71	3.23
	裂缝		33.97	22.35	65.79	0.05	0.14	2.8
	裂缝—基质		34.09	19.02	55.79	0.05	0.17	3.4

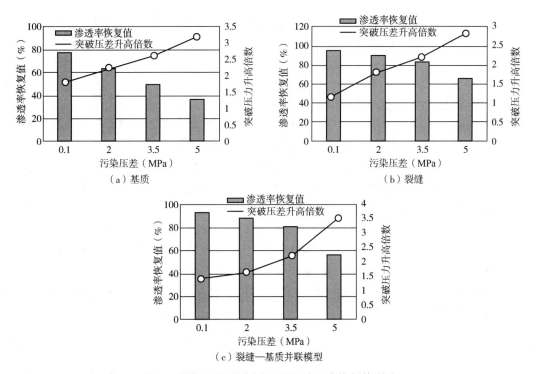

图 3　驱替压差对不同类型岩心渗透率恢复值影响

随着污染程度的加大，不同类型岩心的气驱突破压力都发生了一定程度的升高。

对比分析相同污染压差条件下（表 5），串联模型和并联模型中钻井液对不同岩心模型的损害程度还可发现，并联模型中基质受到的储层损害程度和突破压差升高倍数远大于串联模型，但裂缝岩心、裂缝—基质串联模型和并联模型受到的损害程度和突破压差升高倍数基本相当。说明，钻井液通过裂缝后对基质的损害小于钻井液直接对基质的损害。但是在裂缝性地层中对于致密基质的保护还是相当必要的。基质受到损害后，会直接影响裂缝—基质串联模型和并联模型的渗透率恢复值，也就说会影响储层的产能。

表 5　并联、串联模型受到污染后不同岩心的储层损害情况

试验编号	岩心类型	污染压差(MPa)	渗透率恢复值(%)		突破压差升高倍数	
			串联	并联	串联	并联
1	基质	0.1	90.48	77.78	1	1.78
	裂缝		94.64	95.67	1	1.17
	裂缝—基质		88.24	93.16	1.09	1.4
2	基质	2	87.5	63.64	2	2.2
	裂缝		89.58	90.28	1.8	1.8
	裂缝—基质		80	88.6	1.76	1.6
3	基质	3.5	80.95	50	2	2.6
	裂缝		82.17	83.47	2.4	2.2
	裂缝—基质		72.22	80.16	1.82	2.2
4	基质	5	77.27	36.84	2.16	3.23
	裂缝		62.8	65.79	3.8	2.8
	裂缝—基质		52.94	55.79	2.44	3.4

4　总结

（1）根据裂缝性储层天然气渗流特征，建立的裂缝—基质并联模型和串联模型，可分别评价钻井液通过裂缝与基质发生理化作用后裂缝、基质和储层整体的损害程度，以及非均质地层钻井液对裂缝发育地层和裂缝欠发育地层的损害程度。

（2）在串联模型中，污染压差从 0.1MPa 提高至 5.0MPa，钻井液污染后基质岩心、裂缝岩心和裂缝—基质串联模型的渗透率恢复值的变化情况分别为从 90.48% 降低至 77.27%、从 94.64% 降低至 62.80%、从 88.24% 降低至 52.94%。

（3）在并联模型中，污染压差从 0.1MPa 提高至 5.0MPa，钻井液污染后基质岩心、裂缝岩心和裂缝—基质并联模型的渗透率恢复值的变化情况分别为从 77.78% 降低至 31.72%、从 95.67% 降低至 65.79%、从 93.16% 降低至 55.79%。

（4）在裂缝性地层中需要对致密基质采取必要的储层保护措施。基质受到损害后，会直接影响储层的产能。

参 考 文 献

[1] 朱金智，游利军，张震，等. 聚磺混油钻井液对深层裂缝性致密储层的保护能力评价[J]. 石油钻采工

艺，2018，40(3)：311-317.

［2］姜振学，李峰，杨海军，等. 库车坳陷迪北地区侏罗系致密储层裂缝发育特征及控藏模式［J］. 石油学报，2015，36(增刊)：102-111.

［3］张洁，滕学清，杨晖，等. 油基钻井液损害气藏机理研究［J］. 钻采工艺，2015：38(5)：91-94.

［4］徐鹏. 裂缝性致密砂岩气层油基钻井液伤害机理及保护技术研究［D］. 成都：西南石油大学，2016.

［5］赵丽敏，王兴建，郭睿，等. 伊拉克 AHDEB 油田碳酸盐岩储层预测研究［J］. 科学技术与工程，2013，13(32)：9649-9653.

［6］滕学清，朱金智，张洁，等. 迪那 3 区块致密砂岩气藏损害机理及储层保护技术［J］. 钻井液与完井液，2015，32(1)：18-21.

［7］董兵强，邱正松，陆朝晖，等. 临兴区块致密砂岩气储层损害机理及钻井液优化［J］. 钻井液与完井液，2018，35(6)：65-70.

［8］聂法健，田巍，李中超，等. 致密砂岩气藏水锁伤害及对产能的影响［J］. 科学技术与工程，2016，16(18)：30-35.

［9］焦春燕，何顺利，谢全，等. 超低渗透砂岩储层应力敏感性实验［J］. 石油学报，2011，32(3)：489-494.

［10］李天太、张明，赵金省，等. 克依构造带气藏储层特征及伤害因素分析［J］. 钻采工艺，2005，28(6)：55-58.

超低渗透钻井液在断块低渗油田的应用

【摘　要】　针对临盘油田"构造复杂、断块破碎、规律性差、产量递减"的难题，为了提高钻完井液对不同渗透率油层的保护效果，在聚合物钻井液基础上通过优选非渗透处理剂、胺基聚醇和乳化石蜡等处理剂研制出一套超低渗透钻井液技术，该技术具有良好的滤失造壁性、润滑性、流变性、封堵能力和油气层保护效果。目前该技术已在临盘油田 90 口井现场应用，完成进尺 $21.5×10^4 m$，完钻电测一次成功率达 95.56%，大幅度减少了井下事故复杂，有效节约了钻井成本；应用井投产后见到了明显的增产效果，值得在临盘油田进一步推广应用。

【关键词】　断块油藏；超低渗透钻井液；防塌；封堵；润滑；油气层保护

临盘采油厂作为一个已经开发了近 50 年的老油田，2006—2009 年间盘河地区陆续打井 70 余口，新井日增油量达 240t。三四年后，该区块产量逐步递减，到 2015 年区块日产油跌至 50t，区块陷入勘探停滞期。为改善断块油藏整体开发效果，实现精确开发地下油藏的目的。2017 年以来，临盘围绕盘 40 断块，先后部署多口井位。为了确保钻井液、完井液能有效保护不同渗透性油层，在盘河区块等多区块井中使用了超低渗透钻井液。

临盘油田构造复杂、断块破碎、规律性差，随着勘探开发进入中后期，近年来产量逐步递减，甲方对钻井液提出了越来越严格的要求。为了提高钻井液、完井液对不同渗透率油层的保护，自 2017 年底开始，笔者所在团队就立项技术攻关，通过大量文献［1-10］调研、室内试验，现场先导试验跟踪和指导，在聚合物钻井液基础上通过优选非渗透处理剂、胺基聚醇和乳化石蜡等处理剂研制出一套超低渗透钻井液技术。

1　地质工程概况

1.1　地质概况

在临盘采油厂地下众多以断块为主的含油区块内，位于惠民凹陷中央隆起带西段的盘河区块是临盘区域特复杂断块油藏的典型代表，主体断块与若干小断块在地下蜿蜒交错形成了著名的"盘河金三角"。断块油藏的典型特征是地下构造破碎。历史资料显示，盘河区块一口 2000m 的单井就已穿越地下 10 余个小断层，不足 $40m^2$ 的"金三角"，地下每平方米就包含 20 余个小断层，勘探人员发现的最小含油圈地面积仅有 0.01~0.05 平方米，储层物性差异大，渗透率变化范围在 3~3000mD 之间，平均为 285mD，也造成了油层保护的高难度。

1.2　盘 40-斜 521 试验井工程概况

盘 40-斜 521 井位于济阳坳陷惠民凹陷中央隆起带盘河构造西部盘 40-5 块沙四中构造高部位，是一口采油井（新区产能建设井），目的层为沙四段。该块沙四中为层状断块油藏，油藏中深 2250m。地层压力一砂组为 21.3MPa，二砂组为 24.2MPa，邻井盘 40-99 井压力系数 0.94。根据邻井资料，沙四中储层物性特征：属于中孔中渗储层。一砂组平均孔隙度 21.5%，平均渗透率 138.3mD；二砂组平均孔隙度 17.6%，平均渗透率为 97.0mD。储层敏感性为弱水敏、非速敏、非盐敏、弱碱敏、非酸敏。该井一开用 φ346.1mm 钻头，二开用 φ215.9mm，造斜点 1381.12m，完钻井深为 2855m，垂深 2700m，最大井斜 29.84°，工程基本数据见表 1。

表 1   盘 40-斜 521 井工程基本数据

井号	井别	完钻井深(m)	最大井斜(°)	最大井斜处井深(m)	闭合方位(°)	最大水平位移(m)	平均机械钻速(m/h)	钻井周期(d)	建井周期(d)
盘 40-斜 521	采油井	2855	29.84	2090.93	317.22	642.52	19.16	13.08	23.00

2 技术难点

（1）盘 40-斜 521 井受该断块区邻井长期采油和注水影响，可能产生异常地层压力，邻井盘 40-斜 821 井钻至井深 2842.84m 发生溢流，钻井液相对密度由 1.15 降至 1.09，液面上涨 5cm，溢出物为水，该井钻遇目的层时注意防油气侵、水侵、溢流等现象。

（2）二开明化镇组及以上地层成岩性差，防坍塌、卡钻；馆陶组地层砂层发育防憋漏。

（3）井眼轨迹控制要求严格，采用 MWD 跟踪钻进至井底，钻井过程中需根据实钻情况随时调整剖面，尤其进入沙河街组后油气活跃，斜井段长，后期调整井斜和方位时摩阻和扭矩大，加压困难，易造成托压和卡钻，且钻进过程中沙河街组油泥岩（油页岩）易剥落、掉块，要防塌、防卡。

（4）设计要求必须根据储层敏感性选用与之配伍的钻井液，对钻井液性能要求高，特别要求加强油气层保护工作。

3 室内实验

针对临盘油田"构造复杂、断块破碎、规律性差、产量递减"的难题，为了提高钻井液、完井液对不同渗透率油层的保护效果，通过大量文献[11-16]调研、室内试验、现场先导试验跟踪和指导，在聚合物钻井液基础上通过优选非渗透处理剂、胺基聚醇和乳化石蜡等处理剂研制出一套超低渗透钻井液，配方如下：5%钠膨润土+0.3% HRH+2% KFT+1%KJ-3+1% DSFJ-2+2%~3%FB-1+1% RH-2+0.5%DXH-2+0.5%NaOH+2%非渗透处理剂+2%乳化石蜡 DTNM+0.5%胺基聚醇 AP-1+重晶石粉+其他。

该钻井液利用非渗透处理剂能在钻井液中形成胶束，DTNM 充填、镶嵌成膜，形成多级匹配实现"强封堵"，利用 AP-1 的层间镶嵌作用配合聚合物絮凝剂 HRH 的包被作用实现体系的"强抑制"，抗高温抗盐防塌降滤失剂 KFT、磺酸盐共聚物降滤失剂 KJ-3 等复配实现"低滤失"。室内评价实验结果（表 2 至表 4）表明，该钻井液的 API 滤失量 ≤4mL，HTHP（150℃、4.2MPa）滤失量 ≤15mL，动塑比在 0.5 左右，摩阻系数达 0.05 以下，抗温达 150℃以上，砂床最大侵入深度为 2.2cm，渗透率恢复值高达 90%，具有良好的滤失造壁性、润滑性、流变性、封堵能力和油气层保护效果。

表 2　常规性能评价实验结果

试验条件	密度 ρ（g/cm³）	PV（mPa·s）	YP（Pa）	Gel/（Pa/Pa）	FL_API（mL）	FL_HTHP（mL）	滤饼黏滞系数 K_f
室温	1.15	20	10	4/8	3	12	0.0437
100℃、24h	1.15	19	9	4/7.5	3	12	0.0524
120℃、24h	1.15	17	7	3.5/7.5	3.2	13	0.0437
150℃、24h	1.15	16	6.5	3.5/6.5	3.4	13	0.0437

表 3　封堵性能评价实验

配方	30min 滤失量（mL）	侵入深度（cm）	承压能力（MPa）
聚合物井浆	全滤失		0
超低渗透钻井液	0	2.2	7.2

注：使用聚合物井浆和超低渗透钻井液分别在 150℃下密闭热滚 16h，冷却至室温后取出做砂床最大侵入深度试验，砂子粒径为 0.90mm~0.45m。

表 4　油气层保护效果评价实验结果

岩心号	污染前渗透率（mD）	污染后渗透率（mD）	渗透率恢复率（%）
1	275.63	253.21	91.87
2	67.94	62.87	92.54
3	37.59	34.58	91.99

注：按照 SY/T 6540—2002《钻井液完井液损害油层室内评价方法》，用 HDF-1 高温高压动态失水仪模拟井下条件，实验压差为 3.5MPa、温度为 150℃、污染时间为 1.5h。

4　现场应用

盘 40-斜 521 井，一开采用膨润土钻井液，二开采用钙处理钻井液钻至馆二段底部，井深 1500m（定向前 100m）转为聚合物润滑防塌钻井液，沙河街组选用具有良好油气层保护效果的超低渗透钻井液。

4.1　超低渗透钻井液维护处理

4.1.1　进入沙河街组前钻井液调整

进入沙河街组前 100m（井深 1650m）对聚合物润滑防塌钻井液进行优化，维持 HRH 有效含量在 0.3%，补充足 WNP-1（天然高分子降失剂）的量，控制体系 API 失水小于 5mL。充分利用四级固控设备清除劣质固相，调整钻井液的黏度为 40~45s，密度为 1.10~1.15g/cm³、膨润土含量控制在 60~80g/L、总固相含量低于 10%。

4.1.2　超低渗透钻井液转换

进入目的层（A 靶：2177.12m）前 100m，按超低渗透钻井液优选配方依次加入各种处理剂。首先用 0.5%DXH-2（硅氟高温降黏剂）调整钻井液流型。再加入 0.5%AP-1 和提高体系的抑制性，同时护胶降滤失。然后通过混合漏斗按循环周加入 1%非渗透和 2%DTNM。循环均匀待钻井液性能稳定后，混入 2%FB-1（油基润滑剂）维持体系的润滑性。转化后的钻井液性能，密度为 1.13~1.15g/cm³，黏度为 40~55s，切力为 3.5/8.5Pa，滤失量为 4mL，滤饼厚度为 0.5mm, 含砂量为 0.3%, pH 值为 8.5, 膨润土含量为 65g/L, 总固相含量为 9%~10%, 黏滞系数≤0.05。在钻进过程中保持 1%非渗透、0.5%AP-1 和 2%DTNM 在钻井液中的有效含量至完井。

4.1.3 钻进过程中钻井液的维护处理

盘 40-斜 521 井目的层为沙四段地层, 油泥岩(油页岩)、泥岩裂缝发育, 井壁稳定和油层保护是重点:(1)加入 1%非渗透和 2% DTNM, 利用化学和物理封堵剂共同封固井壁, 依靠胶束和软化粒子形成致密隔离膜有效封堵地层层理和微裂隙;(2)加入 0.3%HRH 和 0.5%AP-1, 提高钻井液滤液的抑制性, 减弱其水化分散的趋势;(3)加入 2% KFT 和 1% KJ-3 等抗盐抗温降滤失剂, 严格控制滤失量;(4)加强固相控制, 以形成良好的滤饼, 减少引起油页岩水化的机会;(5)将钻井液密度提至设计上限 1.15g/cm³, 既提供正压差, 防止井壁的物理坍塌, 又减轻压力沿微裂缝的传递;(6)尽可能减少起下钻及开泵压力激动, 减小钻具对井壁扰动或撞击, 采用优化的流变参数和排量(30~32L/s), 避免水力冲蚀井壁;(7)根据井下摩阻、扭矩情况, 及时加入 FB-1 和 RH-2(固体防塌润滑剂)提高润滑效果, 保持全井滤饼黏滞系数小于 0.05;(8)在钻井液黏度升高幅度较大时, 可加入 0.5% DXH-2 来调节流型, 使其维持合适的黏度和切力, 以满足携岩的要求。

4.2 完井钻井液技术

完钻后, 大排量(32L/s 左右)充分循环, 待砂干净、井眼畅通后, 再起钻换组合通井, 下钻到底充分循环, 并检测后效, 确保无后效, 井下安全后, 循环 2~3 周, 待砂干净、井眼清洁方可起钻。起钻前使用高黏切润滑完井液(配方:井浆+部分水化好膨润土浆+2%FB-1+1%RH-2+适量提切剂, 要求:漏斗黏度 100~120s, 静切力 6~10Pa/20~30Pa)封闭整个斜井段, 起钻电测。电测完通井时调整钻井液幅度不宜过大。通井后, 下油层套管前使用润滑浆(井浆+2%RH-2+2%塑料小球 HZN-102)封闭整个斜井段, 确保油层套管顺利下到位。套管下入后充分循环钻井液, 利用 DXH-2 等调节流型, 黏度降至 40s 附近, 使钻井液具有较好的抗水泥浆污染能力, 保证顶替效率, 防止混浆, 以提高固井质量。

5 应用效果

(1)钻完井施工较顺利。盘 40-斜 521 井转化成超低渗透钻井液后, 钻井液性能良好、稳定, API 滤失量≤4mL, 滤饼厚度≤0.5mm, 滤饼薄而韧、致密、光滑, 且强度高, 动塑比在 0.44~0.50 之间, 具有较强的悬浮携砂能力, 井眼净化能力强;含砂量≤0.3%, 滑块法摩阻系数≤0.05, 定向过程中无托压、黏附和扭矩增大现象, 工具面摆放正常, 无阻卡, 整个钻进、起下钻、开泵均十分顺利, 完钻电测一次成功, 完井作业顺利, 未发生任何井下事故复杂。统计发现, 推广应用超低渗透钻井液的 90 口井中, 发生完钻电测遇阻 4 井次, 完钻电测一次成功率为 95.56%, 与 2017 年度完钻电测一次成功率相比有很大提升。

(2)井壁稳定效果好。盘 40-斜 521 井现场应用钻井过程中未出现剥落掉块现象, 井眼畅通, 完钻电测显示盘 40-斜 521 井非目的层段(300~2077m)井径扩大率 14.13%, 转化为超低渗透钻井液的目的层段(2077~2855m)井径扩大率为 2.14%, 且井径规则, 无明显的大肚子和糖葫芦井眼(图1)。统计发现, 推广应用超低渗透钻井液的 90 口井的目的层段井径扩大率均满足甲方控制在 10%以内的考核要求, 且低于同区块未使用超低渗透钻井液的施工井, 这说明非渗透处理剂与 AP-1、DTNM 等复配提高了滤饼的承压能力及防塌、防漏效果, 井壁稳定效果好。

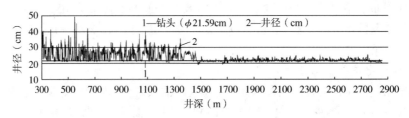

图1 盘40-斜521井井径曲线

（3）油气层保护效果好。据了解，应用井投产后，临盘油田盘40断块平均单井日产油7.4~16.2t，唐1-斜31井等滚动勘探井平均单井日产油9.3t，老区盘58断块平均单井日产油11.3t，均见到了明显的增产效果，该技术值得在临盘油田进一步推广应用。

6 认识与结论

（1）研制出的以非渗透处理剂、胺基聚醇和乳化石蜡为核心主剂的超低渗透钻井液具有良好的滤失造壁性、润滑性、流变性、封堵能力和油气层保护效果。

（2）超低渗透钻井液性能良好，现场维护处理简单，防塌防漏、润滑防卡、井眼净化效果好，90口现场应用井完钻电测一次成功率为95.56%，钻完井施工较顺利。

（3）应用超低渗透钻井液技术的施工井投产初期日产油7.4~16.2t，见到了明显的增产效果，经济效益和社会效益显著，值得在临盘油田进一步推广应用。

（4）超低渗透钻井液防塌防漏、润滑防卡、油气层保护等作用机理还需要借助新的实验仪器和手段进一步深入研究。

参 考 文 献

[1] 孙金声，林喜斌，张斌，等．国外超低渗透钻井液技术综述[J]．钻井液与完井液，2005，22(1)：57-59.

[2] 刘保双，曹胜利，景暖，等．国外无侵害钻井液技术[J]．钻井液与完井液，2005，22(3)：63-65.

[3] 孙金声，唐继平，张斌，等．超低渗透钻井液完井液技术研究[J]．钻井液与完井液，2005，22(1)：1-5.

[4] 孙金声，张家栋，黄达全，等．超低渗透钻井液防漏堵漏技术研究与应用[J]．钻井液与完井液，2005，22(4)：21-24.

[5] 孙金声，苏义脑，罗平亚，等．超低渗透钻井液提高地层承压能力机理研究[J]．钻井液与完井液，2005，22(5)：1-3.

[6] 刘科．超低渗透钻井液实验研究[D]．东营：中国石油大学(华东)，2006.

[7] 谢彬强．超低渗透钻井液的研究[D]．成都：西南石油大学，2006.

[8] 王信，李家库，黄达全，等．超低渗透成膜封堵钻井液在冀东油田的应用[J]．钻井液与完井液，2007，24(5)：26-29.

[9] 周福根；汤少亮；王亚宁，等．超低渗透钻井液在花3-8井的应用[J]．钻井液与完井液，2007，24(6)：29-31.

[10] 薛玉志．超低渗透钻井液作用机理及其应用研究[D]．东营：中国石油大学(华东)，2008.

[11] 景步宏；睢文云；裴楚洲．超低渗透钻井液在H17油田的研究与应用[J]．钻采工艺，2008，31(5)：36-39.

[12] 艾贵成．超低渗透钻井液的评价和机理探讨[J]．钻井液与完井液，2008，25(5)：49-51.

[13] 薛玉志，李公让，蓝强，等. 超低渗透钻井液稳定井壁的作用机理研究[J]. 石油学报，2009，30(3)：434-439.

[14] 齐从丽；钟敬敏. 非渗透钻井液技术在川西地区储层保护中的应用[J]. 精细石油化工进展，2009，10(8)：15-18.

[15] 刘伟，柳娜，吴满祥，等. 抗温型低渗透钻井液在富顺页岩气坛203井的应用[J]. 钻采工艺，2015，38(6)：87-96.

[16] 张浩，张斌，徐国金. 两性离子聚合物 HRH 钻井液在临盘油田的应用[J]. 石油钻探技术，2014，42(2)：57-63.

非常规油气钻井液技术研究与应用

川渝地区灯影组破碎性地层钻井液封堵技术研究与应用

徐　毅[1]　周华安[1]　王　松[2]　邓正强[1]

(1. 中国石油集团川庆钻探工程有限公司钻井液技术服务公司；2. 长江大学)

【摘　要】　川渝地区深部地层微裂缝发育，极易发生井壁失稳造成井壁垮塌、掉块、卡钻等井下复杂情况和事故。本文通过研究川渝地区灯影组破碎性地层裂缝分布特征、化学势差与毛细管力对破碎性地层裂缝扩展和垮塌的影响，揭示了川渝地区灯影组破碎性地层垮塌机理。在常用防塌钻井液体系基础上应用以"DRF"理念为核心的多元多级复合封堵胶结技术，可以显著提高钻井液对川渝地区破碎性地层的长期封堵效果，有助于进一步降低钻井液滤饼的渗透率，减缓破碎性岩石的垮塌风险。通过在现场应用本钻井液技术，井径扩大率为 9.2%，井下阻卡率为零，应用效果好。

【关键词】　川渝地区；灯影组；纳米封堵剂；微米封堵剂；可变性封堵剂；垮塌

破碎性地层的安全钻井是钻井领域的一大难点，并且由于破碎性地层长期以来作为钻井工程中的复杂地质体而备受关注[1-3]。破碎性地层井壁失稳问题是目前井壁稳定研究的重点和难点。川渝地区深部硬脆性地层微裂缝发育，极易发生井壁失稳造成井壁垮塌、掉块、卡钻等井下复杂情况和事故。目前川渝地区的勘探开发向埋藏更深的地层进行，钻遇深部硬碎性地层的概率增加，继而发生掉块、垮塌等井下复杂的概率也大大增加，甚至可能会产生部分井眼报废等工程事故的风险[4-6]。深部地层岩石，在井底高温高压的作用下，毛细管吸水，产生高膨胀压导致垮塌。为了防止井壁的垮塌，通常采取提高钻井液密度、抑制地层的水化膨胀、增强钻井液的封堵性等方法，在川渝地区的深井破碎性地层的钻进中，起到了很好的效果。但是针对川渝地区，尤其是灯影组破碎性地层的防塌封堵的有效性研究较少，还存在技术瓶颈，在钻探中仍然屡次发生垮塌、卡钻的钻井复杂，是一个没有根本解决的钻井难题。因此亟需开展相应研究，提高钻井液对破碎性岩石的封堵，加强胶结的有效性，降低钻井液的滤液渗透和水化作用，进一步提升钻井液液柱的支撑效率，减缓破碎性岩石的垮塌风险。

1　破碎性地层垮塌机理研究

1.1　川渝地区破碎性地层裂缝分布特征

由于破碎性地层的岩石结构的复杂性，专门针对含有大量层理、微裂缝破碎性地层的研究很少。进入 20 世纪 80 年代以来人们逐渐加深了对硬脆性岩石的研究，认识到微裂缝的扩

作者简介：徐毅，工程师，硕士，1987 年生，毕业于中国石油大学(北京)应用化学专业，现从事钻井液技术研究工作。地址：成都市成华区猛追湾街 28-附 1 号；电话：15928171838；E-mail：xuyi1_ sc@cnpc.com.cn。

张效应是导致地层失稳的根本原因。破碎性地层与外部流体接触时，岩石中发育的微裂缝是流体进入其中的主要通道，水力压差和工作液与岩石地层水之间的化学势差是驱动工作液中水相进入破碎性地层内部的重要动力[7]。选取 2 口井灯影组的岩心，利用扫描电镜 SEM 测试了川渝地区破碎性地层的裂缝分布状态，结果如图 1 和图 2 所示。

图 1　某井 1 岩心放大 293 倍扫描电镜图　　　　图 2　某井 2 岩心放大 233 倍扫描电镜图

通过扫描电镜分析发现，该地区云岩微裂缝发育、性脆硬，裂缝的宽度大部分为 10~200μm，且纵横交错，最大裂缝宽度达到 206.87μm。当钻井液侵入地层后，井壁岩石吸水形成径向裂纹，滤液侵入越深，裂纹越深越宽，径向裂纹的产生进一步加剧微裂缝发育，最终导致井壁垮塌，所以封堵这些地层的微裂缝是防止井壁垮塌的一个重要途径和有效方法。

1.2　化学势差对破碎性地层裂缝扩展和垮塌的影响

钻井液与破碎性地层孔隙流体之间的化学势差是水和离子交换的动力之一。破碎性地层孔隙流体一般与钻井液存在不配伍性，水化阳离子、水化阴离子、无机盐离子、阴离子的浓度存在差别，故地层孔隙流体与钻井液之间有化学势差存在，水和各组分会在此化学势差的作用下发生扩散[8]。为观察和分析白云岩与钻井液间的化学势的作用，将采用多孔介质弹性理论分析化学势实验结果。化学势差对水平最小地应力方向孔隙压力、径向有效应力、周向有效应力分布影响实验结果如图 3 至图 5 所示。

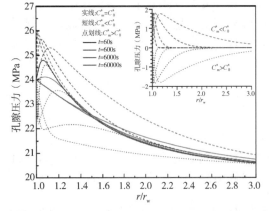

图 3　化学势差对水平最小地应力方向孔隙压力分布影响规律

图 3 至图 5 中，C_m^s 表示井眼内钻井液溶质浓度，C_0^s 表示地层初始溶质浓度。相比于 $C_m^s = C_0^s$ 情况，当 $C_m^s < C_0^s$ 时，化学势差驱动低浓度的钻井液溶剂向地层内运移，造成近井壁地带地层压力升高，当 $C_m^s > C_0^s$ 时，地层孔隙压力在近井壁地带随距井壁距离先降低后升高，表明化学势差产生的驱动力在近井壁范围内可以克服水力压差产生的驱动力，能够促使地层流体向井眼内流动，造成孔隙压力降低。当 $C_m^s < C_0^s$ 时，径向有效应力相比于 $C_m^s = C_0^s$ 时增大，幅度

最大值约 1.6MPa，径向有效应力有从压缩状态转变为拉伸状态的趋势。相对来说，周向有效应力对溶质浓度并不敏感，相比于 $C_m^s = C_0^s$ 时幅度变化不超过 0.6MPa。由此可见提高钻井液中溶质的浓度，有利于抑制钻井液中的液相向地层内的渗透，同时能够通过减小水平最小地应力方向的径向有效应力来实现抑制井壁剪切破坏。

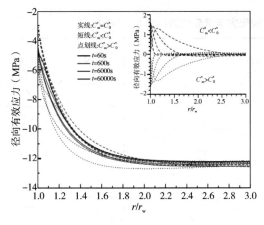

图 4　化学势差对水平最小应力
方向径向有效应力分布影响规律

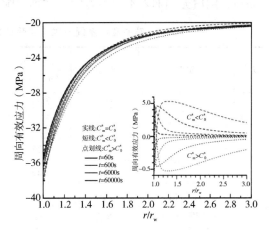

图 5　化学势差对水平最小地应力
方向周向有效应力分布影响规律

1.3　毛细管压力对破碎性地层裂缝扩展和垮塌的影响

当钻井液滤液与地层流体混溶时，钻井液与地层流体之间存在界面张力。由于泥云岩孔径很小，所以在两相界面上会产生一个附加力，即毛细管压力，毛细管压力将显著影响泥云岩中流体的运移，进而影响孔隙压力的传递和水化过程。由于灯影组泥云岩孔径很小，所以毛细管压力的值很大。当钻井液的滤液进入岩石中，由于毛细管力引起的高膨胀压，使岩石裂缝产生于同流体接触开始的极短时间内。通过降低钻井液体系的界面张力，进而降低两相界面的毛细管压力，可有效地延缓甚至阻止岩石中裂缝的形成和扩展，起到井壁稳定的作用。

2　灯影组破碎地层的钻井液体系研究

当地层岩石被钻开后，在压差与毛细管压力的共同作用下，钻井液滤液浸入岩石内部导致地层水化膨胀，裂缝面或层理面开裂，岩石强度下降，并且不断沿着裂缝横向纵向发展，造成井壁失稳。前面通过对灯影组破碎性地层垮塌机理的研究，可知封堵微纳米级裂缝及孔喉成了解决破碎性地层井壁失稳的关键。本文通过在常用防塌钻井液体系基础上应用以"DRF"理念为核心的多元多级复合封堵胶结技术，形成了一套适用于川渝地区灯影组破碎性地层的钻井液体系。

"DRF"技术理念指"柔性封堵原理+刚性封堵原理+韧性封堵原理"多元协同一致的综合应用技术，同时配以纳米级—微米级—毫米级甚至厘米级的封堵材料复合多级搭配。D 即 Deformablematerial（可变形材料如沥青类、树脂类、腐殖酸钙胶团类、纳米乳液封堵材料、聚合醇类、成膜剂类甚至黏土类等）；R 即 Rigidmaterial（刚性材料，如超细碳酸钙、超微石粉、超微锰粉、精细石墨粉等）；F 即 Fibermaterial（纤维材料，如绵纤维、纸纤维、雷特纤维等）。

2.1 钻井液体系配方优化

配制密度为 1.25g/cm³ 钻井液基浆，其配方为：清水+8%膨润土+0.3%~0.5%NaOH+4%~5%磺化褐煤+8%~10%磺化酚醛树脂+0.3%~0.5%CaO+5%~7%KCl+3%~5%润滑剂+重晶石，然后分别加入不同类型的封堵剂，配制成4组钻井液，其配方和性能见表1。

表1 钻井液体系配方优化实验钻井液配方与流变性能(150℃, 16h)

配方号	配方	实验条件	塑性黏度(mPa·s)	动切力(Pa)	动塑比[Pa/(mPa·s)]	Φ_6/Φ_3	pH 值
配方 1	基浆	滚前	22	8	0.36	2/1	10
		滚后	26	6	0.23	2/1	10
配方 2	基浆+1%CJD-1	滚前	26	8	0.31	3/2	10
		滚后	20	6	0.30	2/1	10
配方 3	基浆+3%NFA-25+4%YRZ-1	滚前	46	20	0.43	2/1	10
		滚后	40	18	0.45	4/3	10
配方 4	基浆+1%CJD-1+3%NFA-25+4%YRZ-1	滚前	48	21	0.44	3/2	10
		滚后	40	19	0.48	4/3	10

从表1可以看出，在基浆中加入 YRZ 和 NFA-25 黏度有所增加，在此基础之上再加入纳米封堵剂，流变性基本没有变化。

2.2 钻井液中颗粒粒径分布

用 S3500 激光粒度仪测试分析了上述4组钻井液粒径分布，其分析结果如图6所示。

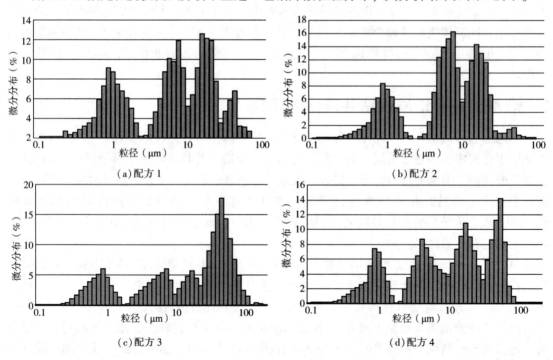

图6 钻井液粒径分布

由图6可知，在钻井液体系中加入纳米封堵剂、微米级封堵剂以及可变性封堵剂复配时，钻井液中颗粒的粒径在 $1 \sim 5 \mu m$，$10 \sim 15 \mu m$ 和 $75 \sim 80 \mu m$ 的峰值较明显，而且不同粒径的颗粒分布比较均匀，能有效封堵灯影组云岩孔喉 $10 \sim 100 \mu m$ 的裂缝。

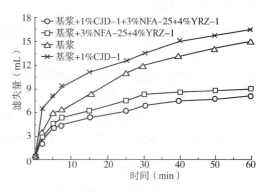

图7 加入不同类型封堵剂的
钻井液渗透性封堵滤失量

2.3 渗透性封堵评价

采用 Fann PPA 渗透率封堵性测试仪进行渗透性封堵评价，分别测定4种钻井液的渗透性封堵滤失量和观察封堵后瓷盘表面的滤饼照片，结果如图7和图8所示。由图7和图8可看出，随着时间的变化，基浆+1%CJD-1+3%NFA-25+4%YRZ-1 渗透性封堵滤失量最小且陶瓷表面渗透性最不明显。

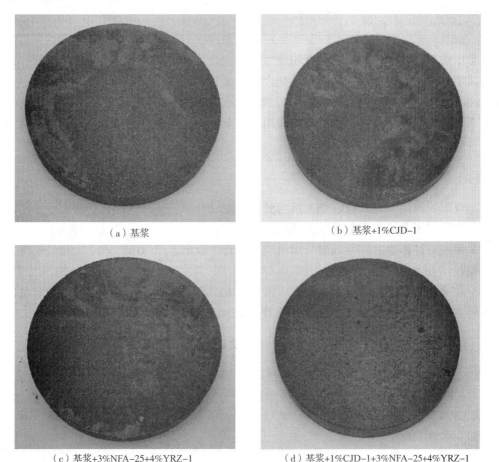

（a）基浆　　　　　　　　　（b）基浆+1%CJD-1

（c）基浆+3%NFA-25+4%YRZ-1　　　　（d）基浆+1%CJD-1+3%NFA-25+4%YRZ-1

图8 防塌水基钻井液封堵实验陶瓷表面滤饼照片

实验结果表明，当纳米封堵剂与微米级封堵剂以及可变性封堵剂复配时，即在基浆中再加入 1%CJD-1+3%NFA-25+4%YRZ-1 后，能显著提高钻井液对破碎性地层长期作用的封堵效果，有助于进一步降低钻井液滤饼渗透率，提高井壁稳定性。

3 现场应用

川渝地区某井属于川中古隆起高石梯构造水平井，目的层为灯二段。设计井深6608m，垂深5437m。该井共进行了3次侧钻，地层破碎和应力集中，阻卡频繁。在第三次侧钻过程中，考虑到地层存在垮塌掉块的风险，在该井钻进灯二组前试验应用了以"DRF"理念为核心的多元多级复合封堵胶结技术。

取该井井浆按室内实验配方加入纳米封堵剂、微米封堵剂以及可变性封堵剂，对加入前后分别进行高温高压性能测试、Fann PPA 渗透率封堵性测试、HPIT 可视化钻井液封堵性测试。测试结果见表2。

表2　川渝地区某井实验钻井液配方与流变性能（150℃，16h）

项目	高温高压滤失量（150℃）（mL）	Fann PPA 渗透仪滤失量 150℃（mL）	HPIT 可视渗透	
			浸入深度（mm）	承压能力（MPa）
井浆	7	6.4	45	3
井浆+1%CJD-1+3%NFA-25+4%YRZ-1	6.8	2	7	6

在常用防塌钻井液体系基础上应用以"DRF"理念为核心的多元多级复合封堵胶结技术，即在井浆中加入纳米封堵剂、微米封堵剂以及可变性封堵剂后，虽然高温失水降幅不明显，但是 Fann 渗透率失水降低明显，HPIT 可视渗透浸入深度明显降低，承压能力达到6MPa，封堵效果显著。后续通过在该井的现场应用，完全解决了该井灯二段的垮塌问题，阻卡率为零，且井径扩大率仅为9.2%。

4 结论

（1）灯影组地层裂缝发育、钻井液与破碎性地层孔隙流体之间的化学势差、毛细管力引起的高膨胀压三者共同作用是导致井壁垮塌的机理。

（2）通过对灯影组破碎性地层垮塌机理的研究，提出了以"DRF"理念为核心的多元多级复合封堵胶结技术。

（3）在常用防塌钻井液体系基础上应用以"DRF"理念为核心的多元多级复合封堵胶结技术，通过在现场应用可以显著提高钻井液对川渝地区破碎性地层的长期封堵效果。

参 考 文 献

[1] 罗文军, 季少聪, 刘义成, 等. 四川盆地高石梯—磨溪地区震旦系灯影组白云岩溶蚀差异实验研究[J]. 中国岩溶, 网络首发: 1-10.

[2] 杨成, 王海军, 王东, 等. 川西南井研地区灯影组沉积相及沉积模式[J]. 东北石油大学学报, 2020, 44(5): 59-69, 106, 8.

[3] 李博文, 周正, 李俱双, 等. 川中地区震旦系灯影组沉积微相研究[J]. 内蒙古石油化工, 2020, 46(9): 5-6.

[4] 张春林, 古光平, 刘德平, 等. 四川盆地震旦系灯二段水平井段优快钻井技术——以高石123井为例[J]. 天然气勘探与开发, 2020, 43(2): 53-58.

[5] 胡大梁, 欧彪, 张道平, 等. 川深1超深井钻井优化设计[J]. 钻采工艺, 2020, 43(2): 34-37, 2-3.

[6] 王睿, 王兰. 川中震旦系灯影组井壁失稳机理及防塌钻井液技术[J]. 钻采工艺, 2019, 42(2): 108-

111，7.

［7］王睿，王兰，陶怀志，等．震旦系灯影组井壁失稳机理及防塌钻井液技术研究［A］//中国石油学会天然气专业委员会．2018 年全国天然气学术年会论文集(04 工程技术)［C］．中国石油学会天然气专业委员会：中国石油学会天然气专业委员会，2018：7.

［8］梁文利．涪陵破碎性地层井壁失稳影响因素分析及技术对策［J］．天然气勘探与开发，2018，41(2)：70-73，82.

［9］刘雪芬，李松．破碎地层漏失损害机理及漏失控制对策［J］．陇东学院学报，2016，27(5)：91-94.

［10］王德忠，王立谦．聚硅醇防塌钻井液的研究与应用［J］．科技致富向导，2009(4)：120-121.

负压振动筛在西南地区应用效果初步研究分析

李旭斌　　曲明生　　姚如钢　　张继国

（中国石油集团长城钻探工程有限公司钻井液公司）

【摘　要】　本文对比了对当前国内市场上两种主要负压筛的基本结构和工作原理，为了验证负压振动筛的实际使用效果，在西南地区进行了3次现场取样并化验分析，发现：负压筛与常规筛相比，其处理后的钻井液性能几乎无变化，而钻屑含液率(体积)可降低10%以上。同时，对采用负压振动筛的部分井进行了综合数据的收集整理，发现：负压振动筛同常规振动筛相比，每百米进尺可以减少钻井液消耗量 $3 \sim 7 m^3$，减少废弃物产生量 $8 \sim 14t$，具有非常好的经济效益和环保效益。

【关键词】　负压振动筛；技术路线；取样分析；岩屑含液率；废弃物减量

钻井液振动筛是石油钻井固控系统中的关键设备，用于钻井液中有害固相的清除和钻井液液相及有益固相的回收。作为5级固控体系中的第一道程序，具有最先、最快、最多分离钻井液内有害固相的特点，其筛分效率的高低直接决定着整个固控体系处理能力的好坏。近年来，随着国内油田开发难度增加，钻井技术向"更快、更深、更安全、更环保"[1]方向不断发展，对钻井液固相控制要求越来越高，特别是国内环保要求日益严格，各大油气公司纷纷提出现场"零排放"的工作目标，因此如何能够有效降钻屑含液率，提高废弃物减排能力，成为各钻探公司的迫切需求。而常规振动筛受振动强度因素的制约，在筛网使用目数越来约高的今天，普遍出现了处理量不足、糊筛、跑冒钻井液、钻屑含液率高等问题，渐渐不能完全满足现场需要，因此一种新型固控设备——负压振动筛被提了出来。负压振动筛与常规振动筛的最大区别是将振动筛的振动筛分能力与负压装置的真空过滤能力结合在一起，在提高钻井液处理量的同时，通过负压抽吸作用显著降低过筛钻屑附着的液相含量，从而达到钻井废弃物减排的效果。负压振动筛可以算是近20年来钻井液固控设备的最大一次技术升级。

1　国内主要负压振动筛厂商及其技术路线

近几年来，国内对负压振动筛技术的研究逐渐增多，西南石油大学的侯勇俊教授针对新型负压振动筛进行了部分理论研究工作[2-3]，长江大学的吕志鹏和周思柱等也申请了多个负压振动筛相关专利[4-5]，以阿里圣姆公司、河北冠能公司、四川宝石机械公司和成都西部公司等为代表性的振动筛制造企业也在积极探索负压振动筛技术，出现了一批相关负压设备。

当前国内负压振动筛按照基本结构和工作方式的不同，大体上可以分为两大类：第一类是以四川宝石机械公司和成都西部公司为代表的滚动履带式负压筛，其技术特点是：与挪威 Cubility 公司 MudCube 真空过滤装置工作原理相似，采用高频微振技术和真空负压技术来提高钻井液透筛率，降低钻井液消耗。第二类是以阿里圣姆公司 ALSMFY/L-4×Ⅱ-B 型及河北冠能公司 ViST 型为代表的振动型负压筛，其技术特点是：与 MI-SWACO 公司负压振动筛技术路线类似，在常规振动筛的结构基础上，在振动筛筛床出口处(第3张或第4张筛网下)加装负压装置，使流经筛面上的固相颗粒不仅受到激振力的作用，还受到负压的抽吸作用，从而使废弃固相含液量进一步降低。

1.1 滚动履带式负压筛

如图1[6]所示，该设备采用柔性的筛网并绷紧在特殊的输送履带上，履带旋转时不断驱动筛网随履带一起做周而复始的运动，在上部筛网下有一固定的真空盘，并与气液分离器和真空泵相连；该装置工作时，钻井液从上部入料端的料斗进入上部筛网面上，在真空的吸附作用下，钻井液和大量的空气透过筛网，进入气液分离器，而钻屑吸附在筛网面上随筛网向出料端移移，到达出料端后，在重力作用下掉落到钻屑储存盒，还黏附在筛网面上的钻屑，在循环到下部时，靠出料端设置的空气刀对筛网进行吹扫和清洁；为了保持在固液分离过程中具有较高效率，在上层链条下部的真空盘内部设置有多个空气激振器，激振器使筛网产生高频微幅振动，增加钻井液的透筛效率。

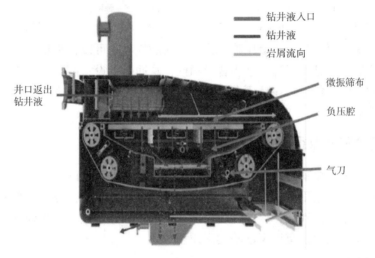

图1 滚动履带式负压筛三维结构示意图

滚动履带式负压筛能够有效提高固体清除效率，减少钻井液损耗，最大限度地减少废物量并保持钻井液完整性能，可完全替代常规钻井液振动筛的使用[7]。但由于目前负压筛现场应用较少，无相关经验可以借鉴，钻井现场常采用2+1模式，即2台负压筛+1台备用常规振动筛。该型负压筛当前最大的问题是单台设备配套成本较高(单台配置成本在200万元以上)，同时采用的新型柔性筛网技术还不成熟，筛网使用成本过高(筛网未实现国产化，价格在1万元左右，使用寿命在150h以下)，影响了其在钻井现场的推广和应用。

1.2 振动型负压筛

如图2[8]所示，当振动型负压筛工作时，从井口返出的钻井液进入负压筛筛面，首先一部分钻井液经过未安装负压装置的第一张和第二张筛网处理后直接回到循环罐中，剩余的钻井液和岩屑流动到第三张和第四张筛网时，此时负压发生器工作，负压发生器产生的负压通过柔性负压管作用于筛网下面，使筛面上下形成一定的气压差，流经筛面上的钻井液和固相颗粒不仅受到振动筛激振力的作用，还受到负压的抽吸作用，从而增加钻井液液相的透筛能力，使废弃固相附着的液相含量进一步减少。透筛后的钻井液进入钻井液收纳盒，在负压抽吸和重力的作用下通过柔性负压管进入气液分离器，完成气液分离后回到循环罐进行循环再利用。

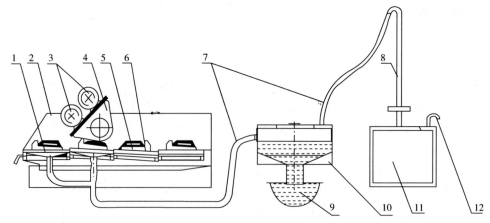

图2 振动型负压筛基本工作原理示意图

1—真空盘；2—筛框；3—激振电动机；4—电动机座；5—筛网张紧楔块；6—筛网；

7—柔性负压管；8—负压立管；9—循环罐；10—气液分离器；11—真空泵；12—排气口

振动型负压筛与滚动履带式负压筛相比，最大的优势是可以在常规普通振动筛的结构基础上进行负压改造，并且使用当前常规普通筛网，从而降低设备配套和使用成本。同时，在钻井现场应用时，该种负压筛在负压系统出现问题时，可以作为常规振动筛继续使用，无需专门配置常规振动筛备用。

2 现场负压振动筛取样分析

为了深入了解负压振动筛现场实际应用效果，就当前西南地区正在使用的几种负压振动进行了现场考察，并对采用负压振动筛的3口井进行了取样分析，分别测量了过负压振动筛和过常规振动筛的钻井液性能，以及经负压振动筛处理和经常规振动筛处理的钻屑性质，通过这些参数的对比，来验证负压振动筛实际应用效果。

2.1 钻井液常规性能测试

从表1中数据可以看出，在使用相同目数筛网的情况下，负压筛处理后的钻井液流变性能同常规筛相比几乎没有任何变化，固相含量和低密度固相含量轻微降低。这是因为负压筛的负压抽吸作用虽然会将少部分钻井液固相吸入循环系统中，但负压抽吸对附着在岩屑颗粒上的液相的吸入能力更强，相对吸入量更多，起到了一种轻微的"稀释作用"，造成固相含量和低密度固相含量相对的轻微降低。表1为负压振动筛对钻井液常规性能的影响表。

表1 负压振动筛对钻井液常规性能的影响

序号	设备类型	样品来源	钻井液密度（g/cm³）	漏斗黏度（s）	AV（mPa·s）	PV（mPa·s）	YP（Pa）	YP/PV	初切/终切（Pa/Pa）	固相含量（体积分数）（%）	LGS(体积分数)（%）	油水比
1	滚动履带式负压筛	过常规筛钻井液	2.21	97	93.5	82	11.5	0.14	1.75/3.5	45.7	12.68	83/17
		过负压筛钻井液	2.21	96	92	80	12	0.15	1.75/3.5	44.8	11.69	83/17

序号	设备类型	样品来源	钻井液密度（g/cm³）	漏斗黏度（s）	AV（mPa·s）	PV（mPa·s）	YP（Pa）	YP/PV	初切/终切（Pa/Pa）	固相含量（体积分数）（%）	LGS（体积分数）（%）	油水比
2	振动型负压筛	过常规筛钻井液	2.27	98	72	58	14	0.24	2/6.5	43.7	4.99	84/16
		过负压筛钻井液	2.27	98	72.5	59	13.5	0.23	2/6.5	42.7	4.18	84/16
3	振动型负压筛	过常规筛钻井液	1.63	63	26.5	22	4.5	0.20	1/4.5	28.4	11.68	87/13
		过负压筛钻井液	1.62	65	27	23	4	0.17	1/4	27.1	9.96	87/13

2.2 钻屑含液率测试

从表 2 中的数据可以看到，不论是滚动履带式负压筛还是振动型负压筛，其处理后的岩屑含液率（体积分数）可普遍降低到 30% 以内，同常规筛相比，钻屑含液率可减少 10%～20%。从图 3 中可以明显看出，经过负压振动筛处理后的岩屑比常规筛更加干燥，含液率更低，这也是表 2 中数据的直观证明。表 2 为负压振动筛对钻屑性质的影响，图 3 为三次取样得到的岩屑的实物对比图。

表 2　负压振动筛对钻屑性质的影响

序号	设备类型	样品来源	密度（g/cm³）	固相含量（体积分数）（%）	含液率（体积分数）（%）	油水比
1	滚动履带式负压筛	过常规筛岩屑	2.28	58.3	41.7	87/13
		过负压筛岩屑	2.38	75.6	24.4	87/13
2	振动型负压筛	过常规筛岩屑	2.30	61.5	38.5	88/12
		过负压筛岩屑	2.39	71.8	28.2	88/12
3	振动型负压筛	过常规筛岩屑	2.03	51.2	48.8	88/12
		过负压筛岩屑	2.27	72.2	27.8	88/12

注意：（1）表 1 和表 2 中，每次取样时普通筛与负压筛使用的筛网目数和类型保持一致；（2）表 1 和表 2 中数据不同井，不同钻井液体系以及不同类型负压筛进行取样，相互之间有性能差异。

3　废弃物减量数据收集及预测

为了预测负压振动筛在废弃物减量方面的实际效果，对西南地区采用负压振动筛的部分井进行了钻井综合数据的收集整理。因为负压振动筛当前配置成本较高，滚动履带式负压筛单台配套成本为几百万元，振动型负压筛虽然可以通过对常规振动筛的改造而降低成本，但

过负压振动筛岩屑

过常规振动筛岩屑

（a）第1次取样

过负压振动筛岩屑

过常规振动筛岩屑

（b）第2次取样

过负压振动筛岩屑

过常规振动筛岩屑

（c）第3次取样

图3　三次取样获得的岩屑实物对比图

单台改造成本也在几十万元以上，同时考虑到油基钻井液的配制成本比水基钻井液高的多，且其钻井废弃物对生态环境造成的影响也严重得多，因此，主要对这些井的油基钻井液段进行了钻井液消耗和废弃物减量方面的分析预测。

　　常规振动筛相关数据来源于中国石油长城钻探工程公司钻井液公司西南项目部近几年的综合统计数据，负压振动筛相关数据来源于四川威远地区采用了国内某一品牌负压筛的几口作业井的钻井数据，将各井油基段进尺、钻井液消耗、岩屑出量等数据分别累加再平均，来预估其平均钻井液消耗量和废弃物产生量。表3为负压筛废弃物减量及钻井液回收效果测算表。

　　根据表3可知：负压振动筛每百米进尺可以减少钻井液消耗量 $3\sim7m^3$，减少废弃物产生量 $8\sim14t$，若按西南地区单井平均 2500m 油基段测算，负压筛可减少油基钻井液消耗 $75m^3$

以上，减少废弃物产生量200t以上。同是，由于取样的油基钻井液密度为2.0~2.2g/cm³，因此可预估废弃物减量200t中大概有75%以上是由于负压筛回收了本来要被钻屑携带出循环体系的钻井液来实现的，也就是说负压筛能够实现钻井废弃物减量的主要原因是可以降低钻屑所携带的液相的含量即岩屑的含油率，而不是因为将原本排除的有害固相重新吸回循环体系。

综上，在废弃物减量和钻井液回收方面，负压振动筛同常规振动筛相比效果非常明显，具有非常好的经济效益和环保效益。

表3　负压筛废弃物减量及钻井液回收效果测算表

设备类型	总进尺 （m）	总钻井液消耗量 （m³）	总废弃物产生量 （t）	每百米进尺钻井液平均消耗量（m³）	每百米进尺废弃物平均产生量（t）
负压振动筛	5511	369	858	7	16
常规振动筛	—	—	—	10~14	24~30
效果对比(减量)	—	—	—	3~7	8~14

4　结论及展望

（1）从现场取样的测试数据来看，与常规振动筛相比，负压振动筛能显著降低筛分出来的钻屑含液率，提高钻井液回收效率，降低废弃物处理压力。经负压筛处理后岩屑含液率(体积分数)可普遍降低到30%以内，同常规筛相比，含液率可减少10%~20%。

（2）在使用相同目数筛网的情况下，同常规振动筛相比，经负压筛处理后的钻井液的常规流变性能几乎没有任何变化，固相含量和低密度固相含量轻微降低。

（3）从废弃物减量方面看，负压振动筛同常规振动筛相比，每百米进尺可以减少钻井液消耗量3~7m³，减少废弃物产生量8~14t，具有非常好的经济效益和环保效益。

（4）负压筛能够实现钻井废弃物减量的主要原因是可以降低钻屑所携带的液相的含量即岩屑的含油率，而不是通过减少钻屑排放、降低固控设备清除有害固相的能力来实现的。

综上所述，负压振动筛作为一种新生事物，虽然其技术工艺并未完全成熟，但其在减少钻井液损耗，降低岩屑含液率，提高废弃物减量效果，减轻环境影响因素等方面都有着常规振动筛无法比拟的优势，具有非常好的经济效益和环保效益，因此国内各大固控设备生产厂家都在积极尝试研制生产，国内各大钻探公司也在积极地试验和推广，具有非常好的应用前景。

致谢

对中国石油长城钻探工程公司钻井液公司西南项目部、阿里圣姆公司和四川宝石机械公司对本论文撰写及现场取样过程中的大力支持，谨致谢意！

参 考 文 献

[1] 高峰. 钻井工艺发展现状及趋势[J]. 科技与企业，2014(25)：125.

[2] 侯勇俊，王钰文，方潘，等. 脉冲负压振动设备：CN206071498U[P]. 2017.

[3] 侯勇俊，李文霞，吴先进，等. 负压钻井液振动筛上固相颗粒物运移规律研究[J]. 工程设计学报，2018，25(4)：465-471.

［4］吕志鹏，周思柱．钻井液回收固控装置：CN205532404U［P］．2016.

［5］周思柱，吕志鹏，等．负压钻井液回收处理装置：CN105657592A［P］．2016.

［6］张羽臣，林家昱，谢涛，等．履带式负压振动筛在海洋平台钻井废弃物处置中的应用［J］．能源化工，2021，42（1）：61-65.

［7］向兴华．MUDCUBE 自动化封闭式固控系统［J］．钻采工艺，2018，41（4）：122.

［8］李文霞．负压振动筛筛分机理研究［D］．成都：西南石油大学，2018.

高润滑强抑制水基钻井液在昭通页岩气示范区的应用

张志磊[1]　唐守勇[2]　杨　洪[1]　任　晗[1]　杨　峥[1]　程荣超[1]　张　雁[1]　张　蝶[1]

(1. 中国石油集团工程技术研究院有限公司；
2. 中国石油浙江油田公司天然气勘探开发事业部)

【摘　要】　昭通太阳区块页岩气开发以水基钻井液为主，应用过程中面临着井壁易失稳、摩阻扭矩过大、钻井液流变性不易控制、使用成本较高等问题。在地层岩石矿物组成分析的基础上，提出了水基钻井液技术对策，通过核心处理剂的室内研发和优化完善，构建了高润滑强抑制水基钻井液体系。在满足基础性能的基础上实现了部分关键性能的大幅提升，活性黏土线性膨胀率降幅达25%以上，高密度极压润滑系数低至0.06以下，现场摩阻系数降幅20%以上。现场应用效果表明，该水基钻井液具有良好的稳定泥页岩井壁和润滑减阻的能力，平均井径扩大率低至2.14%，平均机械钻速较试验前提高30%以上，钻井液重复使用率可达50%以上，平均单井钻井液费用降低25%以上，经济效益突出。

【关键词】　水基钻井液；页岩气；水平井；井壁稳定；经济性

昭通页岩气示范区位于上扬子地台西南缘，区内沉积有下古生界富有机质海相页岩，具备有利于页岩气形成的地质条件，是我国页岩气勘探开发的重要有利区之一。位于示范区东部的太阳区块浅层页岩气水平井普遍采用水基钻井液进行作业，基本能够满足打成井的现场作业需求。但是随着开发区域不断扩大和钻井作业量不断增加，施工过程中在水基钻井液体系抑制性、流变性以及大斜度井段润滑等方面仍然暴露了许多不足：井径扩大率偏大，部分井甚至高达15%以上；二开开钻后钻井液黏度持续快速上涨，循环设备负荷高，不利于岩屑床清除，对复合钻进提速以及滑动定向均产生了不利影响；钻进后期摩阻不断升高，井眼轨迹复杂时，滑动钻进托压严重；钻井成本压力大，钻井液综合性价比有待进一步提高。在当前低成本、高效益的油气开发新形势和新需求下，迫切需要结合昭通页岩气示范区地质条件特点，针对性地开展新型水基钻井液优化完善工作，以达到提质降本增效的目的。

1　储层岩性特征分析

滇黔北昭通国家级页岩气示范区目的层岩性主要为灰色—黑色页岩。水平段储层有效孔隙度为2.7%～6%，平均约4.2%；渗透率一般小于1mD，有的甚至小于1μD；总有机碳(TOC)含量为2.8%～3.6%，平均约3.3%。从储层页岩岩样的矿物成分分析可知，该地层矿物主要成分为石英和黏土矿物(图1)。其中石英含量最高，平均值约为33.1%；黏土矿物含量在18.5%～42.4%之间，黏土矿物含量差别较大，平均含量约为32.4%；方解石平均

基金项目：中国石油集团公司科技项目《恶性井漏防治技术与高性能水基钻井液现场试验》(项目编号：2020F-45)。

作者简介：张志磊，高级工程师，博士，毕业于中国地质大学(北京)岩石矿物材料学专业，现从事钻井液技术研究工作。电话：010-80162083；E-mail：zhangzhidr@cnpc.com.cn。

含量约14.5%，此外还含有一定量的长石、白云石和黄铁矿，平均含量分别约为6.9%，8%和5.1%。通过岩屑滚动回收实验可以看出（表1），龙马溪组岩屑在清水中老化16h后，烘干4h和24h的回收率分别为95.2%和94.8%，滚动回收率较高，回收岩屑棱角分明，无明显水化分散特征。

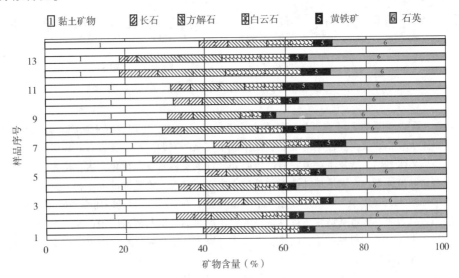

图1 龙马溪组岩样矿物组成

表1 岩屑清水滚动回收率

老化前质量（g）	烘干4h质量（g）	烘干24h质量（g）	清水回收率（%）	岩屑状态
50	47.6	—	95.2	颗粒分明
50	—	47.4	94.8	颗粒分明

从储层段岩样扫描电镜图中可以看出（图2），测试岩样中纳微米级孔隙发育，孔隙直径主要分布在0.2~10μm，微裂缝长度可达107μm，开度在5μm左右，孔隙尺度分布较宽。除微米级微裂缝的存在，大量小孔径纳米级孔隙的存在会大幅增强储层段页岩的毛细管效应，钻井液滤液易沿孔隙进入地层，与页岩发生作用，影响井壁稳定性。从接触角测试结果可以看到（图3），龙马溪组页岩水接触角平均值为30.6°，油滴在岩样表面呈完全铺展状态，该地层岩样表现出既亲水又亲油的特性。

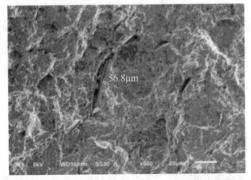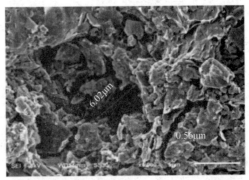

图2 龙马溪组页岩岩样扫描照片

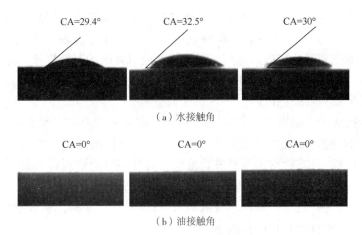

（a）水接触角

CA=0°　　　　　CA=0°　　　　　CA=0°

（b）油接触角

图3　储层段岩样的水表面接触角（CA）

2　钻井液技术难点

由于多期地质构造的叠加作用，昭通页岩气示范区内发育有不同程度的断层、天然裂缝以及破碎带，加之受高地应力和地层倾角的影响，异常高压和高坍塌应力地层普遍存在，需要使用具有良好抑制、封堵和润滑能力的高密度水平井钻井液[1]。水平井钻井液技术面临如下难题：

（1）地质构造复杂。受多期构造运动作用，昭通页岩气示范区具有典型的走滑山地特点，储层段各向异性明显，地层倾角变化和地应力差值均较大，水平段钻进难度高[2]。

（2）溶蚀地貌漏失风险大。表层属于典型的喀斯特地貌，钻遇溶洞、地下暗河后易造成方井塌陷和地表蹿漏，堵漏难度大；茅口组—栖霞组岩性主要为石灰岩，漏失频率高、漏失量大，存在井壁稳定和井漏的矛盾；水平段钻遇五峰组石灰岩地层存在较高的井漏和井塌风险，长水平段井漏处理难度大、损失时间长。

（3）地层压力大，气侵溢流风险高。根据测井解释资料预测龙马溪组存在异常高压，压力系数在1.6~2.0之间，钻井液密度要求高，流变性控制和井漏防治难度大幅提升。

（4）龙马溪组和五峰组等地层易垮塌。下志留统龙马溪组岩性主要为厚层泥岩、页岩，五峰组全段以黑色泥页岩为主，两种岩层水平层理和裂缝发育，脆性矿物含量高，井壁失稳风险大。

（5）目的层厚度相对较薄，较薄的区块箱体厚度仅2~4m，断层及褶皱发育，地质导向难度高，井眼轨迹复杂。加之水平段长，水垂比大，井底岩屑不易清洁，堆积形成岩屑床，导致钻进扭矩、摩阻增大，卡钻风险高。

3　水基钻井液技术对策与体系构建

3.1　水基钻井液技术对策

通过储层岩性特征分析可知，示范区内龙马溪组页岩组成以石英等脆性矿物和伊利石等非强水敏黏土矿物为主，岩样在清水中浸泡后并无明显水化分散现象，有利于井壁稳定。但是从页岩储层岩样的扫描电镜和表面润湿性实验可以看出，测试页岩岩样微孔隙和微裂缝发育，且孔径分布较宽，常规钻井液体系中封堵剂尺寸单一，且颗粒直径较大，无法有效封堵地层中的微小孔隙，应加强钻井液对页岩纳微米级孔的封堵作用，提高井壁稳定性。在此情况下，既亲水又亲油的"双亲"表面润湿特性更增加了亲和滤液在微小孔隙中的毛细效应，使得水基钻井液滤液易沿孔隙进入地层，弱化钻井液对井壁的有效支撑，并逐步形成不稳定井眼环境。同时，页岩在较高碱性环境下存在一定程度的溶蚀现象[3-11]，高碱性水基钻井液的长期使用容易增加井壁失稳风险。

基于上述分析认为，昭通页岩气示范区页岩气水平井水基钻井液的构建应遵循以下要点：(1)针对储层矿物的非强水敏性特征，加强渗透水化控制，降低滤液的运移驱动力，减少滤液向地层的运移；(2)针对微裂缝发育地层，提升多级运移通道的封堵能力，减少滤液向地层的运移；(3)针对储层矿物"双亲"表面特性，加强表面润湿调节能力，提高渗液向地层深处的运移阻力；(4)进一步提高钻井液润滑性；(5)进一步提高钻井液重复利用率。

3.2 高润滑强抑制水基钻井液体系构建

基于技术对策分析，通过强化钻井液的抑制、封堵和润滑性能，形成了一套具备良好润滑能力和强抑制能力的水基钻井液体系。

(1)抑制性评价。

针对泥页岩试样浸泡初期的水化膨胀差异和长效抑制问题，研制优化了一种具备活性黏土早期水化控制和长效稳定抑制能力的复合抑制剂 FTYZ。如表 2 所示，页岩滚动回收率≥98%，膨润土线性膨胀率较优化前降幅可达 25%以上。

表 2　钻井液体系抑制性对比评价

测试样	页岩滚动回收率(%)	膨润土线性膨胀率(%)
优化前	97.6	55
优化后	99.08	41
现场水基钻井液	98.9	52
油基钻井液	99.85	11

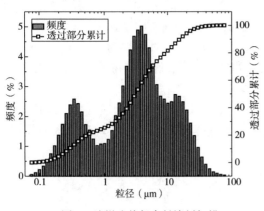

图 4　滤饼改善复合封堵剂扫描
电镜和粒径分布图

(2)封堵性评价。

页岩地层的层理和微裂缝比较发育，存在大量的微纳米孔隙，常规封堵材料形成的封堵层具有一定的渗透性，且无法封堵页岩地层的纳、微米孔缝。通过粒度分析、纳米滤膜、微米砂盘等评价手段，评价优选了系列封堵材料，并结合储层段岩样孔隙分布特征，制备了一种具有微米聚集态(10~100μm)和纳米分散态(60~500nm)粒度分布复合封堵材料。从图 4 的粒径分布中可以看出，该封堵剂材料与页岩地层孔隙有较好的匹配度，可提高钻井液的封堵效率，起到稳定井壁的作用。通过进行常规性能和封堵效率实验可以看出(表 3)，复合封堵剂可以明显降低钻井液滤失量，且封堵效率由基浆的 71.8%提高到 90.2%，具有良好的封堵性能[12]。

表 3　封堵材料的性能评价

配方	FL_{HTHP}(mL)	封堵效率(%)
钻井液加重配方	14.4	71.8
钻井液加重配方+3%复合封堵	9.5	90.2

（3）润滑性评价。

通过室内研究，研制了特种液体润滑剂 TRH，其可在钻具表面及滤饼表面形成憎水膜，从而降低摩阻。采用 EP 极压润滑仪评价其润滑效果，并与常用的脂肪酸类润滑剂对比，从表 4 中可以看出，与常用的脂肪酸类润滑剂相比，在密度为 2.05g/cm³ 的钻井液体系中加入润滑剂后，润滑系数明显降低，降低率为 26%，润滑效果明显优于常规钻井液润滑剂。

表 4　润滑剂性能评价

配方序号	配方	PV(mPa·s)	YP(Pa)	Gel(Pa/Pa)	润滑系数
配方 1	高密度钻井液配方	51	10	2/3	0.206
配方 2	配方 1+2%TRH	53	14.5	3/4.5	0.086
配方 3	配方 1+3%脂肪酸类润滑剂	56	18	5/6.5	0.152

4　现场应用

高润滑强抑制水基钻井液体系先后在昭通页岩气示范区阳 105H2 平台等 7 口井进行了现场试验，取得了良好的应用效果，显示了良好的井壁稳定性、润滑性和可重复利用性，为作业区钻井提速降本增效提供了良好的技术支撑。

阳 105H2 井组是部署在四川台坳川南低陡褶带南缘太阳背斜东翼的一组水平开发井组，水平段目的层为下志留统龙马溪组，采用二开井身结构，预计钻遇地层层序自上而下依次为二叠系乐平组、茅口组、栖霞组、梁山组，志留系韩家店组、石牛栏组、龙马溪组。

其中阳 105H2-6 井为该平台第一口采用高润滑强抑制水基钻井液进行水平段作业的井，实钻过程中由于地层倾角变化大，轨迹切入五峰组和宝塔组，在宝塔组钻进 300 余米后，经轨迹调整着陆 A 靶点，造斜及水平段轨迹较复杂，最大井斜角 83.5°（图 5）。面对较高的施工难度，应用过程中水基钻井液性能稳定，取得了良好试验效果。

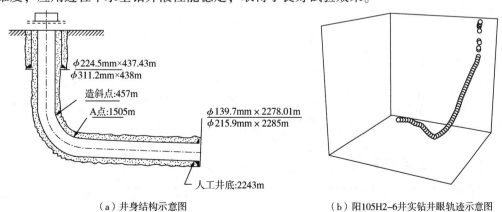

（a）井身结构示意图　　　　　　　（b）阳105H2-6井实钻井眼轨迹示意图

图 5　井身结构示意图和阳 105H2-6 井实钻井眼轨迹示意图

（1）钻进过程中无明显掉块，钻屑成型度好（图6），井壁稳定性较邻井有大幅提升，平均井径扩大率仅 2.14%（图7），远低于前期水基钻井液施工井。

（a）水平段钻屑　　　　　　（b）地质岩屑　　　　　　（c）现场钻井液

图6　阳 105H2-6 井水平段钻屑、地质岩屑以及现场钻井液

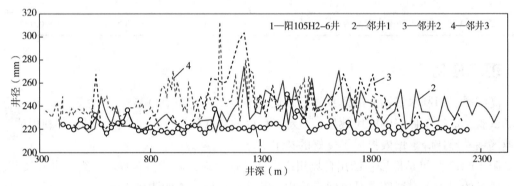

图7　阳 105H2-6 井与邻井井径对比

（2）定向作业顺利，无明显托压，起下钻顺畅，下钻到底，平均机械钻速达 10m/h。

（3）现场测试滤饼黏附系数较邻井降低达 20% 以上，显示了良好的润滑性。完钻后电测、下套管均一次成功，作业顺利。

（4）钻井液能够保持较好的流变性（图8），有利于大斜度及水平段井眼清洁，完钻后 2 次通井简化为 1 次通井。

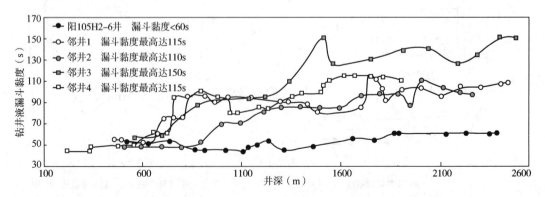

图8　阳 105H2-6 井与邻井钻井液漏斗黏度对比

5 结论

（1）基于致密页岩储层渗透膜效应以及表面润湿调节等理论认识，通过控碱控溶、强活度控制、疏水表面改性等技术手段，大幅提升了水基钻井液对泥页岩水化和溶蚀的抑制能力，有效减缓硬脆性页岩的毛细效应，达到抑制泥页岩井壁水化失稳和岩屑分散造浆的目的。

（2）具有微米聚集态（10~100μm）和纳米分散态（60~500nm）的封堵材料，能够在提供多级封堵效果的同时帮助快速形成架桥介质，优化滤饼质量，进一步减少滤液向地层的运移，提升井壁稳定效果。

（3）通过强吸附基团和极压组分进一步改善吸附润滑效果，能够有效提升高密度、高矿化度钻井液的极压润滑性能，极压润滑系数降低可达 20% 以上，能够满足长水平段水基钻井液润滑性需求。

（4）水基钻井液的使用减少了钻井废弃物处理费用，同时该钻井液体系重复利用率达50% 以上，使用成本大幅降低，综合性价比突出。

参 考 文 献

［1］梁兴，王高成，张介辉，等. 昭通国家级示范区页岩气一体化高效开发模式及实践启示［J］. 中国石油勘探，2017，22（1）：29-37.

［2］梁兴，徐进宾，刘成，等. 昭通国家级页岩气示范区水平井地质工程一体化导向技术应用［J］. 中国石油勘探，2019，24（2）：226-232.

［3］Viani B E，Roth C B. Direct Measurement of the Relation between Interlayer Force and Interlayer distance in the Swelling of Montmorillonite［J］. Colloid Interface Sci.，1996，229-244.

［4］Low P F. Structural Component of the Swelling Pressure of Clays［J］. Langmuir，1987，3（1）：18-25.

［5］Cheng-Fa Lu. A New Technique for the Evaluation of Shale Stability in the Presence of Polymeric Drilling Fluid［R］. SPE 14249. 1988.

［6］Hong Huang. Numerical Simulation and Experimental Studies of Shale Interaction with Water-based Drilling Fluid［R］. SPE 47796. 1998.

［7］Hale and Mody F K. Experimental Investigation of the influence of Chemical potential on wellbore stability［R］. IADC/SPE 23885，1992.

［8］谭先锋，田景春，李祖兵，等. 碱性沉积环境下碎屑岩的成岩演化—以山东东营凹陷陡坡带沙河街组四段为例［J］. 地质通报，2010，29（4）：535-543.

［9］陈忠，罗蛰潭，沈明道，等. 由储层矿物在碱性驱替剂中的化学行为到砂岩储层次生孔隙的形成［J］. 西南石油学院学报，1996，18（2）：15-19.

［10］Southwick J G. Solubility of Silica in Alkaline Solutions：Implications for Improving Flooding［J］. SPE Journal，1985，25（6）：857-864.

［11］Mohnot S M，Bae J H，Foley W L. A Study of Mineral/Alkali Reactions［R］. SPE Reservoir Engineering，1987，SPE13032：653-663.

［12］闫丽丽，李丛俊，张志磊，等. 基于页岩气"水替油"的高性能水基钻井液技术［J］. 钻井液与完井液，2015，32（5）：1-6.

广谱强封堵油基钻井液在威 204 区块
深层页岩气的研究与应用

兰 笛 彭云涛 刘胜兵 王 刚 曾小芳 张继国

(中国石油长城钻探工程公司钻井液公司)

【摘 要】 川南地区龙马溪组页岩地质情况复杂、破碎性强，钻进过程中易发生失稳、掉块、岩屑床等问题，易造成严重的塌、卡、漏、长时间划眼等复杂情况，严重制约了页岩气的高效开发。基于龙马溪组孔缝尺寸分布特征研究成果，结合现场试验工艺措施优化，形成了一套适用于页岩气复杂井的广谱封堵油基钻井液技术，并在威 202 区块多口复杂井成功应用，取得了很好的使用效果。但在威 204 区块现场推广应用中，因埋藏深、密度高、黏切高、泵排量受限，水力冲刷不足，岩屑床划眼、井漏等复杂情况趋于严峻。在工程地质一体化的协同下，基于水力学模拟预测结果指导，发展形成"低黏低切"的广谱强封堵油基钻井液技术，在威 204H14 平台进行推广应用，取得了多项施工纪录，施工效率大幅提高。该技术为页岩气开发提质提效提供了重要技术支撑，应用前景广阔。

【关键词】 页岩气；油基钻井液；广谱封堵；岩屑床；水力学计算

随着我国能源结构的调整，天然气需求量不断增加，川渝页岩气的高效开发对缓解能源矛盾、加速经济发展具有重要意义[1,2]。四川威远页岩气示范区是中国最早的具有商业价值的页岩气田[3]，据中国石油报报道，2019 年 10 月 21 日，威远区块已达日产千万立方米规模。实钻经验表明，龙马溪组页岩地层岩石近水平层理、微裂缝十分发育，胶结弱，易解理，各向异性特征显著，纵向缝的沟通，进一步加剧了地层的破碎性和不稳定性[4-7]，施工过程中的掉块、垮塌以及卡钻等难题已成为阻碍其提速提效的重要技术瓶颈[8-9]。据统计，2018—2019 年间，长宁—威远页岩气示范区完钻井 614 口，三开卡钻 106 井次，埋旋转导向仪器 26 串，不仅浪费了大量人力、物力和财力，还严重阻碍了页岩气勘探开发提质提效。

2019—2020 年，中国石油长城钻探工程公司(简称长城钻探)钻井液公司形成了一套适用于页岩气复杂井的封堵油基钻井液技术，并在威 202 区块成功应用，取得很好的使用效果。但在威 204 区块现场推广应用中，因埋藏深、密度高、黏切高、泵排量受限，水力冲刷不足，岩屑床划眼、井漏等复杂情况趋于严峻。在工程地质一体化的协同下，基于水力学模拟预测结果指导，发展形成"低黏低切"的广谱强封堵油基钻井液技术，在威 204H14 平台进行推广应用，取得了多项施工纪录，施工效率大幅提高。该技术为页岩气开发提质提效提供了重要技术支撑，应用前景广阔。

作者简介：兰笛，男，硕士研究生，现就职于中国石油长城钻探工程公司钻井液公司。地址：四川省内江市威远县二环路西南段 203 号(西南项目部)；电话：13384276819；E-mail：land. gwdc@cnpc. com. cn。

1 前期油基封堵技术成果

1.1 页岩气油基封堵技术要求

前期研究表明，威远页岩气田龙马溪组主力储层伊利石等脆性矿物含量高（59%～81%），膨胀性黏土矿物含量较低，纳微米孔缝发育、层理薄、弱面结构发育，且脆性指数总体较高（龙一$_1^1$小层最高，达到78.9%），属于典型的硬脆性泥页岩地层。孔隙压力传递造成坍塌压力升高是引起该类泥页岩井壁失稳的重要因素，油基钻井液封堵能力不足（强度不够）时容易出现"井壁失稳—提高密度—短暂稳定—加剧滤液侵入—坍塌恶化"的恶性循环[7]。加强油基钻井液封堵能力，成为业内研究重点方向之一。

通过地层孔缝尺寸分布特征研究，龙马溪组页岩层理特别发育，多处可见裂缝交叉，裂缝中有方解石填充，胶结弱（图1）。扫描电镜的研究结果（图2）显示[7,10]，目的层岩心孔缝尺寸分布特征为：$D_{10}=0.70\mu m$，$D_{50}=2.29\mu m$，$D_{90}=8.91\mu m$。基于及2/3架桥理论，龙马溪组裂缝封堵粒子粒径分布宜为：$D_{10}=469nm$，$D_{50}=1.53\mu m$，$D_{90}=5.97\mu m$。然而，现场井浆粒径分析显示（图3），其粒径分布为：$D_{10}=3.6\mu m$；$D_{50}=10.8\mu m$；$D_{90}=35.3\mu m$。显然，现场井浆对目的层孔缝的匹配性较差，缺少纳微米级封堵粒子，常规尺寸封堵剂难以形成有效架桥封堵。

图1　取心岩样

1.2 油基钻井液封堵技术研究

通过大量室内实验及现场试验，逐步优化形成了1套适用于四川页岩气的封堵强化方案，即原井浆+（1%～2%）纳米封堵剂+（1%～2%）柔性封堵剂A，封堵粒子匹配性显著提高[10]，从现场应用井性能来看，高温高压滤失量（150℃）由前期的4～5mL降低至1～2mL，滤饼厚度由2～3mm降低至0.5～1.5mm，油基钻井液封堵性能显著优于同期施工某油服公司（图4）。自2018年下半年至2019年底，累计在威202区块现场应用19口井[7]，非压裂水侵井，万米进尺倒划眼耗时由前期的1044h降为350h，井壁稳定性显著提高。

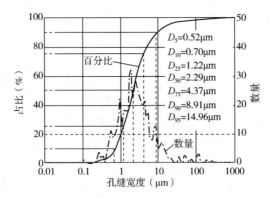

图 2　取心岩样裂缝孔隙分布

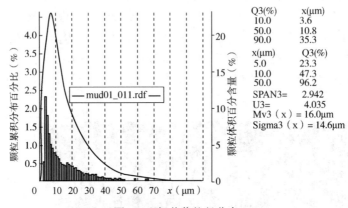

图 3　现场井浆粒径分布

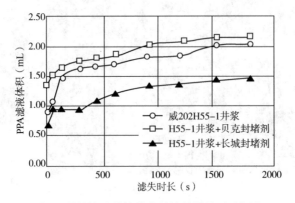

图 4　强封堵油基钻井液封堵效果及对比评价

2　威 204 区块面临的问题和主要技术措施

2.1　面临的问题

　　威 202 区块平均埋藏深度为 2600~3100m，而威 204 区块平均埋藏深度为 3400~3800m。威 202 地层预测压力系数为 1.80~1.90，威 204 地层预测压力系数为 1.82~2.06，在 2020 年完成 2 个平台 8 口井钻井液密度为 2.12~2.25g/cm³，完成 2 个平台施工情况见表 1。

表 1　2020 年威 204 深层页岩气 2 个平台四开油基施工情况

井号	井深 (m)	水平段长 (m)	机械钻速（m/h）		完钻周期 (d)	万米划眼时间(h)	施工密度 (g/cm³)	后期排量 (L/s)	备注
			旋导	螺杆					
威 204H21-1	5646	1506	7.25	5.69	40.79	140	2.14~2.17	29	3350-3976 旋导
威 204H21-2	5520	1500	5.18	7.06	26.38	92	2.09~2.15	30	3293-4001 旋导
威 204H21-3	5450	1500	6.4		33.65	265	2.15~2.18	31	全旋导
威 204H21-4	5450	1500	8.97		18.79	140	2.15~2.18	31	全旋导
威 204H23-5	5840	2000	6.65		52.71	395	2.14~2.20	29	全旋导
威 204H23-6	5835	2000	4.05	4.71	67.88	656	2.16~2.25	27	3180-4463 旋导
威 204H23-7	5850	2000	6.66	5	55.62	507	2.15~2.19	30	3174-5012 旋导
威 204H23-8	5950	2000	6.76	5.29	40.98	71	2.15~2.19	29	3220-4678 旋导
平均	5693	1751	6.49	5.55	42.1	283		29.5	

可以看出，威 204H21 及 H23 平台四开施工周期平均 42.1 天，平均施工周期比 W202 区块同期长，旋导和螺杆机械钻速都比较慢。究其原因，是因为钻井液密度高、黏切高，循环压耗较高，进而导致泵排量受限，水力冲刷不足，易形成岩屑床，增加了划眼时间损耗。因此，迫切需要通过优化流变性，提高封堵能力，降低钻井液密度，合理控制当量循环密度，以提高机械钻速。

2.2　主要技术措施

2.2.1　密度优化

邻井威 213 井依据测井数据预测结果(图 5)，结合井控细则，施工密度控制在 2.18g/cm³ 以上。本平台(威 204H14)页岩段地层孔隙压力系数范围为 1.82~2.06，坍塌压力系数范围为 1.57~1.72，破裂压力系数范围为 2.41~2.53。通过加强钻井液封堵性能和流变性优化，钻井液施工密度控制在 2.00~2.05g/cm³。

2.2.2　流变性能优化

基于 HYDPRO 水力学软件和威 204H14-1 井设计井身轨迹，在其他参数不变情况下，计算了不同钻井液性能和泵排量对 ECD 及岩屑床分布情况的影响，如图 6 和图 7 所示。图 6(a) 及图 7(a) 钻井液密度 2.16g/cm³，钻井液六速旋转黏度计读数为 172/101/75/45/9/6（广谱封堵油基钻井液典型性能参数），排量 1.74m³/min；图 6(b) 及图 7(b) 钻井液密度 2.05g/cm³，钻井液六速旋转黏度计读数为 138/77/55/32/5/4（低黏低切广谱封堵油基钻井液典型性能参数），排量 2.10m³/min。

通过计算可以看出，本计算钻具处于井底，没有进行短起下破坏岩屑床的条件下，密度降低、流变参数改善(低黏低切)、泵排量提高，岩屑床平均厚度同比降低 40%，能有效减少岩屑床引起的划眼风险。在排量提高的情况下，密度降低、流变参数改善，低黏低切广谱封堵油基钻井液 ECD 同比降低了 0.1g/cm³ 以上，更有利于防止井漏发生。

2.2.3　关键施工工艺措施

（1）按照新老浆 2∶1 比例进行现场配置油基钻井液，钻井液密度 2.05g/cm³ 进行替浆作业，按照替浆作业流程，前置清水冲刷保障替浆效率；

（2）扫塞完调整各项钻井液性能，小型实验优化流变和封堵，按照比例封堵剂入井；

（3）在井斜 45°至落靶之前穿层施工中，强化封堵剂加量至 3%，提高封堵性，防止掉块，出现扭矩异常，使用重浆清扫掉块；

（4）进入水平段，根据地质破碎带提示情况，加强封堵，降低密度，并根据 HYDPRO 水力学计算，优化流变参数，定期使用稀塞冲刷破坏岩屑床。

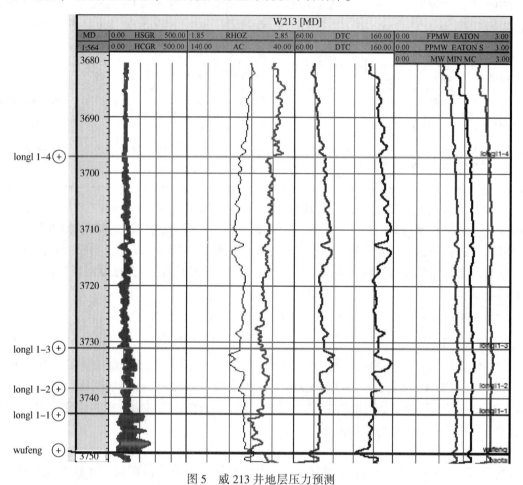

图 5　威 213 井地层压力预测

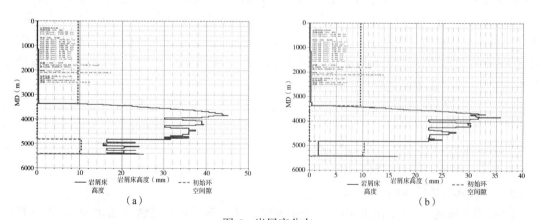

图 6　岩屑床分布

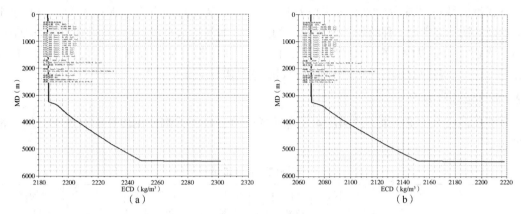

（a）   （b）

图7　钻井液当量循环密度(ECD)分布

3　现场应用效果分析

3.1　现场性能控制

现场使用三口井，老浆使用比例在30%以内，在井斜45°至落靶之前穿层施工中，强化封堵剂加量至3%，提高封堵性，防止掉块，出现扭矩异常，使用重浆清扫掉块（图8、图9）。进入水平段，根据地质破碎带提示情况，封堵和流变性必须兼顾，不能因为只追求封堵而导致钻井液黏切很高，根据 HYDPRO 水力学计算，优化流变参数，定期使用稀塞冲刷破坏岩屑床，钻进500m进行短起破坏岩屑床。

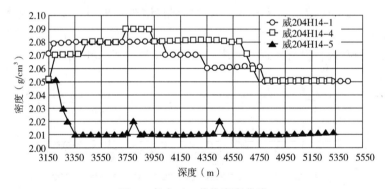

图8　完成三口井的密度曲线

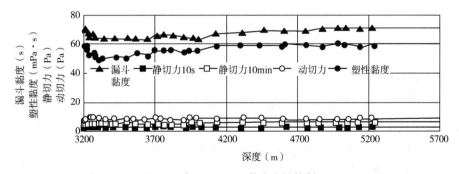

图9　威204H14-5 井流变性控制

从密度曲线可以看出，随着水平段延长，水平段 ECD 逐渐升高后保持不变，因此水平段逐渐降低钻井液密度，保持钻井液低黏低切。三口都保持水平段控制塑性黏度在 62mPa·s 以内，终切在 7Pa 以内，漏斗黏度 80s 以内，从而使得钻井泵保持较高排量，环空返速在 1.2m/s 以上，有效减少岩屑床，从而减少划眼钻具震动导致的掉块。

3.2 现场试验井效果

优化后的技术方案，在威 204H14 平台现场试验 3 口井，都使用旋转导向施工，施工情况见表 2。

表 2　现场试验井施工情况

井号	井深（m）	水平段长（m）	四开机械钻速（m/h）	四开完钻周期（d）	四开万米划眼时间（h）	油基进尺（m）	后期排量（L/s）
威 204H14-1	5450	1510	9.66	14.58	23	2204	35
威 204H14-4	5320	1500	10.7	16	12	2141	35
威 204H14-5	5351	1526	10.74	14.48	2	2120	35
平均	5374	1512	10	15	12	2155	35

由于完成的 204H23 平台最后水平段 2000m 较长，试验井和水平段相当的威 204H21 平台对比，通过统计数据可以看出，威 204H14 平台平均机械钻速 10m/h，钻速同比提高 43%（21 平台旋导平均 6.95m/h），完钻周期缩短 49.8%（21 平台平均 29.9 天），划眼减少 95.7%（21 平台平均 283h），其中威 204H14-4 井创造区块钻井周期、钻完井周期及四开最快机械钻速纪录。

试验井 3 口在降低密度施工情况下，通过加强封堵改善流型，没有出现掉块引发的复杂情况。对 204H14-4 测井井径可以看出（图 10），四开 φ215.9mm 井眼平均井径扩大率 4.4%，水平段冲刷有效，没有出现岩屑床的假缩径情况导致起下钻困难。

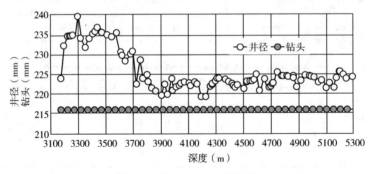

图 10　威 204H14-4 井井径

4　结论与认识

（1）川南区块龙马溪页岩强破碎性以及压裂水侵引起的地层失稳是近年威远页岩气三开施工面临的重要技术难题。面对新的挑战，优化形成了广谱强封堵油基钻井液技术。实验显示，广谱强封堵油基钻井液流变性、封堵性、抗污染性良好。

（2）通过工程地质一体化和 HYDPRO 水力学计算，在保障封堵满足井壁稳定情况下，尽可能的保持"低黏低切"的广谱强封堵油基钻井液技术在威 204H14 平台成功应用，机械钻速同比提高43%，达到提质增效的目的。

（3）完善施工设计、改进工程措施、优化井眼轨迹等多种手段配合"低黏低切"广谱强封堵油基钻井液的施工，可有效降低井壁失稳风险。

参 考 文 献

[1] 张所续. 世界页岩气勘探开发现状及我国页岩气发展展望[J]. 中国矿业，2013，22(3)：1-3.

[2] 范厚江. 世界页岩气勘探开发现状[J]. 油气地球物理，2013，11(2)：37-41.

[3] 朱梦月，秦启荣，李虎，等. 川东南 DS 地区龙马溪组页岩裂缝发育特征及主控因素[J]. 油气地质与采收率，2017，24(6)：54-59.

[4] 王森，陈乔，刘洪，等. 页岩地层水基钻井液研究进展[J]. 科学技术与工程，2013，13(16)：4597-4598.

[5] 樊朋飞. WY-CN 龙马溪组页岩水平井井壁坍塌失稳机理研究[D]. 成都：西南石油大学，2016：10-12.

[6] 唐文泉，高书阳，王成彪，等. 龙马溪页岩井壁失稳机理及高性能水基钻井液技术[J]. 钻井液与完井液，2017，34(3)：22-24.

[7] 左京杰，张振华，姚如钢，等. 川南页岩气地层油基钻井液技术难题及案例分析[J]. 钻井液与完井液，2020(3)：294-300.

[8] Stevens S T，Moodhe K D，Kuushraa V A. China shale gas and shale oil resource evaluation and technical challenges[R]. SPE 165832，2013.

[9] Mkpoikana R，Dosunmu A，Eme C. Prevention of shale instability by optimizing drilling fluid performance[C]. SPE 178299，2015.

[10] 姚如钢，左京杰，张振华，等. 随钻强封堵油基钻井液技术研究与应用[C]//2018 年石油工程钻井液与完井液新技术研究会论文集[M]. 香港：中国经济文化出版社有限公司，2018：277-284.

吉林油田页岩油藏井壁稳定机理分析及对策研究

王立辉[1] 于 洋[2] 白相双[2] 谢 帅[2] 孙明昊[1] 杨 峥[1] 任 晗[1] 张菊康[3]

(1. 中国石油集团工程技术研究院有限公司；2. 中国石油吉林油田公司钻井工艺研究院；
3. 中国石油物资采购中心)

【摘　要】　吉林油田总体进入非常规资源勘探阶段，页岩油作为主要接替资源是目前重点攻关方向。吉林地区页岩油主要划分为大情字井外前缘和大安—乾安两个区带，开采主要采用"水平井+体积压裂"技术，但该地区地质条件复杂、地层压力系数异常、页岩地层极不稳定，水平井仍使用油基钻井液体系。油基钻井液及废弃物处理总体成本高，环保压力大，重复利用技术不成熟，制约了页岩油低成本高效勘探开发，亟需开展强封堵高性能水基钻井液技术研究，为页岩油资源勘探、示范建设和商业化开发提供技术支撑。

　　针对井壁坍塌机理，室内优选了微纳米级强封堵剂、强抑制剂，封堵剂快速有效地封堵泥页岩的层理和微裂缝、阻止压力传递和钻井液滤液侵入地层，强抑制剂减少滤液侵入地层后黏土矿物的水化膨胀。结合室内钻井液流变性、滤失造壁性、抑制性能、封堵性能分析、润滑性等实验，优化形成了针对性的钻井液技术配方，满足页岩气水平井高效勘探开发需求。

【关键词】　页岩油藏；水基钻井液；井壁稳定机理；抑制性；封堵能力；滤饼质量

吉林油田总体进入非常规资源勘探阶段，勘探对象更加复杂，寻找经济可采储量难度加大。如何突破非常规资源勘探开发瓶颈，实现油气资源可持续接替是下一步重点攻关方向。

吉林地区页岩油主要划分为大情字井外前缘和大安—乾安两个区带，初步落实有利区面积 5000km^2，具备 53×10^{8}t 资源潜力。前期通过工程地质一体化共同攻关，取得一定突破：新 380 井和查 34-6 井青一段常规测试分别获得日产 2.5m^3 和 11.2m^3 高产油流，新 373 井姚二+三段和嫩一段页岩裂缝油藏射孔后常规求产，获得日产 10.23m^3 高产油。但井壁稳定问题突出、钻井液成本高，制约着页岩油气水平井勘探开发。

目前页岩开采主要采用"水平井+体积压裂"技术，吉林地区页岩地层层理、微裂缝发育，地层稳定性差，通过前期钻井对页岩地层井壁稳定取得了一定认识，但水平井施工仍采用油基钻井液体系，钻井液及废弃物处理总体成本高，环保压力大，制约了页岩油低成本高效勘探开发，亟需开展强封堵高性能水基钻井液技术研究，为页岩油资源勘探、示范建设和商业化开发提供技术支撑。

①基金项目：中国石油集团重大现场试验项目"恶性井漏防治技术与高性能水基钻井液现场试验"（2020F-45）和"8000m 级复杂超深井优快钻完井技术集成与应用"（编号：2019D-4210）。

②吉林油田课题：大情字井页岩油水平井高效钻完井技术研究及应用——高性能水基钻井液技术优化与试验。

作者简介：王立辉，男，汉族，中国石油集团工程技术研究院有限公司，所长助理，高级工程师，目前主要从事钻井液技术研究。地址：北京市昌平区黄河街 5 号院 1 号楼；电话：15810891294；E-mail：wanglhdri@cnpc.com.cn。

1 页岩油地层井壁失稳机理分析

井壁稳定问题制约着页岩油气水平井大规模勘探开发，目前地质认识不清，工程处于试验阶段，钻直井应用水基钻井液体系，复杂情况不断。如何实现用水基钻井液体系保证水平井安全施工，首先需要研究并认识页岩地层坍塌机理。

通过对页岩的微观结构特征分析、理化性能评价及力学特性分析等实验，揭示了页岩矿物组成、微纳米结构特征及表面吸附特性，明确了页岩地层井壁失稳机理，为目前在用的钾胺基钻井液体系处理剂优选提供了理论依据。

1.1 页岩地层矿物组分分析

页岩地层脆性矿物含量高，黏土矿物含量和成分不同，坍塌机理不同。大情子井外前缘页岩脆性矿物含量较高（80%），黏土矿物含量平均为24%，以伊利石为主，其次为伊/蒙混层和绿泥石，属于薄层砂岩夹层型页岩油，薄层砂岩是以粉砂岩和泥质粉砂岩为主，少量细砂岩，页岩层理不发育，地层相对比较稳定（图1至图5）。页岩孔隙度为3%~5%，渗透率<0.01mD，砂岩储层的孔隙度为7%~12%、渗透率为0.5~3mD。

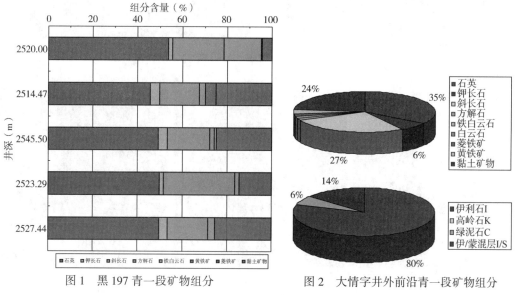

图1　黑197青一段矿物组分　　　　图2　大情字井外前沿青一段矿物组分

图3　黑201井棕色粉砂岩　　图4　乾262井灰色泥质粉砂岩　　图5　大86井页岩

大安—乾安页岩脆性矿物含量为40%～60%，黏土矿物含量为20%～50%，以伊利石为主，页岩孔隙度为3%～5%，渗透率<0.01mD，页岩储层孔径是以纳米级为主(10～40nm)，块状泥岩5～10nm。水敏性矿物含量低，但存在伊/蒙混层，加上脆性指数高，水化膨胀引起应力集中，导致硬脆性泥页岩剥落；同时，页岩存在微裂缝，层理发育，页理密度为2～5层/cm，单层2～5mm，黏土片层之间间距大，钻井液滤液沿裂缝侵入产生水化，引起应力集中，导致硬脆性泥页岩的剥落，如图6至图9所示。

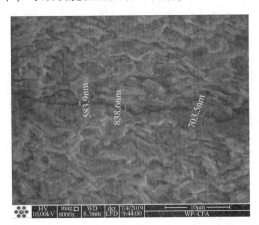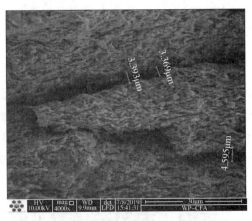

图6 塔页1井页岩电镜扫描纳微米级裂缝

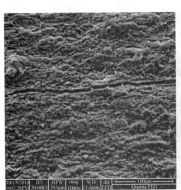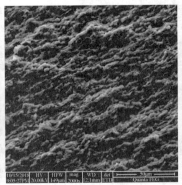

图7 新北页岩电镜扫描微裂缝、层理发育

结论：

（1）页岩地层脆性矿物含量高，黏土矿物以伊利石为主，其次含有伊/蒙混层、绿泥石和少量高岭石。

（2）页岩地层层理、微裂隙发育，裂缝宽度为纳微米级，强化封堵能力应该是钻井液性能设计与优化中必须首先解决的问题。

（3）页岩孔隙度3%～5%，渗透率<0.01mD，页岩储层孔径以纳米级为主，为10～40nm，砂岩储层的孔隙度7%～12%、渗透率0.5～3mD。

1.2 岩心浸泡实验

通过岩心浸泡实验和岩心抗压强度实验，评价页岩地层稳定程度。分别取塔页1井、新380井和德深50井页岩地层岩心浸泡于清水中，德深50井页岩致密，基质纳米级孔喉不发育，液体不易进入岩石；塔页1井和新380井页岩地层水敏性较强，一旦有液体接触岩石，马上沿着层理和微裂隙进入地层，随即发生裂解、崩塌，但膨胀性和水化分散能力弱，属于典型硬脆型页岩(图10)。

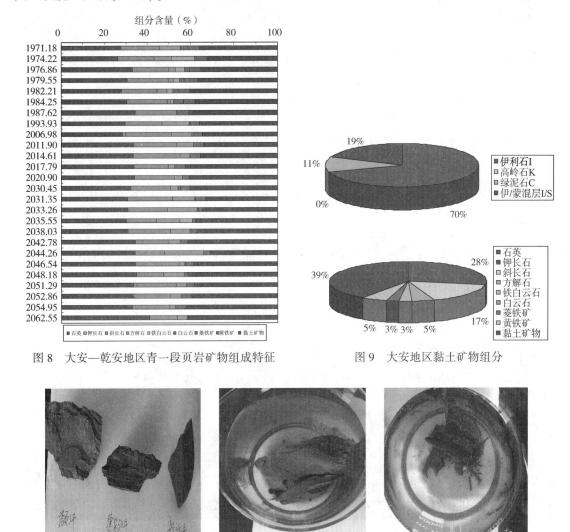

图8　大安—乾安地区青一段页岩矿物组成特征　　　　图9　大安地区黏土矿物组分

图10　岩心浸泡实验

岩石在钻井液中浸泡8h后抗压强度试验呈现的规律是：油包水钻井液中岩石强度>水包油钻井液中岩石强度>水基钻井液岩石强度>清水，但是抗压强度相差不大(图11)。

结论：在正压差及毛细管力的作用下，钻井液滤液沿裂缝或微裂缝侵入地层。一方面可能诱发水力劈裂作用，加剧井壁地层岩石破碎；另一方面，提高钻井液与地层中黏土矿物和有机质的作用概率及作用程度，加剧地层强度降低和井壁失稳。

1.3　岩心润湿实验

通过岩心润湿实验，评价页岩地层亲水、亲油特性，对钻井液体系优选提供理论依据(图12，表1)。

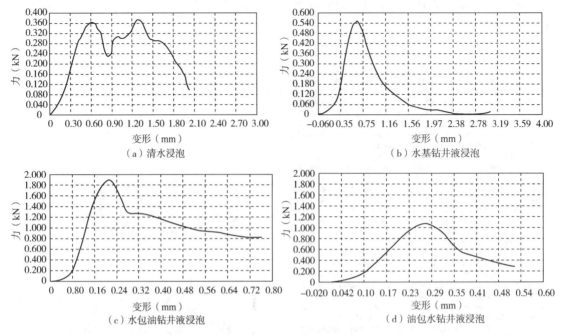

（a）清水浸泡

（b）水基钻井液浸泡

（c）水包油钻井液浸泡

（d）油包水钻井液浸泡

图 11　岩石在钻井液中浸泡 8h 后抗压强度试验曲线

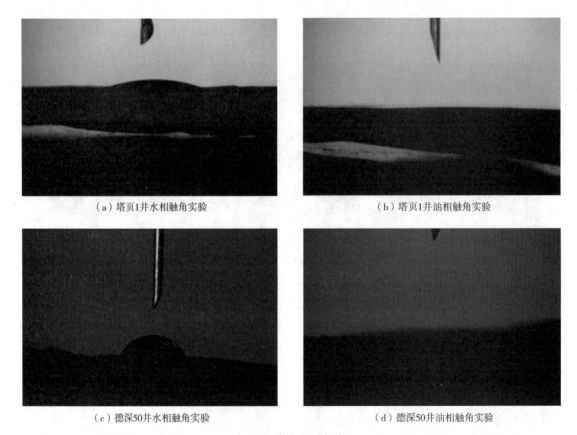

（a）塔页1井水相触角实验

（b）塔页1井油相触角实验

（c）德深50井水相触角实验

（d）德深50井油相触角实验

图 12　岩心润湿实验

表1 接触角实验结果

井　号	油相接触角/(°)	水相接触角/(°)	井　号	油相接触角/(°)	水相接触角/(°)
塔页1井	铺展	17.50	德深50井	铺展	69.13

塔页1井和德深50井的岩心接触角实验所得出的结论基本一致：

(1) 岩心即亲油又亲水。应阻缓压力传递和滤液侵入地层，减少滤液进入地层引起膨胀分散和垮塌。

(2) 采用油基钻井液时，油相滤液侵入易引起油相与有机质相互作用(吸附、溶解、溶胀等)，不同类型有机质溶解溶胀特征不同，所产生的溶胀压力或溶剂化膜斥力也不相同，引起地层内部应力不平衡，地层强度降低，易造成地层沿层理、裂缝断面发生剥落和坍塌。

1.4　小结

吉林地区泥页岩井壁失稳根本原因在于以下三个层次，且三方面因素同时产生：

(1) 当泥页岩与钻井液接触时，在水力梯度和化学势梯度的驱动下，引起水和离子的传递，泥页岩发生表面水化。

(2) 在正压差以及毛细管力作用下，钻井液中的自由水通过发育的微裂缝迅速进入地层深部，泥页岩发生内部水化。

(3) 由于伊利石和蒙脱石的水化膨胀速率不同，产生的膨胀压不等，使层间受力不均，会产生层间散裂。在两种黏土矿物的共同水化作用下泥页岩强度降低，产生剥落坍塌。

2　井壁稳定钻井液对策研究

针对吉林油田泥页岩地层特点，井壁稳定对策可以从抑制性和封堵性两方面考虑：

(1) 提高钻井液整体抑制能力，引入小分子抑制剂，降低泥页岩水化程度和趋势；

(2) 提高钻井液滤饼质量，采用大分子护壁剂材料在井壁形成有效的内外滤饼，提高井壁承压能力；

(3) 提高钻井液封堵能力，引入纳米封堵材料，采用多级粒径材料匹配，阻止钻井液以及自由水和离子侵入岩层内部。

2.1　提高钻井液抑制性能

针对常用钻井液抑制剂不能有效抑制泥页岩表面水化的问题，通过开展分子结构设计，开展了新型聚胺抑制剂的合成研究工作，通过对多羟基化合物进行接枝、交联等，并在分子链上引入胺基，最终合成出新型低聚醇胺类抑制剂；胺基、羟基赋予其强吸附、强抑制作用，该产品含有悬浮胶状物，可黏附在井壁上形成一层保护膜，具封堵作用，保护井壁(图13，表2)。

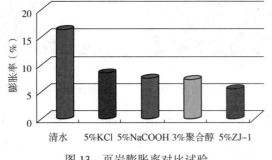

图13　页岩膨胀率对比试验

表 2　页岩滚动回收率对比试验

配　　　方	16h 膨胀率(%)	岩屑回收率(%)
清水	15. 28	69
5%KCl	8. 15	78. 85
5%NaCOOH	7. 3	94. 28
3%聚合醇	7. 2	74. 25
5%ZJ-1	3. 5	96. 13

2.2　提高钻井液封堵能力

　　钻井液在泥页岩纳米—微米级孔隙和微裂缝中的压力传递是导致井壁失稳的主要原因，而传统的封堵剂(例如磺化沥青)无法对纳微米级孔隙进行有效封堵。由烷基磺酸盐、烷基酯、交联剂等聚合反应生成的多元聚合物，通过特种工艺加工成微纳米颗粒的封堵材料，分子链上带有多种吸附基团，能牢固地附着在泥页岩表面，其粒径分布区间为 40~120nm，易于封堵泥页岩地层的孔隙和层理，阻止水及钻井液进入地层，缓解钻井液对泥页岩地层的渗透水化作用。

　　通过分析滤纸、不同浓度微纳米封堵剂的滤饼与 4%浓度膨润土基浆滤饼的微观形貌差异，可以直观地展现微纳米封堵剂的封堵和降滤失机理。由图 14 可见，膨润土滤饼颗粒间的孔隙甚至比滤纸自身的孔隙还要大，而微纳米封堵剂滤饼尽管也有孔隙，但是相对膨润土却小得多，颗粒堆叠的要致密得多。这就是为什么仅仅 0.4%浓度的微纳米封堵剂就要比4%膨润土基浆降滤失效果好的原因。

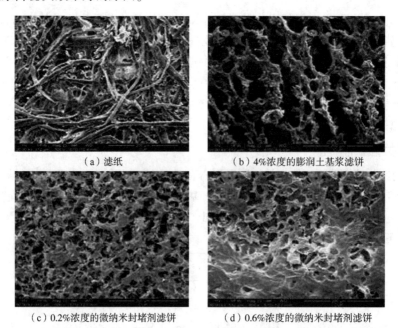

（a）滤纸　　　　　　　　　　（b）4%浓度的膨润土基浆滤饼

（c）0.2%浓度的微纳米封堵剂滤饼　　　（d）0.6%浓度的微纳米封堵剂滤饼

图 14　滤纸、4%浓度的膨润土基浆滤饼、0.2%和 0.6%浓度的微纳米封堵剂滤饼的扫描电镜图片

　　此外，通过图的比较可以看出，0.2%浓度的微纳米封堵剂滤饼的孔隙要明显大于 0.6%浓度的微纳米封堵剂。仔细观察可以发现，浓度无论是 0.2%还是 0.6%，尽管滤饼表面的微纳米封堵剂颗粒确实为薄膜状结构，但是却并没有按照预想的一样完全平铺开，折皱情况

较为严重，降低了实际利用面积，从而导致相邻的薄膜难以按照"瓦片"结构相连而形成完全无缝的一体化薄膜。因此，微纳米封堵剂浓度越低(0.2%)，滤饼内能够相互接触的颗粒也就越少，颗粒间的孔隙也就越大。而对于浓度相对较高的微纳米封堵剂(0.6%)，尽管薄膜状颗粒依旧是折皱的，但是由于单位体积内的颗粒数量大，依然可以在很大程度上相互连接形成一体化无缝薄膜。

结论：微纳米封堵剂相对于传统封堵剂具有封堵泥页岩纳米—微米级的孔隙和微裂缝，阻止钻井液自由水以及压力向近井壁泥页岩地层的侵入和传递的能力。因此选微纳米封堵剂为优化配方封堵剂。

2.3 封堵剂粒径配比

优选微纳米封堵剂主要针对页岩纳微米级孔隙和裂缝进行封堵，但针对硬脆泥岩破碎段、孔隙、裂缝发育的地层，需要不同粒径、不同刚性和变性材料复合封堵效果更佳，初步优选刚性封堵剂超细碳酸钙，变性封堵剂乳化沥青及纳米级封堵剂进行复配封堵(表3)。

表3　封堵剂粒径　　　　　　　　　　　　　　　　　　　　　单位：μm

序号	暂堵剂	粒径范围	粒度中值	平均粒径
1	QCX-1(轻钙)	0.1~159.6	4.47	12.2
2	WC-1(重钙)	0.1~110.9	16.86	22.67
3	TEX(磺化沥青)	0.1~142.0	7.538	10.38
4	DYFT(低荧光磺化沥青)	0.1~229.7	12.05	16.97
5	LSF(沥青树脂)	0.1~209.7	8.161	18.82
6	LPF(成膜剂)	0.1~301.8	36.27	57.38
7	超细碳酸钙	0.02~0.1		

按设计配方分别加入基浆中，利用失水仪分别测定各种封堵配方的封堵性能。根据实验结果，绘制高温高压累计滤失量和平均滤失速率曲线(图15和图16)。

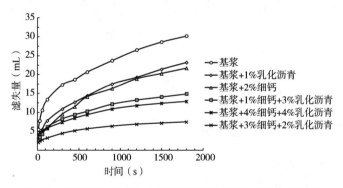

图15　超细碳酸钙与乳化沥青复配累计滤失量变化关系图

结论：基浆+3%超细碳酸钙+2%乳化沥青的高温高压滤失量最小，且滤失量达恒定的时间最短，滤失速率降低最快。说明该封堵配方在超细碳酸钙与乳化沥青的组合中封堵效果最好。

2.4 改善钻井液滤饼质量

提高和改善滤饼质量的主要方法有：(1)严格控制钻井液中的固相含量和含砂量，将大

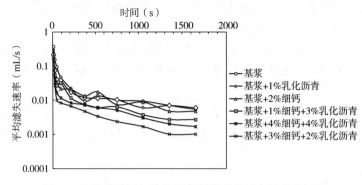

图 16 超细碳酸钙与乳化沥青复配平均滤失速率坐标图

粒径惰性颗粒总体含量将至最低;(2)适当降低非水溶性大粒径、电性强、大分子量类处理剂的加量,提高滤饼表面润滑系数;(3)适当提高低分子量聚合物类处理剂加量,有助于改善滤饼质量,使滤饼润滑系数提高,黏滞系数降低。

由石油沥青、乳化剂等合成沥青乳液和丙烯腈、丙烯酸、交联剂等合成的聚丙烯酸盐乳液所组成的沥青胶团化合物,较高的沥青含量,能够快速在井壁固结成膜形成超低渗封隔层,有效封堵泥页岩微裂缝,抑制泥页岩的水化膨胀,防止不稳定地层的坍塌,具有优良的屏蔽封堵和降滤失作用,可有效改善体系的滤饼质量,并降低滤失量;如图 17 所示,纳/微米封堵剂和滤饼改善剂复配使用可以使钻井液失水明显降低,具有良好的降滤失性和封堵性。

配方	PV (mPa·s)	YP (Pa)	Gel (Pa/Pa)	FL_{HTHP} (mL)	封堵效率 (%)
钻井液加重配方	15	4	0.5/1.5	14.4	71.8
钻井液加重配方+2%FD	31	7	1.5/2.5	10.5	88
钻井液加重配方+3%NBG	14	13.5	0.5/1	11.5	85.3
钻井液加重配方+2%FD+3%NBG	17.5	5	1/1.5	9.5	90.2

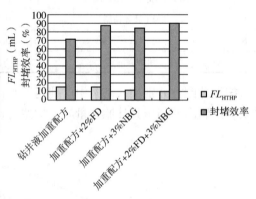

图 17 封堵效率评价

3 钻井液体系评价与现场应用

3.1 高性能水基钻井液体系优选及评价

3.1.1 钻井液抑制性能试验

通过滚动回收率和线性膨胀实验来评价研制的页岩地层防塌钻井液的抑制性,并与原钻井液体系进行对比。样品的回收率和膨胀率实验结果分别如图 18 和图 19 所示。可以看出,研制的钻井液体系对于泥页岩水化具有较强的抑制性,说明该体系具有良好的抑制页岩水化膨胀的作用,有利于井壁稳定。

3.1.2 钻井液封堵性能实验

页岩压力传递技术是评价防塌钻井液体系封堵性能的一种科学有效的实验手段,是近年来泥页岩井壁稳定研究重要进步的主要标志。采用高温高压井壁稳定模拟实验装置进行页岩压力传递实验，岩心为现场露头岩心，设定实验温度为70℃，上游压力为600psi，下游初始压力为300psi，先用4%NaCl盐水对岩心进行饱和，然后采用研制的水基钻井液进行实验，实验结果如图20所示。

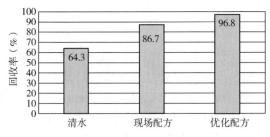

图18 钾胺基水基钻井液滚动回收率

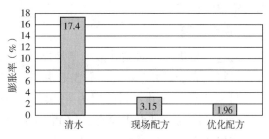

图19 钾胺基水基钻井液膨胀率实验

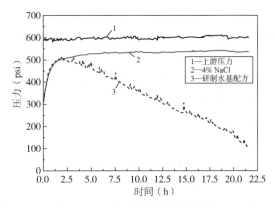

图20 页岩压力传递实验结果

由图20可知，岩心与4%NaCl盐水作用后，压力传递很快，然后趋于稳定，表明岩心饱和完毕；与优化后的水基钻井液作用后，压力先增加后逐渐降低，表明在一定压差作用下，钻井液体系中的封堵材料对页岩纳米、微米孔隙及微裂缝之进行逐级填充、压实，形成致密封堵层，起到阻缓压力传递与滤液侵入的作用，增强页岩井壁稳定性。进一步利用扫描电镜对压力传递实验前后的岩心截面进行观察，结果如图21所示。

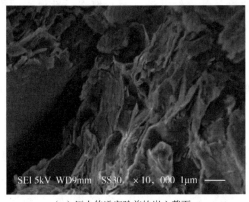

（a）压力传递实验前的岩心截面

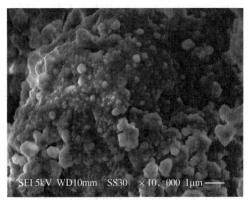

（b）压力传递实验后的岩心截面

图21 压力传递实验前后页岩岩心截面SEM对比

由图 21 可知，压力传递实验前的页岩岩心呈疏松多孔结构，还有大的微裂缝存在；而实验后的岩心表面结构致密，有封堵层形成，表明研制的水基钻井液对页岩岩心具有较好的封堵作用，其中的微纳米材料可以侵入并吸附填充页岩孔喉及微裂缝，形成有效封堵，最终在近井壁地层形成连续的、致密的封堵层，从而起到减少水向页岩中的自吸和渗透作用，达到井壁稳定目的。

3.2 现场应用

通过产品优选，对钻井液抑制性能和封堵性能分析，完善了钾铵基聚合物水基钻井液技术，带料完成 3 口井(黑 82G 平 5-5 井、黑 82G 平 5-6 井、黑 81G 平 1-24 井)现场试验。

黑 82G 平 5-5 井：目的层为青一段高台子油层，埋藏垂深为 2200~2400m，主要岩性为砂岩，研磨性高。难点主要有：(1)偏移距为 400m，偏移距大，摩阻相对增加，限制钻井速度增加和水平段长度延伸；(2)井壁稳定性差，泥岩缩径严重，该区块钻井过程中易发生划眼等情况，甚至发生次生事故，大幅增加了钻井周期。

主要措施有：(1)通过优选处理剂种类、严控钻井液固相、提高滤饼质量；(2)直井段提高钻井液抑制性和包被能力，减小上部井段缩径情况；(3)水平段使用沥青类防塌剂和纳米封堵剂减少钻遇泥岩带来的不稳定影响。

该井钻井周期 38.58 天，同比 2020 年黑 81 区块和 82 区块平均钻井周期 50.29 天缩短 23.4%，同比 2021 年平均钻井周期 45.74 天缩短 15.65%。

4 结论

(1) 认清了吉林地区页岩地层坍塌机理。页岩层理、微裂缝发育及其自吸水现象，造成钻井液滤液沿裂缝进入地层，因其自吸水造成裂缝开启、延伸，导致岩石强度降低；其次页岩黏土矿物含量高，黏土矿物多样性导致局部水化应力不平衡，最终发生剥落掉块。

(2) 确定了解决页岩地层井壁失稳的实验思路。针对坍塌机理，如何阻止钻井液在泥页岩纳微米孔隙和微裂缝中的压力传递和提高滤液抑制性防止黏土矿物水化是钻井液体系优化的前提。

(3) 优选了纳微米级封堵剂、抑制剂和滤饼改善剂等高性能材料。形成的封堵技术有效封堵了泥岩地层微缝隙，进一步提高了井壁稳定效果。

(4) 形成了一套优化后的高性能水基钻井液配方，室内评价能够满足页岩地层水平井施工需求。目前应用 3 口页岩油水平井，且提速效果显著；钻井液体系封堵渗透性页岩效果明显，可以应用于大情子井外前沿薄层砂岩夹层型页岩油。

参 考 文 献

[1] 赵峰，唐洪明，孟英峰，等. 微观地质特征对硬脆性泥页岩井壁稳定性影响与对策研究[J]. 钻采工艺，2007，30(6)：6-18，141.

[2] 邱正松，王伟吉，董兵强，等. 微纳米封堵技术研究及应用[J]. 钻井液与完井液，2015，32(2)：6-10.

[3] 蒋官澄. 仿生钻井液理论与技术[M]. 北京：石油工业出版社，2018：81-85.

[4] 鄢捷年. 钻井液工艺学[M]. 东营：中国石油大学出版社，2006：166-173.

[5] 郭晓霞，杨金华，钟新荣. 北美致密油钻井技术现状及对我国的启示[J]. 石油钻采工艺，2014(4)：1-5.

[6] 黄鸿，李俞静，陈松平．吉木萨尔地区致密油藏水平井优快钻井技术[J]．石油钻采工艺，2014(4)：10-12.

[7] 刘焕玉，梁传北，钟德华，等．高性能水基钻井液在洪69井的应用[J]．钻井液与完井液，2011，28(2)：87-88.

[8] 王建华，鄢捷年，苏山林．硬脆性泥页岩井壁稳定评价新方法[J]．石油钻采工艺，2006，28(2)：28-30，83.

[9] 胡金鹏，雷恒永，赵善波，等．关于钻井液用磺化沥青FT-1产品技术指标的探讨[J]．钻井液与完井液，2010(6)：85-88，102.

[10] 侯杰，刘永贵，宋广顺，等．新型抗高温耐盐高效泥岩抑制剂合成与应用[J]．钻井液与完井液，2016，33(1)：22~27.

[11] 侯杰，刘永贵，李海．大庆致密油藏水平井钻井液技术研究与应用[J]．石油钻探技术，2015，43(4)：59~65.

[12] 胡进军，邓义成，王权伟．PDF-PLUS聚胺聚合物钻井液在RM19井的应用[J]．钻井液与完井液，2007，2(46)：36-39.

[13] 王睿，李巍，王娟．仿油基钻井液技术研究及应用[J]．精细石油化工进展，2011，12(8)：1-3.

吉木萨尔页岩油储层保护钻井液技术研究

张　洁[1]　赵　利[2]　周双君[2]　王双威[1]　张翰奭[1]　龙一夫[1]　赵志良[1]

(1. 中国石油集团工程技术研究院有限公司；2. 中国石油西部钻探工程有限公司)

【摘　要】　针对吉木萨尔二叠系芦草沟组页岩油层微裂缝发育，油基钻井液渗漏频繁，钻井过程中封堵困难，储层伤害严重的问题，采用压力衰减储层伤害评价方法证明了其主要的储层伤害因素是固相颗粒堵塞和液相圈闭伤害。并根据储层孔渗情况和裂缝发育情况，研发了液体封堵剂和高效防液相圈闭处理剂。液体封堵剂可将油基钻井液的高温高压滤失量从 18mL 降低至 1.4mL，对岩心的封堵率从 80.8% 提高至 99.8%。高效防液相圈闭处理剂可修饰岩石表面将表面能降至原值的 10%，将油气和水的黏附力至少降至原值的 4%。优化后，可将常规油基钻井液的动态渗透率恢复值从 70.81% 提高至 90.97%。

【关键词】　页岩油；吉木萨尔；储层保护；液体封堵；高效防液相圈闭处理剂

　　准噶尔盆地吉木萨尔凹陷二叠系芦草沟组位于准噶尔盆地东部的西南段，芦草沟组为一东高西低、北高南低的箕状凹陷，主体勘探部位相对平缓，构造倾角 3°~5°[1]。芦草沟组基质致密，黏土矿物含量高，微裂缝发育[2]。钻完井过程中，由于油基钻井液中的固相颗粒与储层孔隙和微裂缝尺寸不匹配，大段井段发生渗漏，油基钻井液消耗量大。油基钻井液固相和液相大量地侵入储层，造成了一定程度的固相颗粒堵塞伤害和液相圈闭伤害。文章通过储层孔隙特征、岩石成分、固相颗粒堵塞伤害以及液相圈闭伤害评价与分析，明确了储层伤害核心因素，并对症下药，通过研发液体封堵剂和高效防液相圈闭处理剂，优化形成了适用于吉木萨尔致密油储层保护钻井液技术。

1　储层概况及储层伤害因素分析

1.1　储层概况

　　准噶尔盆地吉木萨尔凹陷芦草沟组是页岩油开发的主要目的层系，为半深湖—深湖环境下的混积岩。沉积物主要为富含有机质的淤泥或粉砂质淤泥[3]。由于火山喷溢期与泥页岩烃源岩沉积期交错复杂，地层分层性极强，单层厚度平均 0.25m，毫米级层理发育。对储层岩石样品进行 X 射线衍射证明，黏土矿物含量 10.88%，以蒙脱石、伊/蒙混层和绿/蒙混层为主(图 1)，具有较强的膨胀和分散性。此外储层剪切缝、扩张缝等构造缝以及层理缝、异常高压缝、溶蚀缝、有机质生烃缝等非构造缝发育，裂缝密度 1.96~4.43

基金项目：中国石油集团公司重大工程技术现场试验《恶性井漏防治技术与高性能水基钻井液现场试验》(2020F-45)。

作者简介：王双威，男(1986—)，2013 年 7 月 1 日获得西南石油大学应用化学专业硕士学位。目前工作于中国石油集团钻井工程技术研究院，高级工程师，主要从事钻井液配方及储层保护技术领域。电话：15311540160；E-mail：449106160@ qq. com。地址：北京市昌平区黄河街 5 号院 1 号楼。

条/m[4]。微裂缝和层理发育，岩石易膨胀分散导致油基钻井液封堵地层孔缝困难，油基钻井液侵入储层量大，固相颗粒堵塞裂缝通道造成的储层伤害是主要储层伤害机理之一。加之储层平均孔隙度9%~11%，平均渗透率0.01~0.4mD(图2)，属特低孔隙度、超低渗透率储层。高压压汞实验证明，最大进汞饱和度多大于80%，说明多数储集空间能被大于6nm的孔喉沟通。然而退汞效率却通常低于30%，说明大孔—细喉型或短导管状孔喉大量发育，汞会滞留在这些孔喉网络的孔隙中[5]。油基钻井液滤液也会在此类孔隙中滞留，造成严重的液相圈闭伤害，且很难通过水基压裂液解除伤害。

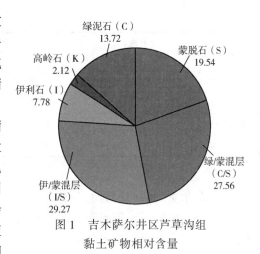

图1 吉木萨尔井区芦草沟组黏土矿物相对含量

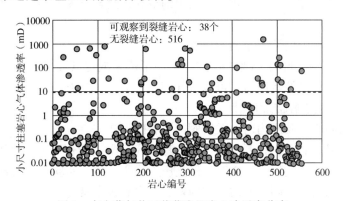

图2 吉木萨尔井区芦草沟组岩心渗透率分布

1.2 储层伤害因素分析

1.2.1 岩心信息

针对准噶尔盆地致密油储层物性特征，开展了油基钻井液伤害致密油储层机理实验分析。实验过程中所用岩心柱塞取自吉木萨尔页岩油区块吉303井、吉301井和吉31井2596~2768m全岩心，岩心层位为二叠系芦草沟组。岩心具体参数见表1。

表1 芦草沟组页岩油岩心信息表

井号	井段 (m)	层位	样品质量 (g)	孔隙体积 (mL)	有效孔隙度 (%)	渗透率 (mD)
吉303-1	2596.33~2603.42	P2l2	22.71	2.11	18.9	0.260
吉303-2	2596.33~2603.42	P2l2	23.1	1.92	17.2	0.298
吉303-3	2596.33~2603.42	P2l2	27.11	1.42	12.7	0.253
吉303-4	2596.33~2603.42	P2l2	27.15	1.11	10.1	0.341
吉303-5	2596.33~2603.42	P2l2	25.07	1.6	14.1	0.039
吉303-6	2596.33~2603.42	P2l2	23.24	1.87	17	0.094
吉31-1	2712.15~2720.50	P2l2	25.55	1.5	12.6	0.357

井号	井段 （m）	层位	样品质量 （g）	孔隙体积 （mL）	有效孔隙度 （%）	渗透率 （mD）
吉 301-1	2761.48~2768.84	P2l2	26.78	1.33	12	0.046
吉 301-2	2761.48~2768.84	P2l2	27.11	1.31	11.8	0.041
吉 301-3	2761.48~2768.84	P2l2	26.2	1.35	12.4	0.048
吉 301-4	2761.48~2768.84	P2l2	27.29	1.32	11.8	0.037

1.2.2 实验方法

吉木萨尔页岩油储层岩心气体渗透小于 0.1mD，采用稳态法测定岩心煤油渗透率，存在驱替压力高、时间长等问题。因此采用压力衰减法（图 3）测定伤害前后岩心的半衰期，进而计算储层伤害程度。压力衰减法测定岩心的半衰期具体评价方法为：

（1）将带测定岩心放入夹持器中，用柱塞顶紧岩心。

（2）给中间容器中加入煤油，排空管线中的空气，给岩心加上围压，围压值宜比驱替压力高 1.5~2.0MPa。

（3）打开电源，将温度调节至实验温度。

（4）关闭阀门 3，打开阀门 1 和阀门 2，采用平流泵或氮气瓶给微小容器加压；如需模拟地层压力，利用回压阀控制回压，可以打开阀门 3 并施加回压，当压力达到地层压力时，关闭阀门 3，继续给微小容器加压。

（5）当压力略高于实验压力时，关闭阀门 1 和阀门 2。

（6）打开数据采集装置，打开阀门 3，采集微小容器中流体压力随时间的变化。

（7）当压力下降至初始压力 1/2 时，停止压力采集，停止实验。压力开始下降至下降至初始压力 1/2 所需的时间，即为所需测定的岩心压力衰减半衰期 T。

不同条件下测试液体伤害岩心后岩心的渗透率恢复值按下式计算：

$$I_k = \frac{T_a - T_b}{T_b} \times 100\%$$

式中：I_k 为伤害程度，%；T_b 为伤害前煤油压力衰减为实验压力一半时的时间，min；T_a 为伤害后煤油压力衰减为实验压力一半时的时间，min。

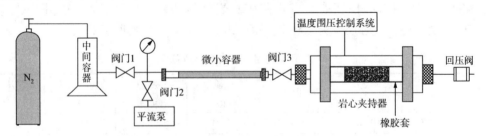

图 3　岩心压力衰减装置示意图

1.2.3 固相颗粒对岩心的堵塞伤害

在 2500mL 典型油基钻井液配方中，分别加入 800g，1600g，2000g 和 2450g 重晶石加重剂，配置成密度为 1.12g/cm³，1.32g/cm³，1.41g/cm³ 和 1.52g/cm³ 的油基钻井液，按照 SY/T 6540—2002《钻井液完井液损害油层室内评价方法》中的要求处理岩心，使用不同密度油基钻井液分别对岩心进行静态伤害。然后使用压力衰减法测定岩心的渗透率恢复值。实验结果证明，随着固相含量的增加，伤害后渗透率恢复值从69.0%降低至40.7%（表2）。由于岩心孔隙度较低，当密度超过1.40g/cm³以后，固相颗粒处于过量状态，继续增加固相含量，渗透率恢复值降低放缓。

表2 不同固相含量油基钻井液储层伤害程度评价

岩心	气测渗透率（mD）	油相半衰期（min）		渗透率恢复值（%）	伤害介质
		伤害前	伤害后		
吉303-1	0.260	8.35	12.1	69.0	配方1+800g固相（重晶石）
吉303-2	0.298	8.03	16.94	47.4	配方1+1600g固相（重晶石）
吉303-3	0.253	9.65	23.09	41.8	配方1+2000g固相（重晶石）
吉303-4	0.341	7.26	17.84	40.7	配方1+2450g固相（重晶石）

注：油基钻井液配方1：1750mL白油+8%乳化剂+2%有机土+4%降滤失剂+750mL水（20% $CaCl_2$ 溶液）+2% CaO（50g）。

1.2.4 油基钻井液滤液液相圈闭伤害

按照油基钻井液配方1配置油基钻井液，然后使用抽滤法，制得油基钻井液滤液。然后按照以下步骤测定岩心的油基钻井液滤液液相圈闭伤害：

（1）测定干岩心在实验围压下的压力半衰期。

（2）将岩心装入岩心夹持器，在0.5MPa驱替压力下，使用油基钻井液滤液驱替岩心120min。

（3）使用干燥氮气，在3.5MPa驱替压力下，驱替岩心30min。驱替方向为油基钻井液驱替岩心的反方向。

（4）再次测定岩心在实验围压下的压力半衰期，计算渗透率恢复值。

室内实验证明，油基钻井液滤液侵入岩心后对岩心产生了明显的液相圈闭伤害，渗透率恢复值为42.96%（表3）。

表3 油基钻井液滤液伤害致密油藏岩心程度

项目	岩心号	岩心直径（cm）	岩心长度（cm）	油相半衰期（min）	岩心处理措施	模拟相态	渗透率恢复值（%）
1	吉31-1	2.508	5.114	8.57	抽真空饱和标准盐水	饱和地层水	—
2	吉31-1	2.508	5.114	15.21	抽真空饱和煤油	建立含油饱和度	76.34
3	吉31-1	2.508	5.114	19.96	油基钻井液滤液污染岩心	相圈闭伤害	42.96

2 新型储层保护剂性能评价

针对吉木萨尔页岩油储层固相侵入、液相圈闭伤害的特点，通过加入油基液体封堵剂，提高储层承压能力降低固相颗粒侵入；并加入高效防液相圈闭处理剂，降低液相圈闭伤害实现最大限度降低储层伤害的目的。

2.1 油基钻井液用液体封堵剂

在油基钻井液中加入3%~5%液体封堵剂后，油基钻井液的流变性基本稳定，100℃条件下高温高压滤失量可降至 2mL 以下。加入液体封堵剂前后油基钻井液伤害岩心后的突破压力分别为 1.167MPa 和 6.111MPa。液体封堵剂可将油基钻井液的封堵率从 80.80% 提高至 99.80%。大大降低油基钻井液侵入储层的体积，防止固相颗粒堵塞伤害和液相圈闭伤害(表 4)。

表 4 液体封堵剂对岩心滤失量和封堵率的影响

钻井液配方	驱替情况	驱替流量（mL/min）	出口流量(mL)						突破压力（MPa）	封堵率（%）
			5min	10min	15min	20min	25min	30min		
配方 1	正向驱替	0.5	1.2	3.8	5.2	5.3	5.4	5.4	0.063	80.80
	伤害后正向驱替	0.5	0.5	1.2	1.2	1.5	1.8	1.9	1.167	
配方 2	正向驱替	0.5	2.6	5	5.3	5.3	5.4	5.4	0.055	99.10
	伤害后正向驱替	0.5	0.06	0.1	0.1	0.15	0.15	0.1	6.111	
配方 3	正向驱替	0.5	2.3	4.6	5.1	5.4	5.4	5.4	0.059	99.80
	伤害后正向驱替	0.5	0.06	0.03	0.06	0.03	0.03	0.06	29.5	

注：油基钻井液配方：

配方 1：1750mL 白油+8%乳化剂+2%有机土+4%降滤失剂+750mL 水(20%CaCl₂溶液)+2%CaO(50g)；

配方 2：配方 1+3%液体封堵剂；

配方 3：配方 1+5%液体封堵剂。

2.2 高效防液相圈闭处理剂

研发的高效防液相圈闭处理剂具有超强表面活性，能够大幅降低井壁表面能和油气水粘附力，实现喉道、天然裂缝及人造裂缝等多尺度传质路径液相和气相解堵，在近井壁地带形成超低阻油气通道，促进油气产出。室内实验结果表明，高效防液锁剂可修饰岩石表面将表面能降至原值的 10%。量子化学吸附计算结果表明，高效防液锁剂可将油气和水的黏附力至少降至原值的 4.1%(图 4)。

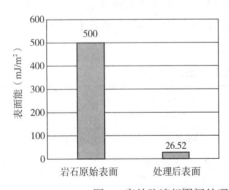
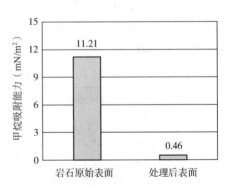

图 4 高效防液相圈闭处理剂降低表面能和甲烷吸附能力

3 致密油层储层保护油基钻井液配方优化

油基钻井液用液体封堵剂和高效防液相圈闭处理剂加入油基钻井液后可以提高钻井液对储层微裂缝的封堵率，降低固相和液相侵入储层，配合高效防液相圈闭处理剂，降低岩心表面能，预防液相圈闭伤害，将常规油基钻井液动态渗透率恢复值从 70.81% 提高至 90.97%(表 5)。

表 5 储层保护剂对渗透率恢复值的评价

伤害流体	密度 (g/cm³)	岩心井号	气体渗透率 (mD)	油相半衰期(min)		渗透率恢复率 (%)	平均渗透率恢复率(%)
				污染前	污染后		
油基钻井液	1.45	吉301-4	0.037	30.54	34.07	89.64	90.97
		吉303-5	0.039	28.99	31.66	91.57	
		吉303-6	0.094	15.67	17.09	91.69	

注：(1)动态伤害125min，压差3.5MPa。

（2）钻井液配方：配方1+3%液体封堵剂+0.3%高效防液锁剂。

4 结论

（1）准噶尔盆地吉木萨尔凹陷芦草沟组层理纹和微裂缝发育，储层岩石黏土矿物含量较高，且易膨胀、分散的蒙脱石和伊/蒙混层等相对含量较高，油基钻井液高效封堵困难。油基钻井液对储层造成的固相颗粒伤害和液相圈闭伤害是储层核心的储层伤害因素。

（2）针对储层伤害因素，研发了油基钻井液液体封堵剂和高效防液相圈闭处理剂。油基钻井液液体封堵剂能够将油基钻井液的高温高压滤失量降低至2mL以上，封堵剂提高至99.80%。

（3）通过在常规油基钻井液中加入油基钻井液液体封堵剂和高效防液相圈闭处理剂，能够大幅降低井壁表面能和油气水粘附力，实现喉道、天然裂缝及人造裂缝等多尺度传质路径液相和气相解堵，在近井壁地带形成超低阻油气通道，促进油气产出。

参 考 文 献

[1] 王剑，李二庭，陈俊，等．准噶尔盆地吉木萨尔凹陷二叠系芦草沟组优质烃源岩特征及其生烃机制研究[J]．地质评论，2020，66(3)：755-764.

[2] 张治恒，田继军，韩长城，等．吉木萨尔凹陷芦草沟组储层特征及主控因素[J]．岩性油气藏，2021，33(2)：116-126.

[3] 张方，高阳，彭寿昌，等．湖相混积岩碳酸盐组分成岩作用及其孔隙结构特征——以新疆吉木萨尔凹陷二叠系芦草沟组为例[J]．断块油气田，2020，27(5)：567-572.

[4] 朱德宇，罗群，姜振学，等．吉木萨尔凹陷芦草沟组致密储集层裂缝特征及主控因素[J]．新疆石油地质，2019，40(3)：276-283.

[5] 董岩，肖佃师，彭寿昌，等．页岩油层系储集层微观孔隙非均质性及控制因素——以吉木萨尔凹陷芦草沟组为例[J]．矿物岩石地球化学通报，2021，40(1)：115-123.

玛湖油田井壁稳定分析及钻井液对策

高世峰　屈沅治　任　晗　杨　峥

（中国石油集团工程技术研究院有限公司）

【摘　要】 针对玛湖油田致密砂砾岩油藏钻井过程中存在的井壁垮塌、井漏等井下复杂问题，采用 X 射线衍射、扫描电镜、接触角研究等测试了岩样理化性质和微观结构。实验结果显示，露头岩石主要含有石英和斜长石等硬脆性岩石为主，黏土含量占比达 23.8%。黏土矿物以伊/蒙混层为主。露头岩样在清水中滚动回收率为 73.87%，线性膨胀率为 4.35%，而在柴油中滚动回收率达到 99.24%，线性膨胀率低，柴油中几乎不发生分散。接触角实验表明露头岩石具有两亲性质，岩石微孔隙、裂缝十分发育，孔隙直径在几微米以下占多数。井壁失稳机理：一方面是膨胀性黏土水化作用，改变岩石应力分布，导致岩心强度降低；另一方面，岩石的微孔隙、微裂缝十分发育，破坏了岩石完整性，钻井液侵入导致坍塌失稳。优选 2%超细钙+1%纳米封堵剂作为复合型封堵体系，该体系对油基钻井液流变性影响较小，能显著降低油基钻井液体系的高温高压滤失量，PPA 渗透性滤失表明优化后的体系封堵性能显著提高。研究成果为解决玛 18 井区水平井井壁失稳问题提供技术支撑。

【关键词】 井壁失稳机理；封堵性能；油基钻井液

玛湖油田为低渗透致密砂砾岩储层，为新疆油田重点开发地区。为提高开发效益达到降本增效目标，大规模采用长水平井段钻井技术及体积压裂技术[1]。特别是自玛 18 井区百口泉组油藏开发以来，勘探开发取得重大进展。在钻井过程中存在泥岩夹层，具有较强的水化分散特性，容易造成井壁失稳，同时出现钻井液漏失等复杂情况[2]。为解决井壁失稳难题，本文以玛 18 井区露头岩心为研究对象，综合分析了岩心理化性质，矿物组成和微观结构[3-6]，探明了井壁失稳机理。利用油基钻井液强抑制性，优选出微纳米级封堵体系，以期为解决玛湖地区井壁失稳提供技术保障。

1　玛湖油田井壁失稳机理研究

1.1　黏土与矿物分析

通过 X 射线衍射方法研究玛湖油田玛 18 井区露头岩样的全岩及黏土矿物组成，实验方法参照 SY/T 5163—2018《沉积岩中黏土矿物和常见非黏土矿物 X 射线衍射分析方法》[7]。

由表 1 可知，露头岩石主要含有石英和斜长石等硬脆性岩石为主，黏土含量占比达 23.8%。由表 2 黏土占比分析可知，黏土矿物以伊/蒙混层为主，占比达到 62.3%，其次含有一定量的伊利石（13%）和高岭石（17%）。黏土矿物中不含蒙脱石，伊/蒙混层中由于存在不同组分的黏土矿物比例，在水化过程中由于黏土组分不同产生不同程度的膨胀率，岩石应

作者简介：高世峰，中国石油集团工程技术研究院有限公司钻井液所工程师。地址：北京市昌平区黄河街 5 号院 1 号楼，电话：010-80162064，E-mail：gaosfdr@cnpc.com.cn。

力分布改变，导致坍塌、掉块等井壁不稳定现象[8]。

表1　全岩矿物组成分析

样　品	矿物含量(%)				
	石英	钾长石	斜长石	赤铁矿	黏土矿物
露头岩石	62.3	2.1	11.8	—	23.8

表2　黏土占比分析

样　品	黏土矿物相对含量(%)						混层比(%S)	
	S	I/S	It	K	C	C/S	I/S	C/S
露头岩石	—	62	13	17	8	—	30	—

注：S—蒙皂石类；I/S—伊/蒙混层；It—伊利石；K—高岭石；C—绿泥石；C/S—绿/蒙混层。

1.2　理化性能分析

为研究玛18井区露头岩样的理化性质，对岩样进行了线性膨胀实验、滚动回收实验、阳离子交换容量实验和接触角实验等。线性膨胀实验是将露头岩石粉碎，过孔径为0.154mm筛，在干燥箱中80℃下干燥6h，冷却2h后，分别称取冷却的10g粉末，在15MPa压力下压5min成饼，测试其在水或柴油中的膨胀率，测试时间为16h。滚动回收实验是将岩石粉碎，筛选6~10目的岩石颗粒，在恒温干燥箱中80℃下干燥6h，干燥器中冷却2h后，测得水或柴油中的回收率。

由表3可知，露头岩样在清水中滚动回收率为73.87%，具有一定的水化分散作用，而在柴油中达到99.24%，几乎不发生分散。由线性膨胀实验可知，清水中线性膨胀率为4.35%，而在柴油中不发生膨胀。说明清水对岩石的稳定性影响较大，水会通过表面水化和渗透水化作用进入岩石内部，引起岩石强度降低，岩石分散成更小的颗粒。而油相对岩石稳定性基本不产生影响。露头岩石的阳离子交换容量为5.5mmol/100g，说明岩石具有一定阳离子交换能力，容易引起水化。

表3　岩石理化性能结果

岩样名称	滚动回收率(%)	膨胀率R_{t16}(%)	接触角(°)	阳离子交换容量(mmol/100g)
露头岩样(清水)	73.87	4.35	13.49	5.5
露头岩样(柴油)	99.24	0.04	7.17	

研究露头岩石表面润湿性得到液相在岩石表面的铺展能力及岩石内部的渗透能力。由图1可知，岩样兼具有较强的亲油性和亲水性。同时由图2可知，随着润湿时间的增加，接触角逐渐降低，直到维持在一个相对稳定的值。在毛细管作用下，水或柴油经过表面水化后进入岩石内部，由于岩心存在微孔隙或裂缝，为钻井液的侵入提供通道，钻井液进入岩石内部后由于渗透水化或油相溶解有机质导致岩石强度降低，使岩石内部应力分布进一步改变，引发井壁失稳。

1.3　微观结构

采用扫描电镜观察露头岩石微观结构特征，明确高倍下岩石孔隙和裂缝大小。由图3可知，露头岩石表面多以呈蜂窝状的伊/蒙混层为主，这与X射线衍射结果一致。并且岩石微纳米孔隙、裂隙十分发育，孔隙半径在几微米以下占大多数，未见较大的孔隙和裂缝带。由于伊/蒙混层存在不均匀水化作用，钻井液在与岩石接触时，水化膨胀使裂缝延伸，孔隙变大；同时，孔隙和微裂缝的存在为钻井液侵入岩石内部提供通道，钻井液在毛细管力作用下逐渐向岩石内部扩展，导致应力发生变化，诱发井壁坍塌。

(a) CA=13.49°

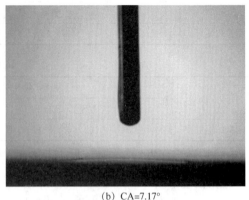
(b) CA=7.17°

图 1　油/水在露头岩样表面的初始接触角（CA）

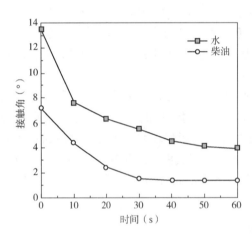
图 2　油/水在露头岩石表面的接触角变化图

图 3　露头岩石表面扫描电镜图

综合上述实验结果可知：露头岩石以硬脆性岩石为主，黏土含量占比达 23.8%。其中黏土以伊/蒙混层为主，占比达到 62.3%。不含易水化的蒙脱石。对露头岩样进行滚动回收和线性膨胀实验表明：露头岩样在清水中滚动回收率为 73.87%，线性膨胀率为 4.35%，而在柴油中滚动回收率达到 99.24%，线性膨胀率低，说明在柴油中几乎不发生分散。接触角实验表明，露头岩石具有两亲性质，柴油和水均易在岩石表面铺展。通过对岩石进行扫描电镜分析可知：岩石微纳米孔隙和裂缝十分发育，大多集中在几微米以下，孔隙较小。钻井液与岩石接触后，发生表面水化作用。岩石的微纳米孔隙或裂缝为钻井液侵入提供通道，通过毛细管力或液柱压力作用下钻井液逐渐向岩石内部扩散，由于水化作用或油相弱化岩石胶结，引起应力分布不均，造成井壁失稳。

2　钻井液技术对策

根据玛湖地区井壁失稳机理，应强化钻井液封堵性能（尤其是对纳米孔隙和裂缝的封堵）、抑制岩石水化作用。采用油包水型油基钻井液体系，由于水相中离子强度高，能有效降低岩石水化作用。同时选取微纳米封堵复合体系提高油基钻井液封堵性能，建立适应玛湖地区的油基钻井液体系。

2.1　油基钻井液体系构建及流变性能

选取超细碳酸钙(粒径为 2~5μm)和实验室自制油基纳米封堵剂(粒径在 20~200nm 之间)作为油基钻井液封堵体系，油水比为 90：10，密度为 1.65g/cm³ 的油基钻井液基础配方为：5 号白油+4%主乳化剂+3%辅乳化剂+3%降滤失剂+25%的 $CaCl_2$ 溶液+2%封堵剂+2%有机土+3%CaO+重晶石，封堵体系加入 2%超细钙+1%纳米封堵剂，实验结果见表 4。

表 4　油基钻井液流变性能

配　　方	老化条件	AV (mPa·s)	PV (mPa·s)	YP (Pa)	FL_{HTHP} (mL)	ES (V)
油基钻井液	室温	42	34	8	—	924
	100℃/16h	46	37	9	3.4	846
油基钻井液+2%超细钙+ 1%纳米封堵剂	室温	43.5	35	8.5	—	1036
	100℃/16h	48	38	10	1.8	952

由表 4 可知，油基钻井液体系加入 2%超细钙+1%纳米封堵剂后，封堵体系对油基钻井液流变性影响较小，同时高温高压降滤失量仅为 1.8mL，与基础配方相比显著降低。表明加入粒径级配的封堵体系后，能形成与地层孔隙相匹配的广谱型封堵体系，能在岩石表面形成致密封堵，有效降低滤液侵入岩石内部，有效稳定井壁。同时加入微纳米封堵剂后，破乳电压小幅升高，说明固体颗粒能在油包水乳液膜上吸附，形成具有更好强度的乳液膜，提高油基钻井液的乳液稳定性。

2.2　油基钻井液体系封堵性能

为了验证油基钻井液体系加入优化后封堵体系的效果，室内采用渗透率为 400mD(对应的孔隙直径为 3μm)陶瓷砂盘，在 120℃×3.5MPa 下进行渗透性封堵实验。

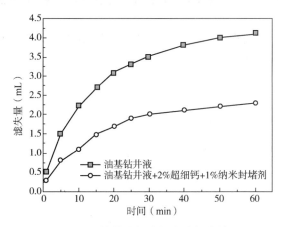

图 4　油基钻井液封堵性实验评价结果

由图 4 可知，加入 2%超细钙+1%纳米封堵剂后，透过岩心砂盘的滤失量显著降低，同时滤失速率相比未加入封堵剂的油基钻井液，降滤失效率明显提高。30min 后渗透性滤失量相比基础配方降低 1.5mL。通过油基钻井液封堵剂粒径级配，显著提升了对于微纳米级孔隙、裂缝的封堵能力。

3 结论

（1）露头岩石主要含有石英和斜长石等硬脆性岩石为主，黏土含量占比达23.8%。黏土矿物以伊/蒙混层为主，黏土矿物不均匀水化导致应力分布不均。同时露头岩石在清水中滚动回收率为73.87%，线性膨胀率为4.35%，水化作用明显。同时岩石呈两亲性质，极易在岩石表面铺展扩散。

（2）岩石微孔隙、裂缝十分发育，孔隙直径在几微米以下孔隙或裂缝占多数。岩石的微孔隙、微裂缝的存在为钻井液侵入岩石内部提供通道，破坏了岩石完整性。

（3）针对井壁失稳机理，选取油基钻井液体系，并通过粒径级配优选出微纳米级封堵体系。该体系对油基钻井液流变性影响较小，能显著降低高温高压滤失量和渗透性滤失量，较好地解决了玛湖油田的井壁失稳问题。

参 考 文 献

[1] 孔垂显．玛18井区低渗透异常高压油藏开发参数研究[J]．特种油气藏，2018，25(5)：104-108.

[2] 秦文政，党军，臧传贞，等．玛湖油田玛18井区"工厂化"水平井钻井技术[J]．石油钻探技术，2019，47(2)：15-20.

[3] 歹震东，朱宽亮，李皋，等．南堡油田硬脆性泥页岩地层井壁失稳原因实验[J]．科学技术与工程，2020，20(3)：1018-1023.

[4] 王星媛，米光勇，王强．川西南部沙湾组—峨眉山玄武岩井段井壁失稳机理分析及应对措施[J]．钻井液与完井液，2018，35(6)：55-59.

[5] 徐生江，刘颖彪，戎克生，等．准噶尔南缘膏泥岩地层井壁失稳机理[J]．科学技术与工程，2017，17(28)：194-199.

[6] 唐文泉，高书阳，王成彪，等．龙马溪页岩井壁失稳机理及高性能水基钻井液技术[J]．钻井液与完井液，2017，34(3)：21-26.

[7] 王睿，王兰．川中震旦系灯影组井壁失稳机理及防塌钻井液技术[J]．钻采工艺，2019，42(2)：108-111.

[8] 程善平，鄢家宇，曹鹏，等．塔里木泛哈拉哈塘桑塔木组硬脆性泥岩井壁失稳机理及对策[J]．钻采工艺，2018，41(5)：23-24，41，132.

前神子井深层低密度超高温水基钻井液技术研究与应用

白相双^1　孙伟旭^1　于　洋^1　王立辉^2

(1. 中国石油吉林油田钻井工艺研究院；2. 中国石油工程技术研究院有限公司)

【摘　要】　前神子井深层致密气是近几年吉林油田勘探重点领域，2020 年部署长深 39 井勘探井，设计井深 5800m，由于井下温度高、井壁稳定性差、地层易漏失等问题，给施工带来极大挑战，对钻井液的抗温性、流变性、封堵性等提出了较高要求。针对上述问题，通过技术攻关形成低密度超高温水基钻井液体系，室内评价能够满足施工要求，长深 39 井施工过程中钻井液性能稳定，防塌防漏效果好，低密度施工实现了营城组和沙河子组的及时发现，达到了地质目的，该井顺利钻至 5885m，井底温度 213℃，刷新吉林油田钻深和井温纪录，取得了良好的应用效果。

【关键词】　超高温；水基钻井液；井壁稳定；漏失

1　地质和工程概况

长深 39 井位于长岭断陷神子井洼槽鼻状构造带，主要目的层为营城组和沙河子组。营城组以火山岩为主，岩性主要是安山岩、凝灰岩、角砾岩和玄武岩等，埋深 4180～4800m，孔隙度 3%～6%，渗透率 0.05～10mD，裂缝发育；沙河子组以湖相沉积为主，发育扇三角洲和辫状河三角洲砂体，岩性主要是黑色泥岩，埋深 4800～5800m（未穿），孔隙度 4%～6%，渗透率 0.01～1mD，局部裂缝发育。

长深 39 井预探神子井洼槽营城组火山岩、沙河子组碎屑岩含气性。设计井深 5800m，采用三开井身结构，具体为 ϕ444.5mm 钻头×ϕ339.7mm 表层套管+ϕ311.1mm 钻头×ϕ244.5mm 技术套管+ϕ215.9mm 钻头×ϕ139.7mm 油层套管，表层套管下至明水组，封隔浅水层等不稳定地层，技术套管下至登娄库组顶部，封固泉头组及以上地层，满足井控要求并为三开低密度钻井创造有利条件，油层套管下至沙河子组，钻井液体系为水基钻井液体系，套管完井。

2　技术难点

（1）地温梯度高、井底温度高，对钻井液抗温性要求高。

长深 39 井地温梯度为 3.6℃/100m，预测井底温度超过 200℃，高温会使黏土颗粒分散、聚结、钝化，同时大多数聚合物易分解或降解，引起增稠、胶凝、固化等现象，导致钻井液

作者简介：白相双(1971—)，男，大庆石油学院，吉林油田公司钻井工艺研究院，总工程师，高级工程师，从事钻井液技术研究工作。地址：吉林省松原市宁江区长宁北街 1546 号；电话：13596939332，E-mail：jlbaixiangshuang@ cnpc. com. cn。

的各项性能变差，滤饼质量变差，影响井壁稳定性和井下安全。因此钻井液应具有良好高温热稳定性、高温沉降稳定性、高温高压滤失性以及良好的流变性能和携岩能力[1]。

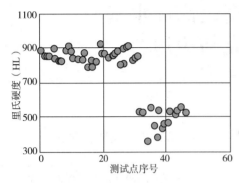

图1　长深39井砾岩里氏硬度

（2）地质条件复杂、井壁稳定性差，低密度施工对钻井液抑制性和封堵性提出了挑战。

三开钻遇登娄库组、营城组、沙河子组等多套储层，储层岩性变化大，登娄库组和营城组交界面存在断层。营城组中所含的玄武岩、凝灰岩、角砾岩等胶结力不稳（图1和图2），通过对营城组岩心测试可知，砾石胶结物和砾石本体里氏硬度差距较大，易发生坍塌掉块，且掉块尺寸较大；勘探井要求钻进过程中保持低密度，提高发现效率，如何在低密度施工条件下保证井壁稳定和井下安全为攻关重点[2]。

（3）裸眼段长、储层多、裂缝发育，易发生气侵和漏失。

三开裸眼段长2000m以上，钻穿多个储层，其中营城组裂缝发育，如图3所示，易发生漏失，同时营城组和沙河子组储层多段含气，漏侵同存，对钻井液密度、封堵性能提出了较高的要求[3]。

图2　长深39井岩心

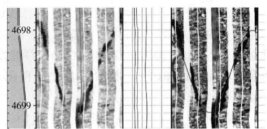

图3　长深41井营城组裂缝情况

3　超高温钻井液体系研发与室内评价

3.1　钻井液体系配方

综合考虑安全钻井、井壁稳定、防漏堵漏、储层及时发现等，优选水基钻井液进行施工。优选多种抗高温钻井液处理剂，通过室内评价，形成抗220℃高温的水基钻井液体系，配方为：2%~3%特级膨润土+3%~4%高温降滤失剂+3%~4%高温封堵剂+2%~3%高温防塌剂+2%~3%钻井液用磺化褐煤SMC+3%~4%钻井液用磺甲基酚醛树脂SMP-Ⅱ+3%~4%钻井液用高酸溶磺化沥青FF-1+2%~3%复合超细钙（1250目：2000目=1:1）+2%~3%钻井液用纳米封堵剂+1%~2%磺酸盐共聚物+2%~3%钻井液用抗高温润滑剂+0.5%钻井液用乳化剂LHR-Ⅱ。

3.2 室内评价

3.2.1 抗温性评价

采用密度为1.4g/cm³的钻井液观察其在不同温度下、不同老化时间下的各项性能变化，如表1和表2所示，钻井液老化后流变性保持稳定，不会发生稠化和胶凝等现象。

表1 密度为1.4g/cm³钻井液在不同温度下老化后性能

温度 （℃）	老化情况 （16h）	AV （mPa·s）	PV （mPa·s）	YP （Pa）	Gel（10s/10min） （Pa/Pa）	FL_{API} （mL）	FL_{HTHP} （mL）	pH 值
室温	热滚前	28.5	26	2.5	1/2	2	—	9
180	热滚后	32	23	9	1.5/5	0.8	12.2	9
200	热滚后	29	21	8	1.5/2	3	16	9
220	热滚后	29	22	7	2/2.5	2	17.3	9

表2 密度为1.4g/cm³钻井液在220℃下不同老化时间后性能

时间 （h）	老化情况	AV （mPa·s）	PV （mPa·s）	YP （Pa）	Gel（10s/10min） （Pa/Pa）	FL_{API} （mL）	FL_{HTHP} （mL）	pH 值
室温	热滚前	28.5	26	2.5	1/2	2	—	9
42	热滚后	23	17	6	2/2.5	3.2	11.2	9
66	热滚后	23.5	18	5.5	3/3.5	3.2	12.4	9
84	热滚后	32.5	21	11.5	8.5/9	3.5	13.2	9

为进一步验证钻井液的抗温能力，对比老化前后粒度分布情况，由图4和图5可知，随着温度的增加，钻井液粒度分布无明显变化，说明该钻井液体系具有较好的抗高温能力。

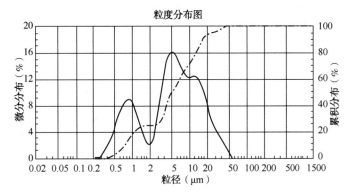

图4 老化前钻井液粒度分布图

3.2.2 抑制性评价

如表3所示，在原配方基础上加入不同含量膨润土，经220℃老化后仍具有良好的流变性，且滤饼质量保持较好，说明该钻井液体系有较强的抑制性。

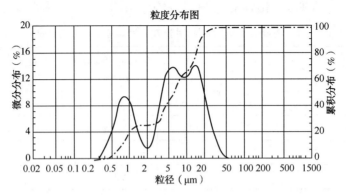

粒度特征参数

$D_{(4,3)}$ 7.96μm	D_{50} 6.05μm	$D_{(3,2)}$ 2.20μm	S.S.A 2.73sq.m/c.c.
D_{10} 0.72μm	D_{25} 1.30μm	D_{75} 13.04μm	D_{90} 17.32μm

图 5　220℃老化后钻井液粒度分布图

表 3　密度为 1.4g/cm³ 钻井液在 220℃下不同老化时间后性能

膨润土加量	老化情况 (16h)	AV (mPa·s)	PV (mPa·s)	YP (Pa)	Gel(10s/10min) (Pa/Pa)	FL_{API} (mL)	FL_{HTHP} (mL)	pH 值
基础配方+ 2%膨润土	热滚前	21	19	2	1/2	2	—	9
	热滚后	18.5	17	1.5	1/2	2.2	10.8	9
基础配方+ 4%膨润土	热滚前	21.5	19	2.5	1/2	1.8	—	9
	热滚后	20	19	1	1/2	1.7	12	9
基础配方+ 6%膨润土	热滚前	25	20	5	1/2	1.5	—	9
	热滚后	20	16	4	1/2	1.8	11	9
基础配方+ 8%膨润土	热滚前	30.5	25	5.5	1/2	1.6	—	9
	热滚后	32	28	4	1/2	1.5	9.2	9

3.2.3　储层保护性能评价

由图 6 所示，钻井液具有良好的封堵性能，2h 的动滤失量仅为 2.8mL。此外该抗高温钻井液体系具有良好的储层保护性能；由图 7 可知，伤害后岩心的渗透率恢复值达到 84.6%。

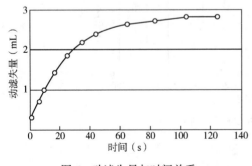

图 6　动滤失量与时间关系

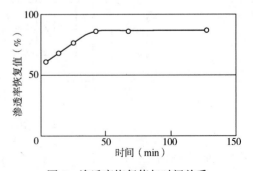

图 7　渗透率恢复值与时间关系

3.2.4 沉降稳定性评价

在180℃和220℃条件下，钻井液老化4h后观察其沉降稳定性，如图8和图9所示，随着温度的升高钻井液聚结现象不明显，说明该抗高温钻井液有较好的沉降稳定性，可满足在长岭深层高温条件下施工。

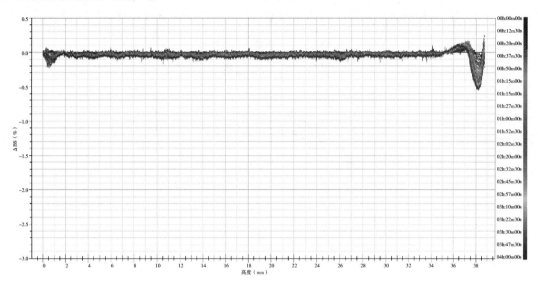

图8 180℃稳定性测量结果

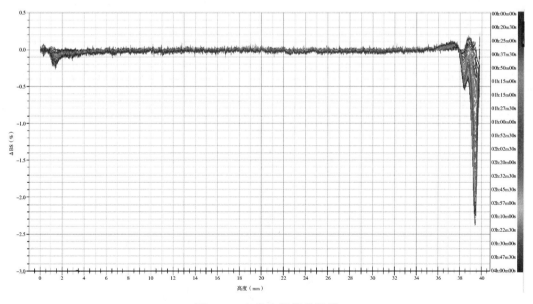

图9 220℃稳定性测量结果

3.2.5 悬浮岩屑能力优化

悬浮岩屑所需要的静切力可以用以下方法进行近似计算。假设岩屑颗粒为球形，根据他们的重力与钻井液对他们的浮力和竖向切力相平衡的关系，可以得到：

$$\frac{1}{6}\pi d^3 \rho_{岩} g = \frac{1}{6}\pi d^3 \rho g + \pi d^2 \tau_{s} \tag{1}$$

式中：d 为岩屑颗粒的直径，m；$\rho_{岩}$ 为岩屑的密度，kg/m³；ρ 为钻井液密度，kg/m³；

τ_s 为钻井液静切力，Pa；g 为重力加速度，取 $g = 10 m/s^2$。

$$\tau_s = \frac{d(\rho_{\text{岩}} - \rho)g}{6} \tag{2}$$

根据以上公式可以看出，随着岩屑颗粒直径的增加，悬浮岩屑所需静切力也逐渐增加，如图10所示，所采用的抗高温钻井液体系可通过调整黏切保证各种尺寸的岩屑及时返出[4]。

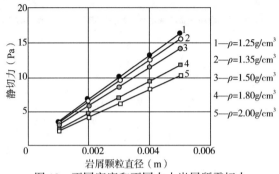

图 10　不同密度和不同大小岩屑所需切力

通过室内实验，证实该体系具有较好的抗温能力，性能稳定，能够满足 220℃ 高温条件下的施工要求。

4　应用效果

4.1　钻井液现场性能

长深 39 井完钻井深 5885m，完钻层位为沙河子组，井底温度 213℃，井身结构如图 11 所示，是目前吉林油田最深井。施工过程中钻井液性能保持稳定，流变性良好，未出现高温增稠等问题(表4)。

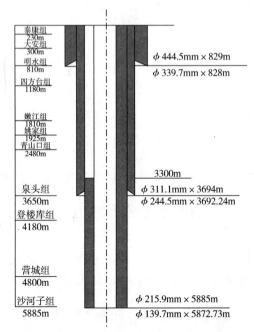

图 11　长深 39 井井身结构示意图

表 4　长深 39 井现场钻井液性能

井深 （m）	密度 （g/cm³）	漏斗黏度 （s）	失水 （mL）	固相含量 （%）	含油 （%）	塑性黏度 （mPa·s）	动切力 （Pa）	静切力（Pa）		黏滞系数	
								初切	终切	1min	10min
4153	1.25	62	3.2	13	2	21	12	5	12	0.0787	0.1763
4710	1.32	63	3	15	3	23	15	6	13	0.0699	0.1763
5222	1.38	72	3.4	17	2	20	12	8	14	0.0699	0.1673
5599	1.35	64	3.2	16	2	23	16	7	13	0.0699	0.1673
5885	1.35	62	3	17	3	22	15	8	14	0.0672	0.1673

取长深 39 井现场钻井液在 220℃高温条件下老化 40h，观察其性能，由表 5 可知，老化后钻井液流变性保持良好，滤失量低，抗温性能够满足现场施工要求。

表 5　长深 39 井钻井液老化前后对比

条　件	AV(mPa·s)	PV(mPa·s)	YP(Pa)	Gel(Pa/Pa)	FL_{API}(mL)
热滚前	32	24	14	7/13	3.2
热滚后	33	25	16	8/15	2.4

取营城组岩屑测试滚动回收率（表 6），在长深 39 井钻井液中回收率高达 94.8%，说明现场超高温钻井液体系有较好的抑制性。

表 6　长深 39 井营城组掉块滚动回收率实验结果

样　品	实验项目	结　果
滚动回收样品 （长深 39 井营城组掉块）	初始质量（g）	30.07
	回收总质量（g）	28.51
	10 目	26.82g
	20 目	1.65g
	40 目	0.04g
	总回收率（%）	94.8

4.2　钻井液防塌性能优化

施工过程中，为了更好地发现和保护油气层，采用低密度施工（1.25~1.35g/cm³），长深 39 井钻进至 4286m 和 4860m 时，钻遇不整合面及断层，出现大量掉块，掉块尺寸较大，如图 12 所示，及时补充与地层温度配伍的沥青类封堵剂和不同粒径超细碳酸钙，实现刚性+软化复合封堵地层裂缝、裂隙及破碎段，并适当提高黏切和进行稠浆洗井，保障掉块及时返出，安全顺利穿过（图 13）。

4.3　中途裸眼测试

长深 39 井钻至 5412m，气测显示较好，决定进行中途测试，测试工具坐挂至裸眼段，为保障中途测试顺利，防止出现井壁坍塌、重晶石沉降等导致测试管柱阻卡的问题，进一步分段优化了钻井液润滑性、沉降稳定性和井壁稳定性，在中途测试过程中，测试管柱下入、起出顺利，未发生阻卡、重晶石沉降、掉块等问题，进一步证明了该钻井液体系具备良好的综合性能。

图 12 长深 39 井交界面断层掉块

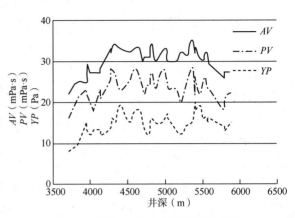

图 13 长深 39 井流变性调整示意图

4.4 防漏堵漏与完井承压

由于地层裂缝发育，在钻进过程中，发生多次漏失（表 7），通过优选不同类型、不同粒径的堵漏材料，有效封堵漏并提高了地层承压能力，实现钻井液密度由 1.30g/cm³ 提高至 1.35g/cm³ 不发生漏失，同时能够压稳气层，保证了井下安全。

表 7 长深 39 井漏失情况

井深（m）	层位	漏失量（m³）	漏失前漏斗黏度（s）	漏失前密度（g/cm³）
4250	营城组	18	48	1.25
4663	营城组	20	52	1.35
4674	营城组	40	52	1.35

为了保障固井质量，防止固井漏失，需要进一步提高地层承压能力，完井后采用 10%复合堵漏剂+5%竹纤维（10 目）+8%竹纤维（40 目）+4%竹纤维（100 目）+4%细目钙（800 目+300 目）+4%膨润土+1%磺化沥青承压堵漏配方进行承压，最高承压达到 12MPa，稳压 11.5MPa，固井过程顺利，未发生漏失，水泥返高达到设计要求。

5 结论

针对前神子井深层井底高温等问题，攻关形成超高温水基钻井液体系，在 220℃ 高温条件下，该体系具有良好的流变性、抑制性、封堵性、低密度井壁稳定性和沉降稳定性，在长深 39 井成功应用，钻井、中途测试和固井施工顺利，钻达井深 5885m，打破了吉林油田钻深纪录，取得了较好的应用效果。

参 考 文 献

[1] 王中华. 国内外超高温高密度钻井液技术现状与发展趋势[J]. 石油钻探技术. 2011, 39(2): 1-7.

[2] 周辉, 郭保雨, 江智君. 深井抗高温钻井液体系的研究与应用[J]. 钻井液与完井液, 2005, 22(4): 46-47.

[3] 李旭方, 熊正强. 抗高温环保水基钻井液研究进展[J]. 探矿工程. 2019, 46(9): 32-39.

[4] 邵帅, 孟庆双, 孙晓峰, 等. 非直井气体钻井岩屑起动的临界流速[J]. 断块油气田, 2013, 20(6): 803-805.

乾安区块页岩油水平井钻井液技术

刘腾蛟[1,2]　蒋方军[3]　尚旺涛[2]　王　禹[2]　王　信[2]　郭剑梅[1,2]

(1. 天津市复杂条件钻井液企业重点实验室；2. 中国石油集团渤海钻探泥浆技术服务分公司；
3. 中国石油吉林油田钻井工艺研究院)

【摘　要】　松辽盆地南部大情字井油田乾安区块青山口组为夹层型页岩油储层，在采用水平井技术开发该页岩油资源时，面临着井壁失稳、划眼困难、摩阻大、井眼净化困难等问题。针对这一情况，通过室内材料优选和性能优化，形成了流变性好、失水低、润滑性好、抑制性强的页岩油水基钻井液。在现场应用中该钻井液性能良好，配套施工措施完善，刷新了所在区块的多项技术指标，提速效果显著。

【关键词】　吉林油田；页岩油；水平井；润滑性；抑制性

吉林油田地处松辽盆地腹地，青山口组一段有机质泥页岩发育，页岩油储量十分丰富，具有可观的页岩油源，开发前景广阔[1]。吉林油田最典型的页岩油储层之一位于松辽盆地南部大情字井外前缘乾安区块，它属于夹层型页岩油储层[2]，砂质纹层发育，夹薄层砂岩，单层厚度小于5m，钻井施工过程中需要在薄层砂岩层中定向钻进，面临着定向拖压、反复调整方位、井壁失稳、井眼净化等难题，相对于常规井型，对钻井液的性能和配套施工措施提出了更高的要求[3]。针对上述问题，开展了适合吉林油田大情字井油田乾安区块的水平井钻井液技术及配套措施研究。

1　地层特点及钻井技术难点

1.1　地层特点

吉林油田大情字井外前缘乾安区块页岩油水平井设计井深普遍3500~4800m，水平段长1500~2000m，钻遇地层从上至下为第四系、新近系、明水组、四方台组、嫩江组、姚家组、青山口组。第四系为流沙层、含砾岩和鹅卵石；新近系岩性为泥岩、粉砂岩和砂砾岩；明水组和四方台组岩性是泥岩、泥质粉砂岩、粉砂质泥岩；嫩江组大段泥岩发育；姚家组和青山口组属于硬脆性地层，岩性为泥岩、泥质粉砂岩、粉砂质泥岩。

1.2　钻井液技术难点

（1）井壁稳定。乾安区块嫩江组大段泥岩发育，伊利石相对含量较高，嫩江组泥岩易吸水膨胀，造成井眼缩径，起下钻阻卡，易泥包钻头。青山口组含硬脆性泥页岩，岩层层理裂

基金项目：天津市科技计划项目"非常规和深层油气资源开发钻井液关键技术研究"（项目编号19PTSYJC00120）。

作者简介：刘腾蛟，男，出生于1989年1月，2014年毕业于河北工业大学应用化学专业，硕士，渤海钻探泥浆技术服务公司室内研究工程师，工程师，现在从事钻井液技术研究工作。地址：天津市大港油田红旗路东段；电话：15822666730；E-mail：20254958@qq.com。

缝、构造裂缝发育(图1)[4]，钻井液滤液侵入裂缝，极易发生压力传递，造成地层剥落、坍塌[5]，同时该区块钻井液设计普遍为淡水钻井液，设计成本低，体系抑制性相对较差，更加剧了井壁失稳现象发生。

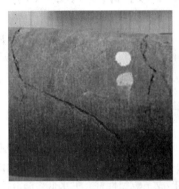

图1　青山口组岩心构造、层理裂缝

（2）润滑防卡。该区块裸眼段长、水平段长，需要在薄层砂岩层中定向钻进，定向过程中地层易产生台阶，存在摩阻过大、定向钻进困难、反复调整方位、划眼困难等问题，对钻井液的润滑性能提出了较高要求。

（3）井眼净化。乾安区块水平井水平井段长 1500～2000m，在钻进过程中，极易在稳斜段和水平段形成岩屑床[6]，岩屑床沉淀堆积严重，会造成钻具上提摩阻较大、划眼频繁、循环压耗高等问题，严重影响井下安全。

（4）井下漏失。青山口组层理发育，存在大量裂缝、微裂缝，使上覆岩层压力和孔隙压力对水平应力影响小，井壁应力相对不集中，为保证水平段井壁稳定，需要钻井液维持一定的密度，钻至该地层后极易发生漏失[7]。

（5）钻井液污染。青山口组储层段易出现碳酸氢根离子污染，导致钻井液起泡严重，造成钻井液流变性变差，性能恶化，增加了钻井液处理难度。

2　钻井液配方研究

2.1　防塌剂优选

在室内对乳化沥青、阳离子沥青和 BZ-FFT 共 3 种防塌剂在聚合物钻井液基浆中的配伍性和降滤失效果进行评价（表1）。从结果可以看出，几种防塌剂的配伍性均较好，当乳化沥青和 BZ-FFT 复配使用时降滤失效果最佳。

表1　封堵剂优选

实 验 样 品	AV (mPa·s)	PV (mPa·s)	YP (Pa)	Gel (Pa/Pa)	FL (mL)	pH 值
基浆	34	29	5	1.5/6	4.8	9.5
基浆+2%BZ-FFT	39.5	32	5.5	1.5/6.5	3.7	9.5
基浆+2%阳离子沥青	40.5	36	6.5	2.5/8	4.2	9.5
基浆+2%乳化沥青	37	31	6	1.5/7	3.8	9.5
基浆+1%BZ-FFT+1%乳化沥青	38	32	6	2/7	3.5	9.5

2.2 润滑剂优选

在室内对在对不同液体润滑剂在乾安区块黑82G平X-X井二开水平段井浆中的润滑性能进行评价(表2),同时评价了不同浓度润滑剂在评价土基浆中的摩阻降低率(表3)[8]。结果可以看出,极压润滑剂在井浆和评价土基浆中的综合润滑性能最好,可以有效提高钻井液的润滑性能,而乳化沥青作为封堵材料同样具有一定的润滑性能,在现场应用中可以改善钻井液滤饼质量,降低井壁与钻具之间的摩阻。

表2 润滑剂在井浆中性能评价

实验样品	滑块摩阻系数	粘附摩阻系数
井浆	0.1495	0.1433
井浆+2%极压润滑剂	0.1051	0.1194
井浆+2%乳化沥青	0.1317	0.1194
井浆+2%消泡润滑剂	0.0699	0.1528
井浆+2%表面活性润滑剂	0.1317	0.1337

表3 润滑剂在基浆性能评价

实验样品	润滑系数降低率(%)	
	0.5%极压润滑剂	2%极压润滑剂
极压润滑剂	89.3	89.3
乳化沥青	75	64.3
消泡润滑剂	57.1	82.1
表面活性润滑剂	75.0	80.4

2.3 钻井液配方

参考区块已钻井资料和钻井液技术难点,结合封堵剂和复合润滑剂优选结果,以包被抑制剂 BZ-BYJ、铵盐、聚合物降滤失剂 PAC-LV、降黏降滤失剂 HC-RS 和能够提高页岩地层封堵能力的纳米封堵剂 NP-1 等材料为基础,形成了一套页岩油水基钻井配方:水+4%~6%膨润土+0.3%烧碱+0.3%~0.5%BZ-BYJ+1%~2%铵盐+1%~2%PAC-LV+1%~2%HC-RS+2%~3%BZ-FFT+3%~5%乳化沥青+3%~5%极压润滑剂+3%复合细目钙+重晶石。

2.4 常规性能评价

在实验室按配方配制好钻井液,在100℃温度下热滚16h后,测其流变性、API滤失量和滑块摩阻系数,实验数据见表4。从实验结果可以看出,该体系在具有良好的流变性、润滑性和较低的滤失量,能够满足页岩油水平井钻进的需要。

表4 钻井液常规性能评价

老化情况	实验条件	ρ (g/cm³)	PV (mPa·s)	YP (Pa)	Gel (Pa/Pa)	FL (mL)	pH 值	摩阻系数	
								1min	10min
老化前	60℃	1.30	43	19.5	4.5/-	—	—	—	—
老化后	100℃×16h	1.30	44	13.5	3.5/10	2.9	9.5	0.0437	0.0875

2.5 抑制性评价

取6~10目烘干后的嫩江组和青山口组岩样各30g,分别加入清水和钻井液体系中,在

100℃下热滚16h，过100目筛，冷却称量[9]，结果见表5。取10g膨润土在5MPa条件下压制5min制成膨润土片，采用常温常压线性膨胀仪测定膨润土片在清水和钻井液滤液中的常温常压线性膨胀率，测试时间为8h，实验结果见表6[10]。从实验结果可以看出，嫩江组和青山口组页岩属于弱分散性泥页岩，页岩油水基钻井液具有良好的抑制性，能够较好地抑制膨润土膨胀和页岩分散。

表5　页岩滚动回收率实验

实验样品	回收率(%)	
	嫩江组页岩	青山口组页岩
清水+岩样	83.4	80.2
钻井液+岩样	98.24	95.6

表6　常温常压页岩膨胀实验　　　　　　单位:%

实验样品	2h	4h	6h	8h
清水	47.83	55.63	61.05	65.61
钻井液滤液	8.96	12.48	15.38	17.61

3　现场应用技术

3.1　一开

一开钻遇第四系、新近系和明水组，使用膨润土钻井液体系，钻井液配方为：6%～8%膨润土+0.2%～0.3%CMC-HV。

钻井液维护措施如下：

在钻进过程中，根据钻井液的黏切变化，适当补充膨润土和CMC，控制漏斗黏度不低于50s，防止流沙层和鹅卵石垮塌埋钻具。钻完设计井深下，注入高黏度封闭浆封闭裸眼井段，保证表层套管顺利下至井底。

3.2　二开

二开钻遇明水组、四方台组、嫩江组、姚家组和青山口组，使用页岩油聚合物钻井液体系，钻井液配方为：4%～6%膨润土+0.3%烧碱+0.3%～0.5%BZ-BYJ+1%～2%铵盐+1%～2%PAC-LV+1%～2%HC-RS+2%～3%BZ-FFT+1%～3%乳化沥青+3%～5%液体润滑剂 BZ-RH-1+1%～2%石墨+3%复合细目钙+重晶石。

钻井液维护措施如下：

（1）开钻前使用膨润土浆、铵盐、PAC-LV 配制二开新浆，钻完水泥塞使用二开新浆替换掉全部一开井浆，钻完塞后的一开井浆全部排放。

（2）二开井浆替换掉全部一开井浆后，补充包被抑制剂胶液，控制漏斗黏度在40～50s之间，滤失量小于6mL后二开钻进。

（3）进入嫩江组嫩二段以前井段控制失水主要以铵盐和PAC-LV为主，维持滤失量<6mL。进入嫩二段后提高降滤失剂材料加量，同时加入防塌剂和细目钙提高钻井液的封堵能力，降低滤失量，使API滤失量降低至3.5mL以内。进入青山口组前使失水使小于3mL，按照配方浓度加足BZ-FFT、乳化沥青、复合细目钙和纳米封堵剂NP-1，提高地层封堵能力。

（4）进入嫩江组前不用考虑密度，黏度控制在 40~50s，固控设备全开，保持包被剂的浓度，抑制造浆，尽量清除有害固相。进入嫩江组时开始按照设计逐步提高密度，进入水平段钻进时密度控制在 1.30g/cm³ 以上，黏度提至 50~65s，防止发生井壁坍塌。

（5）青山口组储层段易出现碳酸氢根离子伤害，钻进期间应密切关注气测组分和钻井液性能变化，使用石灰碱液和处理剂胶液对碳酸氢根离子伤害及时进行处理，保持钻井液性能稳定，维护好井下安全。

（6）青山口组顶部进行上部定向时，提前做好封堵和润滑，加足液体润滑材料，水平段钻进以液体润滑剂为主，及时补充，保证钻井液含油量不低于5%，以乳化沥青和石墨为辅助，降低钻具与井壁之间的摩阻，防止定向托压。每钻进 300m，进行一次短起下钻，每次短起下钻均在井底使用 BZ-FFT、超细碳酸钙和单封作为封闭浆，进行静堵，提高地层承压能力，防止井漏发生。

（7）下套管前使用液体润滑剂、石墨和塑料小球封闭水平段，确保套管顺利下入。

4　应用效果

吉林油田大情字井外边缘乾安区块页岩油埋深 2100~2500m，在该区块水平段钻进时面临着井壁失稳、定向拖压、划眼困难、井下漏失等难题。页岩油水基钻井液在乾安地区黑82区块和黑81区块共 8 口井成功应用，无钻井液相关事故发生，取得了良好的应用效果，其中三口井刷新区块水平段最长纪录，5 口井刷新相应区块钻完井周期指标(表 7)。

表 7　页岩油水基钻井液现场应用井基本情况

井　号	井深(m)	垂深(m)	水平段长(m)	钻井周期(d)	完井周期(d)
黑 82G 平 X-5	4373	2386	1685	38.58	43.48
黑 82G 平 X-6	4670	2482	1988	41.31	52.88
黑 82G 平 X-9	4474	2432	1840	43.71	65.25
黑 81G 平 X-12	3941	2552	1216	50.21	55.29

在现场应用中钻井液性能良好(表 8)，具有较低的滤失量，润滑性、流变性良好，对水平段岩屑携带良好，钻进期间井壁稳定、岩屑均匀(图 2)、施工安全平稳。钻井液施工中配套措施完善，无恶性漏失发生，在黑 82G 平 X-5 井水平段钻进遇碳酸氢根离子伤害，处理得当，未影响井下安全，满足了现场安全、优质施工的要求，助力了钻井提速。

表 8　黑 82G 平 X-9 井二开钻井液性能

井段(m)	地层	ρ(g/cm³)	FV(s)	PV(mPa·s)	YP(Pa)	Gel(Pa/Pa)	FL(mL)	pH 值	摩阻系数
793	四方台组	1.15	45	18	5	2/3	4.4	8.5	——
1400	嫩江祖	1.15	51	25	8.5	3/5	3.6	8.5	——
1950	青山口组	1.28	53	25	8.5	3/7	2.8	8.5	0.0524
2243	青山口组	1.28	55	25	10	2.5/8.5	2.7	9	0.0524
2470	青山口组	1.30	56	25	10	3/9	2.7	9	0.0437
2624	青山口组	1.31	56	23	9.4	3.5/9.5	2.8	9	0.0524
2871	青山口组	1.31	55	26	10	4/10	2.8	9	0.0524

井段 （m）	地层	ρ （g/cm³）	FV （s）	PV （mPa·s）	YP （Pa）	Gel （Pa/Pa）	FL （mL）	pH 值	摩阻系数
3042	青山口组	1.31	56	22	10	4/10	2.8	9	0.0524
3317	青山口组	1.33	56	24	11	4/10	2.8	9	0.0437
3625	青山口组	1.35	56	25	10.5	4/9	2.8	9	0.0437
3996	青山口组	1.35	55	28	10.5	4/9	2.8	9	0.0437
4223	青山口组	1.35	61	25	14	5.5/13	2.8	9	0.0437
4474	青山口组	1.35	63	25	16	5.5/12	2.6	9	0.0437

图 2　水平段青山口组岩屑

5　结论

（1）室内评价结果表明，页岩油水基钻井液具有抑制性强、润滑性好、滤失量低、流变性良好的特点。在现场应用中，水平段钻井液的 API 滤失量<3mL，摩阻系数<0.06，岩屑携带性良好，表现出了良好的应用效果。

（2）页岩油水基钻井液在该区块应用表明，应从提高钻井液封堵、抑制性，降低滤失量，提高润滑性，保证岩屑携带能力等方面入手解决页岩油水平段井壁稳定，定向拖压，划眼困难等难题。通过短起下期间的井壁强化措施，提高青山口组的地层承压能力，减少漏失的发生。

（3）该水基钻井液在吉林油田大情字井乾安区块页岩油水平井施工中，提速效果明显，刷新多项区块指标，助力了钻井提速，满足了页岩油水平井安全钻进的需要。

参 考 文 献

［1］管保山，刘玉婷，梁利，等. 页岩油储层改造和高效开发技术［J］. 石油钻采工艺，2019，41（2）：212-223.

［2］柳波，孙嘉慧，张永清，等. 松辽盆地长岭凹陷白垩系青山口组一段页岩油储集空间类型与富集模式［J］. 石油勘探与开发，2021，48（3）：521-535.

［3］崔月明，史海民，张清. 吉林油田致密油水平井优快钻井完井技术［J］. 石油钻探技术，2021，49（2）：9-13.

［4］张君峰，徐兴友，白静，等．松辽盆地南部白垩系青一段深湖相页岩油富集模式及勘探实践［J］．石油勘探与开发，2020，47（4）：637-652.

［5］李广环，龙涛，周涛，等．大港油田南部页岩油勘探开发钻井液技术［J］．钻井液与完井液，2020，37（2）：174-179.

［6］赵宝祥，陈江华，李炎军，等．涠洲油田大位移井井眼清洁技术及应用［J］．石油钻采工艺，2020，42（2）：156-161.

［7］赵素娟，游云武，刘浩冰，等．涪陵焦页18-10HF井水平段高性能水基钻井液技术［J］．钻井液与完井液，2019，36（5）：564-569.

［8］董平华，许杰，何瑞兵，等．大位移井环保润滑剂的研究与应用［J］．油田化学，2021，38（1）：24-28.

［9］侯杰，刘永贵，李海．高性能水基钻井液在大庆油田致密油藏水平井中的应用［J］．石油钻探技术，2015，43（4）：59-65.

［10］高莉，张弘，蒋官澄，等．鄂尔多斯盆地延长组页岩气井壁稳定钻井液［J］．断块油气田，2013，20（4）：508-512.

松辽盆地陆相致密油藏水基钻井液技术

侯 杰 齐 悦 杨决算 李浩东

(中国石油大庆钻探工程公司钻井工程技术研究院)

【摘 要】 位于松辽盆地北部的陆相致密油资源，是大庆油田继常规油气后的资源基础。勘探开发中的井壁失稳难题，一直制约着致密油高效开发。因此，采用扫描电镜和 X 衍射分析对地层岩心微观结构和黏土矿物成分进行分析，并对其水化特性进行研究，从而分析出大庆油田陆相泥岩油地层井壁失稳机理，再通过研究钻井液抑制性、封堵能力、理化参数和滤饼质量对井壁稳定性的影响，最终研发了一套氯化钾低聚胺基钻井液体系。室内实验表明，大庆油田致密油地层黏土矿物总体含量在 4%~10% 之间，微裂缝和微孔隙结构极为发育，属于易膨胀、易分散的多层理结构地层；提高钻井液矿化度、酸碱度和滤饼质量、加强抑制和封堵是钻井液对策的研究方向。形成的井壁稳定技术在致密油区块应用 20 余口井，井径扩大率最低为 3%，固井优质率提高 60% 以上，起下钻、下套管作业顺利。研究成果表明，针对陆相泥岩油地层的钻井液技术能够有效提高地层井壁稳定性，降低了井下复杂率，为大庆油田致密油高效开发提供了技术支撑。

【关键词】 致密油藏；井壁稳定机理；滤饼质量；理化参数；水基钻井液；抑制性；封堵能力

大庆油田除常规油气资源外，还发育有丰富的致密油资源，目的层在泉头组的扶杨油层，从上到下依次钻遇嫩江组、姚家组和青山口组，尤其青山口组是井壁失稳事故多发层位。大庆油田最初采用水基钻井液进行致密油资源的勘探开发，但总体效果欠佳，油基钻井液井壁稳定效果突出，但随着高成本、高伤害、难处理等一系列问题暴露，在 2015 年全面停止使用油基钻井液。2015 年底，大庆油田自主研发的高性能淡水基钻井液体系，基本上能够满足现场施工，但青山口组的井壁失稳难题仍没有完全解决，在青山口组仍发生不同程度的剥落、掉块，造成极大钻井损失。

因此，在分析致密油地层井壁失稳机理和水基钻井液各性能指标的基础上，提出了井壁稳定水基钻井液技术对策，并最终形成适用于陆相致密油地层的氯化钾低聚胺基钻井液体系，成果应用 20 余口井，为致密油资源的高效开发提供了技术支撑。

1 井壁失稳机理分析

以致密油区块地层取心泥岩为样本，对微观结构、黏土矿物成分和水化特性等性能进行分析，深入研究目前使用的水基钻井液各性能指标，从而分析出大庆油田陆相致密油地层的

作者简介：侯杰，男，1983 年出生，2009 年毕业于大庆石油学院油气井工程专业，获硕士学位。现在大庆钻探工程公司钻井工程技术研究院工作，高级工程师，从事钻井液处理剂合成及井壁稳定技术研究工作。地址：黑龙江省大庆市红岗区八百垧南路 39 号(钻井院钻井液技术研究所)；电话：18245996628，E-mail：94478333@qq.com。

井壁失稳机理，为钻井液技术对策研究提供可靠依据。

1.1 泥岩矿物组成分析

嫩江组二段（K_1n_2）、姚家组一段（K_1y_1）、姚家组二三段（K_1y_{2+3}）、青山口组二三段（K_1qn_{2+3}）、泉头组四段（K_1q_4）、泉头组一段（K_1q_1）六个层位岩心，其黏土矿物组成有以下几个特点：

（1）各层位总体黏土矿物含量较高。矿物绝对含量总体在4%～10%之间，有的层位绝对含量超过14%。

（2）各层位矿物组成差异较大，非均质性强。主要体现在：①K_1n_2黏土矿物以蒙脱石为主，相对含量超过50%，然后是伊利石和高岭石各占30%和10%，不含伊/蒙混层；②K_1y_{2+3}，K_1y_1，K_1qn_{2+3}，K_1q_1，K_1q_4这几个层位的黏土矿物以伊利石和伊/蒙混层为主，只含有少量绿泥石。

（3）K_1y_{2+3}，K_1y_1，K_1qn_{2+3}，K_1q_1和K_1q_4这5个层位黏土矿物含量分布中，伊利石含量最高（相对含量在50%～70%），然后为绿泥石（相对含量在10%左右），并含有少量的伊/蒙混层。

可知，大庆油田陆相致密油泥岩地层可水化黏土矿物含量较高，黏土矿物含量的非均质性和离散性分布会导致泥岩水化时的不均匀膨胀，加剧降低泥岩的力学强度，造成井壁失稳。因此，在页岩水基钻井液体系构建和性能指标控制时应考虑钻井液对陆相泥岩水化膨胀与水化分散的抑制作用[1]。

1.2 微观结构分析

通过扫描电镜对不同层位岩心的微观结构进行分析后可知：

（1）除嫩江组外，大部分地层属灰绿色泥岩，颗粒排列紧密，大部分颗粒呈镶嵌状，层状分布明显，尤其是青山口组泥岩中夹杂砂岩，泥岩砂岩互层明显，胶结性差（图1）。

（2）泥岩地层含有大量微裂缝和微孔隙。如图1所示，缝宽范围大都分布在10～40μm之间，平均缝宽为20μm，微孔隙直径主要集中在35nm至200μm之间，最高可达210μm，平均孔隙直径为18μm。

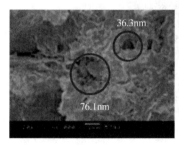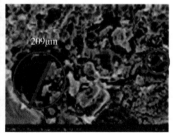

图1　青山口组二三段泥岩SEM图

微裂缝和微孔隙结构的发育，会严重破坏岩石的完整性，弱化原岩力学性能，也为钻井液进入地层深部提供了滤失通道。滤液在钻井正压差以及毛细管附加压力作用下沿孔缝/隙侵入地层，并发生水力尖劈作用，加剧岩石破碎；同时也提高了滤液与深部地层中黏土矿物的水化膨胀，加剧降低井眼周围岩石强度和井壁失稳。

1.3 水化分散性测试

1.3.1 清水分散测试

将致密油各层位的泥岩岩心块浸泡在清水和白油中，观察不同时间岩心块的水化和散裂情况，实验效果图如图2和图3所示。由图2可知，嫩江组二段岩心块在清水中浸泡12h后即发生全部水化，成"稀泥"状，在白油中浸泡90d仍然保持完好，切开后内部干燥，没有油相侵入；图3中的青山口组二三段岩心在水中浸泡2h后即发生完全散裂，在白油中浸泡90d后完整度好，切开后内部干燥，油相同样未侵入。姚家组和泉头组层位岩心与青山口组岩心情况类似[2]。

（a）清水（12h）　　　　（b）白油（90d）

图2　嫩江组岩心浸泡对比图

（a）清水（2h）　　　　（b）白油（30d）

图3　青山口组岩心浸泡对比图

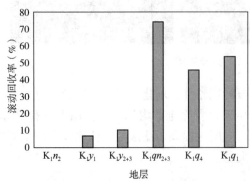

图4　陆相泥岩各地层清水滚动回收率

1.3.2 滚动回收实验

将不同层位岩心按照 SY/T 5613—2016《钻井液测试　泥页岩理化性能试验方法》进行滚动回收实验，实验结构如图4所示。由图4可知，嫩江组二段岩心回收率为0，全部发生水化分散，姚家组滚动回收率在10%左右，然后依次是泉头组和青山口组。

1.3.3 线型膨胀实验

将不同层位岩心机械粉碎、过200目分样筛，烘干后按照 SY/T 5613—2016《钻井液测

试　泥页岩理化性能试验方法》进行线型膨胀实验，实验结果如图5和图6所示。由图可知，致密油各层位的水化能力具有以下特点：（1）按水化能力强弱可排序为：$K_1n_2 > K_1y_1 > K_1y_{2+3} > K_1q_4 > K_1q_1 > K_1qn_{2+3}$；（2）不同井、同一层位的岩心，其水化膨胀能力会因井位的不同而存在一定差异；（3）同一口井、同一层位岩心，也会因深度的不同而导致水化能力存在一定差异[3]。

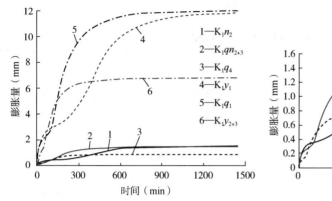

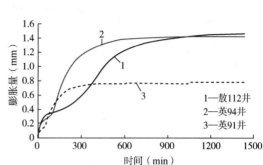

图5　不同致密油层位清水膨胀曲线图　　　　　图6　不同井 K_1y_1 层位清水膨胀曲线图

根据研究结果，可以将致密油地层分为两类：一是蒙脱石含量高的 K_1n_2 层位，属于活性软泥岩地层。这类地层黏土矿物晶层间作用力为范德华力，作用力弱，水分子很容易进入晶层间，引起黏土渗透水化和表面水化；二是不含蒙脱石，只含伊利石和伊/蒙混层的硬脆性泥岩地层，其余5个层位均属于此类地层。这类地层黏土矿物晶层间引力以静电力为主，作用力强，加上相邻晶层间氧原子网格中 K^+ 的镶嵌连接作用，水分子不易进入晶层，只会发生表面水化。

1.4　钻井液性能分析

1.4.1　抑制能力

目前常用钻井液抑制剂主要有聚胺、阳离子和无机盐等，将各层位岩心在不同种类抑制剂溶液中进行滚动回收实验，实验结果如图7和图8所示，由图可知，无机盐、阳离子、聚合物等常规种类的抑制剂，对嫩江组这类活性软泥岩地层抑制效果较好，对青山口组等硬脆性泥岩地层抑制水化膨胀与分散效果不明显，这主要是常规种类抑制剂只能够抑制剂泥岩渗透水化，不能抑制泥岩表面水化[4]。所以，只有合成具有同时抑制渗透水化和表面水化双重作用的新型泥岩抑制剂，才能从根本上解决不同泥岩地层的水化抑制问题。

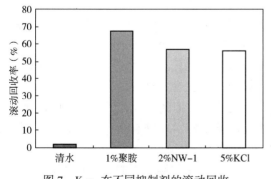

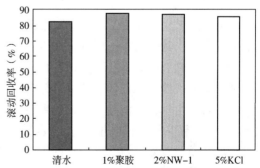

图7　K_1n_2 在不同抑制剂的滚动回收　　　　　图8　K_1qn_{2+3} 在不同抑制剂的滚动回收

1.4.2 封堵能力

致密油地层孔/缝结构发育，根据孔/缝尺寸和 2/3 架桥封堵理论，封堵材料粒度中值应该在 15μm 左右，但对常用的沥青类封堵材料分析后可知，磺化沥青颗粒粒径大都大于 75μm，小于 75μm 的仅占 1.89%（表 1），与地层孔/缝尺寸不匹配，难以形成有效封堵[5]。所以，必须优选粒径分布范围与地层孔、缝尺寸相匹配的封堵材料，才能解决致密油地层的封堵问题。

表 1 磺化沥青粒径分布统计表

目 数	粒径（μm）	比例（%）
<200	75	1.89
60~200	75~250	70.24
>60	250	27.83
损耗		0.04

1.4.3 滤饼质量

良好的滤饼质量对降低钻井液滤失量、稳定井壁具有重要作用。对水基钻井液常用的 20 余种处理剂的滤饼质量的进行分析可知（图 9）：（1）低分子量聚合物类处理剂能降低滤饼表面黏滞系数，起到改善滤饼质量的作用；（2）非水溶性、大粒径处理剂会使滤饼表面黏滞系数增加；（3）电性强、分子量大的处理剂会产生絮凝，使滤饼增厚、表面黏滞系数增加；（4）钻井液固相含量和含砂量较高时，滤饼质量虚、厚，黏滞系数大。目前使用的水基钻井液体系滤饼质量整体较差，虚、厚、不致密，对近井壁地带护壁作用较差，同时还会增加与钻具之间的摩擦力，引起起下钻摩阻大、下套管困难等问题[6]。

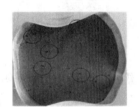   

（a）磺化沥青滤饼　（b）阳离子抑制剂滤饼　（c）高固含时滤饼　（d）高含砂时滤饼

图 9 不同情况下钻井液滤饼质量

1.5 大庆陆相致密油井壁失稳机理

通过以上实验分析，总结出大庆油田陆相致密油井壁失稳机理为：

（1）黏土矿物总体含量高、层间组成差异大。嫩江组因蒙脱石含量高易发生渗透水化而引起井壁失稳；其余层位因伊利石和伊/蒙混层含量高，易由表面水化引起井壁失稳。

（2）地层微裂缝和微孔隙结构发育。水在毛细管力作用下，易沿着孔缝快速渗入页岩深部，使原始微裂缝纵深延伸、拓宽，并产生新的微裂缝、裂缝，导致井壁失稳。

（3）常用水基钻井液井壁稳定效果差。抑制性无法有效抑制泥岩表面水化；封堵剂与地层孔/缝尺寸不匹配，不能进行有效封堵；钻井液种类较多、成分复杂、大粒径颗粒较多，钻井液滤饼质量较差，对井壁的护壁作用较弱。

（4）钻井过程中钻井液的冲刷作用以及钻杆的应力传递作用易引起井壁周围页岩碎裂、垮塌，或因起下钻过猛，引起井内压力激动，这是导致井壁不稳定的因素。

2 稳定井壁钻井液技术对策

在研究出井壁失稳机理的基础上，形成了提高钻井液抑制性、封堵能力、改善滤饼质量等技术对策。

2.1 提高钻井液抑制性

2.1.1 控制钻井液矿化度

保持钻井液滤液活度与地层中流体活度匹配，可减少滤液和地层中离子交换，降低泥岩与滤液接触后的水化趋势，对保持井壁稳定具有一定作用。分别配制不同浓度的 KCl 和 NaCl 蒸馏水溶液以及复合溶液，测试各层位岩心在不同溶液中的水化膨胀能力[7]。由图 10 可知，K_1n_2 岩心在 KCl 溶液中膨胀率降低明显，NaCl 溶液中降低较小，在 KCl 和 NaCl 的复合溶液中膨胀率降低最明显，在 7%KCl 和 7%NaCl 的复合溶液中膨胀率最低，其余各层位实验结果与此类似。

2.1.2 控制钻井液酸碱度

用 NaOH 配制酸碱度为 8~12 的蒸馏水溶液，测试各层位岩心的膨胀率。由图 11 可知，K_1qn_{2+3} 岩心在酸碱度为 9 溶液中水化膨胀能力最低，表明钻井液酸碱度等于 9 时更有利于保持井壁稳定，其余层位岩心的膨胀测试结果与此一致，均在酸碱度为 9 时膨胀率最低。

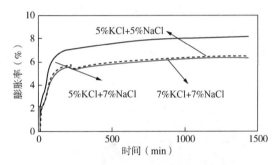

图 10　K_1n_2 在不同矿化度溶液中的膨胀率　　　图 11　K_1qn_{2+3} 在不同酸碱度溶液中的膨胀量

2.1.3 合成新型泥岩抑制剂

通过开展分子结构设计，合成出新型低聚醇胺类抑制剂。采用润湿性评价和滚动回收实验对该抑制剂的效果进行评价，实验结果如图 12 所示。由图 12 可知，与未经过处理干岩样表面的水滴接触角相比，经过低聚醇胺处理后的泥岩表面水滴的接触角明显增大，说明泥岩疏水性增强，能够有效抑制泥岩表面水化。

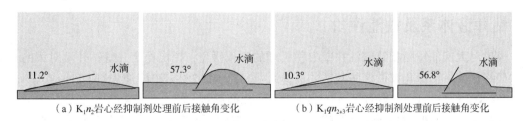

（a）K_1n_2 岩心经抑制剂处理前后接触角变化　　　（b）K_1qn_{2+3} 岩心经抑制剂处理前后接触角变化

图 12　经过抑制剂处理后的泥岩滚动回收率

2.2 提高钻井液封堵能力

根据致密油地层孔缝尺寸和 2/3 架桥封堵理论，优选出粒径分布范围广，与地层孔缝尺寸匹配的微纳米乳液封堵剂，其粒径尺寸分布范围为：$D_{10} = 34.7\text{nm}$，$D_{50} = 14.05\mu\text{m}$，$D_{90} = 36.13\mu\text{m}$。采用自主研究的微裂缝和微孔隙评价方法[8]，对优选的封堵剂的效果进行了评价。如图 13 和图 14 所示，该封堵剂对模拟的 $10\mu\text{m}$，$20\mu\text{m}$ 和 $40\mu\text{m}$ 微裂缝均具有良好的封堵降滤失能力；对模拟的 30nm，200nm 和 $200\mu\text{m}$ 微孔隙均具有良好的封堵降滤失能力。说明该微纳米乳液封堵剂对大庆致密油地层微裂缝和微孔隙具有良好的封堵能力，高温高压滤失量小。

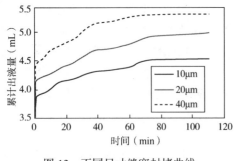

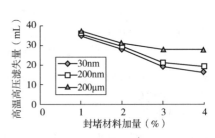

图 13　不同尺寸缝宽封堵曲线　　　　　图 14　不同直径孔隙封堵曲线

2.3　改善钻井液滤饼质量

通过室内评价实验，根据形成滤饼质量提高措施，将影响钻井液滤饼质量的处理剂换成具有相同作用的处理剂之后，滤饼质量得到大幅度提高，滤饼表面的润滑系数和黏滞系数都得到有效改善。如图 15 中改善前的滤饼，虚滤饼较厚，且黏滞系数较高，改善后的滤饼，不仅薄而致密，且表面光滑。

（a）改善前　　　　　　　　　　　（b）改善后

图 15　改善前后的滤饼质量对比图片

3　钻井液体系及性能评价

经过对大庆油田陆相致密油井壁失稳机理的深入研究，提出稳定井壁钻井液对策的基础上，最终形成一套氯化钾低聚胺基钻井液体系：1%土浆+2%~3%降滤失剂+8%~10%NaCl+5%~7%KCl+1%~1.5%聚合醇+1%~1.5%聚胺抑制剂+2%~2.5%纳米聚合物封堵剂+0.5%~0.8%包被剂+2%~4%超细钙+0.05%~0.1%流型调节剂，密度适用范围介于 1.15~1.65g/cm³。室内评价实验结果见表 2 和表 3。由表可知，氯化钾低聚胺基钻井液抗温 120℃，流变性合理，黏切可控，具有较好的抑制性、润滑性，可抗 10%黏土污染，能够满足致密油水平井施工需求[9]。

表 2 钻井液流变评价实验数据表

密度 (g/cm³)	实验 条件	Φ_{600}/Φ_{300}	Φ_{200}/Φ_{100}	Φ_6/Φ_3	Gel (Pa/Pa)	FL_{API} (mL)	FL_{HTHP} (mL)
1.65	常温	92/65	50/34	9/7	3.5/5	2.5	—
	120℃×16h	93/63	51/34	10/7	3.5/5	2.8	9.2

表 3 钻井液其他性能实验指标

抗温能力	抗伤害能力	润滑性	抑制性
120℃	10%膨润土	EP0.11/ 滤饼黏滞系数0.069	回收率96.65%/ (清水19.76%)

4 现场应用

氯化钾低聚胺基钻井液体系在大庆油田致密油区块已经累计完成15口井推广应用。总体施工效果良好,具体表现在以下几方面:(1)钻井液流变性稳定。表现出良好的抗伤害能力,后期钻井液黏切高的问题得到解决;(2)稳定井壁能力。钻遇嫩江组、姚家组、青山口和泉头组等高泥岩含量层位,上部地层裸露超过60d也没有发生任何井壁失稳的现象,15口井水平段平均井径扩大率<6%;(3)固井质量。固井优质井口数比例达到92%,水平段固井优质段率平均为91%,最高达98%;(4)后期测井、下套管作业顺利[10]。表4给出了P47-X井钻井液性能。

表 4 P47-X 井现场施工钻井液性能数据

井深 (m)	密度 (g/cm³)	漏斗黏度 (s)	PV (mPa·s)	YP (Pa)	动塑比	Gel (Pa/Pa)	失水 (mL)	pH值	含砂量 (%)	固相含量 (%)	摩阻系数
280	1.1	39	14	2	0.14	1/2	3.8	9	0.1	10	—
630	1.15	51	22	12	0.55	3.5/6	4	10	1.5	11	0.0437
812	1.22	40	20	7.5	0.38	1.5/5	4	10	1.8	14	0.0437
960	1.25	76	35	21	0.6	8/12.5	4.8	9	1.8	15	0.0612
1242	1.24	63	39	12	0.31	2/8	4.4	9	1.8	15	0.0612
1464	1.26	106	49	20.5	0.42	9/24	5.6	9	1.8	18	0.0612
1597	1.29	76	39	11	0.28	4/18	4	9	1.8	19	0.0349
1798	1.29	100	38	13	0.34	5/20	5.6	9	2	18	0.0437
1998	1.3	120	25	13.5	0.54	5.5/20	6	8.5	2	16	0.0524
2008	1.28	76	40	14	0.35	4/19	4.8	8	1.8	16	0.0524
2694	1.25	78	35	21	0.6	10/23	5.2	9	0.8	16	0.0612

5 结论

(1)大庆油田陆相致密油地层中,嫩江组蒙脱石含量较高,属于强水化强膨胀的活性软泥岩地层;其余层位均伊利石和伊/蒙混层为主,属于强水化弱膨胀的硬脆性泥岩地层。各层位岩心微裂缝和微孔隙结构发育,平均缝宽在20μm左右,平均孔隙直径在18μm左右。

(2)在分析出陆相致密油地层井壁失稳机理的基础上,提出了提高抑制性、加强封堵、控制滤饼质量等钻井液技术对策，并形成一套综合性能优异的氯化钾低聚胺基钻井液体系。

（3）20余口井的现场推广应用表明，形成的井壁稳定钻井液技术对策对高蒙脱石含量地层具有较强的抑制作用，对孔隙结构发育地层具有良好的封堵防塌作用，大幅度降低率井下复杂时率，对提高松辽盆地陆相致密油资源的高效开发提供了技术支持。

参 考 文 献

[1] 郭晓霞，杨金华，钟新荣．北美致密油钻井技术现状及对我国的启示[J]．石油钻采工艺，2014（4）：1-5.

[2] 黄鸿，李俞静，陈松平．吉木萨尔地区致密油藏水平井优快钻井技术[J]．石油钻采工艺，2014（4）：10-12.

[3] 屈沅志，赖晓晴，杨宇平．含胺优质水基钻井液研究进展[J]．钻井液与完井液，2009，26（3）：73-75.

[4] 刘焕玉，梁传北，钟德华，等．高性能水基钻井液在洪69井的应用[J]．钻井液与完井液，2011，28（2）：87-88.

[5] 王建华，鄢捷年，苏山林．硬脆性泥页岩井壁稳定评价新方法[J]．石油钻采工艺，2006，28（2）：28-30，83.

[6] 胡金鹏，雷恒永，赵善波，等．关于钻井液用磺化沥青FT-1产品技术指标的探讨[J]．钻井液与完井液，2010（6）：85-88，102.

[7] 侯杰，刘永贵，宋广顺，等．新型抗高温耐盐高效泥岩抑制剂合成与应用[J]．钻井液与完井液，2016，33（1）：22-27.

[8] 侯杰，刘永贵，李海．大庆致密油藏水平井钻井液技术研究与应用[J]．石油钻探技术，2015，43（4）：59-65.

[9] 侯杰．硬脆性泥页岩微米-纳米级裂缝封堵评价新方法[J]．石油钻探技术，2017，45（3）：34-37.

[10] 王睿，李巍，王娟．仿油基钻井液技术研究及应用[J]．精细石油化工进展，2011，12（8）：1-3.

新型复合盐高性能水基钻井液体系的研制及在辽河致密油地层的应用

王　健　王丽君　张颖苹　洪　伟　郭林昊　孙云超

（中国石油集团长城钻探工程公司工程技术研究院）

【摘　要】　针对辽河油田雷家区块致密油储层多发井壁失稳、井漏、电测遇阻、套管下不到位等事故复杂，进行雷家区块致密泥页岩井壁失稳机理研究，优化基础液配方及性能。针对地层裂缝和孔隙发育，研制了纳米封堵剂 GW-NBF，优选胺基聚醚抑制剂、高效极压润滑剂，构建了一套具有强封堵、强抑制、强润滑的复合盐高性能钻井液体系，泥、页岩一次回收率 95.5%，渗透率降低超过 50%，并在雷家区块 L77-X 井进行应用，该井完钻井深 5000m，水平位移 1783m，较邻井平均机械钻速提高 40% 以上，首次实现该区块水平井零事故、零复杂作业，创该区块井深最长、水平位移最长、机械钻速最高等记录，为该区块的安全开发提供了技术保障。

【关键词】　致密油；硬脆性泥页岩；井壁坍塌；复合盐；钻井液

辽河油田雷家区块致密油储层在沙河街组三段和四段广泛发育灰质泥岩、碳质泥岩、泥质白云岩、云质页岩，垂深达到 4000m，地层压力系数达到 1.5，井底温度最高超过 150℃，同时裂缝较为发育，地层中存在酸性气体，开发难度较大。对钻井液抗温性能、抗酸根离子污染能力、抑制性能、封堵性能提出了更高的要求。2010 年以来，钻井液公司主要采用聚磺有机硅防塌钻井液体系、KCl 聚合物钻井液体系进行施工，有机硅体系虽然在抗温性能、井眼净化等方面满足井下需求，但其抑制性、抗 HCO_3^- 能力低于 KCl 聚合物体系，同时加入有机硅降黏剂后，土粉和易水化岩屑细分散，高温高密度下流变性不易控制，钻井液劣质固相含量高，定向托压问题突出。KCl 聚合物体系抑制性较好，在沙河街组二段大段灰绿色泥岩应用中具有抑制黏土水化分散、稳定性强等特点，但体系封堵性有待提高；在沙河街组三段和四段应用中经常出现井漏、脆性泥岩井塌等问题。数据统计显示，两种钻井液体系在雷家区块沙河街组三段和四段应用中多发井壁失稳、井漏、电测；定向井钻井过程中也经常出现井漏、造斜段划眼、起下钻阻卡等复杂情况，严重制约雷家区块致密油气资源安全高效开发。

为了有效支撑雷家区块致密油气资源的高效开发，本文在雷家区块致密泥、页岩井壁失稳机理研究分析基础上，针对性地进行了处理剂研制，并优选和复配了核心处理剂，构建了一套具有强封堵、强抑制和高润滑的高性能钻井液体系并进行了现场应用。

基金项目：中国石油天然气股份有限公司重大专项——辽河油田千万吨稳产关键技术研究与应用"钻采工程配套关键技术研究与应用"（2017E-1605）。

作者简介：王健，高级工程师，1988 年生，毕业于东北石油大学应用化学专业，现在从事钻井液技术研究工作。地址：辽宁省盘锦市兴隆台区惠宾街 91 号；电话：189042746357；E-mail：conquer3000@163.com。

1 雷家区块井壁失稳原因分析

1.1 全岩定量检测和黏土矿物相对含量分析

以雷家区块雷-X 井岩心为例，采用 X 射线衍射仪做全岩定量检测和黏土矿物相对量检测，主要结果见表 1 和表 2。结果表明，雷家区块沙四段泥岩矿物组分差异大，矿物中以石英砂及黏土矿物为主，黏土矿物占比 35.4%；非黏土矿物中斜长石、石英、方解石等脆性矿物含量为 63.8%，表明其脆性极强，属硬脆性泥岩。而黏土矿物含量分析结果表明，其主要成分为伊/蒙混层，含量达到 69%，占全岩含量的 27.1%；伊利石、绿泥石和高岭少量发育。伊/蒙混层的大量存在对井壁稳定极其不利，易吸水膨胀的蒙脱石层吸水后，层间水化斥力增加，导致伊/蒙混层压力分布不均，发生层理间位移和膨胀，导致井壁失稳。

表 1 全岩定量检测   单位:%

编号	石英	斜长石	方解石	白云石	褐铁矿	菱铁矿	黏土总量
1	38.4	19.5	5.9	0.0	0.8	0.0	35.4

表 2 黏土矿物相对含量

样品编号	井深(m)	层位	岩性描述	黏土矿物含量(%)						
				蒙皂石 S	伊利石 I	高岭石 K	绿泥石 C	伊/蒙混层 I/S	绿/蒙混层 C/S	混层比
1	3740	沙四段	泥岩		13	15	3	69	1	60

1.2 场发射环境扫描电镜分析

采用场发射扫描电子显微镜分析目标区块岩心。扫描电镜图片如图 1 所示。在 400 倍数下观察，岩心颗粒排列较为紧密，部分颗粒呈镶嵌状。局部放大到 1600 倍数时，存在微裂缝及蜂窝状小孔，且微裂缝具有延伸长度长、弯曲程度大等特点。放大到 3000 倍时，表现出碎屑矿物溶蚀，部分黏土化，黏土矿物晶间孔隙较发育，具有微裂缝，缝宽度不一，主要分布在 $2 \sim 3\mu m$。6000 倍下观察到分布粒表的叶片状绿泥石衬垫式胶结粒间，微裂缝宽度不一，主要分布在 $830 \sim 890nm$，并且微裂缝延伸长度长。12000 倍数下可见岩屑部分溶蚀，像黏土矿物转化明显，黏土矿物晶格间孔隙较发育。泥页岩井壁失稳与微观孔隙发育特征关系密切，泥页岩微裂缝发育是导致井壁失稳的内因。

1.3 雷家区块井壁失稳机理分析

内因：结合全岩定量实验、扫描电镜实验结果得出，辽河油田雷家区块沙四段泥岩矿物组分差异大，脆性矿物为 63.8%，表明其岩石脆性强，硬脆性属性特征明显。黏土矿物含量 35.4%，伊/蒙混层占比 69%，因其伊/蒙混层含量高，层间离子间强键较蒙脱石少，非膨胀性和膨胀性黏土相间，其中蒙脱石水化能力强，伊利石相对较弱，当钻井液滤液沿孔隙和裂缝进入地层时，导致非均匀性膨胀，进一步减弱了泥页岩的结构强度导致地层岩石更容易脆裂，发生井下垮塌和掉块。这种岩性组分决定了该地层不容易分散，造浆性能不强，但容易膨胀造成剥落掉块。

外因：钻井液滤液侵入和压力传递是泥、页岩井壁易失稳的外因。钻井过程中，由于存在井底压差、化学势能差和毛细管力，钻井液滤液沿着孔隙或微裂缝优先侵入泥、页岩层

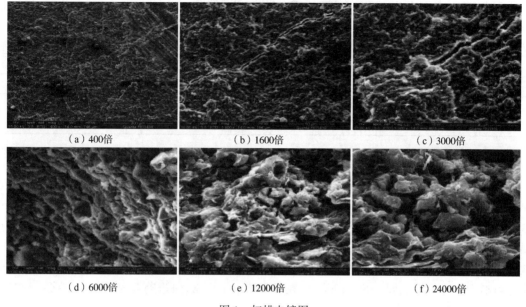

(a) 400倍　　　　　　(b) 1600倍　　　　　　(c) 3000倍

(d) 6000倍　　　　　　(e) 12000倍　　　　　　(f) 24000倍

图 1　扫描电镜图

理，导致近井地带的井壁孔隙压力增加，减弱了钻井液液柱压力对井壁的支撑作用。当滤液进入裂缝时，会沿力学性质最弱的界面侵入，同时使微裂缝之间交叉、相互贯通，当层理面胶结发生破坏时，产生掉块。这也是本区块掉块面呈现光滑、片状的特征的原因[1-3]。

通过机理分析，针对辽河油田雷家区块深部地层这种特殊的井壁失稳形式，在采用合理密度支撑的基础上，首先要保证封堵剂具有合理的粒径匹配来封堵微裂缝，降低滤液侵入地层；其次要降低地层与钻井液的化学势能差，保持钻井液活度低于地层水活度，使化学渗透压抵消部分水力压差引起的滤液侵入；再次是保证钻井液具有较强抑制性能，抑制泥、页岩表面水化，避免井壁表面吸水膨胀。

2　关键处理剂研制和优选

2.1　满足活度平衡的基础液配方研究

依据雷家区块井壁失稳机理分析，降低化学势能，保持钻井液活度低于地层水活度，以降低近井地带水含量和孔隙压力。当钻井液活度低于地层水活度时，钻井液活度与地层水活度比值越小，越有利于井壁稳定。因泥页岩具有低渗透特征，可部分阻止离子通过，起到半透膜的作用，这样就可以通过调整钻井液水相活度来平衡半透膜效应，使化学渗透压抵消部分水力压差引起的滤液侵入和压力传递，促进井壁稳定[4]。

采用 HD-3A 型智能水分活度测量仪，测试邻井岩心和泥、页岩掉块水活度，数据见表 3。可以看出，雷家区块沙四段岩心水活度在 0.736~0.754 之间，随着井深增加，活度有降低趋势。结合大量实验数据，综合考虑成本因素，形成复合盐基础液配方为：5%KCl+10%甲酸钠+8%甲酸钾，可实现钻井液液相水活度与地层相配伍，提高膜效应，起到井壁稳定的效果。在实现抑制性的同时，复合盐与聚合物类处理剂配伍性好，兼有提高聚合物类处理剂热稳定性的作用。

表3 岩心和掉块活度数据

编号	样号	井深(m)	温度(℃)	活度
1	邻井掉块1	3077.3	22.9	0.754
2	邻井掉块2	3212.17	23.2	0.750
3	邻井掉块3	3471	23.6	0.743
4	邻井岩心1	3722	23.8	0.747
5	邻井掉块2	3852	23.9	0.736

2.2 高效封堵剂研制

扫描电镜实验结果表明,雷家区块沙四段微裂缝发育,裂缝宽度范围为800~1200nm,而目前现场用封堵剂为沥青类、超细碳酸钙,对纳—微米级裂缝不能实现有效封堵。采用纳米二氧化硅,利用超声分散和硅烷偶联剂对其改性,在温度80℃、弱碱性的条件下搅拌2h,得到改性纳米二氧化硅。取一定量的改性纳米二氧化硅,加入3%分散剂A,配制成纳米—微米级封堵剂GW-NBF,其粒径分析数据如图2所示,分散状态下颗粒的SEM如图3所示,粒径可形成多峰值,满足800~1200nm粒径要求,在孔隙内进行架桥封堵,遵循"1/2"和"2/3"架桥规则。

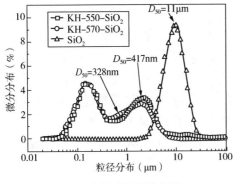

图2 改性后粒径分布图

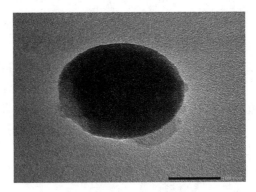

图3 单分散态封堵剂SEM

2.3 胺基聚醚类抑制剂优选

优选3种胺基聚醚抑制剂[4-6],采用雷家区块沙四段泥、页岩岩屑,进行滚动回收实验和黏土膨胀实验评价其对泥、页岩的抑制能力。实验数据见表4。结果表明,3#胺基聚醚抑制剂的抑制性最强,但其加入后起泡严重。2#胺基聚醚抑制剂也具有较高的页岩回收率和较低的线性膨胀率,故优选2#胺基聚醚抑制剂为体系抑制剂。

表4 不同胺基抑制剂的回收率和膨胀率

体系	热滚温度(℃)	热滚时间(h)	回收率(%)	线性膨胀率(%)		配伍性
				2h	24h	
清水	150	16	35.2	10.1	48.3	
基浆	150	16	43.5	4.7	27.8	
基浆+0.5%1#胺基聚醚抑制剂	150	16	80.2	2.1	15.1	少量泡
基浆+0.5%2#胺基聚醚抑制剂	150	16	85.3	2.3	14.4	少量泡
基浆+0.5%3#胺基聚醚抑制剂	150	16	86.5	2.1	13.3	起泡严重

2.4 抗盐极压润滑剂优选

在长水平段水平井钻进中，由于井身弯曲、水平段长、钻柱与井壁接触面积大，发生干摩擦或被界面膜隔开产生边界摩擦，这时仅提高钻井液的润滑性能不能降低摩擦系数，需选用一种界面膜强度大的极压类润滑剂，同时具有抗盐、抗温能力。而目前辽河油田钻井液用润滑剂为机油类，水平井平均加入量为6%~8%，造斜段和长水平段钻进过程中常出现托压、工具面不稳等情况。通过大量文献和资料调研[7-11]，优选两种高效极压润滑剂与目前润滑剂做对比实验，以3%的加量分别加入基浆中，配方为1%土粉+0.3%烧碱+5%KCl+10%甲酸钠+8%甲酸钾+0.2%XCD，采用E-P极压润滑仪和高温高压黏附仪（GNF）型进行评价，实验结果见表5。

表5 润滑剂性能评价

润滑剂	测试条件	PV （mPa·s）	YP （Pa）	润滑系数 降低率（%）	黏附系数 降低率（%）
基础液	常温	12	8	—	—
	150℃老化16h	8	6	—	—
目前用1# 润滑剂	常温	16	12	32	40
	150℃老化16h	10	6	20	20
优选2# 润滑剂	常温	13	9	63	55
	150℃老化16h	8	4	52	50
优选3# 润滑剂	常温	14	9	57	49
	150℃老化16h	10	7	50	40

实验数据表明，2#和3#润滑剂抗温能力及润滑效果较好，与体系配伍性好，2#润滑剂润滑系数降低率和黏附系数降低率最高，2#润滑剂由植物油、醇类与多种特种表面活性剂组成，能在钻头、钻具和其他工具表面形成一层牢固的吸附膜，可大幅度降低钻具在钻进过程中的磨损和疲劳，防止井下钻具发生黏附卡钻事故的发生，同时加入后对钻井液有消泡作用，可代替消泡剂。

3 复合盐高性能钻井液体系性能评价

通过基础液研究，高效封堵剂研制，主要处理剂优选，配伍常规抗盐降滤失剂、流型调节剂等功能型处理剂，综合大量实验得出高性能钻井液配方为1%土粉+0.3%烧碱+5%KCl+10%甲酸钠+8%甲酸钾+0.4%增黏提切剂+2%抗盐抗温降滤失剂+1%PAC-LV+0.3%胺基聚醚+2%~3%纳微米封堵剂+2%超细碳酸钙+3%极压润滑剂+加重剂。

3.1 抗温性能评价

评价该体系150℃下钻井液性能，结果见表6。

表6 抗温性能评价

测试条件	ρ （g/cm³）	pH值	PV （mPa·s）	YP （Pa）	Gel_{10s} （Pa）	Gel_{10min} （Pa）	FL_{API} （mL）	FL_{HTHP} （150℃）（mL）
常温	1.50	10	34	15	4	7.5	1.2	8.0
150℃，老化16h	1.50	10	32	12	2.5	6	2.6	9

实验数据表明，随着温度的升高，体系塑性黏度、动切力变化较小，具有很强的稳定性。这是因为甲酸盐电离出的酸根离子具有还原性，可以消耗体系中的氧，提高了聚合物等处理剂的热稳定性。在150℃老化16h后，动切力和静切力有下降趋势，下降幅度不高，可满足水平井井眼清洁和岩屑携带的要求，中压滤失量和高温高压滤失量小。表明该套体系可抗150℃高温，可满足雷家地区对钻井液抗温性能的要求。

3.2 抗污染性能评价

钻井液抗污染能力是指其抗钙、抗劣质土、抗酸根离子污染的能力。雷家区块沙三段中含有酸性气体，钻井过程中导致钻井液受到污染，流动性变差。钻井液在加入劣质土（主要为地层中的泥岩和岩屑）后其黏、切变化不大，则说明钻井液抑制性强，能阻止外来劣质固相在钻井液中的分散。

评价复合盐高性能水基钻井液抗劣质土能力：加入10%劣质土（过80目筛），在150℃老化16h，测量性能，数据见表7。

表7 抗劣土能力评价

测试条件	pH 值	AV (mPa·s)	PV (mPa·s)	YP (Pa)	Gel_{10s} (Pa)	Gel_{10min} (Pa)	FL_{API} (mL)
基浆	10	34	22	12	4	7.5	3.2
基浆+10%劣土	10	42	28	14	5	9	3
150℃老化16h	10	44	32	12	4	10	3.6

实验结果表明加入10%劣质土后，复合盐高性能水基钻井液的表观黏度、塑性黏度、动切力等变化不大，表明其具有较强的抗劣土污染能力，证明该体系通过胺基聚醚、复合盐发生协同作用，使该体系具有较强的抑制性。

在配方中加入碳酸氢钠，模拟碳酸氢根离子污染，数据见表8。结果表明，体系加入0.5%NaHCO₃后流变性无明显变化，滤失影响小，说明体系抗HCO_3^-污染能力强。

表8 抗碳酸氢根离子评价

序号	配方	实验条件	pH 值	流变性			FL_{API} (mL)	FL_{HTHP} (mL)
				AV (mPa·s)	PV (mPa·s)	YP (Pa)		
1	体系	老化前	11.0	28.5	23	5.6	2.0	6.0
		150℃×16h	10.0	35	25.0	10	1.5	7.0
2	体系+0.5% NaHCO₃	老化前	11.0	28	22	6	1.2	5.0
		150℃×16h	10.0	32.5	22.0	10.5	1.8	8.0

3.3 润滑性评价

使用滑块摩阻仪分别对复合盐高性能水基钻井液体系、KCl—聚合物钻井液体系、有机硅防塌钻井液体系和油基钻井液体系进行润滑性能评价，数据如图4所示。

实验结果表明，复合盐高性能水基钻井液体系润滑系数为0.11，低于KCl—聚合物钻井液体系和有机硅防塌钻井液体系，与油基钻井液体系相比仅高0.03，表现出极强的润滑性能。

3.4 抑制性评价

采用岩屑滚动实验对复合盐高性能水基钻井液、KCl—聚合物钻井液和全油基钻井液抑制性能进行评价。

取雷家致密油区块目的层岩屑岩样，烘干并粉碎至 6~10 目，在 150℃ 条件下滚动 16h，用 40 目筛回收岩样，将回收岩样放入表面皿中，在 105℃±3℃ 烘箱中烘 6h；称重。实验数据如图 5 所示。

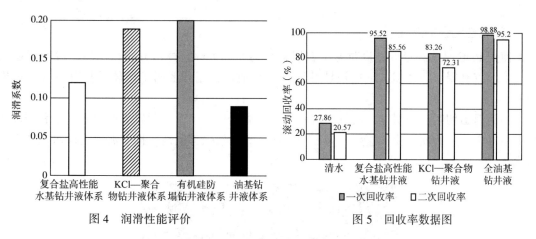

图 4 润滑性能评价   图 5 回收率数据图

结果表明，复合盐高性能水基钻井液的一次岩屑回收率为 95.52%，略小于全油基钻井液，体现出该体系通过小分子胺基聚醚、复合盐协同作用后，在岩屑表面附着，内部压缩双电层，减少岩屑中黏土层间距，也限制了其吸水膨胀，同时兼具 K^+ 镶嵌作用进一步稳定岩屑。

3.5 封堵性能评价

采用模拟裂缝宽度为 1μm 的沙盘，室内配制钻井液进行岩样封堵评价实验[11]，记录不同时间点的累计滤失量，曲线如图 6 所示。

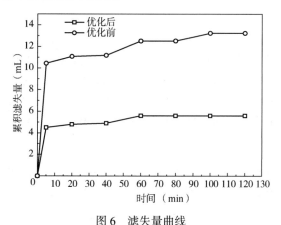

图 6 滤失量曲线

加完封堵剂后的钻井液滤失量显著降低，累积滤失量由 12.8mL 降低到 4.9mL，说明研发的封堵剂对纳微米孔缝具有良好的封堵效果。

4 现场应用

复合盐高性能水基钻井液技术在雷家区块 L77-HX 井进行现场应用。，完钻井深 5000m，水平位移 1783m。首次实现该区块水平井零事故、零复杂作业，创雷家区块水平井钻井最快、最深、水平段最长、水平位移最大四项记录。

邻井 L1X 井使用 KCl 聚合物液体系进行施工，多次发生井壁垮塌、卡钻、填井等复杂事故。

4.1 携岩性和强抑制性

使用 PDC 钻头在三开钻进时返出岩屑粒径为 5~10mm，棱角分明(图 7)。说明岩屑在井底未经重复碾压、磨损，迅速被钻井液携带至地面，充分证明了该体系具有良好的携岩能力。

钻屑返出切削痕迹明显，灰色泥岩和页岩岩屑质地坚硬，表明岩屑在井底高温和循环过程中基本未发生表面水化，这是因为复合盐体系具有较强抑制性，抑制泥岩表面水化和渗透水化。

图 7 岩屑返出图

4.2 强润滑性

当密度为 1.47g/cm³ 时，相比于常规水基钻井液，复合盐高性能水基钻井液具有更低的固相含量，体系亚微米颗粒含量低，钻井液的内摩擦力小。在定向前及时加入高效极压润滑剂和固体润滑剂，同时失水保持在 2mL，保证形成的滤饼光滑而致密。在大斜度段和长水平段定进过程中，通过对比井下钻压与地面钻压发现，变化趋势一致，没有托压现象。

4.3 应用效果对比

从使用不同钻井液体系两口井的现场应用效果来看，使用复合盐高性能水基钻井液体系未出现井壁失稳现象，施工顺利、高效，提速明显(表 9，图 8)。

表 9 两口井施工效果对比

井号	体系	钻井周期(d)	完井周期(d)	事故复杂(h)	完钻井深(m)
L1X	KCl—聚合物钻井液体系	184	211	4008	3923
L77-X	复合盐高性能水基钻井液体系	118	132	0	5000

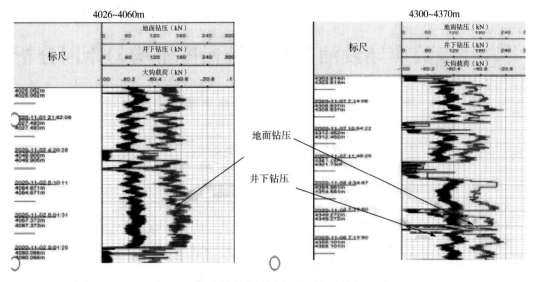

图 8　实钻井底钻压和地面钻压对比

5　认识结论

（1）通过雷家区块泥、页岩理化分析，针对性地研发了与地层孔缝相匹配的封堵剂，采用活度平衡理论，优选胺基抑制剂和极压润滑剂，建立了一套复合盐高性能水基钻井液体系，具有抑制性强和封堵性能好等特点，滚动回收率>95%，裂缝性泥密度岩中的累积滤失量降低61%。

（2）在 L77-X 井现场应用过程中，复合盐高性能水基钻井液防塌抑制性强，在二开造斜段和水平段钻进过程中井壁稳定无坍塌、起下钻顺利，易于维护。

（3）研制的新型复合盐高性能水基钻井液可解决辽河油田雷家区块硬脆性泥页岩井壁失稳难题，可推广应用。

参 考 文 献

[1] 姚新珠，时天钟，于兴东. 泥页岩井壁失稳原因及对策分析[J]. 钻井液与完井液，2001，18（3）：38-41.
[2] 王平泉，周世良. 钻井液处理剂及其作用原理[M]. 北京：石油工业出版社，2003.
[3] 邱正松，徐加放，吕开河，等. "多元协同"井壁稳定新理论[J]. 石油学报，2007，28（2）：117-119.
[4] 鄢捷年. 钻井液工艺学[M]. 北京：中国石油大学出版社，2013.
[5] 陈亮，吕忠凯. 钻井液用极压润滑剂 JM-1 的制备与应用[J]. 钻井液与完井液，2016，33（5）：54-57.
[6] 黄召，何福耀，雷磊，等. 新型高效抗磨减阻剂在东海油气田的应用[J]. 钻井液与完井液，2017，34（4）：49-54.
[7] 金军斌. 钻井液用润滑剂研究进展[J]. 应用化工，2017，46（4）：770-774.
[8] 胡成军，陈强，张鹏，等. 渤海油田中深部地层井壁稳定对策[J]. 石油钻采工艺，2018，40（S1）：94-97.
[9] 马京缘，潘谊党，于培志，等. 近十年国内外页岩抑制剂研究进展[J]. 油田化学，2019，36（1）：181-187.
[10] 于盟，王健，王斐. 适用于辽河致密油地层的高性能钻井液技术[J]. 钻井液与完井液，2020，37（5）：578-584.
[11] 张坤，王磊磊，董殿彬，等. 多元聚胺钻井液研究与应用[J]. 钻井液与完井液，2020，37（3）：301-305.

页岩呼吸效应导致油基钻井液密度不均匀原因分析

刘人铜　王建华　倪晓骁　张家旗　闫丽丽

（中国石油集团工程技术研究院有限公司）

【摘　要】　川南地区龙马溪组页岩层理发育，易发生井漏和井壁失稳。在宁 209H58-2 井水平段钻进过程中，在同一井段发生了循环时钻井液漏失而停泵回吐的现象，呼吸效应明显，漏失与回吐量越大，该井段的钻井液密度差越大，同时伴随着气测值升高的现象。本文通过假设排除法确定了页岩具有"筛网效应"，当当量循环密度（ECD）大于裂缝开启压力时发生漏失，而裂缝开启宽度正好在重晶石粒径范围之中，大颗粒重晶石无法进入裂缝在页岩裂缝端面聚集，低密度钻井液进入地层，反吐后循环时钻井液密度先高后低现象，并伴随气测值升高。通过降低钻井液密度控制当量循环密度，避免了页岩微裂缝开启和呼吸效应，循环时钻井液密度恢复正常。本文阐明了页岩具有筛网效应是导致钻井液密度不均的主要原因，有望为页岩气水平井的开发提供技术支持。

【关键词】　页岩；呼吸效应；ECD；钻井液密度不均

页岩呼吸效应导致钻井液密度不均是在四川盆地页岩气钻井过程中日益凸显的一个现象，如处理不当则会导致钻井时间和资金的消耗。四川盆地地层具有很强的非均质性，且地层的各向异性非常突出。川南地区龙马溪组页岩以黑色粉砂质页岩与碳质页岩为主，且页岩层层理裂缝也较为发育，井漏时有发生。当外力超过页岩的载荷范围时，页岩的微裂缝开启，井筒内钻井液在压差的作用下被推入地层，钻井液中大颗粒重晶石在裂缝断面聚集引发的"筛网效应"导致出口钻井液密度不均，进而对钻井过程产生影响。停泵后，由于井底钻井液当量循环密度（ECD）降低，被撑开的页岩裂缝闭合，裂缝内的钻井液被推回井筒，井口立即外溢、返浆，地面钻井液灌液面上涨，如同溢流。自 20 世纪 80 年代末以来，Gill[1]、Ram[2]、Lavrov 和 Tronvoll[3]、Ozdemirtas[4] 以及 Shahri 等[5]针对陆地天然裂缝性地层，开展了呼吸效应机理和影响因素的研究。本文主要探讨的正是对这一特殊现象进行描述和机理分析。

1　宁 209H58-2 井呼吸效应统计

宁 209H58-2 井是位于四川省宜宾市大坝东区的一口水平井，储层埋深 2531～2783m，产层主要为微裂缝沟通的致密砂岩孔隙气藏，水平段设计长度为 2000m。10 月 13 日，用 φ215.9mm 钻头钻进至井深 4502m 发生失返性漏失，最大漏速 46m³/h，漏失量为 23m³，此时油基钻井液密度为 1.81g/cm³，漏斗黏度为 73s，排量 30L/s，水平段长 1550m。10 月 12 日发生第一次井漏，10 月 13—18 日期间一次随钻堵漏、两次桥堵由于页岩的"呼吸效应"均

基金项目：中国石油集团工程技术研究院有限公司院级课题《抗 240℃油基钻井液核心处理剂研发及体系构建》（CPET202024），《纳米材料对高密度钻井液沉降稳定性影响规律研究》（CPETQ202109）。

作者简介：刘人铜（1995—），中国石油集团工程技术研究院有限公司钻井液研究所，助理工程师。地址：北京市昌平区黄河街 5 号院 1 号楼；电话：13604274321；E-mail：liurtdr@cnpc.com.cn。

未成功，钻井液继续漏失，随后回吐，出现"上吐下漏"的现象，且单次漏失量小，之后为揭露更多漏层后再进行固结堵漏，降低钻井液密度提高排量试钻进3~5m。钻进0.65m后疑似溢流停止钻进，调节钻井液性能准备压井，维持密度1.77g/cm³，提高钻井液密度再次开泵后，井底ECD增加，漏失量和回吐量相应增加，伴随出口钻井液密度不均匀和高气测值的现象，回吐钻井液密度为1.68~1.89g/cm³。自10月12日发生第一次井漏至11月15日完钻，累计漏失油基钻井液187.9m³。

（1）钻井液的回吐量较大，但始终小于漏失量，这也是区分呼吸效应与溢流的重要标志；

（2）随着钻井液密度升高，漏失量有所增加，停泵后回流量相应增加；

（3）随着钻井液密度升高，气测值逐渐增大，且≥35%持续时间较长。

2 出口钻井液密度不均原因分析

钻井液密度不均原因分析：

（1）假设钻井液受到地层水或邻井压裂液影响导致出口钻井液密度不均。通过使用ZNC型固相含量测定仪测定了在不同密度下出口钻井液的油水比（图1）。分别取密度为1.76g/cm³和1.69g/cm³的钻井液测定，两次测试结果均与配浆时油水比80/20相同。在不同密度下油水比测定结果表明，井筒内钻井液并未受到地层水或邻井压裂液侵入影响，故假设不成立。

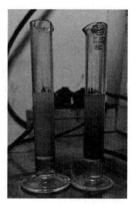

（2）假设钻井液长时间静置发生沉降。通过井身结构（图2）分析假设发生沉降，将井筒分为两部分，首先是井口—A点：井口—A点高密度钻井液由于重力原因应集中在斜井段—A点附近，当钻井液上返时应先返出低密度钻井液，然后是高密度钻井液。水平段：高密度钻井液由于重力原因会集中在井筒底部，低密度钻井液在上部，当钻具搅动时，钻井液会被搅拌均匀，上返时钻井液密度应该波动不大。

图1 油水比实验结果对比

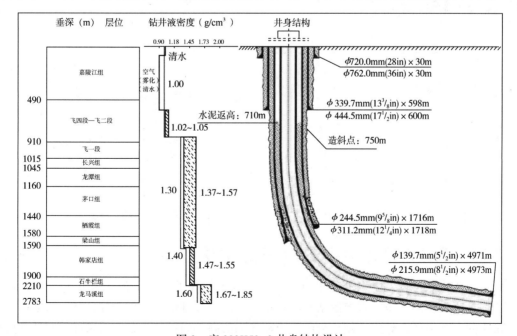

图2 宁209H58-2井身结构设计

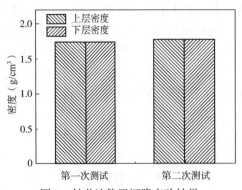

图 3　钻井液静置沉降实验结果

通过实验验证(图 3)，将密度为 1.74g/cm³ 的钻井液处于 90℃ 条件下老化罐静置 8h 后测其密度，测量结果上下层密度均为 1.74g/cm³；将密度为 1.77g/cm³ 的钻井液在常温条件下静置 10h 后测其密度，测量结果上下层密度均为 1.77g/cm³。通过测量结果表明钻井液在井底温度和常温条件下均无沉降，故假设不成立。

(3) 假设钻井液在动态情况下产生沉降。如图 4 所示，取密度为 1.77g/cm³ 的钻井液并将其放置在 API 钻井液流变测量杯中，钻井液温度保持在 90℃，将旋转黏度计转速调为 100r/min，用注射器抽取杯底钻井液样品并测量其密度为 1.77g/cm³。30min 后，再次在杯底取样和测量其密度，仍为 1.77g/cm³，则钻井液在动态情况下未发生沉降，故假设不成立。

(4) 页岩的筛网效应。页岩的呼吸效应导致钻井液密度不均。提高井底 ECD 致使井内钻井液循环当量密度大于地层裂缝的开启压力，导致裂缝的张开，致使井筒内钻井液发生漏失。钻井液内的重晶石由于其自身粒径大于缝宽会在漏失端面滞留形成高密度钻井液，粒径小于缝宽的颗粒形成的低密度钻井液会通过裂缝进入地层；停止循环后，循环压耗消失，井底钻井液当量密度小于裂缝的闭合压力使井底裂缝发生闭合，井筒内高密度钻井液先被推出，低密度钻井液和页岩气被反吐出来，地层气体在井底运移后随高密度井浆返出，进而导致返出钻井液密度不均和返出高密度钻井液时气测值高的现象。为验证这一假设设计室内实验，实验方法：1.81g/cm³ 油基钻井液，采用 325 目(45μm)筛布过滤，分别测量过筛后钻井液和剩余钻井液密度(图 5)。实验结果表明过筛后的油基钻井液密度为 1.58g/cm³，剩余的钻井液密度为 1.99g/cm³，产生严重密度差且筛网表面无明显滤饼产生，根据重晶石粒径初步推测井底页岩开启裂缝宽度的范围为 40~60μm，大颗粒重晶石滞留在页岩裂缝表面，反吐时钻井液出现严重密度差。

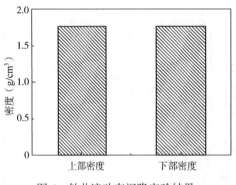

图 4　钻井液动态沉降实验结果

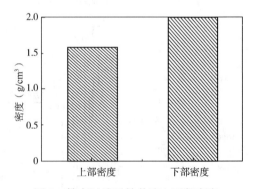

图 5　筛布过滤后钻井液上下部密度

3　消除呼吸效应产生钻井液密度差的方法

通过减弱页岩呼吸效应来消除出口钻井液密度不均匀的现象。计算井底 ECD，确定闭合压力与井底发生漏失压力来控制钻井液的漏失。降低泵排量循环使全井钻井液密度循环均匀，减少井下呼吸效应导致的循环密度不均和气测值高等问题，具备起钻条件后起钻装旋转控制头，下光钻固结堵漏。之后调整钻井液密度，控制井底当量密度继续钻进。

4 通过环空压耗确定钻井液漏失位置

宁209H58-2三开油基段采用 ϕ215.9mm钻头，当前井深4502m，钻井液密度1.71g/cm³，塑性黏度41mPa·s。泵压传递关系：

$$p_s = \Delta p_g + \Delta p_{st} + \Delta p_a + \Delta p_b \tag{1}$$

式中：p_s 为泵压；Δp_g 为地面管汇压耗；Δp_{st} 为钻柱内压耗；Δp_a 为环空压耗；Δp_b 为钻头压降。

当发生井漏时地面管汇压耗、钻柱内压耗、钻头压降不发生改变，只有环空压耗降低，可以确定泵压的变化量等同于环空压耗的变化量。环空压耗等于工具串环空压耗、工具串至套管鞋环空压耗、套管鞋以上环空压耗的总和。

$$\Delta p_a = \frac{0.57503 \rho_d^{0.8} \mu_{pv}^{0.2} L_p Q^{1.8}}{(d_h - d_p)^3 \times (d_h - d_p)^{1.8}} \tag{2}$$

$$\Delta p_a = \Delta p_1 + \Delta p_2 + \Delta p_3 \tag{3}$$

式中：Δp_1 为工具串环空压耗；Δp_2 为工具串至套管鞋环空压耗；Δp_3 为套管鞋以上环空压耗。

从表1中可以看出22：29：20总池体积开始明显降低，泵压降低0.35MPa，初始阶段为渗漏，根据录井数据分析泵压波动范围：2.3~2.75MPa。假设井深4502m发生漏失：总环空压耗计算：2.4MPa。其中底部仪器组合环空压耗：0.18MPa，钻杆（仪器-套管鞋）环空压耗：1.44MPa，钻杆（套管鞋-井口）环空压耗：0.78MPa。符合2.3~2.75MPa范围之内，进而可以初步确定漏层在4502m左右，且漏层的呼吸效应导致油基钻井液密度不均。

表1 录井数据表

时间	井眼井深(m)	钻头位置(m)	立管压力(MPa)	总冲速(次/min)	总池体积(m³)
22：28：18	4502.05	4499.74	27.08	134	85.75
22：28：49	4502.05	4499.74	27	134	85.85
22：29：20	4502.05	4499.74	26.65	134	85.72
22：29：51	4502.05	4499.94	24.71	134	85.7
22：30：21	4502.05	4499.94	24.25	134	85.68
22：30：52	4502.05	4499.94	24.04	134	85.45
22：31：23	4502.05	4500.18	23.89	134	84.98
22：31：53	4502.05	4500.18	23.91	134	84.37
22：32：24	4502.05	4500.18	24.03	134	83.8
22：32：55	4502.05	4500.18	24.17	134	83.19
22：33：26	4502.05	4500.18	24.18	134	82.34

5 结论

（1）"呼吸效应"是由于页岩微裂缝在压力作用下开启和闭合导致。

（2）钻井液密度增加，井底ECD增加，呼吸效应增强。

（3）页岩具有"筛网效应"，大颗粒重晶石在裂缝漏失端面聚集，漏失和回吐导致了井下钻井液密度不均匀。

（4）通过降低井底 ECD 减弱了页岩呼吸效应，避免了密度不均和气测值升高的问题。

参 考 文 献

［1］Gill J A. How Borehole Ballooning Alters Drilling Responses［J］. Oil & Gas Journal, 1989, 87(11): 43-52.

［2］Ram Babu. Effect of P-ρ-T behavior of muds on loss/gain during high-temperature deep-well drilling［J］. Journal of Petroleum Science and Engineering, 1998, 20(1): 49-62.

［3］Lavrov A, Tronvoll J. Mechanics of borehole ballooning in naturally-fractured formations［C］//SPE Middle East Oil and Gas Show and Conference. Society of Petroleum Engineers, 2005.

［4］Ozdemirtas M, Babadagli T, Kuru E. Numerical Modelling of Borehole Ballooning/Breathing-Effect of Fracture Roughness［C］//Canadian International Petroleum Conference. Petroleum Society of Canada, 2007.

［5］Shahri M P, Zeyghami M, Majidi R. Investigation off racture ballooning and breathing in naturally fractured reservoirs: effect of fracture deformation law［C］//Nigeria Annual International Conference and Exhibition. Society of Petroleum Engineers, 2011.

宜昌区块页岩气水平井钻井液技术

王　昆　龙大清　陶卫东　王　星　郗毅飞

（中国石化中原石油工程西南钻井分公司）

【摘　要】　宜昌区块是中国石油重要的页岩气勘探区块，位于湖北省宜昌市的远安、当阳一带，构造位置属中扬子盆地当阳复向斜巡检—溪前向斜带，具有目的层埋藏深、地质条件复杂、地层差异性大等特征。该区块前期施工过程中出现复杂情况较多，个别井工期长达3年多依然没有达到预期的勘探目的，勘探进度缓慢，施工难度极大，是目前已知的页岩气井中难度最大的区块之一。鉴于上述情况，对该区块展开技术攻关，经现场应用验证，基本解决了该区块施工难题。该区块二开直井段的主要难题是井漏及井壁失稳，三开水平段除存在井漏、井壁失稳的难题外，还存在因井壁失稳带来的携砂问题。

该区块复杂层位主要有：栖霞组底部、纱帽组、罗惹坪组、龙马溪组。二开直井段复杂层位有栖霞组、纱帽组、罗惹坪组、龙马溪组，岩性以石灰岩、泥岩、砂岩为主，地层破碎，胶结性差、裂缝发育，部分井临近断层，施工时频繁出现井壁失稳，存在不同程度的井漏，个别井井漏异常复杂；三开水平段主要复杂层是龙马溪组，岩性以泥页岩为主，受构造运动的影响，形成众多微裂缝，同时坍塌应力较高，完成井测试证实坍塌应力当量达到2.30，施工中出现明显的缩径及垮塌现象，为平衡坍塌应力需要适当上调钻井液密度，一旦超过漏失压力，又出现井漏，导致井下异常复杂。水平段施工过程中因井壁失稳造成携砂困难，进一步增加施工难度。基于上述原因，该区块施工周期普遍较长，施工井成功率不高。

针对该区块地层特点，对井身结构、防塌、堵漏方案进行优化，研发了一套强封堵技术（在水基和油基钻井液中均可进行应用），并引进了一套固结承压堵漏技术，形成了较为成熟的钻井液技术方案及堵漏技术方案，从根本上解决制约施工的瓶颈技术难题，提高施工作业效率。该技术经过现场应用基本解决了该区块的施工难题，为该区块安全高效施工提供了重要参考，具有较好的指导意义。

【关键词】　页岩气水平井；井壁稳定；堵漏；井眼净化；油基钻井液；固结承压堵漏

本文通过对前期施工的宜探1井、宜探3井、宜探6井和宜探201H1-8井等井进行认真分析、比对，从地质、工程及钻井液方面入手，分析复杂的成因，对比解决问题的方法及技术思路，找出解决该地区井漏、井壁失稳及携砂的方法，提高该区域施工的成功率，形成成熟的配套技术，以便指导该区域页岩气的开发。

首先，对该区域的地质特征进行分析，找出造成复杂的地质成因，针对地质及工程要求，提出钻井液解决技术思路和技术方案。

由于该区域地层6次构造运动的影响，地层势必会产生纵横交错的裂缝、微裂缝，同时存在众多的局部断层，导致井漏频发，堵漏异常艰难。本文在总结以往堵漏技术的基础上进行优化，形成了行之有效的技术，提高了承压堵漏的成功率；采用"蚂蚁体"地质分析方法，

作者简介：王昆，1984年出生，工程师，2008年毕业于西南石油大学，现主要从事钻井液技术研究与应用工作。电话：18190701551；E-mail：286109837@qq.com。

对断层进行分析，制订可行的避让断层方案，避免了恶性漏失的出现，进一步提高防漏的能力。

采用新型封堵技术，解决井壁失稳、适当提高承压能力的问题。通过对产品的粒径进行分析，找出适合用于封堵的材料，并对其对钻井液体系流变性影响进行评价，找出适合用于体系封堵的材料，从理论到实践进行验证，最终形成成熟的封堵防塌技术。该技术可适当提高钻井液的承压能力。配合化学防塌技术，进而形成完整的区域防塌技术。

对于防漏堵漏，在进行封堵防塌的同时兼顾承压能力提高问题，采用封堵防塌与防漏一体化方案，同时解决。总结以往堵漏的成败经验，引进新型堵漏技术，提高堵漏成功率。

对于携砂问题，借鉴灯影组破碎地层防塌技术，解决复杂井眼携砂问题。

通过对技术的优化升级与重组，找到了解决该区域施工难题的方案，经现场应用得到完善，形成了系统的钻井液技术，为该区域页岩气的开发提供了成熟经验，对提高页岩气水平井的施工效率提供了重要的指导意义。

1 储层特征

钻井液是钻井工程的重要组成部分，与地质、工程密切相关，不同的岩性对钻井液性能的要求不同。因此，在设计钻井液体系前必须先了解该区块的地层特征，根据地层特征来合理设计钻井液体系。

1.1 构造背景

中扬子地区盆地经历了元古代板块陆核心发展演化与克拉通盆地基底的形成、早古生代扬子碳酸盐岩台地与江南—雪峰被动大陆边缘和欠补偿洋盆的演化、晚奥陶世至志留纪的加里东造山运动与扬子前陆盆地的形成、晚古生代扬子克拉通及周缘盆地的发展、中晚三叠纪的洋陆转换与印支—早燕山造山运动、中—新生代的盆山演化与强烈改造等6个主要的大地构造演化阶段，现今当阳复向斜及邻区隆、坳相间的构造格架是历次构造运动叠加的结果。当阳复向斜西侧隆起为黄陵—神农架背斜，东侧隆起为乐乡关复向斜，呈近南北向展布。荆门区块内由西向东可划分为宜昌斜坡、峡口—远安背斜带、巡检—溪前向斜带、龙坪—肖堰—栗溪背斜带4个次级构造单元(图1)。从构造背景可以看出，该区块地层受到多次构造运动的影响，会产生较多的纵横交错裂缝及微裂缝，并形成较高的坍塌应力。

1.2 构造基本特征

宜昌区块页岩气处于中扬子盆地，位于南北走向的荆山山脉以东丘陵地带。该区块处于当阳复向斜的中北部，具体位于远安断层以东的宜昌市远安—当阳区块，研究区地表出露侏罗系—三叠系，表层为向斜的东翼，深层呈东倾的构造单斜区。因受晚印支期陆内造山成盆构造运动的强烈改造，"挤压冲断、伸展断陷、压扭走滑"三期构造改造叠置，深层的古生界海相构造层断层、裂缝发育，主体呈东倾的构造斜坡带，五峰组—龙马溪组页岩层显性微裂缝与高角度的隐性理理发育，"强改造、过成熟、高应力"山地页岩气地质特征显著，压扭走滑应力结构框架下的储层微观条件十分复杂，页岩气钻井风险大(图2)。

1.3 储层物性概况

1.3.1 靶区箱体

宜昌区块页岩气目的层为下志留统龙马溪组—上奥陶统五峰组。通过对邻井宜探1井、宜探3井、宜探6井和宜201H1-8井实钻页岩气储层评价资料以及压裂试气成果资料确定了优质页岩储层的水平井靶区箱体位置在五峰组—龙马溪组龙一₁亚段1号层。确定水平段靶区箱体位置后，就能够确保水平井能钻至含气性最好、孔隙度最佳的页岩气层，实现页岩气最大产能（图3）。

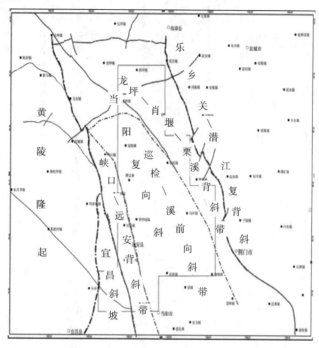

图1 荆门区块构造区划图

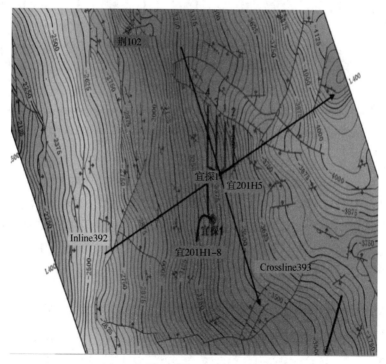

图2 宜昌区块龙马溪组底面构造图

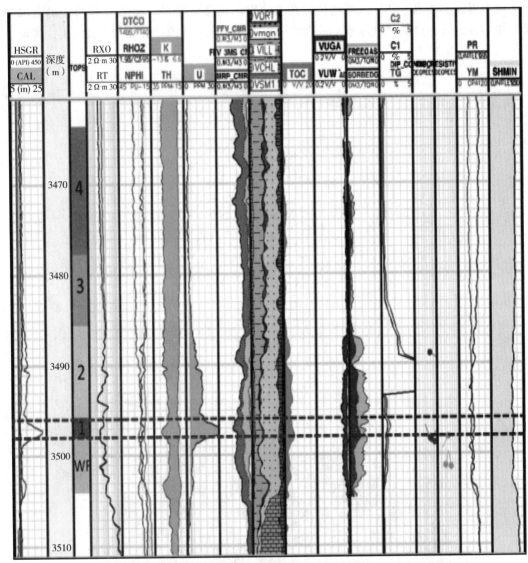

图3 宜201H1-8井页岩气水平段箱体对应龙马溪组位置图

1.3.2 矿物含量

通过4口井对龙马溪组1号储层的页岩岩心进行矿物成分分析表明（表1），石英含量为28%~46%，方解石含量为4%~13%，钠长石含量为2%~3%，黄铁矿含量为5%~9%，黏土总量为35%~50%。从矿物含量分析看出，宜201H1-8井与其余3口井矿物组合成分相差较大，黏土总量较高，容易引起水化膨胀引起井壁失稳，页岩本身具有一定的脆性和硬度，当硅质含量高时，在外力作用下，容易产生裂缝。

表1 龙马溪组岩样分析数据表

井号	矿物含量（%）				
	石英	方解石	钠长石	黄铁矿	黏土总量
宜探1井	45.42	5.83	2.14	8.77	36.84

井号	矿物含量(%)				
	石英	方解石	钠长石	黄铁矿	黏土总量
宜探3井	46.29	4.98	3.22	9.14	35.37
宜探6井	45.11	5.45	2.67	8.88	36.89
宜201H1-8井	28.24	13.22	2.57	5.25	50.72

2 技术难点

2.1 井壁稳定

目前在页岩气水平井施工出现的事故基本上80%以上都是井壁不稳定造成的，主要原因是钻井液与页岩相互作用改变了页岩的孔隙压力和页岩强度，并最终影响了页岩的稳定性。宜探1井、宜探3井和宜201H1-8井页岩气水平井施工时，同样也出现了地层垮塌(表2)。

主要从以下三方面对这3口井的施工情况以及岩性进行分析:

(1)在水平段施工时，上部井壁没有支撑力时，页岩会有较大的应力释放，导致不同大小的掉块剥落。采集宜探1井、宜探3井、宜探6井和宜201H1-8井龙马溪组岩样，进行页岩应力敏感实验。通过实验得知(表3)，页岩应力敏感系数较大，比泥岩、砂岩要高出1~2个数量级[1]。

表2 龙马溪组页岩气水平井井壁垮塌复杂处理统计表

井号	井段或井深 (m)	钻井液密度 (g/cm³)	损失时间 (h)	原因分析	处理情况
宜探1井	3510~4012	1.72	840	地层二次胶结、脆性高，并且钻进过程中伴有漏失	钻进至井深3510m井壁出现失稳，振动筛有少量掉块返出。当钻进至井深4012m地层出现垮塌，起下钻困难，经常憋停扭矩，憋泵，处理26天无效果后，填井侧钻
宜探3井	3979	1.63	9.15	地层破碎带发育，岩性疏松，同时地层坍塌压力高	钻进至井深3979m，起钻至井深3866.37m遇卡，悬重由120tf上升至145tf，尝试上提2次，无法通过，接顶驱开泵倒划眼，倒划眼至井深3872.86m，泵压由16.6MPa上升至20.6MPa，停泵憋压1.2MPa，扭矩由13kN·m上升至26kN·m，顶驱憋停，上提下放遇阻卡，发生卡钻。通过地面震击解卡
	4033	1.63	5.7	地层硬脆泥岩裂缝发育，岩性疏松，钻进期间频繁发生井漏，以降低钻井液密度降低漏速。地层剥落的掉块无法通过井段3760~3930m的大肚子	钻进至井深4033m，起钻至3904.71m遇阻，悬重由117tf上升至147tf，开泵倒划眼至井深3880.93m，泵压由12MPa上升至15MPa，停泵憋压6MPa，扭矩由13kN·m上升至20kN·m，顶驱憋停。上提下放遇阻卡，发生卡钻。通过地面震击解卡

井号	井段或井深（m）	钻井液密度（g/cm³）	损失时间（h）	原因分析	处理情况
宜201H1-8井	4083	1.67	600	地层较破碎，岩性硬脆性强，坍塌压力高	起钻倒划眼至井深3962m憋停顶驱、憋泵，下放未放开，降低泵冲至25冲/min，逐步顶通后，提至双30冲倒划，扭矩6～8kN·m比较平稳，倒划至井深3960m，憋停顶驱，下放未放开，释放扭矩后，恢复顶驱转动，泵冲从25冲/min逐步提至85冲/min（环空始终憋压1MPa），提至90冲/min后，憋压升至4MPa，随即顶驱憋停。恢复转动后，原地扫塞，稀浆4m³，稠浆5m³，振动筛返出为细砂。倒划至井深3950m，憋停顶驱，泵压上涨，快速下放钻具，降低排量循环，泵压缓慢下降，提泵冲从10冲/min提至90冲/min循环；3962～3961m，3957～3955m，3952～3950m多次憋停，上提下放困难），最终精细刮把操作起钻完
	4499	1.73	414	地层较破碎，岩性硬脆性强，坍塌压力高	下钻至井深3435.85遇阻，开泵划眼期间，振动筛无掉块返出。划眼至井深4044m，振动筛返出半捞砂盆掉块，划眼至井段4228～4270m扭矩波动大，注入稀重浆，振动筛无掉块返出，倒划短起至井深4055m扭矩频繁憋停，倒划眼至井段4116～4059m憋泵、憋顶驱严重，倒划眼期间反复采用轻重浆推塞，振动筛返出岩屑增多夹杂小掉片，长时间通井划眼，井下基本恢复正常

表3 不同岩性应力敏感系数表

岩　　性	井　　号	应力敏感系数（10^{-2}MPa^{-1}）
页岩	宜探1井	11.90
	宜探3井	10.91
	宜探6井	9.35
	宜201H1-8井	10.67
致密砂岩	宜探1井	1.240
	宜探3井	0.981
	宜探6井	0.990
	宜201H1-8井	1.010
泥岩	宜探1井	4.876
	宜探3井	5.298
	宜探6井	5.108
	宜201H1-8井	4.622

液柱压力低于坍塌应力，难以支撑破碎地层，造成井壁失稳或出现缩径。

（2）水平段越长，施工周期长，钻井液浸泡时间就越长。由于页岩属于强水敏地层，若钻井液抑制能力不足，钻井液与页岩的相互作用，改变了黏土层之间水化应力大小。页岩黏土矿物与水膨胀，导致膨胀压力使张力增大，导致页岩地层拉伸破裂引起垮塌[2]。

（3）对宜201H1-8井龙马溪组的页岩岩心采用油基钻井液和水基钻井液进行侵泡实验[3]，通过 MTS815 岩石力学页岩力学试验仪计算出的黏聚力和内摩擦角与浸泡时间的关系。从试验中认识到：浸泡在两种体系钻井液中的页岩岩心强度都在降低，但是油基钻井液（OBM）浸泡后的岩心强度降低幅度很小，远小于水基钻井液（WBM）对页岩岩心强度的影响（图4）。

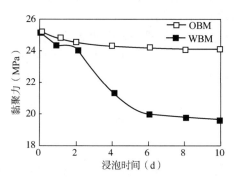 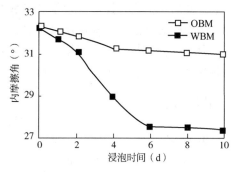

图 4　页岩岩心黏聚力和内摩擦角与钻井液浸泡时间的关系曲线

（4）液柱压力低于坍塌应力，造成脆性地层剥蚀掉块，甚至坍塌。

2.2　携砂问题

水平段页岩气井携砂问题历来都是需要攻克的难点，主要有以下几方面：

（1）造斜段井斜变化率较大，井眼清洁难度较大。

（2）215.9mm 尺寸水平段井眼环空间隙小，泵压高，排量受限，施工时容易形成岩屑床，导致摩阻和扭矩增大，容易引起井下复杂。

（3）井壁失稳后出现"糖葫芦"井眼，导致携砂困难。

2.3　井漏问题

宜201H1-8井施工时，在栖霞组发生了8次漏失，在龙马溪组发生了13次漏失，由于宜201H5-1井与宜201H1-8井直线距离为1.5km，根据上部地层施工情况对比，两口井地层较吻合，因此，宜201H5-1井在栖霞组和龙马溪组发生漏失的可能性较大。通过宜201H1-8井栖霞组、龙马溪组钻遇漏层，对漏失机理分析[4]：

（1）天然裂缝型漏失。漏层裂缝较发育，裂缝连通性好，易形成裂缝网络，采用桥浆、水泥浆堵漏，成功率低，堵漏难度大（表4）。

表 4　宜 201H1-8 井井漏统计表

井段或井深 （m）	层位	钻井液密度 （g/cm³）	漏速 （m³/h）	漏失性质	处 理 情 况
1862~2228	栖霞组	1.40~1.50	22 至失返	裂缝、诱导性漏失	共发生了 8 次漏失，漏速小于 50m³/h 采用桥浆堵漏成功，但后期均发生了复漏；漏速大于 50m³/h 采用桥浆堵漏失败后，采用水泥浆堵漏，挤堵压力较低，后期也发生了复漏。最终下套管封隔漏层

井段或井深 （m）	层位	钻井液密度 （g/cm³）	漏速 （m³/h）	漏失性质	处 理 情 况
3056~4711	龙马溪组	1.65~1.72	18~40	裂缝性漏失	共发生 13 次漏失，由于水基桥堵材料在油基钻井液里堵漏成功率低，直接采用水泥浆堵漏，挤堵压力低，一周左右发生复漏

（2）扩展延伸型漏失。地层微裂缝发育，在井筒压力较低时，不发生漏失，一旦井筒压力较高，造成微裂缝扩展发生漏失。在钻井液柱高压力的作用下产生"水力尖劈"作用而使裂缝产生、开启、扩大、连通，最终转变成"致漏裂缝"，从而产生漏失。

（3）诱导破裂型漏失。地层层理发育，承压能力低，易形成诱导裂缝造成漏失。一旦发生漏失，裂缝延伸越长，越难封堵，堵漏亦越难。钻井液柱过高的正压力的继续作用可能导致此裂缝的进一步开启扩大，则此漏速可能因此而不断增大、恶化，进一步诱导漏失。

3 技术研究

3.1 强封堵技术

宜昌区块页岩气水平段施工难点主要是井壁稳定问题、携砂问题、高摩阻和扭矩问题。页岩是亲水性，对水基钻井液中水相具有自吸作用，而油基钻井液对于亲水的页岩地层，可提高毛细管压力，阻止钻井液侵入地层。并且，油基钻井液与页岩井壁存在半透膜效应，隔绝与地层的连通，最大限度地阻缓孔隙压力传输[5]。因此，首选油基钻井液体系，自身具有超强抑制、超强润滑的能力，解决了地层水化膨胀、降低摩阻等作用。因此，使用油基钻井液的地层防塌难点主要是要强化钻井液封堵能力。

3.1.1 封堵剂优选

油基钻井液虽可解决泥页岩水化和高摩阻的问题，但由于页岩地层微裂缝、层理发育，钻井液易沿着微裂缝进入页岩内部，造成钻井液的循环消耗量大，同时可引起井壁地带孔隙压力提高，从而导致井壁周围的岩石剥落掉块至坍塌[6]。因此，需通过强化油基钻井液封堵能力，形成致密的滤饼，阻止钻井液侵入地层，提高周围井壁的岩石强度，达到井壁稳定、安全钻进的目的。

采用 PPA 进行沙盘渗透性封堵实验。通过岩心电镜对宜探 1 井、宜探 3 井、宜探 6 井和宜 201H1-8 井的龙马溪组岩心分析结果表明：岩心微裂缝缝宽范围为 37~66μm。渗透率为 20D 砂盘的平均孔径为 50μm，因此，选择渗透率为 20D 砂盘，用于本次钻井液封堵性能评价实验，也是作为油基钻井液防漏性能评价实验。通过实验优选出架桥颗粒、填充颗粒、纳米颗粒等封堵剂。参照表 5 数据，HTD18984 型渗透性封堵实验装置设定温度 130℃，压力 60MPa 模拟井下评价油基钻井液封堵性。

表5 宜昌区块龙马溪组水平段井底压力和温度

井号	垂深（m）	密度（g/cm³）	井底压力（MPa）	井底静止温度（℃）
宜探 1	3498	1.73	59.3	128
宜探 3	3616	1.73	61.3	133
宜探 6	3772	1.72	63.6	131
宜 201H1-8	3440	1.73	58.3	128

3.1.1.1 架桥颗粒优选

架桥颗粒应选择刚性为主的刚性封堵剂。该类颗粒主要在孔隙或裂缝中起到架桥作用，基本不发生变形，选取不同粒径的刚性封堵剂作为架桥颗粒。研究表明，钻井液中架桥粒子直径与孔喉直径之比介于1/3~2/3时有利于形成稳定的架桥[7]。因此，桥架颗粒的粒径应选用17~35μm。通过NKT2010-L激光粒度分析仪对不同型号的刚性封堵剂进行粒度测定(图5)。

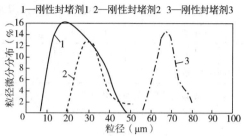

1—刚性封堵剂1 2—刚性封堵剂2 3—刚性封堵剂3

图5 不同型号的刚性封堵剂粒度分布曲线

从图5得知，架桥颗粒应选择粒径主要分布在17~35μm范围内的刚性封堵剂2。将三组刚性封堵剂(浓度3%)加入油基钻井液基浆里，利用砂盘渗透性封堵实验PPA砂盘滤失量。从表6得知，刚性封堵剂2砂盘滤失量最低。

表6 砂盘渗透性封堵实验PPA砂盘滤失量(架桥颗粒)

样品	PPA砂盘滤失量(mL)	样 品	PPA砂盘滤失量(mL)
基浆	64	基浆+3%刚性封堵剂2	42
基浆+3%刚性封堵剂1	50	基浆+3%刚性封堵剂3	56

注：(1)基浆配方为(柴油：水=85：15)+3%有机土+4%乳化剂+1%生石灰加重至1.70g/cm³。
　　(2)实验通过130℃老化16h后测定。

3.1.1.2 填充颗粒优选

填充颗粒应优选可变性与韧性较强的弹性石墨、球状凝胶、橡胶粒等封堵剂。通过挤压

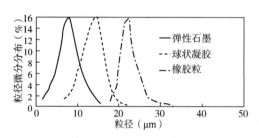

图6 不同类型的填充颗粒粒度分布曲线

变形及弹性膨胀作用，能够自适应封堵不同形状和尺寸的孔隙或裂缝。研究表明[7]，钻井液填充颗粒直径应选择比孔喉直径介于1/5~1/3(填充颗粒直径范围10~17μm)，有利于进行封堵。通过NKT2010-L激光粒度分析仪对球状凝胶、弹性石墨和橡胶粒进行粒度测定(图6)。

从图6得知，填充颗粒应选择粒径主要分布在10~17μm范围内的球状凝胶。将三组填充颗粒(浓度3%)加入油基钻井液基浆里，利用砂盘渗透性封堵实验PPA砂盘滤失量。从表7得知，球状凝胶砂盘滤失量最低。

表7 砂盘渗透性封堵实验PPA砂盘滤失量(填充颗粒)

样品	PPA砂盘滤失量(mL)	样 品	PPA砂盘滤失量(mL)
基浆	64	基浆+3%球状凝胶	43
基浆+3%弹性石墨	56	基浆+3%橡胶粒	61

注：(1)基浆配方为(柴油：水=85：15)+3%有机土+4%乳化剂+1%生石灰加重至1.70g/cm³。
　　(2)实验通过130℃老化16h后测定。

3.1.1.3 软化颗粒优选

软化颗粒应优选油溶性低的磺化沥青、改性沥青和天然沥青等沥青类材料，该类颗粒在地层中受温度影响后，能够根据裂缝形状进行变形填充，起到挤压变形充填封堵作用。将三

组沥青材料(浓度为3%)分别加入油基钻井液基础浆里,利用砂盘渗透性封堵实验PPA砂盘滤失量。从表8得知,天然沥青滤失量最低。

表8 砂盘渗透性封堵实验PPA砂盘滤失量(软化颗粒)

样品	PPA砂盘滤失量(mL)	样 品	PPA砂盘滤失量(mL)
基浆	64	基浆+3%改性沥青	57
基浆+3%磺化沥青	62	基浆+3%天然沥青	52

注:(1)基浆配方为(柴油:水=85:15)+3%有机土+4%乳化剂+1%生石灰加重至1.70g/cm³。
(2)实验通过130℃老化16h后测定。

3.1.1.4 封堵剂配方优选

在架桥颗粒、填充颗粒和软化颗粒三种不同类型、不同颗粒的钻井液封堵剂优选基础上,配合使用1%~2%纳米封堵剂,对纳米级的微裂缝进行封堵,保持所有封堵材料总量为8%,通过调节不同类型封堵剂的加量,确定了油基钻井液封堵剂的最优配方4(表9)。

表9 封堵剂实验配方表

配方	刚性封堵剂2(%)	球状凝胶(%)	天然沥青(%)	纳米封堵剂(%)	FL(130℃)(mL)
空白					24.6
配方1	1	3	2	2	3.8
配方2	1	2	3	2	4.6
配方3	2	2	2	2	3.2
配方4	2	3	2	1	2.2
配方5	2	2	3	1	3.6
配方6	3	2	2	1	2.8

注:(1)基浆配方为(柴油:水=85:15)+3%有机土+4%乳化剂+1%生石灰加重至1.70g/cm³。
(2)实验通过130℃老化16h后测定。

3.1.2 强封堵油基钻井液防塌配方研究

根据宜探1井、宜探3井、宜探6井和宜201H1-8井龙马溪组岩性性质、裂缝尺寸大小以及现场施工情况,对常规油基钻井液进行改造,进一步强化了油基钻井液封堵性,同时选择了合适的钻井液密度,有效地对地层提供应力支撑。通过抑制、封堵、应力支撑三方面有效地解决了地层垮塌问题。最终形成的强封堵油基钻井液配方:基液(油水比85:15)3%有机土+5%乳化剂+3%油基降滤失剂+2%刚性封堵剂2+3%球状凝胶+2%天然沥青+1%纳米封堵剂+重晶石。

通过对油基钻井液进行130℃/16h老化后冷却至60℃进行性能检测(表10),实验表明,该体系老化后流变性良好,取出的高温高压失水滤饼致密,有韧性,满足宜昌区块页岩气水平井防塌要求。

表10 油基钻井液性能表

ρ(g/cm³)	AV(mPa·s)	YP(Pa)	Gel(Pa/Pa)	ES(V)	FL_{HTHP}(150℃)(mL)
1.60	48	6	2/6	964	1.0
1.80	54	7	2.5/7	938	1.4
2.00	68	9	3.5/10	922	1.4

3.2 水平井携砂技术

根据页岩应力敏感实验得知(表3),龙马溪组页岩应力释放较大,在新地层施工中,剥落掉块是避免不了的,因此,首要任务是要携带出地面。但排量过大易造成掉块在环空堆积造成堵塞,导致憋泵,若达不到正常排量,只有依靠调整钻井液性能达到携砂、破坏岩屑床的目的。因此,引用了计算水平段岩屑含量的计算公式来评价油基钻井液性能是否满足水平段携砂效果[8]。

$$C_a = \frac{v_{rop}}{(v_a - kv_s)\left[1 - \left(\dfrac{d_p}{d_h}\right)^2\right]} \tag{1}$$

式中:C_a 为环空岩屑体积浓度,%;v_{rop} 为机械钻速, m/h;k 为流速修正因子(一般为1.25);d_p 为钻杆外径, mm;d_h 为井径, mm;v_a 为环空平均流速, m/s;v_s 为岩屑下沉速度, m/s。

其中 v_s 从下面公式推导出:

$$v_s = \frac{0.0707 d_s (2.5 - \rho_m)^{\frac{2}{3}}}{\rho_m^{\frac{1}{3}} \mu_e^{\frac{1}{3}}} \tag{2}$$

式中:d_s 为岩屑粒径, mm;ρ_m 为钻井液密度, g/cm³;μ_e 为表观黏度, mPa·s。

当 $C_a \leqslant 10\%$ 时,表示携砂效果好,能够满足水平段携砂要求。以宜201H5-1井为例,刚转换的油基钻井液:密度为1.60g/cm³ 为例,平均岩屑直径 $d_s = 5$mm, $v_a = 0.9$m/s, $d_h = 101.6$mm, $d_p = 226.7$mm(5%井径扩大率), $v_{rop} = 5$m/h, $\mu_e = 48$mPa·s, $C_a = 8.68\%$,能够满足携砂需求。在实钻中通过对钻井液性能进行微调,来检测钻井液的携砂能力。

刚转换后的低黏切新浆 $n = 0.86$, $K = 0.12$Pa·s^n,代入公式计算得出 $K_s = 0.79$,能够满足携砂需求。在实钻过程中通过对钻井液性能进行可控的微调来检测钻井液的携砂性。应用表明,以下钻井液性能及钻井参数能够满足携砂要求(表11)。

表11　油基钻井液性能表

ρ(g/cm³)	AV(mPa·s)	YP(Pa)	Gel(Pa/Pa)	排量(L/s)	C_a(%)
1.58~1.63	48~55	4.5~7.5	2~6/5~12	25~30	6.47~8.88

3.3 固结承压堵漏技术

宜探1井、宜探3井和宜探6井在龙马溪组发生漏失,而宜201H1-8井在栖霞组和龙马溪组都频繁发生漏失,主要以裂缝、诱导漏失性质为主。宜201H1-8井与宜201H5-1井直线距离只有1.5Km,上部地层施工情况,地层基本吻合。因此,宜201H5-1井在钻至栖霞组之前,必须提前做好防漏堵漏方案。

3.3.1 堵漏技术难点

(1)通过宜201H1-8井在栖霞组和龙马溪组堵漏分析,该地层骨架应力较低,挤堵压力不超过2MPa。

(2)诱导性漏层堵漏难度大。宜201H1-8井在井深1968m和井深1988m发生漏失。通过堵漏施工情况分析,堵漏浆替至漏层时,漏层已闭合,整个堵漏施工没有发生漏失,继续钻进施工不到1h,漏层张开又发生了漏失。

(3)复漏概率大。主要是油基钻井液堵漏材料种类少,一般加入水基堵漏剂进行堵漏。

水基堵漏剂在油基钻井液中不能够膨胀，并且因其疏油性不能很好地分散，并且油基钻井液具有超润滑的特性，引起堵漏材料在漏失通道壁面间摩擦阻力小，滞留能力弱，难以形成稳定的封堵层，导致堵漏成功率低。

（4）水泥浆堵漏会导致水泥浆受到油基钻井液污染失去固结能力，无法再漏层里驻留。

（5）薄弱点多。栖霞组和龙马溪组薄弱点多，堵漏挤堵作业时，易将已堵的薄弱点重新连通，上部地层发生井漏。

（6）窗口密度窄。从宜201H1-8井三压力图7所示，龙马溪组孔隙压力梯度变化介于 $1.20 \sim 1.40 \mathrm{g/cm^3}$，坍塌压力梯度介于 $1.40 \sim 1.75 \mathrm{g/cm^3}$，漏失压力梯度介于 $1.68 \sim 1.85 \mathrm{g/cm^3}$。因此，坍塌压力与漏失压力的当量密度窗口窄，易发生垮漏共存。

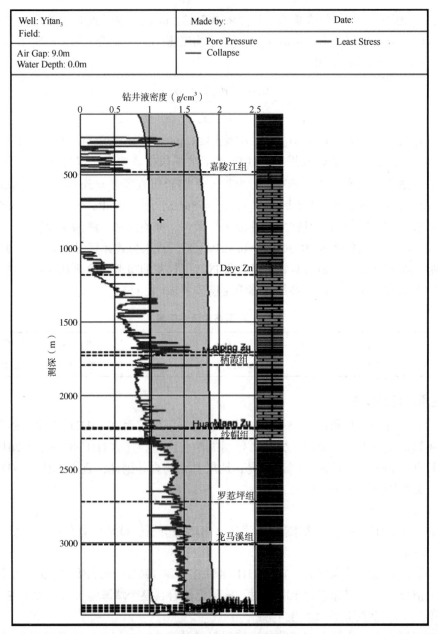

图7　宜201H1-8井三压力图

3.3.2 堵漏思路

分析了宜201H1-8井栖霞组和龙马溪组堵漏施工难点，主要是承压能力低，复漏概率大，并且诱导性漏失堵漏浆难以进入漏层的问题。因此，引进了固结承压堵漏技术，该技术能够满足水基钻井液和油基钻井液施工。固结承压堵漏浆能够在漏层裂缝中靠近井壁的部位稠化固结，达到提高地层承压能力的目的。堵漏浆里的小颗粒、细纤维向裂缝深部流动，聚集在裂缝最深处，形成致密封堵层，阻止压力向裂缝最深处传递，降低裂缝深处的应力强度，阻止裂缝进一步延展，确保堵漏的长期可靠性。

3.3.3 固结承压堵漏技术

固结承压堵漏材料主要含有固化剂、驻留剂、小颗粒堵漏剂和超细纤维等多种物质。固结承压堵漏浆具有良好的流动触变性，可以提高其在漏层中的驻留能力，适用于裂缝、溶洞等各类型地层的堵漏及承压堵漏。固结堵漏浆进入漏层并驻留，可将油基钻井液浸润的井壁、漏层表面、部分油基钻井液和堵漏剂固结为一整体提高堵漏成功率，与油基钻井液相容性较好。

3.3.4 固结堵漏室内评价实验

根据需要可以对密度、稠化时间、稠化强度进行调节。密度是根据施工钻井液密度进行调整，稠化强度是越大越好，关键是稠化时间的控制，稠化时间太长，注入漏层后容易流失不利于堵漏成功率，稠化时间短易出现井下卡钻事故。栖霞组井段在1800~2300m，龙马溪组页岩气水平井井段在3000~5500m，根据注替时间、起钻时间计算，合理的稠化时间为2~3h。通过进行了6组不同配方的室内评价实验(表11)。

从表12得出，随着水灰比的增加，堵漏浆密度也在逐步增大，抗压强度也在增大，考虑到该区块使用的钻井液密度范围，在栖霞组选择配方3、龙马溪组选择配方5能够满足堵漏施工要求。

表 12　固结堵漏室内试验表

配方	水灰比	密度(g/cm^3)	稠化时间(h)	抗压强度(MPa)
配方1	1:1	1.56	3.5	6.5
配方2	1:1.2	1.54	3.2	9.9
配方3	1:1.4	1.60	3	10.5
配方4	1:1.5	1.63	3	12.8
配方5	1:1.7	1.76	2.5	15.3

4　现场应用

4.1　井壁稳定技术应用

前期施工的宜探1井、宜探3井、宜探6井和宜201H1-8井在龙马溪组页岩水平段施工时，都出现了严重垮塌，部分井还出现了填井侧钻的事故。根据这几口井的资料进行了分析，判断是地层裂缝和页岩层理发育，应力释放大所致。因此，宜201H5-1井龙马溪组水平井施工时，强化了油基钻井液封堵能力，井壁稳定性大幅度提高，解决了井壁失稳的问题(图8)。

施工中针对水平井壁稳定主要采取了以下措施：

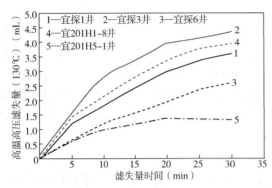

图8 不同时间5口井高温高压滤失量曲线图

（1）根据现场施工情况，合理地调整了钻井液密度。

（2）采用了强抑制、强润滑的油基钻井液，并且通过室内试验对该区块地层岩性分析，合理地搭配了封堵材料的配方，有针对性的对页岩就行了封堵。

（3）优化钻井参数，避免对井壁冲刷力过强。

（4）简化钻具，并且减缓起下钻速度，避免对井壁较多的碰撞。施工后期的老井眼井壁稳定性大幅度提高，确保了该井顺利完钻。

4.2 水平井携砂技术应用

在龙马溪组页岩水平段施工由于应力释放钻开新地层会剥落大小不一的掉块，给井下施工带来了安全隐患。在宜201H5-1井施工中针对水平段携砂主要采取了以下措施：

（1）优化钻井液性能参数，在水平段低环空返速的条件下保证仍具有较强的携带能力。

（2）钻井期间，合理控制转速，提高井下清砂能力。

（3）不定期使用携砂剂配制举砂液洗井；在该井采用了这三项措施，在施工时，返出了大量的掉块，根据掉块的棱角观察，基本都是1~2cm的新掉块(图9)，短起下没有较大的阻卡。

4.3 固结堵漏技术应用

4.3.1 栖霞组堵漏

宜201H5-1井共漏失23次，主要以失返性漏失为主，21次采用固结承压堵漏一次堵漏成功，堵漏成功率高达91.3%。

4.3.1.1 断层绕障

根据宜201H5-1井地层蚂蚁属性显示在栖霞组井段1904~2400m附近裂缝带或断层发育(图10)，实际施工中该井段频繁发生失返性漏失，侧钻前井段1938.5~2111m共发生16次，采用固结承压堵漏浆一次堵漏成功，钻至井深2149m钻遇了大型失返性漏失，多次采用大颗粒桥浆、固结承压堵漏浆均失败，分析是断层与大裂缝连通，桥浆无法架桥，固结承压堵漏浆无法滞留，最终采取填井侧钻，绕开断层。填井侧钻后又发生了6次漏失，采用固结承压堵漏浆1次堵漏成功。

图9 龙马溪组水平井钻进时返出的掉块

图10 宜201H5-1井垂直构造地震剖面图

4.3.1.2 井深1954m堵漏作业

井深1954m发生失返性漏失，采用2次固结堵漏浆和1次细颗粒桥浆均堵漏失败。原因是该漏层诱导性强，裂缝尺寸随着压力的变化而变化，井下静止时，漏层会迅速闭合，导致堵漏浆无法进入漏层。最终采用固结承压堵漏浆，改变了堵漏工艺，堵漏成功，后期没有发生复漏。

堵漏施工前，避免漏层闭合，先关井逐步憋压，当憋压3.6MPa时，压力迅速降为零，开井观察井口液面消失，说明漏层已被挤开，立即采用光钻杆钻具组合大排量施工。注入固结堵漏浆24m³，替浆22m³，井口未返浆，起钻至套管鞋内，静止堵漏4h后，灌满钻井液，井口液面稳定，更换牙轮常规钻具下钻探塞、扫塞。在井深1880m探到硬塞面，扫塞井段为1880~1970m，扫完塞后，大排量循环一周，起钻至套管鞋关井验证堵漏效果。钻井液密度1.50g/cm³，挤入0.25m³，最终验证挤堵压力为3.3MPa，井底当量密度为1.67g/cm³(图11)。

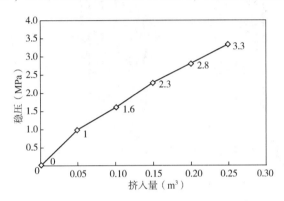

图11　井深1954(m)验证承压堵漏憋压挤堵图

宜201H5-1井在栖霞组共发生23次漏失(表13)，一次堵漏成功21次，井深2149m堵漏4次失败后，填井侧钻，井深1954m堵漏3次堵漏成功，堵漏成功率为82.14%；宜201H1-8井在栖霞组发生21次漏失，一次堵漏成功7次，共堵漏21次，其中有4次后期发生复漏，堵漏成功率为61.9%。

表13　栖霞组井漏统计表

井号	漏失次数	漏速(m³/h)	钻井液密度(g/cm³)	耗时(h)	漏失量(m³)
宜201H1-8	21	22至失返	1.40~1.50	546	1264
宜201H5-1	23	35至失返	1.60	1074	2296

4.3.2 龙马溪组堵漏

根据宜201H5-1井钻井液窗口看出(图12)：龙马溪组孔隙压力梯度变化介于1.20~1.30g/cm³，坍塌压力梯度介于1.30~1.65g/cm³，漏失压力梯度介于1.50~1.80g/cm³。

由图12看出，龙马溪组窗口密度较窄，发生井漏时不能依靠降钻井液密度的方式减小或阻止漏失。对于渗透性、微裂缝性漏失，可通过油基钻井液里的封堵剂进行堵漏。对于大型漏失和失返性漏失，必须通过固结承压堵漏浆进行专项承压堵漏。龙马溪组水平井施工时，共发生4次井漏，井深3707.90m漏失最严重，采用固结承压堵漏一次成功。

钻进至井深3702m发生漏失，漏速2m³/h，继续钻进至井深3707.90m，漏速增大至36.8m³/h，停泵，起钻下光钻杆进行固结承压堵漏。

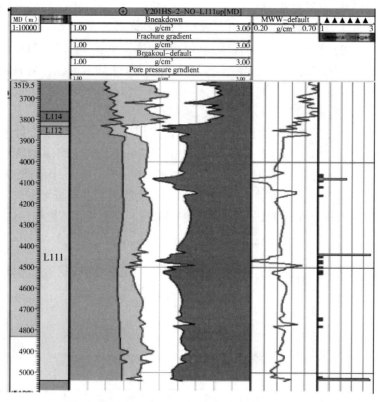

图 12　宜 201H5-1 井龙马溪组钻井液窗口曲线图

光钻杆下至井深 3686m，测得液面环空高度 150m，以 1.2m³/min 的排量注入固结承压堵漏浆 20m³，替浆 30m³（替浆 24m³井口返浆），整个过程漏失钻井液 17m³，漏失固结堵漏浆 4.8m³，起钻至井深 3150m，关井挤堵，憋压 27 次，共挤入钻井液 11.1m³，最终压力 10MPa（图 13）。

从图 13 可以看出，挤入量达到 3.5m³时开始起压，说明开始挤堵时，堵漏浆进入漏层量少，没有在漏层滞留住。挤堵压力在 3.4MPa 和 4.4MPa 时，压力降低，是其他井段的地层在该压力下发生破裂导致所致。第 25~第 27 次挤堵是固结承压堵漏浆入井 3h 后，挤堵压力直接从 6.2MPa↑8MPa↑9MPa↑10MPa 不降，说明候凝 3h 后，固结堵漏浆已完全形成强度。扫塞完，关井挤堵验证承压效果，挤入 0.5m³，稳压 7MPa 不降，井底当量密度为 1.84g/cm³（图 14）。

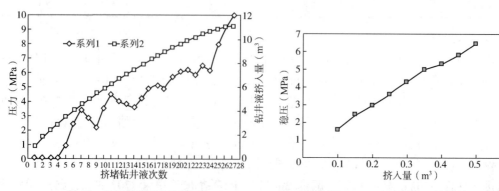

图 13　承压堵漏憋压挤堵图　　　　图 14　井深 3702（m）验证承压堵漏憋压挤堵图

宜201H5-1 井水平段后期施工中，在井深 3808m、井深 4080m 发生漏失，漏速 30～40m³/h，钻井液密度 1.60g/cm³。采用了固结承压堵漏，大幅度提高了地层承压能力，井段 3496～4080m 当量循环密度为 1.76～1.80g/cm³，顺利安全的钻完进尺。共耗时 88h，漏失钻井液 189m³，比前期施工的宜探 1 井、宜探 3 井、宜探 6 井和宜 201H5-1 井，堵漏损失时间节约了 43.34%～113.31%（表 14）。

表 14　龙马溪组井漏统计表

井号	漏失次数	漏速（m³/h）	钻井液密度（g/cm³）	耗时（h）	漏失量（m³）
宜探 1	8	60 至失返	1.73	368	808.7
宜探 3	37	14 至失返	1.73	1332	3384
宜探 6	4	22	1.66	250	587
宜 201H1-8	13	15～40	1.65～1.72	546	1264
宜 201H5-1	3	30～40	1.60	88	189

4.3.3　防漏措施

现场应用证明，宜 201H5-1 井在栖霞组钻遇断层，发生了严重漏失，耗费了大量时间，但单从堵漏成功率对比，与宜 201H1-8 井提高了 20.24%。在龙马溪组漏失次数远低于宜探 1 井、宜探 3 井和宜 201H1-8 井，这与选择合适的钻井液密度和油基钻井液随钻封堵材料是密不可分的。因此，选择合适的钻井液密度和油基钻井液封堵材料是最节省堵漏时间的技术措施。在宜 201H5-1 井的防漏工作结合工程上也应该做好以下措施：

（1）控制起下钻速度，减小抽吸和激动压力的过大引起的井漏。

（2）下钻分段循环、缓慢开泵和优化钻具组合及钻井参数，减小环空压耗防漏。

5　结论和建议

（1）对于地层破碎、裂缝发育的地层，制订封堵材料配方要有针对性，不能盲目地进行搭配。

（2）宜 201H5-1 井使用了强封堵油基钻井液体系，现场应用效果好，井壁稳定性大幅度提高。

（3）通过优化油基钻井液性能和钻井参数，既解决了水平井携砂问题，又降低了钻井液对井壁的冲刷力，确保了井下安全。

（4）固结承压堵漏技术在宜 201H5-1 井使用效果较好，即使采取静堵作业，堵漏浆在漏层较好的胶结形成强度，堵漏成功率高，大大缩短了堵漏周期。

（5）由于宜昌区块水平段较复杂，上开次套管要封住龙马溪组上部地层。

（6）虽然宜 201H5-1 井栖霞组使用固结承压堵漏成功率高，但起下钻更换光钻杆耗费了大量的时间，可先采取桥浆暂堵，每钻进 200m 使用固结承压堵漏浆对地层巩固。

（7）钻遇断层后，填井侧钻绕障可供参考。

（8）建议上开次定向时，摆方位到位，避免水平段施工井眼轨迹较差引起的复杂。

参 考 文 献

[1] 张睿，宁正福，杨峰，等. 页岩应力敏感实验与机理[J]. 石油学报，2015，36(2)：224-237.
[2] 刘斌. 威远页岩气水基钻井液研究与应用[D]. 大庆：东北石油大学，2016.

[3] 闫传梁，邓金根，尉宝华，等．页岩气储层井壁坍塌压力研究[J]．岩石力学与工程学报．2013，32 (8)：1595-1602.

[4] 袁锦彪，杨亚少，常旭轩，等．页岩气油基钻井液堵漏技术及其在长宁区块应用[J]．钻采工艺，2020，43(4)：133-136.

[5] 孟永涛．页岩气水平井油基泥浆体系的研究及应用[D]．荆州：长江大学，2013.

[6] 马文英，刘昱彤，钟灵，等．油基钻井液封堵剂研究与应用[J]．断块油气田，2019，26(4)：529-532.

[7] 刘均一，邱正松，罗洋，等．油基钻井液随钻防漏技术实验研究[J]．钻井液与完井液，2015，32(5)：10-15.

[8] 吴百川．长水平段水平井井眼净化理论与实践研究[D]．荆州：长江大学，2020.

长庆致密气4000m级水平段水平井水基钻井液技术

王清臣　韩成福　张　勤　骆胜伟　杨　光　杨荣锋

(中国石油川庆钻探工程有限公司长庆钻井总公司)

【摘　要】　2020年长庆气田在致密气井区先后完成了3口4000m级水平段水平井，水平段长度分别为3321m、4118m和4466m，均使用水基钻井液完成施工，不断刷新亚洲陆上最长水平段纪录。超长水平段给降摩减阻、钻屑清洁、泥岩防塌等工作带来极大难度，针对这些难点并结合地层岩石结构特点进行了针对性的技术攻关，形成了超长水平段井眼净化、井眼稳定等技术和CQSP-RH水基钻井液体系，现场应用效果良好，水平段井壁保持稳定，完钻钻具下放摩阻控制在500kN左右、套管摩阻控制在350kN以内，顺利完井。随着长庆油气田开发力度的加大，为了动用水源保护区、林区并提高单井产量，长水平段井的开发成为必然，这些井的顺利完成，为油气田的后续开发带来了极大的示范作用，并进行了初步的技术储备。

【关键词】　超长水平段；水基钻井液；降摩减阻；井眼清洁；长庆气田

伴随着我国天然气需求量的不断增长，致密气藏研究取得了长足进步。在气源、气藏类型、成藏条件与分布、地球化学特征、岩石物理特征、聚集类型和机理、开发工程技术等方面取得重大进展，在油气资源品位日趋劣质化的现状下，有力支撑了致密砂岩气藏的快速增储上产。目前国内在施工水平段长度超3000m的水平井时，为降低摩阻扭矩和保证井壁稳定，一般都使用油基钻井液，但油基钻井液存在成本高、污染大、钻屑不易处理等问题，因此长庆油田致密气长水平段水平井均采用水基钻井液体系进行钻井施工，均顺利完井。最深完钻井深8008m，最长水平段4466m，创亚洲陆上最长水平段纪录，目前只有美国在二叠系盆地完成这样超长的水平井。

1　施工概况

致密气井区位于内蒙古自治区鄂尔多斯市乌审旗境内，为三开井身结构的开发水平井，主要钻探目的增加单井产量，目的层位为盒$_{8下}$亚段，表1为这三口井的施工概况。

表1　超长水平段水平井概况

井号	井　型	水平段长(m)	完钻井深(m)	完钻摩阻(kN)	钻井周期(d)
靖45-24H2	致密气井	3321	6666	480	44.44
靖50-26H1	致密气井	4118	7388	460	57.42
桃2-33-8H2	致密气井	4466	8008	460	56.71

致密气钻遇地层从上至下为第四系，白垩系环河组、华池组、洛河组，侏罗系安定组、

作者简介：王清臣(1979—)，男，毕业于兰州大学材料化学专业，获学士学位，现就职于中国石油川庆钻探工程有限公司长庆钻井总公司，高级工程师，主要从事钻井液技术的研究与应用。地址：陕西省西安市未央区长庆未央湖花园西门钻井科技楼；电话：15349272725；E-mail：zjwqch@cnpc.com.cn。

直罗组、延安组，三叠系延长组、纸坊组、和尚沟组、刘家沟组和二叠系的石千峰组、石盒子组。第四系为胶结疏松黄土层，胶结差，可钻性好，易漏、易坍塌。侏罗系安定组、直罗组和延安组为砂岩地层，埋藏浅，欠压实，易发生渗漏。三叠系延长组、纸坊组以及和尚沟组为深灰色、灰黑色泥岩、页岩与灰色、灰绿色粉砂岩互层，易油气侵、易垮塌，刘家沟组存在裂缝和孔隙发育，易井漏。二叠系的石千峰组和石盒子组为深灰色泥岩、红色泥岩、黑色泥岩、页岩与砂岩混层，易坍塌。

2 钻井液技术难点

2.1 泥岩防塌难度大、易失稳

（1）泥岩微裂缝和微孔隙发育明显，在钻井压差、毛细管力以及化学势的作用下，水相将沿微裂缝或微裂纹侵入地层：一方面，降低弱结构面间的摩擦力，进而削弱泥页岩的力学岩强度而导致井壁垮塌；另一方面，侵入的液相将产生水力尖劈作用，导致地层破碎、诱发井壁失稳；

（2）黏土矿物以伊利石、伊/蒙混层为主，钻井液与岩石的相互作用，导致泥岩地层强度降低，坍塌压力增大，加剧井壁失稳；

（3）黏土矿物中的伊/蒙混层含量较大，膨胀性相对较大，不膨胀的矿物包围在膨胀矿物周围，造成膨胀压差，引起井壁失稳。

2.2 水平段井眼清洁难度大

由于该井水平段超长，靶点多，井眼轨迹不平滑，钻具与井壁的间隙不稳定，钻井液迟到时间长，钻屑上返过程中和井壁、钻具碰撞的机会更大，钻屑行进轨迹和上返速度频繁受影响，更容易沉降；单根钻进开泵期间，钻屑不能及时返至地面，测斜和接钻具期间，钻屑易沉降。

2.3 水平段降摩减阻困难

水平段长度大，钻具与井壁接触面多，且长水平段携岩困难，易形成岩屑床，造成摩阻增大。与油基钻井液相比，水基钻井液润滑性差。对于性能相当的油基钻井液和水基钻井液，在相同条件下，水基钻井液的润滑系数比油基钻井液小 65% 左右。该井采用水基钻井液钻进，降摩减阻的难度非常大。

3 水基钻井液优选及性能评价

3.1 关键处理剂优选

3.1.1 抑制剂

钻井液的抑制性是保证该井钻探成功的重要因素，其不仅关系到能否抑制钻屑水化、降低固相含量，还关系到能否抑制井壁泥岩水化、防止井壁坍塌等问题。因此，通过考察自行研制的阳离子抑制剂 CZ 以及 NaCl、KCl、HCOONa、HCOOK 和 $CaCl_2$ 等 6 种抑制剂的性能，优选出抑制剂。

将邻井岩屑加入 1%CZ 和 15%NaCl，KCl，HCOONa 和 HCOOK 等 5 种抑制剂的溶液中，测试岩屑的滚动回收率和加入岩屑后的表观黏度的，计算表观黏度的上升率，结果见表 2。

表2 岩屑在不同抑制剂溶液中的回收率

抑制剂	岩屑回收率(%)		表观黏度上升率(%)
	一次	二次	
CZ	91.25	70.43	13.37
NaCl	28.63	14.85	28.64
KCl	35.85	19.74	23.13
HCOONa	24.31	13.33	27.26
HCOOK	33.77	18.62	24.36

由表2可以看出，岩屑在阳离子抑制剂CZ溶液中的滚动回收率最高，且其在加入岩屑后，表观黏度上升幅度最小，表明其抑制岩屑水化分散的能力最佳，因此抑制剂选择CZ。

3.1.2 增黏剂

井眼清洁能力是长水平段井能否顺利施工的关键指标，井眼清洁能力低会加剧岩屑床的形成，增大摩阻，增加井下安全风险。因此需要优选高性能的增黏剂，提高钻井液的动塑比、低剪切速率黏度和低剪切速率切力LSYP(旋转黏度计3r/min下的读数乘以2减去6r/min下的读数)，并且为了降低水平段的循环压耗，还需要具有低塑性黏度的特点。通过考察基浆(基浆配方：1.5%PAC-LV+2.0%BLA-MV+1.0%CZ+3.0%封堵剂A+4.0%膨润土+30.0%可溶性加重剂)加入自行研制复合增黏剂CQZN，XCD，PAC-HV和CMC-HV等4种增黏剂后的流变性，优选增黏剂(表3)。

表3 基浆加入不同增黏剂前后的流变性能

配方	塑性黏度 (mPa·s)	动切力 (Pa)	动塑比	Φ_6	Φ_3	LSYP
基浆	13	2.5	0.19	2	1	0
基浆+0.3%CQZN	14	8.5	0.61	7	6	5
基浆+0.3%XCD	17	8	0.47	6	4	2
基浆+0.3%PAC-HV	19	7.5	0.39	5	3	1
基浆+0.3%CMC-HV	19	6	0.31	3	2	1

由表3可以看出，基浆加入复合增黏剂CQZN后的塑性黏度最低，低剪切速率切力最高，动塑比最高，符合本井钻井液性能的要求，因此，增黏剂选用复合增黏剂CQZN。

3.1.3 润滑剂

润滑剂是降摩减阻的关键处理剂，关系着能否延长水平段的长度。优选润滑剂原则是润滑能力强、黏度效应低。使用极限压力润滑仪和旋转黏度计测试基浆加入润滑剂A，B，C和D前后的润滑系数和表观黏度，并计算出基浆加入不同润滑剂后的降低率，结果见表4。

由表4可以看出，基浆(基浆配方：0.3%CQZN+1.5%PAC-LV+2.0%BLA-MV+1.0%CZ+3.0%封堵剂A+4.0%膨润土+30.0%可溶性加重剂)加入润滑剂A和C后，润滑系数降低率较大，且黏度效应低。因此，初选润滑剂A和C，并将其进行复配，采用测试基浆加入按不同配比复配润滑剂后的润滑系数降低率表观黏度，结果见表4和表5。

表 4   基浆加不同润滑剂前后的润滑系数降低率和表观黏度

配方	润滑系数降低率(%)	表观黏度/(mPa·s)
基浆		43
基浆+2%润滑剂 A	16.13	44
基浆+4%润滑剂 A	61.29	46
基浆+2%润滑剂 B	12.12	49
基浆+4%润滑剂 B	19.52	50
基浆+2%润滑剂 C	45.16	43
基浆+4%润滑剂 C	55.65	44
基浆+2%润滑剂 D	23.39	44
基浆+4%润滑剂 D	47.58	46

表 5   基浆在加入复配润滑剂后的润滑系数降低率和表观黏度

配方	润滑系数降低率(%)	表观黏度/(mPa·s)
基浆		43
2%润滑剂 A+4%润滑剂 C	78.56	46.5
3%润滑剂 A+3%润滑剂 C	80.13	49
4%润滑剂 A+2%润滑剂 C	85.28	51

由表 5 可以看出，4%润滑剂 A 和 2%润滑剂 C 复配的润滑系数降低率最大，黏度效应也不高。因此，润滑剂选用 4%润滑剂 A 和 2%润滑剂 C 进行复配。

3.2   钻井液配方的确定及性能评价

3.2.1   钻井液配方的确定

通过优选关键处理和正交试验，确定了水基钻井液的基本配方：3%CQZN+1.5%PAC-LV+2.0%BLA-MV+1.0%CZ+3.0%封堵剂 A+4.0%膨润土+30.0%可溶性加重剂+4.0%润滑剂 A+2.0%润滑剂 C，其主要性能为：漏斗黏度 55~65s，密度 1.30~1.36kg/L，API 滤失量 2~4mL，HTHP 滤失量 6~10mL，塑性黏度 12~25mPa·s，动切力 7~14Pa，动塑比 0.5~0.7，旋转黏度计 3r/min 和 6r/min 转速下读数分别为 4~8 和 5~9，低剪切速率切力(LSYP)3~7。

3.2.2   性能评价

测试优选水基钻井液的流变性能并与靖中北地区致密气水平井现用钻井液(配方为 0.1%~0.2%PAC-HV+2.0%~3.0%SMP-2+2.0%~3.0%沥青+2.0%~3.0%SMC+3.0%~5.0%ZDS+3.0%~5.0%LG130+15.0%CQFY-1+润滑剂+重晶石)进行对比，结果见表 6。

表 6   不同水基钻井液的关键性能

钻井液	表观黏度(mPa·s)	塑性黏度(mPa·s)	动切力(Pa)	动塑比	Φ_6	Φ_3	LSYP	透水(mL)	极压润滑系数
优选	52	34	18	0.53	7	5.5	4	1.9	0.058
现用	52	42	10	0.23	4	3	2	4.3	0.076

由表 6 可以看出，优选的水基钻井液在井眼清洁(动切力、动塑比和 LSYP 高)、封堵性、润滑性和防漏(塑性黏度低)等方面的表现均优于现用水基钻井液。

将优选的和现用的钻井液直接进行高温高压流变性实验，实验仪器使用美国千德乐工业仪器公司生产的 7600 型超高温高压流变仪实验数据见表 7。

表 7　不同水基钻井液的高温高压流变性

钻井液	30℃				80℃				100℃				120℃				180℃			
	AV	PV	YP	Gel	AV	PV	YP	Gel	AV	PV	YP	Gel	AV	PV	YP	Gel	AV	PV	YP	Gel
现用	82	69	13	4/7	33	28	5	2/5	26	21	5	2/6	25	20	5	3/7	18	12	6	5/15
优选	80	60	20	5/7	36	28	8	2/4	34	26	8	2/6	33	25	7	3/8	31	21	10	9/20

由表 7 可以看出，优选水基钻井液的高温高压流变性能更好，钻井液黏度稳定，抗温可达 180℃以上。

4　现场施工

4.1　施工概况

水平段按照"高动塑比、强封堵、强抑制、强润滑"的思路施工，施工中漏斗黏度控制在 60s 左右，动切力控制在 15Pa 左右，动塑比控制在 0.5~0.6。钻遇灰色泥岩时，封堵剂 A 的加量提高到 5.0% 左右，提高滤饼封堵性，CZ 的加量提高到 1.5% 左右，增强抑制性；钻遇黑色泥岩和碳质泥岩时，封堵剂 A 的加量提高到 6.0%，强化滤饼封堵性，CZ 的加量提高到 2.0%，进一步增强抑制性，同时将 API 滤失量控制在 2.0mL 以下（表 8）。

表 8　三口井完井液性能

井号	FV（s）	ρ（g/cm³）	FL_{API}（mL）	YP（Pa）	YP/PV	Φ_6/Φ_3	LSYP（Pa）	透水（mL）	极压润滑系数	钻遇泥岩段长度（m）
靖 45-24H2	68	1.35	3.2	15	0.52	6/5	4	2.1	0.071	32
靖 50-26H1	72	1.35	3.4	16	0.56	7/6	5	2.3	0.067	136
桃 2-33-8H2	65	1.35	2	18	0.55	7/6	5	1.6	0.063	154

4.2　效果评价

4.2.1　降摩减阻效果显著

三口井都较好地控制住了摩阻，完钻摩阻均在 500kN 左右，为长水平段的顺利钻井打下坚实的基础，大大降低了井下安全风险。

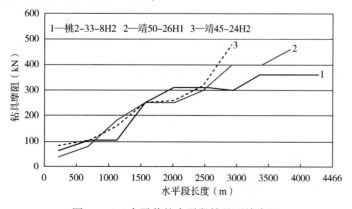

图 1　三口水平井的水平段钻具下放摩阻

由图 1 可以看出，三口井的水平段摩阻均较低，并且可以推断出，水基钻井液还具有施工更长水平段的能力。

4.2.2 抑制性强

水平段钻井液具有较强的抑制性，固相含量维持在较低水平，均在 10% 以下，固相的粒度分布合理(图 2 和图 3)。其中靖 50-26H1 井固相的粒度分布范围为 0.2~70μm，其中 1μm 以下颗粒体积占比 16.25%，1~10μm 颗粒体积占比 61.21%，10~70μm 颗粒体积占比 22.54%，说明钻屑净化及时，没有进一步水化分散而成为固控设备无法清除的劣质固相。

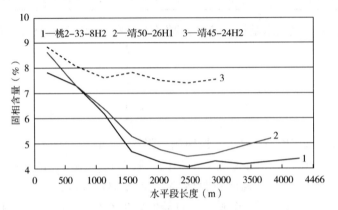

图 2 三口水平井水平段固相含量

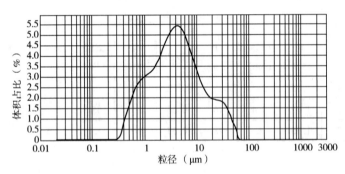

图 3 靖 50-26H1 井粒度分布范围

较好的抑制性保证了更好的井壁稳定、整口井施工平稳，水平段钻进过程中未出现井壁坍塌的掉块；水平段钻遇的泥岩未出现井壁失稳现象；每次起下钻均顺利，未出现遇阻现象。

5 结论与建议

(1) 通过三口致密气超长水平段水平井的钻井施工数据分析，水基钻井液能够进行超长水平段水平井的钻井施工，并且还能够满足 5000m 水平段水平井的施工要求。

(2) 致密气石盒子组泥岩的微裂缝、微孔洞都较为发育，通过强封堵措施，能够取得较好的防塌效果。

(3) CQSP-RH 水基钻井液较原体系具有更好的封堵性、润滑性和井眼清洁能力，更能满足超长水平段的防塌、降摩减阻等井下施工要求。

参 考 文 献

[1] 汪志明，郭晓乐，张松杰，等．南海流花超大位移井井眼净化技术[J]．石油钻采工艺，2006，28(1)：4-8.

[2] 李明，汪志明，郝炳英，等．钻柱旋转对大位移井井眼净化影响规律的研究[J]．石油机械，2009，37(12)：34-37.

[3] 罗显尧．孤岛地区水平井摩阻分析与减摩技术研究[D]．北京：中国石油大学(北京)，2010：34-36.

[4] 肖金裕，杨兰平，李茂森，等．有机盐聚合醇钻井液在页岩气井中的应用[J]．钻井液与完井液，2011，28(6)：21-23+92.

[5] 汪露，王伟志，杨中强．塔河油田钻井液固相控制技术[J]．钻采工艺，2015，38(6)：102-104.

[6] 孔勇，杨小华，徐江，等．抗高温强封堵防塌钻井液体系研究与应用[J]．钻井液与完井液，2016，33(6)：17-22.

[7] 刘清友，敬俊，祝效华．长水平段水平井钻进摩阻控制[J]．石油钻采工艺，2016，38(1)：18-22.

[8] 林永学，王显光，李荣府．页岩气水平井低油水比油基钻井液研制及应用[J]．石油钻探技术，2016，44(2)：28-33.

[9] 王长宁，崔贵涛，李宝军，等．厄瓜多尔TARAPOA区块水平井钻井液关键技术[J]．钻采工艺，2017，40(6)：87-89.

[10] 刘永贵．大庆致密油藏水平井高性能水基钻井液优化与应用[J]．石油钻探技术，2018，46(5)：35-39.

[11] 汪露，王鹏，王伟志，等．对塔河油田井眼净化和井壁稳定的几点认识[J]．钻采工艺，2018，41(5)：116-119.

[12] 王建龙，齐昌利，柳鹤，等．沧东凹陷致密油气藏水平井钻井关键技术[J]．石油钻探技术，2019，47(5)：11-16.

[13] 孙龙德，邹才能，贾爱林，等．中国致密油气发展特征与方向[J]．石油勘探与开发，2019，46(6)：1015-1026.

[14] 林四元，张杰，韩成，等．东方气田浅部储层大位移水平井钻井关键技术[J]．石油钻探技术，2019，47(5)：17-21.

[15] 姚泾利，刘晓鹏，赵会涛，等．鄂尔多斯盆地盒8段致密砂岩气藏储层特征及地质工程一体化对策[J]．中国石油勘探，2019，24(2)：186-195.

[16] 路宗羽，赵飞，雷鸣，等．新疆玛湖油田砂砾岩致密油水平井钻井关键技术[J]．石油钻探技术，2019，47(2)：9-14.

[17] 冀光，贾爱林，孟德伟，等．大型致密砂岩气田有效开发与提高采收率技术对策[J]．石油勘探与开发，2019，46(3)：602-612.

[18] 魏昱，白龙，王骁男．川深1井钻井液关键技术[J]．钻井液与完井液，2019，36(2)：194-201.

[19] 王波，孙金声，申峰，等．陆相页岩气水平井段井壁失稳机理及税基钻井液对策[J]．天然气工业，2020，40(4)：104-111.

[20] 胡祖彪，张建卿，王清臣，等．长庆油田华H50-7井超长水平段钻井液技术[J]．石油钻探技术，2020，48(4)：28-36.

川西海相强抑制钻井液体系研究及现场应用

杨 丽 夏海英 陈智晖 黄 璜

（中国石化股份有限公司西南油气分公司石油工程技术研究院）

【摘　要】 为解决川西海相新三开制二开长裸眼井段井壁失稳钻井难题，研制形成强抑制聚磺钻井液体系，抗温 150℃，密度 2.0g/cm³ 可调，流变滤失性能良好，一次滚动和二次（清水）滚动回收率均大于 95%，抗污染能力强；体系在川西海相工区 PZ4-2D 井和 PZ7-1D 井等推广应用，在二开长裸眼地层中较好地控制了钻井液抑制、封堵性能，取得显著应用效果，解决了川西海相新三开制二开长裸眼段井壁失稳钻井难题。

【关键词】 川西海相；强抑制钻井液体系；现场应用

为缩短钻井周期，提高气田经济开发效益，2019 年川西海相开发方案由四开制井身结构优化设计为新三开制。采用新三开制井身结构方案，大尺寸井眼缩短 2000m 左右，减少一开次中完作业时间，单井钻井周期同比四开制减少 40 天左右。但钻井工程难度显著增加，新三开制二开裸眼段长（3700~4000m），须五段—马鞍塘组均存在页岩，且须五段、须三段和须二段夹煤层，地层稳定性差，井壁失稳风险高[1]。针对川西海相新三开制二开长裸眼开发存在技术难点，本研究在调研国内外深井钻井液技术基础上，以"总体抑制，封堵强化"为研制思路，完成抑制单元、封堵单元研选优化，形成强抑制聚磺钻井液体系，为解决川西海相新三开制二开长裸眼井壁失稳难题提供技术保障。

1　研制难点分析及体系设计

1.1　二开长裸眼井壁失稳机理分析

1.1.1　地层岩性特征分析

川西海相新三开制二开钻遇地层为须五段—马鞍塘组，须五段-马鞍塘组均存在页岩，且须五段、须三段和须二段夹煤层。页岩以伊利石为主，脆性强，水化膨胀能力较弱，在高应力及外力环境下容易产生微裂缝，在常规过平衡钻进过程中，井筒流体在井底正压差作用下沿微裂缝压力穿透，可诱发井壁微裂缝形成"尖劈"效应，导致井壁岩石沿裂缝面发生剥落掉块。

1.1.2　井身结构影响分析

川西海相新三开制井身结构二开裸眼段长，钻进中钻井液长时间浸泡井壁，滤液侵入裂

项目简介：文章隶属中石化西南油气分公司石油工程技术研究院项目《彭州海相钻井完井液技术研究》，项目编号：GCY2019-501-YHYJ。

作者简介：杨丽（1980—），副研究员，硕士研究生，2007 年毕业于西南石油大学应用化学专业，现从事钻井完井液科研研究工作。地址：四川省德阳市龙泉山北路 298 号；电话：13550630049；E-mail：richardyl@ 163. com。

缝导致泥页岩弹性模量、抗压强度降低，泥页岩产生表面水化发生剥落掉块，引发井壁失稳（图1，图2）。

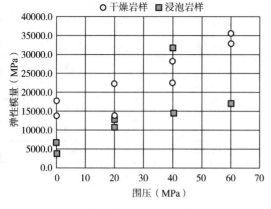

图1 钻井液浸泡效应对弹性模量的影响

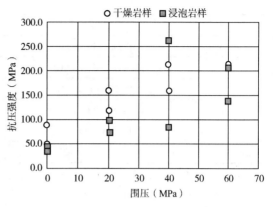

图2 钻井液浸泡前后抗压强度对比

1.2 体系研制难点及设计

基于二开地层岩性特征和长裸眼钻井液长时间浸泡影响，提出强抑制钻井液体系研制难点及关键：通过抑制性研究，控制页岩表面水化，防止页岩地层剥落掉块。结合难点分析形成川西海相强抑制钻井液体系研制思路：以"总体抑制，封堵强化"为技术核心，引入成膜包裹类聚胺抑制剂[2]，在井壁形成包裹保护膜，控制页岩表面水化，提高二次回收率，同时加入成膜封堵、纳米封堵、沥青类封堵剂强化体系封堵性能，减少滤液浸入地层，确保二开长裸眼井段井壁稳定性。

2 强抑制钻井液体系研制及性能测定

2.1 抑制单元研究评价

通常抑制性评价主要以岩屑一次滚动回收率为主，但针对二开裸眼段长，钻井液长时间浸泡情况，一次滚动回收率时间较短，不能真正反映抑制剂在钻井液长时间浸泡井壁条件下抑制效果。本研究首次提出了岩屑二次滚动回收率评价指标，并完善建立了岩屑二次滚动回收率技术方法。强抑制钻井液体系研制关键是研选抑制剂，提高体系二次滚动回收率，确保长裸眼井段抑制长效性。结合前期研究成果，常规抑制剂抑制长效性能较差，难以达到较高二次滚动回收率。通过抑制剂调研分析，聚胺类抑制剂分子中含有羟基，能与黏土表面的氧或羟基产生氢键缔合；同时主链上含 N^+，具有一定的阳离子度，能加强吸附，使其具有吸附、疏水等作用，能起到长效稳定黏土、抑制黏土水化膨胀目的[3]。

室内选取了 JMA-1，JXA-1，RHJ-3 和 ZY-1 四种抑制剂（以聚胺类为主[4]）进行单剂及复配抑制效果评价。单剂、复配效果综合分析，抑制体系中 JXA-1 起到重要作用，ZY-1 未起到增强抑制作用；RHJ-3 与 JMA-1 或 JXA-1 复配抑制效果均较好（表1，图3和图4）。

表1 抑制剂单剂抑制效果评价

编号	滚动介质	回收率(一次)（%）	回收率(二次)（%）
1	2%JMA-1	67.18	49.18
2	2%JXA-1	102.38	98.50

编号	滚动介质	回收率(一次)(%)	回收率(二次)(%)
3	2%RHJ-3	12.38	—
4	2%ZY-1	13.16	—
5	1%JMA-1+1%JXA-1	98.18	97.12
6	1%JMA-1+1%RHJ-3	98.92	97.46
7	1%JMA-1+1%ZY-1	44.26	—
8	1%JXA-1+1%RHJ-3	100.24	99.12
9	1%JXA-1+1%ZY-1	97.50	53.78
10	1%RHJ-3+1%ZY-1	21.16	—

注:(1)热滚条件:150℃×16h,采用四川第四系表层黄土。

(2)一次滚动采用单剂溶液,二次滚动采用清水测定。

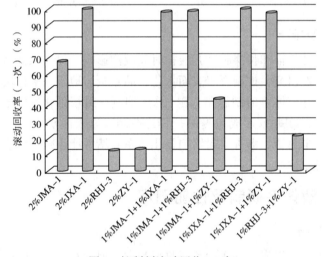

图3 抑制剂滚动回收(一次)

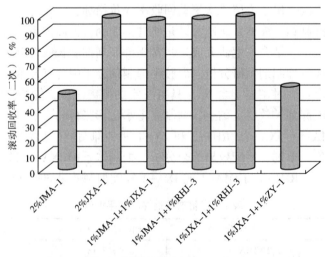

图4 抑制剂滚动回收(二次)

本研究将 RHJ-3 与 JMA-1 或 JXA-1 复配加入钾钙聚磺钻井液体系中，进一步考察验证抑制效果。JXA-1 起着维持抑制长效性重要作用，确定体系抑制单元为 1%JXA-1+1%RHJ-3(表 2 和表 3)。

表 2　钻井液体系配方

体系编号	体系具体配方	体系编号	体系具体配方
体系 1	钾钙聚磺体系+1%JXA-1+1%RHJ-3	体系 2	钾钙聚磺体系+1%JMA-1+1%RHJ-3

注：钾钙聚磺体系：1%N_V-1+1%PAC-LV+0.2%FA367+3%SMP-2+3.5%SMC+3%FT-1+3%FDM+3%FDFT-1+7%KCl+0.5%CaO+4%RH220。

表 3　钻井液体系配方性能测定

配方编号	pH 值	Φ_{600}	Φ_{300}	PV (mPa·s)	YP (Pa/Pa)	$Gel_{10s/10min}$ (Pa/Pa)	FL_{HTHP}(150℃) (mL)	回收率(%) 一次	回收率(%) 二次
配方 1	9.5	117	74	43	15.5	3/4	7.2	97.80	95.62
配方 2	9.5	116	66	50	8	1.5/1.5	6.4	92.32	89.74

注：(1)150℃×16h 热滚后加热至 60℃下测定流变性能。

(2)滚动回收率条件：150℃×16h，采用四川第四系表层黄土。

室内以钾钙聚磺钻井液体系为基础，通过降滤失剂和包被剂等处理剂调试研制形成川西海相强抑制钻井液体系：1%N_V-1+0.8%PAC-LV+0.1%FA367+4%SMP-2+4%SMC+3%FT-1+3%FDM+3%FDFT-1+1%JXA+1%RHJ-3+7%KCl+0.5%CaO+4%RH220。

2.2　强抑制钻井液体系性能测定

(1)沉降稳定性。

150℃下热滚 16h，室温下静置 16h 和 32h 后，钻井液的上下密度差不超过 0.03g/cm³，强抑制钻井液体系在 150℃高温下具有良好的沉降稳定性(表 4)。

表 4　沉降稳定性测定

实验条件	ρ (g/cm³)	pH 值	PV (mPa·s)	YP (Pa)	Gel_{10s} (Pa)	Gel_{10min} (Pa)	FL_{HTHP}(150℃) (mL)	密度差(g/cm³) 静置 16h	密度差(g/cm³) 静置 32h
150℃×16h	2.02	9.5	38	9.5	4	10.5	8.8	0.020	0.025

(2)抗温稳定性。

150℃下热滚 16h 或是 32h 后钻井液性能变化幅度不大，32h 后高温高压滤失量小于 12mL，强抑制钻井液体系抗温稳定性良好，能够满足实钻过程中持续高温作业要求(表 5)。

表 5　抗温稳定性测定

实验条件	PV(mPa·s)	YP(Pa)	Gel_{10}(Pa)	Gel_{10min}(Pa)	FL_{HTHP}(150℃) (mL)
150℃×16h	38	9.5	4	10.5	8.8
150℃×32h	31	7	2.5	8	11.6

(3)抗岩屑污染。

加入 3%岩屑粉污染后，高温高压滤失量稍有增加，但钻井液仍具有较好流变性，强抑制钻井液体系抗岩屑污染能力较强，能满足钻井施工要求(表6)。

表6 抗岩屑污染测定

测试介质	实验条件	ρ (g/cm³)	pH 值	PV (mPa·s)	YP (Pa)	Gel_{10s} (Pa)	Gel_{10min} (Pa)	FL_{HTHP}(150℃) (mL)
配方	150℃×16h	2.02	9.5	38	9.5	4	10.5	8.8
配方+3%岩屑	150℃×16h	2.02	9.5	44	12	6	14	10.4

注：岩屑采用经粉碎机粉碎，过100目筛后岩屑粉。

(4)抗 CO_2 酸性气体污染。

通入 CO_2 气体后黏切稍有增加，体系综合性能变化不大，满足实钻中须家河组钻遇 CO_2 酸性气体污染时安全钻井要求(表7)。

表7 抗 CO_2 污染性能测定

测试介质	实验条件	ρ (g/cm³)	pH 值	PV (mPa·s)	YP (Pa)	Gel_{10s} (Pa)	Gel_{10min} (Pa)	FL_{HTHP}(150℃) (mL)
配方	150℃×16h	2.02	9.5	38	9.5	4	10.5	8.8
配方+CO_2	150℃×16h	2.00	9.0	40	11	4	14.5	11.2

注：加压至2MPa，通入 CO_2 气体。

3 现场应用分析

强抑制钻井液体系在川西海相工区 PZ4-2D 井和 PZ7-1D 井等推广应用。体系强抑制性有力保障了 PZ4-2D 井二开近 3000m 裸眼段安全钻进，全井钻井施工时间 198.34 天，平均机械钻速 3.53m/h，创造了 6000m 以深大斜度井周期最短、钻达 3000m 井深用时最短、须四段机械钻速最高等多项工程纪录，圆满完成川西雷口坡组气藏第一口三开制超深大斜度井完钻指标，为后续大规模采用三开制井身结构开发川西海相提供坚实技术保障(表8)。

表8 川西海相工区现场钻井液性能分析

井号	ρ (g/cm³)	pH 值	PV (mPa·s)	YP (Pa)	Gel_{10s} (Pa)	Gel_{10min} (Pa)	FL_{HTHP}(110℃)/ 滤饼厚度(mL/mm)
PZ4-2D	1.90	9.5	45	10.5	4.5	12	8.4/2.5
PZ7-1D	1.51	9.0	26	6.5	2.5	5.0	8.8/2.0

注：一次滚动回收率为96.52%~97.2%，采用钻井液滚动；二次滚动回收率为85.50%~87.64%，采用清水。

4 结论

以钾钙聚磺钻井液为基础，通过引入具有吸附，疏水作用聚胺抑制剂和成膜、纳米类封堵剂使体系抑制长效性和封堵性能大幅提高，在海相二开长裸眼地层中较好地控制了钻井液抑制、封堵性能，在 PZ4-2D 井和 PZ7-1D 井等取得显著应用效果，解决了川西海相新三开制二开长裸眼段井壁失稳钻井难题。

参 考 文 献

[1] 张玉胜, 齐从丽. 彭州 4-2D 油气开发井钻井工程设计, 2018(10): 21-22.

[2] 夏海英, 陈智晖, 等. 川南地区页岩气水基钻井液体系研究, 2018(2): 35-37.

[3] 鲁娇, 方向晨, 黎元生, 等. 聚胺抑制剂和蒙脱土的作用机理[J]. 石油学报(石油加工), 2014, 30
(4): 724-729.

[4] 王耀稼, 沈黎阳, 王再兴, 等. 高温深井钻井液体系井壁稳定机理及对策研究, 石油化工应用. 2016,
35(3): 23-25.

川西海相深层页岩气钻井液技术——以彭州海相为例

赵怀珍　李海斌　王旭东

(中国石化胜利石油工程有限公司钻井液技术服务中心)

【摘　要】 川西海相深层页岩气藏裂缝、裂隙极其发育，岩石破碎，胶结强度低，钻井过程中极易发生井壁失稳与严重漏失。在前期钻井实践的基础上，重点优化了高密度强封堵钻井液的封堵性能，结果表明优化后的钻井液体系能够有效封堵不同缝宽的微裂缝，2μm 微裂缝最大承压能力可达 5MPa，高温高压滤失量在 10mL 以内，对川西页岩岩样二次回收率达 90% 以上。彭州海相 3 口井的现场应用表明，结合地层特征不同井段采取不同针对措施，重点强化抑制防塌、封堵性能和润滑性能，较好地解决了彭州海相深层页岩气井施工过程中存在的井壁失稳和定向困难等难题。

【关键词】 彭州海相；深层页岩气；微裂缝；复合封堵

　　川西地区深层地质情况复杂，断层多，裂缝、裂隙极其发育，岩石破碎，胶结强度低，纵向上气层多，高压且压力系统复杂，安全钻井液密度窗口窄。钻井面临高温高压、地层稳定性差等难题。据不完全统计，近几年该地区深井钻井中井漏、井眼垮塌和卡钻的发生率超过80%。因为前期使用的水基钻井液高温稳定性、抑制性和润滑性较差，井眼垮塌后处理周期长，尽管该地区部分深井已应用油基钻井液，但钻井过程中裂缝性漏失仍时有发生。通过分析目前川西页岩深井钻井过程中存在的主要地质工程特征，以及由此产生的一系列钻井液技术难题，优选了钻井液关键处理剂，提出了一系列钻井液性能控制措施，通过现场 3 口井的应用，取得了良好的应用效果。

1　地层特征及钻井液技术难点

1.1　地层特征

　　彭州海相深层页岩气井为导管段加三开次井。一开井段所钻层位为遂宁组、沙溪庙组、千佛崖组、白田坝组和须五段。上部地层大段软泥岩易水化膨胀，造浆性强，容易造成钻头泥包。下部地层易发生井漏、掉块、垮塌等井壁不稳定问题。沙溪庙组地层压力系数降低，易发生压差卡钻。白田坝组和沙溪庙组等多个层位存在盐水层，影响钻井液性能稳定性。

　　二开井段所钻地层贯穿须家河组、小塘子组和马鞍塘组，存在高压裂缝气，易发生溢漏同存。根据完钻井资料，本井段长裸眼井段条件下多地层易破碎，多套压力系统，并且含有多层裂缝型气层。须五段存在煤层、煤线，井壁易失稳。须四段和须三段存在异常高压气

作者简介：赵怀珍（1976—），男，博士，高工，中国石化胜利石油工程有限公司钻井液技术服务中心，主要从事钻井液技术研究与应用工作。地址：山东省东营市德州路路 827 号钻井液技术服务中心油化所；E-mail：zjyzhz@126.com；电话：13562262256。

层，地层压力系数高，钻井液密度高，普遍在 2.0g/cm³ 以上，易出现喷漏同存现象。须二段裂缝发育，地层承压能力低，易发生裂缝性储层漏失。高应力状态下，硬脆性页岩、网格裂缝切割破碎地层，井眼易剥落垮塌。

三开所钻地层为雷口坡组四段，溶洞、溶孔发育，井漏极其严重，井底温度高。地层破碎、易塌，斜井段施工井壁稳定难度大。海相地层可能钻遇高压含 H_2S 气层和 CO_2，且井底温度超过 150℃，对钻井液性能和井控安全要求高。因此钻井液在高温条件下的抗污染能力，保持良好的流变性，是该井段钻井液施工难点。

1.2 钻井液关键技术难点

结合该地区地质特征及以往定向井钻井液的应用情况，分析认为该地区中深层页岩气井钻井液主要存在以下关键技术难点：

（1）储层泥页岩发育微裂缝及微孔隙，导致应力敏感性较强，在钻井过程中容易发生井壁坍塌等失稳现象，且深层页岩气地层压力较高，需要钻井液体系具有较高的密度以平衡地层压力。

（2）深层泥页岩储层水敏性较强，若使用水基钻井液，滤失量控制不当，过多的水基滤液侵入储层后，容易引起井壁剥落垮塌，导致井壁失稳。

（3）深层造斜段的井斜容易发生变化，井斜角较大，容易造成岩屑沉积，导致井眼清洁度变差，且容易堵塞井眼，造成卡钻事故的发生。

（4）深层定向井井眼轨迹复杂，在钻进过程中容易在井壁上形成键槽和小台阶，造成钻具与井壁的摩擦力升高，钻头扭矩增大，因此，要求钻井液必须具有较好的润滑性，从而降低钻井过程中的摩擦阻力，减少黏附卡钻事故的出现。

1.3 钻井液技术对策

（1）强抑制性。针对彭州海相地区失稳地层层理及微裂缝发育及伊/蒙混层膨胀不均容易引起井壁坍塌的特点，要求钻井液体系抑制性强，降低泥页岩及黏土矿物的水化膨胀分散程度，防止井壁掉块，从化学上保证井壁稳定。

（2）强封堵能力。针对彭州海相地区地层特点，应对地层层理、孔隙及微裂隙进行强封堵，要求钻完井液体系造壁性强，在井壁上形成不渗透严封堵层，阻止钻完井液与地层发生作用，使近井壁地层不受外来流体侵入，从而避免由此带来的水化膨胀压力而引起的井壁失稳；另外，优选纳米封堵剂，对裂缝和孔隙进行封堵，保证井壁稳定。

（3）抗温能力好。彭州海相地区储层埋藏较深，井底温度高，要求钻完井液体系具有较强的抗温能力，在高温下依然具有良好的流变性和滤失造壁性。更重要的是，目标区块下部地层压实性强，岩石可钻性差，施工周期长，要求钻完井液在井底长时间高温作用下依然有良好的悬浮和携带能力。

根据成本因素与地层因素，确定了西南页岩气井不同开次的钻井液体系，见表1，各开次钻井液主要性能指标见表2。

表 1 西南页岩气井不同开次钻井液体系

井段	钻井液体系	井段	钻井液体系
一开	钾基聚合物钻井液	二开斜井段	高密度强封堵聚磺钻井液
二开直井段	钾基聚磺钻井液	三开	强封堵高酸溶聚磺润滑钻井液

表 2 西南页岩气井不同开次钻井液性能主要指标

井段	ρ (g/cm³)	FV (s)	PV (mPa·s)	YP (Pa)	FL_{API} (mL)	FL_{HTHP} (mL)	K_f	K⁺含量 (mg/L)
导眼	1.07~1.20	50~120			≤8			
一开	1.20~1.85	50~90	12~36	4~18	≤6			≥25000
二开直井段	1.50~1.95	50~75	20~45	9~20	≤3	≤12		≥35000
二开斜井段	1.70~1.95	60~75	25~55	10~24	≤3	≤12	≤0.12	≥35000
三开	1.30~1.45	45~65	15~35	8~18	≤3	≤12	≤0.12	≥25000

2 高密度强封堵钻井液体系

在单剂优选基础上，通过配伍性优化研制高密度强封堵钻井液体系，其抗温能力达到150℃，密度为1.80g/cm³。测试各实验浆150℃/16h老化前后的流变性(含初终切)、滤失性(含150℃/3.5MPa下的高温高压滤失量)，综合对比各项指标，优选出综合性能较好的配方。

2.1 高温稳定性评价

测试优化的钻井液体系配方分别在120℃、160℃条件下老化前后的流变性(含初终切)、滤失性(含高温高压滤失量)以及老化后的润滑系数，实验结果见表3。

表 3 高密度强封堵钻井液体系常规性能

实验条件	AV (mPa·s)	PV (mPa·s)	YP (Pa)	Gel (Pa/Pa)	FL_{API} (mL)	FL_{HTHP} (mL)	润滑系数	黏附系数
120℃，老化16h	52	41	11	4.5/10	2.8	9.0	0.14	0.07
160℃，老化16h	55	42	13	4.0/12.5	3.2	9.8	0.16	0.06

从实验结果可以看出，在测试的老化温度范围内，高温对研制的高密度强封堵钻井液体系配方的流变性和滤失量有一定影响，但老化后钻井液的黏度和切力仍然在比较合理的范围内，能够满足携岩要求。老化后钻井液的API滤失量和HTHP滤失量也较低，有利于井壁稳定。另外，高温对钻井液配方的润滑性影响较小，即使经过高温老化，高密度强封堵钻井液仍然保持良好的润滑性，这有利于深部地层定向钻进施工过程中避免托压现象的发生。

2.2 抑制性评价

以彭州4-2井泥页岩样品，通过页岩滚动回收率实验和高温高压线性膨胀实验评价钻井液体系的抑制能力，实验结果分别如表4和图1所示。

表 4 页岩滚动回收实验结果

样品	一次回收率(%)	二次回收率(%)	相对回收率(%)
钾基聚磺钻井液	67.5	75.9	88.9
高密度强封堵钻井液	85.2	91.3	93.3

从实验结果可以看出，与现场常用的钾基聚磺钻井液相比，虽然研制的高密度强封堵钻井液的页岩回收率明显提高，一次回收率达到了85.2%，相对回收率达93.3%，表现出较好的页岩抑制能力。从高温高压线性膨胀曲线可以看出，页岩在研制的高密度强封堵钻井液

中的膨胀率小于 4%，表明钻井液能够有效阻止页岩的水化膨胀。

2.3 封堵性评价

采用高温压力传递实验和模拟微裂缝封堵实验来评价加入钻井液的封堵效果，这两个性能指标表示钻井液在近井筒地层中形成内滤饼渗透性封堵效果。

压力传递实验技术是评价封堵防塌剂或钻井液阻缓压力传递与滤液侵入性能的先进模拟实验方法。采用 WSM-01 型高温高压井壁稳定模拟实验装置进行压力传递实验，测试条件为 150℃，上游压力位 2MPa，围压为 15MPa。实验结果如图 2 所示。

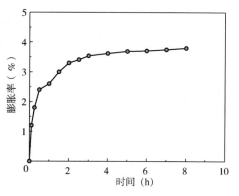

图 1　高温高压线性膨胀曲线
（实验条件：120℃/2.5MPa）

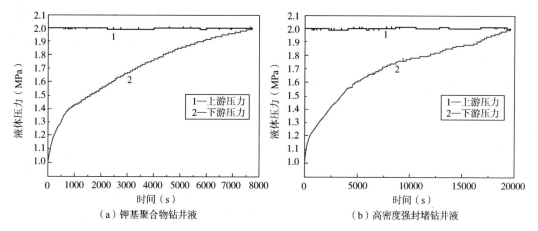

（a）钾基聚合物钻井液　　　　（b）高密度强封堵钻井液

图 2　钻井液高温压力传递实验结果

从图 2 中可以看出，与钾基聚合物钻井液的压力传递速率进行对比，高密度强封堵钻井液下游压力上升速率明显降低。这表明高密度强封堵钻井液配方经过封堵性能优化后，因为多种封堵材料的共同作用，能够有效封堵岩样的微裂缝，使钻井液滤液难以进一步深入岩心内部，从而降低下游压力，岩心中的压力传递被显著阻缓。

采用可变缝宽微裂缝封堵模拟实验装置进一步考察钻井液对微裂缝的封堵能力采，模拟 $2\mu m$，$20\mu m$ 和 $200\mu m$ 微裂缝，进行钻井液最大承压能力测试，测试结果如图 3 所示。测试结果表明，高密度强封堵钻井液对不同宽度微裂缝均能形成承压能力比较强的封堵层，$2\mu m$ 微裂缝的承压能力达到 5MPa，$200\mu m$ 微裂缝的承压能力也达到了 2MPa。

2.4 高温润滑性评价

高密度钻完井液体系由于加重剂的原因，固相含量高，本身的润滑性就差。再加上地层长期的研磨，低密度固相含量逐渐增加，导致体系本身的润滑性降低。配制密度为 1.80g/cm³钻井液，采用 LEM-4100 型润滑评价模拟装置测定钻完井液的高温高压润滑性。LEM 测试条件为：流量 5000mL/min，ECF 为 222~423N，转速 60r/min，实验温度为 150℃，实验压力为 3.5MPa，金属-滤饼摩擦系数如图 4 所示。

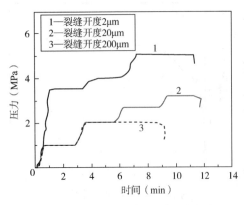

图 3 不同开度模拟微裂缝封堵曲线

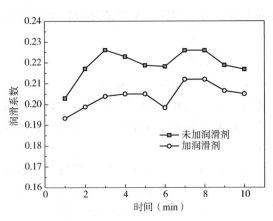

图 4 钻井液中金属—滤饼间摩擦实验对比

由图 4 可知，未加入润滑剂的钻井液配方的摩擦系数为 0.20 左右，随着时间的延长逐渐增大，3min 后基本保持在 0.22 左右。加入润滑剂的钻井液配方摩擦系数为 0.19 左右，随着时间的延长逐渐增大，但基本保持在 0.20 左右。LEM 法实验结果表明，研制的高密度强封堵钻井液配方能够形成高质量滤饼，同时抗温抗盐润滑剂的加入使得钻井液在高温条件下具有良好的润滑效果。

3 现场工艺措施及应用效果

3.1 一开井段

使用的钾基聚合物钻井液抑制性强，有效抑制了地层泥岩水化缩径，通过加大沥青类封堵材料的使用，防止井壁失稳等复杂情况。钻进过程中根据机械钻速并结合设计及时提高钻井液密度，优化钻井液性能，随钻补充足量的抑制剂和封堵防塌剂，在物理支撑和化学抑制的作用下确保井壁稳定。彭州 3-5D 井一开井径曲线如图 5 所示，平均扩大率仅为 4.74%。

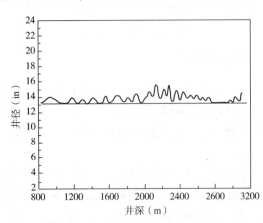

图 5 彭州 3-5 井一开井径曲线

3.2 二开井段

二开采用钾基聚磺钻井液体系，保持钾离子含量不低于 30000mg/L，成膜封堵剂、磺化沥青、纳米封堵剂、井壁封固剂等封堵材料复配，解决了须家河组页岩井壁失稳难题；控制钻井液膨润土含量小于 23g/L，保持低黏低切，为提速提效提供技术保障。钻进过程中钻井液体系性能稳定，抑制性强，封堵能力强，全井段施工过程中井壁稳定，起下无阻卡。彭州 3-5D 井和彭州 8-5D 井二开井段井径曲线如图 6 和图 7 所示，其中彭州 3-5D 井二开井段平均井径扩大率仅为 5.01%。

3.3 三开井段

（1）抗温措施。选用抗高温处理剂 JNJS-220，SMP-3，SPNH 和 K-PAM 等复配成胶液进行维护处理，确保钻井液体系具有良好的流变性和抗高温稳定性。

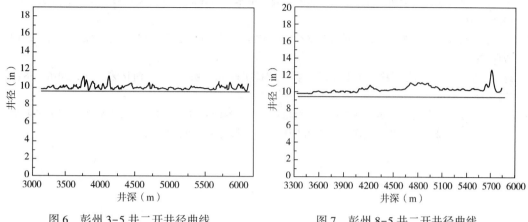

图6 彭州3-5井二开井径曲线　　　　　　　图7 彭州8-5井二开井径曲线

（2）封堵措施。用FDM-1和FDFT-1及封缝即堵剂等维持钻井液强化钻井液的封堵性，严格控制API滤失量≤3mL，HTHP滤失量≤10mL。

（3）润滑措施。储层段渗透性较好，钻井液在此井段中易形成虚厚滤饼，易导致井眼缩径卡钻和黏附卡钻。针对局部高渗透地层，在钻井过程中适当加入超细碳酸钙QS-2、磺化沥青FT-3等，促进形成致密的、渗透率低的滤饼，用RH-220、减磨剂和固体石墨等降低摩阻，改善润滑性，控制摩阻系数≤0.1。

（4）本井段局部地层较破碎，施工中及时补充封堵防塌剂和润滑剂，同时加入KCl控制K^+含量≥15000mg/L。使钻井液具有较强的抑制和防塌润滑性，使用含可酸溶性材料强化钻井液封堵性能，做好防塌的同时做好油层保护。

现场应用3口井的三开井段平均井径扩大率见表5，取得了良好的井壁稳定效果。

表5　三开井段平均井径扩大率

井号	钻头直径（mm）	井段（m）	平均井径（mm）	扩大率（%）
彭州3-5D	165.1	6125~7339	177.67	7.61
彭州3-4D	165.1	5977~6416	177.51	7.52
彭州8-5D	165.1	5860~6575	181.40	9.87

4　结论

（1）室内评价表明，优化的高密度强封堵钻井液具有良好的封堵防塌和润滑减阻性，能够满足川西深层页岩气井钻井过程中的井壁稳定和润滑需求，较好地解决了彭州海相深层页岩气井施工过程中存在的井壁失稳和定向困难等难题。

（2）高密度强封堵钻井液先后在彭州3-5D井、彭州8-5D井和彭州3-4D井进行应用，取得了良好的施工效果，累计创造了完钻井深最深、水平位移最大、钻井周期最短、全井平均机械钻速最高等多项施工纪录。

参 考 文 献

[1] 闫丽丽，李丛俊，张志磊，等. 基于页岩气"水替油"的高性能水基钻井液技术[J]. 钻井液与完井液，

2015，32(5)：1-6.

[2] 游云武，梁文利，宋金初，等．焦石坝页岩气高性能水基钻井液的研究及应用[J]．钻采工艺，2016，39(5)：80-82.

[3] 王倩，周英操，唐玉林，等．泥页岩井壁稳定影响因素分析[J]．岩石力学与工程学报，2012，31(1)：171-179.

[4] 赵凯，樊勇杰，于波，等．硬脆性泥页岩井壁稳定研究进展[J]．石油钻采工艺，2016，38(3)：277-285.

[5] 吕军，钟水清，刘若冰，等．钻井液对井壁稳定性的影响研究[J]．钻采工艺，2006，29(3)：74-75.

[6] 王中华．钻井液性能及井壁稳定问题的几点认识[J]．断块油气田，2009，16(1)：89-91.

川西龙门山前构造强封堵白油基钻井液技术研究及应用

季彩祥　周成华

（中国石化西南石油工程有限公司钻井工程研究院）

【摘　要】　川西龙门山前构造地层复杂，存在安全密度窗口窄、喷漏同存、裂缝发育、地层破碎、胶结性差、易发生井壁不稳定。该地区钻井为7000m以深的三开制井身结构水平丛式井，主要目的层为海相地层雷口坡组四段（T_2l^4）。由于前期同平台已完井的投产酸化压裂施工，导致后期同平台部分井的三开钻井施工受到严重的影响，使用水基高性能钻井液钻井，性能维护处理困难、稳定性极差，频繁出现井壁失稳卡钻。针对以上难点，研发了配套的强封堵白油基钻井液体系。通过白油基钻井液体系所具有强抑制性，引入油基纳米—微纳米等封堵材料保证强封堵能力，同时使用适当的钻井液密度，并保证钻井液良好的流变性。室内试验表明，该体系具有良好的抗高温、抗盐、抗酸污染及强封堵防塌能力。在川西龙门山前构造彭州区块推广使用，效果良好，目前已顺利施工完井的有PZX1井、PZX2井等2口井深超过7000m的超深水平井。

【关键词】　雷口坡组；破碎性地层；井壁不稳定；强封堵白油基；抗污染；抗高温

　　川西龙门山前构造位于四川省成都市彭州市区域，雷口坡组四段气藏地质储量丰富，是当前四川盆地天然气勘探开发的热点，具有良好的开发前景[1]。川西龙门山前构造钻井地层自上而下为第四系、蓬莱镇组、遂宁组、沙溪庙组、千佛崖组、白田坝组、须家河组、小塘子组、马鞍塘组、雷口坡组。三开井段马鞍塘组一段（T_3m^1）—雷口坡组四段（T_2l^4）为碳酸盐岩地层，是该地区三开制井身结构钻井的主要目的层，主要地质特征和钻井难点体现在两个方面：一是地层破碎、胶结差、裂缝发育，易发井壁失稳及井漏[2]；地层埋深较深，并且含CO_2及H_2S，地温150~160℃，施工井段井斜最大91.5°易发生黏附卡钻。二是该地区钻井为三开制丛式大斜度定向井或水平井，井眼轨迹相距较近，前期同平台已完井投产施工的酸化压裂原始地层骨架的稳定性被破坏，应力释放发生井壁失稳；同时大量的盐酸与碳酸盐岩地层反应生成二氧化碳（CO_2），导致使用高性能水基钻井液维护处理困难，稳定性极差，频繁出现井壁失稳、环空憋堵、卡钻等复杂事故。

　　在PZX1井三开使用高性能水基钻井液无法满足正常钻井施工情况下，通过室内试验及论证，在该井三开井段打水泥回填转强封堵白油基钻井液体系进行先导性试验。

1　白油基钻井液技术难点

　　（1）根据PZX1井身结构及井眼轨迹设计，三开井段井斜为64.5°~90°，所钻地层为海

作者简介：季彩祥，高级技师，主要从事钻井液技术服务工作。工作单位：中国石化西南石油工程有限公司钻井工程研究院。E-mail：314717166@qq.com；电话：13877942788。

相马鞍塘组一段(T_3m^1)—雷口坡组四段(T_2l^4)。雷口坡组四段(T_2l^4)为主要目的层，以白云岩和方解石为主，黏土含量低，水化分散能力弱，地层破碎，孔隙发育，极易发生掉块造成阻卡、井漏等复杂情况。地层均含 CO_2，可能钻遇高压气层含 H_2S，且预测井温为 150 ~ 160℃，对钻井液在高温下抗污染能力的要求较高，控制高温下的钻井液稳定性难度大。

（2）PZX1 三开设计钻井液体系为水基高性能防塌钻井液，钻井施工过程中由于受同平台已完井投产酸化压裂施工的影响，碳酸根离子（CO_3^{2-}）含量高达 15005mg/L、碳酸氢根离子（HCO_3^-）含量高达 38662mg/L，氢氧化钠用量最高 2.5 吨/天，不能维持 pH 值≥10，钻井液性能维护处理困难，稳定性极差。分别在自三开井深 5835m 钻至井深 5964m 发生井掉块卡钻，泡酸解卡后第一次打水泥填井自井深 5862m 侧钻。侧钻至井深 6224m 井壁失稳，经过专项通井钻具组合在裸眼段来回 5 次、历时 5 天划眼通井，井壁稳定仍未改善，垮塌物有增加的趋势。第二次打水泥填井自井深 5840m 转强封堵白油基钻井液侧钻。

（3）井斜大、水平段长，对钻井液的携砂能力和润滑性能要求高[3]。

（4）强封堵白油基钻井液体系在该地区的应用为先导性试验，对该体系的封堵类材料配伍性选型和现场维护处理工艺没有可借鉴经验。

（5）针对该地区地层特点及前期同平台临井酸化压裂施工的影响，钻井液应具有较强的高温稳定性、强抑制和强封堵防塌能力。

2 强封堵白油基防塌钻井液体系构建

2.1 破碎性地层井壁失稳机理研究

通过实验研究雷口坡组岩石矿物组分及其微观结构，再结合岩石理化性能分析，得出井壁失稳机理，针对性提出了强化井壁稳定技术对策，发挥白油基钻井液抑制特性，引入与白油基钻井液配伍、地层孔隙大小相适应的封堵防塌材料。

（1）X 射线衍射岩心全岩及矿物组分分析。

通过对该地区 8 口井雷口坡组 8 个全岩矿物组分分析，岩性以白云岩或石灰岩为主，7 个样品不含黏土矿物，只有其中一个样品含有 20.8% 的黏土矿物，且以伊利石、绿泥石为主，具有较低的分散特性。

（2）雷口坡组井下岩心及成像测井、电镜扫描岩心外观分析。

川西龙门山前构造雷口坡组井下岩心及成像测井（图 1），电镜扫描岩心外观（图 2），雷口坡组地层岩石致密，部分岩样微裂缝、孔隙发育，其中裂缝缝宽 2 ~ 5μm，粒间孔隙大小为 1 ~ 10μm 为主，具有显著的多尺度非连续结构特征。

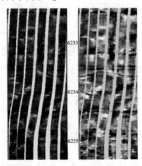

图 1　雷口坡组井下岩心及成像测井图

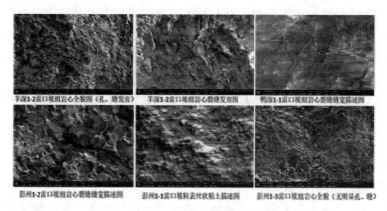

图 2　电镜扫描川岩心外观图

川西龙门山前构造雷口坡组主要以白云岩和方解石等碳酸盐类矿物为主，黏土含量低，水化分散和膨胀能力弱，但受构造作用影响，宏观尺度岩性破碎严重，且微裂缝发育，是导致其井壁失稳严重的关键因素。同时，虽然川西龙门山前构造雷口坡组黏土水化能力弱，但具有明显的溶蚀损伤现象，且多尺度非连续结构的存在，为流体侵入地层提供了大量通道，因此非黏土水化型水岩损伤作用也是其井壁失稳的关键诱因之一。

（3）压力穿透实验。

使用美国塔尔萨大学 RSA-6000 岩石渗流装置，采用不同的循环介质，对雷口坡组压力穿透能力进行了测定，如图 3 所示。

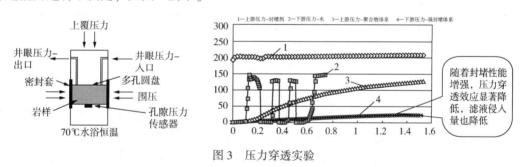

图 3　压力穿透实验

① 以上实验表明：雷口坡组岩样水分散不强，坍塌主要是应力变化造成的。

② 雷口坡组应主要从封堵入手，强化钻井液体系对地层的封堵能力，降低滤液侵入量，达到井壁稳定的目的。

2.2　强封堵白油基防塌钻井液体系思路

通过对川西龙门山前构造雷口坡组破碎性地层井壁失稳原因分析，考虑到三开裸眼段较长，且为大斜度井段和水平段，结合川西龙门山前构造气田已钻井的施工资料，钻井液应具有以下特性：

（1）强封堵性。引入与白油基钻井液体系配伍好，且与地层孔隙匹配的刚性多级配超细碳酸钙、封缝即堵强化剂、成膜封堵剂、选用抗高温软化点（140~160℃）氧化沥青+天然沥青等保证强封堵能力。

（2）高温稳定性。引入高效入主乳化剂、辅乳化剂控制白油基钻井液的电稳定性 $ES \geqslant$ 600V，保证其高温稳定性。

（3）酸性气体的预防与污染处理。引入碱度调节剂生石灰，预防因临井酸化压裂的影，导致碱度（POM）下降较快。

（4）流变性。引入流型调节剂调整控制相对高的动塑比，有效提高携砂能力，保证井眼净化。

（5）润湿性。润湿剂的引入使其封堵类材料、加重剂、岩屑亲油，同时实现减少岩屑沉积床。

（6）固相控制。使用 200～240 目振动筛筛网，除砂、除泥器等固控设备，有效清除劣质固相，保证钻井液的滤饼质量和润滑性。

2.3 强封堵白油基防塌钻井液配方评价

强封堵白油基钻井液配方的筛选关键是：油水比的最佳配比、强抑制功能的实现、具有较强的抗污染能力、封堵能力的加强、以及高温稳定性。

2.3.1 白油基钻井液基础配方性能评价

通过处理剂优选，得出了主要处理剂为主乳、辅乳，润湿剂，有机土，降滤失剂等。通过配方优选得出了白油基钻井液基本配方为：4#白油：盐水（25%$CaCl_2$）= 80：20+6.0%主乳+6.0%辅乳+1.0%润湿剂+3.5%有机土+2%CaO+5%降滤失剂（氢化沥青）+2%超细碳酸钙（400目）+重晶石。性能见表1。

表 1　白油基础配方性能

密度（g/cm^3）	PV（mPa·s）	YP（Pa）	Gel（Pa/Pa）	Φ_6/Φ_3	FL_{HTHP}（mL）	ES（V）
1.45	30	6.5	3/4.5	5/4	3.8	723

注：热滚老化条件为150℃×16h，测试温度为65℃，HTHP：150℃/3.5MPa。

由表1中数据看出，经高温热滚老化后流变性，流变性能、电稳定性较好，性能总体符合要求。

2.3.2 抗温性评价

温度对油基钻井液的稳定性具有很大的影响。温度升高，体系的流变性变差，滤失量升高，乳化稳定性下降。因此，通过测定不同温度下钻井液的性能来评价钻井液的抗高温能力。按照"油基钻井液测试程序"，对油基钻井液体系在不同温度条件下进行流变性能、电稳定性等综合性能测定，研究体系在各温度条件下的稳定性。不同温度条件的性能评价见表2。

表 2　不同温度条件的性能评价

热滚温度（℃）	PV（mPa·s）	YP（Pa）	Gel（Pa/Pa）	Φ_6/Φ_3	FL_{HTHP}（mL）	ES（V）
100	30	6.5	3/4.5	5/4	3.8	712
150	30	7	3/5	5/4	3.5	707

注：热滚老化条件为150℃×16h，测试温度为65℃，HTHP：150℃/3.5MPa。

由表2中数据可以看出，随着热滚温度的增加，钻井液性能基本没有变化，破乳电压（ES）均在700V以上，表明钻井液综合性能稳定，能抗温150℃，满足彭州海相地层温度要求。

2.3.3 抑制性评价

采用雷口坡组岩屑做岩屑滚动回收和膨胀性实验，测定油基钻井液体系和强抑制水基钻井液体系的抑制性能，判断油基钻井液体系抑制性能是否明显优于其他体系。实验结果见表3。

表3 雷口坡组岩样回收实验结果

钻井液体系	滚动回收率(%)	老化条件
蒸馏水	89.88	150℃×16h
白油基钻井液	99.7	150℃×16h
复合盐水基钻井液	97.2	150℃×16h

由表3中数据可以看出，油基钻井液回收率达到99.7%，优选的油基钻井液配方抑制性能良好，滚动回收率的实验结果均明显优于复合盐水基钻井液体系。

2.3.4 抗污染性能评价

在配浆过程中在水相中加入氯化钠，相当于改变水相活度，考察水相活度对体系钻井液性能的影响。根据雷口坡组含钙特点，实验考察体系的抗钙污染能力，实验结果见表4。

表4 油基钻井液抗盐与抗钙污染实验

体系	实验条件	PV(mPa·s)	YP(Pa)	FL_{HPHT}(mL)	Gel(Pa/Pa)	ES(V)
污染前体系A	滚后	30	6.5	3.8	3/4.5	723
A+5%氯化钠	滚后	30	7	3.8	3/5	702
A+8%氯化钠	滚后	32	7	3.8	3/5	712
A+0.5%无水硫酸钙	滚后	30	6.5	3.8	3/4.5	692
A+1%无水硫酸钙	滚后	30	6.5	3.8	3/4.5	696

注：热滚老化条件为150℃×16h，测试温度为65℃，HTHP：150℃/3.5MPa。

由表4中数据可以看出，氯化钠的加入虽然改变了水的活度，但是对钻井液性能影响较小。而无水硫酸钙对浆体的流变性和失水基本没有影响，同时破乳电压均在700V左右，表明油基钻井液具有良好的抗盐污染能力。

2.3.5 盐酸污染实验评价

本实验通过加入不同量的稀盐酸(浓度10%)，检验油基浆抗酸和水污染性能。实验结果见表5。

表5 钻井液抗盐酸污染实验

体系	实验条件	PV(mPa·s)	YP(Pa)	FL_{HPHT}(mL)	Gel(Pa/Pa)	ES(V)
污染前体系B	滚后	30	6.5	3.8	3/4.5	723
B+5%稀盐酸	滚后	34	7.5	4.0	3/5	651
B+10%稀盐酸	滚后	32	8.5	4.8	4/6	579

注：热滚老化条件为150℃×16h，测试温度为65℃，HTHP：150℃/3.5MPa。

由表5中数据可以看出，浓度10%盐酸的侵入对钻井液性能影响较小；而水的侵入相当于降低了油水比，从实验结果看出随着水的侵入，钻井液的黏度、滤失量有所增加，而破乳电压变化不大，表明体系具有良好的抗盐酸和抗水污染能力。

2.3.6 强封堵实验评价

本实验通过测定高温高压滤失量和PPA沙盘实验来进行封堵剂量的优选。

（1）高温高压滤失试验。

配方1：油基浆+2%天然沥青封堵剂+1.5%超细碳酸钙（800目）+1.5%超细碳酸钙（2500目）。

配方2：油基浆+2%天然沥青封堵剂+0.8%FDM-1。

配方3：油基浆+2%天沥青封堵剂+1%封缝即堵强化剂。

配方4：油基浆+2%天然沥青封堵剂+1.5%超细碳酸钙（800目）+1.5%超细碳酸钙（2500目）+0.8%FDM-1+1%封缝即堵强化剂。

配方5：油基浆+2%天然沥青封堵剂+1.5%超细碳酸钙（800目）+1.5%超细碳酸钙（2500目）+0.8%FDM-1+2%超细碳酸钙（100目）。实验结果见表6。

表6　封堵性能优化实验结果

编号	PV(mPa·s)	YP(Pa)	Gel(Pa/Pa)	FL_{HTHP}(mL)	ES(V)	备注
1	34	7	3/5	3.8	704	
2	37	8	4/6.5	3.4	710	
3	41	9	4.5/7.5	5.6	702	
4	50	11.5	6/8	2.6	739	
5	53	11.5	6/9	3.0	742	滤饼虚厚

注：热滚老化条件为150℃×16h，测试温度为65℃，HTHP：150℃/3.5MPa。

由表6中数据可以看出：①单独加入成膜封堵剂、超细碳酸钙（800目、2500目）能有效降低钻井液滤失量，复合使用时封堵效果更好。②超细碳酸钙（100目）后，钻井液滤失量显著增大，同时高温高压滤饼虚厚。综上分析，选用配方4作为强封堵白油基钻井液配方井行PPA沙盘实验。

（2）PPA沙盘实验。

选用渗透率为10D的砂盘，测试压力1014psi（6MPa），测试温度为150℃，测定时间30min钻井液的封堵性能，如图4和图5所示。

图4　砂盘封堵实验砂盘背面(砂盘渗透率10D)　图5　砂盘封堵实验滤饼厚度(砂盘渗透率10D)

实验结果：钻井液滤失量为0mL，滤饼厚度为2.5mm，实验后观察砂盘有多道裂缝。

2.4　强封堵白油基钻井液体系配方的确定

通过抗温、抗污染、封堵实验评价，确定优选以下配方。

（1）形成了川西龙门山前构造白油基钻井液配方。

4#白油：盐水（25%CaCl$_2$）= 80：20+6.0%主乳+6.0%辅乳+1.0%润湿剂+3%有机土+3%CaO+5%降滤失剂+2%超细碳酸钙（400目）+重晶石。

（2）形成了川西龙门山前构造强封堵白油基配方。

白油基基浆+2%天然沥青封堵剂+1.5%超细碳酸钙（800目）+1.5%超细碳酸钙（2500目）+0.8%FDM-1+1%封缝即堵强化剂。

3 现场应用效果

3.1 PZX1井和PZX2井强封堵白油基钻井液施工情况

该钻井液体系在川西龙门山前构造彭州海相气田PZX1井三开先导试验完成后，接着在PZX2推广使用，钻井施工过程中，钻井液性能稳定，携砂效果好，井壁稳定，起下钻正常。施工情况见表7。

表7　PZX1井和PZX2井三开强封堵白油基钻井液施工情况

井号	完钻井深（m）	施工井段（m）	最大井斜（°）	水平位移（m）	水平段长（m）	井壁失稳阻卡次数	完井方式
PZX1	7171	5840～7171	91.5	1719.56	1138	无	衬管
PZX2	7150	5819～7150	91	1781.45	1081.03	无	裸眼

3.2 钻井液配制与维护处理

（1）在地面循环罐及储备罐按白油基配方配制足量的钻井液量，将井内水基钻井液替出后再按强封堵配方加入封堵材料，循环均匀后测性能达标用于钻进。

（2）钻进过程中及时监测钻井液密度、流变性、高温高压失水、电稳定性、碱度等性能，发现异常通过实验确定方案后及时维护处理，保障了性能的稳定和满足正常钻井施工的需要。全井段主要性能见表8。

表8　PZX1井和PZX2井三开全井段强封堵白油基钻井性能

井号	ρ（g/cm^3）	FL_{HPHT}（mL）	PV（mPa·s）	YP（Pa）	Gel（Pa/Pa）	碱度（POM）	ES（V）	油水比
PZX1	1.41～1.45	2～2.4	32～40	7～12	4～5/6～10	1.5～2	650～750	80～85/20～15
PZX2	1.38～1.43	1.8～2.2	30～39	6.5～13	4.5～6/7～11	2.0～2.5	580～630	80～85/20～15

注：测试温度为65℃，HTHP：150℃/3.5MPa。

4 结论及认识

（1）针对川西龙门山前构造雷口坡组破碎地层，强封堵白油基钻井液封堵防塌能力优于高性能水基强封堵防塌钻井液，但在封堵材料的优选还有待进一步探索，择优更优的强封堵白油基配方。

（2）强封堵白油基钻井液抗污染、封堵防塌能力强，在PZX1井受同平台已完井投产酸化压裂的影响，高性能水基强封堵防塌钻井液不能满足正常钻井施工的情况下，转换强封堵白油基钻井液正常钻至设计井深。

（3）在受邻井酸化压裂影响的情况下，碱度下降较快，生石灰（CaO）用量较大，受酸影响的彭 X1 生石灰(CaO)加量平均达 4.8%,碱度(POM)维护在 1.5~2.0。而未受酸影响的 PZX2 井生石灰(CaO)加量平均为 2%,碱度(POM)维护在 2.0~2.5。

(4)由于三开为 ϕ165.1mm 钻头小井眼,环空间隙较小,井眼净化是防止环空憋堵、防卡的关键技术难题。

参 考 文 献

[1] 刘闯. 浅谈川西海相深井须家河组事故预防[J]. 西部探矿工程, 2019, 31(6): 99-100, 106.

[2] 梁坤, 张霞玉. 川西海相超深井高效钻井技术研究及应用[J]. 内蒙古石油化工, 2019, 45(1): 67-69.

[3] 杨成. 川西坳陷雷口坡组油气成藏条件研究[D]. 成都: 成都理工大学, 2015.

川西海相破碎地层热塑性井壁强化钻井液技术

蔡 静

（中国石化西南石油工程有限公司钻井工程研究院）

【摘 要】 由于川西彭州海相深井钻遇地层具有高温、高压、高密度、易漏、易垮、含 H_2S 等特点，钻井过程中存在钻井周期长、机械钻速低、复杂情况多等诸多难题。针对以上难点，研究了其坍塌机理，并设计出了具有矿物结合力、热塑性的封缝即堵配方实现对破碎地层的及时封堵，创新应用高分散纳米技术，实现了对井壁的超低渗透强化加固，改善了近井壁破碎岩石的受力条件，解决了破碎性地层安全钻进技术瓶颈。钻井液二次清水滚动回收率由 10.8% 提高到 90.7%。目前该套体系在彭州 4-2D 井成功应用。

【关键词】 川西海相深井；破碎性地层；钻井液体系；热塑性；井壁强化

川西彭州海相气藏的勘探开发，成为当前四川盆地天然气勘探开发的一个重要的开发方向[1]。随着钻井技术发展，2019 年川西彭州海相深层气藏开始采用三开制结构大斜度丛式井组开发。

该地区具有高温、高压、高密度、易漏、易垮、含 H_2S 等特点，钻井过程中存在钻井周期长、机械钻速低、复杂情况多等诸多难题[2]。施工进度超期严重，极大制约了川西彭州海相地层气藏三开制结构大斜度丛式井组的勘探开发进程。

通过研究分析彭州陆相海相气藏地层特征，以及川西彭州海相长裸眼段三开制大斜度定向井钻井难度，设计出了具有矿物结合力、热塑性的封缝即堵配方实现对破碎地层的及时封堵，创新应用高分散纳米技术，实现了对井壁的超低渗透强化加固，改善了近井壁破碎岩石的受力条件，解决了破碎性地层安全钻进技术瓶颈，并在彭州 4-2D 井试验应用取得了良好的效果。

1 钻井液技术难点

（1）井壁易失稳，阻卡严重。

蓬莱镇组和遂宁组黏土含量高，造浆性强，易吸水膨胀缩径；沙溪庙组泥岩易水化分散坍塌；须家河组五段和须家河组三段以泥页岩地层为主夹煤层，须家河组四段以砂岩为主，与泥、页岩呈略等厚互层且夹薄煤层，底部有砾岩，整合性差，防坍塌掉块和卡钻；小塘子组—马鞍塘组和雷口坡组岩性松散破碎、节理发育，易掉块，卡钻风险大。PZ113 井在井深 6240.50m 雷口坡组发生卡钻。YS1 井钻进至井深 2126m 起钻时遇阻，倒划眼返出大量掉块。三开井段雷口坡组地层破碎，易发生井壁失稳。

作者简介：蔡静，1985 年生，四川德阳，工程师，2010 年毕业于长春工业大学高分子化学与物理专业，主要从事钻井液技术服务工作。地址：四川省德阳市旌阳区金沙江西路 699 号；电话：15183659992；E-mail：260147571@qq.com。

（2）钻井液安全密度窗口窄，喷漏共存。

钻进地层自上而下存在多个压力系统，从蓬莱镇组到千佛崖组压力梯度变化快；蓬莱镇组至小塘子组可能钻遇裂缝性高压气层。从须家河组三段到须家河组二段存在高低压梯度过渡，须家河组二段到马鞍塘组又从低高压梯度过渡情况；在钻遇裂缝地层后往往会出现井漏，堵漏时间一长，井内液柱压力进一步降低，极易引发上部高压气层溢流，造成上喷下漏的复杂情况。

（3）长裸眼定向钻进对钻井液的润滑性和井眼清洁能力要求高。

随着钻井技术发展，彭州区块海相深井钻井周期也逐渐缩短，2019 年彭州区块海相深层气藏开始采用三开制结构大斜度丛式井组开发代替第一和第二阶段的四开制直井。

由图 1 彭州海相超深井彭州 4-2D 井井深结构设计可知，彭州 4-2D 井从 5300m（小塘子组）开始造斜定向，二开井段中完井斜角增至 56.95°，三开井段则增至 79.91°；二开井段裸眼段长，长达 2871m，井斜大、钻井液密度高、固相含量高、易发生黏附卡钻，三开井段易雷口坡组易产生掉块，小井眼施工发生掉块卡钻风险高。须家河组石英含量高、地层可钻性差、机械钻速低，钻井周期长，浸泡时间长。对钻井液的携砂能力和润滑性能要求高[3-7]。

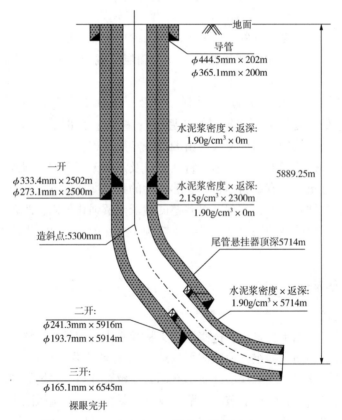

图 1　彭州 4-2D 井井身结构设计

（4）抗高温抗盐流变性能控制难。

预测井底温度最高达 140～155℃，高温高压下钻井液流变性能的控制是重点之一，优选抗高温处理剂、严格控制钻井液中膨润土的含量，来确保高温条件下钻井液性能稳定。

（5）硫化氢、石膏、二氧化碳气体污染。

根据提示，在本井雷口坡组存在石膏，易对钻井液产生污染。须家河组可能存在 CO_2 气体，雷口坡组二氧化碳含量为 5.35% ~ 6.09%，容易侵入并污染钻井液。海相地层会钻遇 H_2S。

2 热塑性井壁强化钻井液配方研选

2.1 抑制处理剂的优选

抑制剂主要以有机无机复合盐、包被剂和聚胺抑制剂复配，有机无机复合盐嵌入及拉紧黏土晶层，包被剂和聚胺抑制剂复配以强化钻井液对钻屑的抑制能力，抑制钻屑水化膨胀。

2.1.1 优选复合盐

（1）复合盐水溶液评价。

配制不同比例和浓度的复合盐水溶液，将经过干燥后并在室温放置 24h 后的泥岩岩屑投入其中，在 160℃ 滚动 16h，迅速冷却并回收岩屑，沥干水分后进行烘干称重，计算岩屑回收率。岩屑采用与钻遇地层岩屑一致的东湖山露头土，极易水化分散。实验情况见表 1。

表 1　不同比例复合盐水溶液评价表

配方	配方	岩屑回收率(%)	配方	配方	岩屑回收率(%)
配方 1	H_2O	5.6	配方 6	H_2O+7%KCl	22.5
配方 2	H_2O+3%KCl	15.5	配方 7	H_2O+7%KCl+1%HCOOK	27
配方 3	H_2O+3%KCl+1%HCOOK	18	配方 8	H_2O+7%KCl+2%HCOOK	29
配方 4	H_2O+5%KCl	16.5	配方 9	H_2O+7%KCl+3%HCOOK	32
配方 5	H_2O+5%KCl+1%HCOOK	19.5			

由表 1 可见，由于使用与钻遇地层一致的东湖山露头土，地层泥岩水化分散能力极强，清水岩屑回收率仅 5.6%。氯化钾（KCl）和甲酸钾（HCOOK）复配使用后对泥岩岩屑分散的抑制作用较只加氯化钾使用时显著变强，岩屑回收率增大。但 HCOOK 加量在达到 1% 以上后，抑制增强趋势变缓。氯化钾实验量最大加到 7%，原因在于实践经验证明若钻井液中 KCl 加量进一步加大的话，钻井液流变性调控难度会进一步加大，需要更大量的其他钻井液处理剂来对抗氯化钾对钻井液流变性造成的影响，造成钻井液成本急剧上升，因此不予继续考虑。

（2）浆体评价。

在钻井液中按表 1 中配方 7、配方 8 和配方 9 中加入不同比例的复合盐氯化钾和甲酸钾。

① 基浆：1%NV-1+0.1%KPAM+0.5%LV＿CMC+2%SMP-2+2%SPNH+0.5%FDFT-1+0.3%KHPAN+0.5%聚胺抑制剂+3%+2%油基润滑剂+0.3%CaO+0.3%聚合物降黏剂+1%抗温抗盐降滤失剂Ⅰ型+0.8%抗温抗盐降滤失剂Ⅱ型+1%纳米封堵剂-2+$BaSO_4$（密度 1.81g/cm^3）。

② 基浆+7%KCl+1%HCOOK。

③ 基浆+7%KCl+2%HCOOK。

④ 基浆+7%KCl+3%HCOOK。

由表 2 可见，随着甲酸钾（HCOOK）加量变大，钻井液流变性变差，结构变强，综合考虑，采用配方2的氯化钾和甲酸钾7∶1复配比例形成的有机无机复合盐。

表2 不同比例复合盐钻井液评价表

配方	$FL(7.5min)$ (mL)	pH 值	流变性(mPa·s)					Gel(Pa)		回收率(%)	
			Φ_{600}	Φ_{300}	Φ_3	PV	YP	10s	10min	一次	二次
配方1	6.6	9	161	95	18	66	14.5	9	15	65	80
配方2	7.6	9	155	93	16	62	15.5	9	14	92.8	96.7
配方3	7.4	9	168	101	18	67	17	12	19	93.6	97.6
配方4	7	9	195	120	24	75	22.5	18	32	92.9	97.7

注：岩屑使用的是与钻井地层一致的东湖山露头土。

2.1.2 抑制剂的优选

通过复配聚胺抑制剂和两性离子包被剂来提高钻井液的抑制包被作用，防止地层极易水化的岩屑在钻井液中水化分散，从井壁剥离形成掉块。

评价配方：2.1.1 小节中评价配方+0~0.5%聚胺抑制剂+0~0.1%两性离子包被剂。

由表3可知，随着增加复配抑制剂，二次岩屑清水回收率越高。配方4基浆二次岩屑回收率高达99%。说明复配抑制处理剂不仅可抑制岩屑的表面水化，还可抑制岩屑的离子水化和渗透水化，防止岩屑在钻井液体系中水化膨胀[7,8]。

表3 不同抑制处理剂含量的泥浆岩屑滚动回收率

配方	基本配方	第一次岩屑回收率(%)	第二次岩屑回收率(%)
配方1	清水	5	20
配方2	$H_2O+7\%KCl$	90	60
配方3	$H_2O+7\%KCl+1\%HCOOK$	97	97.8
配方4	$H_2O+7\%KCl+1\%HCOOK+0.5\%NH-1+0.1\%FA-367$	96.5	99

注：第一次岩屑回收率的实验条件为钻井液160℃滚动16h后测量岩屑回收率；第二次岩屑回收率的实验条件为一次滚动后的岩屑再次用清水在160℃温度下滚动16h后测量岩屑的回收率。

2.2 抗高温抗盐降滤失剂的优选

目前，抗高温抗盐降滤失剂多选用聚合物类降滤失剂。预测完钻井底温度155℃，高温高压下钻井液流变性能的控制是本井钻井液难点，室内优选抗温抗盐降滤失剂Ⅰ型XNJN-1以及抗温抗盐降滤失剂Ⅱ型XNJN-2，SMP-2和SPNH复配使用，以在地层井壁上吸附成微米—纳米级膜，阻隔水化作用引起的井壁垮塌。

评价配方：基浆+1%~3%SMP-2+1%~4%抗温抗盐降滤失剂XNJN-1+1%~3%褐煤树脂。

由表4可知，配方3数据系是160℃滚动16h后中压失水为1.8mL，HTHP滤失量降至15.2mL，钻井液体系具备良好的抗高温抗盐降失水能力。

表4 不同复配降滤失剂含量的钻井液性能

配方	基 本 配 方	条 件	FL(老化前) (mL)	FL_{HTHP} (mL)	PV (mPa·s)	YP (Pa)
配方1	1%NV-1+3%SMP-2+3%SPNH+ 0.8%XNJN-2	常温	2	—	71.5	0
		160℃×16h	3.8	90	31.5	0

配方	基 本 配 方	条 件	FL(老化前) (mL)	FL_{HTHP} (mL)	PV (mPa·s)	YP (Pa)
配方 2	1%NV-1+4%SMP-2+4%SPNH+ 0.5%XNJN-2	常温	0.5	—	30	3.5
		160℃×16h	0.8	18	49	2.5
配方 3	1%NV-1+4%SMP-2+4%SPNH+ 0.5%XNJN-2+4%XNJN-1	常温	0.4	—	38	3
		160℃×16h	1.8	15.2	35	2

2.3 封堵防塌剂的优选

通过有机无机复合封堵剂微纳米粒径级配封堵，能强化对裂缝的快速有效封堵，降低滤液在裂缝中的穿透效应。有效地提高井壁封堵防塌能力[8]。

评价配方：基浆+3%SMP-2+3%抗温抗盐降滤失剂 XNJN-1+0.5%抗温抗盐降滤失剂Ⅱ型 XNJN-2+3%SPNH。

由表5可知，配方3实验数据证明老化前后高温高压失水量、流变参数均没有太大波动，且老化后流变性能更好。

表5　不同含量封堵防塌剂配方实验数据表

配方	不同含量封堵防塌剂		FL_{API} (mL)	FL_{HTHP} (mL)	AV (mPa·s)	PV (mPa·s)	YP (Pa)
配方 1	4%微米无机封堵剂+2%微米封堵剂+ 3%高温多软化点沥青 XNLQ	常温	1.2	3	142.5	191	48.5
		160℃×16h	1.8	10	134	118	16
配方 2	2%微米无机封堵剂+3%微米封堵剂+ 1%高酸溶磺化沥青 FF-1+1%FF-3	常温	2	4.5	61.5	57	4.5
		160℃×16h	3.8	15.5	53.5	77	15
配方 3	3%微米无机封堵剂+3%微米封堵剂+3% 高温多软化点沥青 XNLQ+2%纳米封堵剂 FD-1+0.3%封缝即堵剂 WEF-1000	常温	2.2	8	56	45	11
		160℃×16h	1.6	9.5	54	36	18

2.4 不同润滑剂的筛选

通过对不同润滑剂不同加量试验及筛选，优选抗温抗盐润滑剂 XFDH、减磨剂和固体润滑剂石墨粉，强化泥浆的润滑防卡能力[9-11]。

（1）基础配方：见 2.3 小节评价配方。

（2）+5%抗温抗盐润滑剂 XFDH。

（3）+5%抗温抗盐润滑剂 XFDH+1%固体润滑剂。

（4）+5%抗温抗盐润滑剂 XFDH+0.5%减磨剂。

（5）+5%抗温抗盐润滑剂 XFDH+0.5%减磨剂+1%固体润滑剂。

由表6可知，抗温抗盐润滑剂 XFDH 和减磨剂配合使用效果最佳。由表7可知，随着密度升高，摩阻系数也在升高，但升高速率较慢，证明体系在高温、高固相含量情况下依然可以保持较高的润滑性能。

表6　不同润滑剂优选数据表

配方	压持式摩擦阻力系数 K_f	配方	压持式摩擦阻力系数 K_f
配方1	0.2	配方4	0.09
配方2	0.16	配方5	0.12
配方3	0.14		

表7　不同密度下的钻井液老化后摩阻系数

配方	密度（g/cm³）	条件	压持式摩擦阻力系数 K_f
配方1	1.90	160℃×16h	0.1605
配方2	1.96	160℃×16h	0.1774

3　钻井液性能评价

3.1　抑制性评价

通过室内试验，根据设计要求和我们掌握的实践经验最终确定了彭州海相复合盐防塌钻井液体系配方如下：

钻井液配方为上一开次井浆+7%KCl+1%HCOOK+0.5%NH-1+0.1%FA-367+3%SMP-2+3%抗温抗盐降滤失剂XNJN-1+0.5%抗温抗盐降滤失剂Ⅱ型XNJN-2+3%SPNH+3%微米无机封堵剂+3%微米封堵剂+2%纳米封堵剂FD-1+0.3%封缝即堵剂WEF-1000+3%高温多软化点沥青XNLQ++5%抗温抗盐降滤失剂XFDH+0.5%减磨剂（三开使用）+重晶石粉。

由表8中数据可知，钻井液体系分别在1.91g/cm³和1.96g/cm³密度下，经过160℃高温老化16h后保持了较好的流变性，动切力升高，塑性黏度变化不大，API中压失水由常温的3.6mL降至0.8mL，同时高温高压滤失量≤7mL。说明体系在常温及高温下拥有较好的抑制性、流变性、动切力及较低的失水，整体稳定。

表8　不同密度下的钻井液抗温160℃的配方评价

配方	条件	密度（g/cm³）	AV（mPa·s）	PV（mPa·s）	YP（Pa）	Gel（Pa/Pa）	FL_{API}（mL）	FL_{HTHP}（mL）
配方1	常温	1.91	31.5	29	2.5	0.5/4	3.6	—
	160℃×16h	1.91	49.5	33	16	7/8	0.8	6.4
配方2	常温	1.96	35	32	3	0.5/4	3.2	—
	160℃×16h	1.96	71	48	23	8/10	1.4	7

为了进一步验证该配方的抑制性，钻屑在钻井液中进行2次滚动后测量回收率，由表9可知，不同密度的钻井液一次钻井液滚动回收率均在98%，随着密度升高二次清水滚动回收率也在增加，最高达97.3%，说明该钻井液体系高温下老化后抑制性依然强劲，能保证钻井液在高温下具有抑制钻屑水化膨胀能力。

表9　不同密度下的钻井液滚动回收率

配方	一次滚动回收率（%）	二次滚动回收率（%）	配方	一次滚动回收率（%）	二次滚动回收率（%）
配方1	98	92.57	配方2	98	97.3

注：第一次岩屑回收率的实验条件为钻井液160℃滚动16h后测量岩屑回收率，第二次岩屑回收率的实验条件为一次滚动后的岩屑再次用清水在160℃温度下滚动16h后测量岩屑的回收率。

3.2 高温稳定性评价

图2是体系配方的抗温强封堵钻井液高温高压流变测试，由图2显示可知，160℃、40MPa高温高压条件，随着温度的升高，600转读数有一定降低，2.5h钻井液流变参数变化不大，表现出良好的高温高压流变性能。

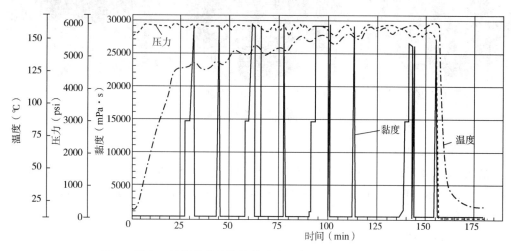

图2　配方3的抗温强封堵钻井液高温高压流变测试(M8500)

3.3 高温高压砂床实验

图3为体系配方中压砂床情况图，由图可知，钻井液与砂床分隔，由图4可知，体系配方具有良好的胶结固壁性能，在地层胶结弱的地层，可有效地封固井壁，防止井壁坍塌。

图3　中压砂床情况图

3.4 钻井液体系抗污染实验

考虑到钻井液在四开雷口坡组可能遇到的污染，石膏层的钙浸染、可能钻遇的盐层或盐水层的盐污染及地层液体中的 CO_2 污染，作针对性的评价。

（a）过渡带与砂床接触面　　　　（b）过渡带与钻井液接触面　　　　（c）过渡带侧面图

图 4　高温高压砂床情况图

3.4.1　基本配方抗钙性能评价

基浆配方：2%NV-1+0.5%NaOH+5%抗温抗盐降滤失剂 JNJS-220+5%抗温抗盐降滤失剂 DR-8+0.2%DR-10+2%阳离子沥青+2%FDFT-1+2%成膜封堵剂 FDM-1+2%QS-2。

评价配方：

配方 1，基浆+1%石膏粉。

配方 2，基浆+2%石膏粉。

配方 3，基浆+3%石膏粉。

配方 4，基浆+4%石膏粉。

配方 5，基浆+5%石膏粉。

由表 10 可知，基浆可抗 3%的石膏，但到 4%则明显增稠，到 5%则丧失了流动性。

表 10　抗钙污染情况表

| 配方 | FL_{API}（mL） | pH 值 | 流变性 | | | | | Gel（10s/10min）（Pa/Pa） | FL_{HTHP}/滤饼厚度（mL/mm） | 实验现象描述 |
			Φ_{600}/Φ_{300}	Φ_{200}/Φ_{100}	Φ_6/Φ_3	PV（mPa·s）	YP（Pa）			
配方 1	1.2	10	89/57	44/29	12/10	32	12.5	4.5/22	9/2	性能基本影响不大
配方 2	1.6	9	91/59	44/30	14/13	32	13.5	5/23.5	10/2.5	性能基本影响不大
配方 3	1.8	9	90/60	46/32	15/15	30	15	6.5/24.5	10.6/2.5	略有增稠
配方 4	3.8	9	160/108	80/61	34/33	52	28	16/37	15/4	明显增稠
配方 5										明显增稠，滴流，流变性不可测

3.4.2　基本配方抗盐性能评价

基浆配方：3%NV-1+0.5%NaOH+5%JNJS-220+5%DR-8+0.5%DR-10+2%阳离子沥青+2%FDFT-1+2%FDM-1+2%QS-2。

评价配方：

配方 1，基浆+3%NaCl。

配方 2，基浆+5%NaCl。

配方 3，基浆+7%NaCl。

从表11数据可知，配方抗盐可达5%，达到7%，失水明显增大。

表11　抗盐情况表

| 配方 | FL_{API}（mL） | pH 值 | 流变性 | | | | | | Gel（10s/10min）（Pa/Pa） | FL_{HTHP}/滤饼厚度（mL/mm） | 实验现象描述 |
			Φ_{600}/Φ_{300}	Φ_{200}/Φ_{100}	Φ_6/Φ_3	PV（mPa·s）	YP（Pa）				
配方1	2.2	10	72/44	30/21	6/5	28	8	3/11.5	8.2/2	基本无影响
配方2	3.6	10	73/49	39/29	18/17	29	10	7.5/18	10.2/2	流变性能基本无影响，失水略有增大
配方3	7.6	8	68/43	33/24	14/13	25	9	5/17	16/3	开始减稠，失水明显超标

3.4.3　基本配方抗 CO_3^{2-} 及 HCO_3^- 评价

基浆配方：3%NV-1+0.5%NaOH+5%JNJS-220+5%DR-8+0.2%DR-10+2%阳离子沥青+2%FDFT-1+2%FDM-1+2%QS-2。

3.4.3.1　抗 CO_3^{2-} 评价

评价配方：

配方1，基浆+3%Na_2CO_3。

配方2，基浆+5%Na_2CO_3。

配方3，基浆+7%Na_2CO_3。

由表12可知，随着钻井液中加入 CO_3^{2-} 的增加，钻井液的失水减小，但略有增稠，取3号样分析其中 CO_3^{2-} 的浓度，达到28560mg/L时，这说明该配方抗 CO_3^{2-} 的浓度达到20000mg/L以上。

表12　抗 CO_3^{2-} 情况表

| 配方 | FL_{API}（mL） | pH 值 | 流变性 | | | | | Gel（10s/10min）（Pa/Pa） | FL_{HTHP}/滤饼厚度（mL/mm） | 实验现象描述 |
			Φ_{600}/Φ_{300}	Φ_{200}/Φ_{100}	Φ_6/Φ_3	PV（mPa·s）	YP（Pa）			
配方1	2.2	10	56/34	25/15	3/2	22	6	1.5/8	7/2	流变性基本无影响，失水降低
配方2	1.8	9	58/35	26/16	3/2	23	6.5	2.5/12	6/2	流变基本无影响，失水降低
配方3	1.2	9	82/46	40/31	15/14	36	10	7.5/18	5/2	滤饼薄，但增稠明显

3.4.3.2　抗 HCO_3^- 评价

基浆配方：3%NV-1+0.5%NaOH+5%JNJS-220+5%DR-8+0.2%DR-10+2%阳离子沥青+2%FDFT-1+2%FDM-1+2%超细碳酸钙。

评价配方：

配方1，基浆+3%$NaHCO_3$。

配方2，基浆+5%$NaHCO_3$。

配方3，基浆+7%$NaHCO_3$。

由表 13 可知，随着钻井液中加入 HCO_3^- 的增加，钻井液的失水减小，但略有增稠，取 3 号样分析其中 HCO_3^- 的浓度，达到 27320mg/L 时，钻井液增稠较明显，但流变性未破坏，这说明该配方抗 HCO_3^- 也达到 20000mg/L 以上。

表 13　抗 HCO_3^- 情况表

配方	FL_{API} (mL)	pH 值	流变性					Gel (10s/10min) (Pa/Pa)	FL_{HTHP}/ 滤饼厚度 (mL/mm)	实验现象 描述
			Φ_{600}/Φ_{300}	Φ_{200}/Φ_{100}	Φ_6/Φ_3	PV (mPa·s)	YP (Pa)			
配方 1	2.4	10	60/39	30/19	4/3	21	9	2/10	8/2	流变性基本无影响，失水降低
配方 2	2.0	9	64/42	36/26	5/4	22	10	3/14	7/2	流变性基本无影响，失水降低
配方 3	1.6	9	80/55	40/31	15/14	35	10	8/22	6/2	滤饼薄，但增稠

4　现场应用

4.1　应用井基础数据

目前，该钻井液体系应用于川西彭州海相气田彭州 4-2D 井二开、三开井段 3051～6573.77m。彭州 4-2D 井是部署在四川盆地川西坳陷龙门山前断褶带鸭子河构造的一口以雷四段 T_2l^4 为主要目的层的开发，井型为定向（丛式井），设计完钻垂深 5889m，斜深 6545m，完钻层位为雷四段 T_2l^4 层。彭州 4-2D 井设计井身结构如图 5 所示。

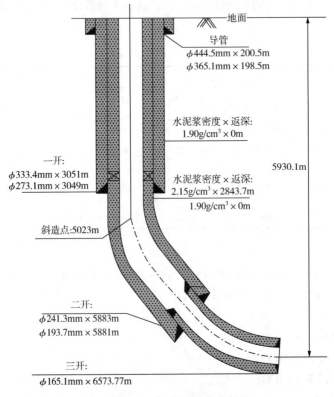

图 5　彭州 4-2D 井设计井身结构

4.2 现场试验效果

使用热塑性井壁强化钻井液体系的彭州 4-2D 井，实际完钻斜深 6573.77m，垂深 5930.01m，二开井段 3051~5883m，5023m 开始定向，二开裸眼段长 2832m，三开裸眼段长 690.77m，最大井斜 79.99°。钻井液密度最高达 2.02g/cm³。二开和三开多次遭遇裂缝性气层，钻遇 9 层裂缝性气层，尤其是小塘子气层，喷漏同层风险极大。最终全井漏失钻井液 471m³。全井未进行短起下（除每开次完钻，起钻电测外）。在起下钻过程中，无钻井液方引起的起下钻遇阻卡现象发生。

彭州 4-2D 井实际钻速较设计提高 20.75%（表 14），二开三开井径扩大率在 7.3%~7.61% 之间（表 15）。总体进度比钻井计划提前 12 天，达到预期提速提效安全钻井的效果。

表 14　机械钻速设计与对实钻对比分析表

开次	钻遇地层	井段(m)		设计钻速（m/h）	实钻钻速（m/h）	提高率（%）
		设计	实际			
导管	蓬莱镇组	0~202	0~200.5	8	8.16	1.01
一开	蓬莱镇组—须五段	202~2502	200.5~3051	9	5.90	-34.44
二开	须五段—小塘子组	2502~5300	3051~5023	2.5	2.42	3.2
二开	小塘子组—雷四段	5300~5916	5023~5883	1.2	2.26	88.33
三开	雷四段	5916~6545	5883~6573.77	2	4.63	131.5
合计		0~6545	0~6573.77	2.94	3.55	20.75

表 15　井径、井斜数据表

钻头直径(mm)	井段(m)	平均井径(mm)	扩大率(%)	最大井斜(°)
444.5	0~202.5	未测	未测	0.57(101.37m)
333.4	202.5~3051	352.20	5.6	2.37(2806m)
241.3	3051~5883	258.83	7.3	57.5(5865.77m)
165.1	5883~6573.77	177.67	7.61	79.99(6225.16m)

5　结论及认识

（1）川西彭州海相气藏陆相、海相地层构造复杂，纵向上钻遇 12~15 套地层，上部地层泥岩易水化分散坍塌，下部地层高压裂缝气层发育，岩性松散破碎、节理发育、易喷易漏、易掉块，自上而下存在多个压力系统，安全密度窗口窄，喷漏同层，井壁稳定问题突出，二开长裸眼大斜度井段，平均段长达到 3700m 左右，钻井施工井壁稳定难度大。同时三开雷口坡组破碎地层稳斜段井壁失稳问题尤为突出，易发生掉块，造成阻卡等复杂情况。海相地层可能钻遇高压含 H_2S 气层，且预测井温 140~155℃，对钻井液性能和井控安全要求高。

（2）通过室内试验，优选了合适含量的抗高温抗盐降滤失剂、抑制剂、防塌剂、润滑剂，最终确定了彭州海相深井热塑性井壁强化钻井液体系配方。该钻井液配方室内评价在常温及高温下整体稳定，拥有较强的抑制能力、封堵防塌能力，良好的流变性，良好的润滑性和抗污染能力，很好地满足了彭州 4-2D 井的施工要求。

（3）该钻井液体系在彭州海相三开制深井彭州 4-2D 井试验成功，为彭州海相深层气藏勘探开发提供了技术保障，能满足彭州海相长裸眼段大斜度定向段易垮塌地层安全优质快速钻井需要，较常规气藏钻井液体系更适用于彭州海相深层气藏勘探开发。建议在彭州海相井推广该钻井液体系。

参 考 文 献

[1] 刘闯. 浅谈川西海相深井须家河组事故预防[J]. 西部探矿工程，2019，31(6)：99-100，106.

[2] 朱化蜀. 川西海相超深井优快钻井技术[J]. 全国天然气学术年会，2014.

[3] 梁坤，张霞玉. 川西海相超深井高效钻井技术研究及应用[J]. 内蒙古石油化工，2019，45(1)：67-69.

[4] 杨成. 川西坳陷雷口坡组油气成藏条件研究[D]. 成都：成都理工大学，2015.

[5] 夏家祥. 川西深井提速的实践与认识[J]. 钻采工艺，2009，32(6)：1-4，140.

[6] 梁坤，张霞玉. 川西海相超深井高效钻井技术研究及应用[J]. 内蒙古石油化工，2019，45(1)：67-69.

[7] 唐嘉贵. 川西海相超深井优快钻井技术[J]. 天然气技术与经济，2015，9(2)：41-43，79.

[8] 赵虎，司西强，王爱芳. 国内气藏水基钻井液研究与应用进展[J]. 天然气勘探与开发，2018，41(1)：90-95.

[9] 宋芳，徐兴华，刘锐可. 一种钻井液用抗高温降失水剂及其制备方法：四川：CN106398661A[P]，2017-02-15.

[10] 储政. 强抑制性聚胺类页岩抑制剂 NH-1 的性能研究[J]. 西安石油大学学报(自然科学版)，2012，(4)：91-96，118-119.

[11] 杨国兴，张珍，周成华，等. 川西沙溪庙组水平井封堵防卡钻井液技术[J]. 钻井液与完井液，2012，4(1)：35-37，40，90.

低渗易塌地层强封堵钻井液体系研究

夏海英

(中国石化西南油气分公司石油工程技术研究院)

【摘　要】　低渗致密砂岩地层长水平段井壁稳定的关键是提高对微纳米孔缝的封堵能力。通过建立多尺度微纳米孔缝逐级精细描述的易塌地层强封堵设计方法，优化粒度级配合理的封堵配方，优选了能够有效控制泥页岩表面水化作用的抑制剂，研制出针对低渗易塌地层的强封堵强抑制钻井液技术，钻井液的岩心封堵率达 98.78%，二次清水回收率达 97.13%，现场施工中钻井液性能稳定，封堵抑制能力强，钻进过程中井壁稳定无垮塌，无掉块，解决了低渗致密地层井壁失稳现象较为突出的技术难题。

【关键词】　低渗易塌；井壁稳定；微纳米孔缝；强封堵；表面水化

低渗致密砂岩地层因钻井工程面临长水平段、缩减井身结构开次的长直/斜井段钻进作业，裸眼井段浸泡时间长，井壁失稳现象较为突出。为了尽可能地阻止钻井液滤液侵入地层，降低压力传递作用和减弱地层黏土的水化作用，减缓地层坍塌压力的升高，保持钻完井施工中的井壁稳定，需要提高钻井液对地层的封堵作用：一方面提高钻井液的滤失造壁性，降低滤饼的渗透率；另一方面优化封堵材料粒径，提高对地层孔缝的封堵能力，其中对微纳米级以下的微孔缝封堵尤为重要[1-9]。

1　封堵材料配方优化

1.1　微纳米孔缝尺寸理论计算

根据 Horsfield 紧密堆积理论，要实现对孔缝的封堵，优选的颗粒粒径应为孔缝宽度的 0.7~1 倍，而要快速封堵，则必须要求封堵材料的粒径为 0.8~0.95 倍孔缝开度。低渗致密砂岩地层孔隙范围为 0.5~2μm，占比较少，大多数分布在 40~60μm。因此首先要针对多尺度微纳米孔缝逐级精细计算出紧密堆积形成的孔隙尺寸，其次依据孔隙尺寸推算出有效封堵所需的架桥颗粒和逐级封堵颗粒的尺寸范围(表 1~表 3)，为微纳米孔缝封堵材料优选提供较为可靠的依据。

1.2　封堵材料配方设计

收集了 12 种封堵材料，对其粒度分布情况进行了检测(表 4)。根据微纳米孔缝尺寸计算结果，结合封堵材料的粒度分布范围，推荐了对应的封堵材料(表 5)。

基金项目：中国石化"十条龙"科技攻关项目"威远–永川深层页岩气开发关键技术"课题二"深层页岩气高效钻完井技术"(P18058-2)。

作者简介：夏海英，1975 年生，硕士，主要从事钻井液与完井液、储层伤害与控制理论及技术研究。地址：四川省德阳市龙泉山北路 298 号；电话：13568235614。

表 1　0.5~2μm 孔隙尺寸分布

序号	孔隙大小(μm)	球径	卡缝最小颗粒(μm)	卡缝最大颗粒(μm)
1	0.5~2	d	0.4	1.9
2	四角孔直径	0.414d	0.166	0.787
3	三角孔直径	0.225d	0.090	0.428
4	四角孔次一级直径	0.177d	0.071	0.336
5	三角孔次一级直径	0.116d	0.046	0.220

表 2　40~60μm 孔隙尺寸分布

序号	孔隙大小(μm)	球径	卡缝最小颗粒(μm)	卡缝最大颗粒(μm)
1	40~60	d	32	57
2	四角孔直径	0.414d	13.248	23.598
3	三角孔直径	0.225d	7.200	12.825
4	四角孔次一级直径	0.177d	5.664	10.089
5	三角孔次一级直径	0.116d	3.712	6.612

表 3　微纳米孔缝尺寸计算表格

孔缝宽度(μm)	卡缝颗粒尺寸(μm)	一级封堵孔缝尺寸(μm)	二级封堵孔缝尺寸(μm)
0.5~2	0.40~1.90	0.090~0.787	0.046~0.336
40~60	32.00~57.00	7.200~23.598	3.712~10.089

表 4　封堵剂粒度分布数据

封堵材料	D_{10}(μm)	D_{50}(μm)	D_{90}(μm)
改性石蜡封堵防塌剂	1.352	5.417	15.484
ECD PLUS	3.957	37.118	130.104
MAX-SHIELD	0.137	0.185	0.258
ULIn	3.144	34.949	148.468
DM-2000	3.610	37.305	119.460
PDCS-1	4.240	59.495	232.145
SMNR-1	0.138	0.187	0.267
SMFF-1	6.429	29.712	144.185
SMFD-1	1.960	20.646	176.184
SMSHIELD-2	0.179	38.468	171.776
石灰石(1000目)	0.836	4.165	9.659
纳米聚合物成膜封堵剂	0.133	0.180	0.251

表 5　封堵材料推荐表

孔缝宽度(μm)	推荐卡缝材料	推荐一级封堵材料	推荐二级封堵材料
0.5~2	MAX-SHIELD SMNR-1 纳米聚合物成膜封堵剂	未收集到	未收集到
40~60	ECD PLUS SMSHIELD-2	改性石蜡封堵防塌剂	石灰石(1000目)

根据表 5 推荐的封堵材料，初步形成封堵剂复配配方（质量比）为纳米聚合物成膜封堵剂：石灰石（1000目）：改性石蜡封堵防塌剂 = 1：1：1，其粒度分布如图 1 所示，从图中可以看出，封堵材料经复配后，粒度分布范围较为合理，在对应的孔缝尺寸都有数量较多的封堵剂粒度分布。

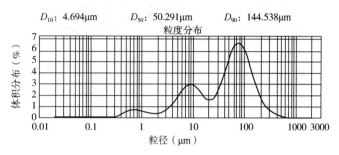

D_{10}：4.694μm D_{50}：50.291μm D_{90}：144.538μm

图 1　封堵剂配方粒度分布图

2　钻井液性能优化与评价

2.1　抑制剂优选

为增加钻井液整体的抑制能力[10]，优选了两种聚胺类抑制剂与疏水抑制剂进行复配，通过泥页岩滚动回收率考察了抑制剂抑制分散的效果（表 6）。由试验结果可以看出，聚胺抑制剂 2 与疏水抑制剂配合使用，对于分散地层具有更强的抑制作用，岩屑滚动回收率可达 59.96%。

表 6　抑制剂单剂滚动回收评价

序号	配　方	岩屑质量（g）	滚动后岩屑质量（g）	滚动回收率（%）
1	蒸馏水	50.00	1.905	3.81
2	蒸馏水+4%疏水抑制剂	50.00	11.64	23.28
3	蒸馏水+8%疏水抑制剂	50.00	21.74	43.48
4	蒸馏水+2%聚胺抑制剂 1	50.00	11.62	23.24
5	蒸馏水+2%聚胺抑制剂 2	50.00	12.52	25.04
6	蒸馏水+4%疏水抑制剂+2%聚胺抑制剂 2	50.00	29.98	59.96

注：滚动回收实验条件：100℃、16h；岩屑采用第四系红土。

2.2　钻井液综合性能评价

以封堵材料和抑制剂优选为基础，同时提高体系的润滑性能，并且满足钻井液较好的流变滤失性能，研制形成强封堵钻井液体系，其综合性能评价结果见表 7 所示，可以看出钻井液流变滤失性能较好，润滑性能满足指标要求，钻井液岩屑滚动回收率高达 97.40%，钻井液整体抑制性能好。钻井液选用的封堵材料粒度搭配合理，能有效快速封堵微孔，在相同压力区间内相对于常规钻井液体系来说封堵速度快，封堵后压力下降不明显，封堵效果好（图 2）。

表 7　钻井液性能评价

ρ （g/cm³）	AV （mPa·s）	PV （mPa·s）	YP （Pa）	Gel （Pa/Pa）	FL_{HTHP}/K （mL/mm）	滚动回收率（%）	
						一次钻井液	二次清水
1.90	42.5	33	9.5	5/13	4.8/1.5	97.40	97.13

注：岩屑为第四系红土，清水滚动回收率为 4.32%；滚动回收实验条件为 100℃、16h；FL_{HTHP} 在 90℃测定。

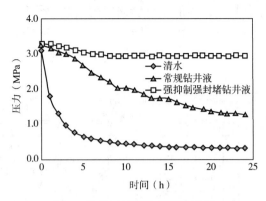

图 2　钻井液封堵性能评价结果

3　现场应用及效果

JS206-6HF 井是位于川西坳陷中江—回龙构造带的一口开发水平井，设计井深 2922.00m，实钻井深 2648.00m。以上沙溪庙组为主要目的层，该井自三开 2250m 开始应用强封堵钻井液体系，现场利用二开老浆进行钻井液性能的优化调整，在维护胶液中引入封堵抑制单元，逐步将三开钻井液优化为强封堵钻井液体系，该井在施工中，通过合理控制钻井液各项性能，钻遇 206m 泥岩段，浸泡泥岩段 260h，钻井液性能稳定，整体封堵抑制能力明显提高，钻进过程中井壁稳定无垮塌、无掉块（表 8 和表 9）。

表 8　JS206-6HF 井钻井液性能

井深(m)	岩性	$\rho(\mathrm{g/cm^3})$	$FV(\mathrm{s})$	六速旋转黏度计读值	$Gel(\mathrm{Pa/Pa})$	$PV(\mathrm{mPa \cdot s})$	$YP(\mathrm{Pa})$
2250	砂岩	1.87	55	72/41/31/18/2.5/1.5	1/7	31	5
2392	砂岩	1.84	53	81/47/35/21/3/2	1/7	34	6.5
2406	泥岩	1.84	54	77/44/32/20/4/3	1/7	33	5.5
2451	泥岩	1.82	51	77/45/33/20/3/2	1.5/9	32	6.5
2480	砂岩	1.84	—	71/41/31/19/3/2	1.5/9	30	5.5
2528	泥岩	1.84	53	7141/31/19/3/2	1.5/8.5	30	5.5
2642	泥岩	1.82	51	72/42/33/20/4/3	2/9.5	30	6

表 9　现场钻井液滚动回收率评价

序号	测试液体	滚动回收率(%)	序号	测试液体	滚动回收率(%)
1	常规钻井液(3120m)	55.79	3	JS206-6HF 井钻井液(2433m)	95.38
2	JS206-6HF 井钻井液(2042m 未调试)	73.20			

4　结论

（1）微纳米孔缝尺寸理论计算合理，优化形成的封堵剂配方粒度分布范围满足微纳米孔缝快速封堵要求。

（2）研制的强封堵钻井液体系综合性能优异，能够对岩心实现快速有效封堵，封堵率达到 98%以上，抑制能力突出，岩屑二次滚动回收率达到 97.13%。

（3）钻井液现场施工中性能稳定，封堵抑制能力强，钻进过程中井壁稳定无垮塌，无掉块。

参 考 文 献

［1］石秉忠，夏柏如，林永学，等．硬脆性泥页岩水化裂缝发展的 CT 成像与机理［J］．石油学报，2012，33（1）：137-142.

［2］刘洪，刘庆，陈乔，等．页岩气水平井井壁稳定影响因素与技术对策［J］．科学技术与工程，2013，13（32）：9598-9603.

［3］高莉，张弘，蒋官澄，等．鄂尔多斯盆地延长组页岩气井壁稳定钻井液［J］．断块油气田，2013，20（4）：508-512.

［4］王中华．钻井液性能及井壁稳定问题的几点认识［J］．断块油气田，2009，16（1）：89-91.

［5］郑力会，张明伟．封堵技术基础理论回顾与展望［J］．石油钻采工艺，2012，34（5）：1-9.

［6］张金波，鄢捷年．钻井液中暂堵剂颗粒尺寸分布优选的新理论和新方法［J］．石油学报，2004，25（6）：88-9.

［7］邱正松，徐加放，吕开河，等．"多元协同"稳定井壁新理论［J］．石油学报，2007（2）：117-119.

［8］刘玉石，白家祉，黄荣樽，等．硬脆性泥页岩井壁稳定问题研究［J］．石油学报，1998（1）：95-98.

［9］唐文泉，王成彪，林永学，等．页岩气地层纳微米孔隙结构特征及封堵实验评价［J］．科学技术与工程，2017，17（12）：32-38.

［10］刘均一，郭保雨．页岩气水平井强化井壁水基钻井液研究［J］．西安石油大学学报（自然科学版），2019，34（2）：86-97.

高性能水基钻井液技术在南川工区的应用研究

郑　和　杨华刚　龚厚平　许春田

（中国石化华东石油工程有限公司江苏钻井公司）

【摘　要】　南川工区页岩气水平段施工一直以来使用油基钻井液，但油基钻井液成本高，转化工艺复杂，环保压力大等问题突出。研发了强抑制、强封堵、润滑性能优、环境友好的高性能水基钻井液体系。该体系以复合有机盐、聚胺、双亲承压封堵剂、微纳米封堵剂、环保型生物润滑剂为主要处理剂，性能与油基钻井液相当。该体系在南川工区胜页 27 平台两口井的三开水平段应用中，井壁稳定效果好，润滑性能优，机械钻速与油基钻井液相当，安全高效地完成了三开水平段施工，完井作业施工顺利，为在南川工区推广应用奠定了基础。

【关键词】　南川工区；页岩气水平井；水基钻井液；抑制性；封堵性；润滑性

近年来，非常规页岩气水平井成为新的钻井热点，使用油基钻井液施工非常规页岩气水平井依然占据主流。油基钻井液本身存在的环保性能不足、工艺复杂等缺点，产生的油基钻屑处理难度大，处理成本高，油基钻井液综合应用成本高。常规的普通水基钻井液体系在钻井过程中，无法解决大位移水平井钻进所需的井壁稳定性和润滑性的技术需要，存在掉块、起下钻遇阻卡，下套管摩阻高，造成复杂时效高等问题[1,2]。因此，研制一种与油基钻井液性能相当且环境友好的的高性能水基钻井液成为当前页岩气水平井施工钻井液技术应用的趋势。

南川工区为中国石化华东油气分公司非常规油气勘探开发区块，目的层龙马溪组水平段长期以来使用油基钻井液施工，但面临油基钻屑处理难度大，成本高，污染环境的问题日益严峻，在该地区积极研究应用并推广使用高性能水基钻井液开发页岩气水平井成为当前的重要任务。在南川工区胜页 27 平台两口页岩气水平井选择高性能水基钻井液体系开展试验应用，使用的高性能水基钻井液钻进过程中无复杂事故，起下钻和下套管作业顺利，较好地解决了龙马溪组长水平段井壁失稳和润滑防卡技术难题，实现了页岩水平井使用高性能水基钻井液安全钻进的目标。

1　高性能水基钻井液室内评价

1.1　配方的优选

配方 1：2%土粉+0.3%纯碱+0.2%烧碱+30%抑制加重剂+0.3%抗盐抑制剂-10+1%抗盐降失水剂+3%固体聚合醇+3%无荧光白沥青+5%QS-4+重晶石。

配方 2：2%土粉+0.3%纯碱+0.2%烧碱+30%抑制加重剂+0.3%抗盐包被抑制剂+1%抗盐降失水剂+3%固体聚合醇+3%无荧光白沥青+5%QS-4+1%双亲承压堵漏剂+重晶石。

配方 3：2%土粉+0.3%纯碱+0.2%烧碱+30%抑制加重剂+0.3%抗盐包被抑制剂+1%抗盐降失水剂+3%固体聚合醇+3%无荧光白沥青+5%QS-4+1%双疏剂+重晶石。

配方 4：2%土粉+0.3%纯碱+0.2%烧碱+30%抑制加重剂+0.3%抗盐包被抑制剂+1%抗

盐降失水剂+3%固体聚合醇+3%无荧光白沥青+5%QS-4+1%微纳米封堵剂+1%双亲承压堵漏剂+重晶石。

配方5：2%土粉+0.3%纯碱+0.2%烧碱+30%抑制加重剂+0.3%抗盐包被抑制剂+1%抗盐降失水剂+3%固体聚合醇+3%无荧光白沥青+5%QS-4+1%固壁剂+1%双疏剂+重晶石。

配方6：2%土粉+0.3%纯碱+0.2%烧碱+30%抑制加重剂+0.3%抗盐包被抑制剂+1%抗盐降失水剂+3%固体聚合醇+3%无荧光白沥青+5%QS-4+1%纳米封堵剂+1%双亲承压堵漏剂+重晶石。

配方7：2%土粉+0.3%纯碱+0.2%烧碱+30%抑制加重剂+0.3%抗盐包被抑制剂+1%抗盐降失水剂+3%固体聚合醇+3%无荧光白沥青+5%QS-4+2%微纳米封堵剂+2%双亲承压堵漏剂+3%生物润滑剂(JS-LUB)+重晶石。

配方8：2%土粉+0.3%纯碱+0.2%烧碱+30%抑制加重剂+0.3%抗盐包被抑制剂+1%抗盐降失水剂+3%固体聚合醇+3%无荧光白沥青+5%QS-4+2%纳米封堵剂+2%双亲承压堵漏剂+3%润滑剂(LUBS50)+重晶石。

表1为高性能水基钻井液体系配方优选实验数据。

表1　高性能水基钻井液体系配方优选实验数据

配方序号	试验条件	密度(g/cm³)	PV(mPa·s)	YP(Pa)	YP/PV	FL(mL)	FL(120℃)(mL)
配方1	50℃	1.48	49	14.31	0.29	3.8	—
	120℃×16h	1.48	56	10.22	0.18	2.6	11.4
配方2	50℃	1.48	42	14.31	0.34	4	—
	120℃×16h	1.48	90	17.89	0.20	2.8	9.6
配方3	50℃	1.48	51	13.29	0.26	3.8	—
	120℃×16h	1.48	42	10.73	0.26	3.2	10.8
配方4	50℃	1.48	44	13.29	0.30	3.4	—
	120℃×16h	1.48	87	17.89	0.21	2.6	9.2
配方5	50℃	1.48	37	8.69	0.23	3.2	—
	120℃×16h	1.48	74	14.82	0.20	1.8	10.4
配方6	50℃	1.48	39	12.26	0.31	2.8	—
	120℃×16h	1.48	77	13.80	0.18	2	10.8
配方7	50℃	1.48	110	52.12	0.47	2.4	—
	120℃×16h	1.48	88	37.81	0.43	1.2	2.4
配方8	50℃	1.48	115	36.79	0.32	1.0	—
	120℃×16h	1.48	89	26.06	0.29	1.2	3.6

根据8组配方的室内评价，从上述实验数据分析，在相同实验条件下，配方7在温度120℃条件下30min高温高压失水为2.4mL，均好于其他7组配方，流变性能也明显优于其他7组配方。

南川地区高性能水基钻井液采用复合有机盐构建体系的强抑制性；采用白沥青+双亲封堵剂+微纳米封堵剂构建体系的强封堵性；采用固体聚合醇+生物润滑剂构建体系的润滑性能，实现低摩擦系数。

1.2 封堵性能评价

实验室用采用美国 OFI 公司的 PPT 实验评价仪评价了优选出的高性能水基钻井液配方。实验温度 120℃，选用渗透率为 750mD 的陶瓷砂盘模拟井壁，在 7MPa 的压力下测试钻井液滤失量随时间的变化情况（表 2，图 1）。

表 2 高性能水基钻井液 PPT 实验结果

压力（MPa）	7							
时间（min）	1	5	15	25	30	40	50	60
滤失量（mL）	0.7	1.2	2.4	3	3.2	4.3	4.5	4.5

注：实验温度 120℃，渗透率 750mD 陶瓷砂盘模拟井壁。配方：2%土粉+0.3%纯碱+0.2%烧碱+30%抑制加重剂+0.3%抗盐包被抑制剂+1%抗盐降失水剂+3%固体聚合醇+3%无荧光白沥青+5%QS-4+2%微纳米封堵剂+2%双亲承压堵漏剂+3%生物润滑剂（JS-LUB）+重晶石。

从表 2 和图 1 的实验数据分析，钻井液累积滤失量随着时间逐渐增加，但 40min 后钻井液累积滤失量不再变化，说明高性能水基钻井液对陶瓷砂盘完全封堵。

1.3 抑制性评价实验

采用页岩膨胀仪对比测试岩心在清水、7%KCl、高性能水基钻井液和柴油基钻井液的膨胀情况（图 2）。从图 2 实验数据分析，高性能水基钻井液抑制页岩膨胀性能显著高于在清水和 7%KCl 溶液，略低于柴油基钻井液。

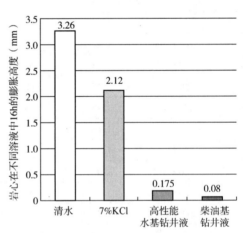

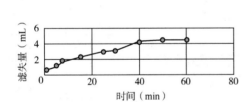

图 1 高性能水基钻井液 PPT 评价实验曲线

图 2 岩心膨胀试验对比评价

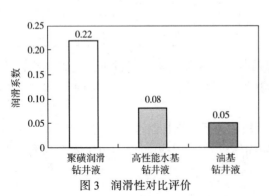

图 3 润滑性对比评价

1.4 润滑性评价实验

在室内配制密度为 1.50g/cm³ 聚磺润滑钻井液、高性能水基钻井液和油基钻井液三种不同钻井液体系，并在 120℃ 条件下热滚老化 16h，测试其润滑系数（图 3）。高性能水基钻井液和柴油基钻井液明显好于聚磺润滑钻井液，高性能水基钻井液润滑系数略高于油基钻井液。从机理分析，高性能水基钻井液采油复合有机盐加重，相同密度条件下其固相含量低，有利于提高钻井液的润滑性能。

1.5 环保性评价

按照生物毒性评价标准（Q/SY 111—2004），用发光细菌毒性测试方法，评价水溶性抑制加重剂及其核心处理剂产品的生物毒性，从表3的评价数据分析，所使用的产品均达到建议排放标准要求。对应用高性能水基钻井液体系施工的DH1-8-6井的现场钻井液取样进行毒性分析，半效应浓度 EC_{50} 大于30000mg/L，达到排放标准。

表3 高性能水基钻井液处理剂毒性评价

样品名称	检测结果		规定分级标准	
	EC_{50}（mg/L）	毒性分级	EC_{50}（mg/L）	毒性级别
90%抑制加重剂	>30000	建议排放	<1	剧毒
100%Weigh3	>30000	建议排放	1~100	高毒
200%Weigh4	>30000	建议排放	100~1000	中等毒性
1%IND10	>30000	建议排放	1000~10000	微毒
5%Visco1	>30000	建议排放	>10000	实际无毒
3%Redu1	>30000	建议排放	>30000	建议排放标准
3%无荧光白沥青	>30000	建议排放		
5%固体聚合醇-1	>30000	建议排放		
3%Redu200	>30000	建议排放		
室内常用配方	>30000	建议排放		
DH1-8-6井现场泥浆取样	>30000	建议排放		

2 高性能水基钻井液的现场应用

高性能水基钻井液体系在南川工区胜页27平台的两口井三开进行了现场试验应用（表4）。该地区龙马溪组上部为灰黑色灰质泥岩、灰质页岩，下部为灰黑色、黑色页岩。为保证钻井液具有良好的流变性能，施工中膨润土含量（MBT）控制在25g/L以内，盐含量控制在25%以上，确保钻井液的流变性能稳定，减小压力激动，提高钻井液性能的稳定。试验应用的两口井无复杂故障，起下钻和下套管作业顺利，较好地解决了长水平段井壁失稳问题和摩阻大的问题，实现了页岩水平井使用高性能水基钻井液安全钻进的目标。

表4 南川工区胜页27平台高性能水基钻井液试验井情况

井号	胜页27-1HF井	胜页27-2HF井
完钻井深（m）	4878	4825
水平段长（m）	1228	1336
水平段平均机械钻速（m/h）	6.89	5.14
高性能水基钻井液施工井段（m）	3052~4780	3038-4825
水平段钻井周期（d）	22.06	26.71

2.1 胜页27-1井应用情况

2.1.1 基本情况

胜页27-1HF井是南川地区东胜构造第一口使用高性能水基钻井液施工的井，完钻井深

4878m，三开裸眼段长 1828m，水平段长 1228m。三开使用 ϕ215.9mm 钻头施工，三开周期 22.06 天。

2.1.2 施工过程

本井从 3050m 三开，一趟钻至 3409m（井斜 77°），从 3409m 钻至采用振荡螺杆+LWD 一趟钻钻至井深 4878m，钻进过程中返沙效果好，摩阻扭矩控制效果好（上提摩阻 20~24t，下放摩阻 12~14t，扭矩 16~22kN·m），该井设计钻进层位为龙马溪组一段 3 号小层，实际钻进过程中进入相对破碎的 2 号小层（3988~4030m、4101~4150m）和 1 号小层（4030~4101m），其中 2 号小层 91m，1 号小层 71m，均实现了安全钻进。

2.1.3 维护措施

（1）三开水平井段，转换成有机盐钻井液有效控制钻井液 API 滤失量≤2.0，HTHP 滤失量≤6，加入聚胺抑制剂有效的控制抑制性。

（2）龙马溪组地层易垮塌，后又钻遇断层应力释放产生掉块适当提高密度加入高效封堵剂，控制抑制性和低渗透，低活度确保井下正常。

（3）进入龙马溪组后及时做好地层承压实验，防止钻井液密度过高发生井漏风险。

（4）在水平段钻进中要及时补充极压润滑剂保证钻井液的润滑性。

（5）水平段钻进期间，观察好振动筛出口，如果有掉块产生应及时加入防塌材料和提高钻井液密度。防止井下出现复杂情况。

（6）每班根据钻井液的消耗情况及时对比，地层有渗透性漏失，要及时补充堵漏材料。

2.1.4 工程配合

（1）施工中保持钻井泵的有效排量 32L/s 以上，确保井眼清洁的效果。

（2）水平段施工过程中密切关注摩阻扭矩的变化，根据摩阻和扭矩的变化判断井下情况，及时进行短起下作业。

（3）根据施工需要，及时进行短程起下钻作业，破坏岩屑床，确保井眼清洁。

（4）钻遇破碎地层，严格按照页岩气井特殊地层十大操作法操作，避免发生井下故障。

2.1.5 应用效果

本井实现了三开施工两趟钻，水平段施工一趟钻的效果，且实现了钻进过程中去短起下，完井后去通井，有效提高了时效，套管顺利下至预定井深，固井施工顺利。

2.1.6 钻井液性能

从表 5 数据分析，胜页 27-1HF 井在施工过程中，钻井液流变性能稳定，中压失水和高温高压失水均维持在较低的范围。

表 5 南川工区胜页 27-1HF 井施工钻井液性能

井深（m）	钻井液性能							滤失量（mL）		摩阻（tf）
	密度（g/cm³）	漏斗黏度（s）	PV（mPa·s）	YP（Pa）	静切力（Pa/Pa）	n	k	API	HTHP	
3100	1.42	80	61	21.5	1.5/3	0.67	0.81	2.8	10	12
3265	1.48	101	72	30.5	2.5/5	0.62	1.42	2.4	10	12
3360	1.52	108	68	21	3/6	0.69	0.76	2.2	9	14
3580	1.61	98	84	26	3.5/8	0.69	0.94	2	9	14
3765	1.62	126	93	29.5	3/7	0.69	1.05	2	8	16

井深（m）	钻井液性能									
	密度（g/cm³）	漏斗黏度（s）	*PV*（mPa·s）	*YP*（Pa）	静切力（Pa/Pa）	*n*	*k*	滤失量（mL）		摩阻（tf）
								API	HTHP	
3996	1.64	140	98	39	4/7	0.64	1.66	2	8	20
4123	1.64	147	102	34.5	4.5/9	0.67	1.34	1.6	8	22
4330	1.63	136	92	34	4/8	0.66	1.33	1.8	8	22
4520	1.63	140	93	29.5	4.5/8.5	0.69	1.05	1.6	8	24
4780	1.70	142	105	27.5	6/14	0.73	0.86	1.6	7	24

注：*PV*—塑性黏度；*YP*—动切力；*n*—流型指数；*k*—稠度系数。

2.2 胜页27-2井应用情况

胜页27-2HF井施工井深4825m，三开裸眼段长1782m，水平段长1336m。三开使用φ215.9mm钻头施工，三开周期22.71天，全井钻井周期72.46天，完井周期76.21天。三开使用高性能水基钻井液施工，三开施工起下钻及通井作业顺畅，电测一次成功，下套管及固井作业顺利。

3 结论与建议

（1）高性能水基钻井液在南川工区试验应用两口井，实践应用证明高性能水基钻井液能够很好地满足南川工区龙马溪组水平段钻井施工，可以替代油基钻井液。

（2）高性能水基钻井液具有较强的抑制性能，封堵性和优良的润滑性能，低渗透，抗污染能力强、温度适应范围广、能有效地保护水敏性油气层，很好地解决了水平段井壁失稳和摩阻大、易卡钻的问题。

（3）环保优势突出，满足环保需要。高性能水基钻井液，通过生物毒性检测，钻屑排放不会对环境产生不利影响，避免了油基钻井液钻屑处理的成本和环境风险，降低钻井废弃物清理和处理成本。

（4）简化施工工艺，经济效益显著。高性能水基钻井液体系可在常规水基钻井液基础上进行转化，最大限度降低废弃钻井液量，同时对于固井所需的前置液也可以通过原钻井液改造，可回收使用，节约综合成本。

参 考 文 献

[1] 梁文利. 四川盆地涪陵地区页岩气高性能水基钻井液研发及效果评价[J]. 天然气勘探与开发，2019，42（1）：120-129.

[2] 李茜，夏连彬，任锐，等. 高性能水基钻井液在长宁—威远地区的应用评价[C]. 2016年天然气学术年会，2016.

强封堵白油基钻井液在 CX 气田深层水平井中的应用[❶]

齐从丽　何　苗　欧　彪　任　茂

（中国石化西南油气分公司石油工程技术研究院）

【摘　要】　CX 气田雷口坡组气藏埋藏深、温度高，地层非均质性强，局部破碎，前期实钻水平井采用强封堵水基钻井液，钻进中井壁失稳问题突出，阻卡频繁。为满足安全钻进，开展了强封堵白油基钻井液技术研究，室内评价和现场应用表明该钻井液具有良好的流变性和润滑性，封堵能力、抗污染能力强，提高了水平段延伸能力，为 CX 气田雷口坡组破碎性地层水平井安全钻进提供了技术支撑。

【关键词】　破碎地层；水平井；强封堵；白油基钻井液

1　地层特点及面临问题

CX 气田雷口坡组气藏埋藏深（平均 5700m），地层温度高（145~147℃），岩性主要为白云岩和石灰岩。岩石强度普遍较大，地层非均质性较强，局部微裂缝发育，导致地层破碎，钻井过程中井壁稳定性较差，多口井掉块严重、阻卡频繁。2018 年部署的 6 个平台 30 口井，截至 2020 年实施的 11 口井雷口坡组均使用强封堵聚磺钻井液，实钻中井壁失稳问题比较突出，憋卡频繁（平均 8 次/井）。据不完全统计，共有 8 口井（占实施井 72%）发生起下钻遇阻、憋泵、憋顶驱、卡钻、电测仪器落井、填井侧钻等多种井下复杂。井壁失稳引发的钻井复杂是制约该区油气开发的主要难题。

为解决 CX 气田雷口坡组井壁失稳，降低后续水平井的施工风险，开展了强封堵白油基钻井液技术研究。

2　强封堵白油基钻井液配方及性能评价

与柴油相比，白油芳烃含量低，毒性小；闪点高，挥发性小，安全环保性较好；运动黏度较低，有利于钻井液流变性的调节。近年来，以白油为基液的油包水乳化钻井液（水相含量>10%），在国外菲律宾和墨西哥湾以及国内松辽盆地等国内外油田成功应用。应用结果表明，该体系具有良好的润滑性、抑制性和抗温性（表 1）。基于以上考虑优选白油作为基础油。

在 WY 区块成熟油基钻井液配方基础上，以白油代替柴油，形成白油基钻井液基础配方（油水比 80∶20）：白油+CaCl₂ 水溶液（浓度为 25%）+4%~6% 主乳+4%~6% 辅乳+0.5%~

作者简介：齐从丽，现工作于中国石化西南油气分公司石油工程技术研究院，高级工程师，从事钻井液方面的设计和科研工作。地址：四川省德阳市龙泉山北路 298 号；邮编：618000；电话：13808103587；E-mail：qicongli@ 126.com。

---

❶ 本文系中国石化西南油气分公司项目"川西气田超深长水平段水平井钻井技术研究"部分研究成果。

1%润湿剂+3%~4%有机土+2%~3%CaO+4%~5%降滤失剂+2%~4%沥青封堵剂。

表1 白油和柴油理化性能对比

理化指标	闪点(℃)	ρ(g/cm³)	运动黏度(mm²/s)	芳烃含量(%)	气味	颜色
5#白油	112	0.82	32.9	3.9	无味	无色
0#柴油	80	0.76	58.4	19.4	味淡	深色

注：密度为20℃测得，运动黏度为40℃测得。

2.1 抗温性评价

按照"油基钻井液测试程序"，对白油基钻井液在不同温度条件下进行流变性、电稳定性等综合性能测定，考察白油基钻井液的抗温能力。实验结果见表2。

表2 不同温度条件的性能评价

热滚温度(℃)	PV(mPa·s)	YP(Pa)	Φ_6/Φ_3	FL_{API}(mL)	FL_{HTHP}(mL)	ES(V)
100	30	6.5	3/4.5	0.1	3.8	712
150	30	7	3/5	0.2	3.8	707

注：老化条件：16h，测试温度：60℃。

由表2可以得出，随着热滚温度的升高，钻井液性能基本没有变化，破乳电压均在700V以上，表明钻井液综合性能稳定，抗温150℃，能满足CX气田雷口坡组抗温需要。

2.2 抑制性能评价

采用雷口坡组岩屑做岩屑滚动回收实验，对比强抑制水基钻井液体系，评价白油基钻井液抑制性能。实验结果见表3。

表3 岩屑滚动回收实验结果

钻井液体系	滚动回收率(%)	钻井液体系	滚动回收率(%)
蒸馏水	89.88	白油基钻井液	99.7
复合盐水基钻井液	97.2		

注：实验条件150℃老化16h。

实验结果表明，白油基钻井液滚动回收率达到99.7%，优于复合盐水基钻井液体系。

2.3 润滑性能评价

采用滤饼黏附系数测定仪进行润滑性能评价，实验结果见表4。

表4 润滑性能实验结果

钻井液体系	黏附系数 K_f	钻井液体系	黏附系数 K_f
复合盐水基钻井液	0.0842	白油基钻井液	0.0704

由表4数据可以看出，强封堵白油基钻井液滤饼黏附系数小于复合盐水基钻井液的滤饼黏附系数，表明白油基钻井液具有良好的润滑性。

2.4 抗污染能力评价

（1）抗水、钻屑污染评价。

钻井液在现场应用时，会受到钻屑的污染，同时根据雷口坡组地层特点可能会受到地层水污染，因此通过室内实验，考察了白油基钻井液的抗岩屑（60~100目钻屑）、抗水污染能力，实验结果见表5。

配方1：白油基钻井液+10%钻屑。

配方2：白油基钻井液+10%水。

配方3：白油基钻井液+10%钻屑+10%水。

表5 油基钻井液抗岩屑和抗水污染实验结果

侵污	PV(mPa·s)	YP(Pa)	FL_{API}(mL)	Gel(Pa/Pa)	ES(V)
污染前	30	6.5	0.2	3/4.5	704
10%钻屑	38	7	0.2	3/5	685
10%水	40	9	1	5/10	578
10%钻屑+10%水	41	10	1	8/14	536

注：热滚条件为150℃×16h；流变性测试温度为60℃。

由表5中的抗岩屑和抗水污染实验结果可以看出，钻屑的侵入对钻井液性能影响较小；而水的侵入相当于降低了油水比，从实验结果看出，随着水的侵入，钻井液的黏度有一定增加，滤失量有所增加，而钻井液的破乳电压（ES）基本保持稳定，破乳电压在500V以上，表明体系具有良好的抗岩屑和抗水污染能力。

（2）抗盐污染评价。

白油基钻井液中分别加入5%氯化钠、8%氯化钠、0.5%无水硫酸钙、1%无水硫酸钙，150℃热滚16h后测定钻井液性能（测定温度60℃），考察钻井液的抗盐污染能力，实验结果见表6。

表6 油基钻井液抗盐污染实验结果

侵污	PV(mPa·s)	YP(Pa)	FL_{API}(mL)	Gel(Pa/Pa)	ES(V)
污染前	30	6.5	0.2	3/4.5	704
加5%氯化钠	30	7	0.2	3/5	702
加8%氯化钠	32	7	0.2	3/5	712
加0.5%无水硫酸钙	30	6.5	0.2	3/4.5	692
加1%无水硫酸钙	30	6.5	0.2	3/4.5	696

由表6可以看出，氯化钠的加入虽然改变了水的活度，但是对钻井液性能影响较小。而无水硫酸钙对浆体的流变性和失水基本没有影响，同时破乳电压均在700V左右，表明油基钻井液具有良好的抗盐污染能力。

（3）抗酸污染评价。

通过加入不同量的稀盐酸（浓度10%）检测油基钻井液150℃老化16h流变性（测试温度60℃）、破乳电压、高温高压失水（150℃），检验白油基钻井液抗酸污染能力。

配方1：白油基钻井液+5%盐酸（浓度10%）。

配方2：白油基钻井液+10%盐酸（浓度10%）。

表7 抗盐酸污染实验结果

编号	PV(mPa·s)	YP(Pa)	Gel(Pa/Pa)	FL_{HTHP}(mL)	ES(V)
0	30	7	3/5	3.8	707

编号	PV(mPa·s)	YP(Pa)	Gel(Pa/Pa)	FL_{HTHP}(mL)	ES(V)
配方1	34	7.5	3/5	4.0	651
配方2	37	8	4/6	4.8	579

注：热滚条件为150℃×16h；流变性测试温度为60℃。

由表7可以看出，随着酸的侵入，钻井液的黏度有一定增加，滤失量有所增加，但总体上看，酸的侵入对钻井液性能影响较小；钻井液的破乳电压基本保持稳定，破乳电压在500V以上，表明该白油基钻井液具有良好的抗酸污染能力。

2.5 封堵性评价

鉴于CX气田雷口坡组非均质性强，局部微裂缝发育，对钻井液封堵能力要求较高，本实验通过在白油基钻井液基础配方中加入不同封堵剂，开展了高温高压滤失实验优选封堵材料（表8）。

基浆（油水比80∶20）：白油+CaCl$_2$水溶液（浓度25%）+6.0%主乳+6.0%辅乳+1.0%润湿剂+3.5%有机土+3%CaO+5%降滤失剂+2%沥青封堵剂。

配方1：基浆+2%超细碳酸钙（400~800目）+2%超细碳酸钙（1500~2000目）。

配方2：基浆+0.8%FDM-1。

配方3：基浆+1%WEF-2000。

配方4：基浆+2%超细碳酸钙（400~800目）+2%超细碳酸钙（1500~2000目）+0.8%FDM-1。

配方5：基浆+2%超细碳酸钙（400~800目）+2%超细碳酸钙（1500~2000目）+0.8%FDM-1+1%WEF-2000。

表8 封堵性能优化实验结果

编 号	PV(mPa·s)	YP(Pa)	Gel(Pa/Pa)	FL_{HTHP}(mL)	ES(V)
配方1	34	7	3/5	3.6	708
配方2	37	8	4/6.5	3.4	710
配方3	41	9	4.5/7.5	5.6	702
配方4	50	11.5	6/8	2.6	739
配方5	59	0	5/7.5	5.4	749

注：热滚条件为150℃×16h；流变性测试温度为60℃。

由表8可以得出，单独加入成膜封堵剂FDM-1、超细碳酸钙（400~2000目）能有效降低钻井液滤失量，复合使用时封堵效果更好。加入封缝即堵剂WEF-2000后，钻井液滤失量明显增大，说明封缝即剂与该油基钻井液配伍性不好。因此选用配方4作为强封堵白油基钻井液配方，现场配制过程中可适当减少有机土加量，控制钻井液黏切。

3 现场应用

3.1 工程概况

PZ-4井是在CX气田布置的一口开发水平井，目的层为雷口坡组，采用三开制井身结构，实际完钻井深7171m，水平段长1138m。

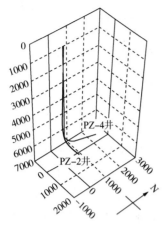

图1 PZ-4井与PZ-2井实钻轨迹

本井三开采用φ165.1mm钻头钻进，井深5835~6224m采用强封堵聚磺钻井液，钻至井深5964m卡钻，断钻具打捞未成功填井侧钻；从井深5862m侧钻至井深6224m时，因井壁失稳垮塌第二次填井侧钻。井深5835~6224m施工期间，钻井液性能受同平台邻井PZ-2井酸化压裂施工影响，pH值下降快、滤失量增大，维护处理中氢氧化钠和抗高温降失水剂用量增大到正常情况的3倍以上，且处理效果不理想，性能波动较大(图1，表9)。

第二次侧钻，从侧钻点5840m开始采用强封堵白油基钻井液，安全钻至完钻井深7171m，水平段长1138m，比三开使用水基钻井液进尺增加947m。

表9 PZ-4井三开实钻情况

钻井液体系	井眼	井段(m)	段长(m)	作业时长(d)
水基钻井液	原井眼	5835~5964	129	4.33
水基钻井液	第一侧钻	5864~6224	362	24.5
白油基钻井液	第二侧钻	5840~7171	1331	83.98

3.2 强封堵白油基钻井液应用效果

PZ-4井三开侧钻井段5840~7171m使用强封堵白油基钻井液，采取"老浆+新配"模式。根据室内实验结合现场老浆取样确定新配白油基钻井液配方，老浆与新配浆按6:4混配后，调整密度1.55~1.57g/cm³(表10，图2)。

新配白油基钻井液配方(油水比80:20)为：白油+盐水(25%CaCl₂)+6%主乳+6%辅乳+0.7%润湿剂+3%有机土+3%CaO+5%降滤失剂。

现场调配白油基钻井液配方为：老浆：新浆(6:4)+2%沥青封堵剂+2%超细碳酸钙(400~800目)+2%超细碳酸钙(1500~2000目)+1%FDM-1。

表10 三开开钻时钻井液调配后性能

ρ(g/cm³)	FV(s)	Φ_6	Φ_3	$Gel_{10'}/Gel_{10'}$(Pa/Pa)	PV(mPa·s)	YP(Pa)	FL_{HTHP}(mL)	ES(V)
1.57	78	10	9	4/8	42	9	2.8	684

注：150℃老化16h。

考虑到前期两个老井眼使用水基钻井液时发生了严重的井壁失稳(钻井液密度1.50~1.52g/cm³)。侧钻转白油基钻井液时调配钻井液密度1.55~1.57g/cm³，定向滑动时有托压现象，下调密度后托压现象有效改善。分别在井深5939m下调密度至1.54g/cm³、井深6054m下调密度到1.52g/cm³、井深6104m下调密度至1.51g/cm³。

侧钻至井深6277m出现了严重的定向托压，静停黏附等现象，分阶段下调密度，密度由1.51g/cm³下调至1.48g/cm³时，在裸眼段注入10m³高效封堵浆进行承压挤堵，托压，静停黏附等现象未明显改善，再分阶段下调密度至1.43g/cm³，托压、黏附等现象消失，后续钻进过程中维护密度1.41~1.43g/cm³钻进施工无托压、黏附现象发生。

由于受同平台邻井PZ-2井酸化影响，侧钻至井深5890m时碱度由2.0下降至1.1，监测碱度下降后，根据小型实验及时上调碱度。后续钻进过程中，补充乳液中加入 3%~6% 的生石灰控制碱度在 1.8~2.0。同时受邻井 PZ-2 井压裂影响，地层渗透性较强，与相同尺寸井眼邻井相比，每钻进 100m 消耗量增加 3~4m³。

钻至井深 6933m 处起钻更换钻具组合专项通井清砂过程中，下钻至井深 6818m 遇阻后开泵划眼，井深 6818~6877m 井段划眼正常，井深 6877m 处出现憋泵憋顶驱现象，通过及时补充成膜封堵剂 0.6t、超细碳酸钙(400~800 目、1500~2000 目各 1t) 2t 增强封堵，并配合加入提切剂有效携带掉块，循环划眼期间振动筛返出较多细砂，并伴随颗粒状掉块返出 (图 3)，划眼至井深 6916m 情况逐渐改善，后续钻进过程中定期补充足量封堵材料，无掉块阻卡。

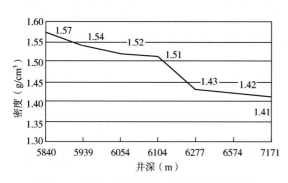

图 2 PZ-4 井三开油基钻井液密度调整情况

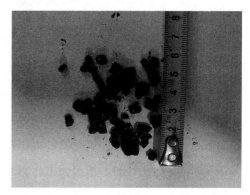

图 3 PZ-4 井划眼时返出掉块

4 认识与建议

（1）强封堵白油基钻井液具有良好的流变性、较强的抑制性和润滑性，抗污染能力强，抗温 150℃，能够满足 CX 气田雷口坡组水平井钻井需要。

（2）PZ-4 井水平段实钻表明：强封堵白油基钻井液防塌性能优于水基钻井液，且润滑性能好、抗污染能力强，能有效减少井下阻卡，提高水平段延伸能力。

（3）对高渗透地层，油基钻井液损耗量偏大，其封堵性能有待进一步优化。

（4）白油基钻井液成本较高，建议采用"老浆+新配"模式，PZ-4 井实钻表明该模式下的白油基钻井液性能稳定可控。

参 考 文 献

[1] 杨双春，韩颖，侯晨虹，等. 环保型白油基钻井液研究和应用进展[J]. 油田化学，2017，34(4)：739-744.

[2] 李俊材，唐浩然，刘锐可. 成膜封堵剂 FDM-1 在油基钻井液中的应用[J]. 钻采工艺，2020，43(6)：91-93，11.

[3] 石水健，叶礼圆，赵世贵，等. 强封堵油基钻井液技术的应用与推广[J]. 山东化学，2020，49(14)：104-107.

[4] 范胜，周书胜，方俊伟，等. 高温低密度油基钻井液体系室内研究[J]. 钻井液与完井液，2020，37(5)：561-565.

[5] 解宇宁. 低毒环保型油基钻井液体系室内研究[J]. 石油钻探技术，2017，45(1)：45-50.

钻井液活度稳定泥页岩实验研究及现场应用

于　雷[1]　黄元俊[2]　邱文德[2]

(1. 中国石化胜利石油工程公司钻井液技术服务中心；2. 中国石化胜利油田分公司海洋采油厂)

【摘　要】　针对泥页岩水化易引起井壁失稳的难题，进行了调节钻井液活度稳定泥页岩技术研究。分别测试了无机盐、有机盐和非盐类物质降低水活度的能力，评价了泥页岩岩样在不同活度钻井液中的膨胀规律和水化分散规律，考察了活度对泥页岩岩心浸泡的影响，研究了不同活度调节物质对渗透水化的影响规律。室内评价结果表明，乙二醇、氯化钠、甲酸钠和甲酸钾等降低水活度效果要优于其他物质。提出了"活度适度降低"新认识并进行了现场应用，现场试验结果表明，钻井液"活度适度降低"能够解决复杂泥页岩地层的坍塌、掉块等井壁失稳难题，钻完井过程顺利，节约了钻井周期和成本。

【关键词】　钻井液活度；井壁稳定；渗透水化；泥页岩

泥页岩地层的井壁失稳问题一直是困扰着石油钻井界的世界性难题。长期以来，国内外学者及工程技术人员一直致力于解决井壁失稳问题，从井壁失稳机理、评价实验装置、数学模型到防塌钻井液体系等方面开展了一系列的研究[1,2]。1911年，英国物理化学家唐南提出关于活度的半透膜平衡理论以来，很多专家学者在钻井液活度平衡理论及应用方面开展了持续研究并取得了较好的成果，为在工程实践过程中解决井壁失稳问题提供了依据[3-8]。本文以优选活度调节物质为基础，提出了"活度适度平衡"新认识并进行了现场应用，井壁稳定效果显著。

1　活度调节剂的评价优选

室内分别考察了不同无机盐、有机盐和非盐类物质降低水活度的能力。

1.1　无机盐降低水活度效果评价

取10种常见无机盐配制成溶液，实验测试了溶液5%，10%和20%浓度下的水活度(3次测量取平均值)，结果如图1所示。

可以看出，随着浓度的增加，各活度调节剂对应的水活度均降低，但降低的幅度不同。氯化钠、氯化钾及氯化钙水活度降低效果较好。特别是，20%氯化钠溶液的水活度可降低至0.864，其水活度降低效果最优。

1.2　有机盐降低水活度效果评价

取12种有机盐配制成溶液，实验测试了溶液5%，10%和20%浓度下的水活度(3次测量取平均值)，结果如图2所示。

───────────

作者简介：于雷(1982—)，男，山东新泰人，2005年毕业于中国石油大学(华东)石油工程专业，2008年获中国石油大学(华东)油气井工程专业硕士学位，副研究员，主要从事油田化学及油气层保护方面的研究工作。E-mail：leiyu205@126.com。

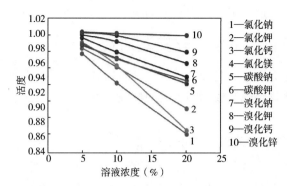

图1　不同无机盐不同浓度溶液的水活度

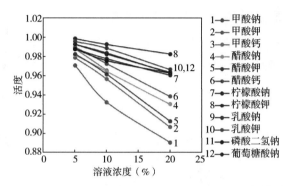

图2　不同有机盐水活度调节剂不同浓度下溶液的水活度

可以看出，随着浓度的增加，各活度调节剂对应的水活度均降低，但降低的幅度不同。甲酸钠、甲酸钾及醋酸钾水活度降低效果较好。特别是，20%甲酸钠溶液的水活度可降低至0.891，其水活度降低效果最优。

1.3　非盐类物质降低水活度效果评价

取19种非盐类水活度调节剂，研究了它们5%，10%和20%浓度溶液的水活度(3次测量取平均值)，结果如图3所示。

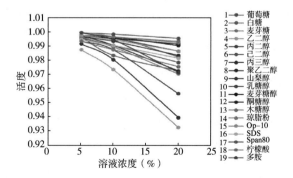

图3　不同非盐类水活度调节剂不同浓度下溶液的水活度

可以看出，随着浓度的增加，各活度调节剂对应的水活度均降低，但降低的幅度不同。乙二醇、丙二醇及丙三醇水活度降低效果较好。特别是，20%乙二醇溶液的水活度可降低至0.932，其水活度降低效果最优。可见，效果优异的水活度调节剂既要保证碳链短，又要保证羟基多，并且碳链的增加，不利于水活度的降低。

2 钻井液活度抑制泥页岩水化实验研究

选取降低水活度能力较优的几种物质，主要包括氯化钠、氯化钾、甲酸钠、甲酸钾、乙二醇和丙三醇。将上述物质配制成不同活度的溶液，室内考察了它们抑制泥页岩岩样水化膨胀和水化分散的能力。

2.1 泥页岩岩样在不同活度溶液中的膨胀规律

图 4 为不同活度溶液中的泥页岩线性膨胀率，由实验结果可知，随着溶液水活度的降低，泥页岩的线性膨胀率均逐渐降低。其中氯化钾和甲酸钾抑制岩心膨胀的效果优于其他几种物质。

2.2 泥页岩岩样在不同活度钻井液中的水化分散规律

图 5 所示为泥页岩在不同活度溶液中的滚动回收率，由实验结果可知，随着溶液水活度的降低，泥页岩的滚动回收率逐渐增加。其中氯化钾和甲酸钾抑制泥页岩岩屑水化分散的效果优于其他几种物质。

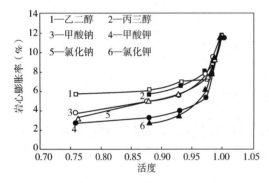

图 4　不同活度溶液中的泥页岩线性膨胀率

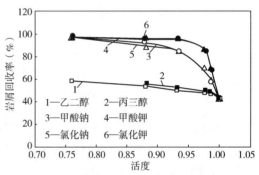

图 5　不同活度溶液中的泥岩屑回收率

2.3 水活度对泥页岩岩心浸泡崩散作用研究

为了评价钻井液中的水活度对泥页岩水化膨胀、分散的影响，进行了自制岩心柱浸泡评价实验。岩心柱制作方法为：首先称取 10g 膨润土，放入钢制岩心杯中，将岩心杯放到压力机上，施加 4MPa 压力，压制 5min，小心取出岩心柱，即制得岩心柱。

地层中的岩石总是有一定含水饱和度的，地层中的黏土矿物在地下条件下含有一层水化膜，当钻井液与地层接触时通常不会发生表面水化[6]。为更好地模拟地下条件，取干燥后的钠膨润土分别吸不同质量的水分模拟不同的含水饱和度，按照前述方法自制膨润土岩心，用活度仪测定三块岩心的活度分别为：岩心 A 活度为 0.6432，岩心 B 活度为 0.8868，岩心 C 活度为 0.9792。将三块岩心分别放入活度为 0.9184 溶液中浸泡。观察岩心变化情况，如图 6 所示。

由图 6 可知，不同含水饱和度的岩心在同一活度溶液中浸泡时崩散时间和程度差别较大。含水 2.54% 的岩心 A 在 0.5h 时已发生较严重崩散，而含水 10% 和 30% 的岩心基本保持原样。8h 时，含水 2.54% 的岩心已完全崩散，含水 10% 的岩心产生较大裂缝，没有完全崩散，一直持续到 96h，三块岩心的状态与 8h 时基本相同，表明含水较低的岩心发生了部分毛细管自吸，含水越低，毛细管自吸越严重，吸水后的岩心崩散越严重，而较高含水量的岩心吸水较少或不吸水，在活度平衡条件下不存在渗透水化现象，能够保持原样不变。

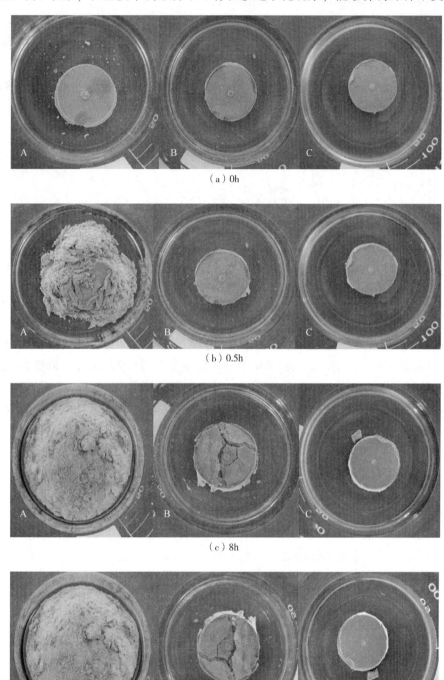

（a）0h

（b）0.5h

（c）8h

（d）96h

图 6　不同含水饱和度岩心在同一活度溶液中的浸泡

2.4 活度调节剂对渗透水化的影响规律研究

为深入研究不同类型活度调节物质对泥页岩渗透水化的影响，采用 X 射线衍射仪测定了对黏土层间距的影响。实验方法为：在 350mL 去离子水中加入 7g 钠膨润土，搅拌 30min 后静置养护 24h，然后分别加入 10%乙二醇、10%氯化钠和 10%甲酸钾，高速搅拌 30min 后静置 24h，然后在 8000r/min 的转速下离心 20min，取下部沉淀，直接采用 X 线衍射仪测湿态层间距。实验结果如图 7 所示。

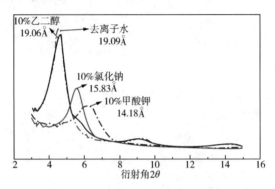

图 7　不同水活度调节剂对蒙脱土层间距的影响

实验结果表明，钠蒙脱土充分水化后，由于钠离子在晶层间以尺寸较大的水合离子形式存在，层间距增加至 19.09Å。盐类活度调节剂可置换出层间水化阳离子，降低黏土层间距。其中，有机盐甲酸钾与钠膨润土充分作用后，黏土层间距降低至 14.18Å，无机盐氯化钠与钠膨润土充分作用后，黏土层间距降低至 15.83Å。两者均表现出较强的黏土水化抑制作用。非盐类活度调节剂乙二醇可吸附在黏土颗粒表面，导致层间距减小。不过其抑制黏土水化作用有限，充分作用后，黏土层间距仅降低至 19.06Å。

3 "活度适度降低"新认识及现场应用

根据活度平衡理论，只有当钻井液的活度低于或等于地层水的活度时才能控制水向地层的运移，从而保持井壁稳定。在长期的钻井实践中我们发现，即使采用的盐水钻井液体系的活度高于地层水活度，也能够保持易坍塌地层的井壁稳定，这表明地层岩石具有一定的强度来保持岩石的稳定。为更好地量化钻井液活度以便于现场实施，提出了"活度适度降低"新认识，即通过适当降低活度，使产生的渗透压小于岩石的最小强度，而不必将活度降低至低于地层水活度产生负渗透压，这样既能保持井壁岩石的稳定，又减少了活度调节类处理剂的加量，节约了钻井成本。

根据岩石力学资料，岩石的强度是指岩石抵抗外力破坏的能力。岩石的强度中抗拉强度最小，泥页岩的抗拉强度通常为 2~10MPa，当无法取得某区块岩石的抗拉强度时，可取岩石最小强度为 2MPa。根据渗透压小于岩石最小强度的关系，可计算出能保持地层稳定的钻井液活度，其公式为：

$$\Delta p = \alpha \frac{RT}{V_w} \ln\left(\frac{a_s}{a_m}\right)$$

式中：α 为半透膜效率；R 为气体常数；T 为绝对温度；V_w 为水的摩尔体积；a_s 为泥页岩的水活度；a_m 为钻井液的水活度。

某油田位于渤海湾盆地埕宁隆起带，目的层为东营组低渗油藏，储层岩性为大套泥岩夹中、细砂岩，其中东营组底部发育有灰质泥岩、灰质油泥岩、泥岩、油泥岩。在该区块钻探开发过程中，多口井在东营组出现井壁失稳、电测遇卡、套管遇卡、遇阻划眼、井眼报废等复杂情况，其中电测遇阻遇卡问题尤为突出，电测一次成功率不足20%，平均电测时间5.36天，并且地层数据获取不全，一定程度上影响了该油田的高效开发目标。2019 年，在该区块实施了 7 口定向井，为提高电测一次成功率，应用了钻井液活度调节技术。

根据区块地质资料，东营组储层埋深 3200～3500m，孔隙度 11.3%～19.9%，平均孔隙度 13.2%，渗透率 6.8～190mD，平均渗透率 30.9mD，为中孔中低渗储层。地层水水型为碳酸氢钠型，氯离子含量 7284mg/L，总矿化度 15283mg/L。油藏温度 106～127℃，油藏中部压力为 32.79～38.15MPa，压力系数为 0.96，属常温常压系统。

利用上述参数，根据有效应力法公式计算得东营组地层活度为 0.86，取岩石最小强度为 2MPa，假设泥页岩膜效率为 0.1，计算可得保持岩石稳定的钻井液活度为 0.95。

钻进过程中加入 10%活度调节剂控制钻井液活度为 0.95，且实时进行钻井液活度的监测与调整，始终控制钻井液活度不高于 0.95。该井组 7 口井采用钻井液活度调节技术均取得了良好的井壁稳定效果。7 口应用井在钻进过程中均没有发生掉块坍塌，全井起下钻通畅，没有发生任何阻卡现象，井壁稳定性好，井眼规则，电测井径规则，井径扩大率均小于 10%，电测一次成功率 100%，平均完井电测周期为 1.45 天，较该井组之前完成的两口井缩短 82.1%，展示了该体系良好的抑制防塌性能(表 1)。

表 1 钻井液活度调节技术应用情况

井　号	完钻井深(m)	电测周期(d)	电测通井次数	井径扩大率(%)
CB*-1(对比井)	3872	8.03	2	无电测数据
CB*-2(对比井)	3821	8.17	3	无电测数据
CB*-3(应用井)	3744	2.75	1	6.06
CB*-4(应用井)	3658	1.08	0	7.05
CB*-5(应用井)	3824	1.05	0	2.42
CB*-6(应用井)	3612	1.32	0	6.28
CB*-7(应用井)	3648	2.25	1	9.92
CB*-8(应用井)	3551	0.83	0	4.08
CB*-9(应用井)	3655	0.89	0	7.96

4　结论与建议

(1) 氯化钠、甲酸钠和乙二醇降低活度的效果优于其他同类物质，氯化钾和甲酸钾抑制泥页岩水化膨胀和分散的能力优于其他同类物质。

(2) 基于"活度适度降低"新认识的钻井液活度调节技术解决了部分区块泥页岩坍塌、掉块、完井电测困难等井壁失稳难题，缩短了建井周期，防塌效果好，提速提效显著。

参 考 文 献

[1] 温航，陈勉，金衍，等.硬脆性泥页岩斜井段井壁稳定力化耦合研究[J].石油勘探与开发，2014，41

（6）：748-754.

[2] 王萍，屈展，黄海．地层水矿化度对硬脆性泥页岩蠕变规律影响的试验研究[J]．石油钻探技术，2015，43（5）：63-68.

[3] 张万栋，李炎军，孙东征，等．Weigh 系列有机盐钻井液抑制性机理[J]．石油钻采工艺，2016，38（6）：805-807，812.

[4] 张行云，郭磊，张兴来，等．活度平衡高效封堵钻井液的研究及应用[J]．钻采工艺，2014，37（1）：84-86.

[5] 刘敬平，孙金声．钻井液活度对川滇页岩气地层水化膨胀与分散的影响[J]．钻井液与完井液，2016，33（2）：31-35.

[6] 温航，陈勉，金衍，等．钻井液活度对硬脆性页岩破坏机理的实验研究[J]．石油钻采工艺，2014，36（1）：57-59.

[7] 于雷，张敬辉，刘宝锋，等．微裂缝发育泥页岩地层井壁稳定技术研究与应用[J]．石油钻探技术，2017，45（3）：27-31.

[8] 于雷，张敬辉，李公让，等．低活度抑制封堵钻井液研究与应用[J]．石油钻探技术，2018，46（1）：44-48.

钻井液现场复杂事故处理

锦州油田大位移井 ECD 的控制技术

陆杨洋　彭三兵　张彦行

（中海油田服务股份有限公司）

【摘　要】　随着海上油气田勘探开发的规模不断扩大，运用大位移井钻井技术可以充分发挥海上现有的平台资源，还可以达到实现对周边油田的勘探开发目的。目前大位移井的 $8\frac{1}{2}$in 井段钻进作业中，主要存在摩阻大、扭矩大、井筒清洁效率低、起钻遇阻下钻遇卡、地层易漏等问题；针对钻井过程中出现的不合理 ECD 造成的复杂情况的难点问题，通过随钻工具实时监测、配合工程技术措施和钻井液性能优化，形成精细化控制 ECD 技术，并在锦州某油田大位移井进行成功应用。

【关键词】　大位移；ECD；井眼清洁；封堵性；润滑性

大位移井是定向钻出的井眼，目的层与井口位置有很大水平距离，它具有很长的大斜度稳斜延伸段。[1]该井型可减少新建平台数量，进而缓解用海资源紧张的矛盾，减少对海洋环境的污染，最终降低开发的总投入，实现最高的经济效益和生态保护。钻井过程中常遇到当量循环密度（ECD）偏高的情况，这其中主要由于长稳斜延伸井段的钻井液循环阻力较大，从而产生较高的井底 ECD，容易引发井漏进而造成垮塌卡钻或是井喷等复杂情况，耽误了钻井生产工期，降低了生产时效，因此加大对井下 ECD 的控制技术对于安全钻井作业非常重要。

精准合适的井底 ECD 对于稳定井壁有着重要作用，过低不足以支撑井壁，造成井壁失稳出现井塌、起钻遇阻下钻遇卡等复杂情况，高于地层破裂压力则会压漏地层导致井漏的复杂情况，大位移井 $8\frac{1}{2}$in 井段井眼长，穿越不同层位，环空间隙小，钻井液循环时环空压降大，钻遇薄弱地层时与之相匹配的 ECD 窗口比较窄。

一般随着钻井井深的加深，岩屑浓度的累积，ECD 值增长。降低 ECD 的途径：一方面优化钻井液性能，比如调节流变性以增强携带性、加强封堵承压增强井壁稳定性等；另一方面就是优选钻井工具、优化钻井参数破坏岩屑床，保持井壁规则、井眼清洁。

1　钻井液性能优化

（1）根据三压力曲线及井史资料优化确定合适的密度区间。

根据三压力曲线及井史资料优化出最合理的钻井液密度区间，同时钻进中及时关注返出岩屑的情况。根据实际情况再微调钻井液密度值。钻进期间钻井液密度选用区间范围内的低线。以此来降低作用在井底的 ECD，起钻前，适当提高钻井液密度，以此来补偿停泵后当量静态钻井液密度（ESD）满足井控和最高坍塌压力需要，维持井壁稳定。

作者简介：陆杨洋，中海油服油田化学事业部塘沽作业公司，钻完井液现场工程师。地址：中国天津市塘沽海洋高新技术开发区海川路 1581 号；电话：022-59551650/15332138016；E-mail：luyy8@ cosl. com. cn。

（2）钻井液流变性的选择。

钻进期间实现"低黏高切"的流变性能，是控制大位移井 ECD 稳定的重要手段，$FV = 48\sim55\text{s}$，$\Phi_6/\Phi_3 = 7\sim9/5\sim6$，在保证钻井液携带能力的同时，选择"低黏高切"有利于降低 ECD。采用 VirtualMud 软件模拟 ECD 值得出推荐钻井参数，根据现场作业设备配置情况，尽可能采用最优推荐参数钻进。工程上合理规划短起下，采用岩屑床清洁工具，破坏岩屑床，提高井眼清洁效率，降低 ECD 值。

（3）针对渤海湾地层特点，优化钻井液配方，提高地层承压能力。

对于易失稳地层，降低钻井液活度，提高液相黏度，减少滤液侵入深度。同时提高钻井液抑制性，尽可能防止泥岩水化分散；对于薄弱地层，通过改变钻井液滤饼质量，提高地层承压能力，维护井壁稳定性。

逐级复配封堵性材料，多种封堵剂协同作用，保持井壁长期稳定。对于沥青类、纳米级细颗粒类、聚合醇类在封堵防塌机理的有机组合优选能够起到提高地层承压，保持井壁长期稳定的用料配比。

室内优选承压配方，对其热滚前后流变性和 API 失水进行评价，对体系配方进行封堵性评价（渗透率 2000mD）。结果表明滚前、滚后流变失水性能基本一样；通过 PPT 封堵实验结果可以看出，失水较低，封堵性良好（表 1）。

表 1　室内优选配方性能评价

状态	$AV(\text{mPa}\cdot\text{s})$	$PV(\text{mPa}\cdot\text{s})$	$YP(\text{Pa})$	Φ_6/Φ_3	$Gel(\text{Pa}/\text{Pa})$	$FL_{API}(\text{mL})$	pH 值	PPT(mL)
滚前	36	23	13	10/8	3/10	1.8	9	—
滚后	42	28	14	8/6	3/8	2	8	8.6

2　常规控制措施

2.1　钻井液固相控制

平台已有的固控设备应当充分使用，8½in 井段钻进相较于 12¼in 井段，所以排量相对较小，因此 8½in 井段主要使用 API 120~140 目的筛布并要求专人不定期检查更换破损的筛布；全程开启除泥器、除砂器，离心机根据钻遇地层岩性及钻井液性能指标选择合适转速去除钻井液体系相应固相；根据固相含量的变化和密度上涨趋势，也可用置换部分钻井液的方式控制钻井液中的低密度有害固相。

2.2　钻井液抑制性和封堵性

优化抑制机理，利用 12%NaCl 与 KCl 协同抑制泥岩的水化分散，减少钻井液中的自由水，降低钻井液活度，降低渗透压，从而降低自由水向泥岩渗透，稳定井壁；同时引入无机盐也提供钻井液密度，可以减少惰性加重剂的使用量，降低钻井液体系固相含量。

2.3　钻井液润滑性

固体及液体润滑剂配合使用，降低钻进及下套管期间钻具摩阻。优选高效液体润滑剂，预防卡钻复杂情况。整个钻进期间，维持钻井液循环体系中高效润滑剂的加量至少在 3%，用于提高钻井液的润滑性，并能防止钻头泥包。补充胶液中加入固体润滑剂改性石墨浓度在 0.5%，改善润滑性，提高井壁滤饼的致密性和润滑性。严格控制钻井液中的固相含量，能整体降低摩阻；良好的携砂能力是摩阻控制的保障。

3 现场应用

锦州油田某井井深4663m，垂深2032m，8½in井段裸眼段长1060m，井斜73°，钻遇地质层位：东营组、沙河街组，岩性为砂泥岩不等厚互层，含灰质局部含量高，局部带砾。作业重难点在于地层承压弱，易漏失，容易掉块，造成井壁垮塌；起下钻划眼困难，蹩扭矩严重，倒划眼时效低，严重的造成卡钻等复杂情况。

工程参数：钻进期间FLWPS：2000L/min，RPM：120r/min，钻沙二段遇薄弱地层时降低参数为FLWPS：1600~1800L/min，RPM：100r/min；倒划起钻携砂修整井壁：FLWPS：1800L/min(薄弱层段1500~1800L/min)，RPM：80r/min；长起前循环期间，降低循环排量，同时用补充重浆的方式提高钻井液密度，以此来平衡停泵后，作用在井底的ESD：FLWPS：1600L/min，RPM：120r/min；扭矩平稳TRQ：28~36kN·m；监测井下ECD：1.65~1.70g/cm³，整体保持一个平稳的水平(图1)。

依据室内优选钻井液配方配置钻井液，开启固控设备清除有害固相，补充胶液维护性能，长起前裸眼段替入润滑剂增强钻井液的润滑性(表2)。

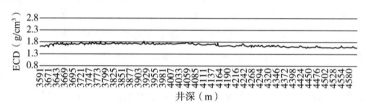

图1 井深与ECD关系

表2 钻井液典型性能

FV(s)	55	ρ(g/cm³)	1.42
FL(mL)	2	AV(mPa·s)	46.5
氯离子(mg/L)	145000	PV(mPa·s)	31
钾离子(mg/L)	55000	YP(Pa)	15.5
固相/油(%)	20/4	Φ_6/Φ_3	8/5
MBT(kg/m³)	28	Gel(Pa/Pa)	3/5

钻进期间，钻井参数平稳、返砂良好，倒划参数平稳，下划测井顺利，下7in尾管顺利到位，固井质量良好。

4 结论

大位移井ECD的控制技术：(1)优选合适密度，灵活调整；(2)强化封堵性，用好固控设备，严格控制固相含量，保持低失水性，保持井壁稳定；(3)控制钻井液高动切力，保证有效的岩屑悬浮携带状态；(4)配合优选工程参数，协助清洁井眼；(5)控制钻井液体系中水相活度，加强抑制性，保持井壁稳定；(6)增强润滑性，降低摩阻。

参 考 文 献

[1] 金红生.大位移井钻井关键技术研究[D].西安：西安石油大学，2014.
[2] 狄明利.流花11-1浅层大位移井水基钻井液技术[J].当代化工，2018，47(11)：2422-2424，2429.

南海陵水 A 深水气田开发井结蜡风险分析及应对方案

董 钊 孟文波 余 意 任冠龙 张 崇

(中海石油(中国)有限公司湛江分公司)

【摘 要】 南海陵水 A 深水气田凝析油含蜡量较高(2.6%)、析蜡点高(7~9℃),井筒内存在结蜡风险,蜡沉积的发生减小了管道的流通面积,并且析出的蜡晶体会增大流体的黏度,导致流动阻力增大,严重时会造成堵塞管道。综合考虑了水深、地温梯度、井身结构、生产管柱、开关井制度、产量等因素,建立了适用于目标区块的结蜡沉积模型,形成了深水开发井井筒中的天然气水合物生成区域定量预测方法,对深水开发过程中最危险的重开井工况下井筒中的析蜡区域进行了定量预测,揭示了蜡动态沉积预测和堵塞演化规律。利用高压搅拌釜对防蜡剂与水合物抑制剂的配伍性进行了评价实验,结果表明:防蜡剂会对乙二醇的抑制效果产生正面作用,其加入能有效提高乙二醇体系的诱导时间并降低水合物转化率,当乙二醇与低浓度防蜡剂复配使用,BHJN 效果更好,与高浓度防蜡剂复配使用,HYL 效果更好;防蜡剂会对 PVP 的水合物抑制效果产生负面作用,其加入会降低 PVP 体系的诱导时间并提高水合物转化率,低浓度 PVP 体系与防蜡剂复配使用,BHJN 影响更小,高浓度 PVP 体系 HYL 影响更小。

【关键词】 深水气井;防蜡剂;水合物抑制剂;复配评价

深水油气的勘探开发是我国经济发展的重大战略之一。低温高压条件是深水油气田通常会面临的条件,在这种条件下,井筒流体热量的大量散失可能会形成水合物和蜡质沉积,给生产作业带来一系列流动障碍风险。水合物与蜡的产生往往是同时发生的,因此需要将水合物抑制剂和防蜡剂等化学添加剂同时注入管道中,这就需要考虑两种化学剂的配伍性问题。防蜡剂的加入会使水合物抑制剂的抑制效果降低或促进其抑制效果,不同防蜡剂影响的程度也大不相同,水合物抑制剂的加入也会不同程度地影响防蜡剂的使用效果。

本文通过实验,研究不同水合物抑制剂与防蜡剂同时使用时的相互影响关系,分析其内在机理,优选出不同浓度条件下更佳的配伍方式,对于深水油气开发和混输管道输运的水合物与蜡的防治方案设计具有指导意义。

1 开发井井筒结蜡风险分析

1.1 井筒气液两相流蜡沉积模型

在考虑分子扩散、剪切剥离和水相胶凝作用的基础上,基于多相管流的流动过程,最终建立了适用于目标区块的蜡沉积模型,A 气田蜡沉积模型建立的具体流程为,基于分子扩散原理,蜡沉积速率可以用 Fick 分子扩散定律表示:

作者简介:董钊(1987—),男,四川乐山人,汉族,西南石油大学油气田开发工程专业,硕士,研究方向海洋钻完井工艺。地址:广东省湛江市坡头区南油一区油公司大楼;工作单位:中海石油(中国)有限公司湛江分公司;E-mail:dongzhao2@cnooc.com.cn。

$$\frac{\mathrm{d}m_{\mathrm{w}}}{\mathrm{d}t} = -\rho_{\mathrm{w}} D_{\mathrm{ow}} A \frac{\mathrm{d}C_{\mathrm{w}}}{\mathrm{d}T} \frac{\mathrm{d}T}{\mathrm{d}r} \tag{1}$$

蜡分子在原油中的扩散系数 D_{ow} 可由 Hayduk—Minhas 相关式表示：

$$D_{\mathrm{ow}} = 13.3 \times 10^{-8} \times \frac{T^{1.47} \mu^{\gamma}}{V_{\mathrm{A}}^{0.71}} \tag{2}$$

在多相蜡沉积模型的建立过程中，通过引入剪切应力反应管流条件下剪切剥离作用对蜡沉积的影响，剪切应力的大小表征了油流对沉积层剥离程度的强弱。所以，基于式（1）所示的经典的 Fick 分子扩散方程，沉积层厚度的计算模型变形为：

$$\frac{\mathrm{d}\delta}{\mathrm{d}t} = \frac{\varphi_1}{1+\varphi_2} D_{\mathrm{ow}} \left(\frac{\mathrm{d}C_{\mathrm{w}}}{\mathrm{d}T} \frac{\mathrm{d}T}{\mathrm{d}r} \right) \tag{3}$$

式中：φ_1 和 φ_2 分别代表捕捉效应和剪切剥落效应。有

$$\varphi_1 = \frac{C_1}{1 - \frac{C_{\mathrm{oil}}}{100}} \tag{4}$$

$$\varphi_2 = C_2 N_{\mathrm{SR}}^{C_3} \tag{5}$$

图 1 实验结果表明，气井随着含水率增加，阻碍了蜡分子扩散路径，但蜡晶包裹液滴能力增强，蜡层厚度先减后增。实验与模型对比结果对比表明，模型的预测具有较高的准确度。

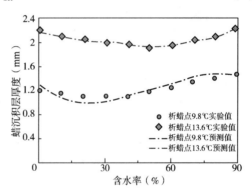

图 1　不同含水率多相流动蜡沉积实验

1.2　井筒结蜡区域预测方法

基于深水气田开发井筒管柱温压场和析蜡条件计算模型，构建了井筒内结蜡区域预测方法，如图 2 所示，建立方法具体步骤为通过对井筒中温压场方程的求解可得到深水气井生产井筒内温压场的分布规律；通过析蜡预测方程可得到蜡析出的温度和压力条件，两者为井筒结蜡区域预测提供了计算基础。将蜡相平衡时的温度—压力点，转换至井筒条件下的温度—深度点。通过将井筒内的温度—井深曲线和蜡相相态曲线进行对比就可以得到井筒内的结蜡区域。

如图 2 所示，图中蜡相态曲线的左边区域表示具备析蜡条件的区域，而右边则不具备。当某一深度处井筒温度曲线上的温度小于蜡相态曲线上的温度时，说明该深度处井筒凝析油温度要低于析蜡所需的温度，在该深度处具备结蜡条件。因此，当蜡相态曲线在井筒温度曲线右侧时，两曲线所包围的区域即为井筒析蜡区域。其中，A5H 和 A6H 由于析蜡点小于 0℃，无析蜡风险。

1.3　重开井作业井筒蜡沉积厚度风险分析

结合蜡动态沉积预测模型和析蜡预测方法，得到了重开井作业期间井筒析蜡区域预测图板，如图 3 所示，在重开井作业 1~2h 内蜡生成风险较高，析蜡区域为泥线至泥线 80~150m，待正常生产后，井筒内析蜡区域消失。基于井筒气液两相流蜡沉积模型和蜡相平衡模型，预测了 A 气田重开井作业井筒蜡沉积厚度，结果如图 3 所示。由图 3 可知，泥线附近井筒温度低于析蜡温度，蜡沉积厚度为 $0.044 \times 10^{-3} \sim 0.146$mm，蜡风险持续时间为 $0.5 \sim 2$h，考虑到水下采油树管线安装在海底（温度 4℃），低于区块析蜡温度，水下采油树存在析蜡风险。

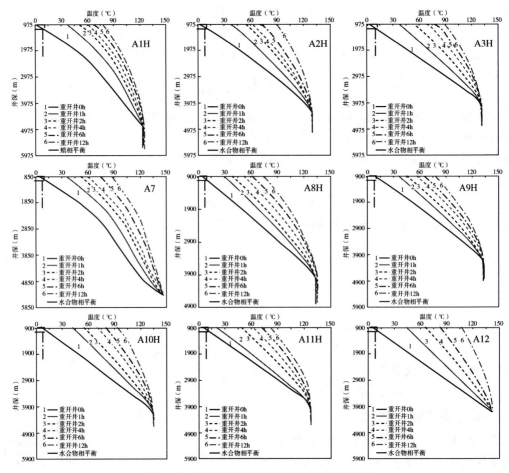

图 2　重开井作业期间井筒析蜡区域预测图版

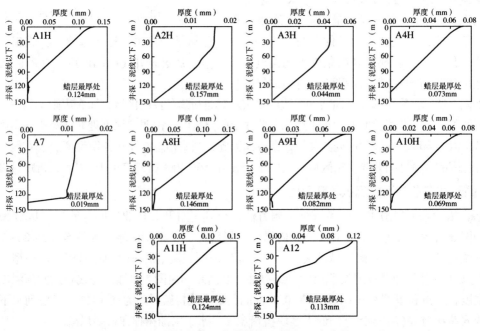

图 3　重开井作业井筒蜡沉积厚度风险分析

2 防蜡剂评价实验

为保证整个井筒和管柱的安全流动，需要制订合理的抑制剂注入方案，以指导现场生产时水合物的防治作业。

2.1 实验原料及试剂

结合 A 气田凝析油组分数据，含蜡量、析蜡点和凝固点作为标准，同时为了满足实验观察需求，对目标区块凝析油进行还原。实验材料：白油（2#、3#、5#）、全精炼石蜡（48#、50#、52#、56#），含蜡率为 2.6%。

实验选取南海深水开发正在使用的 HYL-02 和 BHJN-20 两种产品进行讨论，讨论的浓度分别为 40ppm，80ppm，120ppm，160ppm，200ppm，500ppm，1000ppm 和 2000ppm，通过倒杯实验进行两种防蜡剂的防蜡性能评价。选用防蜡剂和 HYL-02 和防蜡降凝剂 BHJN-20，防蜡产品如图 4 所示，具体成分及防蜡机理见表 1。

表 1 HYL-02 和 BHJN-20 成分及防蜡机理

产品名称	HYL-02	BHJN-20
类型	防蜡剂	防蜡降凝剂
成分	烷基磺酸盐表面活性剂 10%~30% 芳烃溶剂 70%~90%	羧基内酯类聚合物 30%~60% 羧酸酯类聚合物 10%~30% 芳烃溶剂 20%~40%

2.2 实验结果讨论

分别向 2#白油、56#蜡晶颗粒配成的 100g 含蜡原油中加入 40ppm，80ppm，120ppm，160ppm，200ppm，500ppm，1000ppm 和 2000ppm BHJN-20 及 HYL-02，并设置空白组进行周期为 12h 和 24h 的实验，实验结果如图 4 所示。

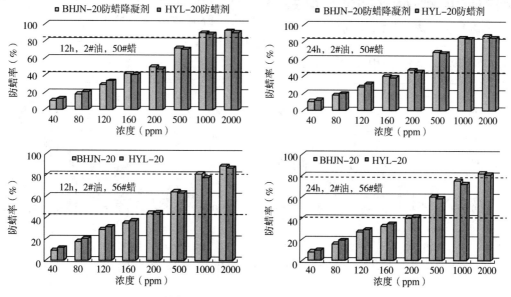

图 4 HYL-02 和 BHJN-20 防蜡率

图中红线虚线防蜡率为40%，根据行业标准，当防蜡率>40%时，防蜡效果较好；绿色虚线防蜡率为80%，当防蜡率>80%时防蜡效果显著。由图4可以得知，在12h低温析蜡条件下，当HYL-02和BHJN-20浓度大于200ppm可达到较好的防蜡效果，进一步增大浓度至大于1000ppm即可实现显著防蜡的效果。

在浓度200ppm以前，无论是12h实验还是24h实验，HYL-02的防蜡效果都略高于BHJN-20，但当200ppm以后，情况相反。这说明HYL在低浓度时作用效果更好，BHJN在高浓度时作用效果更好。

整体来看，随着防蜡剂浓度增大，防蜡率都呈现出升高的态势，且在1000ppm时达到最大值，这说明在浓度1000ppm以内，两种防蜡剂的浓度越高，防蜡率越高，防蜡效果越好，最终选取防蜡剂最佳浓度为1000ppm。

3 水合物抑制剂与防蜡剂复配实验

在优选防蜡剂并得到HYL-02和BHJN-20最佳注入浓度的基础上，开展陵防蜡剂与乙二醇注入配伍性评价实验。利用高压磁力搅拌釜，开展相应的水合物抑制剂与防蜡剂复配实验，实验装置如图5所示。

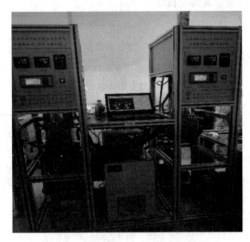

图5 高压磁力搅拌釜实验装置

图6和图7为防蜡剂与乙二醇复配实验的药剂作用效率。蜡和乙二醇实验结果表明，在泥线温度实验条件下，防蜡剂中添加乙二醇对防蜡有破坏作用，BHJN-20防蜡率下降幅度为3.1%~23.6%，HYL下降幅度微弱；HYL中甲醇、酰胺基协同抑制水合物生成速度，乙二醇中添加HYL会提高水合物防治效率；混合注入乙二醇和BHJN，BHJN中聚合物与乙二醇缔合，稀释乙二醇有效浓度，增大水合物防治难度，防蜡剂对乙二醇的影响可以忽略，乙二醇注入防治方案可以按照第三章中防治图版进行设计。

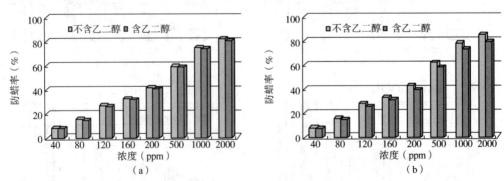

图6 含乙二醇的HYL-02(a)和BHJN-20(b)防蜡率

4 防蜡剂注入图版

结合A气田作业环境、配产方案、防蜡剂效果、药剂复配影响和井筒结蜡防治要求，考虑结蜡风险最大的重开井作业工况，选择 3/8in 的管线作为药剂注入管线，构建了 A 气田 12 口开发井结蜡防治的防蜡剂注入浓度图版，如图 8 所示。

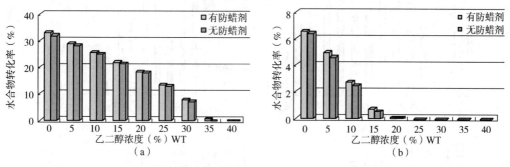

图 7　含防蜡剂(2000ppm)与乙二醇溶液的水合物防治率

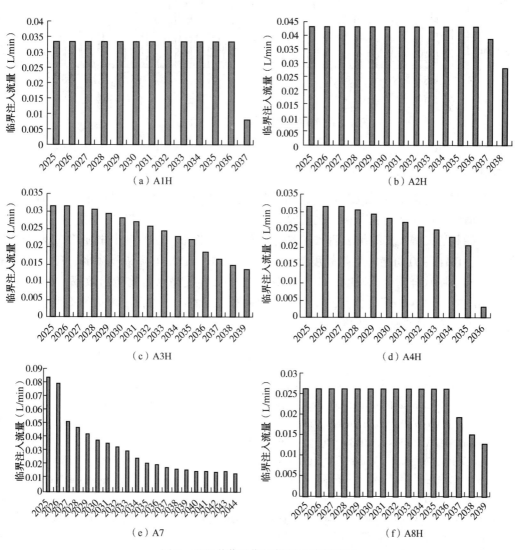

图 8　重开井作业期间蜡剂的临界流量

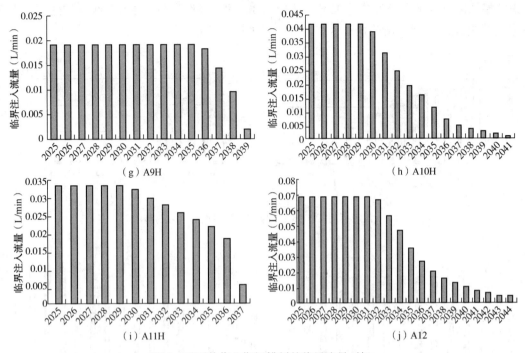

图 8　重开井作业期间蜡剂的临界流量(续)

5　结论

（1）在调研管道蜡沉积机理的基础上，归纳总结井筒气液两相蜡沉积主要影响机理有分子扩散、剪切弥散、剪切剥离和老化机理。

（2）蜡和乙二醇实验结果表明，在泥线温度实验条件下，防蜡剂中添加乙二醇对防蜡有破坏作用，BHJN-20 防蜡率下降幅度为 3.1% ~ 23.6%，HYL 下降幅度微弱；HYL 中甲醇、酰胺基协同抑制水合物生成速度，乙二醇中添加 HYL 会提高水合物防治效率；混合注入乙二醇和 BHJN，BHJN 中聚合物与乙二醇缔合，稀释乙二醇有效浓度，增大水合物防治难度，防蜡剂对乙二醇的影响可以忽略。

参 考 文 献

［1］　Weike, Daoyi Chen. A Short Review on Natural Gas Hydrate, Kinetic Hydrate Inhibitors and Inhibitor Synergists［J］. Chinese Journal of Chemical Engineering, 2019, 27(9)：2049-2061.

［2］　Perrin A, Musa O M, Steed Jonathan W. The Chemistry of Low Dosage Clathrate Hydrate Inhibitors［J］. Chemical Society Reviews, 2013, 42(5)：1996-2015.

［3］　Paso K G. Paraffin gelation kinetics［M］. University of Michigan. , 2005.

［4］　Ararimeh Aiyejina, et al. Wax Formation in Oil Pipelines：A Critical Review［J］. International Journal of Multiphase Flow, 2011, 37(7)：671-694.

［5］　Patton Charles C, Casad Burton M. Paraffin Deposition from Refined Wax-Solvent Systems［J］. Society of Petroleum Engineers Journal, 1970, 10(1)：17-24.

［6］　McClaflin G G, Whitfill D L. Control of Paraffin Deposition in Production Operations［J］. Journal of Petroleum Technology, 1984, 36(11)：1965-1970.

［7］　Groffe D, et al. A Wax Inhibition Solution to Problematic Fields：A Chemical Remediation Process. ［J］. Petroleum Science and Technology，2001，19（1-2）：205-217.

［8］ Allan K J，Wylde J J，Slayer J L，et al. Successful Application of LDHI and Paraffin Inhibitor Provides a Step Change in Flow Assurance Management in a Subsea Network in the Gulf of Mexico［C］.

［9］ 李锐，宁伏龙，张凌，等. 低剂量水合物抑制剂的研究进展［J］. 石油化工，2018，47（02）：203-210.

［10］ 李智明. 阻垢剂或缓蚀剂存在下水合物生长和黏附作用研究［D］. 广州：华南理工大学，2019.

［11］ 庞维新，姚海元，李清平，等. 水合物防聚剂的性能评价和现场测试［J］. 石油化工，2016，45（7）：862-867.

［12］ 蒋善良，陈超，利观宝，等. 盐含量对天然气水合物防聚剂性能的影响［J］. 天然气工业，2019，39（8）：120-125.

［13］ 郭健. 油井结蜡机理与清防蜡方法［J］. 化学工程与装备，2020（2）：140-141.

［14］ 李建波，税敏，蒋崎屿，等. 原油防蜡剂 FLJ-1 的合成及性能评价［J］. 精细石油化工进展，2013，14（2）：14-16.

［15］ 吕平平. 防蜡剂与低剂量水合物抑制剂的配伍性研究［D］. 广州：华南理工大学，2016.

［16］ 樊栓狮，郭凯，王燕鸿，等. 天然气水合物动力学抑制剂性能评价方法的现状与展望［J］. 天然气工业，2018，38（9）：103-113.

塔里木油田塔河南岸二叠系漏失机理及防漏堵漏技术对策

刘裕双[1]　张　震[2]　刘　潇[2]　张绍俊[2]　陈　林[2]　李　龙[1]

(1. 中国石油集团工程技术研究院有限公司；2. 中国石油塔里木油田公司)

【摘　要】 塔河南岸二叠系普遍存在火成岩，地层破碎、裂缝孔隙发育，钻井过程中漏失频发。因二叠系漏失导致的井壁失稳、卡钻等事故复杂严重影响钻井安全并制约着钻井提速。本文利用完钻井资料，重点分析了二叠系漏失机理，并根据地层地震相带特点提出了针对性防漏堵漏技术措施。空白相易漏失，应加强封堵性能，井漏时使用桥浆停钻堵漏，提高地层承压能力；杂乱相孔隙较发育，应控制合理密度，并根据漏失情况选择桥浆、随钻堵漏等；平行相不易漏失，重点优化钻井液流变性能。此外，通过引入封隔式分级箍，成功解决二开长裸眼固井漏失难题，现场应用效果优异，为油田安全快速钻井提供了强有力的技术支持。

【关键词】 塔河南岸；二叠系火成岩；漏失；防漏堵漏；技术对策

井漏是指在石油、天然气勘探开发过程中，井筒内工作液漏失到地层中的现象。井漏的发生必须具备三个条件：(1)地层中存在能使工作液流动的漏失通道，如孔隙、裂缝或溶洞，且漏失通道开口尺寸至少应大于工作液中的固相颗粒直径，才会发生漏失。(2)井筒与地层之间存在能使工作液在漏失通道中发生流动的正压差，当该压差大到足以克服工作液在漏失通道中的流动阻力时会发生井漏。(3)地层中存在能容纳一定体积的工作液的空间，才有可能构成一定数量的漏失。

塔里木油田塔河南岸区块二叠系普遍发育火成岩，由于地层破碎、裂缝发育，漏失频发。因二叠系漏失导致的井壁失稳、卡钻等事故复杂严重制约着钻井提速。塔河南岸二叠系火成岩分布广、厚度不均且纵横向上岩性变化大，漏失特点各不相同，堵漏措施针对性不强，导致堵漏效果差、效率低。强化二叠系地质特点的精细研究，弄清漏失机理并制订针对性堵漏措施对于安全快速钻井具有重要意义。郭小勇以及李金锁等[1,2]研究了火成岩发育地层井壁失稳机理，研究结果表明火成岩地层岩石微裂缝普遍发育，若工作液不能对裂缝形成有效封堵，工作液易进入裂缝，造成岩石强度下降，引发井壁失稳。王新新等[3]通过分析漏失井岩性、地震相、漏失位置及漏失量，结合裂缝发育特征，将二叠系地震相带分为了空白相、杂乱相(亚平行相)、平行相，并明确了不同相带的漏失规律与控制因素。其研究认为二叠系火成岩空白相裂缝发育段易发生恶性漏失；杂乱相带孔隙较为发育，易发生少量漏失；平行相带地层胶结较好，一般不易发生漏失或漏失量较小。滕学清等和陈曾伟等[4,5]开展了二叠系火成岩井段漏失特性研究，对钻井液体系性能进行了优化，强化了封堵效果，并

作者简介：刘裕双，工程师，1990年生，2016年获西南石油大学材料物理与化学专业硕士学位，现主要从事钻井液技术研究工作。地址：北京市昌平区沙河镇西沙屯桥西中国石油创新基地A34地块；电话：010-80162082；E-mail：liuyshdr@cnpc.com.cn。

提出了裂缝性地层堵漏技术。

塔河南岸区块地层钻进过程中，因钻遇裂缝、孔隙发育的二叠系火成岩而导致的恶性漏失及井壁失稳时有发生，对钻井安全及进度造成严重影响。本文根据地质研究成果、已钻井资料，重点分析了二叠系漏失机理，找出了影响井壁稳定的原因，并提出了针对性防漏堵漏技术对策，现场应用效果较好，为油田安全快速钻井提供了强有力的技术支持。

1 塔河南岸地质特点

塔河南岸地层发育较全（表1），自上而下钻遇第四系—奥陶系，部分区块缺失泥盆系，主要目的层为奥陶系一间房组—鹰山组一段。上部地层泥岩较发育，易水化分散，黏附于井壁、钻头上造成阻卡；二叠系地层破碎，普遍发育火成岩，以凝灰岩和玄武岩为主，极易发生漏失和井壁失稳；部分区块石炭系发育膏盐岩，易发生缩径卡钻；部分区块奥陶系发育高压盐水，易造成溢流及污染钻井液；目的层裂缝较发育易发生漏失。

表1 塔河南岸地质分层及岩性特点

地　　层		岩 性 特 征	钻 井 风 险
第四系		黏土、散沙、沙质黏土，未成岩	防斜、防阻卡
新近系		砂质泥岩、膏质泥岩、粉砂岩、泥岩、砂砾岩	
古近系		粉砂岩、含砾砂岩	
白垩系		细砂岩、粉砂岩、砂砾岩、泥岩	
侏罗系		粉砂岩、泥岩、煤层	
三叠系		泥岩、粉砂岩、砂砾岩、细砂岩	
二叠系		凝灰岩、玄武岩、泥岩、粉、细砂岩	防漏失、防塌
石炭系		砂岩、泥岩、砂砾岩、石灰岩、石膏（玉科、哈得23含盐）	防缩径、卡钻
泥盆系		细砂岩	防阻卡
志留系		细砂岩、粉砂岩、泥岩	
奥陶系	铁热克阿瓦提组	粉—细砂岩、细砂岩、泥岩	
	桑塔木组	灰质泥岩与含泥灰岩互层	
	良里塔格组	泥晶灰岩、含泥灰岩	防漏失、溢流
	吐木休克组	褐灰、褐色泥晶灰岩、含泥灰岩互层	
	一间房组	砂砾屑灰岩、瓶筐障积岩、鲕粒灰岩	
	鹰一段	泥晶灰岩、砂屑灰岩	

2 已钻井情况分析

2.1 井身结构

塔河南岸主体井身结构为塔标Ⅲ三开井身结构，部分区块使用塔标Ⅰ四开井身结构，以应对石炭系膏盐层及奥陶系高压层等特殊层段，基本满足塔河南岸勘探开发需求。

（1）塔标Ⅲ三开井身结构，HD23区块、YUEM区块和FY区块等主要采用该井身结构，一开封固上部疏松地层；二开钻至目的层顶部，封固长裸眼井段；三开目的层专打，裸眼完井。

（2）塔标Ⅰ四开井身结构：一开封固上部疏松地层；二开封固二叠系或石炭系盐层；三开封固奥陶系吐木休克组泥岩；四开目的层专打，裸眼完井。

2.2 钻井液应用情况

塔河南岸全井段使用水基钻井液体系，全井平均井径扩大率控制在15%以内，满足钻井工程需求。

（1）钻井液体系：一开使用膨润土聚合物体系；二开使用氯化钾聚合物、氯化钾聚磺体系/欠饱和盐水体系；三开使用氯化钾聚磺体系；四开使用聚磺体系。

（2）井壁稳定性：三叠系坍塌压力较高，易发生掉块垮塌；二叠系断裂、火成岩发育，承压能力低，极易漏失，造成井筒液柱压力下降，进一步引发井壁失稳，井径扩大率最高达60%（图1）。

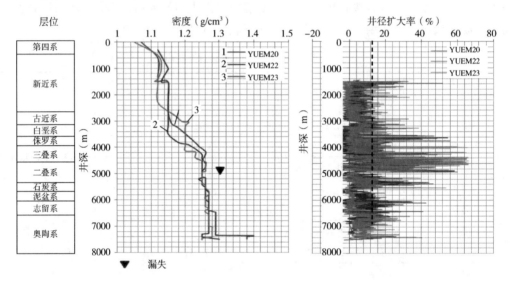

图1 YUEM区块部分完钻井实钻密度及典型井径扩大率曲线图

2.3 固井情况

塔河南岸二叠系承压能力为 $1.25 \sim 1.35 g/cm^3$，固井压力窗口窄，下套管即开始漏失或失返，难以实现全井封固；裸眼段长（平均5800m），二叠系漏失严重影响全井段固井质量。

（1）HD23区块、YUEM区块和FY区块等已钻井主体为塔标Ⅲ三开结构，二开一般封至奥陶系良里塔格组，主要采取正注反挤的固井。二叠系火成岩承压能力低，固井期间极易发生漏失，水泥浆很难返至二叠系以上井段。二开封固段合格率为47%～62.5%，平均空套管长度为2005～3460m。

（2）YK区块、LC区块、YUEMX区块和GL区块等已钻井主体为塔标Ⅰ四开结构，二开主要封至二叠系底或石炭系标准灰岩段，采取正注反挤的固井。二叠系火成岩承压能力低、易漏失，难以实现全井封固。二开封固段合格率为22.7%～38.9%，平均空套管长度为2182～2910m。

2.4 事故复杂情况

所选参考井中二叠系及以下地层共发生井漏36井次（占比64.29%）、卡钻10井次（占比17.86%）、溢流10井次（占比17.86%），单井损失1～160天不等。非目的层漏失主要集中在二叠系，因漏失产生的非生产作业时效占平均周期10%左右(图2)。二叠系漏失导致井筒液柱压力降低，不能平衡地层坍塌应力，发生掉块垮塌，进一步引发卡钻事故。

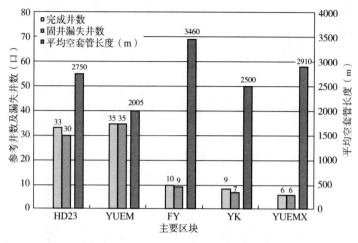

图2　固井漏失及空套管长度情况统计表

2.5　钻完井周期

塔河南岸平均井深7183m，钻井周期157天，钻井完井周期164天。统计表明，二叠系以上段长4575m/28d、二叠系及以下地层2929m/192d。二开长裸眼井段二叠系漏失导致的垮塌、卡钻等事故复杂多是导致钻井周期长的重要原因之一(图3和图4)。弄清塔河南岸二叠系漏失机理，制定合理有效的防漏堵漏措施，有利于全井筒提速，缩短钻井周期，节约钻井成本。

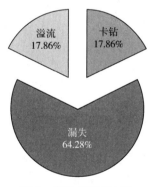

图3　完钻参考井事故
复杂占比分析

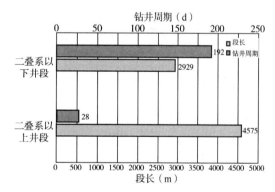

图4　塔河南岸二叠系上部与下部
井段长度及钻井周期对比

3　二叠系漏失机理分析及技术对策

3.1　漏失机理分析

3.1.1　漏失通道

塔河南岸二叠系与三叠系呈不整合接触，交界面裂缝发育。三叠系早期沉积的泥岩覆盖在二叠系沉积晚期经过风化剥蚀的火成岩层之上，形成角度不整合接触。地层不整合接触面往往裂缝极为发育，是井漏的主要漏失通道之一。

塔河南岸二叠系中上部普遍发育火成岩，岩性主要为凝灰岩、玄武岩，岩性破碎，易发生井漏。凝灰岩内部颗粒之间胶结物质少，承压能力较弱；玄武岩结构复杂且不均质性强，内部孔隙和裂缝发育，在动态液柱正压差压力作用下，钻井液极易漏失。

此外，二叠系底部存在砂泥岩互层，渗透性较好，易发生为孔隙型漏失。同时受构造运动影响，二叠系还往往发育断层，与下伏石炭系呈不整合接触，易发生裂缝性漏失。

3.1.2 漏失空间

塔里木油田地质勘探成果及实钻情况揭示了火成岩空间展布规律。塔里木油田基于地震切片及剖面图将二叠系火成岩地震相分为平行相带、杂乱相带、空白相带三个单元(图5和图6)。平行相带地层胶结较好，一般不易发生漏失或漏失量较小；杂乱相带孔隙较为发育，易发生渗透性漏失；空白相带孔隙、裂缝较为发育，易发生失返性大漏失。根据15口参考井漏失数据统计分析，空白相带漏失量较大，平均单井漏失885m³；杂乱相带平均单井漏失188m³；平行相带漏失量较小，平均单井漏失6m³。实钻情况与地震相分析研究相符。

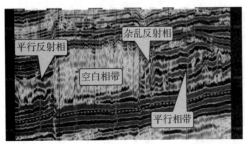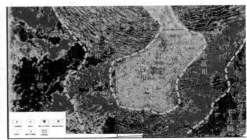

图5　二叠系火成岩地震相及火成岩切片

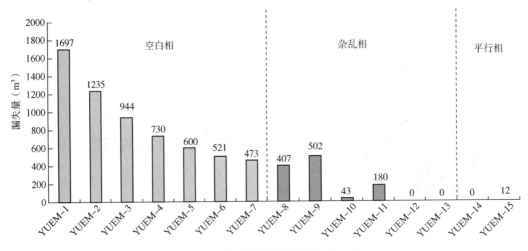

图6　二叠系不同地震相带漏失统计表

3.1.3 漏失压力

塔河南岸三叠系地层坍塌压力较高(ECD为1.28g/cm³)，在实钻过程中为保持井壁稳定使用1.25～1.28g/cm³的钻井液钻进。由于二叠系地层普遍存在火成岩，裂缝孔隙发育，承压能力较低，在1.25g/cm³左右即发生漏失，导致井筒内液柱压力降低，不能平衡地层坍塌压力，进一步引发三叠系及二叠系井壁失稳、卡钻等事故复杂(表2)。

表 2　关键层位坍塌压力及漏失密度

层　位	坍塌压力系数	漏失密度（g/cm³）	层　位	坍塌压力系数	漏失密度（g/cm³）
T	1.28	—	C	1.24~1.26	—
P	1.23~1.26	1.25			

3.2　钻井难点及技术对策

塔河南岸二开长裸眼井段穿越多套层系，其中三叠系地层坍塌应力较高，硬脆性泥岩易剥落掉块；二叠系发育火成岩，由于裂缝、微裂缝和弱面的存在，易发生恶性漏失，同时在钻具的冲击和钻井液侵入的影响下，易发生掉块、坍塌，导致井壁失稳。

塔河南岸二开长裸眼井段高效快速钻进的关键在于制定针对性措施，降低垮塌、卡钻等事故复杂，重点做好二叠系的防漏及漏失后高效堵漏工作。

（1）加强地质工程一体化研究，强化钻前预测。落实塔河南岸二叠系火成岩分布规律、地震相及岩性特征，为部署有利井位提供基础条件。

（2）制定合理工程措施。在地质预测及参考邻井实钻情况的基础上，优化设计钻具组合，强化钻井液性能，合理选择固井方式，并针对重点地层制定有效措施，保证二开长裸眼井段安全快速钻进。

（3）优化钻井液性能。一开使用膨润土聚合物体系，保持较高膨润土含量、高黏切、强包被、强造壁能力。二开使用氯化钾聚合物、氯化钾聚磺体系/欠饱和盐水体系，二叠系发育火成岩，易漏、易垮，控制适当钻井液密度，加足胶体沥青及磺化沥青加强封堵，并配合其他封堵材料进一步增强钻井液封堵防塌能力。三开使用氯化钾聚磺体系，加足抗高温降滤失剂，保证钻井液性能稳定。四开使用聚磺体系，定向段和水平井段钻进控制良好的流变性能，保证体系抗温能力，确保钻井液具有优良的润滑防卡能力。

（4）做好防漏堵漏工作，保证井壁稳定。根据区块实钻情况，精细化设计钻井液密度，加强封堵性能，做好防漏工作。火成岩地层钻进中控制适当的钻井液黏切，保持良好流变性，尽可能降低 ECD，预防井漏。通过室内研究及现场试验，形成针对性堵漏模板。空白相易漏失，应加强封堵性能，漏失时使用桥浆停钻堵漏；杂乱相孔隙较发育，控制合理密度，根据漏失情况选择桥浆、随钻、桥浆+随钻堵漏；平行相不易漏失，重点优化钻井液流变性能。

（5）引入新型工具，提升固井质量。二开井段裸眼段长，穿越多套层系，且二叠系承压能力较低，固井易发生漏失。常规一次上返固井工艺、普通分级箍分级固井工艺均无法实现含二叠系的全封固井，大段长套管严重影响该地区的井筒质量水平。通过专项科研攻关，成功研发出封隔式分级箍，解决二开长裸眼固井难题。

4　现场应用

YUEMA 井位于塔里木盆地北部坳陷，采用四开井身结构。二开 φ311.2mm 井眼，钻至 5500m 左右，二叠系（厚约 600m）专封，裸眼段长 4300m，实钻最高密度 1.26g/cm³。通过地质工程一体化研究，合理选择井位避开二叠系空白地震相带，优化钻井液封堵防塌性能、精细化密度设计等措施，实现了二开全段钻进无漏失。

二开固井应用最新研发的底部带封隔器的分级箍，成功实现含二叠系易漏层的 5500m 左右长裸眼全封固井，在一级固井漏失条件下实现二级水泥浆成功返出地面，打破了跃满西区块二开固井多年无法成功一次上返的纪录。封隔式分级箍的研发与成功试验，为解决空套管难题又提供了一条强有力的技术手段，可大幅提高油田井筒质量水平，实现高温高压油气井的安全高效服役(图7)。

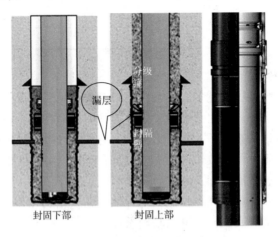

封固下部　　　　封固上部

图7　带封隔器分级固井示意图

5　结论

(1) 塔里木油田塔河南岸二叠系微裂缝、断层发育，是漏失的主要通道；地震相带及实钻情况表明，平行相带地层胶结较好，一般不易发生漏失或漏失量较小；杂乱相带孔隙较为发育，易发生渗透性漏失；空白相带孔隙、裂缝较为发育，易发生恶性漏失。

(2) 三叠系坍塌压力较高，易发生垮塌，需要较高密度维持井壁稳定；二叠系微裂缝发育，为钻井液侵入地层岩石内部提供了通道，压差大时可能产生强烈的水力劈裂作用，导致火成岩掉块垮塌。漏失会使井筒液柱压力降低，进一步加剧井壁失稳，固井质量难以保障。

(3) 通过地质工程一体化研究，加强钻前预测，合理选择井位，避开二叠系空白地震相带，有利于降低二叠系恶性漏失风险。

(4) 通过室内研究及现场试验，形成针对性防漏堵漏技术图版。空白相易漏失，重点加强封堵性能，漏失时使用桥浆停钻堵漏或专封；杂乱相孔隙较发育，控制合理密度，并根据漏失情况选择桥浆、随钻、桥浆+随钻堵漏；平行相不易漏失，重点优化优化钻井液流变性能。

(5) 引入封隔式分级箍，现场应用效果优异，成功解决二开长裸眼固井难题。封隔式分级箍的研发与成功试验，为解决空套管难题又提供了一条强有力的技术手段，可大幅提高油田井筒质量水平，实现高温高压油气井的安全高效服役。

参 考 文 献

[1] 郭小勇．火成岩地层井壁稳定技术研究进展[J]．重庆科技学院学报(自然科学版)，2009，11(6)：42-44.

[2] 李金锁，王宗培．塔河油田玄武岩地层垮塌、漏失机理与对策[J]．西部探矿工程，2006，121(5)：137-139.

[3] 王新新，朱永峰，杨鹏飞．塔里木盆地哈拉哈塘油田A-B区块二叠系火成岩漏失原因与应对措施[J]．地质科技情报，2019，38(2)：130-136.

[4] 滕学清，王克雄，郭清．哈得逊地区二叠系火成岩钻井钻井液配方优选室内实验研究[J]．探矿工程，2010，37(8)：19-22.

[5] 陈曾伟，刘四海，林永学．塔河油田顺西2井二叠系火成岩裂缝性地层堵漏技术[J]．钻井液与完井液，2014，31(1)：40-43.

延长油田水平井钻井液技术及复杂情况探究

张文哲[1,3]　李　伟[1,3]　申　峰[1,3]　王　波[1,3]　薛少飞[1,3]　刘　云[2]

(1. 陕西延长石油(集团)有限责任公司研究院；

2. 延长油田股份有限公司勘探开发技术研究中心；

3. 陕西省特低渗透油气田勘探开发工程技术研究中心)

【摘　要】　延长油田水平井技术发展迅速，侏罗系延安组和三叠系延长组作为主力层位开发初具规模。延长油田水平井钻井技术，特别是钻井液技术研究显得尤为关键。现阶段延长油田水平井钻井所用的 K-PAM 聚合物钻井液体系存在流变性不佳、封堵和抑制性不足等缺点，室内通过对地层岩性和钻井技术难点分析，优化形成了新的水平井钻井液体系，并指出水平井钻井液性能要求。针对延长油田实际情况，提出水平井钻井液应用基本原则和主要优缺点。以定边页岩油井塌为例，对定边水平井坍塌问题进行深入探究，给出具体集体措施，现场应用效果较好。

【关键词】　延长油田；水平井；设计原则；K-PAM；井塌

1　延长油田水平井钻井液技术

1.1　区域概况

延长油田位于鄂尔多斯盆地陕北斜坡东部，该地区在三叠纪晚期是大陆性湖泊，在晚三叠纪中早期，它是这个湖泊发育的鼎盛时期，在这几个时期积存了大量的珍贵油页岩，油页岩为该盆地生油创造了主要条件，也为中生界石油的大量形成与储存创造了绝佳的条件[1]。但与此同时，油页岩由于其硬脆性、片理结构，在钻井过程中易发生坍塌、卡钻等复杂情况，也成为延长钻井的一大难题[2-3]。

近年来，延长油田水平井开发发展迅速，每年都以上百口的钻井数逐步平稳增加，其开采效果也日益显现[4-5]。自 2009 年陕西延长石油(集团)有限责任公司(简称延长石油集团)研究院开始成功探索水平井现场试验——薛平 1 井，至 2020 年全油田已超 1400 余口水平井。可以说水平井开发技术取得了较快发展，水平井开发已经初具规模。从延长油田历年完钻的水平井分析可见，水平井项目在改善低渗透油藏储层渗流过程，提高单井产量及稳产期方面发挥了较高优势。因此，延长油田水平井的高效开发，也使得钻井工艺，特别是钻井液工艺研究显得尤为关键。通过室内研究和现场跟踪，根据地层原因和钻井液特性，对延长油田整体划分为 4 个区块，即东部浅层区块、西部深层区块、浅层大位移井区块及复杂区块。

基金项目：国家"十三五"科技重大专项"大型油气田及煤层气开发"(2017ZX05039)；延长石油集团项目。"延长致密油储层改造关键技术研究"(ycsy2016ky-A-06)。

作者简介：张文哲(1987—)，男，工程师，从事钻井液工艺技术研究。地址：陕西省西安市科技二路 75 号延长石油研究院；E-mail：eagle. 1983@ 163. com。

对延长油田主要区块 2019 年已完钻水平井（共计 165 口）主力储层进行了统计，统计结果见表 1。

表 1 延长油田主力储层统计 单位：%

主要储层	延长组	长 8	10.40
		长 7	14.30
		长 6	26
		长 2	10.40
	延安组	延 10	10.40
		延 9	11
水平段长度		<500m	5
		500～1000m	54
		≥1000m	41

针对延长油田的四大区块，主力油层为延安组延 9、延长组长 4+5、长 6、长 7 和长 8 油层。延长油田主力油层孔隙度、渗透率普遍偏低，属于低孔、低渗油藏。通过区域情况，延长水平井钻井液体系需根据不同地层特性，建立起不同区域地层的钻井液体系及其性能指标，为水平井开发提供主要钻井依据。

延长油田在水平井开发、页岩油勘探、下组合致密油开发等领域取得进展，对钻井液性能指标提出更高要求。2021 年七里村采油厂水平井（P-17 平 6 井）顺利完钻，油层垂深仅 278m，位垂比 2.09，创造了延长油田第一口超浅层水平井，刷新了鄂尔多斯盆地水平井最浅垂深纪录。

1.2 钻井液应用基本原则和主要优缺点

1.2.1 钻井液设计指导原则

（1）安全钻井。

P-17 平 6 井设计为水平井，因此钻井液性能应具有良好的润滑性、防塌护壁能力和携带岩屑和悬浮岩屑的能力，维持井壁稳定，确保钻井施工顺利。

（2）储层保护。

水平井段在油层延伸，目的层暴露于钻井液的面积大，浸泡时间较长，如果进入储层后的钻井液体系及性能设计不当，势必造成对其伤害。因此，在保证水平井段安全钻进的前提下，所设计的钻井液体系及性能对储层的伤害应降至最低。

（3）优快钻井。

根据钻井实际，按时检测钻井液性能，及时补充相关处理剂并持续跟踪钻井液性能变化，做好现场小样测试。按照设计中要求的设计规程操作，确保钻井液密度、流变性、失水造壁性、润滑性、抑制性和封堵性在设计的可控范围内，和定向、录井及钻井工艺紧密结合，最终达到优快钻井的目的。

1.2.2 现用钻井液体系主要优缺点

延长油田水平井钻井液以聚合物体系为主，是以絮凝和包被作用的高分子作为主处理剂的水基钻井液[6-7]。其主要优点表现在：钻井液密度和固相含量低，因而钻进速度可明显提高对油气层的伤害程度也较小；剪切稀释特性强。在一定泵排量下，环空流体的黏度、切力较高，因此具有较强的携带岩屑能力，而在钻头喷嘴处的高剪切速率下，流体流动阻力较小,有利于提高钻速;聚合物处理剂具有较强的包被和抵制分散的作用,因此有利于保持井壁稳定。

经过延长油田现场钻井实践,根据延长油田主要地层和钻井工艺条件,聚合物钻井液还存在一些缺点:聚合物钻井液抗高温、抗盐性能不佳,且主要是用于古近系及以上地层,钻遇掉块严重,坍塌突发性的地层或夹层,其悬浮携带能力欠佳或者很无奈,出现复杂事故概率很高。

因此,延长油田现用的聚合物钻井液需要优选性能较为优良的处理剂并完成配伍性实验,最终对比、确定性能比较稳定的钻井液体系。

1.3 水平井钻井液体系优化

1.3.1 水平井钻井液性能要求

通过调研和室内实验研究,在水平井施工中应用的钻井液,其性能必须满足水平井钻井工艺的需要,确保安全快速钻进,保护好油气储层。水平井钻井液性能的要求如下:

(1)密度。

根据前期室内实验研究和现场钻井液性能跟踪分析,延长油田水平井钻井液密度在水平段储层中控制在 $1.03 \sim 1.10 \text{g/cm}^3$。其中,长 6 以上层位(含长 6)密度控制在 $1.03 \sim 1.08 \text{g/cm}^3$,长 6 以下深层控制在 $1.08 \sim 1.10 \text{g/cm}^3$。

(2)塑性黏度、动切力和静切力。

提高低剪切速率下的钻井液黏度,才能有效地提高水平井悬浮钻屑的能力及防止钻屑床的形成,国内各油田钻水平井的实践得出钻井液的静切力最好大于3Pa[8]。

采用层流钻进,塑性黏度一般应大于16mPa·s,动塑比可控制在0.4~1.0,动切力最好大于10Pa,尽可能降低表观黏度以减少循环压耗。水平井段如采用紊流钻进,应尽可能降低钻井液的表观黏度,动塑比最好仍能维持在0.4以上。降低钻井液的凝胶强度,减少压力激动。

采用加重钻井液钻进时,当井斜达45°左右时,会发生"垂沉"现象,加剧了岩屑床的形成及其厚度的增加,从而使井眼净化问题更为严重。为了克服加重钻井液在大井斜井段所发生的"垂沉"现象,可通过提高钻井液的静切力来解决,使钻井液达到"紊流"状态,其值可依据现场当时的钻井情况,由室内模拟井下条件进行实验来确定。

(3)滤失量与滤饼。

降低滤失量与滤饼的渗透率,特别是 HTHP 滤失量,国内大部分水平井钻井液的 HTHP 滤失量均低于 15mL。提高滤饼质量,滤饼应薄、韧、可压缩、渗透度低。

(4)润滑性。

滤饼摩擦系数应尽可能低于 0.08,此外还应降低钻井液的润滑系数,以减少钻具与套管之间的摩擦阻力。

(5)固相控制。

使用四级净化设备,严格控制含砂量低于 0.1%。

(6)油气层渗透率恢复值。

为了减少对油气层的伤害,钻进水平井段所用的钻井液必须与油气层特性相匹配,渗透率恢复值必须高于 85%。

(7)井壁稳定性。

钻井液必须能有效地稳定井壁,检测其对所钻遇地层的回收率、膨胀率、封堵性能及稳定井壁的其他技术指标。提高钻井液抑制性和封堵性，尽最大可能减少钻井液对地层坍塌压力的影响。

1.3.2 延长油田现用水平井钻井液体系及其优化

根据延长油田现有的工程设计，现阶段延长油田水平井钻井液体系根据不同钻井阶段主要分为膨润土钻井液、聚合物钻井液等几个体系，其主要处理剂也以钾盐聚合物为主[8]（表2）。

表2 延长油田现场所用体系及主要处理剂

井 段	钻井液类型	主要处理剂
表层	钠膨润土钻井液	—
直井段	无固相聚合物钻井液体系	K-PAM、降滤失剂、抑制剂
造斜段	低固相强抑制钻井液体系	K-PAM、降滤失剂、润滑剂、抑制剂、地层压力增强剂
水平段	低伤害低摩阻钻井液体系	K-PAM、降滤失剂、润滑剂、抑制剂、成膜剂

通过室内实验研究分析，综合对比钻井液常规性能、抑制性能、润滑性能，以定边长7页岩油为主要目的层的水平井为例，优选出的各井段钻井液体系基础配方如下。

直井段配方：4%膨润土+0.2%Na_2CO_3+0.2%K-PAM+0.3%～0.5%COP-HFL聚合物降滤失剂，其主常规性能见表3。

表3 直井段钻井液常规性能测定

常 规 性 能				AV (mPa·s)	PV (mPa·s)	YP (Pa)	动塑比	n	K (Pa·s^n)
密度 (g/cm^3)	FL(mL)		pH 值						
	API	HTHP							
1.02	8.4	15.6	10	14	12	2	0.17	0.8069	0.0258

造斜段配方：4%膨润土+0.2%Na_2CO_3+0.5%K-PAM+1.0%～1.5%COP-HFL聚合物降滤失剂+0.5%～1.0%水基润滑剂+1%～2.0%无荧光防塌剂（磺化沥青）+0.5%～1.0%地层压力增强剂，其主常规性能见表4。

表4 造斜段钻井液常规性能测定

常 规 性 能				AV (mPa·s)	PV (mPa·s)	YP (Pa)	动塑比	n	K (Pa·s^n)
密度 (g/cm^3)	FL(mL)		pH 值						
	API	HTHP							
1.03	7	11.5	32.5	32.5	25	15	0.6	0.7045	0.252

水平段：4%膨润土+0.2%Na_2CO_3+0.4%K-PAM+1.5%～2.0%降滤失剂+1.5%～2.0%润滑剂+1.0%～1.5%无荧光防塌剂（磺化沥青）+0.5%～1.0%成膜剂（长8加入5%左右护壁剂）+1.0%低渗透储层保护剂；其主常规性能见表5。

表5 水平段钻井液常规性能测定

常 规 性 能				AV (mPa·s)	PV (mPa·s)	YP (Pa)	动塑比	n	K (Pa·s^n)
密度 (g/cm^3)	FL(mL)		pH 值						
	API	HTHP							
1.07	5.2	9.2	10	59.5	48	23	0.48	0.7480	0.3408

通过实验数据，优化后的体系基本上满足我们现场水平井钻井液的性能指标要求，且性能有大幅度提升。

2 延长水平井钻井液复杂情况——以定边页岩油井塌为例

2.1 水平井钻井液复杂情况概述

延长水平井钻井液体系在运用过程中，泥页岩段坍塌掉块、遇阻情况较为严重，钻井液抑制性和封堵性需要进一步加强。以定边区块罗庞塬地区坍塌问题为案例参考对照。

2.2 定边页岩油水平井坍塌问题探究

定边采油厂罗庞塬地区主力油层为延长组长7储层，根据探井资料显示该区长7地层厚度一般85~110m，岩性主要为油页岩、暗色泥岩、砂质泥岩夹灰黑色粉细砂岩[9]。该区的LP-5井、LP-7井、LP-6井、LP-9井和LP-10井，在钻进过程中多口井接连发生井塌等复杂情况，最严重的填井、侧钻三次，现场钻井液体系性能选取尤为重要。现场遇到的主要问题，如下：

（1）钻遇油页岩。根据地质资料，该区域长6与长7交界面有一段垂深2~3m的油页岩，由于在造斜段，斜深20m左右。根据井队出具的事故报告可以看出，钻井液长时间浸泡导致了油页岩的垮塌，从而引起了井壁失稳。

（2）钻井液性能不足。钻井液抑制性能不足，导致页岩水化，形成掉块；钻井液失水量高，虚滤饼较为严重、滤饼质量差；润滑性能不足，导致斜井眼不规则，造成卡钻。

经过现场实验监测和取样分析，认为主要的技术措施为：

（1）控制力学平衡。

根据现场选取的掉块，进行抑制性能评价，发现该区域掉块主要为硬脆性掉块，应主要从力学角度进行平衡。在斜井段，钻至该不稳定层段前50m处就应该提高钻井液的密度，密度最好提高到1.18~1.24g/cm³。

（2）采用防塌钻井液体系，提高钻井液的封堵性能与抑制性能。

在不稳定的泥岩段钻井，需使用防塌钻井液体系，应使用足量无荧光防塌剂（改性沥青类）、不同目数的超细碳酸钙配合加入钻井液中，以增强钻井液的封堵、润滑和防塌能力，保证起下钻畅通；保持聚合物足够的浓度，使钻井液具有较高的滤液黏度，必要时可以加入一定量的聚胺抑制剂来提高钻井液抑制性能；在控制好钻井液流变性、失水造壁性的前提下，提高泥页岩段钻井液的封堵性和抑制性。

（3）提高钻井液的岩屑携带能力。

补充定量的聚合物，提高钻井液的动切力，保证动塑比在0.36~0.48范围内，防止岩屑床的形成，才能有效地减少卡钻事故发生；控制好钻井液的漏斗黏度在50~70s。

（4）改善滤饼质量。

加入足量的降失水剂，降低钻井液的高温高压失水量；加入足量的润滑剂，保证钻井液的润滑性能，从而提高滤饼质量，保证斜井段井眼的规则。

（5）细水长流，提前加入相关处理剂，做到提前预防。

进入目的层长7顶部油页岩前，提前加入定量的降失水剂、抑制剂，提高滤饼致密且有韧性；防塌钻井液体系可在造斜段提前使用。

（6）避免压力激动。

正常起下钻过程中，做到缓慢且平稳，杜绝井底压力激动，避免钻具与井壁过度碰撞造成井壁失稳。

现场通过对该优化后的技术措施应用，油页岩段井壁坍塌情况得到有效控制，井壁失稳水平井大部分都已顺利完钻。

2.3 现场应用

（1）LP-16 井。

LP-16 井钻进过程中，在进入不稳定地层延长组长 7 段之前转化为防塌钻井液体系，并使用加重材料逐步将钻井液密度提高到 1.21g/cm³，钻进过程中钻井液漏斗黏度一直稳定在 60~65s 间，最大限度地清除钻井液中的有害固相(含砂量 0.3% 以内，固相含量 3% 以内)，使钻井液体系密度在 1.20g/cm³ 以上仍可保持很好的流变性能；同时，在造斜段和水平段提高钻井液的润滑性，避免托压问题而保证该井段的快速顺利钻进。

从现场试验的钻井液性能来看，防塌钻井液体系在罗庞塬区块应用效果良好，钻进泥岩井段岩屑均匀返出，未发生明显掉块，很好地解决了该区块常出现的井塌、卡钻等复杂问题，现场钻井液性能见表 6。

表 6 LP-16 井新体系试验井段现场钻井液性能

井深 （m）	常规性能								PV （mPa·s）	YP （Pa）	动塑比	K_f	备注
	ρ （g/cm³）	FV （s）	FL（mL）		滤饼厚度 （mm）	含砂量 （%）	pH 值	静切力（Pa）					
			API	HTHP				10s	10min					
2357	1.16	52	4.0	13.6	0.5	0.3	8	1.0	4.5	15	7.0	0.47	0.12	转化配浆
2566	1.18	64	4.8	13.2	1.0	0.3	9	4.5	7.0	20	9.5	0.48	0.07	造斜段
2657	1.19	66	4.8	14.0	1.0	0.3	9	4.0	7.5	20	10.0	0.5	0.07	造斜段
2755	1.21	67	5.0	13.8	0.5	0.3	9	5.0	9.5	19	9.5	0.5	0.07	水平段
3184	1.19	58	5.0	12.4	0.5	0.3	9	2.5	7.5	20	9.0	0.45	0.07	水平段
3345	1.18	58	5.0	12.6	0.5	0.3	9	3.0	8.0	20	8.5	0.43	0.07	完钻

（2）P-17 平 6 井。

相关技术成果推广至浅层大位移井。P-17 平 6 井从井斜 80° 开始(长 6 底部)应用该防塌钻井液体系，顺利完成了钻井、测井和下套管等作业，整个过程中有效解决了井壁稳定、携岩和润滑等技术问题。造斜段和水平段试验体系钻井液性能参数见表 7。

表 7 P-17 平 6 井新体系试验井段现场钻井液性能

井深 （m）	常规性能								PV （mPa·s）	YP （Pa）	动塑比	K_f	备注
	ρ （g/cm³）	FV （s）	FL（mL）		滤饼厚度 （mm）	含砂量 （%）	pH 值	静切力（Pa）					
			API	HTHP				10s	10min					
1440	1.17	60	3.2	13.8	1.0	0.2	9	2	5	26	8.5	0.33	0.12	转化配浆
1530	1.18	59	4.2	12.8	0.5	0.3	8	2	5	26	8	0.31	0.07	造斜段
2500	1.18	62	3.6	13.0	1.0	0.3	9	2.5	7	24	10.0	0.42	0.08	水平段
2698	1.19	69	4.0	12.4	0.5	0.2	8	3.5	9.5	25	11.5	0.46	0.07	水平段

井深 (m)	常 规 性 能									PV (mPa·s)	YP (Pa)	动塑比	K_f	备注
	ρ (g/cm³)	FV (s)	FL(mL)		滤饼厚度 (mm)	含砂量 (%)	pH值	静切力(Pa)						
			API	HTHP				10s	10min					
2770	1.19	68	4.2	12.6	0.5	0.3	9	3.0	9	27	10	0.37	0.08	完钻

应用两口水平井，钻井液材料耗费跟邻井相比，减少8.9%，一定程度上降低了成本，符合当前形势下油田"降本增效"主体思想；P-17平6井转化该体系后，1400m井段施工共计7天，相比邻井P-17平5井机械钻速提升23.8%，已在全油区相近地层推广使用。

3 结论及建议

（1）水平井钻井液密度、流变性、失水造壁性、润滑性、封堵性和抑制性需满足一定指标的性能要求，确保安全钻进、井壁稳定和储层保护。

（2）对延长油田现用的主要聚合物钻井液优缺点进行了评价，室内对延长油田现用的水平井钻井液体系进行了相关实验并优化，优化出的钻井液体系基本上满足性能指标和现场钻进需求。

（3）针对水平井井壁失稳问题，以定边采油厂罗庞塬地区页岩油水平井坍塌为例，分析其原因并给出了相关技术措施，应用效果良好。

参 考 文 献

[1] 王葡萄. 鄂尔多斯盆地延长油田长7段烃源岩综合评价[D]. 北京：中国石油大学(北京)，2017.
[2] 张文哲，李伟，王波，等. 延长油田水平井高性能水基钻井液技术研究与应用[J]. 非常规油气，2019，6(5)：85-90.
[3] 李伟峰，赵习森，于小龙，等. 延长油田特殊地貌条件下水平井钻井技术难点与对策[J]. 非常规油气，2017，4(4)：102-106.
[4] 郝世彦，李伟峰，郭春芬. 超低渗浅层油藏水平井钻井技术难点与突破[J]. 中国石油勘探，2017，22(5)：15-20.
[5] 代晓旭，齐兆英. 延长油田水平井开发技术浅析[J]. 石化技术，2016，23(9)：246，253.
[6] 刘云，于小龙，张文哲. 延长油田东部浅层水平井钻井液体系优化应用[J]. 非常规油气，2018，5(1)：106-110.
[7] 李伟，张文哲，邓都都，等. 延长油田水平井钻井液优化与应用[J]. 钻井液与完井液，2017，34(2)：75-78.
[8] 王翔. 鄂尔多斯盆地西部页岩油水平井井壁稳定技术[J]. 石油地质与工程，2019，33(4)：88-91.
[9] 陈昱兴. 延长油田水平井水基钻井液体系研究与应用[D]. 西安：西北大学，2019.
[10] 张文哲，李伟，符喜德，等. 延长油田罗庞塬区水平井钻井液防塌技术研究[J]. 探矿工程(岩土钻掘工程)，2017，44(7)：15-18.

伊拉克米桑油田 BUCS-135 井漏失及堵漏处理分析

张　永　张利威　赵晓亮　苏云倩

(中海油田服务股份有限公司油田化学事业部伊拉克油化项目组)

【摘　要】　伊拉克米桑油田储层井段地层十分复杂，极易引起漏失、垮塌，导致井壁失稳，引起漏失卡钻等复杂问题。Jaddala 层位很容易发生漏失情况，而 Jaddala 层位裂缝发育成熟，裂缝延展性和连通性均较好，若出现裂缝性漏失，常规桥塞堵漏成功率较低，存在堵漏后再次漏失的现象。BUCS-135 井在 8½in 井段钻进至 3220m 发生漏失，通过综合分析周边邻井情况与所钻井漏失情况，经过 2 次堵漏成功解决了漏失及漏层承压问题，确保了工程作业顺利。该井漏失位置的判断和堵漏技术措施，为后续钻井作业提供了经验。

【关键词】　米桑油田；Jaddala 层；漏失；堵漏

1　米桑油田基本概况

米桑油田群位于伊拉克东南部，巴士拉以西 175km。米桑包括 3 个油田(Abu Ghirab，Buzurgan，Fauqi)，其中 2 个油田(Abu Ghirab，Fauqi)与伊朗交界，距巴格达 350km；米桑油田群主要分布在低角度褶皱带中，其三个构造都呈现为北西—南东走向的长轴背斜，其中 Abu Ghirab 油田构造范围为约 30km×6km，具有南北两个高点；Buzurgan 油田构造范围为40km×7km，同样具有南北两个高点，南部构造较浅，但圈闭面积较大；Fauqi 油田构造范围为约 30km×7km，也具有南北两个高点。

米桑油田群是以白垩系和古近系—新近系碳酸盐岩油藏为主的大型油田，主要开发对象包括两套储层，古近系—新近系的 Asmari 油藏和白垩系 Mishrif 油藏，储层类型以台内滩(生屑滩)相形成的颗粒灰岩为主，中孔中低渗，但受沉积和成岩作用影响，储层非均性较强。

米桑油田地层分布情况及现场施工中的情况表明，该油田所钻井在五开 ϕ215.90mm(8½in) 井段岩性为黑褐色、白色灰岩，黑褐色页岩及白云岩，岩性较脆且强度很低，地层存在不整合面，孔隙发育发好，连通性好，承压能力差，经常发生漏失并伴随井塌、卡钻等复杂情况。该油田所钻井 ϕ215.90mm(8¼in)井段地层具有"上下部易漏、中间易塌"的层位分布特点，在上部易发生钻井液恶性失返性漏失，中部地层坍塌压力高易发垮塌引起卡钻，下步地层是主力油层，孔隙发育石灰岩地层，易发生井漏与卡钻。钻遇坍塌地层，需要提高钻井液的密度以平衡地层应力，否则极易引起硬性卡钻。

Buzurgan 油田所钻井五开 ϕ215.90mm(8½in)作业井段密度窗口窄，极易引起井漏、井塌、卡钻等井下事故。根据该区块井史，几乎在该区块作业的每口井都发生漏失、卡钻等井下事故。

作者简介：张永(1984.7—)，男，汉族，河北石家庄人，2006 年毕业于重庆科技学院化工工艺与工程专业，工程师，现任中海油田服务股份有限公司油田化学事业部伊拉克油化项目组经理，主要从事伊拉克钻完井液和固井项目管理工作。E-mail：zhangyong25@cosl.com.cn；电话：15833115219；地址：河北省廊坊市燕郊经济技术开发区行宫大街中海油基地。

2 BUCS-135 井情况介绍

BUCS-135 井作业为 Buzurgan 油田的一口 Mishrif 层位的生产井，是一口典型的五开的直井，其井身结构见表1，三压力曲线如图1所示。由于地层压力系数突变的限制和井身结构的设计，8½in 裸眼井段长达 1250 多米，井段涵盖了 17 个层位，钻遇地层包括石灰岩、砂岩、页岩和白云岩等(地质分层数据见表2)，裸眼长度达 1250 多米，作业中同时面临着井漏、井塌和溢流的重大挑战。图1所示为 BUCS 区块作业井三压力预测曲线。

表 1   BUCS-135 井井身结构

开次	井眼尺寸（in）	井段深度（m）	套管尺寸（in）	管鞋深度（m）	钻井液体系	钻井液密度（g/cm³）	地层孔隙压力系数	作业难点
一开	36	35.5	30	35.0	淡水/膨润土浆	1.05~1.08	1.04	—
二开	26	123.4	20	123.0	淡水/膨润土浆	1.06~1.10	1.04	—
三开	17½	2140.0	13⅜	2138.5	KCl 聚合物	1.10~1.35	1.06~1.10	缩径、泥包
四开	12¼	2781.7	9⅝	2781.5	HIBDRILL	2.20~2.35	2.20~2.22	盐膏层
五开	8½	4034.0	7(尾管)	4032.0	AQUA-MAX	1.18~1.29	0.85~1.15	井漏、井塌、溢流

注：HIBDRILL 和 AQUA-MAX 钻井液体系为中海油田服务股份有限公司(简称中海油服)自主研发的高性能水基钻井液，为米桑油田盐膏层和盐下层灰岩、页岩和白云岩地层的优质高效钻进提供了充分的技术保障。

表 2   BUCS-135 井地质分层数据

地层		顶部深度(m)	岩性	作业难点	对应井段(in)
Upper Fars		0	上部以泥岩为主，下部为页岩、砂岩	泥包、缩径	36, 26, 17½
Lower Fars	MB5	2063	硬石膏、页岩互层	缩径井漏、流体侵入	12¼
	MB4	2375	硬石膏、页岩、盐岩互层		
	MB3	2627	为厚层硬石膏夹盐岩、页岩		
	MB2	2756	石灰岩厚层盐岩		
	MB1	2781.7	以厚层白色结晶的硬石膏层为主，夹薄层白云岩和页岩	井漏	8½
Jeribe-Euphrate		2813	大段白云岩为主，局部石灰岩-无水硬石膏夹红褐色页岩	井漏	
Upper Kirkuk		2867	主要是白云岩，夹砂岩、石灰岩和泥岩	井漏	
Middle-Low Kirkuk		2991	主要是页岩和石灰岩	井漏	
Jaddala		3206	泥质灰岩、泥灰岩、页岩、燧石	井漏、井塌	
Aaliji		3340	石灰岩	井漏、异常高压	
Shiranish		3383	泥质灰岩	井漏	
Hartha		3404	白垩质-泥质灰岩	井漏	
Sadi		3475	泥质灰岩和含页岩的泥灰岩	井塌、异常高压	
Tanuma		3597	页岩，含泥灰岩的石灰岩	井塌	
Khasib		3615	致密石灰岩	井漏	
Mishrif	MA	3680	致密石灰岩	井漏	
	MB11	3738	致密石灰岩夹薄层泥质颗粒灰岩	井漏	
	MB12	3759	致密石灰岩夹薄层泥质颗粒灰岩	井漏	
	MB21	3812	主要是颗粒灰岩	井漏	
	MC1	3926	主要是颗粒灰岩	井漏	
	MC2	3982	主要是颗粒灰岩	井漏	
		4034			

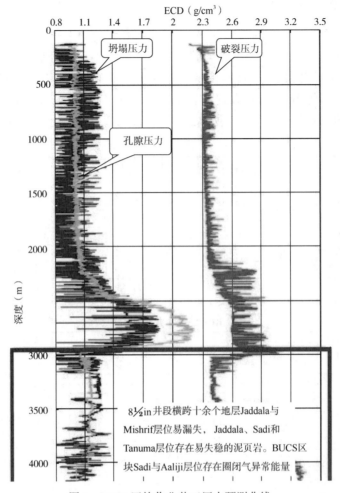

图 1　BUCS 区块作业井三压力预测曲线

3　井漏发生过程及处理措施

3.1　井漏发生过程

BUCS-135 井 8½in 井段钻进至 3220m（排量 957L/min，泵压 4.7MPa），钻井液返出量减少，循环池液面下降，降低排量至 700L/min，漏速 8m³/h。循环池补入 PF-SEAL 和 PF-SZDL 材料，降低排量至 600L/min，监测漏速 5m³/h。井漏时钻井液性能见表 3。

表 3　井漏时钻井液性能

井深 （m）	FV （s）	ρ （g/cm³）	AV （mPa·s）	PV （mPa·s）	YP （Pa）	Gel （Pa/Pa）	FL （mL）	Cl⁻ （g/mL）	pH 值
3220	54	1.23	40	28	12	3/5	2.8	84000	10

3.2　堵漏过程

3.2.1　第一次堵漏

调节排量控制漏失量小于 5m³/h，继续钻进至 3320m，期间循环池加入 PF-SZDL 和

PF-SEAL 以及磺化沥青等材料，排量 600~1050L/min，平均漏速 3.36m³/h，累计漏失钻井液 53m³。倒划眼起钻至套管鞋，倒划期间蹩扭频繁，倒划困难，返出部分剥落掉片。在 3124m 扫稠浆返出无明显变化，继续起钻至井口，累计漏失钻井液 78.5m³，起钻过程中存在回吐现象。

组下堵漏钻具至 3181m，遇阻无法通过，划眼下钻至井底，循环扫稠浆 12m³，返出少量掉块，累计漏失 81.4m³；短起钻至 3152m，下钻至井底循环，泵入 22% 桥堵浆（7%PF-BLN-1+8%PF-SEAL+7%PF-SZDL）20m³（全裸眼覆盖），起钻至 9⅝in 套管鞋循环承压堵漏，逐步提高排量 1300~1700L/min，阶段漏失量 1.5m³，累计漏失钻井液 82.3m³。关防喷器向井筒挤注堵漏泥浆 16m³，停泵泄压回流 5m³，最高压力 680psi，停泵后压力稳定至 547psi，折合漏点当量 1.36g/cm³。

下钻至井底循环调整钻井液性能，将密度从 1.24g/cm³ 调整至 1.28g/cm³；继续钻进至 3321.11m，排量 1200L/min，泵压 5.6~6.0MPa，累计漏失钻井液 96.3m³。起钻至井口，组合 8½in 井段第三趟钻具组合下钻至井底恢复钻进，钻进至井深 3499m 排量 1187L/min，泵压 6~6.2MPa，累计漏失钻井液 138.3m³，钻进期间循环体系中持续补加堵漏材料控制漏失速度。维持 1000~1100L/min 的排量钻进至 3627m，起钻至 3262m 遇阻，上下活动无法通过，倒划眼起钻至 3154m，划眼期间液面稳定，起钻至套管鞋。下钻至井底（划眼井段：3224~3269m），采用 1100~1150L/min 的排量继续钻进至完钻井深 4034m。

进行 3 次短起下钻，其间多次泵入稠浆，清洁井眼，其中第一趟短起下至井底，扫稠浆返出大量棱角分明，各种岩性混杂的掉块（图 2）。

图 2 完钻短起下后扫稠浆返出掉块

按泵冲计算，每次稠浆上返至环空漏点位置时，在其他参数不变的情况下，循环池液面下降，结合起下钻遇阻位置，可以证实开泵循环时上部漏层仍然在漏失。

而后期通过电测数据，显示在 3215~3250m 深度范围内井径扩大严重（图 3），形成"大肚子"，这是因为漏层处附件钻井液反复漏失又回吐，加上多次划眼期间钻具机械碰撞、扰动所致。通过连续短起下钻，发现停泵后钻井液回流量偏大，且回吐现象愈加明显。

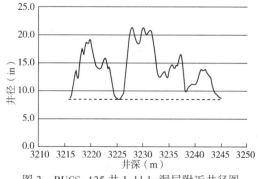

图 3 BUCS-135 井 Jaddala 漏层附近井径图

电测前分别在井底位置和 3326m 垫封闭浆。前两趟电测结束后，组合通井钻具下钻至井底，循环测最大气测值 72%，并且有硫化氢气体，测得最高浓度 56mg/L（中海油服在米桑油田钻井作业期间首次出现硫化氢），测得井底返出液体密度最低 1.15g/cm³。关井（立压 0，套压 40psi），节流循环无气体显示，返出液体回收，同时调整钻井液性能，提高 pH 值至 10.5，提高密度至 1.29g/cm³，循环监测钻井液性能稳定，井底垫 37m³ 封闭浆（裸眼高度 1000m），3600~3300m 垫入 1.4g/cm³ 封闭浆，起钻至井口。

通过与甲方生产部门及钻井部沟通，了解到周边 Mishrif 同层位注水井正在进行注水作业（图 4），且地层注水压力当量密度约为 1.31g/cm³，高于 BUCS-135 井所用的钻井液密度 1.28g/cm³。取样后对三口井注水水样并进行化验（表 4），经测定与井底返出液体的性质接近，可以判定注水井的盐水侵入井内。

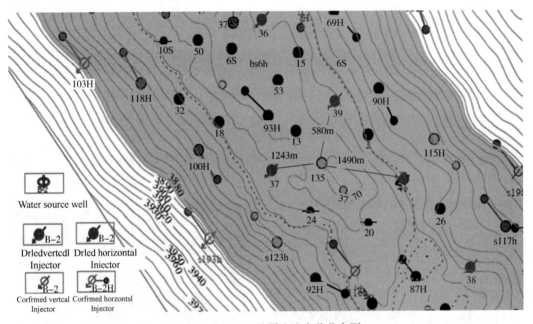

图 4   BUCS-135 及周边注水井分布图

表 4   液体样品及注水井水样性能对比

样品	密度（g/cm³）	氯离子含量（mg/L）	钙离子含量（mg/L）	pH 值
井底液体样品	1.15	101000	4000~5000	7
BU-37 水样	1.10	85000	7200	5.5
BU-39 水样	1.12	110000	7400	5.5
BU-41 水样	1.12	110000	7400	5.5

BU-39 井距离本井最近，影响也最大。经关停三口注水井（BU-37 井、BU-39 井、BU-41 井）后，第 4 趟电测前通井下钻至井底，提高排量至 400~500L/min，泵压 1.9~2.9MPa 时即有漏失，漏速 1.5~2m³/h，而关停注水井之前密度 1.29g/cm³，排量 700L/min 循环时液面基本稳定。

根据以上现象可以判断出，注水井关停后，储层由于开采导致压力衰减，在钻井液循环时也会发生漏失，即同时存在上下两个漏层。

3.2.2 第二次堵漏

第 5 趟电测作业结束后，下通井组合至井底，循环调整钻井液性能，降低密度至 1.28g/cm³，井底至 3600m 之间垫入 19% 堵漏浆（1%PF-GRA+5%PF-SZDL+8%PF-SEAL+5%SOLTEX）并顶替到位，起钻至 3300m，在 3300~2780m 垫 28% 堵漏浆（6%PF-SZDL+8%PF-SEAL+7%PF-BLN-1+7%Flaked CaCO₃（Medium）+0.1%玻璃纤维）并顶替到位；继续起钻至 2719m 循环，逐步提高排量 1300L/min 至 1800L/min，泵压 5.7~9.5MPa（循环 1h，漏失 2.6m³，停泵后回流 5m³）。关闭防喷器挤注堵漏浆，最高压力 500psi，停泵后压力稳定至 406psi，共计挤入钻井液 9.0m³，打开防喷器回吐 0.9m³，接顶驱循环，排量 1500~1800L/min，泵压 7.0~9.5MPa，循环期间液面稳定。

下钻至井底循环调整钻井液性能，短起钻至 3180m；下钻至井底扫 15m³ 稠塞清洁井眼，待稠浆返出后按两个循环周逐步筛除中、粗颗粒的堵漏材料，期间补充稀胶液调整泥浆流变性，筛除干净后提高排量至 1500L/min 做动态承压，循环 30min 液面稳定满足固井需求。

下 7in 尾管至 4032m 顺利到位，固井施工过程顺利。电测结果显示，尾管固井质量优良。

4　原因分析

（1）碳酸盐岩地层中的裂缝以及孔洞发育相对较好，在钻井作业的过程中非常容易出现井漏问题，出现井漏问题的主要原因可以分为三种类型，分别是储层内溶洞性的产生了漏失现象、储层内产生了重力性的漏失、储层内产生了置换性的漏失以及在压差的作用下产生了漏失。在进行钻井作业的过程中，钻头进入的储层类型不同，井漏问题所引起的伤害机理也将存在区别。结合周边临井情况，BUCS 区块在 8½in 井段钻进 Jaddala 层位很容易发生漏失情况，而 Jaddala 层位裂缝发育成熟，裂缝延展性和连通性均较好，若出现裂缝性漏失，常规桥塞堵漏因材料难以停留无法形成有效的屏障，导致堵漏成功率较低，且存在堵漏后再次漏失的现象。

（2）Jaddla 和 Sadi 和 Tanuma 等易层位易剥落、垮塌，且存在周期性现象，易形成"大肚子"，"糖葫芦"井眼，导致起下钻困难，而通过划眼起下钻加剧了对于漏层附近井壁的破坏。

（3）根据同区块所钻临井资料分析可以看出 8½in 井段压力窗口窄，漏层和 Aaliji 及 Sadi 层潜在高压层同时存在，MB21 的主力油层压力系数只有 0.85，而本井在上部漏层未完全堵住的情况下钻开了储层，同一井段内存在两处压力薄弱层，增加了堵漏作业难度。

（4）钻进储层之前对周边注水井的信息掌握不够全面，导致井况更加复杂。

5　结论

（1）在钻进 Jaddala 之前控制适当的钻井液密度不超过 1.24g/cm³，控制排量、钻速等参数降低井内激动压力。补充循环体系内的随钻封堵材料对漏失进行预防。由于是储层内堵漏，后续要考虑通过应用充填暂堵技术，利用粒径不等的碳酸钙颗粒进行复配封堵储层中大小不等的各种孔喉，以及暂堵颗粒之间形成的孔隙，形成滤失量极低的致密滤饼，防止钻井液滤液和固相侵入储层，降低漏失风险，同时降低对于储层的伤害。

（2）BUCS 区块 Jaddala 层位发生漏失后，如果经过堵漏后又出现反复漏失或者回吐等现象，建议直接进行挤水泥堵漏，为钻进 Aaliji 和 Sadi 高压气层和储层打好井控基础。

（3）井漏发生后，迅速降低排量，采取措施，在漏速可控的情况下，尽量继续钻穿潜在的漏层，再进行堵漏作业，避免重复堵漏。

（4）针对起下钻灌浆量异常的井，尤其是长时间停泵静止后下钻过程中，要及时加密监测钻井液性能，尤其是密度。

（5）同一裸眼井段存在不同漏层，无法有效隔离，进行堵漏作业时应考虑同时堵漏，并根据漏速的大小和地层岩性，调整堵漏浆的配方，注意堵漏材料颗粒级配。

（6）压力窗口窄的井段，裸眼段控制起下钻速度，缓慢开泵，减少激动和抽吸压力。

（7）钻进作业之前，要及时周边有注水井分布及注水动态，根据作业进度需要提前申请关停，给地层预留出足够的泄压时间，以保障钻进期间的井控安全。

参 考 文 献

[1] 张义楷，王志松，史长林，等. 伊拉克米桑油田碳酸盐岩储层成岩作用[J]. 科学技术与工程，2016，16(5)：45-52.

[2] 喻化民，田惠，吴晓花，等. 哈拉哈塘地区奥陶系碳酸盐岩保护储层钻井液技术[J]. 石油化工应用，2018，37(1)：76-83，119.

[3] 邓田青，鄢捷年，杨贵峰，等. 致密碳酸盐岩储层伤害特征及钻井液保护技术[J]. 钻井液与完井液，2013，30(4)：25-28，93.

超深水平井合 X1 井破碎地层钻井液技术应用

唐　睿　张　雪　白　龙　邬　玲

(中国石化西南石油工程有限公司重庆钻井分公司)

【摘　要】 合 X1 井部署在四川盆地川中古隆起东南斜坡合川—潼南地区灯影组顶部构造高点，是一口以灯影组为目的层的四开制井身结构的水平风险探井，完钻井深 6800m。区域内灯影组地层含有"蚂蚁"构造带，地层破碎，极易发生垮塌。为解决该问题，钻井液以"即时封堵，成膜固壁"为思路，优化抑制、封堵和高温稳定性单元，采用 JSF 钻井液体系完成破碎地层水段钻井施工。

【关键词】 破碎带；风险探井；即时封堵；防塌钻井液

合川—潼南区块震旦系灯四段为构造背景下的岩性气藏群，2019 年高石 16 井区提交天然气预测储量 $524.05 \times 10^8 m^3$。灯顶 $-5230m$ 构造内整体含气，区块内有利面积 $1430km^2$。"藻丘+岩溶"控制灯四段顶部储层大面积连片分布，顶部含气性好。合 X1 井和合 X3 井四开灯影组均钻遇了"蚂蚁"构造带。合 X1 井实钻过程中发生卡钻故障，填井侧钻 3 次，最终采用 JSF 钻井液体系完成破碎地层水段钻井施工。

1　区域概况及钻井液技术难点

1.1　区域概况

四川盆地是在上扬子克拉通基础上发展起来的大型叠合盆地，目前地表主要为侏罗系和白垩系。而合川—潼南地区则属川中平缓构造带向川东南高陡构造带的过渡地区，该地区经历了多次构造运动和沉积演化，相继沉积了中下三叠统及其以下的以碳酸盐岩为主的海相地层和上三叠统—侏罗系以碎屑岩为主的陆相地层。

图 1　高 X16 井灯影组取心情况图

从邻井高 X16 井灯影组取心情况(图 1)可看出，灯影组四段(5455.51~5455.63m)地层以深灰色白云岩为主，色不均，局部颜色较浅，质纯，泥晶—粉晶结构，致密，性硬。而且

作者简介：唐睿(1986—)，男，2008 年本科毕业于重庆科技学院，获得工学学士学位，现就职于中石化西南石油工程有限公司重庆钻井分公司，工程师，主要从事钻井液技术与现场管理工作。地址：四川省德阳市庐山南路一段 51 号；电话：18623421160；E-mail：624993613@ qq.com。

本段岩心缝洞发育。

1.2 钻井液技术难点

(1) 雷口坡组—嘉陵江组钻遇大段石膏层，缩径卡钻风险高。

(2) 长兴组—龙王庙组可能钻遇多个压力系统，井漏频繁、溢漏同存、防漏堵漏难度大。邻井合 X2 井"溢漏同存"循环有漏失，停泵井口不断流、返吐。

(3) 灯影组不稳定，极易发生垮塌。区域内灯影组含有"蚂蚁"构造带，地层破碎，极易发生垮塌。图 2 所示为合 X1 井灯影组掉块。

(4) 高温、高压、高含硫。合 X1 井预计井底温度超过 160℃，最高地层压力达到 83.22MPa，对钻井液的抗温性能要求高，且雷口坡组及以下海相地层需要防硫化氢。

(5) 超深井小井眼定向造斜对钻井液的携砂能力和润滑性能要求高。

图 2　合 X1 井灯影组掉块图(一)

2　合 X1 四开施工情况

2.1　合 X1 井井眼Ⅰ(5583~5899.55m)

合 X1 井钻进至井深 5899.55m 时，出现憋泵、憋顶驱现象，倒划至 5852.7m 时，发生卡钻。后泡酸解卡，起钻发现定向悬挂接头内螺纹处断裂，鱼顶井深 5834.4m 经卡瓦打捞筒打捞一次，捞出悬挂接头发现其外螺纹断裂，考虑轨迹不平滑，井眼穿硅质层，水平段打捞困难，最终回填侧钻。

钻井液体系：钾基聚磺防塌钻井液。

钻井液配方：8%NV-1(膨润土)+0.3%~0.5%DSP-1+0.5%~1%PAC-LV+5%SMP-2+3%SPNH+3%JNJS-220(抗高温降虑失剂)+5%RH-220+8%(FF-3 胶乳沥青/FT-3 高软化点沥青/FDFT 改性石蜡/FH-3 高软化点膏状沥青-3/SMNR-1 蜡米乳液)+0.5%~1%SP-80+2%QS-2+重晶石。

2.2　合 X1 井井眼Ⅱ(5662.3~5955m)

该井从井深 5662m 回填侧钻，钻进至 5911.92m，上提下放出现摩阻增大，倒划眼困难，起钻简化钻具组合用牙轮通井，恢复钻进至 5927.17m，再次出现憋泵、憋顶驱，上提下放困难，继续通井清砂，钻进至 5955m，又出现严重憋泵、憋顶驱，全裸眼段倒划遇卡严重，无法正常施工，认为继续沿原井眼施工难度与井下安全风险极大，钻井效率低，难以达到工程目的，经请示甲方，同意回填侧钻。

中途测井，从测井曲线(图 3)可知该井井眼轨迹变化较大，多处超过 7°/30m；5800~5955m 井段平均井径扩大率超过 40%，5810m、5860m 和 5930m 等处垮塌严重，井径超过 100%；部分井段呈"糖葫芦"状。

钻井液体系：钾基聚磺防塌钻井液。

钻井液配方：8%NV-1（膨润土）+0.3%~0.5%DSP-1+0.5%PAC-LV+5%SMP-2+5%SPNH+3%JNJS-220（抗高温降虑失剂）+5%RH-220+10%（FF-3胶乳沥青/FT-3高软化点沥青/FDFT改性石蜡/FH-3高软化点膏状沥青-3/SMNR-1蜡米乳液）+0.5%~1%SP-80+3%QS-2+重晶石。

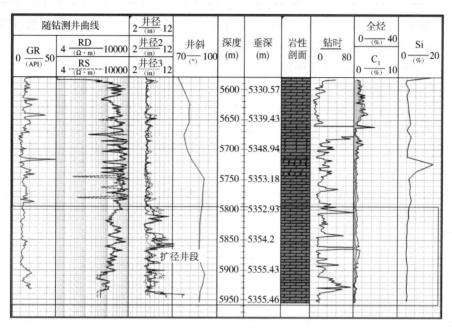

图3　合X1井测井曲线图

2.3　合X1井眼Ⅲ（5578~6800m）

2.3.1　优化钻井液体系——JFS钻井液体系

（1）钻井液技术思路。

通过分析两次回填原因，因裸眼段地层破碎，钻井液封堵防塌能力欠佳，钻进过程中阻卡严重。在调研总结其他相似井钻井液技术，最终钻井液以"即时封堵，成膜固壁"为思路，优化钻井液体系的抑制、封堵、和高温稳定性单元，形成JSF钻井液体系。

① 增加膨润土含量，改善钻井液流变性能，提高携砂能力；

② 加入井眼强化封堵剂HFD、磺化沥青soltex、改性树脂沥青YH-150增强钻井液固壁能力；

③ 加入不同粒径超细钙，增强滤饼的刚性强度；

④ 加入抗高温降滤失剂、改性天然沥青复合物等提高钻井液高温稳定性；

⑤ 抗温抗饱和盐润滑剂复配固体润滑剂使用提高钻井液的润滑性，润滑减阻。

（2）钻井液配方。

60%井浆+40%原浆（10%含土）+0.6%PAC-LV+3%HTLM+4%YH150+3%超细钙+2%RSTF+2%JNJS-220+2%SMP-2+2%HFD+2%纳米乳液+2%soltex+2%柴油+0.3%SP-80+0.2%NaOH+重至1.40g/cm³。

2.3.2　JFS钻井液体系抗温性能评价

使用滚子加热炉进行老化实验考查其高温稳定性。160℃老化72h实验结果见表1。

表 1 JFS 钻井液体系老化实验

序号	测定条件	FV (s)	ρ (g/cm³)	PV (mPa·s)	YP (Pa)	$Gel_{10s/10min}$ (Pa)	FL_{API}/K (mL/mm)	FL_{HTHP}/K (mL/mm)	K_f
1	60℃	58	1.40	27	8	6/13.5	1.2/0.5	6.2/1.0	0.08
2	160℃老化72h	—	1.40	27	8	5.5/13	1.6/0.5	6.4/1.5	0.076

JFS 体系钻井液160℃恒温滚动72h后，体系高温高压失水量仅6.4mL，滤饼致密，同时具有较好的高温高稳定性、润滑性等性能。

2.3.3 JFS 钻井液体系封堵性能评价

（1）FANN 渗透封堵评价。

通过 FANN 渗透堵漏测试仪（PPA）进行封堵性测试（测试用岩心板的渗透率为100mD），在150℃、30MPa条件下，经过实验，滤失量为0，JFS 钻井液具有良好的封堵性能。该钻井液体系能有效在破碎地层表面形成滤饼，从而有效封堵井壁，增强井壁的稳定性。

（2）砂床封堵测试。

实验采用石英砂作为过滤介质，加入配制好的钻井液，采用中压砂床滤失实验评价了优化体系的封堵性能，结果见表2。

表 2 砂床封堵性能评价

配方编号	中压砂床滤失测试（30min）	
	滤失量（mL）	侵入深度（cm）
配方1	0	2.1
配方2	0	2.0

由表2可看出，中压砂床滤失量为0mL，评价侵入深度为1.05cm，表明该体系封堵性强，能有效封堵地层的裂缝和孔洞，保持井壁稳定。

2.3.4 优化钻井液性能

（1）密度控制。

用密度1.40~1.42g/cm³钻井液开始侧钻，钻进过程中用振动筛布为180~200目，除砂、泥器使用200目的筛网，间断使用离心机清除井浆中劣质固相。逐步调整钻井液密度1.43~1.45g/cm³至完钻。

（2）流变性能控制。

由于地层岩性为浅灰色与深黑云岩，为此控制井浆膨润土含量在35g/L内，防止高温条件下井浆增稠和减稠现象的发生。

钻进井段钻井液漏斗黏度维持在63~55s，筛面返出岩屑棱角分明，至完钻钻井液静切力（10s/10min）为5~6.5Pa/10~12.5Pa。

（3）滤失量控制。

中压滤失量控制在3.0mL以下，高温高压（150℃）FL/滤饼厚度为7.0mL/1.5mm左右。

（4）井眼净化。

水平段井段、井眼尺寸小，泵排量达到13L/s以上，提高岩屑在井筒上返速度，增强钻井液切力，动塑比基本保持在0.5左右，环空形成平板型层流，增强该体系的携岩能力，钻进筛面携砂效良好。

2.3.5 现场应用情况

经过不断实验、优选材料、研选 JSF 钻井液体系，最终成功穿过了破碎带地层，顺利完井(表3)。

表 3　JFS 钻井液体系在合 X1 井应用性能表

井深(m)	ρ(g/cm³)	FV(s)	PV(mPa·s)	YP(Pa)	Gel(Pa/Pa)	FL_{API}(mL)	FL_{HPHT}(150℃)(mL)
5662	1.40	56	28	10	5/10	1.2	6
5800	1.43	58	31	10	5.5/11	1.2	5.6
6261	1.44	56	30	11	6/10.5	2.2	6
6693	1.44	62	23	14	6.5/12	2.4	6.8
6800	1.45	55	23	12.5	6/12	2.6	6.8

2.3.6 工程措施

井内出现垮塌后上提钻具不得急躁，缓慢倒划上提，操作要领：

(1)控制小排量通水 5~6.5L/s，严防岩屑和掉块在单点堆积堵塞环空。

(2)转速≥50r/min，发现转速降低则及时下放，防止整停顶驱。

(3)切忌单次上提距离过大，根据实际情况控制在 3~5cm，密切关注扭矩、立压和转速变化，一旦憋泵立即降排量甚至停泵，整顶驱可下放，若能自动转开则待扭矩正常后继续划眼，若不能自动转开，则上下活动钻具(上提吨位不超过原悬重，下放吨位逐渐增加)，适时释放扭矩，重新开顶驱正转或提高扭矩设定值后再正转。

(4)倒划眼起钻至振动筛返出掉块增多时，就地循环带砂，注意排量调节，待立压稳定后缓慢逐级上调，严防环空堵塞憋泵。

(5)若循环后可正常起钻，则正常起；否则继续开泵倒划；若在套管内无法正常起钻，则小排量开泵通水，缓慢上提即可。

3　合 X1 井复杂情况原因分析

(1)各井眼钻井液性能对比，见表4。

表 4　合 X1 井四开各井眼钻井液性能对比

井段	井深(m)	ρ(g/cm³)	FV(s)	PV(mPa·s)	YP(Pa)	Gel(Pa/Pa)	FL_{API}(mL)	FL_{HPHT}(150℃)(mL)	V_s	V_o
Ⅰ	5859	1.17	51	21	7	2/4.5	1.8	10	14	3
Ⅱ	5910	1.28	57	25	9	3.5/6.5	1.6	7	18	3
Ⅱ	5955	1.30	54	19	10.5	5.5/11	1.6	6.8	19	3
Ⅲ	5907	1.42	58	30	8.5	5/10.5	1.2	6	20	4
Ⅲ	6800	1.45	55	23	12.5	6/12	2	6.8	21	5

(2)地质原因。

灯影组不稳定，极易发生垮塌。区域内灯影组含有"蚂蚁"构造带，地层破碎，极易发生垮塌。井壁失稳，产生掉块，掉块堆积在钻头和螺杆扶正块之间引起卡钻(图4)。

图 4　合 X1 井灯影组掉块图(二)

（3）钻井液密度偏低。

钻遇快钻时，地层稳定性差，加之钻井液密度偏低（原工程设计钻井液密度 1.22～1.30g/cm³，精细控压施工设计钻井液密度 1.15～1.18g/cm³，现场施工实际钻井液密度1.17～1.18g/cm³），引起井壁失稳，发生掉块卡钻。

井眼 Ⅱ 采用 1.22g/cm³ 密度侧钻，逐步提高钻井液密度至 1.31g/cm³ 钻至井深 5900m，水平段 5800～5955m 出现间断性地层岩性破碎，井壁失稳，遇阻倒划及通井清砂过程中，大于钻进泵排量、循环冲砂进一步井壁垮塌恶化，憋泵、蹩顶驱严重。

（4）钻井液封堵防塌能力不足，不能满足破碎地层施工。

（5）侧钻水平段定向井眼轨迹变化大，增斜严重，通过电测井数据，5800m 以下井段井斜变化大，井径扩大率最大达 200%，平均井径达 14%，该井段形成大肚子'糖葫芦'井眼，钻进及划眼中岩屑易堆积大肚子井段，加之泵排量限制，易导致上提遇阻、憋泵、扭矩增大，憋停等复杂情况。

4　认识与建议

（1）对地质认识不足，应广泛收集邻井资料并认真分析，在保证井内不出现漏失的条件下，充分考虑到井壁失稳的可能性，提前做好准备，特别是钻井液性能方面，提高封堵、固壁性能，严防井壁失稳。

（2）第二次侧钻与原井眼、第一次侧钻钻井液性能进行对比，该性能变化不大，在前两次钻井液密度基础上增加 0.15～0.2g/cm³，根据本次侧钻至完钻分析：因前两次钻井液密度偏低不能有效平衡地层应力支撑，所导致钻进中水平段井壁失稳一些复杂情况。

（3）套管内径小的情况下，应使用小直径接头的非标钻杆，增大环空间隙，利于岩屑和掉块返出，钻遇易垮塌地层，应早预防，即时提高钻井液密度平衡地层应力支撑，泵排量受限制情况，提高钻井液合适切力，保证携砂与悬浮性，防止局部大拐点岩屑堆积造成下井壁岩屑床形成。

（4）JFS 钻井液体系抗温性、流变性、密度应力支撑封堵材料封堵效果较好。

（5）加强精细化操作，密切关注扭矩、立压和摩阻的变化，疑似出现垮塌立即起至套管内，再确定下步处理措施。井内出现垮塌后上提钻具不得急躁，缓慢倒划上提。

参 考 文 献

[1] 谢润成. 川西坳陷须家河组探井地应力解释与井壁稳定性评价[D]. 成都：成都理工大学，2009.

[2] 户现修. 兰渝铁路深孔隧道勘察碳质泥岩防塌钻井液研究[D]. 北京：中国地质大学，2010.

[3] 陈在军，刘顶运，李登前. 煤层垮塌机理分析及钻井液防塌探讨[J]. 钻井液与完井液，2007，24(4)：28-36.

[4] 王锦昌，邓红琳，袁立鹤，等. 大牛地气田煤层失稳机理分析及对策[J]. 石油钻采工，2012，34(2)：4-8.

[5] 李洪俊，代礼杨，苏绣纯，等. 福山油田流沙港组井壁稳定技术研究[J]. 钻井液与完井液，2012，29(6)：42-44，48.

[6] 张建阔. 复合封堵防塌钻井液体系在董12井的应用[J]. 钻采工艺，2017，40(2)：99-101.

[7] 汪鸿，杨灿，周雪菡，等. 风险探井花深1x井深部破碎带地层钻井液技术[J]. 钻井液与完井液，2019，36(2)：208-213.

复合盐封堵防塌钻井液在小井眼中的应用

张高峰 管 超

（中国石化胜利石油工程有限公司渤海钻井总公司）

【摘 要】 义 193 区块构造位置在济阳坳陷沾化凹陷渤南洼陷东部断阶带。完钻层位于沙四下亚段断裂系统发育，整个区带被一系列近东西断层切割成多个复杂断块。受沉积影响，主力沉积岩相发育储层靠近中部及北界断层分布，南部厚度变薄至储层尖灭。平面上沙四上亚段砂体叠合连片，向南或西超覆减薄直至尖灭。该区块已钻井在沙三段和沙四段不同程度地出现了井垮、井漏、缩径、电测遇阻等复杂情况，扩划眼、倒划眼以及大段划眼等现象频出，甚至在划眼过程中出现钻具卡死的复杂事故，钻井周期和完井周期漫长，致使区块开发一度停滞。为了解决这些问题，复合盐钻井液体系[1]在三开时用该体系穿过沙三段和沙四层段直至完井，能够有效的规避井下风险，缩短建井周期，对于提速提效具有重要意义。

【关键词】 复合盐封堵润滑钻井液；抑制性；封堵性；井壁稳定；小井眼

1 钻井液技术难点

义 193 区块三开为 $\phi 152.4mm(\phi 149.2mm)$ 小钻头，小井眼的环空体积更小，在小井眼钻井时，钻具转速很快，使环空中高速上返的钻井液也高速旋转产生很大的离心力撞击井壁，进而破坏井壁，影响钻井液的携岩效果；同时与钻井液的上返运动合并产生旋流，大大的增加其环空压耗；加之钻杆接头处的凸起也进一步消耗了钻井液能量，降低其携岩能力。

（1）防油气侵、防漏技术。沙三段含大段膏泥岩、膏岩、砂层，是该区块已钻井的主要漏层。涌漏同层，密度窗口较窄，要求钻井液具有优良的造壁性和封堵性[2]。

（2）强抑制钻井液技术。下部地层、膏泥岩层段长，及易蠕变缩径、垮塌[3]，导致划眼、卡钻等事故复杂。要求钻井液能很好地抑制地层钻屑水化分散，具有较低的失水以减少对地层的侵蚀。

（3）抗温、抗污染能力。穿过深部油层，要求钻井液具有良好的抗温能力和抗油气侵，水侵污染能力。

（4）润滑防卡技术。地层胶结疏松，易掉块；膏泥岩层易蠕动缩径[4]、垮塌，要求钻井液在具有优良抑制性的同时，兼具良好润滑性，滤饼质量要薄而韧。

2 复合盐钻井液配方优选

2.1 复合盐钻井液体系主要处理剂

本体系主要处理剂如下：$0.3\% \sim 0.5\%PAM + 7\%KCl + 5\%NaCl + 2\%KFT + 2\%SMP-1 + 0.5\%$

作者简介：张高峰，中国石化胜利石油工程有限公司渤海钻井总公司，高级工程师。地址：山东省东营市河口区钻井街 5 号；电话：13793982362；E-mail：maqh1228@sina.com。

DSP-2+3%～5%超细CaCO₃+2%～3%井壁稳定剂+2%油基润滑剂+SF-4(适量),有同区块三开完井钻井液。

充分循环均匀,调整性能至:密度1.60～1.65g/cm³,漏斗黏度45～50s,塑性黏度15～25mPa·s,动切力6～12Pa,静切力2～4Pa/6～18Pa,API失水量≤4mL,HTHP失水量≤12mL。

2.2 复合盐钻井液基础配方确定

膨润土浆:水+3%膨润土+0.15%Na₂CO₃,水化24h备用。

配方1:膨润土浆+0.2%NaOH+1.5%Redul+1.5%HLJS-3+1%KJAN+2%Na2SiO3+10%Weigh2+7%KCl+BaSO₄(调节钻井液密度至1.20g/cm³左右),钻井液性能见表1。

表1 配方1常规性能

FL(mL)	膨润土含量(g/L)	FL_{HTHP}(120℃)(mL)	pH值	AV(mPa·s)	PV(mPa·s)	YP(Pa)	Gel(Pa/Pa)
7.2	21.45	27.2	12	25	20	5	2/2.5

2.3 抗黏土侵实验

配方2:配方1+2%膨润土粉。

将配方2静置2天后测膨润土含量为23.96g/L。

对比表2中黏土污染前后钻井液性能,可见黏土很难在本体系中水化分散,本实验同时表明要提高钻井液膨润土含量,必须提前预水化好膨润土浆,然后再混入钻井液中。黏土侵后钻井液封堵性增强,HTHP失水下降,黏度变化不大。

表2 抗黏土侵实验

配方	FL(mL)	膨润土含量(g/L)	FL_{HTHP}(120℃)(mL)	pH值	AV(mPa·s)	PV(mPa·s)	YP(Pa)	Gel(Pa/Pa)
配方1	7.2	21.45	27.2	12	25	20	5	2/2.5
配方2	7.4	22.88	18.4	11.5	25.5	21	4.5	2/3

2.4 抗Ca²⁺侵实验

配方3:配方1+0.5%CaSO₄(CaSO₄可提供Ca²⁺浓度1470mg/L)

配方4:配方1+2%膨润土+0.4%CaCl₂(CaCl₂可提供Ca²⁺浓度为1441mg/L,实测滤液中Ca²⁺浓度为93.87mg/L,Cl⁻为35.45×10³mg/L,其中含KCl提供的Cl⁻为33.355×10³mg/L)。

如表3所示,CaSO₄或CaCl₂对钻井液失水影响不大,黏度略有升高。表明CaSO₄和CaCl₂在本体系钻井液中不溶或微溶,说明本体系钻井液具有很好的抗Ca²⁺侵能力。

表3 抗Ca²⁺侵实验

配方	FL(mL)	膨润土含量(g/L)	FL_{HTHP}(120℃)(mL)	pH值	AV(mPa·s)	PV(mPa·s)	YP(Pa)	Gel(Pa/Pa)
配方1	7.2	21.45	27.2	12	25	20	5	2/2.5
配方3	10.2	21.45	26.4	10.5	30	22	8	4/4
配方4	8.8	21.45	27.6	9.5	34	26	8	5/5.5

3 现场应用

3.1 三开钻井液体系的转型

在三开井段使用复合盐钻井液体系，在三开前彻底清理循环罐及管线后，在地面罐先完成钻井液转型，下小钻杆时，放掉套管内二开钻井液，在套管内转换钻井液体系，达到设计性能后开钻。这样可以节约一天的转型时间，并保证钻井液转型的成功率。

沙三下亚段以灰色泥岩、灰质泥岩、灰质油泥岩为主夹薄层灰质粉砂岩、细砂岩。灰质油泥岩剥蚀掉块严重，容易造成井下复杂情况，施工时钻井液主要应强化防塌措施：一是使用抑制封堵效果好的防塌钻井液体系；二是使用抗高温类降滤失剂(本井主要使用磺甲基酚醛树脂、磺酸盐共聚物降滤失剂)，尽量降低钻井液的高温滤失量，提高钻井液的热稳定性及抗高温能力；三是使用井壁稳定剂和超细碳酸钙加强对地层孔隙和微裂缝实施封堵，形成致密的滤饼，阻止滤液进一步侵入；四是进入新地层前提高钻井液密度，做好防喷工作；五是保持合适的流变参数和排量，随着井深的增加，逐步提高钻井液的黏切指标，形成平板型层流，减轻钻井液对井壁的冲蚀；最后尽可能减少起下钻及开泵压力激动，减小钻具对井壁扰动或撞击。

3.2 钻进过程

沙三段含有油泥岩，钻遇油泥岩时，钻井液应保持良好的流变性和致密的滤饼，控制黏度视情况加入 0.5%~1.5%硅氟稳定剂。

井深 3500m 密度控制在 $1.65g/cm^3$，漏斗黏度 45~50s。钻进过程中及时补充封堵类材料，控制井壁稳定剂和超细碳酸钙含量分别在 2%~3%和 4%~5%，进一步增强钻井液的封堵性能，减少滤液侵入，进一步提高抑制防塌能力。

井深 3600m 密度提高至 $1.68g/cm^3$，黏度 50s 左右。

3850m 井段(沙四段)控制密度 $1.68~1.70g/cm^3$，维持 API 失水小于 4mL，漏斗黏度控制在 50~60s，静切力 3~6Pa/6~20Pa，补充 2%~3%SMP-1 提高钻井液抗高温抗盐能力，钻井液中压失水、高温高压失水必须严格控制在设计要求范围内，API 失水小于 4mL，高温高压失水小于 12mL。

三开钻进过程中，及时补充氯化钾保持氯离子含量在 50000mg/L 以上。

全井加重要均匀，每个循环周提高密度不超过 $0.03g/cm^3$，原则上钻进时全烃值低于 20%不提高钻井液密度。起钻前，认真做短起下作业，下钻到底测量计算油气上窜速度，根据油气上窜速度以及井深确定是否提高钻井液密度，如果需要再提高钻井液密度，可以提前在钻井液中加入纤维类堵漏剂预防井漏的发生。

三开压力窗口窄，易出现反复交替的油气侵和井漏，起钻时采用当量密度平衡法确定垫重浆密度和段长，打开油层后起钻前必须组织短起并认真测后效。下钻时，为避免井漏，采用多次分段充分循环的方式下钻，减小激动压力以及环空液柱压力。

钻进过程，使用好固控设备，控制固相含量及含砂量在设计范围内；补充胶液采用细水长流法加入，维持钻井液性能相对稳定，避免性能大起大落，出现复杂情况。

在钻达油层井段前 100~150m 调整好钻井液性能(密度、滤失量、固相含量等参数)满足设计要求，做好油气层保护工作，控制在 API 失水在 4mL 以内，控制 HTHP 失水在 12mL 以内，满足保护油层的需要。

进入目的层井段后每次起钻前要确定井下油层、气层和水层的压力情况，搞好短程起下钻，测量循环周，确定油、气、水的上窜速度在安全范围内，方可起钻。

加强坐岗，要注意观察井口返浆情况以及振动筛上的岩屑返出量、岩屑形状的变化，及时调整钻井液性能，防油气侵防漏。

3.3 完井作业

三开完钻前 100m，根据现场情况混入 20% 膨润土浆，提高钻井液黏切，控制钻井液漏斗黏度 65~75s，静切力 5~7Pa/15~20Pa，密度 1.70g/cm³，API 滤失量小于 3.5mL，HTHP 滤失量小于 12mL，pH 值为 8.5。

完钻后，第一次短起至上次短起的位置，下钻到底井底循环干净后，进行第二次长短起，短起至套管内，下钻到底后，根据情况加入 SF-1 降低钻井液黏度至 60s 左右，冲刷井壁。

电测起钻前可在原井浆基础上配制性能良好的封井浆进行封井，保证电测顺利。封井浆配方：井浆 20m³+1%SMP-1+1%固体润滑剂+1%全油基润滑剂。封井浆漏斗黏度调整至 100s。

4 施工总结认识

（1）复合盐体系的应用在该区块比较成功，钻井液性能比较稳定，根据完井电测井径比较规则，不会有大幅度变化，利于井下稳定，为后期完井作业奠定了基础。

（2）复合盐体系能有效保护油层，降低污染，为甲方提供优质服务。

（3）复合盐体系实际使用过程中每米成本较高，但同台井施工，由于该钻井液可回收再利用，口井平均成本会有大大降低。

（4）在固控设备使用上，振动筛使用 150 目，除砂器筛布选择 180~200 目，这样能保证固相含量控制到位。

（5）三开进入沙四段后应及时补充随钻堵漏剂保证高比重的施工下，提高地层承压能力，防止漏失。

（6）沙四段渗透性比较好、易形成压差。还需注意封堵类药品、润滑剂的及时补充，如超细碳酸钙、沥青、油基润滑剂和塑料小球等要每班补充。

参 考 文 献

[1] 李兵. 胜利油田东营组及以上地层保井径与井眼畅通技术[J]. 中国石油和化工标准与质量，2019，39（2）：208-209.

[2] 姚良秀，甘赠国. 复合盐钻井液体系研究及应用[J]. 中国科技信息，2017(23)：58-59.

[3] 赵欣，邱正松，张永君，等. 复合盐层井壁失稳机理及防塌钻井液技术[J]. 中南大学学报(自然科学版)，2016，47(11)：3832-3838.

[4] 袁洪水，和鹏飞，袁则名，等. 超低渗透复合屏蔽暂堵钻井液技术[J]. 石油化工应用，2017，36（11）：28-31，42.

钾胺基聚磺混油钻井液及其在 TP273H 井的应用

李志勇 郑 宁 蓝 强 李海斌 慈国良 严 波

（中国石化胜利石油工程有限公司钻井液技术服务中心）

【摘　要】　针对塔河油田托普台区块下部地层井壁失稳垮塌、下钻大段划眼等复杂情况，在常规 KCl—聚磺防塌钻井液的基础上，通过引入聚胺抑制剂提高其抑制性，加入原油提高其润滑性，设计优化形成钾胺基聚磺混油钻井液体系，并在 TP273H 井中得到了成功试用。通过在 TP273H 井的应用表明，钾胺基聚磺混油钻井液具有很好的抑制性能，井壁稳定、井径规则，二叠系及以深地层平均井径扩大率仅为 6.86%。该钻井液体系能解决托普台区块下部地层 PDC 钻头泥包、井壁掉块严重、划眼及电测时间长等技术难题，大大提高了生产时效，为托普台区块的高效开发提供了技术支撑，同时可减少降失水剂用量节约了成本、创造了良好的经济效益。

【关键词】　钾胺基；聚磺混油；井壁垮塌；抑制性；节约成本

托普台区块位于新疆塔河油田的西南部，该区块油层埋藏深，普遍位于二叠系，钻井过程中易发生井塌、井漏等复杂情况。再加上为缩短钻井周期、降低钻井成本，该区块井普遍简化为三级井身结构，导致二开裸眼段极长，进一步增加了钻井风险。针对这些问题，对比使用常规 KCl-聚磺防塌钻井液的邻井施工情况，同时考虑在石油行业"寒冬期"降低钻井成本的原则，设计优化出了钾胺基聚磺混油钻井液，利用聚胺抑制剂的强抑制能力及流型调节能力，结合混油钻井液良好的润滑性和热稳定性，成功解决了 TP273H 井长裸眼段钻井液流型控制难、二叠系及以深地层井壁垮塌、长裸眼定向时托压严重的技术难题。

1　TP273H 井钻井液技术难点

TP273H 井是部署在塔河油田阿克库勒凸起西南斜坡部位的一口三开超深水平井，设计井深 6529.13m，目的层位为奥陶系一间房组（O_2yj），水平位移 209.73m。通过对地层岩性的分析，以及邻井资料的调研，该井钻井液主要存在以下技术难点：

（1）三叠系以深地层泥页岩易剥蚀掉块、坍塌，尤其托普台区块志留系柯坪塔格富含绿灰、深灰色泥岩，水化膨胀性相对较差，但脆性强、微裂缝发育，钻井液滤液容易沿微裂缝进入泥岩内部，削弱颗粒间的胶结力，同时内部少量膨胀性泥岩的水化膨胀会导致局部应力大幅度增加，从而极大降低地层整体强度，从而引起井壁失稳、井径扩大率增大，部分井段剥落坍塌后易形成糖葫芦和锯齿状井眼，严重影响起下钻及后续测井下套管作业的顺利进行。

基金项目：国家重大专项课题"低渗油气藏钻井液完井液及储层保护技术"（编号：2016ZX05021-004）、"致密油气开发环境保护技术集成及关键装备"（编号：2016ZX05040-005）及中石化集团公司重点攻关项目"新型高性能环保水基钻井液技术研究"（JP18038-12）部分研究内容。

作者简介：李志勇（1978—），男，汉族，山东济南人，工程师，现在中国石化胜利石油工程有限公司钻井工艺研究院从事钻井液新技术应用工作。

通讯作者：蓝强，mlanqiang@163.com。

（2）二叠系火成岩（4692～4910m）段长218m，岩性为绿灰色英安岩、底部为黑色玄武岩，脆性增强，极易发生井塌、井漏等复杂情况。本井二开井段进行定向施工，最大井斜50°，闭合距87.71m。由于二开裸眼段较长且井眼尺寸大，极易出现托压现象，从而导致定向施工困难。

因此，抑制泥页岩水化分散、防止井塌井漏、保证良好润滑性，确保长裸眼定向施工顺利及测井下套管的安全是本井钻井液施工的关键。

2 实验研究

近年来，塔河油田易塌区块已经普遍采用 KCl—聚磺钻井液体系，且工艺水平基本成熟，KCl 推荐加量一般为 5%～7%[1-3]。但是随着 KCl 加量的增加，钻井液的失水会增大，导致磺化材料和其他降失水剂的用量进一步增加，从而导致钻井液成本较高。为了解决钻井液抑制性和高成本问题，在 KCl—聚磺混油钻井液的基础上引入了聚胺抑制剂，同时在水平段施工时转换成钾胺基聚磺混油钻井液。

2.1 聚胺抑制剂 HPA 造浆抑制率评价实验

通过查阅资料，现场对聚胺抑制剂 HPA 进行了造浆抑制率评价实验[4]。对比基浆和实验浆在不同温度条件下的抑制性，评价结果见表 1。

表 1 聚胺抑制剂 HPA 造浆抑制率

序 号	实 验 条 件	造浆抑制率(%)	序 号	实 验 条 件	造浆抑制率(%)
1	常温(室温养护 16h)	80.39	2	高温(130℃热滚 16h)	85.56

注：基浆：淡水+10%钠膨润土；实验浆：淡水+0.5%HPA+10%钠膨润土。

从表 1 中对比实验结果可以看出，聚胺抑制剂 HPA 在高温下同样具有很强的抑制性，适应托普台区块长裸眼井底温度高的环境。

2.2 不同钻井液性能对比

2.2.1 混油前性能对比

TP273H 井在由聚合物钻井液转换成聚磺防塌钻井液之前，室内对常规 KCl—聚磺防塌钻井液和钾胺基聚磺防塌钻井液进行了各项性能测试，并进行了评价[5]。钻井液性能对比结果见表 2。

表 2 混油强钻井液性能对比表

配方编号	配方	PV (mPa·s)	YP (Pa)	Gel (Pa/Pa)	FL_{API} (mL)	FL_{HTHP} (130℃)(mL)	MBT (g/L)	pH 值	Cl^- (mg/L)
配方 1	实验浆	18	6	2/5	4	11.0	36	9	5600
配方 2	配方 1(实验浆+0.2%NaOH+5%KCl)	21	8	3/8	5.4	13.6	30	10	28200
配方 3	配方 1+0.5%SMP-1+0.8%SPNH+0.5%PAC-LV	24	8.5	3/9	4.4	11.2	31	10	28600
配方 4	实验浆+0.2%NaOH+2%KCl+0.5%HPA	22	7.5	3/7	4.2	11.4	30	10	15200

注：实验浆为本井二开聚合物钻井液+0.2%NaOH+2%SMP-1+2.2%SPNH+2.5%FT-1（二开聚合物钻井液配方：3%～4%膨润土+0.05%NaOH+0.15%Na₂CO₃+0.5%～0.8%NH₄HPAN+0.6%～1%KPAM+0.2%～0.3%DF-1）。

从表 2 可以看出，常规 KCl—聚磺防塌钻井液已经具有了很强的抑制性，但因其失水普遍较大，后期需要补充大量磺化材料和抗高温降失水剂才能满足井下需求，造成钻井液成本提高。钾胺基聚磺钻井液同样具有强抑制性，同时减少了降失水剂的使用量，能创造良好的经济效益。

2.2.2 混油后性能对比

由于 TP273H 为水平井，后期需要混入一定量原油，因此需要评价钾胺基聚磺钻井液中加入原油后的性能。选取表 2 中配方 4 配置成钾胺基聚磺钻井液作为基浆，加入一定量原油，搅拌均匀后测其性能，结果见表 3。

表 3　钾胺基聚磺混油钻井液性能表

配方	PV （mPa·s）	YP （Pa）	Gel （Pa/Pa）	FL_{API} （mL）	FL_{HTHP}（130℃） （mL）	MBT （g/L）	pH 值	Cl^- （mg/L）	K_f
基浆+5%原油+0.4%SP-80	23	8	3/7	3.8	10.8	28	9.5	13800	0.0437

从表 3 可以看出，钾胺基聚磺钻井液中加入原油后性能稳定，转换后的钾胺基聚磺混油钻井液抑制性更强，润滑性较好，有利于定向施工。

3　现场应用

3.1　钻井液维护处理措施及主要性能

（1）钻进至白垩系 4080m 之后，将聚合物钻井液转换成钾胺基聚磺钻井液。转换前，使用离心机充分清除无用固相；转换时以均匀补充胶液的方式一次性加入 0.2%NaOH，2%SMP-1，2.2%SPNH 和 2.5%FT-1；然后按照室内小型实验配方加入 0.2%NaOH，2%KCl 和 0.5%HPA，充分循环均匀，保证钻井液体系转换一次到位。

（2）进入二叠系前，提高钻井液密度至 1.30g/cm³，保持 KCl 和 HPA 的浓度，同时加入一定量 QS-2 和 FT-1，防止井壁垮塌；振动筛目数更换为 80~100 目，加入 1%~2% 随钻堵漏剂 SQD-98，防止井漏。

（3）在志留系井段钻进过程中，除保证常规防塌剂 FT-1 的加量大于 2% 以外，还配合使用了高软化点乳化沥青以及不同粒径的超细碳酸钙，以进一步增强钻井液的封堵防塌能力。

（4）A 点井深 6167m，定向钻进前，按照混油实验的配方将钻井液转换成钾胺基聚磺混油钻井液，同时定期补充原油，使原油含量保持在 5%~6%。

（5）钾胺基聚磺混油钻井液体系在使用过程中，黏切和 pH 值会慢慢往下降，根据实际情况定期补充膨润土浆和 NaOH，控制好切力，控制动塑比在 0.36~0.40 之间，保证钻井液良好的剪切稀释性能和携岩性能[6]。

TP273H 井二开各井段钻井液性能见表 4 和表 5。

表 4　TP273H 井二开钻井液性能（1）

井深（m）	体系	ρ(g/cm³)	FV(s)	Gel(Pa/Pa)	PV(mPa·s)	YP(Pa)	PV/YP
1200~4080	聚合物钻井液	1.12~1.22	41~45	1~2/4~5	13~15	5~6	0.38~0.4
4080~4910	钾胺基聚磺钻井液	1.22~1.30	45~53	2~3/6~7	18~22	6.5~8	0.36~0.38
4910~6167		1.31~1.32	53~56	2~4/6~8	19~23	7~9	0.36~0.39
6167~6389	钾胺基聚磺混油钻井液	1.32	54~56	2~4/6~9	20~24	8~9	0.37~0.4

表 5　TP273H 井二开钻井液性能（2）

井深（m）	体　系	FL（mL）	FL_{HTHP}（130℃）(mL)	MBT（g/L）	V_b（%）	pH 值	K_f
1200~4080	聚合物钻井液	5.0~8.0	—	36~38	7~9	8~9	0.07~0.08
4080~4910	钾胺基聚磺钻井液	3.8~4.2	10.4~11.2	30~32	9~10	9~10	0.06~0.07
4910~6167		3.2~4.0	9.6~10.6	28~32	10~11	9~10	0.05~0.07
6167~6389	钾胺基聚磺混油钻井液	3.0~3.4	9.6~10.2	25~28	10~11	9~10	0.04~0.05

　　从表 4 和表 5 的结果可以看出，该体系从 4080m 开始转换成钾胺基聚磺钻井液，在密度增加的情况下，保持了良好的漏斗黏度、塑性黏度、切力，失水显著降低，膨润土含量明显降低，润滑系数也有所降低，这表明该体系的性能优异性和稳定性[7]。在 6167m 混入原油后，性能变化不大，润滑性能明显增强。

3.2　应用效果分析

　　（1）在本井二开钻井施工过程中，膨润土含量容易控制，剪切稀释性好，性能稳定，振动筛上基本无掉块返出。邻井 TP274X 井使用常规 KCl—聚磺钻井液，振动筛返出大量掉块，同一地层返出岩屑对比情况如图 1 和图 2 所示。

图 1　TP274X 井柯坪塔格组返出岩屑　　　　图 2　TP273H 井柯坪塔格组返出岩屑

　　（2）二叠系及以深地层平均井径扩大率为 6.86%，柯坪塔格组、桑塔木组等易塌地层井径扩大率明显好于使用常规 KCl—聚磺钻井液的邻井（均在 15% 以上）。TP273H 井二叠系及以深井段井径曲线如图 3 和图 4 所示。

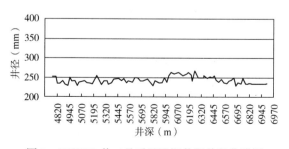 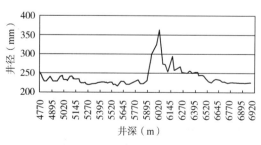

图 3　TP273H 井二叠系及以深井段井径曲线图　　图 4　TP341H 井二叠系及以深井段井径曲线图

（3）TP273H 井使用钾胺基聚磺混油钻井液后，下部地层起下钻顺畅、电测成功率100%。邻井 TP274X 井、TP272H 井和 TP188X 井使用常规 KCl—聚磺钻井液体系，下部地层钻井过程中均需要大段划眼、电测前需要反复通井，这增加了钻井周期；周围邻井在二叠系井段钻井过程中均发生漏失现象，但在 TP273H 井的二开使用了钾胺基聚磺混油钻井液体系，其具有较强的抑制性、良好的流型，因此，在整个二叠系井段钻井过程中未出现任何漏失现象，因此进一步缩短了钻井周期，节约了钻井成本。

4 结论

（1）钾胺基聚磺混油钻井液中加入了少量的聚胺抑制剂和原油，其在钻井过程中表现出优异的防塌性、页岩稳定性和润滑性。

（2）通过在 TP273H 井的应用表明，钾胺基聚磺混油钻井液具有良好的流变滤失性，减少了降失水剂的用量，在油价持续低迷的石油行业"寒冬期"，为进一步节约钻井成本提供了一个新的思路。

参 考 文 献

[1] 王建．适用于深井钻井的 KCl/聚磺水基钻井液体系研究[J]．重庆科技学院学报（自然科学版），2010，12(5)：88-91.
[2] 王立锋，王杰东，冯纪成，等．塔河油田超深定向井 KCl-阳离子乳液聚磺钻井液技术[J]．石油钻探技术，2012，40(3)：73-77.
[3] 范落成，王杰东，何小明，等．KCl 聚磺钻井液在 TP338H 井三开的应用[J]．油气藏评价与开发，2015，5(4)：64-68.
[4] 钟汉毅，邱正松，黄维安，等．聚胺高性能水基钻井液特性评价及应用[J]．科学技术与工程，2013，13(10)：200-204.
[5] 邱正松，钟汉毅，黄维安，等．高性能水基钻井液特性评价实验新方法[J]．钻井液与完井液，2009，26(2)：58-59.
[6] 马平平，熊开俊，陈芳，等．胺基聚醇钻井液在柯 21-平 1 井的应用[J]．钻井液与完井液，2012，29(1)：85-88.
[7] 王建华，鄢捷年，丁彤伟．高性能水基钻井液研究进展[J]．钻井液与完井液，2007，24：71-75.

江苏油田开窗侧钻井 KCl 聚合物钻井液的研究与应用

何竹梅　杨小敏　王　建　施智玲

（中国石油江苏油田分公司石油工程技术研究院）

【摘　要】 近年来，在低油价的冲击下，投资压力进一步加大，为降低钻井工程成本，提高勘探开发效率，油田加大了套管开窗侧钻井技术的应用力度。在套管开窗侧钻井施工中，因井眼间隙小，受小钻具振动、起下钻时的压力激动、高环空返速的冲蚀，以及地层的强水敏性等因素影响，井壁易失稳，导致起下钻遇阻划眼、电测遇阻等井下复杂多发。为此，开展了强抑制封堵 KCl 聚合物钻井液体系配方优化实验研究，并在 CH113A 井和 CSX23A 井两口侧钻井中成功应用，取得了理想的应用效果。室内实验与现场应用表明：KCl 聚合物钻井液具有抑制性强、流型好、性能稳定等特点，能满足套管开窗侧钻井对钻井液的性能需求，为油田应用低成本套管开窗侧钻井开发提供了技术支持。

【关键词】 江苏油田；套管开窗侧钻井；KCl 聚合物钻井液

　　江苏油田为典型的"小、碎、贫、散、窄"复杂小断块油田，历经 40 多年的勘探开发，已步入开发中后期，稳定油气产量与开发投资需求大的矛盾日渐突出，在近来低油价情况下，这种矛盾尤为明显。套管开窗侧钻井是一项可以盘活报废井，改善油藏开采效果，提高采收率及油井产量，降低综合开发成本的技术。该技术利用了老井的部分井眼、套管、井场及地面设施，从而可以大幅减少钻井、套管及地面建设等费用，同时有利于环境保护，是一套行之有效的投资少、见效快、经济效益显著的开发手段。自 20 世纪 90 年代末，江苏油田开展了套管开窗侧钻井技术的应用研究与现场实践，在 2008—2013 年高油价时期，实施井数占年钻井数的 9% 左右；近年来，受低油价冲击，侧钻井数占年钻井数的 15%~43%，呈逐年上升的趋势，为油田稳产发挥着举足轻重的作用。但在套管开窗侧钻井过程中，由于井眼间隙小，受小钻具振动，起下钻时的压力激动、高环空返速的冲蚀，以及地层的强水敏性等因素影响，井壁易失稳，导致起下钻遇阻划眼、电测遇阻等井下复杂多发。为此，开展了强抑制强封堵 KCl 聚合物钻井液体系配方的室内研究和现场应用，为套管开窗侧钻井有效应用提供了技术保障。

1　套管开窗侧钻井对钻井液性能要求

　　套管开窗侧钻井是指在原套管内某一深度处坐斜向器开窗或锻铣打水泥塞后侧钻出新井眼[1]。江苏油田套管开窗侧钻井采用的主要工艺是在 ϕ139.7mm 套管上坐斜向器开窗，采用 ϕ118mm 钻头侧钻至目标井深，悬挂 ϕ90.5mm 生产尾管，注水泥固井，射孔完井[2]。由

　　作者简介：何竹梅（1966—），高级工程师，现在江苏油田石油工程技术研究院从事钻井液设计与相关技术研究工作。地址：江苏省扬州市邗江区文汇西路 1 号；电话：（0514）87762752，15152721698；E-mail：hezm. jsyt@ sinopec. com。

于此类井环空间隙小，使用的钻头、钻杆的尺寸变小，钻井液的环空压力损耗大，工作压力高，同时受地面设备影响，钻井液循环排量选择受限，钻井液排量不能过低或过高，过低井眼将出现清洁不良，造成机械钻速慢，摩阻增大，井下复杂等问题；而循环排量过高，地面设备以及井壁都不能承受高循环压力，同时钻井液高速流动，加剧了对井壁的冲蚀，易诱发井壁垮塌[3]。由此可见，小井眼套管开窗侧钻井钻井液需要具有以下性能特点：

（1）低黏高切。以保证钻井液的流动性和悬浮携岩能力，低黏有利于减小泵压和钻具起下钻中的压力激动，减少沿程的压力损耗，提高喷射效率，有利于提高钻速；高切有利于确保钻井液的悬浮携带岩屑能力，减缓岩屑的沉降，防止形成岩屑床，减少托压现象。

（2）较强抑制性能。江苏开窗侧钻井主要钻遇新生界，多发育砂泥岩夹层，泥岩水敏性强，极易发生吸水膨胀，分散造浆，引发黏度难以控制；缩径会导致环空间隙进一步缩小，钻井风险增高。强抑制钻井液有利于抑制泥岩膨胀，控制岩屑分散造浆，成型钻屑易被固控设备去除，保持井眼清洁。

（3）强封堵降滤失性能。钻井过程中由于压差与毛细管力等作用，滤液易渗入地层，随着井壁裸露时间的延长，累计滤失量逐渐增多，易引发地层膨胀压升高，加上滤液浸泡后的岩石强度下降，极易引发井壁失稳。加强钻井液的封堵降滤失性，有利于提高井壁稳定性。

（4）突出的润滑防黏卡能力。由于套管开窗侧钻井多为定向井或水平井，随着侧钻技术的进步，侧钻井段进一步延长；加上使用钻具的尺寸小，柔性大，因重力作用，井下钻具多"侧躺"在下井壁，定向滑动钻进时，托压现象多见，若钻遇软泥岩或井下岩屑较多时，托压现象会更加明显。因此，对钻井液的润滑防黏卡能力要求更高，不仅要提高滤饼质量，而且要增强钻井液的润滑性，以防发生黏卡和托压。

（5）储层保护要求高。江苏油田多为强—极强水敏性储层，长期的注水开发，地层压力紊乱，存在钻遇高压地层风险。为防溢流，常采用较高密度钻井液，井内压差增大，固相含量增多，并储层极易造成伤害，对储层保护要求更高。

通过技术调研，KCl钻井液具有流变性好、抑制性强，性能稳定等优点[4-5]，性能特点符合套管开窗侧钻井对钻井液的性能要求。由此，开展了适应江苏油田套管开窗侧钻井的KCl聚合物钻井液体系配方优化实验研究与现场应用实践。

2 KCl聚合物钻井液体系配方优化实验研究

2.1 氯化钾的抑制性及加量选择实验

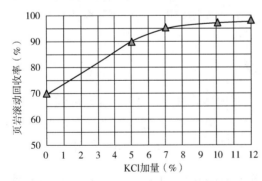

图1 不同浓度KCl钻井液的岩屑回收率
（120℃×16h）

采用江苏油田H158井Ed₁垮塌物，破碎成6~10目岩屑，通过页岩回收率试验对配方为3%膨润土浆+0.3%FA367的基浆中加入不同比例的KCl，在120℃下热滚16h后测定回收率，以评价KCl不同加量下的抑制性，结果如图1所示。可见，KCl具有较强的抑制泥页岩水化膨胀、分散的能力；随着KCl加量的增加，岩屑回收率逐渐增大，加量超过5%后，回收率增大趋势减缓，加量超过7%后，回收率增势趋平，故KCl初选加量为5%~7%。

2.2 降滤失剂优选实验

在配方为3%膨润土浆+0.3%FA367+7%KCl的基浆中加入不同的降滤失剂，测量试样的滤失量及流变性能，结果见表1。可见，LV-PAC在基本不影响钻井液的流变性能的同时具有良好的降滤失效果，因此优选LV-PAC作为体系降滤失剂。

表1 降滤失剂优选

配　　方	$AV(\text{mPa}\cdot\text{s})$	$PV(\text{mPa}\cdot\text{s})$	$YP(\text{Pa})$	YP/PV	$Gel_{1s/10min}$ (Pa/Pa)	FL_{API} (mL)
基浆	14.5	10	4.60	0.46	1/2	27.6
基浆+1%LV-PAC	13	10	3.07	0.31	0.5/1	9.4
基浆+1%DSPX-1	19	10.5	8.69	0.83	2.5/6	9.8
基浆+1%REDUL1	14	11.5	2.56	0.22	0.5/1	10
基浆+1%NH₄HPAN	9	7.5	1.53	0.20	0.5/0.75	12.2

在配方为3%膨润土浆+0.2%FA367+7%KCl+1.5%FH-96+3%QS-4+CaCO₃（密度1.15g/cm³）的基浆中加入不同加量的LV-PAC，进一步测量其降滤失性能，结果如图2所示。可见，LV-PAC加量在达到0.5%时具有较好的降滤失效果，加量达0.1%后，滤失量降幅趋缓，初选加量0.5%~1.5%。

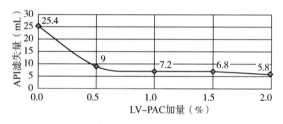

图2 LV-PAC加量优选

2.3 防塌剂优选实验

在配方为3%膨润土浆+0.2%FA367+1.5%LV-PAC+7%KCl+3%QS-4的基浆中加入4种不同的防塌剂，测量试样的API滤失量，结果如图3所示。可见，FH-96、GL-1和OSAM-K具有较好的降滤失效果。进一步对三种防塌剂进行复配评价，结果见表2。可见，FH-96和OSAM-K加量均在1.5%复配时降滤失效果最明显，API滤失量达到4.2mL，故优选防塌剂FH-96和OSAM-K复配使用。

表2 防塌剂复配配方优选

防塌剂复配配方	FL_{API}(mL)	防塌剂复配配方	FL_{API}(mL)
基浆+1%FH-96+1%GL-1+0.5%OSAM-K	5.8	基浆+1.5%FH-96+1%GL-1+1.5%OSAM-K	4.8
基浆+1%FH-96+1%GL-1+1%OSAM-K	5.9	基浆+1.5%FH-96+1.5%OSAM-K	4.2

2.4 润滑剂优选试验

在配方为3%膨润土浆+0.2%FA367+1%LV-PAC+7%KCl+1.5%FH-96+1.5%OSAM-K+3%QS-4的基浆中添加不同的润滑剂，使用极压润滑仪分别测量其润滑系数，评价其润滑性能，结果见表3和图4。可见，JS-LUB-1的润滑性较好，与基浆相比，其极压摩阻系数降低了50%；随着JS-LUB-1加量增加，摩阻系数随之降低，初选加量1%~2%。

表3　不同配方润滑性能评价

配方	极压摩阻系数	摩阻系数降低率(%)	配方	极压摩阻系数	摩阻系数降低率(%)
基浆	0.132	—	基浆+1%JS-LUB-1	0.066	50.00
基浆+1%KD-21C	0.088	33.33	基浆+1%RHJ-1	0.082	37.50

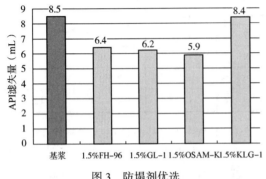

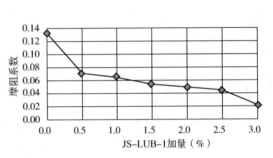

<table>
<tr><td>图3　防塌剂优选</td><td>图4　JS-LUB-1不同加量下润滑性能评价</td></tr>
</table>

2.5　提切剂加量的优选

从基本配方性能评价结果看出，KCl聚合物钻井液的Φ_6/Φ_3值偏低，为提高体系的悬浮携砂能力，进行了提切剂XC加量的优选。实验结果见表4。

表4　XC加量对钻井液体系性能的影响

XC加量(%)	AV(mPa·s)	PV(mPa·s)	YP(Pa)	YP/PV	Φ_3/Φ_6	FL_{API}(mL)
0	16.5	13	3.5	0.27	1/2	4.9
0.05	22	17	5	0.29	4/6	4.0
0.10	27.5	20	7.5	0.38	6/7	3.8
0.15	29	21.0	8.5	0.40	6/9	3.8

注：高温热滚老化100℃×16h；密度1.15g/cm³；测定温度50℃。

从实验结果可以看出，随着XC加量的增加，钻井液的Φ_3/Φ_6值逐渐增加，当XC加量达到0.05%~0.1%时，钻井液已经具有较好的悬浮性。但随着XC加量的增加，体系的表观黏度呈递增趋势。XC本身是一种易热降解和生物降解的微生物胞外多糖，在较低浓度时才会表现出较高的黏度和良好的流变性。综合考虑以上因素，确定XC的加量为0.05%~0.10%。为此，确定优化KCl聚合物钻井液体系配方如下：3%膨润土浆+0.2%~0.3%FA367+1%~1.5%LV-PAC+5%~7%KCl+1.5%FH-96+1.5%OSAM-K+1%~2%JS-LUB-1+3%QS-4+0.05%~0.1%XC。

2.6　KCl聚合物钻井液优化配方体系性能评价

将实验优化的KCl聚合物钻井液配方体系，与目前江苏油田常用的聚合物钻井液配方体系进行综合性能对比评价，结果见表5。可见，KCl聚合物钻井液配方体系的综合性能符合开窗侧钻井要求。

表 5　两种体系钻井液综合性能对比评价

配方号	实验条件	AV (mPa·s)	PV (mPa·s)	YP (Pa)	动塑比	$Gel_{10s/10min}$ (Pa/Pa)	FL_{API} (mL)	FL_{HTHP} (mL)	页岩回收率 (%)	K_f
配方 1	50℃	27	17.1	6.0	0.35	2.5/3.0	5.7	—		0.043
	100℃×16h	27.5	17.9	7.0	0.39	3.0/3.5	3.8	8.4	98.1	
配方 2	50℃	21	15.0	5.1	0.34	1.5/3.5	6.8	—		0.057
	100℃×16h	16	13.2	4.5	0.34	1.5/3.0	6.6	11.4	85.7	

注：配方 1 为 3%膨润土+4%Na_2CO_3（土量）+0.3%NaOH+0.2%FA367+1%LV-PAC+7%KCl+1.5%FH-96+1.5%OSAM-K+2%JS-LUB-1+3%QS-4+0.1%XC+$CaCO_3$（KCl 聚合物钻井液体系）。

配方 2 为 5%膨润土+4%Na_2CO_3（土量）+0.3%NaOH+0.2%FA-367+0.5%NH_4HPAN+1.5%FH-96+1.5%OSAM-K+2%KD-21C+3%QS-4+$CaCO_3$（聚合物钻井液体系）。

2.7　储层保护剂优选实验

使用 SX23 井储层（1829.0~1852.2m）岩心，通过 JHMD-Ⅱ高温高压动态伤害评价仪，测定 KCl 聚合物钻井液中加入不同储层保护剂的岩心渗透率恢复值，优选与 KCl 体系匹配的储层保护剂，结果见表 6。可见：KCl 聚合物钻井液配加 FQ 的储层保护效果明显高于其他配方的，因此，优选 FQ 作为 KCl 聚合物钻井液的储层保护剂，推荐加量 3%。

表 6　钻井液动态伤害天然岩心实验结果

配方序号	钻井液体系	K_o(mD)	K_{ro}(mD)	K_{rd}(%)
配方 1	KCl 聚合物钻井液	7.615	4.130	54.24
配方 2	配方 1+2%KLG-1	7.800	5.520	70.77
配方 3	配方 1+2%LYD	7.356	5.998	81.54
配方 4	配方 1+3%FQ	7.869	6.885	87.49
配方 5	配方 1+2%LXJ-1	6.506	5.252	80.72

注：K_o 为伤害前油相渗透率；K_{ro} 为伤害反排后油相渗透率；$K_{rd}=K_{ro}/K_o$ 为渗透率恢复值。

通过性能对比实验可以看出，优化建立的 KCl 聚合物钻井液配方体系，具有突出的抑制性、良好的流变性和封堵降滤失性、润滑性、储层保护效果，符合套管开窗侧钻对钻井液的性能要求。储层段配用保护剂 FQ，能达到理想的储层保护效果。

3　现场应用与效果评价

3.1　现场应用

KCl 聚合物钻井液技术在 CH113A 井和 CSX23A 井两口侧钻井中成功应用。

CH113A 井是位于黄珏构造 H88 断块上的一口开窗侧钻井，目的层为 Ed_1。侧钻目的是挖潜 H88 块西南部剩余油，完善注采井网。该井的实施存在以下难点：(1)裸眼段长、环空间隙小，钻进时易托压；(2)Ed_1深灰色泥岩易垮塌；(3)邻近注水井多，储层钻进中易受注水井影响。CSX23A 井是位于高邮凹陷 S23 断块的一口开窗侧钻井，侧钻目的是挖潜 S23 断块 $E_1f_3^{1+2}$ 构造高部位剩余油。为实现地质目标，该井在开窗后设计采用了降—稳—增—稳 4 段制轨迹，设计最大井斜 41.25°，复杂轨迹井眼实施过程中的降摩减阻问题突出，且阜宁组灰黑色泥岩易垮塌。根据两口井的地层特点及潜在的伤害因素，要求钻井液具有以下性能特点：（1）强抑制性、较低的滤失量，防止深灰色、灰黑色泥岩垮塌；（2）低黏切、低固相，减小压力激动，降低环空压耗，保持小井眼井壁稳定；（3）强润滑性，降低长裸眼井段及复杂轨迹井段摩阻，减少托压现象；（4）良好的储层保护效果。室内研究表明，KCl 聚合物钻井液符合这两口侧钻井安全钻井和储层保护的需要。具体技术措施如下：

侧钻前用膨润土粉 1500kg，纯碱 75kg 配浆 32m³，预水化 16h 以上。先用 FA367 100kg 配制胶液 10m³，缓慢加入膨润土浆搅拌均匀。另用 LV-PAC 250kg 配制胶液 8m³，也加入膨润土浆充分搅拌。用剪切泵加入 QS-21.5t，和 KCl 干粉 3.5t，加烧碱调整 pH 值至 9 左右，循环均匀测密度后加重至设计密度，充分循环后开始侧钻。

侧钻成功后及时加入环保型生物润滑剂 JS-LUB-1，并定期补充，保持含量 2% 左右，确保钻井液具有较好的润滑防黏能力。侧钻过程中均匀补充 0.2%～0.3%FA367 和 1%～1.5%LV-PAC 胶液，并配合加入 0.05%～0.1%XC，保持钻井液良好的流变性和降滤失性能。使用好四级固控设备，配合使用好离心机，控制泥岩造浆，维护膨润土含量在 25～35g/L 之间。定期补充 KCl，保持含量在 7% 左右，确保钻井液具有良好的抑制性能，控制泥岩水化分散。钻至易垮地层前加入 1%～1.5%FH-96 进行防塌预处理，后续侧钻过程中根据进尺定期补充，并配加 OSAM-K，提高井壁稳定性。进入油层前 50m 加入 FQ1.5t 进行油气层保护。两口侧钻井应用情况见表 7。

表 7　KCl 聚合物钻井液应用情况表

井号	开窗深度（m）	井深（m）	完钻层位	最大井斜（°）	裸眼段长（m）	复杂时效/降低（%）	完钻密度（g/cm³）
CH113A	1555	2543	E_2d_1	30	988	0/1.87	1.2
CSX23A	1367	1951	E_1f_3	38.94	584	0/1.80	1.28

注：复杂时效降低率是与同区块侧钻井的平均复杂时效相比较。

3.2　效果评价

CH113A 井使用 KCl 聚合物钻井液顺利地完成了裸眼段长 988m 的小井眼井段施工，并有效预防了 Ed_1 深灰色泥岩的垮塌。从井径情况来看，该井易垮塌层 Ed_1 平均井径扩大率为 7.5%，井径较为规则，无明显垮塌，满足侧钻井要求。CSX23A 井施工顺利，进入 Ef_4 后钻井液 API 滤失量控制在 2.4mL 以下，形成的滤饼薄而致密，返出的岩屑无垮塌掉块；全井离心机使用时间仅为 2.5h，大幅减少了加重剂用量，节约了钻井液成本；全井井径扩大率为 5.3%，井径规则，表明该体系具有良好的防塌性能。CH113A 和 CSX23A 井初期日产油量分别为 4.5t 和 4.2t，堵塞比分别为 0.67 和 0.71，储层处于完善状态，取得了较好的钻探效果。

4　结论与认识

（1）室内研究与现场应用表明，优化的 KCl 聚合物钻井液配方体系控制地层造浆能力强，携岩性和润滑性好，封堵防塌能力强，流型易控制，基本符合套管开窗侧钻井对钻井液的性能需要。

（2）现场应用时，用好固控设备，按配方比例配成胶液按"细水长流"方式维护，性能稳定，使用方便。

（3）优化的 KCl 聚合物钻井液在 2 口套管开窗侧钻井中成功应用，侧钻和完井作业顺利，堵塞比均小于1，储层处于完善状态，应用取得理想效果。

参 考 文 献

[1] 刘万震. 现代侧钻井技术[M]. 北京：石油工业出版社，2009.

[2] 贾禾馨，贾万根，王建，等. 江苏油田小井眼钻井实践与分析[J]. 复杂油气藏，2020，13(2)：65-68.

[3] 周煜辉，赵凯民. 小井眼钻井技术[J]. 石油钻采工艺，1994，16(2)：16-24.

[4] 赵雷青，张金山，盖靖安，等. KCl钻井液在乌国咸海区域两口探井的应用[J]. 西部探矿工程，2013，31(4)：31-34.

[5] 于海波，王峰，邸百英. 鲁迈拉油田无固相KCl钻井液体系的研究及应用[J]. 中国石油和化工，2017，2015(5)：62-64.

梨树断陷钻井液井壁稳定技术研究与应用

葛春梅　张天笑　杨　铭

（中国石化东北油气分公司）

【摘　要】 梨树断陷中深井及深井二开裸眼井段长，钻井过程中井壁失稳问题突出，通过岩石力学和矿物组成等分析井壁失稳原因为地层黏土矿物遇水后膨胀分散，钻井液抑制性不足所致，为提高钻井液抑制性，研制了防塌钻井液，该体系具有滤失量低、抑制性强、储层保护效果好的特点，泥页岩回收率能够达到 90% 以上，现场应用井径扩大率有所降低，未发生井壁失稳问题，达到了强抑制防塌的效果。

【关键词】 梨树断陷；井壁稳定；黏土矿物；抑制性；钻井液

梨树断陷位于松辽盆地南部，是松辽盆地断陷群南端，断陷期持续最长，地层发育最为齐全，沉积厚度、埋藏深度最大的断陷。是松南地区主要油气聚集区，是中国石化在东北工区的重点勘探开发对象。储层岩性多以砂砾岩、含砾中—粗砂岩、细—中砂岩为主，砂岩的成分成熟度低，结构成熟度中等。由于埋藏深、地温高，成岩作用强烈，导致储层物性较差，孔隙度多数小于 10%，渗透率多数小于 10mD，地层压力系数多数小于 1，属于低孔低渗常压储层，并且非均质性强，储层均具有低面孔率、低有效孔隙度、孔隙尺寸极小，岩石缺乏颗粒或颗粒较少，强烈压实作用和胶结充填使储层面孔率极低，有效孔隙度不高，胶结致密是储层低孔、低渗的主要原因。

根据 X 衍射及电镜观察，本区砂岩中主要有高岭石、伊利石、绿泥石、蒙脱石、蒙/伊混层、蒙/绿混层黏土矿物，而且含量很高。蒙脱石含量达到了 25%，储层水敏伤害程度为中偏弱—强。储层水敏伤害程度主要和水敏性矿物蒙脱石和伊/蒙间层有关，上部地层泥页岩发育，下部地层又是砂泥岩互层，泥岩水敏性强，易膨胀而堵塞致密储层，随着钻井液的长时间浸泡，井壁易剥落掉块，从而影响井下安全作业。敏感性评价也表明储层水敏性强，并且低渗储层表现出明显的毛细管自吸效应，与水基工作液接触将快速自吸形成水相圈闭。采用常规钻井液时，可能会由于固相粒子与地下裂缝宽度分布不相匹配，固相及液相在正压差作用下长驱直入，不仅将裂缝堵塞。因此，该区储层伤害机理为固相和液相伤害共存。

1　技术难点

1.1　井壁稳定性差

近年来，随着勘探开发的不断深入，梨树断陷中深井及深井逐渐增多，二级井身结构，裸眼井段长度达 3000m 以上，钻井过程中井壁失稳掉块严重，部分井局部井段井径扩大率达到 30% 以上。梨树断陷地层层序多，岩性特征复杂，上部地层泥页岩发育，下部地层又是砂泥岩互层，大部分地层多有泥岩夹层，地层水敏性强。随着钻井液浸泡时间的延长，泥页岩地层易吸水膨胀、井壁岩石易剥落掉块匀膨胀性裂隙，使井壁失稳，此时就需要提高钻井液密度,而为了提高机械钻速,又需要降低密度,两者间不易调节,长裸眼井段井壁稳定问题突出,因此对钻井液的防塌能力提出了更高的要求。井壁稳定问题一直困扰着优快钻井。因此开展井壁稳定技术研究,对保证井下安全,对加快勘探开发进程具有重要意义。

1.2 储层保护难度大

储层有效孔隙度低,渗透率低,胶结致密,非均质性强,属于低孔低渗特低渗储层。并且地层压力梯度变化大,压力系数最大可以达到1.20,通过降低密度保护储层不容易,总体来说,对储层保护要求高。

2 井壁失稳原因分析

2.1 地层潜在影响因素分析

梨树断陷地层情况复杂,岩性多样,为弄清影响井壁稳定的潜在影响因素,分别对梨树断陷不同地层的岩样进行了X射线衍射分析,其分析结果见表1。

表1 梨树断陷不同层位黏土矿物组成

层位	岩性	全岩矿物中黏土矿物总量(%)	黏土矿物中蒙脱石相对含量(%)
嫩江组	灰色泥岩、浅灰色粉砂岩	24~34	40.0~62.4
姚家组	棕红色泥岩、浅灰色粉砂岩	23~30	33.7~44.3
青山口组	棕红色泥岩、浅灰色泥质粉砂岩	18~25	11.4~34.2
泉头组	棕红色泥岩、灰色细砂岩	5~39	11.1~41.0
登娄库组	深灰色泥岩、灰色细砂岩	6~22	10.35~39.0
营城组	灰色细砂岩、灰色含砾细砂岩	8~79	2.5~51.7
沙河子组	深灰色泥岩、浅灰色含砾细砂岩	14~27	7.5~9.6

通过已完钻井全井段岩屑92样次的岩石矿物组成分析,黏土矿物在各层位都有分布,主要集中在泉头组以上地层,营城组含量也较多,黏土矿物蒙脱石含量高,并且从上至下蒙脱石有下降的趋势。

在X射线分析的基础上,进一步将现场提供的岩样进行了电镜扫描,扫描结果(图1和图2)表明:该地层属伊/蒙混层,蒙脱石含量高,蒙脱石遇水后晶格膨胀,易分散运移,是黏土矿物水化膨胀的主要源头,因此为维护井壁稳定,需要抑制这种黏土矿物水化膨胀,即提高钻井液的抑制性。

图1 HS3井电镜扫描成像图

图2 S3井电镜扫描成像图

如图3和图4所示，黏土矿物含量高的井段井径有扩大的趋势，伊/蒙混层中膨胀型黏土矿物蒙脱石含量高时，井径扩大现象明显。

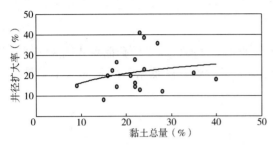

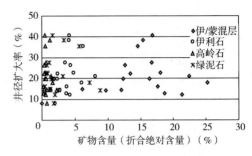

图3　S4井不同井段黏土矿物总量与井径关系　　　图4　S4井黏土矿物与井径的关系

通过地层水敏性评价(图5和图6)，发现蒙脱石、伊/蒙混层矿物在接触到淡水时发生膨胀后体积比正常体积大很多倍，并且高岭石在接触到淡水时由于离子强度突变发生扩散运移。膨胀的黏土矿物占据了孔隙喉道空间，非膨胀黏土的扩散释放较多微颗粒，因此水敏感性评价产生黏土膨胀或微粒运移的程度，表明了井壁容易分散的特点。

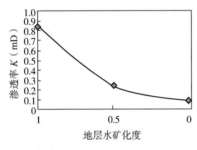

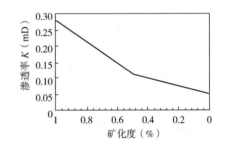

图5　1-11/24-2水敏实验曲线图　　　　　　图6　4-2/26-1水敏实验曲线

$D_{w_1}=91.1\%$，$D_{w_2}=81.5\%$，属强水敏性范围。

2.2　岩石力学分析

梨树断陷中深井坍塌压力当量密度范围普遍在0.5~1.25g/cm³(图7)，实际现场钻井液液柱压力高于地层坍塌压力，维持了力学平衡。

2.3　井壁失稳原因

(1)地层稳定分析：这类地层蒙脱石含量较高，地层不稳定主要是由于蒙脱石遇水膨胀分散运移所致。

(2)力学稳定分析：钻井液密度高于地层坍塌压力当量密度，力学稳定已经满足。

(3)化学稳定分析：地层膨胀型黏土矿物含量高，钻井液抑制性不足易导致井壁坍塌掉块，井径扩大率高。

2.4　井壁失稳对策

(1)控制合理的钻井液密度。

依据地层孔隙压力、坍塌压力、破裂压力等来确定合理的钻井液密度，保持力学平衡，平衡地层坍塌压力，防止地层出现应力性坍塌和塑性变形。

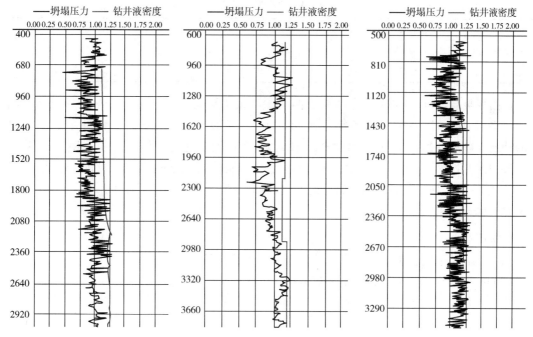

图 7　S3 井、HS3 井和 S4 井地层坍塌压力剖面

（2）提高钻井液的抑制性。

利用聚胺等高效抑制剂镶嵌在黏土层间，限制黏土吸水膨胀，从而防止黏土颗粒的分散运移，提高钻井液的抑制性。

（3）降低滤失量。

减少钻井液向地层的滤失，加强降滤失效果，通过多种处理剂剂配合降低滤饼渗透率，减轻水化膨胀带来的影响。

3　防塌钻井液体系研究

针对井壁失稳的问题，主要通过基本性能、抑制性及储层伤害等三个方面的室内实验评价，对降滤失剂、抑制剂等多种处理剂进行了优选，综合实验结果，优化出适合梨树断陷的低伤害强抑制钻井液配方。

3.1　抑制剂优选

抑制剂优选方面，不同抑制剂的作用机理各不相同，对 13 种处理剂进行了横向和纵向上的对比，优化配方时也进行了复配的实验，重点针对具有不同抑制机理代表种处理剂进行了抑制性评价(表 2 和表 3)。

表 2　抑制性评价 1

材料	铵盐	聚胺	聚合醇	FT-1	SMP	FT-99	JS-9
加量(%)	2	1	2	2	2	2	2
泥页岩回收率(%)	98	97.36	95	95.68	97	87.88	84

表3 抑制性评价2

材料	SMC	KFT	FB-59	JS-3	HA 树脂	有机硅腐植酸钾
加量(%)	2	2	2	2	2	2
泥页岩回收率(%)	83.9	82	81	81.86	77.86	76.98

根据泥页岩滚动回收率测定结果表明，优选出了聚胺高效抑制剂，4%膨润土浆配合0.5%聚胺，泥页岩滚动回收率能够达到90%以上，聚胺同时具有非离子和阳离子表面活性剂的特征，镶嵌在黏土层间，限制黏土吸水膨胀；在配方优化过程中，由于KPAM能改善钻井液的流变性能，有效地包被钻屑，从而达到抑制地层造浆的作用，回收率也能够达到90%以上。所以形成了主要以这两种处理剂代表的强抑制防塌钻井液体系。

3.2 降滤失剂剂优选

优选原则：

（1）不同单剂同样加量条件下优选滤失量较小的样品；

（2）一种单剂不同加量条件下测试滤失量变化趋势，初步优选加量。

实验用基浆：淡水+4%土+5%NaCO$_3$（土量）+0.2%KPAM。

老化条件：140℃。

由单剂降失水性能评价(表4)可以看出，JS-9和KFT随加量的增加，降滤失效果明显增强，降滤失效果优于其他处理剂，但是各种处理剂复配在一起的效果如何，还需在钻井液配方优化时进行对比，从而防止错过配伍性能优良的处理剂。

表4 不同加量钻井液处理剂降滤失效果(中压失水)

加量(%)	FL_{API}(mL)							
	FT-99	HA	铵盐	FT-1	JS-3	SMP	SMC	KFT
1	9	9.8	9.5	9	12.5	12.5	10	9.5
2	8	9	9.5	8	7.5	11	8	8.5
3	8	6		6.5	6.5	10	10	7

3.3 流变性和抑制性评价

对原聚磺钻井液重新调整优化，加强了钻井液的抑制性，增强了降滤失性能，与原钻井液配方相比，优化后的配方无论是中压还是高温高压滤失量都有了明显的降低，泥页岩回收率和膨胀率两项指标评价结果表明，抑制性有了大幅度的提高(表5)。

优化配方：4%土浆+0.2%KPAM+2%~3%SMC+2%~3%SMP+1%~2%铵盐+2.5%~3%KFT+3%JS-9+0.3%~0.5%聚胺+0.5%~1%FD-1+0.3%CMC。

表5 优化前后钻井液性能对比(140℃)

条件	体 系	PV(mPa·s)	YP(Pa)	FL(mL)	FL_{HTHP}(mL)	泥页岩回收率(%)	泥页岩线膨胀率(%)
优化前	聚磺钻井液	16	1	4.0	15	55.3	146.4
优化后	非渗透双聚防塌钻井液	28	3	2.5	12	92.2	10.5

3.4 储层伤害评价

利用梨树断陷中深井目的层营城组的岩心，开展了优化后配方的室内储层伤害评价，测得渗透率恢复值都在80%以上(表6和表7，图8和图9)，储层保护效果明显。

表6 钻井液室内伤害评价

钻井液体系	恢复渗透率(mD)	渗透率恢复值(%)
钻井液基浆	1.22	64.9
钻井液+2%非渗透封堵剂	2.14	83.6

表7 储层伤害评价

编号	井号	井段(m)	层位	渗透率恢复值(%)
1-4/30-1	梨2	2673.76~2675.49	营城组	91
4-9/26-5	梨3	2130.97~2132.90	营城组	95
4-9/26-1	梨3	2130.97~2132.90	营城组	93
5-3/26-3	十屋32	2128.08~2129.79	营城组	93
3-15/28-1	梨5	3243.31~3245.3	营城组	96
4-5/26-2	梨3	2129.11~2130.97	营城组	86
5-14/25-2	梨3	2478.02~2479.91	营城组	82.5

图8 加入非渗透封堵剂前　　　　图9 加入非渗透封堵剂后

通过上述实验，可以看出加入非渗透封堵剂的钻井液滤液能够在岩心表面形成封闭膜，而且容易清除，阻止了有害固相和液相的侵入。

3.5 现场应用效果与评价

2013年，非渗透双聚防塌钻井液体系在梨树断陷3口井中应用，在钻井液密度相当的情况下，平均井径扩大率相比邻井有所降低(表8)，钻井施工顺利，为出现复杂问题，并且钻井液漏斗黏度变化稳定(图10和图11)，说明钻井液抑制性强，有效抑制了泥岩的水化膨胀。

表8　优化前后钻井液体系单井井径扩大率对比

钻井液体系	井号	完钻井深（m）	二开裸眼井段长度(m)	二开平均井径扩大率(%)	钻井液密度（g/cm³）
优化后钻井液	16-5	3726	3221	6.63	1.07~1.33
	16-9	2968	2507	10.21	1.15~1.31
	16-4	4049	3548	12.78	1.12~1.33
原钻井液	1601	3800	3345	12.00	1.15~1.33
	1602	3500	3049	13.00	1.15~1.41
	16	3100	2749.4	14.58	1.15~1.33
	16-1	3266	2816	12.00	1.15~1.33

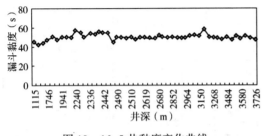

图10　16-5井黏度变化曲线

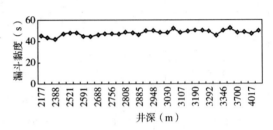

图11　16-4HF井黏度变化曲线

4　结论与认识

（1）井壁失稳原因主要为地层黏土矿物含量高，钻井液抑制性不强导致局部井径扩大。

（2）增强井壁稳定性需要控制合理的钻井液密度、提高钻井液抑制性、降低钻井液滤失量，防止黏土矿物水化膨胀。

（3）通过室内实验评价，优化后的非渗透双聚防塌钻井液体系泥页岩回收率达到90%以上；8h线膨胀率达到10.51%；动态渗透率恢复值达到80%以上，抑制性和储层保护效果都有显著提高。

（4）现场应用效果表明，非渗透双聚防塌钻井液体系有效抑制了井壁坍塌，井径扩大率明显降低，无任何复杂情况发生，施工顺利。

参 考 文 献

[1] 柏明星．泥页岩井壁稳定性及钻井液密度优化[J]．科学技术与工程，2012，12(5)：1025-1029．

[2] 徐同台．井壁稳定技术研究现状及发展方向[J]．钻井液与完井液，1993，14(4)：8．

[3] 罗健生，鄢捷年．页岩水化对其力学性质和井壁稳定性的影响[J]．石油钻采工艺，1997(2)：7-13，112．

罗 176 区块完井电测阻卡原因分析及对策

【摘　要】　罗 176 区块位于济阳坳陷沾化凹陷罗家鼻状构造带，北临渤南洼陷，南靠陈家庄凸起，钻探目的为了解罗家鼻状构造带，主探沙三中亚段，兼探沙四下亚段新含油气情况。罗 176 区块在完井电测施工中，常常会出现电测仪器遇阻遇卡，完井电测一次成功率仅有55.56%，完井电测遇阻遇卡通井处理，引起的非生产时间较长，影响建井周期。本文就完井电测遇阻遇卡的原因进行分析，从井眼轨迹控制，高密度复合盐钻井液性能维护，完井段塞封井钻井液技术方面，提高完井电测一次成功率，缩短建井周期。

【关键词】　罗 176 区块；完井电测；钻井液；电测阻卡；井眼稳定

罗 176 区块位于济阳坳陷沾化凹陷罗家鼻状构造带，北临渤南洼陷，南靠陈家庄凸起，钻探目的为了解罗家鼻状构造带，主探沙三中亚段，兼探沙四下亚段新含油气情况。2019—2020 年在罗 176 区块勘探开发完井 9 口，在钻井勘探开发过程中，由于钻遇地层复杂、高温高压等特点，影响井眼质量、钻井液性能，使完井电测作业时常出现电测遇阻、遇卡问题较突出，降低了一次电测成功率，造成反复通井调整钻井液性能，增加井下复杂风险，引起的非生产时间较长，直接延长建井周期。

1　完井电测遇阻、遇卡分析

罗 176 区块完井 9 口的完井电测统计分析见表 1，平均井深 3187.78m，完井电测一次成功率为 55.56%，其中有 4 口井完井电测遇阻遇卡共出现 5 次，因电测困难采用存储式测井工艺 3 口井，水平井工艺缆测 1 口井。

表 1　罗 176 区块完井电测情况统计表

井号	完井井深(m)	完井电测情况	阻卡显示现象
罗 176	3170	一次成功	常规缆测
罗 176-斜 1	3032	一次成功	常规缆测
罗 176-斜 01	3583	遇阻 1 次	遇阻井深 3120m，通井存储式测井工艺
罗 176-斜 2	3132	遇阻 1 次	遇阻井深 2772m，通井存储式测井工艺
罗 176-斜 02	3148	一次成功	常规缆测
罗 176-斜 3	3070	遇阻 1 次	遇阻井深 2684m，通井常规缆测
罗 176-斜 03	2885	一次成功	常规缆测

作者简介：张高峰，中国石化胜利石油工程有限公司渤海钻井总公司，高级工程师。地址：山东省东营市河口区钻井街 5 号；电话：13793982362；E-mail：maqh1228@ sina. com。

井号	完井井深(m)	完井电测情况	阻卡显示现象
罗176-斜4	3328	遇阻2次	遇阻井深2890m，通井存储式测井工艺
罗176-斜05	3342	一次成功	水平井工艺缆测

2 完井电测遇阻遇卡原因

2.1 井径不规则对电测成功率的影响

（1）地层因素。因地层因素引起的井壁失稳、缩径等造成井眼不规则，引起完井电测遇阻遇卡。罗176区块三开井段沙三段和沙四段，因其地层中有大段泥岩，极易水化分散，水化膨胀，而且地层中存在裂缝，加剧了地层的不稳定性。裸眼井段钻井液的浸泡和冲刷，易剥落掉快，严重导致井壁跨塌，形成"大肚子"井眼，从上到下多个"大肚子"井眼就形成了所谓的"糖葫芦"井眼，严重影响电测一次成功率。

（2）工程因素。在定向井施工中，为了满足地质上对井身轨迹的要求，多次调整井眼轨迹、摆方位、调井斜频繁，导致井身轨迹差或井段全角变化率大，电测仪器不易通过，造成通井起下钻、完井测井作业困难。

电测前井眼准备不利，通井后循环时间短以及循环排量不够，导致井眼不畅通，造成电测遇阻。裸眼井段的井径不规则，大小井径相差悬殊，形成许多壁阶。在井斜较大壁阶较突出的井段，仪器上下运行均可能遇阻，在某些突出的井段形成键槽，狗腿度过大也可能导致电测遇阻。

2.2 钻井液性能对电测成功率的影响

钻井液性能对电测的影响很大，电测遇阻的很多原因从根本上都可以归结到钻井液，其中钻井液的密度、黏度和滤失造壁性影响最大。完井钻井液密度过大，可能将薄弱地层压漏，造成井下复杂；钻井液密度过低，静液柱压力低，不能有效稳定井壁。罗176区块三开小井眼井段存在异常高压层，钻井液密度高达$1.90g/cm^3$，高密度钻井液稳定性控制问题比较突出。各种伤害(如盐膏层、油气水、固相等)均会造成钻井液性能维护处理工作的复杂化，高密度钻井液性能调整维护不当，影响钻井液性能的质量，造成井眼不稳定。钻井液固相含量高或失水大，形成的滤饼质量差，摩阻系数高，导致电测遇阻。钻井液流变性调整不当，携砂悬浮能力差，钻屑不能及时带出，形成岩屑床或井底沉砂，导致电测遇阻。钻井液防塌性能不能满足复杂地层条件下要求，导致不同程度的坍塌掉块，井眼不规则而使电测遇阻。钻井液密度不能平衡地层，井眼稳定性差，导致电测遇阻。

2.3 井漏对电测成功率的影响

罗176区块地层压力和坍塌压力等重要地质参数不清晰，平衡地层压力的钻井液密度很难确定，同一裸眼井段出现多套压力体系，造成上漏下涌、涌漏同层的技术难题。井漏发生后，在静止无效的情况下就要选用高强度复合堵漏材料，在井壁上形成高强度的封堵层，提高堵层的抗压强度。因此，造成井壁较为粗糙、虚滤饼厚、摩阻大。挤堵还可能造成井壁不规则。同时，堵漏材料的加入，增加了钻井液的固相含量，影响钻井液性能质量，发生井漏越严重，电测遇阻几率就大，完井电测一次成功率更低。

2.4 测井施工对电测成功率的影响

测井仪器组合不合理，不适应井眼轨迹，下行遇阻；仪器老化，现场检修增多，测井时间长，导致测井事故。

3 针对性提高完井电测成功率对策

针对以上完井电测遇阻遇卡的原因分析，从三开钻井液性能维护调整、方位、井斜井眼轨迹控制等角度出发，来减少井眼不规则、钻井液性能维护、井漏等问题对完井电测的影响，主要应用高密度复合盐钻井液技术、井身质量控制、完井段塞封井钻井液等技术，提高完井电测一次成功率。

3.1 钻井液方面

罗176区块优选高密度复合盐钻井液体系，三开井段沙三段和沙四段易坍塌、掉块的地层，强化钻井液的抑制性，控制滤失量。钻井液密度平衡地层压力外，还要考虑到坍塌压力。高密度钻井液还要有助于井眼清洁，提高钻井液的润滑性。

（1）优化高密度复合盐钻井液性能。复合盐强抑制钻井液转化，钻井液MBT含量在35~45g/L，Cl⁻浓度在100000mg/L左右，控制钻井液性能：密度设计要求，漏斗黏度45~55s，API滤失量<3mL，HTHP滤失量<12mL，初切2~4Pa，动塑比0.3~0.5。

（2）维护好钻井液性能。罗176区块三开φ152.4mm小井眼，钻井液数量少、排量小，高密度钻井液维护，钻井液密度变化大不均匀，不利于井眼的稳定。小井眼钻井液维护采用同等钻井液性能替换法，维护高密度复合盐钻井液，保持钻井液性能的稳定性。

（3）防漏堵漏、高压水层钻井液调整。罗176区块同一裸眼段存在多层压力系统，钻井液密度窗口较窄，易发生水侵、上漏下涌等复杂故障。防漏堵漏做到"预防为主、防治结合、综合堵漏"。发生井漏后，优选堵漏材料，要求能形成较好的滤饼，减少对钻井液的污染，维持原浆性能。完钻多次短程起下钻，测量循环周，确定安全钻井液密度范围，同时配制高密度润滑钻井液，从井底封进技套内，以缓解电测过程中的油气水侵入。

（4）完井段塞封井钻井液技术。段塞封井钻井液配方：基浆+3%~5%液体润滑剂+1%~2%石墨固体润滑剂+0.5%~1%塑料小球。段塞封井钻井液技术作用机理：利用固液协同降阻办法，在一段塞内加入高浓度的润滑剂，进一步减少滑动摩擦力，并适当地加入石墨固体润滑剂及塑料小球，一方面，利用石墨能够在两接触面之间产生物理分离的作用效果；另一方面，利用塑料小球，减少钻具或测井仪器与井壁的接触面积，并将滑动摩擦部分转为滚动摩擦的优点，从而减少摩阻，减少完井电测遇阻。

3.2 工程方面

（1）严格控制井身质量，加强井眼轨迹控制，力争做到井斜、方位变化率小，尽量避免造成井眼轨迹过于复杂，使井眼平滑钻井，为顺利测井创造条件。

（2）控制井径扩大率，防止"小井眼"和"大肚子井眼"。根据地层情况合理选择钻井液排量，防止岩屑黏附井壁及泥岩吸水膨胀形成"小井眼"；针对易坍塌扩径的地层，合理控制钻井液排量，防止冲刷井壁形成"大肚子井眼"。

（3）及时短修起下钻整井壁，保持井眼畅通。起下钻过程中对有阻卡的井段反复上下活动，对井壁进行修整，对阻卡严重的井段，采取开泵划眼，破坏钻进时滞留和黏附在井壁上的钻屑，消除假滤饼。

（4）完善钻井操作技术措施，在循环钻井液时，注意上下活动钻具，禁止定点循环，起下过程要操作平稳，防止抽塌或压漏地层。

（5）选择合适的电测仪器组合长度，使之更能拟合井眼轨迹曲线。

提高电测成功率是一项系统工程，井身质量、钻井液性能、电测仪器组合是影响电测成功的关键。因此，钻井过程工作要扎实。准确判断分析井下情况，制定正确的技术对策是电测一次成功的重要保证。

4 结论

（1）电测遇阻、遇卡在罗176区块发生的频率较高，应从井身质量控制、钻井液和电测方面等协作进行，减少电测非生产时效。

（2）优化井眼轨迹，使井眼平滑是防止电测遇阻的有效措施。

（3）从钻井液体系的抑制性、流变性和润滑性入手，维护钻井液性能稳定性，保持稳定井壁，同时防止滤饼过厚。

（4）使用完井段塞封井钻井液技术加强摩阻控制，使用不同润滑机理的润滑剂复配，改变井下摩擦类型，发挥润滑剂之间的协同效应，有利于提高电测成功率。

参 考 文 献

[1] 吴旭林. 电测遇阻统计分析与对策研究[J]. 钻井液与完井液，1998，15（5）：47-48.

[2] 王学英，于培志，杜素珍. 完井电测遇阻分析及对策[J]. 钻井液与完井液，2002，19（6）：141-142.

[3] 周艳平. 常见的电测遇阻、遇卡类型及其技术对策[J]. 中国石油和化工标准与质量，2012，33（16）：245，151.

[4] 吴旭林，夏景刚，左京杰，等. 电测遇阻统计分析与对策研究[J]. 钻井液与完井液，1998，15（5）：47-48.

水平井/大斜度井岩屑床厚度分析研究

杨 丽[1] 郑 义[2]

(1. 中国石化股份有限公司西南油气分公司石油工程技术研究院；
2. 彭州气田海相开发项目部)

【摘 要】 岩屑床厚度反映了环空清洗程度，是大斜度钻井的重要影响因素，关系到井下安全。本文分析了流变学理论模型和无量纲岩屑床厚度经验模型在工程实践应用的弊端，以现场岩屑产生量为基础建立了岩屑床厚度几何计算模型，该模型影响因素较少，适用于现场快速计算岩屑床厚度，有效及时指导现场判别井筒清洁状况，为后续钻井施工措施的制定提供技术参考。

【关键词】 岩屑床厚度；大斜度井；井筒清洁

岩屑床作为斜井特别是大斜度井或水平井的一种特有的现象出现，对钻井施工影响较大。在大斜度井段及水平井段中，岩屑由于自身重力作用，具有沿径向下沉的趋势，其结果势必形成一可动或固定的岩屑床，岩屑床厚度反映了环空清洗程度，关系到井下安全。厚度越大，钻具与之接触面积越大，致使黏附力增加，越易造成卡钻事故。而且会造成钻柱及测井设备的磨损。岩屑沉向井底会导致钻头重复研磨，降低钻速。岩屑在井眼下侧沉积还会降低固井质量，影响其他作业。因此在大斜度井或水平井钻井作业中对岩屑床厚度的预测及控制显得尤为重要。

1 岩屑床厚度模拟计算模型研究

1.1 流变学理论模型

目前国内外学者通过运用理论分析、室内实验和现场测试等手段，就如何预判井眼清洁状况，做了大量的研究，基于不同的井段岩屑运移机理，提出了相应的模型。目前，井眼清洁状况的评价标准有很多，包括：岩屑床厚度、岩屑浓度、举升效率、临界运移速度、次临界运移速度、环空止动返度、岩屑最小滚动和悬浮运移速度等。国内较为常见的是通过岩屑床厚度判断井眼清洁情况，尤其在水平井段钻进时，此方式较为直观，如图1所示。

通过国内外大量研究证实，当井眼斜度 $\theta > 40°$ 时，岩屑床开始稳定，岩屑床厚度在同一流速下波动不大。当 $\theta > 55°$ 时，岩屑床在一定流速下基本上不沿管壁滑动，岩屑会迅速沉积形成稳定的岩屑床。基于环空固液两相流水动力学理论，从紊流的紊动扩散作用出发，得出

项目简介：文章棣属中石化西南油气分公司项目《油基钻井液优化及配套技术研究》，项目编号：2015-17XNZJ。

作者简介：杨丽(1980—)，副研究员，硕士研究生，2007年毕业于西南石油大学应用化学专业，现从事钻井完井液科研研究工作。地址：四川省德阳市龙泉山北路298号；电话：13550630049；E-mail：richardyl@163.com。

水平井段环空中岩屑床厚度的理论模式。图2给出了水平井段偏心环空及其岩屑床分布。

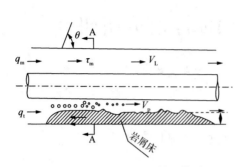

图1　水平井岩屑环空输送模型

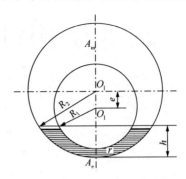

图2　水平井岩屑环空输送模型

e 为内外管轴线间偏心值；h 为岩屑床厚度；

R_1 和 R_2 分别为环空内外半径

E 为钻具与井眼间偏心度，$E = \dfrac{e}{R_1 + R_2}$。设 A_m 为岩屑床上方悬浮液通过的截面积，A_e 为岩屑床所占面积，环空总面积 A 可以表示为：

$$A = A_m + A_e = \frac{\pi}{4}(D_2^2 - D_1^2) \tag{1}$$

此时在环空上部（即不含岩屑床部分）流动的悬浮体系平均速度为：

$$v_m = \frac{Q_a + Q_t}{A_m} \tag{2}$$

式中：Q_a 和 Q_t 分别为固相与液相流量，m^3/s。

环空固液两相流流速由较高速度降低到一定值时，可在环空中形成一移动的床层，甚至可以形成一固定的床层。此时由于岩屑床的形成，使环空流道有效截面积减小，从而使悬浮体系的平衡速度倾向于维持原状。这种情况可以描述为：假设一入口浓度为 C_a 的混合物，先以无床层的速度流动，当混合物速度降为 v 时，C_a 仍保持不变，在新的条件下将形成一厚度为 h 的岩屑床。大部分岩屑将以非对称悬浮流动的形式通过 A_m 而被输送，从而悬浮体系的平均速度 v_m 又可表示为：

$$v_m = \frac{vA}{A_m} \tag{3}$$

式中：v 是以环空总面积 A 计算的环空平均流速，m/s。

为求解岩屑床厚度，在环空径向方向取一个与流向平行、接近于水平的单位截面。根据连续律，当环空中岩屑运移达到动态平衡以后，在单位时间内穿过此单位截面上升和下降的岩屑量必须相等。设该截面中心点距管底垂直距离为 y，岩屑在该流体中沉速为 V_0，V 是以环空总面积 A 计算的环空平均流速。f 为摩擦力，C_b 为岩屑床层上的岩屑浓度，略小于岩屑床的岩屑浓度，它是岩屑粒径与钻井液黏度的函数，可由实验求得。通过计算得岩屑床厚度理论模式为：

$$\frac{C_a}{C_b} = \frac{1}{A_m}\int_{A_m} \exp\left[-\frac{v_0}{0.026v\sqrt{f/2}\,(D_2 - D_1)}(y - h)\right]\mathrm{d}A$$

$$(R_2 - h)\sqrt{R_2^2 - (R_2 - h)^2} + (R_2 - h - e)\sqrt{R_1^2 - (R_2 - h - e)^2} \tag{4}$$

式(4)的岩屑沉降速度v_0可根据 P. L. Moore 方程计算。

利用式(4)求解岩屑床厚度h时,把幂级数展开求积分,运用反推的方法,即给出岩屑床厚度h,在给定返速、偏心度、钻井液流变性、岩屑尺寸及岩屑入口浓度后,求出相应的A_m、f和v_0,然后可求解该条件下岩屑床厚度理论值。

从上述理论模型中可以看出,该模型考虑的因素较多,包括环空流体返速、钻具偏心度、岩屑注入速度、钻井液密度等,且把钻杆旋转速度考虑进去,相较其他模型考虑因素较为全面,但计算复杂,影响因素较多。

汪海阁等结合室内试验数据[1],采用多元参数统计的方法进行模式回归,求解得到水平井段环空中无因次岩屑床厚度经验模式,通过验证经验模式与试验数据误差可控制在8%以内,计算过程较理论模型相对简化,但计算过程仍较繁琐,现场应用受限。

1.2 基于现场岩屑产生量建立几何计算模型

从上述计算可以看出,这些模型在应用上存在一些问题,有的模型是纯理论模型,方程过于复杂,难以求解;有的模型单纯从室内实验数据推导经验公式,普遍适应性存在疑问;有的模型考虑因素过于复杂,部分参数难以获得,从而难以应用于工程实践。基于现场岩屑产生量建立的宏观模型属于几何模型,从宏观角度计算岩屑在井筒的分布情况,主要用于宏观判断岩屑床在井筒的厚度,剔除钻井液流型、钻柱扰动、排量等的影响,变量较少,适合现场快速计算岩屑床厚度。

设井眼钻进过程中产生岩屑产生总量为V_0:

$$V_0 = CV_1 \tag{5}$$

$$V_1 = \frac{\pi}{4}(kR_1)^2 L \tag{6}$$

式中:C为堆积系数,一般取值范围为1.5~2.0;V_1为钻进井段裸眼体积,m^3;k为平均井径扩大系数,经验值,一般取值范围为1.1~1.5;L为井眼进尺,m。

设井筒中残留岩屑量为V_c:

$$V_c = V_0 - V_y - V_l \tag{7}$$

式中:V_y为钻井液中分散的岩屑量,m^3;V_l为漏失钻井液中含有的岩屑量,m^3。

设岩屑床截面积为A_e:

$$A_e = \frac{V_c}{L} \tag{8}$$

假设,钻柱转动条件下,井筒中岩屑床在井眼中平均分布。若给定钻柱的偏心度为E,则在实际井筒中上述方程仅一个变量h,方程的求解大幅简化,需求解的方程如下:

$$A_e = \frac{V_c}{L} = \frac{\pi R_2^2}{180}\left\{\cos^{-1}\left(\frac{R_2-h}{R_2}\right) - \cos^{-1}\left[\frac{R_2-h-E(R_1+R_2)}{R_1}\right]\right\} -$$
$$(R_2-h)\sqrt{R_2^2-(R_2-h)^2} + (R_2-h-e)\sqrt{R_1^2-(R_2-h-e)^2} \tag{9}$$

将式(7)和式(8)代入式(9),得如下方程:

$$\frac{C\pi R_2^2 L - V_y - C_s V}{L} = \frac{\pi R_2^2}{180}\left\{\cos^{-1}\left(\frac{R_2-h}{R_2}\right) - \cos^{-1}\left[\frac{R_2-h-E(R_1+R_2)}{R_1}\right]\right\} -$$
$$(R_2-h)\sqrt{R_2^2-(R_2-h)^2} + (R_2-h-e)\sqrt{R_1^2-(R_2-h-e)^2} \tag{10}$$

2 岩屑床厚度模拟计算模型应用

上列表达式为一元多次方程，可采用 Microsoft Visual Studio 软件编程对方程求解。求解界面如图 3 所示。

图 3 岩屑床厚度计算软件界面

基于现场岩屑产生量建立的几何模型，从宏观角度计算岩屑在井筒的分布情况，模型影响因素较少。以新页 HF-1 井为例，井深为 4077m，在水平井井眼中裸眼段长 1000m，井径扩大率为 1.2，岩屑堆积系数 1.5，钻具偏心度 20%，钻井液中所有滞留岩屑含量 80m³，计算出岩屑床厚度为 0.01588m，即 15.88mm。初步可判定井眼内部已形成一定厚度的岩屑床，可为后续钻井施工措施的制定提供技术参考。

3 结论

（1）流变学理论模型和无量纲岩屑床厚度经验模型影响因素较多，计算复杂，部分参数难以获得，难以应用于工程实践。

（2）基于现场岩屑产生量建立的几何模型，从宏观角度计算岩屑在井筒的分布情况，影响因素较少，适用于现场快速计算岩屑床厚度，有效及时指导现场判别井筒清洁状况，为后续钻井施工措施的制定提供技术参考。

参 考 文 献

[1] 汪海阁，刘希圣，丁岗. 水平井段岩屑床厚度模式的建立[J]. 石油大学学报(自然科学版)，1993，17(3)：25-32.

永兴1井破碎地层井壁稳定钻井液技术

唐 睿 张 雪 白 龙 赵 波

（中国石化西南石油工程有限公司重庆钻井分公司）

【摘 要】 风险探井永兴1井施工中连续钻遇断缝体，地层破碎程度高，给安全钻井施工造成巨大困难。针对前期钻井施工中频繁出现的钻井卡钻、井漏、埋钻具、填井侧钻等问题，通过对"断缝体"工程地质特征及工程技术难点分析，开展断缝体安全钻井工艺、高效防塌钻井液体系及防漏堵漏技术研究，形成系列关键技术，有效降低了井下复杂和故障率，实现了高效、安全钻井，顺利完成永兴1井的钻探任务，推动国内断缝体储藏勘探开发意义重大。

【关键词】 断缝体；破碎地层；井壁稳定；广谱封堵

四川盆地川东北、川西地区"断缝体"储藏具有"高产、稳产、可动用程度高"的特点。前期勘探获得了较好的产能，具有广阔的开发前景，是中国石化下步勘探开发重点，但本区域海相层系尚未取得勘探突破，未提交储量。由于地质构造极其复杂，破碎地层井壁失稳主要表现为井壁坍塌掉块、卡钻、埋钻和井漏，钻井工程面临极大挑战。为了进一步探索本区油气勘探潜力，永兴1井是中国石化西南油气分公司部署在四川盆地川西坳陷梓潼凹陷永兴构造相对高部位部署一口以雷口坡组四段为主要目的层、兼探陆相的风险探井，完钻井深5810m。

1 断缝体破碎地层研究

1.1 地质简况

绵阳地区位于四川盆地西部，是川西坳陷重要组成部分，而川西坳陷属于龙门山前缘的前陆盆地。绵阳地区构造特征表现为由西向东抬升的斜坡，地层层序正常，陆相—海相层系发育多套生储盖组合，具有良好的成藏条件，地质预测须家河组断层裂缝发育，将钻遇破碎带。

1.2 区域构造特征

川西坳陷位于四川盆地西部，西侧为龙门山冲断构造带，东侧为川中隆起。自印支期至喜马拉雅期，盆地经历了多期次、多方向的应力由盆缘向盆内的递进挤压，形成了不同方向的构造和断层。在本区除了发育北东向的构造外，还发育有北北东向、南北向、北东东向及西向构造，它们或复合，或交错，隆凹相间的构成了本区所特有的构造格局。

1.3 断层及裂缝发育

根据物探资料（图1和图2，表1），永兴1井须三段4580~4630m为裂缝发育段，

作者简介：唐睿，男，1986年8月生，2008年本科毕业于重庆科技学院，获得工学学士学位，现就职于中石化西南石油工程有限公司重庆钻井分公司，工程师，主要从事钻井液技术与现场管理工作。地址：四川省德阳市庐山南路一段51号；电话：18623421160；E-mail：624993613@qq.com。

4750～4800m 为断层发育段，须二段 5105～5130m 为断层发育段，5160～5180m 裂缝发育段，破碎地层施工井漏、井控、卡钻风险大。

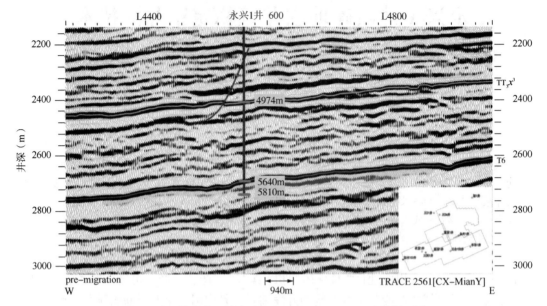

图 1 川西拗陷绵阳斜坡过永兴 1 井（Trace2561）地震剖面图

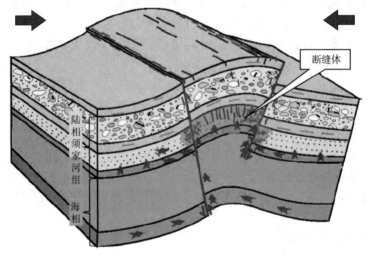

图 2 断缝体特征

1.4 邻井复杂情况

须家河组：裂缝发育，邻井裂缝型气层发育，重点注意防喷、防漏，同时注意防钻头磨损、防塌、防卡。

潼深 1 井在须五段钻遇 1 层裂缝型气层（3437.5～3450m），槽面气泡 30%，钻井液池上涨 0.7m³，关井求压，求得立压为 0，套压为 1.7MPa，点火成功，火焰高 4～6m，加重钻井液密度至 2.00g/cm³；须四段井深 3719.81m 因检修钻井泵上提钻具，上提钻具至 3717.17m 发生掉块卡钻（钻井液密度 2.12g/cm³）；须三段钻遇 2 层气层，加重至 2.15g/cm³；须二段在井深 5062.15m 出现 1 次轻微井漏，漏失钻井液 7.80m³（钻井液密度 2.13g/cm³），漏速 5.2m³/h。

表1　永兴1井设计钻遇地层表

地层							岩性简述
系	统	组	段	代号	井深(m)	垂厚(m)	
三叠系	上统	须家河组	四段	T_3x^4	4242	508	浅灰色、灰白色粉砂岩、细粒岩屑砂岩、(含砾)中粒岩屑砂岩、中粒钙屑砂岩、钙质中粒岩屑砂岩、灰色砾岩与黑色页岩、碳质页岩、含粉砂页岩等厚—不等厚互层，局部夹黑色煤层(线)
			三段	T_3x^3	4996	754	灰色、浅灰色中粒岩屑(石英)砂岩、细粒岩屑砂岩、粉砂岩与深灰色、灰黑色页岩、含粉砂页岩、碳质页岩略等厚互层，局部夹黑色煤
			二段	T_3x^2	5521	525	灰色、浅灰色、灰白色中粒岩屑(石英)砂岩、细粒岩屑(石英)砂岩、粉砂岩与深灰色、灰黑色页岩、含粉砂页岩、碳质页岩不等厚互层，局部夹黑色煤。与下伏小塘子组呈整合接触
		小塘子组		T_3t	5690	169	上部为浅灰色、灰色细粒岩屑砂岩、粉砂岩与灰黑色、深灰色页岩、含粉砂页岩略等厚—不等厚互层；下部为灰黑色页岩、含粉砂页岩夹浅灰色、灰色细粒岩屑砂岩、细粒岩屑石英砂岩、粉砂岩。与下伏马鞍塘组呈整合接触
		马鞍塘组	二段	T_3m^2	5714	24	深灰色泥质灰岩与灰黑色、深灰色灰质页岩、页岩、含粉砂页岩、粉砂岩略等厚互层。与下伏雷口坡组呈不整合接触
	中统	雷口坡组	四段	T_2l^{4-3}	5723	9	微—粉晶白云岩、藻砂屑白云岩、灰质白云岩
				T_2l^{4-2}	5810(未穿)		膏岩与白云岩互层

绵阳2井在须家河组发现4次气侵、3次井漏，其中须五段(3449.5~3458m)，槽面见30%针尖状气泡，液面上涨3~5cm，池体积上涨0.9m³，关井观察、配浆加重(套压由0上升至3.2MPa，稳压2.8MPa，立压0MPa)，加重至2.25g/cm³；须四段(3944~3947m)钻至井深3944.31m发生井漏，钻井液密度2.24~2.25g/cm³，起钻1柱、静止观察，井口液面不降，开泵泵入桥浆12m³(密度 $\rho = 2.35g/cm³$)、泵入井浆36m³($\rho = 2.25g/cm³$)，短起第2柱上提至二层台前(钻头位置最高至3875m)发现溢流，下放到转盘面抢接回压阀失败，再抢接方钻杆失败，关井(关剪切闸板、关全封闸板)关井套压20MPa；压井处理过程中共漏失密度2.23~2.40g/cm³钻井液394.24m³，漏速为18.9~20.7m³/h；二开下完套管循环钻井液，因排量过大，漏失2.32~2.39g/cm³钻井液14.1m³，漏速为17.8m³/h。

潼深1井雷口坡组井深5945.83m发生压差黏附卡钻(钻井液密度1.65g/cm³)，经过2次泡酸、3次泡解卡剂、1次降压解卡(降低钻井液出口密度至1.42g/cm³)、2次倒扣后成功解卡，本次卡钻事故共耗时376.50h(15.31天)。

2 井壁稳定钻井液技术

2.1 钻井液体系优化

（1）钻井液技术思路。

通过文献调研与资料分析，明确断缝体储藏工程地质特征及工艺技术难点，开展断缝体钻井工具及工艺研选；以室内实验研究为基础，研选关键助剂，构建高效防塌钻井液体系及防漏堵漏关键技术，以钻井液"总体抑制，封堵强化"为技术思路，压稳过路气；"即打、即封、即承压"解决多压力系统喷漏同存难题，优化钻井液体系的抑制、封堵、和高温稳定性单元，保持钻井液"低黏高切"，强携岩能力，形成高效防塌钻井液体系。

（2）钻井液配方。

3%膨润土+8%~10%KCl+1%+0.3%~0.5%PAC-LV+3%~5%SMP-Ⅲ型+3%~5%SPNH+1%~2%FT-3+2%~3%RHJ-3+1%~2%膏状沥青+1%~2%温敏性封堵剂+1%~2%FDM-1+1%~2%FDFT-1+2%~3%多级配超细碳酸钙+1%~2%井壁封固剂+1%~2%井眼强化剂+0.5%~1%弹性石墨+1%高效支撑剂+0.5%~1%聚合物抗温抗盐降滤失剂+RH-220+重晶石等。

2.2 性能评价

2.2.1 高效防塌钻井液体系抗温性能评价

使用滚子加热炉进行老化实验考查其高温稳定性。160℃老化72h实验结果见表2。

表2 断缝体高效防塌钻井液体系老化实验

序号	测定条件	FV (s)	ρ (g/cm³)	PV (mPa·s)	YP (Pa)	Gel(10s/10min) (Pa/Pa)	FL_{API}/K (mL/mm)	FL_{HTHP}/K (mL/mm)	K_f
1	60℃	65	2.0	36	12	6/15	1.2/0.5	5.2/1.0	0.08
2	160℃老化72h	—	2.0	35	12.5	6/16	1.6/0.5	5.4/1.5	0.076

高效防塌钻井液体系钻井液160℃恒温滚动72h后，体系高温高压失水仅5.4mL，滤饼致密，同时具有较好的高温高稳定性、润滑性等性能。

2.2.2 高效防塌钻井液体系封堵性能评价

（1）FANN渗透封堵评价。

通过FANN渗透堵漏测试仪（PPA）进行封堵性测试（测试用岩心板的渗透率为100mD），在160℃、30MPa条件下，经过实验，滤失量为0，高效防塌钻井液体系具有良好的封堵性能。该钻井液体系能有效在破碎地层表面形成滤饼，从而有效封堵井壁，增强井壁的稳定性。

（2）砂床封堵测试。

实验采用石英砂作为过滤介质，加入配制好的钻井液，采用中压砂床滤失实验评价了优化体系的封堵性能，结果见表3。

表3 砂床封堵性能评价

钻井液体系配方编号	中压砂床滤失测试（30min）	
	滤失量（mL）	侵入深度（cm）
配方1	0	1.1
配方2	0	1.0

表3可看出，中压砂床滤失量为0mL，平均侵入深度为1.05cm，表明该体系封堵性强，能有效封堵地层的裂缝和孔洞，保持井壁稳定。

（3）高效防塌钻井液粒度分析如图3所示。

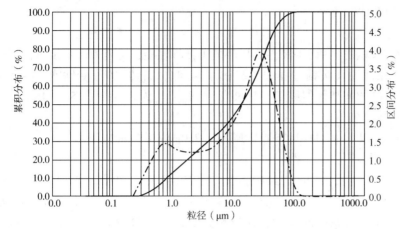

粒径（μm）	含量（%）
2.000	21.72
3.200	27.11
4.000	29.81
6.000	35.24
6.500	36.41
10.00	43.49
15.00	52.06
20.00	60.18
200.0	100.00
300.0	100.00

图3　高效防塌钻井液粒度分布曲线

钻井液粒度在0.1~100μm间实现了小、中、大颗粒按比例分布实现广谱封堵，刚性和变型封堵剂复配使用形成渗透率接近于零且致密坚韧的滤饼，减少钻井液滤失，遏制地层表面水化及渗透水化，提高地层承压能力，实现破碎地层封堵防塌。

3　现场应用情况

在深入分析破碎地层地质特征及失稳机理的基础上，开展断缝体钻井工具及工艺研选；以室内实验研究为基础，研选关键助剂，构建高效防塌钻井液体系及防漏堵漏关键技术。该体系在永兴1井现场施工应用中，钻井液体系稳定，抗温性能强，抑制性、封堵能力、携砂能力强，满足了破碎地层钻井施工的需要，避免了破碎地层井壁坍塌等井下故障的发生，顺利钻至完钻井深5810m。

3.1　钻井液性能

钻井施工中严格控制钻井液性能，结合配套工程措施，实现破碎地层安全钻井(表4)。

表4　高效防塌钻井液在永兴1井应用性能表

井深（m）	ρ（g/cm³）	FV（s）	PV（mPa·s）	YP（Pa）	Gel（Pa/Pa）	FL（mL）	FL_{HPHT}(150℃)（mL）	K^+含量（mg/L）
4500	2.05	51	30	11	4/13	1.4	9	20000
4600	2.20	62	38	12	5/14	1.2	7	26000
4788	2.20	66	42	15	7.5/14.5	1.2	6.2	28000
4900	2.19	68	43	16	8/16	1.0	6	30000
5002	2.18	67	40	14	8.5/15	1.0	5.6	31000
5102	2.17	65	38	16	10/16	1.0	5.4	31000
5188	2.16	65	40	16	9/16	1.0	5.2	30000
5422	2.15	63	38	15	10.5/17	1.2	5.6	31000
5670	2.15	64	41	13	12/18	1.0	5.4	30000

3.2 破碎地层实钻维护措施

（1）密度控制。

一是调研邻井实钻资料优选钻井液密度，二是钻进过程利用 ECD 软件计算环空当量密度，选取合适的钻井液密度。

（2）保证高效携岩。

针对破碎地层易坍塌掉块特征，确保高温高压环境下携砂性能，可有效降低因携砂能力及携岩效率不足导致的卡钻故障。实钻过程中控制钻井液"低黏高切"的流变性能，维持漏斗黏度在 60～55s，控制较高的初切，但终切不宜过高，$Gel_{10s/10min}$ 为 8～10Pa/15～20Pa。

（3）严格控制高温高压滤失量。

中压失水控制在 3.0mL 以下，HTHP（150℃）FL/K：7.0mL/1.5mm 以下。

（4）优化钻井液抑制、封堵能力，保持井壁稳定。

鉴于断缝体地层破碎、裂缝发育，应力集中和胶结性差的特点，加强钻井液体系的广谱封堵性能，进一步提高防塌能力。采取多级粒径和多级软化点相结合，提高钻井液的封堵承压能力。同时，要做好钻井液抑制性的检测，保持钻井液钾离子含量为 30000mg/L 以上，及时补充聚胺抑制剂。

（5）"即打""即封""即承压"技术，纳微米级广谱封堵有利于提高地层承压能力，每趟起下钻采用"封固浆"对上部地层进行专项承压封固，承压施工时采用间歇憋挤工艺，逐步提高立压，控制稳压时间，及缓慢逐级泄压，确保形成致密封堵层，防止施工中出现诱发性井漏和井塌。

3.3 工程配套

（1）加强工程地质一体化。加强地质跟踪组阶段成果通报，及时对下步井段施工难点做出预判，有利于调整钻井液应对方案。

（2）搞好安全钻进措施制定。

① 进一步梳理施工风险，按照公司"技术一盘棋"总体思路，践行"一段一策"管理要求，实行措施卡片化管理；

② 依托公司"6 大核心技术"与"重难点操作指南"两件"利器"，抓实安全管理；

③ 重视预案编制，严格执行施工设计，打有准备之战。

3.4 实钻情况

（1）该井 4512～4517m 钻遇高压盐水层，盐水浸泡后井壁失稳形成掉块，通过增强钻井液防塌封堵性，上调密度至 2.15g/cm³ 压稳气水层，井况得到明显改善。

（2）如图 4 所示，进入破碎地层前扭矩波动幅度和频率较小，断层施工中扭矩波动剧烈处于 3.5～14.0kN·m，说明地层破碎程度较高。

（3）实钻中地层破碎严重，扭矩波动大，机械扰动应力垮塌产生掉块，掉块中见次生矿物、黄铁矿（图 5）。

（4）破碎地层取心施工，通过高效防塌钻井液及细化工程措施，精细卡层取准陆相地层与海相地层交界面岩心，获得地质资料（图 6）。

（5）高温高压滤失量低，大幅减弱了钻

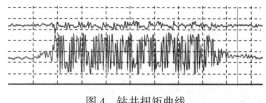

图 4　钻井扭矩曲线

图 5　实钻掉块、次生矿物、黄铁矿

井液对地层的浸泡伤害和井周渗透应力不均时钻杆对井壁的撞击程度，成功阻止了滤液大量侵入后裂缝的延伸扩展连通，有力保障了井壁稳定；高温高压下极佳的钻井液的携岩能力和井眼清洁效率，在破碎地层应力垮塌产生掉块的情况下，强携岩能力保持了井眼清洁通畅；已钻地层通过钻井液即时封堵能力在井壁上快速形成薄而坚韧的滤饼封堵近井壁孔缝，形成桶箍效应即时阻止滤液侵入地层，有效成功地避免了频繁阻卡、卡钻、埋钻等井下故障的发生。

图 6　永兴 1 井海陆相地层交界面岩心

4　结论与建议

（1）做实工程地质一体化，强化地质跟踪、实时对比分析已钻地层、精细预测研判待钻地层，便于及时调整应对方案。

（2）优钻井液性能维护，按照"即打""即封""即承压"技术方案，通过广谱封堵 0.1～100μm 间合理的颗粒级配，保持钻井液"低黏高切"，合理控制钻井液密度，保证聚胺抑制剂有效含量及钾离子浓度，较强的抗温性能，有效解决了须家河组断缝体破碎地层钻井施工难题。

（3）永兴 1 井现场应用表明，高效防塌钻井液性能优异，抑制性、封堵性和携砂性强，结合工程配套，大幅降低了破碎地层井漏及井壁坍塌卡钻等井下故障。

参 考 文 献

[1] 蔡利山，苏长明，刘金华．易漏失地层承压能力分析[J]．石油学报，2010，31(2)：312-317.

[2] 李家学，黄进军，罗平亚，等．随钻防漏堵漏技术研究[J]．钻井液与完井液，2008，25(3)：25-28.

[3] 谢润成．川西坳陷须家河组探井地应力解释与井壁稳定性评价[D]．成都：成都理工大学，2009.

[4] 陈在军，刘顶运，李登前．煤层垮塌机理分析及钻井液防塌探讨[J]．钻井液与完井液，2007，24(4)：28-36.

[5] 王锦昌，邓红琳，袁立鹤，等．大牛地气田煤层失稳机理分析及对策[J]．石油钻采工，2012，34(2)：4-8.

[6] 李洪俊，代礼杨，苏绣纯，等．福山油田流沙港组井壁稳定技术研究[J]．钻井液与完井液，2012，29(6)：42-44，48.

[7] 汪鸿，杨灿，周雪菡，等．风险探井花深 1x 井深部破碎带地层钻井液技术[J]．钻井液与完井液，2019，36(2)：208-213.

钻井工程专业系列图书

书号：9391
定价（上下）：420.00 元

书号：7421
定价：680.00 元

书号：1425
定价：160.00 元

书号：6364
定价：120.00 元

书号：1433
定价：180.00 元

书号：0855
定价：186.00 元

书号：0586
定价：288.00 元

书号：1601
定价：180.00 元

书号：0109
定价：48.00 元

书号：9658
定价：115.00 元

书号：9654
定价：48.00 元

书号：9985
定价：96.00 元

书号：8974

定价：96.00 元

书号：1572

定价：40.00 元

书号：8336

定价：80.00 元

书号：1258

定价：83.00 元

书号：0893

定价：46.00 元

书号：8090

定价：45.00 元

书号：0801

定价：86.00 元

书号：9174

定价：65.00 元

书号：1804

定价：75.00 元

书号：0679

定价：260.00 元

书号：0826

定价：225.00 元

书号：1077

定价：75.00元

书号：0194

定价：68.00 元

书号：1477

定价：256.00 元

书号：1180

定价：90.00 元

书号：0732

定价：75.00 元

书号：9342

定价：75.00 元

书号：0491

定价：260.00 元（系列）

书号：1547

定价：260.00 元（系列）

书号：1057

定价：168.00 元（系列）

书号：1271

定价：130.00 元

书号：1172

定价：120.00 元

书号：2493

定价：90.00 元

书号：2310

定价：180.00元

书号：2412

定价：180.00元（系列）

书号：2215

定价：300.00元（系列）

书号：2575

定价：160.00元

书号：3988

定价：90.00元

书号：4502

定价：80.00元

书号：3800

定价：96.00元

书号：3902

定价：150.00元

书号：2459

定价：120.00元

书号：3597

定价：680.00元

书号：2987

定价：320.00元

书号：2462

定价：88.00元

书号：2815

定价：180.00元

书号：3552

定价：130.00元

书号：3625

定价：70.00 元

书号：2818

定价：95.00 元

书号：3294

定价：125.00元

书号：3825

定价：50.00 元

书号：3834

定价：200.00元

书号：3885

定价：88.00 元

书号：3987

定价：350.00元

书号：3003

定价：280.00元

书号：2576

定价：135.00元

书号：3112

定价：130.00元

书号：3240

定价：120.00元